Die Pumpen.

Berechnung und Ausführung

der für die

Förderung von Flüssigkeiten gebräuchlichen Maschinen.

Von

Konrad Hartmann,
Regierungsrath im Reichs-Versicherungsamt,
Professor an der Kgl. Technischen Hochschule
zu Berlin.

und

J. O. Knoke,
Oberingenieur der
Maschinenbau-Actien-Gesellschaft Nürnberg
in Nürnberg.

Zweite vermehrte Auflage.

Mit 664 Textfiguren und 6 Tafeln.

Springer-Verlag Berlin Heidelberg GmbH
1897

Additional material to this book can be downloaded from http://extras.springer.com.

ISBN 978-3-662-36034-7 ISBN 978-3-662-36864-0 (eBook)
DOI 10.1007/978-3-662-36864-0

Softcover reprint of the hardcover 2nd edition 1897

Druck der Königl. Universitätsdruckerei von H. Stürtz in Würzburg.

Vorwort zur ersten Auflage.

Auf dem Gebiete der Flüssigkeitshebung durch Maschinen sind in den letzten Jahren bemerkenswerthe Fortschritte gemacht worden, indem einerseits die bisher im Gebrauch befindlichen Pumpenformen erhebliche Verbesserungen erhielten und die theoretische Erörterung der in den Pumpen auftretenden Vorgänge manche Erweiterung und Klärung erfuhr, andererseits aber eine grosse Zahl neuer Flüssigkeitshebemaschinen ersonnen wurde und mit Erfolg zur Anwendung gelangte. Mittheilungen über diese in theoretischer und praktischer Hinsicht entstandenen Neuerungen finden sich, da sie der jüngsten Zeit entstammen, nur zum geringsten Theil in den älteren Werken, welche die Pumpen behandeln; meist sind die Angaben zerstreut in verschiedenen Zeitschriften und Patentmittheilungen. Es darf daher gerechtfertigt erscheinen, wenn der Verfasser in vorliegendem Werke es versucht hat, das ganze Gebiet der Flüssigkeitshebung durch Maschinen in seinem augenblicklichen Stande übersichtlich und von einheitlichen Gesichtspunkten aus darzustellen. Hierbei wurden die bis in die jüngste Zeit erschienenen einschlägigen Abhandlungen gebührend berücksichtigt; insbesondere gaben für die theoretische Erörterung der Wirkungsweise der Pumpen mit geradlinig bewegten Kolben die von Fink und Herrmann angegebenen Theorien die Grundlage, während die Klarstellung mancher in diesen Pumpen auftretender Vorgänge mit Hilfe der von Bach und Riedler in vorzüglicher Weise angestellten Untersuchungen erfolgen konnte. Ferner hat der Verfasser bei der Betrachtung der vorgenannten Pumpenart sich mehrfach dem Entwicklungsgang der seinerzeit gehörten Vorträge seines Lehrers, des Herrn Professor Ludewig, angeschlossen und diesen einzelne Folgerungen sowie einen Theil der Bezeichnungsweise entnommen. Bei der theoretischen Betrachtung der Schleuderpumpen wurden neuere Abhandlungen von Fink, Herrmann und Ebel benutzt; für die übrigen Pumpenarten konnte mehrfach Herrmann's Neubearbeitung der Weisbach'schen Ingenieur- und Maschinen-Mechanik den Weg zur Erörterung der Wirkungsweise angeben. Bezüglich der Behandlung der Dampfstrahlpumpen war es noch möglich, die neue, von Grashof in seiner „Theoretischen Maschinenlehre“ mitgetheilte, kürzlich veröffentlichte Theorie des Injektors zu Grunde zu legen. Auch dem während der Bearbeitung des vorliegenden Buches erschienenen Werke von Poillon „Traité théorique et pratique des pompes et machines à élever les eaux“ wurde manche Angabe entnommen; der genannte Verfasser hat allerdings nur französische und englische Zeitschriften benutzt und lässt deutsche Werke und Untersuchungen fast ausnahmslos unberücksichtigt.

Trotz der eingehenden Beachtung des vorhandenen bedeutenden Stoffes ergaben sich bei der Bearbeitung doch manche Lücken in der theoretischen Entwicklung und Berechnung; der Verfasser hat versucht, einige derselben durch selbstständige Betrachtungen auszufüllen; wenn trotzdem bei einzelnen Pumpenarten die Klarstellung der auftretenden Vorgänge nicht völlig erfolgen konnte, so möge der Grund hierfür hauptsächlich darin gesucht werden, dass es zur Zeit noch an den zur Lösung der betreffenden Fragen nothwendigen eingehenden Versuchen fehlt.

Der Verfasser war bemüht, auch dann, wenn er die Theorien anderer seinen Erörterungen zu Grunde gelegt hat, möglichst selbstständig vorzugehen und die Formeln für die Berechnung so zu entwickeln, dass sie ohne die sonst zur Vereinfachung der Rechnung angenommenen Vernachlässigungen gelten.

Bezüglich der Angaben über den Bau und Betrieb der Pumpen hatte sich der Verfasser einer erheblichen Unterstützung seitens zahlreicher Fabrikanten zu erfreuen, welche bereitwilligst Zeichnungen und Betriebsmittheilungen zur Verfügung stellten. Es konnten daher viele Figuren sowie die beigegebenen Tafeln, deren Zahl übrigens beschränkt werden musste, nach Zeichnungen der Erbauer ausgeführt werden. Der Verfasser benutzt gern diese Gelegenheit, den betreffenden Herren für ihre wirksame Hilfe, welche dem Buche besonderen praktischen Werth verleihen dürfte, seinen verbindlichsten Dank auszusprechen.

Die Verlagsbuchhandlung hat dem Wunsche des Verfassers, zahlreiche Figuren zu bringen, bereitwillig entsprochen; hierfür sowie für die gute Ausstattung des Buches sei ihr bester Dank gesagt.

Wenn der Gebrauch von Fremdwörtern möglichst vermieden wurde, so glaubt der Verfasser damit dem Wunsche vieler Leser entsprochen zu haben.

Charlottenburg, im Dezember 1888.

Konrad Hartmann.

Vorwort zur zweiten Auflage.

Das Bestreben, die Fortschritte, welche auf dem Gebiete des Pumpenbaus in den letzten Jahren gemacht worden sind, gebührend zu berücksichtigen, führte zu einer durchgreifenden Aenderung der ersten Auflage. Diese umfassende Arbeit konnte der Verfasser der ersten Auflage, dessen amtliche Thätigkeit sich seit dem Erscheinen derselben geändert hatte, nicht mehr allein durchführen, weshalb er in der Person des mitunterzeichneten Oberingenieurs Knoke einen Mitarbeiter gewann.

In der Anordnung und der Behandlung des Stoffes, sowie in der Art der Ausstattung des Buches sind wesentliche Aenderungen nicht eingetreten. Auch die Berechnungsweise der verschiedenen Pumpenarten hat im Allgemeinen eine erhebliche Aenderung nicht zu erfahren brauchen; nur die Theorie der Kreiselpumpen ist durch Berücksichtigung neuerer Untersuchungen wesentlich vervollständigt worden. Dagegen hat in der Wiedergabe von Konstruktionen und praktischen Angaben eine umfassende Umarbeitung der ersten Auflage stattgefunden; veraltete Konstruktionen und Angaben wurden beseitigt und neuere bewährte Einrichtungen an ihrer Stelle besprochen und diese Mittheilungen durch Betriebsangaben thunlichst ergänzt. Die dadurch entstandene Vermehrung des Stoffes, wie auch insbesondere die Einfügung einer bedeutend grösseren Zahl von Figuren gegenüber der ersten Auflage bedingten einen etwas erweiterten Umfang des Buches; auch die früher beigegebenen Tafeln sind zum Theil durch neue ersetzt worden.

In der erfolgten Neubearbeitung giebt der Inhalt der zweiten Auflage den Stand der Pumpentechnik am Anfang des Jahres 1897 wieder.

Auch diesmal haben Fabrikanten und Konstrukteure den Verfassern ein reichhaltiges und in der praktischen Anwendung bewährtes Material zur Verfügung gestellt; für diese bereitwillige Unterstützung sagen dieselben auch an dieser Stelle verbindlichen Dank.

Charlottenburg-Nürnberg, im Juni 1897.

Konrad Hartmann. **J. O. Knoke.**

Inhaltsverzeichniss.

Einleitung.

Das Fördern einer Flüssigkeit auf eine gegebene Höhe bedingt, dass einerseits das Gewicht der Flüssigkeit auf letztere gehoben und anderseits die Trägheit der Flüssigkeitsmasse überwunden, also derselben eine gewisse Geschwindigkeit ertheilt wird; zugleich müssen die der Bewegung entgegenwirkenden schädlichen Widerstände oder Nebenhindernisse überwunden werden. Als Pumpen können nun diejenigen Maschinen und Apparate bezeichnet werden, durch welche unmittelbar Flüssigkeit gehoben wird, und unterscheiden sich die verschiedenen Arten von Pumpen durch die Art und Weise, in welcher die Flüssigkeit veranlasst wird, sich auf eine gegebene Höhe zu bewegen.

Schon vor Jahrtausenden wurden sinnreiche Vorrichtungen erfunden, welche insbesondere der Wasserhebung zum Zweck der Wasserversorgung für häusliche und landwirthschaftliche Bedürfnisse dienten. Ein klares Bild über diese Anfänge und über die bis in die neuere Zeit erfolgte Entwickelung des Pumpenbaues gibt Professor Dr. Rühlmann's „Allgemeine Maschinenlehre" Bd. 4. Diese Beschreibung zeigt, dass die zur Zeit in Anwendung befindlichen Pumpen zum grössten Theil nichts Anderes als verbesserte Formen der von den ältesten Kulturvölkern bereits benutzten Wasserhebevorrichtungen sind; manche Pumpenarten haben sich durch viele Jahrhunderte bis in die Neuzeit fast unverändert erhalten.

Die Pumpen bewirken eine Ortsveränderung der Flüssigkeit. Diese kann am einfachsten dadurch erhalten werden, dass man die Flüssigkeit in Gefässe schöpfen und mit diesen heben lässt; in dieser Weise wirkt ein Theil der als Schöpfwerke bezeichneten Maschinen. Eine zweite Art der Flüssigkeitsförderung kennzeichnet sich dadurch, dass auf die in einem Behälter befindliche Flüssigkeit ein Druck ausgeübt wird, welcher die sämmtlichen Widerstände der Förderung zu überwinden vermag. Dieser Druck kann in verschiedener Weise erzeugt werden: durch einen festen Körper, eine Flüssigkeit oder ein Gas. Im ersten Fall kann der treibende feste Körper durch den Behälter bewegt werden, ohne an denselben dicht anzuschliessen; Vorrichtungen dieser Art geben einen zweiten Theil der insbesondere als Schöpfwerke bezeichneten Pumpen. Wird der treibende feste Körper jedoch als ein gegen den Behälter luftdicht abschliessender Kolben gebildet, so entstehen die Kolbenpumpen. Das Heben einer Flüssigkeit durch den Druck einer anderen kann dann eintreten, wenn die letztere spezifisch schwerer ist als die erstere; es wird nur selten hiervon Gebrauch gemacht, z. B. zum Heben von Oel durch Einleiten von Wasser in den Oelbehälter. Dagegen wird der Druck eines Gases in mehreren Pumpenarten ausschliesslich zur Flüssigkeitsförderung benutzt und können als treibendes Gas die Luft in natürlichem oder verdichtetem Zustande, gespannte Gase oder Dämpfe zur Verwendung kommen. Die dritte Weise der Flüssigkeitsförderung besteht darin, dass der Flüssigkeit eine gewisse Geschwindigkeit ertheilt und die damit erzeugte lebendige Kraft der Flüssigkeit selbst zur Ueberwindung der Widerstände der Förderung benutzt wird. Die lebendige Kraft kann der Flüssigkeit ertheilt werden: durch eine rasch bewegte Fläche oder durch einen mit grosser Geschwindigkeit sich bewegenden Strahl einer Kraftflüssigkeit, als welche Dampf, Wasser oder verdichtete Luft gewöhnlich verwendet werden. Im ersten Fall kann die rasch bewegte Fläche der Behälter selbst sein, in dem die Flüssigkeit sich befindet, wobei dieselbe vorher durch die treibende Fläche geschöpft worden ist. In dieser Weise wirkt der dritte Theil der Schöpfwerke und das als „hydraulischer Hohlstab" bezeichnete Geräth; oder die treibende Fläche wird in dem feststehenden Behälter in rasche Bewegung versetzt. Von geringer Bedeutung ist eine vierte Weise der Flüssigkeitsförderung, bei welcher man die Kapillarität benutzt, die also auf dem Zusammenwirken der zwischen den Wänden eines Haarröhrchens und der Flüssigkeit wirkenden Adhäsion und der zwischen den Flüssigkeitstheilchen bestehenden Kohäsion beruht. Auf diese Weise kann für untergeordnete Zwecke, z. B. bei Wasserverdunstungsapparaten zum Zwecke der Luftbefeuchtung, ein Heben der Flüssigkeit an dazu geeigneten Fasern erhalten werden.

Aus vorstehenden Ausführungen ergibt sich nun folgende

Eintheilung der gebräuchlichen Pumpen oder Flüssigkeitshebevorrichtungen.

I. Flüssigkeitshebevorrichtungen, durch welche die Flüssigkeit in Gefässe geschöpft und in diesen gehoben wird: Schöpfwerke mit Gefässen;

II. Flüssigkeitshebevorrichtungen, bei welchen auf die Flüssigkeit in dem dieselbe enthaltenden Behälter ein die Widerstände der Förderung überwindender Druck ausgeübt wird:

1. derselbe wird durch eine bewegte Fläche erzeugt, welche gegen den Behälter nicht dicht abschliesst: Schöpfwerke mit treibenden Flächen;
2. der Druck wird durch einen luftdicht gegen den Behälter abschliessenden Kolben hervorgebracht: Kolbenpumpen;
3. es wird allein der Luftdruck benutzt: Saugheber;
4. der Druck wird durch Pressluft ausgeübt: Luftdruckapparate, Schraubenpumpen;
5. es wird der Druck von gespannten Gasen benutzt: Gasdruckapparate;
6. derselbe wird durch gespannten Dampf hervorgebracht: Pulsometer, Dampfwasserheber;

III. Flüssigkeitshebevorrichtungen, bei welchen der Flüssigkeit eine gewisse Geschwindigkeit ertheilt und die so erzeugte lebendige Kraft der Flüssigkeit selbst zu ihrer Erhebung benutzt wird; diese lebendige Kraft kann erzeugt werden:
1. durch rasche Bewegung des Flüssigkeitsbehälters selbst: Schöpfwerke mit Wurfbewegung, hydraulischer Hohlstab;
2. durch ein in einem feststehenden Behälter schnell sich drehendes, mit Schaufeln besetztes Rad: Schleuder- (Centrifugal-) und Kreisel-Pumpen;
3. durch einen Strahl Presswasser: hydraulischer Widder, Wasserstrahlpumpe;
4. durch einen Strahl gepresster Luft: Luftstrahlpumpe;
5. durch einen Strahl gespannten Dampfes: Injektor, Dampfstrahlpumpe;
6. durch explodirende Gase.

Der Zweck des vorliegenden Werkes ist, die verschiedenartigen Flüssigkeitshebevorrichtungen, soweit sie praktische Bedeutung erlangt haben, in ihren neueren Ausführungen und auf Grund neuerer Untersuchungen zu beschreiben und ihre Wirkungsweise zu erläutern.

Die Schöpfwerke.

Die Förderung von Flüssigkeiten durch *Schöpfen* geschieht mit Hülfe von offenen Gefässen, welche in die Flüssigkeit eingetaucht werden, sich füllen und gehoben werden, oder mit Hülfe von bewegten Flächen, welche die Flüssigkeit in einem festliegenden Gerinne oder Leitkanal aufwärts schieben. In beiden Fällen kann durch erhöhte Geschwindigkeit des bewegten Gefässes oder der bewegten Fläche zugleich auch ein *Werfen* oder *Schleudern* der Flüssigkeit eintreten und damit eine grössere Förderhöhe erzielt werden, als sie unmittelbar durch den Weg des Gefässes oder der Fläche gegeben ist. Bei einzelnen der nachgenannten Vorrichtungen wird hiervon Gebrauch gemacht.

Die Werkzeuge und Maschinen zur *Hebung durch Gefässe* sind:

Der *Handeimer*, der *Eimer* (Zuber, Kasten) *an der Stange, dem Seile oder der Kette*, die *Wurfschaufel*, die *Schwungschaufel*, der *Wipptrog*, das *Eimer- oder Kastenwerk* (Eimerkette, Eimer- oder Kastenkunst, Noria), das *Schöpfrad* (Eimer-, Zellen- oder Kastenrad), das *Trommelrad* (Tympanum), das *Schneckenrad* und die *Wasserschnecke* (Tonnenmühle).

Die Werkzeuge und Maschinen zur *schöpfenden Förderung durch bewegte Flächen* sind, abgesehen von der Wurfschaufel, die auch in diese Gruppe gerechnet werden kann:

Die *Wasserwippe* (Schwungschaufel mit fester Aufstellung), das *Schaufel- oder Scheibewerk* (Schaufel- oder Scheibekunst, Püschelkunst, Kettenpumpe), das *Wurfrad* (auch Schöpfrad genannt), das *Pumprad* und die *Wasserschraube* (holländische Wasserschraube).

Der Handeimer. Das die Flüssigkeit aufnehmende Gefäss ist gewöhnlich ein hölzerner oder lederner Eimer von 10 l Inhalt. Derselbe kann von einem Arbeiter in der Minute etwa 15 mal gefüllt und bis auf 1,2 m gehoben werden, so dass die Nutzleistung eines Arbeiters in der Sekunde etwa 3 mkg beträgt, also gering ist. Zur Bewältigung einer grösseren Hubhöhe sind zwei oder mehrere Arbeiter nothwendig, welche auf verschiedenen Höhen aufgestellt, die Eimer einander zureichen. Um das beim Schöpfen mittels des Handeimers nothwendige Bücken des

Körpers zu vermeiden, kann der Eimer an eine Stange befestigt und durch diese bewegt werden. Neuere Formen des Eimers an der Stange zeigen die Fig. 1 und 2. Die Tragstange greift an dem Gefässe entweder unmittelbar durch ein Gelenk, wie Fig. 1 zeigt, oder mittelbar durch eine Klaue an, wie Fig. 2 verdeutlicht; letztere Form wird für grössere Gefässe, wie sie zum Schöpfen aus Gruben, Brunnen u. dgl. geeignet sind, angewendet und bedingt eine stets wagerechte Lage des Gefässes, so dass bei beliebiger Neigung der Tragstange ein Ausgiessen der geschöpften Flüssigkeit verhütet wird. Für den gleichen Zweck ist bei der in Fig. 1 angegebenen Form ein Anschlag angebracht, welcher bei wagerechter Lage der Tragstange das Gefäss auch wagerecht hält.

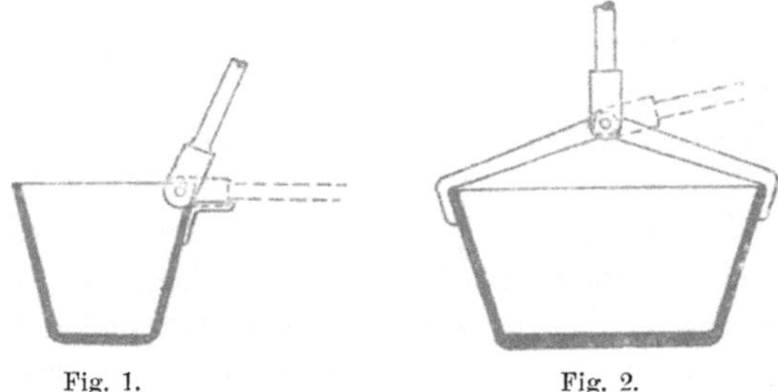

Fig. 1. Fig. 2.

Der Eimer am Seil oder an der Kette wird zur Ueberwindung grösserer Förderhöhen verwendet. Hierbei kann das Seil an den längeren Arm eines ungleicharmigen, in einem Schwengelbock gelagerten Hebels oder Schwingbaumes gehängt werden, dessen kurzer Arm mit einem Gegengewicht versehen ist, durch welches ein Theil der zu hebenden Last ausgeglichen wird, so dass der über dem Flüssigkeitsbehälter, aus welchem geschöpft wird, stehende Arbeiter zum Niederziehen des entleerten Eimers etwa die gleiche Kraft wie zum Hochziehen des gefüllten aufzuwenden hat. Durch diese zum Ausschöpfen von Baugruben oder für Bewässerungszwecke dienende Anordnung können leicht Hubhöhen von 4 m bis 6 m überwunden werden.

Bei den Ziehbrunnen wird der Eimer an einem Seile oder einer Kette gewöhnlich mittels eines Haspels gehoben; dieses Wasserziehen am Haspel kommt auch in Ausnahmefällen bei der Wasserhaltung im Bergbau vor; in diesem Fall fasst der Kübel 0,06 cbm bis 0,12 cbm. Für grössere Wassermengen und grössere Hubhöhen wird dann auch wohl die Förderung mit Hülfe der gewöhnlichen Fördermaschinen in an das Förderseil gehängten oder auf die Förderschale gestellten Tonnen oder Kästen aus Holz oder Blech bewirkt, welche im letzteren Falle auch als besondere Wasserwagen angeordnet werden. Die Füllung geschieht durch Eintauchen der Gefässe in das im Sumpf gesammelte Wasser oder aus einem Sammelbehälter durch einen Schlauch; im letzteren Falle wird das Gefäss vielfach mit einem sich selbstthätig öffnenden und beim Aufheben schliessenden Bodenventil versehen; die Entleerung erfolgt durch Umstürzen oder mittels eines Austrittsventils. Der Inhalt einer Tonne oder eines Kastens beträgt bis zu 3 cbm.

Diese Wasserhebung am Förderseil wird entweder zur dauernden oder zur vorübergehenden Wasserbewältigung verwendet; im ersteren Falle zur Ersparung der Pumpenanlagen bei geringem Wasserzufluss, im zweiten Fall als Aushülfe beim Sümpfen ersoffener Gruben. Diese Art der Wasserförderung ergibt namentlich für grössere Höhen einen geringen Wirkungsgrad, da mit der Förderhöhe die Wasserverluste durch Schwanken der Gefässe und Undichtheit der Ventile wachsen; bei geringer Förderhöhe haben die Zeitverluste durch Füllen und Entleeren grossen schädigenden Einfluss auf die Nutzleistung; die Betriebskosten werden wegen der Abnützung der Gefässe und Förderseile verhältnissmässig hoch.

Die Wurfschaufel ist ein hölzerner oder eiserner Löffel mit einem Stiele von 1 m bis 1,5 m Länge, mittels dessen der Arbeiter die schöpfende oder schiebende Bewegung des Werkzeuges ausführt, welche gewöhnlich mit solcher Geschwindigkeit erfolgt, dass in Folge der der Flüssigkeit ertheilten lebendigen Kraft zugleich ein Schleudern oder Werfen eintritt. Die Wurfschaufel wird auch in der Weise benutzt, dass sie an dem Boden eines auszuschöpfenden Behälters entlang geschoben wird und hierauf durch schnelle Bewegung die Flüssigkeit heraus- und wegschleudert. Ein Arbeiter kann mit der Wurfschaufel die geschöpfte Flüssigkeit etwa 0,9 m hoch und 1,8 m weit werfen.

Für die Förderung grösserer Flüssigkeitsmengen wird die Schaufel mittels eines Seiles an einem etwa 2,7 m hohen und 1,8 m von dem Abflussgerinne aufgestellten Gerüst aufgehängt und so die Schwungschaufel gebildet. Die üblichen Abmessungen des eigentlichen Schöpfgefässes sind: Länge 0,5 m bis 0,6 m, Breite 0,3 m, Tiefe 0,2 m. Die Förderung geschieht entweder derart, dass ein Arbeiter die Schaufel an dem 3 bis 4 m langen Stiele vor sich her stösst, hierbei etwa 15 l Flüssigkeit schöpft und diese etwa 1 m hoch und 2 m weit fortwirft. Oder es wird das Gefäss von zwei Arbeitern an Seilen rasch durch die Flüssigkeit gezogen, wobei jedesmal etwa 25 l geschöpft und etwa 1,1 bis 1,5 m hoch und 2 m weit fortgeschleudert werden; ein dritter Arbeiter handhabt dabei den Stiel. Bei dieser Anordnung können in der Minute etwa 28 Würfe erfolgen, so dass sich die Nutzleistung der drei Arbeiter zusammen in der Sekunde zu 13 bis 17 mkg ergibt.

Der Wirkungsgrad der Wurf- und Schwungschaufel ist wegen der hier auftretenden Stosswirkung gering, jedoch werden diese Werkzeuge wegen ihrer Einfachheit namentlich im Bauwesen gern zur Wasserförderung benutzt, vorausgesetzt, dass kleine Wassermengen bei geringen Hubhöhen zu fördern sind und nur kurze Zeit geschöpft zu werden braucht.

Der Wipptrog ist ein flaches, mit einem nach innen sich öffnenden Bodenventil versehenes Gefäss, welches an einem Ende auf einem Bock drehbar gelagert ist und mit dem anderen in die zu fördernde Flüssigkeit eingetaucht wird. Hierbei dringt letztere durch das Ventil in den Trog; beim Aufheben des letzteren schliesst sich das Ventil und die geschöpfte Flüssigkeitsmenge fliesst am gelagerten Ende in das Abflussgerinne. Zur Erzielung einer Doppelwirkung und zur Ausgleichung des Troggewichtes kann die Drehachse in der Mitte des Troges angeordnet werden, dann erhält derselbe eine Scheidewand und zu beiden Seiten derselben je eine seitliche Ausflussöffnung. Die Verwendung des Wipptroges ist nur noch selten; die erreichbare Hubhöhe und der Wirkungsgrad sind gering.

Bei dem Eimer- oder Kastenwerk sind die aus Holz oder Blech hergestellten Schöpfgefässe an einer oder zwei endlosen Ketten befestigt, welche über eine Trommel oder ein Triebstockrad oder über Kettenscheiben gelegt werden. Die Gefässe tauchen am unteren Ende des lothrecht oder geneigt aufzustellenden Schöpfwerkes in die zu fördernde Flüssigkeit ein, füllen sich und giessen am oberen Ende in das Abflussgerinne aus. Gewöhnlich laufen zwei langgliedrige Ketten neben einander, wobei die Kasten selbst als Glieder eingeschaltet oder an querlaufenden Verbindungstheilen der Kette befestigt sind. Statt der Ketten können auch Seile verwendet werden, ferner können diese Zugorgane auch am unteren Ende des Schöpfwerkes über Rollen gelegt werden, wie es im Besonderen bei der geneigten Förderung nothwendig wird. Eine Anordnung dieser Art, von C. Ax in Duisburg ausgeführt, zeigen die Fig. 3 und 4. Die endlosen Ketten a sind oben über zwei verzahnte, unten über zwei glatte Rollen gelegt; erstere sind auf der Welle b, welche von Hand oder einer Kraftmaschine aus in Drehung versetzt wird, festgekeilt; letztere laufen lose auf einer Achse c, deren Lager mit dem der Welle b durch Streben d verbunden sind, wenn das ganze Schöpfwerk um die Welle b drehbar sein soll, um für verschiedene Höhe der zu fördernden Flüssigkeit den Neigungswinkel α ändern zu können. Wird dies nicht verlangt, soll das Schöpfwerk feststehend angeordnet werden, so sind die Streben d überflüssig und die Lager der Achse c von denen der Welle b unabhängig.

Die Verbindungen der Blecheimer mit den Ketten a geschieht in ausgegebenen Weise durch in letztere eingeschweisste Ohrenglieder, welche Querstangen tragen, an welchen die Gefässe drehbar aufgehängt sind. Hierdurch hängen sich dieselben stets lothrecht, wodurch ein vorzeitiges Ausgiessen geschöpfter Flüssigkeit vermieden wird. Das Entleeren findet statt, indem die Eimer mit ihrem Boden an die Welle b stossen und beim Weiterbewegen des Aufhängepunktes umkippen. Um bei grösserer Hubhöhe ein Schwanken der freitragenden Ketten auf der Tragseite zu verhindern, werden die Ketten durch auf den Streben gelagerte Tragrollen e unterstützt, auch ist es rathsam, die Lager der Welle b in den Streben d

verstellbar zu machen, um die Ketten spannen zu können. Um das Aufstreichen der Gefässe sowie der unteren Rollen auf dem Boden zu verhüten, können ausserhalb der Streben Scheiben auf der Achse *c* angebracht werden, welche sich auf den Boden stützen und gleichzeitig dazu dienen, einen Theil des Eigengewichtes der Vorrichtung zu tragen.

Bei den gewöhnlichen Eimerwerken sind die Gefässe unbeweglich an der Kette oder dem Seil befestigt; die Entleerung erfolgt in eine Rinne, welche entweder senkrecht oder parallel zur treibenden Welle abführt. Im

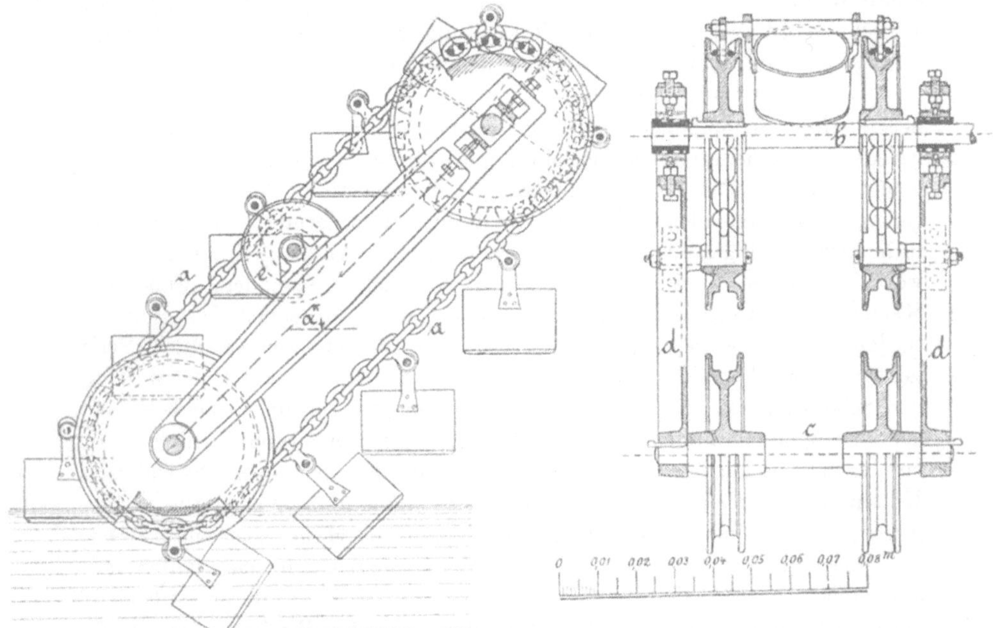

Fig. 3. Fig. 4.

letzteren Falle ist dann nur ein Treibrad, als Schildrad mit einseitig vorstehenden Triebstöcken angeordnet, vorhanden. Das Ausgiessen kann an den aufwärts oder an den abwärts sich bewegenden Gefässen erfolgen. Bei den unbeweglich an der Kette befestigten Gefässen hindert die im Augenblick des Eintauchens die in diesen befindliche Luft das Eindringen der Flüssigkeit; um dies zu verhüten, wird am Boden des Gefässes ein Ventil angebracht, welches sich durch sein Eigengewicht beim Abwärtsgehen des Gefässes selbstthätig öffnet und bei der Aufwärtsbewegung schliesst. Ein anderer Uebelstand, darin bestehend, dass beim Entleeren der Gefässe Flüssigkeit neben die Abflussrinne fällt und damit sowohl ein beträchtlicher Flüssigkeits- wie Arbeitsverlust entsteht, wird durch Anbringen einer Leitrolle verhütet, welche die niedergehende Kette so weit zurückdrängt, dass die Rinne nahe unter das ausgiessende Gefäss gerückt werden kann. Ein weiterer Arbeitsverlust entsteht dadurch, dass die Flüssigkeit höher gehoben werden muss, als die Hubhöhe angibt; dieser kann zum grössten Theile durch die schon erwähnte Entleerung am aufwärts laufenden Kettentrum vermieden werden, wobei die Kästen an der Kette so beweglich sein müssen, dass sie durch Anstossen an einen am Abflussgerinne angebrachten Anschlag sich drehen und dabei entleeren.

Die Geschwindigkeit der Eimerkette darf nicht zu gross genommen werden, da sonst das Auflegen der Kette auf die Räder oder Trommeln, das Schöpfen und Ausgiessen nicht regelrecht erfolgt; es wird daher die Fördergeschwindigkeit nur bis zu 1 m in der Sekunde gewählt. Der Wirkungsgrad eines Eimerwerks beträgt etwa 0,6 bis 0,7. Die Verwendung zur Flüssigkeitsförderung ist selten geworden und werden solche

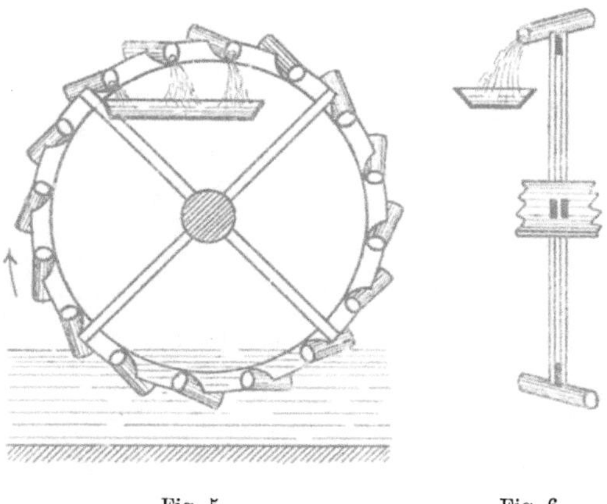

Fig. 5. Fig. 6.

Schöpfwerke meist nur noch zum Heben sehr unreiner, schlammiger Flüssigkeiten, sowie bei Bewässerungsanlagen von Ländereien gelegentlich angewendet.

Bei dem Schöpfrade sind die Fördergefässe am Umfange eines von einer Kraftmaschine in stetige Drehung versetzten Rades fest oder beweglich angebracht. Solche Räder werden im Besonderen für Bewässerungszwecke angeordnet; wenn hierbei aus einem fliessenden Gewässer geschöpft wird, so erfolgt der Betrieb des Schöpfrades gewöhnlich entweder durch ein auf der Welle desselben angebrachtes Schaufelrad oder der Kranz des Schöpfrades ist unmittelbar mit Schaufeln besetzt, gegen welche das fliessende Wasser stösst. Die Fig. 5 bis 17 zeigen verschiedene Formen des Schöpfrades. Das sogenannte chinesische Schöpfrad ist, wie Fig. 5 und 6 es verdeutlichen, mit röhrenartigen Gefässen versehen, welche, um seitliches Ausgiessen zu erreichen, unter einem Winkel von etwa 25° gegen den Radumfang befestigt sind. Bei

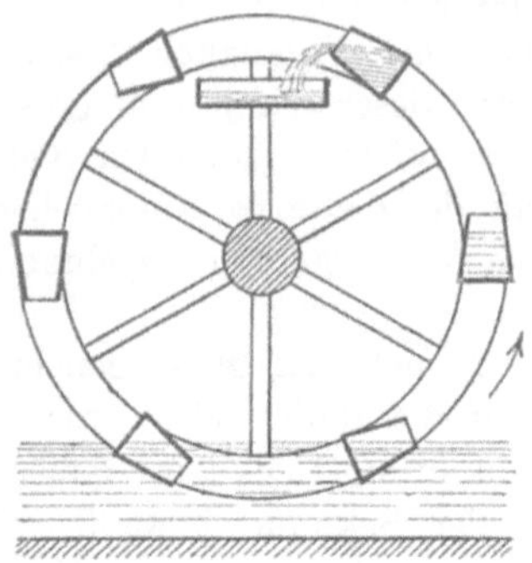

Fig. 7.

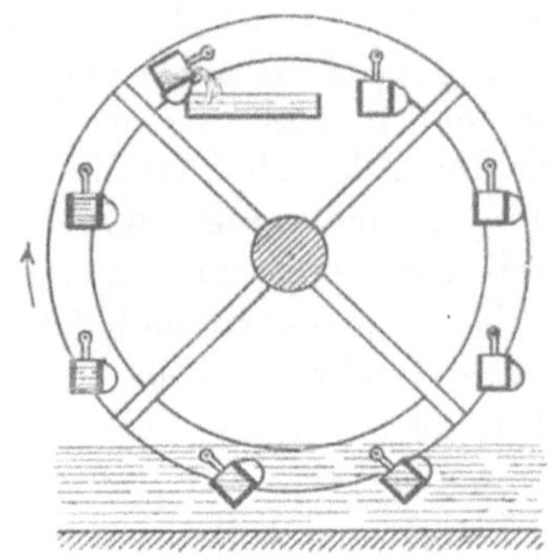

Fig. 8.

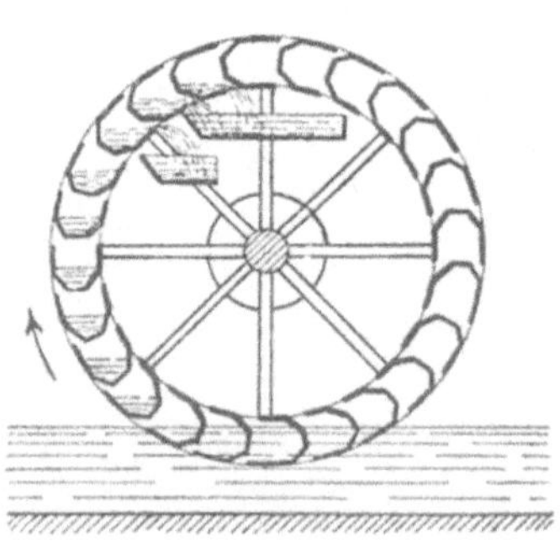

Fig. 9

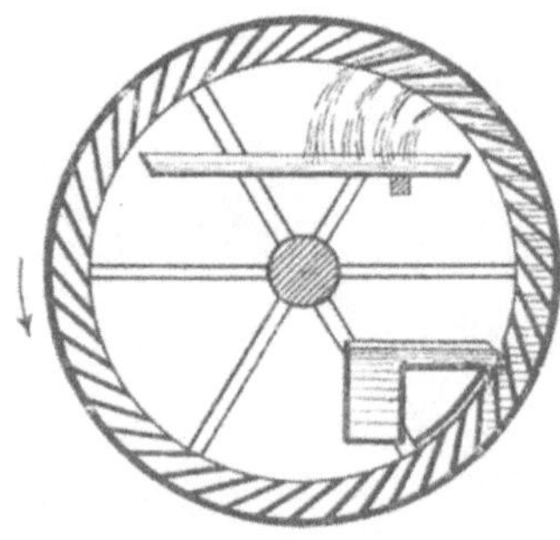

Fig. 10.

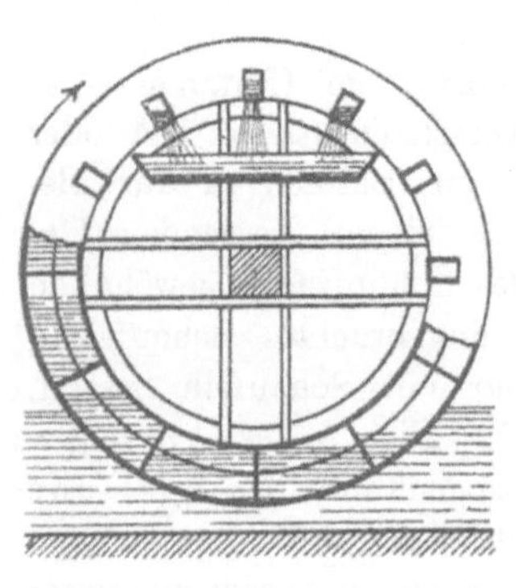

Fig. 11.

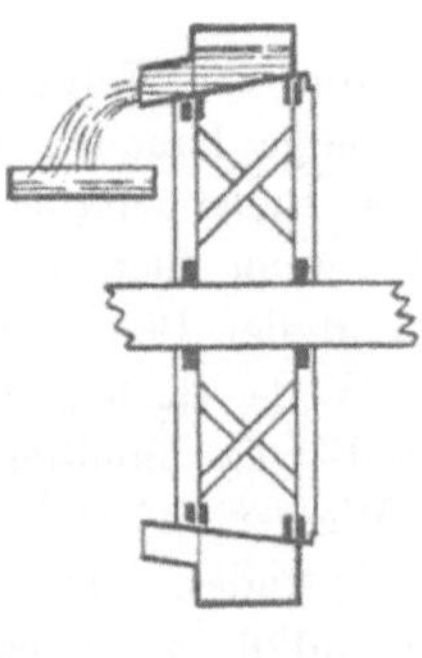

Fig. 12.

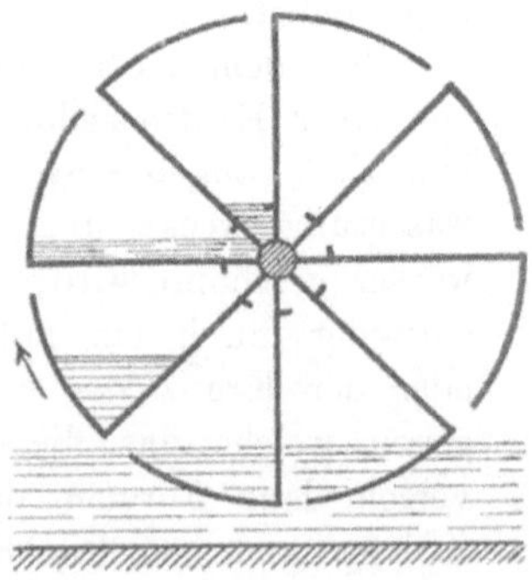

Fig. 13.

dem fränkischen Schöpfrade sind, wie Fig. 7 zeigt, kegelförmige Gefässe am Radkranz so befestigt, dass ihre Mittellinie dem Radumfang parallel liegt. Zu den älteren Formen gehört auch das in Fig. 8 angegebene Rad mit drehbar aufgehängten Eimern. Durch Stoss eines an dem Eimer angebrachten Anschlages gegen das Abflussgerinne erfolgt das Umkippen und damit das Entleeren des Gefässes.

Es kann auch der Radkranz selbst so ausgebildet werden, dass einzelne Zellen entstehen, welche die Flüssigkeit schöpfen und heben.

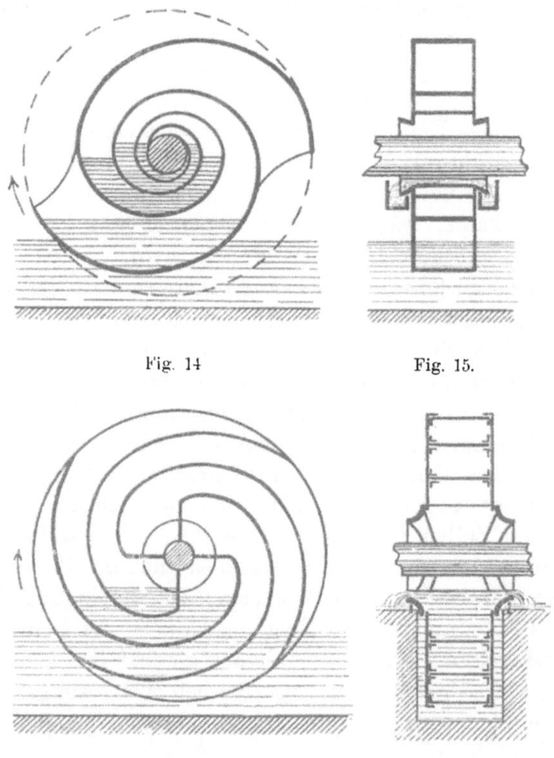

Fig. 14 Fig. 15.

Fig. 16. Fig. 17.

Zu diesen Zellenrädern gehören die in den Fig. 9 bis 17 angegebenen Anordnungen. Bei dem Rad Fig. 9 erfolgt das Entleeren der Zellen durch seitlich von den Armsternen liegende Oeffnungen im Radboden nach zwei Gerinnen, deren Köpfe beiderseitig dicht an die Armsterne treten. Das Rad Fig. 10 ist mit einem Einfluss am inneren Radumfange versehen; an diesem erfolgt auch das Ausgiessen. Die französische Einrichtung, Fig. 11 und 12, zeigt die Bildung der Schöpfzellen durch radiale Scheidewände, der Ein- und Austritt des Wassers erfolgt durch seitliche Oeffnungen.

Das jetzt kaum mehr in Anwendung befindliche Trommelrad, Fig. 13, gehört zu der letztgenannten Gattung der Schöpfräder. Hier ist das ganze Rad zu Zellen ausgebildet, die sich jedoch nur zu einem kleinen Theile füllen; das am äusseren Radumfang geschöpfte Wasser fliesst in ein die Radwelle umgebendes Rohr, aus welchem es seitlich entweicht.

Zweckmässiger als das Trommelrad ist das Schneckenrad, von welchem die Fig. 14 bis 17 zwei Formen angeben. Zwischen zwei seitlichen, auf der Radwelle befestigten Scheiben liegen spiralförmige Wände, deren Formung bei gleichen Radabmessungen eine grössere Fördermenge als das Trommelrad ergibt. Das Ausgiessen erfolgt an der Welle. Das Schneckenrad wird gewöhnlich ganz aus Eisen hergestellt.

Gegenüber dem Eimerrad hat das Schneckenrad den Nachtheil der kostspieligen Ausführung und der bei gleicher Hubhöhe grösseren Abmessungen, da hier die Flüssigkeit nicht ganz bis zur Höhe der Radwelle gehoben werden kann, während beim Eimerrad eine im Verhältniss zum Durchmesser viel grössere Hubhöhe erreicht wird.

Die Tonnenmühle oder Wasserschnecke ist der archimedischen Schnecke nachgebildet, bei welcher eine schraubenförmig gewundene Röhre derart schräg gegen die Wagrechte gestellt wird, dass das untere offene Rohrende in die zu fördernde Flüssigkeit eintaucht. Wird das Rohr in Drehung versetzt, so wird Flüssigkeit geschöpft und diese bewegt sich in den Rohrwindungen aufwärts, wenn das Zurückfallen verhütet wird. Dies geschieht aber dann, wenn die Schraubenwindungen so gegen die Wagrechte geneigt liegen, dass eine mit der Anzahl der Windungen gleiche Zahl von Zellen gebildet wird, welche sich parallel der geneigten Drehachse gewissermassen aufwärts schieben und damit die in ihnen enthaltene Flüssigkeit in die Höhe bewegen. Die Bedingung für diese Wirkung ist, dass die Summe des Neigungswinkels der Schraubenlinie und des Neigungswinkels der Drehachse kleiner als 90^0 ist. Zur Vergrösserung der geförderten Flüssigkeitsmenge bei gleichen Abmessungen dieses Schöpfwerkes können zwei oder mehrere Röhren als mehrgängige Schraube angeordnet werden.

Diese archimedische Schnecke wird kaum noch angewendet, dagegen findet man für Entwässerungszwecke und zum Ausschöpfen von Baugruben noch gelegentlich die Wasserschnecke, bei welcher eine oder mehrere Schraubenflächen um eine Drehachse angeordnet und mit einem cylindrischen Mantel umgeben sind. Die Maschine wird in Holz oder in Eisen ausgeführt. Im ersteren Falle werden die Schraubengänge, wie Fig. 18 und 19 zeigen, aus Brettstücken von etwa 25 mm Dicke gebildet und mindestens 20 mm tief in die hölzerne Welle und etwa 12 mm tief in den aus astfreien kiefernen Dauben von 75 bis 125 mm Breite und 40 bis 50 mm Dicke hergestellten Mantel eingelassen. Der Holzmantel wird durch eiserne Zugbänder in Abständen von 0,6 m zusammengehalten und mittels Werg gedichtet. Die ganze Anordnung wird gewöhnlich noch mit einem Theeranstrich versehen. In eiserner Ausführung werden die Schraubengänge aus Blechplatten nach Mustern ausgeschnitten und durch Winkeleisen mit der gleichfalls aus Blech hergestellten Welle verbunden; wenn letztere in Gusseisen ausgeführt wird, so erhält sie schraubenförmige Rippen, auf welche die Schraubenbleche genietet werden. Es wird dann der Mantel entweder aus Holz hergestellt, wobei die Schraubengänge etwa 12 mm tief in die Dauben eingelassen werden, oder aus Blech gebildet, an welches die Schraubengänge mittels Winkeleisen genietet werden. Die gegenseitige Verbindung der Brettstücke bei der hölzernen Schraube geschieht durch Klammern, die der Bleche bei der Ausführung in Eisen durch Ueberblattungs- oder Laschennietung.

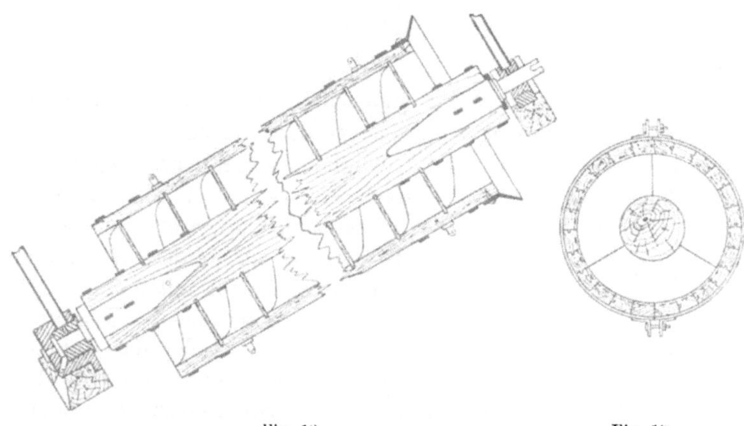

Fig. 18. Fig. 19.

Die Ausführung in Eisen hat derjenigen in Holz gegenüber den Vortheil, dass sie den Witterungseinflüssen besser widersteht, während bei der Holzschnecke durch Austrocknen und Quellen der vielen kleinen Brettstücke sowie der Spindel leicht ein Lockerwerden der Theile eintritt. Andererseits aber ist ein Ersatz schadhafter Theile bei der Holzausführung leichter zu bewirken, weshalb diese noch vielfach der eisernen Anordnung vorgezogen wird.

Die Wasserschnecke wird für Hubhöhen bis zu 4,5 m verwendet, der Neigungswinkel der Welle oder Spindel gegen die Wagrechte zwischen 20^0 und 35^0, gewöhnlich zu 30^0 angenommen. Für Entwässerungszwecke finden sich ziemlich bedeutende Abmessungen; die Ausführungen zeigen Durchmesser des Mantels bis zu 1,75 m und Schraubenlängen bis 10 m. Bei grossen Längen wird die an ihren Enden in Lagern laufende Spindel durch das Eigengewicht und das Gewicht der geschöpften Flüssigkeit stark auf Biegung beansprucht, daher der Mantel durch Rollen unterstützt. Als Halbmesser r der Spindel wird $^1/_3$ bis $^2/_5$ vom Mantelhalbmesser R genommen.

Ist s die Steigung der Schraube, z die Anzahl der Schraubengewinde, a der parallel der Achse gemessene Abstand derselben von einander, werden ferner mit α_a, α_i und α_m die Neigungswinkel der Schraubenlinien am Mantel, an der Spindel und am mittleren Cylinder bezeichnet, so ist s = z a und

$$s = 2\pi R \operatorname{tg} \alpha_a = 2\pi \frac{R + r}{2} \operatorname{tg} \alpha_m = 2\pi r \operatorname{tg} \alpha_i.$$

Der Winkel α_m wird gewöhnlich zu 30^0 gewählt.

Für $r = 0{,}4$ R wird

$$\operatorname{tg} \alpha_a = 0{,}7 \operatorname{tg} \alpha_m = 0{,}4 \operatorname{tg} a_i,$$

für $\alpha_m = 30^0$ wird dann

$$\alpha_a = 22^0, \ \alpha_i = 45^0.$$

Für $s = 2$ R ist $\alpha_a = 17^0\ 40'$.

Um mit einer Umdrehung möglichst viel Flüssigkeit zu fördern, werden mehrere Schraubengewinde angeordnet, jedoch findet deren Zahl ihre Grenze, weil zwischen dem Flüssigkeitsspiegel eines Bogens und der Schraubenfläche des nächsten Bogens ein Luftraum bleiben muss. Ist das nicht der Fall, tauchen die Schraubenflächen stets in den Flüssigkeitsinhalt des darunter liegenden Bogens ein, so werden in der Schnecke einzelne Luftabtheilungen sich bilden, welche nicht miteinander und also auch nicht mit der äusseren Luft in Verbindung stehen. Hierdurch aber treten Aenderungen in der Luftpressung ein, welche das ruhige Fortfliessen der Flüssigkeit in den Gängen hindern und dadurch die Leistung an geförderter Flüssigkeitsmenge wie den Wirkungsgrad vermindern.

Die Bedingung für die stete gegenseitige Verbindung der einzelnen Luftabtheilungen ergibt sich nach Kröhnke (Deutsche Bauzeitung 1876, S. 377) aus der Beziehung:

$$z = \frac{2 r \pi \operatorname{tg} \alpha_i}{2 r \varphi \operatorname{tg} \alpha_i + e}, \text{ wobei } \sin \varphi = \operatorname{tg} \alpha_i \operatorname{tg} \beta.$$

e ist die kürzeste Entfernung zwischen dem Flüssigkeitsspiegel in einem Flüssigkeit haltenden Bogen und der darüber liegenden Schraubenfläche, β ist der Neigungswinkel der Drehachse gegen die Wagrechte. Unter der Annahme von $e = 0{,}01$ m und bei Einsetzung der Mittelwerthe $\beta = 30^0$, $\alpha_i = 45^0$, $r = {}^1/_3$ R, ergibt sich

$$z = \frac{2{,}094 R}{0{,}41 R + 0{,}01},$$

hieraus: $z \leqq 3$ für $R < 0{,}088$ m,
$z \leqq 4$ „ $R = 0{,}088$ m bis $1{,}168$ m,
$z \leqq 5$ „ $R > 1{,}168$ m.

Die Ausführungen zeigen gewöhnlich für kleinere Durchmesser eine zweigängige, für grössere drei- und viergängige Schrauben. Das untere Ende der Schnecke soll bis zu $^1/_2$ bis $^2/_3$ des Durchmessers in die Flüssigkeit eingetaucht werden, um die beste Leistung zu erhalten; wird die Eintrittsöffnung gänzlich untergetaucht, so vermindert sich der Wirkungsgrad, wenn auch nicht in bedeutendem Masse, wie Versuche feststellten.

Die Geschwindigkeit, mit welcher die Schnecke bewegt wird, darf nicht über ein gewisses Mass hinausgehen, da sonst Störungen in der Flüssigkeits-Bewegung eintreten, herrührend sowohl von der Unsicherheit des Schöpfens, wie von dem durch die Centrifugalkraft entstehenden Anhaften von Flüssigkeitstheilen am Mantel. Nach Kröhnke soll die Umfangsgeschwindigkeit am Mantel nicht über 2,25 m betragen, woraus sich die Umdrehungszahl in der Minute zu $n < \frac{21}{R}$ ergibt.

Die Wasserschnecke kann auch zur Hebung von unreinen Flüssigkeiten, schlammigem sandigen Wasser, zweckmässig Verwendung finden und gehört wegen ihres hohen Wirkungsgrades, der 0,75 bis 0,9 beträgt, zu den in Bezug auf Leistung vollkommensten Schöpfwerken.

Die Wasserwippe besteht aus einem gleicharmigen, wagrecht in einem Gerüst gelagerten Hebel, an welchem eine Schwungschaufel lothrecht abwärts hängend befestigt ist. An beiden Hebelarmen sind Zugseile angebracht, mittels deren einige Arbeiter den Hebel in schwingende Bewegung bringen; hierbei bewegt sich die Schaufel durch die zu fördernde Flüssigkeit und schiebt dieselbe in einem Gerinne aufwärts nach dem Abfluss. Durch schnelle Bewegung der Schaufel tritt auch ein Schleudern der Flüssigkeit ein. Damit die Schaufel beim Rückgange ungehindert durch die Flüssigkeit streichen kann, wird sie aus wenigen über einander angeordneten Klappen gebildet, welche sich selbstthätig öffnen, während sie bei der Förderung sich schliessen. Die Wasserwippe wird von 4 bis 6 Arbeitern bedient und können durch sie in der Minute bei 10 bis 12 Spielen 2,2 cbm bis 2,6 cbm Wasser 1,2 m hoch geschoben und geworfen werden. Die Schaufelfläche wird etwa 0,5 m breit und 0,6 m lang gemacht. Wegen des geringen Wirkungsgrades wird die Wasserwippe kaum mehr angewendet.

Bei der Kettenpumpe sind die treibenden Flächen als Scheiben in eine Kette ohne Ende eingeschaltet und bewegen sich in einem feststehenden Rohr von rundem oder rechteckigem Querschnitt oder, wenn die Förderung nicht lothrecht, sondern in schräger Richtung erfolgt, auch wohl in einem oben offenen Gerinne. Bei der geneigten Förderung wird die Kette über zwei Rollen, von welchen die obere getrieben wird, gelegt, durch Verstellen der Lager der Antriebswelle angespannt und auch ihr abwärts gehender Theil wird auf einem Brett oder in einem Gerüst geführt. Bei der lothrechten Förderung ist die untere Rolle überflüssig, wie die in Fig. 20 und 21 dargestellte Bastier'sche Kettenpumpe zeigt.

Die treibende Rolle fasst mittels Triebstöcken oder greiferartigen Armen die Kette oder durch Aussparungen im Kranz die Scheiben selbst. Die Scheiben werden als eiserne oder hölzerne Teller ausgeführt oder, wie es bei der Bastier'schen Anordnung der Fall und durch die Fig. 22

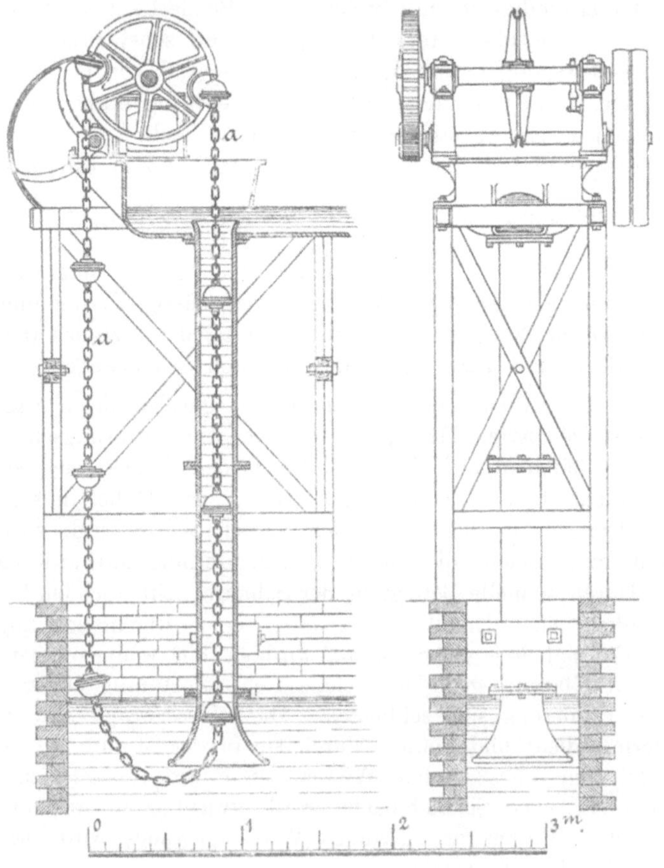

Fig. 20. Fig. 21.

gezeigt ist, als kolbenartige Körper, zusammengesetzt aus einem eisernen Teller, einer Lederscheibe und einem Holzstock. Der Durchmesser der Lederscheibe wird bei Holzröhren, um grosse Reibung zu vermeiden, 2 bis 5 mm kleiner als die Rohrweite genommen, bei eisernen Röhren jedoch genau so gross wie deren Weite, so dass die Flüssigkeitsverluste durch Zurückfliessen nahezu vermieden werden. Statt der Scheiben werden auch Kautschukkörper in der durch Fig. 23 verdeutlichten Form in Anwendung gebracht, wobei der dichte Anschluss an die Steigröhre durch Einschrauben einer kegelförmigen Mutter *a* bewirkt wird, welche den Kautschukkörper b auseinander treibt. Diese Anordnung gewährt noch den Vortheil der sichersten Einführung der Kette in das Steigrohr, welche durch die konische Form des Körpers erreicht wird. Aeltere Anordnungen zeigen die Verwendung ausgepolsterter Kugeln oder Kissen als treibende Flächen.

Bei der geneigten Förderung kann wie bei der Wasserschnecke das untere Ende mittels einer Winde je nach dem Unterwasserstande gehoben und gesenkt werden.

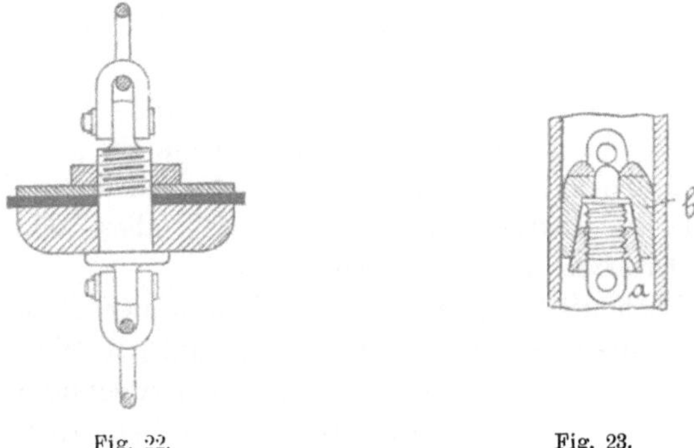

Fig. 22. Fig. 23.

Die Kettenpumpe wird für Hubhöhen bis zu 3 m verwendet; die Weite des Steigrohres wird zu 0,12 m bis 0,15 m genommen; der Scheibenabstand beträgt 0,8 m bis 1 m, die Geschwindigkeit der Kettenbewegung 0,9 m bis 1,2 m. Die Kettenpumpe eignet sich besonders zur Förderung dickflüssiger Substanzen, wie Jauche, Theer, Schlempe u. dgl.

Die W u r f r ä d e r und P u m p r ä d e r werden insbesondere für die Entwässerung tiefliegender Landstrecken verwendet und sind z. B. in Holland und in Norddeutschland grossartige Anlagen zur Ausführung gekommen, bei welchen die Räder durch Dampfmaschinen getrieben werden; kleinere Anlagen zeigen Betrieb durch Windräder. Bei den W u r f - und P u m p r ä d e r n sind die treibenden Flächen als ebene oder gekrümmte Schaufeln am Umfang des Rades befestigt; bei der Drehung tauchen sie in das Innen- oder Unterwasser und schieben dasselbe in einem Gerinne, dem „Aufleiter", aufwärts in den „Mahlbusen". Hierbei fliesst durch die zwischen den äusseren Schaufelkanten und dem Gerinneboden wie zwischen den seitlichen Kanten und den Seitenflächen des Gerinnes vorhandenen Spielräume ein Theil des geschöpften Wassers zurück und kann dieser Verlust bei langsamer Drehung des Rades so gross werden, dass dasselbe nahezu keine Förderung ergibt. Bei grösserer Geschwindigkeit wird der Verlust kleiner, jedoch wird dann dem Wasser durch die schleudernde

Bewegung der treibenden Flächen eine unnöthig grosse Geschwindigkeit ertheilt, so dass ein beträchtlicher Arbeitsverlust eintritt. Es ist daher zweckmässig, die Radgeschwindigkeit so gering zu nehmen, dass eine Wurfbewegung nur im geringen Masse entsteht, gleichzeitig aber die erwähnten Spielräume so klein als möglich zu machen. Durch genauen und steifen Bau des Rades und durch sorgfältige Herstellung des Gerinnes können die Spielräume auf etwa 25 mm und weniger Breite vermindert werden, so dass der quantitative Wirkungsgrad, das ist das Verhältniss der thatsächlich geförderten Wassermenge zur theoretischen, auf etwa 0,9 gebracht wird.

Wurfrad und Pumprad haben nicht allein die Aufgabe, das Wasser zu fördern, sondern sie müssen auch das Zurückfliessen des Aussenwassers in das Innenwasser verhüten. Um jedoch während des Stillstandes das Rad hiervon zu entlasten, wird in dem Kanal, welcher das gehobene Wasser ableitet, ein doppelflügliges Thor, genannt „Wachtthür“, angebracht, welches sich unter dem Druck des gegengedrückten Wassers öffnet, also während des Betriebs offen steht, sich aber während des Stillstandes selbstthätig schliesst (vgl. Fig. 30).

Für die Schaufelformung der Wurf- und der Pumpräder gilt als Bedingung, dass die Schaufel möglichst, ohne auf das Wasser zu schlagen, in dasselbe eintaucht, es in der Richtung der Bewegung vorwärts schiebt und aus dem Aussen- oder Oberwasser wieder heraustritt, ohne Wasser mitzureissen. Da bei den Entwässerungsanlagen, für welche Wurfräder angeordnet werden, jedoch der Wasserstand im Polder (Unter- oder Innenwasser) wie der im Mahlbusen (Ober- oder Aussenwasser) gewöhnlich sehr wechselt, so kann diesen Bedingungen nur für einen vorherrschenden Wasserstand einigermassen entsprochen werden. Es wird daher meistens ein beträchtlicher Kraftverlust beim Eintauchen wie beim Heraustreten der Schaufel entstehen. Im Allgemeinen ist ein fehlerhafter Eintritt der Schaufeln in das Wasser schädlicher als ein ungünstiger Austritt, da im ersten Fall das Wasser durch die Schaufel vom Rad abgedrängt wird. Je grösser der Raddurchmesser ist, desto zweckmässiger lassen sich die Schaufeln gestalten. Malmedie empfiehlt (Prakt. Maschinenconstructeur 1870 S. 225), letztere als ebene Flächen so gegen den Radumfang zu stellen, dass sie beim vorherrschenden Stand des Innen- und Aussenwassers beim Eintauchen denselben Winkel mit dem Spiegel des Innenwassers bilden, wie beim Heraustreten mit demjenigen des Aussenwassers. Hiernach ergibt sich für die gebräuchlichen Verhältnisse ein Winkel der Schaufelrichtung mit dem Radumfang von 60^0 bis 75^0 wie es Fig. 24 u. 25 zeigen, welche die Einrichtung der Wurfräder zu Katwijk aan Zee in Holland verdeutlichen. Nach Malmedie's Vorschlag sind auch die Schaufeln der zwei Pumpräder des Schöpfwerkes zu Fünfhausen a. d. Elbe geformt, nur wurden zur Erhöhung der Festigkeit der Blechschaufeln dieselben

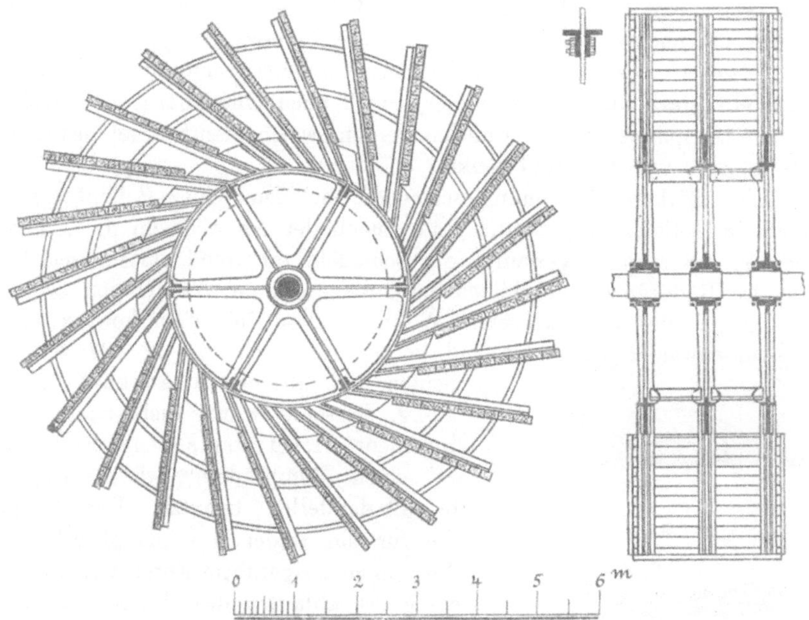

Fig. 24. Fig. 25.

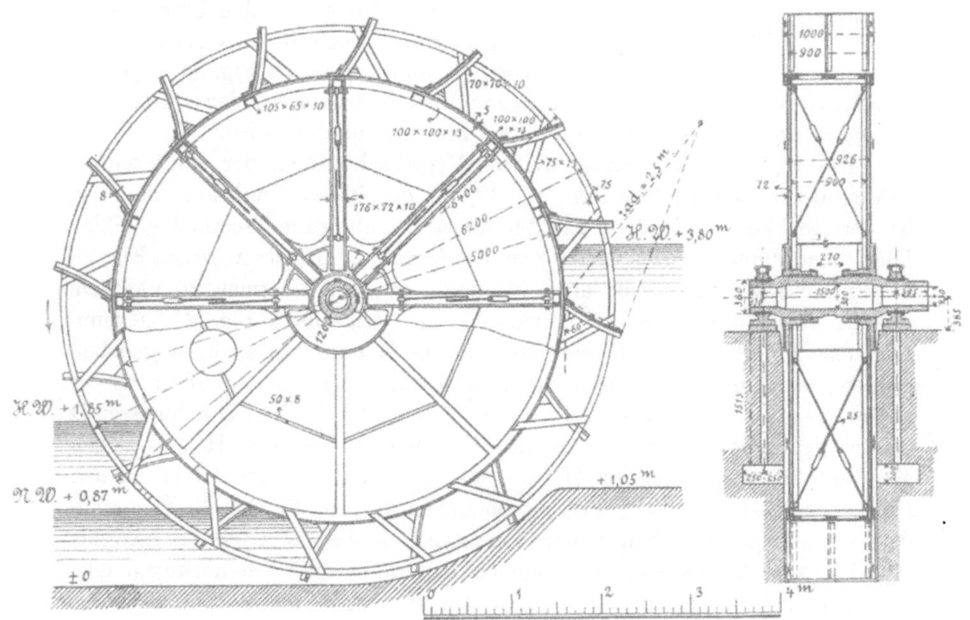

Fig. 26. Fig. 27.

leicht gekrümmt (vgl. Fig. 26 u. 27). Bei dieser Schaufelform wird das Wasser bei höchstem Aussenwasserstand wohl etwas aufgeworfen, jedoch tritt letzterer selten ein. Bei höchstem Innenwasserstand schlagen die Schaufeln stark auf, es kann dies jedoch nach Chizzolini's Vorschlag durch eine Spannschütze vermieden werden, welche den Spiegel des Innenwassers kurz vor dem Rad senkt.

Eine stärkere Krümmung zeigen die bei dem neuen Schöpfwerk zu Gouda in Holland aufgestellten Räder nach der Angabe von J. D. Rijk. Wie Fig. 28 angibt, verlaufen die Schaufeln tangirend am inneren Umfang. des Radkranzes und bilden am äusseren einen Winkel von 30° mit dem Spiegel des Innenwassers. Während diese Schaufeln konvex gegen das Aussenwasser gekrümmt sind, zeigen die durch Fig. 29—34 verdeutlichten Schaufelformen konkave Krümmung. Dieselbe wurde insbesondere vom Ingenieur H. Overmars in Rotterdam bei seinen „Pumprädern", wie sie Fig. 29 bis 32 darstellen, benutzt. Fig. 33 gibt die für die Räder des Schöpfwerkes zu Antwerpen ausgeführte Form, welche wohl ein gutes Ablaufen des Wassers bei dem Heraustreten der Schaufeln aus dem Aussenwasser, dagegen aber beim Eintauchen ein starkes Aufschlagen auf den Innenwasserspiegel ergibt. Auch die nach einer italienischen Ausführung durch Fig. 34 gegebene Schaufelform leidet an dem letztgenannten Uebelstand, der durch Anbringung der Spannschütze allerdings etwas gemindert wird.

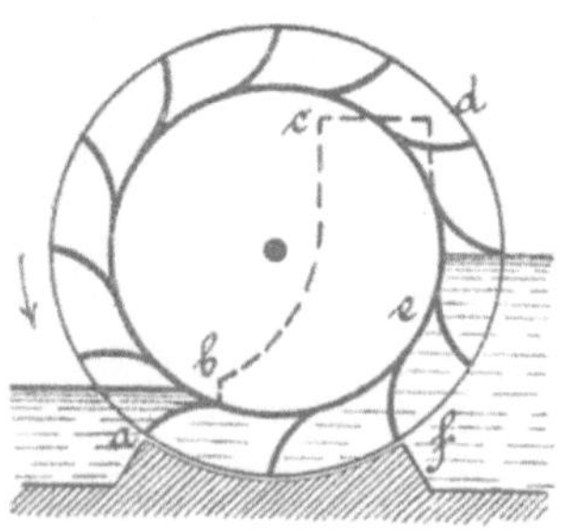

Fig. 28.

Die Fig. 24—34 zeigen weitere Verschiedenheiten der Radformung. Während bei den Rädern Fig. 24, 33, 34 der innere Radkranz offen ist, ist derselbe bei den Rädern Fig. 26, 28 u. 29 als volle Trommel gebildet. Diese Anordnung wurde zuerst von Overmars angegeben (vergl. Fig. 29 bis 32) und wird nunmehr auch bei anderen Schaufelformen zu gleichem Zwecke ausgeführt. Es kann nämlich bei den durch Fig. 24 gekennzeichneten, vielfach ausgeführten Rädern das Wasser nur so hoch gehoben werden, dass es nicht durch die Innenkanten der Radschaufeln wieder zurückfliesst. Es wird also bei diesen Rädern der äussere Durchmesser D beträchtlich grösser sein müssen als die doppelte Hubhöhe H und zeigen die Ausführungen auch für $H = 1$ bis 4 m, $D = 5$ bis 10 m. Nach Foster soll $D = 5{,}43 \sqrt{t + h}$ genommen werden, wenn t die Eintauchtiefe in den gewöhnlichen Unterwasserstand, h die Höhe von diesem bis zum höchsten Oberwasserstand bezeichnet. Italienische Ausführungen entsprechen dieser Formel, holländische haben etwas kleinere Durchmesser. Für $H > 3$ m empfiehlt es sich, die Hubhöhe zu theilen und zwei oder

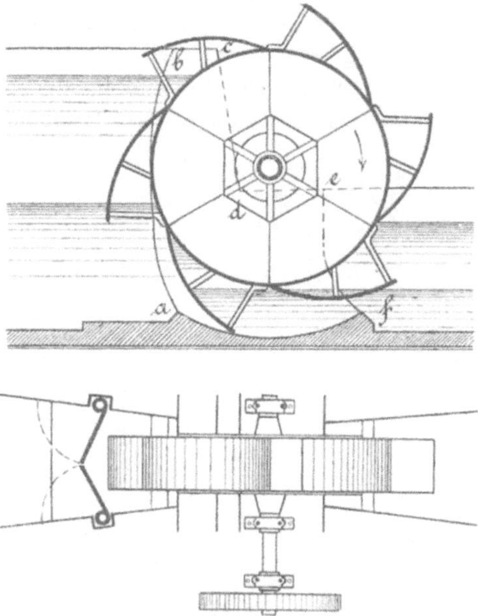

Fig. 29 und 30.

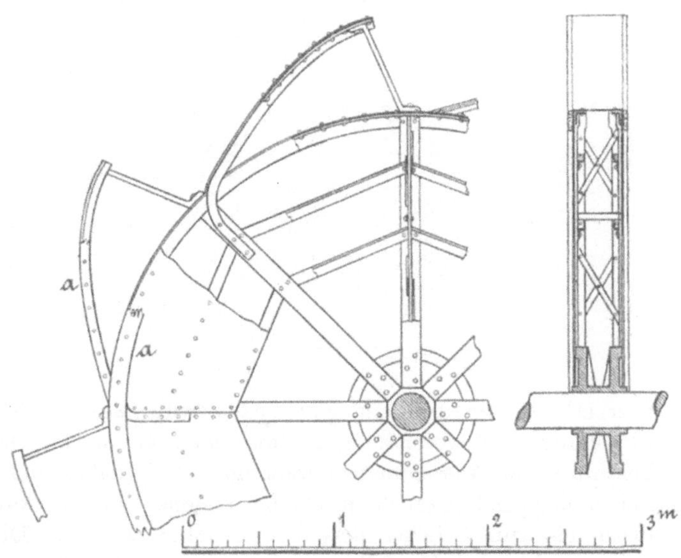

Fig. 31.

Fig. 32.

mehr Wurfräder hinter einander aufzustellen. Bei sehr kleinen Förderhöhen arbeiten die Wurfräder sehr ungünstig, da sie dann das Wasser höher heben als nothwendig ist. Durch theilweise Schliessung des inneren Radkranzes, wie Fig. 33 zeigt, oder durch doppeltgekrümmte Schaufeln (vgl. Fig. 34) kann wohl das Verhältniss der Hubhöhe zum Raddurch-

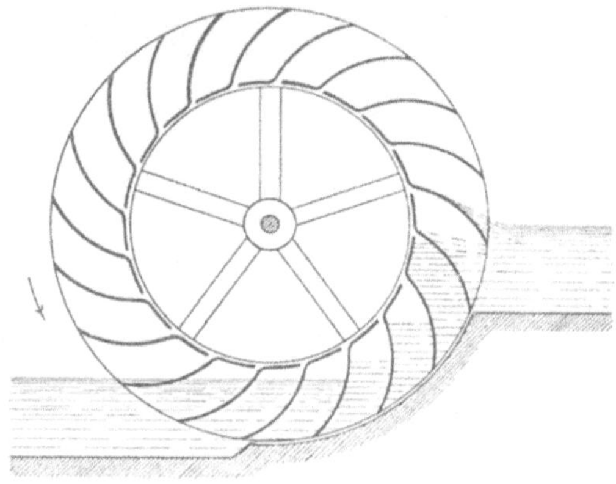

Fig. 33.

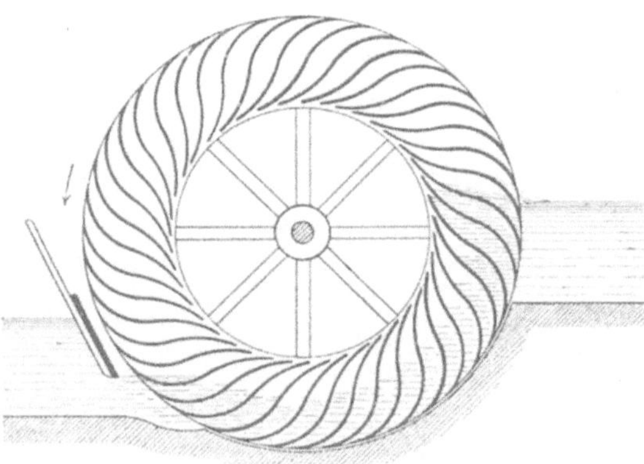

Fig. 34.

messer grösser erhalten werden; am günstigsten wird dieses Verhältniss aber bei Anordnung einer vollständig geschlossenen Trommel. Dann erfolgt der Abschluss des Aussenwassers während des Betriebes nicht allein durch die Schaufeln, sondern auch durch die Trommel und es kann das Wasser nahezu bis zum Scheitel derselben gehoben werden. Die Ausführungen zeigen daher bei Hubhöhen von 3 bis 6 m Durchmesser von 5 bis 8,5 m. Die Trommel muss auch bei niedrigstem Innenwasser noch in dasselbe eintauchen; der hierdurch entstehende Auftrieb entlastet theilweise die Lager, welche jedoch durch das Aussenwasser einen starken Seitendruck erfahren. Diese Räder mit nach innen geschlossenem Radkranz werden als Pumpräder, die Räder mit offenem Radkranz als Wurfräder bezeichnet.

Overmars hat ferner angegeben, einen möglichst dichten Abschluss des Rades gegen das Gerinne bei Holzrädern durch genaues Abdrehen, bei eisernen Rädern durch an die äusseren und seitlichen Schaufelkanten geschraubte Holzleisten von etwa 100 mm bezw. 50 mm Breite und 30 mm Dicke zu bewirken; diese Leisten werden mit versenkten Schrauben befestigt und sauber abgedreht, das Gerinne wird entweder aus harten Quadern, welche geschliffen werden, oder Ziegelsteinmauerwerk mit Cementüberzug gebildet. Im letzteren Fall wird, wenn der Cement noch weich ist, das Rad eingehängt und gedreht, wobei die Leisten dann den Putz so abstreichen, dass ein fast dichter Abschluss erreicht wird. Dies setzt jedoch voraus, dass die Gründung von Rad und Gerinne vollkommen sicher und das Rad sehr steif gebaut ist. Overmars glaubte, auf die angegebene Weise auch eine saugende Wirkung der Schaufeln zu erzielen, jedoch haben die Ausführungen dies nicht ergeben, es zeigte sich vielmehr, um ein Schleifen der Schaufeln am Gerinne zu verhüten, nothwendig, den Spielraum zwischen Rad und Gerinne grösser, etwa 10 mm bis 25 mm, zu nehmen, während man mit 5 mm auszukommen glaubte. Hierdurch aber ergiebt sich wie bei den gewöhnlichen Wurfrädern ein beträchtlicher Wasserverlust, der bis auf 15 bis 20% der geförderten Menge steigen kann.

An Stelle des Aufleiters tritt bei den Rädern mit voller Trommel ein gemauerter Kropf, dessen Länge nur etwas grösser als der Abstand je zweier Schaufeln zu sein braucht. Die dicht an das Rad tretenden Wangenmauern werden nicht länger als der Kropf gemacht und ihre Kanten so gebildet, dass sie sich der Schaufelform anpassen, wie z. B. bei den Fig. 28 und 29 angegeben ist, in welchen die Kanten der Wangenmauern nach den Linien a b c d e f verlaufen. Das an letztere anschliessende Zu- und Abflussgerinne erweitert sich, so dass das Einlaufen des Wassers auch seitlich in die Schaufeln und damit ungehindert erfolgt.

Bei den Wurfrädern bestimmt sich im Allgemeinen die Höhenlage der Oberkante des Aufleiters nach dem niedrigsten Oberwasserstand; bei höheren Wasserständen treten dann durch Rückströmung des Wassers in die den Aufleiter verlassenden, nicht völlig gefüllten Schaufelräume Wirbel ein, welche den Radwiderstand vergrössern. Zur Vermeidung dieses Uebelstandes hat Korevaar einen beweglichen Aufleiter angegeben, der aus einigen, durch Gegengewichte im Gleichgewicht gehaltenen eisernen Klappen besteht, welche bei höherem Wasserstande eine Fortsetzung des festen Aufleiters bilden.

Die Ausführungen zeigen kaum einen Unterschied in der Umfangsgeschwindigkeit der Wurf- und Pumpräder; dieselbe wird bei ersteren zweckmässig zwischen 1 und 2,5 m, bei letzteren zwischen 1 und 1,5 m genommen, woraus sich bei den für Entwässerungsanlagen gebräuchlichen Raddurchmessern eine Umdrehungszahl von 2 bis 5 ergibt. Es muss daher zwischen der Kraftmaschine und der Radwelle eine Umsetzung ins Langsame angeordnet werden, wofür gewöhnlich ein oder zwei Zahnradvorgelege gewählt werden.

Hierdurch wird der Wirkungsgrad der ganzen Anlage vermindert, auch können für den Antrieb nur langsam laufende Dampfmaschinen verwendet werden. Bei italienischen Ausführungen ist vielfach der Antrieb durch einen am Radumfange angebrachten Zahnkranz bewirkt worden. Räder dieser Art lassen sich nach dem bei eisernen Wasserrädern bekannten „Suspensionsprinzip" bauen und werden dann erheblich leichter als Räder, bei denen die Kraftübertragung von der Welle aus stattfindet.

Die gebräuchlichen Abmessungen der Wurfräder sind folgende: äusserer Raddurchmesser 5 bis 10 m, Radbreite 1 bis 3,5 m, Schaufellänge 0,7 bis 2,4 m. Die Schaufelzahl wird gewöhnlich zwischen 28 und 32 genommen; die Räder bei Atfeh in Aegypten haben allerdings 80 Schaufeln. Die Pumpräder erhalten weniger Schaufeln, 6 bis 10, die Schaufeltiefe wird zwischen $^1/_6$ und $^1/_9$ vom äussern Raddurchmesser genommen, letzterer zwischen 5 und 8 m gewählt, die Radbreite ist 1 bis 3 m. Der quantitative Wirkungsgrad beträgt bei den Wurfrädern etwa 0,8, bei den Pumprädern kann er bis zu 0,95 gesteigert werden. Der mechanische Wirkungsgrad, d. i. das Verhältniss zwischen geleisteter und aufgewendeter Arbeit hat sich nach Versuchen an verschiedenen Ausführungen zu 0,5 bis 0,7 bei den Pumprädern unter Umständen noch etwas höher ergeben.

Bei den Wurf- und Pumprädern kann eine Bewältigung verschiedener Wasserstände, wie sie bei den Entwässerungsanlagen auftreten, durch Aufstellung mehrerer Räder neben einander erreicht werden. Bei der grössten Hubhöhe werden dann nur ein oder zwei Räder von der Kraftmaschine, die gewöhnlich eine Dampfmaschine ist, getrieben; bei der kleinsten Hubhöhe werden sämmtliche Räder in Bewegung gesetzt, bei mittleren Hubhöhen entsprechend viel Räder. So ist z. B. bei dem Schöpfwerk zu Gouda in Holland folgende Anordnung getroffen: Es wird mit

6 Rädern bis 0,5 m Hubhöhe,
5 „ „ 0,75 „ „
4 „ „ 1,2 „ „
3 „ „ 1,9 „ „
2 „ „ 2,15 „ „

geschöpft. Hierdurch wird stets nahezu dieselbe Betriebsarbeit der Dampfmaschine beansprucht, die daher entsprechend dieser regelmässigen Leistung zu berechnen ist. Allerdings geht durch das Aus- und Ankuppeln der

Räder Zeit verloren, das Ausschöpfen bestimmter Wassermengen dauert bei grösseren Hubhöhen um so länger und es kann der Betrieb zur schnellen Bewältigung grosser Wassermengen nicht verstärkt werden.

Die Anordnung mehrerer Räder neben einander ist vielfach auch noch deswegen erforderlich, um nicht zu breite Räder zu erhalten, bei welchen die Radwelle zittert und dann entweder die Schaufeln am Gerinne schleifen oder der Spielraum zwischen diesem und dem Rad entsprechend grösser genommen werden muss.

Die älteren Wurfräder sind ganz in Holz mit ebenen Schaufeln ausgeführt. Einige Arme umfassen die Holzwände und sind an den Kreuzungsstellen in einander verzapft und noch durch doppelte Riegel und Reifen mit einander verbunden, welche zur Befestigung der übrigen Schaufeln dienen; auch ältere Overmars'sche Räder zeigen Holzbau. Bei den neueren Ausführungen wird zum Bau nur Eisen verwendet, ausgenommen für die ebenen Schaufeln, welche gewöhnlich aus Holz hergestellt werden.

Eine Anordnung der letzten Art ist für die 6 Wurfräder des Schöpfwerkes zu Katwijk aan Zee zur Ausführung gekommen. (Vgl. Fig. 24 u. 25.) Die Dampfmaschine von 615 e Nutzleistung steht in der Mitte der Anlage und treibt durch zwei Zahnradvorgelege zwei schmiedeeiserne Wellen, auf welchen je 3 Räder von 9 m Durchmesser und 2,45 m Schaufelbreite sitzen und deren Dicke von 510 mm am ersten Rade bis auf 410 mm am letzten abnimmt. Jedes Rad ist mit drei gusseisernen, durch Winkeleisen gegenseitig verbundenen Armsternen versehen, an deren Kranz schräg zum Umfange Winkeleisen befestigt sind, auf welche die Schaufelbretter geschraubt werden.

Auch die im Jahre 1885 fertiggestellte grossartige Schöpfwerkanlage zu Atfeh in Aegypten, durch welche zur Bewässerung von Ländereien in 24 Stunden 2500000 cbm Wasser aus dem Nil genommen und je nach dem Stand desselben 0,5 m bis 2,6 m hoch gehoben werden, enthält eiserne Räder mit ebenen Holzschaufeln. Die Anlage wurde als Ersatz eines Pumpwerkes eingerichtet; die vier Zwillings-Balanciermaschinen des letzteren wurden beibehalten und treiben nunmehr 4 Räder von 10 m Durchmesser, von denen zwei 3 m und die anderen 3,6 m breit sind.

Diese Räder tauchen beim niedrigsten Wasserstand 1,7 m tief ein und erhalten eine Umfangsgeschwindigkeit von 2,29 m. Die breiteren Räder haben 5, die schmaleren 4 Armsterne, von denen jeder 10 Arme enthält, die aus U-Eisen gebildet sind. Achtzig Schaufeln aus Tannenholz sind tangential zu einem Kreise von 2 m Durchmesser gestellt und werden durch vier Winkeleisenringe unter einander versteift. Das Kropfgerinne ist in Mauerwerk ausgeführt und mit gusseisernen bearbeiteten Platten so ausgelegt, dass der Spalt zwischen Rad und Gerinne nur 5 mm beträgt. Es sind ferner zwei Verbund-Dampfmaschinen aufgestellt, durch welche weitere vier

Räder von 10 m Durchmesser, 3,6 m Schaufelbreite und 2 m Kranzbreite mit doppeltem Zahnradvorgelege getrieben werden.

Diese Räder tauchen beim niedrigsten Wasserstand 1,2 m tief ein, die Zahl der Schaufeln und die Einrichtung ist gleich der der vorbeschriebenen Räder; die Umfangsgeschwindigkeit beträgt 0,9 m, was einer Umdrehungszahl von 1,91 in der Minute entspricht. Jedes der letztbeschriebenen Räder kann bis zu 144 cbm Wasser bei einer Umdrehung heben, jedes der erstbeschriebenen 146 bezw. 175 cbm.

Räder, welche nahezu vollständig aus Schmiedeeisen hergestellt sind, besitzt das Schöpfwerk zu Fünfhausen a. d. Elbe (vgl. Fig. 26 u. 27). Eine Zwillings-Dampfmaschine von 25 e Nutzleistung treibt durch ein Zahnradvorgelege mit dem Umsetzungsverhältniss 1 : 8 eine Stahlwelle von 200 mm Durchmesser, mit welcher die gusseisernen Wellen zweier Schöpfräder, deren Anordnung aus Fig. 26 und 27 ersichtlich ist, gekuppelt werden; für die grössere Hubhöhe, welche zwischen 1,15 m und 2,3 m wechselt, wird nur ein Rad betrieben. Durch seitlich an den Schaufelkanten und dem Trommelumfang befestigte Holzleisten wird ein möglichst dichter Anschluss an das Gerinne erreicht. Die Figuren geben die Abmessungen der Einzeltheile an.

Die Räder mit Overmars-Schaufeln werden bei neueren Anordnungen ganz in Eisen ausgeführt, wie die Fig. 31 und 32 zeigen. Zum möglichst dichten seitlichen Abschluss sind wiederum an den seitlichen Schaufelkanten und dem Trommelumfang Holzleisten *a* befestigt, welche abgedreht werden.

Bei der Wahl zwischen Wurf- und Pumprädern, also zwischen Rädern ohne und mit voller Trommel, ist, abgesehen von dem bereits besprochenen Verhältnisse zwischen Hubhöhe und Raddurchmesser, zu beachten, dass die ersteren Räder sich für wechselnde Hubhöhe weniger gut als die Pumpräder eignen. Die Wurfräder sind also unzweckmässig, wenn sehr hohes Aussenwasser die günstige Hubhöhe übersteigt und der Betrieb während dieser Zeit nicht ausgesetzt werden kann.

Für wechselnde Umdrehungsgeschwindigkeit eignen sich die Wurfräder besser als die Pumpräder, da letztere bei schnellem Lauf den zur Verminderung des Wirkungsgrades führenden Uebelstand des Mitschleppens von Luft in den Schaufelräumen zeigen. Bei den Wurfrädern entspricht die geförderte Wassermenge der Eintauchung des Rades, bei den Pumprädern dem radialen Abstand des Radumfanges vom Trommelmantel; für wechselnde Unterwasserstände sind daher die Schöpfräder weniger zweckmässig als die Pumpenräder. Die bei Schöpfrädern durch den Rückfluss des Oberwassers in die den Aufleiter verlassenden Schaufeln entstehenden, den Wirkungsgrad beeinträchtigenden Wirbel kommen bei den Pumprädern nur in geringem Masse vor. Dagegen kann bei den letzteren infolge der kleineren Raddurchmesser die Schaufelform nicht so günstig gestaltet

Schöpfräder-Anlagen mit Dampfmaschinenbetrieb.

Ort der Aufstellung	Jahr der Ausführung	Zahl und Art der Räder	Aeussere Raddurchmesser m	Radbreite m	Umdrehungszahl in der Minute	Umfangsgeschwindigkeit m	Förderhöhe m	Geförderte Wassermenge für 1 Rad und 1 Sekunde cbm	Betriebsstärke der Dampfmaschine e	Nähere Beschreibung
Entwässerungsgenossenschaft Vogtei Neuland (Hannover)	1875	2 Pump.-R.	7,82 (6,0) 10 Sch.	1,5	4	1,64	—	—	—	Zeitschrift für Bauwesen 1884 S. 279.
Fliegenberg a. d. Oberelbe	1874	2 -	7,82	1,5	—	—	—	2,1	70—80	Zeitschrift des Arch.- u. Ing.-Vereins in Hannover 1879 S. 365.
Fünfhausen a. d. Elbe . .	1882	2 -	6,4. 16 Sch.	1,0	3	1,0	1,15—2,3	0,56	25	- 1882 S. 191.
Polder Beschveld en May	1872	2 -	6,6 (4,8)	2,0 u. 1,0	5	1,73	0,8—2,7	2,4 u. 1,2 bei H min.	—	- 1879 S. 365.
Mastenbroek - Polder bei Kampen	1878	3 -	7,2 (5,0) 24 Sch.	1 zu 2,4 2 - 1,1	—	—	—	2,9 u. 1,3	97	- 1879 S. 365.
de Vliert en Ertveld-Polder bei Hertogenbosch . .	1883	2 -	7,0 (4,8) 10 Sch.	2,0 u. 1,0	4	1,47	0,4—3,0	—	45	- 1884 S. 258.
van der Eijgen-, Empel- und Meerwijk-Polder bei Hertogenbosch	1883	6 -	6,8 (4,0)	3,0	4	1,42	3—3,5	4,3	180	- 1884 S. 259.
Zeeburg	1878	8 Wurf-R.	8,0	—	$4^3/_4$	1,98	1,3 im Mittel	—	—	
Zuidplas-Polder bei Rotterdam	1875	1 -	10,2 31 Sch.	—	$4^1/_2$	2,4	3,5	1,93	90	
Katwijk aan Zee bei Leiden	1881	6 -	9,0. 24 Sch.	2,45	$4^1/_2$	2,1	1,25—2,1	5,6 b. H min.	615	
Neuere Anlage bei Gouda	1873	2 Wurf-R. 2 Rijk-R.	7,88 (5,94) 12 Sch.	—	4	1,6	0,5—2,15	1,8	175	- 1884 S. 261.
Atfeh (Aegypten) . . .	1885	2 Overmars 8 Wurf-R.	10,0 80 Sch.	2 zu 3,0 2 - 3,6 4 - 3,7	2,29 1,91	1,2 0,9	0,5—2,6	bis 5,6 - 6,7 - 4,5	—	Le Génie civil 1886 Bd. X S. 72.

werden als bei den Wurfrädern, so dass die bereits erwähnten Uebelstände, namentlich das Zurückdrängen des Wassers beim Eintritt und das Aufwerfen beim Austritt, in verstärktem Masse auftreten.

Die geringere Umdrehungsgeschwindigkeit der Pumpräder erfordert eine sehr sorgfältige Ausführung des Gerinnes, da sonst der durch den Rückfluss entstehende Wasserverlust erheblich wird; ferner ergeben sich grössere Radbreiten und dadurch erhöhte Anlagekosten.

Gegenüber den Schöpfrädern, Wasserschnecken und Wasserschrauben haben die Wurf- und Pumpräder den Vortheil, dass sie das Wasser nicht höher heben als es nothwendig ist, dass also der Vortheil niedrigen Aussenwasserstandes ausgenutzt werden kann. Den Wurf- und Pumprädern ist, wie allen Schöpfwerken der Nachtheil eigen, dass sie nur langsam laufen dürfen, dass also einerseits zwischen der treibenden Kraftmaschine und dem Rad eine Geschwindigkeitsumsetzung eingeschaltet werden muss und ferner die Leistungsmenge durch schnelleren Gang nicht erhöht werden kann. Mit zunehmender Geschwindigkeit sinkt der Wirkungsgrad der Wurf- und Pumpräder bedeutend. Die vorstehende Tafel enthält Angaben für einige Anlagen von Wurf- und Pumprädern. Ein von Runde in der Zeitschrift für Bauwesen 1884 S. 279 veröffentlichtes Verzeichniss der in Preussen bestehenden Schöpfwerkanlagen lässt leider für die Wurfräder die Angaben der Radabmessungen und Radgeschwindigkeit vermissen.

Beachtenswerthe Mittheilungen über die besonders in Norddeutschland ausgeführten Schöpfwerksanlagen enthalten folgende Abhandlungen von Post: „Wasserwirthschaft in den norddeutschen Seemarschen und Verbesserung derselben durch Dampfkraft“, Zeitschrift des Architekten- und Ingenieur-Vereins zu Hannover 1894, Heft 4, und „Ueber die verschiedenen Arten von Dampfschöpfwerken zur Entwässerung von Niederungen“, Zeitschrift für Bauwesen 1894, S. 267 und 395.

Die Wasserschraube ist bei Entwässerungsanlagen noch gelegentlich in Anwendung. Die Wirkungsweise ist diejenige der Wasserschnecke; die Einrichtung unterscheidet sich von derjenigen der letzteren nur dadurch, dass hier die in Holz oder Eisen hergestellte Schraube sich mit Spielraum in einem festen, oben offenen Gerinne bewegt. Dieser Spielraum kann bei genauer Ausführung bis auf 5 mm gebracht werden, und es wird natürlich der durch Zurückfliessen entstehende Flüssigkeitsverlust um so kleiner, je geringer der Spielraum gemacht wird.

Das Gerinne wird in Mauerwerk, Holz oder Eisen hergestellt. Eine Anordnung der ersteren Art zeigt Fig. 35, welche die Einrichtung für die Entwässerung des Prinz Alexander-Polders bei Rotterdam verdeutlicht. Hierbei treibt eine Dampfmaschine von 60e zwei dreigängige Schrauben von 1,5 m Durchmesser und 10,5 m Länge. Die Schraube wird, falls sie in Holz angeordnet ist, wie das Gewinde der Wasserschnecke aus einzelnen windschiefen Brettstücken znsammengesetzt oder, wie Fig. 36 zeigt, aus schmalen kreisausschnittförmigen Holzstücken gebildet, die sich überdecken, in die hölzerne Welle eingezapft und durch Bandeisen gegen-

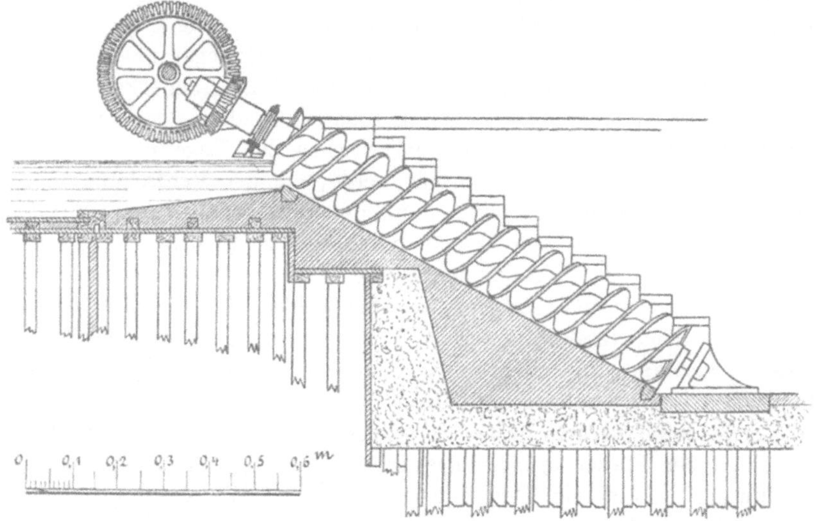

Fig. 35.

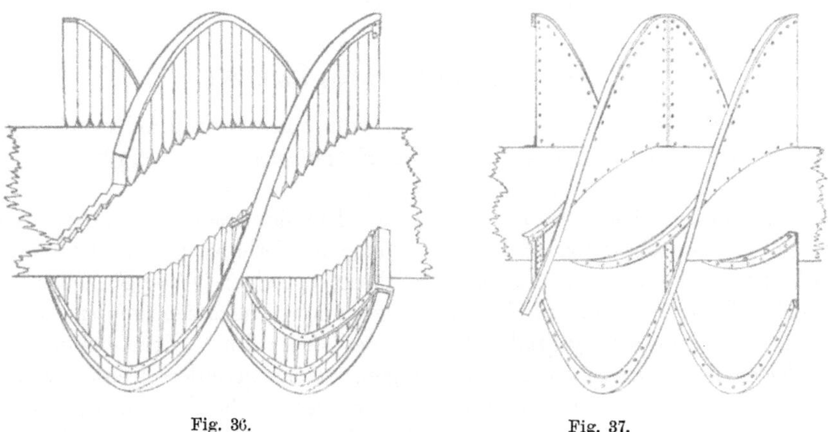

Fig. 36. Fig. 37.

seitig verbunden sind. Diese Formung wurde bei den Schrauben der vorgenannten Anlage zur Ausführung gebracht, als die vorher vorhandenen eisernen Schrauben sich durchgeschlagen hatten und ersetzt wurden. Die Einrichtung einer durch Eisenblech hergestellten Schraube ist durch Fig. 37 verdeutlicht; hierbei ist die Welle, welche gleichfalls aus Blech oder auch aus Gusseisen gebildet werden kann, aus Holz hergestellt. Die eiserne Schraube wird an der Aussenkante mit Holzleisten versehen, welche genau abgearbeitet werden können, um den erwähnten Spielraum zwischen Schraube und Gerinne möglichst gering zu erhalten. Bezüglich der Abmessungen der einzelnen Theile, der Neigung der Welle gegen die Wagrechte, der Gängigkeit der Schraube und des Neigungswinkels derselben gelten dieselben Bedingungen wie bei der Wasserschnecke. Bei der Wasserschraube kommt jedoch noch in höherem Grade als bei der Schnecke in Betracht, dass die Welle, da sie zwischen den Lagern nicht gestützt werden kann, kräftig genug gemacht werde, um der Verdrehung wie der durch Eigengewicht der Schraube und Wasserdruck entstehenden Biegungsbeanspruchung entsprechend Widerstand leisten zu können.

Für wechselnde Förderhöhe ist die Wasserschraube ebenso wenig wie die Wasserschnecke geeignet, da bei beiden der Ausguss in seiner Höhenlage nicht verändert werden kann, also stets für den höchsten Aussenwasserstand angeordnet werden muss und dann auch bei niedrigem Stand das Wasser auf dieselbe Höhe gefördert wird. Ein wechselnder Innenwasserstand verursacht bei der Wasserschraube keine Verschiedenheit in der Art der Förderung, bei der Tonnenmühle jedoch kommt die Eintrittsöffnung des Mantels mehr oder weniger unter Wasser und ändert sich dadurch der Wirkungsgrad etwas, wie schon erwähnt wurde.

Wegen der schrägen Lage nehmen die Wasserschrauben viel Platz ein, erfordern also theuere Grundbauten. Für grosse Dampfschöpfwerke wird daher diese Maschine nur noch wenig angewendet.

Leistung der Schöpfwerke.

Die Flüssigkeitsmenge Q, welche von einem Schöpfwerk beliebiger Art in der Sekunde auf die Hubhöhe H gefördert wird, ergibt sich zu

$$Q = \mu \, m \, q.$$

In dieser Gleichung bedeutet q die Flüssigkeitsmenge, welche von einem Gefäss oder einer treibenden Fläche in Verbindung mit dem festen Gerinne geschöpft wird, m die Zahl dieser einzelnen Flüssigkeitsmengen, welche in der Sekunde in das Abflussgerinne ausgegossen werden, μ den quantitativen Wirkungsgrad, das ist das Verhältniss der wirklich geförderten Flüssigkeitsmenge zu derjenigen, welche gefördert werden würde, wenn keine Wasserverluste einträten. Diese theoretische Fördermenge ist mq. Die Flüssigkeitsverluste entstehen bei den mit Gefässen ausgerüsteten Schöpfwerken durch Undichtheit der Gefässe, durch Ausgiessen während der Förderung in Folge zu grosser Fördergeschwindigkeit und dadurch entstehenden Schwankens des Flüssigkeitsspiegels in den Gefässen, ferner durch schlechte Anordnung des Ausgusses, so dass hierbei ein Theil der Flüssigkeit nicht in das Abflussgerinne gelangt, sondern nach dem Zulaufgerinne zurückfällt. Bei den Maschinen zur schöpfenden Förderung mittels bewegter Flächen kann dieser letztgenannte Flüssigkeitsverlust nur bei dem Scheibenwerk (Kettenpumpe) eintreten, bei allen Maschinen dieser Gruppe entsteht aber ein ziemlich beträchtlicher Verlust durch Zurückfliessen von Flüssigkeit in den Spalträumen zwischen den treibenden Flächen und dem Gerinne.

Die genannten, bei den mit Schöpfgefässen ausgerüsteten Schöpfwerken möglichen Flüssigkeitsverluste können vermieden werden, so dass der quantitative Wirkungsgrad μ für diese Gruppe von Schöpfwerken, gute Ausführung und mässige Fördergeschwindigkeit vorausgesetzt, gleich 1 gesetzt werden darf. Der Spaltverlust bei der zweiten Gruppe von Schöpfwerken liesse sich nur durch vollkommen dichten Schluss der treibenden Fläche am Gerinne vermeiden, hieraus würde sich aber, abgesehen von der Schwierigkeit der Herstellung, ein beträchtlicher Reibungsverlust ergeben, andererseits die Gefahr eines Klemmens der treibenden Fläche entstehen, so dass stets ein gewisser Spielraum angeordnet wird. Der hierdurch eintretende Spaltverlust wird von der Breite dieses Spielraums und der Höhe der darüber stehenden Flüssigkeitssäule abhängen. Eine genaue Berechnung dieses Spaltverlustes findet sich für Wasserräder in dem Werke von Bach „Die Wasserräder" und kann nach derselben auch der Spaltverlust bei den Wurf- und Pumprädern bestimmt werden; für die Kettenpumpe findet sich eine derartige Berechnung in Herrmann's Neubearbeitung von Weisbach's Ingenieur- und Maschinen-Mechanik, III. Theil, II. Abth. S. 802. Indem auf diese Ausführungen verwiesen werden möge, sei hier angegeben, dass der quantitative Wirkungsgrad bei guten Ausführungen von Schöpfwerken der zweiten Gruppe zwischen 0,8 und 0,9 gesetzt werden kann. Die Zahl m kann in jedem Falle leicht bestimmt werden. Beim Eimerwerk und bei der Kettenpumpe ist

$$m = \frac{v}{a},$$

wobei v die Geschwindigkeit der Förderkette, a der Abstand zweier Gefässe oder zweier treibender Flächen von einander ist. Bei den Schöpf-, Wurf- und Pumprädern ergibt sich

$$m = \frac{n\,z}{60},$$

wenn mit z die Zahl der Gefässe oder Schaufeln und mit n die Umdrehungszahl des Rades in der Minute bezeichnet wird.

Für die Wasserschnecke und die Wasserschraube ist auch $m = \frac{n\,z}{60}$, wobei hier z die Anzahl der Schraubenwindungen und n wiederum die Umdrehungszahl in der Minute bedeutet.

Die Flüssigkeitsmenge q ist entweder aus der Zeichnung oder durch Rechnung zu ermitteln. Im Allgemeinen ist q von der Form der schöpfenden Zelle und der Lage derselben in dem Augenblick, in welchem sie das Unterwasser verlässt, oder in welchem das Einfliessen aufhört, abhängig. Bei den Eimerwerken, Schöpf-, Trommel- und Schneckenrädern ist daher zweckmässig durch Aufzeichnen der Gefässform in der bezeichneten Lage der Werth von q zu finden. Für die Kettenpumpe kommt in Betracht, wie tief das Steigrohr in die zu fördernde Flüssigkeit eintaucht. Vorausgesetzt, dass die Eintrittsmündung des Steigrohrs vollständig in der Flüssigkeit sich befindet, ist nach Fig. 38

$$q = \frac{k}{\sin\beta} f,$$

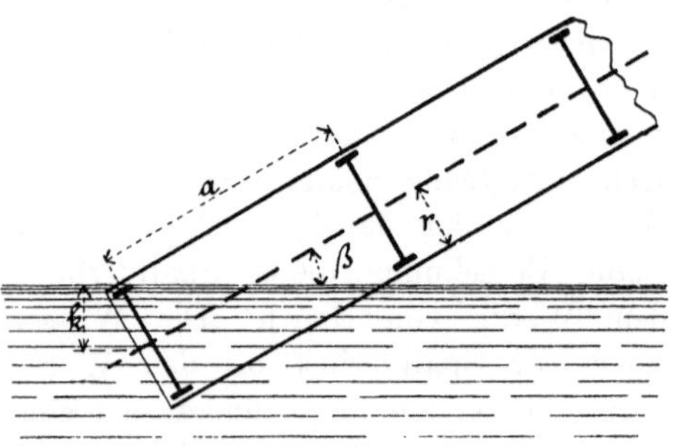

Fig. 38.

wobei k die Eintauchtiefe, gemessen bis zum Mittelpunkt der Eintrittsöffnung, f der Querschnitt des Steigrohrs von rechteckiger oder kreisförmiger Form ist. Die Bedingung für diese Gleichung besteht darin, dass der Flüssigkeitsspiegel in dem Augenblick des Eintritts der treibenden Scheibe in das Steigrohr die vorlaufende Scheibe nicht berührt, dass also, wenn der Abstand zweier Scheiben mit a bezeichnet wird,

$$a \geqq \frac{k}{\sin\beta} + \frac{r}{\operatorname{tg}\beta}$$

ist. Für die senkrechte Lage der Steigröhre wird

$$q = k\,f, \text{ wobei}$$

$$a \geqq k.$$

Ist aber

$$a < \frac{k}{\sin\beta} + \frac{r}{\operatorname{tg}\beta},$$

so berührt die Flüssigkeit die vorlaufende Schaufel und es wird für diesen Fall für ein Steigrohr von rechteckigem Querschnitt 2 r b

$$q = b\left[2\,r\,a - \frac{\left[\left(a - \frac{k}{\sin\beta}\right) + \frac{r}{\operatorname{tg}\beta}\right]^2 \operatorname{tg}\beta}{2}\right],$$

für den kreisförmigen Querschnitt $\pi\ r^2$,

$$q = \pi\,r^2\,a - \left[\frac{1}{3\operatorname{tg}\beta}\left(\sqrt{(2\,r - h\operatorname{tg}\beta)\,h\operatorname{tg}\beta}\,(3\,r^2 - h\operatorname{tg}\beta\,(2\,r - h\operatorname{tg}\beta))\right.\right.$$
$$\left.\left.+ 3\,r^2\,(h\operatorname{tg}\beta - r)\arccos\frac{r - h\operatorname{tg}\beta}{r}\right)\right];$$

hierbei ist

$$h = a - \frac{k}{\sin\beta} + \frac{r}{\operatorname{tg}\beta}.$$

Für die Wurf- und Pumpräder lässt sich aus der Schaufelform und der Eintauchtiefe wohl auch in jedem Falle die Flüssigkeitsmenge q bestimmen; es ist jedoch für die Rechnung einfacher, unmittelbar die bei einer Umdrehung geförderte Flüssigkeitsmenge zu bestimmen. Dieselbe ist bei den Pumprädern theoretisch genau gleich dem Inhalt des Schaufelringes, da die Trommel stets in das Unterwasser eintauchen soll. Wird deren Durchmesser mit D_1, der äussere Durchmesser des Schaufelkranzes mit D, die Schaufelbreite mit B bezeichnet, so ist unter Einführung des quantitativen Wirkungsgrades μ

$$Q = \mu\,\frac{\pi\,(D^2 - D_1^2)}{4}\,B\,\frac{n}{60}.$$

Für die Wurfräder berechnet sich Q in gleicher Weise, jedoch nur unter einer, wenn auch zulässigen Ungenauigkeit; es wird, wenn die lothrecht gemessene Eintauchtiefe der Schaufeln a ist,

$$Q = \mu\,\pi\,\frac{(D^2 - (D - 2a)^2)}{4}\,B\,\frac{n}{60} = \mu\,\frac{\pi}{2}\,(2a\,D - 2\,a^2)\,B\,\frac{n}{60}.$$

Für Ueberschlagsrechnungen kann die angenäherte Formel

$$Q_n = \mu\,a\,B\,v$$

benutzt werden, wobei v die Umfangsgeschwindigkeit des Rades bezeichnete. Für die Wasserschnecke und die Wasserschraube kann der Inhalt q eines flüssigkeitführenden Gewindebogens nicht auf einfachem Wege bestimmt werden, da die körperliche Gestalt, welche die Flüssigkeitsmenge in der Schraube annimmt, von Cylinder- und Schraubenflächen und einer wagrechten Ebene begrenzt wird. Professor Herrmann hat in Weisbach's Ingenieur- und Maschinen-Mechanik, III. Theil. II. Abth. S. 819 eine graphische Ermittlung für q angegeben, auf welche hingewiesen sein möge. Formeln, nach welchen q berechnet werden kann, wurden schon von Eytelwein, Bernoulli, Euler, Navier, Pitot aufgestellt, in neuerer Zeit auch von Grahn, Köpcke und Kröhnke. Da die Formeln der beiden letztgenannten gut mit der Praxis stimmende Ergebnisse liefern, so seien sie hier angeführt.

Die Formel von Köpcke lautet (siehe Zeitschrift des Arch.- und Ing.-Vereins zu Hannover 1860, S. 263)

$$q = a\,F\left(\frac{\pi}{2} - \text{arc}\,(\alpha_m + \beta)\right),$$

wobei a den Abstand zweier Gänge längs der Achse gemessen, β den Neigungswinkel der Schraubenwelle gegen die Wagrechte, α_m den mittleren Neigungswinkel der Schraubenfläche bedeutet; F ist die Querschnittsfläche der Flüssigkeitsfüllung bei wagrecht gedachter Lage der Schnecke und ist zu bestimmen aus

$$F = R^2\left(\frac{\pi}{2} + \text{arc}\sin\frac{r}{R}\right) + r\sqrt{R^2 - r^2} - r^2\pi;$$

R und r sind die Radien der Schraube und der Spindel.

Für $r = 0{,}4\ R$ wird

$$F = 1{,}846\ R^2,$$

da ferner bei einer z-gängigen Schraube von der Steigung s

$$a = \frac{s}{z} = \frac{R + r}{2\,z}\,2\,\pi\,\text{tg}\,\alpha_m,$$

so wird für $\alpha_m = 30^0$ und $r = 0{,}4\ R$

$$a = \frac{2{,}538\ R}{z};$$

unter Annahme von $\beta = 30^0$ wird dann

$$q = \frac{2{,}2917\ R^3}{z}.$$

Die in der Sekunde geförderte Flüssigkeitsmenge Q wird unter den genannten Annahmen somit nahezu

$$Q = \mu\,m\,q = \mu\,\frac{n}{60}\,2{,}3\,R^3 = 0{,}0382\,\mu\,n\,R^3.$$

Kröhnke entwickelt am angegebenen Orte die Formeln

$$Q = 0{,}7017\ R^3 \text{ für viergängige Schrauben,}$$
$$Q = 0{,}736\ R^3 \text{ für fünfgängige Schrauben,}$$

unter der Voraussetzung, dass $R = 3\,r$, $\alpha_i = 45^0$, $\beta = 30^0$ und die Zahl der Umdrehungen $= \frac{21}{R}$ genommen wird. Unter Zugrundelegung eines Wirkungsgrades von 0,84 ergeben sich die Werthe nachstehender Zahlentafel:

Durchmesser der Schnecke m	Umdrehungszahl in der Minute	Geförderte Flüssigkeitsmenge in der Sekunde cbm	Betriebsstärke für 1 m Hubhöhe e	Durchmesser der Schnecke m	Umdrehungszahl in der Minute	Geförderte Flüssigkeitsmenge in der Sekunde cbm	Betriebsstärke für 1 m Hubhöhe e
0,2	210	0,007	0,11	1,3	32	0,296	4,70
0,3	140	0,016	0,25	1,4	30	0,344	5,46
0,4	105	0,028	0,44	1,5	28	0,395	6,27
0,5	84	0,044	0,70	1,6	26	0,449	7,13
0,6	70	0,063	1,00	1,7	25	0,508	8,06
0,7	60	0,085	1,35	1,8	23	0,568	9,00
0,8	52	0,112	1,78	1,9	22	0,633	10,05
0,9	46	0,142	2,25	2,0	21	0,702	11,15
1,0	42	0,175	2,78	2,1	20	0,774	12,29
1,1	38	0,212	3,37	2,2	19	0,849	13,48
1,2	35	0,253	4,00	2,3	18	0,928	14,73

Malmedie empfiehlt (Prakt. Maschinenkonstrukteur 1870 S. 258) die Flüssigkeitsmenge Q aus der Formel

$$Q = 0{,}3 \,.\, \frac{n}{60}\, \pi\, R^2 \,.\, s$$

zu berechnen, welche genügend genaue Ergebnisse liefern soll.

Die Nutzleistung eines Schöpfwerkes beliebiger Art ergibt sich in mkg und für eine Sekunde zu γ QH, da in der Sekunde ein Flüssigkeitsgewicht γ Q, mit γ das spezifische Gewicht der zu fördernden Flüssigkeit bezeichnet, auf die Höhe H zu heben ist.

Die Arbeit, welche am Schöpfwerk aufgewendet werden muss, um diese Nutzleistung zu erhalten, wird um den Betrag der Arbeitsverluste grösser als diese sein müssen. Letztere rühren von dem Widerstande her, welchen das schöpfende Gefäss oder die treibende Fläche bei dem Durchgang durch die Flüssigkeit erfährt, ferner von den Reibungswiderständen der bewegten Theile des Schöpfwerkes; ein weiterer Arbeitsverlust ergibt sich daraus, dass die Trägheit der Flüssigkeitsmasse überwunden werden muss, also derselben eine gewisse Geschwindigkeit ertheilt wird, die nur, wenn eine Wurfbewegung beabsichtigt ist, theilweise wieder zur Ausnutzung kommt. Dieser Arbeitsverlust ist, wenn v die Geschwindigkeit der bewegten Gefässe oder Flächen bezeichnet

$$1000\, \gamma\, Q\, \frac{v^2}{2\,g}.$$

Um ferner ein ungehindertes Ausgiessen der geförderten Flüssigkeit zu erhalten, muss dieselbe höher gehoben werden, als die Förderhöhe angibt, hierdurch entsteht wiederum ein Arbeitsverlust.

Eine genaue Bestimmung dieser sämmtlichen Arbeitsverluste ist nicht möglich; es müssen hier Erfahrungszahlen benutzt werden, welche sich zu dem Wirkungsgrad η zusammenfassen lassen, so dass die in das Schöpfwerk einzuleitende Arbeit in mkg

$$L = \frac{1000\,\gamma\,Q\,H}{\eta},$$

in Pferdestärken

$$N = 13{,}33\,\gamma\,\frac{QH}{\eta}$$

ist. Für η sind die bei den Beschreibungen der einzelnen Schöpfwerke angegebenen Werthe zu benutzen.

Die Kolbenpumpen.

Die Förderung von Flüssigkeiten durch Kolbenpumpen geschieht so, dass in einem Gefässe ein Kolben bewegt wird, welcher einerseits einen Raum freimacht, in den die Flüssigkeit eintreten kann, andererseits als Verdränger dieselbe aus diesem Raum wieder entfernt. Es ist den Kolbenpumpen eigenthümlich, dass der Kolben dicht gegen die Gefässwandung schliesst, so dass bei der Bewegung des Kolbens hinter demselben ein nahezu luftleerer Raum entstehen kann. Dann aber kann der Druck der Aussenluft benutzt werden, um die Flüssigkeit in diesen zu treiben, und hierbei kann eine gewisse Höhe überwunden werden, so dass die Flüssigkeit aus einem Sammelbehälter durch ein ansteigendes Rohr nach dem Cylinder, in welchem die Luftverdünnung erzeugt wird, sich aufwärts bewegt. In dieser Weise entsteht die Saugwirkung, für welche also nur der Druck der Aussenluft treibend wirkt. Je nach dem spezifischen Gewicht, der Temperatur und der Gas- oder Dampfentwickelung der Flüssigkeit ist die Saughöhe, also diejenige Höhe, auf welche die Förderung allein durch die Saugwirkung erfolgen kann, verschieden gross; bei manchen Flüssigkeiten wird sie gleich oder nahezu Null, so dass es nothwendig ist, von einem höher gelegenen Behälter aus die Flüssigkeit in den vom Kolben frei gemachten Raum fliessen zu lassen; in manchen Fällen wird auch bei Flüssigkeiten, die das Ansaugen erlauben, hiervon Gebrauch gemacht.

Das Verdrängen der Flüssigkeit aus dem Gefässe durch den Kolben ergibt die Druckwirkung und kann dabei eine beliebige Höhe überwunden werden, da bei der Druckwirkung die am Kolben durch eine Kraftmaschine zu äussernde Kraft treibend wirkt und diese im Allgemeinen unbeschränkt gross erhalten werden kann.

Es kann somit eine gegebene Förderhöhe theils durch die Saug-, theils durch die Druckwirkung überwunden werden. Die Zuführung der Flüssigkeit zum Gefäss während der Saugwirkung erfolgt durch das Saugrohr oder falls die Flüssigkeit durch ihr eigenes Gewicht einfliesst, durch ein Fall- oder Zuflussrohr; die Ableitung während der Druckwirkung erfolgt durch das Druckrohr. Wenn der Flüssigkeitsspiegel in dem Behälter, aus welchem die Förderung erfolgen soll, und die Ausgussmündung des Druckrohres oder der Flüssigkeitsspiegel des Behälters, in welchen letzteres mündet, unter gleichem Luft-, Gas- oder Dampfdruck stehen, so ist der senkrechte Abstand beider Spiegel die ganze Förderhöhe. Ruht jedoch auf der ausfliessenden Flüssigkeit ein grösserer Druck als auf der einfliessenden, dann ist ausser dem genannten senkrechten Abstand noch eine Höhe zu überwinden, welche dem Druckunterschied entspricht. Dies ist z. B. bei den Kesselspeisepumpen der Fall, bei welchen nicht allein der Höhenunterschied der Wasserspiegel im Saugbehälter und im Kessel zu bewältigen ist, sondern noch der Dampfüberdruck im Kessel. Beträgt derselbe z. B. 5 at, so würde als Förderhöhe zu nehmen sein: der genannte Höhenunterschied, vermehrt um rund 50 m als der Höhe einer dem Dampfüberdruck entsprechenden Wassersäule.

Die Kolbenpumpen lassen sich nun nach der Bewegungsart des Kolbens in vier Hauptgruppen abtheilen, welche sind:

1. Pumpen mit geradlinig hin- und hergehendem Kolben,
2. Pumpen, deren Kolben im Kreise schwingt,
3. Pumpen mit drehendem Kolben,
4. Pumpen, deren Kolben schraubenförmig bewegt wird, und solche mit rollendem Kolben.

I. Pumpen mit geradlinig hin- und hergehendem Kolben.

Allgemeines.

Fast durchgängig wird ein Kolben von kreisförmigem Querschnitt verwendet, so dass das Gehäuse, in dem der Kolben geradlinig hin- und herbewegt wird, ein Cylinder von gleichem Querschnitt wird; diese Formung ergibt die einfachste Herstellung und Abdichtung. Der den Kolben darstellende Verdränger bildet entweder eine Scheibe, die mittels einer Stange bewegt wird oder einen langen Cylinder; beide, Scheibe und Cylinder, können dabei geschlossen oder durchbrochen sein, im letzteren Fall müssen jedoch die Durchbrechungen während eines Kolbenhubes geschlossen werden, was durch selbstthätige Ventile geschieht. So sind Scheiben- und Plunger-, Tauch-, Mönchs- oder Trunk-Kolben zu unterscheiden. In den Pumpencylinder münden Saug- und Druckrohr, deren Verbindung mit ersterem jedoch zeitweilig unterbrochen werden muss, um die Saugwirkung von der Druckwirkung zu trennen; hierzu ist die Steuerung durch selbstthätige oder zwangläufig bewegte Ventile oder Klappen anzuordnen. Bei den gewöhnlichen Pumpenanordnungen bewegt sich der Scheiben- oder Plungerkolben im Cylinder, der selbst feststeht; nur bei vereinzelten Einrichtungen ist die Anordnung eine umgekehrte, so dass der Cylinder mit den einmündenden Saug- und Druckröhren bewegt wird und der Kolben feststeht, oder dass Kolben und Cylinder sich bewegen. Ebenso vereinzelt sind die Anordnungen, bei welchen der Taucher sich an der Aussenseite des Cylinders als Hohlcylinder entlang bewegt und dann entweder mit einem massiven oder durchbrochenen Boden versehen ist.

Da hier im Wesentlichen nur auf diejenigen Einrichtungen Rücksicht genommen werden soll, welche zur Zeit ausgeführt werden und sich bewährt haben, so werden in folgendem von den erwähnten Anordnungen auch nur diejenigen von praktischer Bedeutung erläutert werden.

Für die Wirksamkeit des Kolbens ist festzuhalten, dass eine Fläche desselben während eines Kolbenweges auch nur eine Wirkung, also entweder Saugen oder Drücken, hervorbringen kann. Soll demnach Saug- und Druckwirkung durch einen Kolben gleichzeitig erfolgen, so müssen beide Flächen desselben gleichzeitig wirksam sein.

Es sei noch bemerkt, dass von der Saug- und der Druckwirkung auch wohl eine Hubwirkung unterschieden wird und zwar wird eine solche dann als vorhanden bezeichnet, wenn ein durchbrochener Kolben angeordnet ist, der die über ihm stehende Flüssigkeitssäule nach dem Druckrohre hebt.

Um eine gewisse Uebersichtlichkeit zu erhalten ist es nothwendig, bestimmte Unterscheidungsmerkmale aufzustellen und nach diesen die zahlreichen Pumpenanordnungen in einzelne Gruppen zu bringen. So lassen sich die Pumpen mit hin- und hergehender Kolbenbewegung eintheilen:

1. nach der Wirkungsweise in einfach- und doppeltwirkende Pumpen; bei ersterer Art findet die Hauptwirkung, mittels der das eigentliche Fördern geschieht, bei dem Kolbenhin- oder -hergang statt, bei der zweiten Art bei beiden Bewegungen;
2. nach Lage der Cylindermittellinie in Pumpen mit wagerechter, senkrechter oder geneigter Achse;
3. nach der Anzahl der in einem Cylinder wirkenden Kolben in Pumpen mit einem, zwei oder mehreren Kolben;
4. nach der Anzahl der mit einem gemeinschaftlichen Saug- und gemeinschaftlichem Druckrohr verbundenen Cylinder in Pumpen mit einem, zwei oder mehreren Cylindern (einfache und mehrfache Pumpen);
5. nach der Art, wie die Förderung sich auf den Kolbenhin- und -hergang vertheilt;
6. nach der Form des Kolbens: Pumpen mit Scheibenkolben, mit Ventilkolben, mit Tauchkolben.

Weitere Unterscheidungsmerkmale würden das Material, aus dem die Pumpe hauptsächlich hergestellt ist, die Art der Steuerung, die Art der

Aufstellung, der besonderen Verwendung, der zu fördernden Flüssigkeit, der treibenden Kraftmaschine, des zwischen diesem und der Pumpe eingeschalteten Getriebes abgeben.

Die unter 3. bis 6. genannten Merkmale sollen nunmehr benutzt werden, einzelne Pumpengruppen zu unterscheiden.

Im Allgemeinen ist dabei festzuhalten, dass die Aufstellung des Cylinders, sowie die Formung der Steuerung für die Flüssigkeitsförderung einflusslos ist, so lange nur die bei einem Kolbenspiel theoretisch gehobene Flüssigkeitsmenge in Betracht kommt. Die verschiedenen Pumpensysteme können somit für jede Lage der Mittellinie des Cylinders und für jede

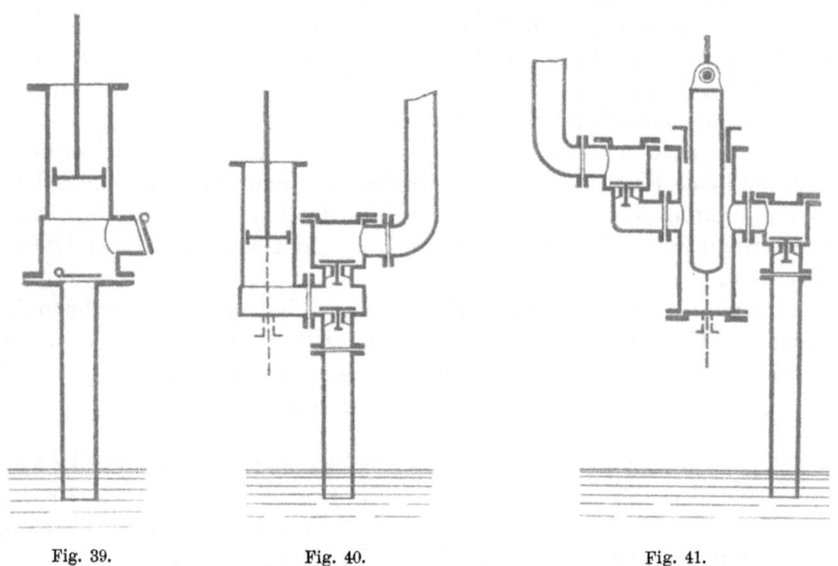

Fig. 39. Fig. 40. Fig. 41.

Steuerungseinrichtung ausgeführt werden und ist in den Skizzen nur je eine Aufstellungsart als Beispiel gewählt.

Die einfachsten Pumpensysteme ergeben sich, wenn in einem Cylinder ein Kolben bewegt wird, von dem nur eine Seite wirksam ist. So entstehen die in Fig. 39—41 skizzirten Pumpenformen mit Scheiben- und mit Tauchkolben, welche abwechselnd im Saug- und im Druckrohr eine Bewegung der Flüssigkeit hervorbringen. Soll dies gleichzeitig mit einem Kolben geschehen, so müssen beide Kolbenseiten wirksam sein, wobei entweder beim Hin- und Rückgang oder nur beim Hingang des Kolbens diese doppelte Wirkung verlangt wird; beim Rückgang im letztern Falle aber soll dann keine Förderung eintreten. Im ersten Fall kann ein geschlossener Scheibenkolben verwendet werden, im zweiten Fall muss beim Rückgang der Kolben frei durch die Flüssigkeit hindurchgehen, ohne eine

Förderung zu veranlassen, der Kolben muss also durchbrochen und mit Ventilen versehen sein, welche beim Hingang sich schliessen, so dass eine volle Fläche wirksam auftritt.

Alle überhaupt möglichen Pumpenarten lassen sich aus den vorbesprochenen einfachen Anordnungen durch Vereinigung zweier oder mehrerer derselben erhalten. Werden hierbei die Cylinder von gleich grossem Durchmesser gewählt, so können sie auch mit einander zu einem Stück vereinigt werden, und es seien im nachfolgenden solche vereinigte Cylinder von gleicher Weite als ein Cylinder aufgefasst, in dem sich zwei oder mehrere Kolben bewegen. In jeden Cylinder muss das Saug- und das Druckrohr münden; bei Vereinigung zweier oder mehrerer Cylinder können diese Einmündungen, bezieh. die nach genannten Röhren abgehenden Kanäle oder Rohrstücke gegebenen Falles vereinigt werden. Die Anzahl der für ein beliebiges Pumpensystem jedenfalls nothwendigen Ventile ergibt sich aus folgender Erwägung: Jede Rohreinmündung in den Cylinder ist mit einem Ventil zu versehen, sobald nur während eines einfachen Kolbenhubes Bewegung der Flüssigkeit durch diese Einmündung stattfindet, beim Kolbenrückgang also durch diese keine Flüssigkeit strömen soll. Es ist aber kein Ventil nothwendig, wenn fortdauernd Flüssigkeit durch die Einmündung strömt, gleichgültig ob dabei die Richtung der Flüssigkeitsbewegung dieselbe bleibt oder für den Hin- und Rückgang wechselt.

Wie leicht ersichtlich, können unzählige Pumpenformen durch Vereinigung der einfachen Pumpensysteme erhalten werden, namentlich, wenn noch die Umkehrung der Bewegung von Kolben und Cylinder eingeführt wird. Es ist aber selbstverständlich, dass alle Pumpensysteme, die gegenüber solchen von einfacherer Anordnung keine Vortheile, weder in der Wirkung, noch in der Aufstellung bieten, werthlos sind. Daher ist für die weiteren Ausführungen auch nur auf diejenigen Pumpenarten Bezug genommen, welche praktischen Werth haben. Dieselben lassen sich nun in folgende Gruppen bringen:

1. Pumpen mit einem Cylinder und einem Kolben,

a) der Kolben ist stets geschlossen, α) nur eine Seite ist wirksam, β) beide Kolbenseiten sind thätig,

b) der Kolben ist durchbrochen und mit selbstthätigen Ventilen versehen;

2. Pumpen mit einem Cylinder und einem Doppelkolben,

a) zwei durchbrochene Scheibenkolben sind durch eine Stange mit einander fest verbunden,

b) der Doppelkolben besteht aus einem geschlossenen Scheibenkolben und einem Tauchkolben,

c) er setzt sich aus einem durchbrochenen Scheibenkolben und einem Tauchkolben zusammen,

d) der Doppelkolben besteht aus zwei Tauchkolben von verschiedenen Durchmessern;

3. Pumpen mit einem Cylinder und zwei oder mehreren unabhängig von einander in demselben bewegten Kolben;

4. Pumpen mit zwei oder mehreren Cylindern und gemeinschaftlichem Saug- und Druckrohr.

1. a) α) Eincylindrige Pumpen mit einem geschlossenen Scheibenkolben, dessen eine Seite nur wirksam ist, oder einem geschlossenen Tauchkolben.

Wird ein Scheibenkolben verwendet, so kann der Cylinder an einem Ende offen sein und die treibende Kolbenstange nach dieser oder der wirksamen Cylinderseite abgehen, in letzterem Fall muss die Stange den Cylinderdeckel durchdringen, so dass an diesem eine Stopfbüchse anzuordnen ist. Bei Anwendung eines Tauchkolbens muss der Cylinder an einem Ende geschlossen, am anderen mit einer Stopfbüchse versehen sein, durch welche der Kolben nach aussen geht.

Die einfachste Form dieser Gruppe gibt die einfachwirkende Saugpumpe, deren Einrichtung die Fig. 39 zeigt. Der Kolben wirkt nur saugend und fördert damit die Flüssigkeit bis zur Höhe des Ausflusses; es kann also nur eine Förderhöhe überwunden werden, welche kleiner ist, als die dem Luftdruck entsprechende Flüssigkeitshöhe; diese sei stets mit A bezeichnet. Das Saugrohr kann dabei unten oder oben am Cylinder münden, der Ausfluss muss an demselben Cylinderende angeordnet sein. Zur Steuerung ist ein Saug- und ein Druckventil nothwendig.

Für grössere Förderhöhe ($H > A$) ist statt des Ausgusses ein Druckrohr anzuordnen, wie Fig. 40 und 41 für Scheiben- und Tauchkolben zeigen. Die Einmündung von Saug- und Druckrohr kann wieder unten oder oben am Cylinder erfolgen, wenn dieser stehend oder geneigt aufgestellt wird. Während eines Kolbenweges S entsteht die Saugwirkung, während des Rückganges des Kolbens die Druckwirkung. Zur Steuerung ist wieder ein Saug- und ein Druckventil nothwendig.

1. a) β) Eincylindrige Pumpen mit einem geschlossenen Kolben, dessen zwei Seiten wirksam sind (vgl. Fig. 42). Hierfür kann nur ein Scheibenkolben in Anwendung kommen, da bei einem Tauchkolben nur eine Seite in einem Cylinder wirksam sein kann. Die Förderung erfolgt somit abwechselnd auf beiden Cylinderseiten, indem der Kolben auf einem Hube S mit der einen Seite saugt, mit der anderen drückt, und beim Rückgang die Kolbenflächen nur in umgekehrter Weise sich bethätigen. Es entsteht somit eine Doppelwirkung, sowohl für das Saugen wie für das Drücken, so dass die Pumpe als doppeltwirkende Saug- und Druckpumpe zu bezeichnen ist. Für die Kolbenstange ist in jedem Fall eine Stopfbüchse nothwendig, wenn sie nicht zur besseren

Führung des Kolbens beiderseitig durchgeführt ist, so dass zwei Stopfbüchsen erforderlich werden. Zur Steuerung sind zwei Saug- und zwei Druckventile anzuordnen, die auch durch Schieber ersetzt werden können.

1. b) Eincylindrige Pumpen mit durchbrochenem oder Ventilkolben. Derselbe kann dabei scheiben- oder taucherförmig sein, nur muss in letzterem Falle das Saug- oder Druckrohr mit dem Kolben in fester Verbindung stehen, also sich gleichfalls bewegen. Gewöhnlich wird ein durchbrochener und mit Ventilen versehener Scheibenkolben angewendet, wie Fig. 43 zeigt. Bei der einen Kolbenbewegung schliessen sich die Ventile und der Kolben ist geschlossen; die eine Seite desselben wirkt dann saugend, die andere zugleich hebend, bei dem Rückgang öffnen sich die Ventile, der Kolben geht frei durch die angesaugte Flüssigkeit hindurch, ohne eine Förderung zu bewirken. Abgesehen von den selbstthätigen Ventilen im Kolbenkörper muss mindestens noch entweder ein Saug- oder ein Druckventil vorhanden sein, welches das Zurückfallen der gehobenen Flüssigkeitsmenge beim Kolbenrückgang hindert. Mit Tauchkolben, an den z. B. das Druckrohr anschliesst, würde die Einrichtung sich nach Fig. 44 gestalten und zeigt letztere die Anordnung der von Rittinger angegebenen, bei Wasserhaltungsanlagen vielfach ausgeführten Pumpen. Diese Anordnungen sind entsprechend ihrer Wirkungsweise als einfachwirkende Saug- und Hubpumpen zu bezeichnen.

2. Eincylindrige Pumpen mit Doppelkolben.

a) Wenn in einem Cylinder zwei durchbrochene Scheibenkolben in gleicher Richtung hin- und herbewegt werden, so ist damit gegenüber der doppeltwirkenden Druckpumpe mit geschlossenem Scheibenkolben kein Vortheil zu erreichen, die Wirkung ist dieselbe, die Einrichtung ist aber umständlicher.

b) Die Pumpen dieser Gruppe sind mit einem Doppelkolben versehen, der, wie Fig. 45 zeigt, aus einem geschlossenen Scheibenkolben vom Querschnitt F und einem Taucher vom Querschnitt f besteht. Beim Aufgang saugt der Kolben mit dem Querschnitt F und hebt zugleich mit der Fläche (F—f) eine entsprechende Flüssigkeitsmenge in das Druckrohr; beim Niedergang drückt der Kolben mit der Fläche F die vorher angesaugte Flüssigkeit aus dem Cylinder heraus, und die andere Kolbenseite mit der Fläche (F—f) wirkt saugend. So entsteht also eine doppeltwirkende Saug- und eine doppeltwirkende Druck-Pumpe. Zur Steuerung ist jede Einmündung des Saug- und Druckrohres in den Cylinder mit je einem Ventil zu versehen; es sind also zwei Druck- und zwei Saugventile nothwendig. Die Anordnung wird auch in der, durch Fig. 46 verdeutlichten, von Gosebrink angegebenen (erloschenes D.R.P. Kl. 59 No. 6136) Weise ausgeführt. Hierbei steht das von der Cylinderseite unter dem Scheibenkolben abgehende Druckrohr mit der anderen Cylinderseite in stetiger Verbindung. Die vorgenannte Wirkung ändert sich da-

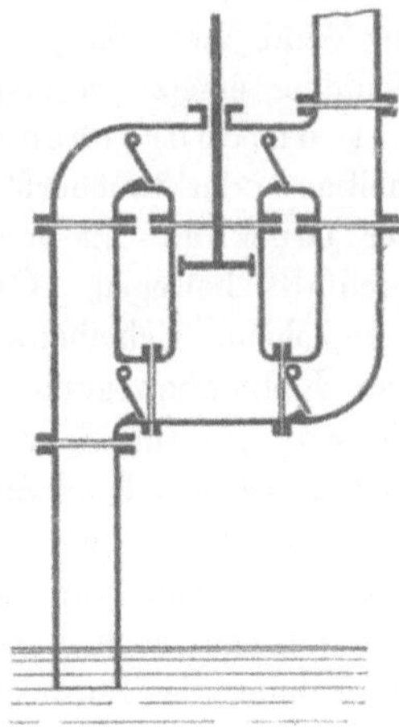

Fig. 42.

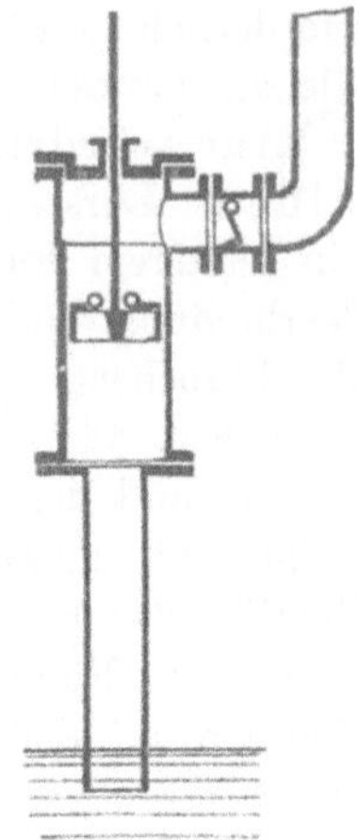

Fig. 43.

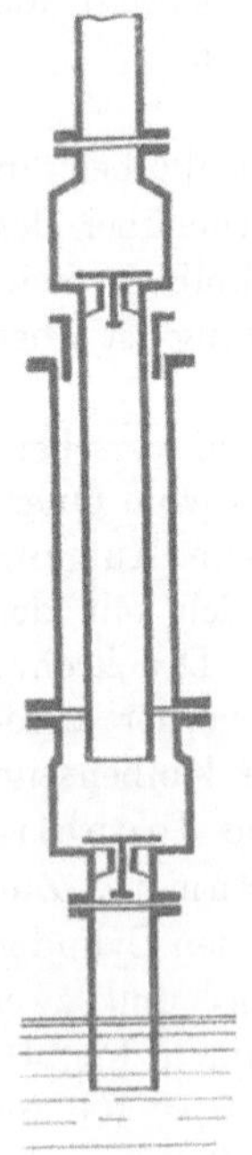

Fig. 44.

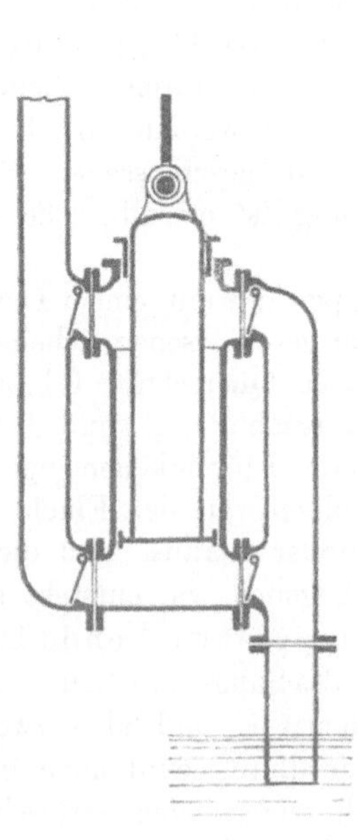

Fig. 45.

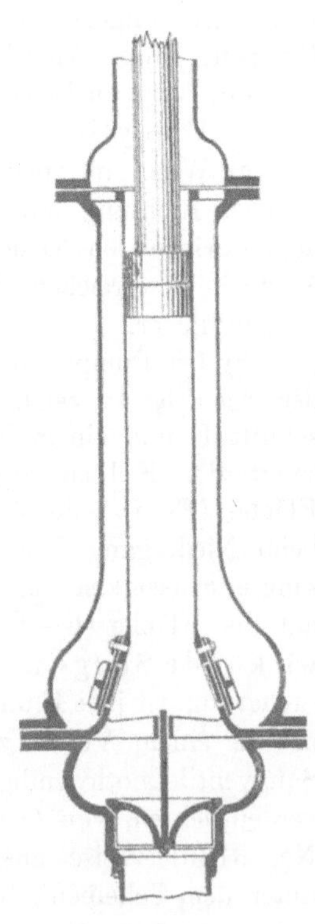

Fig. 46.

durch derart, dass beim Rückgang des Kolbens ein der Fläche (F—f) entsprechender Theil der aus dem Cylinder gepressten Flüssigkeitsmenge über den Kolben fliesst, während der Taucher mit der Fläche f eine Förderung nach dem Druckrohr bewirkt. Es wird somit beim Hin- und Hergang des Kolbens im Druckrohr eine Bewegung erzielt, so dass die Pumpe in Beziehung auf die Druckwirkung doppeltwirkend und somit als einfachwirkende Saug- und doppeltwirkende Druckpumpe zu bezeichnen ist. Die Steuerung erfordert ein Saug- und ein Druckventil. Es kann auch die Anordnung derart umgekehrt werden, wie Fig. 47 zeigt; dann wird beim Kolbenhin- und -rückgang gesaugt, während nur auf einem Kolbenweg eine Förderung nach dem Druckrohr entsteht. Dieses System ergibt somit eine doppeltwirkende Saug- und einfachwirkende Druckpumpe.

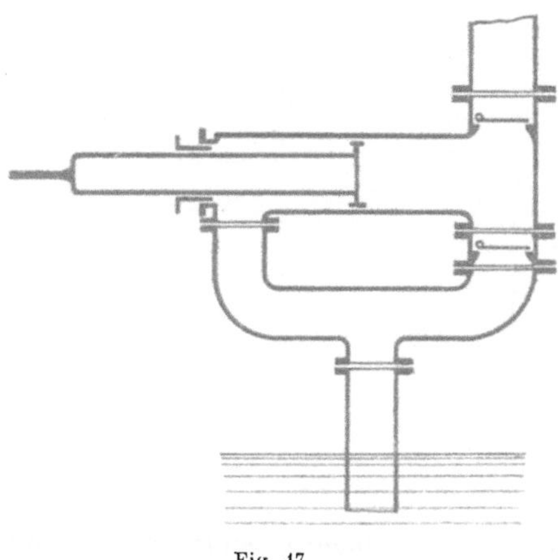

Fig. 47.

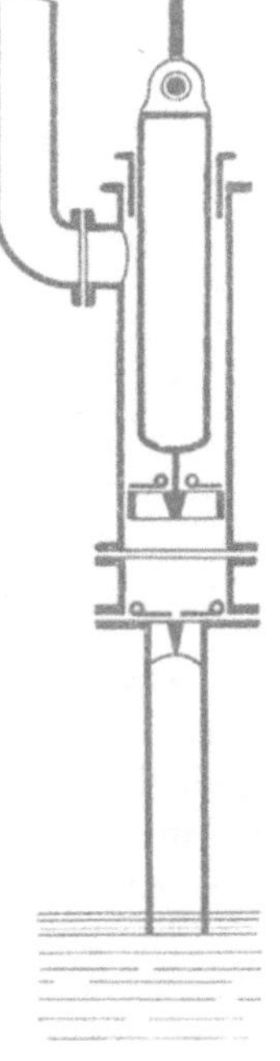

Fig. 48.

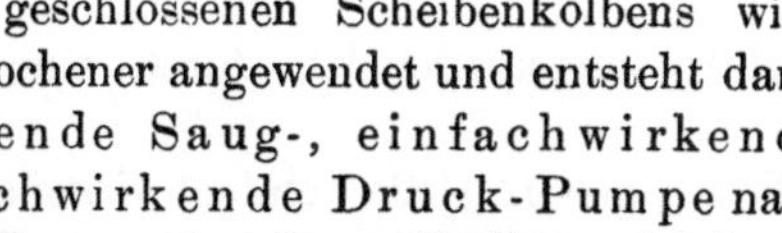

c) Statt des geschlossenen Scheibenkolbens wird vielfach ein durchbrochener angewendet und entsteht dann die einfachwirkende Saug-, einfachwirkende Hub- und einfachwirkende Druck-Pumpe nach Fig. 48. Beim Aufgange des Doppelkolbens wird mit der Fläche F gesaugt und mit der Fläche F—f gehoben, beim Niedergang wirkt der Taucher allein als Verdränger mit der Fläche f, der Scheibenkolben geht, indem die an ihm befindlichen Ventile sich öffnen, frei durch die Flüssigkeitssäule, ohne dass eine Förderung erzeugt wird. Im Druckrohr ist vom Cylinder ab somit Doppeltwirkung vorhanden und daher ein Druckventil für den Betrieb nicht nothwendig, dagegen muss ein Saugventil da sein, um das Saugrohr während des Niederganges vom Cylinder abzusperren. Auch diese Anordnung lässt sich umkehren, wie Fig. 49 zeigt, und entsteht dann eine doppeltwirkende Saug- und einfachwirkende Druckpumpe.

d) Der Doppelkolben kann auch aus zwei geschlossenen Tauchern bestehen, von denen jeder in einem Cylinderdeckel geführt ist. Es entsteht dann eine einfachwirkende Saug- und eine einfachwirkende Druck-Pumpe, deren Wirkung sich von der unter 1. a. α. genannten nur darin unterscheidet, dass hier die wirksame Fläche F—f ist; hieraus ergibt sich, dass die Lieferungsfähigkeit bei gleicher Grösse geringer ist, als diejenige der Pumpen 1. a. α, somit ein Grund zur Anwendung dieses doppelten Tauchkolbens nicht vorliegt. Bei den zweicylindrigen Pumpen wird jedoch hiervon Gebrauch gemacht, wie noch erläutert werden wird.

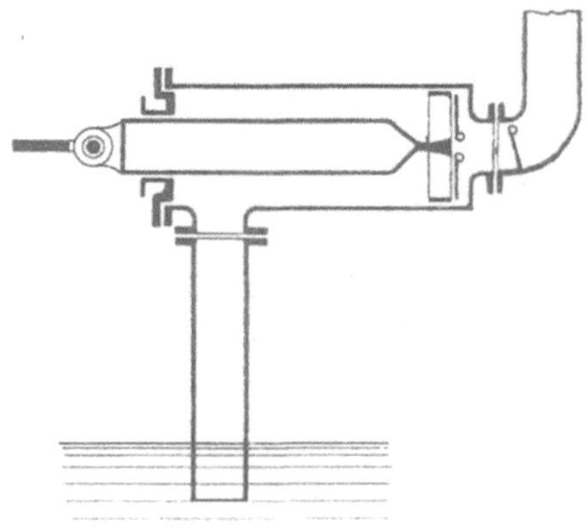

Fig. 49.

Streng genommen gehört jede einfachwirkende Pumpe mit Tauchkolben (System 1. a. α.) zur Gruppe 2 d, sobald die den Taucher treibende Kolbenstange innerhalb des Cylinders an ersterem angreift, also, wie in Fig. 40 punktirt angedeutet ist, durch eine zweite Stopfbüchse nach aussen geht.

In gleicher Weise gehört jede einfachwirkende Pumpe mit geschlossenem Scheibenkolben zur Gruppe 2 b, da die Kolbenstange, gleichgültig, ob sie nach einer oder nach beiden Seiten abgeht, als Taucher aufzufassen ist.

Ebenso gehört jede einfach wirkende Pumpe mit durchbrochenem Scheibenkolben (System 1. b) streng genommen zur Gruppe 2 c.

3. Eincylindrige Pumpen mit zwei oder mehreren Kolben.

Bei zwei Kolben geschieht die Bewegung derselben in entgegengesetzter Richtung. Die Anwendung zweier geschlossener Kolben führt zur Anordnung Fig. 50. Es sind also zwei einfach wirkende Saug- und einfach wirkende Druckpumpen unmittelbar mit ihren Cylindern aneinander gesetzt; die Wirkungsweise wird dadurch nicht geändert, es entsteht auch hier nur eine einfachwirkende Pumpe genannter Art. Zur Steuerung ist ein Saug- und ein Druckventil nothwendig. Die Kolben können dabei beide scheiben- und beide plungerförmig sein oder der eine als Scheibe, der andere als Taucher gebildet werden. Es kann auch ein geschlossener Kolben (Scheibe oder Taucher) mit einem durchbrochenen Kolben (Scheibe oder Taucher zusammenwirkend) angeordnet werden, wie Fig. 51 für zwei Scheibenkolben zeigt. Hier wird die Wirkung einer einfach wirkenden Saug- und einfach wirkenden Druckpumpe mit der einer

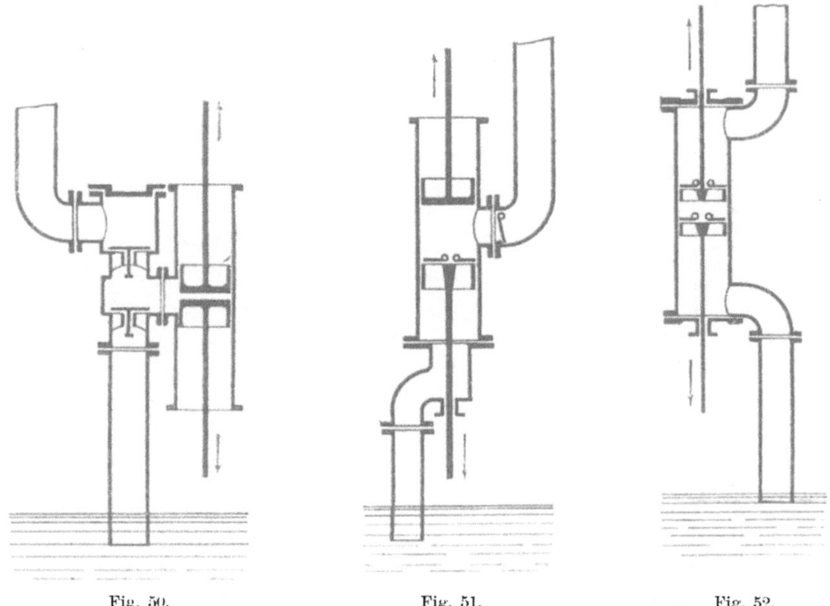

Fig. 50. Fig. 51. Fig. 52.

einfach wirkenden Saug- und Hubpumpe summirt, sodass nun eine einfachwirkende Saug-, einfachwirkende Druck- und einfachwirkende Hubpumpe entsteht. Ausser dem Kolbenventil ist nur ein Druckventil nothwendig. Die Anordnung lässt sich auch umkehren, die Wirkung bleibt dieselbe. Zwei durchbrochene Kolben enthält die in Fig. 52 skizzirte Pumpe, welche, abgesehen von den Kolbenventilen, keines Ventiles mehr bedarf. Es entsteht sowohl im Saug- als im Druckrohr Doppelwirkung, so dass die Pumpe als doppeltwirkende Saug- und Hubpumpe zu bezeichnen ist. Statt der Scheibenkolben können auch durchbrochene mit Ventilen versehene Taucher zur Verwendung kommen.

Mehrkolbige Pumpen können in verschiedener Form, je nach der Zahl und Form der Kolben, angeordnet werden. Es seien hier nur zwei Systeme als Beispiel angegeben, welche insbesondere vielfache Anwendung als Schiffspumpen finden. Bei der später noch ausführlicher zu erläuternden, von Stone angegebenen Pumpe werden in einem Cylinder zwei Kolbenpaare, bestehend aus je einem geschlossenen und einem durchbrochenen Scheibenkolben, in entgegengesetzter Richtung hin und her bewegt. Hierdurch entsteht gewissermassen eine Aneinanderfügung von zwei einfach wirkenden Saug- und Hubpumpen und zwei doppelt wirkenden Saug- und Druckpumpen, deren Wirkungen sich summiren; ausser den Kolbenventilen ist nur ein Saug- und ein Druckventil nothwendig. Die Pumpe ist als doppeltwirkende Saug- und Druckpumpe zu bezeichnen.

Downton hat, wie Fig. 53 im Gerippe zeigt, drei Ventilkolben angewendet, welche durch um 120° versetzte Kurbelschleifen bewegt werden

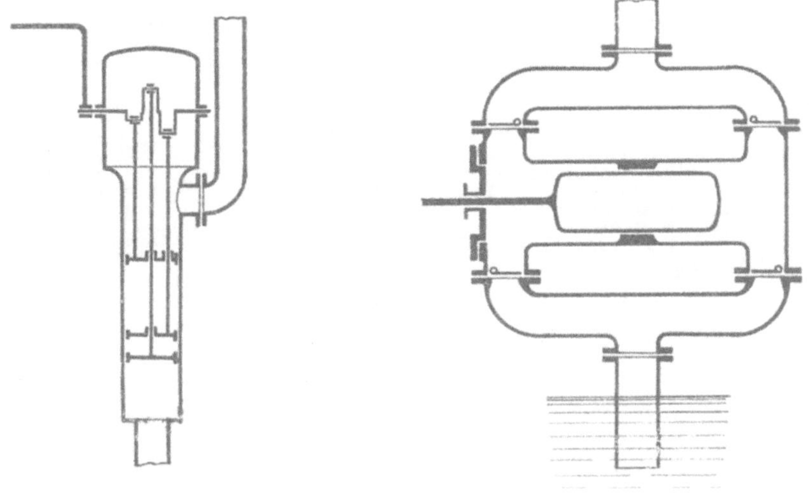

Fig. 53.

Fig. 54.

und zwar, der Kurbelbewegung entsprechend, mit ungleichen Geschwindigkeiten; hierauf beruht die Wirkung der Pumpe. Jeder Kolben fördert nur beim Aufgang, in einem beliebigen Augenblick können höchstens zwei Kolben zugleich aufwärts gehen, von denen nur derjenige eine Förderung im Druckrohre erzeugen wird, welcher die grössere Geschwindigkeit hat. Bei einer Umdrehung der Antriebswelle wird also jeder Kolben während der Drehung um 120° wirklich fördern, so dass eine Pumpe entsteht, die fortdauernde Bewegung im Saug- und Druckrohr erzeugt.

Die vorbesprochenen Pumpen der Gruppe 3 sind nichts Anderes als die unmittelbare Aneinanderfügung von zwei oder mehreren Pumpen derart, dass ihre Wirkungen sich summiren. Der Cylinder besteht somit eigentlich aus zwei oder mehreren Theilen, von denen jeder für sich die Kolbenbewegung um den Hub S zulässt. Diese unmittelbare Vereinigung von Pumpen führt insbesondere zu einer Verkleinerung der Zahl der nothwendigen Ventile.

4. Mehrcylindrige Pumpen lassen sich durch Vereinigung von beliebig viel Pumpen der unter 1. bis 3. genannten Systeme erhalten und können damit unzählige Anordnungen erhalten werden. Es seien im Nachfolgenden nur einige von praktischer Bedeutung angegeben. Eine zweicylindrige Pumpe mit gemeinschaftlichem Tauchkolben ist die in Fig. 54

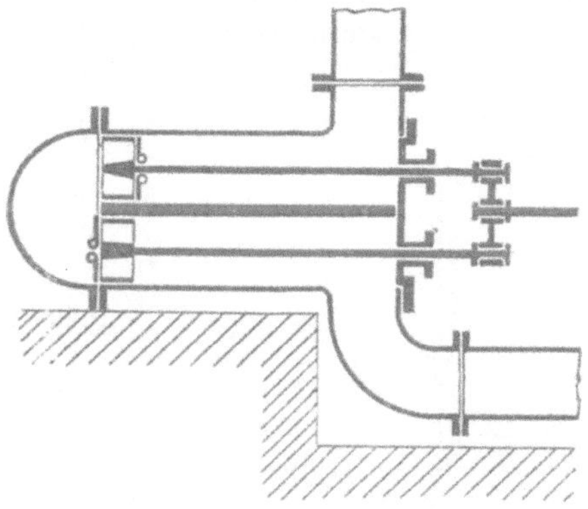

Fig. 55.

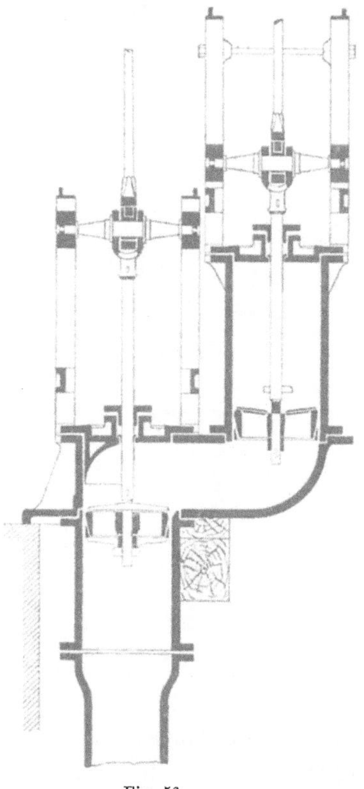

Fig. 56.

gezeigte Kastenpumpe, welche zwei Saug- und zwei Druckventile erfordert und sich als doppeltwirkende Saug- und Druckpumpe kennzeichnet.

Diese Form zeigen, mit einer geringen Abweichung, die meisten Pumpen für städtische Wasserversorgungsanlagen. Man vergleiche übrigens die später angeführte Konstruktion Riedler's.

Die Vereinigung zweier einfachwirkender Hubpumpen durch Verbindung der Cylinder führt zu den in Fig. 55 bis 57 skizzirten Pumpen. Bei der Anordnung Fig. 55 bewegen sich zwei Ventilkolben zusammen hin und zurück, die Wirkungen summiren sich, es entsteht eine doppeltwirkende Saug- und Druckpumpe, welche keiner weiteren Ventile als derjenigen der Kolben bedarf. Die gleiche Art der Förderung wird erhalten, wenn die Cylinder über einander gesetzt werden, wie das bei der sogenannten Lissaboner Pumpe, Fig. 56, der Fall ist, welche als doppeltwirkende Saug- und Hubpumpe zu betrachten ist. Eine summirende Wirkung tritt bei der in Fig. 57 verdeutlichten Anordnung ein, bei welcher in dem einen Cylinder ein Ventilkolben, im anderen ein geschlossener Kolben wirkt. Es entsteht damit eine *einfach wirkende Saug- und doppeltwirkende Druckpumpe.*

Wirkt in einem Cylinder ein Ventilkolben, im anderen ein Taucher, der an der Aussenseite des hier als Cylinder dienenden unteren Druckrohrendes entlang sich bewegt, so ergibt sich die in Fig. 58 gezeigte *einfachwirkende Saug-, einfachwirkende Hub- und einfachwirkende Druckpumpe.* Wird bei dieser Anordnung statt des

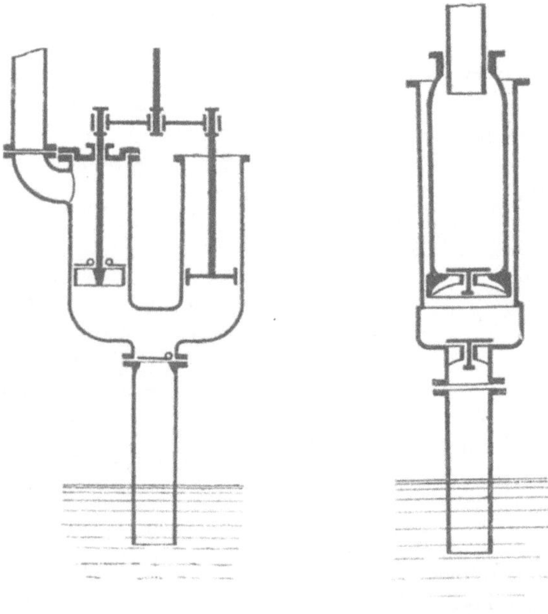

Fig. 57. Fig. 58.

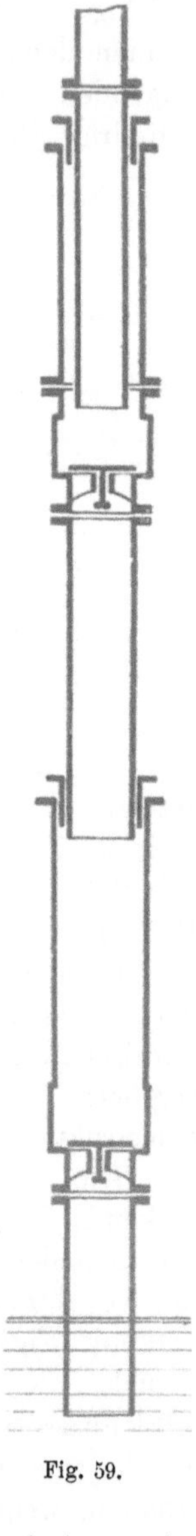

Ventilscheibenkolbens ein Ventiltauchkolben angewendet, so ergibt sich die von *Althanns* angegebene Schachtpumpe nach Fig. 59, auch Perspektiv- oder Teleskop-Pumpe genannt, welche gleichfalls als *einfachwirkende Saug-, einfachwirkende Hub- und einfachwirkende Druckpumpe* aufzufassen ist.

Fig. 59.

Hierbei kann jeder der Tauchkolben an der Innen- oder an der Aussenwandung des betreffenden Cylinders sich führen. Bei den Pumpen Fig. 57 bis 59 ist ausser dem Kolbenventil noch ein Saugventil nothwendig. Ein Beispiel einer *zwei-cylindrigen Pumpe mit Doppelkolben* bietet die in Fig. 60 skizzirte, von *Guyon und Audemar* angegebene Anordnung, welche vier Ventilkolben besitzt, und sich als doppeltwirkende Saug- und Hubpumpe kennzeichnet. Ausser den Kolbenventilen sind Ventile nicht nothwendig. Weitere Beispiele mehrcylindriger Pumpen, welche insbesondere zur Erzielung einer gleichmässigen Förderung angewendet werden, finden sich in den im Späteren zu besprechenden Ausführungen.

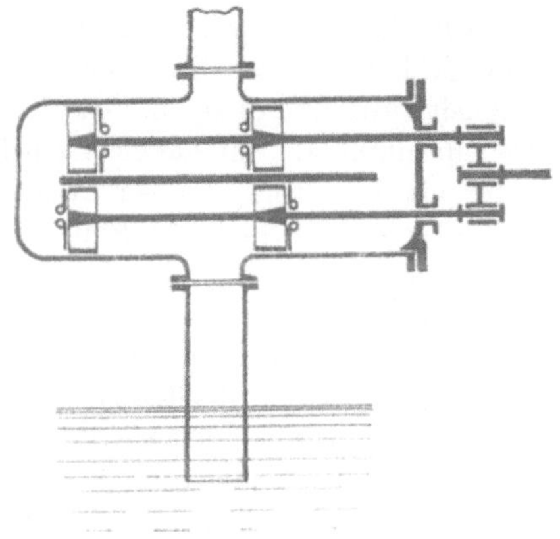

Fig. 60.

Geförderte Flüssigkeitsmenge.

Um die innerhalb einer bestimmten Zeit geförderte, also am Ende des Druckrohres ausfliessende Flüssigkeitsmenge zu bestimmen, muss der Beharrungszustand des Betriebes vorausgesetzt werden, so dass während jedes Kolbenspieles, also während jedes Doppelhubes die gleiche Menge gehoben wird.

Wenn ein Kolben von der Fläche F sich um den Weg S von der Einmündung des Saug- oder Zuflussrohres weg bewegt, also seine Saugwirkung ausübt, so tritt in den freigewordenen Raum F S eine gleich grosse Flüssigkeitsmenge aus dem Saug- oder Zuflussbehälter, vorausgesetzt, dass der Raum nicht durch andere Stoffe theilweise ausgefüllt wird oder theilweise leer bleibt, was eintritt, wenn an dem Kolben sich Luft, Gase oder Dämpfe sammeln oder die Flüssigkeit dem Kolben nicht zu folgen vermag. Die Ansammlung von Luft, Gasen oder Dämpfen zwischen der saugenden Kolbenfläche und der Flüssigkeit tritt ein, wenn aus letzterer sich solche Stoffe ausscheiden, was streng genommen bei jeder Flüssigkeit in grösserem oder geringerem Masse stattfindet. Auch wird gelegentlich das Ansaugen von Luft gewünscht; dann wird gleichfalls die während des Kolbenweges S angesaugte Flüssigkeitsmenge kleiner als F S sein und zwar um den Rauminhalt der angesaugten und bei der Saugwirkung ausgedehnten Luft. Das Gleiche tritt ein, wenn sich im Cylinder Luft festsetzen kann; dann wird diese während der vorhergehenden Druckwirkung zusammengepresste Luft sich während der Saugwirkung ausdehnen und einen Theil des Raumes F S einnehmen, so dass nur der übrigbleibende Theil sich mit Flüssigkeit füllen kann. Es ist später zu untersuchen, unter welchen Umständen die Flüssigkeit dem Kolben nicht mit gleicher Geschwindigkeit zu folgen vermag und somit eine Trennung des Kolbens von der nachfolgenden Flüssigkeit eintritt. Diese zu vermeidende Unregelmässigkeit wird zur Folge haben, dass nicht der ganze Raum F S sich mit angesaugter Flüssigkeit füllt und diese und der Kolben erst auf dessen Rückgange wieder zusammentreffen. Zu diesen Ursachen, welche die angesaugte Menge kleiner als den vom Kolben freigemachten Raum ergeben, kommt noch hinzu, dass bei Beginn der Saugwirkung in den meisten Fällen das Druckventil noch nicht völlig geschlossen ist; dann aber wird Flüssigkeit aus dem Druckrohr nach dem Cylinder zurückfliessen. Ein weiterer Verlust entsteht, wenn der Kolben nicht vollkommen dicht schliesst. Befindet sich dann auf der Gegenseite des Kolbens Flüssigkeit, wie es bei einfachwirkenden Saug- und Hubpumpen und bei doppelt wirkenden Pumpen der Fall ist, so läuft während der Saugwirkung Flüssigkeit zurück nach der Saugseite und wird dieser Verlust um so grösser sein, je grösser die Druckhöhe ist; ist aber auf der Gegenseite Luft, wie bei einfach wirkenden Saug- und Druckpumpen, so tritt diese durch den Spalt zwischen Kolben und Cylinderwandung nach dem Saugraum, vermindert also gleichfalls die angesaugte Flüssigkeitsmenge.

Es sind also mehrere Umstände vorhanden, die verhindern, dass die während eines Kolbenhubes S angesaugte, also aus dem Saugbehälter entnommene Flüssigkeitsmenge F S beträgt; sie wird vielmehr nur gleich μ_1 F S sein, wobei μ_1 eine den geschilderten Umständen Rechnung tragende Vorzahl bedeutet.

Würde nun beim Beginn der Druckwirkung sich das Saugventil sofort schliessen, so würde auch diese Flüssigkeitsmenge μ_1 F S vollständig in das Druckrohr gepresst, also gefördert werden. Da aber das Saugventil in den meisten Fällen sich erst eine gewisse Zeit nach dem Hubwechsel vollständig schliessen wird, so läuft während dieser Zeit Flüssigkeit nach dem Saugbehälter zurück; die thatsächlich zum Abfluss am Ende des Druckrohres gelangende Flüssigkeitsmenge ist somit $\mu_1 \mu_2$ F S $= \mu$ F S, wenn μ_2 eine Vorzahl bedeutet, die dem Rückfluss durch das sich zu spät schliessende Saugventil Rechnung trägt.

Die Vorzahl μ kann theoretisch nicht bestimmt werden, da sie von der Güte der Ausführung und Sorgfalt der Unterhaltung wesentlich abhängt; sie ist aus Versuchen zu entnehmen und ergibt sich für zweckmässig angeordnete und in gutem Zustande befindliche Pumpen zwischen 0,95 und 1; bei weniger sorgfältiger Ausführung, sowie für die Förderung heisser, Gase oder Dämpfe abgebender Flüssigkeiten ist für μ ein kleinerer

Werth zu nehmen und finden sich z. B. Speisepumpen mit $\mu = 0{,}5$ und noch darunter.

Es kann aber auch $\mu > 1$ werden, so dass mehr Flüssigkeit gefördert wird, als dem Querschnitt und der Geschwindigkeit des Kolbens entspricht. Diese Mehrförderung kann während der Saug- und während der Druckwirkung entstehen; im ersteren Falle dann, wenn die lebendige Kraft der im Saugrohr und Cylinder sich bewegenden Flüssigkeit gross genug wird, um das Druckventil aufstossen und die darüber befindliche Flüssigkeitssäule aufwärts schleudern zu können. Während der Druckwirkung kann in gleicher Weise eine Mehrförderung entstehen, wenn die schnell wachsende lebendige Kraft der im Druckrohr sich bewegenden Flüssigkeit ein Heben des Saugventils und damit ein Nachströmen aus dem Saugrohr nach dem Druckrohr bewirkt. Die Ursachen der Mehrförderung sind im Späteren ausführlicher zu behandeln, da es nothwendig ist, diese Betriebsunregelmässigkeit wegen des damit verbundenen Arbeitsverlustes zu vermeiden.

Wird nun die während eines Doppelhubes geförderte theoretische Flüssigkeitsmenge mit M bezeichnet, so ergibt sich für die verschiedenen Pumpenarten Folgendes:

Einfachwirkende Saug- und einfachwirkende Druckpumpe (vgl. Fig. 40). Auf dem Kolbenhingange wird eine Menge F S angesaugt, auf dem Rückgange dieselbe nach dem Druckrohr gepresst, somit ist

$$M = F\,S.$$

Geht die Kolbenstange vom Querschnitt f durch die wirksame Cylinderseite (vgl. die punktirte Anordnung in Fig. 41), so wird

$$M = (F - f)\,S. \qquad 1)$$

Einfachwirkende Saug- und Hubpumpe nach Fig. 43.

Bei der Saugwirkung tritt die Menge F S in den Cylinder, zugleich wird von der Gegenseite des Kolbens die Menge (F—f) S nach dem Druckrohr gehoben; beim Rückgang des Kolbens wird keine Saugwirkung erzielt, dagegen im Druckrohr eine Menge f S gefördert; somit ist

$$M = (F - f)\,S + f\,S = F\,S. \qquad 2)$$

Doppeltwirkende Saug- und Druckpumpe nach Fig. 42.

Beim Kolbenhingange wird auf der einen Cylinderseite die Menge F S angesaugt, auf der anderen die Menge (F—f) S nach dem Druckrohr gepresst; beim Rückgang wirken die Kolbenseiten umgekehrt, so dass auf der erstgenannten Cylinderseite F S nach dem Druckrohr gefördert, auf der zweitgenannten (F—f) S angesaugt wird.

Somit ergibt sich

$$M = F\,S + (F - f)\,S = (2\,F - f)\,S. \qquad 3)$$

Dieselbe Formel gilt für die verbundenen einfachwirkenden Tauchpumpen nach Fig. 54.

Einfachwirkende Saug- und doppeltwirkende Druckpumpe nach Fig. 48.

Beim Hingange des Kolbens wird die Menge FS angesaugt und die Menge (F—f) S nach dem Druckrohr gepresst, beim Rückgange findet keine Saugwirkung statt und der Tauchkolben vom Querschnitt f presst die Menge fS nach dem Druckrohr. Somit ist

$$M = (F-f)\,S + fS = FS. \qquad 4)$$

Soll während jedes einfachen Hubes im Druckrohre die gleiche Flüssigkeitsmenge gefördert werden, so muss sein

$$(F-f)\,S = fS \text{ oder } f = \frac{F}{2},$$

da aber $F = \frac{\pi D^2}{4}$ und $f = \frac{\pi d^2}{4}$, so ergibt sich $d = 0{,}707\,D$ und $D = 1{,}414\,d$.

Doppeltwirkende Saug- und einfachwirkende Druckpumpe nach Fig. 49.

Während der Bewegung des Kolbens um den Hub S wird die Menge (F—f) S angesaugt und die Menge FS nach dem Druckrohre gefördert, während des Rückganges dagegen fS angesaugt, im Druckrohre tritt dabei Stillstand der Flüssigkeitssäule ein. Somit wird

$$M = FS. \qquad 5)$$

Zur Erzielung gleicher Förderung im Saugrohr während des Kolben-Hin- und Rückganges muss wieder sein

$$f = \frac{F}{2} \text{ oder } d = 0{,}707\,D, \quad D = 1{,}414\,d.$$

In gleicher Weise lässt sich die bei einem Kolbenspiel geförderte theoretische Flüssigkeitsmenge für jede Pumpenart berechnen.

Finden nun in der Minute n Kolbenspiele statt, so ist die in der Sekunde thatsächlich geförderte Menge unter Einführung der Lieferungsvorzahl

$$Q = \mu \frac{nM}{60} \qquad 6)$$

und es ist hierbei gleichgültig, ob die einzelnen Kolbenspiele unmittelbar aufeinander folgen oder, wie bei den Gestängepumpen der Wasserhaltungsanlagen, beliebig lange Pausen zwischen je zwei Spielen liegen.

Der Eintritt der Flüssigkeit in den Pumpencylinder während der Saugwirkung und der Austritt aus demselben während der Druckwirkung erfolgt nicht gleichförmig, da die Kolbengeschwindigkeit keine gleichförmige ist. Diese Ungleichmässigkeit äussert sich auch in der Bewegung der Flüssigkeit im Saug- wie im Druckrohre, wenn nicht Saug- und

Druckwindkessel von genügend grossem Inhalt angeordnet werden. Ohne dieselben werden die Geschwindigkeiten, mit welcher die Flüssigkeit aus dem Saugbehälter in das Druckrohr eintritt und mit welcher sie das Druckrohr verlässt, ungleichförmig sein; durch die Verwendung von Windkesseln kann aber eine gleichbleibende Geschwindigkeit an beiden Stellen erzielt werden. Die ungleichförmige Bewegung der Flüssigkeit im Cylinder lässt sich deutlich durch Schaulinien darstellen.

Wenn zunächst die einfach wirkende Saug- und Druckpumpe betrachtet wird, so wird in der Zeit dt eine Flüssigkeitsmenge $F v_x dt$ angesaugt, wenn v_x die Kolbengeschwindigkeit im betrachteten Augenblick ist.

Erfolgt der Hub in der Zeit t, so ist

$$F S = \int_0^t F v_x dt.$$

v_x kann aus der Bewegungsart des Kolbens für jeden Augenblick bestimmt werden, so dass sich eine Linie zeichnen lässt, deren Abscissen

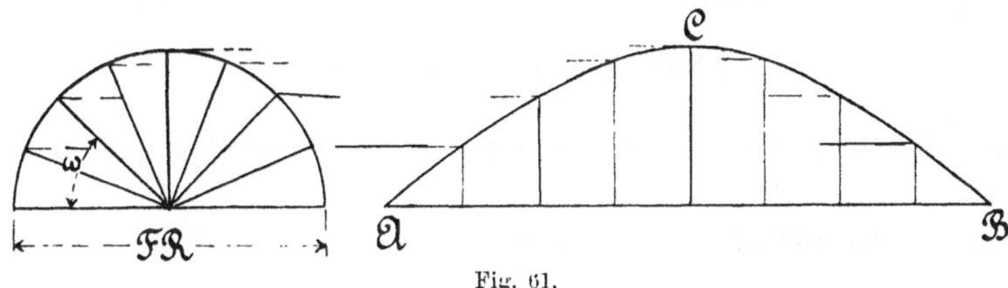

Fig. 61.

die Zeiten t und deren Ordinaten die zugehörigen Kolbengeschwindigkeiten v_x sind; der Verlauf dieser Linie verdeutlicht dann den Grad der Gleichförmigkeit der Flüssigkeitsförderung.

Erfolgt z. B. die Bewegung des Kolbens durch eine Triebstange von einer sich mit gleichbleibender Winkelgeschwindigkeit drehenden Kurbel und wird, was für den Zweck der Betrachtung zulässig ist, die Treibstange unendlich lang angenommen, so ist

$$v_x dt = V \sin w\, dt = R \sin w\, dw,$$

wenn w den Kurbeldrehwinkel, V die gleichbleibende Umfangsgeschwindigkeit, R den Kurbelhalbmesser bezeichnet.

Wird nun mit F R als Halbmesser ein Halbkreis geschlagen und werden die Winkel w in der Weise eingetragen, dass der Halbkreis z. B. in 8 Theile getheilt wird (vgl. Fig. 61), so ergibt sich F R sin w sofort; die Abscissen ergeben sich dann durch Theilung einer beliebig für $w = 180^0$ angenommenen Länge (A B) in 8 Theile, die Ordinaten F R sin w können unmittelbar übertragen werden; die Linie (A C B) umschliesst dann mit der Geraden A B eine Fläche, deren Inhalt gleich $\int_0^{180} = F R \sin w\, dw$ ist, also die bei einem Hub S angesaugte, somit auch die beim Rückgang in das Druckrohr gepresste Flüssigkeitsmenge darstellt. Bei dem darauf folgenden Hub S erfolgt kein Ansaugen, so dass die Fläche (A C B) zugleich die ganze bei einem Kolbenspiel geförderte theoretische Flüssigkeitsmenge verdeutlicht.

Bei der doppeltwirkenden Saug- und Druckpumpe ist das gleiche Verfahren einzuschlagen, nur ist zu beachten, dass, weil die

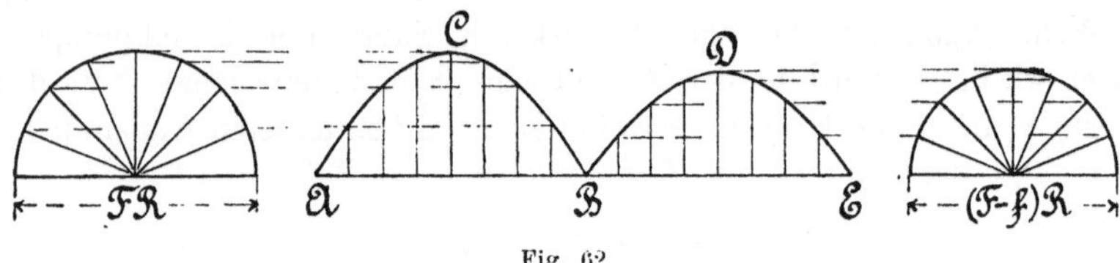

Fig. 62.

Druckwirkung beim Hin- und Rückgang erfolgt, die geförderte Flüssigkeitsmenge sich ergibt aus

$$\int_0^t F\, v_x\, dt + \int_0^{t'} (F - f)\, v_x\, dt,$$

wenn der Hingang des Kolbens in der Zeit t, der Rückgang in der Zeit t′ erfolgt.

Für die Kurbelbewegung wird dieser Ausdruck gleich

$$\int_0^{180} F R \sin w\, dw + \int_{180}^{360} (F - f) R \sin w\, dw.$$

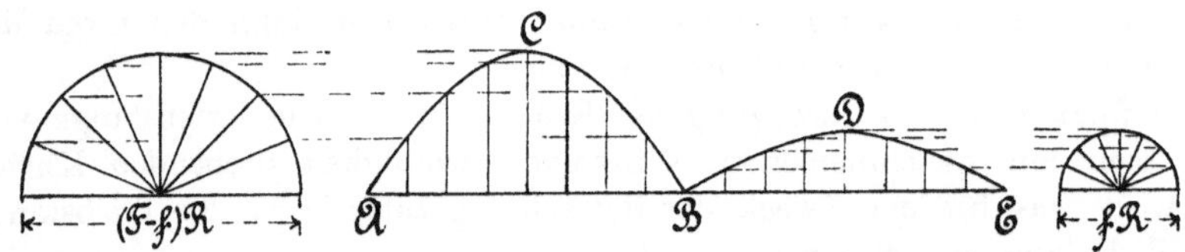

Fig. 63.

In der beschriebenen und durch Fig. 62 verdeutlichten Weise lassen sich diese Integrale als die Flächen (A C B) und (B D E) darstellen; beide werden gleich gross, wenn f vernachlässigt wird.

Für die einfachwirkende Saug- und Hubpumpe ergibt sich durch eine gleiche Betrachtung die bei einem Kolbenspiel geförderte theoretische Flüssigkeitsmenge zu

$$\int_0^{180} (F - f) R \sin w\, dw + \int_{180}^{360} f R \sin w\, dw.$$

Fig. 63 zeigt die danach gebildeten Integrale und damit die die Förderung beim Hin- und Rückgang darstellenden Flächen.

Durch solche Schaulinien lässt sich auch verdeutlichen, in welcher Weise die Gleichförmigkeit der Förderung zunimmt, wenn zwei oder mehrere Pumpen entsprechend mit einander verbunden sind und ein gemeinschaftliches Druckrohr haben. So ergibt sich z. B. für zwei doppeltwirkende Druckpumpen gleicher Grösse, die durch zwei um 90^0 versetzte Kurbeln betrieben werden, für die eine Pumpe die von dem Linienzug (ABCDE) und der Geraden (AE) eingeschlossene Fläche

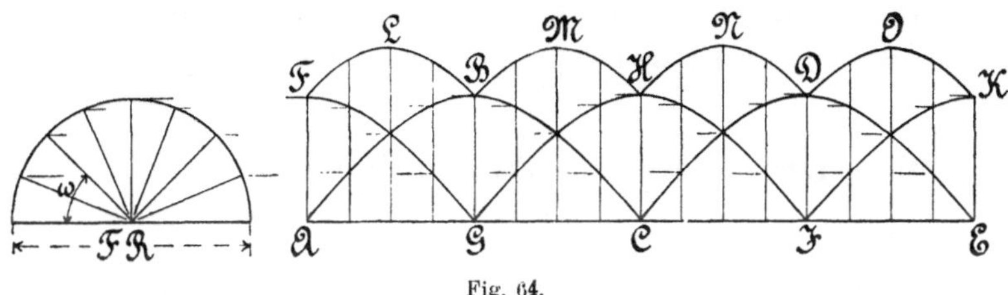

Fig. 64.

als Darstellung der Förderung (Fig. 64); in gleicher Weise ergibt sich unter 90^0 versetzt der Linienzug (FGHIK) für die zweite Pumpe. Die gesammte Förderung wird durch die Fläche (AFLBMHNDOKE) verdeutlicht, deren Begrenzungslinie (FLBMHNDOK) durch Summirung der Ordinaten der vorgenannten Linien erhalten wird.

Eine bemerkenswerthe Anordnung, die eine thunlichst gleichförmige Förderung bezweckt, hat Jandin gewählt (Le Génie Civil, April 1895). Er ordnet zwei gleich grosse, mit Scheibenkolben versehene Pumpencylinder neben einander an, für welche die Antriebskurbeln um 120^0 gegen einander versetzt sind. Von den 6 vorhandenen Ventilen dienen

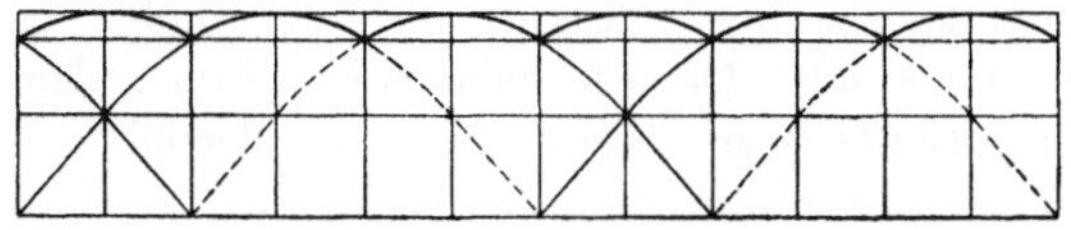
Fig. 65.

2 als Saugventile für den einen Cylinder, 2 als Druckventile für den anderen Cylinder, während die übrigen 2, zwischen den Enden zweier Cylinder angebrachten Ventile sowohl als Saug- wie als Druckventile für beide dienen. Verfolgt man die Wirkung dieser Anordnung an der Hand von Schaulinien, wie Fig. 61 und 64, so findet sich, dass die Fördermenge bei einer Umdrehung das Dreifache eines Cylinderinhalts beträgt, während sie bei einer durch die Fig. 64 gekennzeichneten, zweifachen, doppelt wirkenden Pumpe, welche durch 2 um 90^0 versetzte Kurbeln angetrieben wird, das Vierfache eines Cylinderinhalts beträgt. Die in Fig. 65 abgebildete Schaulinie der Jandin'schen Pumpe ergibt aber, dass die Fördermenge während einer Umdrehung nach 6 Perioden

schwankt, für welche das Verhältniss des Minimums zum Maximum = 1 : 1,16 ist, wogegen die zweifache, doppeltwirkende Pumpe 4 Perioden mit einem Verhältniss von 1 : 1,41 aufweist. Im Hinblick auf diesen Umstand verdient die Jandin'sche Pumpe, bei welcher auf die Wasserführung besondere Aufmerksamkeit zu verwenden sein dürfte, für Förderungen gegen hohe Pressungen oder in lange Leitungen Beachtung. Eine Ausführungsform einer solchen Pumpe wird später gegeben.

In welcher Weise die Verwendung von Windkesseln die Gleichförmigkeit der Förderung beeinflusst, soll in Späterem betrachtet werden.

Die erforderliche Kolbenkraft und Betriebsarbeit.

Die Saugwirkung.

Wenn die Räume der Pumpe durch Ansaugen oder Einfüllen mit Flüssigkeit angefüllt sind und nunmehr der Kolben so bewegt wird, dass der Raum zwischen ihm und dem Flüssigkeitsspiegel im Saugbehälter wächst, so entsteht hinter dem Kolben ein luftverdünnter Raum; in Folge dessen dringt die Flüssigkeit nach und es entsteht die Saugwirkung. Die treibende Kraft für dieselbe ist nur durch den Druck der Aussenluft gegeben, welchem eine Flüssigkeitssäule von der Höhe A entspricht; durch diesen Druck muss somit die im Saugrohr und im Pumpencylinder hinter dem Kolben befindliche Flüssigkeitsmenge in Bewegung gesetzt, somit deren Gewicht gehoben und ihrer Masse eine gewisse Geschwindigkeit ertheilt werden; es müssen das etwa vorhandene Fussventil und das Saugventil gehoben und die schädlichen Bewegungswiderstände überwunden werden. Ferner entsteht, indem aus der Flüssigkeit sich Luft, Gase oder Dämpfe entwickeln, hinter dem Kolben ein Gegendruck, der gleichfalls zu überwinden ist; derselbe sei durch das Gewicht einer Flüssigkeitssäule von der Höhe h_i ausgedrückt. Wird kaltes Wasser gepumpt, so kann für die weitere Betrachtung h_i vernachlässigt werden, da die Spannung der Wasserdämpfe und der aus dem Wasser sich abscheidenden Luftmenge sehr gering wird; ist jedoch heisses Wasser zu fördern, so wächst die Spannung der aus demselben sich entwickelnden Wasserdämpfe bedeutend mit der Temperatur des Wassers und es wird z. B. für eine

Wassertemperatur =	10^0	20^0	30^0	50^0	80^0	100^0
h_i =	0,125	0,236	0,429	1,25	4,824	10,33 m.

Es kann daher heisses Wasser nur auf geringe Höhe, Wasser von 100^0 gar nicht mehr angesaugt werden, da die erreichbare Saughöhe überhaupt kleiner ist als $A - h_i$.

Bei anderen Flüssigkeiten als Wasser würde h_i davon abhängen, in welcher Menge sich aus der Flüssigkeit Gase oder Dämpfe entwickeln; h_i wäre somit in jedem besonderen Falle zu bestimmen oder anzunehmen.

Für die Saugkraft allein muss die am Kolben wirkende Kraft im Stande sein, den auf der Kolbenfläche F lastenden Luftdruck zu überwinden, wobei jedoch auf die Gegenseite des Kolbens ein hydraulischer Druck seitens der dem Kolben folgenden angesaugten Flüssigkeit ausgeübt wird, der einen Theil der Luftbelastung aufhebt.

Wie im Vorgehenden bemerkt, ist die Kraft, welche das Aufsteigen der Flüssigkeit im Saugrohr bewirkt, nur durch den Druck der äusseren Luft auf den Querschnit F_s des Saugrohres gegeben. Es sei nun zunächst rechnerisch untersucht, welche Arbeit dieser Druck zu leisten hat.

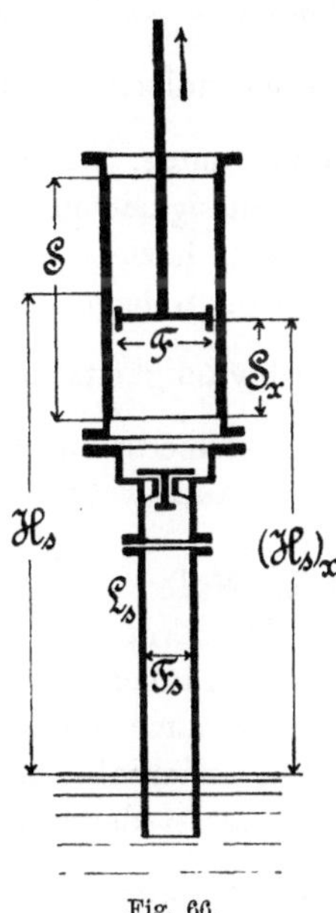

Fig. 66.

Zur Hebung des Flüssigkeitsgewichtes während der Saugwirkung ist in dem betrachteten Augenblicke ein Druck auf die Saugrohrmündung nothwendig, welcher gleich $F_s\,(H_s)_x\gamma$ ist, wenn F_s den Saugrohrquerschnitt, $(H_s)_x$ die Saughöhe und γ das spezifische Gewicht der zu fördernden Flüssigkeit bezeichnet; hierbei ist $(H_s)_x$ bei wagrecht liegenden Pumpencylindern konstant gleich H_s, bei lothrechten jedoch, wenn die Einmündung des Rohres unten am Cylinder erfolgt, ist $(H_s)_x$ eine veränderliche Grösse und zwar allgemein (vgl. Fig. 66) gleich

$$H_s - \frac{S}{2} + S_x\,;$$

mündet das Saugrohr oben in den Cylinder, so ist beim Ansaugen $(H_s)_x$ konstant und bis zu dem höchsten Punkte zu nehmen, auf welchen die Flüssigkeit gesaugt werden muss; ist die Pumpe im Gange, so ist $(H_s)_x$ bis zur jeweiligen Kolbenstellung zu rechnen. Allgemein ist somit die Gesammtarbeit zur Ueberwindung der hydrostatischen Last, da der Weg derselben gleich $S\frac{F}{F_s}$ ist, gleich

$$P_sS = F_s\int_0^S (H_s)_x\,\gamma\,\frac{F}{F_s}\,dS = F\gamma\int_0^S (H_s)_x\,d\,S.$$

Für die Anordnung Fig. 66 wird dann

$$P_s S = F\gamma\int_0^S (H_s - \frac{S}{2} + S_x)\, dS$$

$$= F\gamma H_s S. \tag{7}$$

Befindet sich die Flüssigkeit im Saugrohr in Ruhe und soll sie in Bewegung versetzt werden, so ist hierzu eine Arbeit nothwendig, welche der lebendigen Kraft $\frac{Mu^2}{2}$ gleich ist, die der Flüssigkeitsmasse M ertheilt werden muss, wenn die zu erzeugende Geschwindigkeit u ist. Ist jedoch die Flüssigkeitsmasse M bereits in Bewegung mit der Geschwindigkeit u_1 und soll letztere in u_2 geändert werden, so ist eine Arbeit hierzu aufzuwenden, welche der Differenz der lebendigen Kräfte nach und vor der Geschwindigkeitsänderung entspricht, also gleich $M\frac{u_2^2-u_1^2}{2}$ ist.

Ist hierbei $u_2 < u_1$, wird also die Bewegung gehemmt, so ist nicht Arbeit aufzuwenden, sondern die Flüssigkeitsmasse kann solche abgeben. Für $u_2 = u_1$ ergibt sich selbstverständlich die aufzuwendende Arbeit gleich Null.

Die Kraft, welche auf eine sich bewegende Flüssigkeitsmasse M wirken muss, um innerhalb einer Zeit t deren Geschwindigkeit u_1 in u_2 zu ändern, ist aber auch gleich M k, wenn mit k die Beschleunigung bezeichnet ist, welche innerhalb der Zeit d t als konstant angenommen werden kann. Denn es ist dann die zur Bewegungsänderung nothwendige Arbeit gleich $\int_0^s Mk\, ds$, wenn ds der unendlich kleine Weg ist, während dessen die Kraft Mk als gleichbleibend angenommen werden kann.

Nun ist aber

$$ds = u\, dt \quad \text{und}$$

$$k = \frac{du}{dt},$$

somit die Arbeit auch gleich

$$M\int_{u_1}^{u_2} u\, du = M\frac{u_2^2-u_1^2}{2}.$$

Wendet man diese Beziehungen auf den gegebenen Fall an, so kommt die Trägheit dreier Flüssigkeitsmengen in Betracht:

1. Es muss, während der Kolben den Weg dS zurücklegt, aus dem Saugbehälter in das Saugrohr eine Flüssigkeitsmasse $\frac{F\, dS\, \gamma}{g}$ eintreten und die im betrachteten Augenblicke im Saugrohr herrschende Geschwindigkeit $(v_s)_x$ er-

halten, wozu eine Arbeit von $\frac{F\,dS\,\gamma}{g}\frac{(v_s)_x^2}{2}$ nothwendig ist, die während des Weges dS durch eine Kraft $\frac{F\gamma}{g}\frac{(v_s)_x^2}{2}$ geleistet werden kann.

2. Die im Saugrohre befindliche Flüssigkeitsmasse $\frac{F_s\,L_s\,\gamma}{g}$ befindet sich im Beginne der Kolbenbewegung in Ruhe, wenn kein Saugwindkessel vorhanden ist und das Saugrohr einer einfachwirkenden Pumpe zugehört. Ist ein Saugwindkessel vorhanden, so wird die Flüssigkeit in demjenigen Theile des Saugrohres stetig in Bewegung sein, der zwischen dem Windkessel und Saugbehälter liegt, im anderen Theile zwischen Windkessel und Pumpencylinder wird dagegen beim Rückgange des Kolbens die Flüssigkeit sich in Ruhe befinden. Wenn der Kolben beim Hin- und Hergange stetig aus einem gemeinschaftlichen Saugrohre saugt, so wird wiederum die Flüssigkeit in demjenigen Theile desselben, der für beide Cylinderseiten gemeinschaftlich ist, in stetiger Bewegung sein, dagegen in den nicht gemeinschaftlichen Theilen während der Druckwirkung des Kolbens zur Ruhe kommen, also nachher wieder in Bewegung gebracht werden müssen. Dasselbe findet statt, wenn zwei oder mehrere Pumpen an einem gemeinschaftlichen Saugrohre wirken. Bei der einfachwirkenden Saug- und Druckpumpe, die hier zunächst zu betrachten ist, muss somit die im Saugrohr enthaltene Flüssigkeitsmasse $\frac{F_s\,L_s\,\gamma}{g}$ im Allgemeinen beschleunigt werden; die hierzu während des Weges dS nothwendige Arbeit ergibt sich zu

$$\frac{F_s\,L_s\,\gamma}{g}(b_s)_x\,dS,$$

wenn $(b_s)_x$ die für den betrachteten Augenblick zu erzielende Beschleunigung bedeutet; diese Arbeit wird auf dem Wege dS durch die Kraft

$$\frac{F_s\,L_s\,\gamma}{g}(b_s)_x$$

geleistet.

3. Im Pumpencylinder (vgl. Fig. 66) befindet sich im betrachteten Augenblick eine Flüssigkeitsmenge $F\,(S_x + \sigma S)$, wobei $F\,\sigma S$ der todte Raum ist. Es muss somit die Flüssigkeitsmasse

$$\frac{F\,(S_x + \sigma S)\,\gamma}{g}$$

gleichfalls im betrachteten Augenblicke beschleunigt werden; hierzu ist während des Weges dS eine Arbeit von

$$\frac{F\,(S_x + \sigma S)\,\gamma}{g}\,b_x\,dS$$

nothwendig, wenn b_x die Kolbenbeschleunigung bedeutet. Die Kraft, welche auf dem Wege dS diese Arbeit leisten kann, ist somit

$$\frac{F(S_x + \sigma S)\gamma}{g} b_x.$$

Diese Arbeit kommt in Betracht, wenn der Cylinder wagerecht oder lothrecht aufgestellt ist, im letzteren Falle aber das Saugrohr unten in den Cylinder mündet.

In dem betrachteten Augenblicke ist somit zur Ueberwindung der Trägheit der drei Flüssigkeitsmassen eine Gesammtarbeit erforderlich:

$$\left(\frac{F\gamma}{g}\frac{(v_s)_x^2}{2} + \frac{F_s L_s \gamma}{g}(b_s)_x + \frac{F(S_x + \sigma S)\gamma}{g} b_x\right) dS,$$

oder, da $F b_x = F_s (b_s)_x$ ist,

$$\frac{F\gamma}{g}\left[\frac{(v_s)_x^2}{2} + (L_s + S_x + \sigma S) b_x\right] dS.$$

Die zur Beschleunigung der Flüssigkeitsmassen während des ganzen Hubes S aufzuwendende Arbeit ist daher

$$K_s S = \frac{F\gamma}{g}\int_0^S \left[\frac{(v_s)_x^2}{2} + (L_s + S_x + \sigma S) b_x\right] dS. \qquad 8)$$

Dieses Integral lässt sich für bestimmte Bewegungsarten des Kolbens leicht bestimmen, wie später gezeigt werden wird. Der Druck, welcher auf die Flüssigkeit während der Saugwirkung ausgeübt werden muss, um die Trägheit ihrer Masse zu überwinden, ist in jedem Augenblicke

$$\frac{F\gamma}{g}[(v_s)_x^2 + (L_s + S_x + \sigma S) b_x].$$

In diesem Ausdrucke sind jedoch $(v_s)_x$, S_x und b_x veränderliche Grössen.

Die schädlichen hydraulischen Bewegungswiderstände, welche bei der Saugwirkung auftreten, entstehen beim Eintritte der Flüssigkeit in den Saugkopf, beim Durchfluss eines in letzterem etwa angebrachten Fussventils, durch Reibung und Querschnitts- sowie Richtungsänderungen im Saugrohre und im Pumpencylinder und beim Durchfluss des Saugventils. Diese Widerstände sind nicht konstant, sondern ändern sich mit dem Quadrate der Geschwindigkeit der Flüssigkeit. Zur Ueberwindung der einzelnen Widerstände muss auf die Flüssigkeit je ein Druck ausgeübt werden, welcher gleich $F_s (h_s)_x \gamma$ gesetzt werden kann, wobei $(h_s)_x$ als eine dem Drucke entsprechende Flüssigkeitshöhe aufzufassen ist.

Wenn der Kolben sich um dS bewegt, so ist die zur Ueberwindung der einzelnen Widerstände nothwendige Einzelarbeit

$$F_s (h_s)_x \gamma\, dS \frac{F}{F_s} = F (h_s)_x \gamma\, dS,$$

da der Weg der treibenden Kraft gleich $dS\frac{F}{F_s}$ wird.

Die Widerstandshöhe $(h_s)_x$ kann aber auch gleich $\zeta_s \frac{(v_s)_x^2}{2g}$ gesetzt werden, wobei dann ζ_s eine aus Versuchen abzuleitende Zahl ist. Es seien nun die den einzelnen Widerständen entsprechenden Flüssigkeitshöhen und Widerstandsvorzahlen bezeichnet als

h_1, bez. ζ_1 für den Eintritt in den Saugkopf,
h_2, bez. ζ_2 „ „ Durchfluss des Fussventils,
h_3, bez. ζ_3 „ „ „ „ Saugrohrs,
h_4, bez. ζ_4 „ „ „ „ Saugventils,
h_5, bez. ζ_5 für die Bewegung im Pumpencylinder.

Dann ist die zur Ueberwindung sämmtlicher Widerstände während des Weges dS nothwendige Arbeit

$$F\gamma(h_1 + h_2 + h_3 + h_4 + h_5)\,dS = F\gamma(h_s)_x\,dS,$$

oder auch gleich

$$F\gamma(\zeta_1 + \zeta_2 + \zeta_3 + \zeta_4 + \zeta_5)\frac{(v_s)_x^2}{2g}dS.$$

Die während des Kolbenhubes S nothwendige Arbeit wird somit gleich

$$W_s S = F\gamma(\zeta_1 + \zeta_2 + \zeta_3 + \zeta_4 + \zeta_5)\int_0^S \frac{(v_s)_x^2}{2g}\,dS. \qquad 9)$$

Die Werthe für ζ_1 bis ζ_5 werden in Späterem gegeben.

Es muss nun der Druck der Aussenluft auf den Saugrohrquerschnitt gross genug sein, um in jedem Augenblicke die entgegenwirkenden Kräfte zu überwinden, oder es muss die Arbeit, welche der Luftdruck während des Kolbenhubes leistet, gleich der Summe sämmtlicher Widerstandsarbeiten sein. Der Weg des auf den Saugrohrquerschnitt wirkenden Luftdruckes und der entsprechenden Widerstände ist aber, wenn der Kolben sich um S bewegt, gleich $S\frac{F}{F_s}$; somit wird, wenn A die dem Luftdruck entsprechende Flüssigkeitshöhe bezeichnet,

$$A F_s \gamma S \frac{F}{F_s} > P_s S + K_s S + W_s S$$

oder

$$A F\gamma S > F\gamma H_s S + F\gamma\int_0^S\left[\frac{v(_s)_x^2}{2g} + \left(\frac{L_s + S_x + \sigma S}{g}\right)b_x\right]dS +$$

$$+ F\gamma(\zeta_1 + \zeta_2 + \zeta_3 + \zeta_4 + \zeta_5)\int_0^S\frac{(v_s)_x^2}{2g}\,dS. \qquad 10)$$

Werden die Kräfte, welche die Flüssigkeit während der Saugwirkung beeinflussen, für einen betrachteten Augenblick mit einander in Beziehung gebracht, so ergibt sich

$$A F \gamma \geqq F \gamma (H_s)_x + F \gamma \left[\frac{(v_s)_x^2}{2 g} + \frac{L_s + S_x + \sigma S}{g} b_x \right]$$

$$+ F \gamma (\zeta_1 + \zeta_2 + \zeta_3 + \zeta_4 + \zeta_5) \frac{(v_s)_x^2}{2 g} \qquad 11)$$

Hierbei ist zu beachten, dass $(v_s)_x$ und b_x von der Kolbenbewegung abhängen und zwar ergibt sich $(v_s)_x$ aus der Geschwindigkeit v_x, welche der Kolben in dem betrachteten Augenblick hat, in dem er sich mit der Beschleunigung b_x bewegt, durch die Gleichung

$$F v_x = F_s (v_s)_x$$

und ferner auch

$$F b_x = F_s (b_s)_x,$$

vorausgesetzt, dass in einer Sekunde die gleiche Flüssigkeitsmenge durch die Querschnitte des Cylinders und des Saugrohrs strömt. Der Unterschied des treibenden Luftdruckes und der widerstehenden Kräfte ergibt einen Druck, mit welchem die Flüssigkeit auf den Kolben wirkt. Während der reinen Saugwirkung ruht auf diesem aber der Luftdruck $A F \gamma$ und dieser muss gehoben werden, ferner muss die an der Kolbenstange wirkende Kraft noch die Reibung des Kolbens gegen die Cylinderwandung überwinden; in gewissen Fällen kann auch noch eine Stopfbüchsenreibung hinzukommen. Es sei die Kraft, welche im betrachteten Augenblicke zur Ueberwindung dieser Reibungen an der Kolbenstange ausgeübt werden muss: $(R_s)_x$, so dass die während des Kolbenhubes S entstehende Reibungsarbeit gleich ist

$$\int_0^S (R_s)_x \, d S = R_s S.$$

Bei Pumpen mit lothrechten Cylindern kommt auch das Gewicht des Kolbens und der Kolbenstange in Betracht, welches der Saugbewegung entgegenwirkt, wie in Fig. 66, oder als treibende Kraft auftritt, wenn der Kolben für die Saugwirkung abwärts bewegt werden muss. Wird das Gewicht dieser Theile mit G bezeichnet, so ist die nothwendige Kolbenkraft um dessen Werth zu vermehren, beziehungsweise zu vermindern. Hierbei ist dann noch zu beachten, ob das volle Gewicht der genannten Theile zu rechnen ist oder ob das Gewicht der verdrängten Flüssigkeitsmenge in Abzug zu bringen ist. Letzteres muss geschehen, wenn ein Tauchkolben angeordnet ist, so dass ein Theil desselben von der Flüssigkeit einen Auftrieb erfährt. In jedem Falle ist auch noch eine Kraft

$$\frac{G}{g} b_x$$

an der Kolbenstange nothwendig, welche die Masse des Kolbens und der Stange entsprechend zu beschleunigen vermag; die aufzuwendende Arbeit während des Kolbenhubes ist also

$$M_s S = \frac{G}{g} \int_0^S b_x \, d S.$$

Es ergibt sich nun durch Zusammenstellung der auf den Kolben wirkenden Kräfte: Auf dem Kolben lastet der Luftdruck $A F \gamma$, zur Ueberwindung der Kolben- und Stopfbüchsenreibung ist eine Kraft R_x, zum Heben des Gewichtes des Kolbens und der Stange eine Kraft $\pm G$ und zur Beschleunigung der Massen dieser Theile eine Kraft $\frac{G}{g} b_x$ nothwendig; gegen den Kolben wirkt die hydraulische Pressung treibend. Letztere ist:

$$A F \gamma - \left\{ F \gamma (H_s)_x + F \gamma \left[\frac{(v_s)_x^2}{2 g} + \frac{L_s + S_x + \sigma S}{g} b_x \right] + F \gamma \zeta_s \frac{(v_s)_x^2}{g} \right\},$$

somit ist die an der Kolbenstange für die reine Saugwirkung anzubringende Kraft in dem betrachteten Augenblick:

$$(P_s)_x = A F \gamma + R_x \pm G + \frac{G}{g} b_x - A F \gamma +$$

$$+ F \gamma \left\{ (H_s)_x + \frac{(v_s)_x^2}{2 g} + \frac{L_s + S_x + \sigma S}{g} b_x + \zeta_s \frac{(v_s)_x^2}{2 g} \right\},$$

$$(P_s)_x = F \gamma \left\{ (H_s)_x + (1 + \zeta_s) \frac{(v_s)_x^2}{2 g} + \frac{L_s + S_x + \sigma S}{g} b_x \right\} +$$

$$+ R_x \pm G + \frac{G}{g} b_x. \qquad 12)$$

Werden die entsprechenden, während des Kolbenweges S geleisteten Arbeiten miteinander in Beziehung gebracht, so ergibt sich:

$$P_s S = F \gamma \left\{ H_s S + (1 + \zeta_s) \int_0^S \frac{(v_s)_x^2}{2 g} d S + \int_0^S \frac{L_s + S_x + \sigma S}{g} b_x \, d S \right\} +$$

$$+ (R_s \pm G) S + \frac{G}{g} \int_0^S b_x \, d S. \qquad 13)$$

Die Integrale lassen sich nun durch folgende Erwägungen bestimmen: Wegen

$$\int_0^S b_x \, d S = \frac{v_t^2 - v_o^2}{2} \qquad 14)$$

ist bei allen Bewegungsarten, in denen der Kolben aus der Ruhe in Bewegung versetzt wird und seine Endgeschwindigkeit allmählich wieder gleich Null wird, die Arbeit

$$F\gamma\frac{L_s+\sigma S}{g}\int_0^S b_x\,dS = O;$$

so lange die Beschleunigung positiv ist, wird Arbeit geleistet, so lange sie negativ ist, wird Arbeit von der Flüssigkeit an den Kolben abgegeben; die aufzuwendende Gesammtarbeit, für den ganzen Kolbenhub gerechnet, wird gleich Null. Das Gleiche gilt aber auch für den Fall, dass dem Kolben am Anfange seiner Bewegung eine grosse Geschwindigkeit ertheilt wird, er sich hierauf verzögert bewegt und seine Endgeschwindigkeit Null ist. Hier muss im ersten Augenblick den Flüssigkeitsmassen eine grosse lebendige Kraft ertheilt werden, die sich aber auf dem späteren Verlaufe der Kolbenbewegung als nutzbar erweist, so dass wiederum die gesammte Arbeit gleich Null wird. Letzteres gilt somit für die verzögerte Bewegung mit der Endgeschwindigkeit $v_t = 0$, für die halb beschleunigte, halb verzögerte Bewegung, wenn die Anfangsgeschwindigkeit $v_o = 0$ und die Endgeschwindigkeit $v_t = 0$ ist, ferner für die Kurbelbewegung.

Für die beschleunigte Bewegung, bei der wohl $v_o = 0$ ist, aber v_t einen gewissen Werth hat, gilt

$$\int_0^S b_x\,dS = \frac{v_t^2}{2};$$

im Besonderen ist für die gleichförmig beschleunigte Bewegung, da b_x konstant ist,

$$\int_0^S b_x\,dS = b\,S$$

oder da

$$b = \frac{2\,S}{t^2}\text{ ist,}$$

$$b\,S = 2\left(\frac{S}{t}\right)^2 = 2\,v_m^2,$$

wenn v_m die mittlere Kolbengeschwindigkeit bezeichnet.

Es ist dann zu bestimmen

$$\int_0^S b_x\,S_x\,dS;$$

dieser Ausdruck wird für alle Bewegungsarten, in denen b_x konstant $= b$ ist,

$$b\int_0^S S_x\, dS = b\,\frac{S^2}{2}.$$

Ist die Beschleunigung b_x selbst veränderlich, so muss der Werth des bezeichneten Integrals aus der Beziehung zwischen b_x und S_x, die sich aus dem betreffenden Bewegungsgesetz ergibt, gefunden werden.

Die Bestimmung des Integrals

$$\int_0^S (v_s)_x^2\, dS$$

ergibt sich aus folgendem:

Wäre die Kolbengeschwindigkeit v_x konstant, so würde auch $(v_s)_x$ konstant sein und das Integral ergäbe den Werth $v_s^2\, S$. Bei den gebräuchlichen Betriebsarten des Kolbens ist aber v_x nicht konstant; somit sind auch die Geschwindigkeiten, mit welchen die Flüssigkeit sich im Saug- und Steigrohr bewegt, veränderlich. Die hydraulischen Widerstände, welche von diesen Geschwindigkeiten abhängen, ergeben sich daher für die verschiedenen Kolbenstellungen verschieden gross, so dass auch die Kolbenkraft während des Kolbenweges nicht stets denselben Werth hat.

Die veränderliche Kolbengeschwindigkeit sei v_x; es kann nun angenommen werden, dass der Werth v_x^2 während des kleinen Weges dS konstant sei, dann kann gesetzt werden:

$$(v^2)_m\, S = \int_0^S (v_x)^2\, dS, \qquad 15)$$

in welcher Gleichung $(v^2)_m$ das „mittlere Geschwindigkeitsquadrat“ bezeichnet, das mit dem Kolbenhub S multiplizirt denselben Werth gibt wie die Summe der einzelnen Produkte $v_x^2\, dS$. Da $dS = v_x\, dt$, so wird auch

$$(v^2)_m = \frac{1}{S}\int_0^t (v_x)^3\, dt \qquad 15a)$$

Die gebräuchlichen Betriebsarten der Kolbenpumpen ergeben Kolbenbewegungen, welche entweder vollständig oder doch mit genügender Genauigkeit als eine der folgenden vier Bewegungsarten angenommen werden können:

1. gleichförmig beschleunigt,
2. gleichförmig verzögert,
3. während der ersten Hälfte des Hubes gleichförmig beschleunigt, während der zweiten gleichförmig verzögert,
4. Kurbelbewegung mit konstanter Kurbelgeschwindigkeit.

Für die ersten drei Bewegungsarten ergibt sich, wenn die konstante Beschleunigung mit b bezeichnet wird:

$$b = \frac{d\,v_x}{dt}, \qquad v_x = b\int_0^{t_x} dt + \text{Const.}$$

Für $t_x = o$, also für den Beginn des Kolbenhubes, sei $v_x = v_o$; dann ist

$$v_x = b\int_0^{t_x} dt + v_o = b\,t_x + v_o,$$

also

$$v_t = b\,t + v_o.$$

Die Gleichung 15a) ändert sich nun in

$$(v^2)_m = \frac{1}{S}\int_0^t (b\,t_x + v_o)^3\,dt = \frac{1}{S\,b}\int_0^t (bt_x + v_o)^3\,d(bt_x + v_o);$$

die Auflösung dieses Integrals gibt:

$$(v^2)_m = \frac{1}{S\,b}\left(\frac{(bt + v_o)^4}{4} - \frac{v_o^4}{4}\right).$$

1. Für die gleichförmig beschleunigte Kolbenbewegung mit der Anfangsgeschwindigkeit $v_o = 0$ wird hieraus

$$(v^2)_m = \frac{1}{4\,S\,b}\,(b\,t)^4 = \frac{b^3\,t^4}{4\,S}; \text{ und da } S = \frac{b\,t^2}{2},$$

so wird

$$(v^2)_m = 2\left(\frac{S}{t}\right)^2.$$

2. Für die gleichmässig verzögerte Bewegung mit der Endgeschwindigkeit $v_t = 0$ ergibt sich, wenn die Verzögerung mit $-b$ bezeichnet wird,

$$v_t = -b\,t + v_o = 0;$$

dies in die für $(v^2)_m$ allgemein ermittelte Gleichung eingesetzt, gibt

$$(v^2)_m = \frac{-v_o^4}{4\,S\,b}, \qquad v_o = -b\,t,$$

somit

$$(v^2)_m = \frac{(b\,t)^4}{4\,S\,b} = \frac{b^3\,t^4}{4\,S},$$

und da

$$S = \frac{b\,t^2}{2},$$

so wird wieder

$$(v^2)_m = 2\left(\frac{S}{t}\right)^2.$$

3. Wenn der Kolben während des ersten halben Hubes gleichförmig beschleunigt und dann gleichförmig verzögert bewegt wird und die Anfangsgeschwindigkeit $v_o = 0$ ist, so wird auch, wenn Beschleunigung und Verzögerung gleich gross ist, die Endgeschwindigkeit $v_t = 0$. Für die erste Zeithälfte gilt somit Fall 1, für die zweite der Fall 2. Es wird somit

$$(v^2)_m = \frac{b^3 \left(\frac{t}{2}\right)^4}{4 \frac{S}{2}} = \frac{b^3 t^4}{32 S}.$$

Hier ist

$$\frac{S}{2} = \frac{b}{2} \left(\frac{t}{2}\right)^2, \text{ mithin auch hier}$$

$$(v^2)_m = 2 \left(\frac{S}{t}\right)^2.$$

Das mittlere Geschwindigkeitsquadrat hat somit in den vorgenannten drei Fällen den gleichen Werth.

Wird die mittlere Kolbengeschwindigkeit mit v_m bezeichnet, so ist

$$v_m = \frac{S}{t},$$

also für die unter 1) bis 3) genannten Bewegungsarten

$$(v^2)_m = 2\, v_m^2. \qquad 16)$$

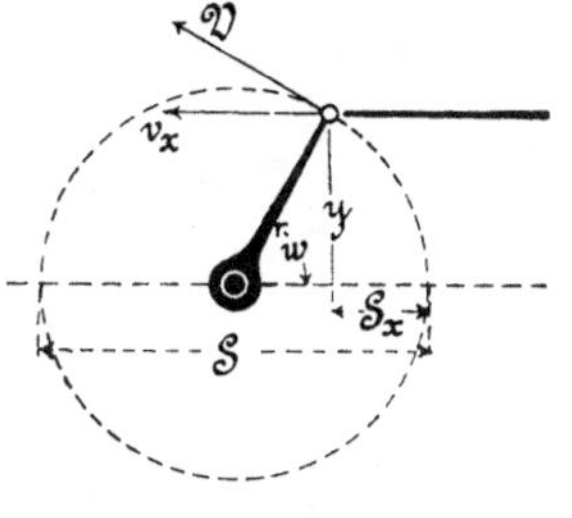

Fig. 67.

4. Für die Kurbelbewegung mit konstanter Drehgeschwindigkeit, wie solche bei Verwendung grosser Schwungmassen nahezu entsteht, wird unter der hier zulässigen Annahme einer unendlich langen Treibstange, mit Bezugnahme auf Fig. 67.

$$\frac{v_x}{V} = \frac{y}{\frac{S}{2}} = \frac{2}{S} \sqrt{S_x (S - S_x)},$$

somit

$$v_x^2 = \frac{4 V^2}{S^2} S_x (S - S_x);$$

die Gleichung 15) ergibt nunmehr

$$(v^2)_m = \frac{4 V^2}{S^3} \int_0^S S_x (S - S_x)\, d S_x = \frac{4 V^2}{S^3} \left(\frac{S^3}{2} - \frac{S^3}{3}\right) = \frac{2}{3} V^2.$$

Unter Einführung der mittleren Kolbengeschwindigkeit v_m wird, da

$$v_m = \frac{S}{t} \text{ und } V = \frac{\pi}{2}\frac{S}{t} \text{ ist,}$$

$$\frac{v_m}{V} = \frac{2}{\pi},$$

$$(v^2)_m = \frac{2}{3}\frac{\pi^2}{4} v^2_m = 1{,}645\, v^2_m. \qquad 17)$$

Für die vorbetrachteten vier Bewegungsarten ändert sich also die Gleichung 13 folgendermassen:

1. für die gleichförmig beschleunigte Bewegung wird, da b_x konstant $= b$ ist,

$$\int_0^S \frac{L_s + S_x + \sigma S}{g} b_x\, dS = \frac{b}{g}\left(L_s S + S^2\left(\frac{1}{2} + \sigma\right)\right)$$

$$= 2\frac{v_m^2}{g}\left[L_s + S\left(\frac{1}{2} + \sigma\right)\right], \text{ da } b S = \frac{2 S^2}{t^2} = 2 v_m^2,$$

somit, da auch $F_s (v_s)_m = F v_m$, wenn durch Saugrohr und Cylinder in gleicher Zeit gleiche Flüssigkeitsmenge fliesst,

$$P_s S = F\gamma \left[H_s S + 2(1+\zeta_s)\left(\frac{F}{F_s}\right)^2 \frac{v_m^2}{2g} + 2\left\{L_s + S\left(\frac{1}{2} + \sigma\right)\right\}\frac{v_m^2}{g}\right] +$$

$$+ (R_s \pm G) S + 2\frac{G}{g} v_m^2$$

$$= F S\gamma\left[H_s + \frac{v_m^2}{g}\left\{(1+\zeta_s)\left(\frac{F}{F_s}\right)^2 + 2\left(\frac{L_s}{S} + \frac{1}{2} + \sigma\right)\right\}\right] +$$

$$+ (R_s \pm G) S + 2\frac{G}{g} v_m^2. \qquad 18)$$

2. Für die gleichförmig verzögerte Bewegung ist zunächst den im Saugrohre und im Cylinder in Ruhe befindlichen Massen $\frac{F_s L_s \gamma}{g}$ und $\frac{F\sigma S\gamma}{g}$, sowie der Masse des Kolbens und der Kolbenstange die Anfangsgeschwindigkeit v_0 zu geben; die hierzu nothwendige Arbeit wird während des ganzen Kolbenhubes wieder vollständig nutzbar gemacht, so dass also die gesammte aufzuwendende Arbeit für die Beschleunigung der bezeichneten Massen gleich Null ist.

Dagegen ergibt das Integral

$$\int_0^S \frac{S_x}{g} b_x\, dS = -\frac{b}{g}\frac{S^2}{2} = -S\frac{v_m^2}{g},$$

da b_x konstant $= b$, aber negativ ist. Für den Anfang der Kolbenbewegung ist $S_x = 0$, daher ist überhaupt keine Arbeit aufzuwenden, sondern die im Cylinder wachsende Flüssigkeitsmasse gibt Arbeit ab. Somit wird

$$P_s S = F S \gamma \left[H_s + \frac{v_m^2}{g}(1 + \zeta_s)\left(\frac{F}{F_s}\right)^2 - \frac{v_m^2}{g} \right] + (R_s \pm G) S. \quad 19)$$

3. Bewegt sich der Kolben zuerst auf dem halben Wege gleichförmig beschleunigt, dann gleichförmig verzögert, so wird

$$\int_0^S \frac{L_s + \sigma S}{g} b_x \, d S = 0,$$

da während der ersten Hubhälfte zur Beschleunigung der Flüssigkeitsmasse im Saugrohre und im schädlichen Raume wohl Arbeit aufzuwenden ist, die jedoch während der zweiten Hubhälfte wieder abgegeben wird.

Jedoch wird hier

$$\int_0^S \frac{S_x}{g} b_x \, dS = \frac{1}{g} \left| b \int_0^{\frac{S}{2}} S_x \, dS - b \int_{\frac{S}{2}}^{S} S_x \, d S \right|$$

$$= - \frac{b}{g} \frac{S^2}{4} = - S \frac{v_m^2}{2g},$$

und somit

$$P_s S = F S \gamma \left[H_s + \frac{v_m^2}{g}(1 + \zeta_s)\left(\frac{F}{F_s}\right)^2 - \frac{v_m^2}{2g} \right] + (R_s \pm G) S. \quad 20)$$

4. Für die Kurbelbewegung ist zunächst

$$\int_0^S b_x S_x \, d S$$

zu bestimmen.

Wird die Treibstange unendlich lang angenommen, so ist wegen

$$v_x = V \sin w \qquad b_x = \frac{d v_x}{d t} = V \cos w \frac{d w}{d t} \text{ und } \frac{d w}{d t} = \frac{V}{\left(\frac{S}{2}\right)}$$

$$b_x = \frac{2 V^2}{S} \cos w \qquad S_x = \frac{S}{2}(1 - \cos w)$$

$$d S = v_x \, d t = V \sin w \, d t \qquad V \, d t = \frac{S}{2} \, d w,$$

somit wird

$$\int_0^S b_x S_x \, d\,S = \frac{V^2 S}{2} \int_0^{180^0} (1 - \cos w) \cos w \sin w \, d\,w$$

$$= \frac{V^2 S}{2} \left[\frac{1}{2} \sin 2\,w - \frac{\sin 2\,w \cos w}{3} + \frac{1}{3} \cos w \right]_{w\,=\,0^0}^{w\,=\,180^0} + \text{Constante}$$

$$= - \frac{2}{3} \frac{V^2 S}{2} = - \frac{S}{2} (v^2)_m = - 1{,}645 \frac{S}{2} v_m^2,$$

also

$$P_s S = F S \gamma \left[H_s + 1{,}645 \, (1 + \zeta_s) \left(\frac{F}{F_s} \right)^2 \frac{v_m^2}{2\,g} - 1{,}645 \frac{v_m^2}{2\,g} \right] + (R_s \pm G) \, S. \qquad 21)$$

Diese Gleichungen, sowie die Gleichung 12, welche in jedem Falle die augenblickliche Kolbenkraft gibt, gelten für die Saugwirkung, wenn kein Saugwindkessel vorhanden ist. Ist jedoch ein solcher von genügender Grösse angeordnet, so kommt nur derjenige Theil der angesaugten Flüssigkeit, der sich zwischen dem Windkessel und dem Pumpencylinder befindet, in Ruhe; es ist also nur dieser Theil zu beschleunigen. Somit gelten die Gleichungen 12, 13, 18 bis 21 auch für die Saugwirkung mit Saugwindkessel, wenn zunächst statt L_s die Länge des Saugrohrtheiles zwischen Windkessel und Cylinder gesetzt wird. Die Arbeit, welche aufzuwenden ist, um in jedem Augenblick die Trägheit der neu ins Saugrohr eintretenden Flüssigkeitsmenge zu überwinden, wird allerdings von der Flüssigkeit an den Windkesselinhalt wieder abgegeben und wirkt dann beschleunigend auf die hinter demselben befindliche, zeitweise in Ruhe kommende Flüssigkeitsmenge; diese zunächst vom äusseren Luftdruck zu leistende Arbeit wird also wieder ausgenutzt, aber es ist dann diejenige Arbeit aufzuwenden, welche zur Ueberwindung der Trägheit der aus dem Windkessel in das Verbindungsrohr tretenden Flüssigkeitsmasse nothwendig ist. Da aber bei Anordnung des Saugwindkessels die Geschwindigkeit im Saugrohr als konstant angenommen werden kann, so wird zur Ueberwindung der Trägheit der in das Saugrohr neu eintretenden

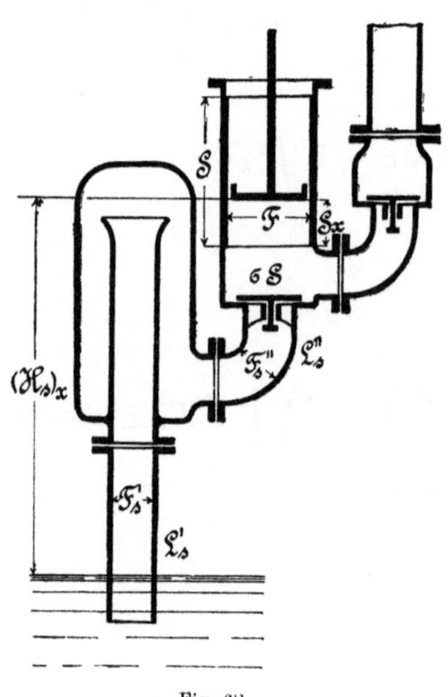
Fig. 68.

Flüssigkeit jetzt nur eine Arbeit nothwendig von der Grösse $\frac{F\,S\gamma}{g}\frac{(v_s')^2}{2}$, wenn mit v_s' die Geschwindigkeit im ersten Theile des Saugrohres bezeichnet wird.

Was die schädlichen Bewegungswiderstände betrifft, so sind dieselben für die beiden Theile des Saugrohrs vor und hinter dem Windkessel zu trennen. Im ersten Theile L_s' wird die nothwendige Arbeit

$$F\,S\,\gamma\,\zeta_s'\,\frac{v_s'^2}{2\,g},$$

wenn ζ_s' die Summe der Widerstandsvorzahlen für den betreffenden Saugrohrtheil bezeichnet, also $\zeta_s' = \zeta_1 + \zeta_2 + \zeta_3'$; ζ_3' gilt für den Reibungswiderstand auf die Länge L_s' des ersten Saugrohrtheiles (vergl. Fig. 68). Im zweiten Rohrtheil L_s'' wird die Arbeit

$$F\,S\,\gamma\zeta_s''\int_0^S \frac{(v_s'')_x^2}{2g}\,d\,S;$$

da hier v_s'' nicht konstant ist, so muss

$$\int_0^S (v_s'')_x^2\,dS$$

aus früherem (vgl. S. 67) je nach der Bewegungsart des Kolbens bestimmt werden.

Es ist hierbei:

$$\zeta_s'' = \zeta_1'' + \zeta_3'' + \zeta_4 + \zeta_5;$$

ζ_1'' gilt für den Widerstand beim Eintritt aus dem Windkessel in den zum Cylinder führenden Rohrtheil, ζ_3'' für den Reibungswiderstand in letzterem, entsprechend dessen Länge L_s''.

Somit ergeben sich bei Anordnung eines Saugwindkessels folgende Gleichungen:

Die an der Kolbenstange in jedem Augenblicke auszuübende Kraft ist

$$(P_s)_x = F\,\gamma\left[(H_s)_x + (1+\zeta_s')\frac{(v_s')_x^2}{2\,g} + \zeta_s''\frac{(v_s'')_x^2}{2\,g} + \frac{L_s'' + S_x + \sigma S}{g}\,b_x\right] + R_x \pm G + \frac{G}{g}\,b_x; \qquad 22)$$

ferner wird:

1. für gleichförmig beschleunigte Kolbenbewegung

$$P_s\,S = F\,S\,\gamma\left[H_s + \frac{(v_s')^2}{2\,g} + \zeta_s'\frac{(v_s')^2}{2\,g} + \zeta_s''\left(\frac{F}{F_s''}\right)^2\frac{v_m^2}{g} + 2\left(\frac{L_s''}{S} + \frac{1}{2} + \sigma\right)\frac{v_m^2}{g}\right] + (R_s \pm G)\,S + 2\,\frac{G}{g}\,v_m^2, \qquad 23)$$

2. für die gleichförmig verzögerte Bewegung

$$P_s S = F S \gamma \left[H_s + \frac{(v_s')^2}{2g} + \zeta_s' \frac{(v_s')^2}{2g} + \zeta_s'' \left(\frac{F}{F_s''}\right)^2 \frac{v_m^2}{g} - \frac{v_m^2}{g}\right] + (R_s \pm G) S, \qquad 24)$$

3. für die halb gleichförmig beschleunigte, halb gleichförmig verzögerte Bewegung

$$P_s S = F S \gamma \left[H_s + \frac{(v_s')^2}{2g} + \zeta_s' \frac{(v_s')^2}{2g} + \zeta_s'' \left(\frac{F}{F_s''}\right)^2 \frac{v_m^2}{g} - \frac{v_m^2}{2g}\right] + (R_s \pm G) S, \qquad 25)$$

4. für die Kurbelbewegung

$$P_s S = F S \gamma \left[H_s + \frac{(v_s')^2}{2g} + \zeta_s' \frac{(v_s')^2}{8g} + 1{,}645\, \zeta_s'' \left(\frac{F}{F_s''}\right)^2 \frac{v_m^2}{2g} - 1{,}645 \frac{v_m^2}{2g}\right] + (R_s \pm G) S. \qquad 26)$$

Diese Gleichungen gelten jedoch nur, wenn

$$F v_s'' = F v_x$$

ist, also in einer Sekunde die gleiche Flüssigkeitsmenge durch die Querschnitte des Cylinders und des zweiten Saugrohrtheiles fliesst.

Gehört das Saugrohr nur einer Pumpe mit einfacher Saugwirkung an, so muss die bei einem Doppelhub geförderte Flüssigkeitsmenge FS während der ganzen Zeit des Doppelhubes mit gleichförmiger Geschwindigkeit durch einen Querschnitt des ersten Saugrohrtheiles fliessen, also wird

$$F v_m = 2 F_s' v_s',$$

$$v_s' = \frac{F}{F_s'} \frac{v_m}{2}.$$

Wenn jedoch das Saugrohr für beide Cylinderseiten einer doppelt wirkenden Pumpe gemeinschaftlich ist, so wird

$$v_s' = \frac{F}{F_s'} v_m.$$

Es ist somit v_s' für jede Pumpenart besonders zu ermitteln und dann in die Gleichungen 22 bis 26 einzusetzen.

Die Druckwirkung.

Ist der Pumpencylinder durch die Saugwirkung oder durch Zufliessen aus einem höher gelegenen Behälter mit Flüssigkeit gefüllt und wird nun der Kolben derart bewegt, dass er auf diese verdrängend wirkt, so entsteht die Druck- oder Hubwirkung. Die treibende Kraft für dieselbe muss unmittelbar am Kolben als Druck auf die zu verdrängende Flüssigkeit geäussert werden. Dieser Druck muss im Stande sein, das Flüssigkeitsgewicht zu heben, die Trägheit der im Cylinder und Druckrohre enthaltenen Flüssigkeitsmasse zu überwinden, also dieselbe in Bewegung zu setzen; ferner müssen die schädlichen hydraulischen Bewegungswiderstände sowie die Reibungen des Kolbens und möglicherweise auch der Kolbenstange überwunden werden, endlich sind je nach der Anordnung auch die Gewichte der letztgenannten Theile zu heben und ihre Massen zu beschleunigen. Lastet auf der Ausgussmündung des Druckrohres ein grösserer als der Luftdruck, wie solches z. B. bei der Kesselspeisung der Fall ist, so würde auch dieser Druck zu überwinden sein; es ist dann, wie schon früher bemerkt, eine diesem Ueberdruck entsprechende Höhe einer Flüssigkeitssäule der Druckhöhe H_d hinzuzufügen. Zur Hebung des Flüssigkeitsgewichtes ist in einem betrachteten Augenblicke ein Druck am Kolben gleich $F\gamma\,(H_d - S/2 + S_x)$ nothwendig, wenn die Anordnung des Druckrohres nach Fig. 69 erfolgt; mündet das Druckrohr jedoch oben am lothrecht aufgestellten Cylinder, so ist der Druck $F\gamma\,(H_d + S/2 - S_x)$; bei wagrechtem Cylinder ist er gleich $F\gamma H_d$ zu setzen. Für die beiden erstgenannten Fälle wäre also während des Weges dS eine Arbeit

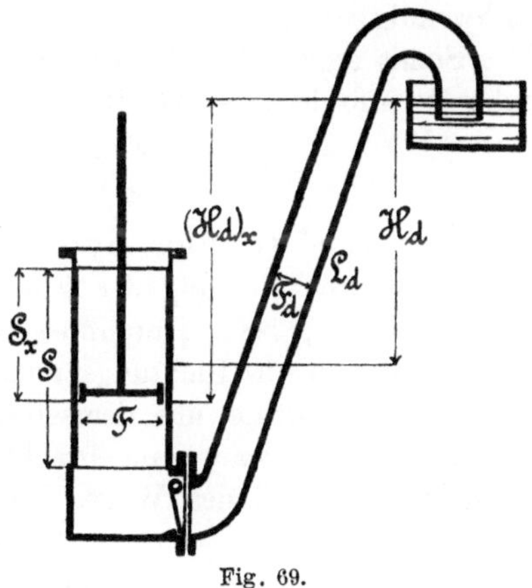

Fig. 69.

$$F\gamma\,(H_d \mp \frac{S}{2} \pm S_x)\,dS$$

zu leisten, somit ergibt sich die während des ganzen Kolbenhubes aufzuwendende Arbeit zu

$$P_d S = F\gamma\int_0^S\left(H_d \mp \frac{S}{2} \pm S_x\right)dS = F\gamma H_d S. \qquad 27)$$

Während der Kolben den Weg dS zurücklegt, muss die im Cylinder und im schädlichen Raume desselben enthaltene Flüssigkeitsmasse beschleunigt werden; hierzu ist eine Arbeit

$$F\,\frac{(S - S_x + \sigma S)\gamma}{g}\,b_x\,dS$$

nothwendig, oder auf dem Wege dS eine Kraft

$$F\,\frac{(S - S_x + \sigma S)\,\gamma}{g}\,b_x.$$

Es muss ferner die im Druckrohre befindliche Flüssigkeitsmasse

$$\frac{F_d\,L_d\,\gamma}{g}$$

beschleunigt werden, hierzu ist eine Arbeit

$$\frac{F_d L_d \gamma}{g} (b_d)_x \, dS = \frac{F L_d \gamma}{g} b_x \, dS,$$

beziehungsweise eine Kraft

$$\frac{F_d L_d \gamma}{g} (b_d)_x = \frac{F L_d \gamma}{g} b_x$$

nothwendig.

Somit ergibt sich die zur Massenbeschleunigung während des Kolbenhubes S erforderliche Arbeit:

$$K_d S = \frac{F\gamma}{g} \int (S - S_x + \sigma S + L_d) \, b_x \, dS. \qquad 28)$$

Die schädlichen hydraulischen Bewegungswiderstände entstehen durch Reibung der Flüssigkeit am Cylinder, beim Eintritte in das Druckrohr, beim Durchflusse des Druckventils, durch Reibung und Querschnitts- sowie Richtungsänderungen im Druckrohre, möglicherweise auch beim Austritte aus demselben, wenn dortselbst z. B. ein Strahlmundstück, eine Brause angebracht ist. Zur Ueberwindung dieser Widerstände ist während des Weges dS eine Arbeit zu leisten gleich

$$F (h_d)_x \gamma \, dS,$$

wobei $(h_d)_x$ die Widerstandshöhe bedeutet, welche gleich

$$\zeta_d \frac{(v_d)_x^2}{2g}$$

für den betrachteten Augenblick gesetzt werden kann. Die Vorzahl ζ_d ist dann die Summe folgender Widerstandsvorzahlen:

ζ_6 für die Bewegung im Pumpencylinder,
ζ_7 für den Eintritt in das Druckrohr,
ζ_8 für den Durchfluss des Druckventils,
ζ_9 für die Bewegung im Druckrohr,
ζ_{10} für den Austritt aus demselben.

Die entsprechenden Widerstandshöhen seien mit h_6 bis h_{10} bezeichnet, dann wird die während des Kolbenhubes aufzuwendende Arbeit:

$$W_d S = F\gamma \int_0^S (h_d)_x \, dS = F\gamma \int (h_6 + h_7 + h_8 + h_9 + h_{10}) \, dS$$

$$= F\gamma (\zeta_6 + \zeta_7 + \zeta_8 + \zeta_9 + \zeta_{10}) \int_0^S \frac{(v_d)_x^2}{2g} \, dS$$

$$= F\gamma \zeta_d \int_0^S \frac{(v_d)_x^2}{2g} \, dS. \qquad 29)$$

Die Werthe für ζ_6 bis ζ_{10} werden später gegeben.

Es muss ferner die an der Kolbenstange wirkende Kraft im Stande sein, die Reibung des Kolbens an der Cylinderwandung und möglicherweise die an der Stange in der Stopfbüchse zu überwinden, hierzu ist eine Arbeit nothwendig

$$R_d S = \int_0^S (R_d)_x \, dS. \qquad 30)$$

Ein weiterer Widerstand ist möglicherweise durch das Gewicht des Kolbens und der Stange gegeben, so dass hierzu eine Arbeit $\pm$ G S nothwendig wird. Schliesslich muss die Masse dieser Theile auch beschleunigt werden, wozu die Arbeit

$$\frac{G}{g} \int_0^S b_x \, dS$$

aufzuwenden ist.

Es ergibt sich somit die an der Kolbenstange für die reine Druckwirkung auszuübende Kraft zu

$$(P_d)_x = F\gamma \left[(H_d)_x + \frac{S - S_x + \sigma S}{g} b_x + \frac{L_d}{g} b_x + \zeta_d \frac{(v_d)_x^2}{2g} \right] + \\ + R_x \mp G + \frac{G}{g} b_x, \qquad 31)$$

oder die erforderliche Arbeit während des Kolbenhubes zu

$$P_d S = F\gamma \left[H_d S + \int_0^S \frac{S - S_x + \sigma S}{g} b_x \, dS + \frac{L_d}{g} \int_0^S b_x \, dS + \right. \\ \left. + \zeta_d \int_0^S \frac{(v_d)_x^2}{2g} dS \right] + (R_d \mp G) S + \frac{G}{g} \int_0^S b_x \, dS. \qquad 32)$$

Nun ist wiederum

$$\int_0^S b_x \, dS = \frac{v_t^2 - v_o^2}{2},$$

wenn v_o die Anfangs-, v_t die Endgeschwindigkeit der Kolbenbewegung bedeutet, und $\int_0^S (v_d)_x^2 \, dS$ kann der Art der letzteren entsprechend bestimmt werden (vgl. S. 67).

Ist ein Druckwindkessel angeordnet (vgl. Fig. 70), so kommt die Flüssigkeit nur in dem Theile des Druckrohrs zwischen Pumpencylinder und Windkessel abwechselnd in Ruhe und in Bewegung, während die Bewegung der Flüssigkeit in dem vom Windkessel bis zum Ausguss vorhandenen Theile als eine gleichförmige angenommen werden kann.

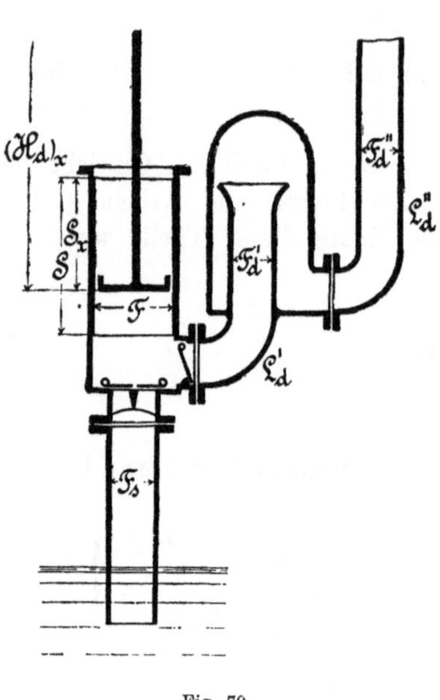

Fig. 70.

Es ist somit in den Gleichungen 31 und 32 statt L_d nur die Länge L_d' des ersten Theiles einzusetzen. Ferner sind auch hier die schädlichen Widerstände vor und hinter dem Windkessel getrennt zu behandeln. Die ersteren erfordern zu ihrer Ueberwindung eine Arbeit

$$F S \gamma \zeta_d' \int_0^S \frac{(v_d')_x^2}{2g} dS,$$

wobei

$$\zeta_d' = \zeta_6 + \zeta_7 + \zeta_8 + \zeta_9'$$

und

$$(v_d')_x = \frac{F}{F_d'} v_x$$

ist; ζ_6, ζ_7, ζ_8 sind die bereits angeführten Widerstandsvorzahlen, ζ'_9 gilt für den Reibungswiderstand im ersten Theile des Druckrohrs. Für den zweiten Rohrtheil wird die Arbeit

$$F S \gamma \zeta_d'' \frac{(v_d'')^2}{2g} \quad \text{und} \quad \zeta_d'' = \zeta_7'' + \zeta_9'' + \zeta_{10};$$

ζ_7'' entspricht dann dem Widerstand beim Eintritt der Flüssigkeit aus dem Windkessel in das Druckrohr, ζ_9'' entspricht der Reibung im zweiten Theile der Druckleitung und ist nach der Länge L_d'' desselben zu bestimmen.

Somit ergeben sich für die vier angenommenen Bewegungsarten des Kolbens folgende Werthe der für die reine Druckwirkung zu leistenden Arbeit, für die Anordnung ohne oder mit Druckwindkessel:

Die in jedem Augenblick an der Kolbenstange auszuübende Kraft ist im letzteren Fall:

$$(P_d)_x = F\gamma \left[(H_d)_x + \frac{L_d' + S - S_x + \sigma S}{g} b_x + \zeta_d' \frac{(v_d')_x^2}{2g} + \zeta_d'' \frac{(v_d'')_x^2}{2g} \right] + \\ + R_x \mp G + \frac{G}{g} b_x, \qquad 33)$$

dann ist

1. für gleichförmig beschleunigte Bewegung

$$\int_0^S \frac{L'_d + S - S_x + \sigma S}{g} b_x \, dS = \frac{b}{g}\left(L_d S + S^2 - \frac{S^2}{2} + \sigma S^2\right) =$$

$$= \frac{b}{g} S \left[L_d + S\left(\frac{1}{2} + \sigma\right)\right] = \frac{2 v_m^2}{g}\left[L_d + S\left(\frac{1}{2} + \sigma\right)\right];$$

es wird somit

ohne Windkessel:

$$P_d S = F S \gamma \left[H_d + \frac{2 v_m^2}{g}\left\{\frac{L_d}{S} + \left(\frac{1}{2} + \sigma\right)\right\} + \zeta_d \left(\frac{F}{F_d}\right)^2 \frac{v_m^2}{g}\right] + \\ + (R_d \mp G) S + 2 v_m^2 \frac{G}{g}, \qquad 34)$$

mit Windkessel:

$$P_d S = F S \gamma \left[H_d + \frac{2 v_m^2}{g}\left\{\frac{L'_d}{S} + \left(\frac{1}{2} + \sigma\right)\right\} + \zeta'_d \left(\frac{F}{F'_d}\right)^2 \frac{v_m^2}{2 g} + \\ + \zeta''_d \frac{(v''_d)^2}{2 g}\right] + (R_d \mp G) S + 2 v_m^2 \frac{G}{g}. \qquad 35)$$

2. Für gleichförmig verzögerte Bewegung

ohne Windkessel:

$$P_d S = F S \gamma \left[H_d + \frac{v_m^2}{g} + \zeta_d \left(\frac{F}{F_d}\right)^2 \frac{v_m^2}{g}\right] + (R_d \mp G) S, \qquad 36)$$

mit Windkessel:

$$P_d S = F S \gamma \left[H_d + \frac{v_m^2}{g} + \zeta'_d \left(\frac{F}{F'_d}\right)^2 \frac{v_m^2}{g} + \zeta''_d \frac{(v''_d)^2}{2 g}\right] + (R_d \mp G) S. \qquad 37)$$

3. Für halb gleichförmig beschleunigte und halb gleichförmig verzögerte Bewegung

ohne Windkessel:

$$P_d S = F S \gamma \left[H_d + \frac{v_m^2}{2 g} + \zeta_d \left(\frac{F}{F_d}\right)^2 \frac{v_m^2}{g}\right] + (R_d \mp G) S, \qquad 38)$$

mit Windkessel:

$$P_d S = F S \gamma \left[H_d + \frac{v_m^2}{2 g} + \zeta'_d \left(\frac{F}{F'_d}\right)^2 \frac{v_m^2}{g} + \zeta''_d \frac{(v''_d)^2}{2 g}\right] + \\ + (R_d \mp G) S. \qquad 39)$$

4. Für die Kurbelbewegung

ohne Windkessel:

$$P_d S = F S \gamma \left[H_d + 1{,}645 \frac{v_m^2}{2 g} + 1{,}645 \zeta_d \left(\frac{F}{F_d}\right)^2 \frac{v_m^2}{2 g}\right] + (R_d \mp G) S, \qquad 40)$$

mit Windkessel:

$$P_d S = F S \gamma \left[H_d + 1{,}645 \frac{v_m^2}{2g} + 1{,}645 \zeta_d' \left(\frac{F}{F_d'}\right)^2 \frac{v_m^2}{2g} + \right.$$

$$\left. + \zeta_d'' \frac{(v_d'')^2}{2g} \right] + (R_d + G) S. \qquad 41)$$

Diese Gleichungen gelten, wenn

$$F_d' (v_d')_x = F v_x$$

ist, also durch Cylinder und den ersten Theil des Druckrohres in gleicher Zeit die gleiche Flüssigkeitsmenge fliesst.

Der Werth der konstanten Geschwindigkeit v_d'' ist der Anordnung entsprechend zu ermitteln. Ist Q die in dem zweiten Druckrohrtheil in der Sekunde geförderte Flüssigkeitsmenge, so ist

$$Q = F_d'' v_d''.$$

Bei einer einfach wirkenden Pumpe wird

$$v_d'' = \frac{F}{F_d''} \frac{v_m}{2},$$

bei doppeltwirkender Pumpe wird

$$v_d'' = \frac{F}{F_d''} v_m.$$

Die gesammte Kraft und Arbeit für verschiedene Pumpensysteme.

Mit Hilfe der Gleichungen 31 bis 41 kann nun für die verschiedenen Pumpenarten die Kolbenkraft und die Betriebsarbeit leicht bestimmt werden und zwar unter Annahme einer der vier genannten Bewegungsarten des Kolbens.

Es sei die Kolbenkraft beim Hin- und Rückgang des Kolbens mit $(P_a)_x$ und $(P_n)_x$, die Arbeit für den Hin- und Rückgang mit $P_a S$ und $P_n S$ bezeichnet, dann ist

1. für die einfachwirkende Saug- und Druckpumpe nach Fig. 40 oder Fig. 41

$$(P_a)_x = (P_s)_x \qquad 42)$$

$$(P_n)_x = (P_d)_x \qquad 43)$$

$$P_a S = P_s S \qquad 44)$$

$$P_n S = P_d S. \qquad 45)$$

Hierbei sind $(P_s)_x$, $(P_d)_x$, $P_s S$ und $P_d S$ nach den Gleichungen 12, 18—26, 31—41 zu berechnen, nur ist für die punktirte Anordnung der Figuren 40 und 41 statt F die Fläche F—f zu setzen, wobei f den Querschnitt der Kolbenstange bezeichnet;

2. für die einfachwirkende Saug- und Hubpumpe nach Fig. 43 und Fig. 44

$$(P_a)_x = (P_s)_x + (P_d)_x. \qquad 46)$$

Für den Rückgang ist eine Kraft zur Erzeugung der Geschwindigkeit $(v_\varkappa)_x$ der durch das Kolbenventil strömenden Flüssigkeit nothwendig; es muss in jedem Augenblick die vom Kolbenquerschnitt $F - F_\varkappa$ verdrängte Flüssigkeitsmenge durch den freien Querschnitt $F_\varkappa$ des Kolbens strömen. Unter Berücksichtigung der Kontraktion ist somit:

$$(F - \alpha F_\varkappa)\, v_x = \alpha F_\varkappa\, (v_\varkappa)_x;$$

die zur Erzeugung der der Geschwindigkeit $(v_\varkappa)_x$ entsprechenden lebendigen Kraft nothwendige Kolbenkraft ist, da die in Bewegung zu setzende Masse in der Sekunde $\frac{F\, v_x \gamma}{g}$ beträgt und der Weg der Kolbenkraft in der gleichen Zeit v_x ist,

$$(1 + \zeta_s')\, F \gamma \frac{(v_\varkappa)_x^2}{2\,g},$$

wenn ζ_s' eine Vorzahl bedeutet, die der Reibung und Richtungsablenkung beim Durchfluss des Kolbenventils, das hier an die Stelle des Druckventils tritt, Rechnung trägt; während des Kolbenhubes S ist somit eine Arbeit erforderlich:

$$(1 + \zeta_s') \frac{F\gamma}{2\,g} \int_0^S (v_\varkappa)_x^2\, dS = (1 + \zeta_s') \frac{F\gamma}{2\,g} \left(\frac{F - \alpha F_\varkappa}{\alpha F_\varkappa}\right)^2 \int_0^S v_x^2\, dS.$$

Ferner ist bei entsprechender Aufstellung das Gewicht des Kolbens und der Kolbenstange abzüglich des Gewichtes der von beiden verdrängten Flüssigkeit zu heben, auch sind in jedem Falle die Massen beider Theile zu beschleunigen, und es tritt hier noch eine wenn auch geringe Reibung am Kolben und an der Stopfbüchse auf; es wird daher

$$(P_n)_x = (1 + \zeta_s')\, F \gamma \frac{(v_\varkappa)_x^2}{2\,g} + R_x \mp G + \frac{G}{g}\, b_x. \qquad 47)$$

Entsprechend ergeben sich dann die beim Hin- und Rückgang zu leistenden Arbeiten

$$P_a S = (P_s + P_d)\, S \qquad 48)$$

$$P_n S = (1 + \zeta_s') \frac{F\gamma}{2\,g} \left(\frac{F - \alpha F_\varkappa}{\alpha F_\varkappa}\right)^2 \int_0^S v_x^2\, dS + (R_x \mp G)\, S + \frac{G}{g} \int_0^S b_x\, dS. \qquad 49)$$

$\int_0^S v_x^2\, dS$ und $\int_0^S b_x\, dS$ sind nach den Gleichungen 14 bis 17 entsprechend der gegebenen Bewegungsart zu bestimmen. $(P_s)_x$ und $(P_d)_x$, P_sS und P_dS sind nach den Gleichungen 12, 18—26, 31—41 zu berechnen; nur ist hierbei zu beachten, dass für G das Gewicht des Kolbens und der Stange abzüglich des Gewichtes der von beiden verdrängten Flüssigkeit zu setzen ist. Bei vorstehender Berechnung ist der Querschnitt der Kolbenstange vernachlässigt; ist das nicht zulässig, so müssen diejenigen Formeln benutzt werden, welche für die unter 4 und 5 zu nennenden Pumpenarten zu entwickeln sind.

3. Für die doppeltwirkende Saug- und Druckpumpe nach Fig. 42 ist

$$(P_a)_x = (P'_s)_x + (P'_d)_x \qquad 50)$$

$$(P_n)_x = (P''_s)_x + (P''_d)_x. \qquad 51)$$

Bei der Berechnung von $(P'_s)_x$, $(P''_s)_x$, $(P'_d)_x$ und $(P''_d)_x$ nach Gleich. 12, 22, 31, 33 ist je nach der Anordnung theilweise statt F die Fläche F—f zu setzen, wenn die Kolbenstange einseitig angebracht ist; geht sie aber beiderseits ab, so ist dann stets F—f statt F zu setzen.

Es wird ferner für die Betriebsarbeit

$$P_a\,S = P'_s\,S + P'_d\,S, \qquad 52)$$

$$P_n\,S = P''_s\,S + P''_d\,S. \qquad 53)$$

Die Bestimmung von $P'_s\,S$, $P''_s\,S$, $P'_d\,S$ und $P''_d\,S$ erfolgt nach den Gleichungen 18—21, 34, 36, 38, 40 beziehungsweise bei der Anordnung von Windkesseln nach Gleich. 23—26, 35, 37, 39, 41. Bezüglich des auch hier auftretenden Einflusses des Kolbenstangenquerschnitts f ist das oben Gesagte zu beachten.

Für G ist auch hier nur das Gewicht des Kolbens und der Stange abzüglich des Gewichtes der verdrängten Flüssigkeit zu setzen. Wenn beide Cylinderseiten der Pumpe mit einem gemeinschaftlichen Saugrohre beziehungsweise einem gemeinschaftlichen Druckrohre in Verbindung stehen, so wie es die gebräuchliche Anordnung nach Fig. 42 zeigt, so wird doch die Bewegung in diesen gemeinschaftlichen Rohrtheilen nur dann eine gleichförmige sein, wenn Windkessel angeordnet sind. Es können also ohne Weiteres die angegebenen Formeln für die Bestimmung der einzelnen Betriebsarten, die nach obigem zusammenzufassen sind, benutzt werden, und zwar entsprechend für die Anordnung ohne oder mit Windkessel.

4. Für die doppeltwirkende Saug- und einfachwirkende Druckpumpe wird zunächst

$$(P_a)_x = (P_s)_x + (P_d)_x \qquad 54)$$

und

$$P_a\,S = P'_s\,S + P''_d\,S; \qquad 55)$$

hierbei ist $(P_s)_x$ aus Gleich. 12 oder 22 und $P'_s\,S$ aus Gleich. 18—21 bezw. 23—26 zu bestimmen, für F ist jedoch F—f zu setzen; $(P_d)_x$ und

$P'_d S$ ergeben sich unmittelbar durch die Gleich. 31, 34, 36, 38, 40 bezw. 33, 35, 37, 39, 41.

Es ist hier
$$F_s (v_s)_x = (F-f) v_x,$$
$$F_d (v_d)_x = F\, v_x.$$

Beim Rückgang wird
$$(P_n)_x = (P_s)_x + f\gamma \frac{(v_\varkappa)_x^2 - (v_c)_x^2}{2g} + \zeta'_s f\gamma \frac{(v_\varkappa)_x^2}{2g}, \qquad 56)$$
wobei $(P_s)_x$ aus Gleich. 12 bezw. 22 zu bestimmen ist, wenn für F nunmehr f gesetzt wird. Der zweite und dritte Ausdruck gibt den Widerstand beim Durchflusse des Kolbenventils; es muss die Geschwindigkeit $(v_c)_x$, mit der die Flüssigkeit sich im Querschnitt F—f bewegt, in $(v_\varkappa)_x$ verwandelt werden. Es ist nun für den Rückgang
$$F_s (v_s)_x = f v_x = \alpha F_\varkappa (v_\varkappa)_x = (F-f)(v_c)_x.$$

Es ist zweckmässig $\alpha F_\varkappa = F - f$ zu machen, dann wird $(v_c)_x = (v_\varkappa)_x$ und der Ausdruck
$$f\gamma \frac{(v_\varkappa)_x^2 - (v_c)_x^2}{2g}$$
wird gleich Null.

Die während des Rückganges nothwendige Betriebsarbeit wird
$$P_n S = P_s S + f\gamma \left| \int_0^S \frac{(v_\varkappa)_x^2 - (v_c)_x^2}{2g} dS + \zeta'_s \int_0^S \frac{(v_\varkappa)_x^2}{2g} dS \right|. \qquad 57)$$

Die Integrale sind zu bestimmen, indem
$$(v_\varkappa)_x = \frac{f}{\alpha F_\varkappa} v_x \text{ und } (v_c)_x = \frac{f}{F-f} v_x$$
gesetzt und dann
$$\int_0^S v_x^2\, dS$$
aus früherem, der Bewegungsart des Kolbens entsprechend (vgl. S. 67), bestimmt wird.

5. Für die einfachwirkende Saug- und doppeltwirkende Druckpumpe nach Fig. 48 wird
$$(P_a)_x = (P_s)_x + (P_d)_x. \qquad 58)$$

$(P_s)_x$ ist aus Gleich. 12 oder 22 zu bestimmen, $(P_d)_x$ aus Gleich. 31 oder 33, wobei jedoch statt F zu setzen ist F—f. Es wird hier
$$F_s (v_s)_x = F\, v_x, \qquad F_d (v_d)_x = (F-f)\, v_x;$$
ferner wird
$$P_a S = P_s S + P_d S. \qquad 59)$$

$P_s S$ ist aus Gleich. 18—21 oder 23—26 zu bestimmen, $P_d S$ aus Gleich.

34, 36, 38, 40 oder 35, 37, 39, 41, jedoch ist in den letzteren wieder für F zu setzen F—f. Für den Rückgang wird wie oben

$$(P_n)_x = (P_d)_x + f\gamma \frac{(v\varkappa)_x^2 - (v_c)_x^2}{2\,g} + \zeta_8' f\gamma \frac{(v\varkappa)_x^2}{2\,g}, \tag{60}$$

da der Kolben mit seinem festen Querschnitt $F - \alpha F_\varkappa$ Flüssigkeit verdrängt und diese somit durch den Querschnitt $F_\varkappa$ mit der Geschwindigkeit $v_\varkappa$ in Bewegung zu bringen ist; jedoch geht nur ein Theil der hierdurch erzielten lebendigen Kraft verloren, da die Flüssigkeit in Bewegung bleibt.

Es ist nun

$$(F - \alpha F_\varkappa)\, v_x = \alpha F_\varkappa (v\varkappa)_x$$

und

$$f\, v_x = (F - f)\,(v_c)_x,$$

somit kann

$$(v\varkappa)_x = \frac{F - \alpha F_\varkappa}{\alpha F_\varkappa} v_x,$$

$$(v_c)_x = \frac{f}{F - f} v_x$$

eingesetzt werden.

Die Betriebsarbeit für den Rückgang wird

$$P_n S = P_d S + f\gamma \int_0^S \frac{(v\varkappa)_x^2 - (v_c)_x^2}{2\,g} d\,S + \zeta_8' f\gamma \int_0^S \frac{(v\varkappa)_x^2}{2\,g} d\,S. \tag{61}$$

$(P_d)_x$ und $P_d S$ sind nach den Formeln 31, 34, 36, 38, 40, bezw. 33, 35, 37, 39, 41 zu bestimmen, es ist jedoch für F hier f zu setzen. Die Integrale der Gleichung 61 lassen sich wieder auf

$$\int_0^S v_x^2\, d\,S$$

mit Hülfe der angegebenen Beziehungen zurückführen, und dieses Integral ist der Bewegungsart des Kolbens entsprechend zu bestimmen.

Die Bestimmung der Kolbenkraft und der Betriebsarbeit lässt sich in ähnlicher Weise bei allen anderen Pumpen durchführen.

Sind aber die Arbeiten $P_a S$ und $P_n S$ berechnet, so ergibt sich die Betriebsarbeit in Pferdekräften, wenn n die Anzahl der Doppelhübe in der Minute bezeichnet, zu

$$N = (P_a + P_n) \frac{S\,n}{75.60}. \tag{62}$$

Der W i r k u n g s g r a d η der Pumpe ist der Quotient der Nutzleistung und der hierzu nothwendigen Betriebsarbeit. Werden aber in der Sekunde

Q cbm Flüssigkeit vom spezifischen Gewicht γ auf die Höhe H gehoben, so ist die Nutzleistung in der Sekunde in Meterkilogrammen $Q\,H\,\gamma$; somit ist

$$\eta = \frac{Q\,H\,\gamma}{75\,N}. \qquad 63)$$

Bei langen geneigten Leitungen wird ein ziemlich grosser Theil der Betriebsarbeit allein zur Ueberwindung der Leitungswiderstände nothwendig sein, so dass sich η, aus Gleichung 63 berechnet, sehr klein ergeben würde. Es würde dann unrichtig sein, der Pumpenanordnung diesen geringen Wirkungsgrad beizumessen, und es wird sich zur richtigen Beurtheilung der Pumpe in diesem Falle nothwendig erweisen, den Wirkungsgrad der Leitung η_l von dem der Pumpe η_p zu trennen. Für letzteren sind dann nur die geraden Rohrlängen zu berücksichtigen, welche der Saug- und der Druckhöhe entsprechen; der Widerstand in den übrigen Rohrlängen und den Krümmungen ergibt die Leitungsarbeit. Es ist dann

$$\eta = \eta_p\,\eta_l; \qquad 64)$$

$$\eta_p = \frac{Q\,H\,\gamma}{75\,N_p}; \qquad 65)$$

$$N_p = (P_a + P_n)\frac{S\,n}{75.60}; \qquad 66)$$

in der letzten Gleichung sind jedoch für $P_a\,S$ und $P_n\,S$ Werthe einzusetzen, welche sich in der besprochenen Weise, jedoch für $L_s = H_s$, $L_d = H_d$ und (vgl. die Ermittlung der hydraulischen Bewegungswiderstände) $\zeta_r = 0$ berechnen lassen. Die damit vernachlässigte Arbeit ist dann der Leitung zuzuschreiben und ergibt sich der Wirkungsgrad derselben als $\frac{\eta}{\eta_p}$ Der Werth von η_p wechselt je nach der Güte der Ausführung und dem gewählten Pumpensystem.

Die Beziehung zwischen mittlerer Kolbengeschwindigkeit v_m und Anzahl der Doppelhübe in der Minute ist folgende: Wenn der Kolben zur Zurücklegung seines Weges t Sekunden gebraucht, so ist

$$S = v_m\,t.$$

Hierbei kann v_m für den Kolbenhin- und -rückgang verschieden gross sein, dann werden auch die hierfür nothwendigen Zeiten verschieden und seien diese dann allgemein mit t_a und t_n bezeichnet; ferner können die Kolbenspiele unmittelbar auf einander folgen, oder es läuft die Pumpe mit Hubpausen, wie es z. B. bei den Gestänge-Schachtpumpen der Fall ist; allgemein seien die Zeiten der Hubpausen mit t_o und t_u bezeichnet; dann ist bei n Spielen in der Minute $n\,(t_a + t_u + t_o + t_u) = 60$ oder

$$n\left(\frac{S}{(v_m)_a} + \frac{S}{(v_m)_n} + t_o + t_u\right) = 60,$$

also

$$n = \frac{60}{\frac{S}{(v_m)_a} + \frac{S}{(v_m)_n} + t_o + t_u}. \qquad 67)$$

Sind keine Hubpausen vorhanden, ist also $t_o = t_u = 0$, so wird

$$n = \frac{60\,(v_m)_a\,(v_m)_n}{S\,((v_m)_a + (v_m)_n)}. \qquad 68)$$

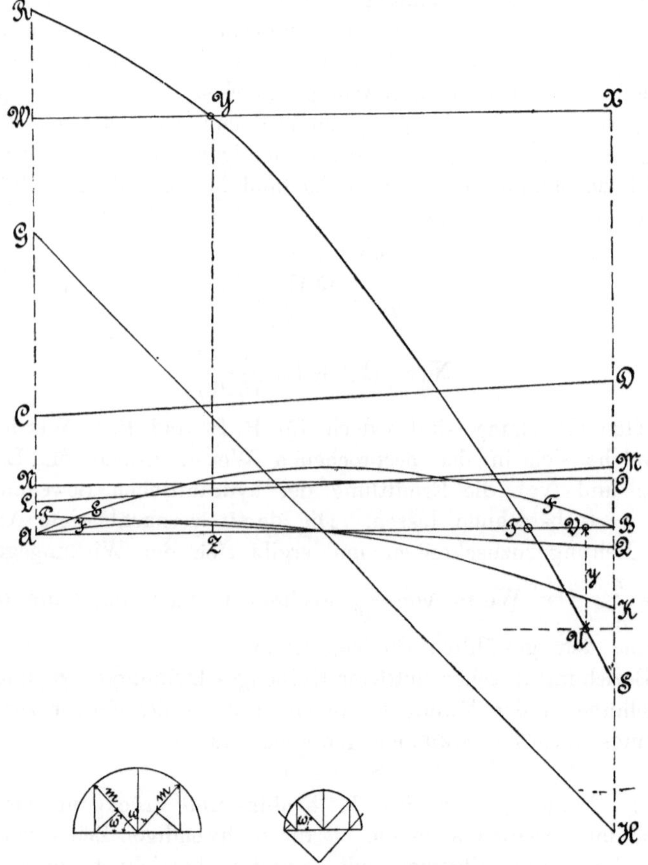

Fig. 71—73.

Ist $(v_m)_a = (v_m)_n = v_m$, so wird

$$n = \frac{30\,v_m}{S}, \qquad 69)$$

also auch

$$v_m = \frac{n\,S}{30}. \qquad 70)$$

Die Veränderlichkeit der Kolbenkraft während des Kolbenhin- und -rückganges lässt sich durch Schaulinien recht deutlich machen, wie in folgendem für eine einfachwirkende Saug- und Druckpumpe ohne Windkessel gezeigt werden soll. Es sei hierbei Kurbelbewegung mit gleichbleibender Winkelgeschwindigkeit und unendlich langer Triebstange angenommen; dann ist die Kolbenkraft für die Saugwirkung nach Gleich. 42

$$(P_a)_x = (P_s)_x,$$

und nach Gleich. 12

$$(P_s)_x = F\gamma \left[(H_s)_x + (1 + \zeta_s)\,\frac{(v_s)_x^2}{2\,g} + \frac{L_s + S_x + \sigma S}{g}\,b_x\right] + \\ + R_x \pm G + \frac{G}{g}\,b_x.$$

Es werden nun (vgl. Fig. 71) die Kolbenwege S auf der Linie (AB) als Abscissen und die einzelnen Kräfte, aus denen sich $(P_s)_x$ zusammensetzt, als Ordinaten aufgetragen. Die hydrostatische Last $F\gamma\,(H_s)_x$ gibt, wenn die Pumpenanordnung nach Fig. 40 angenommen wird, die Gerade (CD), deren Anfangs- und Endordinaten um S verschieden sind. Die zur Ertheilung der Geschwindigkeit der in das Saugrohr eintretenden Flüssigkeit nothwendige Kraft $F\gamma\,\frac{(v_s)_x^2}{2\,g}$, und die zur Ueberwindung der schädlichen Widerstände erforderliche Kraft $F\gamma\,\zeta_s\,\frac{(v_s)_x^2}{2\,g}$ lassen sich zusammenfassen und geben, da

$$(v_s)_x = \frac{F}{F_s}\,v_x,$$

v_x aber, entsprechend der Kurbelbewegung, $= V \sin\omega$ ist, die Kraft

$$F\gamma\,(1 + \zeta_s)\,\frac{V^2}{2\,g}\left(\frac{F}{F_s}\right)^2 \sin^2\omega.$$

ζ_s kann als konstant angesehen werden. Dann gibt dieser Ausdruck eine Parabel und die einzelnen Ordinaten lassen sich leicht in nebenstehender Weise (Fig. 72) bestimmen. Hierzu wird mit

$$F\gamma\,(1 + \zeta_s)\,\frac{V^2}{2\,g}\left(\frac{F}{F_s}\right)^2$$

als Halbmesser ein Kreis geschlagen, der Winkel ω eingetragen, zunächst der Werth

$$F\gamma\,(1 + \zeta_s)\,\frac{V^2}{2\,g}\left(\frac{F}{F_s}\right)^2 \sin\omega,$$

und daraus der gesuchte als die Strecke m ermittelt; die Auftragung der letzteren ergibt die Linie (EF). Die zur Beschleunigung der im Saugrohr und im Cylinder enthaltenen Flüssigkeitsmasse erforderliche Kraft

$$F\gamma \frac{(L_s + S_x + \sigma S)}{g} b_x$$

ist zweckmässig in

$$F\gamma \frac{L_s + \sigma S}{g} b_x$$

und

$$F\gamma \frac{S_x}{g} b_x$$

zu theilen.

Die Werthe von b_x verlaufen nach einer geraden Linie, da für die Kurbelbewegung

$$b_x = \frac{2\,V^2}{S} \cos\omega \text{ und } S_x = \frac{S}{2}(1 - \cos\omega),$$

also

$$b_x = \frac{4\,V^2}{S^2}\left(\frac{S}{2} - S_x\right)$$

ist. Somit gibt der Ausdruck

$$F\gamma \frac{L_s + \sigma S}{g} b_x$$

eine Gerade (GH), deren Anfangsordinate

$$F\gamma \frac{L_s + \sigma S}{S} \frac{2\,V^2}{g}$$

und deren Endordinate

$$-F\gamma \frac{L_s + \sigma S}{S} \frac{2\,V^2}{g}$$

ist. Die Werthe des Ausdrucks

$$F\gamma \frac{S_x}{g} b_x$$

lassen sich leicht auftragen, da $S_x b_x = V^2 \cos\omega\,(1 - \cos\omega)$ ist. Es wird mit $\frac{F\gamma}{g} V^2$ als Halbmesser ein Kreis geschlagen (vgl. Fig. 73), dann $\frac{F\gamma}{g} V^2\,(1 - \cos\omega)$ und hieraus in der dort angegebenen Weise der bezeichnete Ausdruck für verschiedene Winkel ω ermittelt; die Eintragung der Werthe gibt die Linie (JK). Der Reibungswiderstand R_x wächst mit $(H_s)_x$, gibt also gleichfalls eine Gerade L M, welche in ihrer

Anfangs- und ihrer Endordinate entsprechend der Art der reibenden Flächen und Anordnung der Dichtung am Kolben und in der Stopfbüchse gegeben sein wird. Das Gewicht G von Kolben und Kolbenstange ist gewöhnlich als konstant und je nach der Aufstellung der Pumpe als positiv oder negativ oder Null einzuführen. Es sei der erste Fall angenommen, dann stellt die Linie (N O) die zur Ueberwindung des Gewichts G nöthige Kraft dar. Der Beschleunigungswiderstand $\frac{G}{g}\, b_x$ gibt eine Gerade (P Q), deren Anfangsordinate $\frac{G}{g}\,\frac{2\,V^2}{S}$ und deren Endordinate $-\frac{G}{g}\,\frac{2\,V^2}{S}$ ist.

Werden nun die Ordinaten der in vorstehendem ermittelten sieben Linien an mehreren Stellen des Kolbenweges summirt, so ergibt sich eine Kurve (RS), welche den Verlauf von $(P_a)_x$ darstellt. Die Fläche, welche durch die besprochene Linie und durch die Gerade (A B) begrenzt wird, verdeutlicht zugleich die zur Ueberwindung der einzelnen Widerstände auf dem Wege S erforderliche Arbeit, und somit stellt die Fläche (A R S B) die Arbeit $P_a S$ dar.

Nun ist ferner nach Gleich. 43 die Kolbenkraft beim Rückgang, also während des Drückens

$$(P_n)_x = (P_d)_x$$

und nach Gleich. 31

$$(P_d)_x = F\gamma\left[(H_d)_x + \frac{L_d + S + \sigma S}{g}\, b_x - \frac{S_x}{g}\, b_x + \zeta_d\,\frac{(v_d)_x^2}{2\,g}\right] + R_x \mp G + \frac{G}{g}\, b_x.$$

Die einzelnen Ausdrücke der rechten Seite dieser Gleichung lassen sich in gleicher Weise, wie vorstehend beschrieben, auftragen (vgl. Fig. 74).

Die hydrostatische Last $F\,\gamma (H_d)_x$ gibt für die in Fig. 40 angenommene Anordnung des Druckrohrs eine Gerade (C'D'), deren Anfangsordinate $H_d - \frac{S}{2}$ und deren Endordinate $H_d + \frac{S}{2}$ ist. Die zur Ueberwindung der hydraulischen Widerstände erforderliche Kraft

$$F\gamma\,\zeta_d\,\frac{(v_d)_x^2}{2\,g} = F\,\gamma\,\zeta_d\,\frac{V^2}{2\,g}\left(\frac{F}{F_d}\right)^2 \sin{}^2\omega$$

ergibt eine Parabel E'F' und lassen sich die einzelnen Ordinaten in umstehender Weise (Fig. 75) als die Strecken m für verschiedene Winkel ω finden, wobei mit $F\,\gamma\,\zeta_d \left(\frac{F}{F_d}\right)^2 \frac{V^2}{2\,g}$ ein Halbkreis geschlagen wird. Zur Beschleunigung der Flüssigkeitsmassen sind die Kräfte

$$F\gamma\frac{L_d + S + \sigma S}{g} b_x$$

und

$$-\frac{S_x}{g} b_x$$

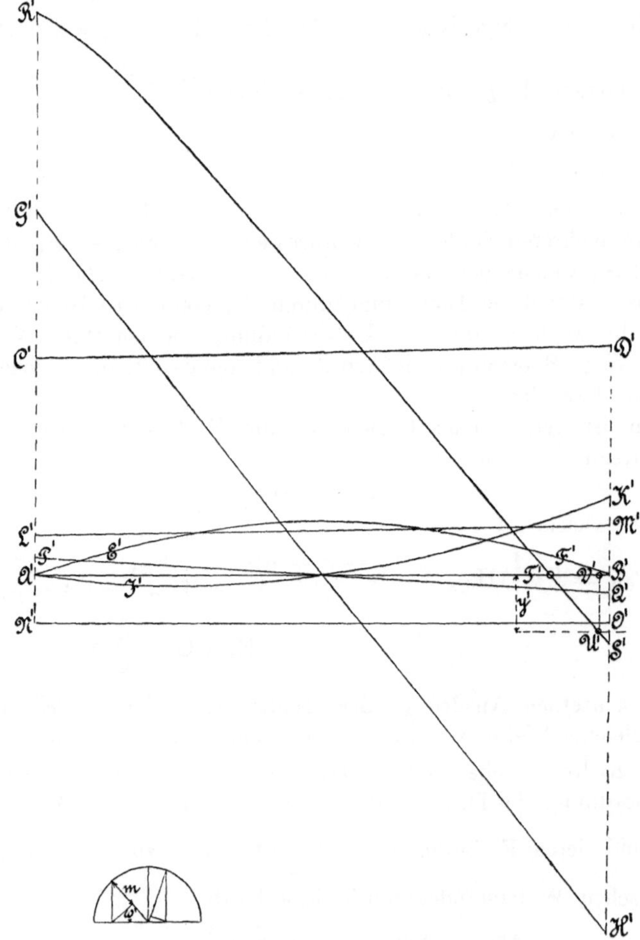

Fig. 74 und 75.

nothwendig; erstere ergibt, da

$$b_x = \frac{4V^2}{S}\left(\frac{S}{2} - S_x\right) \text{ ist,}$$

eine Gerade G'H', deren Anfangsordinate

$$F\gamma\frac{L_d+S+\sigma S}{S}\cdot\frac{2V^2}{g}$$ und

deren Endordinate

$$-F\gamma\frac{L_d+S+\sigma S}{S}\,\frac{2V^2}{g}$$ ist.

Die Werthe von

$$-F\gamma\frac{S_x}{g}b_x$$

lassen sich für die verschiedenen Kolbenwege S_x in früher angegebener Weise ermitteln, beziehungsweise in vorliegendem Falle unmittelbar aus Fig. 71 der Schaulinie für die Kolbenkraft $(P_a)_x$ als Linie JK entnehmen, die hier jedoch mit negativen Ordinaten als J'K' aufgetragen werden muss. Der Reibungswiderstand R_x hängt nunmehr von $(H_d)_x$ ab, gibt also eine Gerade L'M', deren Anfangs- und Endordinate sich leicht aus Gleich. 80 oder 81 (vergl. S. 110 u. 112) ermitteln lässt. Das Gewicht G ist nunmehr, wenn es sich für die Kolbenkraft $(P_a)_x$ positiv ergab, negativ aufzutragen und gibt die Gerade (N'O'); der Beschleunigungswiderstand $\frac{G}{g}$ b_x gibt gleichfalls eine Gerade P'Q', welche unmittelbar der Fig. 71 entnommen werden kann.

Die Summirung der Ordinaten dieser einzelnen Kräfte für verschiedene Kolbenwege ergibt die Kurve (R'S'), welche den Verlauf von $(P_n)_x$ in vorliegendem Falle darstellt. Die Flächen, welche durch die Linien (C'D'), (E'F') etc. und die Gerade A'B' = S begrenzt werden, geben zugleich ein Mass für die zur Ueberwindung der einzelnen Widerstände erforderlichen Arbeiten, und die Fläche (A'R'S'B') stellt somit die Arbeit P_n S dar.

Ein zweites Beispiel wird später in gleicher Weise behandelt werden.

Einzeltheile der Kolbenpumpen.

Cylinder.

Meistens wird der Cylinder aus Gusseisen hergestellt; bei längerem Stillstande der Pumpen würde jedoch leicht Rosten eintreten und werden daher für Pumpen, die öfters längere Zeit ausser Betrieb kommen, wie dies z. B. bei den Spritzen der Fall ist, Cylinder aus Bronze oder, wenn solche zu theuer werden, aus Gusseisen mit Bronzebüchsen angewandt Die Befestigung letzterer im gusseisernen Cylinder kann in verschiedener Weise geschehen: durch Eintreiben der aussen mit Mennige bestrichenen Büchse in den erwärmten Cylinder, der im kalten Zustande etwas enger gebohrt ist, als dem äusseren Durchmesser der Büchse entspricht, durch

Vernieten oder Verschrauben an den Stirnseiten, durch Ausgiessen einer an den Stirnflächen des Cylinders angebrachten Rinne u. s. w. Neuerdings wird für hohen Druck auch Gussstahl zur Herstellung von Cylindern benutzt. Bei der Verwendung von Scheibenkolben muss der Cylinder ausgebohrt werden, was für den Tauchkolben nicht nothwendig ist.

Die Wandstärke für nicht auszubohrende Cylinder (mit Taucherkolben) wähle man nach Bach mindestens (δ und D in mm)

$$\text{wenn stehend gegossen, zu } \delta = 0{,}02\,D + 10 \qquad 71)$$

$$\text{wenn liegend gegossen, zu } \delta = 0{,}025\,D + 12 \qquad 72)$$

sofern nicht die folgende Formel einen grösseren Werth ergibt.

Die Rücksichtnahme auf Festigkeit erfordert nach Bach

$$\delta = \frac{1}{2}\left[\sqrt{\frac{\mathfrak{S} + 0{,}4\,p}{\mathfrak{S} - 1{,}3\,p}} - 1\right] D + a \qquad 73)$$

wobei die Konstante $a = 3$ bis 6 mm genommen werden kann. δ und D sind in mm, p und $\mathfrak{S}$ in kg|qcm einzusetzen.

$\mathfrak{S}$ wähle man für Gusseisen und Bronze zu 100 bis 200, für Stahlguss zu 200—400 kg|qcm.

Gleichung 73 ergibt mit $a = 0$ folgende Werthe für $\frac{\delta}{D}$

p =	2	5	10	20	30	40	50
$\mathfrak{S}$ = 100	0,0086	0,0222	0,0467	0,1040	0,1775	0,2773	0,4258
$\mathfrak{S}$ = 200	0,0043	0,0109	0,0223	0,0467	0,0737	0,1040	0,1383
$\mathfrak{S}$ = 400	0,0021	0,0054	0,0109	0,0222	0,0342	0,0467	0,0599

Es ist zweckmässig, wegen der möglicherweise auftretenden Stösse die Wanddicke um einige Millimeter grösser zu nehmen, als Formel 73 ergibt. Ausgebohrte Cylinder sollen bei eingetretener Abnutzung ein- oder zweimal nachgebohrt werden können. Cylinder von grossem Durchmesser und für starken Druck werden durch angegossene Rippen am Umfange und der Länge nach versteift; in gleicher Weise ist die Festigkeit des Cylinderdeckels zu erhöhen.

Die an dem Cylinder anzubringenden Flanschen zur Befestigung des Deckels sind wie für Röhren zu formen und nöthigenfalls auch durch Rippen abzusteifen.

Kolben.

Bei den Pumpen wirkt der Kolben in jedem Falle als Verdränger und zwar entweder mit nur einer Seite oder mit beiden Seiten. Er kann als niedrige Scheibe oder als langer Cylinder gebildet sein; danach sind zu unterscheiden Scheibenkolben und Plunger-, Tauch-, Trunk- oder Mönchskolben.

Um den zur Verhütung des Entweichens von Flüssigkeit oder des Eindringens von Luft nothwendigen dichten Abschluss gegen den Cylinder zu erhalten, werden entweder die Kolben eingeschliffen, oder es muss eine besondere Dichtung oder Liderung angeordnet werden; dieselbe wird beim Scheibenkolben an diesem selbst angebracht, beim Tauchkolben dagegen gewöhnlich als Stopfbüchse am Cylinder ausgeführt.

Die beiden Kolbenarten können geschlossen oder durchbrochen ge-

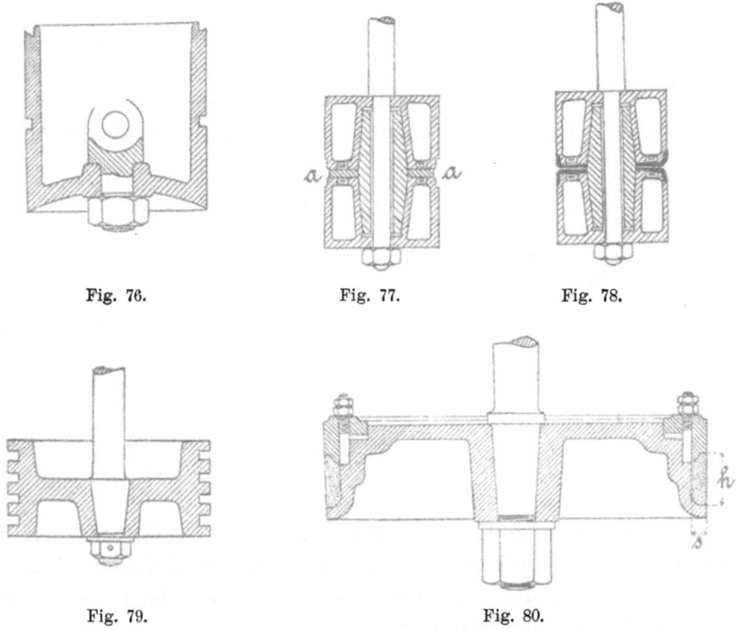

Fig. 76. Fig. 77. Fig. 78.

Fig. 79. Fig. 80.

bildet werden, letzteres geschieht dann, wenn die zu fördernde Flüssigkeit durch den Kolbenkörper treten soll, wie das bei den Hubpumpen der Fall ist. Jedoch darf dieser Durchfluss nur während einer Kolbenbewegung stattfinden; während des Rückganges muss er verhindert werden, der Kolben dann also als geschlossener wirken. Um dies zu erreichen, wird der durchbrochene Kolben mit selbstthätigen Ventilen versehen, die beim Kolbenhingange sich öffnen, beim Rückgange sich schliessen.

Scheibenkolben. Der Kolbenkörper wird gewöhnlich aus Gusseisen gefertigt; nur wenn die zu fördernde Flüssigkeit dieses Metall angreift, oder ein eingeschliffener Kolben angewendet wird, benutzt man Bronze; Stahl und Schmiedeisen werden verwendet, wenn der Kolben leicht werden soll. Hölzerne Kolbenkörper finden sich bei Hubpumpen einfacher Art. Die Form eines eingeschliffenen Kolbens von 120 mm Durchmesser zeigt Fig. 76; die Höhe soll etwa gleich dem Durchmesser genommen werden; auf halber Höhe ist eine Rinne anzuordnen, welche zur Aufnahme von Schmiere oder Schmutz dient. Diese eingeschliffenen Kolben werden hauptsächlich bei Spritzpumpen angewendet und zeichnen sich durch lange Dauer, geringe Reibung und Betriebsfertigkeit aus, sind aber schwierig herzustellen. Wenn der Kolben nach einigen Jahren undicht wird, so können, wie z. B. der von Bach für Dampffeuerspritzen entworfene Kolben von 100 mm Durchmesser zeigt (Fig. 77 und 78), nachträglich leicht Lederstulpen nach Entfernung der Holzscheibe a eingesetzt werden.

Nur für untergeordnete Zwecke findet der Kolben mit Schleusen- oder Labyrinthdichtung (Fig. 79) Anwendung, bei welchem mehrere Rinnen einen natürlich nur unvollständigen Abschluss beider Cylinderseiten bewirken, indem vorausgesetzt wird, dass die Flüssigkeit, welche

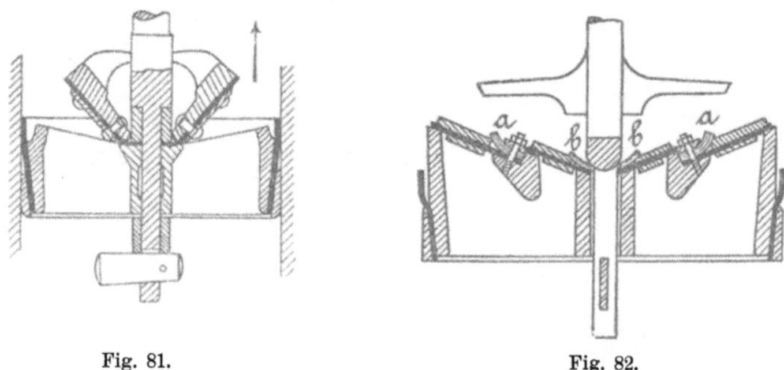

Fig. 81. Fig. 82.

zwischen Cylinder und Kolben entweichen will, mehrere Querschnittsänderungen erfahre, die eine Verminderung der Durchflussgeschwindigkeit durch Verkleinerung der Ausflussvorzahl erzeugen. Bach bezeichnet mit Recht diese Anschauung als irrig.

Die Kolben mit besonderer Dichtung finden die häufigste Verwendung und wird hierbei als Dichtungsmaterial benutzt: Hanf, Leder, Holz, Gummi, Leinwand, Filz, Metall.

Hanfdichtung (vergl. Fig. 80) eignet sich für kaltes und warmes Wasser, wird aber gewöhnlich nur für letzteres angewandt, da für kaltes Wasser Lederdichtung eine einfachere Anordnung gibt. Zur Hanfdichtung ist ein Hanfseil oder Lidertau zu verwenden, welches nachgepresst werden kann. Nach Bach genügen für die mittlere Liderungshöhe h und die Liderungsdicke s die Werthe

$$h = 4\sqrt{D}, \tag{74}$$

$$s = \sqrt{D}, \tag{75}$$

wenn D den Cylinderdurchmesser bezeichnet (Maasse in mm).

L e d e r d i c h t u n g in Form von geraden oder gebogenen Stulpen (Fig. 81—86) oder Ringen aus 3 bis 5 mm dickem Leder eignet sich besonders für Wasser, dessen Temperatur 30° nicht überschreitet. Für saure Grubenwässer kann Leder nicht zur Verwendung kommen.

Bei der erstgenannten Art wird ein Lederring durch einen Ring von Schmiedeisen oder Kupfer gegen den Kolbenkörper (von hier etwa 220 mm Durchmesser) mittels Keilung gepresst. Die Höhe der Linderung kann zu 8 bis 15 mm genommen werden. In der durch die Fig. 81 und 82 dargestellten Form erfolgt die Abdichtung nur bei der Bewegung nach dem Pfeil.

Die Liderung mit gebogenem Stulp kann einfach oder doppelt angeordnet werden (vergl. Fig. 83—86), je nachdem die Abdichtung nur nach einer oder nach zwei Seiten nothwendig ist (einfach- und doppelt wirkende Pumpen). Die abdichtende Höhe kann an jedem Stulp zu 12 bis 20 mm genommen werden. Um die Abnutzung der Lederliderung zu vermindern, wurde mit Erfolg die reibende Fläche mit Schuhmacherholzstiften beschlagen. Fig. 83 stellt einen Ventilkolben einer Rammrohrpumpe von 75 mm Durchmesser der Eilenburger Maschinenfabrik dar. Selten werden mehrere zusammengepresste, 10 bis 30 mm breite Lederringe verwendet, die sich mit der Schnittfläche gegen die Cylinderwandung legen und nicht wie Stulpen durch den Flüssigkeitsdruck angepresst werden. Solche Scheiben werden bei der in Fig. 87 dargestellten Einrichtung eines Kolbens von 200 mm Durchmeser in ein- oder mehrfacher Lage auch statt der eisernen Zwischenplatte angewendet. Um bei den Lederscheiben die selbstthätige Anpressung durch den Flüssigkeitsdruck doch zu erreichen, hat H. S t u t z e r die in Fig. 88 und 89 verdeutlichte Anordnung gewählt (erlosch. D.R.P. Kl. 59, No. 3139); über den Leder- oder Guttaperchaingen a wird ein Gummiring b angebracht, der durch die auf dem Ventilkolben lastende Flüssigkeit gegen den Kolbenkörper gepresst wird, während die Dichtungsringe sich unter dem Flüssigkeitsdruck gegen die Cylinderwand legen sollen. Es ist zweckmässig, die Ringe, wie auch Fig. 89 zeigt, schwach konisch zu formen, um ein besseres Anpressen zu erhalten, ferner die Ringe in einigen von einander durch Schmiedeisenringe getrennten Lagen anzuordnen, deren jede etwa 30 bis 40 mm hoch ist.

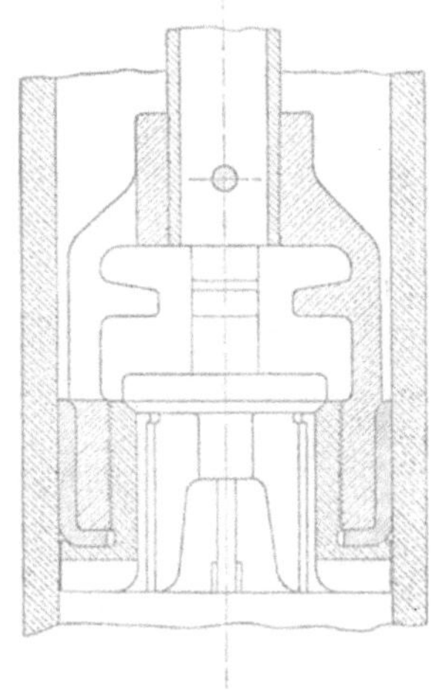
Fig. 83.

G u m m i (Kautschuk) wird in Form von Stulpen oder Ringen, jedoch nur selten, verwendet. Harte Kautschukringe, stramm über den Kolbenkörper geschoben und durch einen Ring mittels Schrauben zusammengepresst, haben sich für sandiges Wasser gut bewährt, während bei solchem sich Lederliderung stark abnutzt.

Leinwand und Filz wird als Streifen um den Kolbenkörper ge-

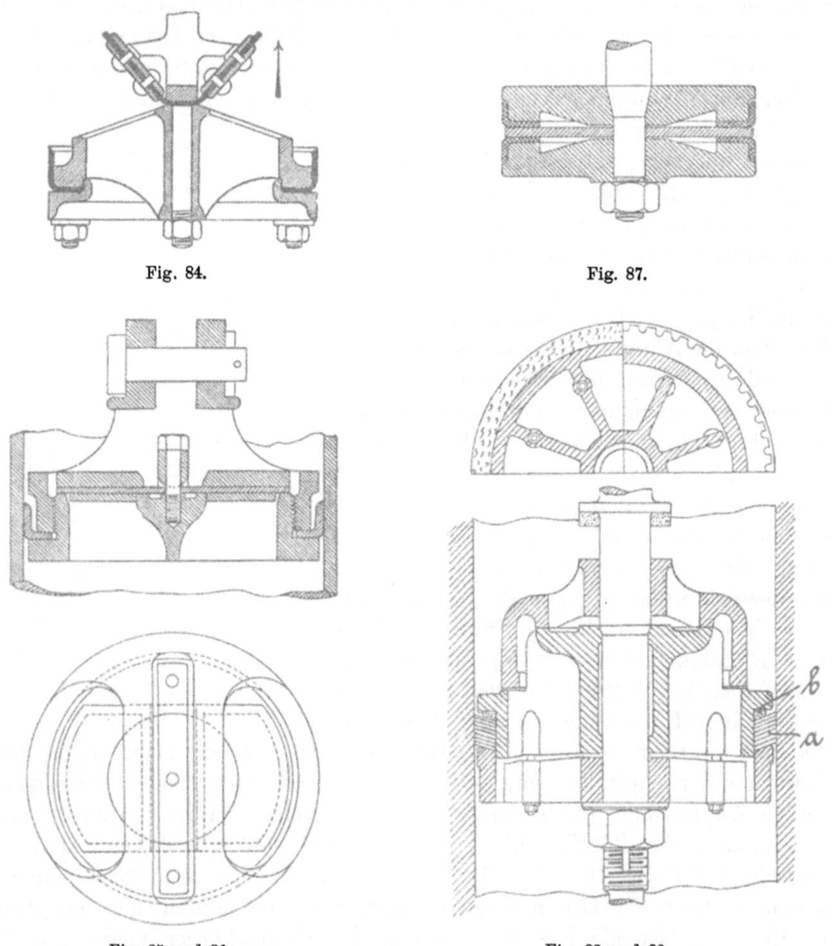

Fig. 84. Fig. 87.

Fig. 85 und 86. Fig. 88 und 89.

wickelt, erstere auch in einzelnen, aus getheertem Segeltuch ausgeschnittenen Ringen um den Kolbenkörper gelegt und mittels Schrauben oder Keil zusammengepresst.

Holzliderung kommt neuerdings bei Warmwasserpumpen zur Verwendung und zwar in Form von einzelnen, zu einem Ring vereinigten Stücken aus Eichen-, Pappel- oder Ahornholz, die durch Kautschukringe oder Stahlfedern gegen den Cylinder gedrückt werden (vgl. den in Fig. 90 und 91 dargestellten Kolben von 280 mm Durchmesser). Eine Konstruktion von Corliss für Luftpumpenkolben gibt Radinger in seinem Buch über Dampfmaschinen etc. in den Vereinigten Staaten von Nordamerika, Wien 1878, an.

Die Metalldichtung findet in neuerer Zeit bei reinen Flüssigkeiten immer häufiger Anwendung, da das Metall so gewählt werden kann, dass es von der zu fördernden Flüssigkeit nicht angegriffen wird; andererseits ist ein Kolben mit Metalldichtung jederzeit, auch nach

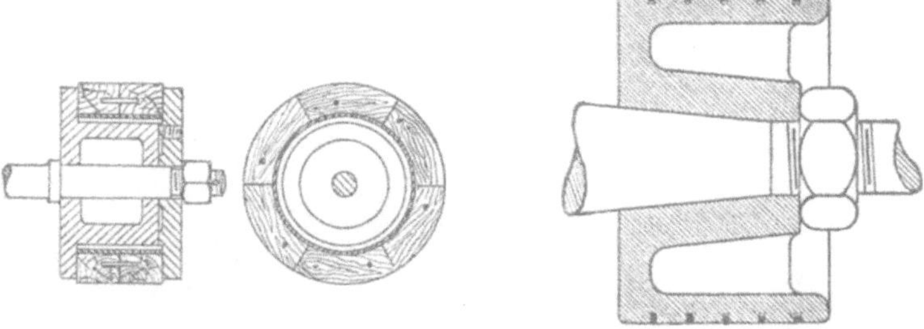

Fig. 90 und Fig. 91. Fig. 92.

längerem Trockenliegen der Pumpe, betriebsfähig. Metalldichtung haben auch die bereits besprochenen eingeschliffenen Kolben. Besondere Dichtungsringe aus verschiedenen Metallen: Gusseisen, Schmiedeisen, Stahl, Rothguss, Weissguss sind bei den in Fig. 92—96 dargestellten Kolben angeordnet. Bei der Drahtliderung von Ramsbottom (vergl. Fig. 92) liegen 3 bis 5 Ringe übereinander in Rinnen, die Ringe sind 6 bis 10 mm hoch und 8 bis 13 mm dick und werden aus Schmiedeisen, Gussstahl, selten aus Rothguss angefertigt; sie werden aufgeschnitten und über den Kolbenkörper geschoben.

Schraubenringe aus Gusseisen, Bronze oder Rothguss kommen selten zur Verwendung. Dagegen werden häufig zwei federnde Ringe aus gehämmertem Gusseisen, Rothguss oder Phosphorbronze in Nuten des Kolbenkörpers (vergl. den in Fig. 93 abgebildeten Kolben von 380 mm Durchmesser, bei welchem Keile zur Nachstellung der Ringe vorhanden sind) angeordnet und die Stossstellen gegen einander versetzt. Fig. 96 zeigt einen kleinen Kolben (130 mm Durchmesser) mit zwei gusseisernen Ringen. Solche Ringe werden meist ungleich stark und zwar an der Stossstelle am schwächsten gemacht.

Als mittlere Abmessungen können angenommen werden:

$$\text{Dicke an der stärksten Stelle } \frac{D}{25}, \tag{76)}$$

$$\text{Dicke an der schwächsten Stelle } \frac{D}{30}, \tag{77)}$$

$$\text{Höhe eines Ringes } \frac{D}{15}. \tag{78}$$

Ringe aus Phosphorbronze sind dauerhafter als solche aus Gusseisen, jedoch zeigen sie den Uebelstand, dass sie sich, wenn dünn geschliffen,

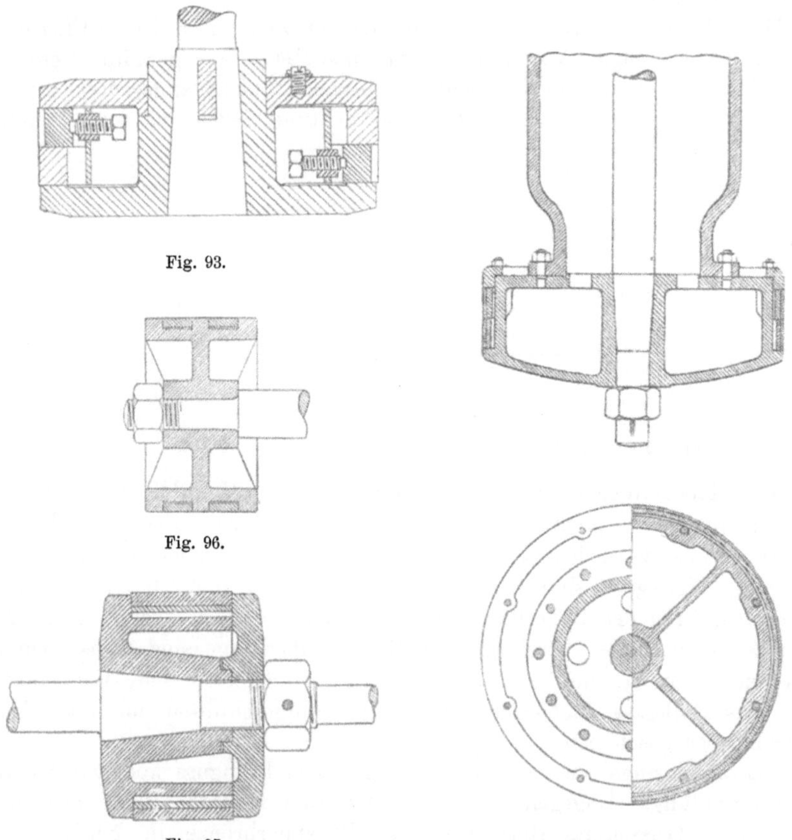

Fig. 93.

Fig. 96.

Fig. 97.

Fig. 94 und 95.

leicht zwischen Kolben und Cylinderwand festklemmen, wenn sie in Folge von Abnutzung aus den Kolbennuten treten, während Gusseisenringe in diesem, allerdings möglichst zu verhütenden, Falle abbrechen und keine weitere Beschädigung der Pumpe hervorrufen.

Besondere Federringe, welche die eigentlichen Dichtungsringe anpressen, oder Vorrichtungen, durch welche letztere nachgestellt werden können, finden sich bei Pumpen seltener und zwar meist nur bei Bronzeringen in Anwendung. Beispiele geben die in Fig. 93, 94 und 95 dargestellten Kolben, sowie der in Fig. 97 abgebildete Kolben (von 180 mm Durchmesser), der Bronzeringe hat.

Für die Wahl des Materials der Ringe ist es im Allgemeinen zweckmässig, letztere weicher herzustellen als die Cylinderwand, um die Abnutzung an den auswechselbaren Ringen zu erhalten.

Wenn bei wagrechten Cylindern grösserer Abmessung das Gewicht des Kolbens durch die Liderung auf den Cylinder übertragen, also dieses Gewicht nicht auf andere Weise aufgenommen wird, so müssen die Liderungsringe gegen den Kolbenkörper sich stützen, was durch Vermittelung der Stellvorrichtungen geschehen kann.

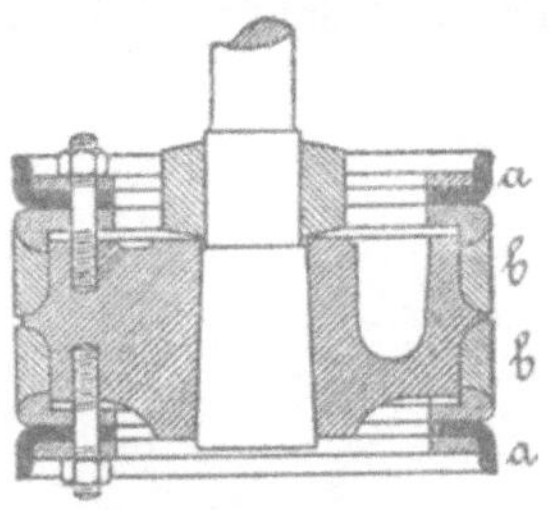

Fig. 98.

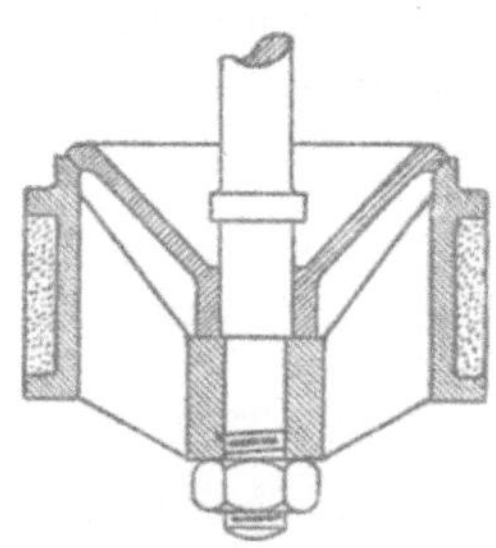
Fig. 99.

Gemischte Liderungen werden selten angewendet; sie bestehen in Lederstulpen, hinter welchen ein Hanfzopf angeordnet wird, der nachgezogen werden kann. Der Flüssigkeitsdruck beeinflusst dann die Lederdichtung; oder es sind, wie Fig. 98 zeigt, Lederstulpen a und dazwischen nachstellbare Hanfzöpfe b angeordnet. Metallringe mit dahinterliegender Hanfpackung werden angewandt, um die Metalldichtung tragend zu machen, so dass bei wagrechter Anordnung das Gewicht des Kolbens vom Cylinder aufgenommen werden kann; da jedoch Hanfpackung allmählich ihre Elasticität verliert, so werden dafür besser, wie schon erwähnt, besondere Tragfedern zwischen Dichtungsring und Kolbenkörper eingeschaltet.

Die durchbrochenen Scheibenkolben werden mit Metallventilen (Fig. 88 und 99), Lederklappen (Fig. 81, 82, 84—86), Gummiklappen (Fig. 100), je nach der Art der zu fördernden Flüssigkeit versehen. Eine gedrungene Konstruktion eines solchen Kolbens von 75 mm Durchmesser einer Tiefbrunnenpumpe von Monski in Eilenburg zeigt auch Fig. 83. Ueber die Anordnung dieser Ventile wird später das Nöthige mitgetheilt werden. Hier sei nur darauf aufmerksam gemacht, dass es zur Verminderung des durch Querschnittsänderungen entstehenden, hier ohnehin ziemlich bedeutenden Arbeitsverlustes nothwendig ist, den freien Querschnitt des durchbrochenen Scheibenkolbens so gross zu machen, als es die Anbringung der Dichtung, die Anordnung der nothwendigen Stärken und die Befestigung der Kolbenstange erlaubt.

Für sandiges Wasser empfiehlt sich auch der von Letestu angegebene, in Fig. 101 und 102 dargestellte Kolben, dessen Körper aus Eisen oder Kupferblech gebildet wird; im ersteren Falle wird der gusseiserne durchbrochene Kegel noch mit einem gelochten Blechkegel bedeckt. Zwei eingeklemmte Lederplatten bilden das Ventil; sie legen sich unter abwärts gerichtetem Flüssigkeitsdruck dicht gegen den rostförmigen Sitz und falten sich zusammen, wenn der Kolben nach abwärts geht.

Die Höhe eines Scheibenkolbens ergibt sich aus der nothwendigen Packungshöhe, für welche mit Bach $h = 4\sqrt{D}$ gesetzt werden kann (h und D in mm); für die Wanddicken des Kolbenkörpers ist der auf diesem lastende Druck massgebend.

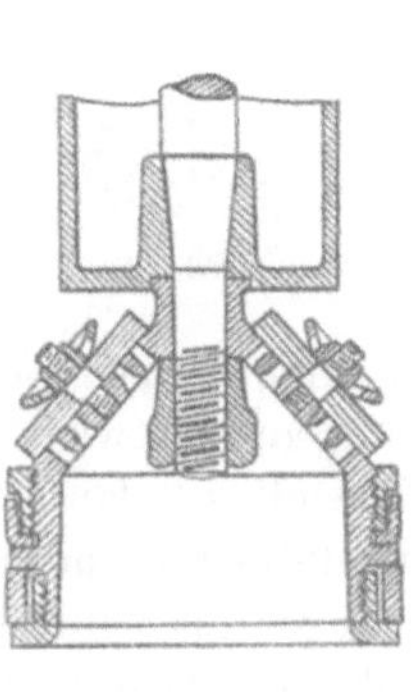

Fig. 100.

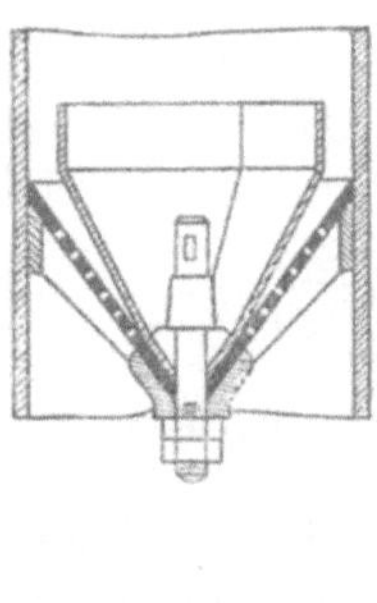

Fig. 101 und 102.

Tauchkolben werden gleichfalls gewöhnlich aus Gusseisen angefertigt und zwar von etwa 100 mm Durchmesser an hohl. Seltener kommt Bronze, Bessemer- oder Gussstahl zur Verwendung, für kleinere Kolben wohl auch Schmiedeisen. Zur Vermeidung des Rostens werden auch Tauchkolben angewendet, welche mit einem etwa 3 mm starken Kupferrohr ohne Löthnaht überzogen sind. Hohle Kolben werden vielfach an einer oder beiden Seiten offen hergestellt und dann durch besondere eingekittete oder angeschraubte Bodenstücke geschlossen (Fig. 103 bis 110). Im letzteren Falle sind die Schrauben oder Muttern aus nicht rostendem Metall herzustellen, um sie wieder lösen zu können. Hohle Kolben von grossem Durchmesser werden mit inneren Versteifungsrippen versehen. Dasselbe geschieht auch bei hohlen Kolben aus Bronze, wenn sie wegen des theueren Materiales verhältnissmässig geringe Wandstärke erhalten (vgl. Fig. 107).

Auf eine gute Konstruktion für Tauchkolben, allerdings nur von kleinerem Durchmesser, hat W. Voit in München einen Gebrauchsmusterschutz (No. 44 400) erhalten. Dieser in Fig. 114 dargestellte Kolben besteht aus zwei gusseisernen Deckeln und einem zwischen beiden angeordneten nahtlosen Bronze- oder Messingrohr. Zweckmässig dürfte hierbei das Rohr,

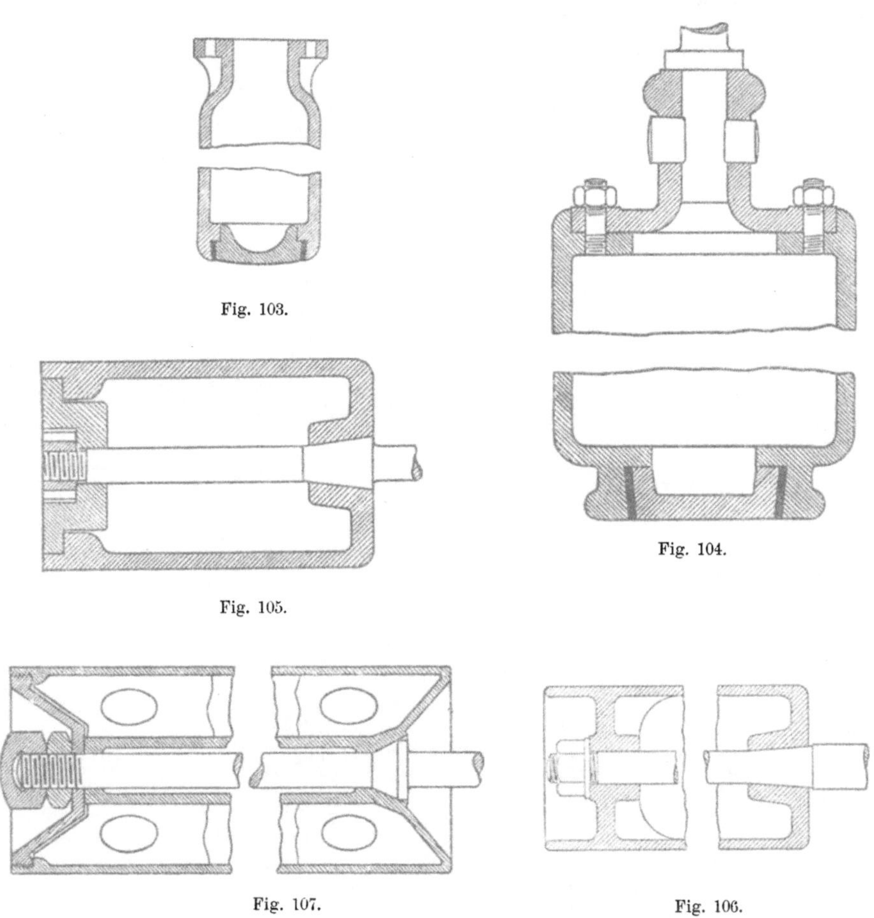
Fig. 103.
Fig. 104.
Fig. 105.
Fig. 107.
Fig. 106.

um den Kolben dicht zu erhalten, auf die Deckel warm aufgezogen und dann erst fertig gedreht werden. Diese Konstruktion ermöglicht einen verhältnissmässig leichten Ersatz des der Abnutzung unterworfenen Kolbenrohrs. Die gleiche Konstruktion beschreibt übrigens auch Philip R. Björling in seinem Werke Pumps and Pump Motors (London 1895).

Formen von Kolben, welche in einem Stück hergestellt sind, zeigen die Fig. 111—113 und 115—129. Bei kleineren Kolben werden dann auch wohl die zur Lagerung des Kernes nöthigen Löcher nachträglich durch Gewindestücke geschlossen (Fig. 112 und 113). Bei grösserem Durchmesser müssen die angegossenen Böden durch Rippen gegen den Cylinder des Tauchers abgesteift werden (vgl. Fig. 118, 119). Fig. 116 und 117 stellen den massiven Kolben einer Presspumpe für hohen Druck dar. Die Tauchkolben

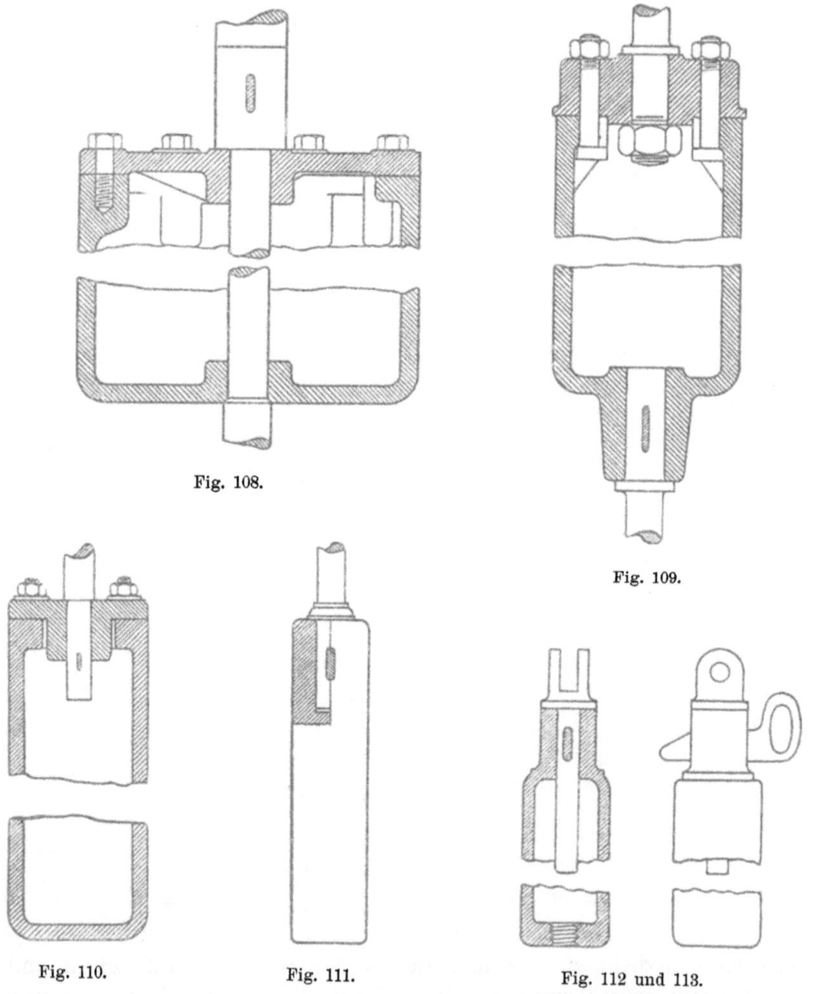

Fig. 108.

Fig. 109.

Fig. 110.

Fig. 111.

Fig. 112 und 113.

werden glatt abgedreht und in Stopfbüchsen geführt, welche meist mit Leder in Stulpform, seltener mit Hanf gedichtet sind; es ist auch manchmal genügend, nur einen Metallring zur Führung und Dichtung anzuordnen und geschieht dies, wenn der Taucher in zwei unmittelbar an einander stossenden, nur durch eine Wand getrennten Cylindern arbeitet. Auch die bereits besprochene Labyrinthdichtung wird angewendet, wobei der Cylinder mehrere Rinnen erhält. Bach bespricht in der Zeitschr. d. Ver. d. Ing. 1891 S. 474 die Unzulänglichkeit dieser Art der Dichtung.

Bei hohen Drucken und Anwendung von Tauchkolben bedeuten-

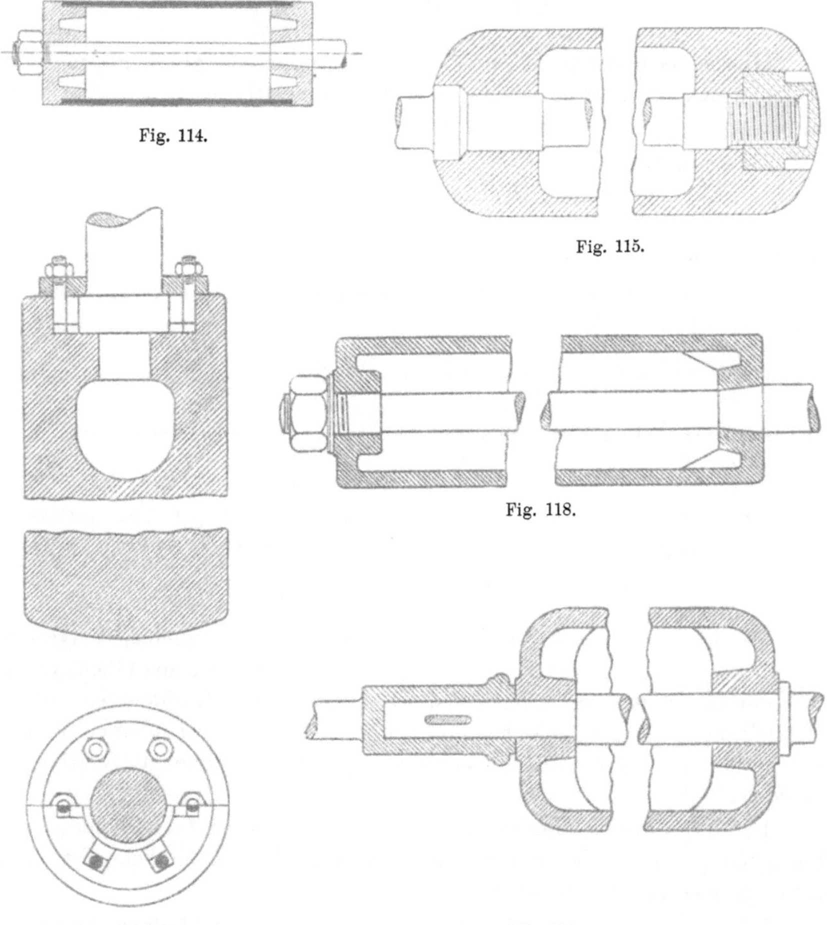

Fig. 114.

Fig. 115.

Fig. 118.

Fig. 116 und 117.

Fig. 119.

derer Abmessungen erscheint es empfehlenswerth, die den Kolben fassende Kolbenstange gegen ersteren abzudichten. Eine gute Konstruktion Riedler's für einen Kolben von 210 mm Durchmesser ist in der Zeitschr. d. Ver. d. Ing. 1892 S. 479 angegeben. Es ist hier unter der Kolbenstangenmutter eine Ledermanschette angeordnet.

Durchbrochene Tauchkolben kommen nur selten zur Anwendung und werden dann gewöhnlich mit Kegel- oder Kugelventilen ausgerüstet.

Die Wandstärke δ_k der Tauchkolben muss entsprechend der Beanspruchung durch äusseren Druck berechnet werden; hierzu ist die Formel von **Bach** brauchbar, welche lautet

$$\delta_k = \frac{1}{2}\left[1 - \sqrt{1 - 1{,}7\frac{p}{\mathfrak{S}}}\right] D \qquad 79)$$

Hierbei bedeutet p den im Cylinder herrschenden grössten Druck und $\mathfrak{S}$ die zulässige Beanspruchung des Materials auf Druck, beides in kg auf 1 qcm.

Es kann für

Gusseisen, Bronze, Schmiedeisen $\mathfrak{S} = 600$
Stahlguss $\mathfrak{S} = 900$

genommen werden.

Der Flächendruck p beträgt bei 1 at, also bei 10 m Druckhöhe, für Wasserförderung 1 kg.

Die Gleichung 79 ergibt folgende Werthe für $\frac{\delta_k}{D}$:

p =	2	5	10	20	30	40	50
$\mathfrak{S} = 600$	0,0014	0,0036	0.0071	0,0144	0,0222	0,0292	0,0363
$\mathfrak{S} = 900$	0,0010	0,0024	0,0048	0,0095	0,0144	0,0192	0,0242

Um bei hohlen gegossenen Kolben einer etwa möglichen Versetzung des Kernes Rechnung zu tragen, ist es zweckmässig, den aus Gleichung 79 berechneten Werth um 2 bis 5 mm zu vergrössern. Rücksichten auf die Herstellung und das Abdrehen können insbesondere bei kleinen Kolben gleichfalls eine beträchtliche Vergrössung des berechneten Werthes erfordern.

Die angegossenen Böden der Tauchkolben werden zur Erhöhung ihrer Festigkeit gewölbt oder mit Rippen versteift. Die Wanddicke ist dabei etwas grösser als δ_k zu nehmen.

Für unreines, sandiges Wasser eignen sich Tauchkolben besser als Scheibenkolben, da die Dichtung schnell angegriffen wird und bei letzteren weniger leicht ersetzt werden kann als die der leicht zugänglichen Stopfbüchsen. Wenn es möglich ist, so werden bei wagerechter Anordnung die Tauchkolben nur so schwer gemacht, dass sie in der Flüssigkeit schwimmen, dann wird der einseitige Verschleiss der Stopfbüchse durch die Reibung nahezu vermieden.

Eigenartige Kolben kommen für sandiges Wasser bei den sogenannten Priesterpumpen zur Anwendung. Der Scheibenkolben bewegt sich dabei nicht gleitend im Cylinder, sondern er ist von einem Leder- oder Kautschukring umgeben, der am Cylinder befestigt ist, so dass der Kolben nur auf einem verhältnissmässig kleinen Wege hin- und zurückgehen kann. Bezüglich der Formung dieser Membran-Kolben sei auf die Besprechung der betreffenden Pumpe verwiesen.

Die Kolbenstange wird gewöhnlich aus Schmiedeisen oder Stahl hergestellt und in geeigneter Weise gerade geführt; sie ist für die in ihr auftretenden Zug- und Druckkräfte nach den Regeln der Festigkeitslehre zu bestimmen. Bei liegenden Pumpen kann auch das Gewicht und die ausser Mittel wirkende Reibung eine zu berücksichtigende Biegungsspannung hervorrufen. Bei Geradführung der Spange durch Büchsen tritt gleichfalls eine Biegungsbeanspruchung auf. Es wird jedoch in den meisten Fällen genügen, die Stange auf Zerknickung mit 10 bis 20facher und auf Zug mit 15facher Sicherheit zu berechnen und den grössten Werth von beiden Ergebnissen zu nehmen.

Die Befestigung der Kolbenstange an dem Kolbenkörper kann durch Keilverbindung oder Verschraubung geschehen; Beispiele hierfür zeigen die bereits besprochenen Figuren. Die Befestigungsmuttern sind, wenn Rosten vermieden werden soll, aus einer Kupferlegirung herzustellen; sie sind ferner gegen unbeabsichtigtes Lösen geeignet zu sichern. Bei liegenden Cylindern wird die Kolbenstange zweckmässig so angeordnet, dass sie beiderseitig die Cylinderdeckel durchdringt und ausserhalb der Stopfbüchsen geführt wird, um die Biegungsbeanspruchung der Stange durch das Kolbengewicht möglichst gering zu erhalten und dadurch das einseitige Ausschleifen des Cylinders zu verhüten.

Die Kolbenstange ist mit einer Gradführung zu versehen, und kann der Antrieb in verschiedener Weise erfolgen. Bei Handbetrieb kann die Stange unmittelbar mit einem Griff versehen werden, mittels dessen sie hin und her bewegt wird, oder es wird die Stange mit einem Handhebel oder einer Handkurbel durch eine schwingende Triebstange gelenkig verbunden. Bei durch Maschinenkraft bewegten Gestängepumpen fällt vielfach die eigentliche Kolbenstange weg, und es wird der Kolben unmittelbar an dem treibenden Gestänge befestigt. Bei den Pumpen mit Kurbel- oder Schwunghebelantrieb wird zwischen Kurbel, bezieh. Hebel und Kolbenstange eine Triebstange gelenkig eingeschaltet; es kann letztere auch unmittelbar am Kolben angreifen, so dass dieser mit einem Gelenk versehen wird und die Kolbenstange gänzlich wegfällt.

Die Fig. 120 und 121 zeigen z. B. die gebräuchliche Einrichtung zum Betrieb des Kolbens von einem Handhebel aus.

Greift an den Kolben unmittelbar die schwingende Treibstange an, so wird das Gelenkauge entweder am Ende des ersteren angebracht (vergl. Fig. 122 bis 126) oder, um an Höhe bezieh. Länge zu sparen, in dem

Innern des hierzu offen gestalteten Kolbens befestigt, wie die Fig. 127 und 128 verdeutlichen. Die letztere Anordnung leidet an dem Uebelstande, dass die Befestigungsstelle schwer dicht zu halten ist, und eine kleine Ungenauigkeit in der Verbindung des Kolbens mit der Treibstange

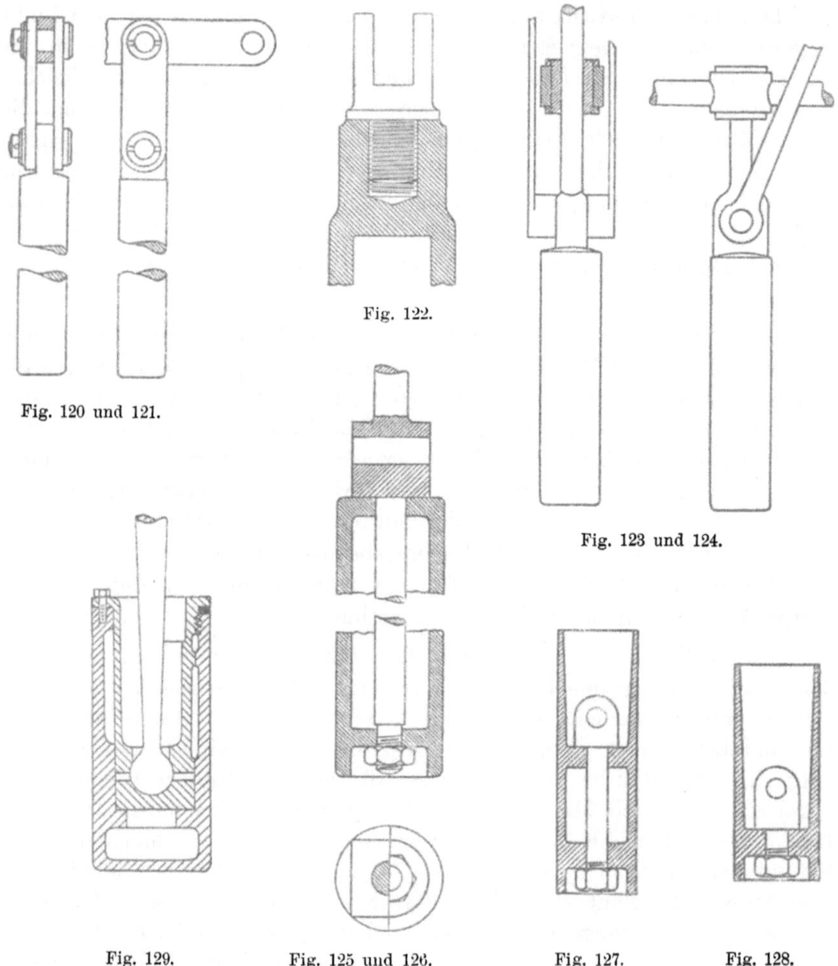

Fig. 120 und 121. Fig. 122. Fig. 123 und 124. Fig. 129. Fig. 125 und 126. Fig. 127. Fig. 128.

und dieser mit der treibenden Kurbel leicht ein Klemmen und starke Abnutzung in den Gelenken hervorruft. Es ist daher zweckmässiger, das in Fig. 129 in zwei verschiedenen Formen dargestellte Kugelgelenk anzuordnen, bei welchem der obere eingeschraubte oder durch Stiftschrauben befestigte Lagertheil aus einer Kupferlegirung anzufertigen ist.

Stopfbüchse.

Zur Abdichtung der Kolbenstangen und der Tauchkolben sind an den Pumpencylindern Stopfbüchsen anzubringen, welche meist mit Leder oder Metallpackung, seltener mit Hanf-, Gummi-, Asbest- oder Baumwollen-Dichtung versehen werden. Hanf- und Baumwollenzopf-Packungen leiden leicht durch Verhärten; letztere ergeben weniger Reibung als erstere, doch sollen fünf quadratische Zöpfe angewendet werden. Bezüglich dieser Anordnungen ist auf die bekannten Werke über Maschinenelemente von Bach, Reiche und Reuleaux zu verweisen. Hier sei nur bemerkt, dass für hohen Druck sich Leder am besten eignet, jedoch nur bei kalten Flüssigkeiten, die das Leder nicht angreifen. Metallpackungen werden von unreinem Wasser rasch angegriffen. Für hängende Stopfbüchsen

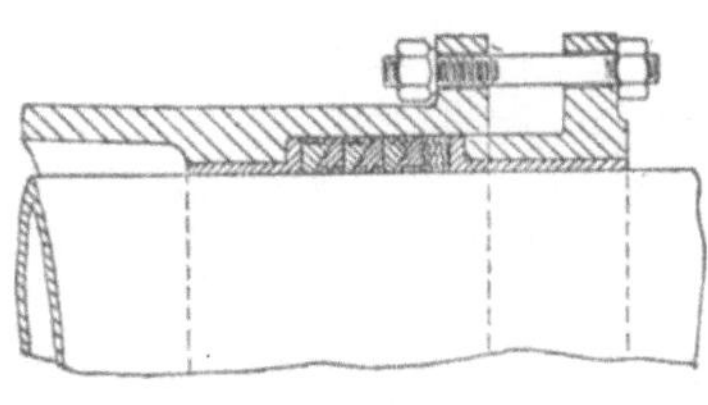

Fig. 130.

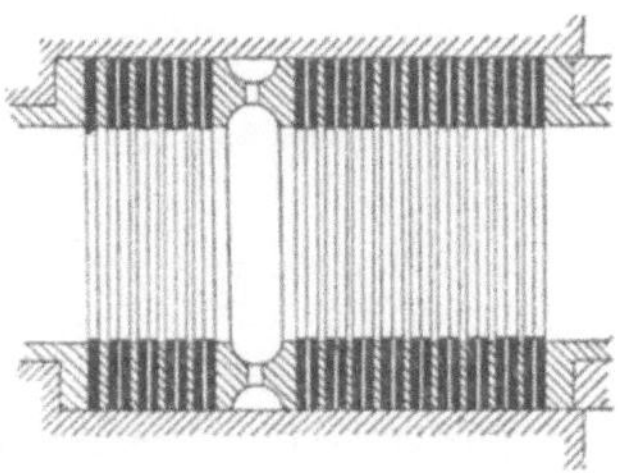

Fig. 131.

empfiehlt es sich, die Packung in der Brille anzubringen, um das Tropfen zu vermeiden.

Taucherkolben, welche ohne Anwendung einer Dichtung, lediglich sorgfältig eingeschliffen, im Cylinder arbeiten, werden selten ausgeführt. Ein Beispiel eines derartigen grossen Kolbens (444 mm Durchmesser, 1,2 m Hub) einer amerikanischen Maschine erwähnt Riedler (Zeitschr. d. Ver. d. Ing. 1893 S. 647).

Einige neuere erprobte Stopfbüchseneinrichtungen sind in den Fig. 130—137 dargestellt.

Die Taucherpumpen des Wasserwerks der Stadt Barmen sind mit Stopfbüchsen versehen, deren Packung aus 3 Rothgussringen mit äusseren und 3 Weissmetallringen mit inneren eingedrehten Nuthen besteht, wie Fig. 130 zeigt. Jeder Ring ist in 3 Theile geschnitten. In Folge der beim Anziehen entstehenden Keilwirkung pressen sich die erstgenannten Ringe gegen die Stopfbüchsenwandung, die letzteren gegen den Taucher. Bei der Druckwirkung desselben füllen sich die eingedrehten Nuthen mit Wasser, wobei jedoch die Pressung in denselben gegen das äussere Stopfbüchsenende zu abnimmt. Bevor das Wasser nun an letzterem austreten kann, erfolgt die

Saugwirkung, so dass das Wasser aus den Nuthen wieder zurück in den Cylinder fliesst. Es ist damit eine gute Abdichtung erzielt und verhindert, dass Luft durch die Stopfbüchse in den Cylinder treten kann. Um das Anziehen sanft zu erhalten, ist noch ein geflochtener, vierkantiger Hanfring eingelegt. Die gesammte Einrichtung wird für grosse Kolbengeschwindigkeit und grosse Wasserpressung empfohlen. Die genannten Pumpen haben einen Kolbendurchmesser von 310 mm, einen Kolbenhub von 1100 mm,

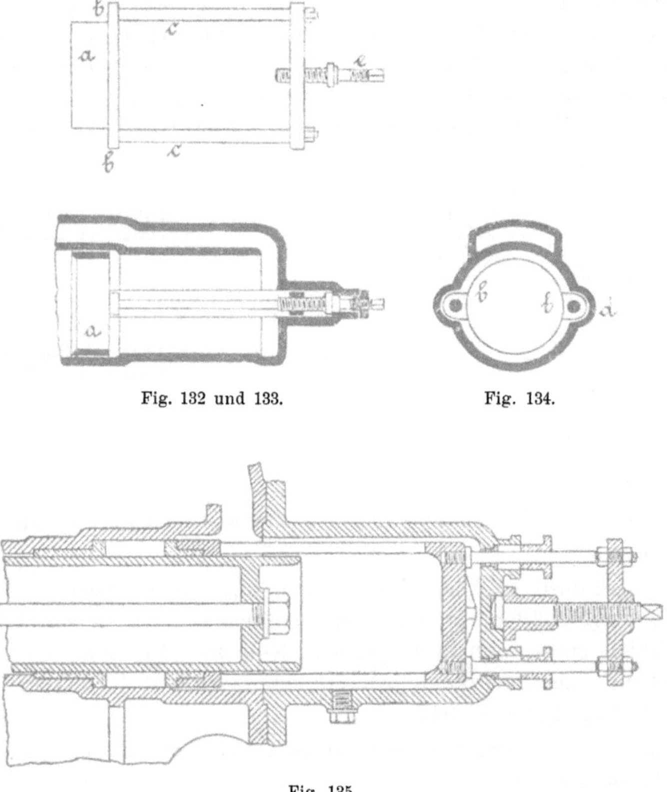

Fig. 132 und 133. Fig. 134.

Fig. 135.

die Anzahl der Doppelhübe beträgt bis zu 120 in der Minute, der Wasserdruck steigt bis auf 20 at.

Bei den von der Aktiengesellschaft Wilhelmshütte in Schlesien in den letzten Jahren ausgeführten unterirdischen Wasserhaltungsmaschinen ist fast durchgängig die in Fig. 131 dargestellte Stopfbüchsenpackung zur Anwendung gebracht worden, welche aus Lederscheiben in doppelter Lage besteht, die durch 4 mm dicke Metallscheiben von einander getrennt sind. Letztere haben einen um 2 mm grösseren inneren Durchmesser als die

Lederringe, deren Breite etwa 35 mm beträgt. Diese Liderungen haben sich gut bewährt, geben dem Taucher eine gute Führung und erhalten ihn rein und blank. Die Schmierung erfolgt mittelst des in die Packung eingelegten Schmierringes durch eine Schmierpresse.

Eine eigenartige Stopfbüchseneinrichtung wird von W. Voit bei seinen Dampfpumpen, sowie auch von der Maschinenbau-Anstalt Humboldt ausgeführt (D.R.P. Kl. 59 No. 26467). Wie Fig. 132 bis 134 verdeutlichen, liegt die Stopfbüchse im Cylinder und die Packung wird durch einen Ring a nachgezogen; hierzu sind an diesem zwei Nasen b und

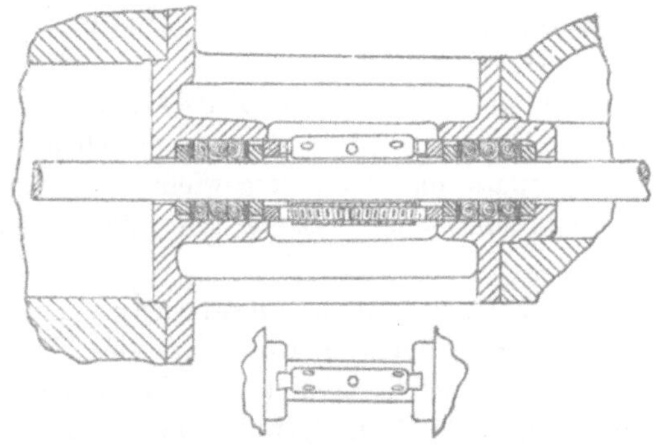

Fig. 136 und 137.

die Stangen c befestigt; erstere führen sich in den Rinnen d des Cylinders, letztere sind gegen ein Querstück verschraubt, das durch die Stellschraube e bewegt werden kann. Die Schwierigkeit der Dichtung des Tauchkolbens fällt bei dieser Anordnung weg und ist dafür nur die Stellschraube zu dichten.

Eine ähnliche Einrichtung ist nach einer Ausführung von der Maschinen- und Armaturenfabrik vorm. C. Louis Strube in Fig. 135 dargestellt.

Ward verwendet bei seinen später zu besprechenden Dampfpumpen für die einander gegenüberliegenden Stopfbüchsen von Dampfmaschine und Pumpe die in Fig. 136 und 137 gezeigte Abstützung der Stopfbüchsendeckel. Diese werden auseinandergetrieben, bezieh. zusammengezogen durch zwischengestellte Schrauben mit Rechts- und Linksgewinde, deren Bewegung durch Doppelmuttern erfolgt. Die Schrauben fassen mit schwalbenschwanzförmigen Köpfen in entsprechende Nuthen der Deckel. Zur Packung wird Hanf verwendet.

Es sei noch bemerkt, dass bei Wasserpumpen zweckmässig auch die Stopfbüchsen unter Wasser gesetzt werden, damit ein Eindringen von Luft in den Cylinder durch die Stopfbüchse verhütet wird.

Bei dem Pariser Wasserwerk in Colombes ist eine sehr bemerkenswerthe Stopfbüchsenkonstruktion angewendet worden. Die beiden, sich gegenüberliegenden Stopfbüchsbrillen eines Taucherkolbens (von 575 mm Durchmesser) sind hier durch ein Rohr verbunden, so dass die Luft keinen Zutritt zu den Stopfbüchsen hat; auf dieses Rohr ist oben ein kleiner Cylinder von 150 mm Weite aufgesetzt, der mit Schmiermaterial gefüllt ist, das durch einen mittelst Spindel und Handrad bewegbaren Kolben in die Stopfbüchsen gedrückt wird, während unten ein Entwässerungshahn angebracht ist. Mangelhaft hieran ist nur der Umstand, dass die (selbstverständlich mit metallener Dichtung versehenen) Stopfbüchsen nicht nachziehbar sind, welchem Uebelstande übrigens konstruktiv unschwer zu begegnen ist. S. n. Le Génie Civil Band XXVII, S. 231.

Interessant ist auch die von Haase (Zeitschr. d. Ver. d. Ing. 1895, S. 289) beschriebene Stopfbüchse einer Hülsenberg'schen Taucherpumpe; mangelhaft hierbei ist, dass das Cylindergewicht von den Stopfbüchsschrauben getragen wird und dass letztere sehr stark wechselnd beansprucht werden.

Die Kolben- und Stopfbüchsenreibung. Die Liderung der Scheibenkolben und der Stopfbüchsen wird entweder durch die Elasticität des Liderungsmaterials allein oder theils durch diese, theils durch den Flüssigkeitsdruck gegen die Cylinderwand, bezieh. gegen den Kolben oder die Kolbenstange gepresst und verursacht damit eine Reibung, zu deren Ueberwindung eine Kraft R_x an der Kolbenstange wirksam aufzuwenden ist.

Wird der Flüssigkeitsdruck auf 1 qcm mit p bezeichnet, so ist die Pressung auf eine Ringfläche vom Durchmesser D in mm und der Höhe a in cm gleich π D a p; bezeichnet f die Reibungszahl, so ist also

$$R_x = f \pi D a p \tag{80}$$

bei Leder und Metalldichtung, wenn die Flüssigkeit den Leder- bezieh. Metallring gegen die Cylinderwandung presst. Für die Lederstopfbüchse eines Tauchkolbens oder der Kolbenstange gilt dieselbe Formel, nur ist bei letzterer statt D der Durchmesser der Stange d zu setzen.

Gollner (vgl. Technische Blätter 1884 S. 104) setzt richtiger

$$R_x = f \pi D a p + r,$$

wobei r die Reibung des Leerganges, also den Reibungswiderstand für p = Null bedeutet. Siehe hierüber Bach, Zeitschrift des Ver. d. Ing. 1886, S. 155.

Der Druck p ist nun während des Kolbenhubes nicht konstant, sondern würde sich aus dem wechselnden hydraulischen Druck bestimmen. Da aber die Berechnung der Kolbenreibung wegen der sehr wenig bekannten und je nach dem Betriebszustande stark wechselnden Werthe von f ohnehin nur eine angenäherte ist, so genügt es, p gleich dem der betreffenden mittleren Förderungshöhe entsprechenden hydrostatischen Druck zu setzen.

Für die einfachwirkende Saug- und die einfachwirkende Druck-Pumpe (Fig. 40) kann somit genommen werden:

$$\text{während der Saugwirkung } p = \frac{H_s}{10}\gamma,$$

$$\text{„ „ Druckwirkung } p = \frac{H_d}{10}\gamma.$$

Für die einfachwirkende Saug- und Hub-Pumpe (Fig. 43) wird

$$\text{während der Förderwirkung } p = \frac{H}{10}\gamma,$$

$$\text{„ des wirkungslosen Rückganges } p = 0.$$

Für die doppeltwirkende Saug- und Druckpumpe (Fig. 42) ist für beide Kolbenbewegungen $p = \frac{H}{10}\gamma$.

Hierbei sind die Höhen H_s, H_d, $H = H_s + H_d$ in Metern einzusetzen, γ ist die Dichte der zu fördernden Flüssigkeit (für Wasser ist also $\gamma = 1$).

Der Werth der Reibungsvorzahl f hängt von dem Material der Reibungsflächen, deren Glättezustand und der etwa vorhandenen Schmierung ab und ist somit genau nicht zu bestimmen. Die bekannt gewordenen Werthe weichen leider bedeutend von einander ab. Morin fand für Leder auf Gusseisen mit Schmierung f = 0,23—0,28 und ohne Schmierung f = 0,36. Marié (Zeitschr. des Vereins deutscher Ingenieure 1881 S. 680) ermittelte bedeutend kleinere Zahlen, nämlich f = 0,0049 bis 0,0017 bei Pressungen von p = 10 bis 600 kg/qcm. Im Praktischen Maschinenkonstrukteur 1879 S. 381 werden gleichfalls viel kleinere Werthe angegeben. Jenny fand für einen gusseisernen Kolben von 252,5 mm Durchmesser f = 0,2, für einen mit Bronze überzogenen Kolben von 300 mm Durchmesser nach vorhergegangener sorgfältiger Einfettung f = 0,09. Gollner (a. a. O.) erhielt bei seinen Versuchen an einer Festigkeits-Probirmaschine den Mittelwerth f = 0,072 bei mit Oel eingefetteter Kolbenstange.

Die starken Abweichungen der gegebenen Werthe von f erklären sich durch den Zustand der reibenden Flächen; sind diese durch eine Schicht Schmiermaterial getrennt, so ist f sehr klein, fehlt diese, so wächst f sehr rasch.

Es sei noch erwähnt, dass Hick und Thurston den Reibungswiderstand R_x unabhänging von der Breite a der Abdichtung setzen; jedoch erscheint es, so lange die in dieser Frage herrschende Unsicherheit durch genaue und umfassende Versuche nicht gehoben ist, zweckmässiger, die Formel (81) zu benutzen und als Mittelwerthe folgende zu nehmen:

für Leder auf Gusseisen, unter Schmierung $f = 0{,}1$ bis $0{,}15$,
" " " " keine " $f = 0{,}2$,
" Metalldichtung $f \propto 0{,}1$,

Die Reibung von Liderungen, die nur durch ihre eigene Elastizität abdichten, wie die Hanfdichtung, hängt von dem Drucke ab, mit dem die Liderung gepresst wird. Auch hier fehlen genauere Angaben. Nach Morin ist der Reibungswiderstand für die Hanfliderung

$$R_x = f' D p \qquad 81)$$

zu setzen, wobei für p die in Vorhergehendem angegebenen Werthe zu nehmen sind; die Reibungsvorzahl f' soll nach Morin

für Hanf auf Messing $= 0{,}007$,
" " " Gusseisen $= 0{,}015$

genommen werden.

Röhren.

Als Material für die Herstellung der Röhren wird verwendet: Gusseisen, Stahl, Kupfer, Messing, Blei, Zinn mit Bleimantel, Thon, Cement, Porzellan, Glas, Holz, Papier mit Asphaltüberzug; die Schläuche werden aus Leder, Gummi oder Kautschuk angefertigt.

Schmiedeiserne Röhren werden, besonders durch sauere Grubenwässer, schneller als gusseiserne angegriffen, sind deshalb von geringerer Dauer als diese, haben aber gegenüber diesen den Vortheil der grösseren Festigkeit gegen Stösse und des kleineren Gewichtes, weshalb sie insbesondere bei Schachtleitungen die gusseisernen Röhren immer mehr verdrängen. Die schmiedeisernen Röhren werden als gezogene, geschweisste und bei Durchmessern über 250 mm als genietete verwendet. Gusseiserne Röhren können gegen das Angreifen durch saure Wässer auch durch geeigneten Anstrich, z. B. mit Cement, Litholid, Firniss u. dergl. oder durch Emaillirung, Ausfütterung mit Holzdauben, Kautschuküberzug geschützt werden; Schmiedeisenröhren erhalten nach Erhitzung auf 200^0 einen Anstrich von Theer oder Mennige mit Leinöl gemischt.

Von der Commandit-Gesellschaft für Pumpenfabrikation, W. Garvens in Hannover, werden Pumpen in den Handel gebracht, welche nach dem Bower-Barff-Daumesnil'schen Verfahren mit einer Schicht von Eisenoxyduloxyd überzogen und dadurch vor dem Rosten geschützt sind. Dieses Mittel ist den sonst gebräuchlichen, wie Anstreichen, Emailliren, Ueberziehen mit nichtrostenden Metallen, in vielen Fällen vorzuziehen, da es sehr dauerhaft ist und das geförderte Wasser nicht verunreinigt.

Kupfer und Messing zeichnen sich durch grosse Dauerhaftigkeit aus, werden aber wegen des hohen Preises nur selten benutzt. Blei wird nur für kleine Durchmesser angewendet, bei Pumpen für Trinkwasser würden Bleiröhren eine Vergiftung des einige Zeit in ihnen stehenden Wassers herbeiführen können; es sollen daher in diesem Falle nur Bleiröhren zur Verwendung kommen, welche innen einen Ueberzug von Zinn oder Schwefelblei erhalten haben.

Röhren aus Thon, Cement, Porzellan, Glas werden bei Flüssigkeiten benutzt, welche Metalle angreifen; Wasserleitungen aus Thon oder Cement finden sich vielfach, wenn der Druck gering ist.

Röhren aus asphaltirtem Papier sollen sich für saure Grubenwässer bei geringem Druck als geeignet erwiesen haben.

Holzröhren finden sich nur noch bei Handpumpen.

Während die Röhren starr sind, haben die Schläuche eine gewisse Biegsamkeit, die für bestimmte Fälle, wie bei Spritzen, nothwendig ist.

Hanfschläuche werden aus Hanf ohne Naht gewebt und kommen roh oder vorbereitet zur Verwendung; im letzteren Falle sind sie mit einer Lösung von Gerbstoff durchtränkt und im Innern mit einer Gummimasse dünn ausgekleidet, wodurch eine vollkommene Dichte erzielt und die Dauerhaftigkeit erhöht wird. Saugschläuche werden gegen den äusseren Ueberdruck durch innere und äussere Drahtwickelung aus Eisen mit Zinn- oder Kupfer-Ueberzug, besser aus Messing, widerstandsfähig gemacht und zum Schutze gegen Beschädigung mit einer stark getheerten Schnur umwickelt.

Lederschläuche werden aus Rindleder hergestellt und zwar entweder genäht oder genietet.

Die Gummischläuche bestehen aus geschwefeltem Kautschuk mit einer oder mehreren Hanfeinlagen. Als Saugschläuche werden sie wie die Hanfschläuche mit Draht- oder Schnurwickelung versehen.

Bezüglich der Rohr- und Schlauchverbindungen, Dichtungen, sowie weiterer Einzelheiten der Röhren und Schläuche kann auf die bekannten Werke über Maschinenelemente von Bach, Reiche und Reuleaux verwiesen werden; hier seien nur noch Angaben über die gebräuchlichen Abmessungen und die zulässigen Inanspruchnahmen angeführt.

Bei einer lothrechten langen Röhrenleitung können die Wanddicken, dem nach oben abnehmenden Druck entsprechend, auch verschieden gross genommen werden, um an Gewicht zu sparen.

Gusseiserne Röhren. Dieselben werden je nach der Art der Verbindung als Flanschen- oder Muffenröhren bezeichnet. Die Wandstärke δ ist mit Rücksicht auf die Herstellung, die Beförderung und die Verlegung nach Bach für p bis 10 at. zu nehmen

$$\delta = 7 + \frac{D}{60} \text{ für stehend gegossene Röhren,} \tag{82}$$

$$\delta = 9 + \frac{D}{50} \text{ „ liegend „ „} \tag{83}$$

Die Festigkeitsberechnung auf inneren Druck ist nach der von Bach angegebenen Formel 73

$$\delta = \frac{1}{2}\left[\sqrt{\frac{\mathfrak{S} + 0{,}4\,p}{\mathfrak{S} - 1{,}3\,p}} - 1\right] D + a$$

auszuführen; hierbei bezeichnet D die innere Weite des Rohres, p den Druck, $\mathfrak{S}$ die zulässige Materialbeanspruchung in kg für 1 qcm Querschnitt.

Für Gusseisen kann $\mathfrak{S} = 100$ bis 200 gesetzt werden, um den Stössen Rechnung zu tragen. Gibt Gleich. 73 kleinere Werthe als die Formeln 82 und 83, so sind die letzteren massgebend.

Für Drucke bis 10 at. kann zweckmässig die vom Verein deutscher Ingenieure und dem Verein der Gas- und Wasserfachmänner Deutschlands im Jahre 1882 gemeinschaftlich aufgestellte Tabelle (Ergänzungen betr. der Gewichte siehe in Bach's Maschinenelementen) benutzt werden, welche sich auf die in den Schnittfiguren 138 u. 139 angegebenen Abmessungen bezieht und auf S. 115 wiedergegeben ist.

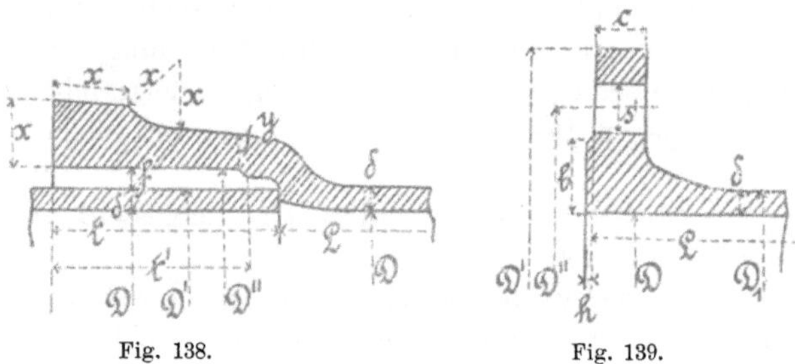

Fig. 138. Fig. 139.

Für die in Fig. 138 eingeschriebenen Masse x und y gilt

$$x = 7 + 2\,\delta, \qquad y = 1{,}4\,\delta.$$

Die Schenkellänge L der Krümmungs- und T-Stücke bei Flanschenrohren bestimmt sich aus der Formel L = D + 100 mm. Bei der Berechnung der Gewichte von Formstücken ist dem Gewichte, welches nach den normalen Abmessungen berechnet ist, ein Zuschlag von 15 %, bei Krümmern ein solcher von 20 % zu geben. Diejenigen Abzweigstücke, deren Abzweig einen Durchmesser von 400 mm und mehr besitzt, sind von 2 at. Betriebsdruck an sowohl in ihren Wandungen, als auch durch Rippen zu verstärken.

Für die Anordnung der Schraubenlöcher gilt die Regel, dass in der Lothebene durch die Achse des Rohres sich keine Schraubenlöcher befinden sollen.

Baulänge der Flanschenschieber D + 200.

Lichter Durchmesser des Rohres D	Normal-Wandstärke δ	Gewicht eines Rohrstückes von 1 m Länge ausschl. Muffe oder Flansche	Muffenröhren: Stärke der Dichtungsfuge f	Innere Muffenweite D''	Innere Muffentiefe t	Dichtungstiefe t'	Uebl. Nutzlänge eines Rohres L	Gewicht eines Rohres von vorstehender Länge	Flanschenröhren: Durchmesser des Flansches D'	Dicke c des Flansches	Breite der Dichtungsleiste b	Höhe der Dichtungsleiste h	Lochkreisdurchmesser D	Anzahl der Schrauben	Stärke der Schrauben s		Länge der Schrauben l	Durchmesser des Schraubenloches s'	Uebliche Baulänge L	Gewicht eines Rohres von vorstehender Baulänge
mm	mm	kg	mm	mm	mm	mm	m	kg	mm	mm	mm	mm	mm	Stück	mm	engl. Zoll	mm	mm	m	kg
40	8	8,75	7,0	70	74	62	2	20,18	150	18	25	3	110	4	13	1/2	70	15	2	21,28
50	8	10,57	7,5	81	77	65	2	24,28	160	18	25	3	125	4	15,5	5/8	75	17	2	25,96
60	8,5	13,26	7,5	92	80	67	2	30,41	175	19	25	3	135	4	15,5	5/8	75	17	2	32,44
70	8,5	15,20	7,5	102	82	69	3	49,95	185	19	25	3	145	4	15,5	5/8	75	17	3	52,02
80	9	18,24	7,5	113	84	70	3	59,81	200	20	25	3	160	4	15,5	5/8	75	17	3	62,40
90	9	20,29	7,5	123	86	72	3	66,57	215	20	25	3	170	4	15,5	5/8	75	17	3	69,61
100	9	22,34	7,5	133	88	74	3	73,22	230	20	28	3	180	4	19	3/4	85	21	3	76,94
125	9,5	29,10	7,5	159	91	77	3	94,94	260	21	28	3	210	4	19	3/4	85	21	3	99,82
150	10	36,44	7,5	185	94	79	3	119,21	290	22	28	3	240	6	19	3/4	85	21	3	124,70
175	10,5	44,36	7,5	211	97	81	3	145,08	320	22	30	3	270	6	19	3/4	85	21	3	151,00
200	11	52,86	8,0	238	100	83	3	172,99	350	23	30	3	300	6	19	3/4	85	21	3	180,00
225	11,5	61,95	8,0	264	100	83	3	202,71	370	23	30	3	320	6	19	3/4	85	21	3	207,89
250	12	71,61	8,5	291	103	84	4	306,05	400	24	30	3	350	8	19	3/4	100	21	3	240,79
275	12,5	81,85	8,5	317	103	84	4	349,91	425	25	30	3	375	8	19	3/4	100	21	3	274,37
300	13	92,68	8,5	343	105	85	4	396,50	450	25	30	3	400	8	19	3/4	100	21	3	308,68
325	13,5	104,08	8,5	369	105	85	4	445,15	490	26	35	4	435	10	22,5	7/8	105	25	3	351,20
350	14	116,07	8,5	395	107	86	4	496,51	520	26	35	4	465	10	22,5	7/8	105	25	3	390,79
375	14	124,04	9,0	421	107	86	4	530,43	550	27	35	4	495	10	22,5	7/8	105	25	3	420,70
400	14,5	136,89	9,5	448	110	88	4	586,71	575	27	35	4	520	10	22,5	7/8	105	25	3	461,55
425	14,5	145,15	9,5	473	110	88	4	621,82	600	28	35	4	545	12	22,5	7/8	105	25	3	490,73
450	15	158,87	9,5	499	112	89	4	680,38	630	28	35	4	570	12	22,5	7/8	105	25	3	536,39
475	15,5	173,17	9,5	525	112	89	4	741,65	655	29	40	4	600	12	22,5	7/8	105	25	3	584,33
500	16	188,04	10,0	552	115	91	4	806,64	680	30	40	4	625	12	22,5	7/8	105	25	3	633,50
550	16,5	212,90	10,0	603	117	92	4	913,94	740	33	40	5	675	14	26	1	120	28,5	3	727,26
600	17	238,90	10,5	655	120	94	4	1026,75	790	33	40	5	725	16	26	1	120	28,5	3	811,52
650	18	273,86	10,5	707	122	95	4	1178,54	840	33	40	5	775	18	26	1	120	28,5	3	921,84
700	19	311,15	11,0	760	125	96	4	1342,64	900	33	40	5	830	18	26	1	120	28,5	3	1046,45
750	20	350,76	11,0	812	127	97	4	1514,33	950	33	40	5	880	20	26	1	120	28,5	3	1171,90
800	21	392,69	12,0	866	130	98	4	1700,03	1020	36	45	5	940	20	29,5	1 1/8	130	32	3	1297,0
900	22,5	472,76	12,5	970	135	101	4	2051,21	1120	36	45	5	1040	22	29,5	1 1/8	130	32	3	1567,0
1000	24	559,76	13,0	1074	140	104	4	2435,03	1220	36	45	5	1140	24	29,5	1 1/8	130	32	3	1872,0
1100	26	666,81	13,0	1178	145	106	4	2911,00												
1200	28	783,15	13,0	1282	150	108	4	3427,10												

Baulänge der Muffenschieber mit eingetriebenen Sitzringen

$$0{,}7\,D + 100,$$

mit eingebleiten Sitzringen $D + 250 - 2\,t.$

Röhren aus Schmiedeeisen und Stahl. Die Festigkeitsberechnung kann nach Gleich. 73 mit $\mathfrak{S} = 500$ kg für Schmiedeisen und $\mathfrak{S} = 800$ kg für Stahl ausgeführt werden. Die gewöhnlichen Abmessungen von übereinandergeschweissten, sogenannten patentgeschweissten Röhren sind folgende:

Aeusserer Durchmesser in												
	mm	38	41,5	44,5	47,5	51	54	57	60	63,5	70	76
	engl. Zoll	$1^1/_2$	$1^5/_8$	$1^3/_4$	$1^7/_8$	2	$2^1/_8$	$2^1/_4$	$2^3/_8$	$2^1/_2$	$2^3/_4$	3
Normalwandstärke in . .	mm	2,25	2,5	2,5	2,5	2,75	2,75	2,75	3	3	3	3

Die Länge beträgt bis 5 m.

Solche Röhren können für Drucke bis zu 30 at. verwendet werden; bei höherem Druck ist die Wandstärke grösser zu nehmen. Für kleinere Drucke, etwa bis zu 6 at., lassen sich die stumpf geschweissten Gas- und Wasserleitungsröhren anwenden, deren gebräuchliche Abmessungen sind:

Innere Weite in engl. Zoll .	$^1/_8$	$^1/_4$	$^3/_8$	$^1/_2$	$^3/_4$	1	$1^1/_4$	$1^1/_2$	$1^3/_4$	2	$2^1/_4$	$2^1/_2$	$2^3/_4$	3	$3^1/_2$	4
Aeusserer Durchmesser in mm	10,5	13	16,4	21	27	33,5	42	48	52	59,5	70	76	83	89	102	114

Diese Röhren werden in Längen bis zu 4,25 m geliefert.

In Fig. 140 ist eine Verbindung für aus schmiedeisernen Röhren, sog. Pressröhren hergestellte Hochdruckleitungen angegeben, bei welcher metallische Dichtung angewendet ist. Das eine Rohrende ist glatt gefräst, das andere doppelt konisch gefräst; beide werden durch eine Muffe mit Rechts- und Linksgewinde aufeinander gepresst. Die gezeichnete Verbindung genügt für 200 at. Druck. Für die Herstellung sind besondere Schneidkluppen nothwendig, die sowohl das Gewinde schneiden als auch die Dichtflächen fräsen, so dass letztere vollständig richtig zum Gewinde liegen; andererseits ist Dichtheit nur schwer erreichbar.

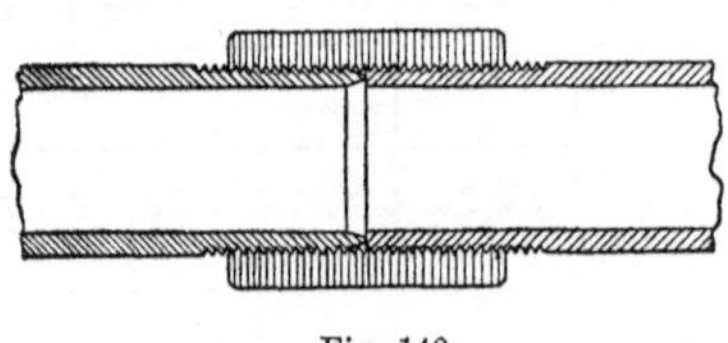

Fig. 140.

Kupferröhren werden in lichten Weiten von 5 bis 100 mm, gewöhnlich in Abstufungen von je 5 mm, angefertigt. Die Dicke kann von 1 bis 4 mm genommen werden, die Länge bis zu 4 m bei gelötheten, bis zu 5 m bei gezogenen Röhren.

Messingrohre haben folgende gebräuchliche Abmessungen:

Lichte Weite 25 bis 100 mm,
Wanddicke 1 bis 3 mm.

Bleirohre werden in lichten Weiten von 10 bis 70 mm und Wandstärken von 2 bis 10 mm in den Handel gebracht.

Zinnrohre mit Bleimantel für 5 bis 6 at. Druck werden von 13 bis 30 mm lichte Weite benutzt.

Hanfschläuche werden von 16 bis 100 mm innerem Durchmesser und bis zu 30 m Länge geliefert; der Probedruck soll bei rohen Schläuchen 10 at., bei vorbereiteten 20 at. betragen.

83	89	95	102	108	114	121	127	133	140	146	152	159	165	171	178	191
$3\frac{1}{4}$	$3\frac{1}{2}$	$3\frac{3}{4}$	4	$4\frac{1}{4}$	$4\frac{1}{2}$	$4\frac{3}{4}$	5	$5\frac{1}{4}$	$5\frac{1}{2}$	$5\frac{3}{4}$	6	$6\frac{1}{4}$	$6\frac{1}{2}$	$6\frac{3}{4}$	7	$7\frac{1}{2}$
3,5	3.5	3,5	3,75	3.75	3,75	4.25	4,25	4,25	4,5	4,5	4,5	4,5	4,5	4,5	4,5	5,5

Gummischläuche werden von 10 bis 150 mm lichter Weite und in Längen bis zu 20 m angefertigt.

Bei starren Röhren, namentlich bei langen gusseisernen und schmiedeisernen Leitungen, sind, um die bei Temperaturänderungen eintretenden Längenänderungen aufzunehmen, besondere Ausgleichungsvorrichtungen mittels Stopfbüchsen oder Kupferbögen in Abständen von 20 bis 40 m anzuordnen.

Wagrechte Rohrleitungen sind in Abständen von 1 bis 3 m zu lagern und zwar möglichst derart, dass die Röhren sich ungehindert auf den Lagern verschieben können. Lothrechte Leitungen müssen in einer Entfernung von je 15 bis 20 m gestützt und auch gegen seitliche Schwankungen gesichert werden. Jede Abtheilung der lothrechten Leitung zwischen zwei Ausdehnungsvorrichtungen ist so anzuordnen, dass die einzelnen Röhren auf einander stehen und sich auf die Verlagerung stützen, nicht an eineinander und somit auch nicht an letzterer hängen.

Die Saugleitung ist thunlichst gegen den Cylinder zu steigend anzuordnen, damit sich keine Luftsäcke bilden. Auch die Druckleitung ist möglichst so zu legen, dass sie von der Pumpe ab steigt, damit sich im Druckventilgehäuse keine Luft ansammeln kann.

Für den Anschluss des Saugrohres an den Pumpencylinder ist zu beachten, dass in keinem Falle sich an dieser Stelle Luft festsetzen darf.

Die Weite D der Röhren berechnet sich aus der in der Sekunde durch den Rohrquerschnitt sich bewegenden Flüssigkeitsmenge Q als

$$D = \sqrt{\frac{4\,Q}{\pi\,v_r}}, \qquad 84)$$

wenn v_r die Geschwindigkeit der Flüssigkeitsbewegung bezeichnet. v_r wird gewöhnlich zwischen 1 und 1,5 m genommen, jedoch sind auch grössere Geschwindigkeiten zulässig. Je grösser letztere, desto enger wird die Leitung, desto billiger wird also die Anlage, aber desto grösser wird der

Leitungswiderstand. Bei der Wahl von v_r ist demnach zu beachten, ob es vortheilhafter ist, die Anlage theurer und den Betrieb billiger oder erstere billiger und letzteren kostspieliger zu erhalten.

Die Steuerung.

Die Steuerung der Kolbenpumpen hat den Zweck, den Cylinderraum der beabsichtigten Wirkung entsprechend abwechselnd mit den Saug- und den Druckröhren in Verbindung zu bringen, beziehungsweise von denselben abzuschliessen. Hierzu werden Ventile verwendet; dieselben können als Hub-, Klapp- oder Schieber-Ventile unterschieden werden, je nachdem das Freilegen der zu beeinflussenden Oeffnung erfolgt.

Bei den Hubventilen bewegt sich der Ventilkörper senkrecht zu dem feststehenden Ventilsitz, bei den Klappventilen oder Klappen erfolgt die öffnende Bewegung des Ventils durch Drehung desselben um eine Achse und Abheben vom Ventilsitz, bei den Schieberventilen oder Schiebern geschieht dies durch seitliches Wegschieben einer Platte von der zu beeinflussenden Oeffnung, wobei diese Schubbewegung geradlinig oder um eine Achse drehend, wie es bei Hähnen und Drehschiebern der Fall ist, erfolgen kann.

Die Bewegung der Ventile kann eine vollkommen selbstthätige oder theilweise oder gänzlich gezwungene sein. Bei den selbstthätigen oder freigängigen Ventilen erfolgt das Oeffnen nur durch den Druck der auf das Ventil wirkenden Flüssigkeit; das Schliessen entsteht theils durch die Wirkung des Ventilgewichtes mit oder ohne Hilfe einer Federpressung, theils durch Flüssigkeitsdruck. Das Oeffnen und Schliessen erfolgt somit, wenn die genannten Kräfte im Stande sind, die entgegenwirkenden Widerstände zu überwinden; die beiden Ventilbewegungen sind somit nicht unmittelbar abhängig von der Bewegung des Pumpenkolbens.

Gesteuerte Ventile werden unmittelbar von der die Pumpe treibenden Kraftmaschine oder von einem bewegten Theil der Pumpe derart in Bewegung gesetzt, dass das Oeffnen und Schliessen rechtzeitig erfolgt. Es kann auch die gezwungene derart mit der selbstthätigen Bewegung vereinigt werden, dass die Ventile sich selbstthätig öffnen und zwangläufig geschlossen werden oder selbstthätig sich schliessen und zwangläufig geöffnet werden; hierdurch entstehen die selbstthätigen Ventile mit gesteuerter Schluss- bezieh. Oeffnungsbewegung.

Zur selbstthätigen Bewegung eignen sich nur die Hubventile und die Klappen, da nur diese unmittelbar von dem Flüssigkeitsdruck von der zu verschliessenden Oeffnung abgehoben werden können. Die Schieber sind dagegen zwangläufig zu bewegen; die Hubventile und Klappen können auch gesteuert werden, jedoch muss ihnen eine, wenn auch noch so kleine, freie Beweglichkeit für den letzten Theil der Schlussbewegung gegeben werden, damit ein zu weitgehendes Aufdrücken auf den Ventilsitz durch den Steuerungsmechanismus vermieden wird.

Alle Ventilarten haben, entsprechend dem besonderen Zweck, folgende Bedingungen zu erfüllen:

a) das Ventil muss im geschlossenen Zustande dicht schliessen, um ein Rücktreten der Flüssigkeit zu verhindern,

b) das Ventil muss derart geführt sein, dass ein Abdrängen vom Ventilsitz oder ein Verklemmen unmöglich ist und das Ventil sich stets in richtiger Weise wieder auf den Ventilsitz aufsetzt,

c) das Ventil muss im geöffneten Zustande der durchströmenden Flüssigkeit einen genügend grossen Querschnitt freigeben.

Diesen Bedingungen ist durch eine geeignete Ventileinrichtung gerecht zu werden. Der dichte Abschluss erfordert eine der Art und Temperatur der zu fördernden Flüssigkeit, sowie dem auf dem Ventile lastenden Druck entsprechende Wahl des Materials derjenigen Flächen des beweglichen Ventilkörpers und des feststehenden Ventilsitzes, welche auf einander zu liegen kommen, also der Dichtungsflächen. Bei Hub- und Klapp-Ventilen sind für vollkommen reines Wasser metallische Sitzflächen zweckmässig zu verwenden und wird die Anordnung solcher auch nothwendig, wenn heisse Flüssigkeiten zu fördern sind; welches Metall in jedem Falle zu wählen ist, hängt von der chemischen Einwirkung der Flüssigkeit ab. Bei saueren Wässern, wie sie im Bergbau zu fördern sind, kann Gusseisen nicht verwendet werden, da es schnell zerfressen wird; dagegen haben sich in solchen Fällen Kupferlegirungen (Bronze, Messing, Rothguss) und Hartblei bewährt. Kautschuk, Leder, Holz, Filz kommen für die Dichtungsflächen in Betracht, wenn unreine, schlammige, sandige Flüssigkeiten zu fördern sind oder der Schlag, welcher beim Auftreffen des Ventils auf den Sitz entstehen kann, durch elastische Mittel gemildert werden soll. Jedoch ist Kautschuk nur bei geringen Pressungen, Hartgummi dagegen auch bei grossen zu verwenden.

Leder kann bei heissen Flüssigkeiten nicht verwendet werden, auch nicht, wenn es bei längerem Stillstand der Pumpe austrocknen und spröde werden kann. Es sind deshalb Ventile mit Dichtungsflächen aus Leder z. B. für die Pumpen von Feuerspritzen unzulässig.

Bei der Anwendung von Kautschuk ist zu beachten, dass dieses Material nur dann elastisch ist, wenn es sich ausdehnen kann; wird Kautschuk z. B. in dem Ventilsitz in der Weise angeordnet, dass er beim Auftreffen des Ventiles sich nicht seitlich bewegen kann, so erfolgt der Stoss genau so unelastisch, wie wenn Metallflächen auf einander schlagen. Kautschukplatten werden vielfach zur Bildung von Klappen benutzt und zwar mit und ohne Hanfeinlagen; letzteres, wenn die Klappen um eine kreisförmige Kante aufbiegen sollen. Kautschuk kann auch bei warmem, aber nicht bei kochendem Wasser verwendet werden, da er im letzteren

Fall erweicht. Da Kautschuk allmählich seine Biegsamkeit verliert und selbst in kaltem Wasser mit der Zeit hart und brüchig wird, so ist nur bestes Material zu verwenden, um eine längere Haltbarkeit zu erzielen. Von der geeigneten Wahl des Materials der Dichtungsflächen hängt die Betriebssicherheit in hohem Grade ab und ist daher bei der Anordnung der Ventile volle Aufmerksamkeit auf ein der Art und Temperatur der zu fördernden Flüssigkeit entsprechendes Ventilmaterial zu richten.

Bei Schieberventilen können wegen der Reibung und der damit verbundenen Abnützung nur metallische Dichtungsflächen angeordnet werden.

Der Ventilsitz wird entweder unmittelbar am Körper des Ventilkastens als genau bearbeitete Fläche angebracht oder als besonderes Metallstück im Ventilkasten befestigt. Letzteres geschieht, wenn der Ventilsitz aus einem anderen Metall gebildet werden muss als der Ventilkasten, wie es z. B. für die Förderung sauerer Wässer nothwendig ist, wobei vielfach der letztere aus Gusseisen, der Ventilsitz jedoch aus Messing hergestellt wird. Ferner erfordert bei vielen Ventilarten die Form des Ventilsitzes, denselben als besonderes Stück einzusetzen; auch die Möglichkeit genauerer Bearbeitung des Ventilsitzes, die leichte Zugänglichkeit behufs Reinigung der Sitzflächen kann hierzu Ursache sein.

Die Befestigung des Ventilsitzes am Ventilkasten kann in verschiedener Weise geschehen: Bei Hubventilen wird vielfach der ringförmige Ventilsitz schwach konisch abgedreht und in den an der betreffenden Stelle glatt konisch ausgebohrten Kasten eingesetzt. Die Kegelfläche des Ventilsitzes wird dabei glatt belassen oder mit eingedrehten Furchen versehen, auch wohl mit Mennigkitt bestrichen oder mit Leder umgeben; auch bringt man an der Kegelfläche eine breite Furche an, die mit getheertem Hanf oder Flanell ausgefüllt wird. Zum Festhalten des Ventilsitzes im Kasten wird bei der vorgenannten Anordnung des kegelförmigen Einsetzens gewöhnlich nur der auf dem Ventil lastende Flüssigkeitsdruck benutzt, der den Sitz einpresst. Will man sich auf denselben nicht allein verlassen oder wird der Sitz mit einer ebenen Ringfläche in den Kasten eingesetzt, dann wird das Festhalten durch Druck- oder Zugschrauben oder Keilung erreicht. Es ist jedoch auch möglich, den Ventilsitz mit ebener oder stark konischer Fläche und zwischengelegtem Dichtungsmaterial frei auf eine entsprechende Ringfläche des Ventilkastens ohne besondere Befestigung aufzulegen, wenn durch ein entsprechendes Verhältniss der dem Flüssigkeitsdruck ausgesetzten Flächen dafür gesorgt wird, dass das Ventil allein sich leichter hebt als der Sitz. Ein anderes Mittel der Befestigung des Ventilsitzes besteht darin, denselben mit vorspringenden Flanschen zwischen den Ventilkasten und das anstossende Rohr einzuklemmen.

Bei den Hubpumpen der Wasserhaltung im Bergbau wird vielfach verlangt, dass die Saugventile mit ihrem Sitz durch den Cylinder und das Steigrohr herausgezogen werden können; in diesen Fällen wird entweder der Sitz schwach konisch eingesetzt und dann behufs Hebung durch geeignete Vorrichtungen gelockert und gehoben, oder er wird mit ebener oder stark konischer Ringfläche eingesetzt und durch schwere, an ihn gehängte Stangen oder durch schwere Angüsse festgehalten.

Für die *Klappventile* können die vorerwähnten verschiedenen Befestigungsarten gleichfalls in Anwendung kommen, wenn der Sitz kreisförmig ist; ist derselbe jedoch als rechteckiger Rahmen gebildet, so wird derselbe gewöhnlich durch Keile, die sich gegen am Ventilkasten angegossene Leisten legen, oder dadurch festgehalten, dass der Rahmen zwischen Flanschen des Kastens und des anstossenden Rohres festgeklemmt wird.

Bei den *Schieberventilen* wird gewöhnlich der Schieberspiegel am Kasten selbst hergestellt und nur selten als besonderes Stück eingelegt und durch Schrauben befestigt.

Die verschiedenen Anordnungen des Ventilsitzes werden weitere Erläuterung durch die später zu gebenden Formen finden.

Für die erstgenannte Bedingung des *dichten Ventilschlusses* ist es ferner nothwendig, dass die Dichtungsflächen gut aufeinander gepasst werden, insbesondere kommt dies bei metallischen Flächen in Betracht und sind diese dann sehr sorgfältig zu bearbeiten und einzuschleifen. Die Stetigkeit des dichten Abschlusses verlangt auch, dass das Ventil leicht zugänglich ist, um nöthigenfalls die Dichtungsflächen reinigen, ausbessern oder ersetzen zu können.

Die zweite Forderung der *sicheren Führung* des Ventils kommt insbesondere bei den Hubventilen in Betracht. Die Klappen erhalten die Führung durch ihr Gelenk, die Schieber durch ihre Gleitbahn. Die Hubventile jedoch sind mit einer besonderen Geradführung zu versehen und wird dieselbe gewöhnlich durch ein Cylinderpaar, selten durch ein geeignetes Gestänge gebildet; im erstern Fall darf die Führungslänge nicht zu klein gemacht werden.

Die dritte Forderung des *genügend grossen Durchgangsquerschnittes* ergibt sich daraus, dass die Geschwindigkeit, mit welcher die Flüssigkeit durch die einzelnen Pumpenräume fliesst, möglichst gleichmässig sein soll, da mit jeder Verengung des Durchflussquerschnittes eine Vergrösserung der Beschleunigung der Flüssigkeitsmenge verbunden und dazu stets eine Arbeit aufzuwenden ist, welche gewöhnlich verloren geht, da sie nicht zur weiteren Ausnutzung gelangt. Es wäre daher am zweckmässigsten, die Geschwindigkeit der Flüssigkeit in jedem Durchflussquerschnitt gleich der Kolbengeschwindigkeit zu nehmen. Bei langen Druckleitungen wird die Geschwindigkeit in denselben erheblich grösser als die des Kolbens gewählt, um engere Röhren und damit eine billigere Anlage zu erhalten; in diesem Falle ist es zweckmässig, die Geschwindigkeit der Flüssigkeit vom Pumpencylinder bis zum Druckrohr allmählich durch entsprechende Verengung des Durchflussquerschnittes von der Grösse derjenigen des Kolbens auf die gewünschte im Druckrohr wachsen zu lassen. In diesem Fall könnte somit die Geschwindigkeit, mit der die Flüssigkeit durch die vom Ventil freigelegte Oeffnung und oberhalb derselben bei Hubventilen und Klappen durch die freie Mantelfläche zwischen dem gehobenen Ventil und dem Sitz strömt, ungefähr als das Mittel der Geschwindigkeit im Cylinder und im Druckrohr genommen werden. Ist nun nach diesen Erwägungen die Geschwindigkeit v_v für den Durchfluss durch das Ventil gewählt, so ergibt sich der nothwendige Durchflussquerschnitt

$$F_v = \frac{Q}{\alpha\, v_v}, \qquad 85)$$

wobei Q die in der Sekunde durchfliessende Flüssigkeitsmenge, α die Kontraktionsvorzahl bezeichnet. Letztere ist entsprechend der Ventilform zu wählen und F_v dann aus Formel 85 zu erhalten; Näheres wird bei der Erläuterung der einzelnen Ventilarten mitzutheilen sein.

1. Selbstthätige oder freigängige Ventile.

Hubventile oder Ventile mit geradliniger Bewegung. Die freigängigen Hubventile werden zweckmässig nur so angeordnet, dass sie sich lothrecht oder nur wenig gegen die Lothrechte geneigt von dem Ventilsitz abheben können. Entsprechend dem kreisförmigen Querschnitt der Röhren und der einfacheren Bearbeitung der Sitzflächen werden die Hubventile durchgängig als Drehkörper gebildet, welche im geschlossenen Zustande eine oder mehrere kreisförmige oder kreisringförmige Oeffnungen um eine gewisse, für die Sicherheit der Abdichtung nothwendige Breite überdecken. Damit diese beweglichen Ventilkörper durch den Flüssigkeitsstrom nicht seitlich gedrängt werden, sondern sich stets in gleicher Weise vom Ventilsitz abheben und sich wieder auf denselben setzen, ist eine Geradführung am Ventil nothwendig, welche ober- oder unterhalb desselben angebracht werden kann und am einfachsten als Cylinderführung ausgeführt wird. Die später zu besprechenden Ventilformen werden die hierfür gebräuchlichen Anordnungen zeigen.

Das Oeffnen des Ventiles erfolgt, wenn der gegen dessen untere Fläche wirkende Druck den auf die obere Fläche wirkenden und das Gewicht G_v des Ventils (unter Flüssigkeit) überwindet. Der erstgenannte Druck setzt sich zusammen aus der auf die wirksame untere freiliegende Fläche f_u des Ventils sich äussernden Flüssigkeitspressung (auf die Flächeneinheit mit p_u bezeichnet) und der Pressung zwischen den Dichtungsflächen; der zweitgenannte Druck ist die Summe der auf der oberen wirksamen Fläche f_o des Ventiles lastenden Flüssigkeitspressung, welche für die Flächeneinheit mit p_o bezeichnet sei, und der Spannung E einer etwa vorhandenen Belastungsfeder.

Somit muss, wenn p_z den spezifischen Druck zwischen den Dichtungsflächen bezeichnet, sein:

$$f_u p_u + (f_o - f_u) p_z > f_o p_o + E + G_v. \qquad 86)$$

Bei dem Abheben des Ventiles muss die Masse desselben, die der etwa vorhandenen Feder und die der auf dem Ventil lastenden Flüssigkeitssäule beschleunigt werden, wenn letztere sich nicht schon in entsprechender Bewegung befindet, wie es bei den doppelt wirkenden Pumpen der Fall ist. Der Druck p_z entsteht, weil die Dichtung zwischen den sich deckenden Flächen keine vollkommene ist; die Grösse von p_z hängt von der Form und dem Material der Dichtungsflächen, sowie von der Vollkommenheit der Dichtung, also von der Genauigkeit der Herstellung ab.

Die Kraft, mit welcher das Ventil gehoben wird und welche genannte Beschleunigungen hervorrufen muss, ergibt sich somit zu

$$f_u p_u - f_o p_o + (f_o - f_u) p_z - E - G_v \text{ oder zu}$$
$$f_u (p_u - p_o) - (f_o - f_u)(p_o - p_z) - E - G_v.$$

Je grösser diese Kraft ist, desto grösser wird die Beschleunigung der Ventilerhebung sein, desto schneller wird somit das Ventil sich öffnen. Der Werth des vorstehenden Ausdruckes wird um so grösser, je grösser die Differenz $p_u - p_o$, und je kleiner die Dichtungsfläche, vorausgesetzt, dass $p_o - p_z$ positiv ist, und je kleiner das Ventilgewicht und die Federspannung ist. Der Pressungsunterschied $p_u - p_o$ kann jedoch nur gering genommen werden, da die beim Oeffnen der Ventile plötzlich entstehenden Druckschwankungen natürlich um so grösser werden, je mehr die Pressung des durchströmenden Flüssigkeitsstromes diejenige überwiegt, welche die getroffene Flüssigkeitsmasse besitzt.

Bei geöffnetem Ventil ändern sich wohl die Drucke auf die Flächen f_o, f_u und auf die Dichtungsfläche, es wächst die Federspannung, jedoch bleibt auch für diesen Zustand giltig: *die zum Heben eines Ventiles erforderliche Zeit ist um so kürzer, je kleiner die Dichtungsfläche, je geringer das Gewicht und die Federspannung, je kleiner die Ventilmasse und je kleiner die Hubhöhe ist.* Die letzten beiden Beziehungen ergeben sich unmittelbar, da die Beschleunigung umgekehrt proportional der Ventilmasse ist und der Weg, den das Ventil in der Zeiteinheit zurücklegt, mit der Beschleunigung wächst.

Das *Sinken des Ventiles* muss sofort eintreten, wenn die Geschwindigkeit des durchströmenden Flüssigkeitsstromes Null wird, was im Augenblick des Hubwechsels des Kolbens eintritt. Würde das Ventil sich dann nicht sofort schliessen, sondern erst unter dem Druck der rückströmenden Flüssigkeit sinken, so würde in der Zwischenzeit ein Zurückfliessen der Flüssigkeit durch das Ventil, damit also ein Verlust an gelieferter Flüssigkeitsmenge eintreten und ein unruhiger Gang entstehen. Hierzu kommt noch, dass bei den Pumpen, deren Kolben durch ein Kurbelgetriebe bewegt wird, die Kolbengeschwindigkeit von der Grösse Null am Anfang des Hubes sehr rasch wächst; schliesst sich nun z. B. das Saugventil zu spät, so wird das Druckventil erst geöffnet, wenn der Kolben bereits eine grössere Geschwindigkeit besitzt, so dass die durch das Druckventil gedrückte Flüssigkeit auf die dasselbe belastende mit grosser lebendiger Kraft stösst; in gleicher Weise muss die im Saugrohr befindliche Flüssigkeitsmenge augenblicklich beschleunigt werden, wenn das Druckventil zu spät schliesst, und somit das Saugventil sich erst öffnet, wenn die Kolbengeschwindigkeit bereits gewachsen ist. Durch die Anordnung von Druck- und Saugwindkessel werden allerdings diese Stösse gemildert, jedoch wird es zweckmässig sein, durch rechtzeitiges Schliessen der Ventile die Stösse überhaupt zu verhüten. Insbesondere ist hierbei auf die Saugventile zu achten, da bei verspätetem Schluss derselben eine augenblickliche Beschleunigung der Drucksäule eintritt, was zu Stössen Veranlassung gibt. Diese werden um so heftiger, je später sich das Ventil nach dem Hubwechsel schliesst und je schneller der Kolben bewegt wird. Die Druckventile geben weniger Ursache zu Stössen, da sie die Bewegung der gewöhnlich kleineren Saugsäule beeinflussen.

Die Kraft, welche von dem Flüssigkeitsstrom auf das geöffnete Ventil ausgeübt wird und dieses somit hoch hält, hängt nach Bach's Ausführungen [1]) im Allgemeinen ab von den Grössen f_u, f_o, p_u, p_o, der Hubhöhe i, vom Umfange des Cylindermantels, durch den die Flüssigkeit nach auswärts entweicht, von der Geschwindigkeit v_u, mit welcher die Flüssigkeit im betrachteten Augenblick den Querschnitt f_u durchfliesst, von der Grösse und Form des Ventilgehäuses, von der Einzelkonstruktion und der Ausführung des Ventiles.

Bach setzt diese Kraft (siehe später)

$$P_v = (p_u - p_o) f_u + x_1 \frac{v_u^2}{2g} f_u \gamma. \tag{87}$$

Hierbei ist γ das spezifische Gewicht der Flüssigkeit, x_1 eine Erfahrungszahl, welche von der Anordnung und Ausführung des Ventiles, sowie von der Umgebung desselben abhängt.

Für den Beginn des Sinkens muss somit, wenn E′ die Spannung einer etwa vorhandenen, das Ventil belastenden Feder bezeichnet,

---

1) Die allgemeinen Grundlagen für die Konstruktion der Kolbenpumpen. Anhang zu „Die Konstruktion der Feuerspritzen". Von Professor Bach, Stuttgart 1883. Verlag der J. G. Cotta'schen Buchhandlung.

$$G_v + E' > P_v \qquad 88)$$

sein. Die Beschleunigung der fallenden Ventilbewegung beim Beginn derselben wird sich somit als

$$\frac{G_v + E' - P_v}{m_v}$$

ergeben; die Ventilmasse ist

$$m_v = \frac{G'_v}{g}.$$

Hierbei ist G'_v das wirkliche Gewicht des Ventils, während G_v dasjenige unter Flüssigkeit ist, so dass, wenn V_v das vom Ventil verdrängte Flüssigkeitsvolumen bezeichnet, sich ergibt

$$G'_v = G_v + V_v \gamma. \qquad 89)$$

Es ist somit die Beschleunigung am Anfang der Ventilbewegung

$$g \frac{G'_v + E' - P_v - V_v \gamma}{G'_v} = g\left(1 + \frac{E'}{G'_v} - \frac{P_v}{G'_v} - \frac{V_v \gamma}{G'_v}\right). \qquad 90)$$

Da die Zeit, welche das Ventil braucht, um auf seinen Sitz zu fallen, um so kleiner wird, je grösser diese Beschleunigung ist, so wird also das Ventil sich um so rascher schliessen, je grösser das Ventilgewicht und die Federspannung und je kleiner das Volumen des Ventiles ist.

Die Grösse des Ventilgewichtes findet dadurch eine Grenze, dass mit ihm der Stoss wächst, welchen das Ventil beim Aufschlagen auf den Sitz ausübt, ferner, wie in Früherem ausgeführt wurde, das Oeffnen des Ventiles um so langsamer erfolgt, je grösser das Gewicht ist. Bei Pumpen mit langsamem Gang können die Ventile als reine Gewichtsventile eingerichtet werden, so dass also durch ein entsprechend grosses Ventilgewicht ohne Anwendung einer besonderen Federwirkung das schnelle Schliessen erreicht wird und das Oeffnen ebenfalls noch mit genügend grosser Geschwindigkeit erfolgt. Bei schnell bewegten Pumpen wird es jedoch nothwendig, leichte Ventile anzuwenden, um den Schlag beim Schliessen zu mindern, und die zum Sinken nothwendige Kraft durch eine Feder zu bewirken. Statt derselben kann auch die Elasticität des entsprechend gewählten Ventilmaterials benutzt werden. Wird das Ventil so leicht genommen, dass es nahezu in der Flüssigkeit schwimmt und es ist durch eine Feder belastet, so kann es als reines Federventil bezeichnet werden. Wenn das Ventilgewicht und die eigene Elasticität des Ventiles oder diejenige anderer, mit letzterem in Verbindung gebrachten Körper den Abschluss bewirkt, so ist das Ventil als Gewichts- und Federventil zu bezeichnen.

Gewichtsventile werden zweckmässig so gestaltet, dass das beim Betrieb sich etwa als nothwendig ergebende grössere Gewicht leicht durch

Auflegen von Metallplatten, Eingiessen von Blei in Aushöhlungen des Ventilkörpers u. dgl. erhalten werden kann.

Die oben aufgestellten Formeln für die Kräfte, welche das Oeffnen und das Schliessen von Hubventilen bewirken, ändern sich für reine Gewichtsventile dadurch, dass für diese die Federspannung E, bez. E' wegfällt. Für solche Ventile kann die Beschleunigung des Sinkens höchstens gleich $g\left(1 - \frac{V_v \gamma}{G'_v}\right)$ werden.

Wird ein massives Ventil vorausgesetzt und das spezifische Gewicht des Ventilmaterials mit γ_v bezeichnet, so ist $G'_v = V_v \gamma_v$, also wird der grösstmögliche Werth der Beschleunigung $= g\left(1 - \frac{\gamma}{\gamma_v}\right)$, hängt somit nicht mehr vom Ventilgewicht ab. Es gibt daher für jedes Ventilmaterial eine bestimmte Grenze für die zum Sinken nothwendige Zeit, welche durch eine Vermehrung des Ventilgewichtes nicht mehr kleiner erhalten werden kann. Bei den bisherigen Ausführungen ist vorausgesetzt, dass das Hubventil oberhalb des Ventilsitzes angeordnet ist, so dass das Eigengewicht dem Oeffnen entgegenwirkt und als bewegende Kraft das Sinken veranlasst. Nur selten werden die Hubventile umgekehrt angeordnet, so dass sie unterhalb des Sitzes liegen und das Eigengewicht auf Abheben des Ventiles wirkt. Für solche Hubventile würde G_v in den Formeln für die auf das Ventil wirkenden Kräfte negativ einzusetzen sein und ist es daher selbstverständlich, dass diese Ventile selbst leicht ausgeführt und mit einer Federbelastung versehen werden. Gleichfalls selten ist die Anordnung, bei welcher die Sitzflächen lothrecht oder stark geneigt liegen; in diesen Fällen würde das Gewicht gar nicht oder nur theilweise als schliessende Kraft auftreten, so dass wiederum eine Federbelastung nothwendig wird. Indem eine nähere Besprechung der bei den Hubventilen auftretenden Wirkungen in Späterem erfolgen soll, seien zunächst die gebräuchlichen Ventilformen erläutert. Für die Formgebung der Hubventile sind die bereits besprochenen Bedingungen massgebend, welche sich in Folgendem zusammenfassen lassen:

a) Die Dichtungsfläche ist so schmal wie möglich zu nehmen, jedoch breit genug, um die Abdichtung zu sichern und um den spezifischen Druck zwischen den aufeinander liegenden Flächen des Sitzes und Ventiles nicht grösser zu erhalten, als es für das Material beider zulässig erscheint;

b) die Hubhöhe ist möglichst klein zu wählen, jedoch gross genug, um für den Durchtritt der Flüssigkeit durch das geöffnete Ventil den nothwendigen Querschnitt zu bieten;

c) das Gewicht des Ventiles ist genügend gross zu nehmen, oder, wenn bei raschem Gang schwere Ventile wegen ihrer grösseren Trägheit nicht zulässig sind, so ist entweder bei geeigneter Wahl des Ventilmateriales (Leder, Gummi) die Elasticität desselben oder eine besondere

Federbelastung als schliessende Kraft zu benutzen. Bei den beiden letzteren Anordnungen soll die Federspannung bei geschlossenem Ventil möglichst gering, in gehobenem Zustande genügend gross sein. Es sind ferner, wie ausgeführt, die Hubventile mit einer jedes Klemmen vermeidenden Geradführung, und zur Sicherheit mit einer Hubbegrenzung durch einen Hubfänger zu versehen.

Die Bewegung der Pumpenventile ist vielfach zum Gegenstand theoretischer Untersuchungen gemacht worden. Es würde jedoch zu weit führen, wenn auf dieselben hier ausführlicher eingegangen werden sollte. Westphal (Zeitschr. d. Ver. d. Ing. 1893, S. 381) schliesst an Bach's Arbeiten an, denen Ventile mit sehr grosser Masse zu Grunde lagen, und erörtert die massgebenden Verhältnisse für Ventile, deren Trägheit weniger von Bedeutung ist, die also kleinere Masse haben, wie solche mit Recht in der Praxis angestrebt werden; lehrreich ist die Tabelle auf Seite 384. Auch die Untersuchungen Tobell's (Zeitschr. d. Ver. d. Ing. 1889, S. 25 und 1890, S. 325) sowie diejenigen Hoppe's (Zeitschr. d. Ver. d. Ing. 1889, S. 241; Berg- u. Hüttenmänn.-Zeitung 1894, S. 21 u. 81; Glaser's Annalen 1894, S. 121) sind hier gebührend zu nennen.

Die Hubventile können mit ebener, kegel- oder kugelförmiger Sitzfläche versehen sein, ferner mit einem, zwei oder mehreren Sitzen. Die gesammte Ventileinrichtung kann hierbei aus einem Ventil bestehen oder aus der Verbindung von mehreren. Hiernach ergeben sich folgende Ventilformen:

1. Einfache Ventile:
   a) einsitzig,
      α) mit ebener Sitzfläche — Tellerventile,
      β) mit kegelförmiger Sitzfläche — Kegelventile,
      γ) mit kugelförmiger Sitzfläche — Kugelventile;
   b) zwei- und mehrsitzig,
      Ringventile mit ebener kegelförmiger, oder kugelförmiger Sitzfläche; Glockenventile.
2. Mehrfache Ventile:
   a) mehrere einsitzige Teller-, Kegel- oder Kugelventile neben oder über einander,
   b) mehrere einsitzige Ringventile über einander,
   c) mehrere zweisitzige Ringventile neben-, in- oder übereinander.

Einfache Ventile.

Tellerventile. Die Fig. 141—146 zeigen gebräuchliche Formen von Tellerventilen mit metallischen Dichtungsflächen; die Führung geschieht entweder durch 3 oder 4 am Ventilteller oben oder unten angegossene Rippen oder durch einen oben oder unten angegossenen Stift; bei älteren Ausführungen findet sich auch ein unten am Ventil angegossener durchbrochener Hohlcylinder, und wurde diese Ventilform Laternenventil genannt. Die letztere Form ist unzweckmässig, weil im geöffneten Zustande des Ventils durch die führenden Cylinderflächen eine erhebliche Verengung des Durchflussquerschnittes zwischen Sitz und Ventil eintritt. Aus gleichem Grunde ist auch die zuweilen ausgeführte Verbreiterung der Rippen an der Führungsfläche, wie sie der Querschnitt durch die Rippenführung Fig. 142 bei a andeutet, unzweckmässig und sind die Rippen im Querschnitt besser von gleicher Breite (vgl. Fig. 142 b) oder nach aussen allmählich verstärkt (vgl. Fig. 142 c) zu formen. Die Rippen sind ge-

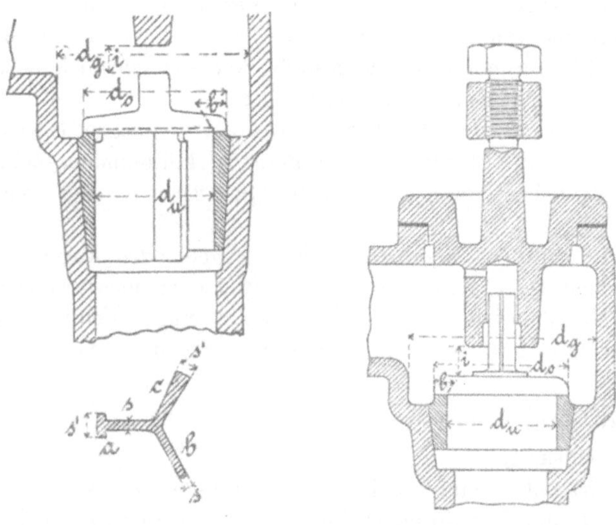

Fig. 141 und 142. Fig. 143.

wöhnlich lothrecht am Ventilteller angegossen, ältere Ausführungen zeigen auch Rippen von der Form einer Schraubenfläche mit starker Steigung; hierdurch sollte bewirkt werden, dass das Ventil sich bei jedem Oeffnen etwas dreht und damit in anderer Lage auf den Sitz fällt, wodurch eine gleichmässigere Abnutzung der Sitzflächen entstehen sollte. Neuerdings ist diese Formung verlassen und werden höchstens zu gleichem Zweck die Rippen an der Unterkante einseitig abgeschrägt, wie Fig. 141 zeigt. Die obere Stiftführung zeigen die Ventile Fig. 143 und 145, die Führungshülse ist an dem Deckel des Ventilgehäuses angegossen; an den Stift werden zweckmässig einige Flächen gefeilt, damit Unreinigkeiten, wie Sand, Schmutz u. dgl., das regelmässige Spiel des Ventils nicht hemmen können. Durch eine seitliche Bohrung kann die Flüssigkeit aus der Hülse beim Heben des Ventils leicht entweichen und beim Sinken desselben wieder in die Hülse eintreten, so dass der Widerstand, den der Stift durch das Verdrängen der Flüssigkeit erfährt, verschwindend klein ist. Die Hubbegrenzung ist durch das untere Ende der Hülse besser zu bewirken, als durch die innere Endfläche, da im ersten Fall die Hubhöhe genauer er-

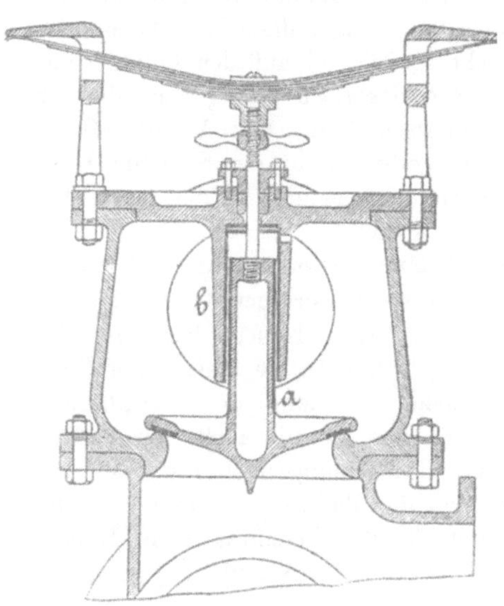

Fig. 144.

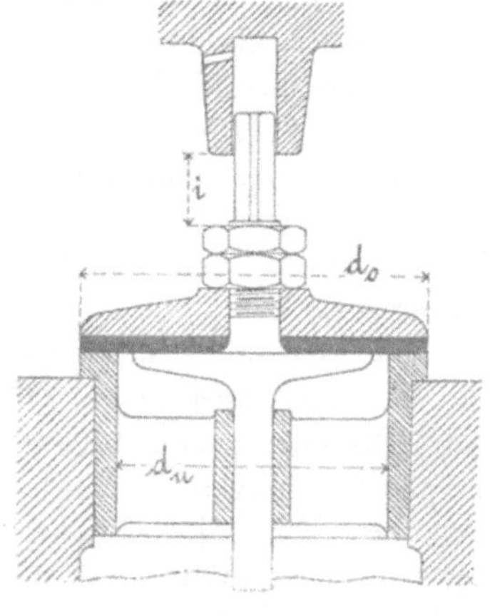

Fig. 145.

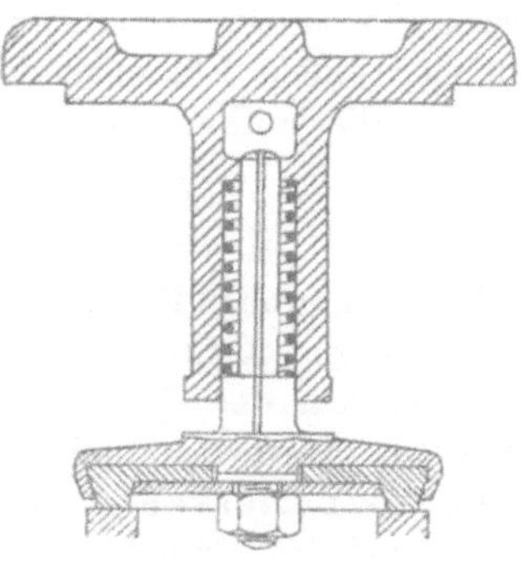

Fig. 146.

halten werden kann. Die Fig. 144 zeigt ein Ventil, welches mit einer Belastung durch eine Blattfeder versehen ist, deren Spannung durch die angedeutete Schraubvorrichtung geregelt werden kann. Der Ventilteller ist wie der Sitz aus Gusseisen und ist am ersteren eine besondere Dichtungsfläche von Leder angeordnet. Die Stiftführung ist hier durch den cylindrischen Ansatz a und die Hülse b gebildet, deren Gleitflächen als Messingröhren ausgeführt sind. Die Hubbegrenzung findet am Boden der Hülse statt und sind dort Lederplatten zur Milderung des Stosses eingesetzt.

Statt des eingesetzten Lederringes in Fig. 144 kann eine Lederplatte angeordnet werden, welche die Grösse des ganzen Ventiltellers hat und mit Guss- oder Schmiedeisenplatten beschwert ist. Ein solches Ventil zeigt Fig. 145. Soll das Leder bei Ventilen, welche in Folge unrichtiger Anordnung mit grosser Geschwindigkeit auf den Sitz treffen, den Schlag mildern, so muss es genügend dick gewählt, unter Umständen also in mehr als einer Lage angeordnet werden. Für grosse Hubzahl und geringe Pressung hat Bach das in Fig. 146 dargestellte Ventil angegeben, bei welchem die Dichtungsfläche durch den vorstehenden Ring einer zwischen zwei Metallteller geklemmten Gummiplatte gebildet und zum raschen Abschluss eine Federbelastung angeordnet ist. Damit die Kanten der metallischen Sitzfläche nicht schädigend auf den Gummi einwirken, ist die Breite der Dichtungsfläche desselben geringer als die der Sitzfläche; die Gummiplatte ist leicht auswechselbar. Das Ventil soll bei einem Hub von 12 mm und zwei Doppelhüben in der Sekunde noch richtig arbeiten und könnte durch Verminderung des Hubes auch bei grösserer Hubzahl noch zufriedenstellend wirken.

Der Ventilteller kann eben oder gekrümmt geformt sein, im letzteren Fall entweder einer guten Flüssigkeitsführung entsprechend (vgl. Fig. 144 und 243) oder aufwärts gewölbt (vgl. Fig. 246). Neuere Versuche, die in Späterem mitgetheilt werden, haben ergeben, dass die einer guten Führung des Flüssigkeitsstromes entsprechende Formung des Ventiltellers nicht nur den hydraulischen Widerstand des Ventils nicht vermindert, sondern denselben sogar erhöht, so dass die Formung nach Fig. 246 den kleinsten Widerstand ergibt. Es lässt sich das dadurch erklären, dass die Reibung des Flüssigkeitsstromes an den in ihn hereinragenden Metallflächen grösser ist, als an der in der Wölbung des Ventils Fig. 246 befindlichen todten Flüssigkeit.

Für die nothwendige Grösse des Tellerventils ist die Gleichung 85

$$F_v = \frac{Q}{\alpha\, v_v}$$

zu benutzen, wobei F_v den freien Ventildurchgangsquerschnitt (Rohrquerschnitt), α die Kontraktionsvorzahl, v_v die Geschwindigkeit, mit welcher die Flüssigkeit den Querschnitt $\alpha\, F_v$ durchströmt, bezeichnet. Es ist somit, wenn Q gegeben und v_v den früheren Erwägungen zufolge gewählt ist, für das Tellerventil mit oberer Führung zu setzen, wenn α' und v'_v sich auf den Cylindermantel $\pi\, d_u\, i$ beziehen,

$$\alpha \frac{\pi}{4} d_u^2\, v_v = \alpha'\, \pi\, d_u\, i\, v'_v = Q; \tag{91}$$

wird angenommen, dass die Flüssigkeit mit gleicher Geschwindigkeit durch beide Querschnitte fliessen soll, also $v_v = v'_v$ ist, dann wird

$$d_u = \sqrt{\frac{4}{\pi}\,\frac{Q}{\alpha v_v}} \text{ und} \tag{92}$$

$$i = \frac{\alpha}{\alpha'}\,\frac{d_u}{4}. \tag{93}$$

Für gewöhnliche Fälle wird α' kleiner als α sein, da die Kontraktion des Flüssigkeitsstromes beim Durchfliessen der Mantelfläche πd_u grösser sein wird, als diejenige für den Rohrquerschnitt

$$\frac{\pi d_u^2}{4}.$$

Somit ist im Allgemeinen

$$i > \frac{d_u}{4}. \qquad 94)$$

Für α kann nach **Bach** 0,8 als Mittelwerth gesetzt werden; der für α' zu wählende Werth muss zugleich einer Richtigstellung der bei Aufstellung der Gleichung 91 gemachten Annahme: der Querschnitt $\pi d_u i$ werde von der Flüssigkeit senkrecht mit der Geschwindigkeit v'_v durchflossen, Rechnung tragen, denn es ist diese Annahme nicht richtig, da der Durchfluss in schräger Richtung stattfindet.

Für **Ventile mit unterer Führung** durch z Rippen wird mit Bezugnahme auf Fig. 141 genügend genau

$$\alpha\left(\frac{\pi}{4} d_u^2 - z s \frac{d_u}{2}\right) v_v = \alpha' (\pi d_u - z s' i v'_v = Q, \qquad 95)$$

und

$$d_u = \frac{zs + \sqrt{z^2 s^2 + 4 \pi \alpha \frac{Q}{v_v}}}{\pi \alpha} = \frac{1}{\pi}\left(\frac{Q}{\alpha' i v'_v} + z s'\right), \qquad 96)$$

für $v'_v = v_v$ wird dann

$$i = \frac{\alpha}{\alpha'} \frac{\left(\frac{\pi}{4} d_u^2 - z s \frac{d_u}{2}\right)}{(\pi d_u - z s')} = \frac{\alpha d_u}{\alpha' 4}\left(\frac{\pi d_u - 2 zs}{\pi d_u - zs'}\right). \qquad 97)$$

Im Allgemeinen wird auch hier, da

$$\frac{\alpha}{\alpha'} > 1 \text{ und } \frac{\pi d_u - 2 z s}{\pi d_u - z s'} \text{ nahezu gleich } 1$$

sein wird,

$$i > \frac{d_u}{4} \qquad 98)$$

werden müssen.

Beide Ausführungsformen des Tellerventiles müssen somit einen verhältnissmässig grossen Ventilhub erhalten.

Für die Anordnung der Tellerventile ist noch zu beachten, dass die Tellerplatte stark genug sein muss, um dem auf ihr lastenden Flüssigkeitsdruck bei einer kleinen Spannung im Material zu widerstehen.

Wird die Platte zu dünn genommen, so kann ein Durchbiegen derselben eintreten, wodurch die Auflagerfläche durch Aufbiegen des äusseren Randes schmaler wird und die Dichtung leidet.

Für die Grösse der Sitzbreite $b = \frac{1}{2}(d_o - d_u)$ sind die in früherem angegebenen Erwägungen massgebend; dieselben führen jedoch zu keinen theoretischen Formeln und muss hier die Erfahrung sprechen. Für aufgeschliffene Metallventile setzt

$$\begin{aligned} \text{Bach } b &= \tfrac{4}{5} \sqrt{d_u}, \\ \text{Fink } b &= 1{,}4 \sqrt{d_u}, \\ \text{v. Reiche } b &= 4 + 0{,}03\, d_u, \\ \text{Reuleaux } b &= 4 + \sqrt{d_u}, \end{aligned} \qquad 99)$$

d_u ist hierbei in mm einzusetzen.

Die Formeln von Bach und Reiche geben die kleinsten Werthe und können, als den neueren Anschauungen entsprechend, am zweckmässigsten benutzt werden. Für mit Lederdichtungsflächen versehene Ventile empfiehlt Bach, die Sitzbreite etwas grösser und zwar

$$b = \tfrac{5}{4} \sqrt{d_u} \qquad 100)$$

zu nehmen.

Bei hoher Pressung, also hoher auf dem Ventil lastender Flüssigkeitssäule kommt insbesondere für Dichtungsflächen von Leder oder Gummi der spezifische Flächendruck für die Grösse der Sitzfläche in Betracht und kann derselbe bei Leder oder Gummi bis zu 30 kg für 1 qcm genommen werden.

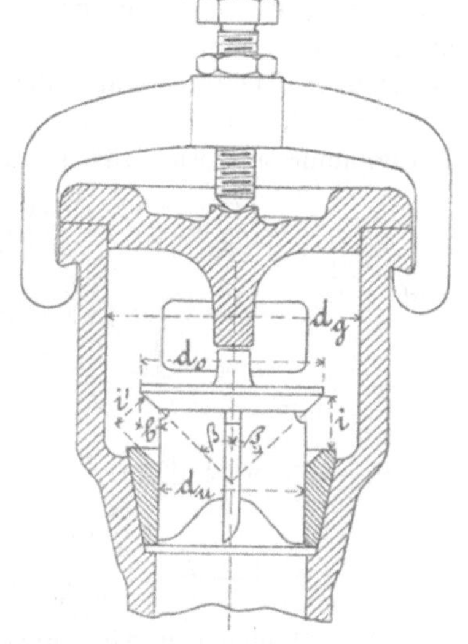

Fig. 147.

Kegelventile.

Das einfache Kegelventil (vergl. Fig. 147) wird fast durchgängig nur mit metallischen Sitzflächen angeordnet. Vielfach findet sich der halbe Kegelsitzwinkel $\beta = 45^0$ genommen. Bezüglich der Führung, Hubbegrenzung und Sitzbreite, diese als Projektion gemessen, gelten die für das Tellerventil im vorhergehenden gemachten Angaben.

Die nothwendigen Durchflussquerschnitte ergeben sich hier aus folgenden Formeln:

Ventil mit oberer Führung.

$$\alpha \frac{\pi}{4} d^2_n\, v_v = Q = \alpha' \pi (d_u - i' \cos \beta)\, i'\, v'_v; \qquad 101)$$

also zunächst

$$d_u = \sqrt{\frac{4}{\pi} \frac{Q}{\alpha v_v}} = \frac{Q}{\pi \alpha' i' v'_v} + i' \cos\beta; \qquad 102)$$

wird $v_v = v'_v$ gesetzt, so ergibt sich, da

$$i' = i \sin\beta,$$

$$i = d_u \frac{1 - \sqrt{1 - \frac{\alpha}{\alpha'} \cos\beta}}{\sin 2\beta}, \qquad 103)$$

für $\beta = 45^0$ somit

$$d_u = \frac{Q}{0{,}707\,\pi\,\alpha\,i'\,v_v} + \frac{i}{2}, \qquad 104)$$

und

$$i = d_u \left(1 - \sqrt{1 - 0{,}707 \frac{\alpha}{\alpha'}}\right), \qquad 105)$$

und unter der zulässigen Annahme von $\alpha = \alpha'$ wird dann

$$i = 0{,}46\, d_u. \qquad 106)$$

V e n t i l m i t u n t e r e r F ü h r u n g d u r c h R i p p e n (vgl. Fig. 147). Es ist

$$\alpha\left(\frac{\pi}{4} d_u^2 - z\,s\,\frac{d_u}{2}\right) v_v = \alpha' \left[\pi\,(d_u - i' \cos\beta) - z\,s'\right] i'\,v'_v = Q; \qquad 107)$$

hieraus wird, da $i' = i \sin\beta$,

$$d_u = \frac{z\,s + \sqrt{z^2 s^2 + 4\,\pi\,\alpha \frac{Q}{v_v}}}{\pi\,\alpha} = \frac{Q}{\pi\,\alpha'\,i \sin\beta\, v_v} + \frac{z\,s'}{\pi} + i \sin\beta\cos\beta; \qquad 108)$$

für $v_v = v'_v$ ergibt sich dann

$$i = d_u \frac{1 - \frac{z\,s'}{\pi\,d_u} - \sqrt{1 - \frac{\alpha}{\alpha'} \cos\beta \left(1 - \frac{z\,s}{2\,\pi\,d_u}\right) + \frac{z\,s'}{\pi\,d_u}\left(\frac{z\,s'}{\pi\,d_u} - 2\right)}}{2 \sin\beta\cos\beta}. \qquad 109)$$

Für $\beta = 45^0$ wird

$$d_u = \frac{Q}{0{,}707\,\pi\,\alpha'\,i\,v_v} + \frac{z\,s'}{\pi} + \frac{i}{2}, \qquad 110)$$

und

$$i = d_u \left(1 - \frac{z\,s'}{\pi\,d_u} - \sqrt{1 - 0{,}707 \frac{\alpha}{\alpha'} \left(1 - \frac{z\,s}{2\,\pi\,d_u}\right) + \frac{z\,s'}{\pi\,d_u}\left(\frac{z\,s'}{\pi\,d_u} - 2\right)}\right) \qquad 111)$$

Kugelventile. Solche werden als volle Kugel, wie Fig. 148 zeigt, oder nur mit kugelförmiger Sitzfläche nach Fig. 149 ausgeführt.

Im ersteren Fall bildet ein Bügel, der durch eine Druckschraube auf den Ventilsitz gepresst wird und diesen damit zugleich festhält, oder der am Ventilsitz durch ein Gelenk befestigt wird, die Führung und Hubbegrenzung des Ventiles. Volle Kugeln aus Bronze oder Rothguss können nur für kleinere Durchmesser verwendet werden, da ihr Gewicht mit der dritten Potenz des Durchmessers wächst und die Kraft, welche die Flüssigkeit gegenüber dem geöffneten Ventile nach aufwärts bethätigt, nur mit der zweiten Potenz zunimmt, also für ein bestimmtes Material und eine gegebene Geschwindigkeit, mit der die Flüssigkeit durch die Ventilöffnung strömt, ein Grenzwerth des Gewichtes sich ergibt, bei welchem die genannte Kraft nicht mehr im Stande ist, das Ventil offen zu halten.

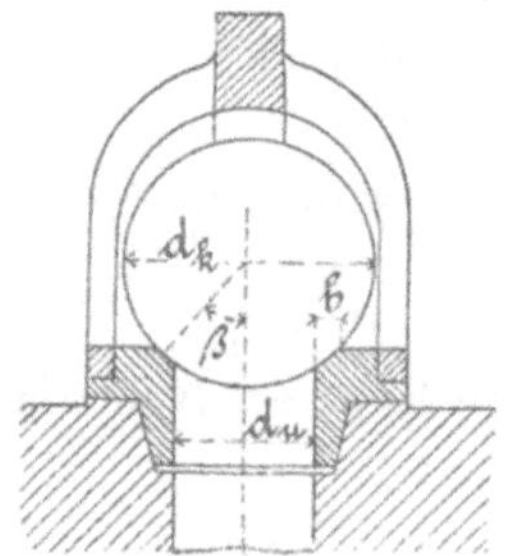

Fig. 148.

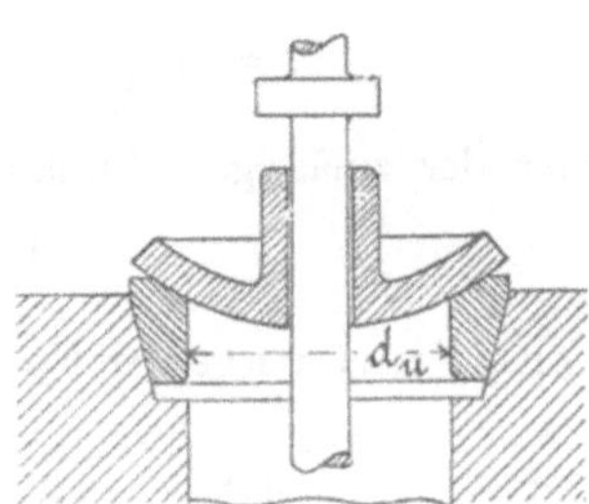

Fig. 149.

Um nun leichtere Kugeln zu erhalten, werden solche auch aus Kautschuk gebildet, die das erforderliche Gewicht durch einen Blei- und Eisenkern erzielen.

Die Kugelventile können sich nicht ecken, haben aber den Nachtheil, dass, da sie nicht eingeschliffen werden können und die Sitzfläche beständig wechselt, sie nicht vollkommen dicht halten. Jedoch werden Kugelventile für kleinere Pumpen vielfach verwendet, insbesondere für solche, welche unreine Flüssigkeiten, wie Jauche u. dgl., zu heben haben.

Der Durchmesser der Kugel ist so klein wie möglich zu nehmen, jedoch muss ein Festklemmen im Sitze vermieden werden und das geschieht, wenn der auf die mittlere Sitzlinie sich beziehende Winkel β kleiner als 45^0 ist.

Dann ergibt sich

$$d_k \sin \beta = d_u + b;$$

für mittlere Verhältnisse und für $\beta = 45^0$ wird hieraus, da die Sitzbreite wie beim Kegelventil zu nehmen ist,

$$d_k = {}^3/_2\, d_u \text{ bis } {}^8/_5\, d_u. \qquad 112)$$

Die Hubhöhe i ist für die Vollkugel in derselben Weise wie beim Kegelventil und zwar für ein solches ohne untere Führung zu bestimmen; Kugelventile, bei denen nur die Sitzfläche als Kugelstück gebildet ist, sind in derselben Weise wie Kegelventile bezüglich Führung, Durchmesser, Sitzbreite und Hubhöhe zu gestalten und zu berechnen.

Doppelsitzventile. Dieselben werden angewendet, um einen kleineren Hub zu erhalten, als er bei dem einsitzigen Ventil nothwendig ist. Es erfordert dies jedoch, dass die Flüssigkeit an beiden Sitzflächen abströmen kann; hierbei können letztere in einer Ebene oder übereinander

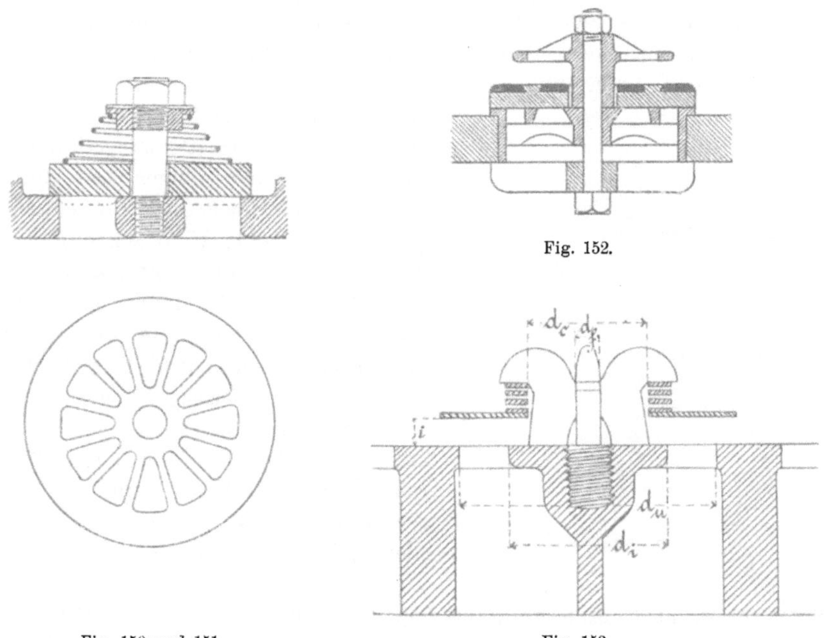

Fig. 152.

Fig. 150 und 151.

Fig. 153.

liegen. Im ersteren Falle ergeben sich die einfachen Ringventile, welche mit ebenen oder kegelförmigen Sitzflächen versehen werden. Der oben angegebene Vortheil des kleinen Ventilhubes ergibt sich allerdings bei denjenigen Ausführungen nicht, welche in der Weise eingerichtet sind, wie Fig. 150 bis 152 zeigen. Da hierbei das Ventil sich unmittelbar an einem Cylinder führt, so ist ein Flüssigkeitsabfluss nur an der äusseren Sitzfläche möglich und muss die Hubhöhe eines solchen Ventiles daher bei gleichem Durchmesser so gross wie die eines einsitzigen Tellerventiles genommen werden. Die Bestimmung der Grösse und Sitzbreite eines solchen Ventiles hat in gleicher Weise wie beim Tellerventil zu erfolgen. Solche Ringventile mit einseitigem Flüssigkeitsabfluss finden sich bei durchbrochenen Kolben angewendet (vgl. Fig. 99), wenn die Kolbenstange zur Führung verwendet wird, ferner bei Ventilen aus Kautschuk (vgl. Fig. 150 u. 151), bei welchen ausser den doppelten Ringsitzflächen noch andere durch radiale Stege gegeben sind, um dem weichen Material entsprechend die freiliegenden Flächen recht klein zu erhalten. Bei dem Ventil Fig. 152 ist das nöthige Gewicht durch eine Metallplatte, in welche der Kautschuk eingelegt ist, erhalten; bei dem Ventil Fig. 150 u. 151, welches für grosse Hubzahl sich eignet, ist die Platte aus Kautschuk von genügender Härte, auch mit mehrfachen Hanfeinlagen gebildet, und die Belastung durch eine Kegelfeder von Messingdraht erzielt. Die cylindrische Fläche des Scheibenloches, welche an dem Führungsstift gleitet, wird zuweilen mit einer Metallbüchse versehen oder auch im oberen Theil aus Hartgummi hergestellt. Zweckmässig ist es, bei solchen Kautschukventilen durch die Führung ein Verdrehen der Ventilplatte zu verhindern, da dieselbe nach einiger Zeit durch das auf ihr lastende Flüssigkeitsgewicht bleibende Eindrücke an den Stegen erhält und somit die Abdichtung leidet, sobald durch eine Verdrehung der Ventilplatte die Vertiefungen nicht genau auf die Stege treffen.

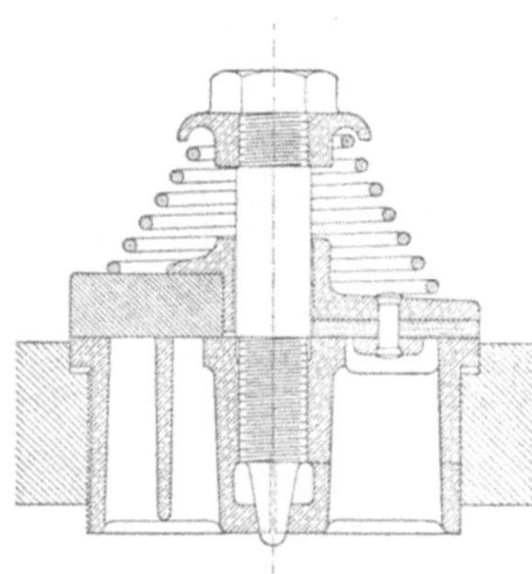

Fig. 154.

Eine zweckmässige Neuerung ist von Weiss & Monski angegeben worden (erlosch. D.R.P. Kl. 59 Nr. 51637). Bei Ventilen nach Fig. 150 und 151 wird der in das Ventilgehäuse eingeschraubte oder cylindrisch eingepasste Sitz (siehe Fig. 154) im unteren Theile seiner Nuten bezw. auch seines Mantels geschlitzt; die hierdurch entstehenden Segmente werden vermittelst der am unteren Ende kegelförmig gestalteten Ventilführungsspindel gegen das Gehäuse gedrückt. Die Fig. 154 zeigt links einen eingeschraubten Sitz und Gummi-Tellerventil, rechts einen glatten Sitz und lederarmirtes Tellerventil.

Ringventile, welche der Flüssigkeit auch am inneren Umfang Abfluss gestatten, sind in folgender Weise zu bestimmen: Unter Bezugnahme auf die in Fig. 153 eingeschriebenen Bezeichnungen wird bei ebenen Sitzflächen:

$$\alpha \sigma \pi \frac{d_u^2 - d_i^2}{4} v_v = \alpha' \pi (d_u + d_i) i v_v' = Q. \qquad 113)$$

Hierbei bedeutet σ eine Vorzahl, welche das Verhältniss der Grösse der freien Durchgangsfläche des Ventilsitzes zu der Ringfläche π $(d_u^2 - d_i^2)$

angibt. Da die Stege, welche die beiden Sitzflächen verbinden, auch bei Metallventilen einen ziemlich beträchtlichen Theil dieses Ringquerschnittes einnehmen, so ist σ im Allgemeinen verhältnissmässig klein zu setzen; es kann genommen werden bei reinen Kautschukventilen $\sigma = 0{,}6$ bis $0{,}8$, bei Metall- und beschwerten Lederventilen $\sigma \sim 0{,}9$.

Die Kontraktionsvorzahl α kann etwa zu 0,9, diejenige α' zu 0,8 im Mittel gesetzt werden.

Unter der Voraussetzung

$$v_v = v_v'$$

wird dann, da im Allgemeinen $\alpha\,\sigma \gtrapprox \alpha'$ ist,

$$i \geqq \frac{d_u - d_i}{4}. \qquad 114)$$

Es muss ferner sein, damit die durch die innere Mantelfläche $\pi\, d_i\, i$ strömende Flüssigkeitsmenge auch durch die innere, durch Führungsrippen verengte Ringfläche

$$\sigma'\,\pi\,\frac{d_e^2 - d_f^2}{4}$$

mit gleicher Geschwindigkeit fliessen kann,

$$\alpha\,\pi\,d_i\,i = \alpha''\,\sigma'\,\pi\left(\frac{d_e^2 - d_f^2}{4}\right), \qquad 115)$$

wobei α'' die Kontraktionsvorzahl, σ' das Verhältniss der wirklichen Durchgangsfläche zu derjenigen

$$\pi\left(\frac{d_e^2 - d_f^2}{4}\right)$$

bedeutet.

Kann $\alpha' = \alpha''\,\sigma'$ gesetzt werden, wie es für die gewöhnlichen Fälle mit genügender Genauigkeit stattfinden kann, dann ergibt sich:

$$d_i\,i = \frac{d_e^2 - d_f^2}{4}, \qquad 116)$$

woraus sich, da d_f durch die Führung gegeben ist, d_e bestimmen lässt.

Es ist aber auch

$$d_i = d_e + 2\,b,$$

wenn b die Sitzbreite ist; dieselbe kann für Metallventile

$$b = \frac{4}{5}\sqrt{d}\,, \qquad 117)$$

für Leder und Gummiventile

$$b = \frac{5}{4}\sqrt{d} \qquad 118)$$

genommen werden, wenn d den Durchmesser des Rohres bedeutet, an welches der Ventilkasten anschliesst.

Da nun auch

$$d_u^2 - d_i^2 = \frac{4\,Q}{\alpha\,\sigma\,\pi}$$

ist, so kann, wenn Q gegeben und d_f durch die Führung bestimmt ist, b, d_c, d_i, d_u, und i aus den vorstehenden Formeln berechnet werden.

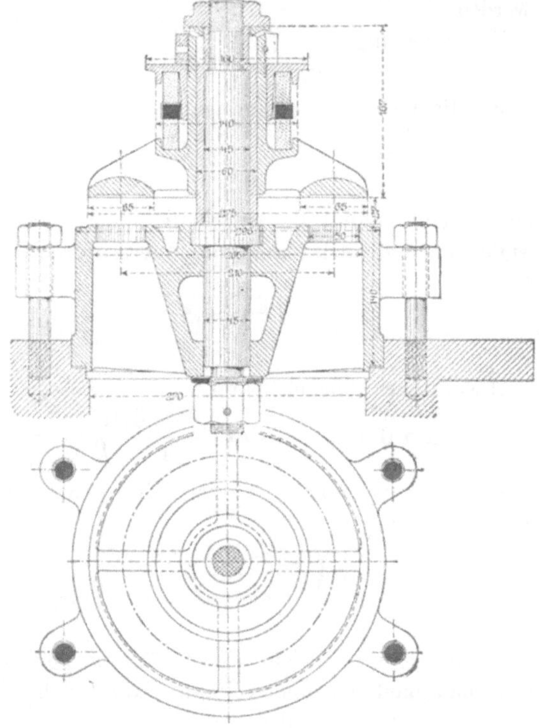

Fig. 155.

Für die Ringventile mit nur äusserem Abschluss ist gewöhnlich d durch die Führung bestimmt, dann wird

$$d_u = \sqrt{\frac{4\,Q}{\alpha\,\sigma\,\pi} + d_i^2}, \qquad 119)$$

und

$$i > \frac{d_u}{4}. \qquad 120)$$

Ein von Corliss (erlosch. D.R.P. Kl. 59 No. 9702) angegebenes Ringventil ist in Fig. 153 dargestellt; der Ventilkolben besteht aus einer dünnen Ringscheibe von Phosphorbronze, die genügende Belastung ist durch eine

Schraubenfeder gegeben, der Hubfänger wird als Rippenkreuz in den Ventilsitz eingeschraubt. Dieses Ventil verwendet Corliss bei der von ihm angegebenen, später noch zu besprechenden Pumpeneinrichtung.

In Fig. 155 ist ein Ringventil angegeben, welches bei dem Belgrader Wasserwerk angewendet wurde. Das Ventil ist mit Riedler'scher Steuerung versehen und hat Gummirohrfeder.

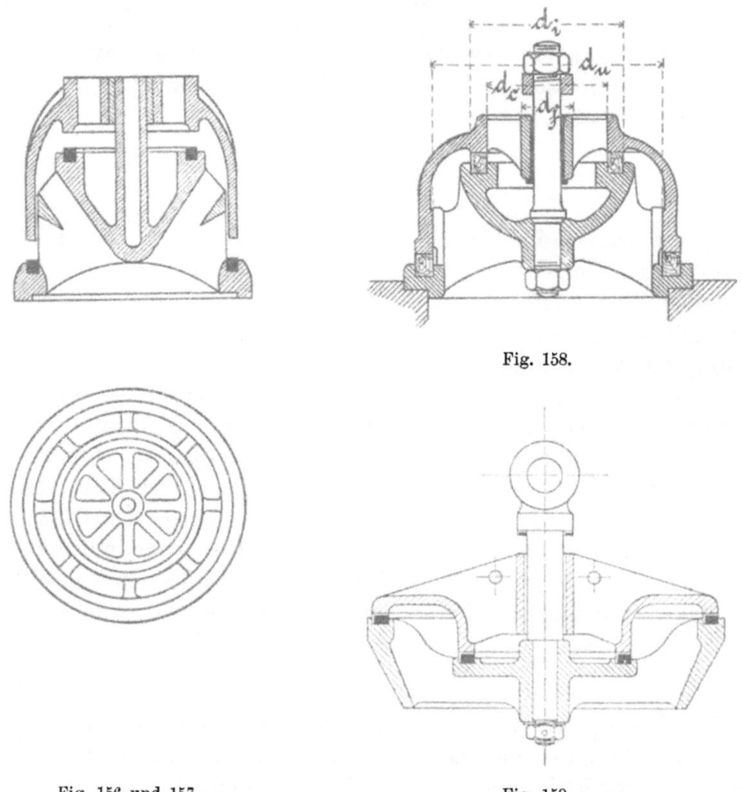

Fig. 158.

Fig. 156 und 157.

Fig. 159.

Doppelsitzventile, bei welchen die Sitzflächen in verschiedenen Ebenen liegen, werden als Hauben- oder Glockenventile bezeichnet; hierbei kann, wie Fig. 156—158 zeigen, die innere Sitzfläche höher als die äussere liegen, oder die Anordnung umgekehrt sein (vgl. Fig. 159), wodurch die Gesammthöhe des Ventils kleiner erhalten wird. Glockenventile finden sich namentlich an Wasserhaltungspumpen häufig ausgeführt und ergeben wie die Ringventile mit doppeltem Abfluss bei gleichem Durchmesser einen kleineren Ventilhub i als die einsitzigen Ventile. Es ist nämlich

$$\alpha \pi' (d_u + d_i)\, i\, v'_v = Q,$$

also

$$i = \frac{Q}{\alpha' \pi (d_u + d_i)\, v'_v}, \qquad 121)$$

während für die einsitzigen Tellerventile

$$i = \frac{Q}{\alpha' \pi d_u v_v} \qquad 122)$$

wird. Hierbei braucht der Durchmesser d_u des Glockenventiles nicht oder nicht viel grösser als der des Tellerventiles mit unterer Führung genommen zu werden, da für den ersteren sich

$$d_u = \sqrt{\frac{4}{\pi} \frac{Q}{\sigma \alpha v_v}} \qquad 123)$$

ergibt. σ ist wieder die Vorzahl, welche der Verengung des Kreisquerschnittes durch Rippen u. dgl. Rechnung trägt. Bei dem in Fig. 158 dargestellten Ventil erfolgt diese Verengung in derselben Weise wie beim Tellerventil mit unterer Führung; das Ventil Fig. 156 ergibt durch die Formung des Ventilstuhles ein etwas grösseres σ.

Der Durchmesser d_i kann nahezu gleich d_u genommen werden; jedoch tritt dann eine zu weit gehende Entlastung des Ventiles ein und der Ueberdruck, der zum Oeffnen des Ventiles nöthig ist, wird zu gross. Für die weitere Gestaltung des Ventiles ist noch zu beachten, dass der die festen Sitzflächen enthaltende Ventilstuhl den genügenden Durchgangsquerschnitt zwischen den Sitzen geben muss, und zwar unter der Annahme, dass die Flüssigkeit alle Räume des Ventiles mit gleicher Geschwindigkeit durchfliesst. Ferner muss auch hier wie beim Ringventil

$$d_i\, i = \frac{d_c^2 - d_f^2}{4}$$

sein. Die Glocke und der Ventilstuhl werden aus Gusseisen, Messing, Bronze oder Rothguss hergestellt, die Dichtungsflächen meist eben und nur selten kegelförmig gebildet, die ebenen Sitzflächen am Ventilstuhl vielfach als besondere Ringe aus Schmiedeisen, Messing u. dgl., Holz mit lothrecht gestellten Fasern (vgl. Fig. 158) oder Leder (vgl. Fig. 156) hergestellt. In letzterem Fall können einige Lederringe in eine ringförmige Nute eingelegt und die unteren durch Schrauben befestigt, auch der Lederring mit dem Ventil selbst verbunden werden.

Die Glocke bietet durch ihre Form wohl schon eine erhöhte Festigkeit gegen die Flüssigkeitspressung, wird jedoch vielfach noch durch lothrechte Rippen, aussen oder innen angebracht, verstärkt, wodurch eine Formveränderung durch die Belastung und somit ein Undichtwerden verhütet wird.

Der Ventilstuhl wird im Gehäuse durch eine Druck- oder Zugschraube festgehalten und bildet zugleich die Führung für das Ventil; die Hubbegrenzung wird durch eine an dem inneren Führungscylinder befestigte Platte erhalten. Für die innere Hülsenführung ist noch zu beachten, dass, um bei sandigem Wasser ein Hängenbleiben der Glocke an der Führung zu vermeiden, es zweckmässig ist, in der Hülse gerade oder steil geneigte schraubenförmige Nuten anzubringen, welche den Sand durchlassen.

Mehrsitzige Ventile. Dieselben können wie die Doppelsitzventile so ausgeführt werden, dass sämmtliche Sitzflächen in einer oder in verschiedenen Ebenen liegen. Mehrsitzige Ringventile zeigen die Fig. 160—164.

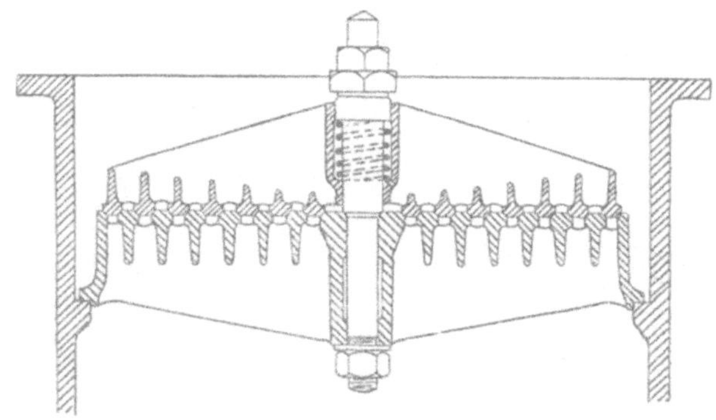

Fig. 160.

Das Ventil Fig. 160 besitzt konische Sitzflächen, die einzelnen Ringe sind gegenseitig durch Rippen verbunden und an einer mit Hubbegrenzung versehenen Spindel geführt. Solche Ventile werden nur selten ausgeführt, da es sehr schwierig ist, die zusammenhängenden Ringe in den Sitz genau einzupassen und dauernd dicht zu halten.

Konstruktiv besser ausgebildet sind die in Fig. 161 dargestellten Ventile, welche von Escher Wyss & Co. in Zürich bei den Niederdruckpumpen (50 m Wassersäule) des Wasserwerks der Stadt Genf angewendet wurden. Die Ventile haben eine von aussen einstellbare Hubbegrenzung und ergeben bei 6 mm Hub einen Durchgangsquerschnitt 0,069 qm bei einer Wassergeschwindigkeit von 2,2 m. Die Saugventile liegen reichlich hoch bezüglich der Pumpenachse. S. a. Zeitschr. d. Ver. d. Ing. 1892 S. 1001.

Das in Fig. 162—164 dargestellte Ventil ist einer französischen Ausführung von Brissonneau entnommen; der Sitz besteht aus neun gusseisernen Ringen von 590 mm Halbmesser, die Ventilringe sind aus Bronze hergestellt und werden am inneren und äusseren Umfang durch Blattfedern geführt. Der Hub beträgt nur $4^1/_2$ mm.

Um den äusseren Durchmesser des Ventils möglichst klein zu erhalten, werden die Sitzflächen in mehreren Ebenen über einander ange-

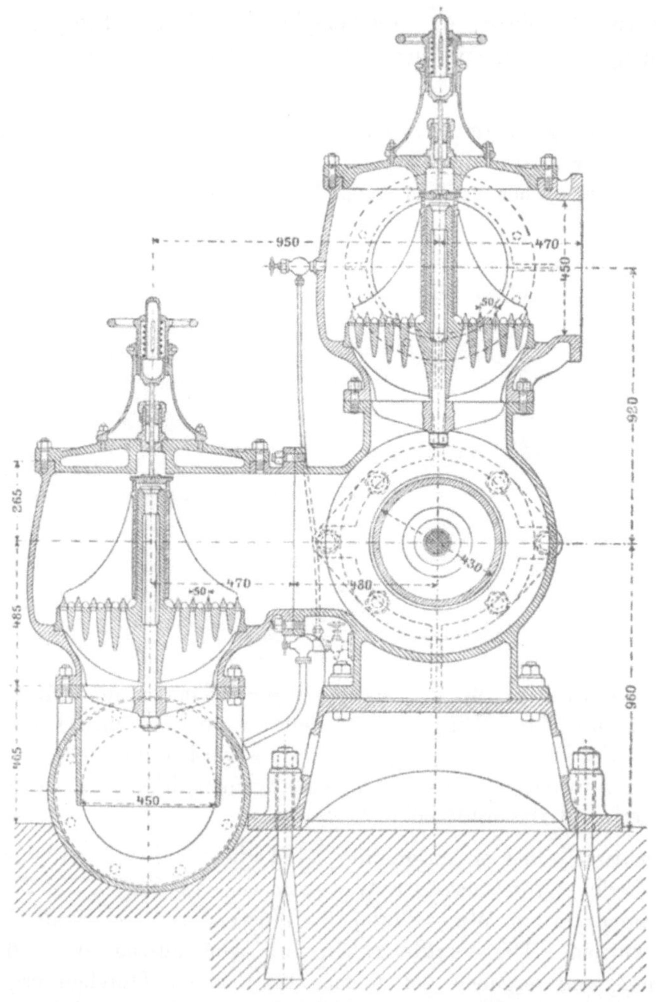

Fig. 161.

ordnet, so dass zwischen je zwei Ringen ein genügender Durchgangsquerschnitt für die Flüssigkeit entsteht, obgleich die Ringdurchmesser wenig von einander verschieden sind. Mehrsitzige Ventile, welche aus einzelnen mit einander verbundenen glockenförmigen Ringen bestehen, werden kaum ausgeführt und sind von neueren, mindestens gleichwerthigen Anordnungen verdrängt worden.

Die nothwendige Grösse der mehrsitzigen Ventile ergibt sich aus folgendem:

Die Breite der Ringe des Ventilsitzes muss etwas grösser als die doppelte Sitzbreite sein, letztere kann jedenfalls kleiner als bei den Doppelsitz ventilen genommen werden.

Die mehrsitzigen Ventile haben den Vortheil eines kleinen Hubes; jedoch wird der äussere Durchmesser des Ventilsitzes verhältnissmässig gross, und es muss dann darauf geachtet werden, dass die Rippen, welche

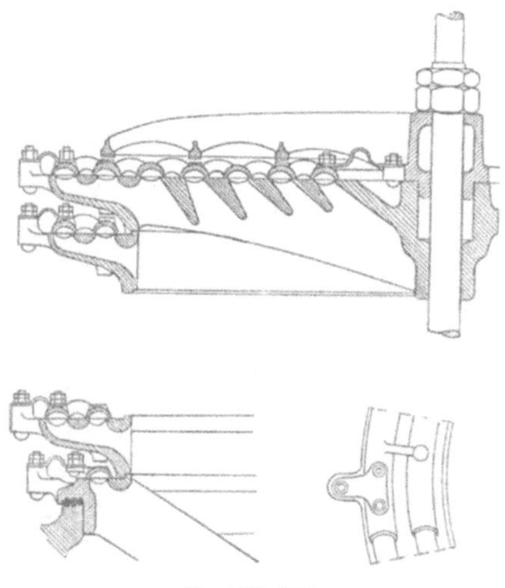

Fig. 162—164.

die Ringe des Ventilsitzes mit einander verbinden, dem Flüssigkeitsdruck entsprechend stark, also hoch genug gebildet werden, da dieselben sich sonst durchbiegen, die Sitze also nicht mehr in eine Ebene fallen, so dass die einzelnen Ringe sich nicht mehr dicht aufsetzen können.

Mehrfache Ventile. Um den für eine gegebene Flüssigkeitsmenge nothwendigen Durchflussquerschnitt des Ventils bei kleinem Hub zu erhalten, können statt eines einfachen Hubventils eine grössere Zahl solcher neben oder in einander, vereinigt in einem Ventilgehäuse, angeordnet werden. Jedoch wird dann der Durchmesser des gemeinschaftlichen Ventilsitzes verhältnissmässig gross und ergeben sich damit weite und schwere Ventilkästen. Dieser Nachtheil kann etwas vermieden werden, wenn man die einzelnen Ventile über einander anordnet. Hierbei ist es möglich, die einzelnen Ventile unmittelbar auf einander oder auf einzelne, zu einem Ventilstuhl vereinigte Sitze zu legen.

Bei Anwendung derartiger Ventile ist sehr sorgfältig darauf zu achten, dass die einzelnen Ventile bezüglich der Wasserzu- bezw. -abführung unter sich gleich günstig angeordnet sind, da andernfalls einzelne überhaupt kaum arbeiten.

In den letzten Jahren sind eine grosse Zahl solcher mehrfachen Ven-

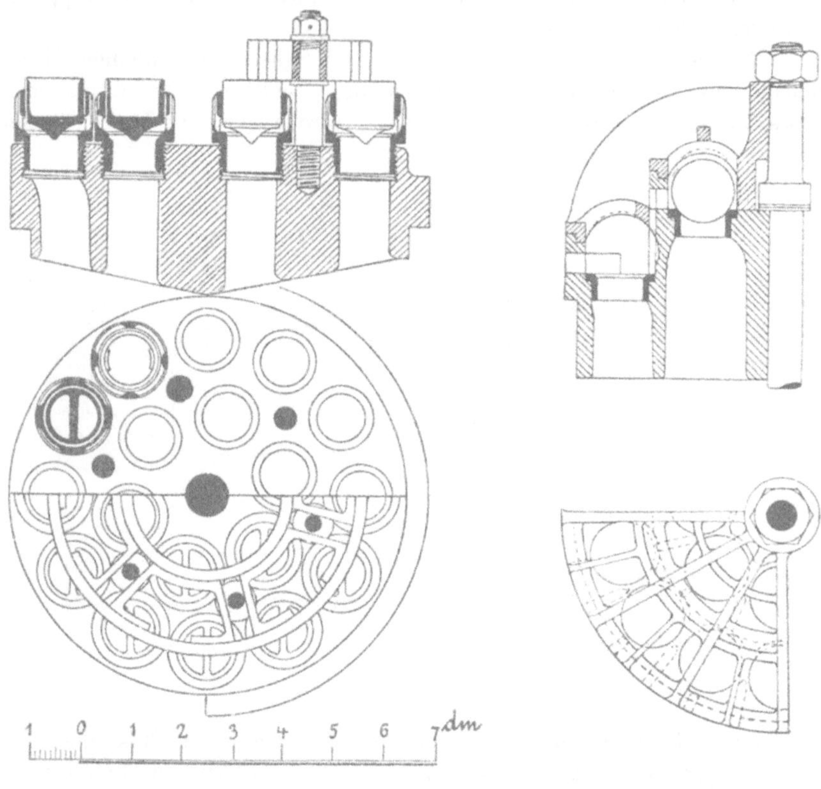

Fig. 165 und 166. Fig. 167 und 168.

tile entstanden, welche sämmtlich den Zweck verfolgen, einen kleinen Ventilhub zu geben.

Mehrfache Ventile können in einfachster Weise erhalten werden, wenn eine grössere Zahl einsitziger Teller-, Kegel- oder Kugelventile neben einander angeordnet werden.

Die Fig. 165 und 166 zeigen ein solches Ventil, bei welchem die einzelnen kleinen Kegelventile aussen geführt sind und ihre Hubbegrenzung an querliegenden, gegen den Ventilsitz durch Schrauben festgehaltenen Stegen finden. Die einzelnen Ventilsitze sind in eine gemeinschaftliche Platte geschraubt. Solche Ventile sind in der durch den Massstab gekennzeichneten Grösse bei den Pumpen der unterirdischen Wasserhaltungsmaschinen auf Heydt-Schacht in Hermsdorf und auf der Fürstensteiner Grube in Waldenburg ausgeführt. Die kleinen Ventilsitze können auch nach oben über das Ventil hinaus verlängert werden und dann selbst den Hubfänger bilden; auch können die Ventile, aussen mit Rippen besetzt, unmittelbar in entsprechenden Vertiefungen der gemeinschaftlichen Sitzplatte geführt werden.

Um, wie schon bemerkt, einen kleineren Gesammtdurchmesser des Ventiles zu erhalten, werden die einzelnen Hubventile auch auf übereinanderliegenden Sitzflächen angebracht, wie z. B. Fig. 167 und 168 für

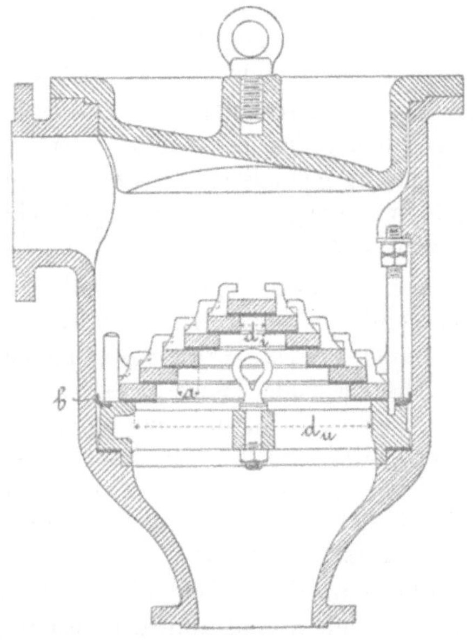

Fig. 169.

Kugelventile zeigen. Die Führung und Hubbegrenzung, sowie die Befestigung des Ventilstuhles am Ventilgehäuse ist aus den Figuren ersichtlich; ein Stück des Grundrisses zeigt die Rippenanordnung. Dieses Ventil ist mit 21 Kugeln von 62 mm Durchmesser bei den Pumpen der unterirdischen Wasserhaltungsmaschine des Joseph-Schachtes in Fohnsdorf ausgeführt.

Die Berechnung der mehrfachen Ventile vorgenannter Art ist wie diejenige der einzelnen Ventile auszuführen. Ist das Ventil aus z Einzelventilen zusammengesetzt, so ist jedes für die Flüssigkeitsmenge $\frac{Q}{z}$ nach den für Teller-, Kegel- und Kugelventile aufgestellten Gleichungen zu bestimmen. Der Durchmesser des Ventilsitzes ergibt sich aus dem Grundrisse der Ventile.

Dir Anordnung von mehreren einsitzigen Ringventilen übereinander führt zu Formen, wie sie das von Hoffmann angegebene Ventil, Fig. 169, zeigt (Zeitschr. d. Ver. d. Ing. 1886, S. 935). Der Sitz ist durch Lederringe gegen das Gehäuse abgedichtet und wird durch vier Schrauben, deren Muttern sich gegen angegossene Nasen des Ventilkastens legen, niedergedrückt. Auf diesem Sitze liegen stufenförmig die schmiedeisernen, oben mit je vier Haken für die Hubbegrenzung, unten mit Lederdichtung versehenen Ventilringe, welche sich gegenseitig führen und überdecken. Von den Haken sind drei fest in den Ring eingenietet, der vierte ist in eine schwalbenschwanzförmige Nuth seitlich eingeschoben und durch eine Schraube gehalten. Wird dieser Haken gelöst, so kann der darüberliegende Ring seitlich weggenommen werden. Der Ventilsitz kann an einem Ring herausgezogen werden; damit dies nicht durch sich zwischen Sitz und Gehäuse festsetzenden Schmutz gehindert wird, ist ein Lederring b angeordnet, der durch die vier Schrauben gegen den Sitz gedrückt wird und zugleich gegen die Gehäusewand sich legt.

Solche Ventile werden auch derart umgestaltet, dass die Ringe aus Gusseisen mit aufgeschliffenen Sitzflächen gebildet und die Haken durch Schrauben daran befestigt werden. Die Befestigung des Ventilsitzes kann durch eine in der Achse liegende Spindel geschehen, welche zugleich als Führung für den oberen Ring dient, der dann durch einen Lederstulp gegen die Spindel abgedichtet wird. Solche Ventile sind sehr häufig ausgeführt worden und bei grossen Drucksätzen im oberschlesischen Revier noch jetzt in Verwendung (vgl. Riedler: Indikatorversuche an Pumpen und Wasserhaltungsmaschinen 1881 S. 22 bis 24).

Bei diesen Ventilen öffnen sich nicht die einzelnen Ringe gleichzeitig, sondern einer nach dem andern und zwar der oberste zuerst.

Für die Bestimmung der Grösse solcher Ventile ist das bei den Ringventilen mit einseitigem Abfluss angegebene zu beachten.

Der Flüssigkeitsstrom trennt sich in einzelne Strahlen, welche durch die ringförmigen Durchgangsquerschnitte nach dem Ventilkasten sich bewegen. Es wird sein müssen

$$Q = \alpha \sigma \pi \frac{d_u^2}{4} v_v = \alpha' \sigma' \pi i \left[d_i + (d_i + 2a) + (d_i + 4a) \right.$$

$$\left. + \ldots (d_i + (z - 1) 2a) \right] v_v' = \alpha' \sigma' \pi i \left[d_i + (z - 1) a\right] z v_v', \quad 124)$$

wenn z die Anzahl der Ringe, eingeschlossen die oberste Platte, bezeichnet; also ist zunächst

$$d_u = \sqrt{\frac{4\,Q}{\alpha\,\sigma\,\pi\,v_v}}, \qquad 125)$$

Wegen der starken Kontraktion an den ringförmigen Durchgangsquerschnitten, sowie wegen der Verengung derselben durch die Haken, kann im Mittel

$$\alpha'\,\sigma' \propto \frac{\alpha\,\sigma}{1{,}4}$$

gesetzt werden, dann wird unter der Annahme gleicher Geschwindigkeit

$$i\,[d_i + (z-1)\,a]\,z = 1{,}4\,\frac{d_u^2}{4},$$

also

$$i = \frac{1{,}4\,d_u^2}{4}\,\frac{1}{z\,(d_i + a\,(z-1))}. \qquad 126)$$

Ferner ist

$$a = \frac{d_u - d_i}{2\,(z-1)}, \qquad 127)$$

und für die obere Platte kann gesetzt werden

$$i \geqq \frac{d_i}{4}. \qquad 128)$$

Wird nun z gewählt, so lässt sich d_i, a und i bestimmen. Wählt man $i = 0{,}35\,d_i$, so wird durch Vereinigung der Gleichungen 126 und 127

$$0{,}35\,d_i\left(d_i + \frac{d_u - d_i}{2}\right) = \frac{1{,}4\,d_u^2}{4\,z};$$

hieraus folgt

$$d_i = \frac{d_u}{2}\left(\sqrt{\frac{z+8}{z}} - 1\right) \qquad 129)$$

und damit ist auch i und a bestimmt.

Die Anordnung zweisitziger Ringventile neben einander auf gemeinschaftlicher Sitzplatte führt zu Formen, wie sie z. B. durch Fig. 170 u. 171 gekennzeichnet ist, welche die von Riehn, Meinicke und Wolf in Görlitz ausgeführte Anordnung (D.R.P. Kl. 59 No. 866 mit Zusatz No. 2726) darstellt. Die einzelnen mit den Führungen aus einem Stück bestehenden Ventilsitze werden gegen die gemeinschaftliche Sitzplatte durch Druck- oder Zugschrauben befestigt, wobei jedes Ventil einzeln mit oder ohne Sitz ausgewechselt werden kann.

Für die Berechnung solcher Ventile sind die für die Ringventile mit zweiseitigem Abfluss aufgestellten Formeln zu benutzen, wenn für jedes einzelne Ventil der auf dasselbe treffende Theil der Flüssigkeitsmenge,

Fig. 170 und 171. Fig. 172 und 173.

also bei z Ventilen $\frac{Q}{z}$, der Rechnung zu Grunde gelegt wird.

Eine grössere Zahl zweisitziger Ringventile in einander in gleicher Ebene angeordnet, ergibt Ventilformen, die ganz ähnlich den mehrsitzigen einfachen Ventilen gestaltet sind, nur dass bei letzteren die Ringe mit einander fest verbunden sind. Das von Wabner angegebene, in Fig. 172 und 173 verdeutlichte Ventil besteht aus mehreren lose in einander liegenden und sich gegenseitig führenden Ringen, die ihre Hubbegrenzung an einem mit der Spindel fest verbundenen Fänger finden. Solche Ventile lassen sich einfacher und genauer herstellen als die aus einem Stück bestehenden mehrsitzigen Ventile nach Fig. 160, auch brauchen die Sitzflächen nicht in einer Ebene zu liegen, weil sich jeder Ring unabhängig von dem anderen öffnen und schliessen kann.

Aehnlich dem vorbeschriebenen Ventil ist das von O. Fernis angegebene gebildet (erlosch. D.R.P. Kl. 47 No. 9603), bei welchem jedoch die Dichtungsfläche von der Tragefläche gesondert ist. Solche Ventile sind bei der Pumpmaschine des Wasserwerks der Stadt Hagen i. W. in der durch Fig 174 verdeutlichten Form ausgeführt (vgl. Zeitschrift des Vereins deutscher Ing. 1887 S. 557). Jedes Ventil wird durch drei Ringe gebildet, welche auf einem gemeinschaftlichen Gusseisenkörper ihre Sitze und in einem gemeinsamen zweiten Gusseisenkörper ihre Führung und Hubbegrenzung finden. Die Dichtung wird an jedem Ring durch einen Lederring gebildet, welcher zwischen zwei Metallkörper gelegt ist, letztere sind gegenseitig durch mehrere verschraubte Stifte geführt. Beim Sinken des Ventiles setzt sich der Ring auf die Sitzflächen und hierauf bewirkt der Lederring unter dem auf ihm lastenden Flüssigkeitsdruck das Abdichten. Wächst der Druck unterhalb des Ventiles, so wird schliesslich der Lederring von dem Sitz losgelöst, indem die Flüssigkeit durch kleine Rinnen nach der Ringnuth dringt; hierauf erfolgt das Abheben der Metallringe. Der Ventilhub beträgt nur $4^1/_2$ mm, eine Gummirohrfeder nimmt etwaige Stösse auf, welche die von einander unabhängigen Ringe auf die Hubbegrenzung ausüben könnten. Die Ventile arbeiten vollständig ruhig; Wasser- und Ventilschläge können nicht die eigentlichen Dichtungsflächen treffen und ihren Verschleiss herbeiführen; die Dichtungsflächen brauchen allein in Rücksicht auf den dichten Abschluss, nicht auf den Flüssigkeitsdruck bemessen zu werden.

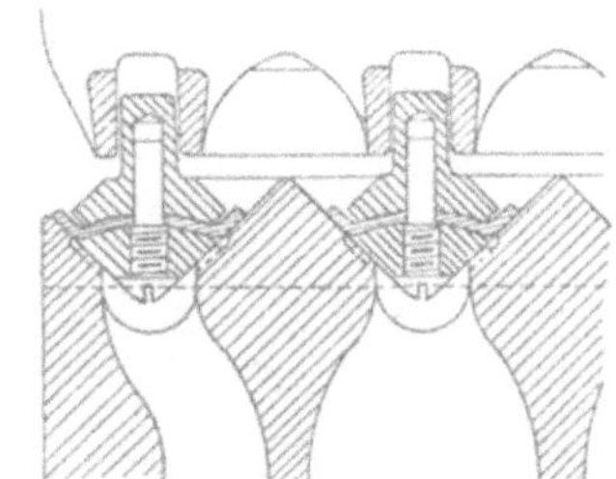
Fig. 174.

Auch das für hohen Druck konstruirte Beer'sche Stufenventil ist hier zu erwähnen (Revue univ. Bd. XV 1891 No. 1 und Zeitschr. d. Ver. d. Ing. 1892 S. 432).

Zahlreiche Ausführungen haben diejenigen mehrfachen Ventile gefunden, bei welchen zweisitzige Ringventile über einander auf einem gemeinschaftlichen Ventilstuhl liegen. Solche Stufen-, Pyramiden- oder Etagenventile zeigen Fig. 175 bis 180.

Die Ringe bewegen sich unabhängig von einander, können also

einzeln auf ihre Sitze gepresst werden; die Führung lässt sich zuverlässig herstellen, da die grossen Umfänge der Sitze genügend grosse Führungsflächen abgeben, wodurch die Abnutzung vermindert und ein schiefes Aufsetzen der Ringe auf den Sitz vermieden wird. Die erste Einrichtung der Stufenringventile rührt von Franz Thometzek in Bonn her (erloschenes D.R.P. Kl. 59 No. 1691) und wird mit gleichen Durchmessern der einzelnen Ringe (vgl. Tafel I) oder mit nach oben kleiner werdenden (vgl. Fig. 175) ausgeführt. Erstere Form ergibt einen kleineren Durch-

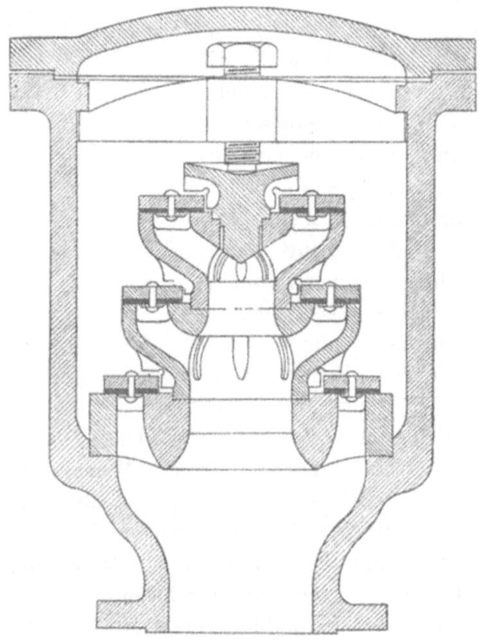

Fig. 175.

messer wie die zweite, jedoch kann die Flüssigkeitsgeschwindigkeit nicht in allen Querschnitten genau gleich erhalten werden, was bei dem kegelförmigen Ventil Fig. 175 leicht erreichbar ist. Ferner wird bei der letzteren Ventilform der Ventilkasten cylindrisch oder nach oben enger, während er bei der erstgenannten zweckmässig nach oben erweitert gestaltet werden muss, um für den Durchfluss zwischen Ventil und Kastenwandung gleiche Geschwindigkeit wie für den Durchfluss durch das Ventil selbst zu erhalten.

Die Ringe werden aus Lederplatten mit Beschwerung durch Schmied- oder Gusseisenringe gebildet, die durch Schrauben oder Nieten unter Benutzung einer Gegenplatte befestigt werden. Das auf Tafel I dargestellte

Ventil, welches in der gezeichneten Grösse bei der später noch zu beschreibenden Pumpe des Stuttgarter Wasserwerkes zur Ausführung gekommen ist, ist noch mit Gummibuffern versehen.

Der Ventilstuhl wird aus einzelnen gusseisernen, auf einander ge-

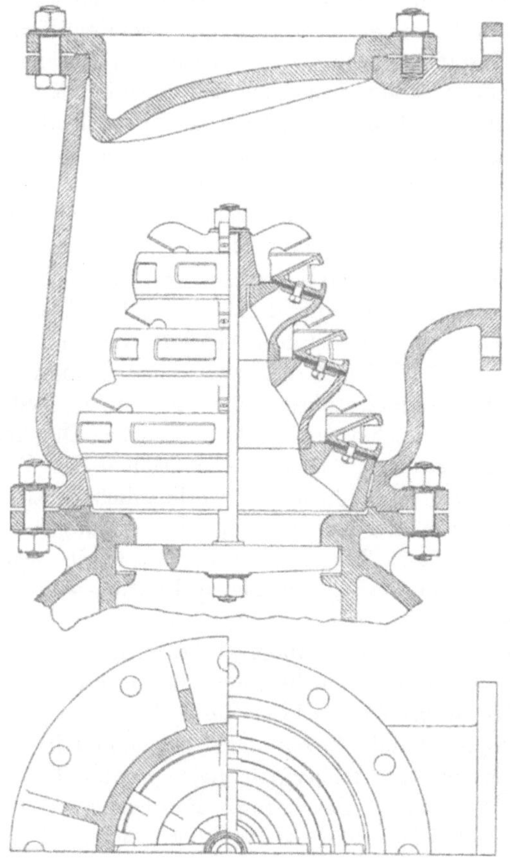

Fig. 176 und 177.

passten Ringen hergestellt, die durch eine Druck- oder Zugschraube zusammen- und im Gehäuse festgehalten werden.

Die Ringe können eben sein, vgl. Fig. 175, oder kegelförmig, wie die durch Fig. 176 dargestellte Formung zeigt. In jedem Fall ist namentlich bei der Formung des Ventilstuhles und der Führungstheile darauf zu sehen, dass der Flüssigkeitsausfluss auch am inneren Umfang der

Ringe ungehindert erfolgen kann und nicht durch zu starke Verengung der Durchflussquerschnitte gehemmt wird.

Die Ausführungen zeigen häufig diesen Fehler, indem die roh bleibenden Gusstheile etwas stärker wurden, als die Zeichnung vorschrieb, und damit die freien Wege zwischen den gehobenen Ringen und dem Ventilstuhl viel zu klein für den Durchfluss werden. Es kann nur empfohlen werden, in jedem Falle, auch bei den anderen Ventilformen, das Ventil in gehobenem Zustande gleichfalls aufzuzeichnen, um hieraus zu erkennen, ob die nothwendigen Durchgangsquerschnitte vorhanden sind.

Das Ventil (Fig. 176 und 177) trägt dieser Nothwendigkeit nahezu Rechnung, zeigt aber zu kleine Führungsflächen an den Ringen. Es können auch Ringe angeordnet werden, bei welchen, wie bei dem Ventil von Fernis (vgl. Fig. 174), die Dichtungsfläche von dem eigentlichen Auflager derart getrennt ist, dass letzteres durch auf einander ruhende konische Ringflächen aus Metall gegeben ist, während für die Dichtung Lederringe angeordnet sind, die durch den Flüssigkeitsdruck gegen entsprechende Flächen des Ventilstuhles gepresst werden. Diese Einrichtung ist im Allgemeinen für hohen Druck zweckmässig, kann aber bei der vorliegenden Anordnung dazu führen, dass die innen vorstehenden Ränder der Lederringe den ohnehin sehr eng gehaltenen Durchfluss am Ventilstuhl vollständig schliessen. Damit beim Oeffnen des Ventiles der Dichtungsstulp durch den Flüssigkeitsdruck allmählich gelöst wird und nicht plötzlich sich von dem Sitz losreisst, sind in der Tragfläche Einkerbungen angebracht. Der untere Tragring ist entweder mit dem Belastungsring vernietet, oder ersterer besitzt eingenietete Führungsstifte, über welche der obere Ring geschoben ist.

In neuerer Zeit sind die Stufenventile auch mit Federbelastung ausgeführt worden, und verdienen insbesondere die von Ehrhardt und Sehmer in Schleifmühle-Saarbrücken (erloschenes D.R.P. Kl. 59 No. 30713) angeordneten, in Fig. 178 und 179 veranschaulichten und die der Maschinenbauanstalt Humboldt in Kalk früher patentirten Ventile Fig. 180 (erloschenes D.R.P. Kl. 47 No. 34290) Beachtung. Bei beiden Ventilformen ist der Ventilschluss nicht allein vom Gewichte der Ringe abhängig, sondern wird durch eine oben um die Ventilspindel central angeordnete Feder unterstützt, deren Druck auf alle Ringe gleichzeitig übertragen wird. Letzteres geschieht bei dem erstgenannten Ventil durch Führungsstege, die aussen am Ventilstuhl sich führend, mit den Ringen verbunden sind oder sich nur auf diese pressen. Die Fig. 178 und 179 zeigen drei verschiedene Ausführungsformen und zwar für Ringe mit und ohne Lederdichtung, mit und ohne besonders eingesetzte Sitze. Die Belastung ist durch eine Gummirohrfeder gegeben. Bei dem Humboldt'schen Ventil ist, wie Fig. 180 zeigt, der Ventilstuhl aus einem einzigen kegelförmigen Stück gebildet; die Ventilringe sind so aufgelegt, dass sie beim Oeffnen und Schliessen einander berühren, in der Ruhelage aber um einen Spielraum von $^1/_2$ bis 1 mm von einander abstehen, damit sie gegenseitig unabhängig dichten. Der aussen glatt abgedrehte Sitz ist so geformt, dass die Ringe aufgeschoben werden können; oben ist durch eine Bundschraube eine Hubbegrenzungsplatte befestigt. Zwischen dieser und einem im Ventilstuhl geführten Fänger ist eine Feder angebracht, als welche auch ein Gummirohr benutzt werden kann; die Ringe werden in der Weise geschlossen, dass der Fänger den obersten Ring niederdrückt und dieser den Schluss auf alle übrigen Ventile unmittelbar überträgt. Nach Entfernung des

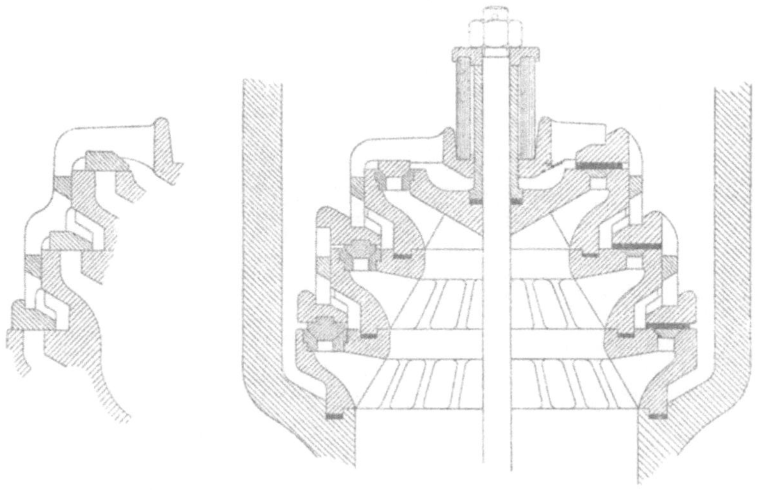

Fig. 179. Fig. 178.

Fängers können die Ringe abgehoben werden, was bei den vorher beschriebenen Stufenventilen erst nach Auseinandernehmen des Ventilstuhles möglich ist. Letzterer besteht hier aus einem Stück; es fallen also die Abdichtungen der einzelnen Stufen weg. Die Ringe können mit Metall- oder Lederdichtung versehen sein, wie die Fig. 180 rechts und links der Mittellinie zeigt; im ersten Fall wird der Ventildurchmesser kleiner, da die Verengung der Durchlasskanäle durch den unter dem Leder anzubringenden Flacheisenring wegfällt. Die Ventile eignen sich besonders für Pumpen mit grosser Hubzahl unter beliebig grossem Flüssigkeitsdruck.

Für die Bestimmung der Grösse dieser Stufenventile ist zunächst die Formel 92 für die Berechnung des unteren Durchmessers zu benutzen. Es ist dann weiter für die Durchgangsquerschnitte der einzelnen Ringe festzuhalten, dass unter Berücksichtigung der Verengung der Querschnitte durch die Rippen und der Kontraktion die Geschwindigkeit der Flüssigkeit bei ihrem Durchfluss durch die ganze Ventilanordnung stets dieselbe wird. Für jeden einzelnen Ring ist die Berechnung in gleicher Weise, wie es für die einfachen zweisitzigen Ringventile angegeben ist, auszuführen, wobei für die Flüssigkeitsmenge der auf den betreffenden Ring treffende Theil des ganzen Volumens Q zu setzen ist. Hierbei ist zweckmässig anzunehmen, dass nicht jeder Ring die gleiche Flüssigkeitsmenge durchlassen soll, sondern einen Theil, welcher dem betreffenden Ringdurchmesser proportional ist. Für die Bestimmung der Sitzbreite können die Formeln 117 und 118 benutzt werden. Es wird jedoch auch die Sitzbreite der einzelnen Ringe verschieden gross und zwar proportional dem auf

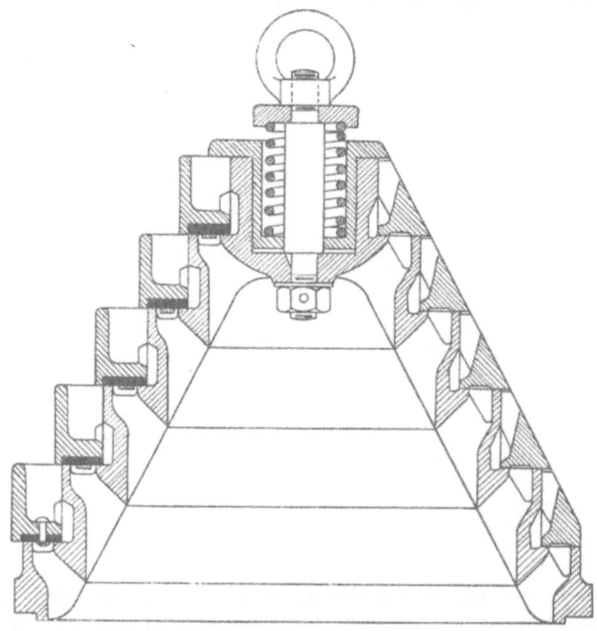

Fig. 180.

den betreffenden Ring treffenden Flüssigkeitsdruck gemacht. Die Formeln 117 und 118 geben zu grosse Werthe; es wird sich daher empfehlen, die Sitzbreite erfahrungsgemäss je nach der Grösse des Ventiles oder Ringes zwischen 5 und 20 mm zu wählen.

Das in Fig. 181 dargestellte zweifache Ringventil ist der Wasserhaltungsanlage der Zeche Dannenbaum entnommen, bei welcher eine Förderhöhe von 500 m vorliegt. Diese Ventile werden zwangläufig geschlossen und wird ihr Sitz mittelst dreier Druckschrauben festgehalten. Das Material ist Bronze; da die Ventilringe mit der Führung nicht fest verbunden sind, können sie leicht ausgewechselt werden. Die Pumpen selbst, nach Riedler gebaut, haben 200 bezw. 148 mm Durchmesser des Taucherkolbens bei 1000 mm Hub und laufen mit 60 bis

80 minutlichen Umdrehungen. S. a. Zeitschr. d. Ver. d. Ing. 1895, S. 412.

Eine eigenthümliche Dichtung mittelst in Nuthen der Ventilringe wie der Sitze eingelegter Gummischnuren zeigen die von der Eisenhütte Prinz Rudolph in Dülmen gebauten Ringventile.

Klappenventile. Klappen oder Klappenventile werden meist mit wagrechter Drehachse angeordnet, die Sitzfläche kann dabei wagerecht oder geneigt liegen. Die Drehachse kann durch ein metallisches Gelenk gebildet sein oder es werden die Klappen aus biegsamen Materialien (Leder und Kautschuk) an einem Theil ihres Umfanges zwischen festliegenden Metalltheilen derart eingespannt, dass eine gerade oder krummlinige Kante gebildet wird, um welche die Klappe sich bewegt. Bei den letzteren Anordnungen wird dann die Elasticität des Materials benutzt, um mit dem Gewicht oder ohne dasselbe den Schluss der Klappe herbeizuführen. Wie bei den Hubventilen können jedoch auch bei den Klappen besondere Federbelastungen zu genanntem Zweck angebracht werden; es muss dies geschehen, wenn die Klappe so gelegt wird, dass ihr Gewicht entweder nicht im Stande ist, den Schluss allein herbeizuführen oder, was nicht zu empfehlen ist, überhaupt auf Oeffnen wirkt.

Fig. 181.

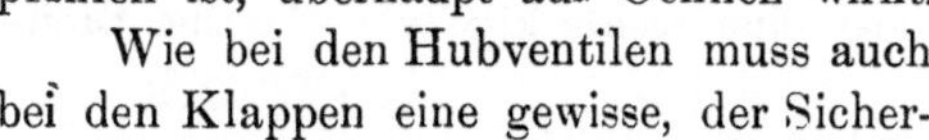

Wie bei den Hubventilen muss auch bei den Klappen eine gewisse, der Sicherheit der Abdichtung entsprechende Sitzbreite angeordnet werden, um welche die Klappe den Sitz überdeckt. Diese Sitzbreite kann nach Bach genommen werden: für kreisförmigen Querschnitt der Sitzöffnung bei metallischen Dichtungsflächen

$$b = \frac{4}{5}\sqrt{d_u} \text{ bezw.} \qquad 130)$$

$$b = \frac{5}{4}\sqrt{d_u}, \qquad 131)$$

wenn die Dichtungsfläche durch Leder oder Gummi hergestellt ist, für rechteckigen Querschnitt von der Breite a und der Länge c entsprechend

$$b = \frac{4}{5}\sqrt{\frac{a+c}{2}}, \qquad 132)$$

beziehungsweise

$$b = \frac{5}{4} \sqrt{\frac{a + c}{2}}; \qquad 133)$$

für andere Querschnitte sind für a und c Mittelwerthe zu setzen.

Die Führung der Klappe ist durch das Gelenk gegeben; die Hubbegrenzung wird durch besondere Fänger oder dadurch erreicht, dass die Klappe gegen eine Wand des Ventilkastens schlägt.

Bezüglich der Kräfte, welche das Oeffnen und Schliessen der Klappe bewirken, gelten im Allgemeinen dieselben Erwägungen, wie sie für die Hubventile bestimmend sind, jedoch ist hier ein wichtiger Unterschied gegenüber diesen vorhanden. Während bei den Hubventilen die Kräfte selbst mit einander in Beziehung treten, kommen bei den Klappen die Momente der Kräfte in Bezug auf die Drehachse in Betracht. Diese Momente ändern sich mit der Bewegung der Klappen, und es ergibt sich im Allgemeinen folgendes:

Es sei für die geschlossene Klappe die Flüssigkeitspressung auf die Flächeneinheit der unteren Fläche mit p_u, diese Fläche selbst mit f_u, die obere Fläche der Klappe mit f_o, der specifische Flüssigkeitsdruck auf dieselbe mit p_o und derjenige in der Dichtungsfläche mit p_z bezeichnet, ferner sei G_v das Gewicht der Klappe in der Flüssigkeit, E die etwa vorhandene Federbelastung beziehungsweise die der Elasticität der biegsamen Klappe entsprechende Kraft, so muss sein

$$f_u\, p_u\, k + (f_o - f_u)\, p_z\, l > f_o\, p_o\, m + G_v\, o + E\, n, \qquad 134)$$

wenn k, l, m, n und o die Hebelarme sind, an welchen die einzelnen Kräfte auf die Drehachse wirken (vgl. Fig. 182). Wenn die Klappe eine kreisringförmige Dichtungsfläche oder eine rechteckige von gleicher Breite besitzt, so wird

$$k = l = m,$$

dagegen wird o durch die Entfernung des Schwerpunktes der Klappe und n durch diejenige des Angriffspunktes der Federbelastung von der Drehachse gegeben sein.

Für das Sinken der Klappe ist zu setzen

$$G_v\, o' + E\, n' > M, \qquad 135)$$

wenn M das Moment ist, welches die Flüssigkeit gegenüber der geöffneten Klappe bethätigt. Dasselbe setzt sich zusammen aus einem Moment M_1, welches von dem Unterschied der Flüssigkeitspressungen herrührt und einem solchen M_2, welches dem schiefen Stoss der Flüssigkeit gegen die Klappe entspricht und der Ablenkung des Flüssigkeitsstromes Rechnung trägt. B a c h setzt für die rechteckige Klappe

$$M_1 = cz\,(p_u - p_o)\left(z_2 + \frac{z}{2}\right) \qquad 136)$$

und

$$M_2 = x_1 \frac{v_u^2}{2\,g} (1 - \cos\beta)\, z_1\, c\, \gamma \left(e + \frac{z_1}{2}\right). \qquad 137)$$

e, z, z_1, z_2 sind die in Fig. 183 eingeschriebenen Entfernungen für die geöffnete Klappe, v_u ist die Geschwindigkeit, mit welcher die Flüssigkeit durch die Sitzöffnung in dem Augenblick strömt, in welchem die Klappe zu sinken beginnt; β ist der Winkel, um welchen die Klappe sich dreht.

x_1 ist eine Erfahrungszahl, die um so grösser zu nehmen ist, je mehr Flüssigkeit durch die nahezu dreieckigen Seitenflächen abströmt; Bach gibt für x_1 als Mittelwerth 2 an.

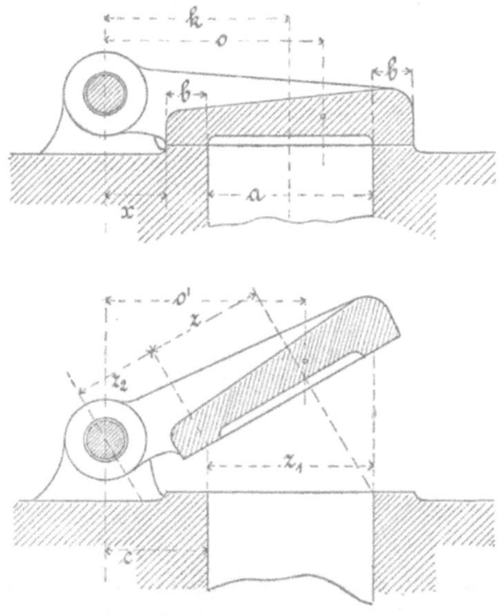

Fig. 182 und 183.

Um ein rasches Oeffnen und ein rasches Schliessen der Klappe zu erhalten, ist es also einerseits nothwendig, dass die auf beide Bewegungen wirkenden Momente möglichst gross werden und andrerseits der Klappenhub möglichst klein wird. Es ergeben sich im Allgemeinen daher dieselben Bedingungen, wie sie für die Hubventile gelten; nur kommt hier noch hinzu, dass die Hebelarme n und o (vgl. Gleichung 134) möglichst klein, dagegen n′ und o′ möglichst gross werden sollen. Bei Metallklappen ohne Federbelastung ist E gleich Null zu setzen; es würde also dann die Klappe so zu formen und zu legen sein, dass ihr Schwerpunkt im geöffneten Zustande möglichst weit von der Drehachse entfernt ist.

Bei Klappen, welche in der Ruhelage wagrecht liegen, wird der Hebelarm, an welchem das Gewicht wirkt, um so kleiner, je grösser der Ausschlagwinkel bei dem Oeffnen wird, es wird also, um o′ möglichst gross zu erhalten, zweckmässig sein, den Winkel β möglichst klein zu nehmen. Es ist im Allgemeinen ein Vortheil der Klappen, dass sie auch in schräger Lage angebracht werden können, dann wächst das Gewichtsmoment mit dem Ausschlagwinkel, es braucht dieser also nicht besonders klein genommen zu werden.

Bei Leder- und Kautschukklappen wird gewöhnlich die Anordnung so getroffen, dass im geschlossenen Zustande die Elasticitätswirkung gleich Null ist; es entspricht dies der aufgestellten Bedingung, und wäre dann zweckmässig der Schwerpunkt wie für die Metallklappen anzuordnen.

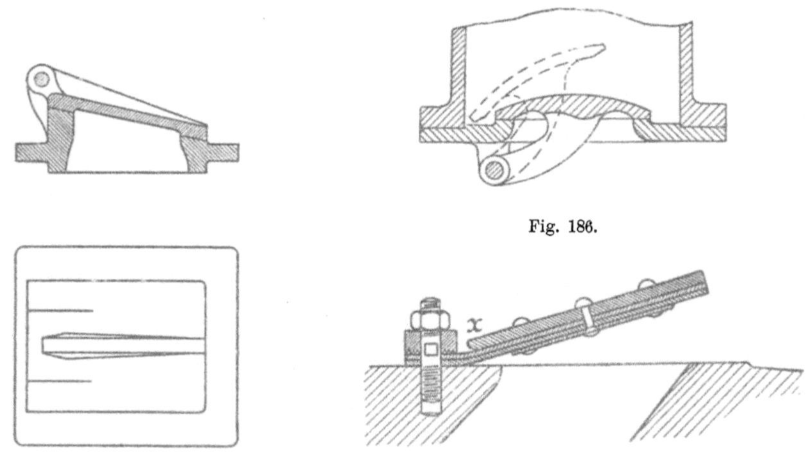

Fig. 186.

Fig. 184 und 185.

Fig. 187.

Die Klappen werden hinsichtlich ihrer Grundrissform, ihres Materials und ihrer Anordnung verschieden ausgeführt. Für kleinere Durchflussquerschnitte wird eine einfache Klappe angewendet, für grössere werden mehrere neben oder über einander angeordnet; hiernach können *einfache* und *mehrfache Klappen* unterschieden werden.

Metallklappen zeigen die Fig. 180—184; die Sitzöffnung kann rund, quadratisch oder rechteckig sein, die Klappen werden aus Schmiedoder Gusseisen, meist jedoch aus Bronze hergestellt. Der Sitz wird entweder unmittelbar durch entsprechend bearbeitete Flächen des Ventilkastens gebildet, oder er wird als besonderes Stück in diesen eingesetzt. Damit die Klappe sich richtig aufsetzt, muss die innere Kante der Klappe (vgl. Fig. 182) von der durch die Gelenkachse senkrecht zum Sitze gedachten Ebene um eine Strecke x nach der Seite der Klappe hin gelegen sein. Ferner ist, damit die Klappe sich auf den Sitz dicht auflegen kann, der Lochdurchmesser des Gelenkes etwa um 1 bis 2 mm grösser als der Stift- oder Zapfendurchmesser zu machen.

Um die Abnützung am Gelenk möglichst gering zu erhalten, sind die reibenden Flächen gross zu nehmen; es ist also z. B. zweckmässig, bei rechteckiger Klappe die Drehachse an die grössere Seite zu legen, um ein recht langes Gelenk zu erhalten. Dasselbe kann auch vertieft in dem Sitz angebracht werden, was wohl den Vortheil hat, dass die Klappe senkrecht auf die Sitzebene aufschlägt, jedoch schwierig in der Herstellung ist und daher selten ausgeführt wird. Eine Metallklappe besonderer Form

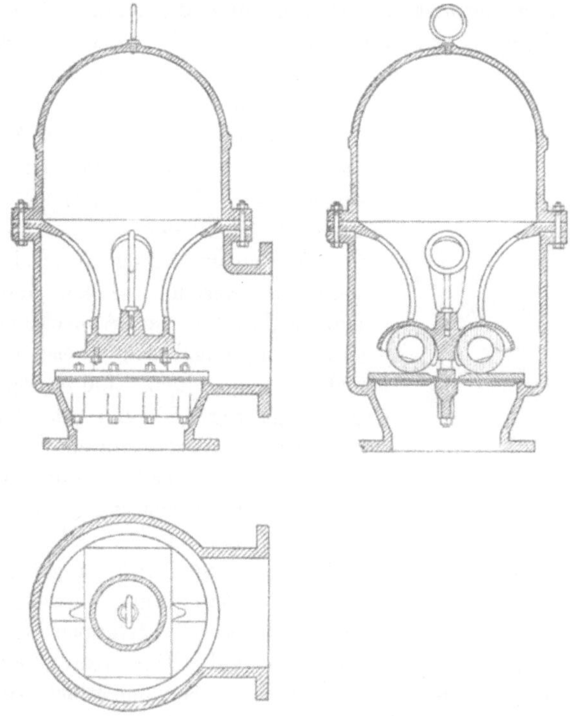

Fig. 188—190.

ist von J. Stalder in Oderbruch (erlosch. D.R.P. Kl. 59 No. 26477) für dicke Flüssigkeiten in Vorschlag gekommen. Wie Fig. 186 zeigt, liegt das Gelenk nicht auf derselben Seite des Sitzes wie die Klappe; diese Anordnung soll ein Verstopfen der Ventile vermeiden.

Für die Hubbegrenzung wird vielfach an der Metallplatte ein Horn angegossen. Die Platte selbst ist dem Flüssigkeitsdruck entsprechend stark genug zu machen; bei gegossenen Klappen wird hierzu gewöhnlich eine Rippenversteifung gewählt.

Lederklappen sind durch die Fig. 187 bis 197 gekennzeichnet. Die

Klappe kann hier die verschiedensten Formen annehmen; ferner kann das Leder nur zur Verbesserung der Abdichtung und Milderung der Ventilschläge angeordnet sein oder auch zur Bildung des Gelenkes dienen. Im ersteren Fall wird letzteres aus Metall gebildet und geschieht dies bei grossen Pressungen, da hier die Ledergelenke nicht lange halten. Bei solchen Metallgelenken müssen wieder die Zapfen etwas Spiel in den Löchern haben. In jedem Fall werden mit dem Leder zwei Metallplatten, gewöhnlich aus Schmiedeisen, durch Niete oder Schrauben verbunden, um das nöthige Gewicht zu erhalten und die Klappe steif zu machen. Damit das Leder nicht durchschnitten wird, ist es zweckmässig, die Kante x der Beschwerungsplatte abzurunden; auch das Abrunden der inneren Oberkanten des Sitzes ist zur längeren Erhaltung gut. Bei Metallgelenken werden die Zapfen an den Deckplatten angegossen. Zu den Klappen muss starkes Leder — Sohlleder — von 4—6 mm Dicke in einer oder besser in mehreren Lagen verwendet werden. Selten findet sich eine einzige Klappe zur Abdeckung der Ventilsitzöffnung angebracht, meist sind zwei oder mehrere angeordnet. Eine Klappe der ersteren Art zeigt Fig. 187 und ist hierbei die Art der Einklemmung durch einen gerieften Steg bemerkenswerth, wodurch verhütet wird, dass das Leder sich gegen den Befestigungsbolzen zieht. Doppelklappen sind bei den Fig. 188—192 angebracht; hierbei kann die Anordnung entweder so getroffen werden, dass die Klappen gegen einander schlagen (vgl. Fig. 188), oder dass die beiden Drehachsen am Umfang des Sitzes angeordnet sind oder auf einem besonderen Ventilstuhl über einander liegen, wie Fig. 191 zeigt. In den letzteren beiden Fällen wird die Ablenkung des Flüssigkeitsstromes geringer als im ersteren. Klappen von der in Fig. 191 und 192 angegebenen Form sind nach der Angabe Pravda's für die Saugventile der Pumpen des neuen Prager Wasserwerkes ausgeführt worden. Der Durchmesser der Saugröhren beträgt hierbei 225 mm. Die Druckventile sind ähnlich gebaut, jedoch mit drei Klappen ausgerüstet, welche parallel zu einander aufschlagen.

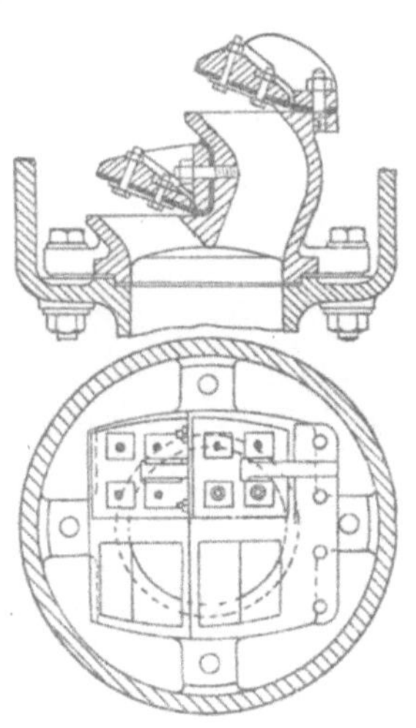
Fig. 191 und 192.

Eine Doppelklappe eigenartiger Formung ist von Teague zuerst ausgeführt worden und besteht darin, dass die rechteckige Klappe eine grössere Oeffnung erhält, die wiederum von einer Klappe bedeckt ist; die Drehachsen beider Klappen liegen parallel, jedoch schlagen letztere nach der entgegengesetzten Seite auf, so dass der Flüssigkeitsstrom sich theilt und nach zwei Seiten abgelenkt wird.

Wird das Leder selbst zur Bildung des Gelenkes benutzt, so wird es in einer oder zwei Lagen durch eine Schiene eingeklemmt, welche gegen den Ventilsitz verschraubt oder verkeilt wird. An dieser Schiene können auch die Hubfänger angebracht sein.

Die Anordnung mehrfacher Lederventile zeigt z. B. Fig. 82; eine federnde Belastung ist durch Kautschukstreifen erzielt, welche das Bestreben haben, durch ihre Elasticität das geöffnete Ventil niederzu-

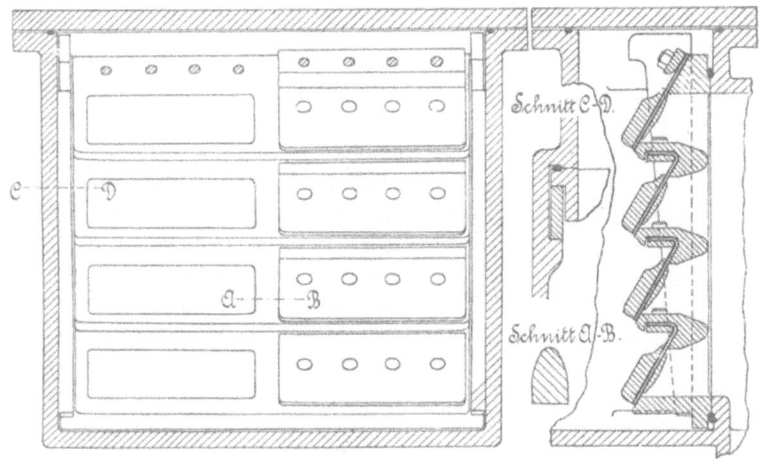

Fig. 193—195.

drücken. Diese Kautschukfedern sind auch bei den Lederklappen Fig. 188—190 und zwar in Form von Röhren angebracht.

Es können auch eine grössere Zahl von Lederklappen neben einander auf gemeinschaftlicher Sitzplatte (vgl. 193—195) oder in verschiedenen Ebenen auf übereinander angeordneten Sitzflächen eines Ventilstuhles angebracht werden, der ähnlich wie für Stufenringventile zu formen ist. Im letzteren Fall bilden die Klappen entweder vollständige Ringe oder getrennte Ringstücke und werden zwischen die auf einander gesetzten Theile des Ventilstuhles geklemmt. Solche Ventile sind von Hosking angegeben worden und werden im Besonderen Kiemenventile genannt. Die in Fig. 193—195 dargestellten Klappen sind z. B. bei älteren Pumpen der Berliner Wasserwerke zur Ausführung gekommen. Der Ventilsitz ist in das Gehäuse eingeschoben und in demselben durch Keile festgehalten, wie der Querschnitt Fig. 195 verdeutlicht.

F. Schulten in Dümen hat für eine stufenförmige Anordnung von Lederklappen den Vorschlag gemacht (erloschenes D.R.P. Kl. 59 Nr. 33281), den Ventilstuhl als eine vielkantige, abgestutzte Hohlpyramide zu bilden und auf deren Seitenflächen eine grössere Zahl von Klappen hängend anzuordnen.

Vielfache Ausführungen zeigen gleichfalls die Anbringung einiger Lederklappen an einem Ventilstuhl, der jedoch eine sehr stumpfe Pyramide bildet; die Gelenke liegen an den Kanten der Grundfläche. In dieser Weise werden gewöhnlich 4 bis 6 Klappen auf dem gemeinschaftlichen Ventilsitz angebracht und bewegen sich bei dem Oeffnen nach auswärts. Eine solche Einrichtung ist in zwei Formen in Fig. 196 und 197 dargestellt. Die Anordnung links der Mittellinie zeigt die Bildung des Gelenkes durch die Lederplatte selbst, während bei derjenigen rechts der Mittellinie ein besonderes Metallgelenk angewendet ist; hierbei hebt sich die Klappe auch lothrecht von der Sitzfläche ab, so dass am ganzen Umfang des Sitzes ein Durchfluss stattfindet.

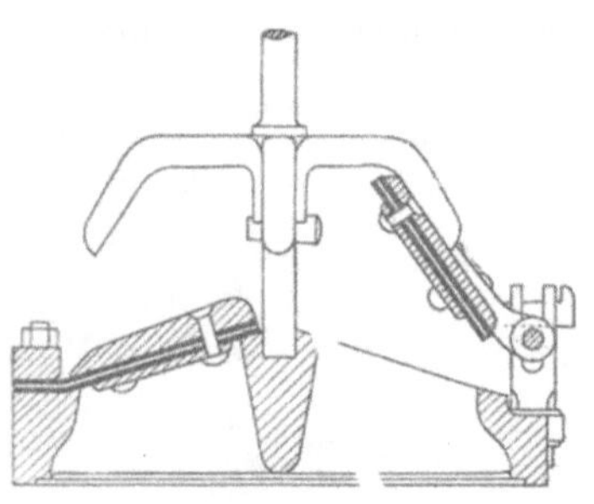

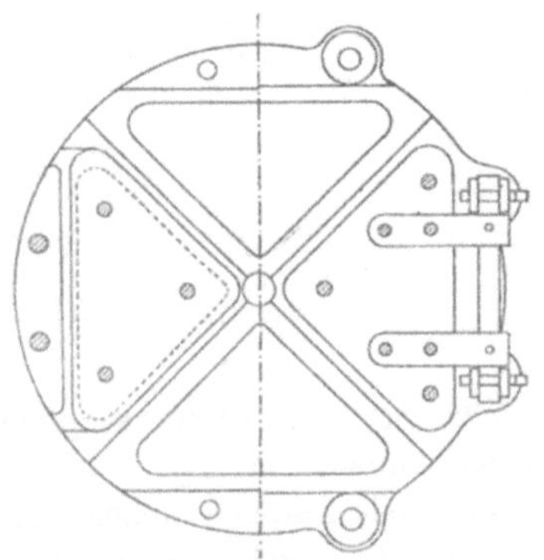

Fig. 196 und 197.

Mit Lederklappen ist auch der von Letestu angegebene Kolben versehen, dessen Beschreibung auf S. 99 gegeben ist.

Gummi- oder Kautschukklappen eignen sich für kaltes und lauwarmes Wasser, jedoch nur für kleine Pressungen, so dass der Druck auf 1 qcm Dichtungsfläche nicht grösser als 20 kg wird. Die Gummiplatten können in beliebiger Form und beliebiger Dicke, mit oder ohne Hanfeinlage zur Verwendung kommen und werden entweder so angeordnet, dass sie sich um eine gerade Kante biegen, wie die Anordnung Fig. 198 und 199 zeigt oder häufiger so, dass die Aufklappung und Biegung um eine kreisförmige Kante erfolgt, wie das bei den Ventilen Fig. 201—204 der Fall ist. Um einen grösseren Ventilhub zu erreichen, als es durch das Aufbiegen allein möglich ist, kann auch die Anordnung so getroffen werden, dass die Platte sich wie ein Tellerventil zuerst geradlinig vom Sitz abhebt und dann um eine kreisförmige Kante biegt (vgl. Fig. 201). Der Sitz muss gitterförmig gestaltet werden, um der Gummiplatte zahlreiche Unterstützungsflächen zu bieten; die lichte Weite der einzelnen

Gitteröffnungen darf, selbst bei geringem Druck, wie dem von 2 at, höchstens gleich der doppelten Plattendicke genommen werden, da sonst die Platte stark verdrückt wird. Der Sitz wird gewöhnlich als besonderes Stück in dem Ventilkasten befestigt. Bei kalkigem Wasser setzen sich die kleinen Rostöffnungen leicht zu. Die Dicke der Roststäbe ist so klein, als es die Herstellung und die Festigkeit zu nehmen erlaubt, zu machen und kann bis auf 3 mm bei dem Sitz aus Bronze gebracht werden;

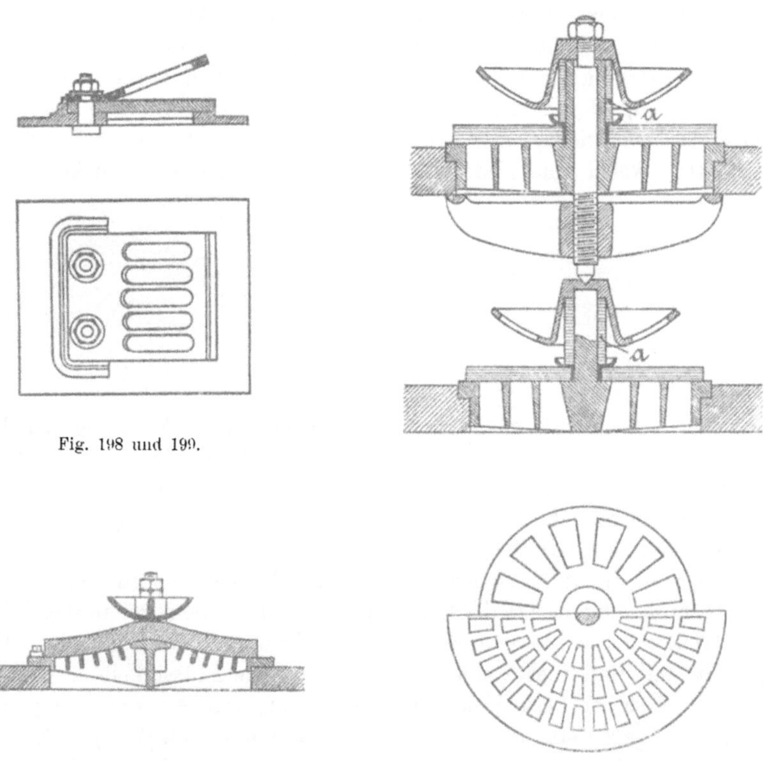

Fig. 198 und 199.

Fig. 200.

Fig. 201 und 202.

die oberen Kanten der Sitzöffnungen sind abzurunden, um den Kautschuk nicht zu schädigen. Das Einklemmen der Gummiplatten erfolgt durch Stege oder Teller, die gegen den Ventilsitz verschraubt werden, jedoch die Platten nicht zu stark pressen dürfen, da sonst das sehr elastische Material wellig wird und sich nicht mehr dicht auf den Sitz legt. Die Hubbegrenzung wird entweder an dem zur Einklemmung benutzten Steg oder Teller durch geeignete Formung desselben erhalten (vgl. Fig. 200), oder es wird ein besonderer Hubfänger aufgeschraubt. Es ist zweckmässig, die Hubbegrenzung nicht durch eine zu kleine Fläche zu geben, da sonst ein zu grosser Ventilhub entsteht und damit ein Aufreissen der sich zu weit aufbiegenden Gummiplatte entstehen kann. Daher ist die in den Fig. 201 und 202 gewählte Formung des Hubfängers der in Fig. 200 gezeigten vorzuziehen; bei den ersteren Anordnungen muss jedoch die hubbegrenzende Platte durchbrochen sein, um für das Schliessen der Klappe den Flüssigkeitsdruck von oben auf dieselbe wirkend zu erhalten. Das Gewicht der Gummiklappen kann nur dann durch Metallplatten verstärkt werden, wenn erstere auch bei dem Aufbiegen eben bleiben; bei Klappen, welche sich um eine kreisförmige Kante biegen, ist daher eine Beschwerung nicht möglich und kann, wenn behufs schnellen Schlusses die Belastung der Platte grösser gewünscht wird, als dem Eigengewicht derselben entspricht, nur eine Feder angeordnet werden. Dies zeigt Fig. 201, wobei eine Federbelastung durch Gummirohrstücke *a* gewählt

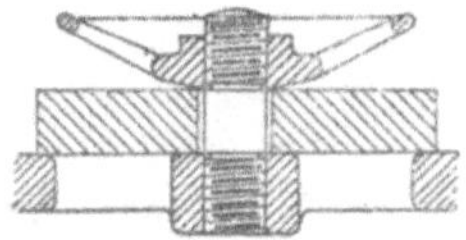

Fig. 203.

Fig. 204.

ist. Die schliessende Kraft kann durch besondere Formung der Klappe möglichst gross erhalten werden, indem der Schwerpunkt derselben möglichst entfernt von der Drehachse angeordnet wird; es führt dies zu Klappenformen, wie sie von Bach angegeben und in Fig. 204 dargestellt sind; letztere zeigt zugleich eine verbesserte Form der Einklemmung gegenüber der in Fig. 203 dargestellten gebräuchlichen Anordnung.

Eine besondere Art der Gummiplatten bilden die sogenannten Lippenventile, wie sie in verschiedener Ausführung durch Fig. 205 – 209 dargestellt sind und insbesondere sich für unreine Flüssigkeiten, wie Jauche, eignen. Hier ist kein Ventilsitz angeordnet, sondern zwei Klappentheile legen sich gegen einander und schliessen damit die Oeffnung. Ein solches Ventil einfacher Form ist von Perreaux angegeben (vgl. Fig. 205); die Kautschukklappe ist unmittelbar in die Leitung eingeklemmt und ihre lippenartigen Theile berühren sich nach einer Linie *a b*, welche in der Figur als Lothrechte zur Schnittebene nur als Punkt erscheint. Unter dem Flüssigkeitsdruck biegen sich die Lippen auseinander und klappen wieder zusammen. Diese Konstruktion ist nur für schwachen Druck geeignet und wird wenig dicht sein. Besser erscheint die in Fig. 206 bis 208 angegebene, einer französischen Ausführung entnommene Form, welche jedoch eine unnöthig grosse Dichtungsfläche zeigt. Dies ist nicht der Fall bei den Ventilen der von Michel angegebenen, in späterem beschriebenen Jauchepumpe.

Ein von Field angegebenes Lippenventil ist in verbesserter Form nach Bach's Angabe in Fig. 209 dargestellt.

Mehrfache Gummiklappen werden auch ausgeführt, so z. B. nach der von Hrabák angegebenen Anordnung, bei welcher mehrere Gummiringe über einander auf einem Ventilstuhl angebracht und an dem inneren Um-

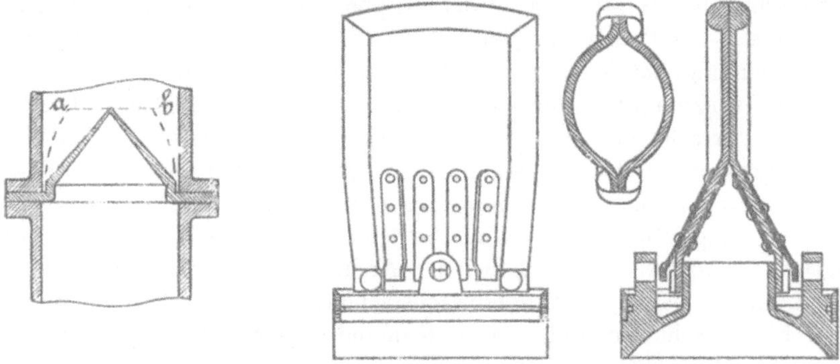

Fig. 205. Fig. 206—208.

fang eingeklemmt sind. Auch Lippenventile in der durch Fig. 209 dargestellten Form werden übereinander an einem gemeinsamen Ventilstuhl angeordnet, um grössere Durchgangsquerschnitte zu erhalten.

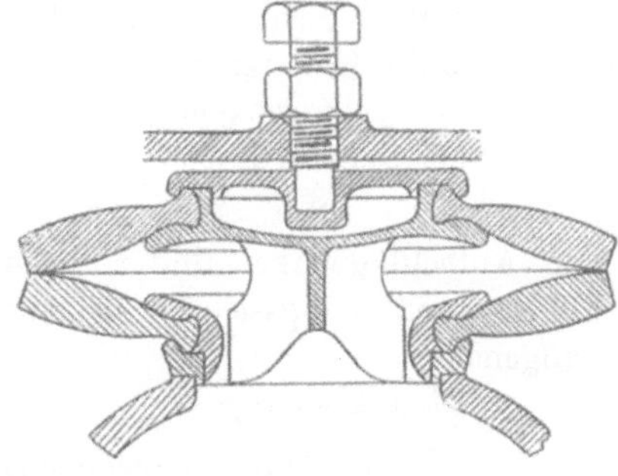

Fig. 209.

Für die Bestimmung der Grösse von Klappen kommt zunächst die Form der Sitzöffnung in Betracht. Allgemein muss deren Flächeninhalt sein

$$F_v = \frac{Q}{\alpha \sigma v_v};$$

ist die Oeffnung kreisförmig vom Durchmesser d_u, so wird

$$d_u = \sqrt{\frac{4}{\pi} \frac{Q}{\alpha \sigma v_v}}; \qquad 138)$$

ist die Oeffnung ein Rechteck von der Breite a und der Länge c, so wird

$$a\,c = \frac{Q}{\alpha\,\sigma\,v_v}. \qquad 139)$$

Die Kontraktionsvorzahl α kann für kreisförmige Oeffnung etwa zu 0,9, für rechteckige zu 0,8 genommen werden. Die Vorzahl σ trägt der Verengung der Sitzöffnung durch Rippen und Befestigungsschrauben Rechnung. Bei Gummiklappen wird σ in Folge der zahlreichen Gitterstäbe klein und kann zu 0,5 bis 0,7 genommen werden.

Die vorgenannten Formeln gelten nur, wenn die Ebene der Sitzöffnung senkrecht auf der Mittellinie des gegen diese mündenden Rohr- oder Kanalendes steht; bei Klappen mit gerader Drehachse wird zweckmässig die Sitzfläche derart schräg gegen die genannte Mittellinie gestellt, dass die bei geöffneter Klappe durchströmende Flüssigkeit möglichst wenig abgelenkt wird, wie es z. B. bei der Anordnung Fig. 187 der Fall ist. Hierfür muss jedoch als Durchflussquerschnitt derjenige gerechnet werden, welcher senkrecht zur Rohr- oder Kanalmittellinie sich ergibt; die Abmessungen dieses Querschnittes sind dann nach obigen Formeln zu nehmen.

Für die Bestimmung des Hubes eines Klappenventiles ist die Art der Gelenkigkeit und die Grundrissform der Klappe massgebend. Ist der von letzterer zu beeinflussende Kanalquerschnitt rechteckig von der Breite a und der Länge c, und erfolgt die Bewegung der Klappe um eine zur Länge parallele Achse, wie dies bei Metall- und gewöhnlich auch bei Lederklappen der Fall ist, so setzt sich der Querschnitt, durch welchen bei geöffneter Klappe die Flüssigkeit entweichen kann, angenähert aus einem Rechteck c i und zwei Dreiecken, jedes von dem Inhalt

$$\frac{a \cos\beta \cdot i}{2}$$

zusammen, wenn β den Aufschlagwinkel und i die Erhebung über der von der Drehachse abgelegenen Längsseite c bedeutet. Der gesammte Querschnitt ist somit angenähert

$$i\,(c + a \cos\beta).$$

Derselbe kann jedoch nicht als Durchgangsquerschnitt gelten, da er vom Flüssigkeitsstrom nicht in allen Punkten senkrecht durchflossen wird. Es ist daher eine Vorzahl α' einzuführen, welche dieser Ungenauigkeit und zugleich der Kontraktion Rechnung trägt. Die durch die Klappe in der Sekunde mit der Geschwindigkeit v'_v strömende Flüssigkeitsmenge Q kann somit gesetzt werden

$$Q = i\,(c + a \cos\beta)\,\alpha'\,v'_v; \qquad 140)$$

hierbei ist

$$i = a \sin\beta.$$

α' kann nach Bach zu 0,85 bis 0,9 gesetzt werden. v'_v ist zweckmässig gleich der Geschwindigkeit v_v zu nehmen, mit welcher die Flüssigkeit durch den freien Kanalquerschnitt strömt (vgl. S. 121). Für $a = c$ ergibt sich aus diesen Formeln β nahezu zu 30^0, welcher Werth auch vielfach angenommen wird. Für $a \lesseqgtr c$ würde β aus Gleich. 140 zu bestimmen sein.

Für den kreisförmigen Kanalquerschnitt und für die Bewegung der Klappe um eine kurze, an der Umfangslinie angeordnete Achse (vgl. Fig. 224) ergibt sich mit genügender Genauigkeit

$$Q = \alpha \sigma \pi \frac{d_u^2}{4} v_v = \alpha' \frac{\pi d_u}{4} (1 + \cos \beta) i v'_v, \qquad 141)$$

da der Querschnitt, durch welchen die Flüssigkeit bei geöffneter Klappe entweichen kann, ein Stück einer Cylinderfläche ist, deren Grundfläche eine Ellipse mit den Achsen d_u und $d_u \cos \beta$ ist; α' ist wieder eine Vorzahl, welche die Richtigstellung der Formel ergibt und der Kontraktion Rechnung trägt; sie kann zu 0,9 genommen werden. Da auch $i = d_u \sin \beta$, so ergibt sich β nahezu wieder gleich 30^0.

Bei Doppelklappen mit der Anordnung nach Fig. 188 kann mit genügender Annäherung auch die Gleich. 141 zur Bestimmung von β benutzt werden; hierbei bezeichnet Q die durch beide Klappen in der Sekunde strömende Flüssigkeitsmenge.

Für Gummiklappen, welche nach Fig. 204 um eine kreisförmige Kante sich öffnen, ist die Durchgangsfläche der Mantel eines Kegelstumpfes von den Durchmessern d_u und $(d_u - 2 i \sin \beta)$ und der Kegelkante i; es kann somit gesetzt werden

$$Q = \alpha' \pi i (d_u - i \sin \beta) v'_v, \qquad 142)$$

wobei annähernd

$$i = \frac{d_u - d_i}{2} \sin \beta \quad \text{ist}. \qquad 143)$$

Hierbei ist d_i der Durchmesser des inneren cylindrischen Theiles des Klappensitzes.

Es wird auch hier meist genügen, $\beta = 30^0$ zu nehmen oder $i = \frac{d_u}{4}$ zu machen, da d_u ohnehin wegen der bedeutenden Verengung durch den Auflagerost verhältnissmässig gross erhalten wird, wie dies sich durch Annahme von σ in Gleich. 141 zu 0,5 bis 0,7 ergibt.

Besondere Ventilformen, die sich von den vorbeschriebenen unterscheiden, sind gelegentlich in Vorschlag gebracht und ausgeführt worden. So sind Ventile zur Anwendung gekommen, welche aus einem Tellerventil und mehreren dasselbe umgebenden Lederklappen bestehen.

Ein Ringventil besonderer Form ist von Kley schon 1865 vorgeschlagen worden und neuerdings in wenig abgeänderter Form wieder aufgetaucht als ein Fr. Neukirch in Bremen ertheiltes Patent (erloschenes D.R.P. Kl. 59, No. 23072 und Zusatz Nr. 28872). Der Pumpencylinder ist an den Enden vielfach durchbrochen und die Oeffnungen sind mit Kautschuk-

Halbringen überdeckt, die noch an einer Kante eingeklemmt sind. Unter dem Flüssigkeitsdruck dehnen sich die Ringe aus und geben damit die Sitzöffnungen frei.

Solche Gummiringventile sind auch derart ausgeführt worden, dass sie durch ihre eigene Elasticität sich fest um die durchbrochene Wandung eines cylindrischen Ventilstuhles legen, sich unter der Flüssigkeitspressung ausdehnen und damit den Durchfluss freigeben. Die Gummiringe erhalten hierbei rechteckigen oder kreisförmigen Querschnitt.

Eigenartige sitzlose Ventile sind neuerdings von Köster für raschlaufende Pumpen mit kleiner Saughöhe angegeben worden; bei

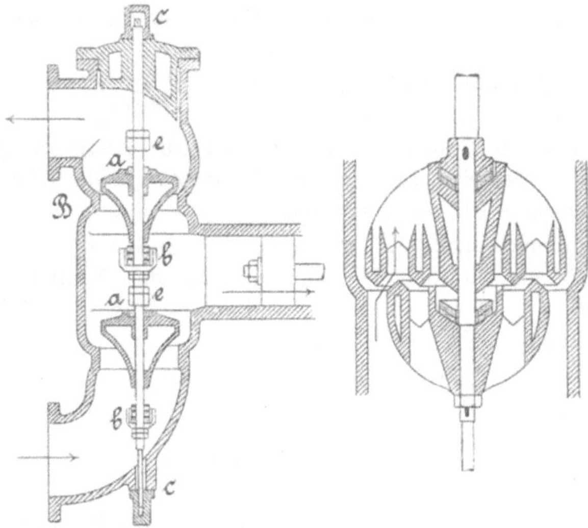

Fig. 210 und 211.

dieser in Fig. 210 und 211 dargestellten Einrichtung ist zur Vermeidung von bei schnellem Gang eintretenden Schlägen kein Sitz vorhanden, sondern die Hubbegrenzung wird nach beiden Seiten durch Puffer a und b bewirkt. Die Eigenart dieser „Sperrventile“ besteht aber noch darin, dass sie bei dem raschen Betriebsgang der Pumpe überhaupt nicht schliessen, indem bei der Saugwirkung des Kolbens die im Druckrohr sich noch durch ihre lebendige Kraft fortbewegende Flüssigkeit ein Nachfliessen der Flüssigkeit aus dem Cylinder nach dem Druckrohr erzeugt und bei der Druckwirkung gleichfalls noch ein Nachfliessen aus dem Saugrohr nach dem Cylinder entsteht. Hierdurch entsteht eine später zu betrachtende Mehrförderung, und diese zu gestatten, ohne dass Ventilschläge eintreten, ist der Zweck dieser Ventile, die also bei dem langsamen Beginn des Pumpens sich wie Kolbenschieber öffnen und schliessen, bei raschem

Gang aber geöffnet bleiben und dann durch ihre Bewegung nur eine Verengung der Durchflussöffnungen bewirken. Die für einsitzige Ventile von Köster vorgeschlagene Anordnung ist durch Fig. 210 verdeutlicht. Saugventil und Druckventil können sich frei an der verstellbaren Stange c bewegen, welche verstellbare Puffer b und durch Muttern gebildete verstellbare Anschläge e trägt. Die angegebene Stellung der Ventile würde z. B. der Saugwirkung bei raschem Gang entsprechen. Fig. 211 stellt ein mehrsitziges Ventil für grössere Pumpen dar. Diese letztere Anordnung lässt sich auch unmittelbar als Ventilkolben für raschlaufende Hubpumpen verwenden. Erfahrungen über diese Sperrventile sind nicht bekannt geworden.

Bei der Förderung heisser und dicker Flüssigkeiten kann der Kolben insbesondere am Anfang seiner Bewegung nicht diejenige Luftleere erzeugen, welche zum selbstthätigen Heben des Saugventiles nothwendig ist. In solchen Fällen lässt man die Flüssigkeit durch ihr Eigengewicht von einem höher gelegenen Behälter in den Cylinder laufen oder gibt dem Saugventil eine theilweise gezwungene Bewegung, durch welche es zwangläufig geöffnet wird. Auch kann die von Huber und Alter in Prag (erloschenes D.R.P. Kl. 59 No. 11 573) angegebene, in Fig. 212 dargestellte Ventilanordnung ausgeführt werden. Der Stutzen A des Ventilkastens wird hierbei mit dem Raum zwischen dem Saug- und Druckventil der betreffenden Pumpen, der Stutzen B mit einem luftverdünnten Raume, z. B. dem Kondensator einer Dampfmaschine oder dem Kochraum des zu entleerenden Dicksaftkörpers (bei Zuckersaftpumpen) verbunden. Wenn nun der Pumpenkolben seine Saugwirkung ausführt, so wird das Ventil C durch die regelbare Feder D niedergedrückt und geöffnet und die Verbindung mit dem luftverdünnten Raum hergestellt. Die zu hebende Flüssigkeit kann dann leicht das Saugventil heben und in den Pumpencylinder eindringen. Erfolgt dann der Kolbenwechsel, so wird das tellerförmig weit ausladende Ventil sofort durch die Flüssigkeit in die Höhe gedrückt, also geschlossen, und die Verbindung mit dem luftverdünnten Raum aufgehoben.

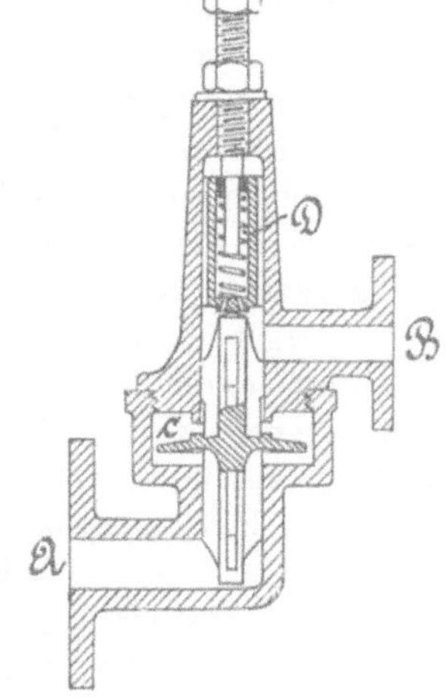

Fig. 212.

2. Selbstthätige Ventile mit gesteuerter Schlussbewegung.

Die Forderung, den nothwendigen Durchgangsquerschnitt bei möglichst kleinem Ventilhub zu erhalten, hat, wie im letzten Kapitel gezeigt ist, zu einer grossen Zahl umständlicher Ventilformen geführt. Pumpen für Wasserwerke und Wasserhaltungsanlagen mit einigermassen grösserer Lieferungsfähigkeit werden mit mehrfachen Hub- oder Klappenventilen ausgerüstet, welche Ventilkästen von grossem Durchmesser und daher bedeutender Wandstärke erfordern, die kostspielig und schwer zu handhaben sind. Es wurden, um der angegebenen Forderung zu genügen, konzentrische Ringventile mit bis zu 15 Ringen, Stufenringventile mit 10 über einander liegenden Sitzflächen, Ventilpyramiden mit mehr als 100 Ventilen angewendet und in weiterer Erfüllung der Forderung selbst zwei und mehrere mehrfache zusammenarbeitende Ventile angeordnet. Die betreffenden Ausführungen zeigen theilweise allerdings, dass der Erbauer in dem Bestreben, den genügenden Durchgangsquerschnitt zu erzielen, zu weit gegangen ist, indem der Grundsatz sich befolgt findet, bei Pumpen mit etwa 1 m mittlerer Kolbengeschwindigkeit müsse der Durchgangsquerschnitt der geöffneten Ventile mindestens gleich dem Pumpenkolbenquerschnitt und für rascheren Gang grösser als derselbe sein. Es ist dies, wie in früherem (vergl. S. 121) erläutert wurde, nicht nothwendig und, wenn die Querschnitte von Saug- und Druckrohr nicht auch gleich dem des Kolbens gemacht werden, auch nicht richtig; es genügt stets, den Durchgangsquerschnitt der Ventile nur um so viel grösser als den des Saug- bezieh. Druckrohrs zu nehmen, als es die Rücksichtnahme auf die eintretende Kontraktion erfordert. Aber auch nach Befolgung dieser Regeln ergeben sich für grössere Lieferungsmengen grosse kostspielige Ventilformen, die vermieden werden können, wenn den Ventilen ein grösserer Hub gegeben wird. Dies ist aber nur möglich, wenn das Sinken des Ventils nicht unter dem Einfluss des Gewichts und einer etwa noch angebrachten Federbelastung selbstthätig erfolgt, sondern durch einen Steuerungsmechanismus zwangläufig in möglichst kurzer Zeit erzeugt wird.

Solche Vorrichtungen sind seit längerer Zeit versucht worden und zwar wurden hierbei Gestängesteuerungen benutzt, indem die Ventile durch einen Mechanismus bewegt wurden, dessen Antrieb durch die hin und her gehenden Theile der Pumpe erfolgte. Eine Steuerung dieser Art ist z. B. von George Corliss in Providence, Nordamerika, angegeben worden (erloschenes D.R.P. Kl. 59 No. 13981 und Zusatz No. 14790). Die innere Steuerung der betreffenden Pumpe erfolgt durch tellerförmige Ventile, welche an Hebeln befestigt sind; letztere werden von an der Pumpenkolbenstange angebrachten Anschlägen durch ein Gestänge derart bewegt, dass die Ventile sich schliessen; das Oeffnen derselben kann jedoch selbstthätig erfolgen, nur der Schluss geschieht in bezeichneter Weise zwangläufig, wenn der Kolben sich seinen Endstellungen nähert. Damit beim Auftreffen der genannten Anschläge auf das Gestänge ein Stoss vermieden wird, sind Federn zwischengeschaltet, wodurch aber die Sicherheit der Ventilbewegung verloren geht. Ferner hat die unmittelbare Einwirkung der Pumpenkolbenstange auf das Gestänge, wenn nicht umständliche

Uebersetzungsmechanismen eingeschaltet werden, zur Folge, dass die Bewegung des Ventils derjenigen des Kolbens entspricht; da die Geschwindigkeit des letzteren bei der meist angeordneten Kurbelbewegung gegen das Ende des Hubes hin stark abnimmt, so wird also auch das Ventil sich unmittelbar vor dem Abschluss langsam bewegen, während es umgekehrt nothwendig ist, eine rasche Schlussbewegung unmittelbar vor dem Hubwechsel zu erzielen. Es ist ferner zweckmässig, das geschlossene Ventil durch die Steuerung einige Zeit festzuhalten, damit ein nachträgliches Wiedereröffnen des Ventils, wie es bei Störungen im Pumpenbetrieb auftreten kann, verhütet wird.

Bei der von Corliss angegebenen Anordnung ist es jedoch möglich, dass das geschlossene Ventil sich unmittelbar nach dem Hubwechsel wieder öffnen kann, weil die Einwirkung des steuernden Gestänges beim Rückgange des Kolbens sofort wieder aufhört.

Die Mängel der Gestängesteuerungen sind nun bei denjenigen gesteuerten Ventilen vermieden, welche A. Riedler in Berlin entworfen hat (D.R.P. Kl. 47 No. 24849, 41580, 42346, 42374, Kl. 59 60447, 64772), und die in zahlreichen Ausführungen erfolgreich zur Anwendung gekommen sind. Das Wesentliche dieser Ventilanordnung besteht in folgendem: Das Ventil öffnet sich selbstthätig und bleibt nahezu während des ganzen Kolbenhubes offen; kurz vor dem Hubwechsel wird es durch eine Steuerung zwangläufig gegen den Ventilsitz bewegt, jedoch nicht vollständig zugedrückt, sondern es bleibt eine sehr kleine Ventilöffnung übrig, so dass das Ventil sich für den Abschluss wieder selbstthätig unter dem Einfluss der Flüssigkeitspressung bewegen kann. Die Schlussbewegung wird hierbei von einer umlaufenden Welle abgeleitet und derart auf das zu schliessende Ventil übertragen, dass die Durchgangsgeschwindigkeit durch letzteres bis an das Hubende annähernd gleich bleibt. Die Form der Ventile ist hierbei im Allgemeinen beliebig, jedoch empfiehlt es sich, wie Riedler in einer seine Anordnung ausführlich darlegenden Abhandlung (Zeitschrift des Vereins deutscher Ingenieure, 1885 S. 502 u. f.) erläutert, einfache Teller- oder Ringventile oder Klappen anzuwenden und nur in besonderen Fällen, wenn z. B. die Auflagerdrucke in den Sitzflächen unzulässig gross werden, mehrsitzige Ventile anzuordnen.

Die Steuerung muss folgenden Bedingungen entsprechen: Das Ventil muss sich frei auf den vollen Hub bei Beginn der Kolbenbewegung heben können; die Eröffnung kann hierbei durch eine Entlastung unterstützt und soll durch die Steuerung nicht beeinträchtigt werden; das Ventil muss während des Kolbenhubes geöffnet bleiben, und vor Ende desselben muss die Steuerung das Ventil zuerst langsam und stossfrei erfassen und unmittelbar vor dem Hubwechsel möglichst rasch dem Sitze nähern; die Steuerung muss so regelbar sein, dass der noch beim Hubwechsel verbleibende freie Ventilhub beliebig klein eingestellt oder auch ganz aufgehoben werden kann. Von nun an darf die Steuerung eine volle Wiedereröffnung des Ventils nicht zulassen, auch nicht unter der Einwirkung der Entlastung oder zufällig auftretender Kräfte; nur gegenüber aussergewöhnlichen, durch Nachlässigkeit veranlassten Störungen soll die Steuerung nachgiebig sein. Die Steuerung soll das selbstthätige, wenn auch beschränkte Spiel des Ventils und ebenso seine selbstthätige Dichtung ermöglichen, so dass sich das Ventil den unvermeidlichen Unregelmässigkeiten des Betriebs selbstthätig jederzeit anpassen kann. An diese, der richtigen Thätigkeit des Ventils entsprechenden Bedingungen reihen sich noch die rein praktischen Anforderungen: Die Steuerung muss möglichst einfach und zugänglich, sowie möglichst wenig der Ausbesserung bedürftig und gegenüber unvermeidlichen Ungenauigkeiten und Abnutzungen u. s. w. unempfindlich sein.

Riedler fand, dass allen diesen Anforderungen am einfachsten durch Ableitung des Zwangsschlusses von einer sich drehenden Welle und durch Uebertragung der Schlussbewegung auf die Ventile, mittels unrunder Scheiben (Daumenscheibe oder Excenter) entsprochen wird. Auf der Schwungradwelle, der Pumpe oder auf einer von dieser durch Zahnräderübertragung getriebenen Welle werden Daumen verstellbar angebracht, welche durch Hebel oder unmittelbar auf die zur Führung angeordneten Ventilspindeln wirken; im ersteren Falle kann die Hebelachse im Ventilkasten oder ausserhalb desselben angebracht werden. Bei Verwendung einer Klappe wird dieselbe einer Druckstange angelenkt, welche durch den Kastendeckel dringt und durch den Daumen unmittelbar beeinflusst wird; in einfacher Weise kann auch die Klappe auf einer schwingenden Steuerwelle unmittelbar befestigt werden.

Wenn die besonderen Verhältnisse es gestatten, so ist es bei doppeltwirkenden Pumpen auch möglich, je zwei Ventile und zwar ein Saugventil der einen und ein Druckventil der anderen Pumpenseite, gleichzeitig durch einen Daumen zu steuern, da je zwei dieser Ventile sich stets gleichzeitig schliessen müssen.

Die Riedler'sche Steuerung wurde bisher in verschiedenen Anordnungen ausgeführt, von denen die nachfolgenden Skizzen das Wesentliche veranschaulichen.

Bei der in Fig. 213 und 214 angegebenen Einrichtung erfolgt die Bewegungsübertragung durch Daumen, welche die Schlussbewegung unmittelbar auf die Ventilspindel übertragen. Nachdem gesteuerte Ventile, wie erwähnt, auch vollständig entlastet betrieben werden können und ihr richtiges Spiel von der Wirkung der Schwerkraft ganz unabhängig ist, so kann das Ventil, wie in Fig. 214 dargestellt, auch beliebig geneigt oder mit wagerechter Spindel angeordnet werden, oder es wird die Welle seitwärts des Ventilkastens gelagert und die Schlussbewegung mittels Uebersetzungshebels, wie Fig. 215 und 216 zeigen, auf das Ventil übertragen.

Der Daumen wirkt unter Vermittlung einer Rolle auf den Hebel, der an den Ventilspindeln angreift; er hindert durch seine Formung während eines gewissen Theils des Kolbenweges das Ventil an der Wiedereröffnung und kann für den Zwangsschluss so begrenzt werden, dass im Ventil während

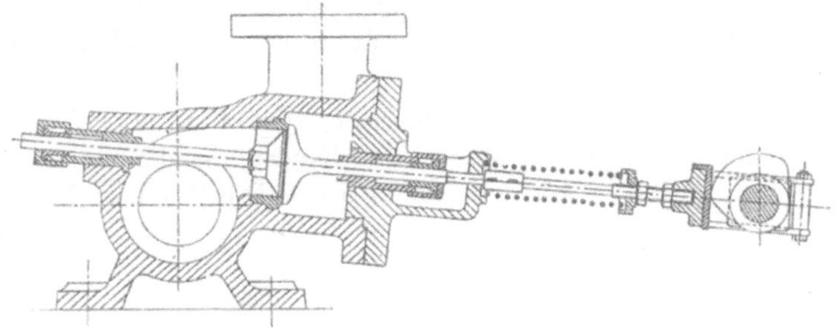

Fig. 214.

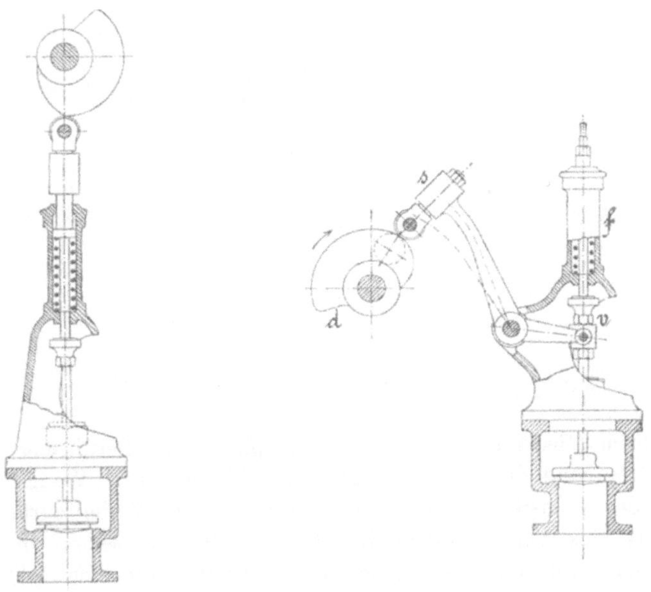

Fig. 213. Fig. 215.

des Schlusses gleichbleibende Durchgangsgeschwindigkeit auftritt, indem der Ventilhub entsprechend der abnehmenden Kolbengeschwindigkeit verkleinert wird.

Die Rolle ist im Hebelkopf nachgiebig gelagert, damit im äussersten Falle bei falscher Einstellung der Steuerung die Ventile sich etwas heben können und Brüche vermieden werden. An der Angriffsstelle der Hebel sind in die Spindeln Verschraubungen eingeschaltet, welche die genaue Einstellung des Ventils ermöglichen. Ausserhalb der Stopfbüchsen stehen die Ventilspindeln mit den Entlastungsfedern in Verbindung, welche das Ventilgewicht ausgleichen, so dass die Ventile sich leicht und schnell öffnen können; unterhalb des Federgehäuses ist ein Anschlag zur Hubbegrenzung des Ventils angebracht.

Eine andere Anordnung der Steuerung zeigt Fig. 217. Die Ventile sind nicht mit den Steuerungsspindeln verbunden, sondern innerhalb des Ventilkastens eintriebig mit letzteren gepart (D.R.P. Kl. 47 No. 41 580),

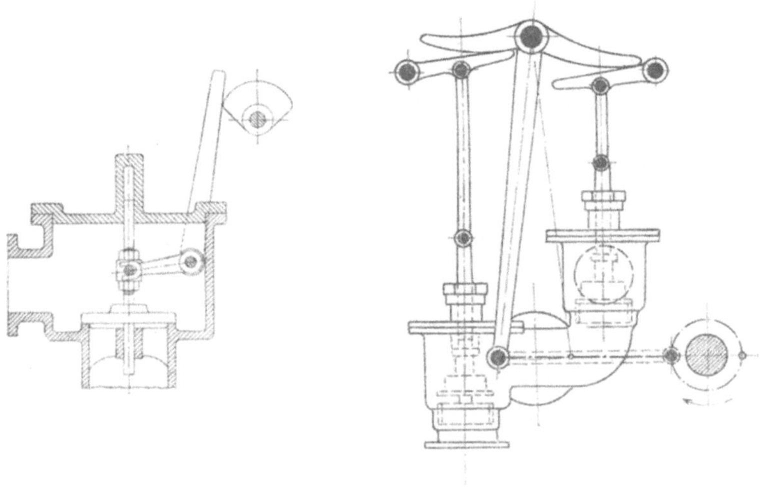

Fig. 216. Fig. 217.

so dass beim Niedergang der Steuerungsspindel die Berührung mit dem Ventil erfolgt und dieses zwangläufig geschlossen wird. Wenn aber nun während des nächsten Kolbenhubes die Steuerungsspindel zurückgezogen wird, so ist das Ventil vollständig frei und hat bei seiner im nächsten Hubwechsel erfolgenden selbstthätigen Eröffnung nur sich selbst, nicht aber irgend welche Steuerungstheile mitzubewegen und auch keine Stopfbüchsenreibung zu überwinden. Bei dieser Anordnung ist die Ventileröffnung für raschen Hubwechsel verbessert, da durch diese eintriebige Parung der bei der Eröffnung störende Einfluss der Massenbewegung und der Nebenwiderstände beseitigt ist.

Der Antrieb der Steuerung Fig. 217 erfolgt durch ein Kreisexcenter oder eine Kurbel, welche die Schlussbewegung mittels eines Doppelhebels abwechselnd auf die Steuerungsspindeln des Saug- und Druckventils einer

Pumpe überträgt, so dass abwechselnd ein Ventil im Hubwechsel geschlossen, die Steuerungsspindel des zweiten Ventils aber zurückgezogen wird, um dieses Ventil für die selbstthätige Eröffnung freizugeben. Dieses Zurückziehen der Steuerungsspindeln erfolgt entweder durch eigene Federn oder durch den Flüssigkeitsdruck auf den Querschnitt der Spindeln.

Bei diesem Excenterantrieb würde, sowie bei den Gestängesteuerungen, die Schlussgeschwindigkeit eine mit der Kolbengeschwindigkeit bis zum Hubwechsel auf Null abnehmende sein, weil das Antriebs-Excenter bei dieser Anordnung offenbar gleich oder unter 180^0 mit der Pumpenkurbel laufen muss. Der Ventilschluss würde demnach unzulässig schleichend

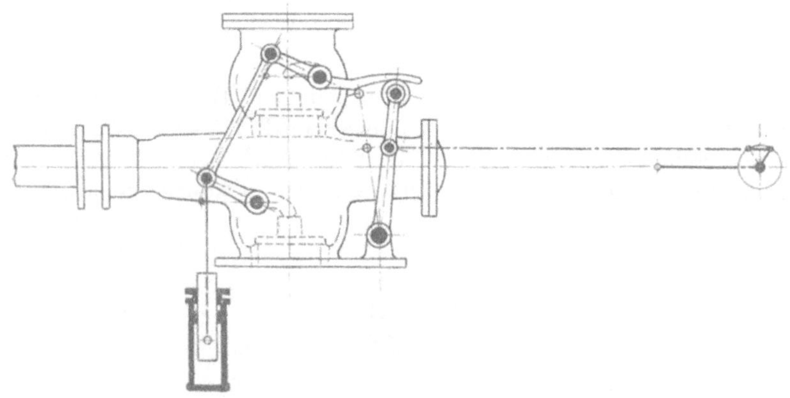

Fig. 218.

erfolgen. Dies zu verhüten und die richtige Durchgangsgeschwindigkeit in den Ventilen zu erzielen, dienen die in die Hebelübertragung eingeschalteten Wälzungshebel, welche die erste Angriffsgeschwindigkeit vermindern, die Ventilschlussgeschwindigkeit gegen Ende des Kolbenhubes aber vergrössern.

Eine andere Anordnung bei ähnlicher Wirkung zeigt Fig. 218 (Zusatz-Patent No. 42374), welche aber die Verwendung eines Excenters gestattet, das unter beliebigem Winkel der Pumpenkurbel voreilt.

Die Bewegungsübertragung erfolgt durch einen schwingenden Hebel, der mit einem Kurbelhebel kraftschlüssig in Verbindung steht. Der Kraftschluss kann durch eine Feder oder durch Flüssigkeitsdruck auf einen Hülfskolben bewirkt werden, der zugleich alle Gelenke der Steuerung einseitig anspannt und Druckwechsel verhütet.

Durch diese Kurvenübersetzung, sowie durch unrunde Daumen kann die gewünschte Schlussgeschwindigkeit erzielt werden. Um Excenter mit beliebigem Voreilungswinkel verwenden zu können, ist nur erforderlich, die Kurve an beiden Enden konzentrisch zum Hebeldrehpunkt auslaufen zu lassen, so dass der Hebel bei der Excenterdrehung nach dem Pumpenhubwechsel frei weiter schwingen kann, ohne die weiteren Steuerungstheile mitzubewegen.

Bei dieser Anordnung kann für die Pumpensteuerung auch jedes vor-

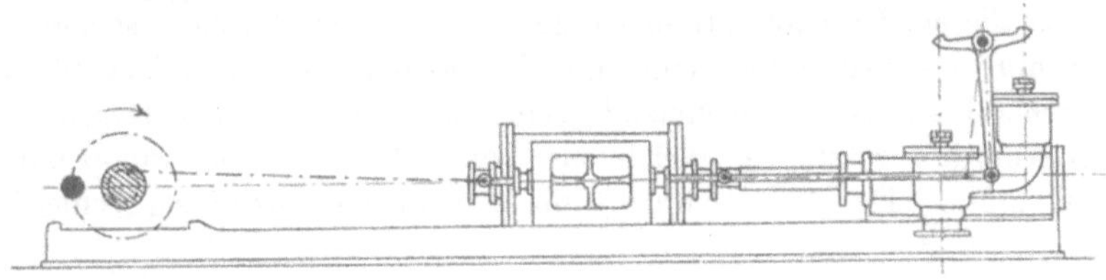

Fig. 219.

handene Excenter der Dampfmaschinensteuerung, z. B. das Grundexcenter benutzt werden, wie Fig. 219 verdeutlicht (D.R.P. Kl. 47 Nr. 42346).

Eine weitere Anordnung zeigt Fig. 220. Auch bei dieser Anordnung sind die Steuerungsspindeln eintriebig mit den Ventilen innerhalb der

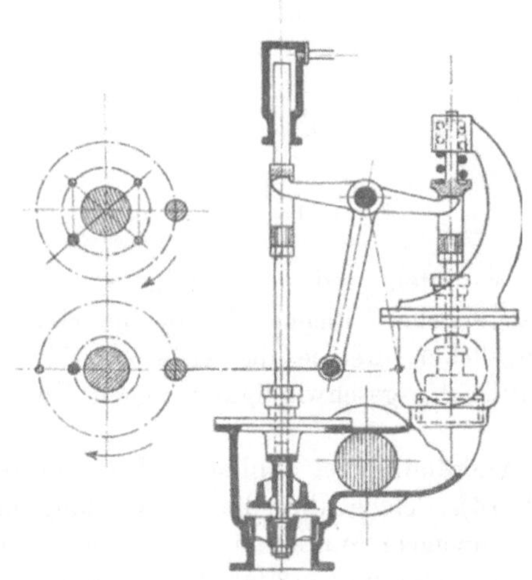

Fig. 220.

Ventilkasten gepart; die Spindeln werden aber nicht zwangläufig durch den Steuerungsantrieb geschlossen, sondern die Spindeln sind durch Federn oder Flüssigkeitsdruck beständig belastet; der Steuerungsantrieb (Excenter oder Daumen) hebt diese belasteten Spindeln auf, bevor die Ventile sich selbstthätig öffnen sollen und lässt die Spindeln herab, wenn der Ventilabschluss erfolgen soll, wobei die Spindeln der Excenterbewegung kraftschlüssig folgen. Auch bei dieser Anordnung kann jedes Excenter mit beliebigem Voreilungswinkel, also auch jedes vorhandene Excenter der Dampfmaschinensteuerung sowie auch ein entsprechendes Organ der Corlisssteuerung (s. Tafel II) verwendet werden.

Schliesslich wäre als Abänderung der Riedler'schen Zwangsschlusssteuerung noch zu erwähnen: der Steuerungsantrieb in der erwähnten Art durch Excenter oder Daumen oder in Verbindung mit hydraulischem Gestänge für die Uebertragung der Schlussbewegung auf das Ventil, als Ersatz für die Hebelübertragung in denjenigen Fällen, wo für letztere eine zweckmässige Anordnung wegen zu grosser Entfernung der Pumpe vom Steuerungsantrieb nicht möglich ist.

Die Vorteile, welche diese Riedler'schen Ventile gegenüber den anderen Ventilformen, wie sie zur Erreichung eines möglichst kleinen Ventilhubes in zahlreichen Arten erdacht und ausgeführt worden sind, besitzen, ergeben sich aus dem Gesagten sofort.

Die Ventile können mit der erreichbar geringsten Grösse ausgeführt werden, da der Ventilhub dem nothwendigen Durchgangsquerschnitt entsprechend gross genommen werden kann; die Ventilsitzflächen werden daher bedeutend kleiner als bei den anderen Ventilarten; für die Ventilkästen ergibt sich das gleiche. Der Unterschied ist hierbei gegenüber den mehrfachen Ventilen bedeutend; die Sitzflächen betragen nur $^1/_7$ bis $^1/_{12}$ der für diese erforderlichen; für die Ventilkästen ergibt sich ein Gewichtsverhältniss von 1 : 8 bis 1 : 10. Ferner ist nur je ein einziges Ventil für Saug- oder Druckwirkung erforderlich.

Auch in Amerika scheint man von anderer Seite der Steuerung der Pumpenventile Beachtung zu schenken, wie ein von Worthington genommenes Patent zeigt. Näheres in Dingler's Journ. Bd. 300, S. 30.

Die aus Vorstehendem sich ergebenden Vortheile der einfacheren Herstellung und Instandhaltung solcher gesteuerter Ventile, sowie der bedeutend geringeren Kosten, insbesondere bei Hochdruckpumpen, sind selbstverständlich. Die Ventile ergeben einen vollkommen ruhigen Gang, so dass das Dichtungmaterial nur durch den Auflagerdruck, niemals durch Stösse beansprucht wird, also von viel grösserer Dauer sein wird. Endlich ist noch hervorzuheben, dass durch das vollständig zuverlässige Spiel der Ventile mit Zwangsschluss unter gleichen Verhältnissen ein viel rascherer Gang der Pumpe, also eine billigere Anlage erreichbar ist.

Weitere wesentliche Vortheile dieser gesteuerten Ventile ergeben sich dadurch, dass alle rein praktischen Anforderungen an Ventile vortheilhafter durchführbar sind als dies bei den üblichen selbstthätigen Ventilen möglich ist. Die Führung der gesteuerten Ventile kann durch Spindeln bewirkt werden, welche genau wirken, ein Schwanken und Klemmen nicht zulassen und das Ventilspiel jederzeit aussen erkennen lassen. Ein Versagen der Ventile ist unmöglich, so lange die Steuerung richtig arbeitet, was durch zweckmässige Einrichtung sicher erhalten werden kann. Die gesteuerten Ventile müssen stets genau auf den Sitz treffen. Die Nothwendigkeit, zur Erzielung eines raschen Ventilschlusses das Gewicht des Ventiles gross zu machen fällt hier weg; es kann vielmehr eine weitgehende Entlastung der Ventile angeordnet werden, so dass die Eröffnung ohne Mitwirkung eines Ueberdruckes in der Pumpe sofort und vollkommen erfolgt, was insbesondere für die Saugventile von grossem Werthe ist.

Die Konstruktion der gesteuerten Ventile hat eine weitere Vervollkommnung dadurch erfahren, dass die Mitwirkung von Federn in Verbindung mit dem Zwangsschluss und gleichzeitig mit ihm wirkend herangezogen worden ist (D.R.P. Kl. 59 Nr. 60447 und 64772). Zweck dieser Anordnung ist, das selbstthätige Spiel der Ventile nicht auf ein geringes Maass zu beschränken, sondern, wenn nothwendig, das Ventil durch den Zwangsschluss nur angenähert zu steuern, den Rest der Bewegung aber selbstthätig zu bewirken und so auch möglichen Ungenauigkeiten in der Ausführung oder Einstellung der Steuerung Rechnung zu tragen. Die Federn werden dabei auf den mittleren Durchflusswiderstand des Ventils angespannt.

Die Einführung dieser Ventile mit Zwangsschluss bedeutet somit einen wesentlichen Fortschritt auf dem Gebiete des Pumpenbaues, welcher sich an zahlreichen praktischen Ausführungen bewährt hat; letztere erstrecken sich auf alle Pumpenarten, von welchen folgende erwähnt seien:

Pumpen für städtische Kanalisation. Sie haben sandige und Schmutzwasser zu fördern. Die Verunreinigungen, insbesondere Sand, greifen Metalltheile stark an; ausserdem muss auf unzusammendrückbare Fremdkörper in der Pumpe gerechnet und es müssen Beschädigungen der Ventile durch diese verhütet werden. Diesen Bedingungen kann durch vielsitzige Ventile mit Rippen, Vorsprüngen und starken Wasserablenkungen nicht entsprochen werden. Es sind deshalb Klappen ausgeführt, welche einen vollen glatten Querschnitt vollkommen öffnen, auf den Sitzen mit Leder oder Gummi gedichtet sind und auch keine eigentliche Führung besitzen, die durch sandiges Wasser u. s. w. beeinträchtigt werden könnte; die Klappen sind vielmehr in Gelenken drehbar oder an starken Gummibändern seitlich am Sitz festgehalten. Der Zwangsschluss erfolgt mittelst eines breiten Hebels, welcher zugleich als Fänger für das Ventil dient.

Der äussere Steuerungsantrieb erfolgt bei diesen Maschinen durch die verlängerte Schieberstange der Dampfmaschinensteuerung, also mit Voreilungswinkel, so dass nach erfolgtem Hubwechsel eine in der äusseren Steuerung angebrachte Feder zusammengedrückt werden muss. Solche Klappenpumpen sind ausgeführt worden bei den Kanalisationsanlagen in Berlin (Radialsystem IX), Rixdorf, Charlottenburg, Steglitz, Liegnitz, Braunschweig und Magdeburg.

Unterirdische Wasserhaltungsmaschinen. Nachdem die Ausführungen im Amalienschacht und Mayrauschacht bei Kladno (letztere Anlage für 520 m Druckhöhe) sich bewährt und mehrere andere mittelgrosse Anlagen bei Leoben, Miröschau (bei Pilsen) und Mährisch-Ostrau entsprochen hatten, wurden Pumpen mit gesteuerten Ventilen für unterirdische Wasserhaltungen in grossem Massstabe ausgeführt, u. A. für die Centralwasserhaltung des Zwickauer Kohlenreviers bei Bockwa (normal 3 cbm, maximal 12 cbm minutliche Leistung auf 180 m Höhe, normal eine Maschinenhälfte, maximal — bei Wassereinbrüchen — die ganze Maschine mit bis 100 minutlichen Umdrehungen im Betrieb), die Wasserhaltungen auf Zeche Dannenbaum (s. S. 154), Graf Beust, Louise Tiefbau, für die Wasserhaltungsmaschine für 420 m Druckhöhe und 10 cbm minutliche Leistung auf Nothberg-Grube bei Eschweiler, für die Wasserhaltungen in Alsdorf bei Eschweiler, Douglas-Hall bei Westeregeln, für mehrere grosse Wasserhaltungsmaschinen im Mansfelder Kupferbergbaurevier, für zahlreiche grosse Wasserhaltungen im schlesischen Revier, u. A. vier Maschinen auf Brandenburg-Grube bei Ruda, Gottessegen-Grube bei Antonienhütte, Wolfgang-Grube bei Ruda, Anna-Grube bei Pschow, Radzionkau-Grube bei Beuthen, Cleophas-Grube, ferner für die unterirdischen Wasserhaltungen der Boston & Montana Co. in Butte City (Ver. St. v. Nordamerika), die Weltausstellung in Chicago, the Robinson Gold Mng Co. in Afrika, the Rand Mines Limited in Afrika, the De Beers Consolidated Mines in Afrika, the Butte & Boston Mng Co. Montana, the Tiger Mine Idaho, the Montana Mng Co. Montana, the Mohawk Mines Arizona, the Pennsylvania Railroad Co. Penn., the Delaware, Lackawanna & Western Railroad Co. Penn., the De Lamar Mines Nevada, Francisco M. Coghlan Mexico, Amarillas Mng Co. Mexico, Creston & Colorado Co. Mexico, Alaska Mexican Gold Mng Co. Alaska, Anaconda Mng Co. Butte Montana, Buffelsdoorn Gold Mng Co. Africa, Robert Symon Mexico, W. S. Stratton Independence Mine Colorado, Cia del Boleo Mexico (3 Stück), Chapin Mng Co. und ausserdem mehrere Anlagen für Mexiko, die z. Z. noch in Ausführung begriffen sind.

Bei allen neueren Ausführungen für Wasserhaltungszwecke sind Ventile mit einem oder mehreren konzentrischen Ringen verwendet und gegenüber unreinem Wasser mit Leder abgedichtet. Der Zwangsschluss erfolgt bei allen Maschinen durch die verlängerte Schieberstange der Dampfmaschinensteuerung, bei Voreilwinkeln von 20 bis 45^0, unter Einschaltung einer Gummifeder auf dem Ventil; diese Feder wird nach erfolgtem Ventilschluss zusammengedrückt und nimmt den Steuerungsweg entsprechend der Winkeldrehung von $90^0—\delta$ auf.

W a s s e r w e r k s m a s c h i n e n. Da es sich bei den meisten Wasserwerksmaschinen um möglichst ökonomischen Betrieb und bei verhältnissmässig niedriger Wasserpressung um die möglichste Vermeidung von Widerständen handelt, sind die Ventile vielringig, mit konzentrischen

Ringen, ausgeführt und bei reinem Wasser nur mit schmalen metallischen Sitzflächen gedichtet. Die oben erwähnte Feder ist auch hier meist auf dem Ventil als Gummifeder angebracht. Der Antrieb der Steuerung erfolgt entweder durch die verlängerte Schieberstange der Dampfmaschinensteuerung, durch Wellen und unrunde Scheiben oder von schwingenden Scheiben aus (Corliss).

Zahlreiche Wasserwerksanlagen besitzen Pumpen mit solchen gesteuerten Ventilen, u. A. die älteren Ausführungen in Brünn, Prag, Budapest, Agram, Graz, Pola, Rotterdam und die stehenden Balanciermaschinen der Wasserwerke Leipzig; von neueren Ausführungen die stehenden Maschinen der Wasserwerke Breslau und Hamburg, die grosse stehende Maschine mit unten liegendem Balancier und schiefliegenden Pumpen des Wasserwerks Boston, ferner die Wasserwerksmaschinen der Solvay Process Co. in Syracuse N. Y., der Stadt Portland Oregon mit Antrieb unmittelbar durch Pelton-Räder, des Lincoln-Parks in Chicago, die liegenden Maschinen mit stehenden Pumpen in Darmstadt und Belgrad (s. S. 139), die liegenden Pumpmaschinen der Berliner Wasserwerke in Lichtenberg und Müggelsee, die Wasserwerksanlage in Barmen (23 at Druck), die Pumpmaschine in Regensburg (mit Turbinenantrieb), die Pumpmaschinen der Badischen Anilinfabrik in Ludwigshafen und der Zellstofffabrik Waldhof, die Wasserwerke in Riga, Smichow, Weinberge und Podol bei Prag u. s. w.

Presspumpen mit hohem Druck. Pumpen solcher Art mit gesteuerten Ventilen wurden ausgeführt für die Kraftvertheilungsanlage in Antwerpen (50 at Druck), den Hauptbahnhof in Frankfurt a. M. (75 at Druck), die Presspumpenanlage der Pope Manufacturing Co. in Hartford (Nordamerika, 80 at Druck) u. A. m.

Filterpumpen, welche Wasser nur auf geringe Höhen vom Wasserzufluss in Brunnen oder Flüssen auf Filterhöhe zu heben haben und angewendet werden, wo der höhere Wirkungsgrad der Kolbenpumpen gegenüber Schleuderpumpen in Betracht kommt. Ausgeführt wurden solche Pumpen mit gesteuerten Ventilen bei den Wasserwerken in Hamburg (2 bis 8 m Druckhöhe), Breslau (4 bis 6 m Druckhöhe), Stralsund, Liegnitz, beim Berliner Wasserwerk Müggelsee (Pumpmaschinen stehender Bauart) u. A. m.

Auf Tafel II ist eines der oben genannten Riedler'schen Pumpwerke abgebildet und zwar das von Fraser & Chalmers in Chicago für die Wasserversorgung der Sodawerke der Solvay Process Co. in Syracuse N. Y. erbaute Wasserwerk. Die Pumpen werden unmittelbar von einer mit Corlisssteuerung versehenen Verbunddampfmaschine getrieben; die Abmessungen sind folgende: Durchmesser des Hochdruckcylinders 559 mm, derjenige des Niederdruckcylinders 914 mm, gemeinschaftlicher Hub 1067 mm, Pumpenkolbendurchmesser 400 mm. Die Maschine läuft Tag und Nacht mit

65 minutlichen Umdrehungen und ist für eine Maximalleistung von ca. 650 Sekundenliter gebaut, welche bei 75 Umdrehungen erreicht wird.

In der Zeitschr. d. Ver. d. Ing. 1895 S. 744 wird mitgetheilt, dass die Erbauer des Wasserwerks in Metistschi, die Gebr. Bromley in Moskau, aus Versuchen festgestellt haben, dass es bei einer Geschwindigkeit von 1,22 m in den Pumpenventilen noch möglich sei, freischliessende Ventile zu verwenden, sofern dieselben durch Federn bis zu 0,1 kg/qcm belastet sind. Die Einrichtung ist dabei so getroffen, dass die Ventile mechanisch entlastet werden, so dass sie sich im gegebenen Augenblicke frei heben können und nur belastet werden, sobald sich der Kolben dem todten Punkte nähert. Gute Zeichnungen sind a. a. O. gegeben; die Pumpenkolben haben 292 mm Durchmesser bei 762 mm Hub und 72 minutlichen Umdrehungen.

Man hat übrigens neuerdings auf Grund eingehender Versuche über den Ventilüberdruck in den verschiedenen Punkten des Ventilhubes gelegentlich wieder versuchsweise zu freigängigen Ventilen mit grosser Spielzahl, und zwar mit gutem Erfolge, zurückgegriffen. Veröffentlichungen hierüber sind leider noch nicht erfolgt.

3. Selbstthätige Ventile mit gesteuerter Oeffnungsbewegung.

Es wurde bereits erwähnt, dass für die Förderung heisser Flüssigkeiten, z. B. bei Kesselspeisepumpen, welche kochendes Niederschlagswasser in den Dampfkessel pressen sollen, dem Saugventil auch eine theilweise zwangläufige Bewegung gegeben wird, derart, dass beim Beginne der Saugwirkung das Saugventil mittels eines stetig sich drehenden, von der Schwungradwelle in Bewegung gesetzten Hubdaumens gehoben wird, während es bei Beginn der Druckwirkung sich freigängig schliessen kann, indem die Form des Hubdaumens entsprechend gewählt ist.

Wird aus luftverdünnten Räumen gesaugt, so wird das Saugventil sich auch nicht selbstthätig öffnen, sondern es muss geöffnet werden, und finden sich hierzu gewöhnlich Federn oder Gewichte benutzt. Erstere werden leicht lahm, letztere geben Stösse, es sind daher neuerdings andere Einrichtungen in Verwendung gekommen, von welchen diejenige von Jelinek in Brüx (erloschenes D.R.P. Kl. 59 No. 33 249) erwähnt sei. Das Saugventil ist mit einem nahezu entlasteten Doppelsitzventil fest verbunden. Letzteres ist in einen zwischen dem Saug- und dem Druckrohr eingeschalteten Verbindungsstutzen derart angebracht, dass bei Beginn der Saugwirkung der Druck der auf dem Doppelsitzventil lastenden Flüssigkeitssäule des Druckrohres das genannte Ventil abwärts bewegt und damit eine Eröffnung des Saugventils bewirkt. Bei Beginn der Druckwirkung schliesst sich letzteres selbstthätig und hebt damit das Doppelsitzventil, so dass nunmehr dessen untere Sitzfläche das Druckrohr abschliesst, während vorher das gleiche durch die obere Sitzfläche geschah.

Neuerdings sind mehrfach Saugventile angewendet worden, welche hydraulisch, von der Druckleitung aus gesteuert werden; dieser Gedanke lässt sich konstruktiv sehr verschieden durchführen.

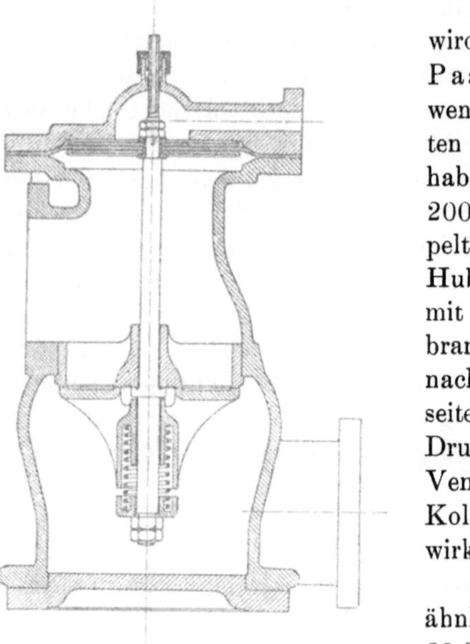

Fig. 221.

Das in Fig. 221 dargestellte Ventil wird von Koch, Bantelmann und Paasch in Magdeburg für Pumpen verwendet, welche gegen hohe Luftleere arbeiten oder heisse Flüssigkeiten zu fördern haben; das gezeichnete Ventil von 200 mm Lichtweite gehört zu einer doppeltwirkenden Saftpumpe von 250 mm Hub und 450 mm Hub. Unter der mit der Ventilspindel verbundenen Membrane wird durch eine Rohrverbindung nach der entgegengesetzten Cylinderseite während der Saugperiode die Druckflüssigkeit wirksam, welche das Ventil öffnet; bei der Umkehr des Kolbens wird dann zufolge der Saugwirkung das Ventil geschlossen.

Eine sehr einfache Anordnung eines ähnlichen Ventils (D.R.P. Kl. 59 No. 85 651) zeigt die später genannte Pumpe der Braunschweigischen Maschinenbau-Anstalt.

4. Zwangläufig gesteuerte Ventile.

Ventile mit vollkommen zwangläufiger Bewegung können nur als Schieber oder Hähne ausgeführt werden, also derart, dass sie die zu beeinflussenden Oeffnungen durch Schubbewegung freimachen bezieh. abschliessen. Hubventile können allerdings auch zwangläufig geöffnet und geschlossen werden, jedoch muss der letzte Theil der Schlussbewegung freigängig erfolgen.

Für Pumpen wird Schieber- oder Hahnsteuerung nur selten angeordnet, allerdings lässt sich durch eine solche der rechtzeitige Abschluss und die rechtzeitige Eröffnung der Flüssigkeitswege stets sichern, so dass gegenüber den Pumpen mit freigängigen Ventilen ein rascherer Gang zulässig ist, ferner können durch Verunreinigungen nicht leicht Störungen hervorgebracht werden; jedoch ist das rasche Oeffnen und Schliessen der Schieber vielfach nur in umständlicher Weise zu erreichen, die Bewegung der Schieber erfordert erheblichen Kraftaufwand, die Flüssigkeitswege und damit das Schiebergehäuse müssen, um nicht zu grosse Flüssigkeitsgeschwindigkeiten zu erhalten, grosse Abmessungen erhalten.

Da die vollkommen gesteuerten Ventile deshalb nur eine untergeordnete Bedeutung haben, so genügt eine kurze Angabe der ausgeführten Formen, umsomehr, als die Pumpeneinrichtungen, welche mit solchen Ventilen ausgerüstet sind, fast sämmtlich in späterem noch erläutert werden.

Gewöhnlich wird die Steuerung der Saug- und der Druckwirkung von einem gemeinschaftlichen Schieber oder Hahn ausgeführt, der die von den Cylinderenden abgehenden Kanäle abwechselnd mit dem Saug- und dem Druckrohranschluss in Verbindung setzt. Bei einzelnen Formen von Pumpen, welche Flüssigkeiten zu heben haben, die nicht ausgesaugt werden können, wie z. B. kochendes Wasser, breiige Substanzen, wird auch wohl, wie bereits erwähnt, die Anordnung so getroffen, dass das Saugventil zwangläufig bewegt wird, dem Druckventil jedoch die freie Bewegung belassen bleibt. In diesen Fällen werden entweder zur Steuerung der Saugwirkung Hubventile verwendet, die zwangläufig gehoben werden und sich freigängig schliessen, oder es wird der Kanal, durch welchen die Flüssigkeit infolge ihres Eigengewichtes nach dem Pumpencylinder fliesst, durch einen zwangläufig bewegten Schieber oder durch den Kolben selbst freigelegt. Pumpen der letzteren Anordnung werden z. B. von Klein, Schanzlin & Becker in Frankenthal ausgeführt.

Schieber und Hähne, welche die Saug- und Druckwirkung steuern können, sind in folgender Weise ausgeführt worden:

Poillon hat den einfachen Muschelschieber mit ebener Gleitfläche verwendet, der von der Kurbelwelle aus durch ein Hebelwerk derart bewegt wird, dass er in der äussersten Stellung sich befindet, wenn der Pumpenkolben in der mittleren steht. In dem Schieberspiegel münden drei Kanäle; die beiden äusseren führen nach den Enden des Cylinders der doppeltwirkenden Pumpe, an den mittleren schliesst das Saugrohr an, die Verbindung je eines äusseren Kanales mit dem mittleren erfolgt durch die Muschel, dabei steht der andere äussere Kanal frei mit dem Schieberkasten, an welchen das Druckrohr anschliesst, in Verbindung.

Auch Schmid hat bei der von ihm angegebenen Verbindung einer Wassersäulenmaschine mit einer Pumpe (vgl. die später folgende Beschreibung) den einfachen Muschelschieber verwendet, jedoch in der Weise, dass derselbe auch die Steuerung der Kraftmaschine ausführt. Hierbei ist die Pumpe und die Kraftmaschine einfach wirkend, so dass im Schieberspiegel auch nur drei Kanäle münden. Die Bewegung des Schiebers erfolgt von der Kurbelwelle durch Excenter und Hebel.

Die Steuerung durch die Bewegung eines Schiebers mit cylindrischer Gleitfläche kann am einfachsten dadurch erzielt werden, dass der Cylinder in schwingende Bewegung gebracht wird, indem die Kolbenstange unmittelbar an der Kurbel angreift, und dass ein am Cylinder angegossener Schieberspiegel auf einem entsprechend gestalteten Spiegel des feststehenden Gestelles hin- und zurückgleitet. Hierbei wird die

Gleitung auf einer Cylinderfläche erfolgen müssen, deren Achse die Drehachse des Pumpencylinders ist, oder auf einer senkrecht zur Drehachse stehenden Ebene. Die Anordnungen der ersteren Art unterscheiden sich je nach der Lage der cylindrischen Schieberspiegel zum Cylinder.

Schmid hat die Gleitfläche unterhalb des Pumpencylinders angeordnet, Kröber bringt sie am hinteren Ende desselben an (vgl. die später folgende Beschreibung) und Haag hat sie in den Umfang der Drehzapfen selbst gelegt. Bei jeder dieser Anordnungen münden in dem am Cylinder angebrachten Schieberspiegel die zwei von den Cylinderenden abgehenden Kanäle, während der am Gestell befindliche Spiegel drei Oeffnungen zeigt, von denen die innere in das Saugrohr, die beiden äusseren in das Druckrohr führen.

Wyss und Studer haben zwei Gleitflächen als Ebenen senkrecht zur Schwingungsachse des Pumpencylinders an beiden Seiten desselben angeordnet.

Während bei den vorgenannten vier Pumpenformen kein besonderer Schieber vorhanden ist, enthält die Pumpe von Mégy, deren Cylinder auch in schwingende Bewegung versetzt wird, einen besonderen Muschelschieber mit cylindrischer Gleitfläche, deren Mittellinie oberhalb derjenigen des Cylinders liegt. In Folge der Bewegung des letzteren schwingt der Schieber um die Drehachse des Cylinders, da aber der Schieber gleichzeitig pendelartig geführt ist, so erfolgt auch eine Verstellung des Schiebers auf der Gleitfläche. Hierdurch entsteht die abwechselnde Verbindung der von den Cylinderenden abgehenden Kanäle durch die Muschel mit dem zwischenliegenden, in das Saugrohr führenden Kanal und mit dem Schieberkasten, an welchen das Druckrohr anschliesst.

Einen ebenen Drehschieber, der von der Kurbelwelle in stetige Drehung versetzt wird, zeigt die von R. Langensiepen angegebene Einrichtung (vgl. die später folgende Beschreibung), welche vier einfach wirkende Pumpen enthält, deren Steuerung gemeinschaftlich durch den Drehschieber erfolgt.

Der cylindrische Hahn ist bei der von J. Slavik vorgeschlagenen Pumpe (erloschenes D.R.P. Kl. 59 Nr. 174 und Zusatz No. 4351) derart angeordnet, dass das mit einer Scheidewand versehene Hahnküken, in welches Saug- und Druckrohr münden, feststeht und vier einfach wirkende Pumpen stetig um dasselbe gedreht werden; hierdurch kommen die vier von den Cylinderenden abgehenden und in der Gleitfläche mündenden Kanäle abwechselnd mit dem Saug- und dem Druckrohr in Verbindung.

Bei sämmtlichen, im vorhergehenden angegebenen Pumpenformen findet das Oeffnen und Schliessen der Pumpenkanäle schleichend statt, die volle Eröffnung entsteht nur während sehr kurzer Zeit. Da nun die Abmessungen der Schieberspiegel und damit der an denselben mündenden Kanäle im Verhältniss zu dem Kolbenquerschnitt wegen der Schwierigkeit der Anordnung ohnehin kaum genügend gross gewählt werden können, so ergibt sich im Allgemeinen, dass bei diesen Schieberpumpen die Flüssigkeit für den Durchgang durch die Kanäle stark beschleunigt werden muss, wodurch bedeutende Arbeitsverluste entstehen. Dieser Uebelstand würde sich theilweise beseitigen lassen, wenn die zwangläufige Bewegung der Steuerung so eingerichtet werden würde, dass die Schieber sich rasch öffnen und rasch schliessen. Eine solche Anordnung zeigt die von Bernhard Marr angegebene Pumpe (erloschenes D.R.P. Kl. 59 No. 2 138); die Steuerung wird durch einen cylindrischen mit einer Scheidewand versehenen Hahn besorgt, in dessen Gehäuse rechts und links die beiden nach den Cylinderenden führenden Kanäle, sowie oben, bezieh. unten das Druck- und das Saugrohr münden. Die Bewegung des Hahnkükens erfolgt ruckweise um je 90^0 dadurch, dass zwei am Umfang des Schwungrades der Pumpe befindliche Knaggen abwechselnd gegen einen der vier Arme eines auf dem Hahnküken befestigten Sternes stossen und diesen verstellen.

Ventilkasten oder Ventilgehäuse.

Gewöhnlich werden die Ventile in besondereren Räumen angeordnet, welche an den Cylinder angegossen oder als selbständiger Kasten angeschraubt werden. Diese Räume sind mit Deckeln oder Thüren zu versehen, welche ein leichtes Nachsehen und Herausnehmen der Ventile gestatten. Die Ventilsitze werden, falls sie nicht unmittelbar als bearbeitete Flächen des Ventilkastens selbst gebildet werden, entweder in diesem fest angebracht oder, wie es besonders bei den Feuerspritzen der Fall ist, zum leichten Herausnehmen eingerichtet. An die Ventilkästen schliessen sich die Saug- und Druckrohre an; es sind also die nöthigen Stutzen hierfür vorzusehen und zweckmässig gegen den Kasten hin zu erweitern, um den Durchflussquerschnitt von dem des Rohres allmählich in den des Kastens überzuführen. Da der Ventilkasten durch etwa auftretende Stösse am stärksten beansprucht wird, so ist er kräftig zu machen und es wird sich empfehlen, ihn so klein als möglich anzuordnen, einerseits um die Kästen selbst handlich zu erhalten, anderseits um die bei grossen Weiten sich ergebenden grossen Wandstärken zu vermeiden. Jedoch muss der Ventilkasten weit genug sein, um der Flüssigkeit den nöthigen Durchflussquerschnitt zwischen Ventil und Wandung zu geben. Bei dem einsitzigen Tellerventil und cylindrischem Gehäuse wird also mindestens

$$d_k^2 - d_0^2 = d^2 \qquad 144)$$

sein müssen, wenn d_k die innere Weite des Kastens, d diejenige des anschliessenden Rohres, welches zu dem betreffenden Ventil gehört und d_0 den oberen Durchmesser des Ventiltellers bezeichnet. Die Höhe der Ventilkästen ergibt sich aus der Hubhöhe des Ventiles, den Vorrichtungen zur Hubbegrenzung und denjenigen zur Befestigung des Sitzes. Es ist für die Formung stets nothwendig, das Ventil in geöffnetem Zustande einzuzeichnen, um zu sehen, ob hierbei die nothwendigen Durchflussquerschnitte sich noch ergeben. Ferner ist der Ventilkasten so zu bilden, dass der durchlaufende Flüssigkeitsstrom möglichst wenig Querschnitts- und Richtungsänderungen erleidet. Die Abführung des Rohres, welches die durch das Ventil dringende Flüssigkeit ableitet, muss so geschehen, dass beim Rückgang des Kolbens die rückströmende Flüssigkeit möglichst in derjenigen Richtung auf das geöffnete Ventil stösst, in welcher sich dieses bewegen muss, um abzuschliessen. In dieser Hinsicht zeigen die Ventilgehäuse vielfach eine fehlerhafte Anordnung, wodurch dann ein verspäteter Schluss des Ventiles erzeugt wird und selbst ein Festklemmen desselben durch den Druck der rückströmenden Flüssigkeit eintreten kann. Die Wanddicke der Ventilkästen ist, wenn diese cylindrisch sind, nach der Formel 73 zu bestimmen; es empfiehlt sich aber, für die zulässige Spannung nur sehr geringe Werthe, für Gusseisen etwa $\mathfrak{S} = 50$ kg einzusetzen. Ventilkästen von grosser Weite und für starken Druck werden mit Rippen verstärkt, wie später zu besprechende Pumpenausführungen zeigen. Die Deckel oder Thüren sollen sich innen möglichst dem Flüssigkeitsweg anschliessen, sie müssen dem Druck entsprechend stark geformt werden und sind daher gewöhnlich durch Rippen zu versteifen. Schwere Thüren werden um ein lothrechtes Scharnier drehbar gemacht und mit Handgriff versehen; die Anbringung des letzteren empfiehlt sich auch bei den Deckeln zum leichteren Abheben derselben. Bei seitlichen Thüren wird die Oeffnung der Ventilkästen stark geschwächt und ist dieselbe daher mit starkem, wohl auch versteiftem Rand zu umgeben; auch die in Fig. 222 und 223 gezeigte Verstärkung der gefährlichen Querschnitte durch Schrauben kann angeordnet werden. Die Befestigung erfolgt gewöhnlich durch Flansch- oder Bügelverschraubung, welche der Beanspruchung entsprechend zu berechnen ist; als zulässige Spannung kann für die Schmiedeeisentheile etwa 500 kg für 1 qcm genommen werden. Um bei schweren Thüren dieselben behufs Nachsehens nicht stets entfernen zu müssen, wird in denselben eine Oeffnung angebracht, die einen Bügelverschluss erhält. Zur Beobachtung des Spieles der Ventile können die Ventilkästen oder deren Thüren auch mit durch Glasplatten bedeckten Schaulöchern versehen werden. Die Thüren werden auch wohl aus einer schmiedeeisernen Platte mit Winkeleisenrand hergestellt. Die Ventilkästen enthalten entweder nur je ein Ventil oder ein Saug- oder Druck-

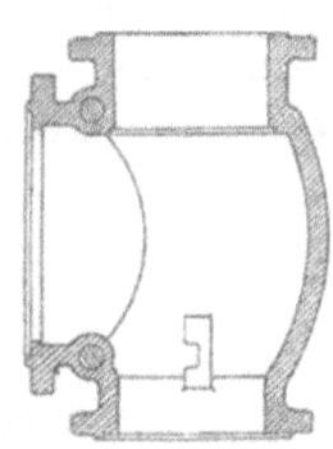

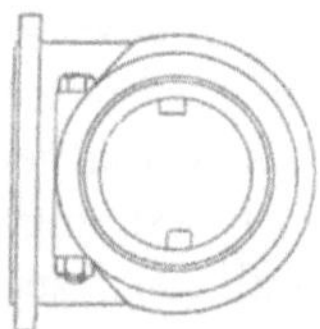

Fig. 222 u. 223.

ventil oder auch bei doppeltwirkenden Druckpumpen alle vier Ventile; die letzteren Anordnungen lassen sich natürlich nur bei kleineren Pumpen ausführen. Jedenfalls aber müssen sämmtliche Ventile leicht zugänglich sein und sind dieser Forderung entsprechend die Ventilkästen zu formen. Die später zu beschreibenden Pumpen zeigen hierfür verschiedene Anordnungen, deren es eine sehr grosse Zahl gibt. Wird, wie bei den Spritzen, verlangt, dass die vier Ventile schnell herausgenommen werden können, so empfiehlt es sich, die Ventile in einem Kegel anzuordnen, der in ein Kegelgehäuse luftdicht eingeschliffen und durch einen Schraub- oder Keilverschluss festgehalten wird. Bezüglich dieser Einrichtungen ist auf das den Gegenstand erschöpfend behandelnde Werk von Bach: „Die Konstruktion der Feuerspritzen" zu verweisen.

Saugkopf und Fussventil.

Das Ende des Saugrohrs wird, da die zu fördernde Flüssigkeit meist Unreinigkeiten enthält, die von der Pumpe ferngehalten werden müssen, mit einem Kopf oder Korb versehen, der zahlreiche, in ihrer Grösse den Unreinigkeiten entsprechende Oeffnungen enthält. Diese Saugkörbe können in verschiedener Weise geformt werden, jedenfalls aber muss der Gesammtquerschnitt der Oeffnungen 3 bis 4 mal grösser als der des Saugrohres sein, damit bei Verstopfung eines Theiles der Löcher und mit Rücksicht auf die starke Kontraktion der genügende Durchflussquerschnitt noch vorhanden ist. Es wird daher gewöhnlich das Saugrohrende erweitert oder ein besonderer Kopf von grösserem Durchmesser angeordnet. Im ersten Fall werden die Löcher in der Erweiterung am Boden oder in der Wandung angebracht; letzteres ist zweckmässiger, da sich die Oeffnungen weniger leicht verstopfen. Besondere Saugkörbe werden aus Gusseisen (vgl. Fig. 224 bis 226), gelochtem Eisen-, Kupfer- oder Messingblech (Fig. 227 und 228), Drahtgeflecht (Fig. 229) oder einem Stangenrost gebildet. Bei den Rohr- oder Abessinierbrunnen wird das untere Ende des schmiedeeisernen Saugrohres mit zahlreichen Löchern versehen und mit einem feinen Messinggewebe umgeben, um das Eindringen von Schwemmsand zu verhüten. Saugköpfe aus gelochtem Kupfer- oder Weissblech, wie sie z. B. bei Feuerspritzen angewendet werden und in Bach's „Konstruktion der Feuerspritzen" S. 14 beschrieben sind, werden durch Schutzspangen aus verzinnten schmiedeeisernen Stangen oder durch ein Korbgeflecht gegen Beschädigungen und gegen Verstopfen der kleinen Löcher des Seihers geschützt.

Einige Beispiele von Saugköpfen sind in den Fig. 225 bis 231 dargestellt, welche zugleich die Anordnung von Fussventilen zeigen. Dieselben sind anzubringen, wenn bei Aufhören des Pumpens die Flüssigkeitssäule im Saugrohr gehalten werden soll, so dass bei erneuter Inbetriebsetzung ein Ansaugen nicht mehr nothwendig ist. Bezüglich der Formung dieser Ventile gilt das für die Pumpenventile gesagte. Es kommen, wie die Figuren zeigen, Tellerventile, Klappen und Kugeln zur Verwendung. Bei der Formung des Ventilkastens ist insbesondere darauf zu achten, dass das Ventil im gehobenen Zustande den Durchflussquerschnitt des

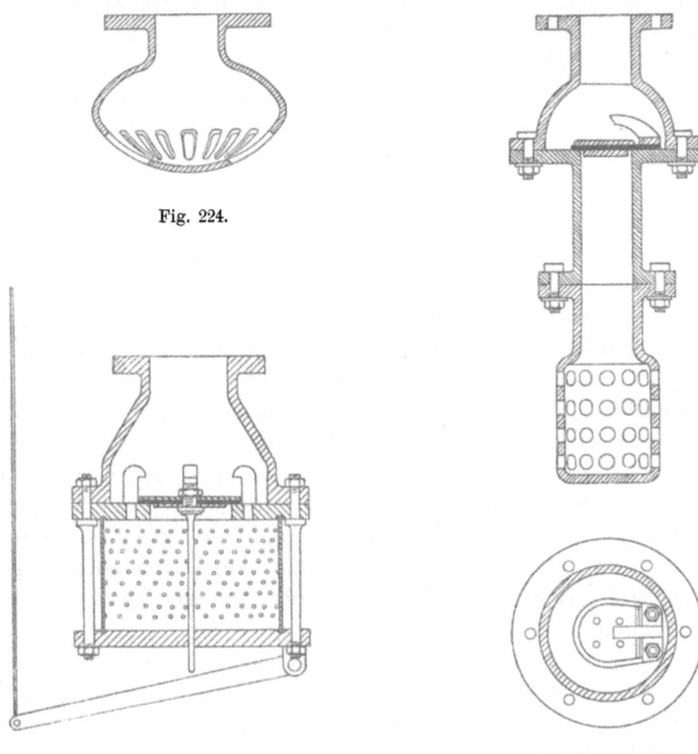

Fig. 224.

Fig. 227.

Fig. 225 und 226.

Ventilraumes und des anschliessenden Saugrohres nicht verengt. Soll ein mit Fussventil versehenes Saugrohr auch entleert werden können, so muss das Fussventil von aussen mittels eines durch Stange bewegbaren Hebels gehoben werden können, wie z. B. Fig. 227 darstellt.

Ist ein Fuss- oder Bodenventil angeordnet, so sind die Wandstärken der Saugleitung wie diejenige der Druckleitung zu berechnen.

Für Saugrohre über 50 mm Durchmesser werden die Saugkörbe und Fussventilkästen gewöhnlich mit Flanschen, für engere Saugrohre mit Schlauchstutzen oder Gewinde zur Befestigung des Saugrohres bezieh. Schlauches versehen. Bezüglich des in Fig. 228 angegebenen Saugkorbes ist zu bemerken, dass der Seiher aus Kupfer- oder Weissblech an den Ventilsitz aus Messing gelöthet wird; das Ventil besteht aus einem metallenen Führungskörper, einer Dichtungsplatte aus Leder, einer gusseiserren Belastungsscheibe und der Schraube zur Verbindung dieser Theile. Bei dem in Fig. 230 u. 231 dargestellten, von Baumann angegebenen

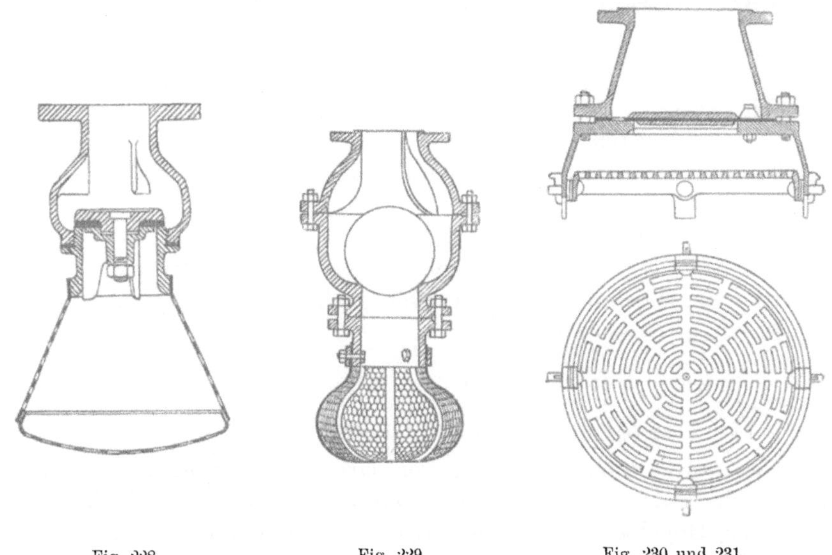

Fig. 228. Fig. 229. Fig. 230 und 231.

Saugkorb ist die Siebfläche nach innen gelegt und dadurch das Entleeren des Sumpfes bis nahe der Bodenfläche ermöglicht. Das Sieb lässt sich leicht herausnehmen und ersetzen.

Die hydraulischen Bewegungswiderstände.

Es wurde bereits ermittelt (vergl. S. 62 u. 76), welche Widerstände bei der Bewegung der Flüssigkeit durch die Röhren und den Cylinder entstehen, und es erübrigt hier nur noch, die betreffenden Widerstandsvorzahlen anzugeben, wie sie insbesondere für Wasser als zu fördernde Flüssigkeit aus Versuchen gefunden wurden.

Für den beim Eintritt in das Saugrohr entstehenden Widerstand gelten für die Vorzahl ζ_1 folgende mittleren Werthe:

wenn das Saugrohr mit dem cylindrischen stumpfen Ende in den Saugbehälter eintaucht . . . . $\zeta_1 = 0,5$,

bei trichterförmig ausgerundetem Rohrende . . . $\zeta_1 \infty 0,1$,

wenn ein Saugkopf vorhanden ist . . . . . . $\zeta_1 \geqq 1$,

je nach der Weite und Form der Lochungen.

Für den Widerstand gerader cylindrischer Röhren ist die Widerstandshöhe nach Weisbach gleich

$$\lambda \frac{L}{d} \qquad 145)$$

zu setzen, wenn L die Länge des Rohres, d dessen innere Weite und λ eine Vorzahl bezeichnet, die nach Hagen sich aus

$$\lambda = \alpha + \frac{\beta}{u\,d} \qquad 146)$$

bestimmt, wobei

$$\alpha = 0{,}023577$$

$$\beta = 0{,}00011518 - 0{,}000004191\,t + 0{,}00000009229\,t^2,$$

also z. B.

für $t =$	5^0	10^0	15^0	20^0
$\beta\ 10^8 =$	9654	8251	7309	6829

ist; u ist die Geschwindigkeit der Flüssigkeit, t die Temperatur derselben.

Für $t = 10^0$ wird für

$\frac{1}{u\,d} =$	1	10	20	30	40
$\lambda =$	0,02366	0,02440	0,02523	0,02605	0,02688.

Die Werthe sind nur wenig von einander verschieden, und da sie ohnehin nur gelten, wenn das Rohr glatt und vollkommen cylindrisch ist, wegen der Unvollkommenheit der cylindrischen Form aber λ um etwa 20 % grösser zu nehmen ist, so genügt es für die Berechnung von Pumpenanlagen

$$\lambda = 0{,}03$$

für reine Röhren zu setzen. Bei durch Rost oder Niederschläge rauh gewordenen Röhren nimmt der Widerstand erheblich zu und kann 50 bis 100 % mehr betragen, in einzelnen Fällen sogar noch grösser werden; insbesondere ist für enge Röhren der Werth von λ wegen des grösseren Einflusses der Unreinigkeit erheblich grösser zu nehmen.

Wenn bei längeren Leitungen eine genaue Berechnung des Bewegungswiderstandes sich nothwendig zeigt, so sind die bezüglichen Ausführungen Grashof's in seiner „Theoretischen Maschinenlehre" I. Bd. zu beachten; auch kann vortheilhaft die von Albert Frank angegebene graphische Berechnungsmethode[1]) benutzt werden.

Der Widerstand von Knieröhren mit scharfen Ecken (Fig. 232) ergibt nach Weisbach den Koeffizienten

---

1) „Die Berechnung der Kanäle und Rohrleitungen nach einem neuen einheitlichen System mittels logarithmographischen Tabellen." Von Albert Frank, Privatdozent an der technischen Hochschule in München. 1886. Verlag von R. Oldenbourg, München.

$$\zeta = 0{,}9457 \sin^2 \frac{\alpha}{2} + 2{,}047 \sin^4 \frac{\alpha}{2}, \tag{147}$$

also für

$\frac{\alpha}{2} =$	10^0	20^0	30^0	40^0	45^0	$50''$	60^0	70^0,
$\zeta =$	0,046	0,139	0,364	0,740	0,984	1,260	1,861	2,431.

Für Krümmer oder Kropfröhren (Fig. 233) von kreisförmigem Querschnitt ist nach Weisbach

$$\zeta = \left[0{,}131 + 1{,}848 \left(\frac{d}{2\varrho}\right)^{\frac{7}{2}}\right] \frac{\alpha}{90^0}. \tag{148}$$

Fig. 232. Fig. 233.

Wenn bei rechtwinkligen Krümmern die Achsen der verbundenen geraden Rohrstrecken sich in der Wandfläche des Krümmers treffen, so ist

$$d = 2\varrho\,(\sqrt{2} - 1),$$

und es wird

$$\zeta = 0{,}215. \tag{149}$$

Für Krümmer von rechteckigem Querschnitt, deren Höhe d ist, wird

$$\zeta = \left[0{,}124 + 3{,}104 \left(\frac{d}{2\varrho}\right)^{\frac{7}{2}}\right] \frac{\alpha}{90^0}. \tag{150}$$

Der Klammerausdruck wird

	für $\frac{d}{2\varrho} =$	0,2	0,3	0,4	0,5	0,6
bei kreisförmigem	Querschnitt	0,138	0,158	0,206	0,294	0,440
„ rechteckigem	Querschnitt	0,135	0,180	0,250	0,398	0,643.

Für das doppelte Knie mit kurzem Zwischenstück (Fig. 234 u. 235) ist nach Weisbach die Widerstandszahl nur gleich derjenigen des einzelnen Knies, wenn beide Ablenkungen in derselben Ebene in gleichem Sinne (Fig. 234), dagegen doppelt so gross, wenn sie in entgegengesetztem Sinne (Fig. 235) stattfinden und endlich ungefähr $1^1/_2$ mal so gross, wenn die Mittelebenen beider Knie sich rechtwinklig schneiden.

Plötzliche Aenderungen des Rohrquerschnittes ergeben nach Weisbach folgende Widerstandshöhen:

1. Für die Querschnittsänderung nach Fig. 236 ist die Widerstandshöhe

$$\frac{(u''-u)^2}{2\,g}=\left(\frac{f}{f''}-1\right)^2\frac{u^2}{2\,g},$$

wenn u'' und u die Geschwindigkeiten in beiden Querschnitten sind; die Widerstandsvorzahl wird also

$$\zeta=\left(\frac{f}{f''}-1\right)^2. \qquad 151)$$

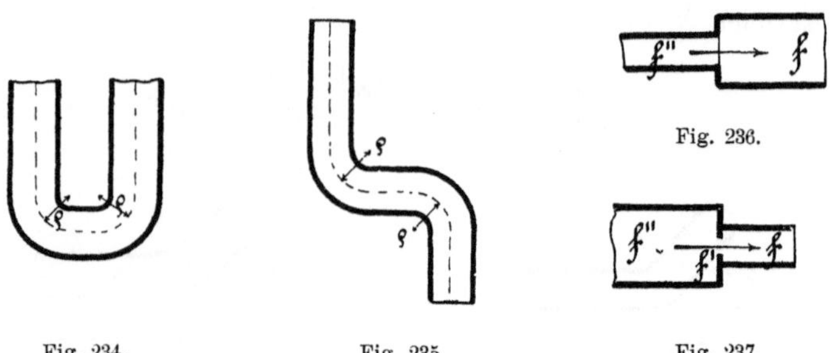

Fig. 234. Fig. 235. Fig. 236. Fig. 237.

2. Für die Querschnittsänderung nach Fig. 237 wird die Widerstandshöhe gleich

$$\left(\frac{f}{\alpha\,f'}-1\right)^2\frac{u^2}{2\,g} \text{ und die Vorzahl } \zeta=\left(\frac{f}{\alpha\,f'}-1\right)^2. \qquad 152)$$

Ist $f' \overline{\gtrless}\ 0{,}1\ f''$, so ist für alle Verhältnisse $f':f$ etwa zu setzen $\alpha=0{,}62$.

Wenn aber $f'\geqq 0{,}1\ f''$ ist, so setze man für

$\frac{f'}{f''}=$	1	0,9	0,8	0,7	0,6	0,5	0,4	0,3	0,2	0,1,
$\alpha=$	1,00	0,90	0,81	0,75	0,71	0,68	0,66	0,64	0,63	0,62.

3. Bei Verengung eines Rohres von rechteckigem Querschnitt f durch einen Schieber auf den Querschnitt f' ist für

$\frac{f'}{f}=$	0,9	0,8	0,7	0,6	0,5	0,4	0,3	0,2	0,1,
$\zeta=$	0,09	0,39	0,95	2,08	4,02	8,12	17,3	44,5	193,0.

Für das cylindrische Rohr (Fig. 238) wird, wenn der Schieber um x gesenkt ist, bei

$\frac{x}{d}=$	$\frac{1}{8}$	$\frac{2}{8}$	$\frac{3}{8}$	$\frac{4}{8}$	$\frac{5}{8}$	$\frac{6}{8}$	$\frac{7}{8}$,
$\frac{f'}{f}=$	0,948	0,856	0,740	0,609	0,466	0,315	0,159,
$\zeta=$	0,07	0,26	0,81	2,06	5,52	17,0	97,8.

4. Für einen Hahn (Fig. 239) wird:

Stellwinkel δ		$=10^0$	20^0	30^0	40^0	50^0	60^0	65^0	$66^3/_4{}^0$	$82^1/_2{}^0$,
Rohr von rechteckigem Querschnitt	$\frac{f'}{f}$	$=$ 0,849	0,687	0,520	0,352	0,188	—	—	0	—,
	ζ	$=$ 0,31	1,84	6,15	20,7	95,3	—	—	∞	—,
Rohr von kreisförmigem Querschnitt	$\frac{f'}{f}$	$=$ 0,850	0,692	0,535	0,385	0,250	0,137	0,091	—	0,
	ζ	$=$ 0,29	1,56	5,47	17,3	52,6	206,0	486,0	—	∞.

Fig. 238.

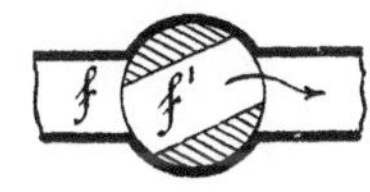

Fig. 239.

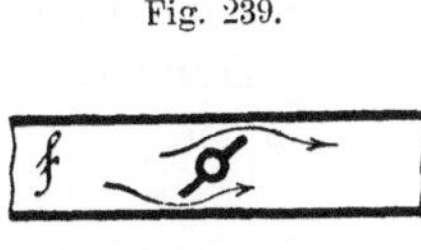

Fig. 240.

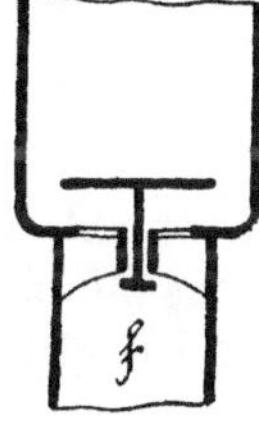

Fig. 241.

Fig. 242.

5. Für die Verengung durch eine Drosselklappe (Fig. 240) wird:

Stellwinkel δ	$=10^0$	20^0	30^0	40^0	50^0	60^0	70^0,
Rohr von rechteck. Querschn. ζ	$=$ 0,45	1,34	3,54	9,27	24,9	77,4	368,
Rohr von kreisförm. Querschn. ζ	$=$ 0,52	1,54	3,91	10,8	32,6	118	751.

6. Der Widerstand eines Teller- oder Kegelventils (Fig. 241) ergibt nach Grashof die Vorzahl

$$\zeta = \left(1{,}537 \frac{f}{f'} - 1\right)^2, \qquad 153)$$

wenn f der Querschnitt des Rohres unmittelbar vor dem Ventil, f' der engste Querschnitt für den Durchfluss durch das Ventil ist. Wie in späterem zu erläutern, hat Bach genaue Versuche über den Ventilwiderstand angestellt und ist ζ besser nach diesen zu berechnen.

7. Für den durch ein Klappenventil (Fig. 242) verursachten Widerstand ist nach Weisbach

$$\zeta = \left(x \frac{f}{f'} - 1\right)^2; \qquad 154)$$

hierbei ist f' der (verengte) Durchflussquerschnitt im Ventilsitz.

Angenäherte Werthe ergeben sich aus folgender Tafel für $\frac{f'}{f} = 0{,}535$:

Oeffnungswinkel $=15^0$	20^0	25^0	30^0	40^0	50^0	60^0	70^0,
$x =$ 5,61	4,75	4,0	3,47	2,54	1,91	1,49	1,23,
$\zeta =$ 90	62	42	30	14	6,6	3,2	1,7.

Da neuere Versuche nicht vorliegen, so sind bis auf weiteres diese Werthe zu benutzen.

Wenn das Ende des Druckrohres mit einem Mundstück von kleinerem Querschnitte f' versehen ist, wie dies bei Spritzen der Fall ist, so entsteht beim Ausfluss auch ein Druckhöhenverlust, indem die der Querschnittsverengung entsprechende Geschwindigkeitsvermehrung von u in u' erzeugt werden muss. Die entsprechende Widerstandshöhe wird

$$\frac{u'^2 - u^2}{2\,g} = \left[\frac{f}{\alpha\, f'} - 1\right]^2 \frac{u^2}{2\,g},$$

die Widerstandsvorzahl ist also

$$\zeta = \left[\frac{f}{\alpha\, f'} - 1\right]^2; \qquad 155)$$

α ist die Kontraktionsvorzahl, welche entweder der Tabelle S. 192 zu entnehmen, oder, wenn das Mundstück mit allmählichem Uebergang in den Querschnitt f' geformt ist, gleich 1 zu setzen ist.

Die erforderliche Grösse der Ventilbelastung und der Ventilwiderstand.

Es wurde bereits im Allgemeinen ausgeführt, dass das Ventilgewicht einen grossen Einfluss auf den sichern und stossfreien Gang der Hubventile ausübt und bei raschlaufenden Pumpen ausser dem Ventilgewicht die Elastizität des Ventils selbst oder besonders angeordneter Federn benutzt werden muss, um eine zum rechtzeitigen Schliessen nothwendige Kraft zu erhalten, welche jedoch nicht in gleichem Maasse eine Vergrösserung der Trägheit des Ventils ergibt.

Wie gleichfalls schon mitgetheilt, hat Bach in seiner Abhandlung über „die allgemeinen Grundlagen für die Konstruktion der Kolbenpumpen“ eine Formel aufgestellt, welche die Kraft ergibt, mit der das geöffnete Ventil belastet werden muss, um sich in dieser Lage gegenüber der von der strömenden Flüssigkeit bethätigten Wirkung im Gleichgewicht zu befinden.

Die bereits auf S. 124 angegebene Formel lautet:

$$P_v = (p_u - p_o)\, f_u + x_1\, \frac{{v_u}^2}{2\,g}\, f_u\, \gamma. \qquad 156)$$

Die von Bach angegebene Ableitung dieser Formel ist folgende:

Die Kraft P_v ist die Summe der Kraft, welche dadurch entsteht, dass die Pressung der Flüssigkeit unterhalb des Ventils sich von der oberhalb desselben herrschenden unterscheidet, und der Kraft, welche der an der unteren Ventilfläche abgelenkte Flüssigkeitsstrom in Folge dieser Ablenkung auf das Ventil äussert.

In der Formel bedeutet x_1 eine Erfahrungszahl, welche von der besonderen Anordnung des Ventils, sowie von der Umgebung desselben abhängt, und die unter sonst gleichen Verhältnissen um so grösser ist, je mehr der aus f_u kommende Flüssigkeitsstrom von seiner Richtung abgelenkt wird; ferner ist v_u die Geschwindigkeit, mit der die Flüssigkeit durch f_u fliesst.

Die Geschwindigkeit, mit welcher die Flüssigkeit bei einem einsitzigen Hubventil durch den Cylindermantel u i, gemessen am Umfange von f_u, entweicht, ist

$$v'_u = \varphi \sqrt{x_2 v_u^2 + 2 g \frac{p_u - p_o}{\gamma}}, \qquad 157)$$

wenn φ die Geschwindigkeitsvorzahl, $x_2 \frac{v_u^2}{2g}$ derjenige Theil der Geschwindigkeitshöhe $\frac{v_u^2}{2g}$ ist, welcher unter Umständen zur Erzeugung von v'_u bleibt.

Der Cylindermantel u i wird nicht vollkommen senkrecht von der Flüssigkeit mit der Geschwindigkeit v'_u durchflossen, ferner tritt dabei eine Kontraktion des Flüssigkeitsquerschnitts ein; mit Rücksicht darauf ist zu setzen

$$f_u v_u = \alpha\, u\, i\, v'_u, \qquad 158)$$

wobei α die den genannten Veränderungen des Flüssigkeitsstrahles Rechnung tragende Vorzahl ist.

Aus den Gleichungen 157 und 158 ergibt sich

$$\left(v_u \frac{f_u}{\alpha \varphi u i}\right)^2 = x_2 v_u^2 + 2 g \frac{p_u - p_o}{\gamma};$$

der hieraus für $p_u - p_o$ sich ergebende Werth in die Gleichung 156 eingesetzt, gibt

$$P_v = \frac{v_u^2}{2 g} f_u \gamma \left[\left(\frac{f_u}{\alpha \varphi u i}\right)^2 - x_2 + x_1\right]$$

$$= \frac{v_u^2}{2 g} f_u \gamma \left[\left(\frac{f_u}{\mu u i}\right)^2 + x\right], \qquad 159)$$

wenn

$$x_1 - x_2 = x \text{ und}$$
$$\alpha \varphi = \mu$$

gesetzt wird.

μ ist dabei zugleich als Berichtigungszahl aufzufassen, da die Voraussetzung, dass die dem Pressungsunterschiede Rechnung tragende Kraft $= (p_u - p_o) f_u$ ist, nicht genau zutreffen wird.

Für den Gleichgewichtszustand muss nun sein

$$G_v + E' = P_v, \qquad 160)$$

wobei G_v das Ventilgewicht und E' die etwa vorhandene Federbelastung bezeichnet.

Die Gleichung 159 berücksichtigt die dynamischen Verhältnisse, also auch den Wasserstoss, sowie den bezeichneten Pressungsunterschied; sie ist also in ihrer Gestaltung wohl für alle Fälle der Anwendung eines Hubventils richtig.

Die Zahlen x und μ können allerdings nur durch Versuche ermittelt werden, und es ist das Verdienst Bach's, auf diese Weise die bezüglichen Werthe für mehrere Ventilarten ermittelt zu haben.

Der Ventilwiderstand bildet die Summe verschiedener Bewegungswiderstände, welche durch das Ventil veranlasst werden, und welche durch die Reibung der Flüssigkeit an den Flächen des Führungskörpers, des Ventils und Ventilsitzes, durch die Richtungs- und Querschnittsänderungen, welche der Flüssigkeitsstrom beim Durchfluss durch das ganze Ventilgehäuse erfährt, soweit dasselbe vom Zufluss bis zum Abfluss sich erstreckt, und ferner durch die Geschwindigkeitsänderungen in Folge der Aenderung der Durchflussquerschnitte entstehen.

Wird der gesammte Ventilwiderstand gleich $\zeta_v \frac{v_u^2}{2\,g}$ gesetzt, so muss allerdings eine Formel, welche die Abhängigkeit der Zahl ζ_v von der Ventileinrichtung gibt, aus Versuchen bestimmt werden.

Diesen Weg hat Bach eingeschlagen und dadurch die Werthe von ζ_v für Wasser als geförderte Flüssigkeit und neun Formen einfacher und einsitziger Hubventile ermittelt. Diese Untersuchungen sind in der Schrift „Versuche über Ventilbelastung und Ventilwiderstand", von C. Bach, Professor am Königl. Polytechnikum Stuttgart, 1884; Verlag von Julius Springer, Berlin, veröffentlicht. Einer entsprechenden Mittheilung in der Zeitschr. d. V. d. Ing 1886 S. 421 sind nachfolgende Angaben entnommen:

Für einsitzige einfache Hubventile ohne untere Führung ist in der Gleichung 159 zu setzen

$$f_u = \frac{\pi\, d_u^2}{4};\; u = \pi\, d_u,$$

somit wird

$$P_v = \frac{v_u^2}{2\,g} f_u\, \gamma \left[\left(\frac{d_u}{4\,\mu\, i}\right)^2 + x\right]. \qquad 161)$$

Ist eine untere Führung durch z Rippen von der Breite s', gemessen auf dem Umfang $\pi\, d_u$, angeordnet, so wird

$$u = \pi\, d_u - z\, s',$$

somit

$$P_v = \frac{v_u^2}{2\,g} f_u\, \gamma \left[\left(\frac{f_u}{\mu\,(\pi\, d_u - z\, s')\, i}\right)^2 + x\right]. \qquad 162)$$

Für die Zahl ζ_v hat Bach aus den Versuchen folgende 3 Gleichungen ermittelt

$$\zeta_v = \alpha + \beta \left(\frac{d}{i}\right)^2, \tag{163}$$

$$\zeta_v = \alpha + \beta \left(\frac{d_u^2}{(\pi\, d_u - z\, s')\, i}\right)^2, \tag{164}$$

$$\zeta_v = \alpha + \beta \left(\frac{d_u}{i}\right) + \varepsilon \left(\frac{d_u}{i}\right)^2. \tag{165}$$

Die untersuchten Ventilformen sind in Fig. 243 —248 dargestellt.

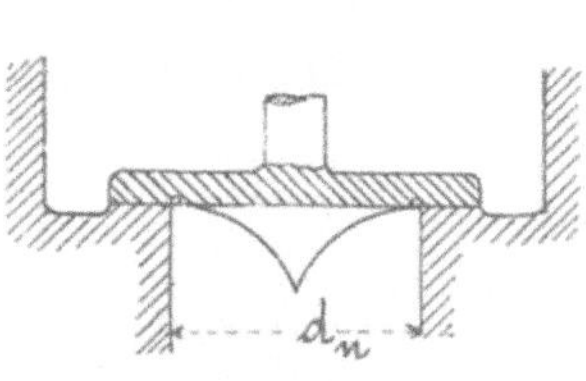

Fig. 243.

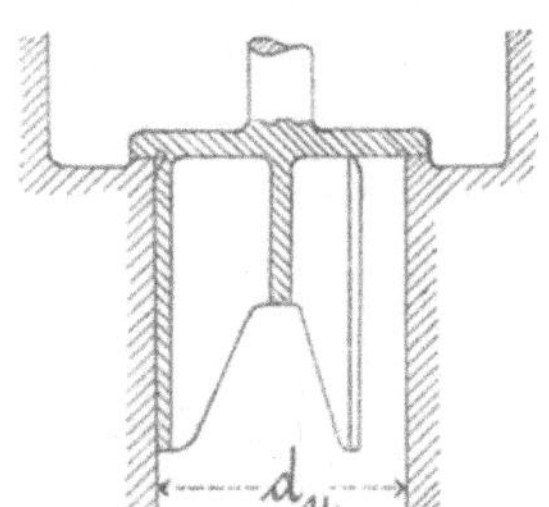

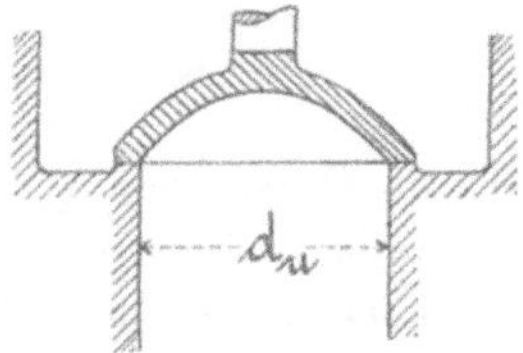

Fig. 246.

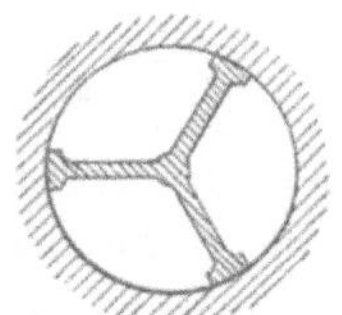

Fig. 244 und 245.

Im Besonderen ist dann zu nehmen:

1. Für Tellerventile ohne untere Führung nach Massgabe der Fig. 243, bei Hubhöhen

$$i = \frac{d_u}{10} \text{ bis } \frac{d_u}{4}:$$

a) Gleichung 161 mit

$$x = 2,5 + 19\, \frac{b - 0,1\, d_u}{d_u}, \text{ bei Sitzbreiten b von } \frac{d_u}{10} \text{ bis } \frac{d_u}{4},$$

$\mu = 0,60$ bei breiter Dichtungsfläche, bis
0,62 bei schmaler Dichtungsfläche.

b) Gleichung 163 mit

$$\alpha = 0,55 + 4\, \frac{b - 0,1\, d_u}{d_u}, \text{ bei Sitzbreiten von } \frac{d_u}{10} \text{ bis } \frac{d_u}{4},$$

$\beta = 0{,}15$ bei schmaler Dichtungsfläche, bis
$0{,}16$ bei breiter Dichtungsfläche.

Durch eine von der Ebene abweichende Gestaltung der dem Wasserstrom zugekehrten Stirnfläche des Ventils werden diese Werthe nur wenig beeinflusst, jedoch ist es bemerkenswerth, dass ζ_v für das Ventil Fig. 246 kleiner, für das Ventil mit einer die allmähliche Herbeiführung der seitlichen Ablenkung des Wasserstroms bezweckende Formung der unteren Fläche (vgl. das nicht schraffirte Profil in Fig. 243) entgegen der üblichen Anschauung grösser als für das Ventil Fig. 243 wird. Bach schliesst hieraus, dass, da beim Ventil Fig. 246 der Wasserstrom die untere Fläche, abgesehen von der Dichtungsfläche, überhaupt nicht berührt, der Widerstand an der polirten Metallfläche (Fig. 243) grösser ist, als an dem ruhenden Wasser, welches sich in der Höhlung des Ventils Fig. 246 befindet.

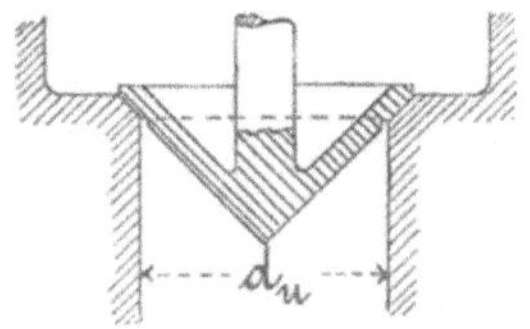

Fig. 247.

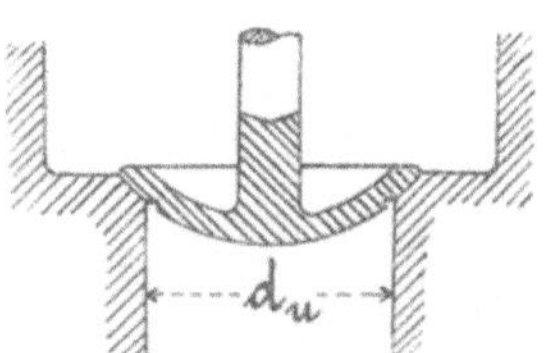

Fig. 248.

Die Breite der Dichtungsfläche hat auf die Grösse von ζ_v grösseren Einfluss als die Form der Unterfläche des Ventils.

2. Für Tellerventile mit unterer Führung nach Massgabe der Fig. 244 und 245 bei Hubhöhen

$$i = \frac{d_u}{8} \text{ bis } \frac{d_u}{4}:$$

a) Gleichung 162 mit Werthen von x und μ, welche um 10% kleiner sind als die unter 1 a) angegebenen;

b) Gleichung 164 mit Werthen von α, welche die unter 1 b) gegebenen um 0,8 bis 1,6 überschreiten, entsprechend einer Verengung des Querschnitts der Ventilöffnung durch die Führungsrippen um 13, bezieh. 20%, d. h. auf 0,87 f_u, bezieh. 0,80 f_u.

$$\beta = 1{,}7 \text{ bis } 1{,}75.$$

Hiernach ist die Widerstandsvorzahl bei unterer Führung ganz bedeutend grösser als ohne solche.

3. Für Kegelventile mit ebener Unterfläche nach Massgabe der punktirten Anordnung Fig. 247:

a) Gleichung 161 mit

$$x = -1{,}05; \quad \mu = 0{,}89,$$

bei Hubhöhen

$$i = 0{,}1\ d_u \text{ bis } 0{,}15\ d_u; \quad (b = 0{,}1\ d_u).$$

b) Gleichung 165 mit

$$\alpha = 2{,}6; \quad \beta = -0{,}8; \quad \varepsilon = 0{,}14,$$

bei Hubhöhen

$$i = \frac{d_u}{10} \text{ bis } \frac{d_u}{4}; \quad (b = 0{,}1\ d_u).$$

Die Widerstandsvorzahl ist hier wesentlich kleiner, als bei den unter 1. genannten Ventilen.

4. Für Kegelventile mit kegelförmiger Unterfläche nach Massgabe der Fig. 247 bei Hubhöhen

$$\frac{d_u}{8} \text{ bis } \frac{d_u}{4}:$$

a) Gleichung 161 mit

$$x = 0{,}38; \quad \mu = 0{,}68,$$

b) Gleichung 163 mit

$$\alpha = 2{,}6; \quad \beta = -0{,}15.$$

Die Widerstandsvorzahl wird hier bedeutend grösser als für das unter 3. genannte Kegelventil; es bestätigt sich also die oben angeführte Schlussfolgerung, dass der Reibungswiderstand an der Metallfläche grösser ist als am ruhenden Wasser.

5. Für Ventile mit kugelförmiger Unterfläche auf kugelförmiger Sitzfläche (vergl. Fig. 248) bei Hubhöhen

$$i = \frac{d_u}{10} \text{ bis } \frac{d_u}{4}:$$

a) Gleichung 161 mit

$$x = 0{,}96; \quad \mu = 1{,}15,$$

b) Gleichung 165 mit

$$\alpha = 2{,}7; \quad \beta = -0{,}8; \quad \varepsilon = 0{,}14.$$

ζ wird somit hier etwas grösser als beim Ventil unter 3., was wieder die obige Folgerung bestätigt.

Diese Zahlen setzen voraus, dass für den Ringquerschnitt zwischen Ventilkasten und Ventiloberfläche

$$\frac{\pi}{4}(d_k^2 - d_o^2) = 1{,}8\ \frac{\pi}{4}\ d_u^2 = 1{,}8\ f_u,$$

gilt, ferner, dass das Wasser das Ventilgehäuse in senkrechter Richtung verlässt.

Die unter 1., 3. und 5. genannten Versuchsventile waren an der ganzen Unterfläche sauber bearbeitet, das Versuchsventil 2. (Fig. 244 und 245) dagegen nur an der Dichtungsfläche und an den führenden Flächen der Rippen. Die Gehäusewandungen blieben unbearbeitet, dagegen waren die Ventilsitzöffnungen sauber ausgebohrt.

Hinsichtlich der Einzelheiten muss auf die bezeichnete Schrift verwiesen werden.

Die vorstehend mitgetheilten Versuchsergebnisse ermöglichen die Berechnung des Ventilgewichtes und des Druckhöhenverlustes, welcher durch ein Ventil von gegebener Grösse verursacht wird.

Für die erstgenannte Bestimmung ist bei reinen Gewichtsventilen $G_v = P_v$ zu setzen und letzterer Werth aus den gegebenen Abmessungen durch Gleichung 161 bez. 162 zu berechnen; für die Bestimmung des Ventilwiderstandes ist aus denselben Gleichungen, unter Einführung des gegebenen Werthes G_v für P_v, die Ventilerhebung i zu berechnen und damit aus Gleichung 163 bezieh. 164 oder 165 der Werth von ζ_v; die gesuchte Druckhöhe ist dann

$$\zeta_v \frac{v_u^2}{2g}.$$

Vor **Bach** hatte **Riedler** durch zahlreiche Indikatorversuche an Pumpen ein werthvolles Material für die Klarstellung der Vorgänge im Innern derselben und somit auch der Wirkungsweise der Ventile gegeben[1]).

Die Schaulinien, welche der Stift des mit dem Pumpencylinder oder dem Windkessel oder dem Raume über dem Druckventil in Verbindung gebrachten Indikators auf einem, proportional zur Kolbenbewegung am Stift vorbeigeführten Blatt aufzeichnet, geben in ihrem Verlauf ein genaues Bild der Druckänderungen in den Pumpenräumen, wenn die Versuche zuverlässig durchgeführt sind.

Riedler hat aus den von ihm erhaltenen Schaulinien eine Reihe wichtiger Schlüsse für die Wirkungsweise selbstthätiger Ventile gezogen und wird in späterem an gegebener Stelle mehrfach hierauf Bezug zu nehmen sein.

Zunächst stellte **Riedler** den grossen Einfluss des Ventilgewichts auf das ruhige Spiel der Ventile fest. Genügend schwere Ventile ergaben niemals Schwankungen in den Drucklinien der Indikatorschaulinie; auch belastete Lederklappen, welche um eine eingeklemmte Kante sich bewegen, ergaben Schaulinien mit geraden Drucklinien, weil dann die Federkraft des Leders die Ventilbelastung vergrösserte. Leichte Ventile dagegen erzeugen grosse und zahlreiche Druckschwankungen. Insbesondere aber ergeben sich solche bei Ventilen, die entweder durch ihre Formung als

---

1) Indikatorversuche an Pumpen und Wasserhaltungsmaschinen von A. **Riedler**, Professor des Maschinenbaues an der Kgl. Technischen Hochschule in München, (jetzt in Berlin). Im Selbstverlag erschienen.

Glockenventile oder in künstlicher Weise entlastet sind. Letzteres tritt z. B. manchmal bei Schachtpumpen durch die Anordnung von Ueberfallröhren auf, durch welche eine Entlastung der Saugventile eintritt. Allerdings wächst mit dem Ventilgewicht auch der zur Oeffnung des Ventils nothwendige Druck, was insbesondere bei den Saugventilen von Einfluss ist, da dadurch die mögliche Saughöhe kleiner wird. Jedoch ist das ruhige, zuverlässige Spiel der Ventile wichtiger, und es wird daher immer zweckmässig sein, die Ventilbelastung möglichst gross zu machen. Schwerbelastete Ventile erheben sich natürlich auch nur so weit, als der Flüssigkeitsdruck dies bewirkt; sie bleiben während des ganzen Hubes schwebend, und es ist für das ruhige Spiel derselben am besten, wenn sie die Hubbegrenzung gar nicht berühren. Bach's Versuche bestätigen dieses von Riedler erhaltene Ergebniss, indem sie zeigten, dass eine Verminderung des Ventilhubes durch Anordnung einer starren Hubbegrenzung einen späteren Ventilschluss zur Folge hat und dass Hubfänger die Ruhe des Abschlusses nur ungünstig beeinflussen, es sei denn, dass die Grösse des Ventilhubes auf einen Betrag zurückgeführt wird, welcher mit Rücksicht auf den Ventilwiderstand wenigstens im Allgemeinen unzulässig erscheint.

Die Hubbegrenzung braucht also nur Zufälligkeiten gegenüber oder unter besonderen Umständen vorhanden zu sein; für gewöhnlich soll das Ventil auf dem Flüssigkeitsstrom schwimmen, und erscheinen überhaupt weit grössere Ventilerhebungen, als sie zur Zeit vielfach noch üblich sind, nicht bloss zulässig, sondern sogar geboten.

Federnde Hubbegrenzungen, welche beim Sinken des Ventils eine die Belastung desselben mehr oder minder ergänzende Wirkung äussern, sind selbstverständlich anders zu beurtheilen.

Windkessel.

Es sind nach dem Zweck und der Anbringung zu unterscheiden:

Saug- und Druckwindkessel. Der Saugwindkessel hat den Zweck, einen gleichmässigen Flüssigkeitszufluss zu erzielen und damit eine grössere Kolbengeschwindigkeit zu ermöglichen, ferner etwaige Stösse aufzunehmen und das Abreissen der Wassermasse vom Kolben zu verhüten. Die Anordnung eines Saugwindkessels erweist sich insbesondere dann als nothwendig, wenn der für die Vermeidung des Abreissens des Kolbens von der eingesaugten Flüssigkeit nothwendige grosse Querschnitt der Saugleitung nicht angeordnet werden kann. Bei langer Saugleitung und grosser Saughöhe ist die Anbringung mehrerer Saugwindkessel erforderlich. Das Saugventil ist zwischen dem Pumpencylinder und dem Saugwindkessel anzuordnen. — Der Druckwindkessel soll gleichfalls eine gleichmässige Flüssigkeitsbewegung und zwar im Druckrohr erzeugen, um grössere Kolbengeschwindigkeit zu ermöglichen, ferner soll er den Einfluss etwaiger

Stösse mindern und das Abreissen der Flüssigkeit im Cylinder oder Druckrohr verhüten. Bei langer Druckleitung und grosser Druckhöhe empfiehlt sich daher auch die Einschaltung mehrerer Druckwindkessel. Im Uebrigen mache man, insbesondere bei grosser Kolbengeschwindigkeit, diejenigen Strecken der Rohrleitung möglichst kurz, in denen das Wasser sich abwechselnd in Ruhe und in Bewegung befindet, ordne somit den Druckwindkessel unmittelbar über dem Druckventil, den Saugwindkessel dicht unter dem Saugventil an. S. a. Zeitschr. d. Ver. d. Ing. 1895, S. 745.

Der Einfluss und die erforderliche Grösse der Windkessel. Die Wirkung des Saugwindkessels wird in folgender Weise entstehen. Im Zustande der Ruhe ist die Pressung der Luft im Windkessel (s. S. 72) gleich $A-(H_s)_x$; wird nun der Kolben so bewegt, dass die Saugwirkung eintritt, so wird die Flüssigkeit aus dem Windkessel unter dem Druck der in diesem eingeschlossenen Luft nach dem Cylinder gedrängt, die Luft im Windkessel dehnt sich aus, die Pressung nimmt ab, und der Druck der Aussenluft bewirkt ein Aufsteigen im Saugrohr nach dem Windkessel. Diese Bewegung erfolgt um so langsamer, je geringer der Unterschied zwischen den Pressungen der Aussenluft und der Luft im Windkessel ist, also je geringer die durch Ausdehnung der Luft entstehende Druckminderung im Windkessel wird. Letztere wird aber um so kleiner, je grösser der Windkesselinhalt im Vergleich zu der nach dem Cylinder entströmenden Flüssigkeitsmenge ist. Während nun die Flüssigkeit im Saugrohre unter geringem Ueberdruck nach dem Windkessel steigt, fliesst aus diesem, entsprechend der Kolbenbewegung, rascher Flüssigkeit nach dem Cylinder, so lange ein Abreissen des Kolbens von der Flüssigkeit verhütet wird. Wenn der Kolben seinen Hub beendet hat und zurückgeht, so wird die Flüssigkeitsbewegung vom Windkessel nach dem Cylinder jedenfalls aufhören, dagegen diejenige im Saugrohr nach dem Windkessel wird, da der genannte Ueberdruck immer noch vorhanden ist, fortdauern. Es wird nun nach kurzer Betriebszeit ein Beharrungszustand eintreten, in welchem die Flüssigkeitsbewegung nach dem Windkessel eine nahezu gleichförmige ist und während eines Doppelhubes so viel Flüssigkeit in den Windkessel eintritt, wie während des einfachen Hubes vom Windkessel nach dem Cylinder fliesst. Der Saugwindkessel regelt somit die Bewegung im grössten Theil des Saugrohrs und würde sie zu einer vollkommen gleichförmigen machen, wenn der Unterschied der Pressungen der Aussenluft und der Luft im Windkessel gleich gross bliebe; wegen des unstetigen Ausflusses aus dem Windkessel ändert sich der Druck in diesem jedoch; die Bewegung ist also keine vollkommen gleichförmige.

Wird mit $(H_s')_x$ die senkrechte Entfernung des Flüssigkeitsspiegels im Windkessel von dem im Saugbehälter und mit $(H_{sw})_x$ die der gleichzeitig im Windkessel vorhandenen Luftpressung entsprechende Flüssigkeitshöhe bezeichnet, so ergibt sich die Geschwindigkeit, mit der die Flüssigkeit im Saugrohr nach dem Windkessel aufsteigt, als

$$(v'_s)_x = \sqrt{\frac{2\,g\,(A - (H'_s)_x - (H_{sw})_x)}{1 + \zeta'_s}}. \qquad 166)$$

Je grösser der Windkesselinhalt ist, desto weniger ändern sich die Werthe von $(H'_s)_x$, $(H_{sw})_x$ und damit von $(v'_s)_x$. Diese nahezu gleichbleibenden Werthe seien mit H'_s, H_{sw} und v'_s bezeichnet.

Ist nun die in einer Sekunde durch den Querschnitt des Saugrohrs strömende Flüssigkeitsmenge Q, so ist auch

$$F'_s\, v'_s = Q.$$

Nun ist aber

$$\frac{F\, v_m}{2} = Q$$

für die Pumpe mit einfacher Saugwirkung, da in dem zwischen Windkessel und Cylinder liegenden Rohrtheil nur während des Weges S Bewegung herrscht und während desselben Weges bei dem Kolbenrückgange Ruhe eintritt.

Es muss also

$$F'_s\, v'_s = F \frac{v_m}{2}$$

oder

$$F \frac{v_m}{2} = F'_s \sqrt{\frac{2\,g\,(A - H'_s - H_{sw})}{1 + \zeta'_s}},$$

sein, und hieraus wird

$$H_{sw} = A - H'_s - \left(\frac{F}{F'_s}\right)^2 \frac{v_m^2}{2\,g} \frac{1 + \zeta'_s}{4}. \qquad 167)$$

Für Pumpen mit doppelter Saugwirkung ist

$$Q = F\, v_m = F'_s\, v'_s,$$

also wird

$$H_{sw} = A - H'_s - \left(\frac{F}{F'_s}\right)^2 \frac{v_m^2}{2\,g} (1 + \zeta'_s). \qquad 168)$$

Der nothwendige Luftinhalt des Saugwindkessels lässt sich auf folgende Weise berechnen.

In der Zeit dt fliesst aus dem Windkessel nach dem Cylinder eine Flüssigkeitsmenge $F\, v_x\, dt$, während aus dem Saugbehälter $F'_s\, (v'_s)_x\, dt$ in den Windkessel tritt. Es wird also der Luftinhalt vermehrt um

$$F\, v_x\, dt - F'_s\, (v'_s)_x\, dt.$$

Bei der einfachwirkenden Saugpumpe wird nun während eines Doppelhubes die Menge F S aus dem Windkessel entnommen, während in gleicher Zeit t die Menge

$$F'_s \int_0^t (v'_s)_x \, dt$$

nach diesem fliesst.

Beide Mengen müssen im Beharrungszustande natürlich gleich gross sein. Es sei nun angenommen, die Flüssigkeit fliesse mit gleichbleibender Geschwindigkeit v'_s nach dem Windkessel. Dann ist bei n Doppelhüben in der Minute

$$t = \frac{60}{n},$$

$$F S = F'_s \, v'_s \frac{60}{n}.$$

Um nun die Aenderung des Luftinhaltes in der Zeit dt zu erhalten, muss die Kolbengeschwindigkeit v_x gegeben sein. Es wären somit wiederum die verschiedenen Bewegungsarten einzuführen. Jedoch wird es genügen, die Rechnung für den gebräuchlichsten Fall, den der Kurbelbewegung, durchzuführen. Dann ist nach früherem unter Annahme einer unendlich langen Treibstange (vgl. S. 69)

$$v_x = V \sin \omega,$$

und es wird

$$v'_s = \frac{n}{60} \frac{F}{F'_s} S = \frac{F}{F'_s} \frac{V}{\pi};$$

somit ergibt sich die in der Zeit dt aus dem Windkessel tretende Flüssigkeitsmenge zu

$$(F \, v_x - F'_s \, v'_s) \, dt = F V \left(\sin \omega - \frac{1}{\pi} \right) dt.$$

Dieser Ausdruck wird Null für

$$\sin \omega = \frac{1}{\pi},$$

also für $\omega_1 = 18^0 \, 35'$ und $\omega_2 = 161^0 \, 25'$.

Für $\omega < \omega_1$ und $> \omega_2$ wird der Ausdruck negativ, das heisst, während sich die Kurbel vom todten Punkte an um den Winkel $\omega_1 = 18^0 \, 35'$ dreht, tritt mehr Flüssigkeit aus dem Saugrohr in den Windkessel, als aus demselben abströmt, es nimmt somit der Luftinhalt des Windkessels ab. Für die weitere Kurbeldrehung von ω_1 bis $\omega_2 = 161^0 \, 25'$ tritt fortdauernd mehr Flüssigkeit aus, als zufliesst, somit nimmt der Luftinhalt stetig zu; während der Kolbendrehung von ω_2 bis zum todten Punkte steigt wieder

der Flüssigkeitsspiegel im Windkessel. Der Luftinhalt desselben wird daher am kleinsten sein, wenn die Kurbel sich um ω_1, am grössten, wenn dieselbe sich um ω_2 vom todten Punkte ab gedreht hat. Während der Drehung um ω ist aber von der Pumpe eine Flüssigkeitsmenge

$$F \frac{S}{2} (1 - \cos \omega)$$

aus dem Windkessel entnommen und nach diesem eine Menge

$$F \frac{S}{2} \frac{\omega}{180^0}$$

zugeströmt. Der Unterschied ist also gegeben durch

$$F \frac{S}{2} \left(1 - \cos \omega - \frac{\omega}{180^0}\right).$$

Für $\omega = \omega_1 = 18^0\,35'$, wird dieser Werth

$$- 0{,}025 \text{ F S},$$

für $\omega = \omega_2 = 161^0\,25'$, wird er

$$+ 0{,}525 \text{ F S}.$$

Es wird somit der Luftinhalt des Windkessels um

$$0{,}55 \text{ F S}$$

wechseln.

Es bezeichne nun

J_{sw} den grössten und J'_{sw} den kleinsten Luftinhalt,

H_{sw} und H'_{sw} die entsprechenden Luftpressungen, in Flüssigkeitshöhen ausgedrückt; so ist zunächst

$$J_{sw} - J'_{sw} = 0{,}55 \text{ F S}, \tag{169}$$

und nach dem Mariotte'schen Gesetz wird

$$\frac{H_{sw}}{H'_{sw}} = \frac{J'_{sw}}{J_{sw}}. \tag{170}$$

Es lässt sich nun hier, wie bei der Bestimmung des Schwungradgewichtes, der Begriff des Ungleichförmigkeitsgrades δ einführen, so dass

$$\delta = \frac{H'_{sw} - H_{sw}}{\frac{H'_{sw} + H_{sw}}{2}}, \tag{171}$$

also angenommen wird, der grösste Unterschied der Windkesselspannung betrage nicht mehr als den δten Theil der mittleren Spannung.

Aus Gl. 171 wird

$$H'_{sw} - H_{sw} = \frac{\delta}{2} (H'_{sw} + H_{sw}),$$

also auch mit Gl. 170

$$J_{sw} - J'_{sw} = \frac{\delta}{2} (J_{sw} + J'_{sw}),$$

oder

$$0{,}55\,FS = \frac{\delta}{2}\,(2\,J_{sw} - 0{,}55\,FS),$$

hieraus wird

$$J_{sw} = 0{,}275\,\frac{2+\delta}{\delta}\,FS, \qquad 172)$$

$$J'_{sw} = 0{,}275\,\frac{2-\delta}{\delta}\,FS. \qquad 173)$$

Das Verhältniss der grössten und kleinsten Spannung wird also

$$\frac{H'_{sw}}{H_{sw}} = \frac{2+\delta}{\delta}. \qquad 174)$$

Wird z. B.

$$\delta = \frac{1}{10}$$

angenommen, so ist

$$J_{sw} = 5{,}77\,FS;\; J'_{sw} = 5{,}22\,FS;$$

$$\frac{H'_{sw}}{H_{sw}} = 1{,}1.$$

Bei Pumpen mit doppelter Saugwirkung ist zu setzen

$$2FS = F'_s\,v'_s\,\frac{60}{n}.$$

Hiermit wird die in der Zeit dt austretende Flüssigkeitsmenge gleich

$$FV\left(\sin\omega - \frac{2}{\pi}\right)dt.$$

Dieser Ausdruck wird Null für

$$\omega_1 = 39^0\,35' \text{ und } \omega_2 = 140^0\,25'.$$

Diese Winkel treten nun an die Stelle der vorbezeichneten. Der Unterschied der ab- und zufliessenden Flüssigkeitsmenge wird

$$F\,\frac{S}{2}\left(1 - \cos\omega - \frac{2\,\omega}{180^0}\right).$$

Dieser Ausdruck wird

für $\omega = \omega_1$, $-0{,}105\,FS$,
für $\omega = \omega_2$, $+0{,}105\,FS$,
sodass nunmehr der Luftinhalt um $0{,}21\,FS$ wechselt.

Die oben ausgeführte Rechnung bleibt giltig, wenn

$$J_{sw} - J'_{sw} = 0{,}21\,FS$$

gesetzt wird.

Dann ist

$$J_{sw} = 0{,}105\,\frac{2+\delta}{\delta}\,FS, \qquad 175)$$

$$J'_{sw} = 0{,}105 \frac{2 - \delta}{\delta} F S, \tag{176)}$$

somit für

$$\delta = \frac{1}{10},$$

$$J_{sw} = 2{,}205 \, F S; \; J'_{sw} = 1{,}995 \, F S;$$

$$\frac{H'_{sw}}{H_{sw}} \text{ bleibt} = 1{,}1.$$

Sind zwei Pumpen mit doppelter Saugwirkung mit einem gemeinschaftlichen Saugrohr und Saugwindkessel versehen, und werden die Kolben durch zwei um 90° versetzte Kurbeln bewegt, so ist

$$4 \, F S = F''_s \, v''_s \frac{60}{n}.$$

Durch den Kolben der einen Pumpe wird nun, wenn sich die Kurbel vom todten Punkte ab um ω dreht, eine Flüssigkeitsmenge

$$F \frac{S}{2} (1 - \cos \omega)$$

aus dem Windkessel entnommen, durch den Kolben der andern Pumpe gleichzeitig

$$\frac{F S}{2} \sin \omega$$

angesaugt, sodass die aus dem Windkessel entnommene Menge

$$\frac{F S}{2} (1 - \cos \omega + \sin \omega)$$

ist, während in gleicher Zeit

$$F S \frac{2 \omega}{\pi}$$

zufliesst; der Unterschied

$$F \frac{S}{2} \left(1 - \cos \omega + \sin \omega - \frac{4 \omega}{180^0}\right)$$

ergibt den kleinsten, beziehungsweise den grössten Werth bei

$$\omega_1 = 19^0 \, 10' \text{ und } \omega_2 = 70^0 \, 50',$$

dann ist der Ausdruck

für $\omega = \omega_1$, $\quad - 0{,}021 \, F S$,

für $\omega = \omega_2$, $\quad + 0{,}021 \, F S$,

sodass nunmehr der Luftinhalt um $0{,}042 \, F S$ wechselt. Dies gibt

$$J_{sw} = 0{,}021 \frac{2 + \delta}{\delta} F S, \tag{177)}$$

$$J'_{sw} = 0{,}021 \frac{2 - \delta}{\delta} F S, \tag{178)}$$

somit für

$$\delta = \frac{1}{10}.$$

$$J_{sw} = 0{,}441\ FS;\ J'_{sw} = 0{,}399\ FS;\ \frac{H'_{sw}}{H_{sw}} = 1{,}1.$$

Die mittlere Luftpressung $(H_{sw})_m$ im Windkessel, welche im Beharrungszustande die gleichförmige Bewegung im Saugrohr gibt, wird nahezu das geometrische Mittel aus der kleinsten und der grössten Pressung sein; diese selbst sind aber bei genügend grossem Windkessel, wie in vorstehendem ermittelt, nur wenig von einander verschieden. Im Ruhezustand ist die Pressung

$$(H_{sw})_0 = A - H'_s,$$

während des Betriebs nahezu gleichbleibend

$$H_{sw} = A - (H'_s) - (1 + \zeta'_s)\frac{(v'_s)^2}{2g}.$$

Da nach dem Mariotte'schen Gesetze

$$\frac{(J_{sw})_0}{J_{sw}} = \frac{H_{sw}}{(H_{sw})_0}$$

ist, so wird

$$(J_{sw})_0 < J_{sw};$$

es genügt also, den ganzen Inhalt des Saugwindkessels gleich J_{sw} zu machen.

Es kann nun zweckmässig genommen werden

$$J_{sw} = 5\ FS$$

für Pumpen mit einfacher Saugwirkung,

$$J_{sw} = 2\ FS$$

für Pumpen mit doppelter Saugwirkung.

Für gekuppelte Pumpen, die mit gemeinschaftlichem Saugrohr und Windkessel arbeiten, wird $J_{sw} \lesseqgtr FS$ genügen. Bei Saugleitungen, welche über 10 m lang sind, wird J_{sw} bis zu 10 FS genommen. Manche Ausführungen enthalten noch verhältnissmässig grössere Saugwindkessel, doch sind solche nicht nothwendig.

Die Anordnung des Druckwindkessels hat den Zweck, den Flüssigkeitsschlag zu vermeiden, einen möglichst gleichförmigen Ausfluss der Flüssigkeit aus dem Druckrohre zu erzielen, wie dies z. B. bei Spritzen gewünscht wird, ferner durch seine regelnde Wirkung des Kraftbedarfs die Beanspruchung der einzelnen Pumpentheile zu verringern.

Die Spannung der im Windkessel befindlichen Luft wird im Ruhezustand der Pumpe durch $A + H''_d$ gegeben sein; während der Bewegung jedoch muss die Spannung grösser sein, da sie noch die schädlichen Widerstände überwinden und der Flüssigkeitsmasse lebendige Kraft ertheilen muss. Die Luftspannung wird aber nicht gleich gross bleiben, da die vom Kolben nach dem Windkessel gepresste Flüssigkeit mit verschiedener

Geschwindigkeit in denselben tritt, also verschieden grosse lebendige Kraft an den Luftinhalt abgibt. Ist jedoch der Windkessel genügend gross, so wird sich im Beharrungszustand die Flüssigkeit aus ihm mit nahezu gleichbleibender Geschwindigkeit nach dem Ausfluss bewegen.

Die Verminderung der nothwendigen grössten Kolbenkraft durch Anordnung eines Druckwindkessels hat sich bei Bestimmung der Kolbenkraft ergeben (vgl. S. 77 u. f.).

Dieser Nutzen wird um so grösser, je länger die Druckleitung ist und je näher der Windkessel an dem Cylinder angebracht wird.

Bedeutet $(H_d'')_x$ die senkrechte Entfernung des Flüssigkeitsspiegels im Windkessel von dem des Druckbehälters, $(H_{dw})_x$ die gleichzeitig im Windkessel vorhandene Luftpressung, in Flüssigkeitshöhe ausgedrückt, so sind diese Grössen, wie die entsprechenden der Saugwirkung, zwar veränderlich, bei genügend grossem Windkessel werden sie aber wie bei der Saugwirkung nahezu gleichen Werth behalten und dürfen deshalb als gleichbleibende Grössen mit H_d'', H_{dw}, bezeichnet werden. Unter dieser Voraussetzung ergibt sich die Geschwindigkeit, mit der die Flüssigkeit im Druckrohr hinter dem Windkessel aufsteigt, aus

$$(v_d'')_x = \sqrt{2\,g\,\frac{(H_{dw})_x - (H_d'')_x - A}{1 + \zeta_d''}}. \tag{179}$$

Für die Pumpen mit einfacher Druckwirkung ist dann die in der Sekunde zu fördernde Flüssigkeitsmenge

$$Q = F_d''\,v_d'' = F\frac{v_m}{2};$$

es ergibt sich also

$$H_{dw} = A + H_d'' + (1 + \zeta_d'')\frac{(v_d'')^2}{2\,g}$$

$$= A + H_d'' + \left(\frac{F}{F_d''}\right)^2 \frac{v_m^2}{2\,g}\,\frac{1 + \zeta_d''}{4}. \tag{180}$$

Für Pumpen mit doppelter Druckwirkung wird

$$H_{dw} = A + H_d'' + \left(\frac{F}{F_d''}\right)^2 \frac{v_m^2}{2\,g}(1 + \zeta_d''). \tag{181}$$

Der nothwendige Inhalt des Druckwindkessels im Betriebszustande berechnet sich in derselben Weise wie für den Saugwindkessel; es tritt hier nur die Aenderung ein, dass in der Zeit dt aus dem Cylinder nach dem Windkessel die Flüssigkeitsmenge $F\,v_x\,dt$, aus dem Windkessel nach dem Ausfluss die Menge $F_d''\,v_d\,dt$ fliesst.

Unter Zugrundelegung der Kurbelbewegung findet sich

für die Pumpe mit einfacher Druckwirkung die in der Zeit dt eintretende Flüssigkeitsmenge nach S. 204 zu

$$FV\left(\sin\omega - \frac{1}{\pi}\right)dt.$$

Es wird nun hier bei $\omega = \omega_1 = 18^0\,35'$ der Luftinhalt am grössten, bei $\omega = \omega_2 = 161^0\,25'$ am kleinsten sein. Der Unterschied der zu- und abfliessenden Flüssigkeitsmenge ist für jeden Drehwinkel

$$F\frac{S}{2}\left(1 - \cos\omega - \frac{\omega}{180^0}\right).$$

Die weitere Rechnung liefert dasselbe Ergebniss wie für den Saugwindkessel, und es wird somit

für die Pumpe mit einfacher Druckwirkung der grösste Luftinhalt

$$J_{dw} = 0{,}275\,\frac{2+\delta}{\delta}\,FS, \qquad 182)$$

der kleinste Luftinhalt

$$J'_{dw} = 0{,}275\,\frac{2-\delta}{\delta}\,FS, \qquad 183)$$

ferner

$$\frac{H'_{dw}}{H_{dw}} = \frac{J_{dw}}{J'_{dw}}; \qquad 184)$$

für

$$\delta = \frac{1}{10}$$

wird daher

$$J_{dw} = 5{,}77\,FS,\quad J'_{dw} = 5{,}22\,FS,\quad \frac{H'_{dw}}{H_{dw}} = 1{,}1.$$

Für die Pumpen mit doppelter Druckwirkung wird

$$J_{dw} = 0{,}105\,\frac{2+\delta}{\delta}\,FS, \qquad 185)$$

$$J'_{dw} = 0{,}105\,\frac{2-\delta}{\delta}\,FS; \qquad 186)$$

für

$$\delta = \frac{1}{10}$$

also

$$J_{dw} = 2{,}205\,FS;\quad J'_{dw} = 1{,}995\,FS;\quad \frac{H'_{dw}}{H_{dw}} = 1{,}1.$$

Die mittlere Pressung $(H_{dw})_m$, welche den gleichförmigen Ausfluss erzeugt, ergibt sich nahezu als das geometrische Mittel aus den Pressungen H_{dw} und H'_{dw}, welche wiederum bei genügend grossem Windkessel nur wenig von einander verschieden sind.

Im Ruhezustand ist die Pressung im Windkessel gegeben durch

$$A + H_d''.$$

Wird nun die Pumpe in Betrieb gesetzt, so presst die aus dem Cylinder nach dem Druckwindkessel strömende Flüssigkeit die Luft im Windkessel zusammen, bis der Druck so gross wird, dass die Flüssigkeit im Druckrohr sich zu bewegen anfängt. Es muss also die Pressung im Windkessel derjenigen Kolbenkraft entsprechen, welche im Stande ist, die im Druckrohr befindliche Flüssigkeitsmasse zu heben und zu beschleunigen.

Diese Pressung ergiebt sich als $(H_{dw})_{max}$ aus

$$(H_{dw})_{max} - H_d'' - A - (1 + \zeta_d'') \frac{(v_d'')^2}{2g} = \frac{F_d'' L_d'' \gamma}{g} b_d''. \qquad 187)$$

Jedoch ist die Geschwindigkeit v_d'' nicht unmittelbar gegeben, da beim Anlassen der Pumpe zuerst die Bewegung langsamer erfolgen wird, als während des Betriebes. Die grösste Pressung im Windkessel steht aber mit der grössten Kolbenkraft in Beziehung.

Ist nun die Kraftmaschine, welche die Pumpe treibt, gegeben, so ist aus ihren Verhältnissen auch der Meistwerth der von ihr auf den Kolben auszuübenden Kraft bestimmt und würde sich daraus $(H_{dw})_{max}$ ergeben, also damit die Geschwindigkeit v_d''. Treibt die Kraftmaschine die Pumpe allein, so wird sie so zu berechnen sein, dass das Anlassen mit einer bestimmten Geschwindigkeit erfolgen kann und nach einiger Zeit der gewünschte Beharrungszustand erfolgt; für letzteren ist die Betriebsgeschwindigkeit und damit die Betriebsarbeit gegeben.

In jedem Falle wird es zweckmässig sein, am Windkessel ein Sicherheitsventil anzubringen, um einer übermässigen Beanspruchung der Kesselwandung zu begegnen.

Was den vollen Inhalt des Windkessels anbetrifft, so wird derselbe grösser sein müssen, als durch die vorstehend ermittelten Gleichungen für J_{dw} und J_{dw}'' festgestellt ist. Dieselben ergeben den nothwendigen Luftinhalt während des Betriebszustandes. Im Zustand der Ruhe ist die Pressung

$$A + H_d'',$$

es muss daher der volle Inhalt $(J_{dw})_o$ mindestens

$$= J_{dw} \frac{(H_{dw})_{max}}{A + H_d''} \qquad 188)$$

sein, damit beim Anlassen Luft genug im Kessel vorhanden ist, um im zusammengepressten Zustand noch den Raum J_{dw} einzunehmen. Bei manchen Pumpen, wie z. B. bei Feuerspritzen, ist H_d für den Ruhezustand gleich Null.

Es ist jedoch noch eine Erwägung für die Grösse $(J_{dw})_o$ massgebend. Wird nämlich die Pumpe plötzlich ausser Betrieb gesetzt, so läuft die im Druckrohr befindliche Flüssigkeit in Folge ihrer lebendigen Kraft nach aufwärts, es nimmt also der Flüssigkeitsinhalt des Windkessels ab, die Luft dehnt sich aus; es darf nun diese Volumenvergrösserung nicht den Windkesselraum überschreiten, da sonst Luft durch die noch vorwärtsströmende Flüssigkeit mit nach dem Ausfluss gerissen wird, also beim darauffolgenden Anlassen nicht mehr der genügende Luftinhalt vorhanden ist. Es wird daher zweckmässig sein, den Inhalt des Windkessels grösser als J_{dw} zu nehmen, und zwar um so grösser, je länger die Druckrohrleitung ist, da mit dieser die lebendige Kraft, welche die Ausdehnung der Luft bewirkt, wächst. — Gewöhnlich wird der Windkessel-Luftinhalt im Betriebszustande gleich 4 FS bei einfachwirkenden, 1,5 bis 2 FS bei doppeltwirkenden Druckpumpen gemacht; und gleich 1 bis 1,5 FS, falls zwei Pumpen der letzteren Art in ein gemeinschaftliches Druckrohr fördern.

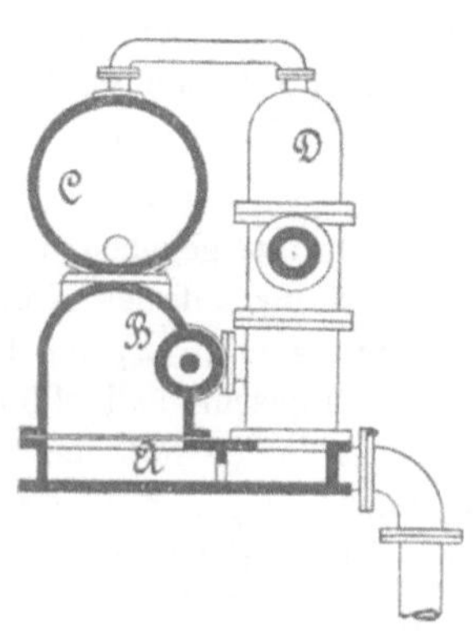

Fig. 249.

Hier sei noch auf eine graphische Darstellung der Flüssigkeitsbewegung in Windkesseln von Schmitt (Zeitschr. d. Ver. d. Ing. 1895 S. 103), sowie auf die Entgegnung Tolle's (ebenda, 1895 S. 239) aufmerksam gemacht.

Formung der Windkessel. Die Windkessel werden durch geeignete Ausbildung der Pumpenräume gebildet oder als selbstständige Theile angeordnet. Im ersteren Falle lässt sich der Saugwindkessel durch eine Erweiterung des Saugrohres dicht unter dem Saugventil in später anzugebender Weise und der Druckwindkessel durch eine glockenartige Formung des Deckels am Druckventilkasten anordnen. Ferner lässt sich das Pumpengestell als Windkessel ausbilden (siehe eine spätere Figur, welche für einfachwirkende Taucherpumpen die Benutzung des Pumpengestelles als Saugwindkessel zeigt). Eine ähnliche, jedoch weniger gut durchgebildete Einrichtung hat R. Daelen sich patentiren lassen (erloschenes D. R. P. Kl. 59 No. 544) und ist von Meer verbessert worden (erloschenes D. R. P. Kl. 59 No. 7216). Wie Fig. 249 zeigt, ist das Pumpengestell A als Saugwindkessel verwendet und der Cylinder B seitlich angegossen. Der Druckwindkessel C ist als wagerechtes Rohr über den Saugwindkessel A gelegt und durch ein Rohr mit dem kuppelförmig erweiterten Druckventilkasten D verbunden, so dass der Strom der aufsteigenden Flüssigkeit nicht durch den Druckwindkessel geht. Weitere Anordnungen der Windkessel zeigen die später beschriebenen Pumpenausführungen. Auf Tafel I ist die Vereinigung von Saug- und Druckwindkessel zu einem Gusskörper verdeutlicht.

Als selbstständige cylindrische, kegel- oder kugelförmige Hohlkörper werden die Windkessel in das Saug- bezieh. Druckrohr möglichst nahe der Pumpe eingeschaltet. Diese Hohlkörper werden aus Gusseisen, Schmiedeeisen, Stahl, Kupferlegirung, Kupfer, selten aus Kautschuk hergestellt. Für die Förderung von Flüssigkeiten, welche Eisen, Messing, Rothmetall angreifen, werden von A. L. Dehne in Halle a. S. Windkessel aus Gusseisen mit einer Ausfütterung hergestellt, die von der betreffenden Flüssigkeit nicht angegriffen wird; es kommen hierbei insbesondere Blei, Zinn, Hartgummi zur Verwendung. Die Endflächen der cylindrischen Windkessel werden am besten halbkugelförmig geformt, bei Herstellung aus Schmiedeeisen oder Stahlblech durch Nieten, Pressen oder Schweissen auch nach einem Kugelabschnitt. Kegelförmige Windkessel werden an der grösseren Endfläche nach einer Halbkugel gebildet, an der kleineren erhalten sie die Flanschen zur Verbindung mit dem betreffenden Rohr oder Ventilkasten; das gleiche geschieht bei birnenförmigen Windkesseln, wie sie aus Kupferblech hergestellt bei Feuerspritzen zur Verwendung kommen. Falls bei derartig geformten Druckwindkesseln oben Lufthähne angeordnet werden, ist darauf zu achten, dass an letzteren Röhrchen, die bis an die Flüssigkeit reichen, anschliessen, damit nicht alle Luft durch den etwa undichten Hahn entweichen kann.

Cylindrische Windkessel werden stehend oder liegend verwendet; die erstere Anordnung ist zweckmässiger, da sie eine kleinere Berührungsfläche der Flüssigkeit mit der Luft gibt.

Für die Einführung und Ableitung der Flüssigkeit ist es nothwendig, beide Flüssigkeitsströme von einander zu trennen, damit etwa auftretende Stösse sich nicht durch die Flüssigkeit fortpflanzen, sondern von ihr an die elastische Luft des Windkessels abgegeben werden. Hierauf ist namentlich beim Druckwindkessel zu achten, und muss die Einführung der Flüssigkeit in diesen so geschehen, dass die eintretende Flüssigkeit zunächst frei durch den Luftraum fällt, die Mündung muss also über dem Flüssigkeitsspiegel liegen.

Die Berechnung der Wanddicke der Windkessel kann nach den Bach'schen Formeln 71 bis 73 für die Beanspruchung durch den grösstmöglichen Druck erfolgen, wobei für die zulässige Spannung folgende Mittelwerthe gesetzt werden können: Gusseisen 100, Schmiedeeisen 500, Stahl und Kupfer 800 kg/qcm. Halbkugelförmige Böden erhalten die gleiche Wanddicke wie die Cylinder, bei gegossenen Kesseln eine etwas grössere; kugelhaubenförmige Böden müssen in der Wanddicke stärker genommen werden. Für hohen Druck und bei grossen Abmessungen wird sich die Herstellung der Windkessel aus Schmiedeeisen- oder Stahlblech empfehlen; die Verbindung der einzelnen Bleche geschieht wie bei der Herstellung von Dampfkesseln.

Flüssigkeiten, welche, wie Wasser, Luft enthalten, scheiden solche im luftverdünnten Raum aus, während sie bei höherem Druck mehr Luft aufnehmen. Daher wird im Saugwindkessel sich stets Luft abscheiden und die Spannung in demselben vermehren; auch in Folge von Undichtheiten am Saugwindkessel kann Luft von aussen in denselben treten; dies kann verhindert werden, wenn der Windkessel unter Flüssigkeit gesetzt wird. Im Druckwindkessel wird allmählich eine Verminderung des Luftinhaltes eintreten, die auch durch Entweichen der verdichteten Luft durch Undichtigkeiten und mit der durchströmenden Flüssigkeit bewirkt wird. Es ist daher nothwendig, dem Druckwindkessel ununterbrochen oder zeitweilig Luft zuzuführen; auch nach längerem Stillstande erweist sich dies nothwendig. Hierzu kann die in Fig. 250 dargestellte, von Illeck angegebene Vorrichtung am

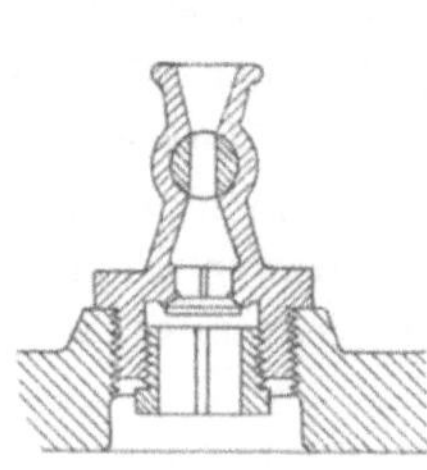

Fig. 250.

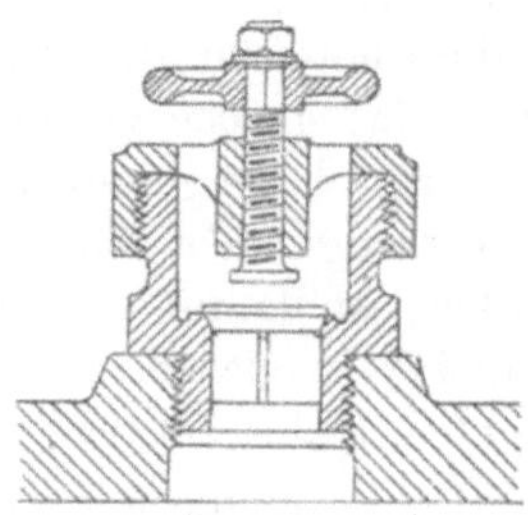

Fig. 251.

Cylinder angebracht werden, wobei der Hahn vollständig zu öffnen ist. Die vom Kolben eingesaugte Luft entweicht bei der Druckwirkung durch das Druckventil nach dem Windkessel. Bei Pumpen, bei welchen

$$H_d < \frac{1}{\sigma} A$$

ist (vgl. S. 226), also die vom Kolben zusammengepresste Luft das Druckventil zu heben vermag, kann auch die Füllung des Windkessels bei Inbetriebsetzung der entleerten Pumpe unmittelbar durch den vorgenannten Apparat bewirkt werden; bei Pumpen mit

$$H_d > \frac{1}{\sigma} A$$

ist jedoch erst ein Hilfsdruckventil, etwa mit der von Illeck angegebenen, in Fig. 251 dargestellten Einrichtung, in Thätigkeit zu setzen und der Cylinder theilweise mit Flüssigkeit zu füllen. Ist dies geschehen, dann wird dieses Abblaseventil abgestellt und statt dessen das Hilfssaugventil Fig. 250 in Thätigkeit versetzt. Die theilweise Füllung des Cylinders mit Flüssigkeit ermöglicht dann, die angesaugte Luft so weit zu verdichten, dass sie ihren Weg durch das Druckventil nach dem Windkessel nehmen kann. In diesem Falle muss an dem Hilfssaugventil auch eine Stellschraube angebracht werden, durch welche ersteres abgestellt werden kann. Das Hilfssaugventil ist unmittelbar unter dem Druckventil anzubringen, damit die angesaugte und darauf verdichtete Luft auch durch dieses entweichen kann. Statt des Hilfssaugventils kann das von Klein angegebene, in Fig. 252 dargestellte Niederschraubventil (erloschenes D.R.P. Kl. 59 No. 23 549) benutzt werden, bei welchem die einzuführende Luftmenge durch Einstellen des Kegels genau geregelt werden kann. Klein, Schanzlin und Becker in Frankenthal versehen ihre Pumpen auch mit dem in Fig. 253 dargestellten

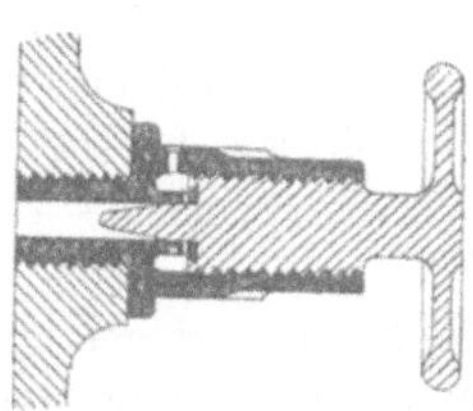

Fig. 252.

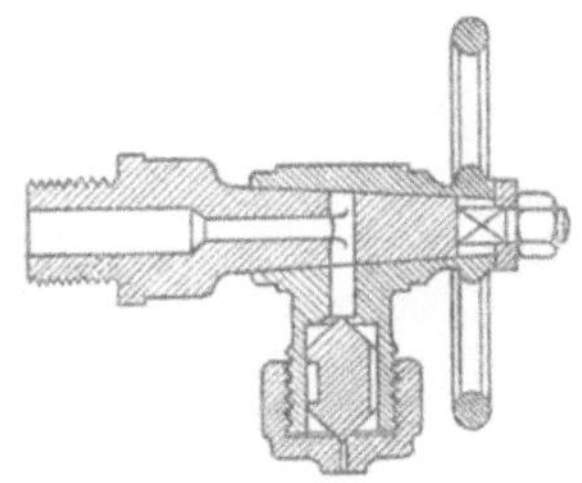

Fig. 253.

Luftventil (erloschenes D.R.P. Kl. 59 No. 8610), das als eine Nachbildung des von Reuleaux zur selbstthätigen Entfernung der frei werdenden Luft aus dem Pumpencylinder angegebenen Ventilhahnes anzusehen ist. Das Klein'sche Luftventil soll zur Luftentfernung wie auch zum Luftansaugen dienen und ist hierzu so gestaltet, dass das ein doppeltes Kegelventil enthaltende Gehäuse für den letztgenannten Zweck mittels eines Handrädchens in die gezeichnete Lage, zum Zweck des Luftansaugens um 180^0 um den feststehenden, über dem Saugventil angebrachten Hahnkegel gedreht wird. Grössere Windkessel werden auch mit einer besonderen, zweckmässig getrennt angetriebenen Luftverdichtungspumpe versehen, welche stetig eine kleine Menge Luft in den Windkessel presst; diese Anordnung hat jedoch den Nachtheil der Kostspieligkeit. S. a. Zeitschr. d. Ver. d. Ing. 1895 S. 407; gute Konstruktion einer solchen Luftpumpe.

Selbstthätige Luftfüllapparate für Druckwindkessel sind auch in einigen Formen patentirt und ausgeführt worden; dieselben sind entweder nur wirksam, während die Pumpe in Betrieb ist, und arbeiten dann stetig oder nur, wenn der Flüssigkeitsspiegel im Windkessel über einen höchsten Stand steigt; oder der Apparat wirkt auch während des Stillstandes, indem er allein durch die Bewegung des Flüssigkeitsspiegels in Thätigkeit kommt. Zu den erstgenannten Vorrichtungen gehört diejenige, welche von Riehn, Meinicke und Wolf in Görlitz (erloschenes D. R. P. Kl. 59 No. 698) ausgeführt ist und sich bewährt hat. Der in Fig. 254 dargestellte Apparat wird auf den Pumpencylinder gesetzt und mit Flüssigkeit gefüllt. Bei der Saugwirkung des Kolbens tritt aus A eine durch Einstellung des Hahnes a regelbare Flüssigkeitsmenge in den Cylinder und eine entsprechende Luftmenge tritt durch das sich öffnende Ventil b in die Büchse A; bei der Druckwirkung wird Flüssigkeit durch a nach A zurückgepresst und die vorher eingesaugte Luftmenge durch das Ventil c in ein nach dem Windkessel führendes Rohr gedrückt. Die Ventile a und c schliessen sich unter dem Druck von Federn. Der Apparat wirkt also wie eine kleine Luftpumpe, mittels deren stetig eine genau geregelte Luftmenge nach dem Windkessel geschafft werden kann. Durch Zudrehen des Hahnes a wird der Apparat ausser Thätigkeit gesetzt. Bezüglich anderer Luftfüllvorrichtungen sei auf die Patentschriften Kl. 59 No. 11653 und 11914 verwiesen; beide Patente sind bereits erloschen.

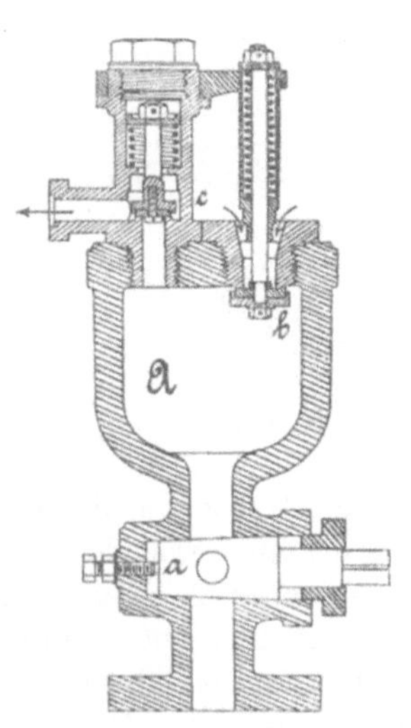

Fig. 254.

Eine selbstthätige Regelung der Luft kann auch durch Anbringung eines Schwimmers im Windkessel geschehen, der auf einen Dreiweghahn wirkt, welcher mit einem am Cylinder angebrachten Luftventil in Verbindung steht. Ist zu viel Luft im Windkessel, so verstellt der Schwimmer den Hahn derart, dass Luft durch denselben ins Freie entweichen kann; vermindert sich der Luftinhalt des Windkessels zu sehr, so tritt durch den Hahn und das Ventil Luft von aussen in den Cylinder und wird bei der Druckwirkung in den Windkessel gepresst. Grosse Zuverlässigkeit darf aber von derartigen Schwimmerapparaten im Allgemeinen nicht erwartet werden.

Für die Anordnung der Windkessel ist hauptsächlich massgebend, dass die Wirkung eine um so vollkommenere ist, je weniger Flüssigkeit sich zwischen der abgeschlossenen Luft und dem Pumpencylinder befindet.

Zwischen dem Druckwindkessel und der Pumpe ist zweckmässig ein Absperrventil anzubringen, um die Pumpe öffnen zu können, ohne dass der Druck im Windkessel verloren geht. Sind mehrere Pumpen mit einem gemeinschaftlichen Saugwindkessel versehen, so ist es zweckmässig, zwischen diesem und dem Saugventil jeder Pumpe je einen Absperrschieber oder dergleichen einzuschalten, um jede Pumpe unabhängig von der anderen treiben zu können.

Der Saugwindkessel wird vielfach mit einem Vakuummesser versehen, der Druckwindkessel mit einem Druckmesser, letzterer auch mit fortlaufender Aufzeichnung des Drucks; ferner ist es unerlässlich, an jedem Windkessel ein Wasserstandsglas, Probirhähne und einen Ablasshahn anzubringen, und den Druckwindkessel mit einem Sicherheitsventil zu versehen. Alle diese Armaturtheile sind seitlich anzubringen, da sie sonst leicht Gelegenheit zu Undichtigkeiten geben.

Das Pumpengestell und die Befestigung desselben.

Zur Befestigung der Pumpe auf einem Fundament oder an einem anderen, als festliegend anzusehenden Gegenstand, wie z. B. einem Wasserkasten, Wagengestell, ist der Pumpenkörper entweder mit Tatzen, Lappen oder Füssen zu versehen oder an einem besonderen Gestell anzubringen, welches festgelegt wird. Die gesammte Anordnung der Befestigung muss der Belastung der Pumpe durch Eigengewicht und Gewicht der Flüssigkeitssäulen, ferner den im Betriebsmechanismus auftretenden Kräften und den etwa entstehenden hydraulischen Stössen Widerstand leisten; da die Beanspruchung durch letztere nicht bestimmbar ist, so müssen für die Berechnung der Befestigungstheile nach den bekannten Kräften geringe Materialspannungen angenommen werden. Allerdings ist eine solche Berechnung nur in seltenen Fällen, wie z. B. bei der Lagerung der Schachtpumpen auf Einstrichen, nothwendig, meistens wird die Bemessung der Querschnitte der tragenden Theile nach sachgemässer Schätzung zu erfolgen haben.

Die Formung der am Pumpenkörper anzubringenden Tatzen, Lappen, Füsse oder des besondern Pumpengestelles hängt insbesondere von der Aufstellungsweise der Pumpe ab. In jedem Falle ist es jedoch zur Erreichung eines festen Baues und eines ruhigen Ganges nothwendig, dass die Lagerung des Antriebsmechanismus und die etwa anzuordnende Geradführung der Kolbenstange mit dem Pumpenkörper durch feste Metalltheile verbunden sind und nicht einzeln gegen Mauerwerk oder Balken befestigt werden.

Wird die Pumpe unmittelbar durch eine Dampfmaschine oder Wassersäulenmaschine getrieben, so ist es zweckmässig, auch diese Maschine mit dem Pumpenkörper durch eiserne Tragetheile zu verbinden. Formen für solche Gestelle zeigen die später zu beschreibenden Dampf- und Wasserdruckpumpen; bezüglich der Bemessung der Querschnitte dieser Gestelle sind die beanspruchenden Kräfte zu beachten, bezüglich der Formung die Regeln des Maschinenbaustiles. Im Allgemeinen empfiehlt sich die Anwendung der Hohlguss- oder U-Form. Für Pumpen, welche durch eine Transmission getrieben werden, ergeben sich je nach der Aufstellungsweise für die Gestelle Formen von Säulen, Ständern, Böcken, wagerechte Tragbalken, Wandplatten; Beispiele hierfür bieten die Figuren der im späteren beschriebenen Pumpenausführungen.

Besondere Regeln lassen sich nicht geben, es muss dem Erbauer überlassen bleiben, je nach der Aufstellungs- und Betriebsart das Pumpengestell zu bilden; die vorgenannten Gesichtspunkte sind im Allgemeinen zu beachten. Der Möglichkeit der Verschiebung verschraubter Theile begegne man durch eingepasste Verbindungsschrauben oder Anordnung besonderer Passstifte.

Der Betrieb der Kolbenpumpen.

Der Antrieb.

Für den Betrieb der Pumpen können alle bekannten Kraftmaschinen zur Verwendung kommen; im Wesentlichen ist Betrieb durch Menschen, Thiere und Maschinen zu unterscheiden. Der erstere erfolgt fast durchgängig durch Angriff der Hand an Griffen, Hebeln oder Kurbeln. Die Kolben kleiner Pumpen können dadurch bewegt werden, dass die Hand an einem an der Kolbenstange angebrachten Griff anfasst. Für einigermassen andauernde Arbeit kann die an der Kolbenstange geäusserte Kraft eines Menschen hierbei nur bis zu 12 kg genommen werden; der Kolbenhub kann höchstens gleich der Armlänge werden, also kleiner als 0,9 m. Um grössere Kräfte auszuüben, wird der Hebel verwendet, an welchem auch zugleich mehrere Menschen arbeiten können. Da hierbei die Kraftäusserung derselben beim Niederdrücken grösser als beim Aufziehen erhalten wird, so ist die Pumpe mit dem Hebel so zu verbinden, dass hauptsächlich die erstgenannte Kraftäusserung erforderlich wird. Die Kraft eines Menschen am Hebel kann bei Anwendung beider Arme für das Niederdrücken zu 16 kg, für das Aufziehen zu 5 kg gerechnet werden, wenn die Thätigkeit 5 bis 10 Minuten ununterbrochen dauert; beim Arbeiten mit nur einem Arme, wenn auch abwechselnd, kann die Kraft nur zu $^2/_3$ dieser Werthe genommen werden. Am Doppelhebel ist die Kraft, wenn sie nur zum Niederdrücken verwendet wird, bei mehrstündigem Betrieb mit Pausen nach halbstündigen Schichten zu 15 kg zu rechnen. Der Hebelausschlag am Angriffspunkt kann 0,8 bis 1 m betragen; in der Minute können bis zu 60 Doppelhübe gemacht werden. Auch der Kurbelbetrieb wird zur Verwendung der Menschenkraft häufig benutzt und zwar mit oder ohne Zahnradvorgelege. Die Kurbelarmlänge beträgt dabei für vortheilhafte Kraftäusserung 0,4 bis 0,45 m; die Kraft eines Menschen am Kurbelgriff kann zu 10 kg genommen werden, die Anzahl der Umdrehungen in der Minute zu 20. Bei Thierbetrieb kommt hauptsächlich der Göpel in Verwendung; die Länge des Schwengelarmes ist zu 4 bis 5 m, die Zugkraft eines Pferdes zu 45 kg, eines Ochsen zu 65 kg, die Geschwindigkeit der Bewegung des Thieres zu 0,9 bez. 0,6 m zu nehmen. Hierbei darf eine achtstündige Arbeitszeit gerechnet werden.

Wird Maschinenkraft zum Betrieb einer Pumpe verwendet, so kann die treibende Maschine unmittelbar mit der Pumpe verbunden sein oder erstere treibt letztere durch eine Transmission. Der unmittelbare Antrieb kann sogar so ausgebildet werden, dass auf die eine Seite des Pumpenkolbens treibende Kraftflüssigkeit wirkt und die andere Seite die Bewegung der zu fördernden Flüssigkeit hervorruft. So ist z. B. bei der noch zu beschreibenden Wasserdruckpumpe von Schmid ein Betrieb durch Presswasser derart angeordnet, dass dieses auf die eine volle Kolbenseite wirkt, an die andere Seite schliesst ein Taucherkolben an, so dass nur die Ringfläche saugt und drückt. Es kann daher mit einer grösseren Wassermenge von geringer Druckhöhe eine kleinere auf grössere Höhe gefördert werden. Die Wasservertheilung geschieht bei dieser Pumpe durch einen einfachen Muschelschieber. Andere Anordnungen dieser Betriebsart durch Presswasser zeigen die erloschenen Patente Kl. 59 No. 6006 und 6999, auf welche verwiesen werden kann, ferner die später zu beschreibende Pumpe von Kröber. Solche Einrichtungen können zur Verwendung eines natürlichen Gefälles vortheilhaft Anwendung finden.

Bei Verwendung von Dampf als Kraftflüssigkeit wird diese unmittelbare Vereinigung von Pumpe und Kraftmaschine sich meist nicht empfehlen; es werden aber beide Maschinen so innig in Verbindung gebracht, dass besondere Anordnungen entstehen, die als Dampfpumpen bezeichnet und später noch eingehend besprochen werden.

Aehnliche Anordnungen ergeben sich bei unmittelbarer Verbindung einer Pumpe mit einer Wasserdruck-, Pressluft-, Heissluft- oder Gaskraftmaschine.

Die Wasserdruckpumpen, bei welchen der Cylinder gleichzeitig als Treib-, wie auch als Pumpencylinder dient, werden später besonders behandelt werden.

Im „Techniker“ 1887 Nr. 12 ist eine von Rider angegebene stehende Maschine beschrieben, bei welcher eine Heissluftmaschine und eine doppeltwirkende Pumpe mit Scheibenkolben auf gemeinschaftlicher Grundplatte nebeneinander aufgestellt sind und über den Cylindern eine gemeinschaftliche Kurbelwelle mit Schwungrad angeordnet ist. Derartige Anordnungen bauen u. A. Alex. Monski in Eilenburg und Otto Böttger in Dresden-Löbtau.

Der Betrieb von Pumpen durch Gaskraftmaschinen hat eine weite Verbreitung gefunden. Die Gasmotorenfabrik Deutz hat allein über 50 derartige Anlagen ausgeführt, z. Th. mit Motoren von 50 Pferdestärken (s. a. Zeitschr. d. Ver. d. Ing. 1895).

Die Verwendung von Pressluft als treibendes Mittel für Pumpen findet sich gelegentlich bei Wasserhaltungsanlagen.

Der Betrieb von Pumpen durch Transmission von einem beliebigen Motor aus kann in der verschiedensten Weise erfolgen. Es ist nur dabei zu beachten, dass, wenn der Motor eine andere Geschwindigkeit besitzt, wie sie dem Pumpenkolben gegeben werden soll, dann eine entsprechende Umsetzung angeordnet werden muss. Dieselbe macht sich z. B. bei dem Betrieb von Turbinen und Windrädern nothwendig und zwar als Uebersetzung, gewöhnlich mittels konischer Räder, ins langsame. Auch bei dem Betrieb von Dampfmaschinen aus kann sich eine solche Umsetzung nothwendig erweisen, wenn die Kurbelwelle der treibenden Maschine eine grössere Zahl von Umdrehungen in der Minute macht, als sie für die Pumpe zulässig erachtet wird; bei den Wasserhaltungsdampfmaschinen, die durch Gestänge die Kolben der im Schacht aufgestellten Pumpen treiben, ferner bei dem Betrieb durch Wassersäulenmaschinen und Wasserräder ist gewöhnlich keine Umsetzung nothwendig. Eine starke Uebersetzung ist dagegen naturgemäss erforderlich, sobald die Pumpe durch einen Elektromotor betrieben wird; derartige Antriebe sind im Allgemeinen heute noch kaum bis zur grössten Einfachheit durchgebildet, weshalb hier nicht näher darauf eingegangen sei.

Bei Betrieb von Wasserpumpen durch Dampfmaschinen mit Auspuff guter Anordnung kann verlangt werden, dass zu einer Nutzleistung von 1 e, gemessen an wirklich gehobenem Wasser, nicht mehr als 9 bis 13 kg Dampf in der Dampfmaschine stündlich verbraucht werden; neuere Wasserwerkspumpen, welche durch Verbundmaschinen mit Kondensation getrieben werden, haben bei der Prüfung sogar nur einen Dampfverbrauch von 8,0 bis 10 kg für die genannte Leistung ergeben. Bei dem Betrieb durch Gasmaschinen ist ein stündlicher Gasverbrauch von 0,8 bis 1,2 cbm für 1 e Nutzleistung zu rechnen. Ueber letztere Antriebsart macht Münzel in der Zeitschr. d. Ver. d. Ing. 1895 S. 303 sehr interessante Angaben.

Das Ansaugen.

Der todte oder schädliche Raum kann ein Ansaugen der leeren Pumpe verhindern, wenn die durch die Kolbenbewegung hervorgerufene Luftverdünnung oder Luftverdichtung nicht in dem Masse erfolgt, dass das Saugbezieh. das Druckventil sich öffnet. Befindet sich der Kolben im Augenblicke der Ingangsetzung in der Stellung, welche in Fig. 255 mit x bezeichnet ist, und sind Pumpenstiefel und Saugrohr mit Luft von der Spannung p gefüllt, so wird bei einer Bewegung des Kolbens in die Endstellung I die Spannung p_I der nunmehr verdünnten Luft im Cylinder mit Hülfe des Mariotte'schen Gesetzes, das hier annähernd als zutreffend angenommen werden kann, wenn $\sigma =$ dem schädlichen Raum, sich berechnen aus

$$p_I = \frac{FS_x + \sigma FS}{FS + \sigma FS} p. \tag{189}$$

p_I wird den kleinsten Werth erhalten, wenn $S_x = 0$, der Kolben beim

Beginn der Bewegung also in der Endstellung II sich befindet. Soll nun das Saugventil sich heben, also eine Saugwirkung im Saugrohr eintreten, so muss der auf das Saugventil sich äussernde Druck der Aussenluft den Widerstand, welcher vom Ventilgewicht und dem Druck p_I abhängt, überwinden. Ist dies nicht der Fall, so wird der Kolben bei seinem Rückgange die vorher ausgedehnte Luft wieder auf das Volumen σ F S zusammenpressen. Hierdurch entsteht eine Luftspannung p_{II}, welche sich zu

$$p_{II} = \frac{FS + \sigma FS}{\sigma FS} p_I = \frac{FS_x + \sigma FS}{\sigma FS} p \qquad 190)$$

ergibt. Wird vorausgesetzt, dass auch das Druckrohr bei Ingangsetzung der Pumpe mit Luft gefüllt ist, so müsste nun, wenn das Druckventil sich heben soll, p_{II} den Widerstand desselben, welcher von dem Ventilgewicht und dem Luftdruck p abhängig ist, überwinden. Ist jedoch das Druckrohr mit Flüssigkeit angefüllt, so müsste zur Hebung des Druckventils das Gewicht der Flüssigkeitssäule gehoben, die Flüssigkeitsmasse in Bewegung gesetzt, und es müssten die Bewegungswiderstände in der Druckleitung überwunden werden. Es ist also nur in Ausnahmefällen denkbar, dass die durch den Kolben erzeugte Luftpressung p_{II} hierzu hinreicht.

Etwas günstiger wird die Sachlage, wenn der vorhin bestimmte Druck p_I hinreichend gering ist, um ein Oeffnen des Saugventils eintreten zu lassen. Dann wird der Druck im Pumpenstiefel und im Saugrohr sich nahezu ausgleichen, der Enddruck in der Kolbenstellung I hierdurch grösser und nahezu gleich p werden, der Enddruck p_{II} somit gleichfalls wachsen.

Wenn nun aber in Folge der im Cylinder eintretenden Luftspannungen p_I und p_{II} weder das Saugventil noch das Druckventil sich öffnet, so wird die Pumpe keinesfalls im trockenen Zustande ansaugen können, die im Cylinder vorhandene Luft wird nutzlos abwechselnd ausgedehnt und wieder verdichtet werden. Es sei nun für die weitere Untersuchung angenommen, dass Enddrucke p_I und p_{II} sich ergeben, welche sowohl ein Oeffnen des Saug- wie des Druckventils bewirken. Hierbei kann für den Fall, dass das Saugrohr gefüllt ist, zweckmässig für das Entweichen der durch den Kolben verdichteten Luft an der Pumpe ein besonderes selbstthätiges Abblaseventil (vgl. S. 215) angebracht werden, sodass in diesem Falle die Luft nicht nach dem Druckrohr, sondern durch letztgenanntes Ventil entweicht, wozu wegen des geringen Widerstandes ein kleiner Enddruck p_{II} genügt.

Hat nun beim Rückgange des Kolbens die verdichtete Luft entweder das Druckventil oder das Abblaseventil geöffnet, so befindet sich in der Stellung II des Kolbens noch eine Luftmenge im Cylinder, deren Spannung nahezu gleich p, und in dem Falle, dass die Luft nur durch das gefüllte

Druckrohr entweichen kann, entsprechend grösser als p ist; es sei diese Spannung mit p_d bezeichnet.

Wenn während der Kolbenbewegung von I nach II das Saugventil sich öffnet, so nimmt die im Saugrohr befindliche Luft an der Ausdehnung theil, und in Folge dessen wird durch den äusseren Luftdruck Flüssigkeit in das Saugrohr gedrückt, sodass sich der Spiegel in diesem um y_1 (vgl. Fig. 255) hebt. Bei den weiteren Kolbenspielen hebt sich der Spiegel auf y_2, y_3 u. s. w.

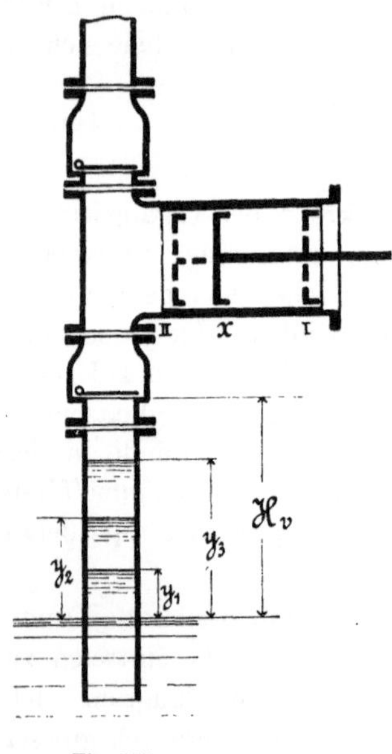

Fig. 255.

Es sei nun mit U_s das Volumen des Saugrohres vom Flüssigkeitsspiegel im Saugbehälter bis zum Cylinder, mit U_1, U_2 u. s. w. seien die durch das Steigen der angesaugten Flüssigkeit angefüllten Rohrinhalte bezeichnet. Dann ergeben sich folgende Vorgänge: der Kolben steht in Stellung II, das Luftvolumen im Cylinder ist σ F S, der Luftdruck p_d; das Luftvolumen im Saugrohr ist U_s, der Luftdruck 1 at; nach der Bewegung in die Stellung I ist das Luftvolumen im Cylinder und Saugrohr $\sigma F S + F S + U_s - U_1$, der Luftdruck $\frac{A - y_1}{A}$, wenn angenommen wird, dass der Druck über und unter dem Ventil gleich wird, was nicht genau der Fall ist. Nach dem Mariotte'schen Gesetze ist dann

$$\sigma F S p_d + U_s A = (\sigma F S + F S + U_s - U_1) \frac{A - y_1}{A}.$$

Beim Rückgange von I nach II wird, vorausgesetzt, dass sich sofort beim Bewegungswechsel das Saugventil schliesst, nur die Luft im Cylinder verdichtet; nachdem ein Theil derselben durch das Druck- oder das Abblaseventil entwichen ist, bleibt im Cylinder wieder eine Luftmenge σFS vom Druck p_d; im Saugrohr ist die Luftmenge $U_s - U_1$ eingeschlossen und steht unter dem Drucke

$$\frac{A - y_1}{A}$$

(in Atmosphären ausgedrückt).

Bewegt sich nun der Kolben wieder von II nach I, so hebt sich die Flüssigkeit im Saugrohr und es wird nach dem Mariotte'schen Gesetz:

$$\sigma F S p_d + (U_s - U_1) \frac{A - y_1}{A} = (\sigma F S + F S + U_s - U_2) \frac{A - y_2}{A};$$

in gleicher Weise ergibt sich

$$\sigma F S p_d + (U_s - U_2) \frac{A - y_2}{A} = (\sigma F S + F S + U_s - U_3) \frac{A - y_3}{A};$$

nach n Kolbenspielen also

$$\sigma F S p_d + (U_s - U_{n-1}) \frac{A - y_{n-1}}{A} = (\sigma F S + F S + U_s - U_n) \frac{A - y_n}{A}. \qquad 191)$$

Sobald nun durch die Form und Lage des Saugrohrs eine Beziehung zwischen U und y gegeben ist, lässt sich aus diesen Gleichungen berechnen, um welche Höhe die Flüssigkeit im Saugrohr bei jedem Kolbenspiel steigt, nach wieviel Kolbenspielen somit die Flüssigkeit am Saugventil angekommen ist.

Es sei z. B. das Saugrohr auf seiner ganzen Länge von gleicher Weite und stetig unter demselben Winkel zur Wagerechten geneigt; es sei ferner die senkrechte Entfernung des Saugventils vom Spiegel im Saugbehälter mit H_{sv} bezeichnet.

Dann ist

$$\frac{U_1}{U_s} = \frac{y_1}{H_{sv}}, \text{ u. s. w.}$$

allgemein

$$\frac{U_n}{U_s} = \frac{y_n}{H_v}.$$

Unter Benutzung dieser Beziehungen können die Werthe y_1, $y_2 \ldots y_n$ nunmehr bestimmt werden, somit also die Anzahl n der Kolbenspiele, durch welche $y_n > H_v$ wird, wobei also Flüssigkeit durch das Saugventil in den Cylinder tritt. In gleicher Weise lässt sich berechnen, nach wieviel Kolbenhüben die Luft vollständig aus dem Cylinder entfernt ist, also Flüssigkeit in das Druckrohr gefördert wird. Hierfür sei angenommen, dass nach n Kolbenspielen die Flüssigkeit genau bis zum Saugventil gestiegen ist. Dann ist bei Beginn des nächsten Kolbenspiels im Cylinder eine Luftmenge $\sigma F S$ vom Druck p_d vorhanden, bei der Kolbenbewegung von II nach I dringt Flüssigkeit durch das Saugventil über dasselbe und, je nach ihrer Menge, auch in den Cylinder; diese Flüssigkeitsmenge sei U_{n+1}, dann ist für eine ganz beliebige Lage des Cylinders und Form des Raumes über dem Saugventil

$$\sigma F S p_d = (\sigma F S + F S - U_{n+1}) \frac{A - y_{n+1}}{A}; \qquad 192)$$

je nach der Cylinderlage und der Ventilkastenform ist eine Beziehung zwischen U_{n+1} und y_{n+1} gegeben, so dass aus diesen Gleichungen in jedem Falle U_{n+1} bestimmt werden kann.

Würde s. B. der Cylinder lothrecht aufgestellt sein und unmittelbar über dem Saugventil beginnen, so wäre

$$\frac{U_{n+1}}{FS} = \frac{y_{n+1} - H_v}{S},$$

wenn S den Kolbenhub bezeichnet.

Berechnet sich nun $U_{n+1} > \sigma FS$, so wird beim Rückgange des Kolbens die gesammte noch im Cylinder befindliche Luft aus dem Cylinder nach dem Druckrohr gepresst, wenn das Abblaseventil geschlossen wird. Ist aber $U_{n+1} < \sigma FS$, so ist nach dem Rückgange des Kolbens noch eine Luftmenge $\sigma FS - U_{n+1}$ über dem Saugventil unter dem Druck p_d vorhanden. Bei der Bewegung des Kolbens von II nach I tritt wiederum Flüssigkeit über das Saugventil; es sei für die Endstellung I die Flüssigkeitsmenge, welche sich über diesem Ventil befindet U_{n+2}, dann ist

$$(\sigma FS - U_{n+1})\, p_d = (\sigma FS + FS - U_{n+2}) \frac{A - y_{n+2}}{A}.$$

Für besondere Fälle ist wieder eine Beziehung zwischen U_{n+2} und y_{n+2} vorhanden, sodass U_{n+2} bestimmt werden kann. Für die weiteren Kolbenspiele wird

$$(\sigma FS - U_{n+2})\, p_d = (\sigma FS + FS - U_{n+3}) \frac{A - y_{n+3}}{A},$$

endlich

$$(\sigma FS + U_{n+m-1})\, p_d = (\sigma FS + FS - U_{n+m}) \frac{A - y_{n+m}}{A}. \quad 193)$$

Sobald sich aus diesen Gleichungen $U_{n+m} > \sigma FS$ berechnet, wird beim Kolbenwechsel sämmtliche Luft verdrängt und Flüssigkeit in das Druckrohr gedrückt. Es lässt sich somit die hierzu nöthige Anzahl m von Kolbenspielen berechnen.

Wenn aber der todte Raum des Pumpenstiefels vollständig oder genügend weit mit Flüssigkeit angefüllt ist, so wird das Oeffnen des Druckventils bei beliebiger über demselben stehender Flüssigkeitssäule in Folge des auf die Flüssigkeit im todten Raum wirkenden Kolbendruckes erfolgen, wenn diese Flüssigkeit, wie z. B. Wasser, nicht zusammendrückbar ist.

Es sei nun in folgendem untersucht, wie gross die Saughöhe sein darf, wenn ein Ansaugen der Pumpe im leeren Zustande derselben möglich sein soll. Hat der Kolben beim Rückgange Luft durch das Druckventil oder das Abblaseventil entfernt, so befindet sich in der Endstellung II noch im todten Raume die Luftmenge σFS vom Drucke p_d. Bei der Vorwärtsbewegung des Kolbens muss nun in einer Stellung x' der Druck p'_x der sich ausdehnenden Luft jedenfalls kleiner werden als

$$\frac{A - H_{sv}}{A},$$

wenn das Saugventil sich öffnen soll. Es ist nun

$$\sigma FS\, p_d = (\sigma FS + FS'_x)\, p'_x,$$

und

$$p'_x < \frac{A - H_{sv}}{A};$$

somit

$$\frac{\sigma}{\sigma + \frac{S'_x}{S}} p_d < \frac{A - H_{sv}}{A}.$$

Da S'_x höchstens gleich S werden kann, und p_d jedenfalls > 1 at ist, so lautet also die Bedingung

$$A - H_{sv} > A \frac{\sigma}{\sigma + 1}$$

oder

$$H_{sv} < A \frac{1}{1 + \sigma}. \qquad 194)$$

Die Höhe H_{sv} ist nun allerdings von H_s je nach der Aufstellung der Pumpe und Anordnung des Saugventils verschieden; es kann

$$H_s \gtreqless H_{sv}$$

sein.

Der Werth von σ schwankt bei den gewöhnlichen Pumpen zwischen 0,1 und 1. Für diese Grenzen wird

$$H_{sv} < 0{,}9\ A \text{ und } H_{sv} < 0{,}5\ A.$$

H_s würde nun im besonderen Falle grösser werden können; jedoch treten noch andere Bedingungen bestimmend für die mögliche Grösse der Saughöhe auf und würde alsdann der kleinste Werth anzunehmen sein.

Noch werde untersucht, wie hoch eine über dem Druckventil stehende Flüssigkeitssäule sein dürfte, wenn die durch den Kolben verdichtete Luft durch das Druckrohr entweichen soll. Beim Vorwärtsgange des Kolbens trete ein Oeffnen des Saugventils und damit ein Ansaugen von Luft ein; dieselbe steht, wenn der Kolben in die Endstellung I gekommen ist, unter einem Druck, welcher jedenfalls kleiner als 1 at ist. Wird nun durch den Kolbenrückgang die Luft zusammengepresst und öffnet sich bei einer Stellung x'' das Druckventil, so muss also

$$(\sigma FS + FS)\, 1 > (\sigma FS + FS''_x)\, p_d$$

sein, wenn p_d der Druck ist, der ein Oeffnen des Druckventils bewirkt. Für denselben gilt aber

$$p_d > \frac{H_d + A}{A}.$$

S''_x kann höchstens gleich Null werden, wobei sich das Druckventil dann erst in der Kolbenstellung II öffnet. Also wird im günstigsten Falle

$$p_d < \frac{\sigma + 1}{\sigma},$$

und damit auch

$$\frac{H_d + A}{A} < \frac{\sigma + 1}{\sigma}$$

oder

$$H_d < \frac{1}{\sigma} A. \qquad 195)$$

Für die Grenzwerthe $\sigma = 0{,}1$ und $\sigma = 1$ wird somit $H_d < 10$ A und $H_d <$ A.

Bei der Förderung von Wasser müsste also die Druckhöhe bei $\sigma = 0{,}1$ bedeutend unter dem Werth von 100 m bleiben, wenn noch ein Fortdrücken der Luft durch das Druckrohr möglich sein soll. Es empfiehlt sich daher, wenn das Druckrohr gefüllt ist und bei leerer Pumpe die Förderung eingeleitet werden soll, wie schon erwähnt, die Luft zuerst durch ein Abblaseventil herauszudrücken und erst dann, wenn durch dasselbe Flüssigkeit ausspritzt, also der todte Raum mit angesaugter Flüssigkeit gefüllt ist, dieses Ventil zu schliessen und die Flüssigkeit in das Druckrohr zu drücken.

Eine weitere Untersuchung würde die Frage betreffen: Welche Luftverdünnung kann im Saugrohr und welche Luftverdichtung kann im Druckrohr erzielt werden, wenn je eine der beiden Röhren dicht geschlossen wird, die Pumpe als luftdicht angenommen werden kann und Saug- und Druckventil sich im Augenblick des Hubwechsels dicht schliessen.

Es werde zunächst untersucht, welche Luftverdünnung erreicht werden kann, wenn der auf dem Druckventil lastende Druck stets denselben Werth p_d hat. Der Kolben befinde sich in der Endstellung II (vgl. Fig. 255); die Pumpenräume seien mit Luft gefüllt. Es ist das anfängliche Luftvolumen auf der Saugseite $\sigma FS + U_s$, der Anfangsdruck p; bewegt sich der Kolben in die Endstellung I, so dehnt sich die Luft im Cylinder und im Saugrohr aus auf das Volumen $\sigma FS + FS + U_s$, der Druck im Cylinder sinkt auf $(p_I)_1$, derjenige im Saugrohr auf $(p_I)_1 + p_{sv}$, wenn p_{sv} den Ueberdruck bedeutet, der im Stande ist, das Saugventil offen zu halten.

Es wird nun nach dem Mariotte'schen Gesetz:

$$(\sigma FS + U_s)\, p = (\sigma FS + FS)(p_I)_1 + U_s((p_I)_1 + p_{sv}).$$

Geht nun der Kolben zurück, so schliesse sich das Saugventil augenblicklich, während des weiteren Verlaufes der Kolbenbewegung öffne sich das Druckventil und Luft werde nach dem Druckrohr gepresst; ist der Kolben in die Endstellung II gekommen, so stehe der Cylinder noch durch das offene Druckventil mit dem Druckrohr in Verbindung. Im schädlichen

Raume des Cylinders herrsche dann der Druck p_d, der um einen, zur Offenhaltung des Druckventils nothwendigen Ueberdruck p_{dv} grösser sein muss als der Gegendruck $\frac{H_{dv} + A}{A}$. Bewegt sich nun der Kolben wieder in die Endstellung I, so findet wiederum eine Ausdehnung der Luft statt. Im Saugrohr befindet sich anfänglich die Luftmenge U_s vom Druck $(p_I)_1 + p_{sv}$, im Cylinder die Luftmenge σFS vom Druck p_d; schliesslich entsteht im Cylinder der Druck $(p_I)_2$, im Saugrohr derjenige $(p_I)_2 + p_{sv}$.

Es ist nun

$$\begin{aligned} U_s((p_I)_1 + p_{sv}) + \sigma FS\, p_d &= (\sigma FS + FS)(p_I)_2 + U_s((p_I)_2 + p_{sv}) \\ &= (p_I)_2 (\sigma FS + FS + U_s) + U_s\, p_{sv}, \end{aligned}$$

hieraus folgt

$$(p_I)_2 = \frac{\sigma FS}{\sigma FS + FS + U_s} p_d + \frac{U_s}{\sigma FS + FS + U_s} (p_I)_1.$$

Beim Rückgange tritt wieder eine Zusammenpressung der Luft im Cylinder ein, der Druck wird wieder p_d. Der weitere Verlauf ist dann ganz in der eben besprochenen Weise zu ermitteln, der Luftdruck in der Endstellung I sinkt fortdauernd.

Es wird nach dem nächsten Hub

$$U_s((p_I)_2 + p_{sv}) + \sigma FS\, p_d = (\sigma FS + FS)(p_I)_3 + U_s((p_I)_3 + p_{sv}),$$

somit

$$(p_I)_3 = \frac{\sigma FS}{\sigma FS + FS + U_s} p_d + \frac{U_s}{\sigma FS + FS + U_s} (p_I)_2.$$

Es sei zur Vereinfachung $U = \sigma FS + FS + U_s$ gesetzt, dann ist

$$(p_I)_2 = \frac{1}{U}(\sigma FS\, p_{II} + U_s (p_I)_1),$$

$$(p_I)_3 = \frac{1}{U}(\sigma FS\, p_d + U_s (p_I)_2) = \frac{\sigma FS}{U} p_d \left(1 + \frac{U_s}{U}\right) + \left(\frac{U_s}{U}\right)^2 (p_I)_1$$

u. s. w.

$$\begin{aligned} (p_I)_{n+1} &= \frac{\sigma FS}{U} p_d \left[1 + \frac{U_s}{U} + \left(\frac{U_s}{U}\right)^2 + \ldots + \left(\frac{U_s}{U}\right)^{n-1}\right] + \left(\frac{U_s}{U}\right)^n (p_I)_1 \\ &= \frac{\sigma FS}{U} p_d \frac{1 - \left(\frac{U_s}{U}\right)^n}{1 - \frac{U_s}{U}} + \left(\frac{U_s}{U}\right)^n (p_I)_1. \end{aligned}$$

Es ist nun aber

$$(p_I)_1 = \frac{\sigma FS + U_s}{U} p - \frac{U_s}{U} p_{sv},$$

somit wird

$$(p_I)_{n+1} = \frac{\sigma F S}{U - U_s} p_d \left[1 - \left(\frac{U_s}{U}\right)^n\right] + \left(\frac{U_s}{U}\right)^n \left(\frac{\sigma F S + U_s}{U} p - \frac{U_s}{U} p_{sv}\right). \tag{196}$$

Der hieraus bestimmte Werth von $(p_I)_{n+1}$ gibt die Luftpressung, welche nach $n + 1$ Doppelhüben im Cylinder entsteht.

Annähernd ist, wenn n gross angenommen wird, also $\left(\frac{U_s}{U}\right)^n$ als nte Potenz eines echten Bruches sehr klein wird und vernachlässigt werden kann,

$$(p_I)_{n+1} = \frac{\sigma F S}{\sigma F S + F S} p_d = \frac{\sigma}{\sigma + 1} p_d, \tag{197}$$

somit tür die Grenzwerthe $\sigma = 0{,}1$ und $\sigma = 1$:

$$(p_I)_{n+1} \propto 0{,}09\, p_d \text{ und } (p_I)_{n+1} \propto 0{,}5\, p_d.$$

Die Pressung unter dem Saugventil, also im Saugrohr, wird

$$(p_I)_{n+1} + p_{sv};$$

ferner ist

$$p_d = \frac{H_{dv} + A}{A} + p_{dv}.$$

Steht auf dem Druckventil nur die Aussenluft, so ist

$$p_d = 1 \text{ at},$$

somit

$$p_d = p_{dv} + 1.$$

Um die im Druckrohr erzielbare Luftverdichtung zu bestimmen, sei angenommen, es werde aus der freien Luft gesaugt und das Druckrohr sei luftdicht abgeschlossen. Dann wird, wenn der Kolben sich zuerst in der Endstellung I befindet und die sämmtlichen Räume mit Luft gefüllt sind, für die Endstellung II

$$(\sigma F S + F S)\, p + U_d\, p = \sigma F S\, (p_{II})_1 + U_d\, ((p_{II})_1 - p_{dv}),$$

also

$$(p_{II})_1 = \frac{\sigma F S + F S}{\sigma F S + U_d} p + \frac{U_d}{\sigma F S + U_d} (p + p_{dv}).$$

Geht nun der Kolben zurück, so schliesst sich das Druckventil, es hebt sich das Saugventil und in der Endstellung I befindet sich im Cylinder Luft von der Spannung $p - p_{sv}$. Es wird dann

$$(\sigma F S + F S)\,(p - p_{sv}) + U_d\,((p_{II})_1 - p_{dv})$$
$$= \sigma F S\,(p_{II})_2 + U_d\,((p_{II})_2 - p_{dv}).$$

Hieraus wird

$$(p_{II})_2 = \frac{\sigma F S + F S}{\sigma F S + U_d} (p - p_{sv}) + \frac{U_d}{\sigma F S + U_d} (p_{II})_1.$$

Ferner wird für den nächsten Kolbenhub

$$(\sigma F S + F S)\,(p - p_{sv}) + U_p\,((p_{II})_2 - p_{dv}) =$$
$$\sigma F S\,(p - p_{II})_3 + U_d\,((p_{II})_3 - p_{dv}),$$

oder

$$(p_{II})_3 = \frac{\sigma F S + F S}{\sigma F S + U_d}(p - p_{sv}) + \frac{U_d}{\sigma F S + U_d}(p_{II})_2.$$

Es sei zur Vereinfachung $\sigma F S + U_d = U'$ gesetzt, dann ist

$$(p_{II})_2 = \frac{1}{U'}\left[(\sigma F S + F S)(p - p_{sv}) + U_d (p_{II})_1\right],$$

$$(p_{II})_3 = \frac{1}{U'}(\sigma F S + F S)\left(1 + \frac{U_d}{U'}\right)(p - p_{sv}) + \left(\frac{U_d}{U'}\right)^2 (p_{II})_1 \text{ u. s. w.}$$

also

$$(p_{II})_{n+1} = \frac{\sigma F S + F S}{U'}(p - p_{sv})\left[1 + \frac{U_d}{U'} + \left(\frac{U_d}{U'}\right)^2 + \dots + \left(\frac{U_d}{U'}\right)^{n-1}\right] + \left(\frac{U_d}{U'}\right)^n (p_{II})_1$$

$$= \frac{\sigma F S + F S}{U'}(p - p_{sv})\frac{1 - \left(\frac{U_d}{U'}\right)^n}{1 - \frac{U_d}{U'}} + \left(\frac{U_d}{U'}\right)^n (p_{II})_1$$

$$= \frac{\sigma F S + F S}{U' - U_d}(p - p_{vs})\left(1 - \left(\frac{U_d}{U'}\right)^n\right) + \left(\frac{U_d}{U'}\right)^n \left[\frac{\sigma F S + F S}{U'} p + \frac{U_d}{U'}(p + p_{dv})\right]. \qquad 198)$$

Hieraus lässt sich also der im Cylinder entstehende Druck nach $n + 1$ Doppelhüben berechnen. Annähernd wird für eine grosse Anzahl von Doppelhüben, für welche $\left(\frac{U_d}{U'}\right)^n$ vernachlässigt werden kann,

$$(p_{II})_{n+1} = \frac{\sigma F S + F S}{\sigma F S}(p - p_{sv}) = \frac{\sigma + 1}{\sigma}(p - p_{sv}); \qquad 199)$$

also für die Grenzwerthe $\sigma = 0{,}1$ und $\sigma = 1$:

$$(p_{II})_{n+1} \sim 11\,(p - p_{sv}) \text{ und } (p_{II})_{n+1} = 2\,(p - p_{sv}).$$

Wird aus freier Luft gesaugt und in freie Luft gedrückt, so würde sich die im Cylinder erreichbare Luftverdichtung in folgender Weise ergeben: Es befinde sich der Kolben in der Endstellung I, so ist im Cylinder eine Luftmenge $\sigma F S + F S$ vom Drucke $p - p_{sv}$ vorhanden; geht der Kolben nach der Endstellung II, so wird die Luft zusammengepresst. Die grösste erreichbare Luftpressung wird entstehen, wenn sich das Druckventil erst am Ende des Kolbenhubes öffnet; dann ist

$$(\sigma F S + F S)(p - p_{sv}) = \sigma F S (p + p_{dv}) = \sigma F S\, p_d',$$

somit

$$p'_d = \frac{\sigma F S + F S}{\sigma F S}(p - p_{sv}). \qquad 200)$$

Der Flüssigkeitsschlag bei der Saugwirkung.

Wie in früherem erläutert, entsteht die aufsteigende Bewegung der Flüssigkeit im Saugrohr dadurch, dass die Aussenluft auf die Flüssigkeit im Saugbehälter drückt, aus welchem das Saugrohr nach dem Pumpencylinder führt. Es wird nun bei genügendem Ueberdruck der Aussenluft ein fortdauerndes Aufsteigen der Flüssigkeit durch das Saugrohr nach dem Pumpencylinder erfolgen; der Kolben kann hierbei nicht fördernd auf die Bewegung wirken, sondern nur hemmend, wenn er sich langsamer bewegt, als die Flüssigkeit unter dem äusseren Ueberdruck sich bewegen könnte. Wird diese freie Flüssigkeitsbewegung betrachtet, so ist klar, dass diese eine gleichförmige ist, wenn die Flüssigkeit durch die Oeffnung des Saugventils sich in den Pumpencylinder ergiesst und der Gegendruck auf diese Ausflussöffnung gleich gross bleibt. Dies könnte z. B. bei wagerechten Cylindern eintreten; ferner ist es der Fall bei senkrechten Cylindern, in welche das Saugrohr oben eintritt. Wenn jedoch, wie bei senkrechten Cylindern mit unten eintretendem Saugrohr, durch das Eintreten der Flüssigkeit in denselben der Gegendruck durch Aufsteigen des Flüssigkeitsspiegels im Cylinder wächst, so wird dies Aufsteigen nicht mit gleichförmiger Geschwindigkeit erfolgen, sondern es wird die Bewegung eine beschleunigte, jedoch mit abnehmender Beschleunigung, werden. Letztere wird sich für jeden Augenblick als Quotient der treibenden Kraft und der getriebenen Flüssigkeitsmasse ergeben. Die treibende Kraft ist der Luftdruck, vermindert um das Gewicht der angesaugten Flüssigkeitssäule, um die zur Ueberwindung der Trägheit derselben und der Bewegungswiderstände nöthige Kraft, ferner um den Druck über dem Flüssigkeitsspiegel im Cylinder. Die getriebene Masse ist im betrachteten Augenblick gleich der im Saugrohr und im Pumpencylinder enthaltenen Flüssigkeitmenge $L_s F_s + F(S_x + \sigma S)$, wenn

L_s die Länge des Saugrohres,
F_s den Querschnitt desselben,
σS den schädlichen Raum an einer Kolbenseite

bezeichnet.

Werden mit (H_s), $\Sigma (h_s)_x$ und $(h_i)_x$ die Höhe der angesaugten Flüssigkeitssäule, die den Bewegungswiderständen und die dem Gegendrucke im luftverdünnten Raum hinter dem Kolben entsprechenden Flüssigkeitshöhen, sämmtlich bezogen auf den Querschnitt F_s des Saugrohrs, bezeichnet, so ist die treibende Kraft

$$\left[A - (H_s)_x - \Sigma (h_s)_x - (h_i)_x - \frac{(v_s)_x^2}{2\,g}\right] F_s\,\gamma,$$

wobei v_s die Geschwindigkeit im Saugrohre ist.

Die getriebene Masse ist

$$\frac{[L_s\,F_s + F\,(S_x + \sigma\,S)]\,\gamma}{g};$$

wegen der verschiedenen Querschnitte erhält jedoch die im Saugrohr befindliche Flüssigkeitsmenge $L_s\,F_s$ eine andere Beschleunigung $(b_s)_x$ als die im Pumpencylinder im gegebenen Augenblick vorhandene Menge $F\,(S_x + \sigma\,S)$; diese beiden Beschleunigungen verhalten sich wie die Querschnitte F_s und F. Es ist demnach die zur Erzeugung der Beschleunigungen beider Massen nothwendige Kraft auch gegeben durch:

$$\frac{L_s\,F_s\,\gamma}{g}\,(b_s)_x + F\,\gamma\left(\frac{S_x + \sigma\,S}{g}\right)\frac{F_s}{F}\,(b_s)_x = \frac{F_s}{g}\left(L_s + S_x + \sigma S\right)(b_s)_x\gamma.$$

Somit findet sich für den gegebenen Augenblick die Beschleunigung der freien Bewegung im Saugrohr aus den beiden Werthen für die Kraft zu

$$(b_s)_x = \frac{g\left[A - (H_s)_x - \Sigma (h_s)_x - (h_i)_x - \frac{(v_s)_x^2}{2\,g}\right]}{(L_s + S_x + \sigma\,S)}. \qquad 201)$$

Die Geschwindigkeit der freien Bewegung $(v_s)_x$ ergibt sich dann aus

$$(v_s)_x = \int_0^t (b_s)_x\,dt, \qquad 202)$$

und der Weg, welcher von der Flüssigkeit in der Zeit t zurückgelegt wird, aus

$$(s_s)_x = \int_0^t (v_s)_x\,dt. \qquad 203)$$

Die Flüssigkeitsmenge, welche nun in der Zeit dt in das Pumpengehäuse eintreten würde, findet sich zu $F_s\,(v_s)_x\,dt$. Aus der Bewegungsart des Kolbens ergibt sich, welches Volumen $F\,dS$ in gleicher Zeit vom Kolben freigemacht wird. Bewegt sich nun der Kolben derart, dass stets

$$F\,dS > F_s\,(v_s)_x\,dt$$

wird, dann kann die Flüssigkeit dem Kolben nicht folgen, derselbe eilt vor, und es tritt ein Abreissen des Kolbens von der Flüssigkeit ein. Bei der weiteren Vorwärtsbewegung des Kolbens kann, wenn derselbe sich entsprechend langsam bewegt, ein Einholen des Kolbens durch die Flüssigkeit erfolgen, und wenn in diesem Augenblick die Geschwindigkeit der letzteren grösser ist als die des ersteren, so erfolgt ein Stoss, der einerseits einen Verlust an Betriebskraft hervorruft, andererseits für die Festigkeit der Pumpentheile gefährlich ist. Die Folgen dieses Stosses äussern sich durch erhöhte Beanspruchung der Gefässwände und der Verbindungen der Pumpentheile unter sich. Dieser Stoss kann so stark werden, dass das Druckventil, beziehungsweise bei Pumpen mit durchbrochenem Kolben das in diesem angeordnete Ventil, geöffnet wird und die durchfliessende Flüssigkeitsmenge auf die über dem Ventil befindliche stösst.

Wenn der Kolben während seiner Vorwärtsbewegung nicht mehr von der angesaugten Flüssigkeit eingeholt wird, so trifft er dieselbe erst bei seinem Rückgang und auch dann findet ein Stoss statt. In diesem Falle tritt noch der Uebelstand ein, dass die angesaugte Flüssigkeit im Augenblick der Beendigung des Kolbenhubes den Cylinder nicht vollständig ausfüllt, so dass also eine kleinere Flüssigkeitsmenge gefördert wird, als durch den Inhalt des vom Kolben freigemachten Cylinderraumes gegeben ist. Bei Pumpen mit wagerechtem Cylinder und bei solchen mit senkrechtem, bei denen das Saugrohr oben einmündet, kann eine vollständige Trennung des Kolbens von der Flüssigkeit nicht stattfinden, so lange überhaupt der Druck der Aussenluft im Stande ist, Flüssigkeit durch das Saugventil in den Cylinder zu fördern; jedoch wird, so lange

$$F\,dS > F_s\,(v_s)_x\,dt$$

ist, die aus dem Saugrohr zufliessende Flüssigkeit den vom Kolben freigemachten Raum nicht ausfüllen, und bei verlangsamter Kolbenbewegung tritt dann gleichfalls ein Stoss der schneller fliessenden Flüssigkeit auf den Kolben ein. Wenn während der Vorwärtsbewegung des Kolbens jedoch der Stoss nicht entsteht, indem

$$F\,dS > F_s\,(v_s)_x\,dt$$

bleibt, so erfolgt er bei der Rückbewegung.

Bei Pumpen mit geneigtem Cylinder kann auch eine vollständige Trennung des Kolbens von der angesaugten Flüssigkeit eintreten; in jedem Falle entsteht aber auch ein Stoss.

Solange die Flüssigkeit durch das geöffnete Saugventil frei ausfliesst, wie es bei den Pumpen mit stehendem Cylinder und oben einmündendem Saugrohr der Fall ist, wird die Geschwindigkeit der freien Bewegung $(v_s)_x$ gleich gross bleiben und sich als Ausflussgeschwindigkeit berechnen, indem zu setzen ist

$$(v_s)_x = \sqrt{2\,g\,(A - (H_s)_x - \Sigma\,(h_s)_x - (h_i)_x)}. \qquad 204)$$

Hierbei ist für $(H_s)_x$ die Entfernung der Ausflussöffnung über dem Flüssigkeitsspiegel im Saugbehälter zu setzen.

Aus der Bedingung

$$F\,d\,S < F_s\,(v_s)_x\,dt,$$

oder da

$$d\,S = v_x\,d\,t,$$

$$F\,v_x\,dt < F_s\,(v_s)_x\,dt,$$

geht aber zunächst hervor, dass am Beginn des Kolbenhubes die Geschwindigkeit, mit der der Kolben sich zu bewegen anfängt, kleiner sein muss als diejenige, mit der die Flüssigkeit bei freier Bewegung unter dem Druck der Atmosphäre sich hinter dem Kolben bewegen kann.

Diese Geschwindigkeit der freien Bewegung ist im Saugrohr, wenn der Gegendruck $(h_i)_x = 0$ gesetzt werden kann, wie es z. B. bei der Förderung von kaltem Wasser der Fall ist,

$$(v_s)_x = \sqrt{2\,g\,(A - (H_s)_x - \Sigma (h_s)_x)};$$

es muss nun sein:

$$v_x < \frac{F_s}{F} \sqrt{2\,g\,(A - (H_s)_x - \Sigma (h_s)_x)}. \tag{205}$$

Dieser Bedingung wird jedenfalls genügt, wenn die Kolbengeschwindigkeit v_x am Anfange des Hubes gleich Null ist, wie bei der gleichförmig beschleunigten und bei der Kurbelbewegung. Ferner muss die Zunahme der Geschwindigkeit des Kolbens kleiner als diejenige der nachfolgenden Flüssigkeit sein und zwar für den Beginn des Kolbenhubes wie für alle andern Punkte desselben. Wird die Kolbenbeschleunigung mit b_x bezeichnet, so muss sein

$$b_x < \frac{F_s}{F} (b_s)_x,$$

somit bei Vernachlässigung von $(h_i)_x$

$$b_x < g \frac{F_s}{F} \frac{A - (H_s)_x - \Sigma (h_s)_x - \frac{(v_s)_x^2}{2g}}{L_s + S_x + \sigma S}.$$

Es werde

$$\Sigma (h_s)_x = \zeta_s \frac{(v_s)_x^2}{2\,g}$$

gesetzt, dann ist

$$b_x < g \frac{F_s}{F} \frac{A - (H_s)_x - (1 + \zeta_s) \frac{(v_s)_x^2}{2g}}{L_s + S_x + \sigma S}. \tag{206}$$

Hier ist jedoch zu beachten, dass vor dem Abreissen des Kolbens von der Flüssigkeit die Bewegung derselben genau der des Kolbens entspricht. Es ist also die Geschwindigkeit $(v_s)_x$ im betrachteten Augenblick nicht die der freien Bewegung, sondern sie entspricht der gezwungenen Kolbenbewegung und ergibt sich aus

$$F\,v_x = F_s\,(v_s)_x.$$

Den Werth der Kolbenbeschleunigung erhält man aus dem Gesetz, nach welchem der Kolben bewegt wird. Für die gebräuchlichen Antriebsarten wird, wie schon erwähnt, die Kolbenbewegung einer der folgenden fünf Arten sich soweit annähern, dass eine derselben für die weitere Bestimmung angenommen werden kann: 1. gleichförmig, 2. gleichförmig beschleunigt, 3. gleichförmig verzögert, 4. halb gleichförmig beschleunigt, halb gleichförmig verzögert, 5. Kurbelbewegung.

1. Der Kolben wird gleichförmig mit der Geschwindigkeit v bewegt. Ein Abreissen bei Beginn des Hubes tritt nicht ein, wenn

$$v < \frac{F_s}{F} \sqrt{2g(A - (H_s)_x - \Sigma(h_s)_x)}.$$

Auf dem weiteren Verlaufe kann dann auch kein Abreissen erfolgen, da $b_x = 0$ ist und somit der durch Formel 206 ausgedrückten Bedingung jedenfalls genügt wird.

Es ist somit

$$v_{max} = \frac{F_s}{F} \sqrt{2g(A - (H_s)_x - \Sigma(h_s)_x)}; \qquad 207)$$

wird der Kolben schneller bewegt, so trennt sich unmittelbar am Anfange der Bewegung der Kolben von der Flüssigkeit und es erfolgt dann während des Kolbenhin- oder -rückganges der Stoss.

2. Der Kolben werde gleichförmig beschleunigt bewegt und zwar so, dass die Anfangsgeschwindigkeit Null ist. Dann kann ein Abreissen bei Beginn des Hubes nicht eintreten, jedoch ist dies bei der weiteren Hubbewegung möglich und erfolgt, wenn die gleichbleibende Beschleunigung

$$b > g \frac{F_s}{F} \frac{A - (H_s)_x - \Sigma(h_s)_x - \frac{(v_s)_x^2}{2g}}{L_s + S_x + \sigma S}$$

wird.

Es ist nun

$$(v_s)_x = \frac{F}{F_s} b t_x,$$

$$S_x = \frac{b t_x^2}{2};$$

somit muss sein

$$b < g \frac{F_s}{F} \frac{A - (H_s)_x - (1 + \zeta_s)\left(\frac{F}{F_s}\right)^2 \frac{b^2 t_x^2}{2g}}{L_s + \frac{b t_x^2}{2} + \sigma S}.$$

Der kleinste Werth des rechtsstehenden Ausdruckes ergibt sich für den grössten Werth von t_x, also für den Augenblick des Hubendes; für denselben wird

$$S_x = S, \quad (v_s)_x = 2 \frac{F}{F_s} v_m,$$

also

$$b < g \frac{F_s}{F} \frac{A - (H_s)_x - (1 + \zeta_s)\left(\frac{F}{F_s}\right)^2 \frac{2 v_m^2}{g}}{L_s + S + \sigma S}.$$

Nun ist aber

$$b = 2 \frac{v_m^2}{S} \quad \text{(vgl. S. 66)},$$

somit ergibt sich der grösste Werth der mittleren Kolbengeschwindigkeit zu

$$(v_m)_{max} = 2{,}21 \sqrt{\frac{A - (H_s)_x}{\frac{F}{F_s}\left(\frac{L_s + S + \sigma S}{S} + (1 + \zeta_s)\frac{F}{F_s}\right)}}. \qquad 208)$$

Für $(H_s)_x$ ist dabei die Entfernung des Kolbens vom Flüssigkeitsspiegel im Saugbehälter für den betrachteten Augenblick einzusetzen.

3. Wird der Kolben gleichmässig verzögert bewegt, so gilt bezüglich der Anfangsgeschwindigkeit

$$(v_o)_{max} = \frac{F_s}{F} \sqrt{2\, g\, (A - H_s)_x - \Sigma (h_s)_x)}\,; \qquad 209)$$

ist diese Bedingung erfüllt, so kann, da die Kolbenbeschleunigung negativ ist, auf dem weiteren Verlaufe der Kolbenbewegung kein Abreissen eintreten.

4. Ist die Bewegung des Kolbens während der ersten Hubhälfte gleichförmig beschleunigt, während der zweiten gleichförmig verzögert, so kann am Anfang der Hubbewegung, da dort $v_x = 0$ ist, ein Abreissen nicht eintreten. Dagegen kann dasselbe während der ersten Hubhälfte erfolgen; damit dies nicht geschieht, muss, da

$$b = \frac{4\, v_m^2}{S}$$

und für das Ende der ersten Hubhälfte

$$(v_s)_x = 2 \left(\frac{F}{F_s}\right) v_m$$

ist, sein

$$(v_m)_{max} = 2{,}21 \sqrt{\frac{A - (H_s)_x}{\frac{F}{F_s}\left(\frac{L_s + S/_2 + \sigma S}{2S} + (1 + \zeta_s)\frac{F}{F_s}\right)}}. \qquad 210)$$

Während der zweiten Hälfte kann, da b negativ ist, ein Abreissen nicht erfolgen.

5. Der Kolben werde durch eine Triebstange von einer Kurbel bewegt, welche sich mit gleichförmiger Geschwindigkeit V bewegt. Es seien (vgl. Fig. 256) folgende Bezeichnungen gewählt:

R = Kurbelradius,
l = Länge der Triebstange,
ω = Kurbelwinkel, gemessen in der Drehrichtung vom todten Punkte der Kurbel ab,

$\varphi =$ Winkel, welchen die Triebstange mit der Schubrichtung des Kolbens bildet.

Vorausgesetzt sei, dass die Richtung der geradlinigen Bewegung des Endpunktes der Triebstange durch die Kurbeldrehachse gehe.

Dann ist der Kolbenweg

$$S_x = R\,(1 - \cos\omega) + l\,(1 - \cos\varphi),$$

ferner ist

$$\cos\varphi = \sqrt{1 - \sin^2\varphi} = \sqrt{1 - \sin^2\omega\left(\frac{R}{l}\right)^2}.$$

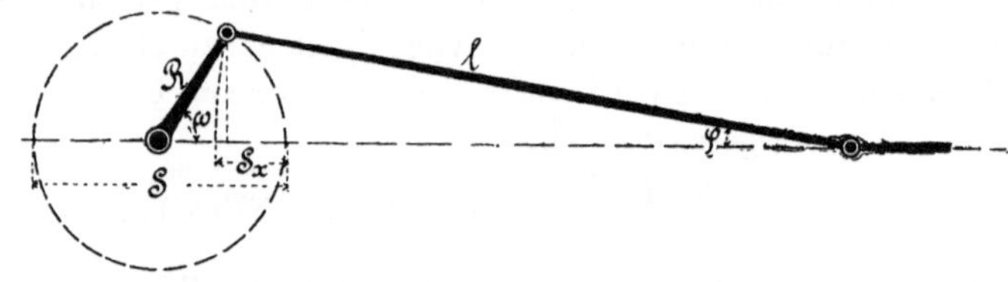

Fig. 256.

Nach dem binomischen Satze wird

$$\sqrt{1 - \sin^2\omega\left(\frac{R}{l}\right)^2} = 1 - \frac{1}{2}\sin^2\omega\left(\frac{R}{l}\right)^2 - \frac{1}{8}\sin^4\omega\left(\frac{R}{l}\right)^2.$$

Das dritte Glied kann bei den gebräuchlichen Werthen von $\frac{R}{l}$ gegen die beiden ersten Glieder vernachlässigt werden, dann wird

$$S_x = R\,(1 - \cos\omega) + \frac{1}{2}\,l\,\sin^2\omega\left(\frac{R}{l}\right)^2.$$

Die Geschwindigkeit der Kolbenbewegung wird

$$v_x = \frac{dS_x}{dt} = R\sin\omega\,\frac{d\omega}{dt} + \frac{1}{2}\,\frac{R^2}{l}\sin 2\,\omega\,\frac{d\omega}{dt}.$$

Da nun

$$R\,d\omega = V\,dt,$$

so wird

$$v_x = V\sin\omega + \frac{1}{2}\,\frac{R}{l}\,V\sin 2\,\omega.$$

Die Kolbengeschwindigkeit wird ein Maximum, wenn

$$\frac{d\left(\sin\omega + \frac{1}{2}\,\frac{R}{l}\sin 2\,\omega\right)}{d\omega} = 0,$$

also

$$\cos\omega + \frac{R}{l}\cos 2\,\omega = 0.$$

Hieraus folgt nach entsprechender Umformung

$$\cos\omega = \frac{1}{4R}\left(-1 + \sqrt{1 + 8\left(\frac{R}{l}\right)^2}\right);$$

mit Hülfe des binomischen Satzes ergibt sich angenähert

$$\cos\omega \backsim \frac{R}{l},$$

so dass annähernd

$$(v_x)_{max} = V\left(1 + \frac{1}{2}\left(\frac{R}{l}\right)^2\right). \qquad 211)$$

wird. Für das gebräuchliche Verhältniss

$$\frac{R}{l} = \frac{1}{5}$$

wird $(v_x)_{max} = 1{,}02\ V$ und der entsprechende Kurbelwinkel

$$\omega = 79^0\,16'.$$

Die Beschleunigung der Kolbenbewegung wird

$$b_x = \frac{d\,v_x}{d\,t} = \frac{d\left(V\sin\omega + \frac{1}{2}\frac{R}{l}V\sin 2\omega\right)}{d\,\omega}\frac{d\,\omega}{d\,t}$$

$$= \left(V\cos\omega + V\frac{R}{l}\cos 2\omega\right)\frac{d\,\omega}{d\,t}.$$

Da

$$\frac{d\,\omega}{d\,t} = \frac{V}{R},$$

so ist auch

$$b_x = \frac{V^2}{R}\left(\cos\omega + \frac{R}{l}\cos 2\omega\right).$$

Dieser Ausdruck wird am grössten für $\omega = 0$, also hat die Beschleunigung am Anfang der Bewegung vom todten Punkte ab den Meistwerth, und dieser ist

$$(b_x)_{max} = \frac{V^2}{R}\left(1 + \frac{R}{l}\right). \qquad 212)$$

Wird l als unendlich lang angenommen, so wird

$$v_x = V\sin\omega = \frac{\pi}{2}v_m\sin\omega, \qquad 213)$$

$$b_x = \frac{V^2}{R}\cos\omega = \frac{\pi^2}{2S}v_m^2\cos\omega, \qquad 214)$$

wenn mit v_m die mittlere Kolbengeschwindigkeit bezeichnet wird. Diese ergibt sich aus

$$v_m t = S, \quad V t = \frac{\pi}{2} S,$$

somit

$$\frac{v_m}{V} = \frac{\pi}{2}.$$

Die durch 213) und 214) bestimmten Werthe für v_x und b_x können zur weiteren Rechnung mit genügender Genauigkeit benutzt werden, da die Verschiedenheit gegenüber den genauen Werthen nicht viel grösser ist als die Ungenauigkeit der Annahme einer gleichbleibenden Umfangsgeschwindigkeit.

Es ergibt sich somit als Bedingung für Verhütung des Abreissens des Kolbens von der Flüssigkeit

$$\frac{\pi^2}{2S} v_m^2 \cos\omega < g \frac{F_s}{F} \frac{A - (H_s)_x - (1 + \zeta_s)\left(\frac{F}{F_s}\right)^2 \frac{v_m^2}{2g} \sin^2\omega}{L_s + S_x + \sigma S},$$

da

$$(v_s)_x = v_x \frac{F}{F_s} = \frac{\pi}{2} \frac{F}{F_s} v_m \sin\omega.$$

Die beiden Beschleunigungen, diejenigen des Kolbens und die der nacheilenden Flüssigkeit, nehmen mit wachsendem Winkel ω ab. Die obige Bedingung lässt sich schreiben:

$$A - (H_s)_x > \frac{L_s + S_x + \sigma S}{S} \frac{F}{F_s} \pi^2 \frac{v_m^2}{2g} \cos\omega +$$

$$(1 + \zeta_s) \frac{\pi^2}{4} \left(\frac{F}{F_s}\right)^2 \frac{v_m^2}{2g} \sin^2\omega,$$

oder

$$(A - (H_s)_x) \frac{2g F_s}{\pi^2 v_m^2 F} > \frac{L_s + S_x + \sigma S}{S} \cos\omega + \frac{1 + \zeta_s}{4} \frac{F}{F_s} \sin^2\omega,$$

wobei

$$S_x = S\,(1 - \cos\omega)$$

ist.

Dieser Bedingung muss auch genügt werden, wenn der Ausdruck rechts den grösstmöglichen Werth hat. Letzterer ergibt sich aus

$$\frac{d\left(\frac{L_s + S(1 - \cos\omega) + \sigma S}{S} \cos\omega + \frac{1 + \zeta_s}{4} \frac{F}{F_s} \sin^2\omega\right)}{d\omega}$$

$$= -\frac{L_s + S + \sigma S}{S} \sin\omega + 2\cos\omega \sin\omega + \frac{1 + \zeta_s}{2} \frac{F}{F_s} \sin\omega \cos\omega = 0,$$

oder für

$$\cos\omega = \frac{L_s + S + \sigma S}{S\left(2 + \frac{1+\zeta_s}{2}\frac{F}{F_s}\right)} \quad \text{und für } \sin\omega = 0 \text{ oder } \omega = 0.$$

Zur Vereinfachung sei

$$\frac{L_s + S + \sigma S}{S} = m \text{ und } 2 + \frac{1+\zeta_s}{4}\frac{F}{F_s} = q$$

gesetzt, dann lautet die Bedingung

$$\left(A - (H_s)_x\right)\frac{2\,g\,F_s}{\pi^2 v_m^2 F} > \frac{m^2}{q} - \frac{m^2}{q^2} + \frac{1+\zeta_s}{2}\frac{F}{F_s}\left(1 - \frac{m^2}{q^2}\right);$$

hieraus wird nach entsprechender Umformung

$$(v_m)_{max} = \sqrt{\frac{2\,g}{\pi^2}\frac{F_s}{F}\frac{A - (H_s)_x}{\frac{m^2}{2q} + \frac{q}{2} - 1}}$$

$$= 1{,}41\sqrt{\frac{F_s}{F}\frac{A - (H_s)_x}{\left(\frac{L_s + S + \sigma S}{S}\right)^2\frac{1}{4 + (1+\zeta_s)\frac{F}{F_s}} + \frac{1+\zeta_s}{4}\frac{F}{F_s}}} \quad . \quad 215)$$

Dieser Ausdruck kann für eine gegebene Pumpe berechnet werden, nur ist hierbei zu beachten, dass für $(H_s)_x$ die senkrechte Entfernung der Kolbenstellung für $\cos\omega = -\frac{m}{q}$ vom Flüssigkeitsspiegel im Saugbehälter einzusetzen ist. Die Bedingung 215 gilt jedoch nur, wenn

$$L_s + S + \sigma S < S\left(2 + \frac{1+\zeta_s}{2}\frac{F}{F_s}\right)$$

oder

$$L_s > S\left(1 - \sigma + \frac{1+\zeta_s}{2}\frac{F}{F_s}\right),$$

ist dies nicht der Fall, so könnte im todten Punkte das Abreissen stattfinden, zur Verhütung desselben gilt als Bedingung

$$\frac{\pi^2}{2S} v_m^2 < g\frac{F_s}{F}\frac{A - (H_s)_x}{L_s + \sigma S}$$

hieraus ist

$$(v_m)_{max} = 1{,}41\sqrt{\frac{F_s}{F}\frac{A - (H_s)_x}{L_s + \sigma S}S} \quad 216)$$

Es wird also die Kolbengeschwindigkeit um so grösser, je grösser $\frac{F_s}{F}$ und je kleiner $(H_s)_x$ und L_s ist; raschlaufende Pumpen erfordern also weite Saugröhren, kleine Saughöhe und kurze Saugrohrlängen.

Diese hier ausgeführten Betrachtungen über den Flüssigkeitsschlag bei der Saugwirkung gelten jedoch nur, wenn die Pumpe keinen Saugwindkessel besitzt und das Saugrohr nur für eine Pumpe mit einfacher oder doppelter Saugwirkung angeordnet ist.

Ist ein Saugwindkessel vorhanden, so kommt für das mögliche Abreissen des Kolbens von der angesaugten Flüssigkeit allein die zwischen Windkessel und Cylinder befindliche Menge in Betracht und der Druck, durch welchen die Flüssigkeit dem Kolben nachgetrieben wird, ist hier die Windkesselspannung, der eine Flüssigkeitssäule von der Höhe H_{sw} entsprechen möge.

Mit Bezug auf die in Fig. 68 eingeschriebenen Bezeichnungen lautet nun die Bedingung

$$b_x < g \frac{F_s''}{F} \frac{H_{sw} - (H_s'')_x - (1 + \zeta_s'') \frac{(v_s'')_x^2}{2g}}{L_s' + S_x + \sigma S}, \tag{217}$$

wobei

$$F v_x = F_s'' (v_s'')_x.$$

ζ_s'' bezieht sich nur auf die hydraulische Widerstandshöhe vom Windkessel bis zum Cylinder (vergl. S. 73). Für die verschiedenen Bewegungsarten des Kolbens ergeben sich dann Gleichungen, die sich sofort aus denjenigen 207—210, 215 und 216 bilden lassen, wenn für

$$A, \quad F_s, \quad (H_s)_x, \quad \zeta_s, \quad (v_s)_x, \quad L_s,$$

die Grössen $\quad H_{sw}, \; F_s'', \; (H_s'')_x, \; \zeta_s'', \; (v_s'')_x, \; L_s''$

gesetzt werden.

Beispielsweise seien hier nur die Bedingungen für die wichtigste Bewegungsart, für die Kurbelbewegung, angegeben; sie werden lauten:

$$(v_m)_{max} = 1{,}41 \sqrt{\frac{F_s''}{F} \frac{H_{sw} - (H_s'')_x}{\left(\frac{L_s'' + S + \sigma S}{S}\right)^2 \frac{1}{4 + (1 + \zeta_s'') \frac{F}{F_s''}} + \frac{1 + \zeta_s''}{4} \frac{F}{F_s''}}} \tag{218}$$

oder wenn

$$L_s'' > S\left(1 - \sigma + \frac{1 + \zeta_s''}{2} \frac{F}{F_s''}\right),$$

zur Verhütung des Abreissens im todten Punkte

$$(v_m)_{max} = 1{,}41 \sqrt{\frac{F_s''}{F} \frac{H_{sw} - (H_s'')_x}{L_s'' + \sigma S} S}. \tag{219}$$

Diese Gleichungen zeigen, dass bei Anordnung eines Saugwindkessels die Kolbengeschwindigkeit im Allgemeinen grösser genommen werden kann als ohne einen solchen, ohne dass ein Abreissen eintritt, indem, je näher der Windkessel an den Cylinder gesetzt wird, L_s'' recht klein erhalten und F_s'' möglichst gross genommen werden kann. Es empfiehlt sich daher,

$F''_s = F$ zu nehmen, was wegen der kurzen Rohrstrecke zwischen Windkessel und Cylinder gut ausführbar ist.

Für H_{sw} ist der Werth aus den Gleichungen 167 bezieh. 168 zu setzen. Da nun H_{sw} für eine Pumpe mit einfacher Saugwirkung grösser als für eine solche mit doppelter unter sonst gleichen Verhältnissen wird, so ergibt sich, dass der grösstmögliche Werth der mittleren Kolbengeschwindigkeit bei Pumpen der erstgenannten Art grösser als für solche der zweiten Art wird.

Wenn der Verlauf der Kolbenkraft $(P_s)_x$ durch eine Schaulinie festgestellt ist, wie z. B. Fig. 71 für eine einfachwirkende Saug- und Druckpumpe ohne Windkessel zeigt, so lässt sich auch an dieser Schaulinie schnell ermitteln, ob ein Abreissen des Kolbens von der angesaugten Flüssigkeit eintreten wird. Dies wird in dem Augenblick geschehen, in welchem der hydraulische Druck gegen den Kolben auf dessen Saugseite Null wird. Der hydraulische Druck ist aber gleich

$$F A \gamma + (R_x \pm G + G/g\, b_x) - (P_s)_x.$$

Es muss also

$$F A \gamma + (R_x \pm G + G/g\, b_x) > (P_s)_x$$

sein; um sicher zu gehen, kann auch

$$F A \gamma > (P_s)_x$$

als Bedingung aufgestellt werden.

Wird daher in der Schaulinie Fig. 71 eine Strecke AW gleich der Kraft $F A \gamma$ aufgetragen und die Parallele WX zur Null-Linie AB gezogen, so darf diese Linie WX die Kurve RS der Kolbenkraft $(P_s)_x$ nicht schneiden. In dem in Fig. 71 angenommenen Fall ist die Flüssigkeit schon von Beginn der Kolbenbewegung an nicht im Stande, dem Kolben zu folgen, das Abreissen tritt schon von Anfang des Kolbenhubes ein und erst in der Kolbenstellung Z wird die nacheilende Flüssigkeit den Kolben treffen, da von diesem Augenblick an der hydraulische Druck grösser als Null wird.

Auf die Gefahren, welche die Anordnung langer Saugleitungen in sich schliesst, weist an Hand einiger Zahlenbeispiele Möller hin (Journ. f. Gasbel. u. Wasserw. 1890 S. 124). Beim Anlassen der Pumpe wird, namentlich bei unvorsichtigem Oeffnen des Anlassventils, die Spannung der Luft im Saugwindkessel über das erforderliche Mass hinaus erniedrigt, so dass der Wassermasse in der Saugleitung eine zu grosse Beschleunigung ertheilt wird, welche Stösse im Gefolge hat. Noch schlimmer liegt die Sache, wenn der Saugwindkessel fehlt. In dieser Beziehung wirkt grosser Kolbenhub mit geringer Hubzahl für ruhigen Gang günstiger als kleiner Hub mit grosser Hubzahl, da nicht die mittlere Geschwindigkeit des Kolbens, sondern die Beschleunigung desselben im Todtpunkte massgebend ist.

Hierzu s. a. die Untersuchungen Westphal's in der Zeitschr. d. Ver. d. Ing. 1893, S. 385.

Der Flüssigkeitsschlag im Druckrohr.

Bei der Druckwirkung wirkt der Kolben auf die Flüssigkeit im Cylinder und im Druckrohr treibend und es werden die Geschwindigkeiten v_x bezieh. $(v_d)_x$ der Bewegung des Kolbens und der Flüssigkeit im Druckrohr für jeden Augenblick in einem gleichbleibenden Verhältniss stehen, so lange die Flüssigkeit sich mit dem Kolben bewegt. Dieses Verhältniss ergibt sich aus der Beziehung

$$F v_x = F_d (v_d)_x,$$

wenn das Druckrohr vom Querschnitte F_d nur einer Pumpe angehört, deren treibender Kolbenquerschnitt F ist.

Es ist jedoch möglich, dass die Geschwindigkeit der Flüssigkeit grösser wird, als sie sich aus dem genannten Verhältniss ergibt. Dies ist der Fall, wenn der Kolben vorher die Flüssigkeitsmasse beschleunigt hat, so dass sie nun in Folge ihrer lebendigen Kraft sich mit einer gewissen Geschwindigkeit fortbewegt, und der Kolben in Folge seiner gezwungenen Bewegung langsamer läuft, als es der Geschwindigkeitsbewegung der Flüssigkeit entspricht; dann wird die Flüssigkeit vom Kolben abreissen und sich nur unter dem Einfluss der im Augenblick des Abreissens in ihr enthaltenen lebendigen Kraft weiterbewegen. Letzteres erfolgt aber verzögert, da die Bewegungswiderstände und der auf der Ausflussöffnung lastende Druck der Luft der Bewegung entgegenwirken. Es ist daher möglich, dass die sich mit freier Verzögerung vorwärts bewegende Flüssigkeit vom Kolben wieder eingeholt wird, oder dass erstere sogar nach einiger Zeit in Folge der Verzögerung eine Rückwärtsbewegung annimmt und auf den noch vorwärts gehenden Kolben fällt; in beiden Fällen erfolgt ein Stoss der bewegten Massen aufeinander, der sich als eine erhöhte Beanspruchung der Pumpentheile und ihrer Verbindungen ergibt und daher vermieden werden muss. Wie beim Flüssigkeitsschlag im Saugrohr, so kann auch hier ein Flüssigkeitsverlust, beziehungsweise eine Verminderung der Lieferungsmenge eintreten.

Das Abreissen der Flüssigkeit kann jedoch auch an einer Stelle innerhalb des Druckrohres selbst erfolgen, wenn die Beschleunigung, mit der die zwischen dem betreffenden Punkte und dem Ausfluss vorhandene Flüssigkeitsmenge sich weiter bewegt, grösser ist als diejenige, mit der die gegen den Cylinder zu befindliche Flüssigkeit nachfliessen kann. In diesem Falle wird ein Stoss eintreten, wenn beide Flüssigkeitsmassen nachher wieder aufeinander treffen.

Es sei nun angenommen, an der Stelle x (vergl. Fig. 257) des Druckrohres trete ein Abreissen der gegen den Ausfluss zu befindlichen Flüssigkeit ein. An dieser Stelle ergibt sich die Beschleunigung, mit der die abreissende Flüssigkeitsmasse $F_d (L_d)_x \frac{\gamma}{g}$ sich weiterbewegt, als Quotient der widerstehenden Kräfte und dieser Masse; erstere sind gegeben durch den Luftdruck, die hydrostatische Last und die hydraulischen Widerstände, sie sind also gleich

$$\left(A + (H_d)_x + \Sigma (h_d)_x + \frac{(v_d)_x^2}{2g}\right) F_d \gamma;$$

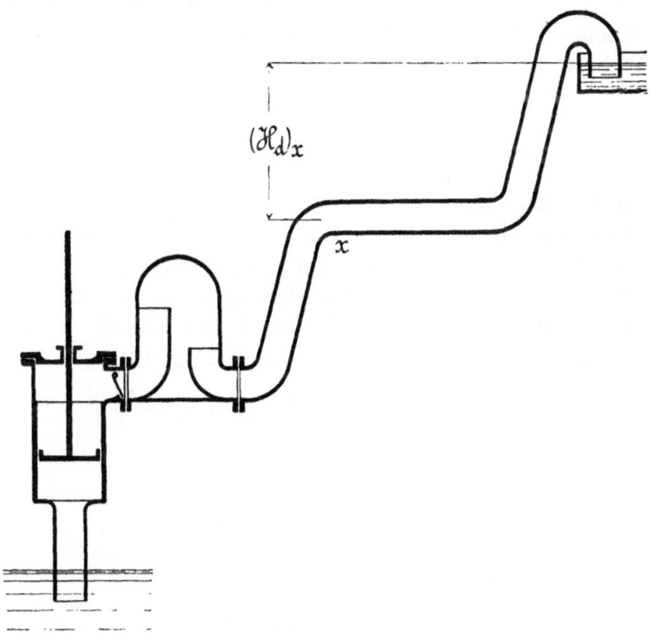

Fig. 257.

somit ist die freie Beschleunigung

$$(b_d')_x = -g \frac{A + (H_d)_x + \Sigma (h_d)_x + \frac{(v_d)_x^2}{2g}}{(L_d)_x} \qquad 220)$$

Es ist $(b_d')_x$ negativ, da die im betrachteten Augenblicke sich mit der Geschwindigkeit $(v_d)_x$ bewegende Flüssigkeitsmenge durch die genannten Widerstände in ihrer Bewegung gehemmt wird. $(v_d)_x$ ist dabei diejenige Geschwindigkeit, welche die Flüssigkeit unmittelbar vor dem Abreissen besitzt, welche also von der Kolbenbewegung abhängt. $\Sigma (h_d)_x$ betrifft nur die hydraulischen Widerstände auf der Länge $(L_d)_x$ des Druckrohrs und ist auf $\frac{(v_d)_x^2}{2g}$ zu beziehen.

Die freie Beschleunigung $(b_d')_x$ muss nun, sofern ein Abreissen nicht eintreten soll, kleiner als diejenige sein, welche die Flüssigkeit im gegebenen Augenblick durch die Kolbenbewegung erfährt; letztere ergibt sich, wenn das Druckrohr nur einer Pumpe angehört, aus

$$F\, b_x = F_d\, (b_d)_x.$$

Somit muss für jeden Punkt des Druckrohrs

$$(b_d)_x > (b_d')_x$$

sein. So lange sich der Kolben beschleunigt bewegt, also $(b_d)_x$ positiv ist, wird, da $(b_d')_x$ jedenfalls negativ ist, ein Abreissen in keinem Punkte eintreten können. Wird jedoch die Kolbenbewegung auch eine verzögerte, so wird auch $(b_d)_x$ negativ, und es ergibt sich dann

$$(b_d)_x > -g \frac{A + (H_d)_x + \Sigma (h_d)_x + \frac{(v_d)_x^2}{2g}}{(L_d)_x}. \qquad 221)$$

Die Bedingung ändert sich etwas für diejenigen Stellen, die innerhalb des Cylinders liegen. Dann ist, wenn in diesem das Abreissen eintritt, die sich frei vorwärts bewegende Flüssigkeitsmenge $F(S - S_x + \sigma S) + F_d L_d$; wegen der verschiedenen Querschnitte ist die Verzögerung beider Theile nicht gleich gross, sondern im Verhältniss $F_d : F$ verschieden, so dass sich ergibt (vgl. Ableitung der Gleichung 201)

$$(b_d')_x = -g \frac{A + (H_d)_x + \Sigma (h_d)_x + \frac{(v_d)_x^2}{2g}}{L_d + S - S_x + \sigma S},$$

somit also

$$(b_d)_x > -g \frac{A + (H_d)_x + \Sigma (h_d)_x + \frac{(v_d)_x^2}{2g}}{L_d + S - S_x + \sigma S}. \qquad 222)$$

Für die Stelle der Einmündung des Druckrohrs in den Pumpencylinder ergibt sich

$$(b_d)_x > -g \frac{A + (H_d)_x + \Sigma (h_d)_x + \frac{(v_d)_x^2}{2g}}{L_d}.$$

Es folgt nun aus den Bedingungen, dass diejenige Stelle bezüglich des Abreissens am ungünstigsten ist, für welche der Ausdruck

$$\frac{A + (H_d)_x}{(L_d)_x},$$

beziehungsweise

$$\frac{A + (H_d)_x}{(L_d)_x + S - S_x + \sigma S}$$

einen Mindestwerth hat.

Letzteres kann nun aus der gegebenen Anordnung des Druckrohrs ermittelt werden. Jedenfalls kann innerhalb des Cylinders ein Abreissen nur unmittelbar am Kolben erfolgen. Im Druckrohr wird innerhalb stetig ansteigender oder wagerechter Rohrtheile gleichfalls ein Abreissen nicht eintreten können. Bei wagerechten Rohrstrecken wird, da $(H_d)_x$ innerhalb derselben gleich gross bleibt und die Rohrlänge $(L_d)_x$ gegen den Cylinder zu wächst, die dem Cylinder am nächsten liegende Stelle den kleinsten Werth $\frac{A + (H_d)_x}{(L_d)_x}$ geben; bei lothrechten und geneigten Rohrstrecken dagegen kann der Mindestwerth dieses Ausdruckes am höchsten oder tiefsten Punkt entstehen. Beim lothrechten Rohr tritt ersteres ein, wenn $A + (H_d)_x > (L_d)_x$, letzteres, wenn $A + (H_d)_x < (L_d)_x$ ist. Es wird somit ein Abreissen der Flüssigkeit da eintreten, wo ein lothrechtes oder geneigtes Rohr in ein wagerechtes übergeht. Muss also eine Druckleitung wagrecht und lothrecht geführt werden, so ist es zweckmässiger, die Leitung vom Cylinder ab zunächst wagrecht und dann lothrecht zu legen, als die umgekehrte Anordnung zu wählen; es kann dann ein Abreissen nur am Cylinder stattfinden.

Für eine gegebene Anordnung ist es nun nothwendig, die gefährlichen Stellen aufzusuchen. Die Beschleunigung $(b_d)_x$ ergibt sich aus der gezwungenen Bewegung des Kolbens; es seien für diese die fünf, in früherem mehrfach betrachteten Bewegungsarten angenommen.

1. Der Kolben wird mit gleichförmiger Geschwindigkeit bewegt. Dann ist $(b_d)_x = 0$, somit kann ein Abreissen an keiner Stelle stattfinden.

2. Die Bewegung ist eine gleichförmig beschleunigte. In diesem Falle ist $(b_d)_x$ positiv, also kann gleichfalls ein Abreissen nicht eintreten. In den beiden vorgenannten Fällen wird jedoch immer ein Flüssigkeitsschlag stattfinden, indem die Flüssigkeit im Augenblick des Hubendes eine gewisse, der Endgeschwindigkeit des Kolbens entsprechende lebendige Kraft besitzt und diese eine Aufwärtsbewegung im Druckrohr hervorruft, während der Kolben wieder zurückgeht. Flüssigkeit und Kolben bewegen sich dann entgegengesetzt, es tritt also ein Abreissen ein.

3. Der Kolben bewegt sich gleichförmig verzögert oder

4. er bewegt sich auf der ersten Hubhälfte gleichförmig beschleunigt, auf der zweiten gleichförmig verzögert. Bei dieser letzteren Bewegungsart kann während der ersten Hubhälfte ein Abreissen an keiner Stelle eintreten, dagegen ist dies auf der zweiten Hubhälfte und bei der Bewegungsart 3. während des ganzen Hubes möglich, also so lange die Beschleunigung $(b_d)_x$ negativ ist.

Da dieselbe auch gleichbleibend $= b_d$ ist, so wird

$$(v_d)_x = (v_d)_o + b_d t.$$

Es ergeben sich nun die Bedingungen

a) für die Verhütung des Abreissens am Kolben:

$$b_d > -g \frac{A + (H_d)_x + (1 + \zeta_d) \frac{((v_d)_o + b_d t)^2}{2g}}{L_d + S - S_d + \sigma S};$$

b) für die Verhütung des Abreissens innerhalb der Druckleitung:

$$b_d > -g \frac{A + (H_d)_x + (1 + \zeta_d) \frac{((v_d)_x + b_d t)^2}{2g}}{(L_d)_x}.$$

Der rechtsstehende Ausdruck wird ohne das Vorzeichen am kleinsten für den grössten Werth von t, also für das Hubende; dafür soll aber bei diesen Bewegungsarten die Kolbengeschwindigkeit im Druckrohr gleich Null sein, somit ergibt sich, da dann auch $S_x = S$ ist,

$$b_d > -g \frac{A + (H_d)_x}{L_d + \sigma S},$$

und

$$b_d > -g \frac{A + (H_d)_x}{(L_d)_x};$$

nun ist aber

$$b_d = \frac{F}{F_d} b;$$

ferner für die gleichförmig verzögerte Bewegung

$$b = -2 \frac{v_m^2}{S},$$

und für die unter 4. genannte

$$b = -4 \frac{v_m^2}{S}.$$

Der grösste zulässige Werth der mittleren Kolbengeschwindigkeit v_m ergibt sich daher für die gleichförmig verzögerte Bewegung zu

$$(v_m)_{max} = \sqrt{\frac{g}{2} S \frac{F_d}{F} \frac{A + (H_d)_x}{L_d + \sigma S}} = 2{,}21 \sqrt{S \frac{F_d}{F} \frac{A + (H_d)_x}{L_d + \sigma S}},$$

und

$$(v_m)_{max} = 2{,}21 \sqrt{S \frac{F_d}{F} \frac{A + (H_d)_x}{(L_d)_x}}. \qquad 223)$$

Für die unter 4. genannte Bewegungsart ändert sich die Zahl 2,21 in 1,57.

Aus der Druckrohranordnung muss nun der kleinste Werth von $\frac{A + (H_d)_x}{(L_d)_x}$, bezieh. $\frac{A + (H_d)_x}{L_d + \sigma S}$ ermittelt und daraus die noch zulässige Kolbengeschwindigkeit berechnet werden.

5. Der Kolben werde von einer, mit gleichbleibender Winkelgeschwindigkeit gedrehten Kurbel bewegt. Dann ist für die gezwungene Kolbenbewegung, wenn die Triebstange als unendlich lang angenommen wird,

$$b_x = \frac{2\,V^2}{S} \cos \omega = \frac{\pi^2}{2\,S} v_m^2 \cos \omega .$$

Hierbei ist V die als gleichbleibend angenommene Umfangsgeschwindigkeit des Kurbelzapfens, v_m die mittlere Kolbengeschwindigkeit $= \frac{2}{\pi} V$.

Von $\omega = 0^0$ bis $\omega = 90^0$, also auf der ersten Hubhälfte, ist die Beschleunigung positiv, also kann ein Abreissen nicht eintreten. Von $\omega = 90^0$ bis $\omega = 180^0$ wird b_x negativ, das Abreissen ist daher möglich. Da

$$F_d\,(b_d)_x = F\,b_x$$

so wird

$$\frac{\pi^2}{2\,S} v_m^2 \cos \omega > -g\,\frac{F_d}{F}\,\frac{A + (H_d)_x + \Sigma\,(h_d)_x + \frac{(v_d)_x^2}{2\,g}}{(L_d)_x};$$

nun ist nach früherem

$$\Sigma\,(h_d)_x = \zeta_d\,\frac{(v_d)_x^2}{2\,g};$$

$(v_d)_x$ ist aber die Geschwindigkeit, welche im betrachteten Augenblick die vom Kolben bis dahin getriebene Flüssigkeit besitzt; es ist also

$$(v_d)_x = \frac{F}{F_d} v_x = \frac{F}{F_d} V \sin \omega = \frac{F}{F_d}\,\frac{\pi}{2} v_m \sin \omega;$$

somit wird

$$\frac{\pi^2}{2\,S} v_m^2 \cos \omega > -g\,\frac{F_d}{F}\,\frac{A + (H_d)_x + (1 + \zeta_d)\left(\frac{F}{F_d}\right)^2 \frac{\pi^2}{4}\,\frac{v_m^2}{2\,g} \sin \omega}{(L_d)_x}.$$

Es muss diese Bedingung für jede Kolbenstellung, also für jeden Winkel ω erfüllt werden; am ungünstigsten wird diejenige Stellung sein, in der der rechtsstehende Ausdruck, abgesehen vom Vorzeichen, den kleinsten Werth erhält; dies findet statt bei $\omega = 180^0$, dann ist zugleich auch der linksstehende Ausdruck, abgesehen vom Vorzeichen, am grössten.

Für $\omega = 180^0$ ist dann

$$g\,\frac{A + (H_d)_x}{(L_d)_x} > \frac{\pi^2}{2}\,\frac{F}{F_d}\,\frac{v_m^2}{S}.$$

Der grösstmögliche Werth der mittleren Kolbengeschwindigkeit ergibt sich demnach aus

$$(v_m)_{max} = \sqrt{\frac{2\,S}{\pi^2}\,\frac{F_d}{F}\,\frac{A + (H_d)_x}{(L_d)_x}}$$

$$= 1{,}41 \sqrt{S\,\frac{F_d}{F}\,\frac{A + (H_d)_x}{(L_d)_x}}. \qquad 224)$$

In diesen Ausdruck ist für $\frac{A + (H_d)_x}{(L_d)_x}$ der kleinste Werth einzusetzen, der sich nach früherem für eine Stelle des Druckrohres ergibt.

Damit am Kolben selbst ein Abreissen nicht eintritt, muss noch die folgende Bedingung erfüllt werden:

Für $\omega = 180^0$ ist $S_x = S$, und es wird dann

$$(v_m)_{max} = 1{,}41 \sqrt{S\,\frac{F_d}{F}\,\frac{A + (H_d)_x}{L_d + \sigma S}}. \qquad 225)$$

Die bisher angestellten Betrachtungen über den Flüssigkeitsschlag in der Druckleitung gelten für eine Pumpe ohne Druckwindkessel mit einfacher oder doppelter Druckwirkung nach einem Druckrohr. Wird nun ein Windkessel von genügender Grösse in letzteres eingeschaltet, so wird, da im Druckrohr hinter dem Windkessel eine nahezu gleichförmige Bewegung herrscht, ein Abreissen der Flüssigkeit in diesem Theil der Rohrleitung nicht eintreten können. Allerdings ändert sich die Geschwindigkeit in letzterem Rohrtheil, aber diese geringe Veränderlichkeit würde nur einen Windkesselinhalt ergeben, der für die andern zu erfüllenden Bedingungen zu klein wäre.

Das Abreissen kann jedoch am Kolben oder an der Einmündung des nach dem Windkessel führenden Rohrtheiles in den Cylinder eintreten. Damit dies nicht geschieht, ist, unter Einführung der in Fig. 70 eingeschriebenen Bezeichnungen, der Bedingung zu genügen:

$$(b_d)_x > -g\,\frac{H_{dw} + (H'_d)_x + \Sigma(h'_d)_x + \frac{(v'_d)^2_x}{2\,g}}{(L'_d)_x}. \qquad 226)$$

beziehungsweise

$$(b_d)_x > -g\,\frac{H_{dw} + (H'_d)_x + \Sigma(h'_d)_x + \frac{(v'_d)^2_x}{2\,g}}{(L'_d)_x + S - S_x + \sigma S}. \qquad 227)$$

H_{dw} ist die Windkesselspannung im Betrieb, $\Sigma(h'_d)_x$ gibt die Widerstandshöhe für den Rohrtheil zwischen Cylinder und Windkessel, $(v'_d)_x$ die im betrachteten Augenblick in diesem Rohrtheil vorhandene Geschwindigkeit an.

Für eine gegebene Bewegungsart des Kolbens sind die Gleichungen zu benutzen, welche nunmehr die grösstmögliche mittlere Kolbengeschwindigkeit geben, wenn für

$$A,\quad (H_d)_x,\quad L_d,\quad F_d,$$

die Werthe

$$H_{dw},\quad (H_d')_x,\quad L_d',\quad F_d'$$

gesetzt werden.

Es wird z. B. für die Kurbelbewegung

$$(v_m)_{max} = 1{,}41 \sqrt{S \frac{F_d'}{F} \frac{H_{dw} + (H_d')_x}{L_d' + \sigma S}}. \qquad 228)$$

Für raschlaufende Pumpen muss also F'_d möglichst gross, L'_d möglichst klein gemacht werden.

Für H_{dw} ist in Gleichung 228 der aus den Formeln 180 bezieh. 181 zu ermittelnde Werth einzusetzen. Unter sonst gleichen Verhältnissen ergibt sich H_{dw} für eine Pumpe mit doppelter Druckwirkung grösser, als für eine solche mit einfacher, weshalb auch der grösstmögliche Werth der mittleren Kolbengeschwindigkeit für eine Pumpe der ersteren Art grösser als für eine solche der zweiten wird.

Wenn der Verlauf der Kolbenkraft $(P_d)_x$ durch eine Schaulinie festgestellt ist, wie z. B. durch Fig. 74 für eine einfachwirkende Saug- und Druckpumpe, so lässt sich hieraus leicht ersehen, ob ein Abreissen der Flüssigkeitssäule vom Kolben eintreten kann. Es müsste dann der hydraulische Druck vor dem Kolben gleich Null werden, derselbe ist aber gleich

$$F A \gamma + (P_d)_x - (R_x \pm G + G/g\, b_x).$$

Wird, um sicher zu gehen, das dritte Glied, welches die Reibungs-, Gewichts- und Beschleunigungswiderstände von Kolben und Kolbenstange darstellt, vernachlässigt, so würde die Bedingung für die Vermeidung der Trennung der Flüssigkeit vom Kolben lauten

$$F A \gamma + (P_d)_x > 0.$$

So lange also $(P_d)_x$ positiv ist, kann ein Abreissen nicht eintreten. Wird aber $(P_d)_x$ negativ, so erfolgt die Trennung, sobald eine Linie, die in Fig. 74 im negativen Abstande $F A \gamma$ von der Null-Linie A′B′ parallel zu dieser gezogen wird, die Linie R′S′ der Kolbenkraft $(P_d)_x$ schneidet.

Die Mehrförderung.

Der hydraulische Druck, welchen die während der Saugwirkung aufsteigende Flüssigkeit auf den Kolben äussert, lässt sich für eine Pumpe ohne Saugwindkessel aus Gleichung 12 unmittelbar entnehmen als

$$F\gamma\left(A - (H_s)_x - (1 + \zeta_s)\frac{(v_s)_x^2}{2g} - \frac{L_s + S_x + \sigma S}{g} b_x\right).$$

Mit diesem Druck wirkt die Flüssigkeit stets treibend auf den Kolben. So lange dieser Druck kleiner als

$$A F \gamma + (R_x \pm G + G/g\, b_x),$$

also als der den Kolben belastende Luftdruck und Reibungs-, Gewichts- und Beschleunigungswiderstand des Kolbens ist, wird eine Kraft $(P_s)_x$ am

Kolben nothwendig sein, um die Saugwirkung zu erzeugen. Wird jedoch der Druck grösser als $AF\gamma + (R_x \pm G + G/g\, b_x)$, so wird umgekehrt die Flüssigkeit den Kolben zu bewegen suchen. Der hydraulische Druck äussert sich aber auch auf die Wandungen des Cylinders und pflanzt sich auf das Druckventil fort. Es ist nun möglich, dass der hydraulische Druck während der Saugwirkung das Druckventil zu heben vermag, dann wird, trotzdem der Kolben noch in der Richtung der Saugwirkung sich bewegt, bereits Flüssigkeit aus dem Saugrohr nach dem Druckrohr strömen, auf die in demselben befindliche Flüssigkeit stossen und eine Vermehrung der Geschwindigkeit derselben veranlassen, sodass am Ausfluss in derselben Zeit eine grössere Flüssigkeitsmenge austritt, als sie der Druckwirkung des Kolbens entspricht, somit eine Mehrförderung entsteht.

Bei der einfachwirkenden Saug- und der einfachwirkenden Druckpumpe wird während der Saugwirkung im regelmässigen Betrieb keine Flüssigkeit aus dem Druckrohr ausfliessen; tritt jedoch ebengenannter Fall ein, so entsteht auch bei der Saugwirkung eine Förderung im Druckrohr. Bei der einfachwirkenden Saug- und Hubpumpe wird die Förderung während der gemeinschaftlich eintretenden Saug- und Druckwirkung erhöht. Das gleiche tritt im gegebenen Falle bei der doppeltwirkenden Pumpe ein.

Die Mehrförderung während der Saugwirkung kann auch entstehen, wenn ein Abreissen des Kolbens von der Flüssigkeit stattgefunden hat und das Zusammentreffen beider vor dem Hubende noch erfolgt. In diesem Augenblick kann durch den auftretenden Stoss das Druckventil aufgedrückt werden, so dass Flüssigkeit aus dem Saugrohr in das Druckrohr übertritt und die Mehrförderung veranlasst. Auch bei der Druckwirkung kann eine Mehrförderung eintreten und zwar dann, wenn die Flüssigkeit im Druckrohr in Folge ihrer, durch den Kolben vorher erhaltenen Beschleunigung sich schneller vorwärts bewegt, als der Kolben durch seine gezwungene Bewegung folgt. Dann reisst die Flüssigkeit an dem Cylinder ab und der Druck über dem Saugventil kann dadurch soweit sich vermindern, dass unter dem Druck der Aussenluft auf die Mündung des Saugrohrs die in letzterem enthaltene Flüssigkeit aufwärts steigt, das Saugventil öffnet, in das Druckrohr läuft und damit die dem Ausfluss entströmende Flüssigkeitsmenge vergrössert.

Dieses kann aber auch eintreten, ohne dass ein Abreissen eintritt, wenn nämlich der hydraulische Druck über dem Saugventil kleiner als der auf Eröffnung desselben wirkende Druck wird.

Die Mehrförderung ergibt nun wohl eine grössere Lieferungsmenge, als sie dem Querschnitt und der Geschwindigkeit des Kolbens entspricht, jedoch ist dann zur Beschleunigung der bewegten Massen auch eine grössere Kolbenkraft nothwendig, so dass die Mehrförderung einen Verlust an Betriebsarbeit ergibt, der den Gewinn an Flüssigkeitsmenge mehr als aufhebt.

Es darf daher die Kolbengeschwindigkeit nicht so gross genommen werden, dass eine Mehrförderung entsteht, wenn nicht im besonderen Falle eine solche gewünscht wird. Im Allgemeinen sind demnach zunächst die in früherem festgestellten Bedingungen für den möglichen Meistwerth der mittleren Kolbengeschwindigkeit festzuhalten, damit weder bei der Saug- noch bei der Druckwirkung ein Abreissen erfolgt Hierbei ist zu beachten, dass für die Mehrförderung das mögliche Abreissen an einer Stelle innerhalb der Druckleitung nicht in Betracht kommt, und dass die vorzeitige Eröffnung des Saugventiles, also die Mehrförderung, schon vor dem Abreissen der Druckflüssigkeit vom Kolben eintreten wird. Wenn also durch Erfüllung der betreffenden Bedingungen dieses Abreissen verhindert ist, so kann doch eine Mehrförderung durch vorzeitige Oeffnung des Saugventils entstehen.

Es ist also nothwendig, diejenigen Bedingungen für den Meistwerth der Kolbengeschwindigkeit aufzusuchen, deren Erfüllung eine vorzeitige Eröffnung des Druckventiles und des Saugventiles verhütet. Für ersteres muss der im Pumpencylinder bei der Saugwirkung entstehende hydraulische Druck kleiner als der auf dem Druckventil lastende Druck sein. Letzterer ist, auf den Kolbenquerschnitt bezogen,

$$F\gamma\,(H_{dv} + A).$$

Zur Eröffnung des Druckventiles ist allerdings ausser diesem Druck noch der Ventilüberdruck (vgl. S. 259) zu überwinden; um sicher zu gehen, sei dieser ausser Berücksichtigung gelassen, dann wird das vorzeitige Eröffnen jedenfalls verhütet, wenn

$$F\gamma A + (R_x \pm G + G/g\, b_x) - (P_s)_x < F\gamma\,(H_{dv} + A)$$

ist. Die Grösse von $(P_s)_x$ ist aus der Gleichung 12) bezieh. 22) zu entnehmen. Dann wird

für die Pumpe ohne Saugwindkessel

$$-F\gamma\left((H_s)_x + (1+\zeta_s)\frac{(v_s)_x^2}{2g} + \frac{L_s + S_x + \sigma S}{g}\, b_x\right) < F\gamma H_{dv}, \quad 229)$$

für die Pumpe mit Saugwindkessel

$$-F\gamma\left((H_s)_x + (1+\zeta_s')\frac{(v_s')_x^2}{2g} + \zeta_s''\frac{(v_s'')_x^2}{2g} + \frac{L_s'' + S_x + \sigma S}{g}\, b_x\right) < F\gamma H_{dv}. \quad 230)$$

Zunächst ist zu erkennen, dass, so lange $b_x \geqq 0$ ist, den beiden Bedingungen jedenfalls entsprochen wird.

Bei der gleichförmigen oder gleichförmig beschleunigten Bewegung des Kolbens ist daher die Mehrförderung jedenfalls ausgeschlossen. Wird jedoch, wie es bei der gleichförmig verzögerten Bewegung und der durch ein Kurbelgetriebe erzeugten der Fall ist, b_x negativ, so kann die Mehrförderung durch vorzeitige Eröffnung des Druckventiles entstehen. Es ist nun ersichtlich, dass hierfür insbesondere diejenige Kolbenstellung in Frage kommt, für welche b_x den grössten negativen Werth hat, also die Endstellung. Für diese ist aber $(v_s)_x$ bezieh. $(v_s'')_x$ gleich Null, wenn auch bei der gleichförmig verzögerten Bewegung die Endgeschwindigkeit des Kolbens gleich Null wird.

Unter Einsetzung der in früherem für die hier allein in Betracht kommenden Bewegungsarten des Kolbens ermittelten Beziehungen zwischen b_x und v_m wird dann

1. für die gleichförmig verzögerte Bewegung:
ohne Saugwindkessel

$$(v_m)_{max} = 2{,}21 \sqrt{\frac{S}{L_s + S + \sigma S}(H_{dv} + (H_s)_x)}, \tag{231}$$

mit Saugwindkessel

$$(v_m)_{max} = 2{,}21 \sqrt{\frac{S}{L_s + S + \sigma S}\left[H_{dv} + (H_s)_x + (1 + \zeta_s')\frac{(v_s')_x^2}{2g}\right]}; \tag{232}$$

2. für die halb gleichförmig beschleunigte, halb gleichförmig verzögerte Bewegung:
ohne Saugwindkessel

$$(v_m)_{max} = 1{,}57 \sqrt{\frac{S}{L_s + S + \sigma S}(H_{dv} + (H_s)_x)}, \tag{233}$$

mit Saugwindkessel

$$(v_m)_{max} = 1{,}57 \sqrt{\frac{S}{L_s + S + \sigma S}\left[H_{dv} + (H_s)_x + (1 + \zeta_s')\frac{(v_s')_x^2}{2g}\right]}; \tag{234}$$

3. für die Kurbelbewegung:
ohne Saugwindkessel

$$(v_m)_{max} = 1{,}41 \sqrt{\frac{S}{L_s + S + \sigma S}(H_{dv} + (H_s)_x)}, \tag{235}$$

mit Saugwindkessel

$$(v_m)_{max} = 1{,}41 \sqrt{\frac{S}{L_s + S + \sigma S}\left[H_{dv} + (H_s)_x + (1 + \zeta_s')\frac{(v_s')_x^2}{2g}\right]}. \tag{236}$$

Ist der Verlauf für Kolbenkraft $(P_s)_x$ durch eine Schaulinie dargestellt, wie z. B. Fig. 71 für eine Pumpe mit einfacher Saugwirkung zeigt, so kann leicht ersehen werden, ob die vorzeitige Eröffnung des Druckventils eintreten kann. Hierzu wird von der Null-Linie AB eine Strecke y gleich $F H_{dv} \gamma - (R_x \pm G + G/_g\, b_x)$ abwärts aufgetragen und die Parallele zu AB gezogen; schneidet, wie in Fig. 71 angenommen, diese Linie die Kurve RS der Kolbenkraft $(P_s)_x$, so ist in diesem Punkte, bezieh. in der Kolbenstellung V der hydraulische Druck gegen das Druckventil gross genug, um dasselbe zu öffnen, wenn der Ventilüberdruck vernachlässigt wird. Letztere Annahme gibt eine genügende Sicherheit, so dass die mittlere Kolbengeschwindigkeit bis zu den durch die Gleichungen 231 bis 236 angegebenen Werthen gesteigert werden kann.

Es muss ferner untersucht werden, ob das vorzeitige Eröffnen des Saugventiles dadurch eintreten kann, dass der dasselbe belastende hydraulische Druck kleiner wird, als der auf Eröffnen wirkende. Ersterer ist gleich

$$F A \gamma + (P_d)_x - (R_x \pm G + G/g\, b_x);$$

somit muss

$$F A \gamma + (P_d)_x - (R_x \pm G + G/g\, b_x) > F \gamma (A - H_{sv})$$

sein.

Allerdings müsste zur Eröffnung des Saugventiles auch noch der Ventilüberdruck überwunden werden; um eine gewisse Sicherheit zu erhalten, sei dieser jedoch vernachlässigt.

Nach Einsetzen des Werthes von $(P_d)_x$ aus Gleich. 31 bezieh. 33 wird demnach

für Pumpen ohne Druckwindkessel

$$- F\gamma \left((H_d)_x + \frac{S - S_x + \sigma S + L_d}{g} b_x + \zeta_d \frac{(v_d)_x^2}{2g} \right) > F H_{sv} \gamma, \qquad 237)$$

für Pumpen mit Druckwindkessel

$$- F\gamma \left[(H_d)_x + \frac{L_d' + S - S_x + \sigma S}{g} b_x + \zeta_d' \frac{(v_d')_x^2}{2g} + \zeta_d'' \frac{(v_d'')_x^2}{2g} \right] > F H_{sv} \gamma. \qquad 238)$$

Es kann also ein vorzeitiges Eröffnen des Saugventiles nur eintreten, wenn b_x negativ wird; demnach muss den Bedingungen 237) bez. 238) für den Fall genügt werden, für welchen b_x den grössten negativen Werth hat, das ist bei den überhaupt in Betracht kommenden Bewegungsarten des Kolbens die Endstellung desselben. Für dieselbe ist dann v_d bezieh. v_d' gleich Null, $S_x = S$.

Nach Einsetzung der früher ermittelten Beziehungen zwischen b_x und v_m wird demnach:

1. für die gleichförmig verzögerte Bewegung:

ohne Druckwindkessel

$$(v_m)_{max} = 2{,}21 \sqrt{\frac{S}{\sigma S + L_d} (H_{sv} + (H_d)_x)}, \qquad 239)$$

mit Druckwindkessel

$$(v_m)_{max} = 2{,}21 \sqrt{\frac{S}{\sigma S + L_d'} \left[H_{sv} + (H_d)_x + \zeta_d'' \frac{(v_d'')_x^2}{2g} \right]}; \qquad 240)$$

2. für die halb gleichförmig beschleunigte, halb gleichförmig verzögerte Bewegung gelten diese Formeln 239 und 240 unter Aenderung der vor den Wurzelzeichen stehenden Zahl 2,21 in 1,57;

3. für die Kurbelbewegung gelten gleichfalls die Formeln 239 bezieh. 240 unter Aenderung der Zahl 2,21 in 1,41.

Wenn der Verlauf der Kolbenkraft $(P_d)_x$ durch ein Schaulinie, wie z. B. in Fig. 74 für eine einfachwirkende Saug- und Druckpumpe, dargestellt ist, so lässt sich wiederum leicht ermitteln, ob die vorzeitige Eröffnung des Saugventiles durch Abnahme des hydraulischen Drucks über demselben eintreten kann. Hierzu wird von der Null-Linie A'B' nach abwärts eine Strecke y' abgetragen, welche der Kraft $F\,H_{sv}\,\gamma - (R_x \pm G + G/g\, b_x)$ entpricht und in diesem Abstande eine Parallele zu A' B' gezogen. Schneidet diese Linie, wie in Fig. 74 angenommen ist, die Kurve für $(P_d)_x$, so wird in Punkt U' bezieh. in der Kolbenstellung V' die vorzeitige Eröffnung des Saugventiles eintreten. Hierbei ist allerdings der hierzu noch nothwendige Ventilüberdruck unberücksichtigt gelassen, so dass eine genügende Sicherheit gegeben ist.

Die zulässige Kolbengeschwindigkeit.

Es galt bis fast in die letzte Zeit als feststehend, dass Kolbenpumpen nur verhältnissmässig langsam laufen dürfen, um ruhig und zuverlässig zu arbeiten. In neuerer Zeit wird jedoch, wie überhaupt im Maschinenbau so auch bei der Anordnung von Pumpen, das Bestreben verfolgt, durch grössere Geschwindigkeiten dieselben Leistungen mit Maschinen von kleineren Abmessungen zu erhalten. Es ist nun die Frage aufzuwerfen, ob die den Pumpen eigenthümliche Wirkungsweise durch grössere Geschwindigkeit nicht gestört wird.

Es wurde bereits erläutert, dass bei zu grosser Geschwindigkeit der Kolben von der Saugsäule und die Drucksäule vom Kolben oder innerhalb des Druckrohres selbst durch Voreilen abreissen kann, wodurch Stösse, die für die Haltbarkeit der Pumpe gefährlich sind und auch Arbeitsverluste erzeugen können, entstehen; diese Störungen werden vermieden, wenn die Kolbengeschwindigkeit nicht grösser, als sie aus den in den beiden letzten Abschnitten ermittelten Formeln sich ergibt, genommen wird.

Aus denselben ist aber zu ersehen, dass die Kolbengeschwindigkeit gesteigert werden kann, wenn kleine Saughöhen angewendet werden; es ist dies fast immer möglich, indem entweder die Pumpe nahe am Saugbehälter aufgestellt oder eine Hülfspumpe angelegt werden kann, welche die Flüssigkeit ansaugt und der Hauptpumpe zuhebt. Ferner kann eine grössere Kolbengeschwindigkeit durch Anordnung von Saug- und Druckwindkesseln oder durch Kuppelung mehrerer Pumpen mit gemeinschaftlichem Steigrohr, in welchem dann die Flüssigkeitsbewegung nahezu gleichförmig erfolgt, erhalten werden.

Auch zur Verhütung der mit Arbeitsverlust verbundenen Mehr-

förderung darf die Kolbengeschwindigkeit eine gewisse, durch die Formeln 229 bis 240 ausgedrückte Grenze nicht überschreiten. Der hierdurch gegebene Meistwerth der mittleren Kolbengeschwindigkeit wird grösser, wenn die Längen der Druck- und Saugleitung möglichst klein genommen und Saug- und Druckwindkessel angeordnet werden.

Vielfach wird gefürchtet, durch grosse Kolbengeschwindigkeit Störungen in der Thätigkeit der Ventile hervorzurufen.

Um nun den *Einfluss der Kolbengeschwindigkeit auf den Gang der Ventile* genau kennen zu lernen, hat *Bach* zahlreiche Versuche an einer zu diesem Zweck erbauten Pumpe ausgeführt, welche in der Zeitschrift des Vereins deutscher Ingenieure 1886 Seite 424 u. f.

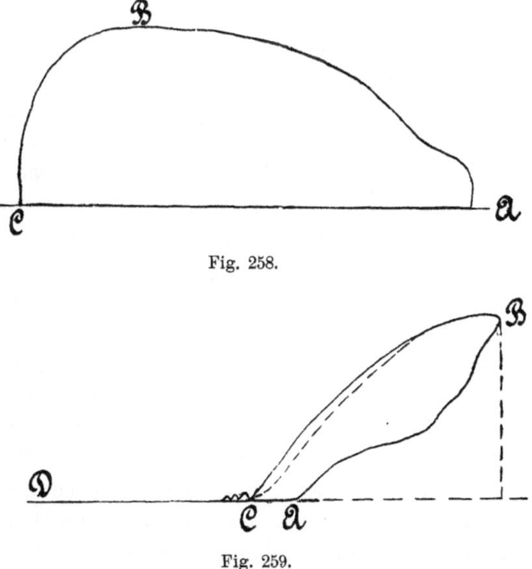

Fig. 258.

Fig. 259.

und 1887 Seite 41 u. f. beschrieben sind. Diese einfachwirkende Versuchspumpe mit Tauchkolben wurde so eingerichtet, dass der Kolbenhub und die Umdrehungszahl der Kurbelwelle, von welcher der Kolben bewegt wird, innerhalb weiter Grenzen geändert werden konnte. Die Erhebungen des Saug- und Druckventils wurden durch einen durch den Deckel des Ventilkastens gehenden Stift auf ein Hebelwerk übertragen, so dass ein an diesem angebrachter Schreibstift auf einem bewegten Papiercylinder die Ventilbewegungen mit vierfacher Vergrösserung aufzeichnete. Hierbei wurde entweder der Papiercylinder vom Pumpenkolben aus so bewegt, dass in jedem Augenblicke Proportionalität zwischen den Wegen des Kolbens und der vom Papier bei der Umdrehung des Cylinders zurückgelegten Strecke bestand, oder es erhielt der Papiercylinder seine

Bewegung durch eine Kurbelschleife, deren Kurbel um 90^0 gegen die der Pumpe versetzt wurde und dieser nacheilte. Im ersten Fall zeichnete der Schreibstift die Ventilerhebungsschaulinie in richtiger Beziehung zu den Kolbenstellungen auf, im zweiten Fall wurde eine verschobene Schaulinie erhalten. Beispiele dieser beiden Arten geben Fig. 258 und 259. Erstere zeigt, dass bei A das Ventil sich ziemlich rasch öffnete, dann nach oben stieg, etwas nach der Mitte des Kolbenhubes seinen höchsten Stand bei B erreichte, hierauf zu sinken begann und am Ende des Hubes bei C abschloss. Ueber die wichtigsten Theile der Ventilbewegung, das Oeffnen und Schliessen, gibt die Schaulinie Fig. 258 keinen genauen Aufschluss, dagegen sind diese Vorgänge aus der verschobenen Schaulinie Fig. 259 recht deutlich zu erkennen. Bei A erfolgt das Oeffnen des Ventils, bei B erreicht es seine höchste Stellung und schliesst bei C. Der Verlauf der Linie BC zeigt nun, ob das Aufsetzen des Ventils ruhig oder mit Schlag erfolgt; ersteres kennzeichnet sich in der Schaulinie dadurch, dass die Linie BC in ihrem letzten Verlauf an die Gerade AC tangirt, letzteres dadurch, dass BC diese Gerade schneidet; der Schlag wird um so stärker sein, je grösser der Schnittwinkel ist. Das rasche Oeffnen wie das Schlagen deutet sich nach Aussen mehr oder weniger hörbar an. Der stossende Ventilschluss kennzeichnet sich ferner durch Erzittern des Schreibstiftes in den beiden Arten von Ventilschaulinien bei C. Zahlreiche Schaulinien, aufgezeichnet bei verschiedenen Umdrehungszahlen, Kolbenhüben und Ventilbelastungen, ergaben für das Tellerventil mit oberer Führung und ebener Begrenzung der unteren Fläche (Fig. 242), dass der Ventilschluss stossfrei erfolgt, wenn unter sonst gleichen Umständen bei gegebener Grösse der Kolbenhübe die zugehörigen Umdrehungszahlen sich umgekehrt wie die Wurzeln aus den Kolbenhüben oder bei gegebener Grösse der Umdrehungszahlen die zugehörigen Kolbenhübe sich umgekehrt wie die Quadrate dieser Zahlen verhalten; somit muss für ein gegebenes Ventil

$$n^2 S = n_1^2 S_1 = C \text{ (Konstante)} \qquad 241)$$

sein, oder auch, da

$$S = \frac{30 v_m}{n},$$

$$n v_m = n_1 (v_1)_m = \frac{C}{30} = C' \text{ (Konstante)}. \qquad 242)$$

Ist somit bekannt, dass ein gegebenes Ventil bei dem Kolbenhube S, beziehungsweise der mittleren Kolbengeschwindigkeit v_m bis zur Umdrehungszahl n noch stossfrei schliesst, so wird letzteres auch beim Kolbenhub S_1 erfolgen, wenn n in n_1, beziehungsweise v_m in $(v_1)_m$ geändert wird, und zwar muss, wenn der Kolbenhub grösser genommen wird, die Umdrehungszahl verkleinert werden.

Ausserdem ergeben die Versuche, dass an der Grenze des gerade noch stossfrei erfolgenden Ventilschlusses die wirksame Ventilbelastung P proportional dem Produkt aus mittlerer Kolbengeschwindigkeit und Umdrehungszahl oder dem Produkt aus Kolbenhub und Quadrat der Umdrehungszahl ist.

In Formeln gegeben lautet dieses Resultat:

$$\alpha P = C', \tag{243}$$

somit

$$n v_m = \alpha P, \tag{244}$$

$$P \geqq \frac{n v_m}{\alpha} = \frac{n^2 S}{30\alpha}. \tag{245}$$

Es kann also die zulässige Umdrehungszahl oder die zulässige Kolbengeschwindigkeit vergrössert werden, wenn zugleich die wirksame Belastung vermehrt wird.

Letztere ist bei den gebräuchlichen Gewichtsventilen gleich dem Gewicht im Wasser; bei den Versuchsventilen musste die durch den Uebertragungsstift herbeigeführte theilweise Entlastung berücksichtigt werden.

Somit ist es möglich, dass die Ventile auch bei vergrösserter Kolbengeschwindigkeit stossfrei arbeiten, wenn einerseits die wirksame Belastung des Ventils vermehrt, und andererseits für zweckentsprechende Formung der Ventile und der Ventilkästen, sowie für Abführung der Flüssigkeit aus letzteren gesorgt wird. Dieses Ergebniss hat auch Riedler aus seinen Untersuchungen abgeleitet und behauptet derselbe, dass nicht so sehr hohe Kolbengeschwindigkeit als vielmehr grosse Anzahl n der Doppelhübe in der Minute störend auf das Spiel der Ventile einwirken könne. Wenn jedoch in angegebener Weise verfahren wird, so lassen sich Pumpen mit ruhigem Gang auch für 200 und mehr Doppelhübe bei Kolbengeschwindigkeiten von 3 m und darüber verwenden, wie es bereits bei Dampfpumpen und unterirdischen Wasserhaltungsanlagen zur Ausführung kommt.

Es sei hier noch bemerkt, dass Hanarte und Balant in Mons Pumpen gebaut haben, bei welchen die Röhren gegen die Ventile zu sich erheblich erweitern und von denselben ab sich wieder verengern, um die Geschwindigkeit, mit welcher die Ventile durchflossen werden, möglichst klein zu erhalten.

Die Anwendung grosser Kolbengeschwindigkeiten bietet noch den Vortheil, dass etwaige Stösse und Störungen im Pumpenbetrieb wegen geringerer bewegter Flüssigkeitsmassen weniger gefährlich sind. Die Indikatorschaulinien, welche Riedler an raschlaufenden Pumpen aufgenommen hat, zeigen gerade Drucklinien ohne Schwankungen, während bei langsamlaufenden Pumpen solche öfters auf ganz aussergewöhnliche Höhe anwachsen. Riedler stellte fest, dass während der Druckwirkung regelmässige Druckänderungen bei Pumpen mit raschem Gange nie auftreten, weder bei zweicylindrigen Pumpen mit zwei gekuppelten Tauchkolben oder doppeltwirkenden Pumpen, noch bei Zwillingspumpen. Bei Pumpen, die mit entsprechend versetzten Kurbeln gekuppelt sind, entstehen solche Schwankungen auch bei langsamem Gange nicht. Dagegen erzeugen nichtgekuppelte Pumpen, mit Windkessel versehen und durch Schwungradmaschinen angetrieben, bei langsamem Gange regelmässige, ohne Stoss wirkende Druckschwankungen von solcher Höhe, dass selbst ein Vielfaches des normalen Betriebsdruckes erreicht werden kann. Riedler erklärt diese Thatsache damit, dass bei raschem Gange der Pumpen und noch mehr bei gekuppelten Pumpen die Druckwassersäule in stetiger Bewegung bleibt, während dieselbe Pumpe bei langsamem Gange, wenn nur eine Pumpe in das Steigrohr drückt, mit jedem Hube allmählich beschleunigt werden muss und sich wieder verzögert, so dass die Drucklinien die Beschleunigungsarbeiten und den Einfluss der Verzögerung darstellen. Bei Vorhandensein von Druckwindkesseln übt auch die in denselben eingeschlossene Luft, insbesondere bei langsamem Gange, Einfluss auf die Druckschwankungen aus, indem zuerst die Luft im Windkessel verdichtet wird, diese dann allmählich die Beschleunigung der Wassersäule bewirkt und dadurch Druckänderungen entstehen. Bezüglich der Einzelheiten dieser lehrreichen Riedler'schen Versuche sei auf die angegebene Schrift verwiesen.

Neuere grössere Pumpenausführungen zeigen im normalen Betrieb mittlere Kolbengeschwindigkeiten von 1 bis 2 m bei einer Anzahl von Doppelhüben bis zu 100 in der Minute; in seltenen Fällen finden sich grössere Werthe angewendet.

Es ist zweckmässig, für die Berechnung einen nicht zu hohen Werth anzunehmen, um im Bedarfsfalle die Pumpe noch etwas schneller laufen lassen zu können.

Die weiteren Versuche Bach's betrafen den Einfluss der Grösse des Kolbenquerschnitts auf die vorgenannten Werthe C' und α, und es ergab sich: an der Grenze des stossfreien Ventilschlusses verhalten sich die Werthe von α unter sonst gleichen Verhältnissen umgekehrt wie die Querschnitte der Kolben, und die wirksame Ventilbelastung ist proportional der zu fördernden Wassermenge und der Umdrehungszahl n. Oder es ist

$$\alpha = \frac{\varepsilon}{F},$$

$$P = \frac{1}{\varepsilon} n \, v_m F = \frac{1}{30 \varepsilon} n^2 S F. \qquad 246)$$

Die Grössen C', α und damit auch ε hängen insbesondere ab von der Art und den Abmessungen des Ventils, von der Weite des Ventilgehäuses und von der Höhe, in welcher das Wasser aus dem letzteren abgeführt wird. Mit der Sitzbreite wächst der Werth von α und damit auch die erforderliche Ventilbelastung, letztere wächst ferner mit abnehmender Gehäuseweite und vermindert sich, wenn diese vergrössert wird. Hiernach wird ein Ventil, welches in einem Ventilgehäuse gegebener Weite gerade noch stossfrei spielt, in einem engeren, sonst aber gleichgearteten Gehäuse bei derselben Umdrehungszahl und demselben Hube der gleichen Pumpe stossend schliessen, andererseits wird innerhalb gewisser Grenzen der stossende Schluss eines Ventils mittels Ersetzung des engen Gehäuses durch ein weiteres beseitigt werden können. In dem engen Gehäuse steigt dann das Ventil höher als in dem weiteren.

Die Versuche ergaben in weiterem, dass das Tellerventil mit unterer Führung (Fig. 244) unter sonst gleichen Verhältnissen eine etwas grössere Belastung erfordert, als das Ventil mit oberer Führung nach Fig. 243; ferner steigt das erstgenannte Ventil zu Anfang viel rascher als dasjenige mit ebener Unterfläche; im Uebrigen verhalten sich die beiden Ventile gleichartig. Während jedoch die Tellerventile stossfreies Spiel bis an die Grenze des rechtzeitigen Schlusses zeigen, schliessen Kegelventile erst bei verhältnissmässig kleinen Geschwindigkeiten ohne Schlag. Für den rechtzeitigen, wenn auch nicht stossfreien Schluss gelten die durch die Formeln 241 bis 246 ausgedrückten Gesetze.

Bezüglich der anderen Ventilformen wurde gefunden, dass die Ventile Fig. 246 und 243, dieses mit unterer Formung nach dem nicht schraffirten Umriss, sich ähnlich wie Ventil Fig. 243 mit ebener Unterfläche verhalten und Ventil Fig. 248 mittlere Verhältnisse zwischen den Ventilen Fig. 247 mit ebener und kegelförmiger Unterfläche zeigt.

Allgemeine Erörterungen betr. der Steigerung der Kolbengeschwindigkeit von Pumpen, insbesondere von Wasserhaltungen stellte Tobell an (s. Zeitschr. d. Ver. d. Ing. 1889, S. 1150).

Der Ventilüberdruck.

Es ist zur Zeit noch unmöglich, den zur Eröffnung eines Ventils nothwendigen Ventilüberdruck auf rechnerischem Wege mit einiger Sicherheit zu ermitteln; zur Auffindung geeigneter Formeln müssen zahlreiche Versuche angestellt werden. Solche sind namentlich von Bach und Riedler in ausgedehnter Weise und mit grosser Genauigkeit und Zuverlässigkeit ausgeführt worden, indem sie sich hierzu der Indikatorschaulinie bedienten, welche erhalten wird, wenn man einen Indikator, wie er für die Untersuchung von Dampfmaschinen üblich ist, mit dem Pumpencylinder in Verbindung bringt; der Papiercylinder des Indikators wird vom Pumpenkolben aus so bewegt, dass in jedem Augenblicke Proportionalität zwischen den Wegen des Kolbens und des Papieres besteht; die auf den Indikatorkolben wirkende Flüssigkeitspressung bewegt den

Schreibstift und dieser zeichnet eine Linie auf, welche die Aenderung der Pressung im Innern des Cylinders deutlich wiedergibt. Solche Schaulinien geben somit ein deutliches Bild von den Vorgängen im Innern der Pumpe, wie in späterem noch erörtert werden soll. Eine solche Indikatorschaulinie zeigt Fig. 260; die Nulllinie wird vom Schreibstift aufgezeichnet, wenn der Indikator mit der Aussenluft verbunden und der Papiercylinder bewegt wird. Der Beginn des Saugens und der des Drückens, also die zur Oeffnung des Saug- und des Druckventiles im Cylinder zu erzeugenden Pressungen kennzeichnen sich an den Hubenden deutlich, während der Saug- und der Druckwirkung zeigen sich die Pressungen nahezu als gleichbleibend. Die Vorgänge an den Hubenden lassen sich aber deutlicher an einer verschobenen Indikatorschaulinie erkennen, welche dadurch erhalten wird, dass der Papiercylinder von einer Kurbelschleife seine Bewegung empfängt, deren Kurbel um 90⁰ gegen diejenige der Pumpe versetzt ist. Eine solche Schaulinie (vgl. Fig. 261) zeigt, dass bei a die Druckwirkung beginnt, die Pressung bis b steigt und dann nach einigen Schwingungen bei c nahezu wagrecht bis zum Hubende verläuft; hierauf beginnt die Saugwirkung, in Folge deren die Pressung bis e sinkt und nach einigen Schwingungen nahezu in einer Wagrechten bis zum anderen Hubende verläuft. Bach fand nun durch Vergleichung der verschobenen Indikatorschaulinie und der verschobenen Ventilschaulinie (vgl. Fig. 259), dass der Indikator nacheilt, also rasch sich ändernde Pressungen verspätet anzeigt. Der Ventilüberdruck wird in normalen Fällen nur während eines so kurzen Zeitraums wirken, dass der Indikator gar nicht in der Lage ist, ihn anzuzeigen. Bach hat jedoch in sinnreicher Weise den Indikator geeignet gemacht, die zur Eröffnung des Ventils nötige Pressung zu messen. Zunächst ist der Untersatz des Indikators nebst Hahn möglichst kurz zu nehmen und dem letzteren die gleiche Bohrung wie dem Indikatorcylinder zu geben, damit der Widerstand, welchen die Flüssigkeit beim Eintritt aus der Pumpe in diesen Cylinder findet, möglichst klein wird und der Indikator bei geneigter Lage der etwa vorhandenen Luft an keiner Stelle das Festsetzen erlaubt. Wird nun der Hahn des an der Pumpe angebrachten Indikators geöffnet, so tritt die den wechselnden Pressungen entsprechende Bewegung des Schreibstiftes ein. Um nun die zur Eröffnung des Ventiles nöthige Pressung aufgezeichnet zu erhalten, wird zwischen den am Ende der Indikatorkolbenstange aufgeschraubten Kopf, der das Kugellager für die Lenkstange bildet, und den Deckel des Indikatorcylinders ein gegabelter Keil geschoben, wodurch die Feder des Instrumentes eine Spannung erfährt. So lange nun letztere noch kleiner

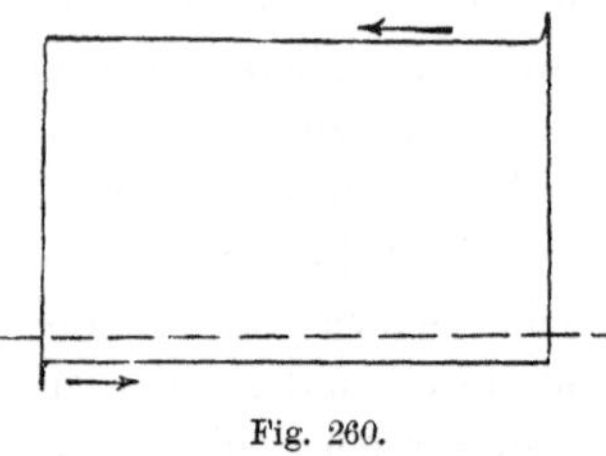

Fig. 260.

ist, als es dem grössten im Cylinder auftretenden Druck entspricht, wird der Schreibstift Zuckungen vollführen, die sich, wenn der Papiercylinder in beschriebener Weise bewegt wird, als Wellenlinien kenntlich machen, wie Fig. 261 zeigt. Je weiter der Keil eingeschoben wird, desto grösser wird die Federspannung, desto kleiner werden die Zuckungen, wie die vom Schreibstift aufgezeichneten, in Fig 261 punktirt angegebenen Linien erkennen lassen. In dem Augenblick, in welchem der Keil so weit hineingeschoben ist, dass das Zucken gerade aufhört, also der Schreibstift eine gerade Linie mm aufzeichnet, misst die Federspannung, also diese Linie, den grössten Druck, somit auch die zum Eröffnen des Ventiles nöthige

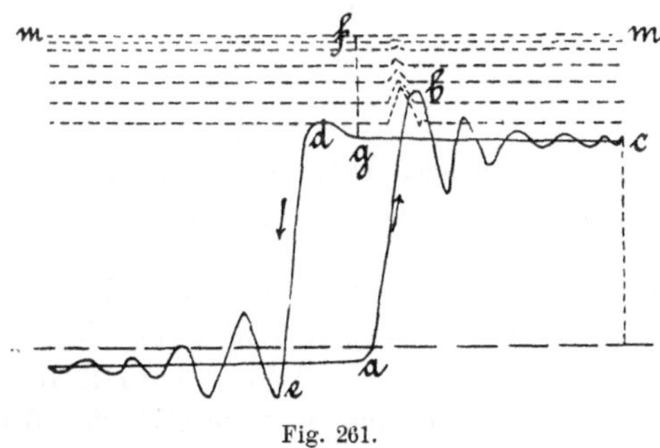

Fig. 261.

Pressung p_u im Cylinder. Die Linie mm kann über oder unter die Spitze b der verschobenen Schaulinie fallen.

Zur Bestimmung des Ventilüberdruckes müsste ausser p_u noch p_o, die Pressung über dem Ventil, gleichzeitig durch einen zweiten Indikator der mit dem Raum unmittelbar über dem Ventil zu verbinden wäre, festgestellt werden. Für praktische Zwecke genügt es jedoch nach Bachs Angabe, als Ventilüberdruck den Höhenunterschied zwischen der vom Indikator angezeigten Pressung im Pumpencylinder gegen Ende der Druckwirkung, jedoch vor Beginn einer etwaigen Steigerung d, und der Geraden mm einzuführen, also die Strecke fg als Mass des Ventilüberdruckes anzusehen.

Auf diese Weise fand Bach, dass thatsächlich ein Ventilüberdruck vorhanden ist, der von Bedeutung erscheint, wenn er auch nicht so gross ist, als bisher angenommen wurde. Wenn p den Flächendruck bezeichnet, der für die untere (f_u) und obere Ventilfläche (f_o) den gleichen Werth habe, so galt es bisher als richtig, den zum Oeffnen eines Ventiles nothwendigen Druck, also den Ventilüberdruck aus $\frac{f_o - f_u}{f_u}\, p$ zu berechnen. Dieser Werth galt als Grundlage für Rechnungen und Theorien, und es wurde ihm durch Anordnung möglichst schmaler Sitzflächen Rechnung getragen. Riedler's zahlreiche Indikator-Versuche ergaben, dass ein Ventilüberdruck entweder gar nicht oder nur in ganz geringem Masse vorhanden ist, dass also die Sitzfläche ($f_o - f_u$) nahezu keinen Einfluss auf die Druckverhältnisse beim Oeffnen des Ventiles ausübt.

Wie erwähnt, hat Bach jedoch späterhin nachgewiesen, dass ein Ventilüberdruck auftritt, wenn er auch nicht dem oben angegebenen Werth entspricht; der Ventilüberdruck wächst, wenn auch nicht in gleichem Masse, wie der Unterschied der oberen und unteren Druckfläche des Ventiles, da der Druck p_x zwischen den Sitzflächen in Betracht kommt.

Bach's Versuche haben ferner ergeben, dass der Ventilüberdruck bei Vermehrung der Umdrehungszahl oder der Beschleunigung, mit welcher der Pumpenkolben den Hub beginnt, wächst, dagegen mit der Grösse des Kolbenhubes abnimmt (vgl. Zeitschrift des Ver. deutsch. Ing. 1886 S. 106).

Der Einfluss von Gasen und Dämpfen, welche in den Pumpencylinder gelangen.

Bei der Saugwirkung werden sich in Folge der Spannungsabnahme stets Gase und Dämpfe aus der Flüssigkeit abscheiden, die den Pumpencylinder theilweise ausfüllen. Kaltes Wasser enthält fast stets Luft, die theilweise beim Saugen frei wird und sich im Cylinder festsetzt, wenn die Formung desselben solches zulässt; ferner wird stets durch Undichtheiten im Saugrohr und am Cylinder Luft eintreten. Heisses Wasser entwickelt unter der geringen Spannung während des Ansaugens Dampf. Bei anderen Flüssigkeiten tritt gleichfalls eine Gas- oder Dampfabscheidung auf, so dass in jedem Falle die Wirkung der Pumpe dadurch beeinflusst wird. Denn ist ein Theil des Cylinders mit Gas gefüllt, so tritt bei der Druckwirkung zunächst eine Verdichtung desselben ein, und erst wenn durch dieselbe ein Druck erreicht ist, der das Druckventil zu öffnen vermag, fängt die eigentliche Förderung in das Druckrohr an. Es entsteht also jedenfalls eine Verminderung der Flüssigkeitslieferung. Ferner aber wird dann, da der Kolben bereits eine grössere Geschwindigkeit erlangt hat, wenn das Druckventil sich öffnet, dies unter Stoss erfolgen. Derselbe kann dadurch vermieden werden, dass der mit Wasser nicht vollgesaugte Pumpenraum durch Flüssigkeit aus dem Druckraum der Pumpe oder aus der Druckleitung vor Beginn der Druckwirkung ausgefüllt wird, was mit Hülfe der zum Füllen der Pumpen beim Anlassen dienenden Vorrichtungen geschehen kann. Riedler hat zur Erreichung desselben Zweckes vorgeschlagen (erloschenes D.R.P. Kl. 59 No. 42789), an dem Hubwechsel des Kolbens den inneren Pumpenraum durch einen Verdränger entsprechend dem nicht mit Flüssigkeit vollgesaugten Raume zu verkleinern oder an dem Cylinder eine kleine Tauchpumpe anzubringen, welche eine entsprechende Menge Flüssigkeit kurz vor Beginn der Druckwirkung in den Pumpenraum presst. Hierbei kann in diesem auch ein Druck erzeugt werden, durch welchen unmittelbar vor dem Hubwechsel schon die Eröffnung des Druckventiles beginnt, indem der Verdränger oder die Hülfspumpe einen etwas grösseren Raum im Cylinder ausfüllt, als dem nicht vollgesaugten entspricht. Können sich Gase oder Dämpfe in Folge fehlerhafter Formung des Cylinders und der Druckrohreinmündung festsetzen, so dass sie bei der Druckwirkung nicht nach dem Druckrohr entweichen, so werden sie bei der

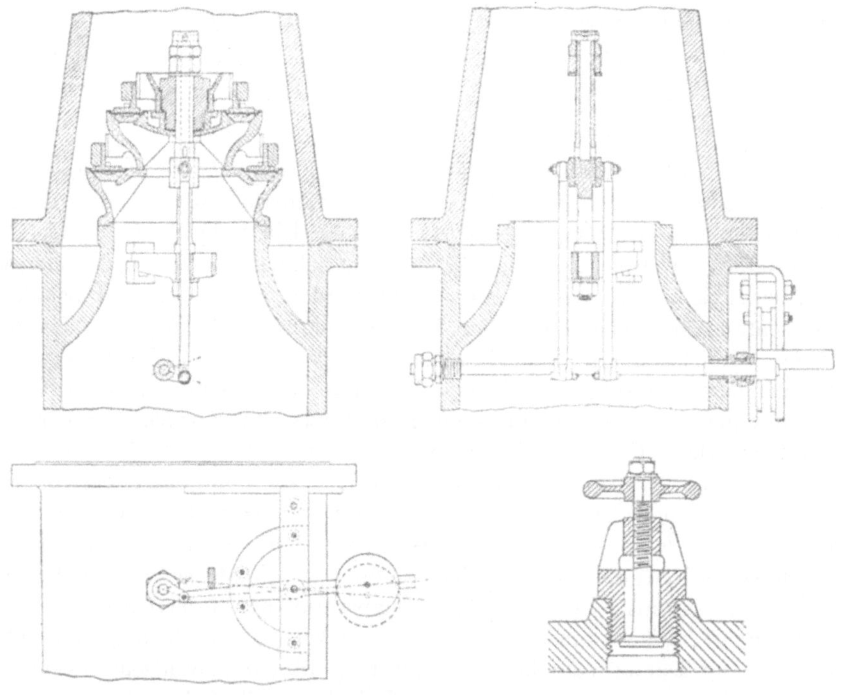

Fig. 262–265.

Saugwirkung ausgedehnt und das Saugventil öffnet sich verspätet, zugleich aber wird die erzielbare Saughöhe kleiner. Es ist also das Festsetzen von Luft oder Gasen im Cylinder zu verhüten; somit muss die Wandung desselben stetig verlaufen, und bei lothrecht aufgestellten Tauchpumpen der zum Druckventilkasten vom Cylinder abgehende Stutzen vom höchsten Punkte des Cylinders abzweigen. Ist dies nicht möglich, so muss dortselbst ein abstellbares Ventil etwa nach Fig. 262 oder ein Hahn angebracht werden, dessen Gehäuse mit dem Druckrohr verbunden wird, so dass die sich ansammelnde Luft bei der Druckwirkung nach der Druckleitung gepresst wird. Auch ein selbststhätig wirkendes Ventil nach Art der Fig. 253 lässt sich verwenden. Die Druckventile sind an dem höchsten Punkte des Cylinders anzuordnen.

Ein vom Pumpengestänge aus gesteuertes Entlüftungsventil ist Haniel und Lueg unter Kl. 59 No. 69736 patentirt worden (das Patent ist erloschen). Die Einrichtung dieses Ventils, welches auch zum Füllen der Pumpe dienen kann, dürfte aus den Figg. 263 bis 265 zur Genüge verständlich sein. Ein am Gestänge angebrachter Arm hebt bei jedem Hub den mit Gegengewicht versehenen Hebel, dessen Achse im Ventilkasten zwei Gelenkstangen und dadurch das Rohrventil bewegt.

Unruhig laufende Wasserpumpen sucht man durch absichtliches Lufteinlassen zu verbessern, um im Cylinder einen elastischen Stoff zu haben, der Wasserstösse aufnehmen kann.

In besonderen Fällen sind grössere Mengen von Luft oder anderen Gasen oder Dämpfen mit der Flüssigkeit zu fördern und muss dies dann bei Berechnung der Pumpen beachtet werden. Ein Beispiel hierfür bieten die Pumpen, welche bei den für Dampfmaschinen häufig angewendeten Einspritzkondensatoren angebracht werden müssen, um das bei der Verdichtung des Abdampfes der Maschine entstehende Wasser, das zu dieser Verdichtung in den Kondensator einzuführende Einspritzwasser, die aus letzterem sich entwickelnde Luft und den entsprechend der Kondensatorspannung nicht verdichteten Dampf aus dem Kondensator wegzuschaffen. Diese Pumpen werden, da sie auch Luft zu fördern haben, gewöhnlich als Luftpumpen bezeichnet. Für die Berechnung der Grösse derselben ist Folgendes zu beachten. Es strömen in der Sekunde a kg Dampf nach dem Kondensator und e kg Einspritzwasser werden in gleicher Zeit in diesen eingeführt, die nach der Verdichtung im Kondensator entstehende Spannung sei mit p_c (in at), die Temperatur mit t_c bezeichnet. Von dem Dampf werden nun a x kg zu Wasser von $t_w{}^0$ verdichtet, während $a\,(1 - x)$ kg Dampf von der Temperatur t_c in dampfförmigem Zustande übrig bleiben. Das Einspritzwasser enthält in gewöhnlichem Zustande im Mittel auf 1 kg etwa 0,07 cbdm Luft mechanisch gebunden, die mit $t_w{}^0$ Temperatur in den Kondensator gelangen. Das Volumen der Luft, welche von t_w auf t_c erwärmt wird und deren Spannung gleichzeitig sich von 1 at auf p_c at vermindert, wird daher sich in cbm ergeben zu: $\frac{0{,}07\,e}{1000} \, \frac{273 + t_c}{p_c(273 + t_w)}$. Das Volumen des nicht verdichteten Dampfes beträgt, wenn die der Kondensatorspannung p_c entsprechende Dampfdichte (Gewicht von 1 kg Dampf) mit ε bezeichnet wird, in cbm: $a\,\frac{1 - x}{\varepsilon}$.

Das gesammte Volumen, welches in der Sekunde durch die Pumpe aus dem Kondensator zu entfernen ist, ergibt sich daher in cbm zu:

$$Q = \frac{e}{1000} + \frac{a\,x}{1000} + \frac{0{,}07\,e}{1000}\,\frac{273 + t_c}{p_c\,(273 + t_w)} + a\,\frac{1 - x}{\varepsilon}.$$

Aus dieser Grösse kann unter Einführung der Lieferungszahl μ (vgl. S. 52), welche etwa zu 0,7 angenommen werden kann, die Pumpenkolbenfläche F und der Kolbenhub S ermittelt werden (vgl. S. 53 u. 54); hierbei kommt natürlich in Betracht, ob die Pumpe einfach- oder doppeltwirkend sein soll; beide Arten sind gebräuchlich, erstere meist in stehender, letztere gewöhnlich in liegender Anordnung.

Für die Berechnung der zum Betrieb der Luftpumpe erforderlichen Arbeit ist zu beachten, dass nicht nur das im Kondensator sich sammelnde Wasser nach dem Ausfluss gehoben werden muss, sondern dass auch die im Kondensator sich bildende Luft- und Dampfmenge zuerst durch den Pumpenkolben auf die das Druckventil der Pumpe belastende, aus der Höhe der Wassersäule im Ausflussrohr und dem Druck der Atmosphäre sich ergebende Spannung verdichtet werden muss; treibend wirkt dabei auf den Kolben die Kondensatorspannung und ein Wasserdruck, der dadurch entsteht, dass gewöhnlich der Wasserspiegel im Kondensator über der Pumpe liegt. Es ist also die Pumpenarbeit abhängig von der Menge des Einspritzwassers und des verdichteten Dampfes, von der Kondensatorspannung, von der Höhenlage der Luftpumpe zu dem Kondensatorwasserspiegel, von der Druckhöhe der Luftpumpe, von der Menge der mitzufördernden Luft und von den Nebenwiderständen. Gewöhnlich werden für 1 kg zu verdichtenden Dampf 25 kg Einspritzwasser zugeführt; unter den gebräuchlichen Verhältnissen wird die nicht verdichtete Dampfmenge ungefähr gleich der im Kondensator entstehenden Luftmenge, auf die Kondensatorspannung berechnet. Nähere Erörterungen über die bei den Luftpumpen in Betracht kommenden Vorgänge finden sich in Mittheilungen von Ebel, Herrmann, Kiesselbach und O. H. Müller, Zeitschrift des Vereins deutscher Ingenieure, 1886, S. 15, 92 u. 227.

Besondere Betriebsvorrichtungen.

Vorrichtungen zur Füllung und zum Entleeren der Pumpen. Im Allgemeinen können die Kolbenpumpen unterschieden werden in solche, welche nur dann zur Wirksamkeit gelangen, wenn vor Ingangsetzung Cylinder und Saugrohr mit Flüssigkeit gefüllt werden und solche, welche entleert auch im Stande sind, Flüssigkeit aus dem Saugbehälter auszusaugen. Diese Unterscheidung kennzeichnet sich (vgl. S. 225) durch die Beziehung $H_{sv} > A\,\frac{1}{1 + \sigma}$, welche für die Pumpen der ersten Gattung, und durch $H_{sv} < A\,\frac{1}{1 + \sigma}$, welche für diejenigen zweiter Gattung gilt.

Pumpen, welche im trocknen Zustande nicht ansaugen können, müssen mit folgenden Vorrichtungen ausgerüstet sein:

1. einer beliebigen, bequem zu handhabenden Füllvorrichtung mit Absperrhahn, welche am Cylinder angebracht wird;

2. einem Lufthahn oder Ventil an der höchsten Stelle des Pumpencylinderraumes und derjenigen des Saugrohres, um bei der Füllung die Luft entweichen zu lassen; wenn die Formung der genannten Pumpenräume derart ist, dass noch an anderen Stellen sich Luft festsetzen könnte, so sind an diesen gleichfalls solche Hähne oder Ventile anzubringen;

3. einem Fussventil am unteren Ende des Saugrohres, um dieses gleichfalls füllen zu können. Zugleich verhindert dieses Ventil, dass die Flüssigkeitssäule bei längerem Stillstand der Pumpe herabfällt. Bei kleinen Pumpen mit engem Saugrohr ist das Fussventil nicht nothwendig; es muss aber dann das Füllen rasch vorgenommen werden. Statt des Fussventils kann auch ein Absperrschieber oder Hahn verwendet werden;

4. einem Verbindungsrohr mit Absperrhahn zwischen dem Pumpencylinder und dem Saugrohr, um dieses vom Cylinder aus füllen zu können.

Die Füllvorrichtung kann auch an letztgenanntem Verbindungsrohr angebracht werden; ferner kann dieses, wenn es weit genug ist, auch zur Entlüftung des Saugrohres beim Füllen desselben dienen, so dass dann der unter 2. genannte Lufthahn des Saugrohres wegfällt. Zur Entlüftung des Cylinders kann auch unmittelbar die Füllvorrichtung dienen, wenn dieselbe genügend weite Durchgangsquerschnitte bietet, so dass neben der einströmenden Flüssigkeit die Luft entweichen kann; hierzu ist aber noch nothwendig, dass die Füllvorrichtung am höchsten Punkte des Cylinders angeordnet wird. Mündet das unter 4. genannte Verbindungsrohr an dieser Stelle, dann kann auch die Füllvorrichtung und der Lufthahn an diesem Rohre angebracht werden; möglicherweise ist auch hierbei der Lufthahn zu entbehren.

Es kann auch die Anordnung so getroffen werden, dass Cylinder und Saugrohr vom Druckrohr aus gefüllt werden, was insbesondere dann geschieht, wenn letzteres stets gefüllt bleibt. Hierbei ist statt des unter 4. genannten Rohres ein Verbindungsrohr mit Absperrhahn zwischen Druck- und Saugrohr anzuordnen, so dass nach Oeffnen des Hahnes zunächst das Saugrohr sich füllt, hierbei die Luft durch das Saugventil nach dem Cylinder und aus diesem durch den Ablasshahn ins Freie entweicht; sobald dies geschehen ist, füllt sich auf gleichem Wege auch der Cylinder. Weniger zweckmässig ist die bei Schachtpumpen häufige Anordnung, wobei ein mit Hahn versehenes Rohr vom Druckrohr nach dem Raum unter dem Druckventil führt oder nach der höchsten Stelle des Pumpencylinders; dann entweicht die Luft bei geöffnetem Hahn durch das Druckventil oder das Verbindungsrohr nach dem Druckrohr.

Um an einer Pumpe Ausbesserungen vorzunehmen, die Ventile nachzusehen u. s. w., muss dieselbe entleert werden können. Hierzu sind besondere Hähne oder Ventile mit Ablaufröhren anzuordnen; möglicherweise können auch die vorerwähnten Verbindungsröhren benutzt werden.

Um das Druckventil nachsehen und nöthigenfalls ausbessern oder ersetzen zu können, wird zuweilen über dem Druckventil noch ein Absperrventil angeordnet, das während des Betriebes offen bleibt, oder ein Rückschlagventil, das dann aber recht gut schliessen muss (vgl. die Fig. der Tafel I). Zum Ablassen der Flüssigkeit zwischen diesem und dem Druckventil kann auch ein besonderes nach dem Saugbehälter führendes Rohr sich als nothwendig erweisen. Wenn zwei Pumpen in ein gemeinschaftliches Steigrohr drücken, und es ist in diesem ein Rückschlagventil eingebaut, welches bei Stillstand die Drucksäule zurückhält, so kann bei gleichzeitigem Gang beider Pumpen ein starkes Schlagen dieses Ventiles eintreten, da der Druck der Flüssigkeitssäulen und die Ganggeschwindigkeit beider Pumpen nicht stets gleich sind; es empfiehlt sich in diesem Falle, das Rückschlagventil mit einer Vorrichtung zu versehen, durch welche es während des Betriebes offen gehalten wird.

Vorrichtungen zum Abstellen der Pumpen. Vielfach wird verlangt, die Pumpe bei fortlaufendem Gange der Betriebsmaschine ausser Gang setzen zu können. Wird die Pumpe durch eine Transmission angetrieben, so kann diese abgestellt werden; bei längeren Pausen des Betriebes wird der Kolben, beziehungsweise die denselben treibende Stange von der Betriebsmaschine abgekuppelt. Diese Arbeit ist jedoch zeitraubend und mühsam und wird deshalb bei kurzen Pausen, sowie bei Gestängepumpen ohne Schwungrad, bei welchen beim Aufgange das ganze Gestängegewicht zu heben ist, zweckmässiger der Kolben weiter fortbewegt und auf andere Weise dafür gesorgt, dass die Pumpe wirkungslos arbeitet. Hierzu können folgende Mittel gewählt werden:

1. Das Druckventil wird durch eine mittels Handhebel stellbare Daumenwelle in gehobener Stellung erhalten. Dann bleibt das Saugventil stetig geschlossen, die im Druckrohr befindliche Flüssigkeitssäule folgt der Bewegung des Kolbens, schwingt also auf und nieder. Das den Kolben treibende Gestänge muss beim Niedergang die Drucksäule heben, beim Aufgang wirkt letztere treibend auf den Kolben, gleicht also einen Theil des Gestängegewichtes aus.

2. Das Saugventil wird von seinem Sitz gehoben, so dass die angesaugte Flüssigkeit beim Kolbenrückgang wieder in den Saugbehälter zurückfliesst.

3. Wenn Druckrohr und Saugrohr durch ein Rohr mit Abstellhahn verbunden sind, so kann dieser geöffnet werden; dann saugt die Pumpe Flüssigkeit aus der Druckleitung und presst sie wieder in diese zurück. Hierbei besteht der Uebelstand, dass Saug- und Druckventil in Thätigkeit bleiben; wird dagegen Pumpencylinder und Druckrohr in Verbindung

gebracht, so bleibt das Saugventil in Ruhe. In beiden Fällen wird die Flüssigkeitssäule im Druckrohr in beständige, auf- und niedergehende Bewegung versetzt. Dies kann vermieden werden, wenn Pumpencylinder und Saugrohr mit einander verbunden werden; dann bleiben beide Ventile und die Drucksäule in Ruhe, jedoch darf dann kein Fussventil angeordnet sein.

4. Häufig wird zum Abstellen der Pumpe ein am Saugrohr angebrachter Lufthahn geöffnet, so dass die Saugwirkung aufhört; jedoch wird dann Luft eingesaugt und diese in die Druckleitung gepresst; die Ventile bleiben also in Thätigkeit, und es ist immer eine ziemlich erhebliche Betriebsarbeit für diesen Leergang aufzuwenden. Bei dieser Anordnung wird dann, falls kein Fussventil vorhanden ist, die Saugsäule zurückfallen, so dass beim Wiederanlassen der Pumpe diese leicht versagt.

5. Zweckmässig ist, einen am Cylinder angebrachten Hahn oder ein Ventil zu öffnen, so dass die Pumpe während des Leerganges Luft ansaugt und diese wieder durch dieselbe Oeffnung zurückpresst.

Ein selbstthätiges Abstellen von Pumpen wird auch vielfach dann verlangt, wenn durch solche aus einem Behälter Flüssigkeit entfernt werden soll und dieser leer wird, oder wenn nach einem Behälter Flüssigkeit gedrückt werden soll und derselbe gefüllt ist; ferner bei Presspumpen, wenn der nothwendige Druck erzeugt ist, bei Akkumulatorpumpen, wenn das Akkumulatorgewicht gehoben ist. In diesen Fällen kann entweder ein selbstthätiges Auskuppeln der die Pumpen treibenden Kraftmaschinen durch Schwimmer- und Gestängemechanismen oder ein Abstellen der Pumpen selbst angeordnet werden; im letzteren Fall wird durch eine geeignete Vorrichtung, die durch Schwimmer oder den erzeugten Druck in Bewegung gesetzt wird, ein am Saugrohr angebrachtes Ventil geöffnet, so dass die Pumpe wirkungslos sich weiterbewegt.

Eine elektrische Abstellvorrichtung von E. Hartmann (erloschenes D.R.P. Kl. 59 Nr. 54041) ist in der Zeitschr. d. Ver. d. Ing. 1891, S. 228 beschrieben. Dieselbe tritt in Thätigkeit, sofern sich bei Störungen in der Saugwirkung unter dem Kolben bezw. im höchsten Punkte des Cylinders Luft ansammelt; hierdurch sinkt ein in einem kurzen Rohrstück angeordneter Schwimmer und schliesst eine elektrische Leitung, welcher Vorgang alsdann irgend ein Absperrorgan bethätigen soll. Weitere Erfahrungen hierüber sind nicht veröffentlicht worden.

Vorrichtungen zur Regelung der geförderten Flüssigkeitsmenge. Innerhalb gewisser Grenzen kann diese Regelung durch Aenderung der Kolbengeschwindigkeit erzielt werden, was bei Dampfpumpen auch durch selbstthätig wirkende Vorrichtungen derart geschehen kann, dass diese den Dampfzutritt regeln. Bei Schachtpumpen, welche mit Hubpausen arbeiten, werden letztere mehr oder weniger verlängert. Bei Pumpen mit Kurbelantrieb kann auch wohl der Hub durch Verstellbarkeit des Kurbelzapfens geändert werden. Wenn der Saugbehälter von genügender Grösse ist, um die Zuflüsse während längerer Zeit aufsammeln zu können, so lässt sich ein zeitweiser Betrieb der Pumpen anordnen. Es kann auch eine Förderung verschiedener Flüssigkeitsmengen durch eine solche Einrichtung der Pumpe erhalten werden, dass diese einfach- und doppeltwirkend arbeiten kann. Auch folgende Einrichtung ist gegebenenfalls anwendbar: Es werden zwei einfachwirkende Pumpen neben einander mit gemeinschaftlichem Saug- und Druckventil angeordnet und die gleich grossen Kolben durch zwei Kurbeln bewegt. Durch gegenseitige Verstellung derselben kann nun die geförderte Flüssigkeitsmenge von Null bis zum Werth 2 F S für eine Kurbelumdrehung geändert werden; ersteres tritt ein, wenn die Kurbeln um 180^0 versetzt werden, letzteres, wenn sie gleichgerichtet sind; die Mittelstellungen ergeben die Mittelwerthe für die Lieferung.

Bei der Wasserhaltung im Bergbau stehen gewöhnlich mehrere durch ein Gestänge, also mit gleicher Geschwindigkeit getriebene Pumpen über einander, von denen gewöhnlich jede das auf ihrer Höhe zulaufende Wasser und das von der nächst unteren Pumpe gehobene nach der nächst oberen zu fördern hat. Um hier bei wechselnden Zuflüssen die Förderung jeder Pumpe für sich zu regeln, können ausser den oben genannten noch folgende Einrichtungen zur Anwendung gebracht werden:

Es werden Tauchkolben verschiedenen Durchmessers nebst entsprechenden Stopfbüchsenaufsätzen verwendet. Ist der Fassungsraum der einzelnen Saugkästen gering, so ist es zweckmässig, aus dem Steigrohr der obersten Pumpe so viel Wasser durch ein Ueberfallrohr nach den Saugkästen wieder zurücklaufen zu lassen, dass diese auch bei geringem Zufluss immer gefüllt bleiben, also die Pumpen keinesfalls Luft saugen. Schliesslich, wenn der Zufluss auf einer Strecke recht gering ist, kann die dort stehende Pumpe gänzlich abgestellt werden; sie wird dann erst wieder in Betrieb gesetzt, wenn im zugehörigen Saugbehälter, der aber in diesem Falle genügend gross sein muss, sich eine grössere Wassermenge gesammelt hat. Ist der Saugbehälter nur klein, so ist es bei sehr geringem Zufluss zweckmässig, das Wasser in den nächst tieferen Saugkasten fallen zu lassen.

Eine weite Verbreitung hat der Leistungsregulator von F. J. Weiss in Basel gefunden (D.R.P. Kl. 60 Nr. 54922). Der gewöhnliche Centrifugalregulator bei Dampfmaschinen hat die Aufgabe, die Geschwindigkeit der Maschine innerhalb nur sehr enger, durch die Konstruktion desselben gegebener Grenzen sich verändern zu lassen; er wirkt also hier als Geschwindigkeitsregulator, d. h. er verändert bei annähernd gleicher Umdrehungszahl die Leistung der Maschine durch Veränderung der Füllung. Für die Regelung der Leistung von durch Dampfmaschinen betriebenen Pumpen ist es aber erforderlich, die Umdrehungszahl bei konstant erhaltener Füllung, also gleicher Leistung für je eine Umdrehung, entsprechend zu verändern. Zur Erreichung dieses Zweckes ist somit ein Regulator erforderlich, dessen höchster und niedrigster Stellung weit auseinander liegende Umdrehungszahlen entsprechen. Weiss konstruirte daher Regulatoren, welche stark statisch sind und bei welchen die höchste Umdrehungszahl das 3 bis 6 fache der niedrigsten beträgt. Denkt man sich nun einen solchen Regulator an der Pumpwerksmaschine in bekannter Weise mit dem die Dampfvertheilung beeinflussenden Organe, etwa der Achse eines Rider-Schiebers, in Verbindung gebracht, so würden naturgemäss den verschiedenen Stellungen des Regulators auch verschiedene Füllungen, also auch verschiedene Leistungen für je eine Umdrehung entsprechen. Um dies zu vermeiden, wird die Verbindungsstange des Stellzeuges so eingerichtet, dass sie mittelst eines Handrades mit Rechts- und Linksgewinde in ihrer Länge verändert werden kann. Um die Leistung der Pumpe zu verändern, verstellt man das Handrad; da vorerst der Regulator seine Stellung beibehält, wird dadurch also eine Veränderung der Füllung herbeigeführt. welche wiederum eine Veränderung der Umdrehungszahl der Maschine zur Folge hat. Durch letzteren Umstand wird nun auch die Stellung des Regulators so lange geändert, als die Maschine ihre normale Füllung noch nicht wieder erreicht hat, d. h. bis die Dampfarbeit dem Widerstande wieder entspricht. Bei dieser Art der Regulirung arbeitet somit die Dampfmaschine bei jeder Umdrehungszahl mit normaler Füllung (sofern nicht etwa die Druckhöhe stark wechselt). Man kann daher mit dieser Einrichtung die Leistung der Pumpe in sehr weiten Grenzen regeln, allerdings nur von Hand. In gewissen Fällen wird sich auch eine selbstthätige Regelung erreichen lassen (z. B. für Akkumulatorpumpen) und zwar in der Art, dass man den Druck der geförderten Flüssigkeit, sofern derselbe das normale Maass übersteigt, zur Verstellung des genannten Mechanismus benutzt (s. a. Zeitschr. d. Ver. d. Ing. 1891 S. 1065).

Die Prüfung der Pumpen.

Das Versagen einer Pumpe bei Ingangsetzung kann seinen Grund in einer Undichtigkeit des Cylinders, des Kolbens, der Stopfbüchse oder darin haben, dass die Ventile nicht wirken. Diese Fehler sind vorhanden, wenn nach Oeffnen eines der am Cylinder angebrachten Lufthähne oder Ventile Luft angesaugt und ruckweise ausgestossen wird. Wenn jedoch letzteres nicht in deutlich begrenzter Weise stattfindet, so sind die Dichtungen und die Ventile nachzusehen. Letztere können dadurch betriebsunfähig geworden sein, dass sich die Führung durch Sand, kleine Splitter u. dgl. verklemmt hat, das Ventil also geöffnet stecken geblieben ist, oder es sind, wie das insbesondere bei Metallventilen gefährlich ist, feste Körper, wie Sandkörner u. dgl. zwischen die Sitzflächen gekommen. Hat jedoch die bezeichnete Probe am Lufthahn die Dichtigkeit der Pumpe, den betriebsfähigen Zustand der Ventile ergeben, so ist zunächst zu unterscheiden, ob die Pumpe überhaupt im trockenen Zustande selbstthätig ansaugen kann oder nicht. Im ersteren Falle ist das Hilfsdruckventil Fig. 251 in Thätigkeit zu setzen, um das Ansaugen zu bewirken, oder, wenn ein solches nicht vorhanden ist, so ist ein am Cylinder angeordneter Lufthahn abwechselnd bei der Druckwirkung des Kolbens zu öffnen und bei der Saugwirkung zu schliessen. Im zweiten Falle kann die Saugsäule herabgefallen sein, wenn das Fussventil undicht ist oder sich verklemmt hat oder überhaupt fehlt; auch kann im Cylinder sich eine grössere Luftmenge angesammelt haben. Es bleibt dann nichts übrig, als Cylinder und Saugrohr von Neuem mit Flüssigkeit zu füllen.

Es ist auch z. B. bei Kesselspeisepumpen zweckmässig, das Anlassen durch Entlastung des Druckventils zu erleichtern; dies kann durch Einschalten eines Ablasshahnes in die Druckleitung geschehen, der beim Anlassen so lange offen gehalten wird, bis die Pumpe angesaugt hat und Wasser durch den Hahn ausspritzt. Wenn dieser fehlt, so kann sich der Wärter wohl dadurch helfen, dass er den Deckel des Druckventilgehäuses etwas lüftet, bis Wasser ausspritzt. Ist bei längerem Stillstande der Kesselspeisung das im Speiserohr zurückgebliebene Wasser sehr heiss geworden, was eintritt, wenn die Speiseleitung kurz oder das Rückschlagventil im Speisekopf oder dessen Sitz undicht ist, so entwickelt sich Dampf im Speiserohr und belastet das Druckventil. Dieser Druck kann durch Abkühlung des Speiserohres mit kaltem Wasser beseitigt werden.

Um eine Pumpe auf die Güte der Herstellung und Einrichtung zu prüfen, können folgende Untersuchungen vorgenommen werden:

1. Die Vakuummesserprobe. Die Pumpe wird dabei in trockenem Zustande untersucht; an irgend einer Stelle des mit einer Verschlusskappe luftdicht abgeschlossenen Saugrohres ein Vakuummesser angebracht und bei offenem Druckrohr der Kolben bewegt. Dann wirkt die Pumpe als Luftpumpe und es entsteht im Saugrohr eine Luftverdünnung, die nach einiger Zeit nahezu gleich gross bleibt. Die dabei sich ergebende Anzeige des Vakuummessers muss dann der durch Gleichung 197 ermittelten Grösse $(p_I)_{n+1}$ vermehrt um den Ventilüberdruck des Saugventils p_{sv} entsprechen; ist das nicht der Fall, so sind Undichtigkeiten entweder an den Verbindungen des Saugrohres, am Saugventil, auch wohl am Kolben, Cylinder oder am Druckventil vorhanden. Jedoch lässt sich der Werth der theoretisch erreichbaren Luftverdünnung nicht genau bestimmen, da die Ventilüberdrücke p_{sv} und p_{dv} nicht genau bekannt sind. Es zeigt sich aber das Vorhandensein von Undichtigkeiten auch dadurch, dass nach dem Aufhören des Pumpens der Grad der Luftverdünnung nach kurzer Zeit, etwa nach ein bis zwei Minuten, geringer wird, also der Vakuummesser kleinere Werthe angibt. Ob dies eine Folge der Undichtigkeit des Saugventils ist, lässt sich durch Einlassen von Luft über dasselbe mittels eines am Cylinder angeordneten Hahnes bei höchstem Kolbenstande erkennen; es muss dann die Luftverdünnung im Saugrohr rascher abnehmen als bei

dem vorher angenommenen Stillstande der Pumpe. Dichte Pumpen müssen eine Luftverdünnung im Saugrohr von 60—70 cm Quecksilbersäule ergeben, so dass also der Druck etwa 0,1 at beträgt.

2. Die Druckprobe mit Luft. Hierzu wird bei trockener Pumpe das Druckrohr luftdicht abgeschlossen, an dasselbe ein Druckmesser befestigt und der Kolben bei offenem Saugrohr in Bewegung gesetzt. Die Pumpe erzeugt dann im Druckrohr eine Luftverdichtung, die nach einiger Zeit einen nahezu gleichbleibenden höchsten Grad annimmt, der dem Werth $(p_{II})_{n+1}$ der Gleichung 198 vermindert um den Ventilüberdruck p_{dv} entsprechen muss. Dieser Druck kann jedoch nicht genau berechnet werden, da die Ventilüberdrücke p_{sv} und p_{dv} nicht genau bekannt sind, jedoch zeigt sich eine Undichtigkeit des Druckrohres oder Druckventiles, auch wohl des Cylinders, Kolbens und Saugventiles dadurch, dass, wenn nun die Pumpe kurze Zeit, etwa ein bis zwei Minuten, stillsteht, der Druckmesser eine Abnahme der Pressung anzeigt, zu der allerdings auch die Abkühlung der durch die Verdichtung sich erwärmenden Luft beiträgt. Ist das Druckventil an der Undichtigkeit betheiligt, so erfolgt durch Auslassen von Luft aus dem Cylinder bei der dem Saugventil nahen Endstellung des Kolbens diese Pressungsabnahme rascher.

3. Die Druckprobe mit Flüssigkeit. Dieselbe geschieht dadurch, dass Flüssigkeit angesaugt und in das am Ende verschlossene Druckrohr gepresst wird, bis der an demselben angebrachte Druckmesser eine grössere Spannung anzeigt; bei Spritzenpumpen wird eine solche von 10 bis 15 at vorgeschrieben. Die Pumpe wird dann ausser Betrieb gesetzt; zeigt sich nach kurzer Zeit eine Pressungsabnahme im Druckrohr, so ist damit wieder ein Mass für den Grad der Undichtigkeit des Druckrohres und des Druckventils gegeben; erstere zeigt sich auch durch Aussickern von Flüssigkeitstropfen aus den Wandungen des Rohres und den Verbindungen, letztere nach Oeffnen eines am Cylinder angebrachten Ablasshahnes durch rasche Druckabnahme im Druckrohr.

4. Die Ermittelung der geförderten Flüssigkeitsmenge und damit des Lieferungsgrades μ (vgl. S. 52) lässt sich durch Messung der aus dem Saugbehälter gepumpten oder besser noch durch das Druckrohr in einen Behälter strömenden Flüssigkeitsmenge im Vergleich zu der dem Pumpensystem, der Geschwindigkeit und dem Querschnitt des Kolbens und der Versuchszeit entsprechenden theoretischen Menge leicht ermitteln.

5. Die Ermittelung der Betriebsarbeit und damit des Wirkungsgrades kann durch Messung der in einer bestimmten Zeit erforderlichen Arbeit mittels eines Arbeitsmessers und durch Vergleich mit der theoretisch nothwendigen Arbeit mit Hülfe der in früherem (vgl. S. 80 u. f.) ermittelten Gleichungen erfolgen. Hierbei ist es noch noth-

wendig, die Kolbengeschwindigkeit, also die Anzahl der Doppelhübe in der Minute zu bestimmen.

6. Die Untersuchung mittels des Indikators. Wie bei den Dampfmaschinen es nunmehr nahezu allgemein üblich ist, sich über die Wirkungsweise durch Indikator-Schaulinien Klarheit zu verschaffen und nach diesen die Güte der Einrichtung zu beurtheilen, so sollte auch bei den Pumpen eine solche Untersuchung stets erfolgen, und es ist daher zu fordern, dass mindestens im Cylinder Vorrichtungen zur Anbringung des Indikators angeordnet sind. Ueber die zweckmässige Einrichtung des Indikators und über die geeignete Handhabung desselben haben Riedler und Bach, ersterer in seiner bereits genannten Schrift: „Indikatorversuche u. s. w.“, letzterer in der gleichfalls genannten Abhandlung „Versuche zur Klarstellung der Bewegung selbstthätiger Pumpenventile“ Angaben gemacht. Hier sei nur bemerkt, dass Bach fand, der Indikator zeige rasch vor sich gehende Pressungsänderungen verspätet an, eile also nach.

Ferner sind die Schwingungen der Indikatorfedern, das Schleudern des Indikatorkolbens von Einfluss auf die Gestaltung der Schaulinie. Die Versuche müssen mit vollkommen verlässlichen Instrumenten und unter Anwendung grösster Vorsicht vorgenommen werden. Insbesondere darf nie Luft in den Indikatorcylinder gelangen oder muss sofort durch eigene Hülfsmittel wieder entfernt werden. Die Aufnahme der Schaulinie darf nicht bei gedrosseltem Indikatorhahn vorgenommen werden, da hierdurch auch an schlechtwirkenden Pumpen gute, also nahezu rechteckige Schaulinien erhalten werden. Es ist daher bei den Instrumenten auf weite Bohrungen und kürzeste Verbindungswege zwischen Instrument und Pumpencylinder grosser Werth zu legen, um wahrheitsgemässe Schaulinien zu erhalten. Der Nutzen derselben hat sich bereits bei den Erörterungen über die grösstmögliche Kolbengeschwindigkeit, den Einfluss der angesaugten Luft, das Spiel der Ventile, gezeigt. Es seien nun in nachfolgendem die Formen der an Pumpen erhaltbaren Schaulinien, insbesondere unter Benutzung der in obengenannter Abhandlung von Riedler und in dem bereits genannten Bach'schen Werk über die „Konstruktion der Feuerspritzen“ mitgetheilten Kurven erläutert.

Die ideale Form ist nahezu ein Rechteck, da die hydrostatische Last bei der Saug- und der Druckwirkung bei wagerechtem Cylinder nahezu gleich gross bleibt und Veränderungen des hydraulischen Druckes nur durch die während des Kolbenhubes veränderlichen Beschleunigungs- und schädlichen Bewegungswiderstände entstehen. Ferner werden die im Cylinder zur Eröffnung des Druck- und Saugventiles erforderlichen Pressungsänderungen und der Einfluss des Indikatorgetriebes sich stets kennzeichnen, so dass die Indikatorschaulinie einer gut laufenden Saug- und Druckpumpe die in Fig 266 dargestellte Gestalt haben wird. Wird der Indikator mit der Aussenluft in Verbindung gesetzt, so beschreibt der

Stift die atmosphärische Linie A A; die Pressung im Cylinder wird während der Saugwirkung kleiner als 1 at, was sich dadurch zeigt, dass der Stift eine unter A A liegende Linie aufzeichnet; am Hubende steigt rasch der Druck bis zu einem grössten Werth, der für die Oeffnung des Druckventiles nothwendig wird; nach einigen Schwankungen bleibt der Druck nahezu gleich, sinkt dann am Hubende auf einen kleinsten Werth, der die Eröffnung des Saugventiles bewirkt, und geht nach einigen Schwankungen wieder in den nahezu gleichbleibenden Druck während der Saugwirkung über,

Es sind also vier Theile der Schaulinie zu unterscheiden: 1. die Sauglinie, welche während der Saugwirkung entsteht; 2. die am Ende der

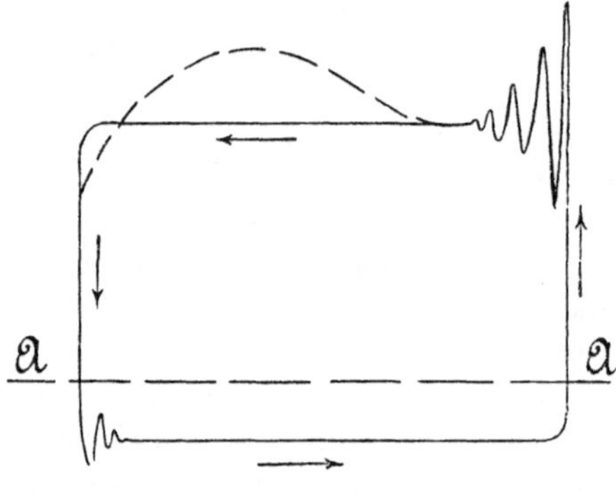

Fig. 266.

letzteren beginnende und mit Eröffnen des Druckventiles abschliessende Entwickelungslinie der Druckspannung; 3. die Drucklinie, welche während der Druckwirkung aufgezeichnet wird und 4. die am Ende der letzteren beginnende und mit Eröffnen des Saugventiles aufhörende Entwickelungslinie der Saugspannung.

Die Form dieser vier Linien wird im Allgemeinen von der Kolbengeschwindigkeit, den entstehenden hydraulischen Pressungen, von den Querschnitten und Längen der Leitungen, ferner davon abhängen, ob Windkessel angeordnet sind, ob und aus welcher Höhe gesaugt wird oder ob die Flüssigkeit in den Cylinder durch ihr Eigengewicht fliesst. Unregelmässigkeiten in Einrichtung, Ausführung und im Betriebe werden aber die durch vorgenannte Einflüsse sich ergebende regelmässige Form der Schaulinie ändern und im besonderen charakteristische Figuren erzeugen, aus denen auf die Art der Ursache geschlossen werden kann.

Die erwähnten Schwankungen der Druck- und der Sauglinie unmittelbar nach der Druckerhöhung werden, wenn sie eng aufeinander folgen und scharfe Zickzacklinien bilden, durch die Schwingungen des Indikatorkolbens, bezieh. der Feder veranlasst.

Ferner können Schwankungen der Drucklinie entstehen, wenn der Indikator vom Pumpencylinder zu weit entfernt ist, ferner, wenn das Saugventil zu spät schliesst (vgl. Fig. 267) oder sich das Druckventil zu spät öffnet (vgl. Fig. 270) und dadurch die Drucksäule plötzlich stark beschleunigt werden muss.

Ansteigende Drucklinien, wie Fig. 266 punktirt zeigt, entstehen bei langsamem Gang der Pumpe, wie S. 258 erwähnt wurde; bei raschem Gange tritt eine regelmässig veränderliche Druckwirkung aus dem dort angegebenen Grunde nicht auf; ein Ansteigen der Drucklinie gegen diejenige Kolbenstellung hin, bei welcher die Kolbengeschwindigkeit am grössten wird, würde dann anzeigen, dass die Durchgangsquerschnitte für die ins Druckrohr strömende Flüssigkeit zu klein sind.

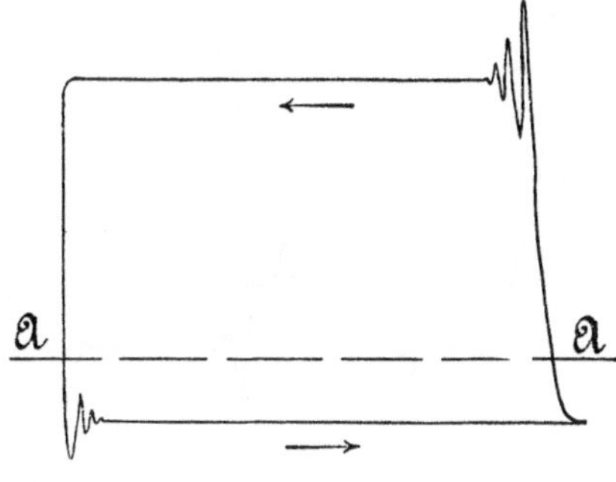

Fig. 267.

Wenn die Sauglinie gegen die Endstellung hin ansteigt, so kennzeichnet dies, dass in Folge der Verminderung der Kolbengeschwindigkeit die Pressung der vorher stark beschleunigten angesaugten Flüssigkeit wächst; es kann hierbei die Pressung so gross werden, dass das Druckventil geöffnet wird (vgl. S. 250).

Störungen in der Drucklinie entstehen auch, wenn das Saugventil sich in Folge von Klemmung in der Führung oder zu geringen Gewichtes zu spät schliesst. Dann beginnt das Ansteigen des Druckes erst nach dem Hubwechsel, wie Fig. 267 zeigt. Hierbei entsteht durch die zu beschleunigende Drucksäule ein Stoss, der um so heftiger ist, je später sich das Saugventil nach dem Hubwechsel schliesst und je grösser die Kolbengeschwindigkeit ist.

Ein ähnlicher Verlauf der Drucklinien entsteht auch, wenn sich im Cylinder Luft festsetzen kann oder Luft aus dem Saugraum mit angesaugt wird. Bei Beginn der Druckwirkung muss dann die im Cylinder enthaltene Luftmenge zuerst zusammengepresst werden, und es entsteht eine

Verdichtungskurve CD, wie Fig. 268 angibt, welche über den Betriebsdruck steigt; nach einigen Schwankungen wird letzterer angezeigt. Diese Kurve muss nahezu nach dem Mariotte'schen Gesetz verlaufen, und es kann demnach durch Einzeichnen dieser theoretischen Linie ermittelt werden, ob die eigenthümliche Form der Drucklinie von vorhandener Luft oder von verspätetem Schluss des Saugventiles herrührt.

Wenn die angesaugte Luft sich im Cylinder nicht festsetzen kann, sondern bei jedem Kolbenwege durch das Druckventil entweicht, so wird die fallende Drucklinie am Hubende keine Veränderungen zeigen. Wenn dagegen die Luft im Cylinder bleibt, so entsteht eine Ausdehnungskurve, wie Fig. 268 punktirt anzeigt, welche der vor der Eröffnung des Saugventiles

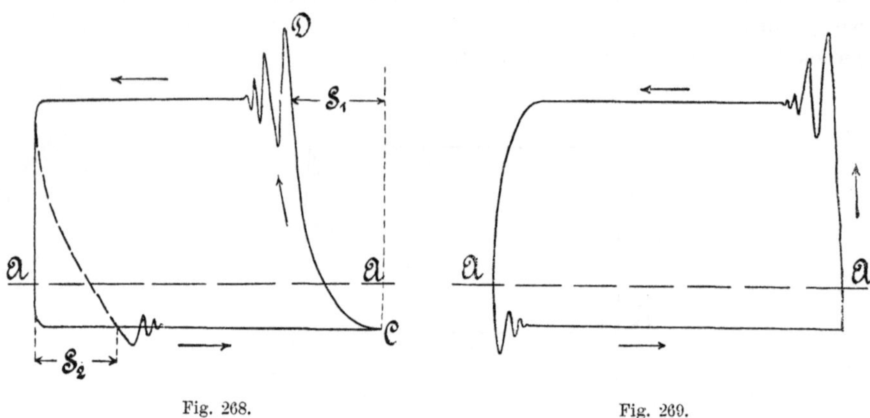

Fig. 268. Fig. 269.

eintretenden Ausdehnung der eingeschlossenen Luft entspricht. Hierbei können die Pressungsschwankungen der letzteren sich auch durch einen wellenförmigen Verlauf der oberen Drucklinie anzeigen. Da die Ausdehnung der eingeschlossenen Luft gleichfalls nach dem Mariotte'schen Gesetz erfolgt, so müssen die Stücke S_1 und S_2 gleich gross werden, wenn die Luft im Cylinder bleibt. Gelangt während des Saugens jedoch Luft in den Cylinder und entweicht nur theilweise während der Druckwirkung, so wird sich dies in der Schaulinie dadurch kennzeichnen, dass $S_1 > S_2$ wird.

In jedem Falle wird die geförderte Flüssigkeitsmenge nur dem Kolbenwege $S - S_1$ entsprechen, da erst, nachdem der Kolben sich um S_1 bewegt hat, die Förderung in das Druckrohr beginnt.

Der wellenförmige Verlauf der Drucklinie wird auch entstehen, wenn das Druckventil zu leicht ist, also dasselbe sich unruhig bewegt, was mit „Flattern“ bezeichnet wird.

Ein undichtes Saugventil kennzeichnet sich durch vorzeitiges Sinken des Druckes (vgl. Fig. 269) und zwar wird dieses um so früher vor dem Hubende beginnen, je undichter das Ventil ist.

Schliesst das Druckventil zu spät, so entsteht die in Fig. 270 dargestellte Schaulinie. Schwankungen in der Sauglinie entstehen (vergl. Fig. 271), wenn die Flüssigkeitsmasse im Saugrohr in schwingende Bewegung kommt, wie dies bei kleiner Saughöhe, weiten, kurzen Saugröhren mit kleinem Saugwindkessel eintreten kann. Die wachsende lebendige Kraft der angesaugten Flüssigkeit kann auch eine starke Erhöhung des hydraulischen Druckes erzeugen, was sich durch Ansteigen der Sauglinie gegen das Hubende kennzeichnet.

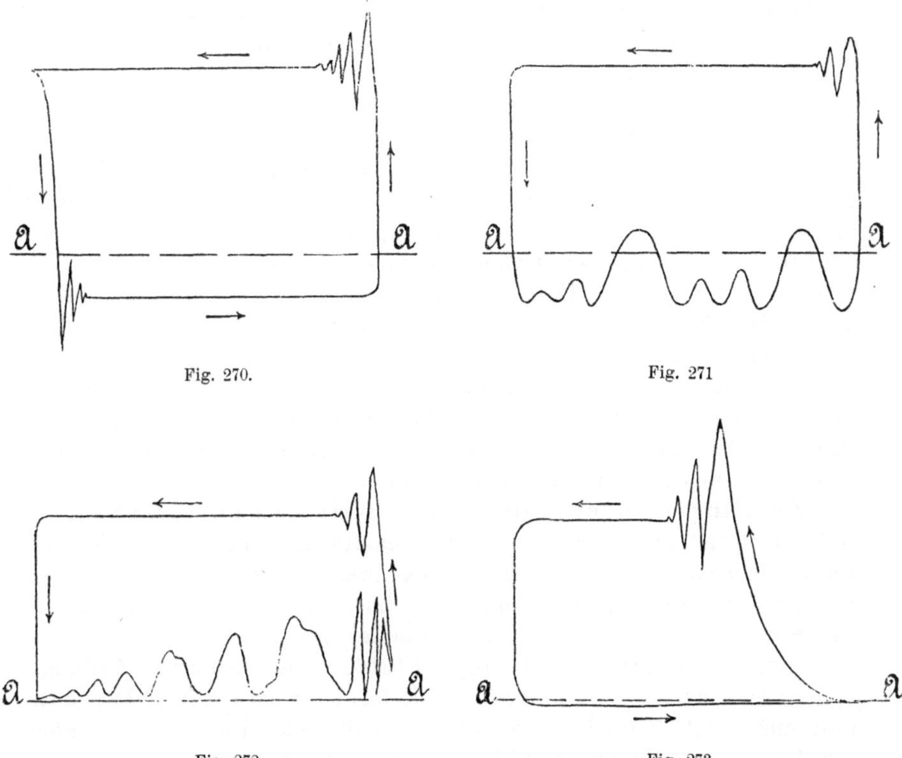

Fig. 270. Fig. 271

Fig. 272. Fig. 273.

Bei entlastetem Saugventil wird der Druck während der Saugwirkung mehr als 1 at betragen, und starken Schwankungen unterworfen sein, so dass eine Schaulinie nach Fig. 272 entsteht; gewöhnlich schliesst sich dann das Saugventil zu spät, was sich gleichfalls in der Schaulinie anzeigt.

Aehnlich den Linien, die bei verspätetem Ventilschluss erhalten werden, sind auch diejenigen, welche bei hoher Temperatur des Wassers entstehen; dann entwickelt sich beim Ansaugen Dampf, der den Pumpencylinder theilweise füllt und während der Druckwirkung zusammengepresst wird, so dass sich die Druckventile oft erst verspätet und unter Stoss öffnen.

Ist die Saughöhe zu gross, so dass der Cylinder sich nicht vollständig füllen kann, so erfolgt gleichfalls ein verspätetes Eröffnen des Druckventiles unter Stoss und die plötzlich stark beschleunigte Drucksäule erzeugt starke Schwankungen der Drucklinie, wie Fig. 273 darstellt.

Ausgeführte Pumpen.

Saug- und Druckpumpen finden die mannigfaltigste Verwendung; die Formen sind äusserst zahlreich und es ist nur möglich, einige treffende Beispiele von Ausführungen zu geben. Hierbei sei die auf S. 39 bis 51 entwickelte Reihenfolge der Pumpensysteme beibehalten.

Einfachwirkende Saug- und Druckpumpen mit Scheibenkolben werden vielfach zur Förderung von Bier, Würze, Maische und Spiritus in Brauereien und Brennereien benutzt und dann sowohl für Hand als für Maschinenbetrieb eingerichtet. Solche Pumpen werden ganz aus Messing gefertigt, mit weitem Saug- und Druckrohr und Kugel- oder Kegelventilen versehen. Die Kolben haben Lederstulpdichtung. Pumpen dieser Art werden mit 100—150 mm Cylinderdurchmesser und 200—300 mm Hub ausgeführt. Auch zur Förderung von Jauche, Theer, Schlempe, Kalk werden Saug und Druckpumpen genannter Art verwendet, welche Kolben mit Lederstulpen und Kugelventile haben.

Der Cylinder ist dabei gewöhnlich oben offen, so dass der Kolben leicht herausgezogen werden kann. Die Ventile werden fast durchgängig über einander seitlich des Cylinders in einem gemeinschaftlichen Gehäuse angebracht, welches leicht zugänglich sein muss.

Zwillingspumpen, bestehend aus je zwei einfach wirkenden Scheibenkolbenpumpen, welche in eine gemeinschaftliche Druckleitung fördern, werden insbesondere bei Spritzen angeordnet und zwar mit lothrechter, geneigter und wagrechter Cylindermittellinie. Beispiele solcher Ausführungen finden sich in Bach's „Konstruktion der Feuerspritzen“.

Die Handpumpen der Kriegsschiffe werden vielfach als Zwillingspumpen vorgenannter Art ausgeführt; sie können auch von der Maschinenwelle aus durch Kurbelscheiben mit verstellbarem Hub bewegt werden. Der Antrieb von Hand geschieht wie bei Spritzen durch einen Doppelhebel. Eine solche Handpumpe von Maudslay ist in dem Werk von Busley „Die Schiffsmaschine“, Taf. 134, abgebildet.

Die Vereinigung mehrerer einfachwirkender Druckpumpen mit Scheibenkolben zeigt in einfacher zweckmässiger Anordnung die Göpelpumpe von Rich. Langensiepen in Buckau-Magdeburg (erloschenes D.R.P. Kl. 59, No. 16257). Wie die Fig. 274 u. 275 darstellen, bilden die Ventilkästen dreier einfachwirkender Druckpumpen mit den Druck- und Saugrohranschlüssen das Gestell des Göpels, in welchem die Kurbelwelle und die Achsen eines Zahnradvorgeleges gelagert sind. Die Ventile und Kolben sind leicht zugänglich; die Anordnung der drei Pumpen mit um 120° gegen einander versetzten Treibkurbeln ergibt eine ziemlich gleichmässige Betriebskraft, so dass das treibende Thier nicht unnütz angestrengt wird, wie das zum Schaden desselben bei den gewöhnlichen Göpelpumpen der Fall ist.

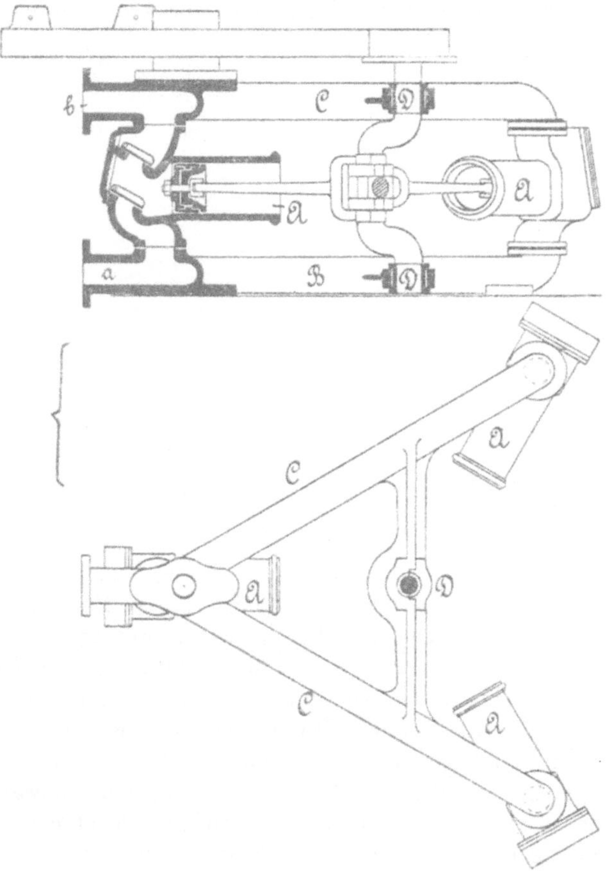

Fig. 274 und 275.

Eine einfache gedrängte Form zeigt auch die *viercylindrige Schieberpumpe* von *Rich. Langensiepen* in Buckau-Magdeburg (erloschenes D.R.P. Kl. 59, No. 17538). Wie aus Fig. 276 u. 277 ersichtlich ist, werden die vier kreuzweise angeordneten Cylinder durch ein zweitheiliges Gehäuse gebildet, dessen Theilungsfuge in die Ebene der Cylinderachsen fällt. Je zwei Cylinder werden von einer Seite ausgebohrt und die betreffenden Oeffnungen durch Deckel verschlossen. Je zwei Kolben werden von einer Kurbelschleife getrieben; der die beiden Gleitstücke treibende Kurbelzapfen bewegt auch einen Drehschieber, welcher die Flüssigkeitsvertheilung steuert. An den unteren Stutzen wird das Saugrohr, an den seitlich angebrachten das Druckrohr angeschlossen.

Die einfachwirkende Saug- und Druckpumpe mit Tauchkolben findet am meisten Anwendung und zwar sowohl einzeln, als auch

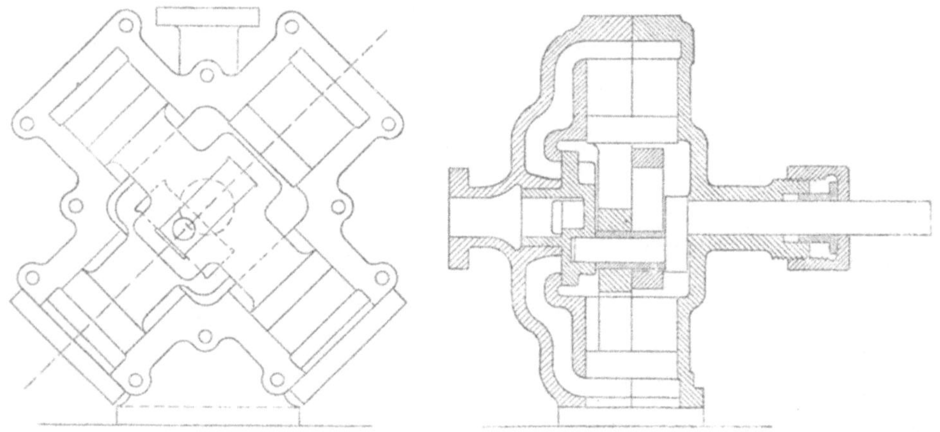

Fig. 276 und 277.

in der Form, dass zwei oder mehrere gleich grosse Pumpen auf einem Gestell vereinigt sind, gemeinschaftlich getrieben werden und in ein gemeinschaftliches Steigrohr fördern. Für die Aufstellung und den Antrieb werden die verschiedenartigsten Anordnungen gewählt. Brunnenpumpen genannter Art werden durch Handhebel oder Kurbel, auch durch Riemen- oder Zahnradgetriebe in Bewegung gesetzt und lothrecht aufgestellt, so dass das Saugrohr unmittelbar vom Cylinder abwärts in den Brunnen führt oder auch bis zur wasserführenden Schicht eingerammt ist. An der Mündung der gewöhnlich mit Fussventil versehenen Saugleitung in den Cylinder wird das Saugventil angeordnet; am oberen Ende des Cylinders ist der Druckventilkasten angeschlossen, dessen Deckel als Windkessel ausgebildet ist, von welchem die Druckleitung abgeht. Die Ventile werden meist als Kugeln oder Teller aus Metall gebildet, auch wird der Pumpencylinder aus Bronze hergestellt und die Leitungen werden, wenn sie aus Gusseisen bestehen, innen emaillirt, damit in der Pumpe stehendes Wasser rein bleibt. Cylinder und Leitungen werden zweckmässig mit Entwässerungshähnen versehen, um das Einfrieren verhüten zu können. Muss das Wasser aus grösserer Tiefe gefördert werden, als durch die mögliche Saughöhe erreichbar ist, so ist die Pumpe im Brunnenschacht auf Trägern oder an dessen Wandung zu befestigen. Für die letztere Einrichtung ist der Cylinder mit einer seitlichen Platte zu versehen, wie Fig. 278 und 279 zeigen. Saug- und Druckventil liegen hier übereinander und sind als Lederklappen mit Metallplattenbeschwerung hergestellt. Das Saugventil liegt hier zu hoch.

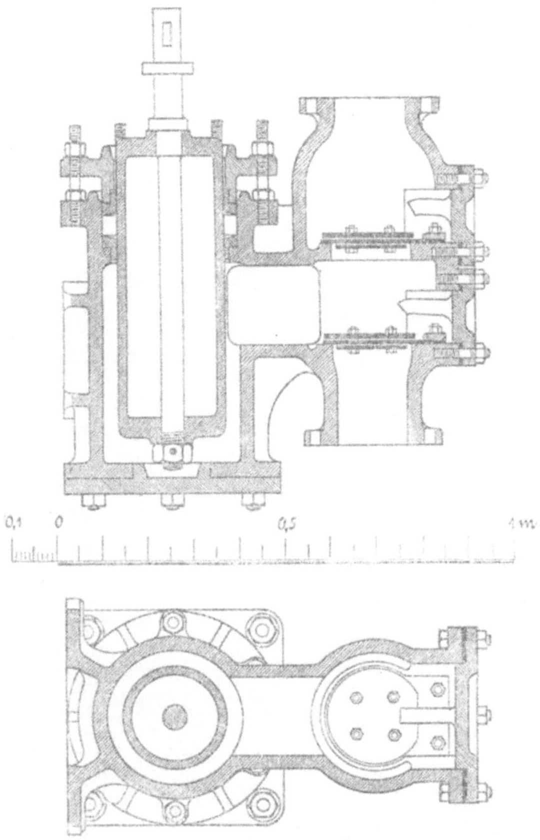

Fig. 278 und 279.

Die Tiefbrunnenpumpe mit Tauchkolben wird auch so ausgeführt, dass der letztere nach unten austritt, damit das lange treibende Gestänge für die Druckwirkung auf Zug beansprucht wird. Es kann dann die Kolbenstange nach oben durch den Cylinderboden geführt werden oder es wird zweckmässiger, um die im letzteren Fall nothwendige obere Stopfbüchse zu vermeiden, der unten austretende Kolben an zwei Stangen gehängt, die seitlich am Cylinder hochgehen und über diesem durch ein Querstück vereinigt sind, an welches das Gestänge angreift. Saug- und Druckleitung münden dann am oberen Ende des Cylinders, so dass sich keine Luftsäcke bilden können. Damit während der Saugwirkung durch die hängende Stopfbüchse keine Luft eingesaugt wird, kann dieselbe in ein mit Wasser gefülltes Gefäss gesetzt werden.

Fabrikspumpen, also Pumpwerke mittlerer Grösse, welche die Wasserlieferung für örtlichen Bedarf bewirken sollen, werden auch als ein-

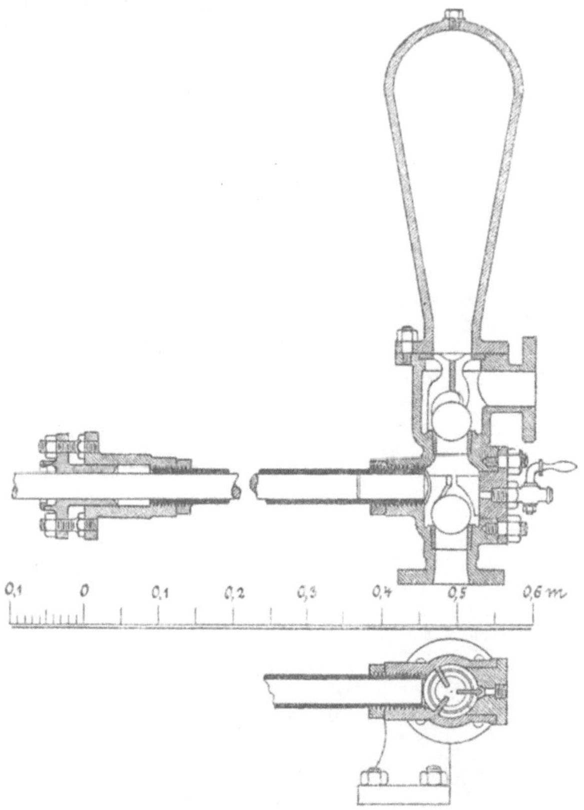

Fig. 280 und 281.

fachwirkende Saug- und Druckpumpen mit Tauchkolben ausgeführt und entweder mit einem Druck- und Saugklappe gemeinschaftlich umschliessenden Ventilgehäuse, auch Ventilkonus, Ventilhahn, genannt, versehen, oder es werden Saug- und Druckventil in je einem besonderen Kasten angebracht, wobei es zweckmässig ist, diese so anzuordnen, dass sich im Innern der Pumpe keine Luft ansammeln kann; lässt sich dies nicht verhüten, so müssen an den betreffenden Stellen Entlüftungshähne oder -ventile angebracht werden.

Einfache Saug- und Druckwirkung mittels Tauchkolben zeigen auch die *Kesselspeisepumpen*; dieselben werden für Handbetrieb durch Hebel oder Kurbel und für Maschinenbetrieb durch eine selbständige Dampfmaschine oder durch ein vorhandenes Triebwerk oder durch diejenige Maschine, für deren Dampfkessel sie zur Lieferung des Speisewassers bestimmt ist, ausgeführt. Die Handpumpen haben Cylinderdurchmesser von 30—70 mm, Kolbenhub 60—110 mm; gewöhnlich werden Kegel- oder Kugelventile verwendet, welche wie die Sitze aus Rothguss gebildet werden. Die Fig. 280 u. 281 zeigen eine Kesselspeisepumpe mit wagerechtem Cylinder, welcher wenig zweckmässig aus einem Schmiedeeisenrohr gebildet ist. Vielfach werden die Ventile so angeordnet, dass sie unmittelbar übereinander sitzen und das Saugventil durch den Sitz des Druckventiles eingebracht werden kann.

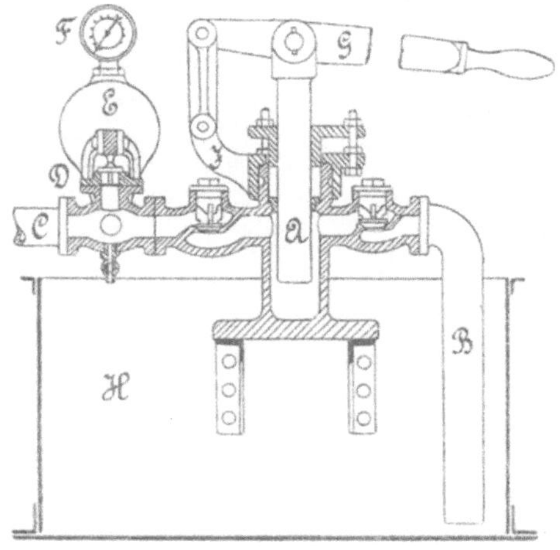

Fig. 282.

Als *Kessel- und Rohrversuchspumpe*, ferner als *Presspumpe* für hydraulische Pressen wird die einfachwirkende Tauchkolbenpumpe ausschliesslich angewendet. Sie wird dabei gewöhnlich auf dem Saugbehälter befestigt und entweder ganz in Rothguss oder mit eisernem Pumpenkörper und Kolben nebst Ventilen aus Rothguss ausgeführt. Der Antrieb erfolgt bei den Versuchspumpen durch Handhebel, und lassen sich je nach dem Kolbendurchmesser Drucke bis zu 500 at erreichen. Kolbendurchmesser 12—65 mm, Hub bis 105 mm. Fig. 282 verdeutlicht die gebräuchliche Form einer Kesselversuchspumpe. Bei diesen Pumpenarten wird oft mit zwei verschieden grossen Kolben gearbeitet, z. B. von 15 und 40 mm, 25 und 60 mm Durchmesser, so dass mit dem grösseren zuerst das Vorpressen event. auch das Füllen des auf Druck zu prüfenden Gefässes, beziehungweise des Presscylinders erfolgt und mit dem kleinen Kolben dann der eigentliche Druck erzeugt wird. Presspumpen werden auch mit veränderlichem Hub, also für verschieden grosse Hebelübersetzung, eingerichtet, um bei Erzeugung grosser Druck- mit kleiner Kolbengeschwindigkeit arbeiten zu können; ferner ist gewöhnlich ein Sicherheitsventil angeordnet.

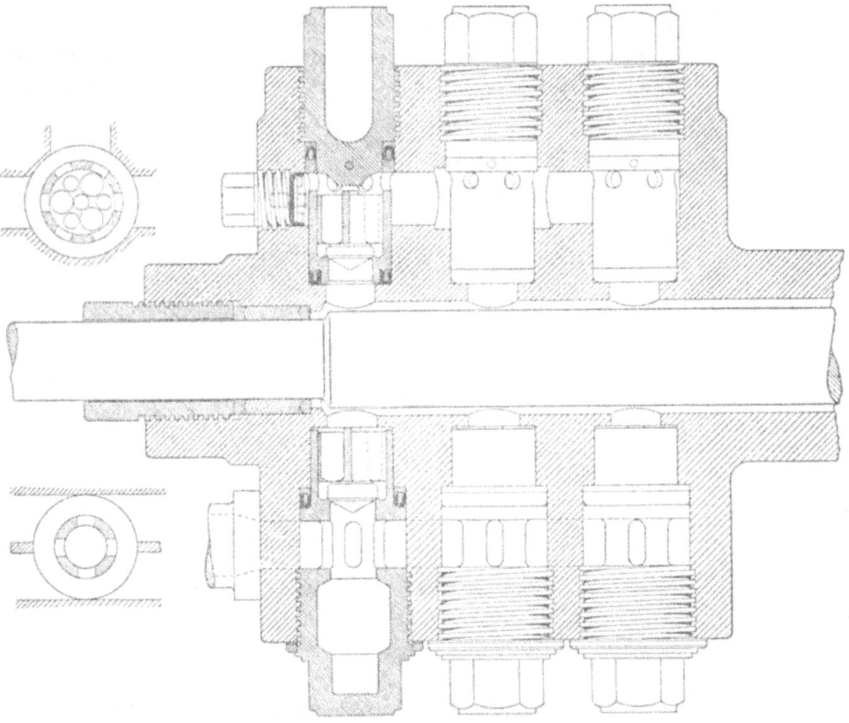

Fig. 283—285.

An dieser Stelle mag eine hydraulische Presspumpe besonderer Einrichtung erwähnt werden, welche in den Fig. 283—285 im Schnitt abgebildet und von Naumann & Esser für F. Krupp gebaut ist. Der Kolben hat 90 bezw. 190 mm Durchmesser bei 1000 mm Hub; die Wasserpressung beträgt 350 at, die Betriebsarbeit bei 50 minutlichen Umdrehungen für vier solche einfachwirkende Pumpen 500 Pfst. Kolben und Pumpenkörper bestehen aus geschmiedetem Stahl, die Ventile aus Phosphorbronze, die Verschlussschrauben und Ventilsitze aus Tiegelstahl. Die Kolbenstopfbüchse hat sich vorerst gut gehalten, ist aber später abgeändert worden. Näheres siehe in der Zeitschr. d. Ver. d. Ing. 1895, S. 431.

Schäffer & Budenberg in Buckau-Magdeburg fertigen auch eine Reise-Kesselversuchspumpe an, deren Hebel zerlegbar ist, und welche mittels eines Schraubbügels leicht auf einer Tischplatte befestigt werden kann; Kolbendurchmesser 30 mm, Hub 40 mm.

Bei den Tauchkolbenpumpen mit senkrechtem Cylinder ist zu beachten, dass das Druckrohr an der obersten Stelle des Cylinders abgehen muss, wie Fig. 278 zeigt, damit sich in letzterem keine Luft festsetzt. Dann muss aber der ringförmige Querschnitt zwischen Cylinder und Kolben mindestens gleich dem Druckrohrquerschnitt sein, damit die Flüssigkeit ungehindert durchfliessen kann.

Klein, Schanzlin & Becker in Frankenthal bringen einfachwirkende Druckpumpen ohne Saugventil als Speisepumpen für heisses Wasser oder als Melassepumpen in den Handel (erloschenes D.R.P. Kl. 59, No. 35296) Der Cylinder setzt sich nach oben fort und der Kolben tritt beim Aufwärtsgang in diesen oberen Theil, so dass unter ihm die Flüssigkeit aus einem Behälter durch eigenes Gewicht einfliessen kann. Beim Abwärtsgang schliesst der Kolben diese Zulaufmündung ab und presst die im unteren Cylindertheil befindliche Flüssigkeitsmenge in das Druckrohr.

Die Speisepumpen der Dampfschiffe werden gewöhnlich auch als einfachwirkende Tauchkolbenpumpen ausgeführt. Näheres hierüber findet sich im genannten Buche von Busley.

Die in späterem zu besprechenden Dampfpumpen für die Kesselspeisung werden fast durchgängig mit Pumpen vorgenannter Art ausgerüstet.

Auch als Luft- oder Warmwasserpumpe, sowie als Kaltwasserpumpe für Dampfmaschinen mit Kondensation findet die einfachwirkende Tauchkolbenpumpe häufig Verwendung und zwar mit lothrechter, wagerechter oder geneigter Aufstellung des Cylinders, ferner mit Antrieb von der betreffenden Dampfmaschine selbst oder durch eine besondere Maschine; letzteres geschieht z. B. bei Förder-, Walzenzug-, Wasserhaltungs-Maschinen, die mit Pausen arbeiten, um auch während derselben die genügende Luftverdünnung im Kondensator zu erhalten, wie auch neuerdings meist bei grossen Centralanlagen.

Grosse Anwendungsgebiete der Tauchkolbenpumpe bilden die Wasserhaltungs- und Wasserversorgungs-Anlagen, da es sich hierbei gewöhnlich um die Ueberwindung grosser Förderhöhen handelt und hierfür der Tauchkolben sich besser, als der schwerer zu dichtende und im Betriebe nicht überwachbare Scheibenkolben eignet. Bei den Wasserhaltungen werden die im Schacht festgestellten Gestängepumpen durchgängig mit einfacher Saug- und Druckwirkung und meist mit Tauchkolben ausgeführt. Bezüglich der verschiedenen Formen und Anordnungsweisen dieser Pumpen sei auf das dieselben ausführlich behandelnde Werk von v. Hauer „Die Wasserhaltungsmaschinen der Bergwerke" verwiesen. Der Tauchkolben

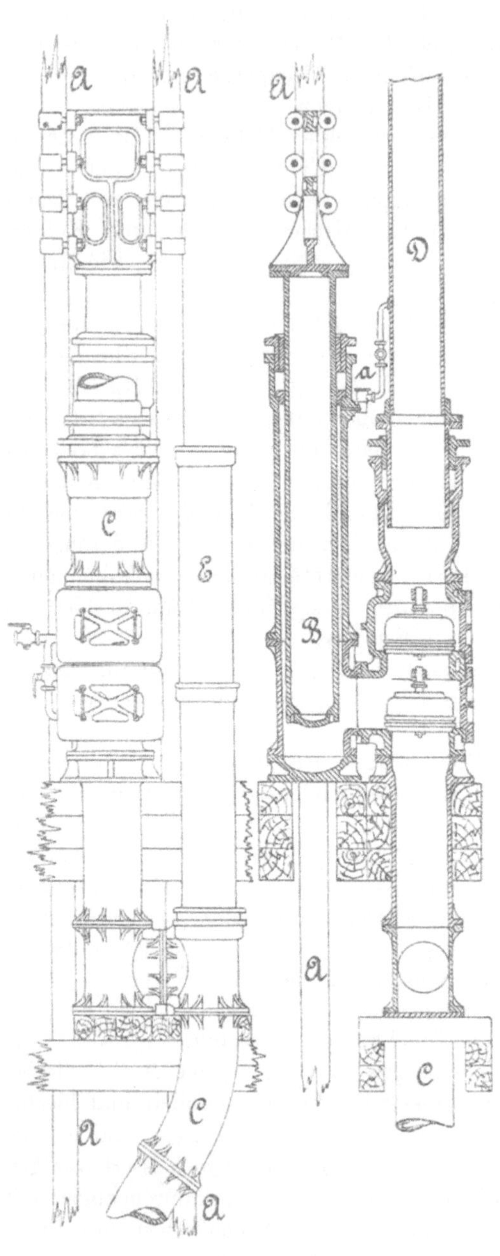

Fig. 286 und 287.

wird an dem Gestänge befestigt, Saug- und Druckventilkasten werden neben dem Cylinder angeordnet; Fig. 286 u. 287 zeigen eine der möglichen Aufstellungsarten; das von der oberirdisch aufgestellten Betriebsmaschine auf und nieder bewegte Gestänge A treibt den daran befestigten Kolben B, welcher nach der Leitung D drückt. Ein Hubsatz führt der Pumpe durch die Leitung C das zu fördernde Wasser zu und ist letztere mit einem Ueberfallrohr E versehen. Am oberen Ende des Cylinders ist ein Entlüftungsventil a angebracht; Saug- und Druckrohr sind durch eine kleine Leitung, in welche ein sogenannter „Frischhahn" eingeschaltet wird, verbunden, um ersteres füllen zu können. Bei der Wasserförderung aus tiefen Schächten werden mehrere, von dem Gestänge gleichzeitig getriebene Drucksätze (wie die gezeichnete Anordnung genannt wird) übereinander angeordnet und als unterster Satz wird gewöhnlich eine Hubpumpe aufgestellt; letztere kann auch durch eine Druckpumpe ersetzt werden, wenn der Schacht vollständig abgeteuft ist. Die Entfernung der Drucksätze von einander wird in neuerer Zeit gewöhnlich 100 bis 120 m genommen. S. noch die Mittheilungen Frerichs in der Zeitschr d. Ver. d. Ing. 1889, S. 649.

Bei Wasserversorgungsanlagen und unterirdischen Wasserhaltungsmaschinen werden die Tauchkolbenpumpen gewöhnlich liegend angeordnet; nur bei ersteren wird auch die lothrechte Aufstellung gewählt, wenn der Saugwasserspiegel zu bedeutende Höhenunterschiede zeigt und bei dem über dem Hochwasserstand anzubringenden Fundament der liegenden Anordnung die Saughöhe für den Niederwasserstand zu gross wird. Es kann jedoch in diesem Fall auch durch die Verwendung einer Hülfspumpe, welche der Hauptpumpe das Wasser aus dem Saugbehälter zuhebt, die wagerechte Anordnung, welche billiger ist als die lothrechte und auch weniger Aufstellungs- und Gründungsschwierigkeiten macht, gewählt werden.

Eine derartige Bauart zeigt mit liegenden Pumpen das auf Tafel IV dargestellte Pumpwerk der Stadt Würzburg, welches von der Maschinenbau-Aktien-Gesellschaft Nürnberg erstellt wurde. Die verlangte Leistung sollte 115 Sec. lit. auf 80 m Höhe betragen. Die beiden parallel angeordneten Dampfcylinder der Verbundmaschine haben 450 mm bezw. 700 mm Durchmesser bei 850 mm Hub; die an die Kolbenstangen unmittelbar angehangenen Pumpenkolben besitzen 252 mm Durchmesser. Die mit Weiss'schem Leistungsregulator ausgerüstete Pumpwerksmaschine läuft normal mit 45 minutlichen Umdrehungen, hat somit 1,275 m sekundliche Kolbengeschwindigkeit. Die ganz in Bronze nach Art der Fig. 180 gebauten Ventile haben je 6 Ringe von 5 mm Hub. Die beiden Pumpwerksmaschinen ergeben unter Annahme eines volumetrischen Wirkungsgrades von 0,95 (wie vertraglich bestimmt war) bei 7,9 kg/qcm Dampfüberdruck im Kessel 81,95 m Druckhöhe und 45,44 Umdrehungen für je 1 kg Speisewasser eine Leistung von im Mittel 30 420 mkg und für je 1 kg Steinkohlen eine solche von im Mittel 286 300 mkg. Mit diesen Ziffern ergibt sich, dass für eine Pferdestärke, gemessen am geförderten Wasser, stündlich verbraucht wurden 8,87 kg Dampf bezw. 0,943 kg Kohle aus dem Ruhrgebiet. Die Leistung betrug im Mittel 127,4 effektive Pferdestärken.

Bei der wagerechten Anordnung der einfachwirkenden Tauchkolbenpumpe für Wasserwerke und unterirdische Wasserhaltungen werden gewöhnlich die einzelnen Pumpen entweder nebeneinander oder hintereinander aufgestellt; im letzteren Falle entweder derart, dass die Stopfbüchsen der beiden Cylinder einander zu- oder von einander abgekehrt liegen. Die erstgenannte Anordnung ist z. B. für die Pumpwerke der Stadt Hagen i. W. und in vertikaler Anordnung für Fürth i. B. gewählt worden (Näheres in der Zeitschrift des Vereins deutscher Ingenieure 1887, 373 bezw. 1888, S. 554). Parallele Anordnung von vertikalen Zwillings- und Drillings-Plungerpumpen zeigen viele der mittelst Gasmotoren betriebenen Wasserversorgungsanlagen. Sehr häufig wird die zweitgenannte Aufstellungsart zur Ausführung gebracht (vgl. z. B. die in der Abhandlung Riedler's „Indikatorversuche an Pumpen etc." gegebenen zahlreichen Abbildungen unterirdischer Wasserhaltungsmaschinen); solche Zwillingsanordnungen werden insbesondere Girard-Pumpen genannt. In den beiden Cylindern arbeitet dann ein gemeinschaftlicher Tauchkolben, wie z. B. die Fig. 289 bis 292 zeigen.

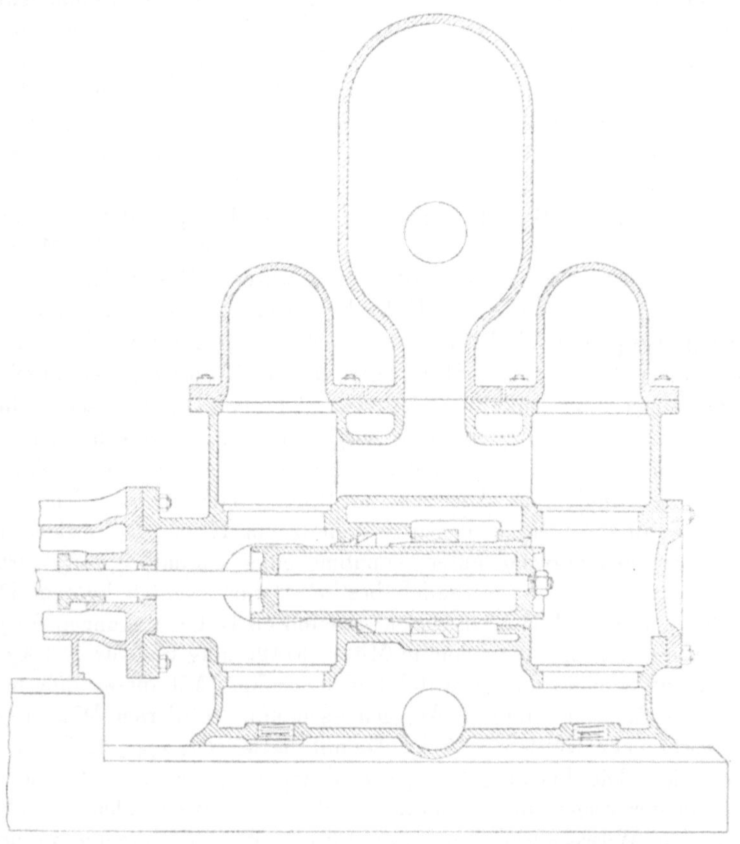

Fig. 288.

Eine eigenartige Anordnung für Pumpen mit einander zugekehrten Stopfbüchsen haben Klein, Schanzlin & Becker gewählt (D. R. G. M.). Wie die Fig. 288 ersichtlich macht, sind hier die zwei Stopfbüchsen in sehr geschickter Weise in eine zusammengezogen worden. Es sind derartige Pumpen, als „Innenplungerpumpen" bezeichnet, vielfach in Anwendung.

Der Antrieb des Kolbens erfolgt gewöhnlich durch eine Kolbenstange, selten dadurch, dass die von einer treibenden Welle aus abgeleiteten

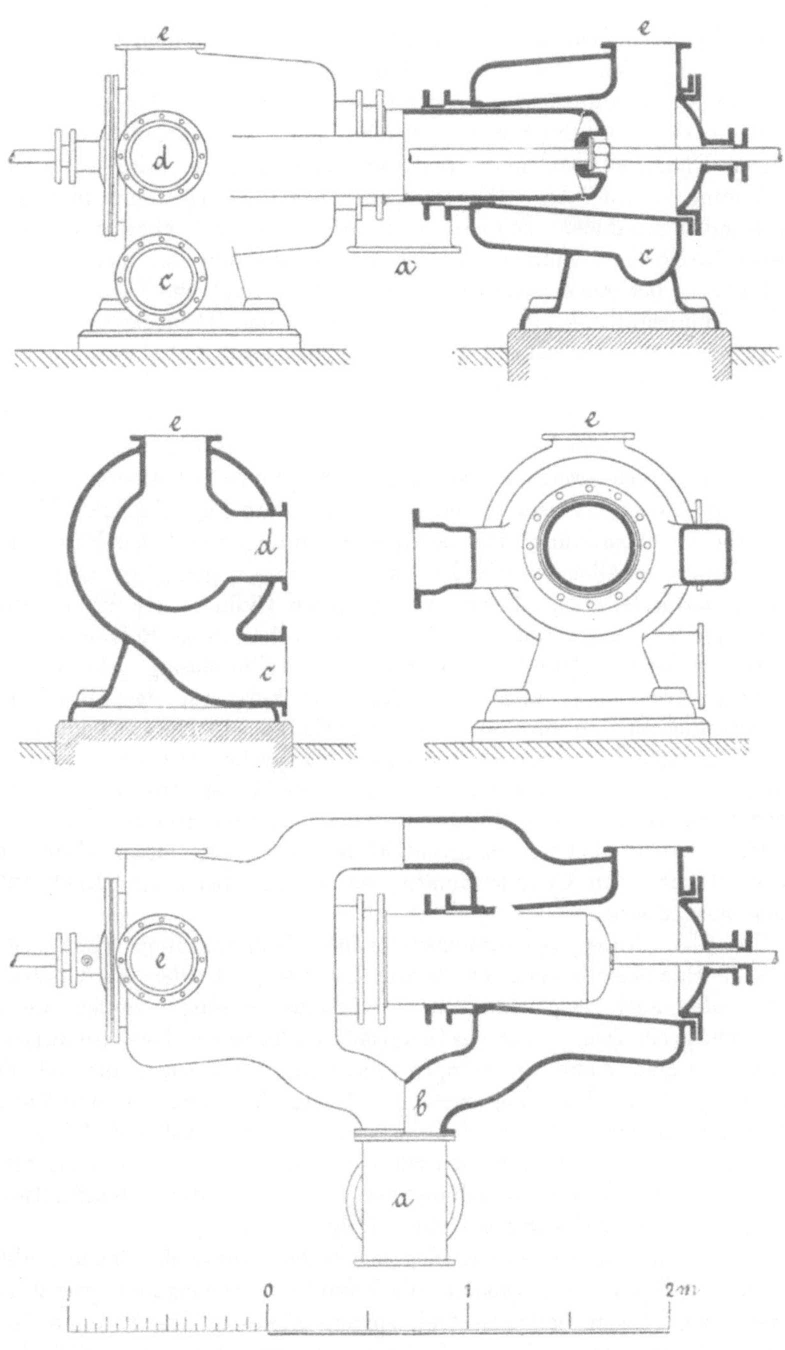

Fig. 289—292.

Schubstangen am Tauchkolben selbst zwischen den beiden Stopfbüchsen desselben angreifen. Im letzteren Fall sind nur zwei Abdichtungen an den Cylindern anzubringen; ist eine Kolbenstange verwendet, so wird auch für diese eine Stopfbüchse nothwendig, und ist die Kolbenstange zur besseren Führung noch nach rückwärts verlängert, so wird eine vierte Abdichtung erforderlich. Die Pumpencylinder müssen nicht nur gegen den Fundamentrahmen, sondern auch gegenseitig gut abgesteift werden. Diesem Zweck dient vielfach nur das Verbindungsrohr der beiden Druckventilkästen, bei gemeinschaftlicher Saugleitung auch die Verbindung der beiden Saugventilkästen; besser werden die beiden Pumpencylinder durch ein zwischenliegendes Gussstück oder schmiedeiserne Anker verbunden. Druck- und Saugventil einer Pumpe werden entweder in je einem besonderen, mit dem Cylinder verschraubten oder vergossenen Gehäuse angeordnet, oder es werden beide Ventile übereinander in einem gemeinschaftlichen Gehäuse angebracht, welches wieder gegen den Cylinder verschraubt wird oder mit demselben ein Gussstück bildet. Bei der durch die Fig. 289 bis 292 verdeutlichten Anordnung sind die Cylinder in ungewöhnlicher Form durch hohle Gusseisenbalken verbunden, wodurch ihre gegenseitige Lage vollkommen festgestellt ist. Ferner ist um jeden Cylinder ein Raum angeordnet, der als Saugwindkessel dient; durch die hohlen Balken sind die Windkessel beider Cylinder vereinigt. Diese Einrichtung gibt wohl ein schwieriges Gussstück, aber auch eine feste Form für das Gestell und eine zweckmässige Anordnung der Saugwindkessel. Es ist dabei eine Zwillingspumpe mit gemeinschaftlichem Saugrohr gedacht. Dasselbe schliesst an das T-Stück a an; das angesaugte Wasser tritt also in beide Saugwindkessel bei b ein, fliesst aus diesen durch die Stutzen c nach den seitlich anzuschraubenden Saugventilkästen und aus diesen durch die Stutzen d nach den Cylinderräumen, an welchen bei e die Druckventilkästen anschliessen.

Bei der dritten Anordnungsweise der Zwillingspumpe (den sogen. Girard-Pumpen) können die beiden Cylinder entweder ein Gussstück bilden oder auch gegeneinander verschraubt werden. Selten werden die beiden, je ein Druck- und ein Saugventil enthaltenden Gehäuse zwischen die Cylinder gesetzt und die Pumpen gegenseitig durch ein in die Cylinderachse gelegtes Blindrohr abgesteift. In jedem Fall wird der eine Tauchkolben unmittelbar von einer Kolbenstange getrieben, während der andere durch ein an den Cylindern seitlich vorbeiführendes doppeltes Gestänge bewegt wird, dessen Beanspruchung bei der den grösseren Kraftaufwand erfordernden Druckwirkung auf Zug erfolgt.

Bei der lothrechten Aufstellung der einfach wirkenden Tauchkolbenpumpen für Wasserwerke werden die Pumpen nebeneinander gesetzt und entweder von einem Balancier (vgl. spätere Figuren), durch die Kolbenstangen darüber angeordneter Dampfmaschinen oder, namentlich beim

Betriebe durch Gasmotoren, von einem Vorgelege aus bewegt. Eine Einrichtung der zweiten Art zeigt die Pumpenanlage von Frankfurt a. M. (vgl. Zeitschrift des Vereins deutscher Ingenieure 1886, S. 516).

Als einfachwirkende Tauchkolbenpumpen werden auch die Membranpumpen ausgeführt, welche dann zur Anwendung kommen, wenn die arbeitenden metallischen Theile mechanisch durch Sand u. dgl. oder chemisch durch Säuren, Lauge u. dgl. angegriffen werden. Die Gummimembrane verhindert dann die Berührung der ätzenden oder reibenden Flüssigkeit mit den arbeitenden Pumpentheilen.

Julius Blancke & Co. in Magdeburg, Wegelin & Hübner in Halle, Klein, Schanzlin & Becker in Frankenthal und Schütz & Hertel in Wurzen bauen solche Membranpumpen mit der durch Fig. 293 verdeutlichten Einrichtung. Ein linsenförmiges Gehäuse trennt den Pumpencylinder von dem Saug- und Druckstrange und ist in seiner Mitte von einer Membrane durchspannt. Der Cylinder wird mit Wasser gefüllt; in Folge der Kolbenbewegung wird dieses die Membrane, welche gewöhnlich aus Para-Gummi hergestellt wird, vor- und zurücktreiben, so dass ein Ansaugen und Fortdrücken der fördernden Flüssigkeit entsteht, ohne dass diese mit dem Kolben und Cylinder in Berührung kommt. Saug- und Druckventil werden aus einem Material hergestellt, welches der chemischen Einwirkung der betreffenden Flüssigkeit widersteht; die Ventilräume und Röhren werden gleichfalls aus widerstandsfähigem Material, z. B. Bronze, Hartblei, Hartgummi hergestellt, wohl auch mit Eisenpanzer versehen. Die Membrane kann, wie der Cylinder, in beliebiger Lage angeordnet werden.

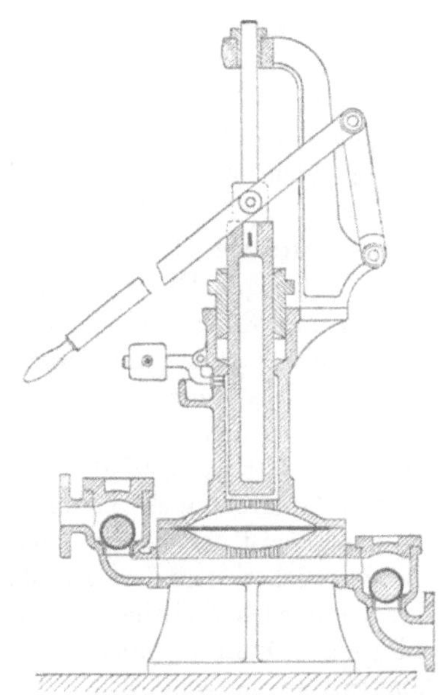

Fig. 293.

Blancke & Co. fertigen solche Pumpen in folgenden Abmessungen und für folgende Umdrehungszahlen, bezieh. Anzahl der Doppelhübe n in der Minute für Handbetrieb: Cylinderweite 40 bis 100 mm, Hub 100 bis 200 mm, n = 50 bis 35; für Maschinenbetrieb mit lothrechtem Cylinder und lothrechter Membrane: Cylinderweite = 60 bis 150 mm, Hub 160 bis 300 mm, n = 75 bis 50; mit lothrechtem Cylinder und wagerechter Membrane: Cylinderweite 40 bis 100 mm, Hub 100 bis 200 mm, n = 90 bis 55.

Die genannten Firmen liefern auch Dampfmembranpumpen mit Schwungrad, wobei jede der später besonders zu besprechenden Anordnungsweisen der Dampfpumpen gewählt werden kann. Die gebräuchlichen Kolbendurchmesser betragen dabei 50 bis 150 mm, der Kolbenhub 80 bis 300 mm.

Zur Ueberwindung bedeutender Förderhöhen kann die Vereinigung mehrerer einfachwirkender Druckpumpen mit Tauchkolben vortheilhaft verwendet werden, wie z. B. das von Dumontant in Nizza für die Wasserversorgung zweier hochgelegener Festungswerke dortselbst angeordnete Pumpwerk zeigt. Die gesammte Förderhöhe beträgt 513 m; da das Druckrohr 1432 m lang werden musste, so wurde als zu überwindende Druckhöhe eine solche von 598 m gerechnet, um den Leitungswiderstand zu berücksichtigen. Da die Anwendung eines Windkessels wegen der Unmöglichkeit, in demselben die hochgespannte Luft zu erhalten, ausgeschlossen war, so hat Dumontant zur Erreichung eines gleichmässigen Aufsteigens des Wassers sieben Pumpen derart gekuppelt, dass in jedem Augenblick die Pumpenkolben sieben verschiedene Lagen einnehmen, wie aus Fig. 294 ersichtlich ist. Jeder Tauchkolben hat 50 mm Durchmesser und 100 mm Hub. Die Pumpenkörper sind aus Bronze gefertigt. Die Saug- und die Druckventilkästen sind durch je ein kreisförmiges Rohr mit einander verbunden. Beide Röhren stehen durch ein besonderes Rohr mit einander in Verbindung, in welches ein Hahn eingeschaltet ist, durch dessen Oeffnung die Pumpe ausser Betrieb gesetzt werden kann. Am Fusse der Druckleitung befindet sich ein Sicherheitshahn. Die lothrechte Welle der Pumpen wird durch eine Dampfmaschine mit 120 Umdrehungen in der Minute getrieben. Wenn das Pumpwerk still steht, so ist der in das genannte Verbindungsrohr eingeschaltete Hahn und der Sicherheitshahn geschlossen. Es wird nun die Maschine angelassen, der Sicherheitshahn geöffnet, der erstgenannte Hahn langsam geschlossen. Dann beginnt, allmählich anwachsend, die Druckwirkung der Pumpen, welche schliesslich die Druckventile öffnet und damit die Förderung erzielt. Die Druckleitung besteht aus schmiedeisernen Röhren von 40 mm Durchmesser, deren Wanddicke von 6 mm auf 4 mm sich vermindert. Die Fig. 295 und 296 geben die Einzelheiten einer Pumpe.

Es sei hier beiläufig bemerkt, dass bei der Wasserwerksanlage für die Stadt Chaux-de-Fonds, wo stündlich 180 cbm Quellwasser 490 m hochgedrückt werden, die Verwendung von Druckwindkesseln doch ermöglicht wurde. Bei solchen Hochdruckpumpen stösst die Anbringung von Windkesseln auf das Bedenken, dass die stark gepresste Luft vom Wasser schnell aufgenommen wird und an eine Speisung des Windkessels durch Luftpumpen solchem Druck gegenüber nicht zu denken ist. Bei dem genannten Wasserdruck ist nun an die Druckrohrleitung unten ein Metallrohr angeschlossen, welches am unteren Ende in eine geschmiedete Stahlflasche von 0,65 cbm Inhalt mündet. Die Luft in dieser 5 m tiefer als die Windkessel angebrachten Flasche kann unter den Druck der Leitung gesetzt werden und wird dieser in der Flasche wegen deren tieferer Lage $^1/_2$ at

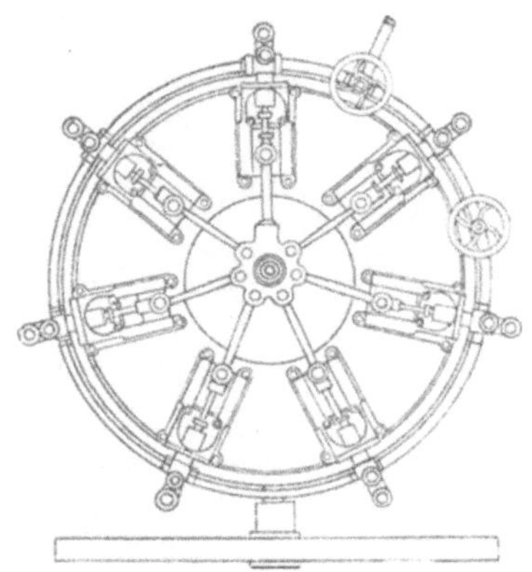

Fig. 294.

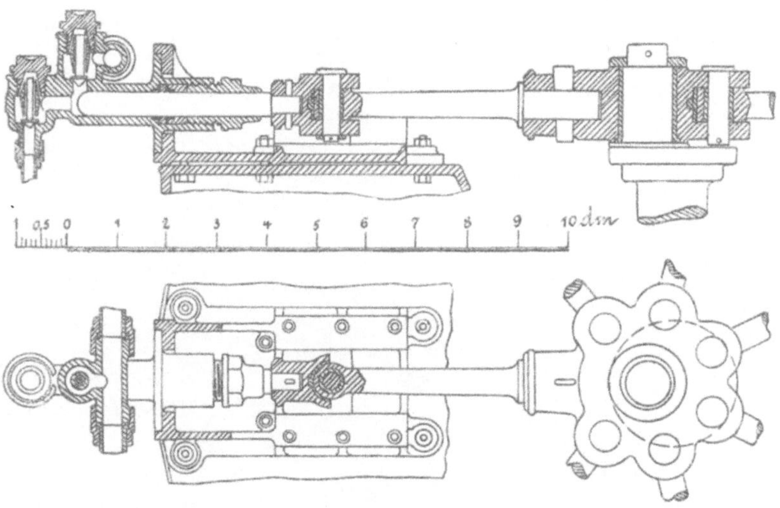

Fig. 295 und 296.

grösser als in den Windkesseln sein. Die Flasche ist nun durch Metallrohre mit den letzteren verbunden und lässt sich durch ein einfaches Spiel von Hähnen eine Luftzuströmung aus der Flasche in die Windkessel und damit eine bequeme Speisung der letzteren erreichen, ein Verfahren, das älteren englischen Anlagen entlehnt zu sein scheint.

Doppeltwirkende Saug- und Druckpumpen mit Scheibenkolben werden in verschiedenster Form ausgeführt, fast durchgängig für

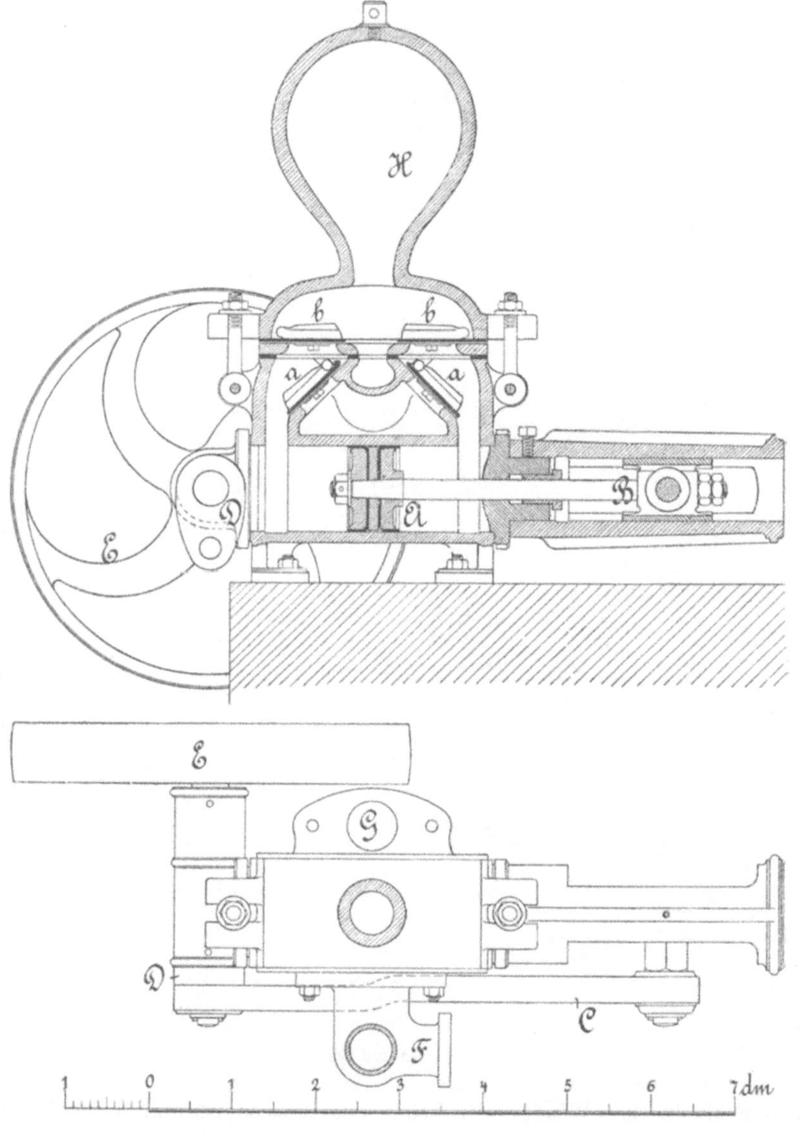

Fig. 297 und 298.

Maschinenbetrieb zur Förderung grösserer Wassermengen auf geringe Höhen, selten für grössere Förderhöhe.

Für Jauche und schlammige Flüssigkeiten kommen solche Pumpen zur Anwendung, deren Körper aus Gusseisen, deren Cylinder, Kolbenstange und Stopfbüchse aus Kupfer, bezieh. Messing hergestellt werden, welche Gummikugelventile besitzen und auf einem eisernen Karren befestigt sind; Cylinderweite 130 mm, Hub 150 mm.

Zur Förderung mittlerer Wassermengen für Fabrikzwecke findet die sogenannte Kaliforniapumpe häufige Anwendung. Bei dieser Anordnung sind die vier Ventile in einem Kasten über dem liegenden Cylinder vereinigt. Die Aufstellung und der Antrieb kann in verschiedener Weise erfolgen. Der Cylinder wird entweder auf einem Sockel oder gegen eine Wand befestigt; soll aus einem tiefen Schacht gefördert werden, so ist

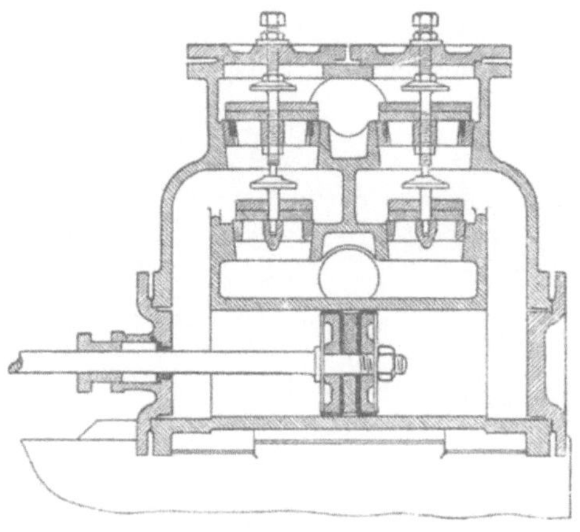

Fig. 299.

die Pumpe etwa 3 m über dem Grundwasserspiegel aufzustellen und der Kolben durch Gestänge zu betreiben, das hier jedoch auch auf Druck beansprucht wird.

Handbetrieb durch Schwunghebel oder Kurbel, Maschinenbetrieb durch Riemen mit oder ohne Zahnradvorgelege werden je nach der erforderlichen Betriebskraft und den örtlichen Verhältnissen angewendet. Die Pumpe zeichnet sich, namentlich mit wagrechtem Cylinder, wie die Fig. 297 bis 299 zeigen, durch gedrängte Form und leichte Zugänglichkeit der Ventile aus. Ersteres gilt insbesondere für die in den Fig. 297 u. 298 dargestellte Einrichtung, bei welcher der mit Lederdichtung versehene Kolben A von einem Querhaupt B getrieben wird, von welchem eine Schubstange C nach der Kurbel D führt; diese sitzt auf einer durch die Riemenscheibe E angetriebenen, hinter dem Cylinder gelagerten Welle, so dass durch diese Einschaltung des Cylinders in das Kurbelgetriebe eine möglichst kurze Anordnung entsteht. Die Saug- und Druckklappen a und b sind aus Lederplatten gebildet, deren Beschwerung durch Gusseisenstücke erreicht ist, welche zur Gelenkbildung mit seitlich vorstehenden Zapfen in entsprechende Vertiefungen der Wandungen des Ventilgehäuses gesteckt sind. Nach Lösung zweier Schrauben mit angelenktem Kopf kann der Windkessel H abgehoben werden, so dass sämmtliche Klappen zugänglich sind. Saugrohr F und Druckrohr G führen seitlich vom Ventilgehäuse ab. Die Ledertheile der Druckklappen b sind aus einer rechteckigen Lederplatte durch Einschnitte gebildet, der Rand dieser Platte wird zwischen Windkessel und Ventilkasten geklemmt und bildet zugleich die Abdichtung dieser Fuge.

Bei der durch Fig. 299 verdeutlichten Einrichtung sind Tellerventile angeordnet, welche durch zwei Deckel des mit dem Cylinder aus einem Stück bestehenden Gehäusen zugänglich sind. Die Saugventile können durch die Sitze der Druckventile herausgenommen werden.

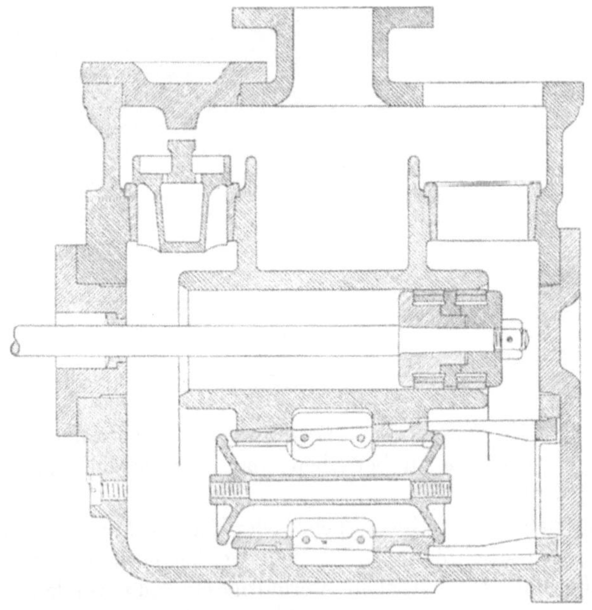

Fig. 300.

Bemerkenswerth ist die in Fig. 300 dargestellte Pumpe von 100 mm Durchmesser, gebaut von der Braunschweigischen Maschinenbau-Anstalt. Die zu einem Stück vereinigten hydraulisch gesteuerten, bereits auf S. 182 erwähnten Saugventile spielen in einem zweitheiligen, konisch eingepassten gemeinschaftlichen Sitz, welcher leicht zu lösen ist. Die Zweitheiligkeit des Sitzes lässt sich übrigens auch vermeiden, soferne die beiden Ventile auf eine gemeinschaftliche Spindel aufgeschraubt werden.

Eine sehr gedrungene Form einer zweifachen doppeltwirkenden Saug- und Druckpumpe (von den Erbauern Niagara-Pumpe genannt) zeigt Fig. 301 (Maschinenfabrik Gritzner, A. G., Durlach), welche nur vier Ventile hat. Der Kolbendurchmesser beträgt hier 90 mm.

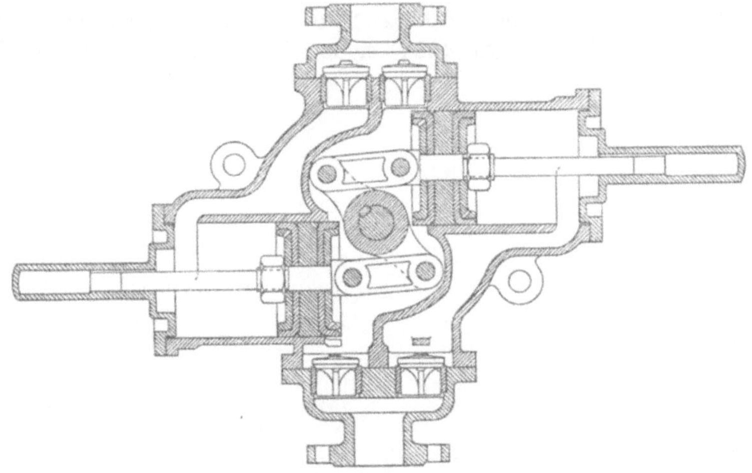

Fig. 301.

Für Feuerspritzen wird die doppeltwirkende Saug- und Druckpumpe mit Scheibenkolben gleichfalls häufig ausgeführt. Ausgewählte Beispiele solcher Pumpen enthält das öfters angezogene Werk von Bach über „Die Konstruktion der Feuerspritzen". Es sei hier nur auf zwei durch ihre Einzelheiten besonders bemerkenswerthe neuere Einrichtungen aufmerksam gemacht.

W. Voit bringt bei seinen Dampfpumpen, die neuerdings mit Erfolg aufgetreten sind, die in den Fig. 302 bis 305 dargestellte Zwillingseinrichtung (erloschenes D.R.P. Kl. 59, No. 20560) in Anwendung. Die Saug- und Druckventile sind in einem an den Cylinder A angegossenen Ventilkasten angebracht, an welchem bei B das Saug- und bei D das Druckrohr anschliesst. Zur Einführung der Bohrstange für das Ausbohren der Ventilsitze sind die Löcher a angeordnet; die Sitze und die Ventile, von welchen je nach Bedarf einige hintereinander liegen, werden durch Oeffnungen eingebracht, die an einer Seite des Ventilkastens liegen und durch Deckel verschlossen werden. Die Ventile werden durch Federn b angedrückt; zur Führung sind Stifte, zur Hubbegrenzung Querstücke angebracht, welche an Querstangen c sitzen. Beachtenswerth ist die Anordnung eines Druckregelungsventiles E, welches in einen Druck- und Saugkammer verbindenden Kanal eingesetzt und mittels eines einstellbaren Belastungsgewichtes angedrückt wird. Sobald der Wasserdruck die eingestellte Grenze überschreitet, hebt sich das Ventil und lässt Wasser vom Druckrohr nach dem Saugrohr ablaufen. Die Vorderansicht zeigt noch einige Einzelheiten der Dampfpumpe, die mit einem Kondensator C und einer durch Hebelgetriebe bewegten Luftpumpe versehen ist.

Die in den Fig. 306 bis 310 dargestellte, von Noël angegebene Pumpe (erloschenes D.R.P. Kl. 59 No. 4237) eignet sich für haus- und landwirthschaftliche Zwecke sehr gut, da sie auch als Spritze, sowie zur Jauchevertheilung verwendet werden kann. Der Pumpenkörper besteht aus drei Theilen; der mittlere ist bei a an den unteren gelenkt und durch vier Schraubenbolzen b an ihm befestigt. Nach Lösung der letzteren und Umlegen der am Untertheil gelenkig angehängten Bolzen kann der Mitteltheil um das Gelenk a seitlich bewegt werden, so dass das Innere nachgesehen werden kann. Zwischen die Arbeitsleisten der drei Theile werden zur Dichtung Leder- oder Kautschukstreifen gelegt. Der Cylinder selbst ist aus Kupfer hergestellt und wird in das gusseiserne Gehäuse eingezogen; der Kolben wird durch einen Schwunghebel bewegt, der in dem

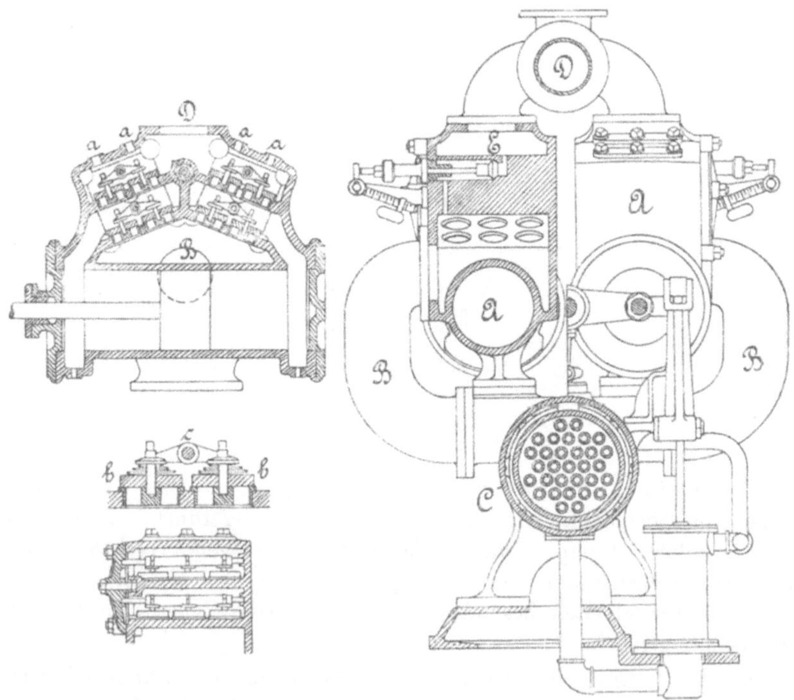

Fig. 302—305.

Kopf c durch die Klemmschrauben d befestigt ist. Die Führung der Flüssigkeit durch den Pumpenkörper geht aus der Figur hervor. Die Kugelventile können, sobald der mittlere Pumpentheil umgelegt ist, leicht herausgenommen werden, wenn die zur Hubbegrenzung angeordneten Körbe

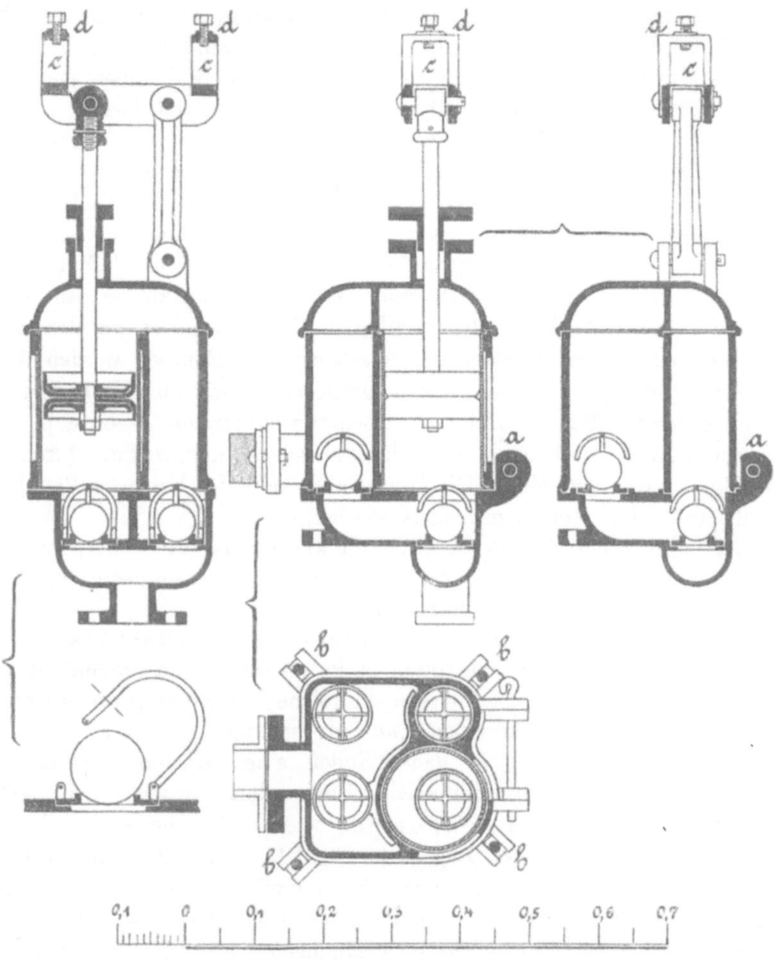

Fig. 306—310.

aufgeklappt werden (vgl. die Einzelfigur eines Ventils). Die Arme derselben haben ovalen Querschnitt, so dass beim Pumpen dicker Flüssigkeiten kein Festsetzen stattfinden kann. Diese Noël-Pumpe ist im Allgemeinen zweckmässig gebaut; fehlerhaft ist die Anordnung dadurch, dass sich im oberen Theil des Cylinders leicht Luft festsetzen kann.

Dampfpumpen werden vielfach auch mit doppelter Saug- und Druckwirkung durch einen Scheibenkolben ausgeführt, ferner wird diese Anordnung häufig für die Luft- oder Warmwasserpumpen der Kondensationsdampfmaschinen gewählt.

Weiter findet sich die doppeltwirkende Scheibenkolbenpumpe bei Wasserversorgungsanlagen in Anwendung, wenn die zu überwindende Förderhöhe nicht zu gross ist. So hat z. B. das neue Wasserwerk in Stuttgart zwei grössere und zwei kleinere Pumpen genannter Art von 275 bezieh. 185 mm Kolbendurchmesser und 1080 bezieh. 900 mm Kolbenhub. Die Einrichtung der grösseren Pumpe ist auf Tafel I dargestellt. Die zur Verwendung gekommenen mehrfachen Ringventile sind behufs geräuschlosen Arbeitens mit Lederringen und elastischer Hubbegrenzung durch Gummibuffer versehen. Die Förderhöhe beträgt ungefähr 80 m. Druck- und Saugwindkessel liegen in einem Cylinder übereinander; zwischen dem ersteren und den Druckventilkästen ist je ein, auch von aussen bewegbares, Rückschlagventil eingeschaltet und der Windkessel mit einem Sicherheitsventil versehen. Die Pumpen werden durch zwei Verbunddampfmaschinen derart getrieben, dass die Kolbenstangen je einer grösseren Pumpe und einer Niederdruckmaschine, sowie je einer kleineren Pumpe und einer Hochdruckmaschine unmittelbar durch ein Keilschloss verbunden sind. Die Umdrehungszahl der Kurbelwellen kann bis auf 30 in der Minute gesteigert werden.

Mit lothrechtem Cylinder und Gummiklappen ist die Schöpfpumpe des Wasserwerkes der Stadt M.-Gladbach ausgerüstet (vgl. Zeitschrift des Vereins deutscher Ingenieure 1887, S. 106).

Für die Entwässerung tiefliegender Landstrecken sind mehrfach doppeltwirkende Druckpumpen in grossen Abmessungen zur Verwendung gekommen. Hierbei müssen zahlreiche Ventile angeordnet werden, um den nöthigen Durchflussquerschnitt zu schaffen. Finje hat dafür vorgeschlagen, die Ventile in den Wänden eines Kastens anzubringen, welche den Pumpraum umschliessen. Eine solche, jedoch dem System Fig. 54 entsprechende Kastenpumpe, wie sie bei holländischen Anlagen ausgeführt worden ist, zeigen die Fig. 311 und 312. Pumpen dieser Art sind mehrfach auch mit lothrechtem Cylinder bis zu 3 m Durchmesser ausgeführt worden. Der Cylinder steht frei auf gusseisernen Stühlen in einem aus Rippenplatten zusammengesetzten Kasten; dieser ist durch eine wagerechte Wand getheilt und in zwei gegenüberliegenden Seitenflächen liegen dann die Saug- und Druckklappen, deren Auflagerflächen mit Holz bekleidet sind. Auch für die Kolben wurden Holzringe zur Dichtung angewendet. Solche Finje'sche Kastenpumpen werden nur für sehr kleine Förderhöhe in Anwendung gebracht und sind neuerdings durch Schöpfräder (vgl. S. 17) und Kreiselpumpen meist verdrängt worden.

Im Anschluss an die Betrachtung einiger Pumpen mit geschlossenem Kolben seien die hierzu gehörigen Schieberpumpen erwähnt, bei denen die Flüssigkeitsvertheilung durch eine gezwungen bewegte Schiebersteuerung bewirkt wird. Sie können nur für Flüssigkeiten angewendet werden, welche das Metall der Schieber nicht angreifen und keine festen Körper, wie Sand, mit sich führen.

Der einfache Muschelschieber ist bei der von Poillon angegebenen Pumpe (Fig. 313) als Steuerungsorgan benutzt und wird durch einen Hebel bethätigt, der von einer durch Riementrieb bewegten Welle durch Kurbel und Treibstange in Schwingung versetzt wird. Um Raum zu

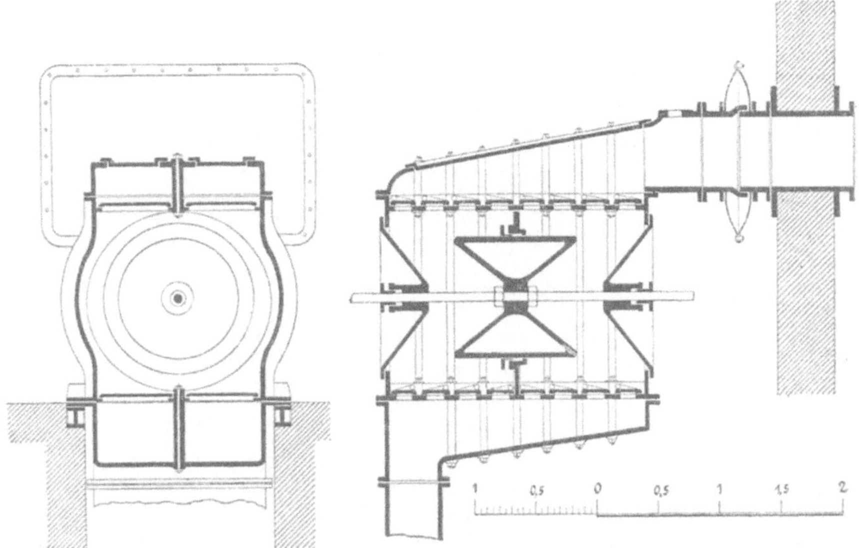

Fig. 311 und 312.

sparen, sind die Treibstangen, welche die Kolbenstange bewegen, zu beiden Seiten des Cylinders angeordnet. Die Kurbel der Schieberbewegung ist gegen diejenige der Kolbenbewegung um 90^0 versetzt, damit der Schieber sich in der äussersten Stellung befindet, wenn der Pumpenkolben in der mittleren steht. Der Windkessel mit Steigrohr sitzt auf dem Schieberkastendeckel, wodurch das Nachsehen des Schiebers allerdings sehr erschwert wird. Weitere Uebelstände sind, dass der Schieber eine ziemlich bedeutende Kraft zu seiner Bewegung brauchen wird, und der Schieber sich nur allmählich öffnet und schliesst.

Vielfache Anwendung hat die Schieberpumpe von Schmid gefunden. Bei dieser bewegt sich, wie Fig. 314 und 315 verdeutlichen, der Cylinder schwingend und ist unmittelbar mit dem Schieberspiegel versehen; dieser gleitet auf einem zweiten, in welchen die im Gestell nach dem Saug- und dem Druckrohr führenden Kanäle münden. Der Cylinder liegt beiderseits mit Zapfen in den Augen zweier Stangen, welche gegen das Gestell festgelegt sind. Auch in den auf S. 184 und 185 erwähnten Pumpen von

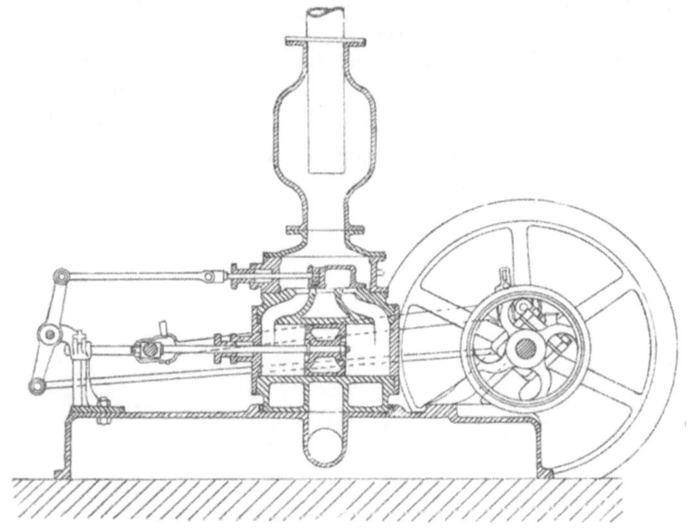

Fig. 313.

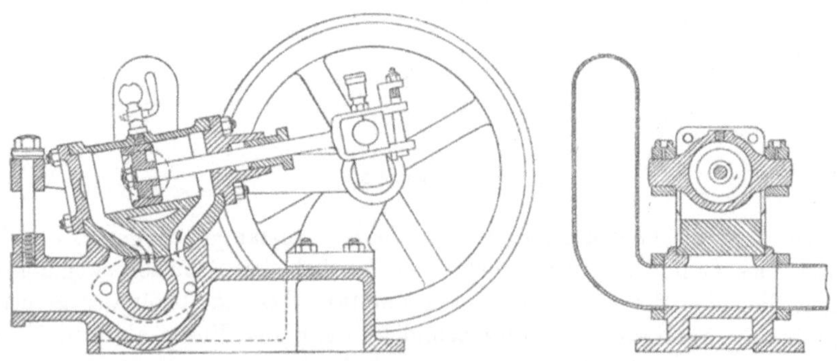

Fig. 314 und 315.

Haag, Wyss und Studer, Mégy und Marr arbeitet ein Scheibenkolben mit doppelter Saug- und Druckwirkung.

Es sei noch bemerkt, dass Pumpen für dickflüssige Stoffe auch als Schieberpumpen und zwar derart ausgeführt werden, dass der Kolben selbst als Schieber wirkt, indem er bei seiner Bewegung Oeffnungen im Cylinder frei macht, durch welche die Flüssigkeit in Folge ihres Eigengewichtes und des Luftdruckes eintritt. Beim Rückgang des Kolbens schliesst derselbe diese Oeffnungen ab und presst die abgesperrte Flüssigkeit in das Druckrohr.

Eine derartige Pumpe ist von Vogel neuerdings vorgeschlagen worden (D.R.P. Kl. 59 Nr. 83920). Wie Fig. 316 zeigt, werden die beiden Doppelkolben derselben von unter 90° versetzten Kurbelzapfen angetrieben. Durch die eigenartige Verbindung der beiden Pumpencylinder durch vier Rohre wird erreicht, dass die Kolben sich gegenseitig steuern. Je nach der Drehungsrichtung wird der eine oder der andere Stutzen zum Eintritt der Flüssigkeit dienen.

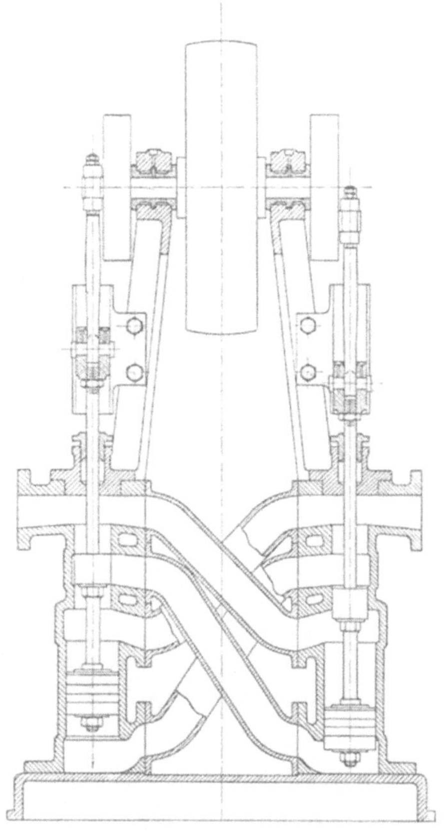

Fig. 316.

Die einfach wirkende Saug- und Hubpumpe mit durchbrochenem Scheibenkolben (Fig. 43) findet in verschiedener Form und Aufstellung zur Förderung kleiner Flüssigkeitsmengen, insbesondere für haus- und landwirthschaftliche Zwecke, Anwendung.

Die einfachste Ausführung bildet die Bohlenpumpe, deren Körper aus vier an der Innenseite glatt gearbeiteten, zusammen gespundeten Bohlen besteht, welche noch durch eiserne Bänder zusammengehalten werden. Kolben und Saugventil werden ebenfalls aus Holz angefertigt und mit Lederklappen versehen, ersterer erhält eine Lederstulp-Dichtung. Statt dieses Kolbens kann auch der Fig. 101 dargestellte Trichterkolben, insbesondere für sandiges Wasser, verwendet werden. Gewöhnlich wird die Pumpe unmittelbar in das zu fördernde Wasser gestellt; ist dies nicht möglich, so wird der Sitz des Saugventiles rohrartig verlängert und unten mit Löchern zum Eindringen des Wassers versehen; doch kann nur eine geringe Saughöhe überwunden werden. Der Antrieb des Kolbens erfolgt gewöhnlich durch einen Handhebel.

Die üblichen Abmessungen sind: Weite des Pumpenkörpers 150 bis 300 mm, Bohlendicke bis 75 mm. Die vorbeschriebene Einrichtung ist wohl sehr billig, kann aber nur geringen Ansprüchen auf sparsame Wirkung und Dauerhaftigkeit genügen. Sie empfiehlt sich daher nur dann, wenn die Billigkeit der Anlage Hauptbedingung ist und die Einrichtung nur vorübergehend benutzt wird, also z. B. als Baupumpe.

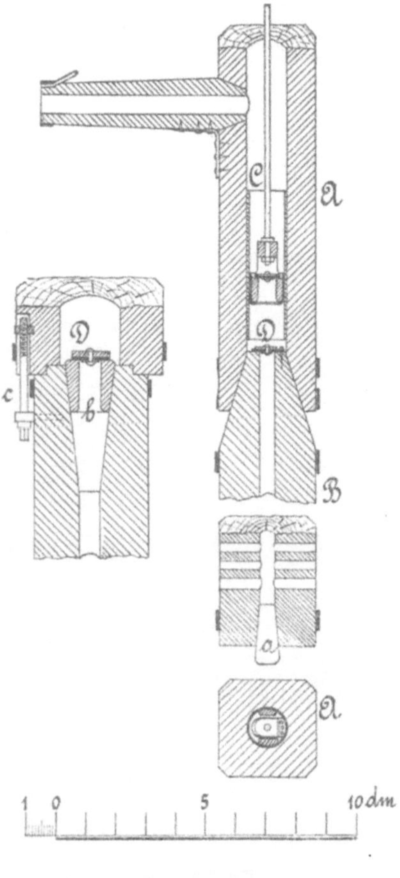

Fig. 317—319.

Statt den Pumpenkörper aus Bohlen zu bilden, kann zweckmässiger ein durchbohrter Pfosten verwendet werden (vgl. Fig. 317 bis 319), der mit einem Metallcylinder ausgebüchst wird, welcher den Holzkörper vor zu rascher Abnutzung schützt. Ferner ist es zweckmässiger, die Lederklappe, welche als Saugventil dient, auf einem besonderen hölzernen Ventilsitz zu befestigen (vgl. die beigefügte Figur), statt dieselbe, wie die Hauptfigur zeigt, unmittelbar auf das Saugrohrende zu nageln, damit bei Schadhaftwerden der Klappe nur der Sitz auszuwechseln ist. Das Saugrohr wird dann mittels 4 bis 6 Schrauben an dem Cylinder befestigt.

Der Pumpenkörper kann auch als ein Cylinder aus Weissblech hergestellt werden; die Einrichtung wird dann Blechpumpe genannt.

Im Wesentlichen saugend wirkt die eiserne Topf- (Pitcher-) Pumpe mit offenem Ausguss, wie Fig. 320 zeigt. Der Cylinder steht auf einem kurzen Fuss, ist oben offen und mit einem verdrehbaren, durch Klemmschraube feststellbaren Ausguss, sowie einem Drehauge für den Handhebel versehen; Cylinderweite 70—110 mm, Kolbenhub 60 bis 100 mm.

Als Hof- und Strassenpumpe findet die in Fig. 321 dargestellte Form der eisernen Saug- und Hubpumpe (Douglas-Pumpe) grosse Anwendung. Der Cylinder A wird mit einem kurzen Fuss auf dem Boden befestigt oder ist mit Tatzen versehen, mittels deren er gegen eine Wandplatte geschraubt wird; die Pumpe kann ferner an einer Säule oder einem schmiedeisernen Ständer angebracht werden. Um den Schwengel C beliebig gegen den an den Cylinder gegossenen Ausguss verstellen zu können, ist das Drehauge an einen Ring D gegossen, der, wie Fig. 321 zeigt, um das obere Cylinderende drehbar ist und mittels einer oder zwei Schrauben

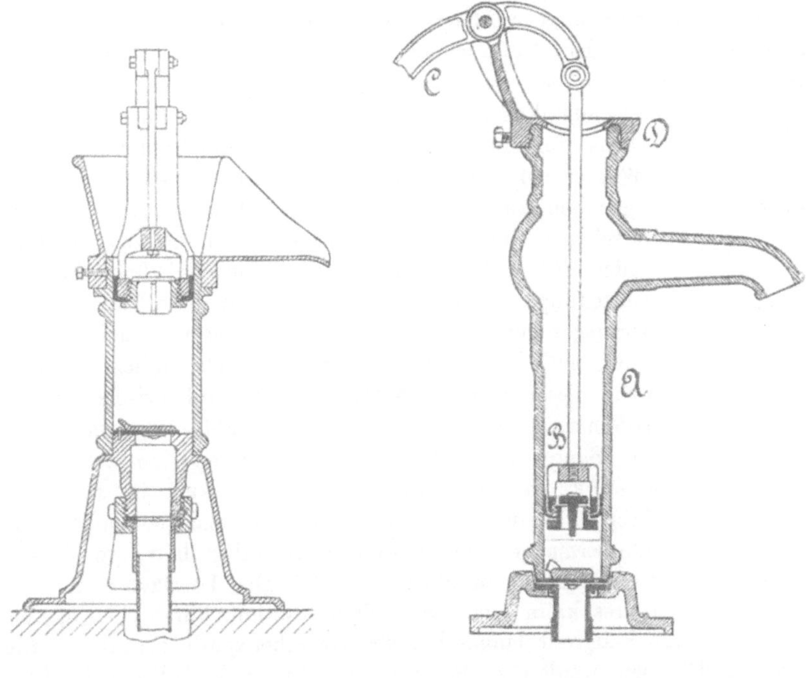

Fig. 320. Fig. 321.

festgeklemmt wird. Dieser Ring bildet zugleich den Deckel des Cylinders, schützt also das Innere desselben möglichst; die im Deckel befindliche Oeffnung braucht nur so gross zu sein, dass sie der den Kolben treibenden Stange freie Bewegung gestattet.

Bei dieser Pumpe kann der Ständer, der in seinem unteren Theil den Cylinder bildet, so hoch sein, dass er keines oder nur eines niedrigen Sockels aus Holz oder Stein bedarf, um eine bequeme Handhabung des Schwengels zu gewähren.

Der Cylinder kann auch getrennt vom Ständer, dem Wasserstande entsprechend, tiefer als dieser in die Rohrleitung eingeschaltet werden; dies geschieht, wenn der Saugwasserspiegel tiefer als 6 bis 7 m unter dem Ausguss liegt, wie das bei den Hof- und Strassenbrunnen gewöhnlich der Fall ist. Um das Einfrieren der Pumpe zu verhüten, wird unterhalb des Ständers über dem Cylinder, der selbst wegen seiner tiefen Lage nicht einfrieren kann, ein Lufthahn angebracht und dieser nach jedesmaliger Entnahme von Wasser mittels einer Schlüsselstange behufs Entleerens des Ständers und der anschliessenden Theile geöffnet. Es muss dann aber bei erneuter Inbetriebsetzung der Pumpe das aus dem Hahn abgelaufene Wasser wieder angesaugt werden; um dies zu vermeiden, kann in frostfreier Tiefe neben dem Cylinder ein Gefäss aufgestellt werden, welches mit dem Raum über dem Saugventil in Verbindung steht und das aus dem Hahn abfliessende Wasser mittels eines von diesem nach dem Gefäss führenden Röhrchens aufzunehmen vermag. Es braucht dann nur diese aufgespeicherte Wassermenge beim nächsten Gebrauch der Pumpe durch dieselbe wieder gehoben zu werden. Um den stets mit Lederdichtung versehenen Pumpenkolben nachsehen zu können, wird entweder die senkrecht über dem Cylinder befindliche Steigrohrleitung so weit gemacht, dass der Kolben durch sie herausgezogen werden kann, oder der Cylinder wird mit einer seitlichen Oeffnung versehen. Die übliche Cylinderweite dieser Saug- und Hubpumpen wird zwischen 50 und 105 mm, der Hub zwischen 105 und 235 mm gewählt. Soll ein Saugwindkessel angeordnet werden, so ist die in Fig. 322 gezeigte Form desselben zweckmässig, welche das Leerlaufen des Saugrohres verhindert und stets eine gewisse Wassermenge zum Ansaugen vorräthig hält, so dass die Pumpe sofort in Wirkung tritt. Das Leerlaufen des Saugrohres kann auch, wie schon erwähnt, durch ein Fussventil oder ein in das Saugrohr eingeschaltetes Zwischenventil verhütet werden. Derartige Pumpen werden z. B. von Möller & Blum in Berlin viel gebaut.

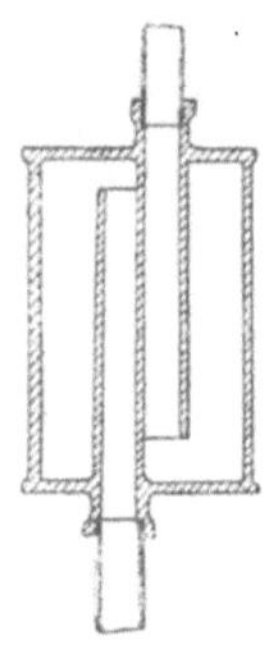

Fig. 322.

Garvens in Hannover verfertigen ein- und zweicylindrige Pumpen, deren Cylinder etwa 1 m unter der Erdoberfläche in die Rohrleitung eingeschaltet wird. Hierdurch ist der Cylinder vor dem Einfrieren geschützt, die Steigleitung wird durch ein seitliches Loch oder den erwähnten Hahn entwässert. Der Antrieb der Kolbenstange erfolgt durch einen Handhebel, dessen Drehachse im Sockelgehäuse des Pumpenständers gelagert ist, so dass der Antriebsmechanismus in diesem Gehäuse geschützt liegt. Cylinderweite 64—102 mm.

Für die Gelenkverbindungen an Pumpenschwengeln hat H. Fauler in Freiburg (Baden) eine zweckmässige Einrichtung (D.R.P.

Kl. 59 No. 20954) angegeben, welche die Fig. 323 bis 328 verdeutlichen; es sind hierbei die leicht schlottrig werdenden Gelenkstifte oder Bolzen vollständig vermieden. Die Kolbenstange A wird mit ihren cylindrischen Enden a von der Seite aus in den punktirten Lagen in die cylindrischen Aussparungen b des Schwengels B, bezieh. des Kolbens C eingeschoben; in der Arbeitsstellung ist dann jede unerwünschte Bewegung ausgeschlossen. Die Verbindung des Schwengels mit der Stütze D geschieht dadurch, dass ersterer mit einer cylindrischen Aussparung seitlich auf das zapfenförmig gestaltete Ende der Stütze geschoben wird; eine vorgelegte, durch eine Schraube oder ein Niet festgehaltene Scheibe bildet

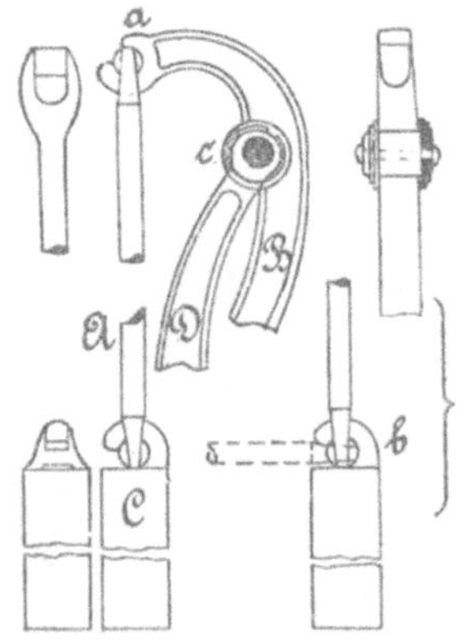

Fig. 323—328.

die seitliche Sicherung. Diese Gelenke bedürfen keiner Bearbeitung und werden wegen der grossen reibenden Flächen nur eine sehr geringe Abnutzung erleiden.

Bei Rohrbrunnen empfiehlt es sich, zwischen Saugrohr und Cylinder noch einen Kasten einzuschalten, in welchem sich der mitgerissene Sand absetzen kann.

Die Anordnung einer Saug- und Hubpumpe wird auch gewählt, um bei tief in einem Schacht aufzustellenden Pumpen das den Kolben treibende Gestänge hauptsächlich nur auf Zug zu beanspruchen und es somit aus dünnen Stangen oder Gasröhren herstellen zu können. Die Pumpe wird je nach Beständigkeit des Grundwasserspiegels etwa 3 m über demselben auf Holz- oder besser eiserne Träger gestellt; um die Pumpe muss ein durch Leitern zugänglich gemachter Bohlengang führen, damit sie nachgesehen werden kann. Der Betrieb solcher gewöhnlich zweicylindriger Tiefbrunnen-Pumpen erfolgt mittels Handkurbel und Zahnradvorgelege oder auch durch Riementrieb; die Antriebs- und Vorgelegewellen werden in einem über der Schachtmündung aufgestellten Bock gelagert. Solche

Pumpen werden gewöhnlich für Cylinderweiten von 80—210 mm, Kolbenhub 160—420 mm, ausgeführt. Der Betrieb kann auch durch ein Göpelwerk erfolgen.

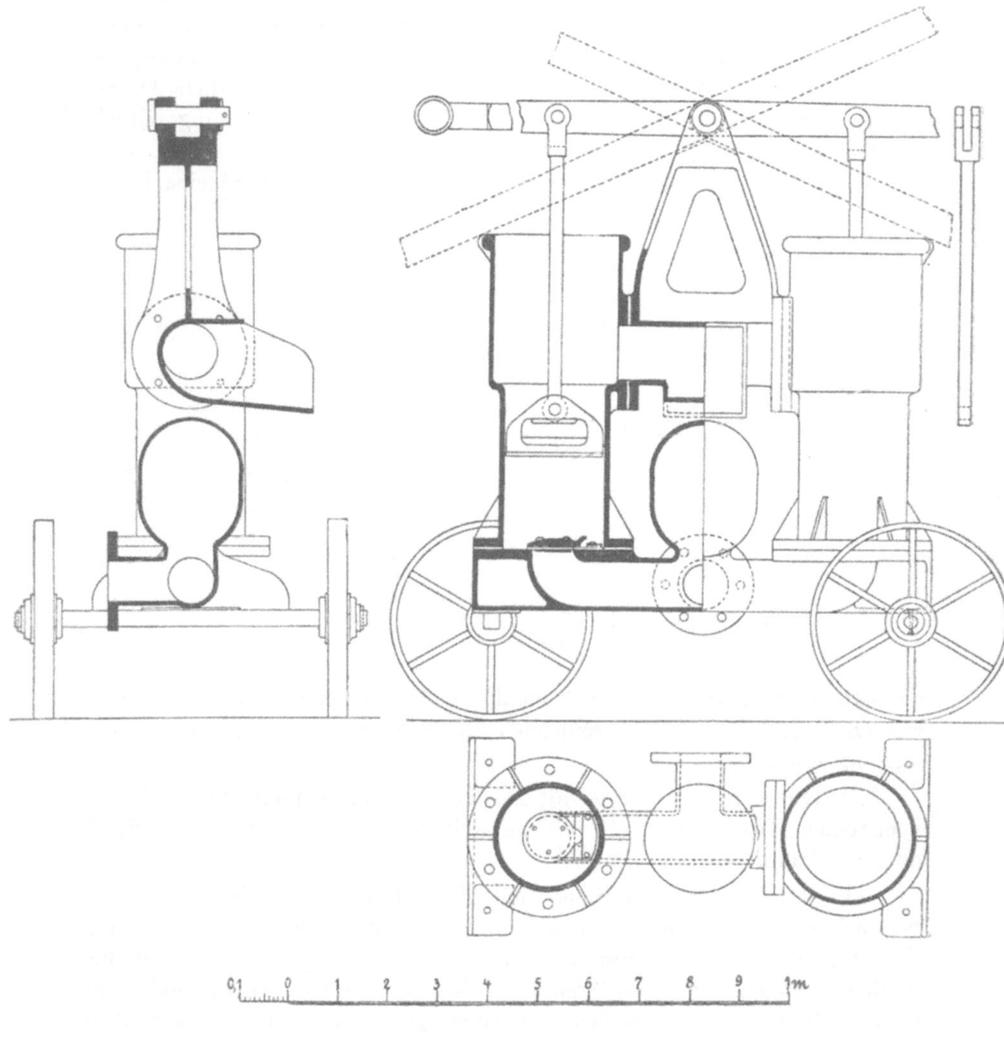

Fig. 329—331.

Es kommen ferner für Tiefbrunnen Pumpen nach Fig. 59 zur Verwendung, bei welchem ein durchbrochener Tauchkolben in zwei Cylindern arbeitet.

Für Bauzwecke zum Entleeren von Baugruben, zum Auspumpen

von Grundwasser u. dgl. findet insbesondere die Zwillingsanordnung der Hubpumpe Verwendung, wie sie die Fig. 329 bis 331 zeigen. Diese Pumpe wird entweder auf einem Balkenrahmen oder auf einem eisernen Rädergestell befestigt. Der Betrieb erfolgt durch Schwunghebel. Cylinderweite 130—260 mm, Hub 210—300 mm.

Bei Ueberwindung grösserer Druckhöhen, z. B. zum Füllen hochgelegener Behälter, muss der Cylinder oben geschlossen werden, so dass die Stange durch eine Stopfbüchse austritt; das Druckrohr wird dann fast durchgängig mit einem Windkessel versehen. Die Aufstellung kann in einer der beschriebenen Formen geschehen.

Bei Riemenbetrieb kann die Kurbelwelle auf einer Säule gelagert werden, welche zugleich als Windkessel dient. Die Kurbelwelle trägt dann eine Los- und eine Festscheibe, sowie eine Kurbelscheibe, die für verstellbaren Hub mit einigen Zapfenlöchern versehen ist, um je nach der zu überwindenden Druckhöhe die Förderung ändern zu können und damit eine nahezu gleiche, dem Riemenbetrieb entsprechende Betriebskraft zu erhalten.

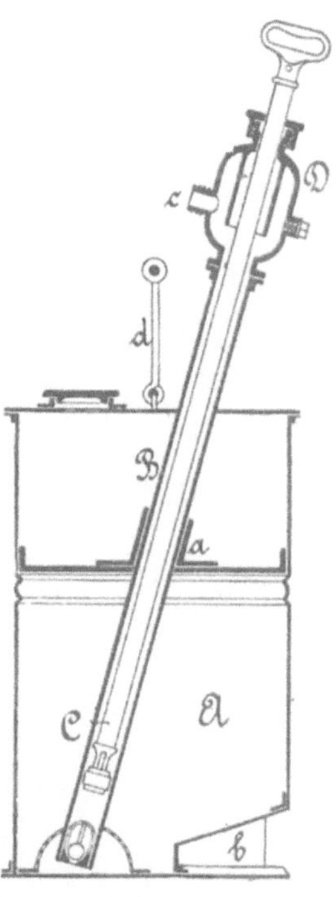

Fig. 332.

Für Spritzen wird auch die einfach wirkende Hubpumpe zur Verwendung gebracht. Ein Beispiel zeigt die in Fig. 332 dargestellte Einrichtung einer von O. Oeberg in Stockholm angegebenen (erloschenes D.R.P. Kl. 59 No. 2290) und von Ludin verbesserten Handpumpe (Zusatzpatent No. 15699). Dieselbe ist in einer im Saugbehälter A durch einen Steg befestigten Hülse mittels einer Klemmschraube festgehalten. Beim Betrieb wird A durch einen in die Vertiefung b zu setzenden Fuss festgehalten und der mit Kugelventil versehene Kolben C mittels eines Handgriffs im Cylinder B bewegt. Die Kolbenstange ist hohl und bildet mit der Erweiterung D des Cylinders den Druckwindkessel, der zur Erzielung einer möglichst gleichmässigen Flüssigkeitsbewegung in dem am Stutzen c angeschlossenen Druckschlauch nothwendig ist. Der Handgriff d dient zum Tragen der Spritze.

Auch zum Heben dickflüssiger Stoffe, wie z. B. Maische, Kalkmilch u. s. w. werden einfachwirkende Pumpen mit Ventilkolben verwendet und letztere dann mit Kugelventil versehen oder auch derart eingerichtet, dass an der Kolbenstange eine Scheibe mit kegelförmiger Sitzfläche befestigt ist und der Kolbenkörper sich lose gegen diese auf der Stange verschieben kann. Die Steuerung des Saugrohres erfolgt dabei durch ein Kugelventil. Während der Hubwirkung legt sich der ringförmige Kolbenkörper dicht gegen die erwähnte Scheibe, bildet also mit dieser einen vollen Kolben; beim Rückgange jedoch bleibt der Ring zurück, die Scheibe wird durch die Stange vorwärts getrieben, bis ein an dieser angebrachter Bund auch die Führungshülse des Ringes fasst und diesen gleichfalls mitnimmt. Es entsteht aber dabei eine Oeffnung zwischen Ring und Scheibe, so dass der Kolben frei durch die angesaugte Flüssigkeit dringen kann. Damit das Gewicht des Ringes nicht auf Oeffnen oder Schliessen wirkt, wird die Pumpe mit liegendem Cylinder aufgestellt.

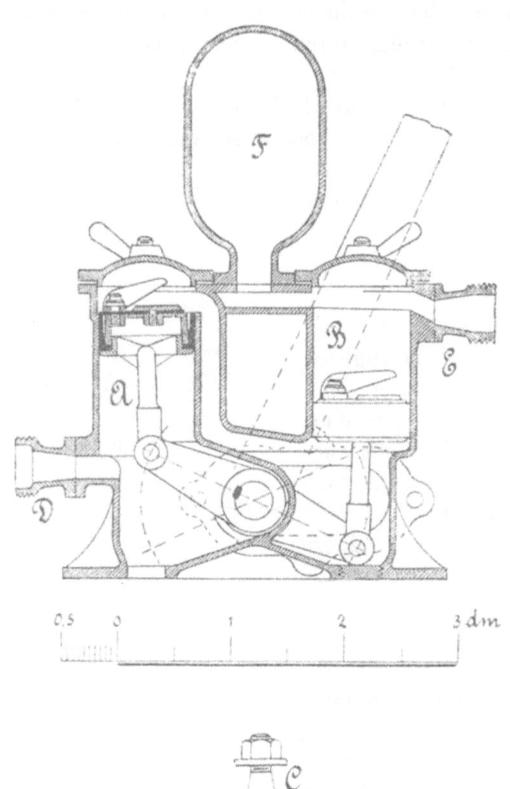

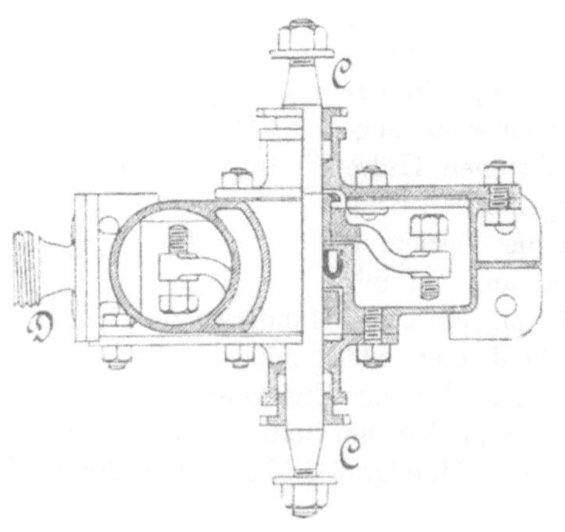

Fig. 333 und 334.

Die **Luft- oder Warmwasserpumpen** der mit Kondensation arbeitenden Dampfmaschinen werden auch vielfach mit einfacher Saug- u. Hubwirkung durch einen Ventilkolben ausgeführt; der Cylinder wird dann stehend angeordnet, für die Kolben- und die Druckventile werden Gummiklappen verwendet, auch gelegentlich Saugventile dieser Art angeordnet. Der Ventilsitz der letzteren bildet den Boden, derjenige der Druckventile den oberen Abschluss des gewöhnlich aus Bronze hergestellten und in das gusseiserne Gehäuse des Kondensators eingesetzten Cylinders.

Eine gedrängte Zwillingsanordnung zeigt die in den Fig. 333 u. 334 dargestellte Einrichtung einer Fabrik- oder Schiffspumpe. Durch zwei auf die Zapfen C einer Welle aufgesteckte Handhebel werden zwei mit Lederklappen versehene Kolben A und B bewegt, von denen abwechselnd je einer hebt und saugt, so dass für die gemeinschaftliche Saugleitung D und Druckleitung E Doppelwirkung entsteht. Der Druckwindkessel ist zwischen den Cylindern angeordnet, die Kolben sind leicht zugänglich.

Die unterste Pumpe bei Wasserhaltungsmaschinen mit Gestängebetrieb wird gewöhnlich als Hubsatz mit einfacher Saug- und Hubwirkung ausgeführt, durch welche zusammen das Wasser aus dem Sumpf bis auf etwa 50 m gehoben werden kann. Eine grössere Förderhöhe wendet man nicht an, da sonst die Dichthaltung des Kolbens zu schwierig ist. Letzterer wird mit Hanf oder Leder gedichtet und mit Lederklappen oder Metallventilen versehen. Da das treibende Gestänge durch das Steigrohr geführt wird, also für die Kolbenstange keine Stopfbüchse nothwendig wird, so kann die Pumpe auch unter Wasser arbeiten. Um das Saugventil und den Kolben dann nachsehen zu können, lassen sich beide durch das Steigrohr nach oben herausziehen und in gleicher Weise wieder einbringen. Näheres über diese Pumpen findet sich in dem angegebenen Werk von v. Hauer.

Die einfachwirkende Saug- und Hubpumpe wird auch bei Entwässerung tiefliegender Landstrecken benutzt und verdeutlichen die Fig. 335 bis 338 eine bei holländischen Anlagen zur Aufstellung gekommene Pumpe grosser Abmessung. Kolben und Saugventil zeigen besondere Eigenthümlichkeiten, ersterer wird an zwei Gelenkketten aufgezogen, für die Dichtung ist nur ein Lederstulp angebracht; die Kolbenventile bestehen aus zwei Klappen, in welchen je eine zweite Klappe angebracht ist; diese Anordnung zeigt auch das Saugventil. Die geöffnete Stellung der Klappen ist punktirt angegeben. Der Cylinder wird in das Unterwasser gestellt, das vom Kolben gehobene Wasser fliesst über den Rand des Cylinders in den Ableitungskanal.

Für Wasserbeschaffung aus Brunnenschächten, die so eng sind, dass sie nicht befahren werden können, oder aus eingesenkten tiefführenden Röhren, eignet sich die Saug- und Hubpumpe mit hohlem Tauchkolben (System Fig. 44), an welchem unmittelbar das Steigrohr befestigt ist. Dieses führt sich in einer den Schacht abdeckenden Platte, an welcher mittels Stangen der Cylinder befestigt und durch einen Handhebel in auf- und niedergehende Bewegung versetzt wird. Der Cylinder liegt dann im Schacht und kann auch ganz unter Wasser gesetzt werden; in welchem Falle dann das Saugrohr fortfällt. Diese Pumpenform kann auch doppeltwirkend nach System Fig. 59 gebaut werden, Cylinderweite ∞ 80 mm, Hub ∞ 160 mm.

Für Wasserförderung werden für die vorbeschriebenen Saug- und Hubpumpen gewöhnlich Lederklappen als Kolbenventile verwendet, für

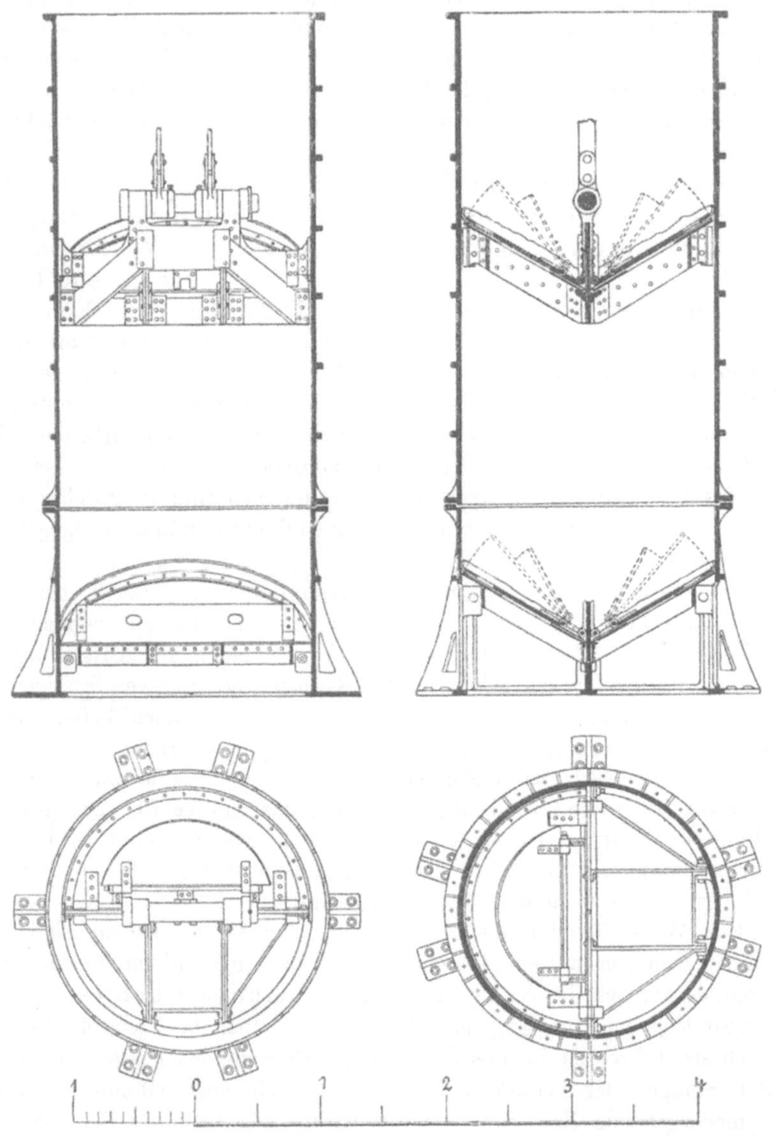

Fig. 335—338.

Jauchepumpen jedoch Kugelventile. Statt des Handschwengels wird auch die Bewegung mittels Kurbel in der Form angeordnet, dass der Handgriff an der Speiche eines Schwungrades sitzt.

Für die Wasserhaltung ist die einfachwirkende Saug- und Hubpumpe mit hohlem Tauchkolben nach Rittinger's Angabe, zuerst gebaut von Althanns, vielfach zur Anwendung gekommen, insbesondere auf

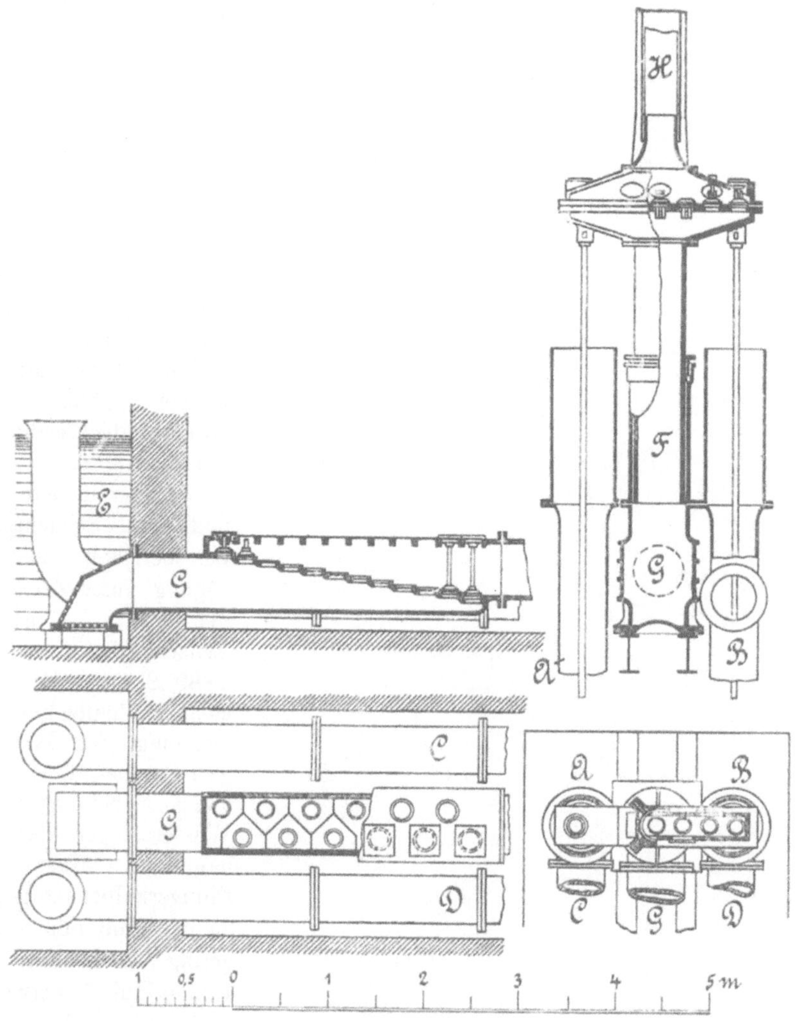

Fig. 339—342.

schlesischen und westfälischen Bergwerken. Das Steigrohr ist zugleich Gestänge. Ein Beispiel einer solchen Einrichtung bieten die Fig. 339 bis 342, welche einer von Althanns angegebenen Anordnung entsprechen. Zwei Saugsätze A und B giessen das von ihnen geförderte Wasser durch

Fig. 343 und 344.

die Röhren C und D in den Sumpf E, aus welchem der Drucksatz F durch das Rohr G saugt. Das in Bewegung gesetzte Steigrohr H bildet die Fortsetzung des hohlen Tauchkolbens F. Um eine möglichst kleine Durchgangsgeschwindigkeit zu erhalten, sind die Ventilkästen im Querschnitt verhältnissmässig gross gemacht und in ihnen mehrere kleine Tellerventile von kleiner Hubhöhe angeordnet, die leicht zugänglich sind.

Ueber neuere Abteuf- und Schachtpumpen berichtet unter Beifügung guter Zeichnungen Frerichs in der Zeitschr. d. Ver. d. Ing. 1889, S. 649. Hiernach steht der häufigeren Anwendung der Rittinger-Pumpen für Abteufzwecke bei grösseren Wassermengen das unhandliche Mass des Plungerkolbens entgegen, da der Hub nur relativ gering sein kann. Bei 1,25 m Hub sind etwa 15 Hübe minutlich erreichbar, man erzielt somit nur 37,5 m Geschwindigkeit in der Minute. C. Hoppe in Berlin hat neuerdings Rittinger-Pumpen mit im Plunger liegendem Ventil gebaut.

Einen Fortschritt gegenüber den gewöhnlichen Drucksätzen bildet die von Hoppe in Berlin für den Myslowitz-Schacht erbaute, in Fig. 343 und 444 dargestellte Pumpe, welche von einer einfachen, direktwirkenden Maschine betrieben wird; sie zeichnet sich durch grössere Einfachheit und geringeres Raumbedürfniss aus.

Nach Art der Rittinger-Pumpe hat Büchl in Nürnberg (erloschenes D.R.P. Kl. 59 No. 571) zuerst eine vielfach in Gebrauch befindliche Handspritze angefertigt, deren Einrichtung Fig. 345 verdeutlicht. Der hohle Ventilkolben A wird durch Anfassen bei a in dem Cylinder B auf- und abbewegt, wobei letzterer mit der anderen Hand festgehalten wird. Ein allerdings nur kleiner Windkessel ist durch den Raum zwischen dem eingesetzten Rohrstück b und den oberen Cylindertheil c geschaffen. An den Cylinder schliesst einerseits der ein Kugelventil enthaltende Saugstutzen C, andererseits das Spritzenmundstück d an; statt des letzteren kann auch eine Brause aufgesetzt werden, welche beim Nichtgebrauch auf den Ring e gesteckt wird. Die ganze Einrichtung wird aus Messing hergestellt.

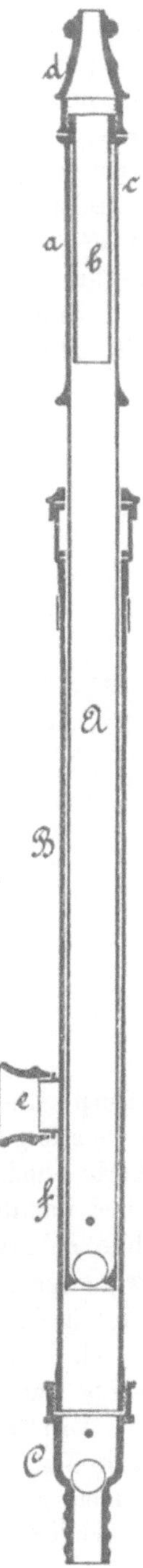

Fig. 345.

Doppeltwirkende Pumpen mit Doppelkolben (Differentialpumpen) nach den Fig. 45, 46 und 48 werden ausgeführt, wenn für den Auf- und Niedergang nahezu dieselbe Betriebskraft und die gleiche Förderung erhalten werden soll. Wird der Querschnitt f des Tauchkolbens halb so gross als der des Cylinders gemacht, so wird bei jedem einfachen Hub dieselbe Flüssigkeitsmenge nach dem Druckrohr gefördert. Dann wird aber die Kolbenkraft nur nahezu gleich gross, wenn die Saughöhe gleich Null ist. Ist dies nicht der Fall, so kann die für den Auf- und Niedergang erforderliche Betriebskraft nur gleich werden, wenn f entsprechend grösser als F/2 gemacht wird. Gegenüber den doppeltwirkenden Pumpen mit geschlossenem Scheibenkolben (Fig. 42) haben die Pumpen der Systeme Fig. 46 u. 48 den Vortheil, dass nur zwei Ventile nothwendig sind. Die zweitgenannte Anordnung (Fig. 48) hat jedoch den Nachtheil, dass das Kolbenventil schwer zugänglich ist; sie ist nur für kleinere Förderhöhen zweckmässig und wird als Luftpumpe für Kondensations-Dampfmaschinen und zur Wasserförderung für Fabrikzwecke ausgeführt. Die Fig. 346 verdeutlicht die Einrichtung einer Luftpumpe, wie sie auch bei Schiffsmaschinen angeordnet wird. Kolben und Cylinder sind aus Bronze, der Obertheil ist aus Gusseisen hergestellt; für die Ventile sind, wie bei Luftpumpen fast durchgängig, Gummiklappen angewendet. Die schmiedeiserne Treibstange ist an dem Kolben gelenkig befestigt, das Auge der ersteren mit einer Bronzebüchse versehen; das Gelenk wird aus Schmiedeisen gebildet. Um den Lieferungsgrad möglichst gross zu erhalten, müssen die schädlichen Räume möglichst klein gemacht werden; es lässt sich dies in der dargestellten Weise durch Anordnung der Ventile im Boden und Deckel des Cylinders erreichen.

Eine Zwillingsanordnung von Pumpen vorgenannter Art ist durch die Fig. 347 und 348 verdeutlicht und kann in dieser Gestalt als Fabrik-

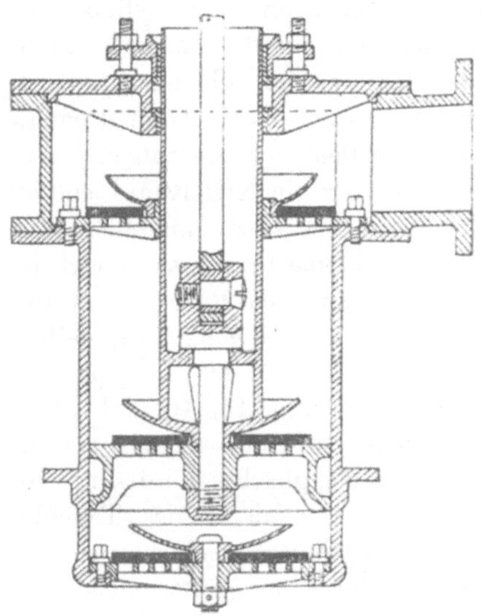

Fig. 346.

pumpe dienen. Die Steuerung ist durch Lederklappen erzielt; der Antrieb erfolgt durch einen Balancier, welcher von einer Welle aus durch Kurbel und Schubstange in Bewegung gesetzt wird. Diese Welle kann dabei unmittelbar durch das Kurbelgetriebe einer Kraftmaschine mit oder ohne Zahnradübersetzung oder auch von dem Triebwerk der Fabrik bewegt werden. Die Säule, welche die Lager der Balancierachse trägt, dient in ihrem oberen Theil als Druck-, in ihrem unteren als Saugwindkessel. An dem ersteren ist ein Wasserstandsglas, sowie eine kleine Luftpumpe zur Erneuerung des Luftinhaltes angebracht.

Einfachwirkende Druckpumpen mit zwei geschlossenen Kolben nach Fig. 50 werden nur in seltenen Fällen verwendet, da sie im Allgemeinen gegenüber der sonst gebräuchlichen Aufstellung zweier einfachwirkender Scheibenkolben-Pumpen nebeneinander den Nachtheil des

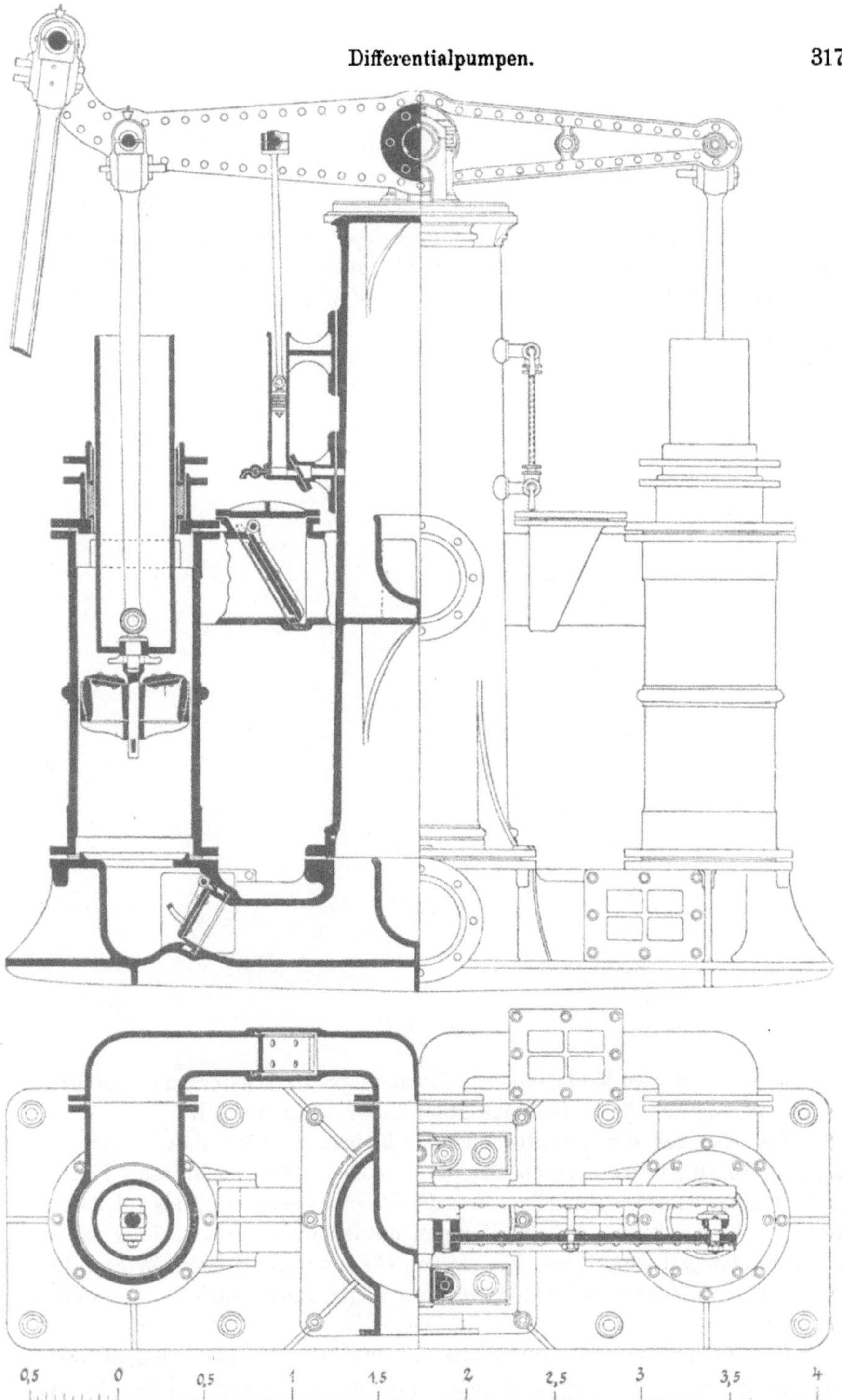

Fig. 347 und 348.

zur Kolbenbewegung nothwendigen umständlichen Gestänges haben. Für Feuerspritzen hat z. B. Lippold zwei Pumpen der Art Fig. 50 nebeneinander aufgestellt und zwischen den Cylindern den Ventilkasten angeordnet, welcher für jede Pumpe ein Saug- und ein Druckventil enthält (vgl. Fig. 349). Hier entsteht gegenüber der für Feuerspritzen meist gewählten Zwillingspumpe der Vortheil, dass bei gleichem Kolbenhub, also gleichem Weg der von der Pumpen-Mannschaft bethätigten Druck-

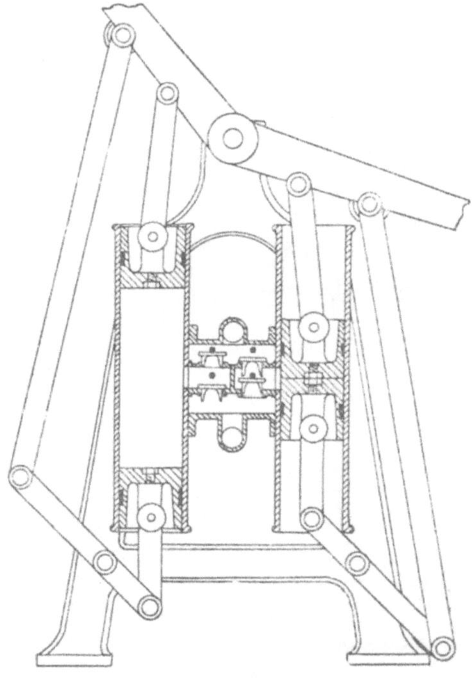

Fig. 349.

stangen und gleichem Kolbenquerschnitt die doppelte Wassermenge gefördert wird und zugleich der schädliche Raum sehr klein ausfällt.

Der Vortheil des verhältnissmässig kleinen Kolbenhubes ist auch bei Membranpumpen massgebend, bei welchen der metallische Kolben mittels eines Lederringes gegen den Cylinder befestigt ist, also der Hub nur gering sein kann. Solche Pumpen werden daher zweckmässig in der vorgenannten Art ausgeführt, wie die von Geerts angegebene, in Fig. 350 und 351 verdeutlichte Schlammpumpe zeigt, welche auch Priesterpumpe genannt wird.

Die Kolben werden durch die in zwei Lagern geführten Kolbenstangen getragen und gegen- bezieh. auseinander bewegt. Diese Pumpe

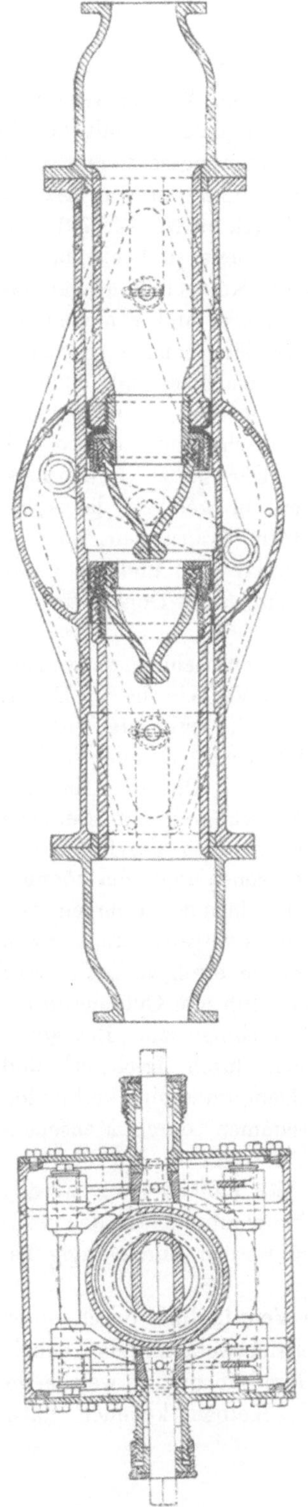

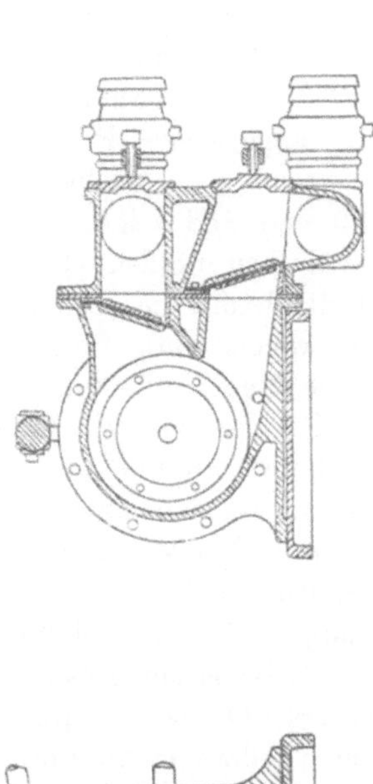

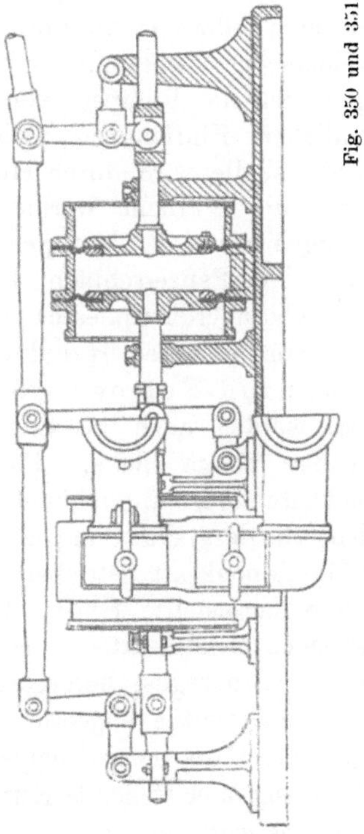

Fig. 350 und 351.

Fig. 352 und 353.

wird zur Förderung von schlammigem oder sandigem Wasser verwendet und mündet dann das Saugrohr oben, das Druckrohr unten, damit sich in dem Cylinder kein Sand ablagert, sondern derselbe mit weggeschwemmt wird.

Mit zwei hohlen Tauchkolben nach Fig. 52 ist die von Michel in Paris angegebene Pumpe (erloschenes D.R.P. Kl. 59 No. 14479) versehen, welche zum Heben dicker Flüssigkeiten dient und hierzu, wie Fig. 352 und 353 zeigen, mit Lippenventilen aus Kautschuk ausgerüstet ist. Die Kolben werden abwechselnd einander genähert und von einander entfernt durch die um Zapfen der hohlen Kolbenverlängerungen greifenden Stangen, welche ihre Bewegung durch mittels Stehbolzen mit einander verbundene Hebel erhalten, die in Schwingungen um eine Achse versetzt werden. Der Pumpencylinder ist mit Schlitzen versehen, in welchen sich die erwähnten Zapfen auf- und abbewegen. Der ganze Bewegungsmechanismus ist von einem Gehäuse umschlossen, in welchem die Achse gelagert ist und aus dem nur die Enden derselben heraustreten, so dass die einzelnen Theile gegen Verunreinigung geschützt sind und die ganze Anordnung wenig Raum einnimmt, trotzdem sie durch ihre Doppelwirkung eine verhältnissmässig grosse Leistung ergibt.

Mehrkolbige Pumpen werden insbesondere auf Schiffen verwendet, da sie eine gedrängte Anordnung erhalten, also den Verkehr in den Decks, in welchen sie aufgestellt sind, wenig behindern. Die häufigste Verwendung finden die Pumpen von Downton und Stone. Erstere ist ihrer wesentlichen Einrichtung nach in Fig. 53 skizzirt. Die im Obertheil gelagerte Welle wird durch Handkurbeln oder Schwungrad mit Handgriff gedreht; die Kurbeln werden für grosse Pumpen auch durch Wellenkröpfungen ersetzt, so dass gleichzeitig 10 bis 20 Personen angreifen können; für die bei Panzerschiffen zur Verwendung kommenden Pumpen von 230 mm Cylinderdurchmesser werden mehrere Zahnradvorgelege angeordnet, so dass von mehreren Handkurbeln aus der Antrieb erfolgen kann. Für die Downton-Pumpen grösster Abmessungen (305 mm Cylinderdurchmesser) werden auch besondere kleine Dampfmaschinen zur Bewegung verwendet; einige kleinere Pumpen können auch durch Triebwerk und ausrückbare Räder untereinander und mit einer Dampfmaschine verbunden werden, so dass die Pumpen einzeln oder zusammen durch Menschen- oder Maschinenkraft getrieben werden können. Für die in den Fig. 354 und 355 dargestellte Stone-Pumpe, welche vier Kolben hat, werden die gleichen Betriebsarten angewendet. Beide Pumpenformen werden vollständig in Bronzeguss hergestellt, zur Steuerung werden durchgängig belederte Metallventile angeordnet.

Bei der Downton-Pumpe werden die drei Ventilkolben durch unter 120^0 zu einander stehende Kurbelzapfen der Antriebswelle mittels Kurbelschleifen bewegt; letztere laufen in seitlichen Geradführungen, welche im Obertheil des Gehäuses angebracht sind. Die Kolben kommen nach einander zur Wirkung und zwar jeder während ungefähr einer Drittelsdrehung der Welle. In der oberen Endstellung findet der Formung des Kurbelzapfens und der Kurbelschleife entsprechend für jeden Kolben eine Hubpause statt, welche ungefähr die Dauer von einer Sechsteldrehung hat. Der Kolbenhub wird nicht genau gleich dem Durchmesser des Kurbel-

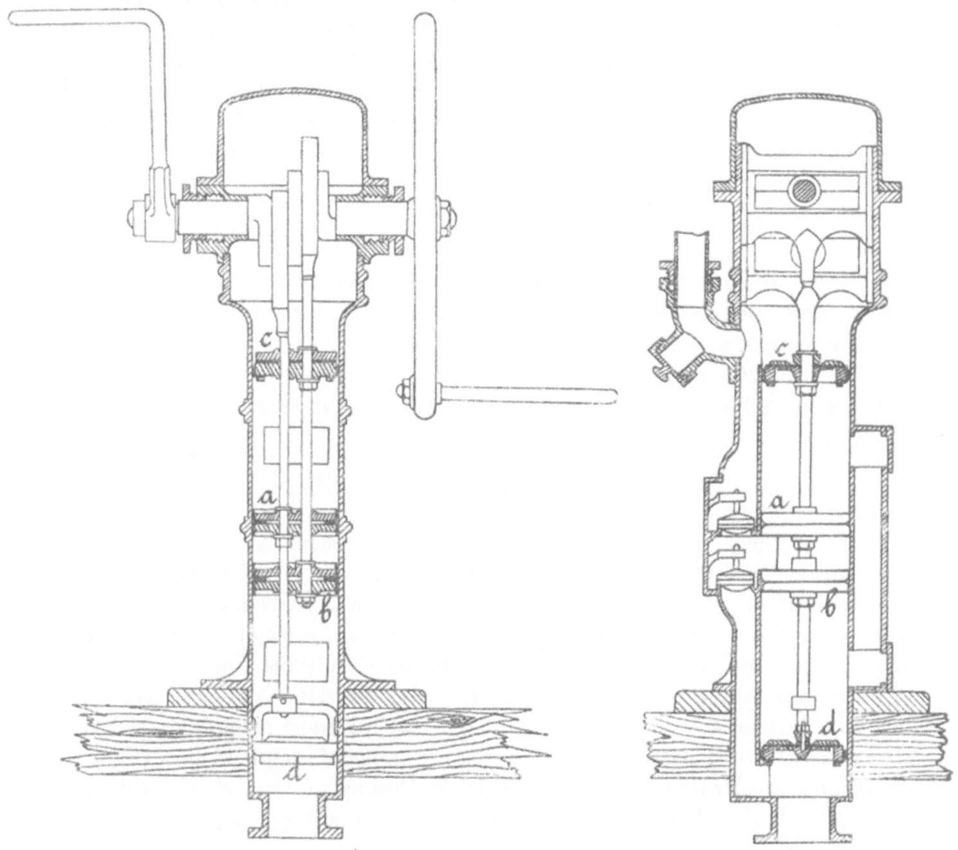

Fig. 354 und 355.

kreises, sondern, wie eine genaue Untersuchung ergibt, etwa um 0,03 dieses Durchmessers kürzer. Demnach ist, wenn r den Kurbelhalbmesser bedeutet, die von der Pumpe in einer Sekunde geförderte Wassermenge bei einem Lieferungsgrad von 0,95, wie er für Pumpen mit kurzer Leitung durch Versuche ermittelt wurde,

$$Q = 0{,}95 \cdot 3 \frac{\pi D^2}{4} 1{,}97\, r \frac{n}{60} = 0{,}0735\, D^2 r n\,.$$

Bei der Stone-Pumpe sind je ein geschlossener und ein durchbrochener, mit Klappen versehener Kolben durch eine Stange mit einander verbunden; beide Stangen werden durch je eine Kurbelschleife bewegt; die Antriebswelle ist hierzu doppelt gekröpft und stehen die Kurbelzapfen unter 180^0 gegen einander versetzt. Die Kurbelschleifen laufen seitlich in Geradführungen. Es ergibt sich nun für eine Umdrehung folgende Förderung: Kolben b und c seien in ihrer höchsten Stellung, Kolben a und d sind dann in ihrer tiefsten. Bei der Drehung der Kurbelwelle um 180^0 saugen nun die Kolben a, b und d je eine Menge FS an und zugleich drücken dieselben Kolben je die gleiche Menge in das Steigrohr. Bei der zweiten Halbdrehung wirken die Kolben a, b und c saugend und drückend, so dass also bei einer ganzen Drehung theoretisch die Menge $6\frac{\pi D^2}{4}2r$ gefördert wird, also dreimal soviel als eine doppeltwirkende Pumpe mit einem Kolben von gleichem Hub und Durchmesser zu heben vermag; dabei sind ausser den Kolbenventilen nur noch zwei leicht zugängliche Ventile nothwendig.

Bei einem Lieferungsgrad von 0,95, der sich jedoch bei langen Leitungen auf 0,8 verringert, wird die in 1 Sekunde geförderte Wassermenge

$$Q = 0{,}95 \,.\, 6\frac{\pi D^2}{4}\, 2\, r \frac{n}{60} = 0{,}15\, D^2 r\, n\,.$$

Es fördert also die Stone-Pumpe bei gleichem Kolbendurchmesser und gleichem Hub in gleicher Zeit über doppelt so viel Wassermenge als die Downton-Pumpe. Somit wird bei gleichem Kraftbedarf für dieselbe Lieferung die erstgenannte Pumpenform erheblich kleiner und daher leichter als die zweite. Ferner ist der Bewegungsmechanismus bei der Stone-Pumpe wesentlich einfacher, die Abnutzung desselben kleiner, also die Dauerhaftigkeit grösser, weshalb die Downton-Pumpe neuerdings vielfach verdrängt worden ist. Allerdings ist die Gleichförmigkeit der Wasserbewegung im Druckrohr bei der letzteren Pumpe grösser, doch wird dies etwas durch die Wirkung des Windkessels, als welcher der obere Raum des Gehäuses zu betrachten ist, aufgehoben.

Die gebräuchlichen Abmessungen beider Pumpenarten sind folgende:

	Downton	Stone
Cylinderdurchmesser	114—230 mm,	114—178 mm,
Kolbenhub	82—114 mm,	102—114 mm.

Bei Handbetrieb wird die Antriebswelle mit ungefähr 40 Umdrehungen in der Minute bewegt. Nähere Mittheilungen über die hier kurz erläuterten Schiffspumpen finden sich in Busley's Werk über „Die Schiffsmaschine".

Doppeltwirkende Saug- und Druckpumpen nach dem System

Fig. 54 werden insbesondere als Luftpumpen für Kondensations-Dampfmaschinen und als Wasserwerkspumpen ausgeführt. Eine bemerkenswerthe Einrichtung der letzteren Art hat Corliss in Providence, N. A., angegeben (erloschenes D.R.P. Kl. 59 No. 9702). Wie die Fig. 356 und 357 zeigen, mündet das Saugrohr in eine Kammer, welche in ihrem oberen Theile als Saugwindkessel wirkt. Mehrere Querrippen dienen zur Verstärkung dieses Gehäuses und tragen den besonders eingesetzten Pumpencylinder, in dessen Wandung zahlreiche Ventile aus Phosphorbronze nach Art der Fig. 153 sitzen, von denen die unteren nach innen, die oberen nach aussen sich öffnen. Der Tauchkolben ist in einem kurzen Cylinderstück geführt, zur

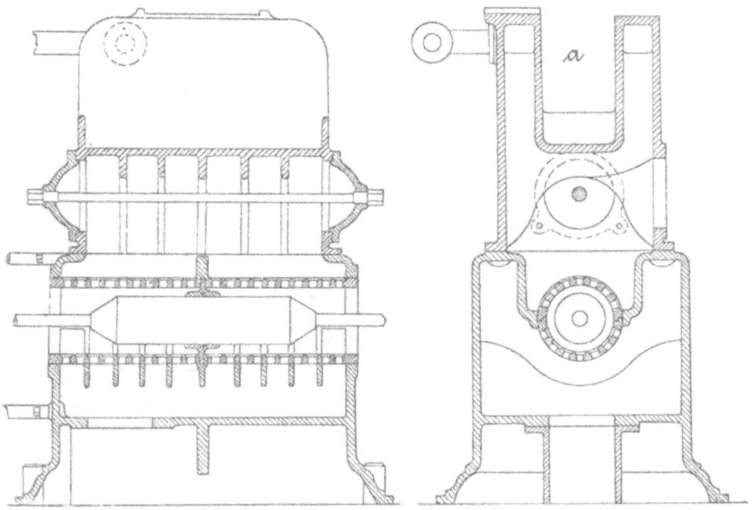

Fig. 356 und 357.

Dichtung ist ein federnder Ring eingelegt. Ueber dem Cylinder liegt der Druckraum, dessen oberer Theil als Druckwindkessel wirkt. Dieses Gehäuse trägt die Lager der Schwungradwelle, welche von der den Dampfmaschinenkolben und Tauchkolben unmittelbar verbindenden Stange durch ein Hebelwerk in Drehung versetzt wird. Hierbei ist allerdings die Anordnung so gedacht, dass zwei Pumpen beschriebener Art neben einander stehen und das Schwungrad zwischen beiden Platz findet; die an den Enden der Welle befindlichen Kurbeln für den Antrieb derselben laufen dann in den Vertiefungen a des Druckwindkessels. Dieser ist durch mehrere Querrippen versteift, die dadurch gebildeten Räume sind oben durch Löcher in den Rippen verbunden. Die seitlich angebrachten Mannlochdeckel des Druckgehäuses werden durch eine starke Stange und aufgeschraubte Muttern festgehalten.

Solche Pumpen sind mit sehr gutem Erfolge für das Wasserwerk der Stadt Essen mit 230 mm Kolbendurchmesser und 762 mm Hub in Ausführung gekommen; die Schwungradwelle soll in der Minute 50 Um-

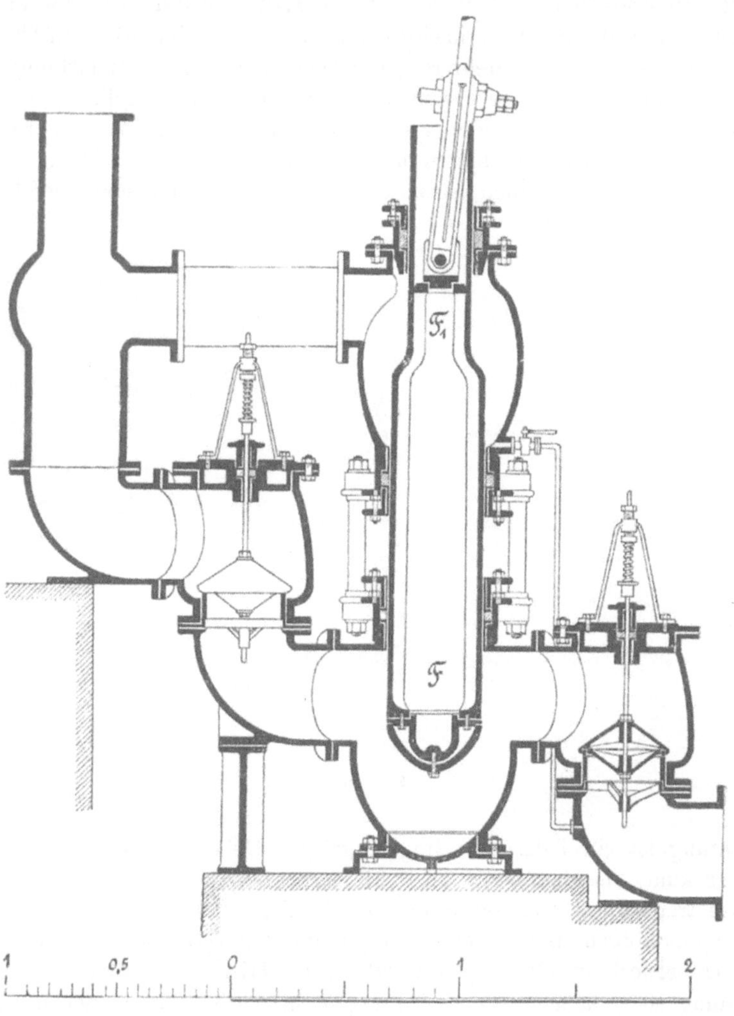

Fig. 358.

drehungen machen (vgl. Zeitschrift des Vereins deutscher Ingenieure 1886, S. 951).

Auch die auf Taf. III dargestellte Pumpe von Worthington (vgl. S. 362) ist nach dem System Fig. 54 gebildet. Ein weiteres Beispiel bietet die in Fig. 311 und 312 verdeutlichte Finje'sche Kastenpumpe.

Zu den zweicylindrigen Pumpen gehört auch die Einrichtung, welche Dubuc für die Wasserversorgung von Saigon angegeben hat (vgl. Armengaud's Publication industrielle Bd. 27, S. 529). Wie Fig. 358 verdeutlicht, bewegt sich in einem Cylinder ein Tauchkolben vom Querschnitt F, in einem zweiten ein Doppelkolben, dessen Querschnitte F und F_1 sind. Beim Aufgang wird theoretisch die Wassermenge FS angesaugt und gleichzeitig die Menge $(F-F_1)$ S nach dem Druckrohr gefördert, beim Niedergang wird die Menge FS vom unteren Kolben durch das Druckventil gepresst; hiervon fliesst ein Theil $(F-F_1)$ S in den im oberen

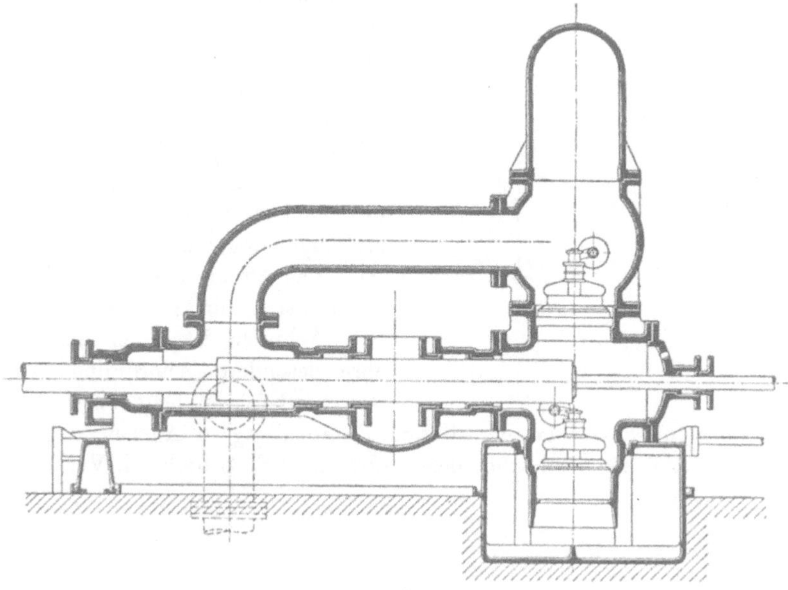

Fig. 359.

Cylinder gleichzeitig freiwerdenden Raum, so dass nur eine Wassermenge F_1S nach dem Druckrohr gelangt. Wäre $(F-F_1)\,S = F_1S$ oder $F = 2F_1$, so wäre die Förderung beim Auf- und Niedergang gleich gross; in der Ausführung ist jedoch $F_1 > F/2$, damit, wie früher schon erörtert, die Kolbenkraft für den Aufgang, welche noch die Saugwirkung zu leisten hat, ungefähr gleich derjenigen für den Niedergang wird. Die Pumpe fördert nicht mehr, als eine einfachwirkende Druckpumpe vom Kolbenquerschnitt F, jedoch vertheilt sich die Betriebsarbeit auf den Auf- und Niedergang. Gegenüber der sonst für Wasserwerkspumpen gebräuchlichen Zwillingsanordnung (vgl. Fig. 289) hat die von Dubuc angegebene Einrichtung wohl den Vortheil, dass nur zwei Ventile nothwendig sind; jedoch wird sie für die gleiche Leistung in ihren Abmessungen bedeutend grösser und ergibt eine sehr ungleichförmige Bewegung im Druckrohr, somit erhebliche Arbeitsverluste in Folge nutzloser Beschleunigung des Wassers.

Besonders zu erwähnen ist die von Riedler mehrfach (siehe Zeitschr. d. Ver. d. Ing. 1895 S. 404) angewendete Konstruktion für horizontal angeordnete Differentialpumpen, welche in Fig. 359 und 360 wiedergegeben ist. Wesentlich hierbei ist der Umstand, dass das Druckrohr nicht vom Druckventilkasten, sondern vom Cylinder des kleinen Kolbens aus abgezweigt ist; hierdurch wird vermieden, dass das Wasser in dem Verbindungsrohr zwischen Ventilkasten und Cylinder des kleinen Kolbens hin und her schwingt, wie das der Fall ist, sobald das Druckwasser vom Druckventilkasten direkt abgeführt wird.

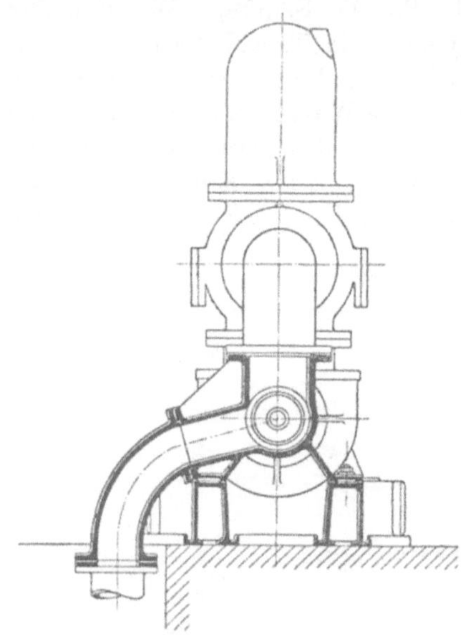

Fig. 360.

Aehnlich ist auch die durch ihre besondere Anordnung bemerkenswerthe, von Gutermuth konstruirte Pumpwerksanlage der Station Brandenburg in Aachen disponirt; nur stehen hier die Pumpencylinder aufrecht. S. Zeitschr. d. Ver. d. Ing. 1892 S. 1538.

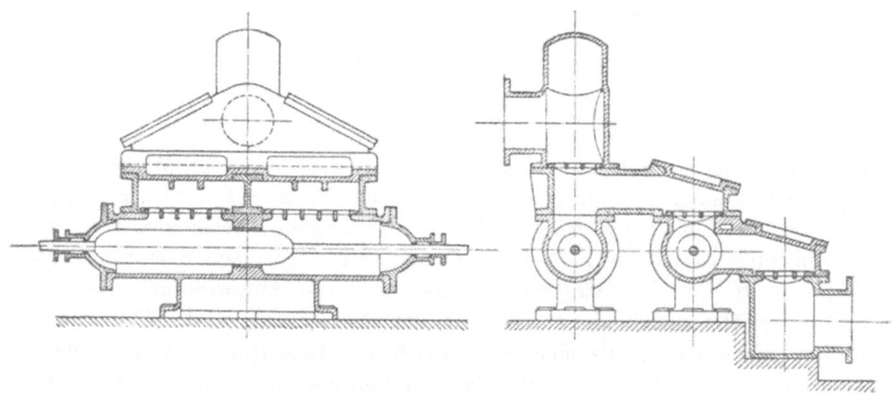

Fig. 361 und 362.

Die Fig. 361 und 362 stellen in zwei Querschnitten die bereits S. 57 wegen ihrer gleichmässigen Förderung erläuterte Pumpe von H. Jandin dar. Abweichend von dem dort erwähnten Typus mit 2 Scheibenkolben ist hier eine Pumpe mit 2 Taucherkolben vorgeführt, die ihren Antrieb von zwei unter 120^0 versetzten Kurbeln aus erhalten. Bei der gezeichneten Anordnung kann alle Luft gut entweichen. Durch Anwendung kleiner federbelasteter Ventile, etwa nach Fig. 150 oder 153, lassen sich hohe Umlaufszahlen erreichen. Weitere Ausführungen, auch für sandige und Schleussenwässer, siehe a. a. O. S. 404.

Die Vereinigung einer einfachwirkenden Saug- und Hubpumpe mit Ventilkolben und einer einfachwirkenden Saug- und Druckpumpe mit geschlossenem Kolben kann entweder in der durch Fig. 57 dargestellten Anordnung geschehen oder derart, dass die Cylinder unmittelbar hintereinander liegen und an ihrer Vereinigung das Druckrohr mündet; es muss aber dann der geschlossene Kolben kleiner als der Ventilkolben sein.

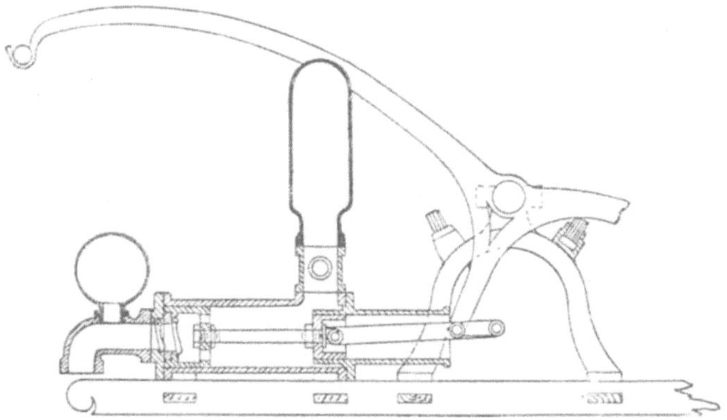

Fig. 363.

Eine solche Einrichtung hat Julius Müller in Döbeln patentirt erhalten (erloschenes D.R.P. Kl. 59 No. 7547) und wird von genanntem für Spritzen ausgeführt; Fig. 363 zeigt die Anordnung. Die Wirkungsweise ist diejenige der Pumpe Fig. 48; es ist hier nur statt des Tauchkolbens der Scheibenkolben angebracht. Die Pumpe zeichnet sich durch geringen schädlichen Raum aus, kann also leicht ansaugen; ferner werden die Bewegungswiderstände des Wassers bis zum Druckrohr gering, da es sich in nahezu gleicher Richtung bewegt. Gegenüber der gebräuchlichen Anordnung mit offenem Cylinder hat die vorbeschriebene jedoch den Nachtheil, dass Saugventil und Kolbenventil schwer zugänglich sind, was gerade für Feuerspritzen von Bedeutung ist.

Doppeltwirkende Pumpen der in Fig. 59 skizzirten Art werden nur als Schachtpumpen ausgeführt und zwar entweder in der Anordnung, wie Fig. 59 angibt, oder so, dass der Doppelkolben auch an dem unteren, als Cylinder wirkenden Theil der feststehenden Rohrleitung aussen entlang gleitet. Hierbei müssen aber die aussen abgedrehten Cylinder auch verschiedene Durchmesser haben, wie es bei der Anordnung nach Fig. 59 der Fall ist; ferner ist wie bei letzterer Einrichtung das Druckventil so anzuordnen, dass es leicht zugänglich ist.

Berechnung eines Pumpwerkes.

Für eine Wasserversorgungsanlage sei ein Pumpwerk zu berechnen, welches während einer täglichen Betriebsdauer von 12 Stunden 8000 cbm

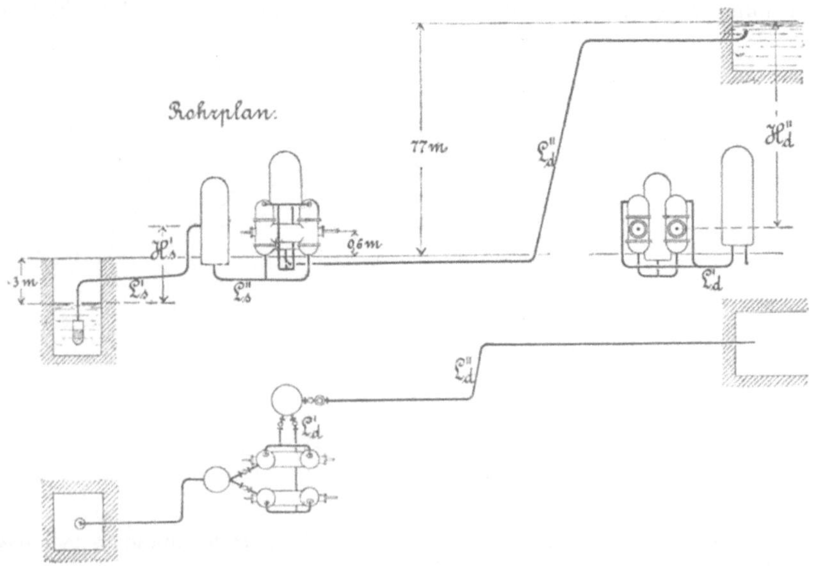

Fig. 364 und 365.

Wasser aus einem Sammelbrunnen, der 300 m von dem Maschinenhause entfernt liege, in einer 1800 m langen Druckleitung nach einem Hochbehälter fördere. Entsprechend den örtlichen Verhältnissen sei die Sohle des Maschinenhauses 3 m, der höchste Wasserstand im Hochbehälter 80 m über dem Spiegel im Sammelbrunnen anzunehmen, ferner die Rohrleitung nach dem in Fig. 364 und 365 angegebenen Rohrplane anzuordnen.

Ausrechnung: Die in der Sekunde zu liefernde Wassermenge beträgt 0,185 cbm; es werde nun angenommen, dass zwei doppeltwirkende Pumpen mit geschlossenem Scheibenkolben die verlangte Leistung ausführen sollen.

Wird entsprechend der Bemerkung auf S. 52 berücksichtigt, dass nur etwa 0,9 der angesaugten Wassermenge thatsächlich zum Ausfluss in den Hochbehälter kommen, so muss jede Pumpe in der Sekunde die Wassermenge

$$Q = \frac{0{,}185}{2 \,.\, 0{,}9} = 0{,}103 \text{ cbm}$$

aus dem Sammelbrunnen entnehmen.

Unter Annahme einer mittleren Kolbengeschwindigkeit $v_m = 1{,}3$ m muss somit die wirksame Kolbenfläche

$$\frac{0{,}103}{1{,}3} = 0{,}079 \text{ qm}$$

betragen, so dass, wenn man berücksichtigt, dass durch den Querschnitt der Kolbenstange etwa 2 % der Kreisfläche $\frac{\pi D^2}{4}$ unwirksam werden, der Kolbendurchmesser sich aus der Gleichung

$$1{,}02 \,.\, 0{,}079 = \frac{\pi\, D^2}{4},$$

also zu

$$D = 0{,}32 \text{ m}$$

ergibt. Der Kolbenhub S werde zu 2,2 D = 0,7 m angenommen, dann wird die Zahl der Doppelhübe in der Minute aus Gleichung 69

$$n = \frac{30\, v_m}{S} = \frac{30 . 1{,}3}{0{,}7} = 56.$$

Für die Berechnung des Durchmessers der beiden Pumpen gemeinschaftlichen Saug- und Druckleitung sei die Wassergeschwindigkeit in ersterer zu 1,1 m, in letzterer, um bei der grossen Länge möglichst enge Röhren und damit eine billige Anlage zu erhalten, zu 1,5 m angenommen. Dann ergibt sich der Durchmesser der Saugleitung aus der Gleichung

$$\frac{\pi\, D_s'}{4}\, v_s' = 2\, Q \text{ zu}$$

$$D_s' = \sqrt{\frac{8 \,.\, 0{,}103}{\pi\; 1{,}1}} = 0{,}488 \text{ m},$$

und der Durchmesser der Druckleitung zu

$$D_d'' = \sqrt{\frac{8 \,.\, 0{,}103}{\pi\; 1{,}5}} = 0{,}418 \text{ m}.$$

Mit Bezug auf die Röhrentabelle S. 115 werden diese berechneten Weiten abzurunden sein und zwar auf die Werthe

$$D_s' = 0{,}5 \text{ m}, \quad D_d'' = 0{,}425 \text{ m}.$$

Die wirklichen Wassergeschwindigkeiten werden dann für das gemeinschaftliche Saugrohr $v_s' = 1{,}05$ m,
und für das gemeinschaftliche Druckrohr $v_d'' = 1{,}45$ m.

Unter Annahme derselben Geschwindigkeiten für die Leitungsstücke, welche nur je einer Pumpe angehören, ergibt sich

für den Durchmesser dieses Theils der Saugleitung $D_s'' = 0{,}35$ m,
„ „ „ „ „ „ Druckleitung $D_d' = 0{,}30$ m.

Die Rohrtabelle S. 115 gibt für die Wandstärken δ der Leitungen, entsprechend deren Durchmesser, folgende Werthe an:

Rohrweite = 0,5 0,425 0,35 0,30 m,
δ = 16 14,5 14 13 mm.

Für die Saugleitungstheile kann die angegebene normale Wandstärke von 16 bezieh. 14 mm beibehalten werden; für die Druckleitung jedoch ist es für die angegebene Druckhöhe von 77 m und mit Berücksichtigung des Umstandes, dass der hydraulische Druck in der Leitung den der Förderhöhe entsprechenden Druck bedeutend übersteigen wird, nothwendig, die Wandstärke grösser, als sie die Tabelle angibt, zu nehmen.

Es kann zur Bestimmung die Formel 73 benutzt werden, bezieh. die danach berechnete Tabelle S. 92. Für $\mathfrak{S} = 100$ kg und unter der Annahme, dass der hydraulische Druck auf 1 qcm vielleicht bis zu 10 kg steigen wird, ergibt sich dann $\frac{\delta}{D_d} = 0{,}0467$, also die Wandstärke

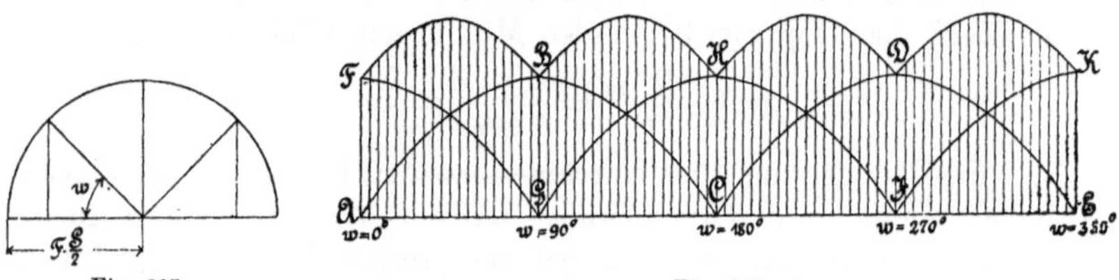

Fig. 367. Fig. 366.

für $D_d' = 0{,}3$ m, $\delta = 14$ mm,
für $D_d'' = 0{,}425$ m, $\delta = 20$ mm.

Diese Abmessungen würden auf 18 bezw. 24 mm aufzurunden sein.

Die in der Sekunde von einer Pumpe geförderte Wassermenge wurde zu 0,103 cbm berechnet. Vorausgesetzt, dass die Bewegung der Kolbenstangen durch Triebstangen von zwei um 90° versetzten und mit gleichbleibender Winkelgeschwindigkeit sich drehenden Kurbeln erfolgt, so werden die Kolben nicht gleichförmig bewegt werden, sondern ihre Geschwindigkeit wird sich entsprechend den Ausführungen auf S. 55 zu $v_x = V \sin w$ ergeben, wenn der Einfluss der Treibstangenlänge vernachlässigt und mit V die gleichbleibende Geschwindigkeit der Kurbelwarze bezeichnet wird.

Die in der Zeit dt angesaugte Wassermenge ist nach den Erläuterungen S. 56 gleich $F \frac{S}{2} \sin w \, dw$. In welcher Weise bei der vorliegenden doppeltwirkenden Pumpe dieser Ausdruck sich während einer Kurbeldrehung ändert, kann zweckmässig durch Schaulinien verdeutlicht werden, wie S. 56 angegeben wurde. In Fig. 366 ist diese Darstellung ausgeführt.

Auf der Abscissenachse sind die Werthe der Kurbeldrehwinkel w aufgetragen, als Ordinaten sind die Werthe $F \frac{S}{2} \sin w$ mit Hülfe der Fig. 367 ermittelt. Es gibt dann die Fläche (ABCDE) ein Mass für die bei einer Kurbeldrehung durch eine Pumpe geförderte Wassermenge. Wegen der Versetzung der Kurbeln um 90^0 ergibt die Fläche (AFGHIKE) die von der zweiten Pumpe geförderte Wassermenge, somit wird durch Summirung der Ordinaten die schraffirte Fläche erhalten, welche der gesammten Förderung während einer Kurbeldrehung entspricht und gleich 2 FS sein muss.

Die Berechnung der **Kraft**, welche an der Kolbenstange angreifen muss, um die Förderung zu bewirken, ist nach Gleich. 50 für die doppeltwirkende Pumpe $(P_a)_x = (P_s)_x + (P_d)_x$.

Wird vorausgesetzt, dass die Kolbenstange zur besseren Führung des Kolbens nach beiden Seiten in gleicher Stärke abgeführt wird, so ergibt sich für den Hin- und Rückgang des Kolbens dieselbe Kolbenkraft, also wird $(P_a)_x = (P_n)_x$.

Da die Pumpen mit genügend grossen Windkesseln ausgerüstet werden und die Bewegung der Kolbenstange von einer Kurbel aus erfolgen soll, deren Umfangsgeschwindigkeit als gleichförmig anzusehen ist, so sind für die Berechnung der zur Saug- und zur Druckwirkung nothwendigen Kraft die Formeln 22 und 23 zu benutzen, also

$$(P_s)_x = F\gamma\left((H_s)_x + \frac{(1+\zeta_s')(v_s')_x^2}{2g} + \zeta_s''\frac{(v_s'')_x^2}{2g} + \frac{L_s'' + S_x + \sigma S}{g}\, b_x\right) + R_x \pm G + \frac{G}{g}\, b_x;$$

$$(P_d)_x + F\gamma\left((H_d)_x + \zeta_d')\frac{(v_d')_x^2}{2g} + \zeta_1''\frac{(v_d'')_x^2}{2g} + \frac{L_d' + S - S_x + \sigma S}{g}\, b_x\right) + R_x \pm G + \frac{G}{g}\, b_x.$$

Hierbei ist jedoch zu berücksichtigen, dass in der Summe beider Kräfte, also für die Bestimmung der thatsächlich an der Kolbenstange zu äussernden Kraft die Werthe G und $\frac{G}{g} b_x$ nur einmal zu rechnen sind, und dass für den ersteren Werth nicht das Gewicht des Kolbens und der Kolbenstange, sondern wegen der wagerechten Anordnung der Pumpe nur die durch dieses Gewicht entstehende Reibung G f an den Führungen der Stange zu setzen ist.

Es wird sich nun empfehlen, den Verlauf der in jedem Augenblick sich ändernden Kolbenkraft durch Schaulinien darzustellen, wie es in Fig. 71 bis 75 für eine einfachwirkende Pumpe gezeigt worden ist.

Aus den Gleich. 50, 22 und 33 ergibt sich:

$$(P_a)_x = F\,\gamma \left[(H_s)_x + (H_d)_x + (1 + \zeta_s') \frac{(v_s')_x^2}{2g} + \zeta_s'' \frac{(v_s'')_x^2}{2g} + \zeta_d' \frac{(v_d')_x^2}{2g} \right.$$
$$\left. + \zeta_d'' \frac{(v_d'')_x^2}{2g} + \frac{L_s'' + L_d' + S + 2\,\sigma S}{g}\, b_x \right] + R_x + G\,f + \frac{G}{g}\, b_x .$$

Wegen der wagrechten Anordnung der Pumpe ist die Saughöhe $(H_s)_x$ und die Druckhöhe $(H_d)_x$ während des ganzen Kolbenweges gleich gross

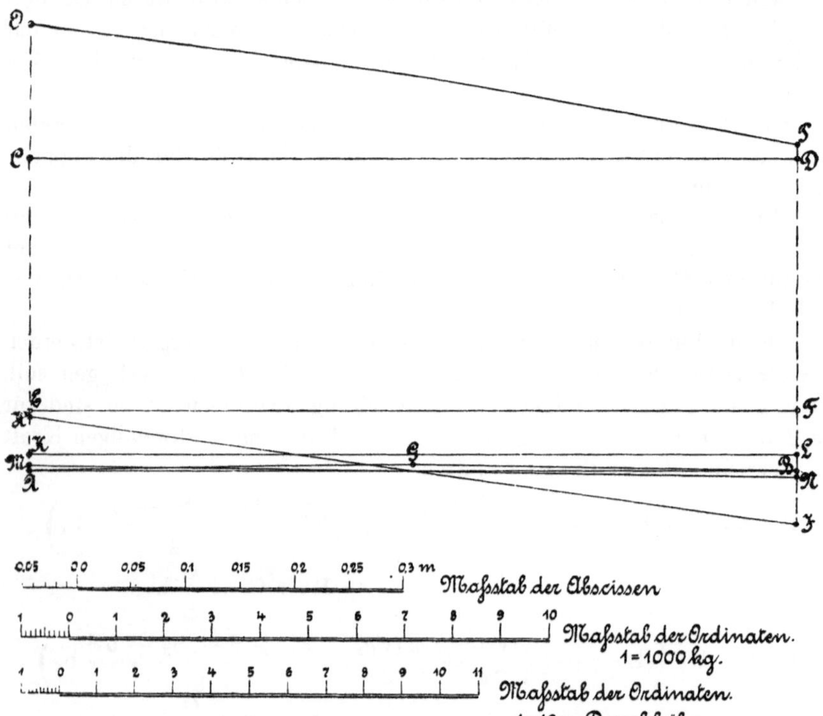

Fig. 368.

und kann von dem Spiegel im Sammelbrunnen, bezieh. im Hochbehälter, bis zur Cylindermittellinie gerechnet werden. Wird letztere 0,6 m über die Sohle des Maschinenhauses gelegt, so ist

$$(H_s)_x = 3{,}6\ \mathrm{m}\,, \quad (H_d)_x = 76{,}4 ,$$

somit

$$(H_s)_x + (H_d)_x = 80\ \mathrm{m} .$$

Für die Verzeichnung der Schaulinien sei nun angenommen, dass als Abscissen die Kolbenwege, als Ordinaten die den Kräften entsprechenden Druckhöhen aufgetragen werden; hierbei sind beliebige Massstäbe zu wählen, wie solche nebenbei angegeben sind. Die Druckhöhe $H = 80$ m ergibt dem Massstab der Ordinaten entsprechend in Fig. 368 die Höhe AC, und da der Werth von $(H_s) + (H_d)$ während des Kolbenweges gleich gross bleibt, so ergibt sich die Gerade CD als zur Abscissenachse parallel.

Die Geschwindigkeiten im gemeinschaftlichen Saug- und gemeinschaftlichen Druckrohr v_s' und v_d'' können, da genügend grosse Windkessel angeordnet werden sollen, als gleichbleibend angenommen werden, somit ist

$$v_s' = 1{,}05 \text{ m}, \quad v_d'' = 1{,}45 \text{ m}.$$

Dagegen ergibt sich

$$v_s'' = \frac{F}{F_s''} v_x = \frac{0{,}079}{0{,}096} v_x = 0{,}823\, v_x \text{ und } v_d' = \frac{F}{F_d'} v_x = \frac{0{,}079}{0{,}071} v_x$$
$$= 1{,}113\, v_x;$$

entsprechend der Kurbelbewegung ist

$$v_x = V \sin w;$$

die gleichbleibende Umfangsgeschwindigkeit der Kurbelwarze ergibt sich aus

$$V = \frac{\pi S n}{60} = \frac{\pi\, 0{,}7\; 56}{60} = 2{,}05 \text{ m}.$$

Die Widerstandsvorzahlen ergeben sich in folgender Weise:

$$\zeta_s' = \zeta_1' + \zeta_2 + \zeta_3',$$
$$\zeta_s'' = \zeta_1'' + \zeta_3'' + \zeta_4 + \zeta_5,$$
$$\zeta_d' = \zeta_6 + \zeta_7' + \zeta_8 + \zeta_9'$$
$$\zeta_d'' = \zeta_7' + \zeta_9'' + \zeta_{10}.$$

Die einzelnen Widerstandsvorzahlen berechnen sich aus folgendem:

Für den Widerstand beim Durchfliessen des Saugkorbes sei ζ_1' zu 1 angenommen. Der Widerstand der Ventile lässt sich nicht berechnen, da bei den gegebenen grossen Rohrdurchmessern mehrfache Ventile nothwendig werden und über solche die Versuche von Weisbach und Bach keinen zahlenmässigen Aufschluss geben. Um jedoch einen Annäherungswerth für die Vorzahl ζ_2 (Fussventil), ζ_4 (Saugventil) und ζ_8 (Druckventil) zu erhalten, sei der Werth für ein Tellerventil ohne untere Führung berechnet.

Für dieses ist nach S. 197

$$\zeta_v = \alpha + \beta \left(\frac{d}{i}\right)^2.$$

Wird das Verhältniss der Hubhöhe i zum Durchmesser zu $\frac{1}{4}$ angenommen,

$\alpha = 0{,}55$ (unter Annahme, dass die Dichtungsbreite $b < 0{,}1 \cdot d_u$ sein wird),
$\beta = 0{,}15$ gesetzt, so wird

$$\zeta_v = 0{,}55 + 0{,}15 \,.\, 16 = 2{,}95;$$

um sicher zu gehen, sei dieser Werth auf 4 erhöht.

Dem Rohrplan Fig. 364 und 365 entsprechend, sei die Länge der Rohrleitung vom Sammelbrunnen bis zum Saugwindkessel zu $L_s' = 297$ m, von diesem zum Ventilkasten für jede Pumpe zu $L_s'' = 3$ m, von diesem zum Druckwindkessel für jede Pumpe zu $L_d' = 7$ m und von diesem bis zum Hochbehälter $L_d'' = 1793$ m angenommen; ferner seien auf dem ersten Theil der Saugleitung 6 rechtwinklige Krümmer, auf dem zweiten Theil 2 rechtwinklige, 2 flache Krümmer und ein Wasserschieber für jede Pumpe gerechnet, schliesslich seien auf dem ersten Theil des Druckrohres 6 rechtwinklige, 2 flache Krümmer und je 1 Schieber, auf dem zweiten Theil 6 rechtwinklige Krümmer, 1 Rückschlagventil und 1 Schieber vorhanden. Die Widerstandsvorzahlen seien entsprechend den Angaben S. 189—194 genommen:

für die rechtwinkligen Krümmer		$= 0{,}215$,
„ „ flachen	„	$= 0{,}1$,
„ „ Wasserschieber		$= 0{,}1$,
„ das Rückschlagventil		$= 4{,}0$.

Dann wird unter Annahme einer Reibungsvorzahl $\lambda = 0{,}03$:

$$\zeta_3' = 0{,}03 \frac{297}{0{,}5} + 6 \,.\, 0{,}215 = 19{,}1\,;$$

$$\zeta_3'' = 0{,}03 \frac{3}{0{,}35} + 2 \,.\, 0{,}215 + 2 \,.\, 0{,}1 + 0{,}1 = 1{,}0\,;$$

$$\zeta_9' = 0{,}03 \frac{7}{0{,}3} + 6 \,.\, 0{,}215 + 3 \,.\, 0{,}1 + 0{,}1 = 2{,}3\,;$$

$$\zeta_9'' = 0{,}03 \frac{1793}{0{,}425} + 6 \,.\, 0{,}215 + 4 + 0{,}1 = 132{,}0.$$

ζ_5 und ζ_6 entsprechen der Reibung im Cylinder und ergeben sich aus

$$\zeta_5 = \zeta_6 = 0{,}03 \frac{S}{2\,D} = 0{,}03 \frac{0{,}7}{2 \,.\, 0{,}32} = 0{,}033.$$

ζ_1'' entspricht dem Widerstand beim Eintritt aus dem Saugwindkessel in die anschliessende Rohrleitung,

ζ_7' und ζ_7'' entsprechen dem Widerstand beim Eintritt in die beiden Theile der Druckleitung. Es kann bei gut ausgerundeten Mündungen $\zeta_1'' = \zeta_7' = \zeta_7'' = 0{,}1$ gesetzt werden.

Der Widerstand beim Austritt aus dem Druckrohr fällt weg, wenn dortselbst keine Verengung der Mündung durch Seiher, Brause oder dergl. angeordnet ist, somit ist $\zeta_{10} = 0$.

Es ergibt sich also

$$\zeta_s' = 1 + 4 + 19{,}1 = 24{,}1,$$
$$\zeta_s'' = 0{,}1 + 1 + 4 + 0{,}033 = 5{,}1,$$
$$\zeta_d' = 0{,}033 + 0{,}1 + 4 + 2{,}3 = 6{,}4,$$
$$\zeta_d'' = 0{,}1 + 132 = 132{,}1.$$

Somit berechnet sich

$$\frac{(1 + \zeta_s')\,(v_s')_x^2}{2\,g} = \frac{25{,}1 \,.\, 1{,}1}{19{,}62} = 1{,}4\,,$$

$$\frac{\zeta_d''(v_d'')_x^2}{2g} = \frac{132,1 \cdot 2,1}{19,62} = 14,1 .$$

Die Summe beider Werthe ist also 15,5 m, welcher Druckhöhenverlust, in der Schaulinie Fig. 368 aufgetragen, die Gerade EF gibt.

Ferner wird

$$\zeta_s'' \frac{(v_s'')_x^2}{2g} = 5,1 \cdot 0,823^2 \frac{v_x^2}{2g} = 3,5 \frac{v_x^2}{2g} = 0,75 \sin^2 w;$$

$$\zeta_d' \frac{(v_d')_x^2}{2g} = 6,4 \cdot 1,113^2 \frac{v_x^2}{2g} = 7,94 \frac{v_x^2}{2g} = 1,7 \sin^2 w.$$

Die Summe beider Druckhöhen wird somit $2,45 \sin^2 w$. Diesem Ausdruck entspricht eine Parabel, deren Ordinaten in der Fig. 368 entsprechend dem gewählten Massstabe recht klein werden; es genügt daher in vorliegendem Falle, die Parabel als flache Kurve A G B zu zeichnen, deren grösste Ordinate im Scheitel für $w = 90^0$ der Höhe 2,45 m entspricht.

Es wird ferner unter Annahme von $\sigma = 0,5$

$$\frac{L_s'' + L_d' + S + 2\sigma S}{g} b_x = \frac{3 + 7 + 0,7 + 2 \cdot 0,5 \cdot 0,7}{9,81} b_x = 1,16\, b_x.$$

Der Werth von b_x ist am Anfang der Bewegung $= \frac{2V^2}{S} = 12$, am Ende derselben $= -12$; der vorstehende Ausdruck gibt daher in der Schaulinie Fig. 368 aufgetragen eine Gerade HJ, deren Anfangsordinate der Höhe 13,92 m und deren Endordinate der Höhe $-$ 13,92 m entspricht.

Die Kolben- und Stopfbüchsenreibung kann für die Druck- und Saugseite zusammengefasst werden; es ist dann, wenn Lederliderung am Kolben und an der Stopfbüchse vorausgesetzt wird, nach Gleich. 80:

$$R = f\pi\, p\,(D\, a + d\, a').$$

Die Reibungsvorzahl f kann nach S. 112 zu 0,1 genommen werden; der Kolbendurchmesser ist $D = 0,32$ m, der Stangendurchmesser wird etwa $d = 0,05$ m werden, die Liderungsbreite a am Kolben und diejenige a' in der Stopfbüchse kann etwa zu 40 mm, bezieh. 60 mm angenommen werden. Der Flächendruck ist

$$p = \frac{H}{1000} = \frac{80}{1000} = 0,08,$$

demnach wird

$$R = 0,1\, \pi\, 0,08\, (320 \cdot 40 + 50 \cdot 60) = 397 \text{ kg}.$$

Das Gewicht des Kolbens und der Stange kann auf 100 kg geschätzt werden; dann ist bei einer Reibungsvorzahl von 0,1 der Reibungswiderstand $= 10$ kg.

Die Summe der Reibungswiderstände ist somit 407 kg; um sie in die Schaulinie Fig. 368 einzutragen, ist zu beachten, dass als Ordinaten derselben die Druckhöhen in m genommen sind, bezogen auf den gleichbleibenden Faktor $F\gamma = 0{,}079 \,.\, 1000$; es ist somit die den Reibungswiderständen am Kolben und an der Kolbenstange entsprechende Druckhöhe in m gleich $\frac{407}{79} = 5{,}1$, welchem Werth die Ordinate der Geraden KL zu entsprechen hat.

Der Werth $\frac{G}{g} b_x$ ergibt sich (vgl. S. 88) in der Schaulinie als Gerade MN, deren Anfangsordinate dem Werth

$$\frac{G}{g}\frac{2V^2}{S} = \frac{100}{9{,}81}\frac{2 \,.\, 2{,}05^2}{0{,}7} = 122 \text{ kg}$$

und deren Endordinate demjenigen von — 122 kg entspricht; die Anfangs- und Endordinaten sind daher nach vorhergehendem als die Druckhöhen $\frac{122}{79} = 1{,}6$ m, bezieh. — 1,6 m aufzutragen und geben die Gerade MN.

Die Summirung der Ordinaten gibt eine Kurve OP, deren Verlauf die Aenderung der Kolbenkraft während des Kolbenweges deutlich zeigt und zugleich erkennen lässt, dass bei Beginn des Hubes diese Kraft den grössten Werth hat. Derselbe ergibt sich aus Gleich. 50 nach Einsetzung der ermittelten Grössen zu

$$(P_a)_{max} = 0{,}079 \,.\, 1000\,[80 + 1{,}4 + 14{,}1 + 13{,}92] + 397 + 10 + 122 = 9172 \text{ kg}.$$

Die Berechnung der thatsächlich erforderlichen A r b e i t, gemessen an der Kolbenstange, erfolgt mit Hülfe der Formeln 26, 41, 52 und 53. Es ist für die vorliegende doppeltwirkende Saug- und Druckpumpe zunächst

$$P_a S = P_n S = P_s S + P_d S$$

nach Gleich. 52, bezieh. 53;

$$P_s S = F S \gamma \left[H_s + \frac{(v_s')^2}{2g} + \zeta_s' \frac{(v_s')^2}{2g} + 1{,}645\left(\zeta_s''\left(\frac{F}{F_s''}\right)^2 - 1\right)\frac{v_m^2}{2g}\right] + (R_s \pm G)\,S$$

nach Gleich. 26;

$$P_d S = F S \gamma \left[H_d + 1{,}645\left(1 + \zeta_d'\left(\frac{F}{F_d'}\right)^2\right)\frac{v_m^2}{2g} + \zeta_d'' \frac{(v_d'')^2}{2g}\right] + (R_d \mp G)\,S$$

nach Gleich. 41.

Es wird also, da für G der Reibungswiderstand Gf zu setzen ist

$$P_a S = F S \gamma \Bigg[H_s + H_d + (1 + \zeta_s')\frac{(v_s')^2}{2g} + \zeta_d'' \frac{(v_d'')^2}{2g} + 1{,}645 \frac{v_m^2}{2g}\left[\zeta_s''\left(\frac{F}{F_s''}\right)^2 + \zeta_d'\left(\frac{F}{F_d'}\right)^2\right]\Bigg] + (R_s + R_d + Gf)\,S\,.$$

Für die Bildung des letzten Gliedes ist zu beachten, dass der Reibungswiderstand durch das Gewicht des Kolbens und der Kolbenstange nur einmal zu rechnen ist.

Die Werthe eingesetzt gibt:

$$P_a S = 0{,}079 \,.\, 0{,}7 \,.\, 1000 \left(3{,}6 + 76{,}4 + (1 + 24{,}1) \frac{1{,}05^2}{2 \,.\, 9{,}81}\right.$$
$$\left. + 132{,}1 \frac{1{,}45^2}{2 \,.\, 9{,}81} + 1{,}645 \frac{1{,}3^2}{2 \,.\, 9{,}81} \left[5{,}1 \left(\frac{0{,}079}{0{,}096}\right)^2 + 6{,}4 \left(\frac{0{,}079}{0{,}071}\right)^2\right]\right)$$
$$+ (397 + 10)\, 0{,}7.$$

Hierbei ist für $R_s + R_d$ der vorher berechnete Werth R_x gesetzt.

Die Ausrechnung ergibt:

$$P_a S = 55{,}3\,(80 + 17{,}1) + 284{,}9 = 5655 \text{ mkg}.$$

Die Betriebsarbeit in Pferdestärken wird demnach für eine Pumpe:

$$N_e = 2\, P_a S \frac{n}{75 \,.\, 60} = 2 \,.\, 5655 \frac{56}{75 \,.\, 60} = 141.$$

Die theoretisch nothwendige Arbeit ergibt sich aus

$$N_t = \frac{Q\, H\, \gamma}{75} = \frac{0{,}103 \,.\, 80 \,.\, 1000}{75} = 110.$$

Somit würde der Wirkungsgrad der Pumpe nebst Leitung sein:

$$\eta = \frac{110}{141} = 0{,}78.$$

Um den Wirkungsgrad der Pumpe allein zu bestimmen, sind die auf S. 85 angegebenen Bemerkungen zu beachten.

Es würden sich demnach die Vorzahlen ζ_s' und ζ_d'' ändern, indem für die Längen L_s' und L_d'' nur diejenigen Werthe anzunehmen wären, welche den zu überwindenden Höhen entsprechen; ferner sind diejenigen Krümmer, welche nicht unmittelbar an der Pumpe liegen, nicht zu rechnen. Demnach würde sich, wenn für L_s' die Saughöhe 3,6 m, für L_d'' die Druckhöhe 76,4 m gesetzt wird, ergeben:

$$\zeta_3' = 0{,}03 \frac{3{,}6}{0{,}5} + 0{,}215 = 0{,}43, \text{ rund } 0{,}5 \text{ statt } 19{,}1;$$

$$\zeta_9'' = 0{,}03 \frac{76{,}4}{0{,}425} + 2 \,.\, 0{,}215 + 4 + 0{,}1 = 9{,}9 \text{ statt } 132{,}0$$

somit wird

$$\zeta_s' = 5{,}5 \text{ statt } 24{,}1,$$
$$\zeta_d'' = 10 \text{ statt } 132{,}1.$$

Die Werthe von ζ_s'' und ζ_d' ändern sich nicht, da sie Leitungstheilen entsprechen, welche der Pumpe zugehören.

Die Arbeit, welche für die Ueberwindung der hydraulischen Widerstände in den Rohrleitungen nothwendig ist, die nicht zur Pumpe selbst gerechnet werden können, ergibt sich daher zu

$$F\,S\,\gamma\left[(24{,}1-5{,}5)\frac{(v_s')^2}{2g}+(132-10)\frac{(v_d'')^2}{2g}\right]$$
$$=0{,}079\,.\,0{,}7\,.\,1000\,.\,14{,}2=785\text{ mkg.}$$

Es sind daher nur (5655—785) = 4870 mkg für die Pumpe selbst zu rechnen, was einer Betriebsarbeit von 121 e entspricht.

Der Wirkungsgrad der Pumpe ist somit

$$\eta_p=\frac{110}{121}=0{,}91;$$

derjenige der Leitung wird dann

$$\eta_l=\frac{\eta}{\eta_p}=\frac{0{,}78}{0{,}91}=0{,}86.$$

In der Schaulinie Fig. 368 wird die während eines Kolbenhubes nothwendige gesammte Betriebsarbeit einer Pumpe sich durch die Fläche AOPB darstellen, dieselbe muss somit durch Ausmessen unter Berücksichtigung der Massstäbe gleichfalls 5655 mkg ergeben.

Es wird nunmehr nothwendig sein, nachzuweisen, dass die gewählte mittlere Kolbengeschwindigkeit $v_m = 1{,}3$ m nicht zu gross ist, dass also weder ein Wasserschlag bei der Saugwirkung noch bei der Druckwirkung eintritt, und auch eine Mehrförderung ausgeschlossen ist.

Nach den Ausführungen auf S. 240 muss

$$L_s' > S\left(1-\sigma+\frac{1+\zeta_s''}{2}\,\frac{F}{F_s''}\right)$$

sein, dann wäre während der Saugwirkung eine Trennung des Kolbens von der nachfolgenden Wassersäule nur im todten Punkt möglich.

Die Einsetzung der Werthe ergibt

$$3 > 0{,}7\left(1-0{,}5+\frac{1+5{,}1}{2}\,\frac{0{,}079}{0{,}095}\right)$$

oder

$$3 > 2{,}107;$$

die oben angegebene Bedingung ist somit erfüllt und es ist also nur nachzusehen, ob die Trennung des Kolbens im todten Punkt möglich ist. Nach Formel 219 ist

$$(v_m)_{max}=1{,}41\sqrt{\frac{F_s''}{F}\,\frac{(H_{sw}-(H_s'')_x)\,S}{L_s''+\sigma S}}.$$

Der Druck im Windkessel ist aber nach Formel 168

$$H_{sw}=A-H_s'-(1+\zeta_s')\frac{(v_s')^2}{2g},$$

wird H_s' gleich 4 m angenommen, so ist

$$H_{sw}=10-4-(1+24{,}1)\frac{1{,}05^2}{2\,.\,9{,}81}=4{,}59\text{ m.}$$

Somit ist

$$(v_m)_{max} = 1{,}41 \sqrt{\frac{0{,}096}{0{,}079}\,\frac{4{,}59}{3{,}35}\,0{,}7} = 1{,}52 \text{ m}.$$

$(H_s'')_x$ ist hierbei zu Null angenommen; bei den gemachten Annahmen wird diese Höhe sogar als negative Grösse auftreten, doch ist der Ausrechnung der ungünstigste Fall zu Grunde gelegt.

Es ist somit die Wahl $v_m = 1{,}3$ m gerechtfertigt und ein Wasserschlag bei der Saugwirkung nicht möglich.

Damit bei der Druckwirkung kein Wasserschlag eintritt, muss nach Formel 229

$$(v_m)_{max} = 1{,}41 \sqrt{\frac{F_d'}{F}\,\frac{H_{dw} + (H_d')_x}{L_d' + \sigma S}\,S}$$

sein; die Luftspannung im Druckwindkessel ergibt sich aus der Formel 180 entsprechend der Druckhöhe

$$H_{dw} = H_d'' + A + (1 + \zeta_d'')\frac{(v_d'')^2}{2g},$$

wenn H_d zu 76,0 m angenommen wird, als

$$H_{dw} = 76{,}0 + 10 + (1 + 132{,}1)\frac{1{,}45^2}{2\,.\,9{,}81} = 100{,}2 \text{ m}.$$

Somit wird

$$(v_m)_{max} = 1{,}41 \sqrt{\frac{0{,}071}{0{,}079}\,\frac{100{,}2}{7 + 0{,}35}\,0{,}7} = 4{,}13 \text{ m},$$

da H_d' in vorliegendem Fall gleich Null gesetzt werden kann.

Es ist also die angenommene Grösse der mittleren Kolbengeschwindigkeit von der zulässigen Grenze weit entfernt.

Ferner ist zu untersuchen, ob eine Mehrförderung entstehen kann. Die vorzeitige Eröffnung des Druckventiles wird verhütet, wenn die mittlere Kolbengeschwindigkeit kleiner ist, als sie sich aus Gleich. 235 ergibt. Letztere lautet:

$$(v_m)_{max} = 1{,}41 \sqrt{\frac{S}{L_s'' + S + \sigma S}\left[H_{dv} + (H_s)_x + (1 + \zeta_s')\frac{(v_s')_x^2}{2g}\right]}.$$

Unter Einsetzung der gegebenen Werthe wird

$$(v_m)_{max} = 1{,}41 \sqrt{\frac{0{,}7}{3 + 0{,}7 + 0{,}35}\left[76{,}4 + 3{,}6 + (1 + 24{,}1)\frac{1{,}05^2}{2\,.\,9{,}81}\right]}$$
$$= 5{,}3 \text{ m},$$

also kann eine Mehrförderung aus dem angegebenen Grunde nicht eintreten.

Die vorzeitige Eröffnung des Saugventiles ist gleichfalls ausgeschlossen, denn es ist nach Gleich. 240

$$(v_m)_{max} = 1,41 \sqrt{\frac{S}{\sigma S + L'_d}\left(H_{sv} + (H_d)_x + \zeta''_d \frac{(v''_d)^2_x}{2g}\right)}$$

$$= 1,41 \sqrt{\frac{0,7}{0,35 + 7}\left(80 + 132,1 \frac{1,45^2}{2 \,.\, 9,81}\right.} = 4,22 \text{ m},$$

also der angenommene Werth von $v_m = 1,3$ m ungefährlich.

Berechnung der Windkessel. Entsprechend der auf S. 208 gemachten Angabe kann für den vorliegenden Fall der Inhalt des Saugwindkessels zu etwa $10 \text{ FS} = 10 \,.\, 0,079 \,.\, 0,7 = 0,55$ cbm genommen werden. Für den Druckwindkessel gelten die auf S. 212 gegebenen Bestimmungen, nach welchen der Luftinhalt im Betriebszustande etwa 1,5 FS $= 1,5 \,.\, 0,079 \,.\, 0,7 = 0,083$ cbm zu nehmen ist. Der grösste Werth des Luftdruckes im Windkessel ergibt sich aus Gleich. 186, jedoch ist die bei Beginn der Bewegung entstehende Geschwindigkeit v''_d und die Beschleunigung b''_d nicht bekannt, da das Anlassen langsamer als der Betrieb erfolgen wird. Wird der bereits berechnete Werth von $H_{dw} = 100,2$ m genommen, so wäre nach Gleich. 188 der volle Inhalt des Druckwindkessels $(I_{dw})_0 = 0,083 \frac{100,2}{10 + 76} = 0,097$ cbm zu nehmen.

Es wird sich empfehlen, denselben noch grösser zu machen, also für den vorliegenden Fall etwa 0,2 cbm oder noch mehr zu nehmen, um den auf S. 212 angegebenen Erwägungen gerecht zu werden.

Berechnung der Ventile. Es sind jedenfalls mehrfache Ventile anzuordnen, jedoch ist die Zahl der verwendbaren Einrichtungen für den vorliegenden Fall beschränkt. Würden mehrfache Kegel- oder Ringventile angenommen, so ergäbe die Berechnung eine so grosse Zahl derselben, die auf einem Sitz zu vereinigen wären, dass dieser und damit der Ventilkasten ganz bedeutende Abmessungen erhalten würde. Nur wenn die Ventile nach Riedler's Angabe gesteuert werden, können einfache Tellerventile verwendet werden. Sind freigängige Ventile anzuordnen, so kann die in Fig. 175 dargestellte Form gewählt werden, und zwar mit gleich grossen oder nach oben kleiner werdenden Ringen. Für die erstere Anordnung und für das Saugventil sei der mittlere Durchmesser d_m der ringförmigen Oeffnung zu 0,5 m gewählt.

Wird die zweckmässige Forderung gestellt, dass das Wasser die Oeffnungen des Ventilsitzes und des gehobenen Ventiles mit gleicher Geschwindigkeit durchfliesssen soll, so müsste

$$\alpha \sigma \pi d_m a = \alpha' 2 \pi d_m i$$

sein, wenn a die Breite der Ringöffnung, i den Ventilhub bezeichnet. Es ergäbe sich hieraus

$$a = 2 \frac{\alpha'}{\alpha \sigma} i.$$

Wegen der die Ringöffnung durchsetzenden Stege kann $\alpha\sigma \backsim 0{,}7$ genommen werden, α' ist ungefähr 0,8 zu setzen, somit müsste $a \backsim 2{,}4\,i$ sein. Der Ventilhub i wird nun für das hier zu bestimmende Ventil nur zwischen 5 und 10 mm genommen, damit ein geräuschloses Bewegen stattfindet.

Es sei vorausgesetzt, dass das Ventil mit der gleichen Geschwindigkeit durchflossen werden soll, als sich der Kolben bewegt, dann ergibt sich für z Ringe und $d_m = 0{,}5$ m

$$z\,\alpha'\,\pi\,.\,2\,.\,0{,}5\,.\,i = \frac{\pi\,.\,0{,}32^2}{4},$$

oder

$$z\,i = 0{,}032.$$

Wird nun die Zahl der Ringe zu 4 angenommen, so ergibt sich $i = 8$ mm. Es würde nun nach obigem $a \backsim 20$ mm zu wählen sein, jedoch erscheint es zweckmässig, a grösser zu nehmen; damit die Geschwindigkeit des Wassers beim Durchfluss allmählich aus der kleineren im Saugrohr in die grössere des Kolbens übergeht. Die Ausführungen grösserer Ventile zeigen a zwischen 30 und 60 mm; es sei der kleinste Werth genommen, der, wie nachgewiesen, vollkommen genügt.

Die Geschwindigkeit, mit welcher das Wasser die vier Ringöffnungen durchfliesst, ergibt sich dann als

$$v_v = \frac{\pi\,0{,}35^2}{4}\,\frac{1{,}05}{4\,.\,0{,}7\,\pi\,0{,}5\,.\,0{,}03} = 0{,}77 \text{ m},$$

da die mittlere Geschwindigkeit in dem 0,35 m weiten Saugrohr 1,05 m beträgt.

Unter Berücksichtigung des Verhältnisses des Kolbenhubes zur Länge der Schubstange wie 1 : 2,5 wird demnach

$$(v_v)_{max} = 1{,}6\,.\,0{,}77 = 1{,}23 \text{ m}.$$

Das erforderliche Gewicht eines Ringes im Wasser wird nach Gleich. 159, wenn $\mu = 0{,}62$ und $x = 2{,}5$ gesetzt wird und da für einen Ring

$$f_u = 0{,}7\,\pi\,.\,0{,}5\,.\,0{,}03 = 0{,}033 \text{ qm}$$

ist,

$$G_v \geqq \frac{1{,}23^2}{2\,.\,9{,}81}\,0{,}033\,.\,1000\left[\left(\frac{0{,}033}{0{,}62\,\pi\,.\,(0{,}53+0{,}47)\,.\,0{,}008}\right)^2 + 2{,}5\right]$$

$$\geqq 11{,}9 \text{ kg}.$$

Wird die gusseiserne Beschwerungsplatte 25 mm dick genommen, so ist bei einer Sitzbreite des Ringes von 15 mm das Gewicht desselben im Wasser, wenn das spezifische Gewicht des Gusseisens 7,2 gesetzt wird,

$$\pi\,.\,0{,}5\,.\,0{,}06\,.\,0{,}025\,.\,(7200 - 1000) = 14{,}6 \text{ kg}.$$

Hierzu kommt noch das Gewicht der dünnen schmiedeisernen Unterplatte, so dass das Gesammtgewicht mehr als gross genug ist und die gewählten Abmessungen beibehalten werden können.

Der innere Durchmesser des Ventilkastens in der Höhe des obersten Ringes ergibt sich aus

$$\frac{\pi\,(d_k^2 - 0{,}56^2)}{4} = \frac{\pi\,0{,}32^2}{4},$$

wenn das Wasser den Ringquerschnitt zwischen der Kastenwand und der äusseren Cylinderfläche des obersten Ringes mit gleicher Geschwindigkeit wie den Kolbenquerschnitt durchfliessen soll.

Es wird

$$d_k = 0{,}65\text{ m},$$

somit muss der obere Ring von der Kastenwand 45 mm abstehen; den Ventilkasten weiter zu machen, als nothwendig ist, empfiehlt sich nicht, da dann der Kasten überflüssig schwer wird.

Die Dicke der Ventilkastenwandung ergibt sich aus Formel 73, wenn $\mathfrak{S} = 100$ kg und eine Drucksteigerung bis auf 10 kg für 1 qcm angenommen wird, zu 30,3 mm. Es ist gut, die Wandung 35 mm stark zu machen und sie noch durch Aussenrippen zu versteifen.

Der Ventilkasten könnte schwach konisch geformt werden, so dass er in Höhe des unteren Ringes enger wird, weil an dieser Stelle nur der vierte Theil der zu fördernden Wassermenge durch den Raum zwischen Kasten und Ring strömt.

Auch das von Fernis angegebene Ventil Fig. 174 liesse sich für den vorliegenden Fall anwenden. Wird wiederum die Forderung gestellt, dass das Wasser jede Ringöffnung des Ventilsitzes mit derselben Geschwindigkeit durchströmt, wie die bei gehobenem Ventil an dem betreffenden Ring entstehenden beiden cylindrischen Durchgangsquerschnitte und wie den entsprechenden Raum zwischen je zwei Ringen, so ergibt sich, wenn d_m den mittleren Durchmesser der Sitzöffnung, a deren Breite, c die Breite des Ringes, e die Entfernung der Mittel zweier benachbarter Ringe des Ventilsitzes bezeichnet,

$$\alpha\,\sigma\,\pi\,d_m\,a = \alpha'\,2\,\pi\,d_m\,i\,\sqrt{0{,}5} = \alpha''\,\sigma''\,\pi\,d_m\,(e - c).$$

Wird zur Berücksichtigung der Verengerung der Durchflussquerschnitte durch Rippen und durch die Kontraktion der Wasserstrahlen

$$\alpha\,\sigma = \alpha''\,\sigma'' = 0{,}7;\quad \alpha' = 0{,}9,$$

gesetzt, so ergibt sich

$$a = e - c = 1{,}8\,i.$$

Da nun die Hubhöhe i nach den früheren Erörterungen nur klein genommen werden darf, für den vorliegenden Fall etwa 10 mm, so ergibt sich a verhältnissmässig klein, und es wird dann eine grössere Zahl von Ringen nothwendig. Die Ausführungen zeigen daher etwas grössere Oeffnungsbreiten und dementsprechend sei $a = 25$ mm gewählt.

Es werde ferner d_m für die kleinste Sitzöffnung 0,25 m, $e = 85$ mm, $c = 60$ genommen. Dann ergibt sich bei 4 Ringen der Ventilhub i aus der Gleichung

$$0{,}9 \sqrt{2}\, i \pi (0{,}25 + 0{,}42 + 0{,}59 + 0{,}76) = \frac{\pi\, 0{,}32^2}{4},$$

hiermit ist $i = 10$ mm.

Der innere Durchmesser des Ventilkastens wird dann $0{,}76 + 0{,}085 \backsim 0{,}85$ m, woraus sich die Wanddicke zu 40 mm berechnet.

Die Geschwindigkeit, mit welcher das Wasser die Sitzöffnungen durchfliesst, bestimmt sich aus

$$v_v = \frac{\pi\, 0{,}35^2}{4} \frac{1{,}05}{0{,}7\, \pi\, 0{,}025\, (0{,}25 + 0{,}42 + 0{,}59 + 0{,}76)} = 0{,}91 \text{ m}.$$

Somit wird

$$(v_v)_{max} = 1{,}6 \,.\, 0.91 = 1{,}46 \text{ m}.$$

Die Berechnung der nothwendigen Ringgewichte würde sich mit Hülfe der Formel 159 ergeben. Für den äussersten Ring wird

$f_u = 0{,}7 \,.\, \pi \,.\, 0{,}76 \,.\, 0{,}025 = 0{,}042$ qm, und mit $\mu = 0{,}68$ und $x = 0{,}38$ das Gewicht

$$G_v \geq \frac{1{,}46^2}{2 \,.\, 9{,}81} . 0{,}042 \,.\, 1000 \left[\left(\frac{0{,}042}{0{,}68\, \pi \sqrt{2.0{,}76 \,.\, 0{,}01}}\right)^2 + 0{,}38\right] \geq 16{,}9 \text{ kg}.$$

Der Ring muss, um steif genug zu werden und um die durch die Abmessungen und die besondere Einrichtung gegebene Form überhaupt zu erhalten, ein grösseres Gewicht bekommen, so dass der angegebenen Bedingung jedenfalls genügt wird.

Die Dampfpumpen.

Es ist gebräuchlich, eine Maschinenanordnung, bestehend aus einer Pumpe und einer dieselbe unmittelbar und allein treibenden Dampfmaschine, eine Dampfpumpe zu nennen, wenn beide Maschinen unmittelbar beieinander auf einem gemeinschaftlichen Fundamente aufgestellt sind. Demnach wird z. B. die Verbindung einer Schachtpumpe mit der dieselbe durch langes Gestänge treibenden Dampfmaschine nicht als „Dampfpumpe“ bezeichnet, da beide Maschinen in grösserer Entfernung von einander an verschiedenen Befestigungsstellen angebracht sind.

Die Uebertragung der Bewegung des Dampfkolbens auf den Pumpenkolben kann mit Hülfe eines besonderen Triebwerkes oder unmittelbar durch eine gemeinschaftliche Kolbenstange geschehen. Im ersteren Falle wird gewöhnlich die geradlinige Bewegung des Dampfkolbens durch Kurbelgetriebe in die Drehung einer Welle oder in die Schwingung eines zweiarmigen Hebels (Balanciers) umgesetzt und von der Welle bezieh. dem Hebel aus die Bewegung durch Gestänge auf den Pumpenkolben übertragen; hierbei ergibt sich durch die Anwendung der sich drehenden Kurbel die Hubbegrenzung der Kolben und durch Anordnung eines Schwungrades die Möglichkeit, kleinere Füllungsgrade bei der Dampfmaschine in Anwendung zu bringen.

Werden beide Kolben mittels gemeinschaftlicher Kolbenstange unmittelbar an einander befestigt, so ist hierbei eine Hubbegrenzung nicht gegeben, dieselbe kann aber durch Anordnung einer Hülfsdrehung erhalten werden, wenn von der Kolbenstange aus eine Welle in stetig drehende Bewegung versetzt wird; ein auf der Welle befestigtes Schwungrad bewirkt dabei die Ausgleichung der übertragenen Kräfte. Es werden Dampfpumpen mit und ohne Drehbewegung ausgeführt.

Die Dampfpumpe kann liegende oder stehende Cylinder haben; im letzteren Falle wird die ganze Maschine frei auf einem wagrechten Fundamente oder an einer Wand befestigt.

Die Pumpe selbst wird als einfach- oder als doppeltwirkende angewendet, wobei verschiedene Formen bezüglich der Zahl der Pumpencylinder, Anordnung der einzelnen Pumpenräume, Gestaltung des Kolbens und der Ventile in Anwendung kommen können. Die Dampfmaschine wird fast durchgängig doppeltwirkend, entweder ein- oder zweicylindrig ausgeführt; im letzteren Falle können beide Cylinder mit frischem Dampfe gespeist werden (Zwillingsmaschine), oder der frische Dampf wirkt zuerst in einem Cylinder und hierauf als Abdampf desselben im zweiten (Woolf'sche oder Verbund-Dampfmaschine) bezw. noch in einem dritten Cylinder.

Für jede Art der Dampfpumpen ist es selbstverständlich, dass die von der Dampfmaschine geleistete Arbeit derjenigen gleich sein muss, welche zum Betriebe der Pumpe und zur Bewegung des Triebwerkes nothwendig ist.

Die gebräuchlichen Anordnungen der Dampfpumpen mit Drehbewegung ohne Balancier sind folgende:

A. Für eincylindrige Dampfpumpen mit eincylindriger Dampfmaschine:

1. Maschine und Pumpe liegen neben oder hinter einander, erstere treibt mittels Schubstange und Kurbel eine Welle, von welcher aus durch Kurbel und Schubstange mit oder ohne zwischengeschaltetes Zahnradvorgelege der Pumpenkolben bewegt wird;

2. Maschine und Pumpe liegen mit gemeinschaftlicher Kolbenstange hinter-, bezieh. übereinander, die Hubbegrenzung wird durch eine Hülfsdrehung bewirkt;

a) die Schubstange und die Kurbelwelle sind vor der Dampfmaschine angeordnet;

b) an der Kolbenstange zwischen Maschine und Pumpe greifen eine oder zwei Schubstangen an, die auf eine vor bezieh. über der Dampfmaschine oder der Pumpe gelagerte Welle wirken;

c) die zwischen Maschine und Pumpe an der Kolbenstange angreifende Schubstange ist gegabelt, so dass sie den Pumpencylinder umgibt und die unter bezieh. hinter demselben parallel oder senkrecht zum Fundament gelagerte Welle treibt;

d) die Welle ist zwischen Maschine und Pumpe gelagert und wird von der gemeinschaftlichen Kolbenstange durch eine Kurbelschleife getrieben;

e) die Welle ist zwischen Maschine und Pumpe, jedoch seitlich davon gelagert, eine an der Kolbenstange angreifende Schubstange treibt eine auf der Welle befestigte Stirnkurbel;

f) die Welle ist wie bei d) angeordnet, die Kolbenstange ist gegabelt, so dass die Welle quer durch sie gelegt werden kann; eine oder zwei seitlich an der Kolbenstange angreifende Schubstangen treiben die Welle;

g) die Welle ist wie bei d) angeordnet, die Kolbenstange ist gegabelt und dabei so geformt, dass sie für die Bewegung der in ihrer Mittellinie angreifenden Schubstange und der Kurbel genügenden Spielraum bietet;

h) die Welle ist wie bei d) angeordnet, die Kolbenstange ist wie bei f) geformt, eine oder zwei Schubstangen sind jedoch an die rückwärts aus der Pumpe oder der Maschine tretende Verlängerung der Kolbenstange angelenkt und führen seitlich von dem betreffenden Cylinder nach den Kurbeln der Welle;

i) die Kolben der Pumpe und Maschine sind durch zwei Stangen verbunden, zwischen welchen die Welle durchgeht; an den Pumpenkolben ist eine Schubstange angelenkt, auf welche eine Kröpfung der Welle wirkt.

B. Für eincylindrige Pumpen mit zweicylindriger Dampfmaschine werden entweder:

1. die Cylinder neben einander angeordnet, und zwar derart, dass der der Pumpe in der Mitte steht; die Kolben werden durch Kurbelgetriebe mit der gemeinschaftlichen Welle verbunden, oder

2. es wird von der Welle, welche durch die Dampfmaschine getrieben wird, die Bewegung durch Zahnradvorgelege auf die Pumpenwelle übertragen; oder

3. es wird bei Verwendung einer Verbunddampfmaschine auch der Pumpencylinder hinter den einen Dampfcylinder und die Luftpumpe der Kondensations-Einrichtung hinter den zweiten gestellt; die Stangen der beiden Dampfkolben treiben dann unmittelbar die Pumpenkolben, und mit ihren rückseitigen Verlängerungen durch Kurbelgetriebe die gemeinschaftliche Welle.

C. Für zweicylindrige Pumpen mit eincylindriger Dampfmaschine werden gewöhnlich die Cylinder nebeneinander aufgestellt und derjenige der Dampfmaschine in die Mitte gesetzt; die Anordnung des Triebwerkes mit oder ohne Zahnradvorgelege ist wie bei B.

D. Zwillingspumpen mit zweicylindriger Dampfmaschine werden stets so angeordnet, dass je ein Pumpenkolben und ein Dampfkolben durch eine gemeinschaftliche Stange verbunden sind und eine Hülfsdrehung angewendet wird; die beiden eincylindrigen Dampfpumpen werden dann mit ihren Mittellinien entweder

1. parallel oder
2. senkrecht zu einander aufgestellt.

Im ersteren Falle können dann die unter A. 2. a) bis h) genannten Arten der Wellenlagerung und des Triebwerkes zur Verwendung kommen, so dass die Welle für die beiden verbundenen Pumpen gemeinschaftlich ist; für die zweite Anordnung ist bisher nur die Uebertragung der Bewegung von den Kolbenstangen auf die gemeinschaftliche Welle durch Kurbelschleifen zur Ausführung gekommen.

Die nach der vorstehend gegebenen Eintheilung möglichen zahlreichen Dampfpumpenformen kennzeichnen sich entweder als solche, bei denen

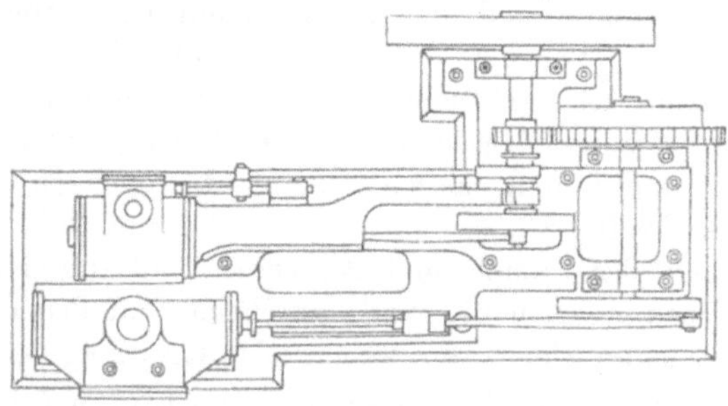

Fig. 369.

die Kolben der Dampfmaschine und der Pumpe verschiedene Geschwindigkeit erhalten können oder als solche, bei denen dies nicht möglich ist, sondern beide Kolben sich stets gleich schnell bewegen. Letzteres ist selbstverständlich bei denjenigen Anordnungen der Fall, bei welchen die beiden Kolben durch eine gemeinschaftliche Stange verbunden sind; die verschiedene Kolbengeschwindigkeit lässt sich bei denjenigen Pumpen erreichen, bei welchen für die Bewegungen der beiden Kolben je ein besonderes Kurbelgetriebe angeordnet ist; es sind dann entweder die Kurbelhalbmesser verschieden gross zu nehmen oder es ist ein Zahnradvorgelege einzuschalten oder es kann beides geschehen.

Das Rädervorgelege wird angewendet, wenn die Förderhöhe sehr gross ist, so dass, um den nothwendigen Kolbendruck zu erhalten, der Dampfmaschinenkolben im Verhältniss zum Kolben der Pumpe sehr gross werden müsste.

Unter Benützung der gegebenen Eintheilung sind in nachfolgendem entsprechend gestaltete Ausführungen von Dampfpumpen erläutert.

Dampfpumpen der unter A. 1. angegebenen Art werden z. B. von H. A. Hülsenberg in Freiberg i. S. nach dem in Fig. 369 gezeigten

Grundriss mit Rädervorgelege ausgeführt. Die Dampfmaschine besitzt ein Bajonnettgestell und freihängenden Cylinder; sie treibt die Schwungradwelle, von welcher aus durch Stirnräder mit einer Umsetzung in's langsame die Pumpenwelle getrieben wird. Von einer am Ende derselben befestigten Kurbelscheibe erfolgt die Bewegung des Pumpenkolbens. Die gegenseitige Befestigung von Pumpe und Dampfmaschine erfolgt hier nur durch eine gemeinschaftliche Fundamentplatte, auf welcher die Dampf-

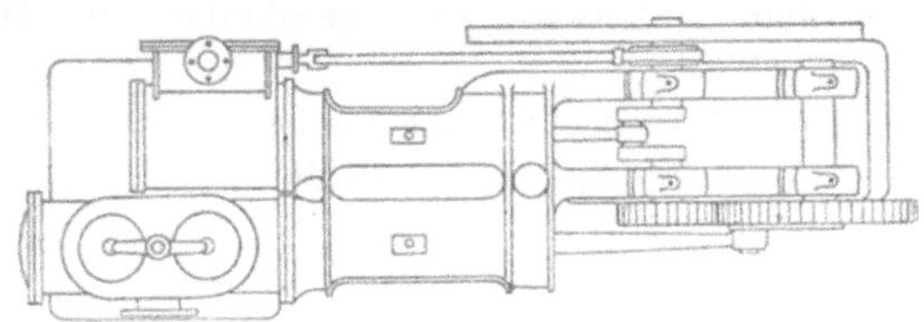

Fig. 370.

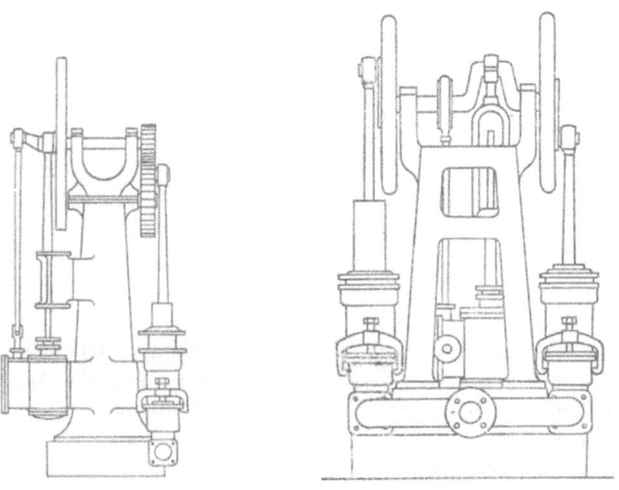

Fig. 371. Fig. 372.

maschine besonders festgeschraubt ist. In sich fester und daher zweckmässiger ist die von Schütz & Hertel in Wurzen i. S. ausgeführte Anordnung, deren Grundriss Fig. 370 zeigt. Die zweigeleisigen Geradführungen und die Lagerbalken bilden ein Gussstück, an welches die Cylinder angeschraubt sind, die ihrerseits mit Füssen auf dem Steinfundamente stehen. Die Anordnung hat gegenüber der erstgenannten noch den Vorzug des kleineren Raumbedarfs, da die Zahnräder nicht auf dieselbe Seite wie das Schwungrad gelegt sind; die Schubstange des Pumpengetriebes greift unmittelbar am grösseren Zahnrad an; allerdings muss hier die Welle gekröpft werden.

Es kann auch die stehende Anordnung gewählt werden und ist eine solche nach einer Ausführung von Schütz & Hertel in Fig. 371 dargestellt. Die Geradführung für das Kurbelgetriebe der Dampfmaschine ist mit einer Säule zusammengegossen, welche die Lager der beiden Wellen trägt und an welche die Cylinder mit Schrauben befestigt sind. Ist die Pumpe doppeltwirkend, so muss auch für das Kurbelgetriebe derselben eine Geradführung angebracht werden, die wieder mit der Säule zusammengegossen werden kann. Letztere wird gewöhnlich als Druckwindkessel benutzt.

Ist bei der liegenden oder bei der stehenden Aufstellung das Zahnradvorgelege nicht erforderlich, so wird die Anordnung viel einfacher und greifen die beiden Schubstangen dann an einer gemeinschaftlichen Welle an.

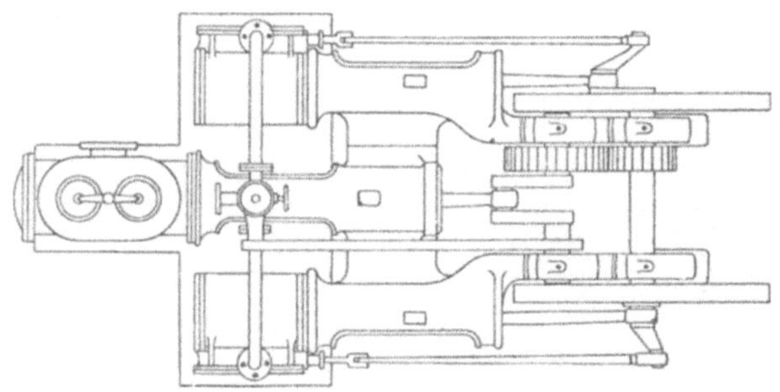

Fig. 373.

Anstatt Pumpe und Dampfmaschine überhaupt nebeneinander aufzustellen, können sie auch so angeordnet werden, dass die Welle zwischen ihnen liegt und die Schubstangen von einer Wellenkröpfung nach beiden Seiten abgehen.

Bei den Dampfpumpen der unter B. 1. und 2. und C. angegebenen Anordnungen steht auch jeder Kolben mit einem besonderen Kurbelgetriebe mit oder ohne Einschaltung eines Zahnradvorgeleges in Verbindung. Die Aufstellung kann dabei eine liegende oder stehende sein; im letzteren Falle stehen die drei Cylinder nebeneinander auf gemeinschaftlicher Grundplatte und die Wellenlager sowie die nothwendigen Geradführungen sind an einem Bockgestell angebracht, oder es wird die ganze Pumpe an eine Wand befestigt. Fig. 373 verdeutlicht die liegende Aufstellungsart einer Pumpe der Gruppe B. 2. nach einer Ausführung von Schütz und Hertel; Fig. 372 zeigt eine freistehende Dampfpumpe der Gruppe C. nach einer Ausführung von Wegelin und Hübner in Hall a. S. Diese letztere Anordnung ist mit einem vierbeinigen Gestell versehen, das einen kräftigen Bau ergibt, der sonst den Ständerpumpen nicht eigen ist.

Nach Angabe der genannten Fabrikanten hat die kleinste Art dieser Pumpe einen Pumpenkolbendurchmesser von 80 mm, einen Dampfcylinderdurchmesser von 130 mm, der Kolbenhub ist für Pumpe und Motor 150 mm; diese Pumpe fördert 5—6 cbm stündlich auf 30 m Höhe. Die grösste Art zeigt Durchmesser von 220 bezieh. 300 m, einen Kolbenhub von

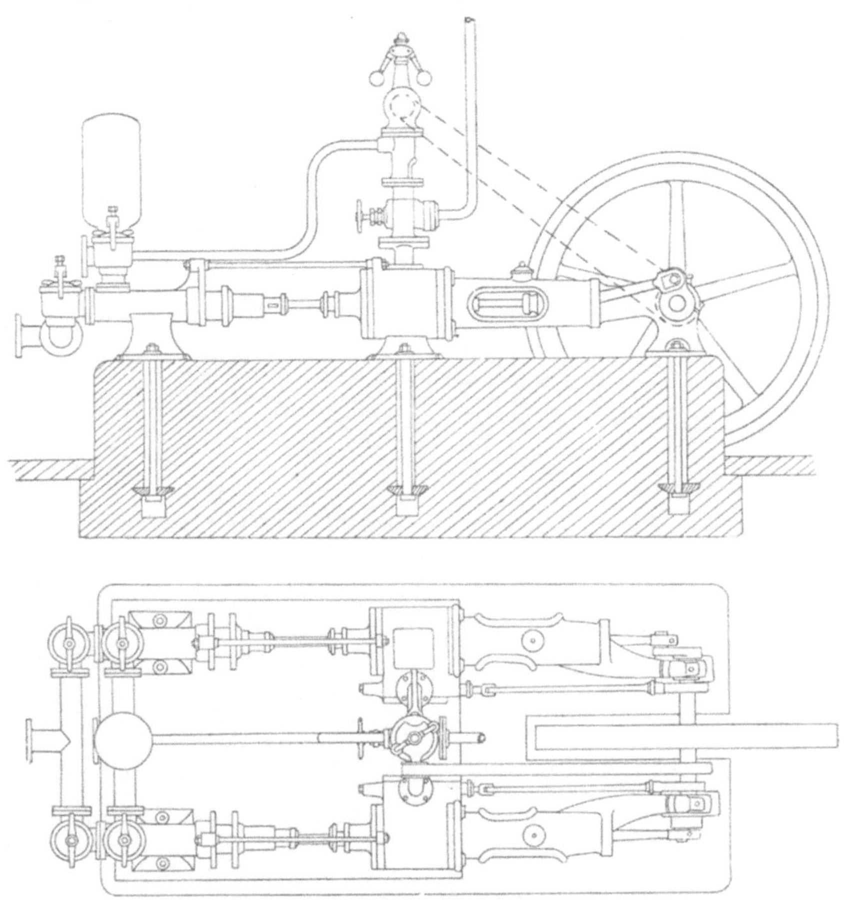

Fig. 374 und 375.

300 mm und fördert 50—60 cbm stündlich auf 25 m Höhe; die minutliche Umdrehungszahl der Welle beträgt 50—70.

Die unter D. angegebenen Anordnungen unterscheiden sich von denjenigen unter A. 2. gekennzeichneten nur durch die doppelte Ausführung von Pumpe und Kraftmaschine. Es wird daher genügen, in nachfolgendem abwechselnd die einfache oder die Zwillings-Pumpe durch Figuren zu verdeutlichen, da sich aus der einen Art die andere leicht bilden lässt. Die Fig. 374 und 375 zeigen die äussere Gestalt einer Zwillingspumpe der Gruppe D. 1., bezieh. der Gruppe A. 2. a) nach einer Ausführung von Schütz & Hertel. Die Pumpen B. 3. werden in derselben Anordnung aufgestellt. Dampfpumpen der Gruppe A. 2. b) sind in den

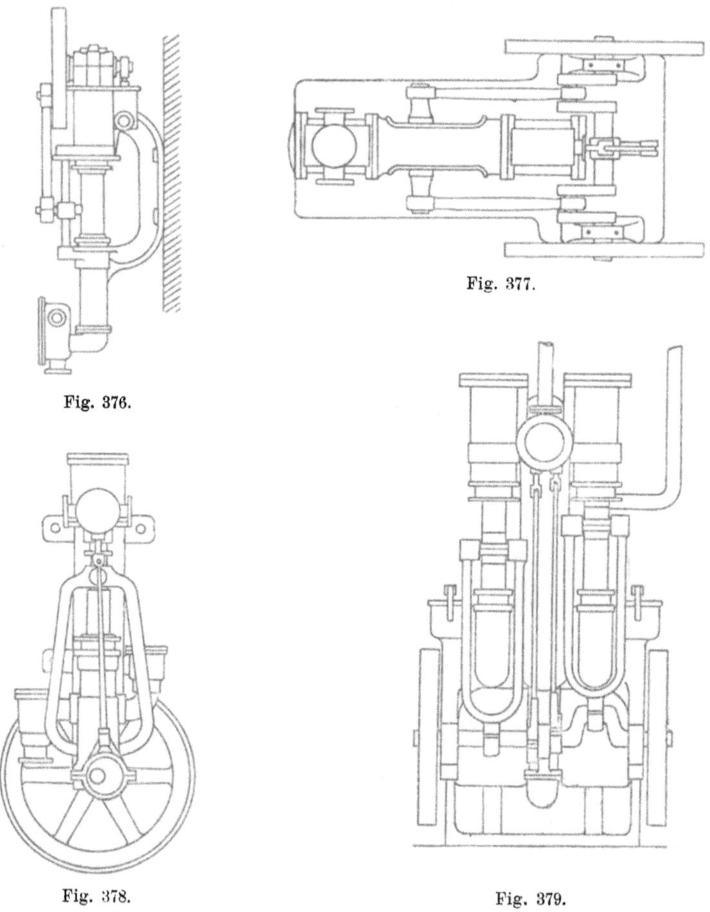

Fig. 376. Fig. 377. Fig. 378. Fig. 379.

Fig. 376 und 377 angedeutet; Fig. 376 gibt eine vielfach gebräuchliche Form für die Befestigung an einer Wand; solche Pumpen bauen z. B. Weise & Monski einfach und doppeltwirkend für eine Wasserförderung von 0,6 bis 68 cbm in der Stunde. Ein grosser Nachtheil dieser Pumpen liegt darin, dass das sehr kurze Schwungradlager unmittelbar auf dem Dampfcylinder sitzt, also sehr heiss wird und daher schwer zu schmieren ist.

Wegen des immerhin ungünstigen einseitigen Angriffes der Schubstange ist eine besondere Geradführung der Kolben durch eine Hülse an einer Stange angebracht. Die Anordnung zweier Schubstangen ist in Fig. 377 nach einer von Weise & Monski ausgeführten liegenden Pumpe dargestellt, welche von den genannten für 4,2 bis 210 cbm stündliche Wasserlieferung angefertigt wird. Die beiden Schubstangen wirken auf Wellenkröpfungen.

Die gegabelte Schubstange, das Kennzeichen der Gruppe A. 2. c),

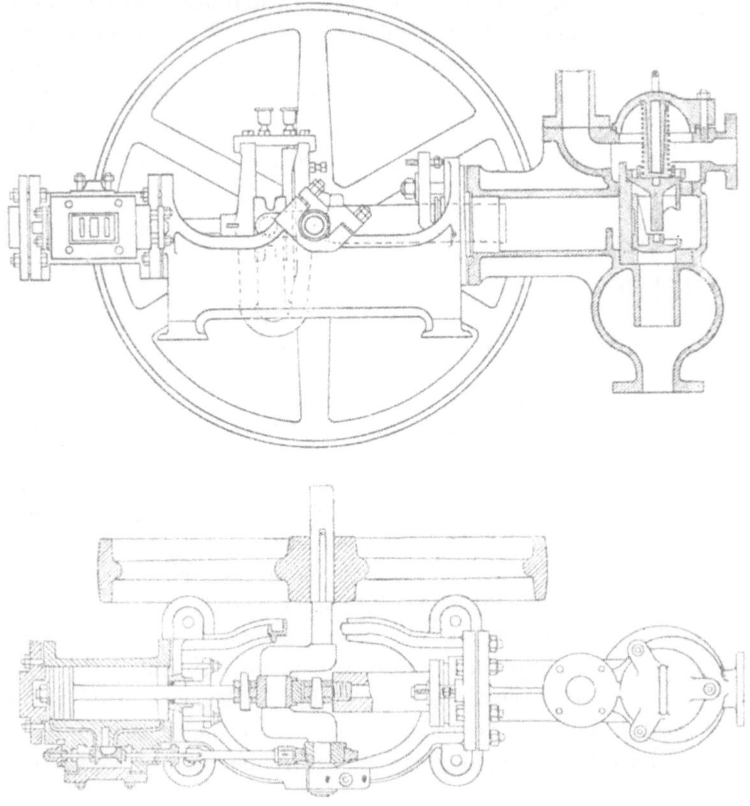

Fig. 380 und 381.

ist in den Fig. 378 und 379 für eine einfache und eine Zwillingsanordnung angedeutet; im ersteren Falle ist eine Wandpumpe von Weise und Monski dargestellt, welche für eine stündliche Wasserförderung von 0,6 bis 23 cbm gebaut wird; die Welle liegt senkrecht zur Wand, so dass das Schwungrad parallel derselben läuft und damit ein möglichst geringer Raumbedarf eintritt. Die Zwillingspumpe Fig. 379 wird in angegebener Form von A. Dehne in Halle a. S. für eine stündliche Wasserlieferung von 1 bis 18 cbm angefertigt. Die Fig. 379 zeigt eine freistehende Aufstellung; jedoch lässt sich dieselbe Pumpe nach Wegnahme des Fusses auch an eine Wand befestigen; diese doppelte Verwendbarkeit hat aber den Nachtheil, dass für die freistehende Aufstellung der ganze Aufbau nicht fest genug scheint.

Die Pumpen der Gruppe A. 2. d) bezieh. D. 2. werden durch die Verwendung der Kurbelschleife gekennzeichnet. Es kann hierbei die liegende oder stehende Aufstellung, letztere mit Befestigung der Cylinder an einer Wand oder einer Säule, gewählt werden. Fig. 380 und 381 stellen eine Pumpe der ersteren Art dar, welche von Klein, Schanzlin und Becker in Frankenthal für einfache oder doppelte Wirkung in den verschiedensten Abmessungen ausgeführt wird. Besonders bemerkenswerth ist hierbei die Einrichtung der Kurbelschleife. Dieselbe besteht aus einem Stück Stahlguss; die zwei Bohrungen für die Befestigung der Kolbenstangen werden gleichzeitig hergestellt, so dass beide Kolbenstangen genau in die gemeinschaftliche Achse zu liegen kommen, welche auch immer richtig bleibt, da die Schleife aus einem Stück gebildet ist. Das Nachstellen der Gleitflächen geschieht mittels eines Lineals, das zwei schräge Flächen von gleicher Neigung besitzt und durch eine leicht zugängliche Stellschraube parallel verstellt werden kann.

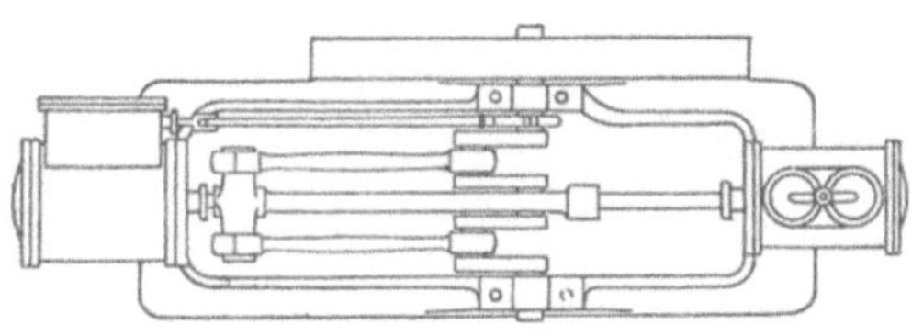

Fig. 383.

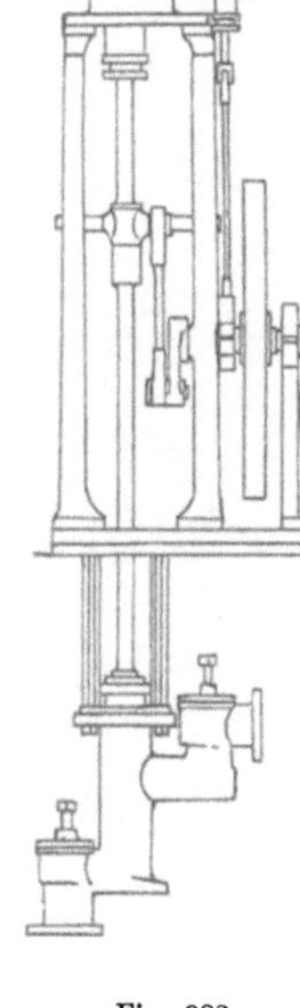

Fig. 382.

Die wenig empfehlenswerthe Anordnung A. 2. e) ist in Fig. 382 für eine stehende Aufstellung skizzirt; die Pumpe ist im Fundamente unterstützt und der Cylinder derselben ist noch durch Stützen mit dem Maschinengestelle verbunden. Die Schubstange greift seitlich an dem Querhaupte an, das im Ständer geführt ist. Abgesehen von dieser ungünstigen einseitigen Kraftentnahme ist die ganze Anordnung nicht zweckmässig, da sie verhältnissmässig hoch wird und die Verbindung des Pumpencylinders mit den Ständern schwer sicher genug durchzuführen ist.

Die Pumpen der Gruppe A. 2. f) unterscheiden sich von den vorgenannten nur dadurch, dass die Welle quer durchgelegt ist, also die Kolbenstange entsprechend ausgespart sein muss. Fig. 383 zeigt eine solche Anordnung.

Die Uebertragung der Bewegung der Kolbenstange auf die Welle geschieht durch eine oder, wie in Fig. 383 angenommen ist, durch zwei Schubstangen; letzteres ist zwar besser, da die einseitige Kraftübertragung vermieden wird, jedoch ist eine theuere Welle nöthig, die sehr ungünstig gelagert ist. Dies lässt sich allerdings vermeiden, wenn die Welle innerhalb der Schubstangen gelagert wird; die Kurbeln würden dann als Kurbelscheiben auszubilden sein und gleichzeitig als Schwungräder dienen.

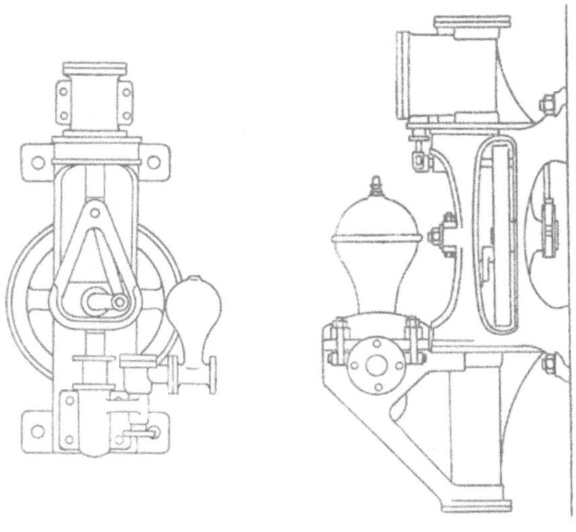

Fig. 384. Fig. 385.

Um die Kraftübertragung auf die Welle in der Mitte der Kolbenstange zu erhalten, wird die Kolbenstange derart gegabelt, dass sich in ihr Schubstange und Kurbel bewegen können. Es kann dies z. B. bei einer Wandpumpe in der durch Fig. 384 verdeutlichten Form geschehen, welche einer Ausführung von C. W. Julius Blancke in Merseburg entspricht, die für 0,7 bis 10 cbm stündliche Wasserlieferung gebaut wird. Die Welle läuft hierbei ungünstig nur in einem langen Lager und trägt an ihren Enden einerseits das Schwungrad, andererseits die Stirnkurbel. Mit der Kreuzschleife ähnlichem Getriebe bauen Möller & Blum in Berlin Dampfpumpen für liegende und stehende Aufstellung sowie für die Befestigung an einer Wand. Eine Anordnung letzterer Art ist in Fig. 385 angedeutet und wird diese Pumpe für die Dampfkesselspeisung mit 0,012 bis 0,013 cbm Fördermenge in der Sekunde ausgeführt.

Eine neuere Konstruktion einer derartigen Pumpe von Theis (Zeitschr. d. Ver. d. Ing. 1894 S. 1459) zeigen die Fig. 386 und 387. Bei dieser

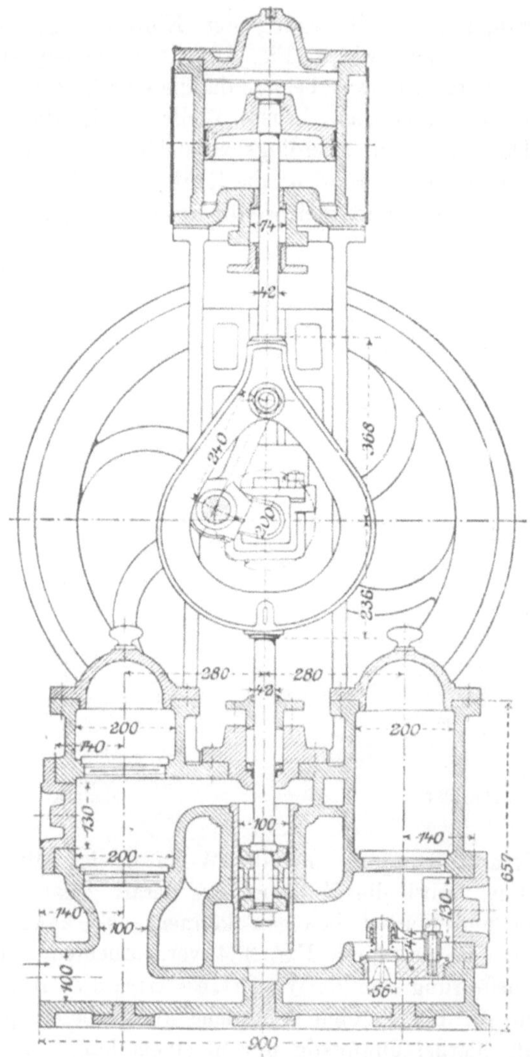

Fig. 386.

sorgfältig durchgebildeten Dampfpumpe für Schiffe sind die Gewichte der bewegten Theile durch Gegengewichte ausgeglichen. Der Gang soll selbst bei 200 minutlichen Umdrehungen und 20 atm Wasserdruck, auch bezüglich der Ventile, noch ein durchaus ruhiger sein.

Die Kolbenstange kann auch so ausgespart werden, wie Fig. 388 angibt, welche eine Ausführung von Schütz & Hertel für liegende Auf-

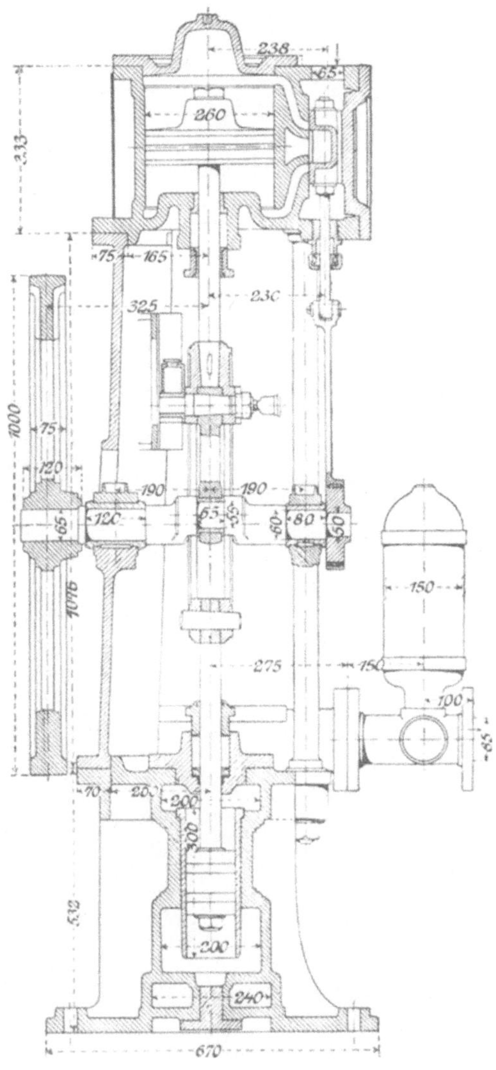

Fig. 387.

stellung verdeutlicht. Hierbei kann auch die Welle ganz durchgelegt und auf der anderen Seite der Geleise der Geradführung nochmals gelagert werden, dann fällt das alleinstehende Lager fort und das Schwungrad sitzt fliegend auf der Welle. Beides sind theuere, wenig zu empfehlende

Konstruktionen. Werden die Geleise nicht als zwischen den Cylinderdeckeln freiliegende Balken angeordnet, sondern ruhen sie auf dem Funda-

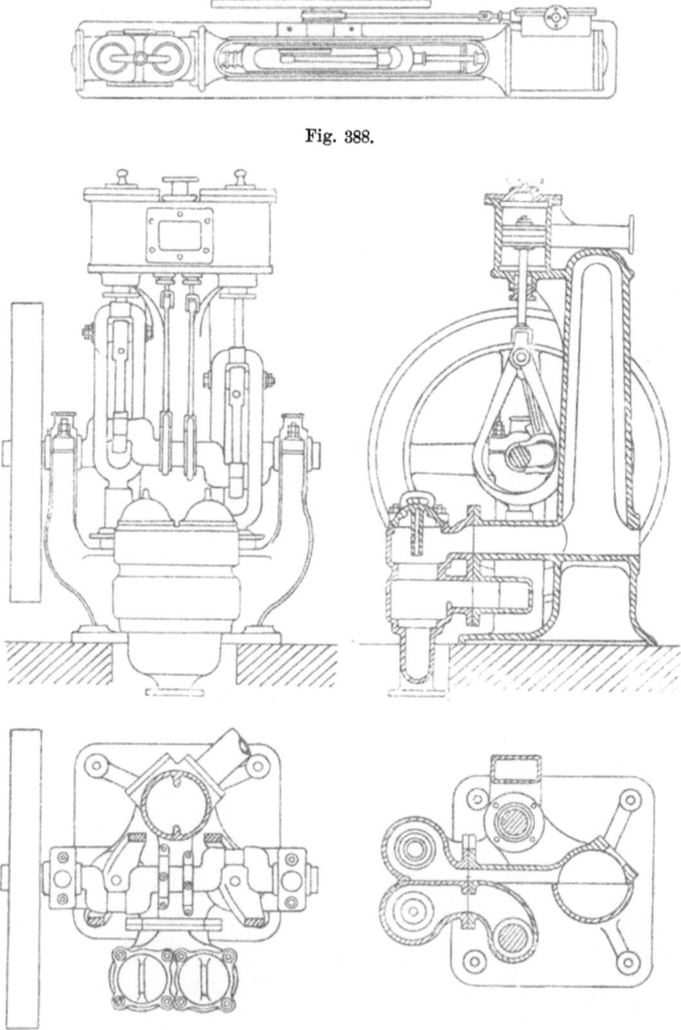

Fig. 388.

Fig. 389—392.

mente, so können die Wellenlager in ihnen unmittelbar angebracht werden, wie das z. B. Fig. 383 zeigt. Eine besonders geeignete Form der gegabelten Kolbenstange verwenden Klein, Schanzlin und Becker bei ihren Dampfpumpen, von welchen Fig. 389 bis 392 eine Zwillingsanordnung zeigen. Diese viel angewendete und als „Element Klein“ bekannte Kolbenstange (erloschenes D.R.P. Kl. 47 Nr. 19981) ist so geformt, dass sie für die Bewegung der Schubstange und der gekröpften Welle gerade den nothwendigen Spielraum gibt. Die Ventile sind in den Figuren nicht angegeben; ihre Formung entspricht derjenigen, welche in Fig. 380 verdeutlicht ist.

Bei grossen Dampfpumpen mit gegabelter Kolbenstange wird diese in dem zwischen den Cylindern der Pumpe und der Dampfmaschine liegenden Theil aus zwei parallelen, an den Enden durch schräg gestellte Traversen verbundenen Stangen gebildet, welche die Schubstange zwischen sich durchschlagen lassen. Eine derartige Anordnung wurde z. B. für die Pumpen der Southwark- und Vauxhall-Wasserwerke in Hampton (vgl. Engineer 1887 Bd. 64) gewählt

Die Anordnung A. 2. h) unterscheidet sich von derjenigen A. 2. f) nur dadurch, dass die Schubstange nicht zwischen den beiden Cylindern an die Kolbenstange gelenkt ist, sondern an ein rückwärts aus einem der Cylinder heraustretendes Ende. Hierbei braucht der Abstand der Cylinder von einander nicht grösser zu sein, als es für die Bewegung der Kolbenstange, durch welche die Welle geht, nothwendig ist; bei der Anordnung A. 2. f) muss der Abstand grösser werden, da sonst die Schubstangenlänge zu klein wird. Es lassen sich sogar die Cylinder dicht zusammenrücken, wenn die Welle hinter einem derselben gelagert wird und die Schubstangen seitlich an beiden vorbei von dem rückwärts liegenden Querhaupt nach den Kurbeln führen.

Die letzte, unter A. 2. i) genannte Anordnung der eincylindrigen Dampfpumpe wird von Shand, Mason und Co. in London bei Dampfspritzen ausgeführt. Welle und Schubstange sind wie bei den Pumpen der Art A. 2. g) angebracht; statt einer Kolbenstange sind jedoch zwei solcher angewendet, welche sich seitlich an der Welle vorbei bewegen. Die Pumpe ist mit Doppelkolben versehen und die Schubstange unmittelbar in dem hohlen Tauchkolben angelenkt, so dass der Abstand der beiden Cylinder bei genügender Schubstangenlänge verhältnissmässig klein wird.

Die Balancier-Dampfpumpen finden insbesondere bei Wasserwerksanlagen Verwendung und wurden hierfür gewöhnlich so angeordnet, dass mit dem einen Ende des Balanciers der Dampfkolben, mit dem anderen die Schubstange des für die Hülfsdrehung angebrachten Kurbelgetriebes verbunden wurde; die Bewegung der Kolbenstangen zweier etwas tiefer als die Dampfmaschine und das Schwungradlager aufgestellter Pumpen erfolgte dann von Punkten des Balanciers, welche gleichweit von der Drehachse desselben entfernt zwischen dieser und den Endpunkten lagen.

Eine derartige Anordnung zeigt die von Wohlmuth im Praktischen

Maschinenkonstrukteur 1886 S. 274 angegebene, durch Fig. 393 und 394 verdeutlichte Dampfpumpe, bei welcher je eine Tauchkolbenpumpe zwischen der Dampfmaschine, bezieh. der Schwungradwelle und der Balancierachse angebracht ist. Die Lager der letzteren stehen auf einer als Druckwindkessel ausgebildeten Säule. Unbequem ist bei dieser Anordnung der Betrieb der Dampfmaschinensteuerung von der Schwungradwelle durch eine am Gestell vorbeigeführte Excenterstange.

Rücksichten der Aufstellung führten auch dazu, die Pumpe von dem einen Endpunkt des Balanciers aus zu treiben und das Kurbelgetriebe der Schwungradbewegung zwischen Pumpe und Fundament des Balancierlagers anzuordnen; diese Aufstellungsart ist jedoch wegen der Schwierigkeit

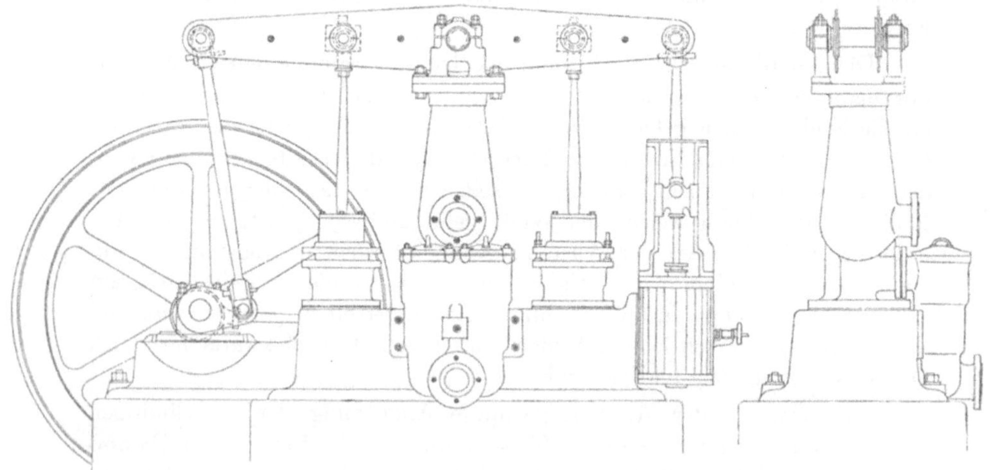

Fig. 393 und 394.

des Zusammenbauens der einzelnen Theile zu vermeiden; wird sie jedoch gewählt, so ist die Schubstange an einen möglichst weit von der Balancierachse entfernten Punkt anzulenken, um den Kurbelkreis gross und damit kleinere Kurbelzapfen zu erhalten. Bei neueren Wasserwerkspumpen wird die Bewegung der Pumpe von dem einen Ende des Balanciers abgeleitet, während an dem anderen die Treibstange der Dampfmaschine und an einer hornartigen Verlängerung dieses Hebelendes die Treibstange angreift, welche mit der auf der Schwungradwelle sitzenden Kurbel verbunden ist.

Die Dampfpumpen ohne Drehbewegung werden fast durchgängig mit liegenden Cylindern ausgerüstet. Die eincylindrige Pumpe wird dabei entweder durch eine eincylindrige oder eine Verbunddampfmaschine betrieben; bei letzterer Anordnung stehen Hochdruck- und

Niederdruckcylinder hintereinander und eine gemeinschaftliche Stange verbindet die beiden Kolben der Dampfmaschine mit dem der Pumpe. Vielfach kommt auch das Zwillingssystem zur Verwendung, bei welchem zwei Dampfpumpen mit ein- oder zweicylindriger Betriebsmaschine nebeneinander aufgestellt werden.

Bei den Dampfpumpen ist insbesondere wichtig die Anordnung der Dampfsteuerung und die Ausgleichung des veränderlichen Dampfdruckes in Bezug auf den nahezu gleichbleibenden Kolbenwiderstand der Pumpe.

Die Anordnung der Dampfsteuerung wird in einer der für Dampfmaschinen üblichen Formen gewählt, wenn eine Drehbewegung vorhanden ist, von derselben kann dann die zwangläufige Bewegung der inneren Steuerung leicht abgeleitet werden. Ist jedoch keine Drehbewegung vorhanden, so muss die Bewegung der Dampfvertheilungsorgane von der Kolbenstange oder dem Kolben aus erfolgen.

Hierfür sind zahlreiche Einrichtungen angegeben und ausgeführt worden und seien im nachfolgenden die wichtigsten erläutert.

1. Der Dampfvertheilungsschieber wird von der Kolbenstange bewegt.

Hierbei wird die Schieberstange, sobald sich der Kolben dem einen oder dem anderen Ende seines Hubes nähert, von einem Anschlag erfasst und bewegt, so dass der Schieber abwechselnd in die eine oder andere Endstellung gestossen wird. Es wird nun, wenn der Schieber in die mittlere Stellung gelangt, wobei er den Dampfzutritt abschliesst, die Pumpe zum Stillstand gelangen können, wenn die lebendige Kraft der bewegten Massen nicht hinreicht, diesen todten Punkt zu überwinden, also die Pumpe zu langsam läuft. Bei schnellem Gang wird andererseits ein Schleudern des Schiebers über seine Mittellage eintreten, während der Kolben in Folge seiner lebendigen Kraft ohnehin schon in seine Endstellung sich bewegt, ohne dass noch Dampfzutritt nöthig wäre.

Dieses Stossen und Schleudern ist natürlich ebenso zu vermeiden, wie das Eintreten des Stillstandes; da jedoch eine entsprechende Regelung der Geschwindigkeit kaum zu erzielen ist, so muss in anderer Weise dem erwähnten Uebelstande vorgebeugt werden. Es kann dies z. B. durch Anwendung kleiner Steuerkolben geschehen, die mit dem Schieber verbunden werden oder mit demselben ein Gussstück bilden. Die Bewegung dieser Steuerkolben erfolgt durch Dampfdruck und ist hierfür eine besondere Hilfssteuerung anzuordnen.

Eine solche Einrichtung wurde nach Decker's erloschenem Patent (Kl. 59 No. 926) von der Esslinger Maschinenfabrik bei der in Fig. 395 bis 399 dargestellten Dampfpumpe ausgeführt. Die Verstellung des Schiebers A erfolgt, wenn gegen Ende der Kurbelbewegung abwechselnd der an der Kolbenstange befestigte Arm B gegen die mit Gummibuffer

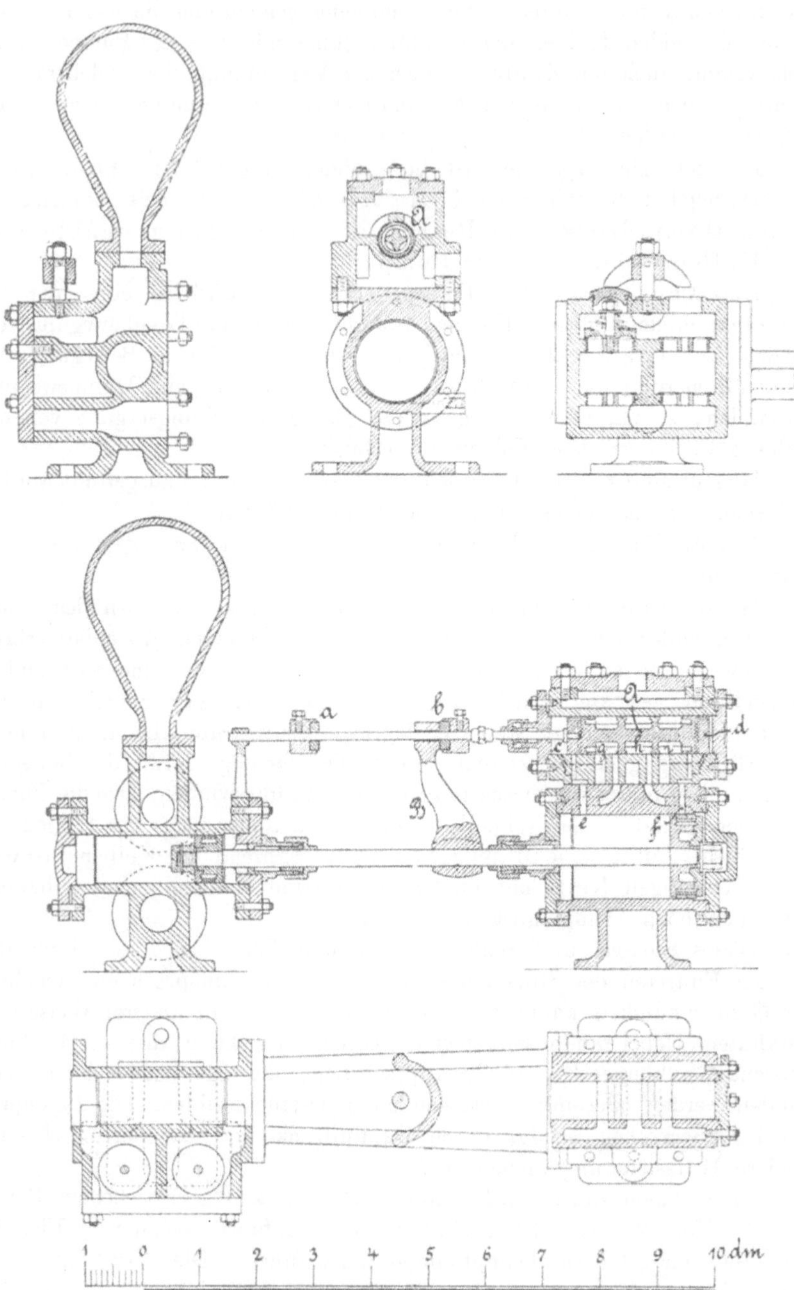

Fig. 395—399.

versehenen Anschläge a und b stösst. Sobald hierdurch der Schieber in die Mittelstellung kommt, treten die in den Steuerkolben c und d angebrachten Kanäle über die von den Cylinderräumen abgehenden Kanäle e und f, welche zwischen den gegabelten Dampfzuführungskanälen durchgehen; es bewegt sich also der Schieber A noch weiter nach rechts. Derselbe ist mit ringförmigen Aussparungen g, h und i versehen, von denen h stetig mit der Dampfzuführung, g und i stetig mit dem Auspuffe in Verbindung stehen. Die in der Figur angegebene rechte Endstellung des Schiebers A wird daher die Bewegung des Dampfkolbens nach links verursachen, wobei dann gegen das Ende des Hubes wieder die Verstellung der Steuerung erfolgt.

Das Anschlagen der Steuerkolben bei ihrer durch den Dampfdruck erfolgenden raschen Bewegung gegen die Deckel des Schieberkastens ist dadurch verhütet, dass kurz vor dem Hubende sich ein Dampfkissen bildet, welches den Stoss aufnimmt. Durch die Verstellung der Anschläge auf der Schieberstange lässt sich der Hub der Kolben und damit die Leistung der Pumpe regeln.

Stosssteuerungen, welche von der Kolbenstange aus bethätigt werden, wurden ferner angegeben von Werner, Knowles, Kleinsorgen, Bartelt u. A. Im Wesentlichen sind diese Steuerungen gleichartig und unterscheiden sich nur durch die Einrichtung, mittels welcher der bei den Endstellungen des Kolbens in der Mittellage befindliche und dadurch den Dampfeintritt absperrende Dampfvertheilungsschieber durch Dampfdruck weiterbewegt wird, um das Stillstehen der Pumpe zu verhüten.

Werner bringt hierzu einen kleinen Tauchkolben in der Wandung des Schieberkastens an, der stets unter Dampfdruck stehend auf einen eigenartig geformten Winkelhebel wirkt, welcher die Bewegung von der Kolbenstange überträgt.

Bei der von Knowles angegebenen Einrichtung erfährt gegen Ende des Kolbenhubes die Schieberstange und damit der kolbenförmige Schieber durch einen zwischen diese und die Kolbenstange eingeschalteten Hebelmechanismus eine kleine Drehung, wodurch wie bei der Decker'schen Steuerung je ein vom Cylinder abführender Kanal mit je einer im Steuerkolben angebrachten, in dessen Druckseite mündenden Bohrung in Verbindung tritt, so dass auf die eine kolbenförmige Endfläche des Schiebers Volldruckdampf, auf die andere Endfläche der Druck des Auspuffdampfes wirkt und dadurch die Schieberbewegung eintritt.

Th. Kleinsorgen hat sich eine Steuerung patentiren lassen (erloschenes D.R.P. Kl. 59 No. 11985), bei welcher durch Anschläge an der Kolbenstange ein Hahn verstellt wird, der die Dampfvertheilung besorgt. Die Bewegung des Hahnes aus seiner Mittellage geschieht durch ein lose um den Kükenzapfen schwingendes Gewicht, das sich hinter einer fest auf dem Küken sitzenden Scheibe befindet, welche zwei federnde

Sperrklinken trägt. Ein an der Kolbenstange befestigter Arm drückt gegen das eigenartig geformte Gewicht und verdreht es hierdurch, bis die eine Klinke in eine Aussparung desselben einschnappt und das Gewicht feststellt. Dies tritt ein, wenn der Kolben in seiner Endstellung angekommen ist, dann aber gibt der erwähnte Arm das Gewicht frei; dieses schwingt zurück und verstellt hierdurch den Hahn. Bei der nun entstehenden Rückwärtsbewegung des Kolbens wird das Gewicht nach der anderen Seite verdreht und dort festgestellt; hört am Hubende des Kolbens die Einwirkung des Armes auf, so schwingt das Gewicht wieder zurück.

Während Kleinsorgen durch Gewicht die Ueberwindung der Todpunktstellung des Schiebers bewirkt, wollte K. Bartelt hierzu Federn verwenden (erloschenes D.R.P. Kl. 59 No. 7326), welche zuerst durch die von der Kolbenstange aus erfolgende Bewegung des zur Dampfvertheilung angeordneten Hahnes gespannt werden und in der Mittellage desselben dessen weitere Drehung bewirken.

Die vollkommene Zwangläufigkeit der Steuerung kann ferner ohne Zuhülfenahme von durch Dampfdruck bewegten Steuerkolben dadurch erhalten werden, dass zwei Dampfpumpen nebeneinander aufgestellt werden und von der Kolbenstange der einen der Dampfschieber der anderen bewegt wird.

Solche Steuerungseinrichtungen wurden von Mazeline und von C. Worthington in New-York angegeben; das Patent von Worthington datirt von 1848. Die von Letzterem sowie in England von der Worthington Pumping Engine Co. in London u. A. mit wagerechten oder lothrechten Cylindern gebauten Dampfpumpen haben eine sehr grosse Verbreitung insbesondere in Amerika gefunden und werden dieselben nunmehr auch in Deutschland von der Berlin-Anhaltischen Maschinenfabrik in Dessau und Berlin-Moabit, ferner in ähnlicher Gestaltung von Weise & Monski, Wegelin & Hübner, beide in Halle a. S., angefertigt. Die beiden nebeneinander angeordneten Pumpen werden durch je eine Ein- oder eine Zweicylinder-Dampfmaschine getrieben. Letztere Einrichtung ist auf Tafel III dargestellt. Zur Dampfvertheilung werden Muschel- oder Corlissschieber angewendet, welche derart bewegt werden, dass die Kolbenstange der einen Dampfpumpe durch Hebelübersetzung den Schieber, bei Zweicylindermaschinen die beiden miteinander fest verbundenen Schieber oder gekuppelten Hähne der zwei hintereinander liegenden Dampfmaschinen, der anderen Dampfpumpe treibt. Der die zwangläufige Verbindung der Schieber mit den Kolbenstangen vermittelnde Mechanismus wird entweder vollständig zwischen der Dampfmaschine und der Pumpe angeordnet, oder es werden Treibstangen an die aus den Pumpen nach rückwärts tretenden Kolbenstangenenden gelenkt, und wird mittels dieser Stangen ein Hebelmechanismus in Bewegung gesetzt, wie er in

Fig. 400 dargestellt ist. Hierbei sind in gusseisernen Böckchen, welche am Pumpengestell oder an zwischen Pumpe und Dampfmaschine gespreizten Stangen befestigt sind, zwei Achsen a und b gelagert, auf welchen die Hebel c und d befestigt sind. Mit diesen sind zwei Stangen e und f gelenkig verbunden, von welchen die an c gelenkte den Schieber der vorderen Maschine, die mit d verbundene den Schieber der dahinterliegenden Maschine treibt; ferner greift am Hebel d eine Stange g, an demjenigen c eine Stange h an, von welchen die erstere in i an die Kolbenstange der vorderen Maschine I, die zweite in k an diejenige der hinteren Maschine II angelenkt ist. Befindet sich nun der Kolben der Dampfmaschine I in der äussersten Stellung links, so wird der Schieber der Maschine II auch in seiner äussersten Stellung links stehen, der Kolben dieser Maschine wird nach links getrieben. Dadurch wird der

Fig. 400.

Schieber I nach rechts bewegt und öffnet den Eintritt des Dampfes auf die linke Seite des Kolbens I, so dass dieser anfängt sich nach rechts zu bewegen. Damit bewegt sich auch der Schieber II nach rechts und öffnet den Dampfzutritt zur linken Seite des Kolbens II, welcher nunmehr sich nach rechts bewegt und den Schieber I damit nach links treibt. Der Dampf tritt jetzt auf die rechte Seite des Kolbens I und treibt diesen nach links, wodurch auch der Schieber II nach links geht und den Dampfzutritt zur rechten Seite des Kolbens II öffnet, der sich dann nach links bewegt und den Schieber I nach rechts treibt. Hierauf wiederholt sich das Spiel. Während der Zeit, in welcher durch die Ueberdeckungen der Schieber der Dampfeintritt gehindert ist, wird Stillstand in der Bewegung des zugehörigen Kolbens, also eine Hubpause eintreten, in welcher die Pumpenventile sich leicht schliessen können. Bei der auf Taf. III dargestellten Maschine ist der vorbeschriebene Mechanismus zur Bewegung der Schieber angeordnet, jedoch nur theilweise dargestellt.

Der Füllungsabschluss wird durch besondere in die Dampfeinlasskanäle eingebaute, auf Taf. III angegebene Drehschieber bewirkt. Während die Flachschieber, wie oben erwähnt, mit dem Kolben des Nachbarcylinders zwangläufig verbunden sind, erhalten die Expansionsdrehschieber ihre Bewegung von den zugehörigen Dampfkolben und zwar durch einen

Hebelmechanismus, welcher nur in den betreffenden Kolbenstellungen einen schnellen Abschluss des Dampfeintritts bewirkt und im übrigen Verlauf des Kolbenhubes die Schieber durch eingeschalteten Todgang nur wenig dreht.

In der Fig. 401 sind die zu den beiden Cylindern einer Maschinenseite gehörigen Drehschieber nebst dem zugehörigen Steuermechanismus im Gerippe dargestellt. An den Achsen der gitterförmig ausgebildeten Drehschieber sind Hebel a befestigt, mit welchen die mit Führungsschlitzen versehenen Schwingen (Coulissen) b gelenkig verbunden sind. In diesen Schlitzen bewegen sich Steine c, welche mit der Kolbenstange durch die in m gelagerten dreiarmigen Hebel d d e sowie durch die Kuppelstange f

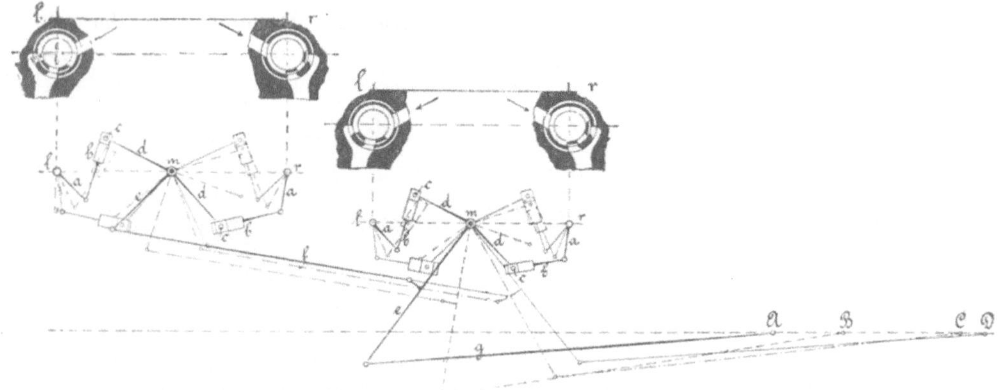

Fig. 401.

und die Flügelstange g zwangläufig verbunden sind. Die Lage aller Hebel in der Anfangsstellung des Kolbens, bei welcher der die Flügelstange g treibende Gelenkpunkt der Kolbenstange in A sich befindet, ist in der Fig. 401 durch starke Linien gekennzeichnet. Sämmtliche Schieber werden so lange in Ruhe verbleiben, bis der Kolben die dreiarmigen Hebel so weit gedreht hat, dass die Steine an den Endpunkten der Schlitze anschlagen. Im weiteren Verlauf des Hubes und zwar bei der Stellung B des Gelenkpunktes tritt schneller Abschluss der Einlassschieber l ein; die entsprechenden Lagen der Hebel und Stangen sind durch gestrichelte Linien angegeben. Bei weiterem Fortschreiten des Kolbens bewegen sich die Schieber l nur wenig weiter, denn die Schwingen b schlagen über ihre Todlagen hinaus und die Steine c gleiten zurück. Gelangt der Gelenkpunkt der Kolbenstange nach C, so stossen die Steine der Drehschieber r an die Enden der Führungsschlitze und während der Kolben noch bis in die Endstellung D gelangt, werden diese Drehschieber r geöffnet, so dass nun beim Oeffnen der Flachschieber frischer Dampf hinter die Kolben treten kann.

Die Ein- und Auslasskanäle des Dampfes sind getrennt, um gegen das Ende der Kolbenbewegung durch frühzeitigen Abschluss der Dampfausströmung eine Zusammenpressung des Dampfes vor dem Kolben zu erhalten, welche genügt, eine Hubbegrenzung des letzteren zu erzielen, also das Anstossen des Kolbens an den Cylinderdeckel zu verhüten.

Der Gang der Worthington-Pumpe ist sehr gleichmässig, insbesondere, nachdem durch die Anbringung eines später zu beschreibenden Ausgleichwerkes die Maschine eine weitere erhebliche Verbesserung erfahren hat. In neuerer Zeit sind für die Petroleumförderung und für städtische Wasserversorgungen in Nordamerika solche Pumpen in grosser Zahl und auch mit grössten Abmessungen zur Ausführung gekommen und haben sich gut bewährt. So theilt Reuleaux in einem Vortrag mit (vergl. Glaser's Annalen für Gewerbe und Bauwesen 1887 S. 13), dass für genannten Zweck eine Worthington-Pumpe mit Verbunddampfmaschinen von 1,041 m und 2,082 m Cylinderdurchmesser und 1,219 m Hub zur Aufstellung kam, bei welcher der doppeltwirkende Tauchkolben 0,305 m Durchmesser hat und einen Widerstand von $66\,^2/_3$ at erfährt.

Auf Tafel III ist eine neue Pumpe mit Verbunddampfmaschinen dargestellt, welche die Worthington-Gesellschaft für die Stadt Philadelphia baute. Die Abmessungen derselben sind: Durchmesser des Pumpenkolbens 800 mm, im Hochdruckcylinder 1040 mm, im Niederdruckcylinder 2080 mm, bei 1200 mm Hub. Die Dampfcylinder sind durch Corlisshähne gesteuert, welche alle im Scheitel der Cylinder liegen; die kleineren Hähne dienen zum Einlass, die grösseren zum Auslass. Zwischen beiden Cylindern ist ein geheizter Receiver eingeschaltet, der oberhalb derselben liegt. Zwischen den Dampfcylindern und der Pumpe ist der S. 381 beschriebene Ausgleicher angeordnet, von dessen Kreuzkopf aus sowohl die Bewegung der im Fundament aufgestellten Kondensatorpumpe als auch diejenige der die Corlisshähne bethätigenden Steuerwellen abgeleitet wird. Die Ventile der doppeltwirkenden Pumpe sind von ähnlicher Konstruktion wie die S. 138 beschriebenen Corlissventile. Bei einem Dampfdruck von 9 atm und 125 m Förderhöhe soll die normale Leistung dieses Pumpwerks bei 18 minutlichen Doppelhüben 667 sec/lit., die maximale bei 22 Doppelhüben 1000 sec/lit. betragen.

Eine von Weiss & Monski gebaute Pumpe dieser Art von vertikaler Anordnung ist in den Fig. 402—404 dargestellt.

Neuerdings ist die Steuerung der Worthington-Pumpen auch derart abgeändert worden, dass der Mechanismus zum Verstellen der Schieber in das Innere des Schieberkastens verlegt ist. Hierdurch soll grössere Einfachheit und zuverlässigere Schmierung erreicht werden, doch dürfte die Uebersichtlichkeit verringert sein. Siehe Dingler Bd. 296 S. 125.

Bezüglich der Einrichtung der Steuerungen der Dampfpumpen von Tangyes Limited in Soho und E. Barnes in Handsworth, sowie derjenigen von Ernst Scott and Mountain in Newcastle, welche der vorbeschriebenen ähnlich sind, mag auf die vorgenannte Quelle verwiesen

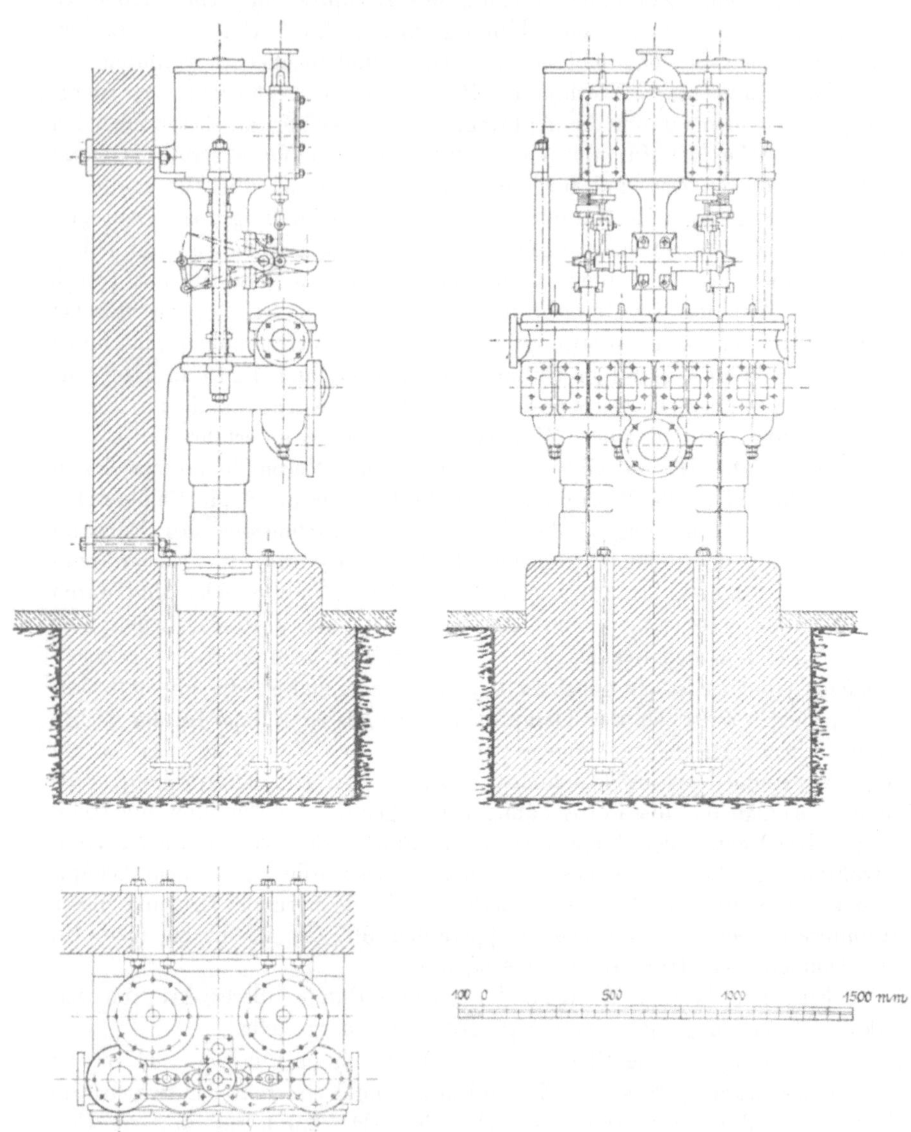

Fig. 402—404.

werden. Auch die Konstruktionen von Joseph Evans & Sons und Alexander Shanks & Sons, welche letztere zur Regelung des Ganges eine hydraulische Bremse benutzen und daher Expansion des Dampfes anwenden können, seien hier lediglich angeführt.

Die vollkommene Zwangläufigkeit der Steuerung von Dampfpumpen kann auch erhalten werden, wenn die von der Kolbenstange abgeleitete Bewegung des Dampfvertheilungsschiebers unter dem Einfluss eines Kataraktes steht.

Die Steuerungen dieser Gruppe haben die Eigenthümlichkeit, dass am Ende jeder Kolbenbewegung Hubpausen beliebiger Länge erhalten werden können.

Es ist hier insbesondere die Steuerung von Davey bemerkenswerth, welche in Fig. 405 in einer der ausgeführten Formen dargestellt ist. Die Bewegungseinleitung erfolgt von der Kolbenstange aus; diese ist durch Hebelwerk mit dem Kolben eines Kataraktes A und mit dem Hauptschieber B verbunden, ferner wird von dem Hebelwerk aus ein Hülfsschieber C umgesteuert. Die Bewegung des Schiebers B wird einerseits durch diejenige des Kataraktkolbens A, andererseits in Folge der Wirkung des Dampfdruckes auf die Steuerkolben a und b entstehen; wenn also der Dampfkolben D sich z. B. nach rechts bewegt, so wird auch der Schieber B sich nach rechts bewegen, vorausgesetzt, dass die Geschwindigkeit des Kolbens D derjenigen des Kataraktkolbens A, welche durch den Widerstand desselben geregelt wird, entspricht. Sobald aber in Folge plötzlicher Ausschaltung des Pumpenwiderstandes der Kolben D sich schneller bewegt als es dem Kataraktwiderstand entspricht, wird Punkt c gewissermassen zum Drehpunkt des Hebels d, dessen oberer Theil gegen den unteren zurückbleibt; es erfolgt also eine Rückwärtsbewegung des Dampfschiebers B; derselbe schliesst ab und es tritt Expansion ein. Es ist also in dieser Einrichtung eine Sicherheit gegen das Durchgehen vorhanden. Ist der

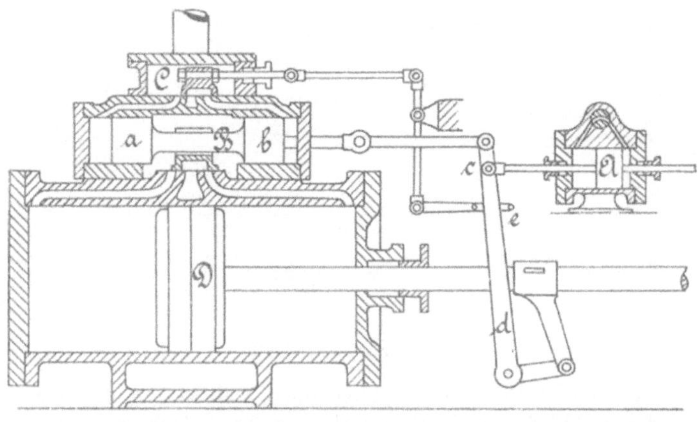

Fig. 405.

Kolben B in seiner Endstellung angekommen, so erfolgt jedoch noch keine Umsteuerung, sondern diese tritt erst ein, wenn auch der Kataraktkolben in seine Endstellung gelangt ist; dann stösst der Hebel d gegen den Anschlag e und steuert den Hülfsschieber um. Es tritt also eine Hubpause ein, deren Zeitdauer durch den Kataraktwiderstand geregelt werden kann.

Davey hat diese Steuerung auch derart angeordnet, dass die in einem Stück vereinigten Steuerkolben sich in einem besonderen kleinen Cylinder ausserhalb des Schieberkastens befinden und der zugehörige Hülfsschieber an diesem Cylinder angebracht ist. Für grössere Maschinen hat Davey zwei Hülfsdampfcylinder und zwei Katarakte angewendet.

Cope & Maxwell lassen den Katarakt und den Hülfsdampfcylinder oder ersteren allein von der Kolbenstange durch Hebelwerk auf einer Bahn bewegen, und erhalten durch ihre Einrichtung auch eine Sicherung gegen das Durchgehen der Maschine.

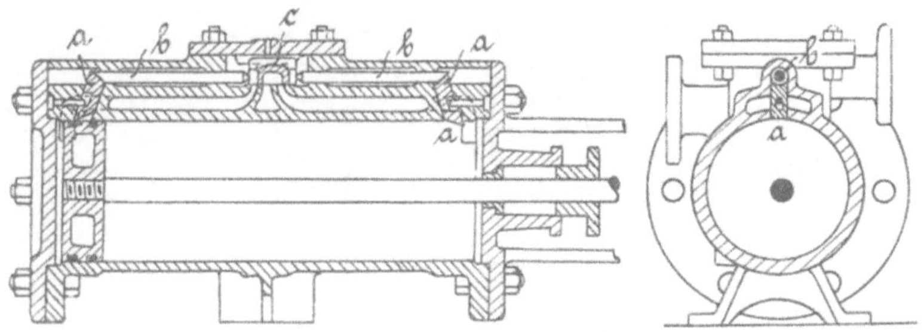

Fig. 406 und 407.

Howard hat eine Steuerung angegeben, welche derjenigen von Davey mit besonderem Hülfsdampfcylinder ähnlich ist, jedoch noch einen Expansionsschieber enthält, der von dem mit der Kolbenstange verbundenen Hebelwerk gleichfalls bewegt wird. Ein Uebelstand dieser Kataraktsteuerungen ist ihre umständliche Einrichtung, die eine gute Wartung erfordert; findet letzteres statt, so ist allerdings die Wirkung in Folge der Selbstregelung eine sichere, insoweit nicht die Abnutzungen in Betracht kommen. Hubpausen können jedoch auch durch die Worthington-Steuerung in einfacherer Weise erreicht werden. Die Worthington-Pumpe hat überhaupt, wenigstens bei uns, die Dampfpumpe mit Kataraktsteuerung fast ganz verdrängt.

2. Der Dampfvertheilungsschieber wird durch den Kolben bewegt. Bei Anwendung dieser Einrichtung können Dampf- und Pumpencylinder so nahe, als es die Anordnung der Stopfbüchsen zulässt, zusammengerückt werden, während bei Anwendung der von der Kolbenstange aus bethätigten Steuerung zwischen beiden Cylindern ein Abstand vorhanden sein muss, welcher etwas grösser als der Kolbenhub ist.

Einige Steuerungen dieser Art hat sich Thomas Ward in Tipton für das einfache und das Verbundsystem patentiren lassen (erloschene Patente Kl. 59 No. 19037, 22358 und 23403). Die einfachste Anordnung zeigen Fig. 406 und 407, an den Cylinderenden sind in schräger Lage kleine, mit abgeschrägten Endflächen versehene Bolzen a eingesetzt. Der Kolben stösst gegen das Ende des Hubes einen dieser Bolzen zurück und dieser verschiebt eine Stange b, welche ihrerseits den Schieber c bewegt. Es wird dieser also von einer Endstellung in die andere geschoben, wenn der Kolben an das Ende seines Hubes gelangt.

In gleicher Weise will Ward auch durch einen Schieber mit zwei Muscheln die Dampfvertheilung für eine Verbundmaschine bewirken. Um das beim ersten Anstoss der Stangen auf den Schieber mögliche Abheben desselben zu verhüten, hat Ward, wie Fig. 408 verdeutlicht, die Druck-

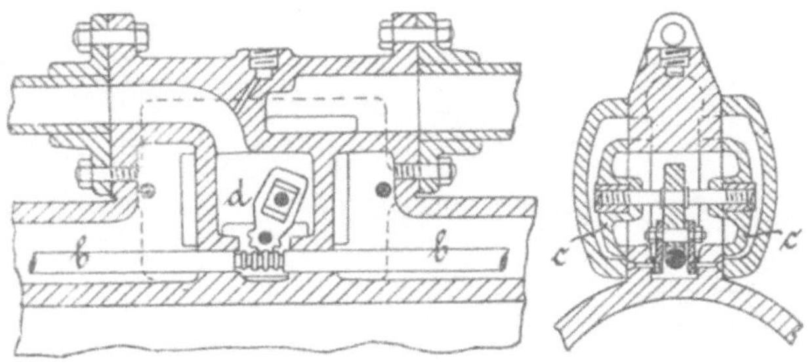

Fig. 408 und 409.

stangen b vereinigt und in ihrem mittleren Theil als Zahnstange ausgeführt, in welche der verzahnte Arm eines Hebels d greift, dessen anderer Arm die Verschiebung zweier Schieber c bewirkt. Die aus Fig. 408 und 409 ersichtliche Einrichtung des Schieberkastens bezweckt die Entlastung des Schiebers, so dass die zu dessen Bewegung nothwendige Arbeit möglichst klein wird. Jedoch wird die Anordnung fehlerhaft, wenn sich die Schieberflächen abgeschliffen haben, da dann auf einer Seite der Dampf durchblasen wird. Auch diese Einrichtung hat Ward für Verbunddampfmaschinen entsprechend ausgebildet. Ein besonderer Werth kann diesen recht unkonstruktiven Erfindungen kaum zugesprochen werden.

Colburn hat einen Doppelkolben, bestehend aus zwei ungleich grossen, in hintereinanderliegenden Cylindern wirkenden Scheibenkolben angeordnet. Das Verbindungsglied beider Kolben ist als Schieberspiegel ausgebildet und der Raum zwischen beiden bildet die Dampfkammer, in welche der frische Dampf strömt. Der auf dem Verbindungsglied ruhende Schieber wird bei der Kolbenbewegung mitgenommen und am Ende derselben dadurch umgesteuert, dass er an einen am Cylinder befestigten Anschlag stösst.

An dieser Stelle sei übrigens auf die verhältnissmässig einfache Steuerung der Luftkompressionspumpen von Westinghouse hingewiesen, welche heute in Deutschland fast bei allen Eisenbahnen für die Luftdruckbremsen in ausgedehnter Weise in Verwendung sind und durchaus sicher funktioniren. Der ganze Mechanismus liegt hier im Innern; der Dampfkolben verstellt

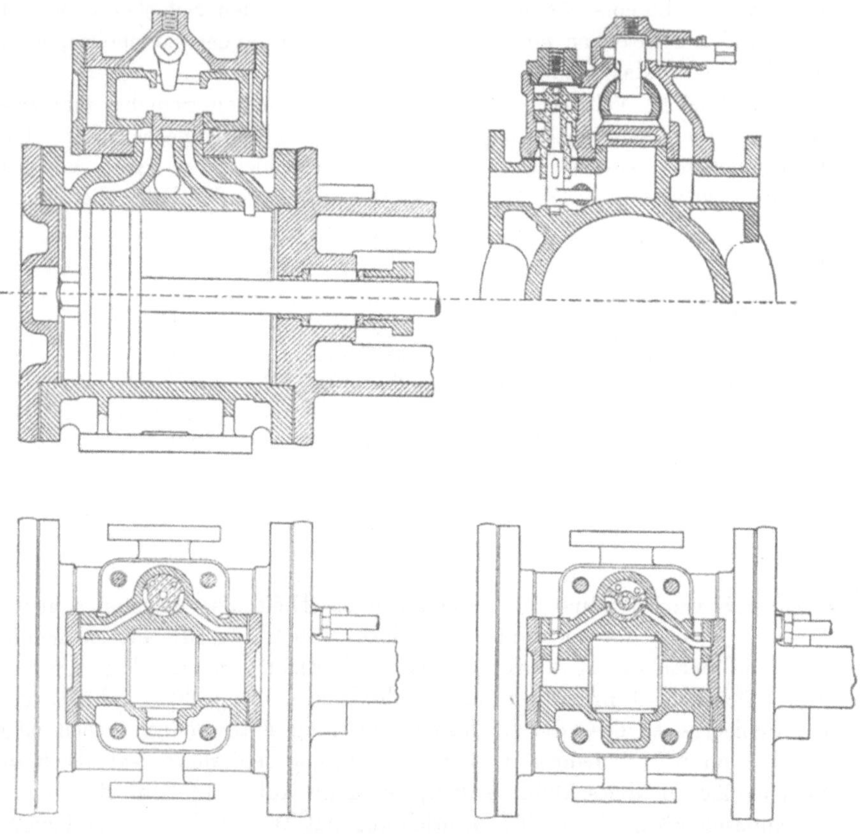

Fig. 410—413.

nahe seinen Endstellungen einen Hülfsschieber, welcher dann den eigentlichen Kolbenschieber steuert. Eine Anwendung auf Wasserpumpen scheint dieses System wenigstens in Deutschland bis heute nicht gefunden zu haben, doch dürfte unter Anlehnung hieran die den Howaldtswerken in Kiel unter No. 82293 patentirte Steuerung entstanden sein, welche zwei Vorsteuerschieber benutzt, also an Einfachheit der Westinghouseschen Steuerung nachsteht und der Steuerung der Pumpen der Cameron Steam Pump Works sehr verwandt ist.

Eine weitere Steuerung, bei welcher ein schwingender Kolbenschieber zur Vorsteuerung benutzt wird, führt die Maschinen- und Armaturenfabrik von C. Louis Strube in Magdeburg aus. Die Einrichtung geht aus den Fig. 410 bis 413 deutlich hervor.

Die Verstellung des Schiebers kann auch durch den Dampfdruck erfolgen, wenn der Schieber mit Steuerkolben zwangläufig verbunden wird und die Steuerung dieser vom Dampfcylinder aus durch den Kolben selbst erfolgt.

Hierbei kann der Schieber mit den Stosskolben und den Dampfvertheilungskanälen in dem Inneren des Dampfkolbens angeordnet werden;

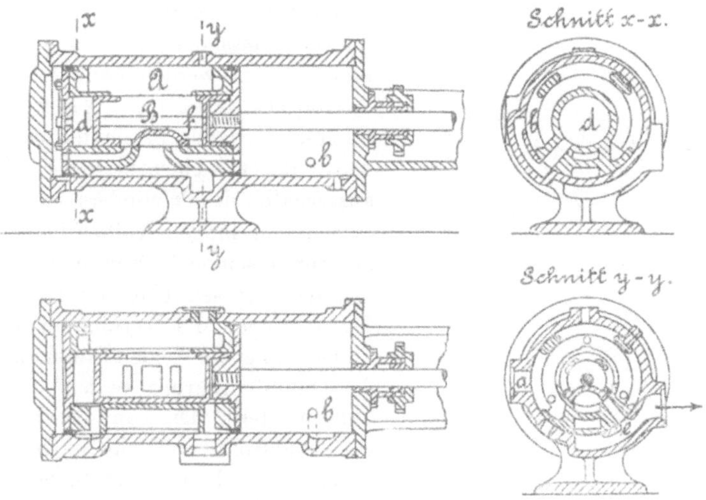

Fig. 414—417.

solche Steuerungen werden von Cope & Maxwell, bezieh. Hayward, Tyler & Cie., sowie von Duclos & Cie. ausgeführt.

Die Steuerung von Cope & Maxwell in einer neueren Form ist in Fig. 414 bis 417 dargestellt. Der frische Dampf tritt bei a durch die Cylinderwandung in das Innere des Kolbens A und bei der angegebenen Schieberstellung auf die linke Cylinderseite, so dass A von links nach rechts getrieben wird. Unmittelbar vor dem Ende des Kolbenhubes wird durch den Kanal b das Innere des mit Dampf gefüllten Kolbens mit dem Cylinderraum des Stosskolbens f und durch den Kanal e der Cylinderraum des Stosskolbens d mit dem Auspuffe in Verbindung gebracht; es erfolgt also das Umwerfen des Schiebers B nach links und damit die Umsteuerung. Der gleiche Vorgang findet statt, wenn der nunmehr nach links sich bewegende Kolben wieder nahe an das Hubende gekommen ist.

Die Einrichtung von Duclos ist ähnlich, auch hier dient der Cylinder gewissermassen als Schieberspiegel, der Dampfkolben als Schieber für die Dampfleitung nach den Stosskolben. Beide Anordnungen haben den Nachtheil, dass der Dampfcylinder sehr lang wird, weil der Kolben länger als sein Hub werden muss. Dadurch ist es geboten, letzteren klein zu nehmen, um den Cylinder nicht zu lang zu erhalten; es muss also gegenüber anderen Einrichtungen zur Erzielung gleicher Leistung der Hubwechsel rascher erfolgen, was bei der Gestaltung der Pumpenventile beachtet werden muss und im Allgemeinen eine Erhöhung der bei jedem Hubwechsel entstehenden Dampf- und Wasserverluste ergeben wird. Die Ingangsetzung der Pumpe ist dadurch erschwert, dass der Schieber von aussen nicht bewegt werden kann.

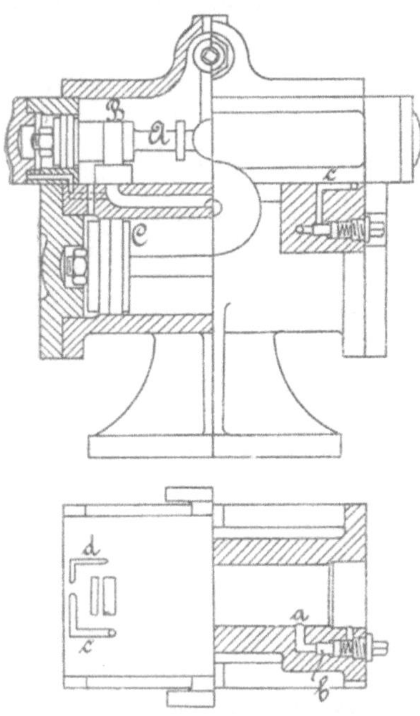

Fig. 418 und 419.

Williamson & Walker sowie Clarkson haben bei ihren Steuerungen den Schieber in einem besonderen Kasten ausserhalb des Cylinders angeordnet, jedoch den langen Kolben beibehalten, der durch seinen Hohlraum oder durch in ihn eingegossene Kanäle kurz vor seinen Entstellungen die Verbindung der Cylinderräume der beiden Stosskolben mit der Dampfzuführung bezieh. dem Auspuffe herstellt. Die von Clarkson angegebene Steuerung wird auch als von Pickering herrührend bezeichnet.

Aehnliche Gedanken zeigen auch die Dampfpumpen von Marsh (Engg. 1895 II, S. 746) und B. L. Frost (Dingler's Journ. B. 300, S. 9). Hier ist der Dampfkolben dem Wesen nach aus zwei fest verbundenen Scheibenkolben gebildet, welche zwischen sich jederzeit frischen Dampf haben, der nahe den Endstellungen des Kolbens durch kleine Bohrungen in der Cylinderwand zur Wirkung auf den als Kolbenschieber ausgebildeten Hauptdampfschieber gelangt und diesen verstellt. Die Einrichtung ist, namentlich bei der Frost'schen Pumpe zufolge der Dampfführung durch eine hohle Kolbenstange in das Innere des Dampfkolbens, sehr verwickelt. Eine gute Beschreibung der Frost'schen Steuerung gab v. Ihering in den Verh. d. Ver. z. Bef. d. Gewerbfl. in Preussen 1894, S. 51.

Auch die Steuerung der Pumpe von Clarkson ist wegen verwandter Einrichtungen hier zu nennen (siehe v. Ihering a. a. O. S. 50).

Schiele, Stapfer und Rogers haben durch Einschaltung freigängiger Ventile in die Kanäle, welche vom Cylinder nach den Räumen vor den Stosskolben führen, die Anwendung eines Kolbens gewöhnlicher Breite ermöglicht.

Die Steuerung von Schiele in Bockenheim (erloschenes D.R.P. Kl. 59 No. 2382) ist in Fig. 418 u. 419 dargestellt. Für die Dampfvertheilung sind zwei durch eine Stange A verbundene Schieber B angebracht, an welchen die Stosskolben befestigt sind. In der in den Figuren angegebenen Stellung strömt frischer Dampf hinter den Dampfkolben C und treibt ihn nach rechts. Sobald C hinter den Kanal a gelangt, kann Dampf durch diesen gegen das Ventil b strömen, dieses öffnen und hierauf durch den Kanal c hinter den rechts befindlichen Steuerkolben treten; es wird dieser dadurch nach links geschoben, der frische Dampf gelangt auf die rechte Kolbenseite und der Cylinderraum kommt mit dem Auspuffe in Verbindung. Wenn die Stosskolben an das Ende ihres Hubes kommen, so werden die Kanäle d frei und der die Kolben bewegende Dampf entweicht nach dem Auspuffe. Die Ventile b schliessen sich bei Eintritt des Hubwechsels, indem dann der Kolben C den Kanal e freimacht, so dass frischer Dampf auf die obere, grössere Ventilfläche treten kann und dieses schliesst, auch wenn der Dampf durch a gegen die untere Ventilfläche strömt. Behufs Anlassens der Maschine können die Schieber durch einen Handhebel von aussen verstellt werden.

Bei den vorbesprochenen Steuerungen besteht eine gewisse Unsicherheit der Wirkungsweise darin, dass, wenn bei langsamem Gange die vom Cylinder abgehenden Steuerkanäle nicht völlig geöffnet werden, der betreffende Stosskolben nicht den genügenden Dampfdruck erhält und der Schieber daher für den Rückgang zu wenig geöffnet wird; dieses kann aber ein Stillstehen der Maschine zur Folge haben, wenn der treibende Druck auf den Dampfkolben den Pumpenwiderstand nicht zu bewältigen vermag.

Diese Unsicherheit der Steuerung fällt weg, wenn zur Steuerung der Stosskolben eine Hülfssteuerung angeordnet wird. Es ist dies der Fall bei der von Weston und Parker angegebenen, in Fig. 420 bis 423 dargestellten Einrichtung. Neben dem Schiebergehäuse liegt in einem besonderen Cylinder der doppelte Stosskolben a b. Hat sich nun der Dampfkolben A von links nach rechts bewegt, so tritt kurz vor dem Hubende durch den Kanal c Dampf durch die ringförmige Nuthe im Stosskolben in einen Querkanal vor die Fläche B des Kolbenschiebers und treibt diesen nach links, wobei der Raum vor demselben durch Querkanäle mit dem Auspuffe in Verbindung steht. Gelangt nun in Folge der Umlegung des Schiebers frischer Dampf in den Kanal d und tritt Kanal e mit dem Auspuffe in Verbindung, so wird, da der Cylinder des Stosskolbens a b durch kleine Kanäle f und g mit den Dampfkanälen d und e stetig verbunden ist, dieser Kolben auch von rechts nach links bewegt. Sobald dann der Dampfkolben A sich seiner linken Endstellung nähert, wird durch Einströmung frischen Dampfes in den Kanal h in beschriebener Weise ein Ueberwerfen des Kolbenschiebers nach rechts verursacht.

Für das Anlassen der Maschine kann der Schieber durch einen Handhebel verstellt werden.

Weston und Parker haben auch Vorrichtungen zur Erzielung kleiner Füllungsgrade an ihren Dampfpumpen angegeben. Die eine dieser Einrichtungen besteht darin, dass Dampf durch Löcher, welche in der Cylinderwandung angebracht und zu je zwei gleichmässig von der Mittellinie entfernt sind, auf ein Doppelventil, welches zwischen zwei Sitzflächen

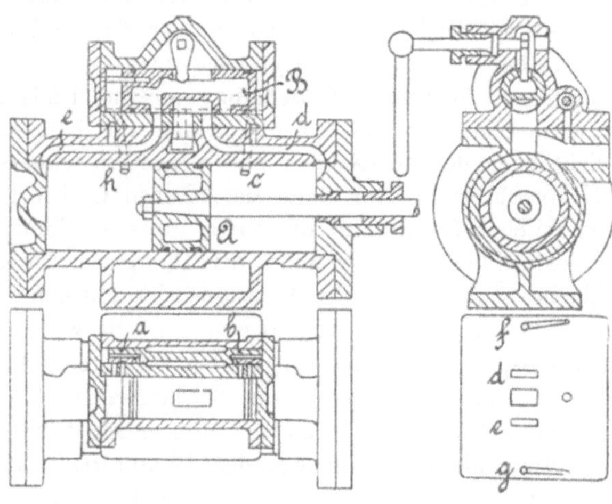

Fig. 420–423.

spielt, und dann auf die grössere Fläche eines Doppelkolbens strömt, der in der Zuleitung des frischen Dampfes angebracht ist, so dass durch Heben dieses Kolbens die Dampfzuführung in den Schieberkasten abgesperrt ist.

Der vorbeschriebenen Steuerung ähnlich ist diejenige von W. Tonkin, welche früher von Tangye Brothers, neuerdings von Evans ausgeführt wird. Der kleine Stosskolben der Hülfssteuerung ist hier im Innern der Stosskolben des Schiebers angeordnet, was jedoch gegenüber der Einrichtung von Weston und Parker den Nachtheil hat, dass der kleine Hülfskolben nicht nachgesehen werden kann und die Ausführung eine schwierigere ist.

Während bei den vorbesprochenen Steuerungen der Dampfkolben selbst als Schieber für die Steuerkanäle wirkt, zeigen eine grössere Zahl von Steuerungen und darunter diejenigen, welche bisher am häufigsten ausgeführt worden sind, die Einrichtung, dass der Dampfkolben unmittelbar vor seinen Endstellungen auf Stifte, Bolzen oder Hebel stösst und dadurch Ventile oder Schieber bewegt, welche die Dampfbeeinflussung der Stosskolben verursachen.

Eine solche Steuerung ist von Cameron angegeben und von Tangye Brothers in vielen tausenden Exemplaren ausgeführt worden. Die Einrichtung ist in Fig. 424 dargestellt. Bewegt sich der Kolben A nach

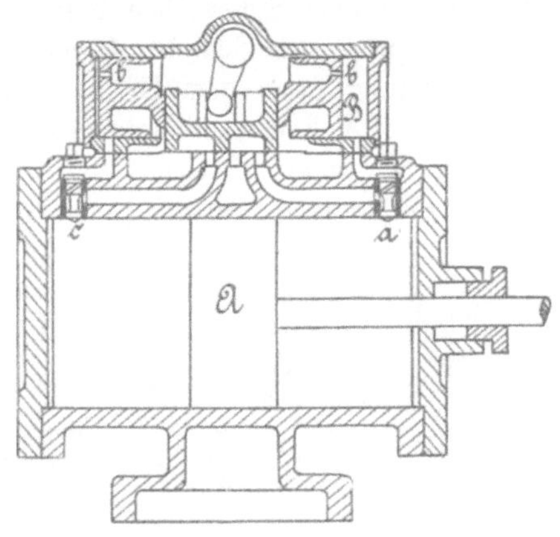

Fig. 424.

rechts, so hebt er, indem er gegen den Führungsbolzen des Ventiles a stösst, dasselbe, wodurch der Raum vor dem Stosskolben B mit dem Auspuffe in Verbindung tritt; da durch die Löcher b stets frischer Dampf vor die Stosskolben tritt, so wird der Schieber nach rechts bewegt, der Dampf strömt auf die rechte Fläche des Kolbens A und treibt diesen nach links; in der Nähe seiner Endstellung links öffnet der Kolben das Ventil c und es erfolgt dadurch wieder die Umsteuerung. Die Ventile wurden bei der älteren Anordnung in den Cylinderdeckeln angebracht. Die Steuerung ist einfach, leidet aber an dem Uebelstande, dass die Anschlagflächen der kleinen Ventile sich leicht abnützen und damit der Hub verkleinert, also die Sicherheit der Umsteuerung gefährdet wird; letzteres ist auch bei langsamem Gang der Pumpe zu befürchten, indem dann die Ventile nicht lange genug geöffnet erhalten werden, also der Schieber sich nicht genügend verstellt. Durch Schmutz kann auch ein Verklemmen der kleinen empfindlichen Ventile eintreten, für welche überdies auch keine Anstellvorrichtung vorhanden ist.

Diese Uebelstände sind bei der Steuerung von Blake vermieden, welche gleichfalls sehr verbreitet ist. Wie Fig. 425 zeigt, stösst hier der Kolben A nahe seiner Endstellung an Stangen, welche mittels Hebel auf einen Schieber B wirken, der die Dampfvertheilung nach den Stosskolben a und b, die den Hauptschieber C zwischen sich fassen, bewirkt. In der durch die Figur verdeutlichten Stellung tritt frischer Dampf auf die linke Seite des Kolbens A und treibt diesen nach rechts. Kurz vor der Endstellung wird in der angegebenen Weise der Schieber B nach rechts geschoben; an diesem sind, wie Fig. 426 zeigt, seitlich Vorsprünge angebracht, von denen c die Oeffnung eines Kanals freimacht, welcher frischen Dampf hinter den Stosskolben a treten lässt, während gleichzeitig der Schiebertheil d den Raum vor dem Stosskolben b mit dem Auspuffe in Verbindung setzt. Es wird also der Schieber C nach links geschoben und damit die Dampfvertheilung nach dem Cylinder umgesteuert. Am anderen Hubende des Kolbens A findet die entgegengesetzte Bewegungsfolge statt. Die Umstellung des Schiebers C ist auch bei ganz langsamem Gange der Maschine eine vollkommen sichere.

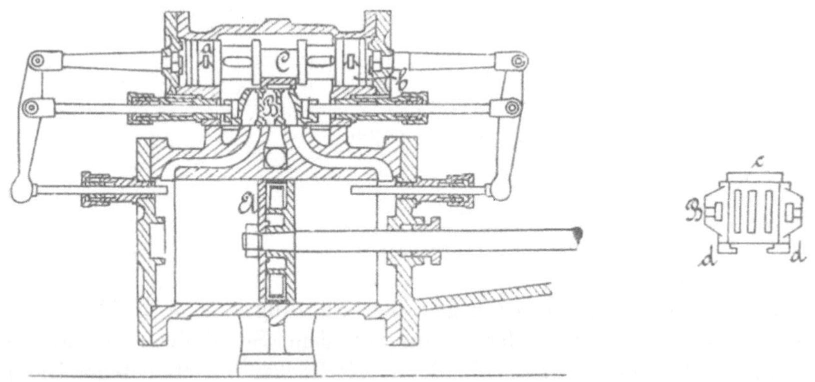

Fig. 425 und 426.

Aehnlich dieser Steuerung von Blake sind diejenigen von Selden und Merryweather. Der Erstgenannte hat den Hauptschieber zwischen den hierfür getheilten Hülfsschieber gelegt und für dieselben einen Schieberspiegel angeordnet. Merryweather hat den Hülfsschieber in einem besonderen Kasten angebracht und lässt durch ihn einen Kolben steuern, der sich in einem kleinen Cylinder bewegt und mittels seiner Stange den Hauptschieber treibt.

Den Zwillingsdampfpumpen von G. & I. Weir in Holm, Foundry Glasgow, rühmen Haack und Busley (Zeitschr d. Ver. d. Ing. 1892 S. 1211) nach, dass dieselben sich durch einen ruhigen Gang, welcher sich den wechselnden Leistungen der Schiffsmaschinen leicht anpassen lasse, auszeichnen. Die vertikal angeordneten Pumpen haben eine eigenthümliche Steuerung, welche aus einem horizontal beweglichen kolbenartig gebildeten Schieber und einem auf dessen abgeplatteten Rücken vertikal beweglichen flachen Hülfsschieber besteht; letzterer wird durch ein Gestänge mittels Knaggen von der Kolbenstange des zugehörigen Dampfkolbens aus bewegt und steuert den eigentlichen Schieber. Die vielen hierfür erforderlichen Dampfkanäle sind wenig vertrauenerweckend, doch sollen sich die Pumpen, welche Kolbendurchmesser von 280 mm im Dampf- und 230 mm im Wassercylinder bei 534 mm Hub haben, auf Schiffen gut bewährt haben. Ausführliche Zeichnungen gibt die Quelle (kürzer auch Engg. 1890 II. S. 365 und Dingler's Journ. Bd. 296, S. 146).

Mit einer verwandten Steuerung sind die Dampfpumpen von J. Tweedy, Walker und J. Patterson versehen (Dingler's Journ. Bd. 296 S. 121.)

Voit und W. Hooker haben gleichfalls eine Steuerung patentirt erhalten (D.R.P. Kl. 59 No. 39679), bei welcher behufs Umsteuerung des

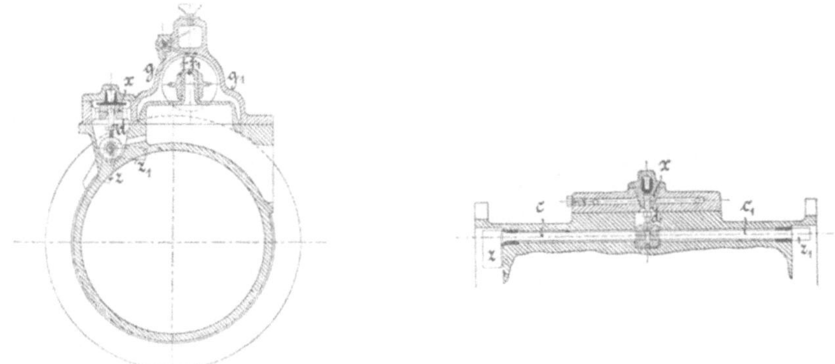

Fig. 427 und 428.

Hauptschiebers der Hülfsschieber unmittelbar vor dem Hubende von der Kolbenstange aus bewegt wird.

Die für grosse Leistungen (bis 900 sec/lit.) auch als Dreifachexpansionsmaschinen gebauten Dampfpumpen von T. Davidson in Brooklyn haben eine eigenartige Steuerung mittels eines Kolbenschiebers, der gleichzeitig verschoben und gedreht wird (Dingler's Journ. Bd. 296 S. 149).

H. A. Hülsenberg in Freiberg i. S. baut neuerdings Dampfpumpen mit einer ihm patentirten Steuerung (D.R.P. Kl. 14 No. 31226 und 33660), welche im Grundgedanken den vorbesprochenen ähnlich und in den Fig. 427 u. 428 veranschaulicht ist.

An einer seitlich in der Cylinderwandung gelagerten Stange cc_1 sind Knaggen zz_1 von parallelopipedischer Form befestigt, welche mit Flächen, die ähnlich wie die einer Schiffsschraube gestaltet sind, in die Cylinderenden ragen. In der Mitte trägt die Welle einen Hebel d, welcher eine Schieberplatte x zu hin- und hergehender Bewegung veranlasst, sobald der Dampfkolben gegen das Ende seines Weges unter der gewundenen Fläche des betreffenden Knaggens durchgleitet und denselben dadurch

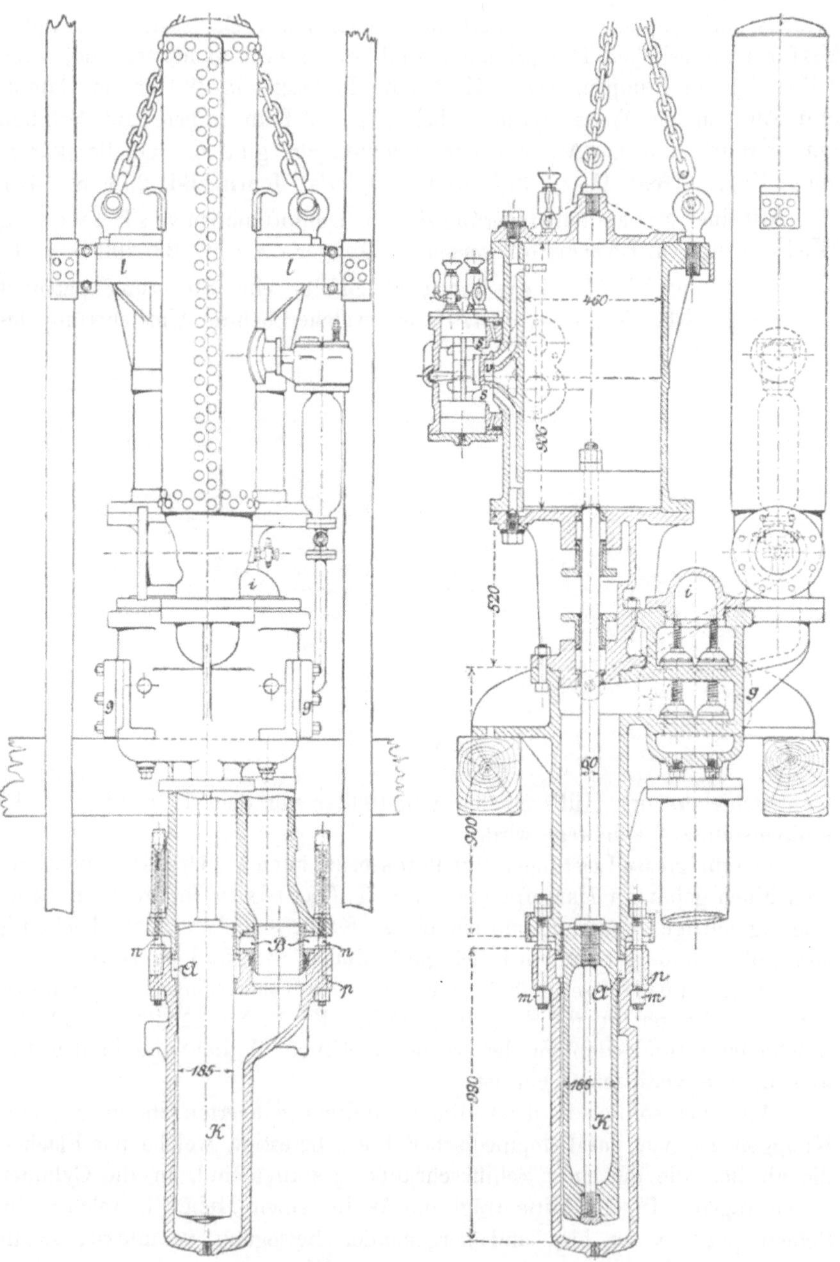

Fig. 429 und 430.

hebt, so dass die Welle $c c_1$ etwas verdreht wird, bezieh. wenn der Knaggen, nachdem der Kolben denselben freilässt, durch sein Eigengewicht wieder zurückfällt. Durch die Bewegung des Schiebers x wird abwechselnd eine der vor den Stosskolben befindlichen Kammern $f f_1$ des Hauptschiebergehäuses $g g_1$ mit dem Auspuffe in Verbindung gebracht. Da nun durch die kleinen, in den Kolben wie bei der Cameron-Steuerung angebrachten Kanäle fortwährend frischer Dampf in die Kammern f und f_1 treten kann, so wird der Hauptschieber nach derjenigen Seite gedrückt werden, nach welcher die mit dem Auspuffe in Verbindung gebrachte Kammer liegt. Der Vorsteuerschieber x befindet sich in einem mit dem Auspuffe in Verbindung stehenden Raum, ist somit nicht belastet; es ist also auch nicht wie bei manchen der bereits besprochenen Steuerungen, z. B. diejenigen von Blake, Selden, Merryweather, ein grösserer Reibungswiderstand zu überwinden. Andererseits kann sich der Schieber selbstthätig nachdichten.

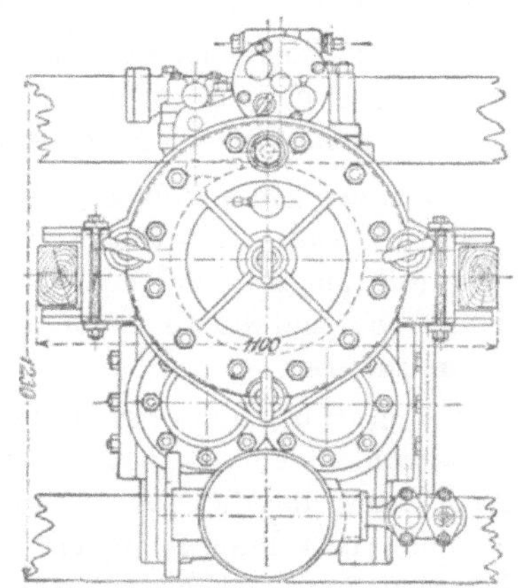

Fig. 431.

Hülsenberg hat auch noch eine andere Steuerung angegeben, bei welcher statt der Schieberplatte x ein Kolbenschieber, bestehend aus zwei Theilen verschiedenen Durchmessers, angeordnet ist. Dieser Vorsteuerschieber wird nicht allein durch den vom Kolben gehobenen Knaggen, sondern auch durch den Dampfdruck bewegt, der auf die Endflächen wirkt.

Hülsenberg baut Dampfpumpen mit der erst beschriebenen Steuerung je nach dem Bedarfszwecke in liegender oder stehender Anordnung mit Eincylinder- oder Verbund-Dampfmaschinen mit und ohne Kondensation.

Eine neuere Ausführung einer solchen Pumpe ist in den Fig. 429—431 dargestellt. Es ist dies eine stehende Schachtdampfpumpe mit Tauchkolben, welche beim Abteufen des Zirkelschachtes im Mansfelder Kupferbergbaurevier in Benutzung stand (S. a. Zeitschr. d. Ver. d. Ing. 1895 S. 288), und bei 750 mm Hub, 18 Umdrehungen und 190 m Förderhöhe mit 5 atm Dampfspannung im Schieberkasten stündlich 36 cbm Wasser förderte.

Die Steuerung des Dampfcylinders entspricht im Wesentlichen der oben gegebenen Beschreibung, ist nur konstruktiv derart verbessert, dass eine Lockerung des Hebels d auf der Knaggenwelle vermieden ist.

Das Anlassen der Pumpe wird durch einen abnehmbaren Hebel bewirkt, mittels dessen der Steuerkolben s und damit auch der Dampfschieber v von aussen von Hand bewegt werden kann.

Die Pumpe selbst zeigt die bereits S. 110 erwähnte eigenartige Stopfbüchse nach Hülsenberg's Patent (D.R.P. 53280); in anderer und einfacherer Form hat, wie Fig. 288 zeigt, Klein die Aufgabe gelöst, doppeltwirkende Taucherkolbenpumpen mit nur einer von aussen zugänglichen Stopfbüchse zu bauen. Hülsenberg hat ausser der eigentlichen Kolbenstopfbüchse A noch eine sogenannte passive Stopfbüchse B nöthig, welche nach Art der Degenrohre die Verbindung des Cylinders mit dem Ventilkasten herstellt. Letztere Stopfbüchse erleidet keine Abnutzung und hat Lederstulpen; die Kolbenstopfbüchse erhält Hanfpackung. Acht gleichmässig um eine zwischen A und B gelegene neutrale Druckachse gruppirte Schrauben m dienen zum Anziehen der Stopfbüchse, während die Schraubenspindeln n zum Niederlassen der Haube p beim Lidern bestimmt sind.

Die 8 ledergeliderten Saug- und 8 Druckventile von 80 mm Durchmesser sind bequem zugänglich angeordnet, haben Sitze aus Rothguss und sind mit Federbelastung versehen.

Um die ganze Pumpe central aufhängen zu können, sind am Dampfcylinder 3 Oesen angebracht; zum bequemen Heben und Senken sind seitliche Führungen l angebracht. Im Druckrohr, im Frischdampf- und im Abdampfrohr sind Stopfbüchsenrohre eingeschaltet, welche eine Bewegung von 1,5 m zulassen.

Von Hülsenberg sind z. B. auch die Dampfspeisepumpen für die Postdampfer der vom deutschen Reich unterstützten Linien in lothrechter Anordnung als Verbundmaschinen geliefert worden und zwar für je einen Dampfer eine Pumpe, welche die Speisung der ganzen Kesselanlage zu besorgen hat. Auch für Wasserhaltungs- und Wasserversorgungszwecke hat die Dampfpumpe von Hülsenberg erfolgreich Anwendung gefunden und hat z. B. eine Pumpe von 1 cbm Lieferung in der Minute aus 60 m Tiefe in einem Brunnen der Zuckerfabrik Puschkowa bei Breslau 30 m unter Wasser gearbeitet. Mehrere Ausführungen von Hülsenberg sind in der Zeitschr d. Ver. d. Ing. 1888 S. 564 und 1895 S. 288 mitgetheilt.

Die bei Expansionsmaschinen erforderliche Ausgleichung des veränderlichen Dampfdruckes in Bezug auf den nahezu gleichbleibenden Kolbenwiderstand der Pumpe kann durch Anwendung grosser bewegter Massen erhalten werden. Es ist dies leicht möglich, wenn eine Drehbewegung vorhanden ist und dann ein genügend schweres Schwungrad angeordnet werden kann. Auch durch schwingende oder hin- und hergehende Massen lässt sich die Dampfwirkung verbessern, also mit verhältnissmässig kleiner Dampffüllung arbeiten. Genügend grosse hin- und hergehende Massen lassen sich nur bei Pumpen, die durch langes Gestänge getrieben werden, anbringen; schwingende Massen können bei Dampfpumpen, die mit einem Balancier versehen sind, leicht angeordnet werden.

Dampfpumpen mit Drehbewegung werden stets mit einem Schwungrade versehen, dessen nahezu gleichförmige Geschwindigkeit allerdings eine veränderliche Kolbengeschwindigkeit erzeugt, die, wie S. 69 erörtert, von Null bis zu einem Meistwerth steigt und dann wieder bis Null fällt. Dadurch ist aber auch die Wasserbewegung eine ungleichförmige und hieraus entstehen bei langen Leitungen von grossem Durchmesser beträchtliche Spannungswechsel in der Wassermasse, die zu Brüchen in den gefährdeten Theilen, wie z. B. in den Ventilkästen führen können. Durch Anbringung von Windkesseln, ferner durch Anordnung von Zwillings- oder Drillingsmaschinen mit unter 90° bezieh. 120° versetzten Kurbeln können diese Spannungswechsel allerdings vermindert werden, wie in früherem erläutert wurde.

Bei Dampfpumpen ohne Drehbewegung kann, da die Anbringung hin- und hergehender oder schwingender Massen wegen der schwierigen Unterbringung kaum ausführbar ist, im Allgemeinen der nahezu gleichbleibende Widerstand des Pumpenkolbens auch nur durch einen nahezu gleichbleibenden Druck auf den Dampfmaschinenkolben überwunden werden. Es könnte also nur mit voller Füllung gearbeitet werden, so dass die Ausnutzung des Dampfdruckes eine schlechte ist; die Dampfpumpen älterer Einrichtung ohne Drehbewegung sind daher auch als „Dampffresser“ in Verruf gekommen. Expansion lässt sich bei diesen Pumpen nur kurz vor dem Hubende erzielen, so dass die lebendige Kraft der bewegten Massen zusammen mit dem Drucke des sich ausdehnenden Dampfes noch im Stande ist, den Pumpenwiderstand zu überwinden. Nur bei hoher Dampfspannung, grosser Geschwindigkeit und grossen bewegten Massen kann die Anwendung einer, jedoch für gute Dampfausnutzung noch nicht genügenden Expansion eintreten.

Neuerdings ist durch die Verwendung von Verbunddampfmaschinen die Dampfwirkung und damit das Verhältniss der geleisteten Arbeit zum Dampfverbrauch bedeutend verbessert worden. Ferner sind Kraftausgleicher ersonnen worden, welche auch bei Dampfpumpen mit eincylindrigen Dampfmaschinen die Anwendung kleiner Füllungen gestatten. H. A. Hülsenberg in Freiberg i. S. und Worthington haben unabhängig von einander solche Apparate angegeben. Die von Hülsenberg früher verwendete Einrichtung (D.R.P. Kl. 47 No. 26 098) beruht darauf, dass die bei Beginn und während der ersten Hubhälfte vorhandene überschüssige Kraft des Volldruckdampfes zuerst aufgespeichert und während der zweiten Hubhälfte wieder abgegeben wird. Diese Kraftaufspeicherung kann dadurch geschehen, dass, wie Fig. 432 verdeutlicht, die Bewegung der Kolbenstange A auf einen schwingenden Hebel B übertragen wird, der in a im Gestell gelagert ist. An diesen Hebel ist eine Stange b gelenkt, die sich durch eine drehbar gelagerte Hülse c schieben kann. Zwischen letzterer und dem Hebel ist eine Feder eingeschaltet, die während der ersten Hubhälfte des Kolbens zusammengepresst wird, während sie in der zweiten Hubhälfte sich wieder ausdehnen kann und dabei auf die Kolbenstange schiebend wirkt. Statt der Feder kann eine Wassersäule, die dem Druckrohr entnommen wird, oder gespannte Luft oder Dampf eingeschaltet werden; hierbei ist dann an der Stange b ein Kolben anzubringen, der in einem drehbar gelagerten Cylinder sich bewegt und in diesem auf Wasser, Luft oder Dampf derart wirkt, dass während der ersten Hubhälfte eine Arbeit zum Heben der Wassersäule, zum Zusammenpressen der Luft oder des Dampfes verwendet, also die Bewegung der Kolbenstange verzögert wird, während in der zweiten Hubhälfte die damit aufgespeicherte Kraft treibend wirkt.

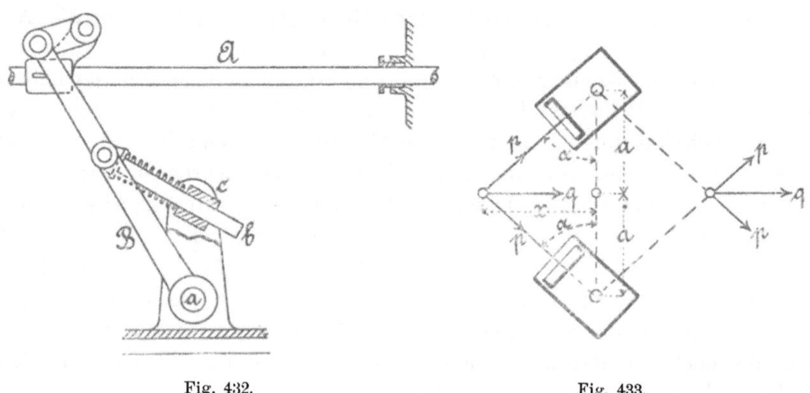

Fig. 432. Fig. 433.

Worthington hat denselben Gedanken nach dem englischen Patent von Davies zur praktischen Ausführung gebracht. Wie aus Tafel III ersichtlich, sind am Gestelle zwei Cylinder drehbar gelagert, in welchen Kolben von einem an der Kolbenstange befestigten Querhaupte bewegt werden und hierbei auf Wasser pressen, das mit einem hochgespannten Windkessel in Verbindung steht. Während der ersten Hubhälfte werden die Kolben in die Cylinder gepresst, müssen also mittels des Wassergestänges die Luft im Windkessel zusammenpressen, während bei der zweiten Hubhälfte der Wasserdruck auf die aus den Cylindern tretenden Kolben treibend wirkt. Die Widerstände und Treibdrucke, welche diese Kolben auf die Hauptkolbenstange ausüben, ergeben sich nach Fig. 433 wie folgt:

Der gleichbleibende Druck hinter jedem der beiden Spannkolben sei p; so ist

$$q = 2\,p \sin a = 2\,p \frac{\operatorname{tg} \alpha}{\sqrt{1 + \operatorname{tg}^2 \alpha}}$$

$$= 2\,p \frac{\frac{x}{a}}{\sqrt{1 + \left(\frac{x}{a}\right)^2}} = 2\,p \frac{x}{\sqrt{a^2 + x^2}};$$

es lässt sich also leicht eine Schaulinie zeichnen, deren Abscissen die Kolbenwege x und deren Ordinaten die Drucke q sind, welche auf die Kolbenstange als Widerstand ausgeübt werden. Diese Kurve hat die in Fig. 434 durch a b c angegebene Gestalt. Dieser Widerstand mit dem Pumpenwiderstand vereinigt, gibt eine Kurve, die mit der Kurve der Dampfdrucke bei genügender Expansion die gewünschte Aehnlichkeit hat. So zeigt Fig. 434 in der Kurve d e f g h die Drucklinie der Verbunddampfmaschine einer Worthington-Pumpe, welche John Mair untersucht hat (Engineering 1886 S. 340). Die Vereinigung dieser Dampfdrucke mit den durch die Linie a b c gegebenen Drucken gibt die Drucklinie a e i, welche nahezu mit dem Pumpenwiderstand übereinstimmt. Durch Einstellung der in den Dampfzuführungskanälen angebrachten Hähne (vgl. Fig. 401) sowie durch Regelung der Spannung des Windkessels des Ausgleichswerkes kann die Kraftlinie der Widerstandslinie ziemlich genau angepasst werden. Es ist also in diesen Ausgleichern ein gutes Mittel gegeben, gegenüber dem Dampfverbrauch der bisher ausgeführten Dampfpumpen ohne Drehbewegung eine ganz erhebliche Ersparniss zu erzielen.

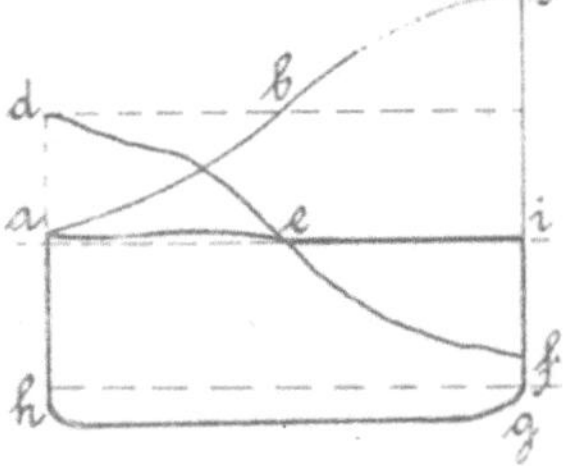

Fig. 434.

Diese Kraftausgleicher werden sowohl bei Eincylindern wie bei Verbund-Dampfmaschinen angewendet.

Die oben erwähnten Einrichtungen zur Kraftausgleichung von Hülsenberg sind verlassen und durch D.R.P. No. 50880 ersetzt worden. Diese neuere Konstruktion besteht (Fig. 435) aus zwei unter gleichem Drucke in einem gemeinsamen Gehäuse parallel oder konachsial verschiebbaren Kolben PP, welche mittels Lenkstangen l an zwei unter 90° versetzte Kurbelzapfen I II angehängt sind; die Zapfen erfahren von der Kolbenstange m n der Maschine aus Schwingungen im Betrage von

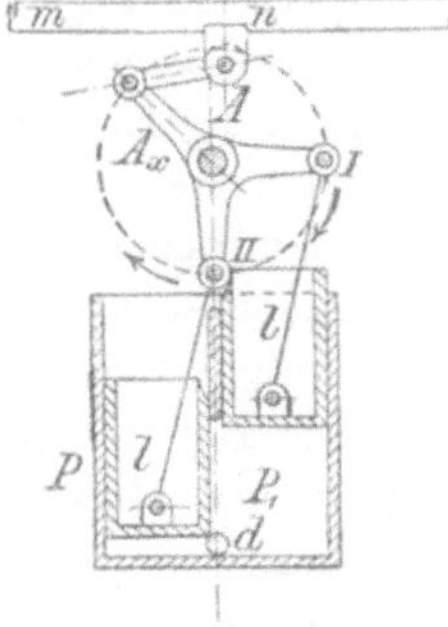

Fig. 435.

90^0 und stehen in der Mittellage der Kolbenstange symmetrisch zur Linie A d. Die Wirkung dieser Einrichtung ist völlig ähnlich der der Worthington'schen Ausgleicher; ein Nachtheil letzteren gegenüber liegt in der nicht unbeträchtlichen Biegungsbeanspruchung, welche die Kolbenstange erleidet. Der Ausgleichcylinder kann an einen kleinen Windkessel angeschlossen werden, welcher mit dem Windkessel der Pumpe durch ein mit Hahn versehenes enges Rohr verbunden ist, oder in anderer Weise mit Druckwasser versorgt werden.

Des Weiteren versieht Hülsenberg die Dampfpumpen mit einer Expansionsregelung D.R.P. 75039, welche in Gemeinschaft mit dem Kraftausgleicher eine gleichmässige Kolbenbewegung und ruhigen stosslosen

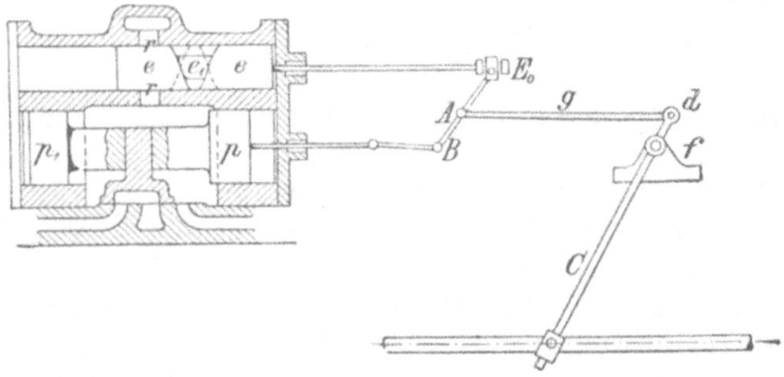

Fig. 436.

Hubwechsel erreichen lässt. Das Wesentliche dieser Erfindung ist durch Fig. 436 verdeutlicht. Der eigentliche Steuerkolben p p_1, welcher die Dampfvertheilung besorgt, wird von irgend einer Vorsteuerung (z. B. der oben beschriebenen nach D.R.P. 31226) bethätigt; zwischen die Schieberstange dieses Kolbenschiebers und einen von der Kolbenstange der Maschine bewegten Hebel C ist ein kurzer Hebel E_0 A B eingeschaltet, welcher in B an den Steuerkolben p p_1, und in E_0 an den gleichfalls kolbenförmigen Expansionsschieber e angeschlossen ist, während in A der Hebel C direkt oder mittels der Lenkstange g angreift. Während der Umsteuerung, also bei der Bewegung des Steuerkolbens p bildet der Punkt A den Drehpunkt des Hebels E_0 A B; nach Vollendung dieser Bewegung tritt an die Stelle von A der Punkt B als Drehpunkt. Die Bewegung von p beim Hubwechsel verschiebt also den Expansionsschieber e soweit, dass durch Kanal r Dampf nach p strömt; bei der nunmehr von C aus eingeleiteten Bewegung wird der Expansionsschieber e_1 ganz geöffnet und schliesslich der Dampf abgesperrt. Da die Nuth e im Expansionsschieber variable Breite hat, kann somit durch Drehung dieses Schiebers von Hand die Expansion des Dampfes geregelt werden; statt dieser Drehung des Schiebers kann auch eine Verschiebung des Punktes A längs des Hebels E_0 A B angeordnet und alsdann ein Flachschieber angewendet werden.

Ausführliche Mittheilungen über diese Neuerungen gibt Hülsenberg selbst in der Zeitschr. d. Ver. d. Ing. 1895 S. 1309. Bemerkenswerth scheint noch eine daselbst erwähnte Konstruktion, welche dazu dient, die Pumpenventile durch die Stange des Expansionsschiebers zu steuern. Wie Fig. 437 erläutert, werden die Ventile durch eine Stange l bis auf das letzte kleine Stück ihres Hubes zwangsweise geschlossen bezw. für die Eröffnung freigegeben.

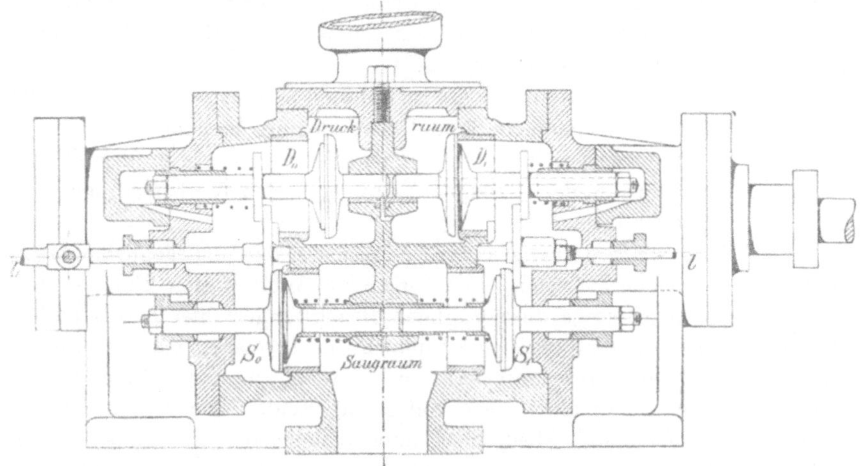

Fig. 437.

Die Dampfpumpen finden insbesondere als Wasserversorgungsmaschinen, als unterirdische Wasserhaltungsmaschinen, als Kesselspeisepumpen, bei Wasserstationen, für Dampfspritzen, jedoch auch in den verschiedensten Industrien Verwendung. Bezüglich der Einrichtung der Dampfspritzen kann auf Bach's Werk „Die Konstruktion der Feuerspritzen" verwiesen werden.

Die Dampfpumpen mit Drehbewegung haben gegenüber denjenigen ohne solche folgende Nachtheile: wegen der grossen bewegten Massen sind starke Fundamente nothwendig, die Anbringung des Schwungrades erhöht die Kosten und veranlasst im Allgemeinen einen grossen Raumbedarf. Dagegen bestehen die Vortheile einer leichten Hubbegrenzung, kleinerer schädlicher Räume, sicherer Steuerung und der Möglichkeit, den Dampfdruck besser auszunutzen. Bei gut angeordneten, mit zweckmässiger Steuerung, Kraftausgleicher und Verbunddampfmaschinen versehenen Dampfpumpen ohne Drehbewegung kann allerdings auch die Dampfausnutzung vortheilhaft sein und sogar die Reibungsarbeit der Maschine kleiner als bei einer gleichgrossen Dampfpumpe mit Drehbewegung werden; sind diese Einrichtungen jedoch nicht angeordnet, dann wird die Dampfpumpe insbesondere einen ganz bedeutenden Dampfverbrauch zeigen. So gibt Riedler in seinem Werke: „Indikatorversuche an Pumpen" S. 66 an, dass der stündliche Dampfverbrauch an unterirdischen Wasserhaltungsmaschinen ohne Schwungrad selten unter 30 kg, oft aber über 60 kg für 1 Pferdestärke Leistung sich ergab.

Riedler erklärt daher, dass wegen dieses hohen Dampfverbrauches, sowie wegen der Unverlässlichkeit der Stosssteuerungen die Dampfpumpen ohne Drehbewegung für grössere festbestehende Anlagen nicht mehr ausgeführt und verlässlichere Schwungradmaschinen selbst für vorübergehende Benutzung vorgezogen werden sollten.

Reuleaux hat sich in seinem erwähnten Vortrage auf Grund der in Amerika mit Dampfpumpen ohne Drehbewegung erzielten Erfolge für diese Maschinen ausgesprochen und werden dieselben auch wohl weiterhin häufige Anwendung finden, wenn die angegebenen Verbesserungen gebührend berücksichtigt werden.

Es dürfte angezeigt erscheinen, angesichts der thatsächlich ausserordentlichen Erfolge, welche die originale Worthington-Pumpe aufzuweisen hat, noch einige diesbezügliche Bemerkungen hier einzuschalten. Während in Deutschland derartige Pumpen für kleinere Anlagen, wie für Kesselspeisung, für Presspumpwerke u. s. w. gern Anwendung finden, beherrschen sie in Amerika fast völlig das Feld. Die für praktische Zwecke grosse Annehmlichkeit, die Pumpe beliebig langsam laufen lassen und sie ohne Stösse in den Leitungen in Gang setzen zu können, rechtfertigt ihre Anwendung bei uns trotz ihres nicht zu bestreitenden hohen Dampfverbrauches. Anders liegt die Sache, sofern es sich um grössere Wasserversorgungsanlagen handelt, denn in diesem Falle erweisen sich mehrfache Expansion des Dampfes, Kraftausgleichung u. s. w. als nothwendig und damit ergeben sich Komplikationen, welchen gegenüber die bei uns übliche Schwungradpumpe entschieden den Vorzug verdient.

Betreffs der amerikanischen Verhältnisse gibt v. Ihering an, dass am 1. Januar 1893 von 2300 dort vorhandenen Wasserwerksanlagen 1147 mit Worthington-Pumpen versehen waren; eine andere Notiz führt an, dass bis zum 1. Mai 1894 Wasserversorgungsanlagen von insgesammt 54200 cbm stündlicher Leistung geliefert worden sind.

Von der Firma Henry R. Worthington ist 1892 ein Buch „Duty and Capacity Tests of Worthington High Duty Pumping Engines" veröffentlicht worden, welches die Protokolle von 18 ausgedehnten Versuchsreihen enthält; leider sind hier häufig wesentliche Ziffern nur geschätzt. Eine französische Broschüre der gleichen Firma enthält Auszüge aus diesen Berichten, welche von den vorgenannten gelegentlich stark differiren. Aus den wenigen, bezüglich des Dampfverbrauches für die effektive Pferdestärke (gemessen am gehobenen Wasser) leidlich übereinstimmenden Ziffern beider Veröffentlichungen lässt sich entnehmen, dass bei Anlagen von 400 bis 600 eff. Pferdest. Leistung für 1 kg Dampf von ca. 6 bis 7,5 kg/qcm Spannung 35 000 bis 37 000 mkg erreicht worden sind.

Dem gegenüber ist es von besonderem Werthe, die Ergebnisse einer sehr kleinen Anlage kennen zu lernen. Die Stadt Nürnberg besitzt ein kleines Hülfspumpwerk, das von genannter Firma geliefert und vom Bayer. Dampfkessel-Revisions-Verein in einwandfreier Weise untersucht wurde; die Wiedergabe der Versuchsergebnisse an dieser Stelle wurde in dankenswerther Weise gestattet. Die Anlage besteht aus einer doppelten Dreifachexpansionsdampfpumpe mit Kondensation folgender Abmessungen: Durchm. der Dampfcylinder 152,4 mm, 228,5 mm und 406,0 mm; Durchm. der Pumpenkolben 381,0 mm; gemeinschaftlicher Hub im Mittel 373,6 mm; mittlere doppelte Hubzahl in der Minute 36,5. Bei einem Dampfdruck von 7,2 at Ueberdruck wurden in der Sekunde 47,66 lit. auf 30,14 m gehoben oder 19,1475 Pfst. geleistet. Die indizirte Leistung betrug 22,42 Pfst. bei einem stündlichen Dampfverbrauch von 11,49 kg für die indizirte bezw. 13,45 kg für die effektive Pferdestärke. Es ermittelt sich hieraus eine Leistung von 20067 mkg, gemessen am gehobenen Wasser, für 1 kg Dampf. Das Gutachten über die Pumpmaschine lautet wie folgt:

„Die Pumpmaschine hat die Garantieziffer für den Dampfverbrauch (13,5 kg stündlich für eine effektive Pfst.) nicht überschritten, trotzdem, wie die abgenommenen Diagramme zeigten, die Dampfkolben und Schieber noch der Nachhülfe bedürfen; nach Beseitigung fraglicher Mängel wird der Dampfverbrauch sich wesentlich verringern.

Im Uebrigen ergab die Untersuchung, dass auch die Wahl einer Worthington-Pumpe gerechtfertigt erscheint, insbesondere, wenn man berücksichtigt, dass dieselbe nur aushülfsweise benutzt werden soll. Als Vorzüge dieser Pumpe dürften hervorzuheben sein: Etwas geringerer Dampfverbrauch gegenüber einer gleich grossen Eincylinder-Kondensationsmaschine, sehr regelmässiger Gang in Folge der unveränderlichen, von einer Kurbelbewegung nicht abhängigen Kolbengeschwindigkeit und weniger Baukosten, da die Pumpe eine verhältnissmässig nur kleine Grundfläche erfordert. Dagegen dürfte zum Nachtheil der Worthington-Pumpe gegenüber der Eincylinder-Kondensationsmaschine zu erwähnen sein: Weniger zugängliche Bauart, schwierigere Instandhaltung, raschere und umständlicher zu beseitigende Abnützung in den Steuerungsorganen, grösserer Oelverbrauch, Störung des sonst sehr ruhigen Ganges bei der geringsten Aenderung in den Spannungen der Pumpen, Saug- und Druckleitung, sowie in der Kesselspannung und mehr oder weniger umständliche Ingangsetzung."

Das durch vorstehend erwähnte Versuche erzielte Ergebniss muss im Hinblick auf die Grösse der Anlage als ein sehr gutes bezeichnet werden; doch darf dabei nicht übersehen werden, dass es einer dreifachen Expansion des Dampfes bedarf, um solche Leistungen zu erzielen. Gleiche

Ergebnisse sind mit einer guten Schwungradpumpe auch zu erreichen, welche eine wesentlich einfachere Einrichtung besitzt und kaum theurer wird; wird die Worthington-Pumpe mit Ausgleichern versehen und dadurch befähigt, stärkere Expansion zu benützen, so wird sie zweifellos sehr vertheuert und hat nur noch den Vortheil geringeren Platzbedarfes für sich. Siehe auch die ausführlichen Versuche Mair's, Zeitschr. d. Ver. d. Ing. 1889 S. 54.

Um Stosswirkungen beim Hubwechsel solcher Pumpen vorzubeugen, steht zu vermuthen und ist im Betriebe auch zu beobachten, dass der Maschinist den Hub verkleinert, um so am Hubende ein grösseres Dampfkissen zu haben. Dies Verfahren vergrössert die schädlichen Räume und zieht die Leistung herab. Bei einer Wasserversorgungsanlage einer deutschen Stadt ergab sich bei ca. 78 Pfst. Leistung im gewöhnlichen Betriebe nur ca. 23000 mkg für 1 kg Dampf.

Der den Worthington-Pumpen stets nachgerühmte Vortheil, dass die Kolbengeschwindigkeit während des ganzen Hubes fast konstant sei, ist wie eingehendere Betrachtung sofort zeigt, mit Nachtheilen eng verknüpft. Am Hubende muss die Geschwindigkeit aller bewegten Massen auf Null gebracht und in den entgegengesetzten Werth verwandelt werden. Je kürzer die hierfür verfügbare Zeit bemessen ist, um so grösser fallen die Verzögerungen und Beschleunigungen aus und um so beträchtlicher werden die entsprechenden Kräfte, welche von den Pumpentheilen aufgenommen werden müssen. Unter diesem Gesichtspunkte lässt sich behaupten, dass man kaum ein günstigeres Gesetz der Kolbenbewegung finden kann, als das des Kurbelbetriebes. Thatsächlich sind daher die Doppelhubzahlen solcher Pumpen sehr klein, viel kleiner als die Umdrehungszahlen, welche mit guten Schwungradpumpen erreichbar sind. Hubzahlen (selbst einfach genommen) von 100 bis 250, wie sie v. Ihering a. a. O. angibt, können vielleicht bei Paradeversuchen, nicht aber im Betriebe erreicht werden.

Bei Dampfpumpen erweisen sich vielfach, z. B. bei Dampfspritzen, Druckregler als nothwendig, welche selbstthätig eine zu hohe Pressung in dem Druckrohr, bezieh. im Druckwindkessel dadurch verhindern, dass der Dampf gedrosselt oder, was bei Schwungradmaschinen zulässig, die Füllung verkleinert, oder auch, wenn die Drucksteigerung plötzlich eintreten könnte, eine Verbindung des Druckrohres mit dem Saugrohr hergestellt wird.

Schäffer und Budenberg in Magdeburg lassen die im Druckrohr der Pumpe befindliche Wassersäule auf einen federbelasteten Kolben oder eine federnde Platte drücken, welche durch Hebel auf einen in die Dampfzuleitung eingeschalteten Hahn derart wirkt, dass mit steigender Pressung im Druckrohr der Dampf gedrosselt und schliesslich ganz abgesperrt wird (erloschenes D.R.P. Kl. 59 No. 10960).

J. Beduwé in Lüttich (erloschenes D.R.P. Kl. 59 No. 3508) und Bach haben Druckregler angegeben (a. a. O. S. 123 und 130), welche aus einem federbelasteten Kolben mit daran befestigtem Ventil bestehen; bei steigendem Druck in dem Steigrohre wird der Kolben gehoben, das Ventil geöffnet und damit die Verbindung zwischen Druckrohr und Saugrohr hergestellt. Da bei dieser Vorrichtung die Spannung der Feder in dem Maasse wächst, wie das Ventil gehoben wird, also die Pressung im Druckwindkessel umsomehr über die festgesetzte Grenze hinaus steigen muss, je mehr Wasser durch das Ventil zu entweichen hat, so hat Kurt (vgl. S. 130 des genannten Werkes) noch ein Hülfsventil angeordnet, das bei Eintritt der zulässigen Grenzspannung eine Entlastung des erwähnten, durch die Wasserpressung geschlossenen Hauptventiles und also dessen sofortige völlige Eröffnung bewirkt.

Für den Bau der Dampfpumpen ist noch zu beachten, dass der Kolbenwiderstand der Pumpe nur bei Doppelwirkung derselben für den Hin- und Rückgang annähernd derselbe ist. In diesem Falle wird auch eine doppeltwirkende Dampfmaschine anzuordnen sein. Ist dagegen eine einfachwirkende Druckpumpe zu treiben, dann muss auch die Dampfmaschine dem entsprechen; es muss also die Kolbenstange derselben so verdickt werden, dass der kleineren Widerstandsarbeit der Pumpe für die Saugwirkung die Arbeit des Dampfdruckes auf die um den Kolbenstangenquerschnitt verminderte Kolbenfläche, der grösseren Widerstandsarbeit bei der Druckwirkung die Arbeit des Dampfdruckes auf die volle Kolbenfläche, jedesmal berechnet für einen Kolbenweg, entspricht. Es gilt dies für Dampfpumpen mit und ohne Drehbewegung. Wesentlich ist ferner noch, ob die Dampfpumpe mit oder ohne Kondensation arbeiten soll. Ersteres erweist sich bei den unterirdischen Wasserhaltungsmaschinen als nothwendig, letzteres wird z. B. bei den Dampfspritzen stets anzuordnen sein.

Soll der Auspuffdampf kondensirt werden, so kann dies am zweckmässigsten in der gebräuchlichen Weise durch Einspritzkondensatoren mit Luftpumpe erfolgen. Es kann aber auch, um den Luftpumpenapparat zu ersparen, der Auspuffdampf unmittelbar in das Saugrohr oder den Saugbehälter der Pumpe geleitet werden, wie das häufig bei unterirdischen Wasserhaltungsmaschinen geschieht. Jedoch kann es sich dann nur darum handeln, den Abdampf überhaupt wegzuschaffen; der Gegendruck im Cylinder wird bei Anwendung dieses allerdings einfachen Mittels nicht unter 1 at gebracht. Um die Wirkung der Kondensation im Saugrohre zu erhöhen, also den Gegendruck beträchtlich zu vermindern, können Strahlkondensatoren angeordnet werden.

Für die Berechnung der Dampfpumpen wird es zuerst nothwendig sein, den Kolbenwiderstand und die Betriebsarbeit der Pumpe aus den gegebenen Verhältnissen nach früherem zu bestimmen. Die Dampfmaschine lässt sich dann für diese Werthe leicht berechnen, wobei zu berücksichtigen ist, dass für die Leistung der Dampfmaschine die angesaugte Flüssigkeitsmenge in Betracht kommt, welche (vgl. S. 52) grösser als die wirklich geförderte ist. Die indizirte Arbeit der Pumpe wird, vorausgesetzt, dass kein Vorgelege angeordnet ist, für einen Kolbenweg gleich der indizirten Arbeit der Dampfmaschine für denselben Weg multiplizirt mit dem Wirkungsgrad sein. Der Werth des letzteren hängt ab von der Reibungsarbeit der Maschine und ihrer Steuerung; ferner davon, ob durch die Dampfmaschine noch eine Luftpumpe für die Kondensation getrieben wird. Bei gut ausgeführten Dampfpumpen mit Drehbewegung oder solchen ohne diese, aber mit Ausgleichern versehen, ist dieser Wirkungsgrad ziemlich gross und kann im Mittel zu 0,8 bis 0,9 genommen werden. Versuche von John Mair (siehe a. a. O. S. 340) an einer Worthington-Pumpe von der auf Taf. III dargestellten Einrichtung haben einen Wirkungsgrad von 0,91—0,92 ergeben. Bei Dampfpumpen ohne Drehbewegung und ohne die neuerdings angegebenen Verbesserungen wird dieser Wirkungsgrad dagegen bedeutend kleiner werden.

Der Dampfverbrauch für eine Pferdestärke der Pumpenleistung, gemessen am geförderten Wasser, kann bei guten Dampfpumpen mit Verbunddampfmaschinen und Kondensation bis auf 10 kg und weniger stündlich gebracht werden, wenn die Eintrittsspannung des Dampfes 6 at beträgt (vgl. S. 220). Bei den oben angeführten Versuchen hat Mair für die Worthington-Pumpe im Mittel gleichfalls diesen Werth für etwa 5—8 at Spannung des Kesseldampfes ermittelt. Schlechte Dampfpumpen brauchen allerdings das Dreifache und noch mehr an Dampf für die gleiche Leistung.

Die mittlere Kolbengeschwindigkeit der Dampfpumpen mit Drehbewegung wird bis zu 3,0 m genommen, die Zahl der Kolbenspiele in der Minute bis zu 200; in einzelnen Fällen ist man sogar noch weiter gegangen und ist dies auch bei Anwendung geeigneter Pumpenventile möglich. Dampfpumpen ohne Drehbewegung können so grosse Geschwindigkeiten nicht erhalten.

Wasserdruckpumpen.

Entsprechend der Bezeichnung „Dampfpumpe“ kann unter Wasserdruckpumpe die unmittelbare Verbindung einer Pumpe und einer Wassersäulenmaschine mit gemeinschaftlichem Gestell verstanden werden. Diese Wasserdruckpumpen werden insbesondere als Wasserhaltungsmaschinen ausgeführt. Die Beschreibung solcher findet sich in ausführlicher Weise in v. Hauer's Werk „Die Wasserhaltungsmaschinen der Bergwerke“, und es kann hierauf verwiesen werden, sodass hier nur erübrigt, einige neuere Anordnungen mitzutheilen, welche mit Erfolg zur Anwendung gelangten. Solche werden mit und ohne Drehbewegung ausgeführt und zwar in beiden Fällen entweder derart, dass Kraftmaschine und Pumpe zwei besondere, mit einander durch gemeinschaftliche Kurbelwelle oder gemeinschaftliche Kolbenstange gekuppelte Maschinen bilden oder in einem Gehäuse vereinigt werden.

Wasserdruckpumpen mit Drehbewegung sind in den letzten Jahren mehrfach nach der Angabe von Kröber (erloschenes D.R.P. Kl. 88, Nr. 14760) für kleinere Wasserversorgungsanlagen ausgeführt worden. Es werden hierbei kleine Quellwasserkräfte ausgenutzt, um hochgelegenen Verwendungsstellen Wasser zuzuführen.

Die Maschine verwerthet auf diese Weise kleine Wasserkräfte von 0,3 l bis 33 l in der Sekunde bei 10 bis 100 m Gefälle und überwindet Förderhöhen bis zu 250 m.

Fig. 438 u. 439 veranschaulichen die wesentliche Anordnung. Auf der Grundplatte B ist ein cylindrisch ausgedrehter Vertheilungskopf A befestigt, in den die Abflussleitung a des Kraftwassers, die Leitung b, welche das letztere zuführt und die Leitung c für das gehobene Wasser münden; in letztere und in b werden Windkessel eingeschaltet. Auf der Spiegelfläche des Vertheilungskopfes gleitet der um die Zapfen d schwingende Cylinder C. Diese Zapfen d liegen in verstellbaren Lagerschalen, um das dichte Aufeinanderliegen der Gleitflächen bewirken zu können. Der Kolben besteht aus zwei Theilen verschiedenen Durchmessers; er durchdringt als Taucher den Cylinderdeckel und hängt unmittelbar an der Kurbel E, so dass bei der Drehung derselben die Schwingung des Cylinders erfolgt. Hierdurch entsteht die Steuerung in folgender Weise: In der angegebenen Stellung tritt das Kraftwasser gegen die ringförmige vordere Kolbenfläche und treibt den Kolben zurück; gleichzeitig strömt das hinter dem Kolben befindliche Wasser durch a ab. Ist die Kurbel im todten Punkt angekommen, so wechselt die Verbindung der Kanäle derart, dass bei weiterer Drehung Kraftwasser hinter den Kolben tritt, ihn hinausschiebt und dadurch das vor demselben befindliche Wasser durch c in die Steigleitung drückt. Dieses geschieht während einer halben Umdrehung der Kurbel E, bis dieselbe wieder im todten Punkt steht und das zuerst beschriebene Spiel von neuem beginnt. Es wirkt somit das Kraftwasser abwechselnd auf beide Kolbenseiten und wird ein Theil desselben nach der Druckleitung gefördert. Diese Anordnung der Steuerung wird gewählt, wenn es sich darum handelt, das Kraft- und das zu hebende Wasser derselben Quelle oder Sammel-Stube zu entnehmen, also einen Theil des Kraftwassers unmittelbar zur Wasserversorgung zu verwenden. Wenn es sich aber bei einer Wasserversorgung um die Hebung von Quellwasser durch nicht geniessbares Kraftwasser handelt, so sind die Kanäle für das Kraftwasser und das zu fördernde Wasser vollständig zu trennen. Dies geschieht durch Anbringung von vier getrennten Stutzen- und Spiegelöffnungen am Vertheilungskopf. Hierbei kann auch durch Vertauschung der Zu- und Abströmungen des Kraftwassers mit denen für das zu hebende Wasser die seltener vorkommende Aufgabe gelöst werden, mit einer kleineren Menge Kraftwasser

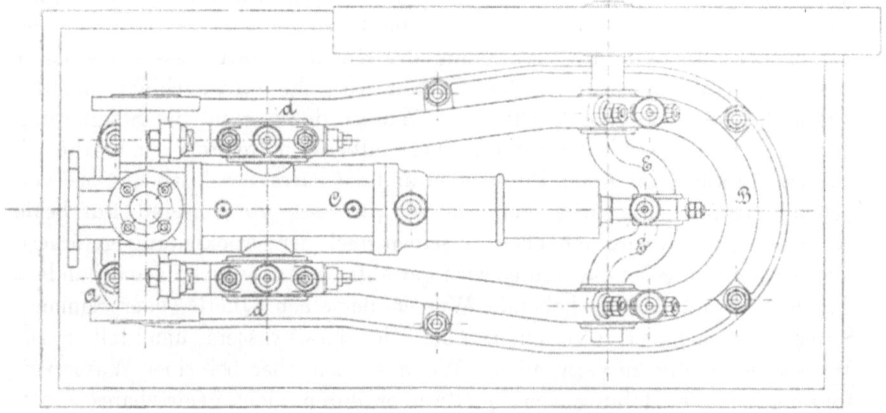

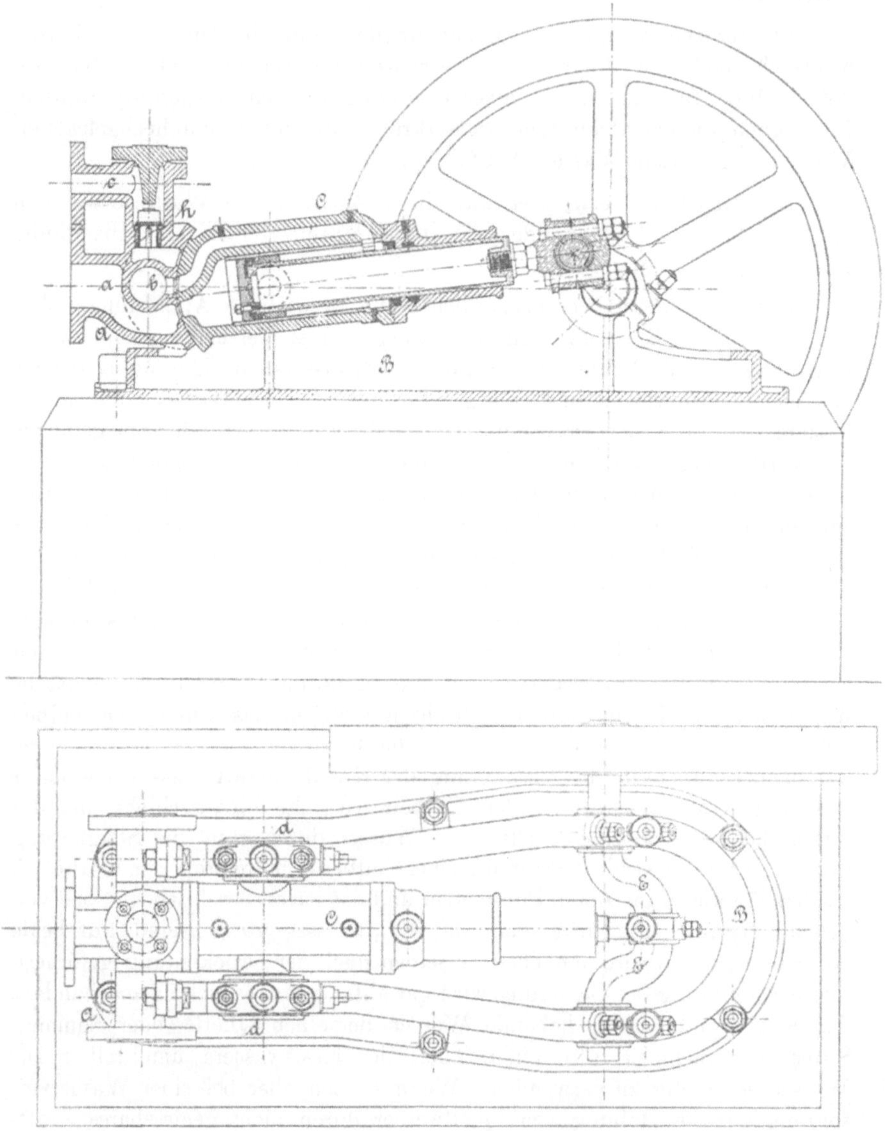

Fig. 438 und 439.

von grösserer Gefällhöhe eine grössere Wassermenge auf kleinere Höhe zu heben.

In der durch Fig. 438 u. 439 dargestellten Einrichtung ist die Pumpe einfach-, der Motor doppeltwirkend. In die Steigleitung c des gehobenen Wassers wird ein Rückschlagventil h eingeschaltet, das zur Entlastung der Maschine beim Rückgang des Kolbens und beim Stillstand dient. Ferner werden die Steigleitung c und die Zuleitung b des Kraftwassers mit Windkesseln versehen. Durch ein in die letztgenannte Leitung eingeschaltetes Ventil oder einen Schieber wird der Zufluss des Kraftwassers und damit auch die Geschwindigkeit der Maschine geregelt. Der in der Steigleitung angebrachte Windkessel erhält in seinem Untersatz eine vom Oberkessel ganz getrennte Kammer; diese wird mit Luft von atmosphärischer Spannung gefüllt, welche durch Einleiten von Kraftwasser verdichtet wird; durch Einführen dieser verdichteten Luft in den einen oder anderen Windkessel, kann die in diesem verlorene Luft ersetzt werden.

Der Gesammtwirkungsgrad der Wasserdruckpumpe ergibt sich nach Versuchen zwischen 0,53 und 0,88; im Allgemeinen steigt der Wirkungsgrad mit dem Gefälle des Kraftwassers; liegt dieses Gefälle unter 8 bis 10 m, so wird ein günstiger Wirkungsgrad nicht mehr erzielt, weshalb bei Ausführungen nicht unter dieses Maass gegangen wird.

Die Kröber'sche Pumpe wird von der Firma Gebr. Sulzer in ihrer Filiale Ludwigshafen a/Rh. gebaut. Nähere Mittheilungen über ihr Anwendungsgebiet gibt die Zeitschrift des Vereins deutscher Ingenieure 1895 Nr. 36 S. 1069 und das Journal für Gasbeleuchtung und Wasserversorgung 1893, S. 144; die erwähnten Versuche sind mitgetheilt in dem letztgenannten Journal 1890, S. 634.

In der Wirkungsweise der Kröber'schen Anordnung gleichartig ist die einfachwirkende Wasserdruckpumpe von Schmid (vgl. Fig. 440). Auch hier wirkt das Kraftwasser auf die volle Kolbenfläche, während die ringförmige Fläche einen Theil des Kraftwassers nach der Druckleitung presst. Es wird also mit einer grösseren Wassermenge von geringerer Gefällhöhe eine kleinere auf grössere Höhe gehoben. Die Steuerung von Kraftmaschine und Pumpe geschieht gemeinschaftlich durch einen von der Kurbelwelle durch Excenter und Hebelwerk bewegten Muschelschieber, der stets durch das Kraftwasser angepresst wird, während der Druck, welcher den Schieber abzuheben sucht, wechselt und beim Linksgange des Kolbens durch den Druck in der Steigleitung, beim Rechtsgange durch den des nach dem Abflusse strömenden Wassers gegeben ist.

Wasserdruckpumpen ohne Drehbewegung müssen, wie die Dampfpumpen ohne solche, mit einer Stosssteuerung versehen werden, für welche gleichfalls verschiedene Einrichtungen angegeben wurden. Viele der für die Dampfpumpen angegebenen Steuerungen lassen sich auch mit geringen Aenderungen für den Betrieb durch Kraftwasser und durch Pressluft ausführen. I. Mikula hat eine liegende doppeltwirkende Wasserdruckpumpe angegeben, bei welcher durch einen an der gemeinschaftlichen

Kolbenstange befestigten Arm nahe am Hubende Ventile einer Vorsteuerung aufgestossen werden, welche dann das Kraftwasser nach den Stosskolben der eigentlichen Schiebersteuerung leiten und damit die Bewegung derselben hervorrufen. Solche Pumpen sind für Wasserhaltungs- wie Wasserversorgungszwecke ausgeführt worden. Wie von dem Prakt. Maschinen-Konstrukteur 1886 S. 261 mitgetheilt wird, hat die Maschine einen Wirkungsgrad von 74% und wird für 30 Doppelhübe in der Minute gebaut.

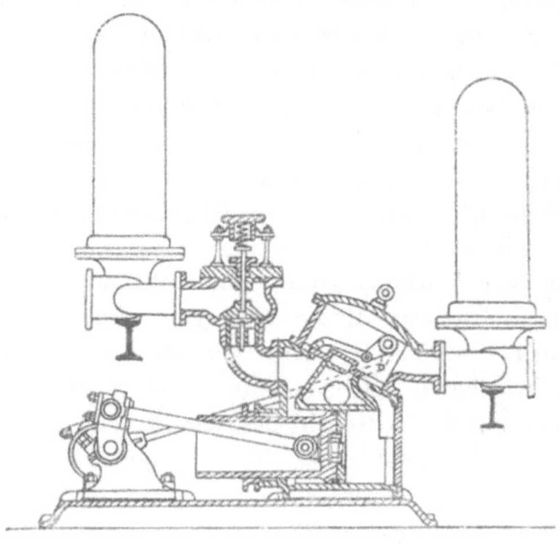

Fig. 440.

Eine Steuerung für Presswasser, die der Dampfsteuerung von Weston und Parker (vgl. S. 373) sehr ähnlich ist, hat C. Roux bei einer für den Saint-Pierre-Schacht bei Creuzot aufgestellten Wasserhaltungsmaschine ausgeführt. Diese Wasserdruckpumpe sei hier deswegen besonders genannt, weil sie in der unmittelbaren Verbindung von Wasserdruck- und Pumpenkolben eine besondere Einrichtung zeigt. Es sind zwei Maschinen von der durch die Fig. 441 und 442 verdeutlichten Form nebeneinander aufgestellt; das Kraftwassergefälle, gerechnet vom Spiegel des Zuflussbehälters bis zur Achse der Maschine, beträgt 80 m, wovon jedoch nur 70 m nutzbar gemacht werden, da sonst die Maschine zu schnell läuft. Aus dem genannten Behälter werden bei 25 Doppelhüben in der Minute für jede Pumpe 23,5 kg Wasser in einer Sekunde entnommen, von dieser Menge geht ein Theil und zwar nach den angestellten Messungen etwa ein Achtel in der Steuerung, den Zuleitungen und in der Steigleitung der Pumpe verloren, während 2,9 kg auf 349,4 m gehoben werden und wirklich zum Ausfluss gelangen, was einem Wirkungsgrad von etwa 0,62 entspricht.

Der Durchmesser der Kraftcylinder beträgt 350 m, derjenige der beiden Pumpenkolben 113 mm, der gemeinschaftliche Hub 255 mm.

Es läuft bei dieser Anordnung das Wasser mit einem dem Kraftgefälle entsprechenden Druck auch in die Pumpe, wirkt also dort während

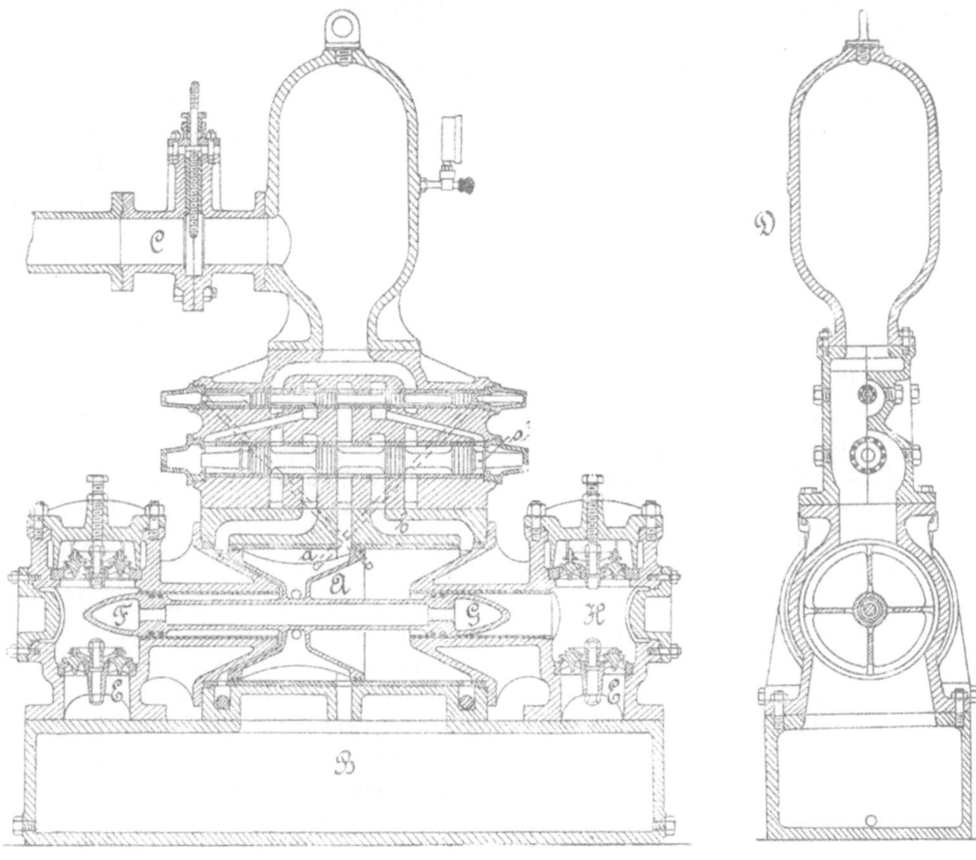

Fig. 441 und 442.

des Kolbenhingangs treibend, während es beim Rückgang nach dem Druckrohr gepresst wird. Nach den angestellten Messungen ist der Wirkungsgrad der ganzen Maschine mit Einschluss der Zu- und Steigleitung, jedoch auf das wirklich benutzte Gefälle von 70 m bezogen, wie erwähnt, 62 %, während derjenige der Maschine allein etwa 82 % ist. Würde der Pumpenkolben grösser genommen worden sein, so hätte das verfügbare Gefälle von 80 m ganz ausgenutzt werden können und es wäre dann bei gleicher Geschwindigkeit die geförderte Wassermenge eine erheblich grössere. Die Maschine dient zur theilweisen Entlastung einer Wasserhaltungsanlage, mittels welcher das übrige beifliessende Wasser, also auch das aus den Maschinen abfliessende, über Tag gehoben wird. Die Steuerung besteht aus zwei übereinander liegenden mehrfachen Kolbenschiebern und wirkt in folgender Weise: Das nach der Kraftmaschine fliessende Kraftwasser tritt in der in Fig. 441 angenommenen Stellung der Steuerung auf die linke Fläche des Treibkolbens A und schiebt diesen nach rechts, während von der rechtsliegenden Cylinderseite das Wasser durch die entsprechenden Schieberkanäle in das Innere des doppelten Scheibenkolbens A und von dort nach dem Ausflussbehälter B strömt, der unter atmosphärischem Drucke steht. Von der Kraftwasserzuleitung C zweigt eine Rohrleitung ab, welche unter den Saugventilen E mündet; es wirkt daher bei dem Rechtsgange des Kolbens A das Kraftwasser auch auf den Kolben F treibend, während der Kolben G das vorher in den Raum H eingedrungene Wasser in die Druckleitung presst.

Sobald nun der Treibkolben A die Mündung a des schrägliegenden, rechts hinter dem äussersten Kolben der Vorsteuerung mündenden Kanales für die Einströmung des Kraftwassers freimacht, wird durch letzteres der Schieber der Vorsteuerung nach links geschoben, so dass das Kraftwasser hinter die rechts liegende Druckfläche a^1 der Hauptsteuerung gelangen kann und diese daher nach links schiebt; hierdurch aber wird das Kraftwasser auch durch den Kanal b auf die rechte Druckfläche des Treibkolbens treten und diesen nach links schieben. Gegen Ende dieser Bewegung erfolgt wieder die Umsteuerung.

Jede Maschine ist mit einem Windkessel D für die Zuleitung des Kraftwassers versehen und kann für sich betrieben werden; von den Druckventilkästen der Pumpen führen absperrbare Leitungen in einen grossen Windkessel, der zwischen den Maschinen aufgestellt ist.

Die Berechnung der Wasserdruckpumpe ist verhältnissmässig einfach. Wenn P S die nach früherem (vgl. S. 58 bis 91) berechnete Betriebsarbeit der Pumpe für einen Kolbenweg ist, so muss der Druck des Kraftwassers auf die von demselben gedrückte Kolbenfläche F′ sich aus $\eta\, P' S = P S$ ergeben; η ist der Wirkungsgrad, der für die neueren, in vorstehendem besprochenen Anordnungen zwischen 0,7 und 0,8 gesetzt werden kann. Wird $P'/F' = p'$ gesetzt, so bedeutet p′ den Druck des Kraftwassers auf die Flächeneinheit des Kolbens; bei einer Gefällhöhe H′, und wenn F′ in qm ausgedrückt wird, ist

$$p' = 1000\, H';$$

thatsächlich wird p′ um einige Prozente geringer als dieser Werth sein, indem durch die Steuerung eine Drosselung des zufliessenden Wassers eintritt.

Aus der in der Sekunde zu fördernden Wassermenge lässt sich für einfach- und doppeltwirkende Wasserdruckpumpen unter Annahme einer mittleren Kolbengeschwindigkeit v_m von etwa 0,5 m der Kolbenquerschnitt F berechnen; der Kolbenhub S bestimmt sich dann aus v_m und der anzunehmenden Zahl n der Kolbenspiele in der Minute; ist dann H gegeben und der Pumpenwiderstand P berechnet, so kann F' und damit auch die nothwendige Kraftwassermenge ermittelt werden; für letztere ist zu berücksichtigen, dass etwa 10 bis 12 % durch Undichtheiten an der Zuleitung und durch die Steuerung verloren gehen.

II. Pumpen mit schwingendem Kolben.

Die Wirkungsweise der Pumpen mit schwingendem Kolben ist derjenigen der Pumpen mit geradlinig bewegtem, hin und hergehendem Kolben gleichartig, indem bei der Bewegung des schwingenden Kolbens in einem feststehenden Gehäuse, gegen dessen Wandungen er sich dabei thunlichst dicht anlegt, die Saugwirkung sich durch Vergrösserung des an die Saugleitung anschliessenden Raumes ergibt und durch Verdrängen der angesaugten Flüssigkeit nach der Druckleitung die Druckwirkung erhalten wird. Zur rechtzeitigen Verbindung der Gehäuseräume mit der Saug- und der Druckleitung und zum rechtzeitigen Abschlusse der ersteren von denselben muss auch hier eine Steuerung angeordnet werden, welche bei den bis jetzt ausgeführten Pumpen dieser Art durch freigängige Ventile (Klappen) geschieht.

Die Pumpensysteme.

Die Pumpe kann einfach- oder doppeltwirkend, mit geschlossenem oder durchbrochenem Kolben ausgeführt werden, letzterer kann dabei ein- oder zweiflüglig sein. Das Gehäuse wird die Form eines Cylinderausschnittes oder eines vollen Cylinders haben, um dessen Mittellinie der plattenförmige Kolben schwingend bewegt wird; es lassen sich aber auch zwei Pumpen derart vereinigen, dass die Gehäuse in einander übergehen; dabei können die Kolben um eine gemeinschaftliche Achse schwingen oder mit getrennten Achsen angeordnet sein. Im Allgemeinen lassen sich die meisten von den S. 41 u. f. angegebenen Pumpenarten auch für schwingende Kolbenbewegung ausführen, jedoch entstehen daraus nur in einzelnen Fällen Pumpenformen von praktischer Bedeutung.

Pumpen mit einer Drehachse.

Eine einfachwirkende Pumpe mit geschlossenem, einflügeligen Kolben zeigen Fig. 443 und 444 nach einem erloschenen Patent von Aug. Marquardt in Kiel (Kl. 59 No. 1318). Der von der Hand durch eine Stange A bewegte Kolben B saugt durch die sich öffnende Saugklappe C eine gewisse Flüssigkeitsmenge an und drückt dieselbe beim Rückgange durch das Druckventil D in das Steigrohr. Marquardt hat zwei solche einfachwirkende Pumpen vereinigt, um gleichmässige Flüssigkeitsförderung im gemeinschaftlichen Druckrohre zu erhalten.

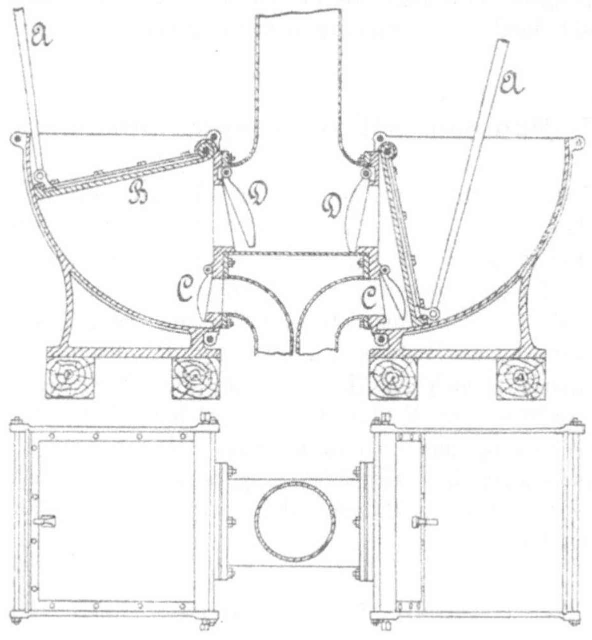

Fig. 443 und 444.

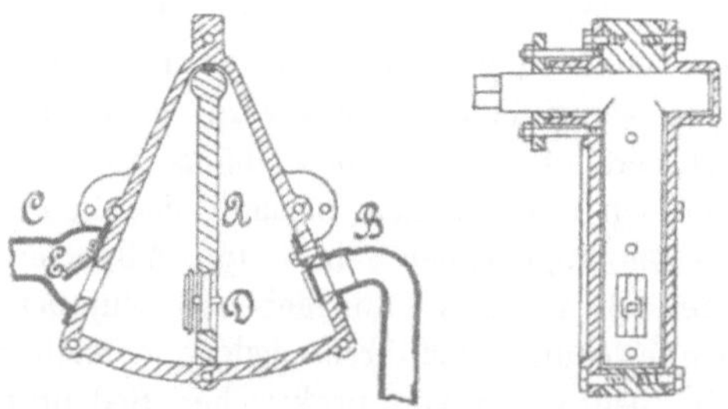

Fig. 445 und 446.

Eine einfachwirkende Pumpe mit durchbrochenem, einflügeligen Kolben ist in Fig. 445 und 446 dargestellt. Während der Kolben A vom Saugrohre B nach dem Druckrohre C bewegt wird, tritt Saug- und Druckwirkung gleichzeitig ein; beim Rückgang öffnet sich das im Kolben angebrachte Ventil D, der Kolben geht frei durch die angesaugte Flüssigkeit, ohne eine Förderung zu veranlassen. Das Druckventil E ist für die Pumpenwirkung überflüssig und dient nur als Rückschlagventil, um während des Stillstandes den Kolben zu entlasten.

Mit geschlossenem, einflügligem Kolben ist die in Fig. 458 und 459 dargestellte doppeltwirkende Dampfpumpe von Gebr. Klein, Schmoll und Gärtner in Wien (erloschenes D.R.P. Kl. 59 No. 1965) ausgerüstet, der Kolben A wirkt mit beiden Flächen abwechselnd saugend und drückend. (Weitere Erläuterung siehe S. 408.)

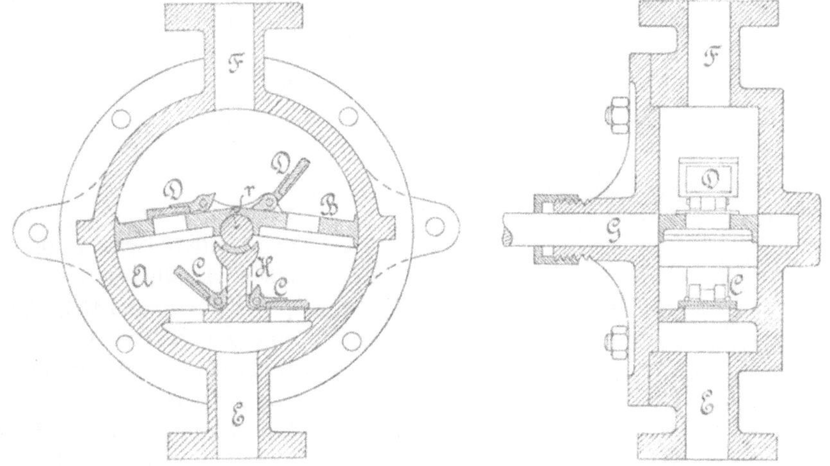

Fig. 447 und 448.

Die doppeltwirkende Pumpe mit durchbrochenem Kolben wurde bereits 1785 von dem Engländer Bramah angegeben und suchen die neueren Anordnungen nur diese Einrichtung in den Einzeltheilen zu verbessern. Die Fig. 447 bis 451 veranschaulichen zwei neuere Formen. Die Pumpe nach Fig. 447 und 448 wird von G. Allweiler in Radolfzell für Hand- und Kraftbetrieb und in ähnlicher Form auch von Anderen ausgeführt. Das Gehäuse A wird aus Gusseisen oder Messing hergestellt, der Kolben B aus letzterem Metall. Zur Steuerung sind Messingklappen C und D angeordnet, deren Hubbegrenzung durch angegossene Daumen erfolgt. Für die Förderung dickflüssiger Substanzen werden Kugelventile aus Messing, für die Förderung von schlamm- und sandhaltigem Wasser Kugelventile aus Gummi verwendet; im letztern Fall ist der Kolben B und der Lagerungssteg H zur besseren Abdichtung mit Nuthen versehen, die mit Leder ausgefüttert sind. Bei Anwendung von Klappen werden deren Sitze auch anstatt auf einer wagrechten Fläche, wie gezeichnet, auch auf zwei zu einander in spitzem Winkel stehenden Flächen angeordnet, um an Raum für die Kolbenbewegung zu gewinnen. Das Gehäuse ist mit dem Saugrohranschluss E und dem Druckrohrstutzen F versehen und kann z. B. mittels angegossener Tatzen gegen eine Wand befestigt werden. Der Betrieb erfolgt durch einen auf die Welle G gesteckten Handhebel oder, wenn die Pumpe unterhalb des Fussbodens aufgestellt wird, durch Gestänge von dem an bequemer Stelle gelagerten Handhebel aus. Hierbei lässt sich auch der Betrieb von einer Kurbel oder einer durch Riemen-trieb bewegten Welle ableiten. Allweiler baut solche Pumpen für Förderungen von 0,02 bis 0,325 cbm in der Minute bei 110 bis 40 Kolbenspielen in der gleichen Zeit.

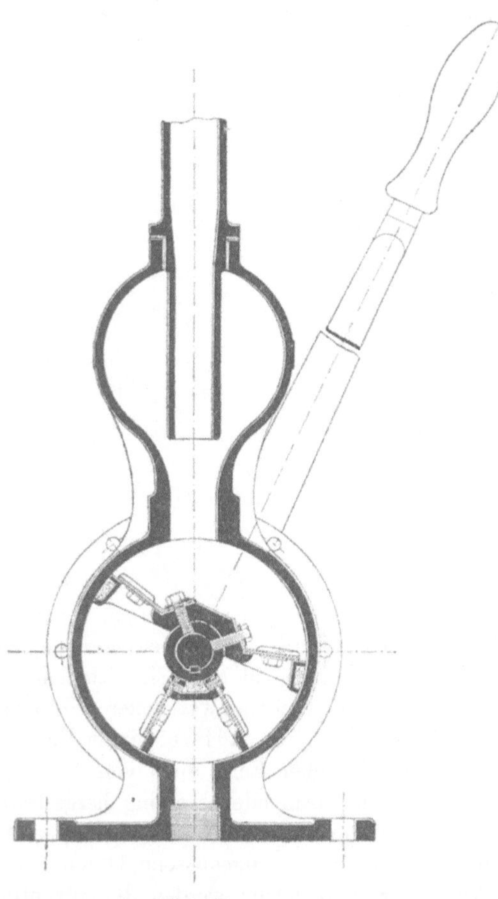
Fig. 449.

Eine andere Bauart mit Lederklappen und Druckwindkessel zeigt Fig. 449, der Antrieb erfolgt durch einen Handhebel.

Fig. 450 und 451 zeigen eine von Heinr. Guth in Neustadt a. Hardt angegebene Pumpe mit durchbrochenem, zweiflügligen Kolben (erloschenes D.R.P. Kl. 59 No. 2707). Es sind zur Steuerung Tellerventile angeordnet, von welchen die Druckventile A noch durch Federn belastet sind. Die vom Kolben B verdrängte Flüssigkeit gelangt in den Hohlraum der Drehachse C und aus diesem nach der Druckleitung D.

Karl Ax in Burg bei Herborn baut Pumpen für Jaucheförderung, welche sich von den vorgenannten Formen von Allweiler und Guth dadurch unterscheiden, dass die Saugventile wegfallen und dafür in dem oberen Gehäusetheil zwei Druckklappen angeordnet sind. Um eine fortwährende Reinigung der Eintrittsöffnung des Saugrohrs in das Pumpengehäuse zu erhalten, ist senkrecht von der Kolbenplatte nach abwärts ein Steg geführt, der bei der Bewegung des Kolbens über die Saugöffnung wegstreicht.

Gleichfalls mit Ventilkolben ausgerüstet sind die von A. Füratsch in Troppau angegebenen Pumpen (erloschenes D.R.P. Kl. 59 No. 53151).

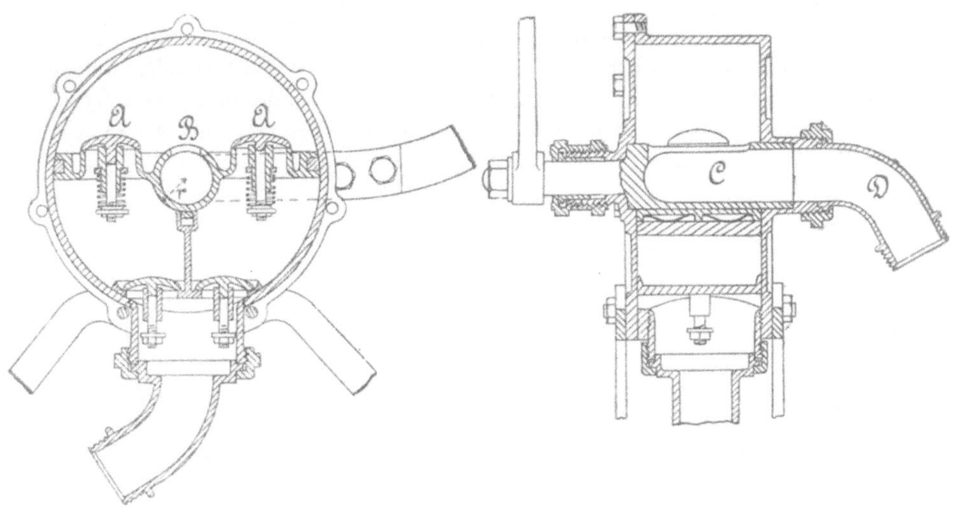

Fig. 450 und 451.

Bei der einen Form (Fig. 452) ist eine Doppelwirkung dadurch erzielt, dass die durch eine feststehende Scheidewand getrennten Arbeitsräume des zweiflügligen Ventilkolbens BC durch einen die Achse durchbrechenden Kanal a oder durch einen seitlich am Gehäuse angebrachten, in den Oeffnungen c und d ausmündenden Kanal verbunden sind; bei der Bewegung von rechts nach links drückt der Kolben B die über ihm stehende Flüssigkeit durch a oder durch c d zunächst in den Raum D und dann durch die sich öffnende Kolbenklappe e nach dem Raum E und somit nach dem Druckrohr.

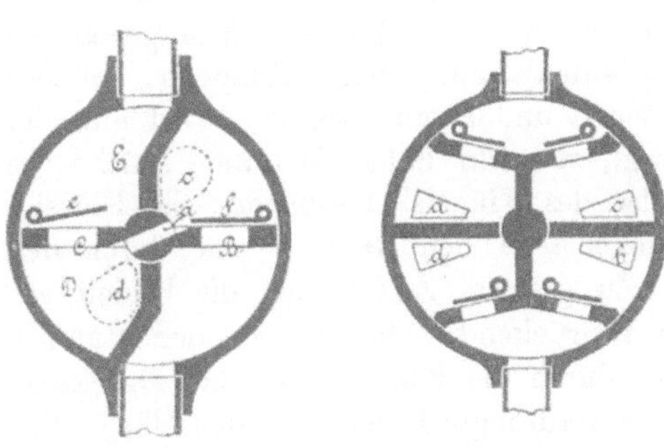

Fig. 452. Fig. 453.

Zugleich saugt der Kolben B Flüssigkeit an. Beim Rückgang wirkt der Kolben C drückend und saugend, wobei die Flüssigkeit aus dem Saugrohr durch den Kolben B, dessen Klappe f sich öffnet, dann durch den Kanal a bezieh. c d nach dem Raum D gelangt.

Die Pumpenform Fig. 453 ergibt eine vierfache Wirkung durch Anordnung von zwei miteinander verbundenen zweiflügligen Ventilkolben, deren Arbeitsräume durch einen in den Oeffnungen a und b und durch einen anderen in den Oeffnungen c und d mündenden Kanal miteinander verbunden sind.

Eine vierfache Wirkung wird auch bei der von Abrahamson angegebenen Pumpe (D.R.P. Kl. 59 No. 58863 u. 58865) erzielt, welche von G. Allweiler in Radolfzell (Baden) für Förderungen von 0,026 bis 0,455 cbm in der Minute bei einer Hubzahl von 104 bis 40 in derselben Zeit ausgeführt wird. Wie Fig. 454 bis 456 veranschaulichen, ist

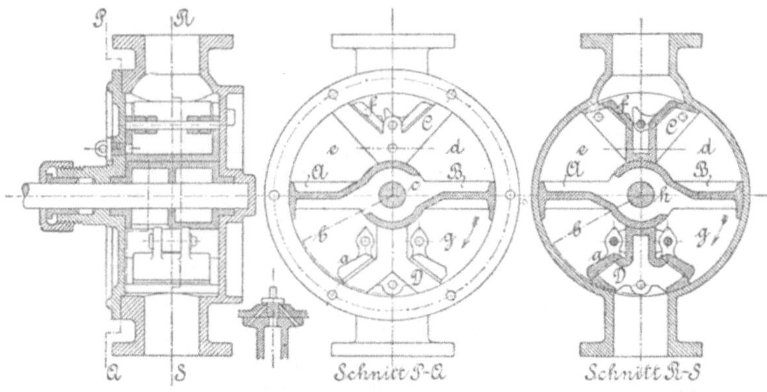

Fig. 454—456.

der zweiflüglige Kolben AB wie bei der von Füratsch angegebenen Pumpe (Fig. 452) durchbrochen, enthält aber keine Klappen, sondern diese sind auf besonderen Einsätzen C und D angebracht. Wird nun der Kolben in der Pfeilrichtung bewegt, so wirkt links die untere Fläche des Flügels A, rechts die obere Fläche des Flügels B saugend; die Flüssigkeit tritt durch die Klappe a zunächst in den Raum b und durch den Kanal c auch in den Raum d. Zu gleicher Zeit wirken die beiden anderen Flächen der Flügel A und B drückend, wobei die aus dem Raum e verdrängte Flüssigkeit unmittelbar durch die Klappe f in das Druckrohr gelangt und die aus dem Raume g verdrängte Flüssigkeit denselben Weg macht, nachdem sie zunächst aus g durch den Kanal h nach dem Raum e geflossen ist. Diese Pumpenform hat gegenüber der auch von Allweiler hergestellten, bereits besprochenen doppeltwirkenden Pumpe insbesondere den Vortheil, dass sie bei gleicher Grösse und gleicher Hubzahl eine erheblich grössere Fördermenge ergibt. Sie wird für Förderungen von 0,026 bis 0,455 cbm in der Minute bei 104 bis 40 Kolbenspielen in gleicher Zeit gebaut.

Pumpen mit zwei Drehachsen.

Bei der Anordnung zweier Drehachsen können ein- und zweiflüglige, geschlossene und mit Ventilen versehene Kolben zur Anwendung gelangen.

Ein Beispiel für das Zusammenwirken zweier einflügliger, geschlossener Kolben bietet die von H. Buderus in Hirzenhain angegebene Pumpe (D.R.P. Kl. 59 No. 82 759). Die beiden Kolben (vergl. Fig. 457) werden in entgegengesetztem Sinne bewegt, wozu die Drehachsen mit ineinandergreifenden Stirnrädern versehen sind. Die Wirkungsweise entspricht derjenigen zweier doppeltwirkenden Saug- und Druckpumpen nach Fig. 42 mit gemeinschaftlichen Saug- und Druckventilen.

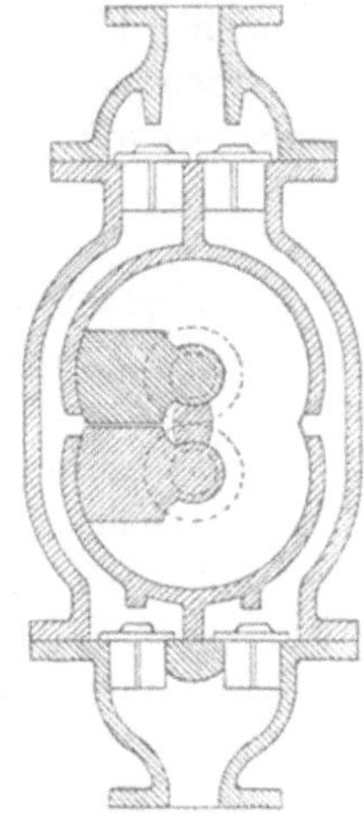

Fig. 457.

Zwei zweiflüglige, mit Klappen ausgerüstete Kolben hat Bernh. Wagner in Rosenheim angeordnet (D.R.P. Kl. 59 No. 86 280); besondere Saug- und Druckventile sind dann nicht nöthig. Die gegenseitige Anordnung der Kolben und der Arbeitsräume derselben sowie die Wirkungsweise entsprechen genau derjenigen der Pumpe Fig. 60.

Geförderte Flüssigkeitsmenge.

Es bezeichne nach früherem

- M diejenige theoretische Flüssigkeitsmenge, welche bei einem Kolbenhin- und -rückgange, also bei einem Kolbenspiele, nach dem Druckrohre gefördert wird,
- R den inneren Halbmesser des cylindrischen Gehäuses,
- B die innere Breite desselben,
- r den Halbmesser des um die Drehachse angeordneten Kernes, der keine Förderung veranlasst,
- α den Winkel, um welchen die Kolbenbewegung stattfindet,

so ist bei der einfachwirkenden Pumpe nach Fig. 443 bis 446

$$M = \pi (R^2 - r^2) B \frac{\alpha}{360}, \tag{247}$$

bei der doppeltwirkenden Pumpe nach Fig. 447 bis 452

$$M = 2\pi (R^2 - r^2) B \frac{\alpha}{360}, \tag{248}$$

bei der vierfach wirkenden Pumpe nach Fig. 453 bis 457

$$M = 4\pi (R^2 - r^2) B \frac{\alpha}{360}$$

Unter Berücksichtigung, dass durch Undichtheiten in den Leitungen und am Kolben, sowie durch nicht rechtzeitigen Schluss der Ventile und durch etwaiges Ansaugen von Luft oder Entwickelung von Gasen bei der Saugwirkung die thatsächlich am Ende des Steigrohres auslaufende Flüssigkeitsmenge kleiner ist als die aus den vom Kolben durchlaufenen Räumen sich ergebende, wird die wirklich in einer Sekunde geförderte Flüssigkeitsmenge bei n Kolbenspielen in der Minute

$$Q = \mu \frac{n M}{60}. \qquad 249)$$

Der quantitative Wirkungsgrad μ kann bei gut ausgeführten Pumpen mit kurzen Leitungen, wie solche für diese Pumpenart gewöhnlich anzuordnen sind, zu 0,8 bis 0,9 angenommen werden. Der Halbmesser r ist durch die Einrichtung gegeben; bei der Pumpe Fig. 445 ist r durch die Welle bestimmt, welche mit dem Kolben aus einem Stücke besteht; das gleiche ist bei der Pumpe Fig. 450 der Fall, nur ist hier die Welle hohl und dient als Theil der Druckleitung. Für die in Fig. 447 und 449 dargestellten Formung des Kolbens ist r als Abstand der treibenden Kolbenfläche von der Mittellinie der Welle zu setzen, und für die durch Fig. 443 und 454 verdeutlichten Anordnungen ist r der Halbmesser der die Welle umschliessenden Hülse des Kolbenkörpers.

Das Verhältniss der Breite B zum Halbmesser R des Gehäuses findet sich sehr verschieden, im Allgemeinen wird sich empfehlen, B/R nicht zu gross zu wählen, insbesondere dann, wenn grössere Druckhöhen zu überwinden sind und der Kolben als belastete Platte nur mit Endzapfen gelagert ist, da mit der Breite die Beanspruchung der Platte auf Biegung wächst. Die Ausführungen zeigen Werthe von B/R zwischen 1/4 und 2.

Die Wahl des Winkels α hängt von der Art des Antriebs und der Anordnung ab; bei Pumpen mit einflügligem Kolben kann α grösser als 180^0 gewählt werden, während bei zweiflügligem Kolben α nicht viel grösser als 90^0 genommen werden kann. Erfolgt der Antrieb von Hand durch einen auf der Kolbenwelle befestigten Hebel, so kann α auch nicht grösser als 90^0 genommen werden, da sonst der Angriff an dem Hebelende während eines grösseren Theiles des zurückgelegten Weges ungünstig wird; wegen der Ermöglichung grössern Winkels α bei kleinerem Hebelausschlag vgl. S. 407.

Der Kolbenwiderstand und die Betriebsarbeit.

Zur Ermittelung derjenigen Kräfte, welche während der Saug- und der Druckwirkung zur Ueberwindung des Nutzwiderstandes und der schädlichen Widerstände nothwendig sind, sowie zur Ermittelung derjenigen Arbeit, welche zur Ueberwindung der sämmtlichen Widerstände in der Zeiteinheit aufgewendet werden muss, können hier dieselben Betrachtungen wie bei den Pumpen mit geradlinig bewegtem Kolben angestellt werden. Es ist nur zu beachten, dass die hydraulischen Drucke hier an Hebelarmen in Bezug auf die Drehachse wirken und es daher nothwendig ist, statt der Kräfte unmittelbar die Drehmomente in Beziehung zu bringen, welche geleistet bezieh. überwunden werden müssen. Bei der geringen Bedeutung der hier zu besprechenden Pumpenarten genügt es aber, von einer ausführlichen Entwickelung abzusehen und auf einfachem Wege zu angenäherten Ergebnissen zu kommen.

Während der Saugwirkung ist eine hydrostatische Last $B R H_s \gamma$ zu heben; dieselbe wirkt gleichmässig vertheilt auf die Kolbenfläche, das zu überwindende Drehmoment ist daher $B R H_s \gamma \frac{R}{2}$. Die während der Druckwirkung zu hebende hydrostatische Last ist $B R H_d \gamma$, das entsprechende Drehmoment somit $B R H_d \gamma \frac{R}{2}$. Wird nun die Summe der Drehmomente aller sonstigen Widerstände für die Saugwirkung mit $W_s \cdot \frac{R}{2}$, für die Druckwirkung mit $W_d \frac{R}{2}$ bezeichnet, so ergibt sich die Kraft P_s, welche am Hebelarm l angreifend die Widerstandsmomente während der Saugwirkung zu überwinden vermag, aus

$$P_s l = (B R H_s \gamma + W_s) \frac{R}{2}, \tag{250}$$

und die Kraft P_d, welche am gleichen Hebelarme während der Druckwirkung anzugreifen hat, aus

$$P_d l = (B R H_d \gamma + W_d) \frac{R}{2}. \tag{251}$$

Bezeichnen P_a und P_n die nothwendigen Antriebskräfte während des Kolbenhin- bezieh. -rückganges, so wird

1. für die einfachwirkende Saug- und Druckpumpe (Fig. 443)

$$P_a l = (B R H_s \gamma + W_s) \frac{R}{2}, \tag{252}$$

$$P_n l = (B R H_d \gamma + W_d) \frac{R}{2}; \tag{253}$$

2. für die einfachwirkende Saug- und Hubpumpe (Fig. 445)

$$P_a l = (B R H \gamma + W_s + W_d) \frac{R}{2}, \tag{254}$$

$$P_n l = W' \frac{R}{2}; \tag{255}$$

W' ist hier der Widerstand für den Rückgang des Kolbens, bei welchem allerdings in dem Saug- und dem Druckrohre keine Bewegung der Flüssigkeit eintritt, jedoch im Gehäuse Widerstände in Folge der Beschleunigung der durch die Oeffnung des Kolbenventiles tretenden Flüssigkeit, ferner durch die Beschleunigung des Kolbengewichts, durch Kolben- und Zapfenreibung, und ausserhalb des Gehäuses durch die Bewegung des Antriebswerkes entstehen.

3. Für die doppeltwirkende Saug- und Druckpumpe (Fig. 447 bis 452) wird

$$P_a\, l = P_n\, l = (B\, R\, H\, \gamma + W_s + W_d)\frac{R}{2}. \qquad 256)$$

4. Für die vierfachwirkende Saug- und Druckpumpe (Fig. 453 und 457) wird

$$P_a\, l = P_n\, l = (2\, B\, R\, H\, \gamma + W_s + W_d)\frac{R}{2}.$$

Die in der Sekunde aufzuwendende Betriebsarbeit ist dann in jedem Falle

$$(P_a + P_n)\, 2\, l\, \pi \frac{\alpha}{360}\frac{n}{60} = \frac{1}{\eta} Q\, H\, \gamma. \qquad 257)$$

Ist nun die in der Sekunde zu fördernde Flüssigkeitsmenge Q und die Förderhöhe H gegeben, so lassen sich zunächst unter Annahme einer bestimmten Pumpenart, sowie unter Annahme von n und $\frac{B}{R}$ die Kolbenabmessungen B und R bestimmen.

n wird gewöhnlich zu 40 bis 60, bei sehr kleinen Pumpen auch grösser gewählt.

Werden dann die Widerstände W_s und W_d zu etwa $\frac{1}{5}$ bis $\frac{1}{4}$ der betreffenden hydrostatischen Last angenommen, so können die Kräfte P_a und P_n berechnet werden, wenn l gewählt wird; oder umgekehrt, es wird l für einen grössten zulässigen Werth von P_a bezieh. P_n bestimmt. Letzteres hat zu geschehen, wenn der Betrieb von Hand erfolgt; es darf dann für einige Zeit dauernden Betrieb die von einem Arbeiter auf den Hebel ausgeübte Kraft höchstens zu 10 kg genommen werden. Zur Ueberwindung grösserer Widerstände kann ein gabelförmig gestalteter Hebel, in dessen beiden Enden je ein Arbeiter anfasst, zur Verwendung kommen; auch kann, wie z. B. bei Feuerspritzen, der Angriff einiger Arbeiter an einer am Hebelende angebrachten Druckstange angeordnet werden. Jedenfalls aber soll der Arbeitsbogen, den die angreifenden Hände zurücklegen, 1 m bis 1,15 m nicht überschreiten, wenn die Arbeitsfähigkeit längere Zeit gut ausgenutzt werden soll. Es soll also

$$2\, l\, \pi \frac{\alpha}{360} < 1{,}15 \text{ m}$$

sein. Für die annähernde Berechnung der Betriebsarbeit kann der Wirkungsgrad η bei guter Ausführung und für mässige Förderhöhe sowie kleine Leitungslängen zu 0,75 angenommen werden.

Die Einzeltheile.

Der plattenförmige Kolben wird aus Gusseisen, Schmiedeeisen oder Metall hergestellt und gegen die bearbeitete Wandung des Gehäuses durch Lederstulpe oder federnde Metallstreifen abgedichtet, auch wohl, wie bei der Pumpe Fig. 454, nur eingeschliffen. Die Lagerung des Kolbens ist darnach einzurichten, ob der Antrieb durch einen ausserhalb an einer durch eine Stopfbüchse geführten Welle angebrachten Hebel oder innerhalb des Gehäuses durch eine am Kolben angehängte Stange (Fig. 443) oder einen an der Drehachse befestigten Hebel erfolgt. Die beiden letztgenannten Betriebsarten können bei der einfachwirkenden Saug- und Druckpumpe oder einfachwirkenden Saug- und Hubpumpe angeordnet werden; in letzterem Falle dann, wenn nur eine ganz geringe Druckhöhe zu überwinden ist, so dass kein Druckrohr nöthig wird, sondern das Gehäuse oben mit einem Ausgusse versehen werden kann. Erfolgt der Antrieb innerhalb des Gehäuses, so wird der Kolben entweder mit einer Hülse auf eine am Gehäuse befestigte Stange gesteckt oder mit Endzapfen in den Gehäusewandungen gelagert; im letzteren Falle kann eine Entlastung dieser Zapfen und eine geringere Biegungsbeanspruchung der Kolbenwelle dadurch bewirkt werden, dass der Kolben auf seiner ganzen Breite durch eine Schale unterstützt ist. Muss der Antrieb ausserhalb des Gehäuses erfolgen, so ist die Welle, an welcher die Kolbenplatte befestigt ist oder mit der sie aus einem Stücke besteht, durch einen Endzapfen und einen Halszapfen zu lagern; ferner ist eine Stopfbüchse zur Abdichtung nothwendig.

Bei den meisten vorgenannten Pumpenbauarten ist der Winkel, den der Kolben bei seiner schwingenden Bewegung beschreibt, 90° und grösser; um bei Handbetrieb für den Handhebel einen kleineren, für die Bewegung der Hand bequemeren Ausschlag zu erhalten, kann eine geeignete Hebelübersetzung angebracht werden. Als Beispiel hierfür seien die von Japy Frères & Cie. in Beaucourt gebauten Pumpen erwähnt, welche den Allweiler-Pumpen (Fig. 447) nachgebildet sind, bei denen aber der Handhebel für den Antrieb über der Pumpenachse gelagert ist; eine Verlängerung dieses Hebels umfasst mittels einer Schleife den Endzapfen eines auf der Pumpenachse befestigten Hebels; hieraus ergibt sich der kleinere Ausschlag des Handhebels.

Die Steuerung kann durch freigängige Hubventile oder Klappen erfolgen, auch zwangläufig bewegte Hähne wurden vorgeschlagen. Windkessel lassen sich zu bekanntem Zwecke leicht anordnen.

Für die genaue Bearbeitung des Gehäuses ist es zweckmässiger, das-

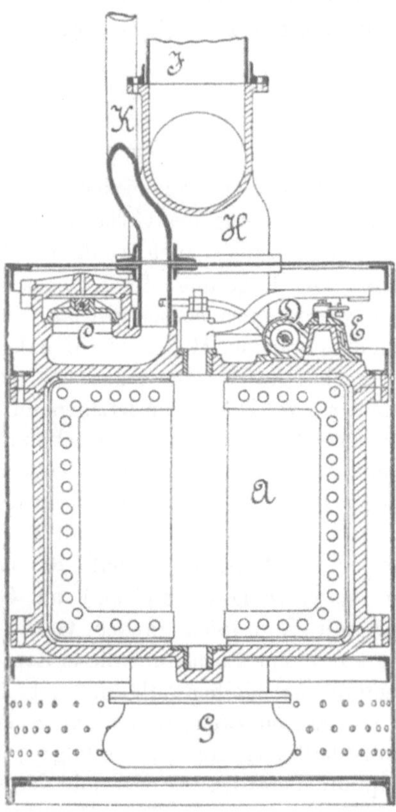

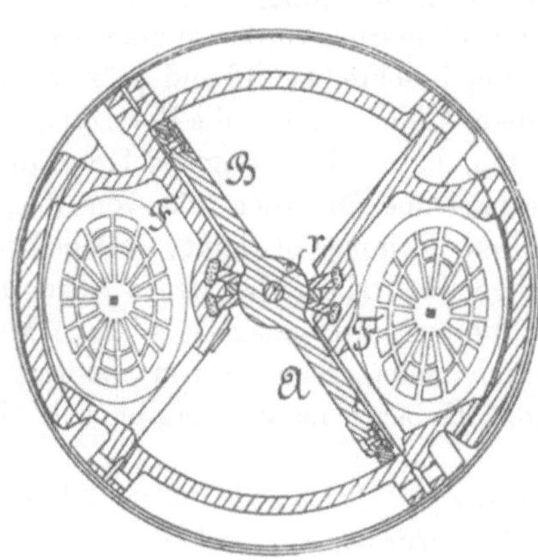

Fig. 458 und 459.

selbe so zu gestalten, dass es ausgedreht werden kann; es empfiehlt sich daher, die Ventilsitze nicht anzugiessen, wie es Fig. 447 zeigt, sondern besonders einzusetzen (vgl. z. B. Fig. 450).

Wenn Gefahr besteht, dass die Pumpe einfrieren kann, so empfiehlt es sich, *Entleerungsvorrichtungen* anzubringen. *Gotthard Allweiler* in Rudolfzell versieht hierzu bei seinen Pumpen (Fig. 447 und 454) die Kolben auf ihrer Unterseite mit Vorsprüngen, welche bei grösstem Kolbenausschlag auf die Gelenke der Saugklappen treffen und dadurch letztere öffnen; bei der Pumpe Fig. 447 und 448 sind ferner an diesen Klappen Stifte befestigt, welche die Kolbenklappen aufdrücken; bei der Pumpe Fig. 454 bis 456 sind solche Stifte an der Oberseite des Kolbens angebracht, welche dann die Druckklappen aufstossen. Es kann also die Flüssigkeit aus allen Theilen der Pumpe nach dem Saugrohr hin abfliessen, das bei Vorhandensein eines Fussventils noch mit einem Ablasshahn zu versehen ist; gegebenenfalls kann ein solcher auch am Pumpengehäuse angebracht werden.

Die Pumpen mit schwingendem Kolben finden für Handbetrieb häufig, für Kraftbetrieb selten Anwendung und dann gewöhnlich nur zur Ueberwindung kleinerer Förderhöhen.

Zur Hebung grösserer Flüssigkeitsmengen eignen sich besonders die in Fig. 443 und 444, sowie in Fig. 458 und 459 dargestellten Pumpen, von welchen die erstere durch von Hand bewegte Stangen, die letztere durch Dampfdruck betrieben werden soll. Die durch Fig. 458 und 459 verdeutlichte Dampfpumpe von Klein, Schmoll und Gärtner in Wien ist mit einem zweiflügligen Kolben versehen, der mit einem Flügel A die Pumpwirkung erzeugt (vgl. S. 398), während auf den anderen B der Dampf drückt. Die Steuerung der Dampfwirkung erfolgt durch einen Muschelschieber C, welcher von einer kleinen Dampfmaschine D bewegt wird. Letztere wird durch einen Hahn E gesteuert, der durch den Kolben A eine schwingende Bewegung erhält. Die Pumpensteuerung erfolgt durch in den beiden Kästen F angebrachte Gummiklappen; die Ventilkästen sind mit Saugkörben G aus Drahtgeflecht versehen und oben durch ein Gabelrohr H mit der Druckleitung I verbunden. Zur Regelung der Geschwindigkeit der Maschine ist in das Steigrohr ein Flügelrad eingeschaltet, dessen Welle einen Regler trägt, der auf eine in dem Dampfzuleitungsrohr K angebrachte Drosselklappe wirkt, so dass bei steigender Geschwindigkeit der geförderten Flüssigkeit der Dampf gedrosselt, also die Kraftabgabe der Dampfmaschine entsprechend dem geringeren Bedarf vermindert wird.

III. Pumpen mit stetig drehendem Kolben.

Pumpen, in deren Arbeitsgehäuse ein oder mehrere Kolben in stetige Drehung versetzt werden und hierdurch die Saug- und Druckwirkung verursachen, sind in vielfachen Formen angegeben worden; jedoch wurden nur wenige derselben ausgeführt und haben eine gewisse Verbreitung gefunden. Die Wirkungsweise dieser Pumpen ergibt sich dadurch, dass der im Gehäuse sich drehende Verdränger oder Kolben durch Vergrösserung des an die Saugleitung anschliessenden Gefässraumes die Saugwirkung erzielt und durch Verkleinerung des mit der Druckleitung in Verbindung gebrachten Raumes die in demselben befindliche Flüssigkeit nach der genannten Leitung presst. Die stetige Bewegung des Verdrängers wird zweckmässig dazu benutzt, eine stetige Saug- und Druckwirkung hervorzurufen, so dass fortdauernd Flüssigkeit aus der Saugleitung in das Arbeitsgehäuse und aus diesem nach der Druckleitung strömt. Hierbei ist möglichst anzustreben, dass die Geschwindigkeit der Förderung im Saug- und Druckrohr gleichförmig wird, da dann, wie früher erläutert, die Anbringung von Windkesseln unnöthig wird und die Arbeitsverluste durch Beschleunigung der Flüssigkeitsmassen in den Leitungen wegfallen. Die Forderung der stetigen Verbindung der beiden Leitungen mit dem Arbeitsgehäuse ergibt, dass bei den Pumpen mit drehender Kolbenbewegung die Steuerung zum abwechselnden Oeffnen und Abschliessen der Leitungen wegfällt. Jedoch muss ein

Rückfliessen der Flüssigkeit vom Druckrohr nach dem Saugrohr vermieden werden, und kann dies durch eine besondere zwangläufig oder durch Kraftschluss bewegte Steuerungseinrichtung geschehen; ferner durch besondere Formung des Verdrängers oder des Gehäuses, oder durch Anwendung zweier oder mehrerer Kolben, welche die angesaugte Flüssigkeit zwischen sich fassen und sie nach der Druckleitung schieben; schliesslich durch Anordnung zweier zusammen arbeitender, sich gegenseitig steuernder Kolben.

Eintheilung.

Reuleaux hat in seiner „Theoretischen Kinematik" mit Hülfe der kinematischen Analyse eine Ordnung der Maschinen mit drehendem Kolben, damit also auch der hierzu gehörenden Pumpen, in bestimmte Gruppen gegeben und insbesondere Kurbel-Kapselwerke und Kapselräderwerke unterschieden. Bei ersteren findet eine Verkettung des Kurbelgetriebes, bei letzteren eine solche der Zahnräderwerke mit der Flüssigkeit statt. Reuleaux hat dann die verschiedenen Arten der genannten kinematischen Ketten seiner Uebersicht der Maschinen mit drehendem Kolben zu Grunde gelegt. Der Verfasser hat diese Ordnung in seiner „Sachlichen Würdigung der in Deutschland ertheilten Patente der Klasse 59" (Verhandlungen d. Vereins z. Beförderung d. Gewerbfleisses 1886, S. 209 f.) zu einer Eintheilung der bezüglichen Neuerungen benutzt und sei hierauf verwiesen. Da hier nur die praktisch brauchbaren und mit Erfolg zur Anwendung gekommenen Einrichtungen besprochen werden sollen, so erscheint es zweckmässiger, nicht diese kinematische Analyse für die Unterscheidung der verschiedenen Gruppen zu verwenden, sondern diese nach praktischen Gesichtspunkten vorzunehmen. Ein hauptsächliches Unterscheidungsmerkmal bildet die Anzahl der getriebenen Wellen. Danach sind Pumpen mit einer, zwei oder drei Triebwellen zu unterscheiden. Im ersten Fall kann letztere in oder ausser dem Mittel des Gehäuses gelagert werden. Weitere Unterscheidungsmerkmale bilden die Einrichtung zur Absperrung des Saugraumes von dem Druckraum, die Zahl und Formung der Kolben und die Gestalt des Gehäuses. Bei der Anordnung zweier oder mehrerer Triebwellen kann zur Unterscheidung einzelner Arten die gegenseitige Lage der Wellen benutzt werden. Darnach lässt sich folgende Eintheilung bilden:

A. Pumpen mit einer Triebwelle:

1. Welle centrisch zum Gehäuse,

a) Kolben fest mit der Welle verbunden; die stetige Absperrung von Saug- und Druckraum erfolgt durch ein Abschlussorgan, welches ketten- oder kraftschlüssig mit dem Kolben verbunden ist;

b) Kolben sitzt lose auf einer Wellenkröpfung oder auf einer auf der Welle befestigten excentrischen Scheibe und ist mit einem Abschlussorgan zu vorgenanntem Zweck versehen, das im Gehäuse geführt oder gelagert ist;

c) das Abschlussorgan ist durch eine auf der Welle centrisch befestigte Walze oder Scheibe gebildet, die stets das Gehäuse oder einen, zwischen Saug- und Druckrohreinmündung angebrachten Vorsprung des Gehäuses berührt; die Kolben sind in der Walze bezieh. Scheibe beweglich angeordnet.

2. Welle excentrisch zum Gehäuse. Die Kolben müssen gegen die Welle beweglich sein. Als Abschlussorgan dient eine auf der Welle befestigte Walze, welche zwischen der Saug- und Druckrohreinmündung das Gehäuse stetig berührt;

a) die Kolben können sich radial zur Welle verschieben,

b) die Kolben sind drehbar an der Walze angeordnet.

B. Pumpen mit zwei Triebwellen:

1. die beiden Wellen haben eine gemeinschaftliche Mittellinie;
2. die Wellenachsen sind parallel;
3. dieselben schneiden sich.

C. Pumpen mit drei Triebwellen.

Dieser Eintheilung entsprechend seien in folgendem verschiedene Pumpeneinrichtungen erläutert und, um Wiederholungen zu vermeiden, auch gleich Angaben über entsprechende Ausführungen gemacht.

A. 1., a. Pumpen mit auf der Welle befestigtem Kolben und einem kraft- oder kettenschlüssig damit verbundenen Abschlussorgan.

Einrichtungen dieser Art werden vielfach mit geradlinig oder schwingend bewegtem Schieber und einem excentrisch in einem cylindrischen Gehäuse sich drehenden cylindrischen Kolben ausgerüstet, wie die Gerippefiguren 460 und 461 zeigen. Die durch Fig. 460 verdeutlichte Einrichtung wurde bereits 1847 von Bährens als Dampfmaschine ausgeführt (vgl. Reuleaux „Theoretische Kinematik“ S. 350) und hierbei der Schieber B gegen den Kolben C durch ein Gewicht gedrückt. Statt des letzteren ist auch eine Feder vorgeschlagen worden und kann dann der Schieber auch nach unten austreten. Dieser Kraftschluss kann durch einen Kettenschluss ersetzt wurden, indem der Schieber durch zwei ausserhalb des Gehäuses auf der Kolbenwelle befestigte Excenter bewegt wird, deren Excentricität gleich der des Kolbens ist. Es muss das dichte Anliegen des Schiebers an dem Kolben aber immer noch unter dem Druck einer Feder erzeugt werden. Bei der in Fig. 461 angegebenen Einrichtung ist ein cylindrischer Schieber angeordnet, der um eine Achse schwingen kann und sich gegen den Kolben durch sein Eigengewicht anlegt. Statt des excentrisch zur Welle befestigten cylindrischen Kolbens kann auch ein Verdränger anderer Form angeordnet werden, gegen dessen Umfang sich schwingend gelagerte Abschlussorgane legen. So gestaltet z. B. Alex Kaiser den Kolben dreieckig (erloschenes D.R.P. Kl. 59 No. 13478) und bringt zwei im Gehäuse drehbar gelagerte Abschlussorgane an.

Um behufs besseren Abdichtens die Berührungsfläche zwischen Kolben und Schieber zu vergrössern, kann bei beiden vorbesprochenen Einrichtungen der letztere mit einem Cylinderstück versehen werden, das im Schieberende drehbar gelagert ist, wie Fig. 460 zeigt. Man kann zu gleichem Zweck auch das Ende des Schiebers verbreitern und nach dem Umfang

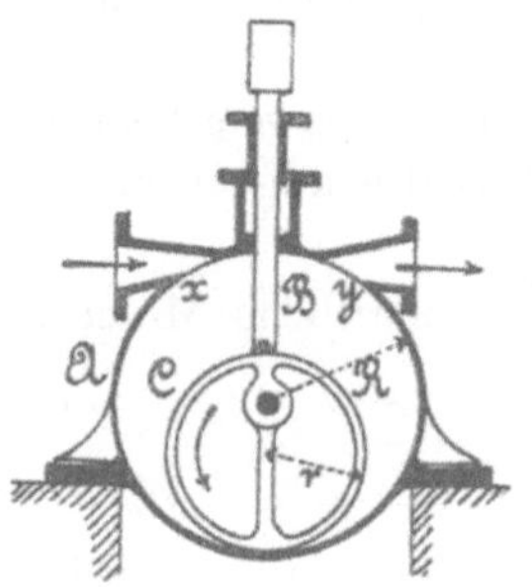

Fig. 460.

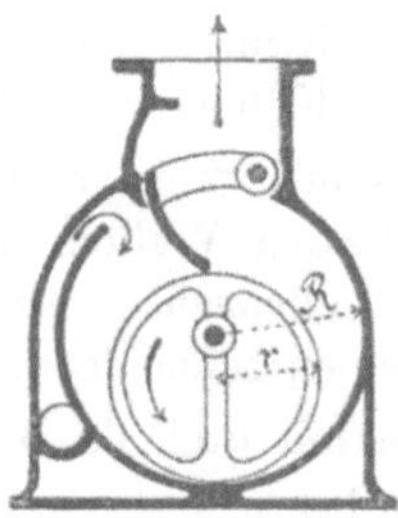

Fig. 461.

des Kolbens aushöhlen; dann muss aber die Geradführung im Gehäuse in der Weise beweglich gemacht werden, wie es Fig. 463 zeigt und ist dann die Einrichtung genau diejenige der noch zu besprechenden Knott-Pumpe. Sämmtliche Anordnungen zeigen den Fehler, dass während der Bewegung des Kolbens zwischen den Mündungen des Saug- und Druckraumes diese beiden mit einander in Verbindung treten. Bei den in den Fig. 460 und 461 angegebenen Einrichtungen wird die Förderung nach dem Druckrohr fast mit gleichförmiger Geschwindigkeit erfolgen, bei der zuletzt mitgetheilten Abänderung ist dies jedoch nicht der Fall.

Als Abschlussorgan kann auch eine seitlich in dem Gehäuse in Nuten geführte, excentrisch zur Welle angeordnete Walze verwendet werden, durch welche die mit der Welle fest verbundenen Kolben geführt sind. Einrichtungen dieser Art wurden schon von Cochrane (vgl. Reuleaux a. a. O. S. 363) angegeben und sind in neuerer Zeit in den Patenten der Klasse 59 wieder aufgetaucht. Hierbei können z. B. einige Kolben mit der Welle fest verbunden werden. Excentrisch gegen letztere ist dann eine hohle Walze angebracht, welche zwischen den Einmündungen des Saug- und des Druckrohres die Gehäusewandung berührt. Die Kolben durchdringen die Walze und müssen zu ihrer gegenseitigen Beweglichkeit an diesen Stellen in der Wandung der Walze drehbar gelagert werden. Dies geschieht mittels Cylinderstücken, welche mit Schlitzen versehen sind, durch die sich die Kolben schliessen können. Es ist also eine Paarung anzuordnen, wie sie z. B. Fig. 463 zeigt.

A. 1., b. Pumpen mit excentrisch zum Gehäuse angebrachten und nicht auf der Welle befestigten Kolben und einem kettenschlüssig oder fest damit verbundenen Abschlussorgan.

Bei der von L. Taverdon angegebenen Pumpe (erloschenes D.R.P. Kl. 59 No. 9808), (vgl. Fig. 462) erhält der lose auf einer Wellenkröpfung sitzende Kolben A eine zwangläufige Bewegung dadurch, dass sich in

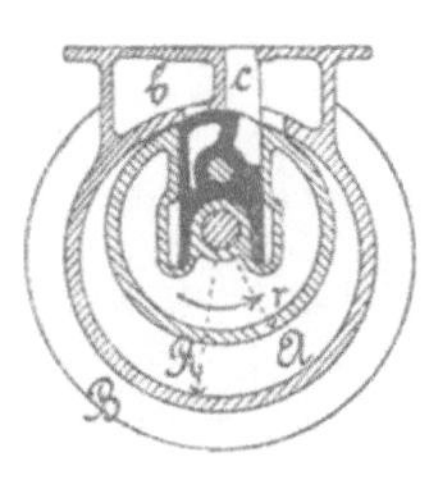

Fig. 462.

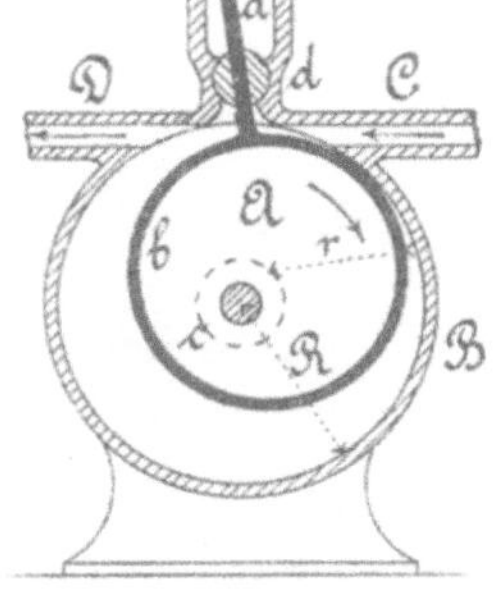

Fig. 463.

ihm ein Schieber führt, der um eine am Gehäuse befestigte Achse schwingen kann. Die Flüssigkeit gelangt bei der Saugwirkung durch die Oeffnung b in das cylindrische Gehäuse B und wird durch die Oeffnung c nach der Druckleitung gepresst; beide Wirkungen erfolgen dabei mit nahezu gleichförmiger Geschwindigkeit. Der Uebelstand der während allerdings nur kurzer Zeit stattfindenden Verbindung von Saug- und Druckraum ist auch hier vorhanden.

Eine bekannte Anordnung zeigt die von Knott angegebene Pumpe, deren Einrichtung in Fig. 463 dargestellt ist. Der Kolben besteht aus einem, mit einer Platte a verbundenen Ring b, der lose auf einer excentrischen Scheibe A sitzt, die durch die Welle C in Drehung versetzt wird. Hierdurch gleitet der Ring b in einem cylindrischen Gehäuse B und die Platte a verschiebt sich in einem Cylinder d, der in der Gehäusewandung gelagert ist und sich entsprechend schwingend bewegen kann. Seitlich schliessen Excenter, Ring und Platte dicht an die Gehäusewandung an. Es entsteht ein stetiges Ansaugen und Fortdrücken der bei C ein- und bei D ausströmenden Flüssigkeit, wobei der Abschluss von Saug- und Druckraum einerseits durch den stets dicht an der Gehäusewandung anliegenden Kolben, anderseits durch die Platte a gebildet wird.

Bartrum und Powell haben die vorbesprochene Einrichtung in der durch Fig. 464 und 465 verdeutlichten Weise verbessert. Statt des Excenters ist hier auf der treibenden Welle d eine Kurbel a befestigt, um deren Zapfen sich der Kolben B drehen kann. Dieser, sowie der Führungscylinder c, werden aus Bronze angefertigt. Das Pumpengehäuse A ist von zwei Kammern C und D umgeben, welche als Saug- und als Druckwindkessel dienen. Die durch das Saugrohr E nach C tretende Flüssigkeit gelangt durch den Kanal f in den Cylinder A, und wird aus

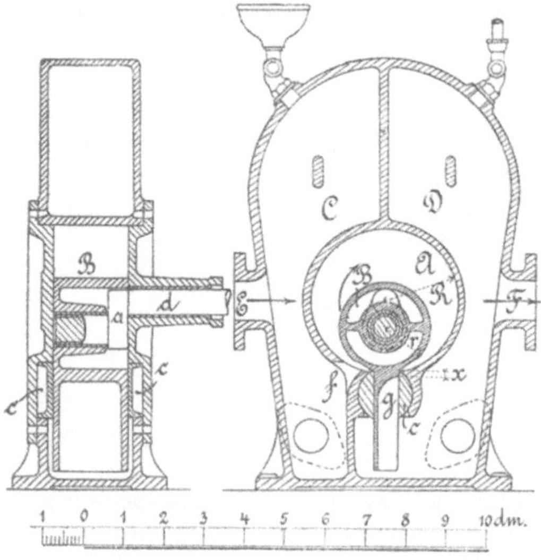

Fig. 464 und 465.

demselben vom Kolben durch den hier in der Platte angeordneten Kanal g nach dem Druckraum D und aus diesem in das Druckrohr F gedrückt. Es kann jedoch die Flüssigkeitsführung auch umgekehrt gewählt werden. Bei der Knott-Pumpe ist der Uebelstand vorhanden, dass bei der oberen Mittelstellung des Kolbens Saug- und Druckraum mit einander in Verbindung treten. Dies kann hier durch die Anordnung einer in der Mittelstellung entstehenden Ueberdeckung x (vgl. Fig. 465) von solcher Grösse vermieden werden, dass der Kanal g erst geöffnet wird, wenn der Kolben B sich soweit aus der Mittellage gedreht hat. dass er selbst die Verbindung zwischen Saug- und Druckraum abschliesst. Die Verhütung des genannten Uebelstandes durch die Ueberdeckung x hat aber den Nachtheil, dass, so lange der Kolben bei geschlossenem Druckkanal g sich bewegt, Flüssigkeit aus dem Gehäuse wieder zurück nach dem Saugraum gepresst wird und die Förderung nach dem Druckraum unterbrochen ist. Da ferner auch während des übrigen Theiles der Kolbendrehung die Geschwindigkeit der Flüssigkeitsbewegung vom Saugrohr C nach dem Gehäuse A und von diesem nach dem Druckraum D keine gleichförmige ist, so scheint die Anordnung von Windkesseln zweckmässig, um in der Saug- und der Druckleitung nahezu gleichförmige Bewegung zu erhalten. Die in den Fig. 464 und 465 dargestellte Pumpe wird für eine Fördermenge von 0,1 bis 2 cbm in der Minute bei 50 bis 100 Umdrehungen ausgeführt.

A. 1., c. Pumpen mit Kolben, welche gegen eine auf der centrisch zum Gehäuse gelagerten Welle befestigte Walze beweglich sind.

Hierbei muss der stetige Abschluss des Saugraumes vom Druckraum durch die cylindrische Walze oder eine Scheibe erzielt werden, welche bei ihrer Drehung das Gehäuse oder einen Vorsprung desselben stetig berührt.

Im ersten Falle bewegt sich der Kolben vollständig innerhalb des Abschlussorgans. Eine Pumpe dieser Art hat Jan Tille in Prag angegeben (erloschenes D.R.P. Kl. 59 No. 68 825). Der Kolben A (Fig. 466) steckt lose auf dem excentrisch zum Gehäuse feststehenden Zapfen a, so dass bei der Drehung der Walze B der Kolben sich auch mitdreht und zugleich abwechselnd eine Vergrösserung und Verkleinerung der Räume C und D erzeugt; ersteres ergibt die Saug-, letzteres die Druckwirkung.

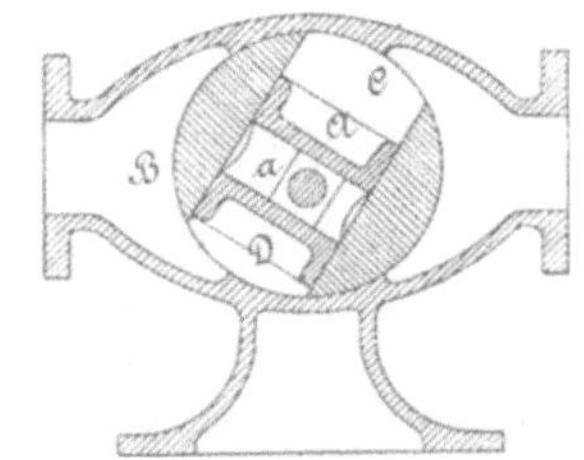

Fig. 466.

Wenn die Abschlusswalze das Gehäuse nur an einem Vorsprung berührt, so müssen die Kolben, damit sie an diesem Vorsprung vorbeigehen, unabhängig von einander beweglich sein und geschieht dies vielfach derart, dass plattenförmige Kolben in der Walze bezieh. Scheibe radial bezieh. achsial geführt oder drehbar gelagert sind, durch Federn oder eine Kurvenführung stets gegen die Gehäusewandung gedrückt und im ersten Fall durch am Gehäuse angebrachte Leisten entgegen dieser Federwirkung gezwungen werden, an dem Vorsprung entlang zu schleifen.

Eine solche Einrichtung hat z. B. R. Bredo bei der von ihm angegebenen, in Fig. 467 u. 468 dargestellten Pumpe (erloschenes D.R.P. Kl. 59 No. 2297 und Zusatz No. 5168) gewählt. Die Kolben A werden durch eine Spiralfeder a, wie die rechte Seite der Figur zeigt, oder einen Gummicylinder b, wie die linke Seite verdeutlicht, nach aussen gedrückt und gegen den zur Trennung des Saugrohranschlusses C und der Druckrohrmündung D angebrachten Vorsprung c des Gehäuses durch zwei an diesem angebrachte Leisten d geführt.

Statt der Federpressung lässt sich auch der Druck der im Druckrohr stehenden Flüssigkeit zur Anpressung der Kolben benutzen, indem die Druckleitung mit dem Hohlraum der Kolbenwalze in Verbindung gebracht wird.

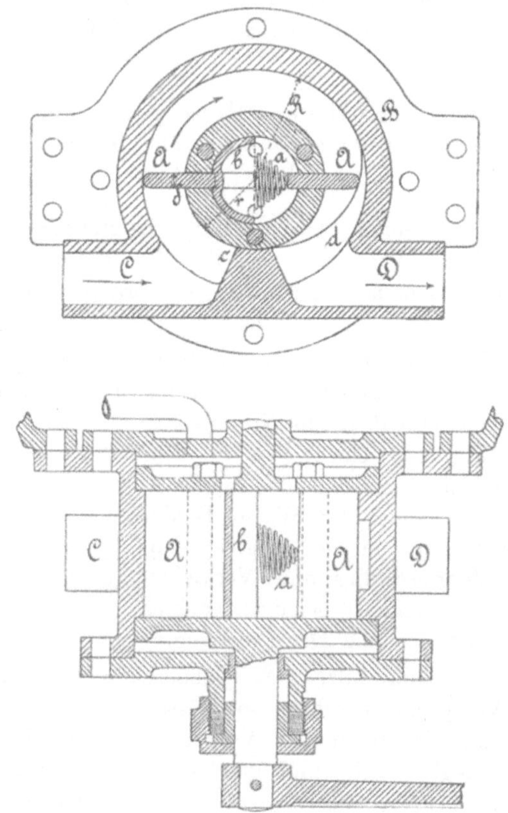

Fig. 467 und 468.

Ferner kann durch eine kettenschlüssige Führung der Kolben deren dichtes Vorbeigleiten an dem Gehäuse und dessen Vorsprung bewirkt werden. Derartige Einrichtungen sind von Schwaiger und von Schmahl fast gleichartig angegeben worden (erloschene D.R.P. Kl. 59 No. 8620 und 10 909). Beide wollen ebene Scheiben mit in denselben achsial geführten plattenförmigen Kolben verwenden. Wie die Abwicklung eines durch Ein- und Austrittsrohr gelegten cylindrischen Schnittes, entsprechend der vom Erstgenannten gegebenen Anordnung, in Fig. 469 zeigt, wird die Trennung der Saug- von der Druckseite durch eine Leiste a bewirkt, gegen welche sich die Kolbenscheibe A dicht anlegt; die Verschiebung der

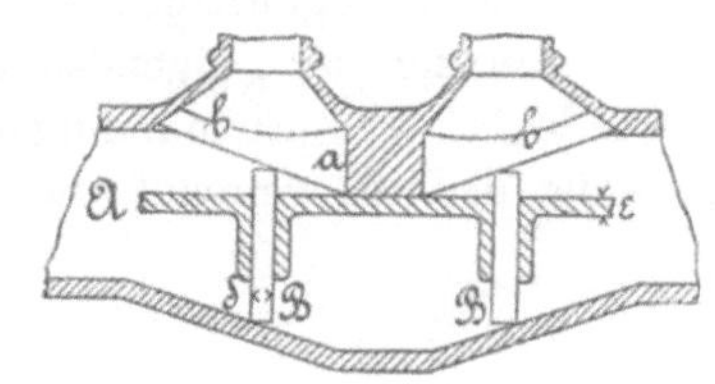

Fig. 469.

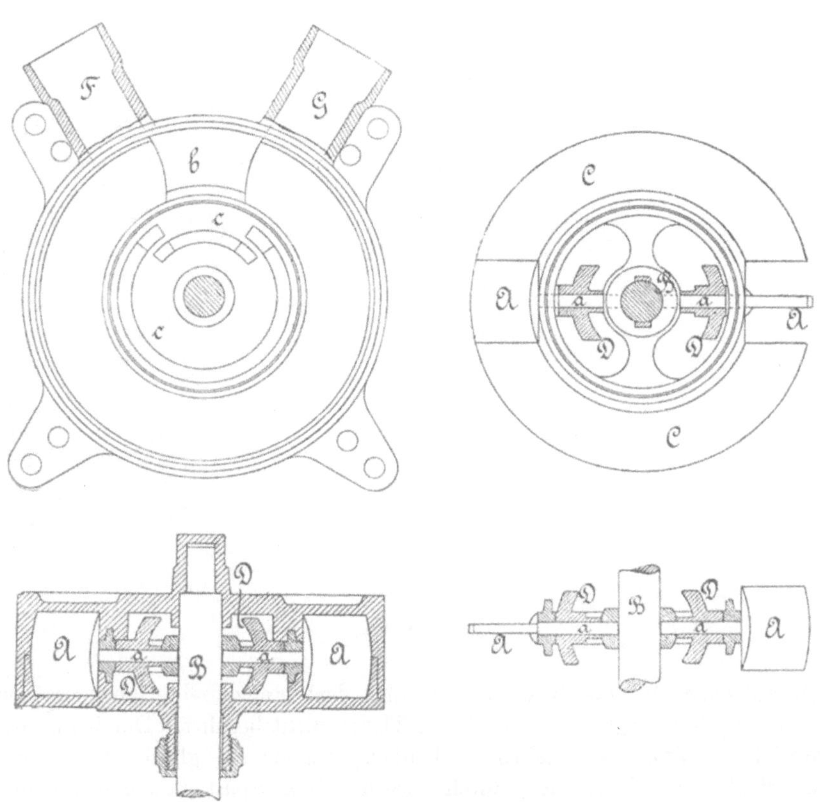

Fig. 470—473.

Kolben B erfolgt der vorspringenden Leiste entsprechend durch eine Ausbauchung des Gehäuses und die beiden Stege b.

Drehbar in einer Scheibe gelagerte Kolben enthält die von Möller & Blum in Berlin ausgeführte, in Fig. 470 bis 473 dargestellte Pumpe. Die

Kolben A sind mit Achsen a versehen, mittels deren sie sich in der auf der Antriebswelle B befestigten Scheibe C drehen können. Fest auf diesen Achsen sitzen Gleitkörper D von der in den Figuren angegebenen Gestalt. Die Kolben bewegen sich in dem ringförmigen Raum des Gehäuses und stehen mit ihrer Breitseite während der saugenden und drückenden Wirkung parallel der Treibwelle B. Die Einmündungen der Saugleitung F und des Druckrohrs G werden dadurch getrennt, dass die dünne Scheibe C

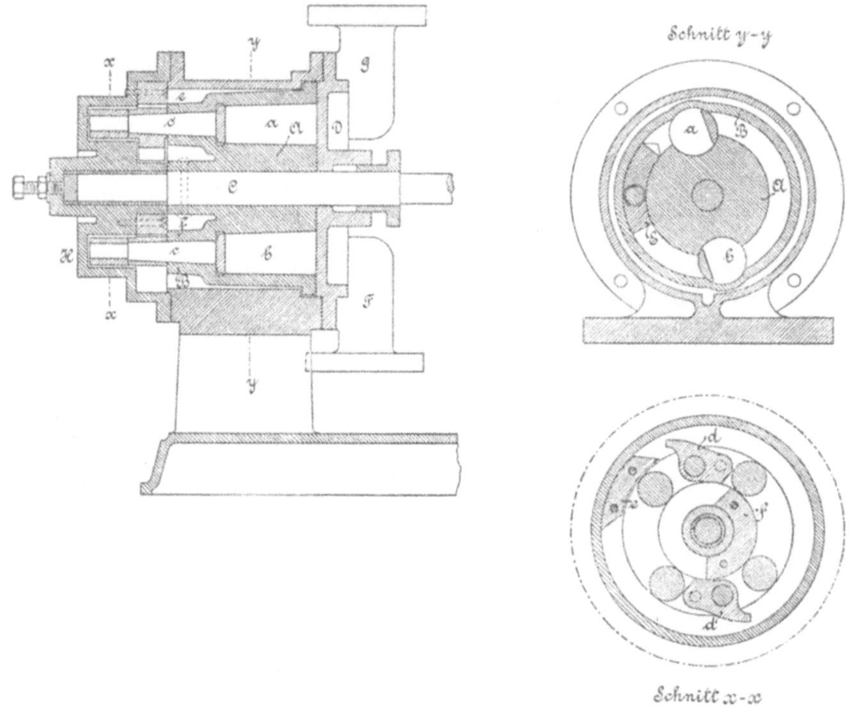

Fig. 474—476.

sich zwischen der Gehäusewandung und dem an dieselbe angegossenen Vorsprung b bewegt und dabei beide Theile dicht berührt. Damit nun die parallel zur Triebwelle stehenden Kolben, welche die gleiche Dicke wie die Scheibe C haben, sich durch diesen engen Spalt bewegen können, müssen sie um 90^0 verdreht werden und geschieht das durch die Gleitkörper D, welche in Nuten c laufen, die so geformt sind, dass sie in dem Augenblick, in welchem der Kolben sich um 90^0 verdrehen muss, den betreffenden Gleitkörper und damit die Drehachse des Kolbens verstellen, und, wenn der letztere sich an dem Vorsprung b vorbeigedreht hat, ihn wieder in die ursprüngliche Lage bringen. In den die Scheibe C und die

Kolben allein verdeutlichenden Fig. 472 u. 473 sind beide Kolbenstellungen angegeben. Pumpen dieser Art werden von der genannten Maschinenfabrik für 0,1 bis 0,5 cbm in der Minute geförderte Flüssigkeit gebaut; eine starke Abnutzung der arbeitenden Theile steht bei dieser Konstruktion zu befürchten.

Gebr. Ritz & Schweizer in Schwäbisch-Gmünd bauen Pumpen (erloschenes D.R.P. Kl. 59 No. 18185), bei welchen die Kolben a und b (vergl. Fig. 474 bis 476) drehbar um Zapfen c angebracht sind und von der aus einem Stück hergestellten, aus einem Kern A und einem Ring B bestehenden und mit der Antriebswelle C fest verbundenen Walze mitgenommen werden. In den Hohlraum der Walze ragt das feststehende, am Deckel D des Gehäuses durch einen Bolzen befestigte Abschlussstück E. Wird nun die Walze mit den Kolben von rechts nach links gedreht, so erfolgt wegen der zwischen dem Kolben b und dem Abschlussstück E entstehenden Raumvergrösserung Ansaugen aus dem dort im Deckel mündenden Saugrohr F, während der Kolben a die Druckwirkung nach dem zwischen ihm und dem Abschlussstück gleichfalls im Deckel mündenden Druckrohr G ausübt. Damit nun die Kolben an dem Abschlussstück vorbeikommen und nach Verlassen desselben sich wieder in die gezeichnete Stellung drehen, sind an ihren Drehachsen daumenartige Verstellstücke d und an dem Deckel H feststehende Führungstheile e und f angebracht. In Folge Anstossens des Daumens d an das Stück e wird der Kolben a so verdreht, dass er sich in den Walzenkern A legt; sobald dann der Daumen gegen den Führungstheil f trifft, erfolgt das Zurückdrehen des Kolbens. Diese Pumpe wird für 40 bis 70 Umdrehungen in der Minute und für Fördermengen von 0,5 bis 12 l bei je einer Umdrehung gebaut. Betreffs der Betriebstüchtigkeit dieser verwickelten Konstruktion muss man gleichfalls Zweifel hegen.

A. 2., a. Pumpen mit Kolben, welche gegen die excentrisch im Gehäuse gelagerte Welle radial geführt sind.

Hierbei können je zwei sich gegenüberliegende Kolben mit einander derart verbunden werden, dass die beiden wie ein Körper sich bewegen. Dann muss das Gehäuse entweder nach einer verlängerten Perikardioide oder wie Fig. 478 zeigt, nach zwei Kreisstücken, verbunden durch Kurven, geformt werden. Letztere Gestaltung ist selbstverständlich wegen der leichteren Herstellung vorzuziehen.

Soll bei der excentrischen Anordnung der Welle das Gehäuse die Form eines Kreiscylinders erhalten, so muss wieder jeder Kolben sich von dem anderen unabhängig verschieben können und sich dabei dicht an die Gehäusewandung anlegen, so lange er saugend oder drückend wirkt. Diese Verschiebung kann unter der Einwirkung des Eigengewichtes, besonderer

Federn, ferner des Flüssigkeitsdruckes, oder der Schleuderkraft, welche die Kolben nach aussen treiben, oder mittels einer festen Führung erhalten werden. Als letztere lässt sich unmittelbar die durch die Walze gehende Welle verwenden, auf welcher die entsprechend cylindrisch abgerundeten Enden der Kolben sich dann abwälzen. Oder es werden seitliche Vorsprünge oder Aussparungen der Kolben in centrisch zum Gehäuse in deren seitlichen Wandungen angebrachten Nuten, beziehungsweise an vortretenden Scheiben, geführt. Bezüglich der Abdichtung der Kolben gegen das Gehäuse kann man sich hierbei entweder mit der durch die Führung er-

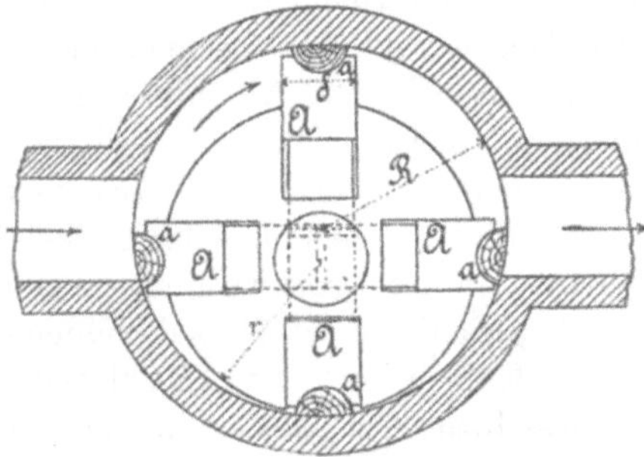

Fig. 477.

haltenen Parung begnügen, oder es werden die Kolben mit besonderen federnden Gleitstücken versehen.

Die Anordnung der excentrischen Kolbenwalze in einem cylindrischen Gehäuse ist nach einer Ausführung von Möller & Blum in Berlin in Fig. 477 verdeutlicht. Es sind vier Kolben A angebracht, welche aussen mit Dichtungsleisten a aus Holz versehen sind; diese können sich so einstellen, dass sie sich dicht gegen die Gehäusewandung legen, was unter dem Druck von Federn geschieht. Die genannte Fabrik baut solche Pumpen für 0,05 bis 0,12 cbm Förderung in der Minute bei 60 Umdrehungen in gleicher Zeit. Die genannten Dichtungsleisten finden sich bei anderen Ausführungen auch aus Stahl gefertigt und dadurch geführt, dass jedes Ende mit einem Zapfen versehen ist, auf welchem ein niedriges Gleitstück sitzt, das in einer Nut der seitlichen Gehäusewandung läuft. Statt dieser Gleitführung können auch die anderen angegebenen Mittel behufs Erzielung der Zwangläufigkeit durch Kraftschluss angewendet werden. Beispiele hierfür bieten verschiedene in den Patenten der Klasse 59 angegebene Pumpeneinrichtungen.

Statt der cylindrischen Form des Gehäuses ist, wie später erläutert werden soll, dasselbe zweckmässiger so zu bilden, dass die Kolben während ihrer Wirkungsdauer keine Bewegung gegen die Walze machen. Es kann dies bei zwei oder mehreren Kolben geschehen. Ein Beispiel der letzteren

Art zeigen die Fig. 478 u. 479, welche einer Ausführung nach der Angabe von P. Samain (erloschenes D.R.P. Kl. 59 No. 1549) nachgebildet sind. Die Kolben A werden in der Walze radial geführt und stossen mit die Welle quer durchdringenden Zapfen a gegeneinander. Damit bei der Bewegung der Kolben keine Zusammenpressung, bezieh. Ausdehnung der Luft in den Führungsschlitzen erfolgt, sind diese seitlich mit den Pumpenräumen durch Löcher b in Verbindung gebracht. Die Theile c und d der Gehäusewandung sind konzentrisch zur Welle gebildet, so dass während der Druck- und Saugwirkung der Kolben diese sich nicht bewegen; zwischen den genannten Wandungstheilen liegen die Mündungen B und C des Saug-

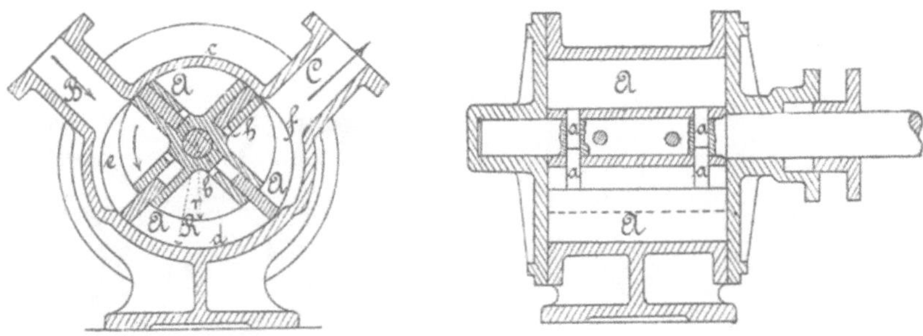

Fig. 478 und 479.

und Druckrohres, und seitlich dieser Kanäle sind Leisten e und f angeordnet, welche die Kolben führen.

Von den bisher besprochenen Pumpen der Gruppe A. 2., a unterscheidet sich die von Morin angegebene Einrichtung (erloschenes D.R.P. Kl. 59 No. 12 137) dadurch, dass als Kolben cylindrische Walzen verwendet werden, welche in Aussparungen der Walze liegen und, durch den Flüssigkeitsdruck gegen die Gehäusewandung gepresst, auf derselben rollen. Solche Pumpen werden von Cooper Spurr in London und Anderen gebaut.

A. 2., b. Pumpen mit in der auf der Welle befestigten Walze drehbar gelagerten Kolben.

Pumpen dieser Art sind mehrfach angegeben und patentirt worden, jedoch haben sie in der Anwendung sich wegen raschen Verschleisses wenig bewährt.

Ein Beispiel für diese Pumpengattung bildet die in Fig. 480 angedeutete Einrichtung von Houyoux. Vier Metallkolben A sind in Aussparungen der Walze B mittels zapfenförmiger Enden gelagert und werden durch den Flüssigkeitsdruck gegen die cylindrische Gehäusewandung C gepresst, welche von der excentrisch angeordneten Walze berührt wird.

Karl Neubecker in Offenbach a. M. gestaltet die Kolben a (vergl. Fig. 481) als Cylinderabschnitte (erloschenes D.R.P. Kl. 59 No. 70 123), die nicht wie bei der vorbesprochenen Pumpe durch den Flüssigkeitsdruck, sondern dadurch gedreht werden, dass sie in Zapfen gelagert sind, welche durch aufgesetzte kleine Kurbeln a eine schwingende Bewegung erhalten. Dies erfolgt dadurch, dass die Kurbeln a mit Stangen b verbunden sind, welche fest an einem Ring c sitzen, der sich centrisch zum Gehäuse A auf einer

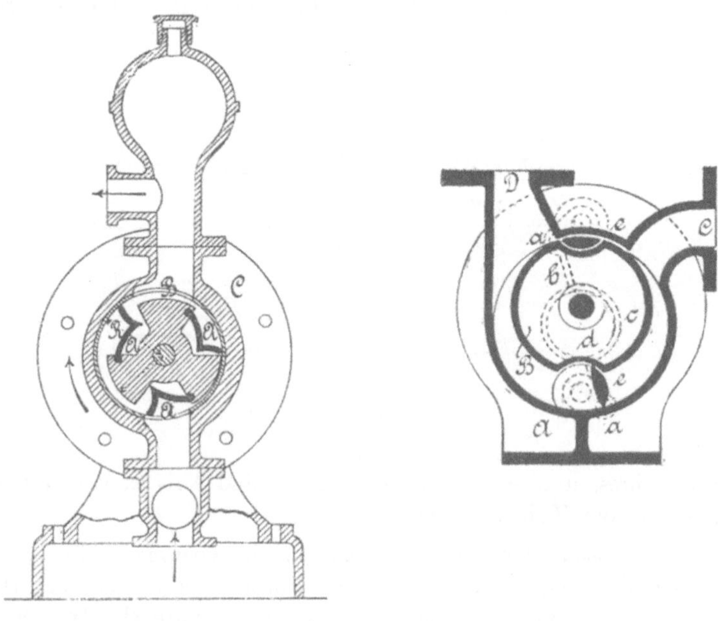

Fig. 480. Fig. 481.

Nabe d dreht. Die Zapfen der Kurbelachsen drehen sich mit der excentrisch zum Gehäuse A angebrachten und in Drehung versetzten Walze B. Diese berührt dabei stetig das Gehäuse zwischen den Mündungen des Saugrohres C und des Druckrohres D, bildet also den Abschluss zwischen denselben. Als Kolben, d. h. als diejenigen Maschinentheile, deren Bewegung die der Flüssigkeit hervorruft, müssen die Cylinderabschnitte e angesehen werden; in der Patentschrift ist irrthümlich die Abschlusswalze B als Kolben bezeichnet.

B. 1. Pumpen mit zwei zusammenfallenden Drehachsen.

Jede der letzteren trägt einen der Kolben, die abwechselnd gegen und auseinander bewegt werden und dadurch die Druck- und die Saugwirkung hervorrufen. Eine Einrichtung dieser Art ist von Villebonnet in den Annales industrielles 1884 Bd. 2 S. 75 angegeben und durch die Fig. 482

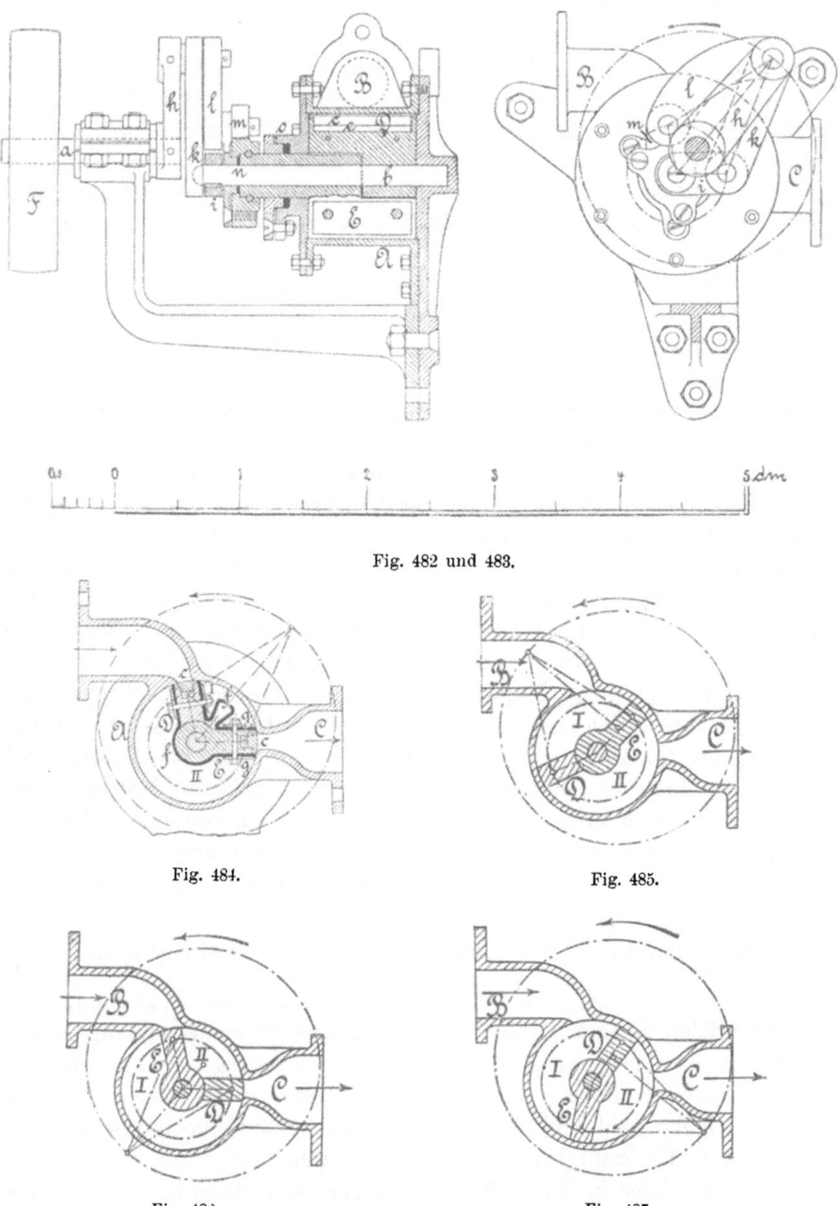

Fig. 482 und 483.

Fig. 484.

Fig. 485.

Fig. 486.

Fig. 487.

bis 487 verdeutlicht. Das Gehäuse A ist mit einer Platte zur Befestigung an einer Wand versehen und ist gegen diese Platte auch das Lager der

Antriebswelle a verschraubt. In das cylindrische Gehäuse A münden die Saugleitung B und die Druckleitung C mit schmalen Kanälen von einer Breite, welche nahezu derjenigen der Kolben gleich ist. Der Kolben D ist auf der Welle b befestigt, der Kolben E sitzt lose auf der letzteren. Beide sind mit Dichtungsleisten c versehen, die durch Kautschukfedern e gegen die Gehäusewandung gepresst, und gegenseitig durch Lederstreifen f, die durch verschraubte Bronzeplatten g befestigt sind, abgedichtet werden. Die Bewegungsübertragung von der Triebwelle a auf den Kolben D erfolgt durch die Kurbeln h und i, welche durch die Stange k mit einander verbunden sind; in gleicher Weise wird der Kolben E von h aus durch die Stange l und die Kurbel m getrieben. Letztere ist als Hülse ausgebildet, die mit einer Stopfbüchsenpackung n versehen ist, damit Flüssigkeitsverluste durch die Undichtheit zwischen Kolben E und Welle D verhindert werden. Eine zweite Stopfbüchse o sichert die Dichtheit des Gehäuses. Wird nun die Welle D z. B. durch eine Riemenscheibe F angetrieben, so nimmt die Kurbel h die Kolben mit und es entstehen nach einander die in den Fig. 485 bis 487 angegebenen Kolbenstellungen, aus welchen ersichtlich ist, dass auf der Saugseite eine Vergrösserung des zwischen den Kolben D und E befindlichen Raumes I, auf der Druckseite eine Verkleinerung des in gleicher Weise umschlossenen Raumes II stattfindet. Bei der in Fig. 484 angegebenen Kurbelstellung beginnt die Saugwirkung in I, die Druckwirkung in II, Fig. 486 gibt die Stellung an, bei welcher die Wirkung in den Räumen wechselt, Fig. 485 und 487 zeigen Zwischenstellungen. Die dargestellte Pumpe liefert in der Minute bei 60 Umdrehungen 0,052 cbm.

Zwei plattenförmige Kolben mit zusammenfallender Drehachse enthält auch die von M. Hecking in Dortmund angegebene Pumpe (erloschenes D.R.P. Kl. 59 No. 46 768). Die gegenseitige Bewegung der Kolben wird durch Verwendung von Ellipsenrädern erzeugt. Um dabei aber Brüche zu vermeiden, wenn die Kolben auf die zwischen ihnen eingeschlossene Flüssigkeit pressen, sind federbelastete Ventile in den Kolben angebracht, welche sich bei zu grossem Druck in der Drehrichtung der Pumpe öffnen.

B. 2., Pumpen mit zwei parallelen Drehachsen.

Pumpen dieser Art enthalten in einem Gehäuse zwei in Drehung versetzte Stirnräder, deren zusammenarbeitende Zähne die Saug- und die Druckwirkung hervorrufen, ohne dass eine besondere Steuerung hierzu nothwendig ist. Die einzelnen Formen dieser Pumpengruppe unterscheiden sich zunächst durch die Zahl und Gestalt der zur Verwendung kommenden Zähne von einander. Es kann jede beliebige Zähnezahl angeordnet und können die beiden Stirnräder in ihren Theilkreisen entweder gleich oder verschieden gross genommen werden; die Zahnform ist nach den Regeln der Verzahnungslehre zu bestimmen. Es lassen sich somit unzählige Arten von Kapselrädern zeichnen, die mehr oder weniger zweckmässig sich zu Pumpen eignen werden. In nachfolgendem seien die zur Zeit hauptsächlich gebräuchlichen Einrichtungen angegeben. Im Allgemeinen ist noch zu bemerken, dass bei Verwendung grösserer Zähnezahlen nur das eine Rad in Drehung versetzt zu werden braucht, indem das andere von dem ersteren

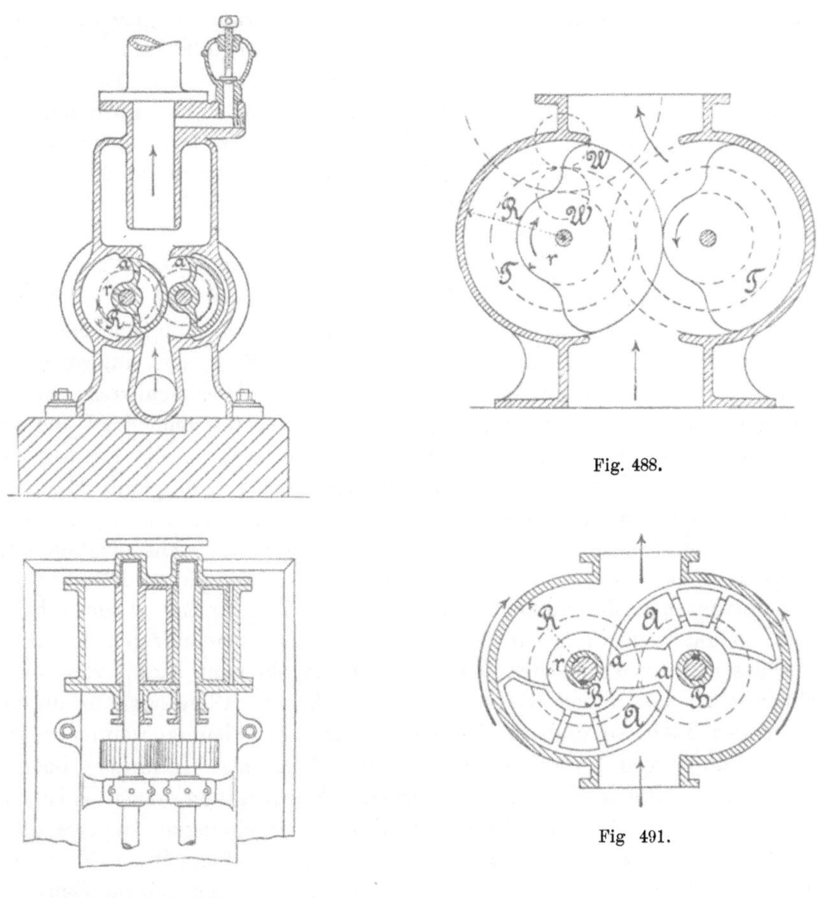

Fig. 488.

Fig 491.

Fig. 489 und 490.

durch den Zahneingriff mitgenommen wird; bei Zähnezahlen von zwei bis vier etwa ist es jedoch nothwendig, beide Räder zu treiben, um ihre gegenseitige Bewegung richtig, also mit gleicher Winkelgeschwindigkeit zu erhalten; der Antrieb der beiden Kapselräder erfolgt fast durchgängig in der Weise, dass die Welle des einen unmittelbar von einer Kraftmaschine oder einem vorhandenen Triebwerk in Bewegung gesetzt und diese auf die Welle des andern Rades durch Stirnräder übertragen wird; letztere werden ausserhalb des Gehäuses angebracht.

Zwei einzähnige Räder enthalten die Pumpen von Lecocq, Henry und Behrens. Die Einrichtung des Erstgenannten wird gewöhnlich nach ihrem ersten Verfertiger Repsold benannt und ist in ihrer Anordnung durch Fig. 488 gekennzeichnet. Die Zahnlinien sind ausserhalb der Theilkreise T als Aufradlinien, innerhalb derselben als Inradlinien, erzeugt durch Wälzen der gleichgrossen Radkreise W auf und in den Theilkreisen T, zu gestalten. Die Zahnfüsse werden dabei, soweit sie nicht zum Eingriff gelangen, nach der Bahn der Zahnkopfspitzen geformt. Die Formung der Zähne lässt sich auch so einrichten, dass die Zahnkopfform angenommen wird, z. B. nach einer in den cylindrischen Zahnscheitel stetig übergehenden Kurve, und hieraus mit Hülfe der Verzahnungslehre die umhüllende Zahnfusslinie gezeichnet wird.

Die von Henry angegebene in Fig. 489 u. 490 dargestellte Pumpe enthält zwei einzähnige Räder, deren Zahnprofile nach der bei Rollung der punktirten Theilkreise entstehenden Bahn der Zahnspitzen gestaltet sind. In gleicher Weise sind die Zähne der von Behrens angegebenen durch Fig. 491 verdeutlichten Pumpe zu formen. Hier schleifen jedoch die Zahnscheitel an den entsprechenden Ausschnitten feststehender Cylinder B entlang, wodurch die abdichtende Fläche vergrössert, die Dichtigkeit des Verschlusses erhöht wird. Bei den Pumpen von Lecocq und Henry berühren sich die abdichtenden Flächen nur in einer Linie, so dass bei der unvermeidlichen Abnutzung ein dichter Verschluss nicht möglich ist, insbesondere nicht bei hohen Pressungen der zu fördernden Flüssigkeit. Die Zahnspitzen a der Pumpen von Henry und Behrens werden abgekantet, so dass nur in der in Fig. 491 angenommenen einzigen Stellung die Flüssigkeit zwischen den Zahnflanken eingeklemmt wird, vor- und nachher aber aus diesem Raum entweichen kann, allerdings nur durch einen engen Spalt, so dass die Flüssigkeit stark beschleunigt werden muss. Bei der Pumpe von Behrens müssen die Räder als Schildräder hergestellt werden. Die in Fig. 489 dargestellte Konstruktion haben Klein, Schanzlin und Becker früher bei ihren Würgelpumpen angewendet.

Mit zwei zweizähnigen Rädern sind die Pumpen von Root, Evrard und Greindl ausgerüstet. Die vom Erstgenannten angegebene Einrichtung besitzt entweder Zähne von der in Fig. 492, bezieh. 494 angegebenen oder von der durch Fig. 495 verdeutlichten Form. Im ersten Fall wird die Zahnkopflinie als Kreisbogen gebildet und die des Zahnfusses entsprechend geformt, oder es wird diese theoretische Gestaltung behufs leichterer Herstellung durch einige Kreisstücke ersetzt und der Zahnkopf nicht vollständig ausgeführt, sondern nur der Scheitel. Root hat hierfür folgende Formung angegeben (vgl. Fig. 494). Es werden die beiden gleich grossen Theilkreise T vom Durchmesser D und aus gleichen Mittelpunkten Hülfskreise H vom Durchmesser $D_1 < D$, etwa $= {}^{11}/_{12}$ D, gezeichnet; hierauf jeder Kreis durch Radien in acht gleiche Theile getheilt und von den Punkten a aus auf dem kleineren Kreis mit der Strecke $D - D_1$ die Punkte b abgeschnitten; die Zahnlinie wird dann aus drei Kreisbögen zusammengesetzt, von welchen der eine aus dem Mittelpunkt b mit dem Halbmesser bc, der andere aus einem auf dem kleineren Kreis lagernden Mittelpunkt d mit dem Halbmesser de $= {}^2/_3 (D - D_1)$, der dritte Kreis aus dem Mittelpunkt f mit dem Radius bc so beschrieben wird,

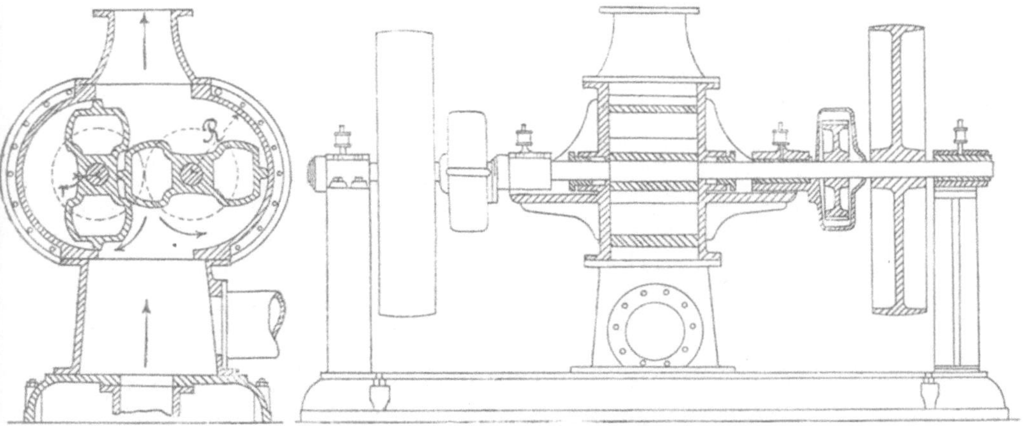

Fig. 492 und 493.

dass seine Verlängerung durch den Punkt e geht. Die beiden zuletzt gezeichneten Kreisbogen werden durch eine kleine Kurve in einander übergeführt. Andere Formungen sind im Engineer 1886 S. 122 u. 324 angegeben; sie haben den Zweck, die nothwendige Bearbeitung der Zahnlinie auf das leicht genau herstellbare Cylinderstück zu beschränken, während bei der richtigen Zahnform die ganze Flanke genau bearbeitet werden muss. Der Zahnscheitel wird hierbei gewöhnlich in der durch Fig. 492 dargestellten Gestalt ausgeführt, bei welcher ein Theil des Kopfes weggenommen und am äussersten Punkt ein Lederstreifen angeschraubt ist, der sich gegen die Gehäusewandung dicht legt.

Die zweite von Root angegebene Form der Zähne (vgl. Fig. 495 u. 496) hat gegenüber der ersteren den Vorzug des besseren Abschlusses der Zahnscheitel, welche hier einen Viertelkreis umfassen. Die Zahnlinien sind nach den verlängerten Aufradlinien zu gestalten, welche die Zahnspitzen a beim Rollen der Theilkreise auf einander beschreiben. Gewöhnlich werden die Spitzen abgekantet, damit in gewissen Kolbenstellungen kein Einklemmen der Flüssigkeit stattfindet. Greindl hat für diese Pumpe die in Fig. 495 u. 496 dargestellte Einrichtung angegeben, bei welcher der Arbeitsverlust, der dadurch entsteht, dass die zwischen den Zähnen in einer bestimmten Kolbenstellung eingeschlossene Flüssigkeit durch einen engen Spalt entweichen muss, dadurch vermindert wird, dass die Flüssigkeit auch seitlich austreten kann.

Evrard's Pumpe enthält, wie Fig. 497 verdeutlicht, zwei ungleichartige Zahnräder, von denen jedes mit zwei Zähnen versehen ist; jedoch

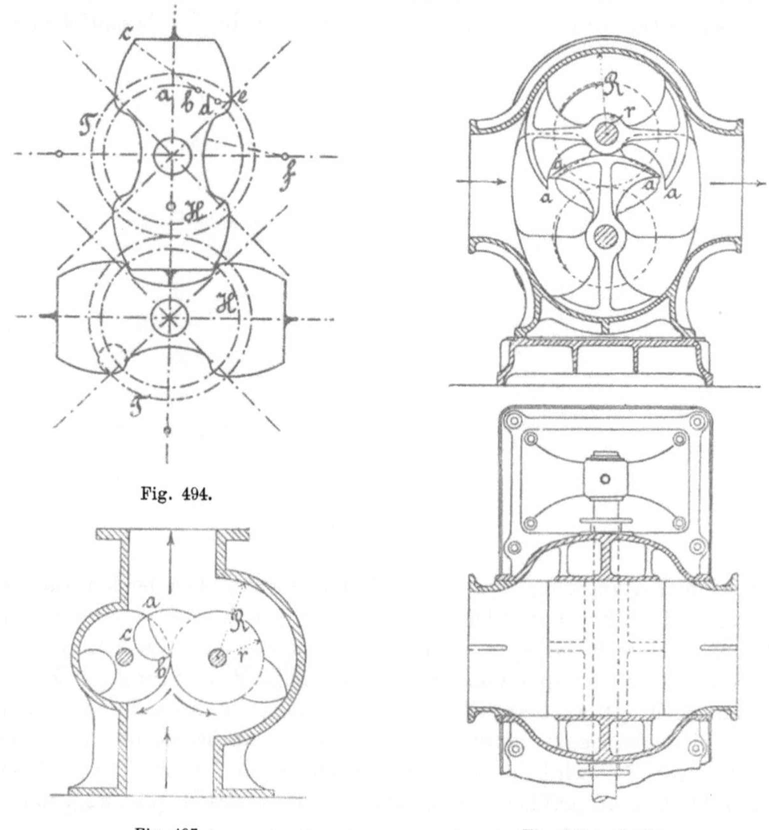

Fig. 494.

Fig. 497.

Fig. 495 und 496.

ist bei dem einen Rad nur der Zahnkopf, bei dem anderen nur der Zahnfuss vorhanden. Letzterer wird nach der von der Zahnspitze a beschriebenen verlängerten Aufradlinie, der Zahnkopf nach der vom Punkt b beschriebenen Aufradlinie gestaltet. Da während eines Theiles der Kolbendrehung zwischen den Rädern kein anderer Abschluss vorhanden ist, als derjenige, welcher durch die Berührung der Zahnspitze a in der Lückenumhüllung c entsteht, so müssen beide Theile genau nach der theoretischen Zahnlinie gebildet sein. Dann aber entsteht von der in Fig. 497 angegebenen

Stellung an eine Einklemmung der in der Lücke enthaltenen Flüssigkeit, und es muss sich diese gewaltsam dadurch Abfluss verschaffen, dass sie die beiden Zähne aus einander drängt oder die Pumpe bleibt stehen. Im ersten Falle tritt ein Verbiegen der zusammenarbeitenden Theile ein. Diese Pumpenart ist daher schlecht und nicht zu empfehlen.

Greindl hat neuerdings eine Pumpe angegeben, bei welcher ein einzähniges Rad mit einem zweizähnigen zusammenarbeitet, wie Fig. 498 u. 499

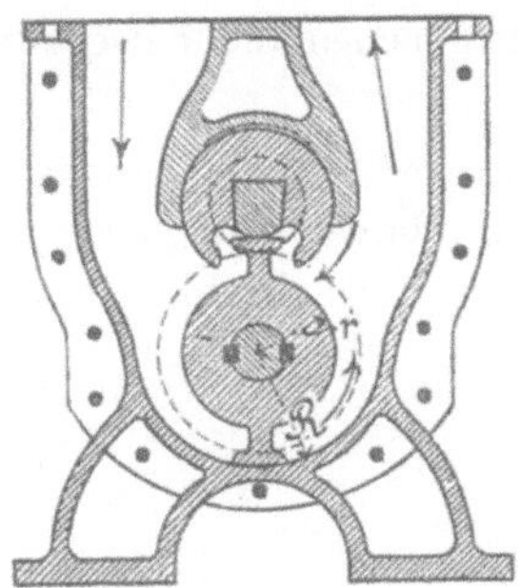

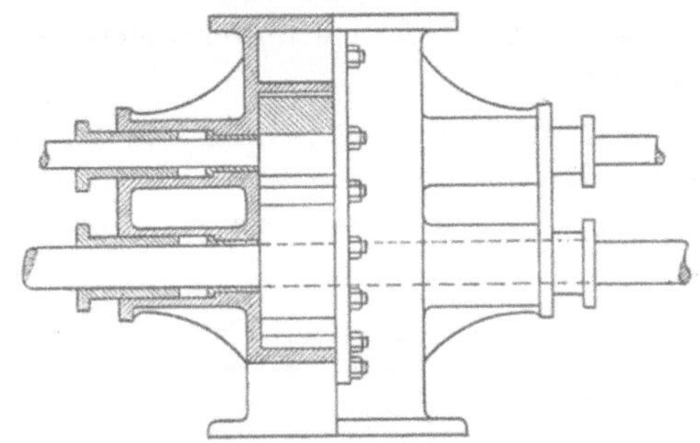

Fig. 498 und 499.

zeigen. Die Durchmesser der Theilkreise verhalten sich dann wie 1 : 2; es macht daher das grössere Rad eine Umdrehung, wenn das kleine zwei macht. Die Formung der Zahnlinien ist in Fig. 500 verdeutlicht. Bei der Rollung der Theilkreise T und T′ auf einander beschreiben die Punkte

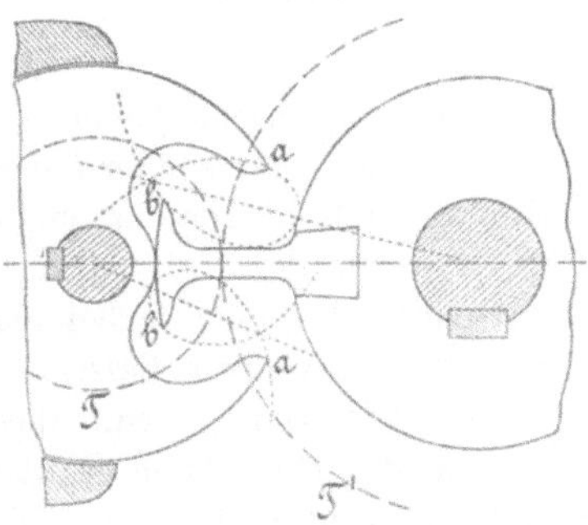

Fig. 500.

a und b verlängerte Aufradlinien, die in der Figur punktirt angegeben sind. Die wirklich ausgeführten Zahnlinien sind jedoch nicht nach diesen Kurven gestaltet, sondern bleiben hinter denselben. Die Zahnspitzen werden abgekantet oder abgerundet. Auch hier ist der Arbeitsverlust, welcher durch die Beschleunigung der in bestimmter Kolbenstellung zwischen den Zähnen eingeschlossenen und längs der Achse nur durch einen engen Spalt entweichenden Flüssigkeit entsteht, durch Anordnung des seitlichen Austrittes vermindert. Wie noch erläutert werden wird, zeichnet sich die Einrichtung von Greindl durch einen hohen Wirkungsgrad aus. Während ganz kurzer Zeit tritt allerdings auch eine Verbindung des Saug- und des Druckraumes ein, ferner erfolgt auch die Rückführung einer kleinen Flüssigkeitsmenge. Jul. Soeding und v. d. Heyde in Hoerde i. W. bauen diese Greindl-Pumpen für eine Lieferung von 0,2 bis 6 cbm in der Minute bei 170 bis 100 Umdrehungen, jedoch der besseren Zugänglichkeit wegen nicht mit übereinander, sondern mit nebeneinander liegenden Wellen.

C. H. Jäger in Leipzig und die Eilenburger Eisengiesserei und Maschinenfabrik Alexander Monski bauen Pumpen nach der Angabe des Erstgenannten, welche ein drei- und ein vierzähniges

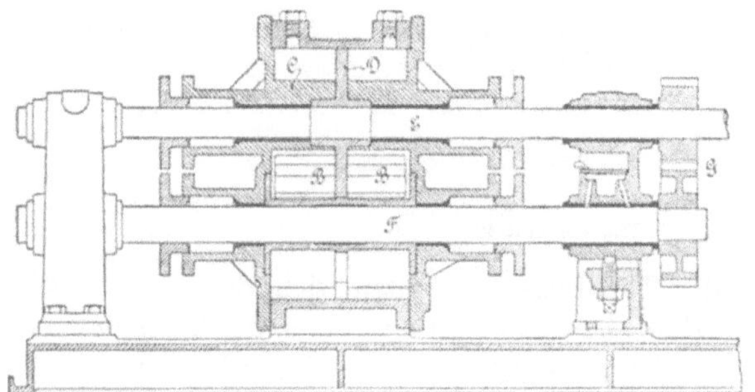

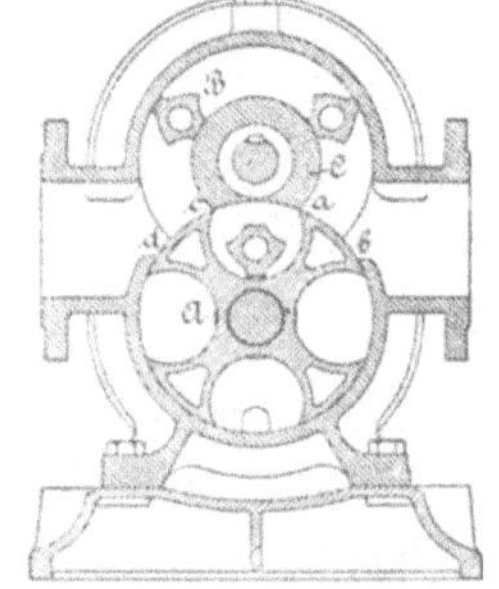

Fig. 501 und 502.

Rad haben, wie Fig. 501 u. 502 veranschaulichen. Die Zahnflanken der beiden Räder berühren sich jedoch nicht, sondern der Abschluss zwischen Saug- und Druckraum wird dadurch hervorgebracht, dass das vierzähnige Rad A mit seinen Zahnköpfen an der Aussparung eines feststehenden Kernes C vorbeischleift. Damit ist eine Flächenabdichtung erzielt, die sich insbesondere für grössere Förderhöhen besser bewährt, als die nur nach einer Linie erfolgende Abdichtung, wenn diese allein durch den Eingriff der Zähne bewirkt wird. Die Zähne B stehen an der auf der Welle E befestigten Scheibe D beiderseits vor. Die Welle E wird angetrieben und bewegt die Welle F mittels der Zahnräder G, deren Theilkreisdurchmesser im Verhältniss 3 : 4 stehen. Um eine möglichst vollkommene Druckausgleichung für das Rad A zu erhalten, werden auch den Oeffnungen a b und c d gegenüber in der Gehäusewand Aussparungen von gleicher Breite angebracht und diese Aussparungen durch Kanäle in den Gehäusedeckeln in Verbindung mit dem Saug-, bezieh. Druckraum gebracht. Es wirkt dann in den Aussparungen derselbe Druck auf das Rad A wie auf der gegenüberliegenden Seite.

Diese Jäger-Pumpen werden von den Genannten für eine Förderung von 0,08 bis 14 cbm in der Minute bei 250 bis 60 Umdrehungen angefertigt.

Mehrzähnige Räder werden entweder nach der Jahrhunderte alten Einrichtung des Pappenheim'schen Kapselräderwerkes oder nach der Angabe Greindl's ausgeführt. Bei der ersteren Einrichtung sind die Zähne gewöhnlich wie bei dem Root'schen Kapselrad nach der halben Triebstockverzahnung gestaltet; bei der zweiten wird die in Fig. 500 dargestellte Formung für eine grössere Zähnezahl verwendet und entsteht

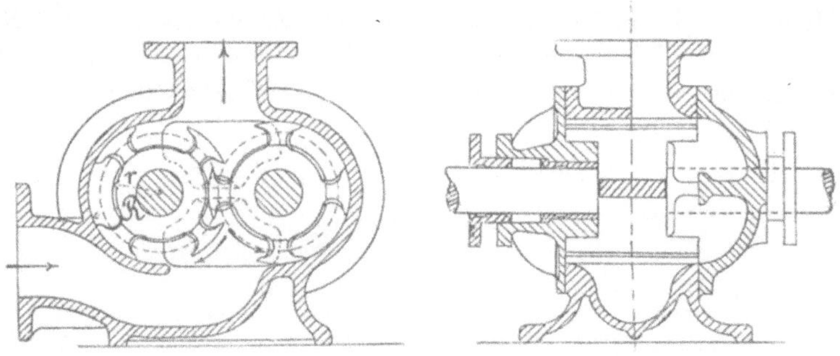

Fig. 503 und 504.

dann, bei der Annahme von zwei vierzähnigen Rädern, die in den Fig. 503 u. 504 verdeutlichte Einrichtung. Pumpen dieser Bauart werden auch von der früher genannten Firma Jul. Soeding und v. d. Heyde hergestellt.

Die Pappenheim'sche Einrichtung findet sich auch bei amerikanischen Dampfspritzen und haben z. B. die Kapselräder der Spritzen der Silsby Manufacturing Co., N.-Y., die in Fig. 505 dargestellte

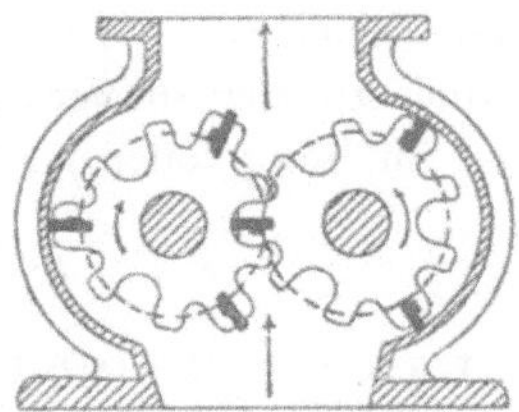

Fig. 505.

Formung, welche nach den Regeln der allgemeinen Verzahnung erhalten werden kann. Diese Räder laufen mit 500 Umdrehungen in der Minute.

Der Eingriff eines aussenverzahnten Rades mit einem innenverzahnten zeigt die von Selwig & Lange in Braunschweig für 0,05 bis 2,2 cbm Fördermenge in der Minute bei 450 bis 96 Umdrehungen in gleicher

Zeit gebaute Pumpe (vgl. Fig. 506 u. 507). Die Zahnformen des drei- und des sechszähnigen Rades werden nach den Regeln der allgemeinen Verzahnung gefunden; das grössere Rad wird angetrieben und setzt das kleinere in Bewegung. Da die Räder keinen Abschluss des Saugraums vom Druckraum ergeben, so ist noch ein besonderer sichelförmiger und feststehender Abschlusskörper nothwendig. Die geförderte Flüssigkeitsmenge ergibt sich dadurch, dass das grosse Rad bei einer Umdrehung eine dem Inhalt sämmtlicher Zahnlücken desselben entsprechende Menge nach dem Druckrohr schiebt und auch das kleine Rad in derselben Zeit eine Menge, welche gleich ist dem Inhalt der Zähne des grösseren Rades, dorthin fördert. Die angegebene Umdrehungszahl eignet sich für die Förderung von Wasser oder anderen dünnen Flüssigkeiten auf Höhen

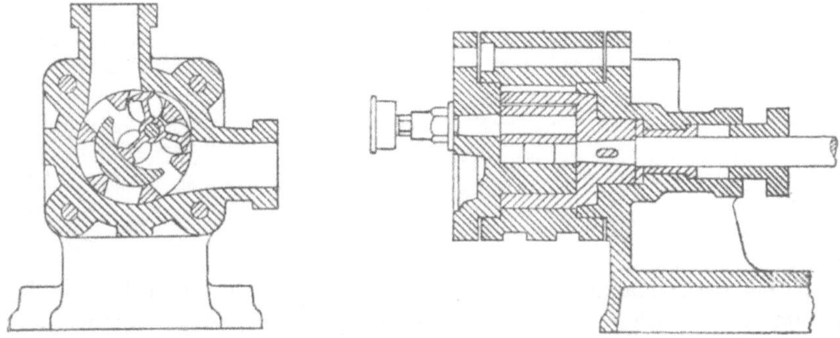

Fig. 506 und 507.

bis 15 m, bei grösseren Förderhöhen oder bei Verwendung der Pumpe zur Kesselspeisung ist die Umdrehungszahl geringer zu nehmen; beim Heben dicker Flüssigkeiten sind Umdrehungszahlen zweckmässig, die bis auf ein Fünftel der angegebenen heruntergehen. Da die im Druckrohr befindliche Flüssigkeit beim Abstellen der Pumpe das kleine Zahnrad und damit auch das grosse zurück zu treiben vermag, wobei dann die Pumpe sich entleeren würde, so ist im Saug- oder im Druckrohr ein Rückschlagventil anzubringen.

B. 3., Pumpen mit sich schneidenden Drehachsen.

Pumpen mit sich schneidenden Achsen sind mit verzahnten Kegelrädern auszurüsten. Eine solche Einrichtung wurde, wie Reuleaux mittheilt (a. a. O. S. 407), zuerst von Lüdecke angegeben. Eine Pumpe solcher Art hat Enke sich patentiren lassen (D.R.P. Kl. 59 Nr. 22356), und wird dieselbe in der durch die Fig. 508 bis 512 verdeutlichten Gestalt von der Maschinenfabrik Penig i. S. für eine Lieferung von 0,1 bis 2 cbm in der Minute ausgeführt. Die beiden Kegelräder A und B, deren Form in Schnitt und Ansicht in Fig. 510 u. 511 dargestellt ist, sitzen auf sich unter sehr stumpfem Winkel schneidenden Wellen a und b, von welchen a unmittelbar, gewöhnlich durch Riemen-

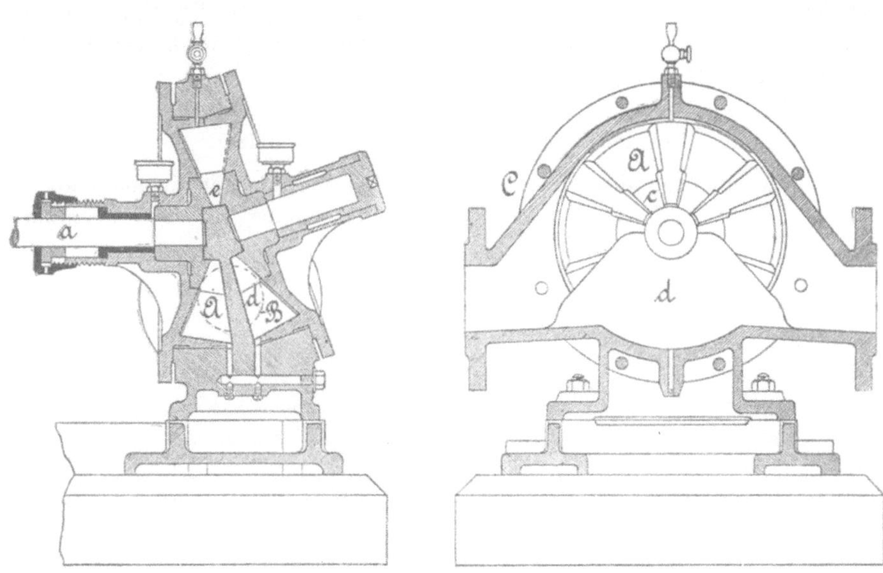

Fig. 508 und 509.

Fig. 510 und 511.

Fig. 512.

trieb, gedreht wird, während b ihre Bewegung durch den Zahneingriff erhält. Nach der patentirten Einrichtung sollte die Uebertragung der Bewegung von a auf b durch ein Universalgelenk erfolgen; dasselbe ist nunmehr weggelassen, indem der innere Theil c der Zähne mit richtigen Zahnflächen versehen ist, welche sich gegenseitig treiben können. Das Gehäuse C enthält eine Wand d, an welcher die Zähne vorbeischleifen, so dass damit der Abschluss zwischen Saug- und Druckraum erzielt wird. Gegen diese Wand sind die Räder auch dadurch abgedichtet, dass eine keilartige Verdickung e der ersteren in Ausdrehungen der Radnaben sich dicht einlegt. Letztere drehen sich in Aussparungen des Gehäuses. Fig. 512 zeigt, wie die Zähne der Räder A und B ineinandergreifen. Letztere erhalten verhältnissmässig bedeutende Umfangsgeschwindigkeiten, indem die Pumpe kleinster Abmessung mit 250 bis 500, diejenige grösserer mit 150 bis 300 Umdrehungen in der Minute bewegt wird. Die Förderhöhe kann bis zu etwa 50 m genommen werden.

C. Pumpen mit drei Triebwellen.

Einrichtungen dieser Art enthalten drei zusammenarbeitende Kapselräder. Die in Fig. 513 u. 514 dargestellte Pumpe von Noël enthält

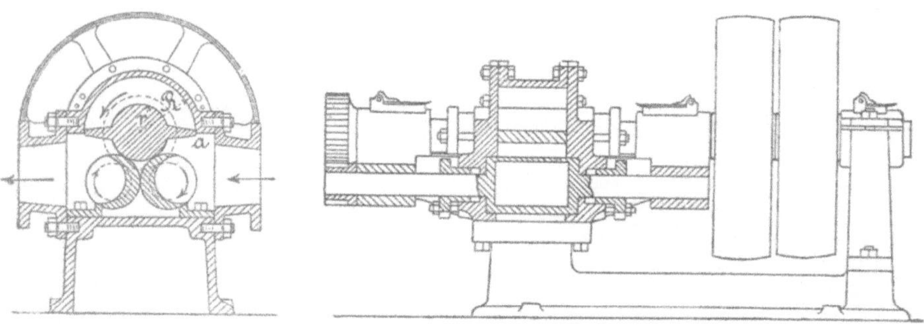

Fig. 513 und 514.

ein zweizähniges und zwei einzähnige Räder, welche durch ineinandergreifende Stirnräder getrieben werden, derart, dass deren Theilkreisdurchmesser sich wie 2 : 1 verhalten. Für die Zahnlinie des grossen Rades sind ebene Flächen angenommen und die der kleinen Räder nach der Bahn der Zahnspitze a verzeichnet.

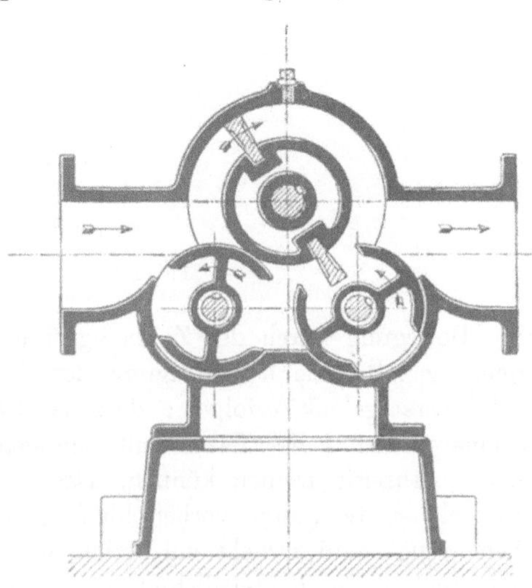

Fig. 515.

Die Maschinen- und Armatur-Fabrik vorm. Klein, Schanzlin & Becker in Frankenthal baut Pumpen nach dem Patent von Joh. Klein (D.R.P. Kl. 59 No. 80397), welche drei Zahnräder der in Fig. 515 angedeuteten Form mit gleicher Umdrehungszahl enthalten. Die Zahnform wird in der durch Fig. 500 veranschaulichten Weise gefunden. Die Pumpen werden für Fördermengen von 0,075 bis 6,8 cbm in der Minute bei 185 bis 65 Umdrehungen in gleicher Zeit angefertigt und kurz als Walzenpumpen bezeichnet.

Die beiden vorerwähnten Pumpen haben wiederum den Nachtheil, dass ein Theil der Flüssigkeit aus dem Druckraum nach dem Saugraum zurückgeführt wird.

Geförderte Flüssigkeitsmenge.

Im Allgemeinen ist die bei einer Umdrehung nach dem Druckrohr geförderte Flüssigkeitsmenge gleich dem freien Rauminhalt zwischen dem Kolben, welcher soeben an der Einmündung der Saugleitung sich vorbeigedreht hat, und dem nächsten Kolben bezieh. der nächsten Dichtung, multiplizirt mit der im Getriebe vorhandenen Anzahl der treibenden Kolben. Diese Flüssigkeitsmenge wird jedoch thatsächlich nicht gefördert, da bei jeder Pumpe durch Undichtheit an den sich berührenden Flächen, welche den Flüssigkeitsabschluss bewirken sollen, Verluste durch Rückfluss vom Druckrohr nach der Saugleitung eintreten. Ferner entsteht bei einigen Pumpenarten bei gewissen Kolbenstellungen eine Verbindung des Saugraumes mit dem Druckraum, so dass je nach der Geschwindigkeit der Flüssigkeitsbewegung sich hierdurch ein grösserer oder geringerer Rückfluss zeigt; bei anderen Pumpenarten wird auch ein Theil der bereits geförderten Flüssigkeit durch die Kolben selbst wieder nach dem Saugraum zurückgetrieben. Es muss also, um die thatsächliche bei einer Umdrehung erzielte Fördermenge zu erhalten, der theoretisch ermittelte Werth M derselben mit einem Lieferungsgrad μ multiplizirt werden, dessen Grösse für die verschiedenen Pumpen sich verschieden ergibt.

Die Verluste durch Undichtheit treten insbesondere an den Stellen ein, an welchen bei den einachsigen Pumpen der treibende Kolben das Gehäuse berührt und an denen das Abschlussorgan abdichten soll; bei den zwei- und mehrachsigen Pumpen mit zusammenarbeitenden Kolben kommen noch diejenigen Dichtungsstellen in Betracht, an welchen zur Trennung des Saug- und Druckraumes die Kolben sich gegenseitig berühren. Die Verluste an diesen Dichtungsstellen können durch genaue Bearbeitung der sich berührenden Theile, durch Anordnung grosser Dichtungsflächen ferner auch durch Anbringung besonderer Dichtungen möglichst klein erhalten werden. So wird die in Fig. 492 angedeutete Root-Pumpe in den Zahnscheiteln mit einem mittels Klemmleiste befestigten Lederstreifen versehen; die Kolben der in Fig. 482 verdeutlichten Pumpe besitzen federnde Dichtungsleisten. Behufs Erzielung einer guten seitlichen Abdichtung der Kolben kann das Gehäuse zweitheilig gemacht werden. So schlagen Strohmayer und Kumpfmiller vor, das Gehäuse in der Mitte der Kolbenbreite zu trennen, die beiden Theile mit ineinander greifenden

Zähnen zu versehen und in einem zweiten Gehäuse derart anzuordnen, dass durch grosse Ringmuttern die Theile, wenn eine Abnutzung an den ebenen Seitenflächen, bezieh. am Kolben eingetreten ist, zusammengezogen werden können. Bei den verschieblichen Kolben (vgl. Fig. 467) werden auch wohl die Federn so kräftig gewählt, dass die Kolben stark gegen das Gehäuse gepresst werden und damit die Abdichtung eine möglichst vollständige ist. Die Kolben der Pumpe von Houyoux (Fig. 480) werden durch den Flüssigkeitsdruck selbst stark gegen die Gehäusewandung gedrückt. Jedoch sind diese Einrichtungen zur besonderen Abdichtung, abgesehen von der bei der Root-Pumpe angegebenen, nicht vortheilhaft, denn es entsteht hierdurch ein so bedeutender Reibungswiderstand, dass der Gewinn in Folge Verkleinerung der Flüssigkeitsverluste durch den Arbeitsverlust mehr als aufgehoben wird. Für die Förderung von Gasen, ferner bei Verwendung der beschriebenen Getriebe als Dampfmaschinen wird allerdings eine möglichst vollkommene Abdichtung nothwendig, zur Förderung von Flüssigkeiten ist jedoch hierauf weniger Gewicht zu legen.

Der Verlust, welcher entsteht, wenn Saug- und Druckraum während kurzer Zeit in Verbindung treten, ist geringfügig und vielfach gleich Null, da die in Bewegung befindliche Flüssigkeit vermöge ihrer lebendigen Kraft doch vorwärts nach der Druckleitung fliessen wird. Wenn jedoch die Pumpe innerhalb der Strecke, in der die Verbindung stattfindet, stillgestellt wird, so fliesst die Flüssigkeit aus dem Druckrohr zurück. Es wird sich daher jedenfalls empfehlen, den Kolbenweg, innerhalb dessen die genannte Verbindung entsteht, möglichst klein zu machen, wenn man durch Wahl anderer Einrichtungen diese Unzuträglichkeit nicht überhaupt vermeiden kann. Ferner empfiehlt sich die Anbringung eines Rückschlagventiles in der Druckleitung, um beim Stillstand den Rückfluss zu verhüten.

Für die einzelnen, bereits beschriebenen Pumpen ermitteln sich die vorgenannten Verhältnisse in folgender Weise, wenn der Radius des cylindrischen Gehäuses mit R, die Breite desselben mit B bezeichnet wird. Bei der Pumpe von Bährens (Fig. 460) wird M gleich dem Inhalt des zwischen Kolben C und Schieber liegenden grösseren Gehäusetheiles, wenn der cylindrische Kolben gerade in der Linie x die Einmündung der Saugleitung berührt. Für M eine genaue Formel aufzustellen, ist, da dieselbe sehr umständlich wird, werthlos; es genügt für praktische Zwecke

$$M = \varphi\, B\, (R^2 - r^2) \qquad 258)$$

zu setzen, wenn r den Radius des Kolbens und φ einen Füllungsgrad bezeichnet, der um so grösser wird, je schmaler die Abdichtungsplatte, je niedriger der rechteckige Zuströmungsquerschnitt ist und je näher der letztere an der Abdichtungsstelle liegt. Im Mittel kann für die vorgenannte Pumpe $\varphi = 0{,}8$ gesetzt werden. Während der Bewegung des Kolbens um den von y bis x in der Drehrichtung durchlaufenen Winkel

α stehen Saug- und Druckraum mit einander in Verbindung und ist daher α möglichst klein zu gestalten. Der Lieferungsgrad μ kann bei guten Ausführungen etwa 0,85 betragen. Für die in Fig. 461 verdeutlichte Pumpe, sowie für die Pumpen von Taverdon (Fig. 462) und Knott (Fig. 463) gilt das gleiche, wie für die Pumpe von Bährens. Auch für die von Bartrum und Powell ausgeführte Einrichtung (Fig. 464) gilt die Formel 258. — Wie S. 414 erwähnt, kann hierbei die Verbindung zwischen Saug- und Druckrohr durch Anordnung der Ueberdeckung x wohl verhütet werden, jedoch wird dann, während der Kolben sich aus der gezeichneten Winkellage nach der Pfeilrichtung um einen aus den gewählten Abmessungen leicht bestimmbaren Winkel dreht, die Druckleitung von dem Gehäuse abgeschlossen sein, und durch das Herausschieben des Abschlussorganes aus dem Druckraum eine Rückwärtsbewegung der Flüssigkeit gegen das Gehäuse hin entstehen. Ferner wird während der erwähnten Drehung durch den Kolben Flüssigkeit aus dem Gehäuse nach dem Saugrohr zurückgedrängt. Die Stetigkeit der Förderung wird demnach unterbrochen. Es ist noch zu beachten, dass in der Stellung, in welcher das Abschlussorgan bei seiner Aufwärtsbewegung gerade die Ausflussöffnung abgeschlossen hat, der cylindrische Kolben rechts von letzterer berührt, so dass zwischen Kolben und Schieber eine kleine Flüssigkeitsmenge abgeschlossen wird, die bei der weiteren Kolbendrehung nicht entweichen könnte; dies muss dadurch verhütet werden, dass der Kolben an der betreffenden Stelle etwas ausgespart wird, wie Fig. 465 zeigt. Durch Versuche hat sich ergeben, dass $\varphi\,\mu$ etwa gleich 0,84 ist.

Für die mehrkolbigen Pumpen ist die theoretisch geförderte Flüssigkeitsmenge gleich derjenigen, welche zwischen zwei aufeinander folgenden Kolben abgeschlossen wird, wenn der nachlaufende derselben gerade an der Einmündung der Saugleitung vorbeigedreht worden ist, multiplizirt mit der Anzahl der Kolben; vorausgesetzt, dass eine Rückförderung ausgeschlossen ist. Wird die Kolbenzahl mit z bezeichnet, die erwähnte abgeschlossene Flüssigkeitsmenge mit m, und die Dicke der Kolbenplatten mit δ, so ist zunächst

$$M = m\,z. \tag{259}$$

Bei der Pumpe von Bredo (Fig. 467) ist $z = 2$ und

$$m = B\left(\pi\frac{(R^2 - r^2)}{2} - (R - r)\,\delta\right);$$

für die Pumpe von Schwaiger (Fig. 469) wird

$$m = (B - \varepsilon)\left[\frac{\pi\,(R^2 - r^2)}{z} - (R - r)\,\delta\right],$$

wenn ε die Dicke der Kolbenscheibe mit Berücksichtigung der an derselben angebrachten Führungen bezeichnet.

Bei der in Fig. 477 dargestellten Pumpe ist $z = 4$; m lässt sich nur durch eine umständliche, praktisch werthlose Formel ausdrücken, weshalb es besser ist, die Grösse von m aus der beim Entwurf zu machenden Skizze zu entnehmen.

Die Pumpe von Samain (Fig. 478) ergibt bei $z = 4$ folgenden Werth:

$$m = B\left[\frac{\pi (R^2 - r^2)}{4} - (R - r)\,\delta\right];$$

hierbei ist zu beachten, dass allerdings eine grössere Flüssigkeitsmenge angesaugt, jedoch ein Theil derselben wieder nach der Saugleitung zurückgeschoben wird.

Für die von Houyoux angegebene Einrichtung (Fig. 480) lässt sich der Werth von m durch eine einfache Formel nicht ausdrücken, sondern er muss durch Aufzeichnen und Ausmessen des abgeschlossenen Raumes ermittelt werden.

Für die Kapselräder gilt wiederum die Formel 259, wenn am Eingriff der verzahnten Räder eine Rückführung von Flüssigkeit vom Druckraum nach dem Saugraum ausgeschlossen ist. Letzteres ist bei den Pumpen von Lecocq (Fig. 488), Pappenheim (Fig. 505), Root (Fig. 492), Enke (Fig. 508), der Fall, wenn die theoretischen Zahnlinien vollkommen vorhanden sind; sobald jedoch an denselben Ausschnitte vorkommen, wird eine gewisse Flüssigkeitsmenge in denselben zurückgeführt; dieses erfolgt stets bei den Zahnformen von Henry (Fig. 489), Behrens (Fig. 491), Root (Fig. 495), Greindl (Fig. 498), Evrard (Fig. 497), Noël (Fig. 513), Klein (Fig. 515). Unter Berücksichtigung der bei einzelnen Pumpenarten eintretenden Rückförderung wird

$$M = \varphi \pi (R^2 - r^2) B. \qquad 260)$$

Der Werth von φ ist bei den Pumpen von Lecocq, Henry, Behrens, Pappenheim fast genau gleich 1, da von beiden Kolbenrädern bei einer Umdrehung fast genau eine Flüssigkeitsmenge von der Saugseite nach der Druckseite gefördert wird, welche nach Abzug der bei den Pumpen von Henry und Behrens eintretenden Rückförderung gleich dem Inhalt des Cylinderringes zwischen dem Zahnscheitelcylinder und dem Zahnfusscylinder oder Radboden eines Rades ist. Für die Pumpen von Evrard und Greindl (Fig. 498) ist φ etwa gleich 0,9; für die Pumpen von Root (Fig. 495) und von Selwig & Lange (Fig. 506) wird φ gleich 1. Für die in Fig. 492 verdeutlichte Anordnung von Root gilt

$$M = \varphi \pi R^2 B,$$

wobei φ je nach der gewählten Zahnform 0,9 bis 1,1 wird.

Die in der Sekunde thatsächlich geförderte Flüssigkeitsmenge Q ergibt sich aus

$$Q = \mu M \frac{n}{60}, \qquad 262)$$

wenn die Kolbenwelle n Umdrehungen in der Minute macht.

Für den Lieferungsgrad μ kann bei guter Ausführung und verhältnissmässig kleinen Leitungslängen der Werth 0,9 gesetzt werden.

Gewöhnlich wird den Pumpen mit drehendem Kolben gegenüber denjenigen mit geradliniger Kolbenbewegung der Vortheil zuerkannt, dass sie eine gleichförmige Förderung ergeben, also der Windkessel nicht bedürfen. Es ist dies jedoch thatsächlich bei nur wenigen Pumpenarten der Fall, die meisten ergeben eine sehr ungleichförmige Förderung, mehrere wirken sogar in dieser Hinsicht viel schlechter als die Pumpen mit von einer Kurbel aus geradlinig bewegtem Kolben.

Es lässt sich durch eine Schaulinie leicht darstellen, in welcher Weise die Förderung nach der Druckleitung erfolgt, wenn die durchlaufenen Drehwinkel als Abscissen und die während dieser Bewegungen geförderten Flüssigkeitsmengen als Ordinaten aufgetragen werden. Poillon hat in seinem Werke „Traité théorique et pratique des pompes et machines à élever les eaux“ für mehrere Pumpenformen solche Schaulinien gezeichnet, welche die angesaugten Flüssigkeitsmengen veranschaulichen.

Es zeigt sich unmittelbar, dass die Pumpen von Bredo und Samain eine vollkommen gleichförmige Förderung ergeben; mit Benutzung der Poillon'schen Untersuchungen zeigt sich ferner, dass bei den Pumpen von Houyoux, Lecocq, Root (Fig. 495), Greindl (Fig. 498), die Förderung nahezu eine gleichförmige wird, jedoch bei den Pumpen von Bartrum und Powell (Fig. 464), Bährens (Fig. 460), Henry (Fig. 489) und Behrens (Fig. 491) sehr ungleichmässig erfolgt, so dass die Anbringung von Windkesseln aus den in früherem erläuterten Gründen insbesondere bei langen Saug- und Druckleitungen, nothwendig wird.

Der Kolbenwiderstand und die Betriebsarbeit.

Was bezüglich der Pumpen mit schwingendem Kolben auf S. 404 u. f. bemerkt wurde, gilt auch hier, nur ist zu beachten, dass bei den Pumpen mit stetig drehendem Kolben die Saug- und Druckwirkung stets gleichzeitig erfolgen. Die hydrostatische Last und die innerhalb des Gehäuses auftretenden hydraulischen Widerstände wirken an Hebelarmen in Bezug auf die Drehachse und geben zusammen ein Widerstandsmoment, zu dessen Ueberwindung eine Kraft P_x am Radius 1 wirken muss. Bezeichnet B die Breite der treibenden Kolbenflächen, a die radiale Abmessung derselben, r_s und r_d die Entfernung der Schwerpunkte der Radialprojektionen der saugenden und der drückenden Kolbenfläche von der Drehachse, somit

$W_s\,r_s$ und $W_d\,r_d$ die Momente sämmtlicher bei der Saug- und der Druckwirkung auftretenden Widerstandsmomente,
dann ist

$$P_x\,l = B\,a\,\gamma\,(r_s\,H_s + r_d\,H_d) + W_s\,r_s + W_d\,r_d\,. \qquad 263)$$

Die Entfernungen r_s und r_d sind bei den meisten der erwähnten Pumpenformen einander gleich; bei den Kapselrädern und den Pumpen mit centrisch im Gehäuse gelagerter Kolbenwalze, aus der die treibenden Kolben vortreten, ist $r_s = r_d = \frac{R + r}{2}$, wenn R den Radius des Gehäuses und r den der Walze, bezieh. des Fusskreises der Zahnlinie, bezeichnet. Für die Formel 263 ist nur noch zu beachten, dass die Kraft P_x im Allgemeinen während einer Umdrehung der treibenden Welle nicht stetig gleichen Werth haben wird, und dass bei Kapselwerken mit zwei treibenden Zahnrädern der Kolbenwiderstand an beiden in gleicher Grösse auftritt; $P_x\,l$ bezeichnet in diesem Fall die Summe der beiden einzuleitenden Drehmomente. Die in der Sekunde nothwendige Betriebsarbeit wird bei n Umdrehungen der Kolbenwelle in der Minute

$$2\,P_x\,l\,\pi\,\frac{n}{60} = \frac{1}{\eta}\,Q\,H\,\gamma\,, \qquad 264)$$

wenn Q die in der Sekunde auf die Höhe H zu fördernde Flüssigkeitsmenge, γ deren Dichtigkeit, η der Wirkungsgrad ist.

Die hydraulischen Widerstände treten hier theilweise in gleicher Weise auf, wie bei den Pumpen mit geradlinig bewegtem Kolben (vgl. S. 62 u. 76) und sind dann, wie früher angegeben, zu bestimmen. Es muss der anzusaugenden Flüssigkeitsmenge beim Eintritt in das Saugrohr die nothwendige Geschwindigkeit ertheilt werden, ferner ist der Widerstand beim Durchfliessen eines etwa dort angebrachten Saugkorbes und Fussventiles, der Leitungswiderstand in der Saug- und der Druckleitung, derjenige beim Eintritt in letztere und gegebenen Falles auch beim Austritt aus derselben zu überwinden; da hier Ventile nicht nothwendig sind, so fällt der Widerstand derselben weg. Wenn die Förderung nicht ganz gleichmässig erfolgt, so entstehen auch Beschleunigungswiderstände der Flüssigkeitsmassen. Insbesondere treten diese bei einzelnen Pumpen innerhalb des Gehäuses auf und zwar, wie schon bemerkt, wenn die Kolben zwischen sich oder mit dem Gehäuse Flüssigkeitsmengen einschliessen, die bei der weiteren Kolbenbewegung durch eine sehr enge Spalte entweichen und daher stark beschleunigt werden müssen.

Bei einzelnen Pumpen entsteht, wie schon erwähnt, ein besonderer Arbeitsverlust dadurch, dass nutzlos eine gewisse Flüssigkeitsmenge nach der Druckseite gefördert wird, welche wieder nach der Saugseite zurückfliesst. Recht bedeutend kann die Kolbenreibung werden, insbesondere dann, wenn die Kolben durch den Flüssigkeitsdruck gegen die Gehäusewandung gepresst werden (vgl. Fig. 480), oder dies durch starke Federn geschieht (vgl. Fig. 467), ferner wenn bei verschiebbaren Kolben diese unter der Pressung der im Druckrohr stehenden Flüssigkeit sich bewegen müssen (vgl. Fig. 477), überhaupt an allen auf einander unter Druck gleitenden Theilen, also insbesondere an den auf einander sich nicht durch Rollung, sondern durch Gleitung bewegenden Zahnflanken, Kopf- und Fussflächen bei den Kapselrädern. Da diese Reibungen, wie durch Versuche erwiesen, einen bedeutenden Theil der gesammten Betriebsarbeit zu ihrer Ueberwindung gebrauchen, so ist es nothwendig, die vorher erwähnten Uebelstände durch zweckmässige Einrichtung der Pumpe möglichst zu vermeiden. Pumpen mit in einer Walze drehbar gelagerten Kolben (vgl. Fig. 480) sind daher nicht zu empfehlen; bei verschiebbaren Kolben ist die Einrichtung so zu treffen, dass die Verschiebung nur dann erfolgt, wenn die Kolben nicht unter dem Druck der Förderhöhe stehen (vgl. Fig. 478); es ist besser eine etwas unvollkommene Dichtung zuzulassen, als durch Anbringung starker Federn an den Kolben den Reibungswiderstand derselben zu vermehren.

Bei den Kapselrädern von Root (Fig. 492) und Pappenheim entsteht ein Arbeitsverlust dadurch, dass in Folge der in die Triebwellen einzuleitenden Drehmomente die ersteren durch diese eine, wenn auch kleine Verdrehung erleiden und dann das richtige Zusammenarbeiten der Zähne nicht mehr erfolgt, vielmehr entweder durch Klemmen derselben eine starke Zahnreibung entsteht, oder, wenn zur Verhütung des Klemmens zwischen den Zähnen ein kleiner Spielraum gelassen wird, ziemlich bedeutende Flüssigkeitsverluste eintreten.

Werden die beschriebenen Kolbenformen zur Einrichtung von Dampfmaschinen oder Gebläsen benutzt, so wird die Forderung der vollkommenen Abdichtung in höherem Maasse zu erfüllen sein, als für die Förderung von Flüssigkeiten. Es ist ein weit verbreiteter Fehler, Pumpen mit drehendem Kolben in den Einzelheiten gewissermassen mit solchen Gebläsen oder Dampfmaschinen gleichartig zu bauen; es ist vielmehr nothwendig, dass man hierbei stets den veränderten, im vorhergehenden angegebenen Bedingungen Rechnung trage.

Ein bedeutender Arbeitsverlust entsteht bei einzelnen Pumpen dadurch, dass der Flüssigkeit zeitweilig eine grosse Geschwindigkeit ertheilt werden muss, diese zu anderer Zeit verlangsamt wird, ja zur Ruhe kommt und dann wieder in Bewegung gesetzt werden muss.

Der Wirkungsgrad η wird für die verschiedenen Pumpenformen verschieden gross, je nachdem die bezeichneten Arbeitsverluste in grösserem oder geringerem Maasse auftreten. Diese Arbeitsverluste können rechnungsmässig ermittelt werden, jedoch muss die Berechnung für jede Kolbenanordnung besonders aufgestellt werden und lässt sich nur theilweise allgemein durchführen. Da die hier zu besprechenden Pumpen nur verhältnissmässig selten und dann nur in kleinen Abmessungen Anwendung finden, so sei hier auf eine genaue Bestimmung der Arbeitsverluste verzichtet und darauf hingewiesen, dass in dem Buche von Poillon: Traité théorique et pratique des pompes et machines à élever les eaux" für mehrere Pumpenarten solche Berechnungen durchgeführt sind und hieraus der Wirkungsgrad η ermittelt ist.

Als mittlere Werthe desselben können nach Versuchen und Berechnungen etwa folgende genommen werden:

für die einachsigen Pumpen mit beweglichen Kolben, die durch Flüssigkeitsdruck an die Gehäusewandung gepresst oder sich unter demselben verschieben müssen: $\eta = 0{,}4$;

für die Pumpe von Bartrum & Powell (Fig. 464): $\eta = 0{,}5$;

für die anderen besseren Pumpen mit einer Drehachse: $\eta = 0{,}6$ bis $0{,}75$;

für die Pumpen von Lecocq (Fig. 488), Henry (Fig. 489), Behrens (Fig. 491), Root (Fig. 492): $\eta = 0{,}5$ bis $0{,}6$;

für die Pumpen von Root (Fig. 494) und Greindl (Fig. 496): $\eta = 0{,}75$;

für die Pumpe von Enke (Fig. 508): $\eta = 0{,}6$ bis $0{,}75$.

Die Einzeltheile.

Das Gehäuse wird behufs genauer Bearbeitung am zweckmässigsten vollkommen cylindrisch hergestellt oder so gestaltet, dass sein zu bearbeitender Umfang aus Cylinderstücken besteht (vgl. Fig. 478). Die Kolben müssen an ihren gleitenden Theilen gleichfalls genau bearbeitet sein. Wie schon ausgeführt, ist es nicht zweckmässig, besondere stark reibende Dichtungsvorrichtungen an den Kolben anzubringen. Jedoch finden sich solche vielfach und sind in den bereits erläuterten Figuren mehrfach dargestellt. Dichtungen der Kolben der Root-Pumpe nach Fig. 494 zeigen, entsprechend englischen Ausführungen, Fig. 516 u. 517. An den Kolben sind Dichtungsplatten aus Kautschuk gelenkig oder verschiebbar angebracht und werden durch Federn gegen die Gehäusewandung gepresst.

Wie schon erwähnt, müssen die zusammenarbeitenden Kapselräder durch Zahnräder bewegt werden, die gleiche Theilkreise wie die ersteren haben. Bei mehrzähnigen Rädern können diese Treibräder wohl wegfallen, wenn angenommen werden darf, dass das eine unmittelbar angetriebene Kapselrad das andere mit gleicher Winkelgeschwindigkeit mitnimmt. Meist ist dies jedoch nicht der Fall, jedenfalls nicht bei den ein- und zweizähnigen Rädern, auch bei dem Pappenheim'schen Kapselrad und der in Fig. 498 dargestellten Greindl'schen Einrichtung entstehen in gewissen Radstellungen Klemmungen, so dass auch hier die Anbringung besonderer Treibräder nothwendig erscheint. Dieselben werden vielfach als Pfeilräder oder mit Stufenzähnen ausgeführt, um einen stossfreien Gang derselben zu erhalten; neuerdings werden die Räder gewöhnlich mit sehr kleiner Theilung hergestellt. Die Treibwellen werden auf Verdrehung durch das zu übertragende Drehmoment und auf Biegung durch den Flüssigkeitsdruck beansprucht; sie sind dementsprechend zu berechnen. Wegen der grossen Umdrehungszahlen, welche gewöhnlich angewendet werden, und behufs genügender Abdichtung sind die Wellen in langen Stopfbüchsen zu lagern. Für dieselbe wird Hanf- oder Metallpackung angewendet. Eine Einrichtung der letzteren Art ist in Fig. 518 verdeutlicht. Ueber die

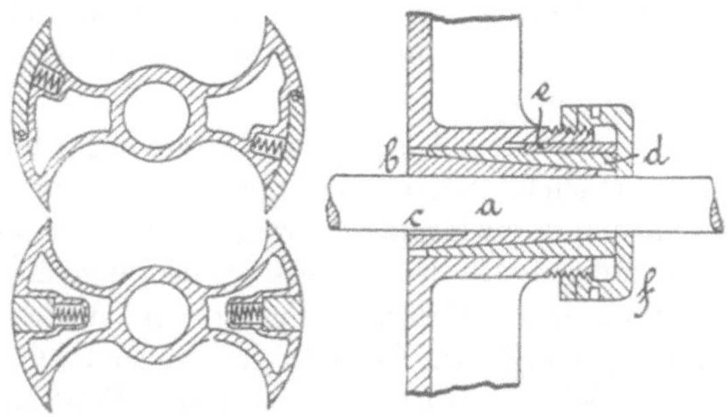

Fig. 516 und 517. Fig. 518.

Welle a ist eine Büchse b aus Kanonenmetall gesteckt und gegen erstere durch einen Keil c befestigt. Diese Büchse läuft in einer zweiten d aus gehärtetem Stahl, welche an der Drehung durch den Keil e gehindert und mittels der Mutter f angezogen wird. Ist dies in genügender Weise geschehen, so wird die Stellung durch eine Gegenmutter festgehalten.

Um das Einsaugen von Luft durch undichte Stopfbüchsen zu verhüten, können diese mit einem Gehäuse umgeben und unter Wasser gesetzt werden.

Der Betrieb der Pumpen.

Die Geschwindigkeit der Kolbenbewegung wird ziemlich gross genommen, wie aus den bei Besprechung der einzelnen Pumpenarten angegebenen üblichen Umdrehungszahlen hervorgeht. Bei denjenigen Pumpen, welche eine gleichmässige Förderung (vgl. S. 439) ergeben, lässt sich die Geschwindigkeit beliebig steigern und damit die Leistung der Pumpe vergrössern, ohne dass der Wirkungsgrad sehr verschlechtert wird und besondere Unzuträglichkeiten im Betrieb entstehen. Es ist hierbei nur zu beachten, dass bei der Saugwirkung kein Abreissen der angesaugten Flüssigkeit entstehe, der Luftdruck also im Stande sei, der in der Saugleitung sich bewegenden Flüssigkeit die nothwendige Geschwindigkeit zu geben. Wird eine gleichförmig fördernde Kolbenbewegung vorausgesetzt, so gilt hier auch die Formel 207

$$(v_m)_{max} = \frac{F_s}{F} \sqrt{2g(A - (H_s)_x - \Sigma(h_s)_x},$$

welche den zulässig grössten Werth der Geschwindigkeit des Schwerpunktes der gesammten saugenden Kolbenfläche F gibt. Es zeigt sich, dass eine grosse Kolbengeschwindigkeit nur dann erhalten werden kann, wenn die Saughöhe $(H_s)_x$ und die Saugrohrlänge, von welcher die Widerstandshöhe $\Sigma(h_s)_x$ insbesondere abhängt, klein sind, und der Querschnitt F_s der Saugleitung gross genommen wird. Die Widerstandshöhe $\Sigma(h_s)_x$ ist nach früherem (vgl. S. 63) zu berechnen, nur ist zu beachten, dass hier ein Saugventil nicht vorhanden ist.

Bei Pumpen mit ungleichmässiger Förderung nimmt der Wirkungsgrad mit wachsender Geschwindigkeit ab, da dann die zu überwindenden Beschleunigungswiderstände recht bedeutend werden. Ferner ist auch hier die Möglichkeit des Abreissens der angesaugten Flüssigkeit zu beachten; es ist unter Berücksichtigung der auf S. 230 u. f. gegebenen Ausführungen in jedem besonderen Fall zu bestimmen, wie gross die Kolbengeschwindigkeit werden darf. Bei den Pumpen von Behrens kommt noch in Betracht, dass bei der Saugwirkung zwischen den Zähnen rasch ein grösserer Raum frei wird, zu welchem die Flüssigkeit nur durch einen engen Spalt gelangen kann. Es kann hierbei, wenn die Kolbengeschwindigkeit gross genommen wird, der Fall eintreten, dass die Flüssigkeit, durch den Luftdruck getrieben, nicht schnell genug in den frei werdenden Raum eintreten kann, so dass derselbe entweder überhaupt nicht ganz gefüllt wird, also der Lieferungsgrad sinkt, oder die gänzliche Füllung plötzlich durch den grösser werdenden Zutrittsspalt erfolgt und hierbei die eintretende Flüssigkeit auf die im Raum bereits befindliche und auf die Zahnflanken stösst.

Bei den Pumpen mit ungleichmässiger Förderung ist auch ein Abreissen der in der Druckleitung sich bewegenden Flüssigkeit möglich, und wäre dies für jeden einzelnen Fall mit Hülfe des auf S. 242 u. f. gesagten zu untersuchen.

Die Pumpen mit stetig drehendem Kolben finden bei der Förderung von dünn- und dickflüssigen Stoffen, von kalten und heissen Flüssigkeiten Anwendung. Die Pumpen mit gleichförmiger Förderung können auch als Spritzen benutzt werden, da sie einen gleichmässigen Flüssigkeitsstrahl ergeben, ohne dass ein Windkessel nothwendig ist. Für Flüssigkeiten, welche harte Theilchen, wie Sand, mit sich führen, eignen sich die drehenden Pumpen nicht, da die Dichtungsstellen zu schnell verschleissen und die Flüssigkeitsverluste dann gross werden. Wegen der verhältnissmässig grossen Kolbengeschwindigkeit kann zur Verhütung des Abreissens der anzusaugenden Flüssigkeit nur eine geringe Saughöhe überwunden werden (vgl. die letztgenannte Formel); da mit der zu überwindenden Druckhöhe die Flüssigkeitsverluste stark wachsen, so werden diese Pumpen auch nur zur Ueberwindung von nicht sehr grossen Druckhöhen, etwa bis zu 50 m, benutzt.

Die Pumpen werden je nach dem Kraftbedarf für Hand- und Maschinenbetrieb eingerichtet, im ersteren Fall wird die Bewegung durch eine Handkurbel, im zweiten gewöhnlich durch Riemen- oder Keilrädertrieb eingeleitet; neuerdings wird auch der unmittelbare Antrieb durch Elektromotor ausgeführt. Um die beim einseitigen Antrieb entstehende Beanspruchung der Wellen etc. zu vermeiden, wird der Antrieb auch beiderseits ausgeführt (vgl. Fig. 492). Bei amerikanischen Dampffeuerspritzen mit Kapselräder-Pumpen findet sich auch die Anordnung so, dass die Pumpenwelle unmittelbar von einer Dampfmaschine angetrieben wird, welche gleichfalls mit Kapselrädern ausgerüstet ist.

IV. Pumpen mit schraubenförmig bewegtem Kolben.

Die Verwendung von Kolben, welche geradlinig hin und her bewegt und gleichzeitig gedreht werden, also eine schraubenförmige Bewegung machen, ist öfter vorgeschlagen worden und zwar zu dem Zweck, die Anbringung besonderer Ventile zu sparen und die rechtzeitige Oeffnung und Abschliessung der Einmündungen des Saug- und des Druckrohres in den Cylinder durch den Kolben selbst zu erhalten; in der Anwendung aber haben die Pumpen manche Mängel gezeigt, so dass sie nur selten ausgeführt werden. Wilhelm Weyhe hat die in Fig. 519 u. 520 veranschaulichte Pumpenordnung angegeben (erloschene D.R.P. No. 960, No. 2195 und 7176). In dem Cylinder A wird ein Kolben B derart bewegt, dass er sich geradlinig verschiebt und dabei zugleich dreht. Es ist dies dadurch erzielt, dass der Kolben fest auf einer Welle C sitzt, die in Drehung versetzt wird, und eine auf C befestigte schräge Scheibe a sich mit ihrem Rand zwischen zwei am Gestell gelagerten Röllchen b bewegen muss. Es macht dann der Kolben bei einem Hin- und Rückgang eine Umdrehung und öffnet bezieh. schliesst hierbei abwechselnd die Einmündung D des Saugrohres und die nach dem Druckwindkessel E bezieh. der Druckleitung F führende Oeffnung G der Cylinderwandung. Hierzu ist der eingeschliffene Kolben B mit Ausschnitten versehen, die aus dem Querschnitt Fig. 519 ersichtlich sind.

Die vorbesprochene Pumpe hat den Uebelstand, dass bei der gleichzeitig geradlinigen und drehenden Bewegung der Kolbenwelle die Stopfbüchsen am Cylinder schwer dicht zu halten sind und aus gleichem Grunde die Anordnung des Antriebes gelegentlich unbequem wird. Von französischen Fabrikanten ist eine Pumpe in den Handel gebracht worden (vgl. Génie civil 1888 S. 388), bei welcher die genannten Uebelstände dadurch vermieden sind, dass die Welle sich nicht verschiebt. Diese Einrichtung hat sich Jacobs in Deutschland patentiren lassen (erloschenes D.R.R.

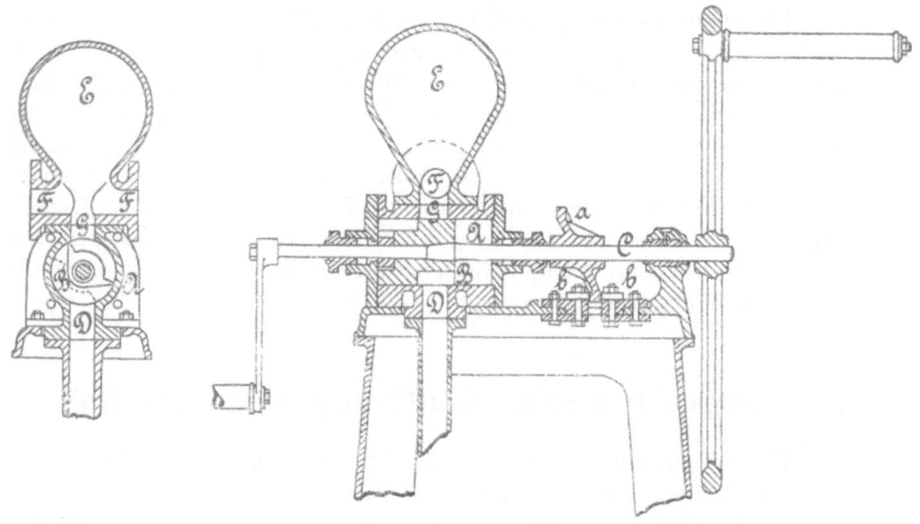

Fig. 519 und 520.

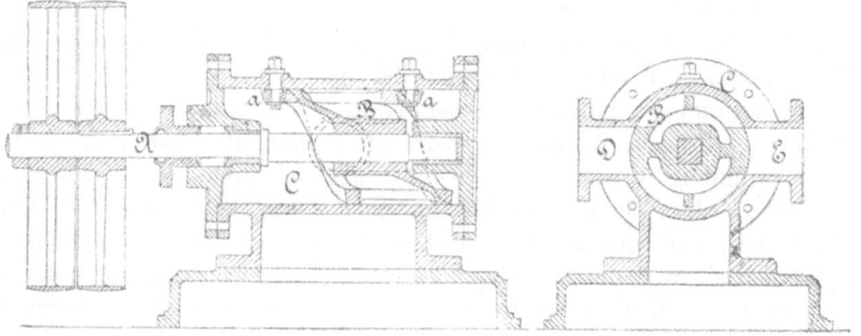

Fig. 521 und 522.

Kl. 59 No. 43403); sie ist in Fig. 521 u. 522 verdeutlicht. Die durch Riementrieb bewegte Kolbenwelle A trägt lose einen Kolben B, der sich auf ersterer verschieben kann, aber mit ihr drehen muss. Dieser Kolben besteht aus einem Hohlcylinder, der durch eine schräge Wand mit der Nabe verbunden ist und mit seinen schraubenförmig gestalteten Enden zwischen zwei am Cylinder C befestigten Röllchen a gleiten muss. Die

Wirkung ist dieselbe, wie bei der von Weyhe angegebenen Pumpe: die Kolbenwandung ist mit Aussparungen versehen, so dass bei der Drehung und Verschiebung abwechselnd die Mündungen der Saugleitung D und des Druckrohres E geöffnet und geschlossen werden, wodurch die Saug- und Druckwirkung entsteht. In der angegebenen Quelle wird mitgetheilt, dass die Pumpe bei 0,2 m Cylinderdurchmesser und 100 Umdrehungen 0,76 cbm, bei 0,25 m Durchmesser und 90 Umdrehungen 1,4 cbm Flüssigkeit fördert. Beide erläuterte Einrichtungen werden als Spritzen, sowie zur Förderung schleimiger, dicker Flüssigkeiten angewendet.

Von de Montrichard in Montmédy ist eine Pumpe angegeben worden (vgl. Bulletin de la société d'encouragement 1891 S. 93), bei welcher wie bei der Weyhe'schen Pumpe der Kolben auf der Welle festsitzt; er erhält die hin- und hergehende Bewegung entweder durch zwei im Pumpencylinder drehbar befestigte Führungsrollen, wie solche die von Jacobs angegebene Pumpe besitzt, oder es sitzen aussen auf der durchgehenden Welle beiderseits Arme mit Rollen, die bei ihrer Bewegung um die Welle auf den schräg abgeschnittenen Enden der verlängerten Cylinderdeckel sich führen. Die Wirkung ist dieselbe, wie bei der von Weyhe angegebenen Pumpe; der Nachtheil der Verschiebung der Welle in den Stopfbüchsen ist auch hier vorhanden.

Die geförderte Flüssigkeitsmenge und die nothwendige Betriebskraft bestimmen sich genau wie für doppeltwirkende Saug- und Druckpumpen mit geradliniger Kolbenbewegung; es tritt hier nur ein grösserer Reibungswiderstand an den gleitenden Theilen auf, jedoch fällt der durch die Ventile sonst entstehende Kraftverlust weg.

Luftdruck-Hebewerke mit ausschliesslicher Benutzung des Druckes der Aussenluft.

Die Förderung von Flüssigkeiten durch den Druck der Aussenluft kann dann geschehen, wenn der am Ende des Steigrohres vorhandene Gegendruck um einen Betrag kleiner als 1 at erhalten wird, welcher der zur Ueberwindung der Widerstände nothwendigen Kraft entspricht. Die Verminderung des Gegendruckes kann entweder dadurch erzeugt werden, dass die zum Ende des Steigrohres gehobene Flüssigkeit einer wieder abwärts führenden Leitung folgen muss; in dieser Weise wirkt der Saugheber. Oder es wird die Einrichtung so getroffen, dass die Steigleitung in einen luftdicht geschlossenen Behälter mündet, in welchem ein luftverdünnter Raum und damit der nothwendige geringe Gegendruck erzeugt wird. Diese Vorrichtungen zur Förderung von Flüssigkeiten mittels Saugwirkung sowie die Saugheber seien in folgendem betrachtet.

I. Vorrichtungen zur Förderung von Flüssigkeiten mittels Saugwirkung.

Diese Einrichtungen beruhen theilweise darauf, dass aus der Steigleitung oder einem damit verbundenen Gefäss mittels einer Luftpumpe die Luft abgesaugt wird, die zu fördernde Flüssigkeit dann von dem Druck der Aussenluft in der Leitung aufwärts bewegt, bezieh. nach dem nahezu luftleer gemachten Behälter gefördert wird. In dieser Weise wird z. B. bei den von Liernur und Berlier angegebenen und zur Ausführung gebrachten Entwässerungsanlagen die Jauche aus dem Rohrnetz stetig entfernt, wobei der Druck der Aussenluft nicht allein die hydrostatische Last der Flüssigkeit in den in den Leitungen vorhandenen Steigungen zu heben, sondern auch im ganzen Rohrnetz die hydraulischen Widerstände zu überwinden hat.

Die Förderung nach einem nahezu luftleer gemachten Behälter wird in vielen Städten bei der Entfernung der Jauche aus den Abortgruben in der Weise angewendet, dass eine Abfuhrtonne aus Eisenblech, auf einem Radgestell gelagert, nahezu luftleer gemacht und ein an der Tonne angebrachter Hahn durch einen Schlauch mit der zu räumenden Grube verbunden wird. Die Luftverdünnung in der Tonne wird durch eine Luftpumpe beliebiger Art oder dadurch erzeugt, dass die Tonne mit Wasserdampf gefüllt wird, und dieser auf der Fahrt nach der Grube sich verdichtet. Die Luftpumpe kann fest aufgestellt sein, so dass alle Tonnen an dieser Stelle ausgesaugt und hierauf erst nach den Bedarfsorten gefahren werden, oder die Luftpumpe wird an der Tonne, bezieh. auf einem besonderen Wagen angeordnet und die Luftverdünnung erst an dem Ort der Grubenräumung erzeugt. Auch zur Förderung von Wasser oder anderen dünnen Flüssigkeiten werden in einzelnen Fällen Vorrichtungen benutzt, welche in gleicher Weise wirken. Soll hierbei die Hebung in einer Leitung erfolgen, welche unten in den Saugbehälter, oben in das Gefäss mündet, aus welchem man die Luft stetig absaugt, so kann die mögliche Förderhöhe dadurch vergrössert werden, dass man unten in die Steigleitung Aussenluft durch einen Hahn eintreten lässt. Die Flüssigkeitssäule durchsetzt sich dann mit Luftbläschen, wird dadurch spezifisch leichter und kann daher durch die auf den Spiegel des Saugbehälters pressende atmosphärische Luft entsprechend höher gehoben werden. Bei allen diesen Einrichtungen gelten für die Beziehung zwischen treibender Kraft und Widerstand die beim Saugheber S. 450 u. 451 gegebenen Betrachtungen, somit auch die Formeln 258 u. 259. Für die Herstellung der Leitungen und des gegebenen Falles möglichst luftleer zu machenden Behälters ist einerseits zu beachten, dass diese Theile thunlichst luftdicht sein müssen, anderseits, dass sie vom Luftdruck aussen belastet werden und daher stark genug sein müssen, um nicht zusammengedrückt zu werden.

II. Der Saugheber.

Der Saugheber ist ein nach oben gekröpftes Rohr, welches unter gewissen Bedingungen zur Bewegung von Flüssigkeiten über eine Erhöhung weg, also mittelbar zur Förderung benutzt werden kann. Die allgemeine Anordnung ist durch Fig. 523 gekennzeichnet. Wird das Rohr mit dem einen offenen Ende in die zu fördernde Flüssigkeit getaucht und dann luftleer gemacht, so wird die Flüssigkeit in dem aufwärts führenden Theil, dem Steigrohr, in die Höhe steigen und nach Durchlaufen eines etwa angebrachten nahezu wagrechten Rohrtheils, des Lagerrohrs, und nach Ueberschreiten des Heberscheitels sich durch das Fallrohr abwärts bewegen. Diese Bewegung kann auch eingeleitet werden, wenn der Heber an beiden

Enden geschlossen, hierauf mit Flüssigkeit gefüllt und dann beiderseitig wieder geöffnet wird. Eine dritte Art der Ingangsetzung besteht darin, dass die Flüssigkeit zunächst durch Einblasen von Luft in dem aufsteigenden Heberschenkel hochgetrieben wird, bis sie zum Abfluss kommt. Wie schon bemerkt, ist die Wirksamkeit des Saughebers jedoch an die Erfüllung von Bedingungen gebunden, die in Folgendem abgeleitet werden.

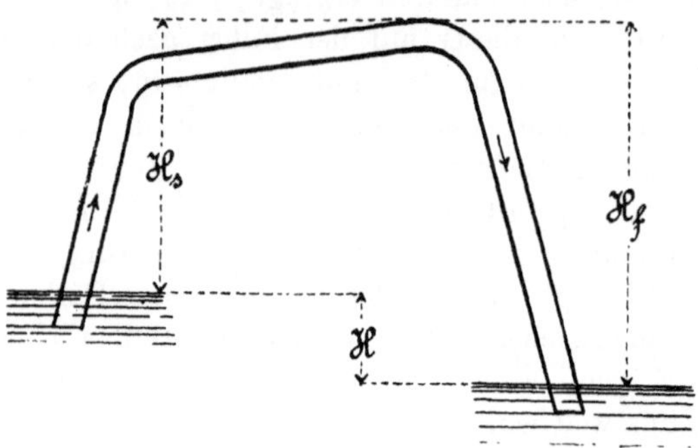

Fig. 523.

Es bedeute:

H_s die senkrechte Entfernung des Spiegels der zu fördernden Flüssigkeit vom Heberscheitel,

H_f diejenige des letzteren vom Spiegel im Ablaufgerinne oder, wenn das Fallrohr nicht unter Flüssigkeit mündet, von der Ausflussöffnung,

H_w die dem hydraulischen Druck am Heberscheitel und

A die dem Druck der Luft entsprechende Flüssigkeitshöhe,

F den Querschnitt des Heberrohrs,

F_a denjenigen der Ausflussöffnung,

v die Geschwindigkeit der Flüssigkeitsbewegung im Heberrohr,

v_a die Ausflussgeschwindigkeit,

L_s die Rohrlänge von der Eintrittsöffnung bis zum Heberscheitel,

L_f diejenige von letzterem bis zur Ausflussöffnung,

Σh_s die den Bewegungswiderständen im Steig- und Lagerrohr und

Σh_f die denjenigen im Fallrohr entsprechende Geschwindigkeitshöhe.

Die steigende Bewegung der Flüssigkeit auf die Höhe H_s wird allein durch den Druck der Aussenluft hervorgerufen; durch denselben muss also das Flüssigkeitsgewicht um H_s gehoben, der Flüssigkeit die Geschwindigkeit v ertheilt, und es müssen die Bewegungswiderstände überwunden werden; am Heberscheitel tritt dann ein hydraulischer Druck H_w ein.

Durch Gleichsetzung der treibenden und widerstehenden Kräfte ergibt sich

$$A = H_s + \frac{v^2}{2g} + \Sigma h_s + H_w . \qquad 265)$$

Da H_w jedenfalls positiv sein muss und höehstens gleich Null werden kann, so ist die Möglichkeit der aufsteigenden Bewegung an die Forderung

$$A \geqq H_s + \frac{v^2}{2g} + \Sigma h_s \qquad 266)$$

geknüpft.

Für die fallende Bewegung sind als treibende Kräfte vorhanden: der hydraulische Druck H_w, die lebendige Kraft der in Bewegung befindlichen Flüssigkeit, gegeben durch $\frac{v^2}{2g}$, und die Flüssigkeitshöhe H_f; als Widerstand ist der auf der Ausflussmündung lastende Luftdruck A vorhanden, ferner müssen die Bewegungswiderstände, gegeben durch Σh_f, überwunden werden; die austretende Flüssigkeit besitzt dann noch eine lebendige Kraft, welcher die Flüssigkeitshöhe $\frac{v_a^2}{2g}$ entspricht. Es ergibt sich somit durch Gleichstellung der treibenden und widerstehenden Kräfte:

$$H_w + \frac{v^2}{2g} + H_f = A + \Sigma h_f + \frac{v_a^2}{2g} . \qquad 267)$$

Durch Addition der Gleichung 265 zu derjenigen 267 erhält man

$$H = H_f - H_s = \frac{v_a^2}{2g} + \Sigma h_s + \Sigma h_f ; \qquad 268)$$

hieraus

$$v_a = \sqrt{2g(H - \Sigma h_s - \Sigma h_f)} . \qquad 269)$$

Die zweite Bedingung für die Wirkung des Saughebers ist somit

$$H_f - H_s > \Sigma h_s + \Sigma h_f . \qquad 270)$$

Um die aus 270) bestimmte Widerstandshöhe muss also der Flüssigkeitsspiegel im Abfluss, bezieh. die Ausflussöffnung tiefer liegen als derjenige der zu fördernden Flüssigkeit. Die Gleichungen 265 und 268 durch Division vereinigt, geben

$$\frac{A - H_s - H_w}{H} = \frac{\frac{v^2}{2g} + \Sigma h_s}{\frac{v_a^2}{2g} + \Sigma h_s + \Sigma h_f} ;$$

hieraus folgt als Druck im Heberscheitel

$$H_w = A - H_s - H \frac{\frac{v^2}{2g} + \Sigma h_s}{\frac{v_a^2}{2g} + \Sigma h_s + \Sigma h_f} . \qquad 271)$$

Diese Gleichung ergibt als dritte Bedingung, da H_w nicht negativ sein kann,

$$A \geqq H_s + H \frac{\frac{v^2}{2g} + \Sigma h_s}{\frac{v_a^2}{2g} + \Sigma h_s + \Sigma h_f}. \qquad 272)$$

Die Forderungen 266 und 272 für die aufsteigende Bewegung der Flüssigkeit können sowohl für $A > H_s + H$ und $A < H_s + H$ erfüllt werden. Die Forderung 266 kann mit Rücksicht auf Gleichung 268 auch geschrieben werden:

$$A \geqq H_s + H - \frac{v_a^2}{2g} - \Sigma h_f + \frac{v^2}{2g} \qquad 266a)$$

Für $A > H_s + H$ kann dabei sowohl $v_a = v$, als auch $v_a > v$ sein; auch für $A < H_s + H$ ist die Erfüllung dieser Forderung 266a bei $v_a = v$ und $v_a > v$ möglich. Ebenso kann die Forderung 272 für $A > H_s + H$ sowohl bei $v_a = v$ als auch $v_a > v$ erfüllt werden. Wenn jedoch $A < H_s + H$ ist, so muss jedenfalls

$$\frac{\frac{v^2}{2g} + \Sigma h_s}{\frac{v_a^2}{2g} + \Sigma h_s + \Sigma h_f} < 1, \qquad 273)$$

sein; für $v = v_a$ würde bei grossen Widerständen im Fallrohr diese Bedingung erfüllt werden können; es wird jedoch zweckmässiger sein, $v_a > v$ zu nehmen.

Da für stetige Bewegung

$$F v = F_a v_a$$

st, so muss also bei $A < H_f$ der Ausflussquerschnitt verengt werden. Würde dies nicht geschehen, so könnte wohl die Flüssigkeit bis zum Heberscheitel aufsteigen, jedoch würde aus Gleichung 271 sich H_w negativ ergeben, das heisst, die Flüssigkeit würde am Heberscheitel abreissen und die Stetigkeit der Bewegung somit aufhören.

Dasselbe tritt auch ein, wenn der Druck H_w im Heberscheitel über dasjenige Mass wächst, welches sich aus Gleichung 271 ergibt. Dies tritt bei jedem Saugheber ein, da aus der Flüssigkeit sich Luft oder andere Gase ausscheiden, welche sich im Heberscheitel sammeln und schliesslich durch ihre Spannung den Druck H_w so steigern, dass der Luftdruck A nicht mehr im Stande ist, die widerstehenden Kräfte zu überwinden; dann hört die Wirksamkeit des Saughebers auf. Um dies zu verhüten, muss die sich ausscheidende Luft, bezieh. müssen die sich ausscheidenden Gase von Zeit zu Zeit entfernt werden. Hierzu wird in den meisten Fällen eine kleine, am Heberscheitel angeordnete Luftpumpe benutzt, welche zugleich auch zum Aussaugen der Luft aus dem Heberrohr dient, wenn der Heber in Betrieb gesetzt werden soll. Die Pumpe wird mit Scheiben-

oder Tauchkolben, einem Saug- und einem Druckventil ausgerüstet, die Kolbenstange an einem Griff unmittelbar oder mittels Handhebel bewegt.

Statt einer Kolbenpumpe kann auch eine Strahlpumpe benutzt werden. Eine zweckmässige Einrichtung dieser Art wurde von Eger in Berlin angegeben (erloschenes D.R.P. Kl. 59 Nr. 35355 und Zusatz Nr. 39007) und in der durch die Fig. 524 bis 526 verdeutlichten Anordnung bei der Ent-

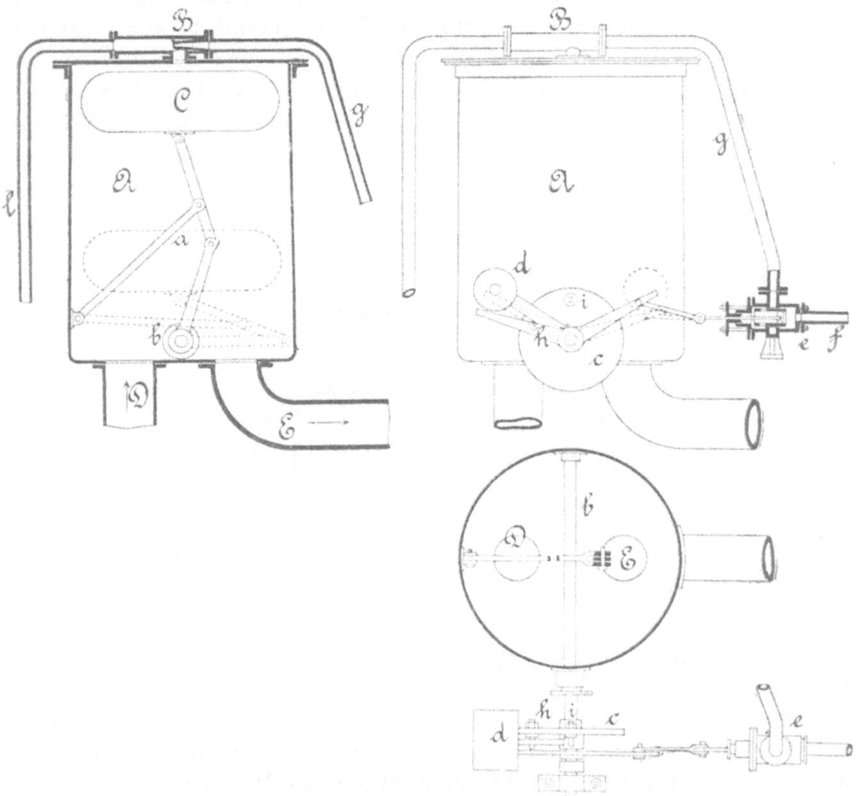

Fig. 524—526.

wässerungsanlage der Stadt Breslau zur Ausführung gebracht. Die Heberleitung besteht aus 15 cm weiten geschweissten Röhren, und dient dazu, die Abwässer eines Stadttheiles über die Oder zu führen, wozu der 120 m lange wagrechte Mitteltheil des Heberrohres an die Fusswegträger einer Brücke aufgehängt ist. Das 4 m lange Steigrohr führt lothrecht aufwärts und mündet in einen cylindrischen Behälter A von 0,75 m Weite und 1 m Höhe, in welchem sich die aus dem Kanalwasser entweichenden Gase sammeln, um zeitweilig durch einen Körting'schen Wasserstrahlsauger B entfernt zu werden. Ein Schwimmer C setzt denselben selbstthätig in Betrieb und schliesst ihn wieder, wenn die Gase abgesaugt sind. Es geschieht dies in der Weise, dass der Schwimmer C, sobald die sich ansammelnden Gase einen Theil der Kanalwässer aus A verdrängt haben, sinkt und durch das Gestänge a eine Achse b in Drehung versetzt, auf welcher eine Scheibe c befestigt ist. Diese trägt zwei Stifte h und i, von denen bei der Sinkbewegung des Schwimmers der erstere den auf der Achse b lose sitzenden Gewichtshebel d nach rechts drückt, bis dieser umschlägt, wobei das Gewicht auf den einen Arm eines Winkelhebels fällt und denselben in Bewegung bringt. Letzterer hat die Verschiebung des Steuerschiebers e nach rechts zur Folge, wodurch das Rohr g mit dem an die städtische Wasserleitung angeschlossenen Rohr f in Verbindung tritt. Das unter Druck

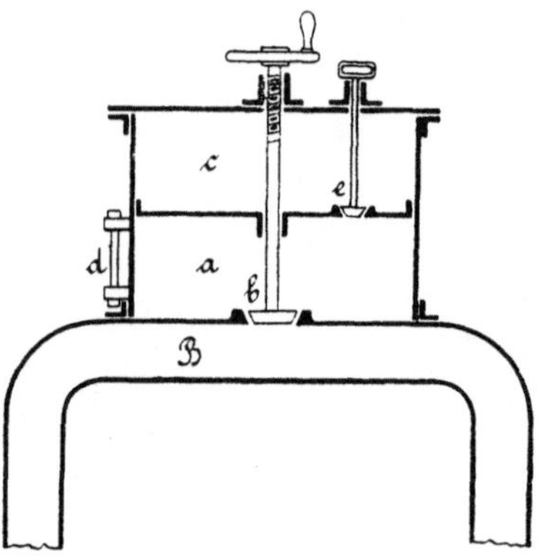

Fig. 527.

stehende Wasser wirkt im Wasserstrahlsauger B und hierdurch werden die in A gesammelten Kanalgase abgesaugt und durch die Leitung e entfernt. Die durch das Steigrohr D der Heberleitung zufliessende Kanalflüssigkeit füllt nunmehr rasch den entleerten Raum von A, der Schwimmer C steigt und dreht die Scheibe c nach links. Der Stift i drückt das Gewicht nach links, bis es überfällt und, auf den anderen Arm des Winkelhebels drückend, den Steuerschieber e schliesst. Die Entlüftung dauert bei dieser Anlage 1 bis 2 Minuten, wobei etwa 0,25 cbm Luft aus dem Behälter A entfernt werden. Dies geschieht fünf bis sechsmal in 24 Stunden. Das Ansaugen des Hebers, nachdem er ausser Thätigkeit gewesen ist, erfolgt gleichfalls durch die Wasserstrahlpumpe und erfordert 6 bis 10 Minuten.

Die während des Betriebes nothwendige Entfernung der Luft oder der Gase aus dem Heber kann auch dadurch erfolgen, das aus einem über dem Heberscheitel angebrachten Gefäss unter Abschluss der Aussenluft zeitweise Wasser in das Heberrohr geleitet wird und die Luft verdrängt. Hierzu kann z. B. die in Fig. 527 skizzirte Einrichtung angebracht werden. Das auf dem Heberscheitel B angeordnete Gefäss a wird mit Wasser gefüllt; während des Betriebes ist das Ventil b geöffnet, so dass die im Heberscheitel sich sammelnde Luft nach a entweichen kann und durch eine gleiche Menge Wasser ersetzt wird. Hat sich in a zuviel Luft angesammelt, was an dem Wasserstandszeiger d erkennbar ist, so wird das Ventil b geschlossen, dasjenige e geöffnet und die Luft in a durch von c nach a fliessendes Wasser verdrängt. Statt der Ventile können Hähne verwendet werden, welche in zwischen dem Heberscheitel und den Behältern einzuschaltenden Rohrstücken angeordnet werden. S. P. Parrau in Dresden hat für diese letztere Einrichtung eine selbstthätige Verstellung der Hähne durch einen im Heberscheitel angebrachten Schwimmer angegeben (erloschenes D.R.P. Kl. 59 No. 1793). Die Schwimmerstange bewegt dabei mittels eines Gestänges die beiden Hähne derart, dass zeitweilig der untere Hahn geöffnet wird, um die im Heberscheitel angesammelte Luft durch einfliessendes Wasser zu verdrängen, und ebenso zeitweilig der obere Hahn geöffnet wird, um die Luft aus dem Behälter in gleicher Weise zu entfernen.

Um einen Saugheber in Thätigkeit zu setzen, muss, wie erwähnt, entweder die Luft aus der ganzen Leitung entfernt werden, was durch die angegebenen Luftpumpen geschehen kann, oder es wird die ganze Heberleitung mit Flüssigkeit gefüllt oder es wird durch Anblasen ein Druck auf die in den Heber steigende Flüssigkeit ausgeübt. Im zweiten Falle muss der Heber an beiden Enden geschlossen werden; es wird deshalb gewöhnlich an der Einflussöffnung eine nach innen sich öffnende Rückschlagklappe, an der Ausflussöffnung ein Drosselventil angebracht. Die Füllung des Hebers erfolgt durch Einschütten von Flüssigkeit in eine dicht verschliessbare Oeffnung am Heberscheitel, wozu auch die zuletzt beschriebenen Behälteranordnungen benutzt werden können. Wird bei gefülltem Heber das Auslassventil geöffnet, so beginnt die Flüssigkeitsbewegung, indem durch das selbstthätig sich öffnende Eintrittsventil Flüssigkeit nachdringt. Bei der Füllung des Hebers ist zu beachten, dass die in demselben befindliche Luft vollständig entweicht, wozu an wagerechten oder schwach geneigten Theilen der Leitung, an welchen Luft sich leicht festsetzen kann, Entlüftungshähne anzubringen sind. Eine Ausführung des mittels Anblasen in Wirksamkeit zu setzenden Hebers in Blei hat Friedr. Bode in Dresden-Striesen angegeben (vgl. Zeitschrift des Vereins deutscher Ingenieure 1889 S. 823). Wie Fig. 528 veranschaulicht, erhält das Heberrohr a am Saugende eine aus angelöthetem Bleiblech bestehende Erweiterung b; der Boden derselben besteht aus einer Bleiplatte, deren Oeffnung mit einer gläsernen Kugel bedeckt ist. Das Anblasen erfolgt mit Hülfe des Röhrchens e, in dessen oberes Ende beim Heben von Säure u. dgl. auch wohl ein grösseres Gefäss oder ein Stück Gummischlauch eingeschaltet wird, um bei zu starkem Einblasen das nach Aufhören desselben entstehende und für den Arbeiter gefährliche Herausspritzen von Säure verhüten zu können; das Gefäss nimmt dann diese Säuremenge auf. Bei Anwendung eines Schlauches wird dieser, kurz bevor mit dem Blasen aufgehört wird, mit den Fingern zusammengedrückt. Solche Sicherheitseinrichtungen sind unnöthig, wenn die den Heber bedienende Person genügend geübt ist, um das Einblasen in der richtigen Stärke auszuführen. Soll ein Gefäss A mit dem Heber völlig entleert werden, so wird das Heberende b in eine Vertiefung B eingesetzt.

Für die allgemeine Anordnung eines Saughebers ist zu beachten, dass das Steigrohr stets in die zu fördernde Flüssigkeit eintaucht und diese Tauchtiefe nicht zu klein ist; es bildet sich sonst, namentlich bei grösserer Eintrittsgeschwindigkeit, ein Lufttrichter; die Luft durchbricht die dünne, über der Eintrittsöffnung stehende Flüssigkeitsschicht und gelangt in das Steigrohr.

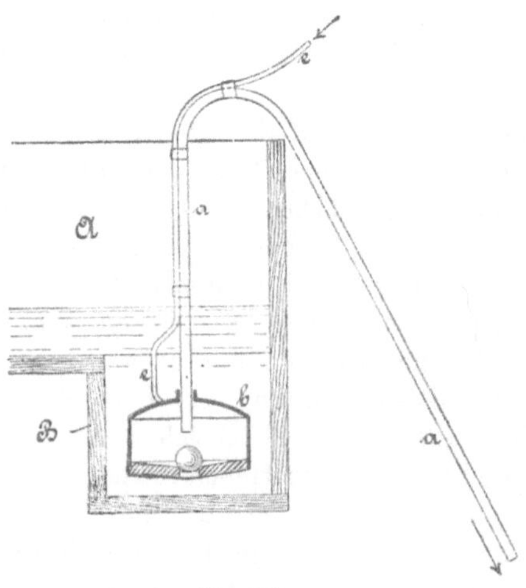

Fig. 528.

Ferner müssen im Innern der Heberleitung alle Höhlungen vermieden werden, in welchen sich Luft festsetzen kann. Die Leitung muss so gelegt werden, dass sie auf ihrem längsten Wege bis zu einem Punkte, dem Heberscheitel, steigt und von diesem ab fällt, damit die aus der Flüssigkeit entweichende und durch Undichtigkeiten der Leitung eindringende Luft ungestört in der Richtung des Flüssigkeitsstromes sich bewegen kann. Um den Eintritt von Luft durch die Austrittsöffnung zu verhüten, ist es zweckmässig, auch diese unter Flüssigkeit münden zu lassen. Durch eine dortselbst anzubringende Abschlussvorrichtung kann der Betrieb geregelt und abgeschlossen werden; letzteres muss zur Vermeidung des hydraulischen Stosses langsam erfolgen. Hierfür kann auch ein Sicherheitsventil angebracht werden; auch ein etwa am Heberscheitel angeordneter Windkessel, der zweckmässig mit einem Luftdruckmesser zu versehen ist, kann zur Abschwächung des Stosses dienen. Die Heberleitung wird bei grösseren Anlagen aus guss- oder schmiedeeisernen Röhren, für Grubenzwecke auch aus solchen von Zinkblech gebildet; ältere Anlagen zeigen auch Holzröhren; es ist in jedem Falle für eine möglichst gute Dichtung der Verbindungen Sorge zu tragen.

Es sei hier noch die Beschreibung eines Hebers eingefügt, der sich selbstthätig in Betrieb setzt und in Frankreich einige Verwendung bei Wiesenbewässerungen gefunden hat. Diese von Giral in Langogne angegebene, durch Fig. 529 verdeutlichte Heberanordnung soll den besonderen Zweck erfüllen, einen sich aus einer Quelle oder einem Wasserlauf allmählich füllenden Behälter zeitweise nach einer Leitung zu entleeren. Hierzu wird der Heber als ein aus Weissblech hergestelltes Rohr A mittels eines Gelenkes a und einer Gummidichtung in dem zu entleerenden Be-

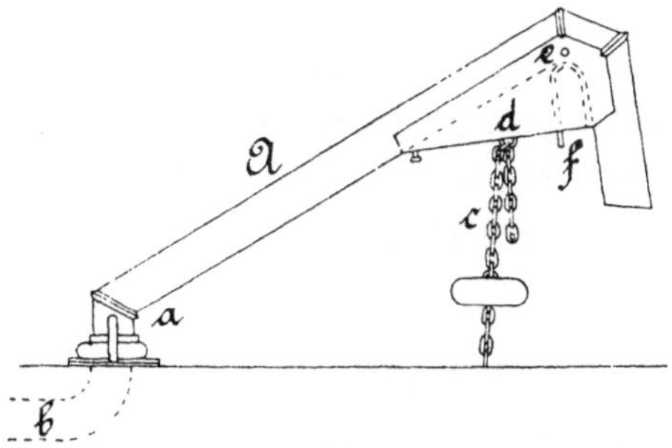

Fig. 529.

hälter so gegen die Mündung des Ableitungsrohres b befestigt, dass sich das Heberrohr A um die Gelenkachse a drehen kann und dabei der Anschluss an das Rohr b stets luftdicht bleibt. Diese Bewegung des Hebers ist durch eine Kette c begrenzt. Unter dem Heberscheitel ist ein Raum d angeordnet, in welchen seitlich ein Loch e führt und der mit einem kleinen Heber f aus Bleirohr versehen ist. Steigt nun das Wasser im Behälter, so hebt sich das Heberrohr A in Folge des wachsenden Auftriebs, bis die Kette c sich spannt. Der Heber bleibt dann in seiner höchsten Lage, das weitersteigende Wasser tritt endlich durch das Loch e in den Raum d und bringt damit wieder den Heber zum Sinken; damit aber tritt dieser in Wirksamkeit und entleert theilweise den Behälter. Hierdurch sinkt der Wasserspiegel in demselben, und es erfolgt damit auch eine Entleerung des Raumes d durch den kleinen Heber f, so dass sich der grosse Heber nunmehr wieder im Anfangszustande befindet und das Spiel von neuem beginnen kann.

Die Anwendung des Saughebers ist durch die entwickelten Bedingungen beschränkt. Im kleinen wird der Heber zur Entleerung von Fässern u. dgl. benutzt, wobei auch wohl das Aussaugen der Luft aus dem Heber mit dem Mund erfolgt. Im Bergbau kann der Heber zur Entwässerung von Orten, die mit dem Wasserhaltungsschachte nicht durchschlägig sind, von Bohrschächten geringer Tiefe, die an einem Bergabhange liegen, zweckmässige Verwendung finden; ferner ist er bei Entwässerungsanlagen von Städten in der beschriebenen Weise zweckmässig, dann bei Ableitung des Wassers aus Teichen über deren Damm hinweg, wobei die Durchstechung desselben behufs Durchführung von Röhren vermieden werden muss.

Innerhalb des Anwendungsgebietes des Hebers bietet dessen Verwendung gegenüber derjenigen anderer Flüssigkeitshebvorrichtungen wesentliche Vortheile. Der Betrieb erfordert keine besonders zu schaffende bewegende Kraft, die Kosten des Betriebes sind daher gering; die Wirkung ist, sobald für eine Entfernung der angesammelten Luft oder Gase gesorgt wird, eine vollkommen sichere.

Für die Berechnung einer Heberanlage ist zunächst zu beachten, dass die Flüssigkeitsgeschwindigkeit v einen gewissen grössten Werth nicht übersteigen kann. Aus der Bedingung 266,

$$A \geq H_s + \frac{v^2}{2g} + \Sigma h_s$$

ergibt sich

$$v \leq \sqrt{2g(A - H_s - \Sigma h_s)}. \qquad 274)$$

Der grösste Werth, der überhaupt unter der Annahme einer stetigen Bewegung eintreten könnte, würde entstehen, wenn H_s und Σh_s gleich Null wäre, also

$$v_{max} = \sqrt{2gA}.$$

Für Wasserförderung ist $A = 10$ m, also

$$v_{max} = 14\ \text{m}.$$

Für eine neu zu berechnende Heberanlage wird gegeben sein:

Q die in der Sekunde zu fördernde Flüssigkeitsmenge,
H_s die Steighöhe.

Es würde dann v zu wählen sein, und zwar jedenfalls kleiner als der aus Formel 274 sich ergebende Werth, wenn Σh_s gleich Null gesetzt wird.

Hierauf wird der innere Durchmesser D der Heberleitung berechnet:

$$D = \sqrt{\frac{4Q}{\pi v}}. \qquad 275)$$

Es können dann die Werthe für Σh_s und Σh_f bestimmt werden; die Bewegungswiderstände entstehen beim Eintritt in das Heberrohr, bei dem Durchströmen der Leitungen, ferner der Krümmungen und beim Austritt aus dem Heberrohr. Werden als Widerstandsvorzahlen entsprechend

$$\zeta_e,\ \zeta_l,\ \zeta_r,\ \zeta_a$$

eingeführt, dann ist

$$\Sigma h_s = \frac{v^2}{2g}\left(\zeta_e + \zeta_l \frac{L_s}{D} + \Sigma \zeta_r\right), \qquad 276)$$

$$\Sigma h_f = \frac{v^2}{2g}\left(\zeta_l \frac{L_f}{D} + \Sigma \zeta_r + \zeta_a\right). \qquad 277)$$

Bei letzterer Gleichung ist vorausgesetzt, dass die Austrittsöffnung die gleiche Weite wie die Leitung selbst habe; es wird dies auch durchgängig so angeordnet und nur durch Verengung des Querschnittes mittels eines Schiebers oder Ventiles der Abfluss geregelt.

Unter der erwähnten Voraussetzung ergibt sich, nachdem Σh_s und Σh_f durch Einsetzen der in früherem (vgl. S. 189 u. f.) angegebenen Werthe bestimmt sind, aus Gleichung 268

$$H = \frac{v^2}{2g} + \Sigma h_s + \Sigma h_f. \qquad 278)$$

Ist die so bestimmte Höhe H durch die örtlichen Verhältnisse nicht möglich, so muss v kleiner genommen und die Rechnung wiederholt werden; lässt sich jedoch diese Höhe grösser als berechnet anordnen, so ist es zweckmässig, H etwas grösser zu nehmen, um die gewünschte Flüssigkeitsmenge Q sicher zu erhalten; aus gleichem Grunde ist es zweckmässig, D etwas grösser als den aus Formel 275 berechneten Werth zu nehmen.

Luftdruckpumpen.

Flüssigkeitsförderung durch Gasdruck findet sich in der Natur bei den Geisern, Sprudelquellen, Erdölspringbrunnen u. s. w. Wie Gerlach in der Zeitschrift des Vereins deutscher Ingenieure, 1885, S. 311 mittheilt, wollte schon 1797 Bergmeister Löscher in Freiberg i. S. diese Hebungsart für die Zwecke der Wasserhaltung als „aërostatisches Kunstgezeug" künstlich nachbilden, doch ist es zu mehr als kleinen Zimmerversuchen damals nicht gekommen. In neuerer Zeit jedoch wurde in einigen Fällen, so z. B. bei der Wasserversorgung von Wilhelmshaven (vgl. Deutsche Bauzeitung 1876 S. 274), bei der Entwässerung eines Braunkohlenflötzes in der Nähe von Berlin (vgl. Verhandlungen des Gewerbfleiss-Vereines in Preussen, Sitzungsbericht März 1885, S. 80), diese Förderungsmethode mit Erfolg benutzt. In beiden Fällen handelte es sich darum, Wasser aus engen Bohrbrunnen von grösserer Tiefe zu heben und wurde hierzu Pressluft durch ein in den Brunnen bis unter den Wasserspiegel gesenktes Rohr eingeblasen. Diese Luft steigt in Bläschen durch das Wasser langsam in die Höhe, und da jede Blase auf das über ihr befindliche Wasser einen Druck vom Gewichte des durch sie verdrängten Wassers ausübt und die mit Luftbläschen durchsetzte Wassersäule ein geringeres spezifisches Gewicht haben wird, als das den Brunnen umgebende Grundwasser, so wird durch den von sämmtlichen Blasen herrührenden Auftrieb das Gleichgewicht in dem aus dem Brunnenrohr und dem Grundwasser gebildeten verbundenen Rohrsystem gestört und das Wasser muss sich im Rohr so hoch heben, bis wieder Gleichgewicht mit dem Drucke des Grundwassers entsteht; oder, wenn das Rohr nicht so hoch ist, so muss das Wasser oben ausströmen und mit einer dem übrigbleibenden Druckunterschiede entsprechenden Geschwindigkeit durch den Sauger nachströmen. Diese Geschwindigkeit wird eine stetige, wenn der Luftzufluss unveränderlich ist und ist abhängig von der Menge der in der Zeiteinheit zugeführten Luft und den Reibungswiderständen im Rohre und dem Sauger. Bei dem Aufsteigen der Luftblasen mit dem Wasserstrome dehnt sich die Luft allmählich wieder bis zum Atmosphärendrucke aus, verdrängt also auch eine entsprechend grössere Menge Wasser.

Für den durch die eingepresste Luft bewirkten Auftrieb ist daher die mittlere Dichtigkeit der Luft im Rohre in Rechnung zu ziehen. Bei der genannten Entwässerung war ein Abessinier-Brunnen von 80 mm Rohrweite 30 m tief eingesenkt; die auf 3 at verdichtete Luft wurde durch ein Bleirohr von 20 mm Weite eingeführt und damit in der Minute eine Wassermenge von 600 bis 700 l gehoben. Wenn auch der Wirkungsgrad dieser Förderungsart nur gering sein kann, so mag doch von derselben zweckmässig in denjenigen Fällen Gebrauch gemacht werden, in denen es sich darum handelt, Flüssigkeit aus tiefen Brunnen, welche für die Aufstellung einer Pumpe zu eng sind, zu heben.

Für die Hebung von Säuren wird von der vorbeschriebenen Einrichtung auch in der Weise Gebrauch gemacht, dass man die Steigleitung von dem zu entleerenden Behälter ab zunächst lothrecht abwärts und dann aufwärts bis zum Ausfluss führt. Die Pressluft wird am unteren Ende des aufsteigenden Theiles des Steigrohres eingeleitet, sie vermindert das Gewicht der in diesem Theil stehenden Flüssigkeitssäule, so dass diese durch die im abwärts führenden Rohrtheil befindliche und aus dem Zuflussbehälter sich stets erneuernde Säule stetig gehoben wird. Es kann auch an die zu entleerenden Behälter ein Rohr angeschlossen sein, in welchem die Steigleitung bis nahe zum geschlossenen Rohrende niedergeht; die enge Luftleitung muss dann am unteren Ende der Steigleitung münden.

Bei den vorbeschriebenen Einrichtungen muss die Pressluft besonders erzeugt werden und kann dies durch eine Luftverdichtungspumpe geschehen. Einige durch Pressluft wirkende Hebewerke sind so eingerichtet, dass in ihnen zugleich auch der Luftdruck entwickelt wird. Es sind demnach zu unterscheiden:

a) Luftdruck-Hebewerke, welche mit besonders erzeugter Pressluft arbeiten;

b) solche, in denen letztere zugleich erzeugt wird.

Zu ersterer Gruppe gehören die bereits genannten Einrichtungen.

In neuerer Zeit sind beachtenswerthe Neuerungen an solchen Wasserförderungsanlagen mit Erfolg zur Anwendung gebracht worden.

Die Luftdruck-Wasserhebungs-Gesellschaft Krause & Co. in Berlin versenkt ein im Längsschnitt wellenförmig gestelltes Rohr (Fig. 530) in den Brunnenschacht oder bringt es in einem zur Auskleidung des Schachtes versenkten Rohr an. In das untere Ende des unter Wasser tauchenden Wellenrohres A wird durch ein Rohr B Pressluft eingeführt, wie Fig. 530 veranschaulicht. Es tritt dann die bereits beschriebene Wirkung ein, welche ein Aufwärtssteigen des Wassers im Wellenrohr erzeugt. Die besondere Gestaltung desselben soll nun gegenüber einem glatten Rohr den Vortheil haben, dass der in Folge der vermehrten Rohrfläche und der vielfachen Querschnittsänderung des Rohres entstehende vermehrte Widerstand ein Zurückfliessen des aufwärts steigenden Wassers hindert, während andererseits die eigenthümliche Rohrform die Mischung der Luft mit dem Wasser erleichtert. Einwandsfreie Versuchszahlen sind

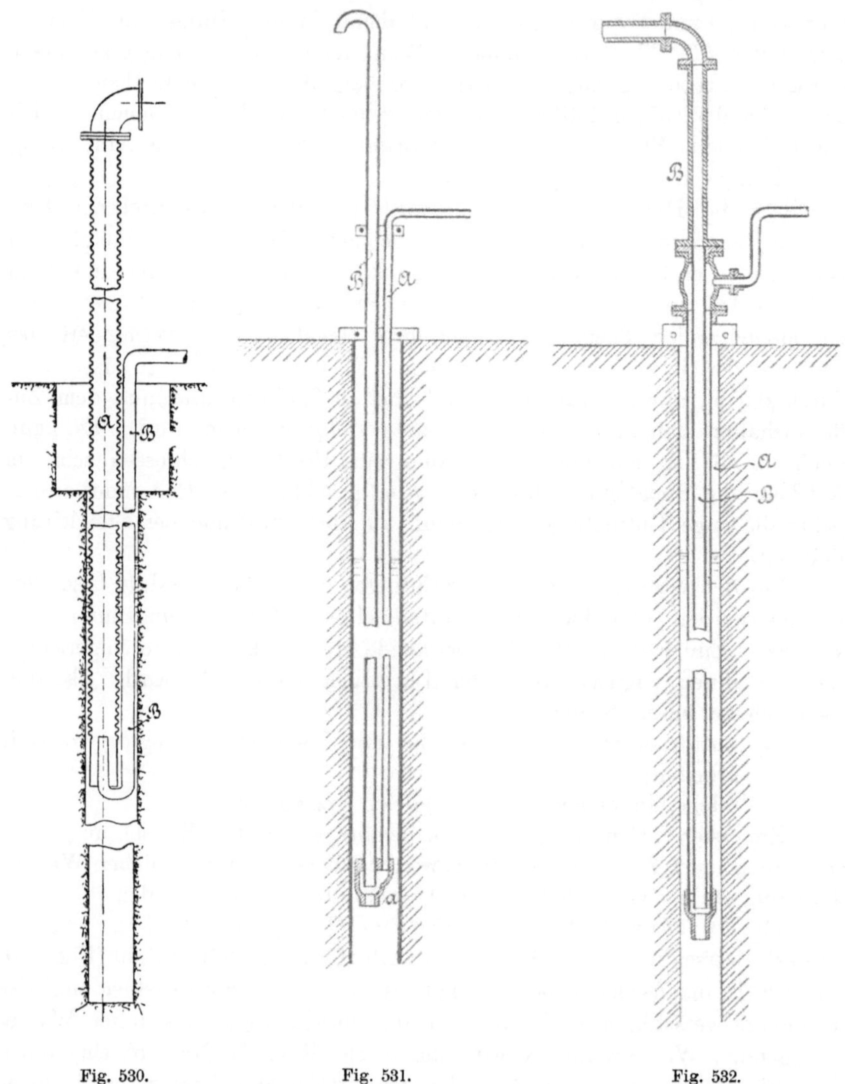

Fig. 530. Fig. 531. Fig. 532.

noch nicht bekannt geworden. Neuerdings ist die Wellenrohrpumpe (Patent angemeldet) bei feldmässigen Wasserstationen in der Form zur Anwendung gekommen, dass die Beschaffung der verdichteten Luft durch den Luftkompressor der Westinghouse-Bremse erfolgte und das gehobene Wasser unmittelbar dem Tender der Lokomotive zugeführt wurde.

Die Maschinenbau-Anstalt und Eisengiesserei A. Borsig in Berlin führt eine Luftdruckpumpe unter der Bezeichnung „Borsig'sche Mammutpumpe" (D.R.P. Kl. 59 No. 89417 und Nr. 91886) aus, welche gegenüber den vorerwähnten Bauarten die wesentliche Neuerung einer Zuführung der Pressluft am ganzen Umfang des Steigrohrs zeigt, wie Fig. 531 u. 532 veranschaulichen. Das Luftzuführungsrohr A wird hierzu entweder, wie Fig. 531 andeutet, seitlich vom Steigrohr niedergeführt und endigt dann in einer Luftkammer a, in welche das Steigrohr B mündet, oder das Luftrohr A umgibt letzteres, wie Fig. 532 zeigt, oder es wird in dieses eingesetzt. Im letzteren Fall wird bei einer anderen Ausführungsform in geringer Entfernung unter dem Ende des Luftrohrs eine kreisförmige Platte vom Durchmesser des letzteren angebracht und das Steigrohr noch etwas tiefer als das Luftrohr geführt.

Die ringsum in das Steigrohr eintretende Luft soll sich nicht wie bei der gewöhnlichen Art dieser Wasserförderung in zahlreiche einzelne Bläschen auflösen, sondern in einer grösseren Menge sich in das zu hebende Wasser einschieben, so dass einzelne Luftkolben entstehen, welche mit den zwischenliegenden Wassermengen zahlreiche Schichten im Steigrohr bilden. Entsprechend der mit dem Aufsteigen des Wassers verbundenen Druckabnahme in demselben dehnen sich die Luftschichten aus und fördern dadurch die Wasserbewegung. Die Mammutpumpe wird neuerdings zur Wasserförderung aus Tiefbrunnen vielfach zur Anwendung gebracht, ferner bei Tiefbohrungen, da auch Sand u. dergl. mit heraufgeführt wird, ferner zur Förderung von heissem oder schlammigem Wasser.

Nach der Angabe von Borsig kann die Mammut-Pumpe folgende Wassermengen in der Minute liefern:

aus einem 15 cm weiten artesischen Brunnen	270	bis	900	l
„ „ 20 „ „ „ „	550	„	3000	„
„ „ 25 „ „ „ „	1100	„	4000	„
„ „ 30 „ „ „ „	2200	„	5400	„

je nach der Leistungsfähigkeit des Brunnens. Im Allgemeinen wird für 1 l gefördertes Wasser ungefähr 1,5—1,9 l atmosphärischer Luft verbraucht, die je nach der Tiefe des Brunnens auf einem entsprechenden Druck verdichtet werden muss. Die Geschwindigkeit, welche sich aus der Wasserförderung und der Weite des Steigrohrs ergibt, wird zu 1,5 bis 2 m genommen, lässt sich aber auch noch steigern.

Ein vielfach in Anwendung befindlicher hierher gehöriger Apparat ist der Saftheber (Montejus). Derselbe wird z. B. in den Zuckerfabriken zur Hebung der Zuckersäfte benutzt und besteht aus einem cylindrischen, stehend aufgestellten Behälter, der, wie Fig. 533 zeigt, mit einer Haube versehen ist, an welcher die Entlüftungsleitung A und die Zuleitung B der Pressluft anschliessen; das Rohr B wird zweckmässig noch bis in die Haube fortgesetzt und dort abgebogen, so dass es nach oben mündet, damit die eintretende Luft ohne Stoss auf die Oberfläche der zu fördernden Flüssigkeit wirkt. Die Zuleitung der letzteren erfolgt durch die Leitung C; die Steigleitung D mündet mit seitlichen Oeffnungen in einer Vertiefung F des Gefässes E, damit dieses bis zum Boden entleert werden kann. Behufs Füllung des Gefässes E werden die Hähne a und c geöffnet; die eintretende Flüssigkeit verdrängt die Luft nach der Leitung A; sobald durch diese Flüssigkeit austritt, also das Gefäss gefüllt erscheint, werden die Hähne a und c geschlossen und der Hahn b geöffnet; die eintretende Pressluft drückt dann die Flüssigkeit in die Steigleitung D. In den Zuckerfabriken wird gewöhnlich Pressluft von 8 bis 10 at Druck verwendet. Bei der vorbeschriebenen Einrichtung muss die Flüssigkeit durch die Leitung C in Folge ihres Eigengewichtes einfliessen, es findet also nur Druckwirkung statt; soll die Flüssigkeit auch angesaugt werden, so muss hierzu durch eine Luftpumpe das Gefäss nahezu luftleer gemacht werden, wie im vorigen Abschnitt erläutert wurde.

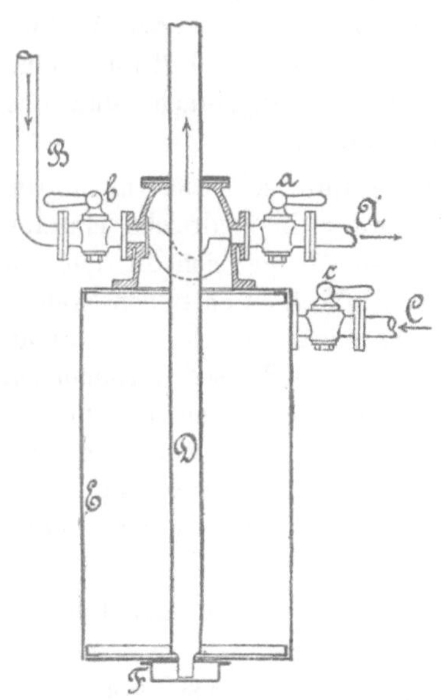

Fig. 533.

Für die Verwendung der vorbeschriebenen Einrichtung in Zuckerfabriken wird dieselbe allerdings häufiger mit Kesseldampf statt mit Pressluft betrieben und wird ersteres später noch erläutert.

Die Hebung des Bieres aus dem im Keller gelagerten Fass nach der Ausschankstelle wird vielfach auch mittels Pressluft bewirkt, die in einer kleinen Luftpumpe erzeugt wird.

Ferner findet sich der Pressluftbetrieb auch bei Spritzen. So werden von Engel-Gross in Mülhausen i. E. Spritzen gebaut, welche 1,5 cbm Wasser und 0,5 cbm Luft von 20 at Druck enthalten.

Bei der in Fig. 533 dargestellten Pumpe muss die Steuerung der Hähne von Hand erfolgen; es ist also eine stetige Bedienung nothwendig. Zweckmässiger sind diejenigen Apparate, welche mit selbstthätiger Steuerung arbeiten.

Solche Einrichtungen sind im Besonderen für die Förderung ätzender Flüssigkeiten von Laurent und Kestner angegeben worden und in französischen Fabriken in Betrieb (vgl. Bulletin de la société d'encouragement 1885 S. 547). Der Apparat von Laurent dient hauptsächlich zum Heben von Schwefelsäure und wird in der durch Fig. 534 verdeutlichten Gestalt aus Gusseisen mit Bleiröhren hergestellt. Das Gefäss A hat 0,4 m Durchmesser und ist vom Fuss bis zur Flansche a des gewölbten Deckels 0,53 m hoch. Von dem Speisebehälter B führt ein mit einem Hahn versehenes Bleirohr c in ein Ventilgehäuse C, von diesem ein Bleirohr d in das Gefäss. Das Steigrohr e mündet mit einer erweiterten Oeffnung nahe am Boden des letzteren und ist in der gewünschten Höhe mit einem Ausguss versehen. Eine an das Steigrohr e gelöthete Bleischeibe dient zur Abdichtung des Gefässdeckels und enthält die Mündung der gleichfalls mit ihr verlötheten Luftzuleitung f. Bei leerem Gefäss wird nun der an der letzteren angebrachte, in der Figur nicht angegebene Hahn geöffnet, die Pressluft strömt ein und entweicht durch die an e angelöthete, nach oben gebogene Leitung g in die Röhre e. Wird nun der Hahn b geöffnet, so fällt aus dem Speisebehälter B, welcher 1,5 m über dem Ventilgehäuse C liegt, Flüssigkeit in letzteres, hebt das Ventil und tritt in das Gefäss, in dem es rasch bis zur Oeffnung des Hebers g steigt, den es füllt. In diesem Augenblick wird der Pressluft der Weg zum Entweichen nach aussen verschlossen, der Druck im Gefäss steigt und das Ventil C schliesst sich; die Flüssigkeit wird von der Luft nach der Steigleitung e gepresst. Damit aber fällt der Flüssigkeitsspiegel im Gefäss und die im Heber g enthaltene Flüssigkeit wird auch nach e gedrückt; sobald hierdurch die Luft gleichfalls in diese Leitung gelangt, tritt sie mit der Flüssigkeit aus dieser aus und der Druck im Gefäss vermindert sich derart, dass das Ventil C sich wieder heben kann, eine neue Füllung eintritt und damit das Spiel sich wiederholt. Der beschriebene Apparat hat einen Gefässinhalt von 0,04 cbm; er arbeitet mit Pressluft von 5 at Druck und kann mit 20 Spielen in der Stunde täglich 30 000 kg Schwefelsäure von 60° B. auf eine Höhe von 20 m und mehr heben.

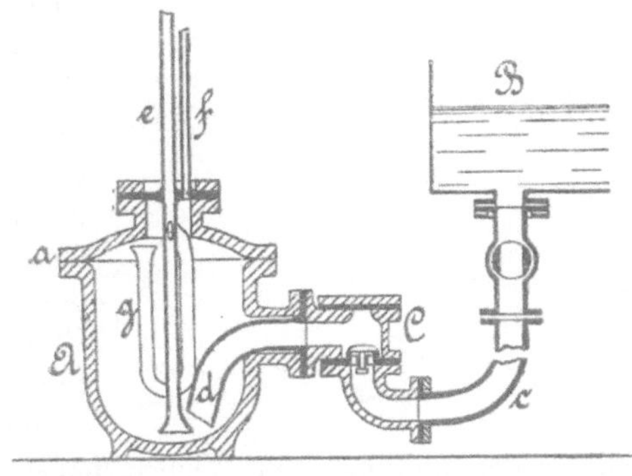

Fig. 534.

Eine Erhöhung der Leistung lässt sich dadurch erzielen, dass vom Ventilkasten ein zweites, unten mit Druckventil versehenes Rohr aufwärts geführt wird, in welches die engere Steigleitung e mündet. Die in letzterer sich rasch bewegende Flüssigkeit wirkt dann noch saugend auf das weitere Rohr, und es tritt dadurch unmittelbar eine Förderung aus dem Gehäuse C ein, so dass der Apparat selbst hauptsächlich die eigenthümliche stossweise Wirkung erzeugt.

P. Kestner in Lille hat verschiedene Formen von Druckluftpumpen angegeben, von denen einige mit Erfolg zum Heben von Säuren zur Anwendung gekommene Bauarten in Nachstehendem mitgetheilt werden.

Der in Fig. 535 angedeutete Apparat wird vorzugsweise zum Heben von Salzsäure benutzt und dann aus Hartgummi und Steingut verfertigt. An das in einer Schutzhülle aus Holz stehende, aus Steingut verfertigte Gefäss A sind drei Leitungen angeschlossen, von welchen a die zu hebende Flüssigkeit, b die Pressluft einführt, und c die Flüssigkeit hochleitet. Die Pressluft strömt durch die Röhre d theils nach einem Ventilgehäuse B und theils nach dem Gefäss A. In dem aus Hartgummi hergestellten Gehäuse B ist eine Kautschukklappe e angebracht, welche die beiden Leitungen f und g abschliessen kann, wovon erstere von dem Speisebehälter C abgeht. Wird bei entleertem Gefäss A die Luftzuleitung d geöffnet, so fliesst die Flüssigkeit aus C durch die offene Klappe e nach A und die Pressluft entweicht durch die Leitung g. Sobald die Füllung soweit erfolgt ist, dass die Flüssigkeit die Mündung der Leitung d im Ventilgehäuse abschliesst, schliesst sich die Klappe e unter dem Druck der Pressluft, und da nun die Leitungen f und g abgesperrt sind, so wird die Flüssigkeit aus A in die Steigröhre c getrieben, bis der Flüssigkeitsspiegel in A soweit sinkt, dass durch c die Luft entweichen kann; dann sinkt der Druck in A und es kann wiederum Flüssigkeit eintreten, das Spiel sich also wiederholen.

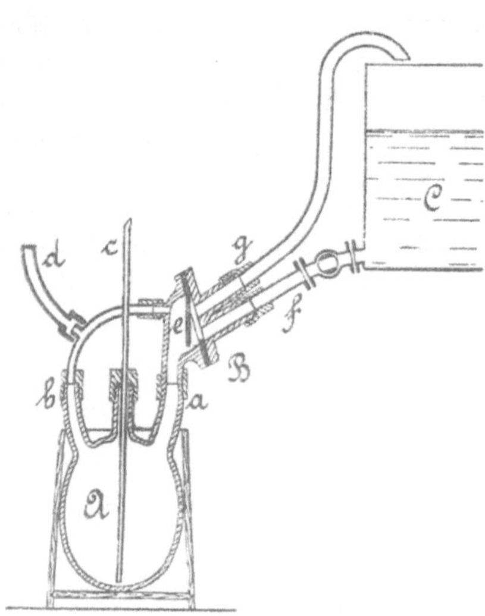

Fig. 535.

Kestner hat diesen Apparat noch vereinfacht und ihm die in Fig. 536 dargestellte Form gegeben. Das Gefäss ist hier aus einem Steingutcylinder A gebildet, der durch gusseiserne Deckel a verschlossen ist, welche durch lange Schrauben angepresst werden. In die Verschlussplatten b aus Hartgummi mündet die Zuleitung c der zu hebenden Flüssigkeit, die Zuleitung d der Pressluft, das Rohr e, aus welchem die Luft während der Neufüllung des Apparates entweicht, und die Leitung f, in welcher die steigende Flüssigkeit hoch gedrückt wird. Wenn durch die Flüssigkeit der Luftaustritt e abgeschlossen wird, so beginnt die Druckwirkung der stetig eintretenden Pressluft und dauert so lange, bis der Flüssigkeitsspiegel unter die Mündung des Steigrohres f sinkt und die Luft durch letzteres entweichen kann. In Folge der hierbei eintretenden Druckminderung in A erfolgt die Neufüllung, und das Spiel wiederholt sich. Ein Apparat der in Fig. 536 dargestellten Einrichtung fördert stündlich etwa 2 cbm Säure, ein solcher nach Fig. 535 mit einem Gefässinhalt von 0,05 cbm je nach der Menge der verwendeten Pressluft 0,7 bis 2,5 cbm auf 15 m Höhe.

Ueber den Luftverbrauch der vorbeschriebenen Apparate enthält die S. 465 angegebene Quelle keine Angaben; derselbe wird verhältnissmässig nicht gering sein, da während des allerdings nur kurzen Zeitraumes der Wiederfüllung Pressluft nutzlos entweicht; jedoch gleicht sich dieser gegen-

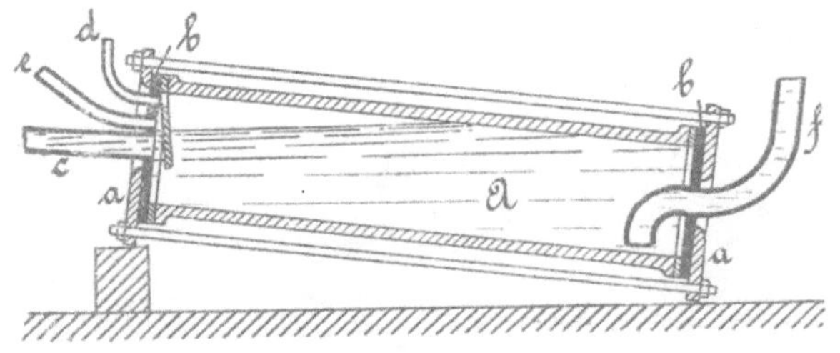

Fig. 536.

über der gewöhnlichen, in Fig. 533 dargestellten Einrichtung entstehende Verlust reichlich dadurch aus, dass die Bedienung der Steuerung erspart wird. Nach den mit den Apparaten gemachten Erfahrungen haben dieselben ohne Unterbrechung monatelang gearbeitet.

Neuere Bauarten der Kestner'schen Druckluftpumpen (D.R.P. Kl. 59 No. 67474 u. 84690) sind durch Fig. 537 bis 539 nach einer Mittheilung in der Zeitschrift des Vereins deutscher Ingenieure 1894 No. 43 S. 1281 dargestellt. Das Wesentliche dieser Apparate besteht darin, dass ein Schwimmer x (Fig. 538) die Druckluftzuleitung T_2 und den Luftauslass T_4 (Fig. 537) abwechselnd öffnet und schliesst, so dass der Innenraum des Behälters B entweder unter dem Druck der durch T_2 zugeführten Pressluft oder aber durch T_4 mit der Aussenluft in Verbindung steht. Der aus Thon geformte Schwimmer x trägt hierzu ein Ventil a, das durch Leisten s in dem thönernen Ventilsitz o geführt und mittels der Schraube d und der Muttern b c an X befestigt ist. Auf der in ein durchbohrtes Platinblech h endenden Druckluftleitung T_4 ist mittelst einer Hülse f ein zweites Ventil geführt, das aus der Schraube e mit einer Platinspitze besteht. Diese Theile sind mit Ausnahme der genannten Platin- und Thontheile aus einer Antimon-Bleilegirung, 1 : 20, hergestellt. Der durch die beiden feststehenden Ventilsitze begrenzte Hub des Schwimmers beträgt 2 mm. Die Wirkungsweise ist nun folgende: Die Säure wird aus einem hoch gelegenen Behälter durch die Speiseleitung T_1, in welche ein Rückschlag-

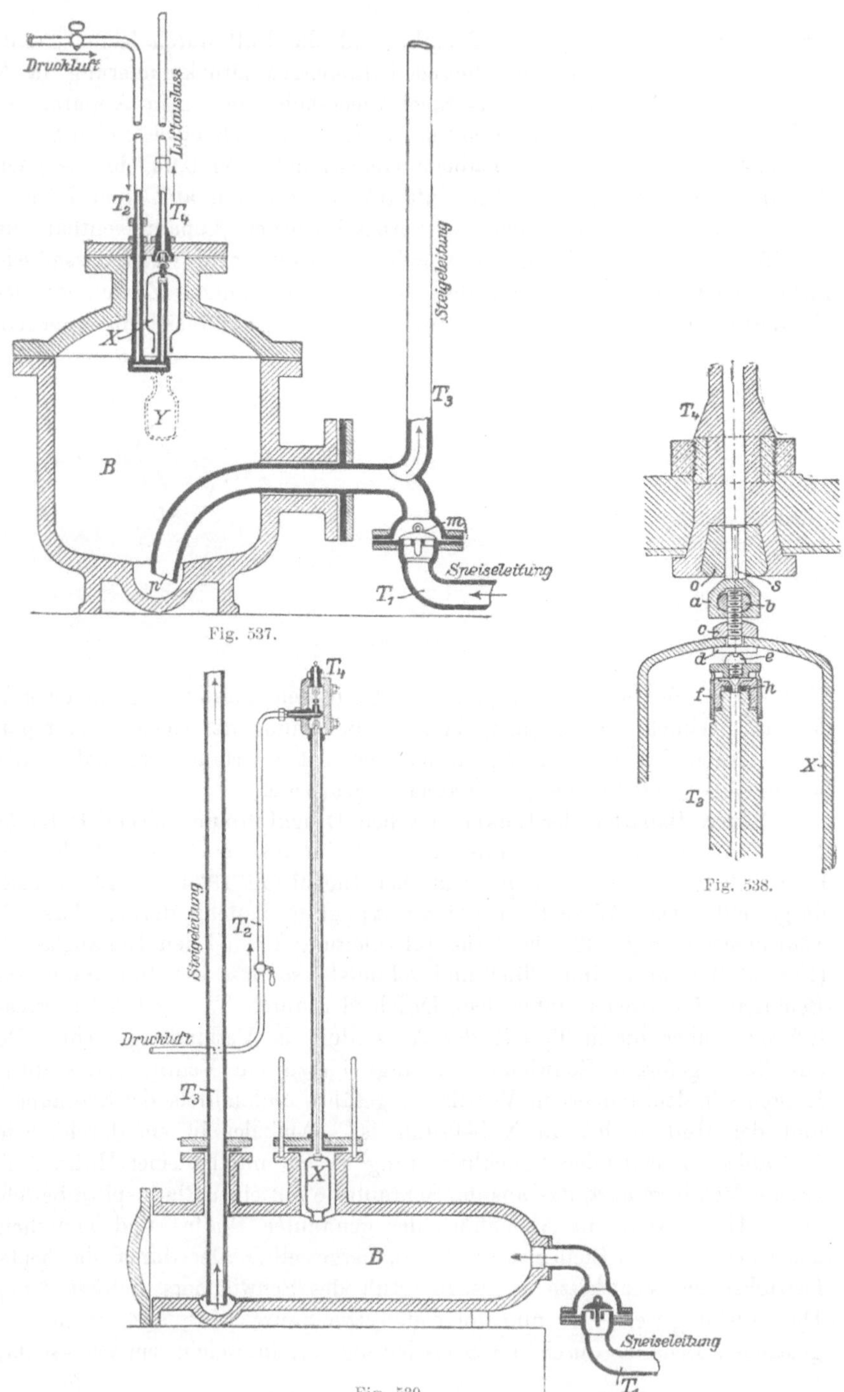

Fig. 537.

Fig. 538.

Fig. 539.

ventil m eingeschaltet ist, in den gusseisernen leeren Behälter B, der etwa 50 l Rauminhalt hat, eingeführt; die Luft entweicht durch den Auslass T_4; der Schwimmer ruht dabei auf dem Ventil e und drückt dieses auf seinen Sitz, so dass die Druckluftzuleitung T_2 geschlossen ist. Durch die aufsteigende Flüssigkeit wird schliesslich der Schwimmer gehoben, so dass sich das Ventil e unter dem Druck der Pressluft heben kann und diese in den Behälter tritt; dabei schliesst der sich hebende Schwimmer den Luftauslass ab. Die eintretende Druckluft presst nun auf die Flüssigkeit und hebt sie durch die Leitung T_3 auf die gewünschte Höhe. Dies dauert

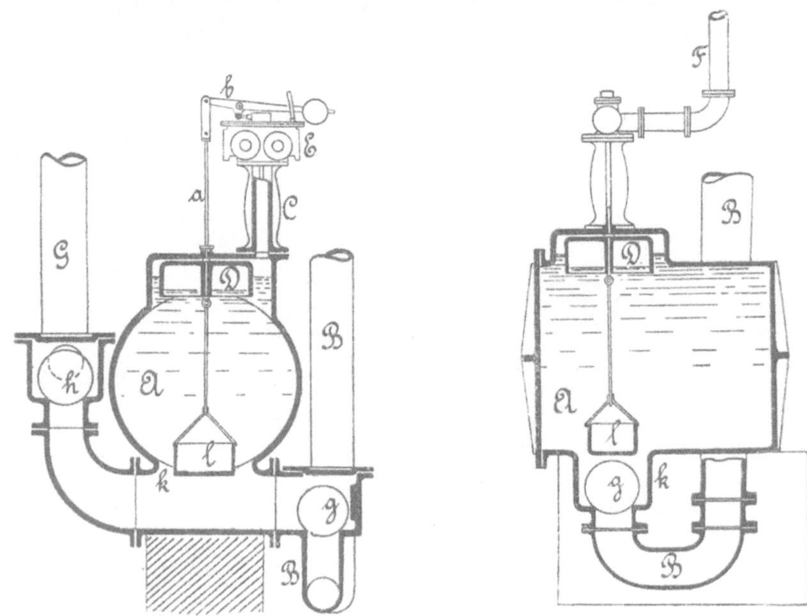

Fig. 540 und 541.

so lange, bis der herabsinkende Flüssigkeitsspiegel die Rohrmündung frei werden lässt; dann sinkt die Pressung im Behälter, der Schwimmer fällt herab, schliesst die Druckluftleitung T_2 und das Spiel beginnt von Neuem. Bei Ueberwindung grosser Förderhöhen wird das Gewicht des Schwimmers entsprechend dem gegen das Ventil e wirkenden grösseren Druck durch eine angehängte Flasche Y, welche sich mit Säure füllt, vergrössert. Fig. 539 zeigt eine andere Ausführungsform, bei welcher die von dem Schwimmer X beeinflussten Ventile hoch über dem Druckgefäss B angebracht sind, um sie bequemer nachsehen zu können; der Schwimmer ist dann mit den Ventilen durch einen Draht verbunden. Für das Heben von Salzsäure werden gusseiserne Behälter verwendet, deren innere Wandungen mit hornisirtem Kautschuk überzogen sind; für das Heben von Schwefelsäure ist ein solcher Ueberzug nicht nöthig.

Die Hebung der Spüljauche an den Tiefpunkten der einzelnen Entwässerungsgebiete mittels Pressluft ist insbesondere nach den Angaben von Shone in englischen Städten bei der von dem Genannten angegebenen Entwässerungsart zur Ausführung gekommen. Es werden hierbei Hebewerke von der in Fig. 540 u. 541 dargestellten Einrichtung benutzt. Die Spüljauche fliesst durch das Fallrohr B in das gusseiserne Gefäss A, wobei die in A befindliche Luft durch die Leitung C entweicht. In dem domartigen Aufsatz des Gefässes A bewegt sich eine Glocke D, welche an einer Stange a hängt; letztere wirkt mittels des Hebels b auf die in Fig. 542

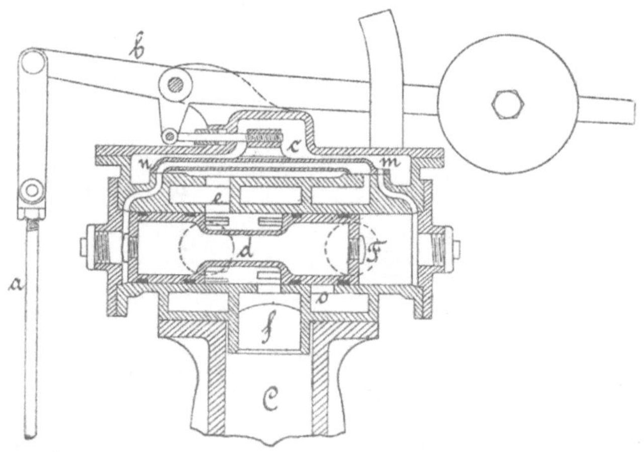

Fig. 542.

angegebene Steuerung E des Zutrittes der Pressluft zum Gefäss. Hebt sich in Folge des Einfliessens der Spüljauche die Glocke D, so bewegt der Hebel b einen Schieber c in die gezeichnete Stellung, so dass die durch die Leitung F in das Schiebergehäuse seitlich strömende Pressluft den Kolbenschieber d nach links treibt und damit Oeffnungen e freimacht, durch welche die Pressluft nach dem Kanal f und damit durch das Rohr C nach dem Gefäss A strömen kann. Hier drückt sie auf den Flüssigkeitsspiegel; das Kugelventil g schliesst sich, dasjenige h wird geöffnet und die Jauche tritt durch das Steigrohr G in die hochgelegene Abflussleitung. Ist dadurch der Flüssigkeitsspiegel bis an die Ausflussöffnung k gesunken, so sinkt die Glocke D, indem neben dem Gewicht derselben und der Stange a auch der Jauchennhalt der Schale l zur Wirkung kommt. Die sinkende Glocke D bewegt mittels des Hebels b den Schieber c nach rechts und dieser schliesst den Kanal m und öffnet denjenigen n. Die Druckluft strömt durch n hinter den

Schieber d und bewegt ihn nach rechts; dadurch werden die Oeffnungen e verschlossen und diejenigen o freigelegt, durch welche die in dem Apparat noch befindliche Druckluft und später die von der neu einfliessenden Jauche verdrängte Luft aus der Leitung c abströmen kann. Dann beginnt das Spiel von neuem; jedoch erst dann, wenn wieder genug Jauche in das Gefäss A geflossen ist, so dass die Steuerung wieder selbstthätig in Betrieb kommt. Diese Hebewerke haben sich gut bewährt und werden für etwa 0,3 bis 0,6 cbm Gefässinhalt ausgeführt.

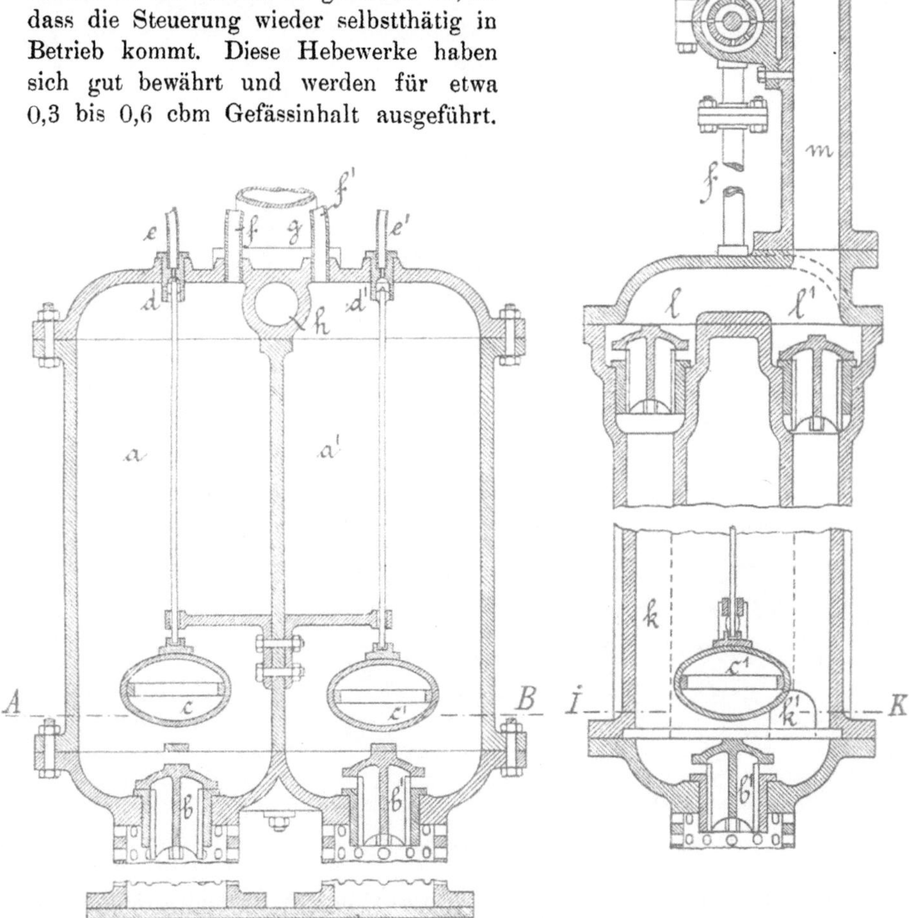

Fig. 543 und 544.

Für die **Wasserhaltung** sind mehrfach Einrichtungen zur Wasserförderung mittels Pressluft vorgeschlagen und patentirt worden, jedoch nur vereinzelt zur Anwendung gekommen. Eine solche Luftdruckpumpe von Wilh. Schranz in Laurenburg a. d. Lahn (erloschenes D.R.P. Kl. 59 No. 33822) wird in der durch die Fig. 543 bis 547 dargestellten Anordnung auf der preussischen Grube Holzappel, Revier Diez, mit Erfolg zur Wasserhaltung verwendet. Die Wirkungsweise ist folgende: Die Maschine wird in die zu hebende Flüssigkeit gestellt, so dass letztere durch ihr Eigengewicht die Saugventile bb^1 hebt und in die Gefässräume aa^1 eindringt; hierdurch heben sich die Schwimmer cc^1 und verschliessen durch die an ihren Stangen an-

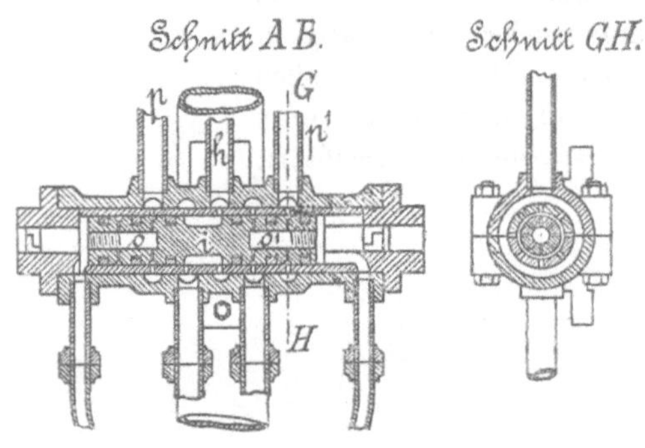

Fig. 545.

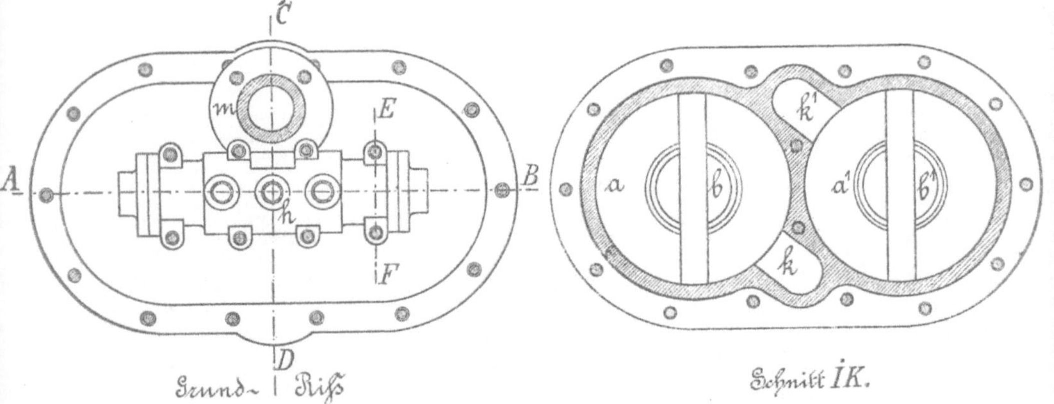

Fig. 546 und 547.

gebrachten Ventile die nach der Steuervorrichtung A führenden Oeffnungen dd^1. Wird nun durch das Rohr h Pressluft in die Steuerung eingeführt und steht der entlastete Kolben i, wie in Fig. 545 gezeichnet, links, so strömt diese Luft durch das Rohr f in den Gefässraum a und drückt, indem das Saugventil b sich schliesst, die in a befindliche Flüssigkeit durch einen unten seitlich mündenden Kanal k und durch das Druckventil l in das gemeinsame Steigrohr m. Ist die Flüssigkeit aus a soweit verdrängt, dass der

Schwimmer c sinkt, so wird die Ventilöffnung d frei; es strömt dann ein Theil der in a befindlichen Luft durch das Rohr e auf die Ringfläche des Kolbens i, schiebt diesen nach rechts und bewirkt damit die Umsteuerung. Sobald diese erfolgt ist, entweicht die in a enthaltene Luft durch das Rohr f und den Hohlraum o des Kolbens i unmittelbar, oder, wenn die Steuervorrichtung auch unter Flüssigkeit steht, durch das Rohr p ins Freie; in Folge dessen kann wieder Flüssigkeit durch das Saugventil b in den Raum a treten. Die durch h einströmende Pressluft gelangt nun durch den Steuerapparat und das Rohr f^1 in den Gefässraum a^1 und wirkt in diesem, wie vorher in a, so dass die Flüssigkeit aus a^1 durch den Kanal k^1 und das Druckventil l^1 in das Steigrohr m gedrängt wird. Sobald hierdurch der Schwimmer c^1 sinkt, erfolgt wieder die Umsteuerung und das Spiel beginnt von Neuem. Die Maschine setzt sich dadurch selbstthätig in Bewegung, dass ein in der Luftzuführungsleitung h angebrachter Hahn durch eine Schwimmervorrichtung geöffnet wird, wenn die Flüssigkeit in dem zu entleerenden Sumpf eine gewisse Höhe erreicht hat; sinkt der Flüssigkeitsspiegel im Sumpf unter einen niedrigsten Stand, so schliesst der Schwimmer den erwähnten Hahn ab und setzt damit die Maschine ausser Betrieb.

Die Luftdruck-Wasserhebungs-Gesellschaft Krause u. Co. in Berlin baut Anlagen zur Wasserversorgung von Gebäuden unter Verwendung der in Fig. 548 angedeuteten Luftdruckpumpen (D. R. P. Kl. 59 Nr. 62891 [erloschen] u. 75423). Je nach der Grösse der zu schaffenden Anlage wird in den Brunnenschacht ein Kessel A von 0,5 bis 2 cbm Inhalt versenkt; indem sich ein am Boden angebrachtes Ventil a öffnet, füllt sich der Kessel mit Wasser und sinkt nieder. Wird nun die durch einen mit Hand- oder Kraftbetrieb versehene Kompressor erzeugte Pressluft durch den Schlauch b, den Hahn c und das Rohr d in den Kessel geleitet, so drückt die Luft das Wasser durch ein Rückschlagventil C in die Schlauchleitung und dann in das Steigrohr. In dem Masse, wie die Entleerung des Kessels vorschreitet, steigt dieser im Wasser empor; kurz vor der völligen Entleerung stösst der Hebel g an den Anschlag h, wodurch bei weiterem Aufsteigen des Kessels eine Umsteuerung des Hahnes c erfolgt; diese hat zur Folge, dass die Pressluftzuführung abgesperrt wird und die im Kessel befindliche Pressluft durch den Hahn in die Aussenluft entweicht und das Bodenventil a, welches sich unter dem im Kessel entstandenen Druck geschlossen hatte, sich nunmehr unter dem Gegendruck des Wassers im Brunnen öffnet und wieder Wasser in den Kessel treten lässt. Dieser sinkt hierdurch und kurz vor der vollständigen Füllung stösst der Hebel an den Anschlag i und steuert der Hahn c um, so dass die Ausströmung der Luft aus dem Kessel abgesperrt wird und Pressluft wieder in diesen strömt, die Förderung also wieder erfolgt.

Andere ähnliche Einrichtungen mit selbstthätig wirkender Steuerung finden sich unter den Patenten der Kl. 59 und haben sämmtlich den

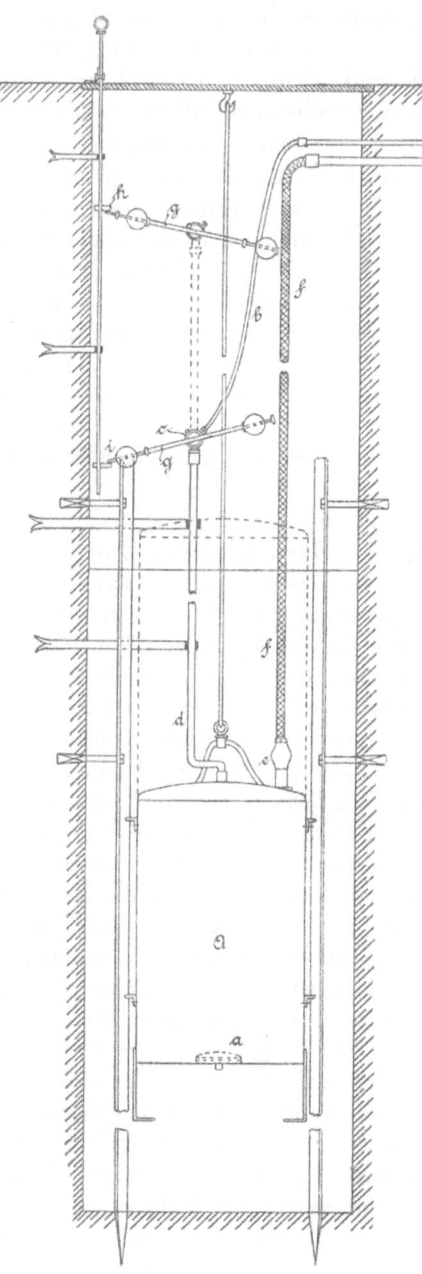

Fig. 548.

Nachtheil, dass die Pressluft schlecht ausgenützt wird, indem dieselbe nur durch Volldruck wirkt und bei jedem Spiel eine Pressluftmenge nahezu gleich dem Gefässinhalt verloren geht. Eine bessere Ausnutzung der Luftspannung wird dann erhalten, wenn man die Förderhöhe theilt und im Schacht mehrere Behälter übereinander aufstellt, durch welche das Wasser absatzweise über Tage gehoben wird. Die Pressluft wirkt zunächst im untersten Gefäss, tritt dann durch das Steigrohr dem vorausgetriebenen Wasser nach, wirkt darauf im zweiten Behälter und so fort bis zum Ausguss, jedoch mit stets abnehmender Spannung, so dass die schliesslich nach aussen entweichende Luft nur noch den Druck hat, welcher zur Ueberwindung des letzten Theiles der Förderhöhe nothwendig ist.

Luftdruck-Hebewerke, in welchen die Pressluft auch erzeugt wird, finden sich nur vereinzelt und in verschiedener Form in Anwendung. Die Verdichtung der Luft wird bei kleineren Einrichtungen durch Zusammendrücken eines Gummiballes, bei grösseren durch Wasserdruck erzeugt. Letzteres zeigte schon der Heronsbrunnen.

Stumpf hat das dem Letzteren zu Grunde liegende Prinzip insbesondere für Feuerlöschanlagen derart ausgebildet (erloschenes D.R.P. Kl. 61 No. 22 598), dass Wasser in hoch aufgestellten Behältern sich unter Druck befindet und im Bedarfsfalle durch diesen in genügend hohen Strahlen an den Feuerhähnen zum Spritzen Verwendung finden kann. Solche Einrichtungen sind dann zweckmässig, wenn der in einer verwendbaren Wasserleitung herrschende Druck nicht ausreicht, um durch Strahlen hochgelegene Punkte zu erreichen. Nach Stumpf's Vorschlag ist z. B. im Marientheater in St. Petersburg von San Galli eine Einrichtung in der durch Fig. 549 dargestellten Art ausgeführt worden. Zwei Behälter A und B stehen durch die angegebenen Rohrleitungen in Verbindung. Die Leitung a ist von dem städtischen Wasserversorgungsrohrnetz abgezweigt und theilt sich in den Strang b, welcher nach A führt und in denjenigen c, welcher in B mündet. Um nun den letzteren Behälter mit Wasser unter Druck zu füllen, werden die Hähne d und e der Leitungen c und f geöffnet; es tritt dann das Wasser durch c nach B, während die Luft durch f entweicht. Ist der Behälter B halb gefüllt, so wird Wasser aus dem Hahne e fliessen; sobald dies geschieht, werden die Hähne d und e geschlossen, dagegen diejenigen g und h geöffnet. Das Wasser fliesst dann in den Behälter A, wobei es die in demselben befindliche Luft durch das Rohr i nach B drückt. Zeigt der an A angebrachte Wasserstandszeiger die gänzliche Füllung dieses Behälters an, so werden die Hähne g und h geschlossen und k und l geöffnet. Hierdurch fliesst das Wasser aus A nach dem Abflussrohr m und ist so der Behälter A entleert, so werden die Hähne k und l geschlossen. Der Inhalt von A ist bei der genannten Anlage $1\frac{1}{2}$ mal so gross als der Luftraum von B, es wird demnach durch den beschriebenen Vorgang in letzterem Behälter ein Ueberdruck von etwa $1\frac{1}{2}$ at entstehen. Wird der Vorgang wiederholt, so wächst der Ueberdruck in B auf 3 at. Es kann also ein Luftdruck in B erzeugt werden, welcher nahezu gleich dem in der städtischen Wasserleitung herrschenden, gemessen am Wasserspiegel in A, ist. Mittels dieses Luftdruckes kann die Speisung der an der Leitung n angebrachten hochgelegenen Feuerhähne nach Oeffnen des Hahnes o erfolgen. Hierbei wird natürlich der Druck in B entsprechend der beim Wasserausfluss erfolgenden Ausdehnung der Luft sinken und die Wirkung sich mindern,

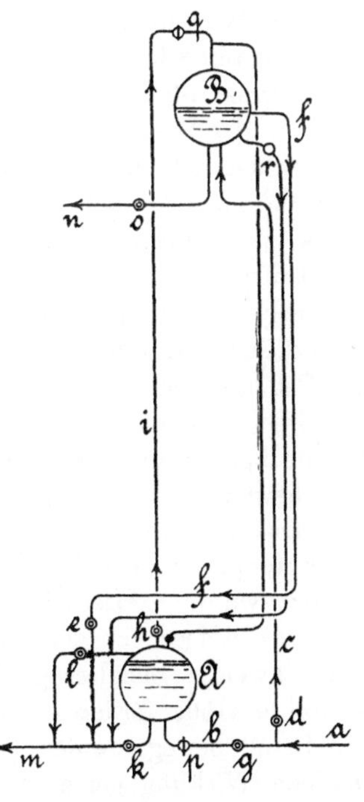

Fig 549.

und zwar um so mehr, je kleiner die in B eingeschlossene Luftmenge im Verhältniss zur Wasserfüllung ist. Letztere wird so bemessen, dass die Feuerhähne eine gewisse Zeit lang wirken können. Die zur Wirkung gelangende Luftmenge kann nun dadurch vergrössert werden, dass man auch den Behälter A unter Druck setzt. Hierzu wird nochmals der Hahn g geöffnet, nachdem die Hähne k und l geschlossen wurden. Es wird dann A sich bei den angenommenen Grössenverhältnissen entsprechend dem Druck in der Zuleitung a bis etwa $^3/_4$ füllen; hierauf wird der Hahn h geöffnet und stehen dann beide Behälter in Verbindung. Bei der Wasserentnahme aus B wird nun die Luft aus A durch den Wasserleitungsdruck nach B gepresst, so dass zunächst der Druck in B gleich gross bleibt, bis A sich gefüllt hat, und dann erst abnimmt. Um einen in der Wasserleitung a auftretenden höheren Druck als 4 at nutzbar zu machen, ist ein Rückschlagventil p angeordnet, welches dem Wasser gestattet, aus a nach A zu treten und dort sowohl wie in B den Luftdruck zu vermehren, umgekehrt aber ein Rückfliessen hindert. Das in das Luftrohr i eingeschaltete Rückschlagventil q hat den Zweck, bei etwaiger Beschädigung der Leitung i den Druck in B zu halten; ein Sicherheitsventil r soll einer Explosion des Behälters B vorbeugen, welche bei Feuerausbruch in Folge starker Erhitzung entstehen könnte. Beide Behälter sind noch mit Druckmessern versehen. Nach den gemachten Erfahrungen (vgl. Gesundheitsingenieur 1885 S. 123) hat sich die Anlage bewährt.

Das Prinzip des Heronsbrunnens liegt ferner der Höll'schen Luftdruckpumpe zu Grunde, welche in vereinzelten Fällen zur Wasserhaltung benutzt wurde. Hierbei wird die Luft in einem Behälter durch einfallendes Wasser zusammengepresst und die so erzeugte Pressluft nach einem zweiten Behälter geleitet, aus welchem sie das Wasser auf die gewünschte Höhe fördert. Die hierzu nothwendige Hahnsteuerung musste von Hand bewegt werden, jedoch wurden auch Vorschläge zu einer selbstthätigen Wirkung gemacht.

Diese Luftdruckpumpe findet wegen ihres schlechten Wirkungsgrades wohl kaum noch Anwendung.

In besonderer Weise wird die Pressluft bei der Spiralpumpe erzeugt, welche auch nur vereinzelt vorkommt. Eine der möglichen Ausführungsformen ist in Fig. 550 und 551 nach der Angabe von Thiéry angedeutet. Am Umfang einer in Drehung versetzten Trommel A sind drei spiralförmige Röhren B angeordnet, welche mit ihren Enden einerseits nach je einer Umdrehung in den Flüssigkeitsbehälter eintauchen, während die anderen Enden mit dem Steigrohr C in Verbindung stehen. Die vorderen Mündungen sind um 120^0 versetzt, um eine möglichst gleichförmige Förderung zu erhalten. In jede Spirale tritt bei jeder Umdrehung eine gewisse Flüssigkeitsmenge und darauf eine Luftmenge ein, welche durch die nachfolgende Flüssigkeit abgeschnitten wird. So bilden sich in jedem Rohr Flüssigkeits- und Luftbogen. Letztere stehen unter dem nach dem Steigrohr hin zunehmenden Druck, die Luft wird demnach verdichtet, nimmt daher einen kleineren Raum ein, und muss hierzu die Spirale so gebildet werden, dass ihr Querschnitt nach dem Steigrohr hin abnimmt. Es kann das Rohr auch in einer ebenen Spirale um die Welle angeordnet werden, so dass die Halbmesser der einzelnen Bögen und damit bei

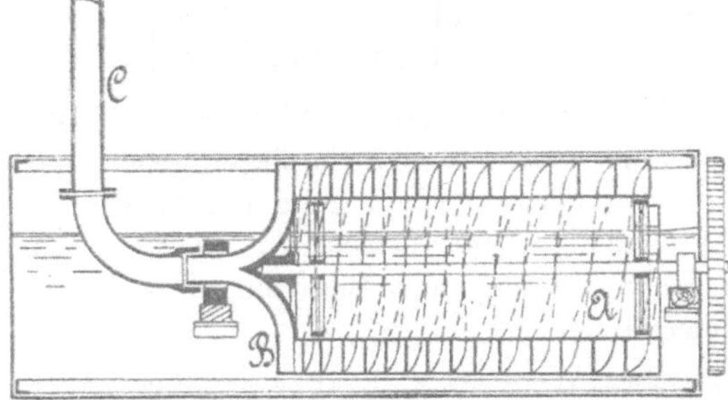

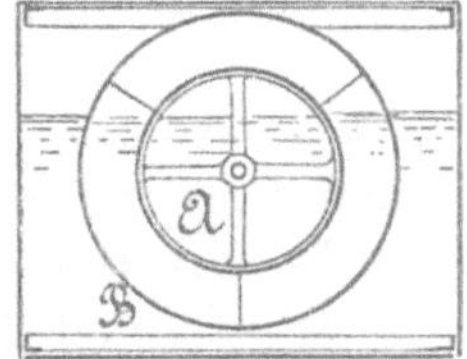

Fig. 550 und 551.

gleichbleibendem Querschnitt ihr Inhalt abnehmen. Wegen der näheren Erläuterung der Wirkungsweise dieser nur selten zur Ausführung kommenden Pumpe sei auf Weisbach's Ingenieur- und Maschinenmechanik, III. Theil, II. Abth. S. 1027 verwiesen.

Geförderte Flüssigkeitsmenge und Betriebsarbeit.

Die in der Sekunde geförderte Flüssigkeitsmenge hängt insbesondere von der Einrichtung der Pumpe ab, und da diese, wie im vorhergehenden erläutert, eine sehr verschiedene sein kann, so lässt sich die Leistung auch nur für jede Pumpe gesondert bestimmen.

Fast durchgängig wirkt die Pressluft in den beschriebenen Pumpen nur mit Volldruck; dann ist, wenn die bei höherem Druck wachsende Luftaufnahmefähigkeit der Flüssigkeit vernachlässigt werden kann, genau so viel Luft nothwendig, als Flüssigkeit verdrängt wird. Jede Förderung von Q cbm Flüssigkeit auf eine gegebene Druckhöhe H_d erfordert dann Q cbm Pressluft von einem Drucke p (in at), welcher im Stande sein muss, zuerst die im Fördergefäss und bei einfach wirkenden Pumpen, wie z. B. diejenigen nach Fig. 533 bis 542 es sind, auch die im Druckrohre in Ruhe befindliche Flüssigkeitsmasse in Bewegung zu versetzen.

Es kann dies mit geringerer Geschwindigkeit geschehen, als mit welcher sich nachher die Flüssigkeit weiterbewegt, so dass sich p für eine mittlere Geschwindigkeit aus der Erwägung bestimmen lässt, dass die geleistete und aufgewendete Arbeit während eines Spieles gleich sein müssen. Bei der Volldruckwirkung auf den gleichbleibenden Querschnitt F des Druckgefässes während des Weges S ist die von der Luft geleistete Arbeit

$$10000\, F\, S\, (p-1).$$

Die bei der Hebung der Flüssigkeit auf die Höhe H_d geleistete Arbeit ist im Allgemeinen nach den auf S. 74 u. f. gegebenen Erläuterungen

$$F\, S\, \gamma \left[H_d + \frac{2\, v_m^2}{g} \left\{ \frac{L_d}{S} + \left(\frac{1}{2} + \sigma \right) \right\} + \zeta_d \left(\frac{F}{F_d} \right)^2 \frac{v_m^2}{2\, g} \right].$$

Es ist hier vorausgesetzt, dass das Druckgefäss cylindrisch ist; dann wird, da der treibende Druck auf den Flüssigkeitsspiegel gleich gross bleibt, eine nahezu gleichförmig beschleunigte Bewegung des Flüssigkeitsspiegels eintreten, so dass die Gleich. 34 in Betracht kommt, jedoch mit Hinweglassung der aus der Kolbenreibung und Bewegung des Kolbengewichts sich ergebenden Widerstände.

Die Vorzahl ζ_d ist in gleicher Weise, wie S. 76 angegeben, zu ermitteln. Die mittlere Geschwindigkeit v_m gilt hier für die Bewegung des Flüssigkeitsspiegels. Sie lässt sich unter Annahme der gleichförmig beschleunigten Bewegung aus

$$v_m = \sqrt{\frac{b\, S}{2}}$$

ermitteln, wenn b die Beschleunigung bezeichnet. Letztere ergibt sich als Quotient der geförderten Flüssigkeitsmasse und der treibenden Kraft mit Berücksichtigung der zu überwindenden Widerstände. Der Druckleitungsquerschnitt F_d findet sich aus der anzunehmenden mittleren Geschwindigkeit im Druckrohre.

Somit ist

$$p = 1 + \frac{\gamma}{10000} \left[H_d + \frac{2\, v_m}{g} \left\{ \frac{L_d}{S} + \left(\frac{1}{2} + \sigma \right) \right\} + \zeta_d \left(\frac{F}{F_d} \right)^2 \frac{v_m^2}{2\, g} \right]. \qquad 279)$$

Die genaue Durchrechnung ist wegen der seltenen Verwendung der Luftdruckpumpe werthlos; für die Ausführung genügt es, die Pressung der treibenden Luft je nach der Länge der Druckleitung $\frac{1}{2}$ bis 1 at grösser zu machen, als sie der zu überwindenden Druckhöhe vermehrt um den Druck der Aussenluft entspricht, und dann durch ein in die Luftleitung eingeschaltetes Ventil solange zu drosseln, bis die gewünschte Geschwindigkeit im Druckrohre erzielt ist.

Die für ein Spiel geförderte Flüssigkeitsmenge ist

$$\mu\, F\, S,$$

wenn μ die Lieferungsvorzahl bedeutet (vergl. S. 52).

Bei n Spielen in der Minute ist somit die in gleicher Zeit geförderte Menge für die einfach wirkende Pumpe (vergl. Fig. 533 bis 542)

$$60\,Q = \mu\, n\, F\, S, \tag{280}$$

für die doppelt wirkende Pumpe (vergl. Fig. 543 bis 547)

$$60\,R = 2\,\mu\, n\, F\, S; \tag{281}$$

die in der Minute nothwendige Pressluft ergibt sich als n FS, bezw. als 2 n FS.

Bei den Pumpen mit selbstthätiger Steuerung wird die Anzahl n der Spiele sich aus der Zeit t_s ergeben, welche während der Füllung, und aus der Zeit t_d, welche während der Druckwirkung verstreicht, indem

$$n = \frac{60}{t_s + t_d} \tag{282}$$

sein muss.

Die Zeit t_s für die Neufüllung hängt von der Höhe H_z ab, um welche der Flüssigkeitsspiegel im Zulaufbehälter sich über der Mündung der Zuleitung im Druckgefäss befindet, ferner von dem Querschnitt F_s der Zuleitung. Die Geschwindigkeit in letzterer ergibt sich aus

$$v_s = \sqrt{2\,g\,[H_z - \Sigma(h_s)]}, \tag{283}$$

wenn $\Sigma(h_s)$ die Summe der beim Durchfluss der Zuleitung zu überwindenden Widerstandshöhen ist. Es wird dann

$$t_s = \frac{F\,S}{F_s\,v_s}, \tag{284}$$

und ferner ist

$$t_d = \frac{S}{v_m}. \tag{285}$$

Der Wirkungsgrad der Luftdruckpumpe wird sehr klein, wenn dieselbe nur mit Volldruck arbeitet. Besser würde es sein, auch die Ausdehnungskraft der Pressluft zu benutzen. Die Arbeit, welche 1 cbm Pressluft von der Spannung p leistet, wenn die Ausdehnung bis zum Gegendruck p′ erfolgen kann, ist, vorausgesetzt, dass die Temperatur hierbei gleich gross bleibt,

$$10000\,p\,\lg\text{nat}\,\frac{p}{p'},$$

während bei der Volldruckwirkung nur eine Arbeit

$$10\,000\,(p - p')$$

geleistet wird.

Der Wirkungsgrad der Volldruckwirkung ist daher

$$\eta_v = \frac{p - p'}{p}\;\frac{1}{\lg\text{nat}\,\frac{p}{p'}} \tag{286}$$

z. B. für $p = 5$, $p' = 1$ wird

$$\eta_v = 0{,}49.$$

Von der Ausdehnungskraft der Pressluft lässt sich aber auch Gebrauch machen, wenn die Förderung in einzelnen Absätzen mit Hülfe der S. 474 mitgetheilten Einrichtung erfolgt. Es ist jedoch, abgesehen von der Umständlichkeit einer solchen Anlage, zu beachten, dass bei der Ausdehnung der Luft eine erhebliche Abkühlung derselben erfolgt, die zu Betriebsstörungen führen kann. Es ist daher für den ohnehin selten vorkommenden Fall der Benutzung der Pressluft zur Hebung von Flüssigkeiten zweckmässig, hauptsächlich die Volldruckwirkung zu verwerthen und nur gegen das Ende des Spiels den Zutritt der Pressluft abzusperren, also mit sich ausdehnender Luft zu arbeiten, wobei dann die der Flüssigkeit ertheilte lebendige Kraft die Bewegung noch vollenden hilft.

Gasdruckpumpen.

Die Förderung von Flüssigkeiten durch Gasdruck kann in derselben Weise erfolgen wie durch den Druck gespannter Luft. Es könnten somit alle im vorigen Abschnitt behandelten Pumpenanordnungen auch durch gespannte Gase betrieben werden; jedoch macht die Praxis hiervon nur beschränkte Anwendung. Insbesondere findet sich der Druck von Gasen bei den vielfach im Gebrauch befindlichen, von Charlier und Vignon zuerst angegebenen Gasspritzen (Extincteurs) benutzt. In denselben wirkt gewöhnlich Kohlensäure auf die zu verspritzende Flüssigkeit, und wird erstere entweder gleich bei der Zusammensetzung der Spritze oder erst im Gebrauchsfalle erzeugt. Zu den Einrichtungen der ersteren Gattung gehören z. B. diejenigen von Schäffer & Budenberg in Buckau-Magdeburg. Der Wasserbehälter ist, wie Fig. 552 zeigt, ein cylindrisches Blechgefäss A von 0,025 oder 0,035 cbm Wasserinhalt, welches auf 12 at Druck geprüft wird. Das Gefäss ist mit einem Druckmesser a, einer Verschlussschraube b, woran ein durchlöchertes, mittels Kapsel verschliessbares Rohr c gelöthet ist, einem Ausflusshahn d und Tragriemen versehen. Behufs Füllens der Spritze wird dieselbe auf den Kopf gestellt, die Schraube b abgenommen und Wasser bis zum Rand derselben eingefüllt, sowie eine bestimmte Menge doppeltkohlensaures Natron eingeschüttet. Hierauf wird das Rohr c nach Wegnahme der Kapsel mit Weinsteinsäure gefüllt, die Kapsel wieder aufgesteckt, das Rohr eingebracht und die Verschlussschraube dicht angezogen. Durch die Einwirkung der Weinsteinsäure auf das doppeltkohlensaure Natron wird Kohlensäure

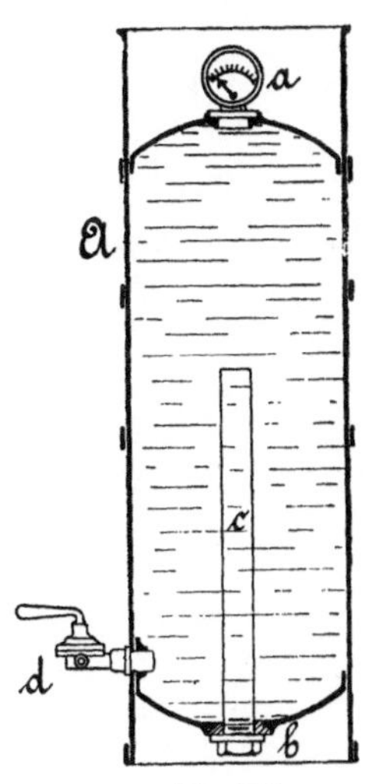

Fig. 552.

frei, welche in dem dichtgeschlossenen Behälter, dessen Dichtungen stets unter Wasser stehen, nicht entweichen kann und letzteres unter einem Drucke von 2 bis 6 at, je nach der Temperatur des Wassers bezieh. des Aufbewahrungsortes, bei vorschriftsmässiger Füllung und Aufstellung hält. Die erzielbare Spritzweite beträgt etwa 12 m. Die vorbeschriebene Spritze ist stets gebrauchfertig, hat aber den Nachtheil, dass nach längerer Zeit durch Entweichen von Kohlensäure der Druck im Behälter abnimmt. Es wurden daher Gasspritzen ausgeführt, bei welchen die Kohlensäureentwickelung erst im Gebrauchsfall erfolgt. Nach Dick's Angabe wird hierzu eine gläserne Flasche voll Schwefelsäure in das Wasser, in welchem doppeltkohlensaures Natron gelöst ist, gehängt. Ein Bolzen legt sich gegen die Flasche und ist durch eine Stopfbüchse nach aussen geführt. Im Gebrauchsfall wird auf den Bolzen geschlagen, dadurch das Fläschchen zertrümmert und damit die Kohlensäureentwicklung eingeleitet. Um ein Verstopfen des Ausflusshahnes durch die Glassplitter zu vermeiden, wird die Flasche mit Drahtgeflecht umhüllt. Statt der durch Zufall leicht zerbrechlichen Glasflasche enthalten andere Spritzen eine Bleiflasche, welche im Gebrauchsfall durchstochen oder deren umklappbarer Boden dann geöffnet wird. Es wird die Einrichtung auch so getroffen, dass die Flasche von aussen füllbar ist.

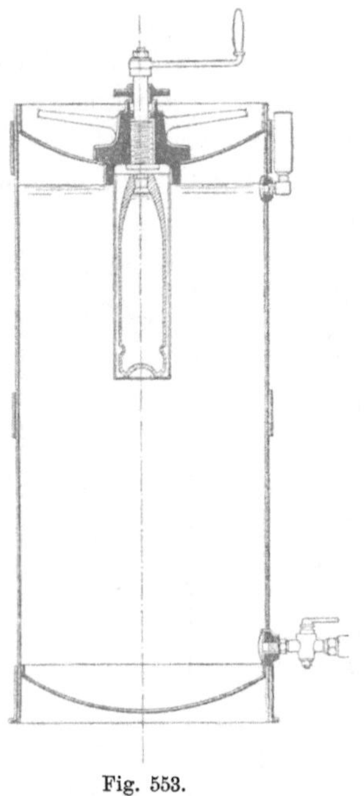
Fig. 553.

Richard Schwartzkopff in Berlin baut Gasspritzen nach der Angabe von H. Böhle, in welchen die Kohlensäureentwicklung auch durch Zerbrechen einer mit konzentrirter Schwefelsäure gefüllten Glasflasche erzeugt wird. Fig. 553 veranschaulicht die Einrichtung; das Zerbrechen der Flasche erfolgt durch Drehen einer Kurbel, die gegen unbefugten Gebrauch mit Plombenverschluss versehen wird.

Zu den erst im Augenblick des Bedarfs betriebsfertig gemachten Spritzen gehören auch diejenigen, welche nach Angabe von Raydt durch flüssige Kohlensäure betrieben werden. Dieselben werden von der Maschinenfabrik Deutschland in Dortmund gebaut und sind entweder mit einem oder zwei Wasserbehältern von je 0,2 oder 0,3 cbm Inhalt und 2 bezieh. 4 Kohlensäureflaschen ausgerüstet. Letztere enthalten je 4 kg flüssige Kohlensäure, welche einen Druck von etwa 40 at ausübt, beim Ausströmen in die Luft gasförmig wird und den 450-fachen Raum einnimmt. Jede Flasche ist durch ein Absperrventil geschlossen, welches durch ein Kupferrohr mit dem zu entleerenden Wasserbehälter verbunden wird. Nach Oeffnen des Ventils durch Drehung eines Schlüssels wird die Kohlensäure unter dem kleiner werdenden Druck gasförmig und presst den Wasserinhalt des Behälters durch den Spritzenschlauch. Der Inhalt einer Flasche reicht für die Förderung von etwa 0,6 cbm Wasser aus. Beim Spritzen ist unter Beobachtung des am Behälter angebrachten Druckmessers das Flaschenventil so zu regeln, dass der Druck die für die zu erzielende Spritzhöhe nothwendige Stärke hat. Das Auswechseln der entleerten Flaschen gegen gefüllte ist bei den angegebenen Ausführungen leicht zu bewerkstelligen. Die Spritzen mit zwei Wasserbehältern haben den Vortheil, dass während des Ausspritzens des einen der andere, vorher entleerte, wieder gefüllt werden kann, das Spritzen also ohne Unterbrechung erfolgt.

Witte in Berlin hat die flüssige Kohlensäure in vorbeschriebener Weise auch dazu benützt, eine Dampfspritze in sofortiger Bereitschaft zu halten (erloschenes D.R.P. Kl. 59 No. 21931). Auf dem Fahrzeuge der Spritze wird eine ausreichende Menge der Säure mitgeführt, welche durch eine Rohrleitung mit Rückschlagventil in den Dampfraum des Dampfkessels gelassen wird, sobald die Spritzwirkung beginnen soll. Das Anheizen des Kessels und die Dampfentwicklung gehen hierbei in der gewöhnlichen Weise vor sich. Die Kohlensäure dient zum Betriebe der Dampfpumpe unter gleichzeitiger Dampfentwickelung, bis der Dampf selbst die zum Betriebe erforderliche Spannung hat.

Die mit den Gasspritzen angestellten Versuche haben ergeben, dass dieselben wohl nicht mit den durch Menschen- oder Dampfkraft betriebenen Feuerspritzen in Wettstreit treten können, jedoch zur Löschung kleiner Schadenfeuer, insbesondere zur Dämpfung eines im Entstehen begriffenen Brandes sich eignen.

Zu erwähnen ist noch ein von Foucault für die Wasserhebung mittels Gasdruck gemachter Vorschlag, welcher darauf beruht, dass Wasser bei 15^0 C das 743fache seines Volumens an Ammoniakgas aufnimmt, bei 60^0 dasselbe wieder abgibt und dass bei 100^0 dieses Gas einen Druck von $7^1/_2$ at ausübt; ferner, dass Wasser kein Petroleum und dieses kein Ammoniak aufnimmt. Der von Foucault in Vorschlag gebrachte Apparat besteht aus einem Gefäss, in welches eine gesättigte Lösung von Ammoniak in Wasser gebracht wird, und einem Saugbehälter, welcher theilweise mit Wasser gefüllt ist und dessen oberer Theil durch eine Leitung mit dem genannten Gefässe in Verbindung steht. Wird der Wasserinhalt des Saugbehälters mit einer Schicht Petroleum bedeckt und die Ammoniaklösung im ersten Gefäss erwärmt, so tritt das freigewordene Gas über das Wasser, kann von diesem der Petroleumschicht wegen nicht aufgenommen werden und drückt daher das Wasser durch ein am Behälter angebrachtes, mit einem Druckventil versehenes Druckrohr aufwärts. Wird das Ammoniakgefäss hierauf abgekühlt, so nimmt das Wasser wieder Ammoniak auf, es entsteht im Wasserbehälter ein luftverdünnter Raum, wodurch ein Ansaugen von frischem Wasser durch das am Behälter angebrachte und mit Saugventil versehene Saugrohr erfolgt. Zur Erwärmung der Ammoniaklösung will Foucault die Sonnenstrahlen benutzen. Ein nach Foucault's Vorschlag eingerichteter Apparat ist im Praktischen Maschinenkonstrukteur 1878 S. 345 beschrieben und durch Zeichnung erläutert.

Dampfdruckpumpen.

Flüssigkeitshebemaschinen, bei welchen die Pressung des gespannten Wasserdampfes unmittelbar als treibende Kraft der Förderung benutzt wird, finden in verschiedener Bauart vielfache Anwendung. Es wird hierbei gewöhnlich auch der Druck der Aussenluft benutzt und zwar, indem der Dampf, welcher eine Druckwirkung ausgeübt hat, niedergeschlagen wird, so dass in dem betreffenden Gefäss eine kleinere Spannung als die der Luft entsteht und der Ueberdruck der letzteren eine Förderung von Flüssigkeit aus dem Saugbehälter nach dem genannten Gefäss erzeugt.

Die Dampfdruckpumpen wirken daher gewöhnlich abwechselnd saugend und drückend, wie eine einfachwirkende Kolbenpumpe. Die Doppelwirkung kann durch Vereinigung zweier einfachwirkender Maschinen erhalten werden. Wie bei den Kolbenpumpen ist auch hier eine Steuerung für die Saug- und Druckleitung nothwendig; ferner muss auch die Dampfzuleitung abwechselnd mit dem Pumpengefäss verbunden und gegen dasselbe abgeschlossen werden, wozu gleichfalls eine Steuerung anzuordnen ist. Dieselbe, wie diejenige der Saug- und Druckleitung, kann so eingerichtet werden, dass sie von der Hand bewegt werden muss, oder derart, dass das Oeffnen und Schliessen selbstthätig erfolgt.

Je nach der Einrichtung und Formung der Pumpe werden verschiedene Arten unterschieden, welchen von den Erbauern verschiedene Namen gegeben wurden.

Mit von Hand zu stellender Steuerung ist der bereits beschriebene Saftheber (Montejus) ausgerüstet, welcher vielfach statt mit Pressluft mit gespanntem Wasserdampf betrieben wird und zwar entweder derart, dass nur eine Druckwirkung eintritt oder dass ausser dieser auch noch eine Saugwirkung entsteht. Für den ersten Fall erhält der Apparat die in Fig. 533 dargestellte Einrichtung; durch die Leitung B tritt der treibende Dampf ein; die Wirkungsweise ist hier die gleiche wie bei der S. 463 beschriebenen Einrichtung. Soll auch eine Saugwirkung entstehen, so wird der Cylinder E durch eine mit selbstthätigem Ventil versehene

Saugleitung mit dem tiefer liegenden Saugbehälter verbunden und an E noch eine enge, durch einen Hahn regelbare Wasserzuleitung angeschlossen. Die Saugwirkung entsteht nun, wenn das Gefäss E durch die Leitung B nach Oeffnen der Luftleitung A mit Dampf gefüllt und dieser nach Schliessen der Hähne a und b und Oeffnen der Wasserzuführung niedergeschlagen wird. Es entsteht dann in E eine Luftverdünnung, welche bei Wasserförderung und kurzer Saugleitung eine Saughöhe von 6—8 m überwinden lässt. Durch erneuten Eintritt von gespanntem Dampf wird die angesaugte Flüssigkeit in das mit selbstthätigem Druckventil oder stellbarem Hahn versehene Steigrohr D getrieben. Wird hierauf der das Gefäss füllende Dampf wieder niedergeschlagen, so erfolgt von neuem die Saugwirkung. Die vorbeschriebene Pumpe ist in jedem Fall einfachwirkend.

Die Verwendung des Dampfdruckes zur Wasserförderung kommt bei einer grossen Zahl von Vorrichtungen zum Ausdruck, welche zum Zwecke der selbstthätigen Speisung von Dampfkesseln angegeben wurden, von denen aber allerdings nur wenige eine praktische und erfolgreiche Verwendung finden. Bei diesen Maschinen sind gewöhnlich zwei Vorgänge vereinigt: die Druckausgleichung zwischen dem Dampfkessel und dem das Speiserohr enthaltenden Gefäss behufs ungehinderten Einfliessens des Wassers in den tiefer liegenden Kessel und das selbstthätige Ansaugen des Speisewassers in Folge Verdichtung des Arbeitsdampfes im Speisebehälter. Der erstgenannte Vorgang liegt dem sogenannten „retour d'eau“ zu Grunde, einer häufig angewendeten Vorrichtung. Hierbei wird über dem Kessel ein Behälter aufgestellt, von dessen Boden ein Rohr in den Wasserraum des Kessels führt, während vom Dampfraum desselben ein zweites Rohr abgeht und in den oberen Theil des Behälters mündet; letzterer wird durch ein drittes Rohr gefüllt. Die drei genannten Leitungen sind einzeln durch Hähne absperrbar. Wird durch Oeffnen des Hahnes in der Dampfleitung der Behälter unter den Kesseldruck gestellt, so fliesst das Wasser nach dem Kessel. Der zweitgenannte Vorgang erfordert die Verdichtung des Dampfes, welche gewöhnlich durch Einspritzung kalten Wassers erzeugt wird.

Selbstthätige Kesselspeisevorrichtungen verschiedener Form finden sich in folgenden Zeitschriften beschrieben: Pröll, Zeitschrift d. Ver. deutsch. Ing. 1881 S. 595; Werner, Verhandlungen des Ver. zur Beförderung des Gewerbefleisses 1881 S. 487, 1885 S. 309; Wehage in derselben Zeitschrift 1882 S. 22; Hartmann in derselben Zeitschrift 1886 S. 360. Bezüglich der Vortheile und Nachtheile der selbstthätigen Kesselspeisung sei auf diese Abhandlungen verwiesen. Einige neuere Druckpumpen, welche trotz ihrer immerhin verwickelten Einrichtung praktische Anwendung gefunden haben, sind in nachstehendem mitgetheilt.

Eine von A. Mayhew und W. Ritter in Altona angegebene, von

letzterem ausgeführte selbstthätige Kesselspeiseeinrichtung, genannt Hydrotroph (erloschenes D.R.P. Kl. 59 No. 13440), ist in der durch Fig. 554 bis 556 verdeutlichten Anordnung auf der fiskalischen Gerhard-Grube bei Saarbrücken mit Erfolg im Gebrauch. Die Einrichtung besteht aus der Pumpe und dem Regelungsapparat (Fig. 554). Letzterer wird über dem Kessel aufgestellt und besteht aus einem Gehäuse A mit eingespannter Metallmembrane a, an welcher ein Ventil b hängt; der untere Theil des Gehäuses wird durch das Rohr c mit dem Dampfraum des zu speisenden Kessels und durch das Rohr d mit der Pumpe verbunden, während in den oberen Theil ein Rohr C mündet, das im Kessel bis auf den normalen Wasserstand geführt ist. Es wird also die Membrane von unten durch den Dampfdruck, von oben durch denselben abzüglich des der Wassersäulenhöhe vom Wasserspiegel des Kessels bis zur Membrane entsprechenden Druckes belastet, so dass die Membrane nach aufwärts gedrückt wird und das Ventil b geschlossen hält, wodurch die Pumpe ausser Wirksamkeit bleibt. Sobald jedoch das Wasser im Kessel unter den normalen Stand sinkt, fällt die Füllung des Rohres C zurück; es tritt Dampf ein und der Druck auf beiden Seiten der Membrane wird gleichstark; letztere biegt sich zurück, das Ventil b öffnet sich, es strömt Kesseldampf nach der Pumpe und fördert mittels derselben frisches Wasser in den Kessel, bis der normale Wasserstand wieder erreicht ist und die Pumpenwirkung damit aufhört. Die in Fig. 555 u. 556 dargestellte Einrichtung der Pumpe enthält ein Gefäss B, in dessen Kopf ein Ventil f angebracht ist. In denselben mündet die vom bereits beschriebenen Regelungsapparat kommende Dampfleitung d und eine mit dem Dampfraum des Kessels verbundene Leitung g. Das Ventil f wird vom Dampfdruck nach aufwärts getrieben und geschlossen, so lange der Druck oberhalb des Ventils kleiner als unterhalb desselben ist. Werden beide Drucke gleich gross, so fällt f durch sein Eigengewicht und lässt Dampf nach B strömen, so dass, da dann im Gefäss der gleiche Druck wie im Kessel herrscht, der letztere gespeist wird, indem aus dem höher aufgestellten Gefäss B Wasser durch das Ventil h nach dem Kessel fliesst. Hierbei wird etwas Wasser durch das Rohr i nach dem Windkessel C gedrückt. Sobald das Wasser bis unter die Unterkante des birnförmigen Theiles von B gesunken ist, tritt die Verdichtung des Dampfes und Druckabnahme in B ein, indem einerseits Wasser aus der Druckleitung zurückfällt, andrerseits Wasser aus dem Windkessel C durch das Kupferröhrchen k und die auf demselben sitzende, mit Rückschlagventil versehene Brause zurückspritzt und die Verdichtung vervollständigt, so dass die Saugwirkung eintritt und

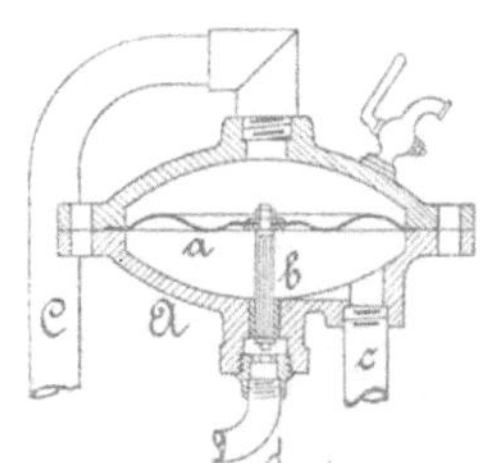

Fig. 554.

frisches Wasser aus der Saugleitung durch das Ventil nach B strömt. Beim Beginn der Verdichtung hat sich das Ventil h geschlossen; hierauf schliesst sich auch das Ventil b. Damit während der Verdichtung auch die Dampfzuströmung durch d unterbrochen ist, wurde ein kleiner durchbohrter Kolben m eingeschaltet, der ein Ventil trägt. Der aus dem Regelungsapparat (Fig. 554) eintretende Kesseldampf hebt den Kolben und gelangt auch durch eine Längsbohrung desselben nach der Kapsel n. Sobald im Gefäss B die Druckabnahme beginnt, drückt der in n befindliche Dampf

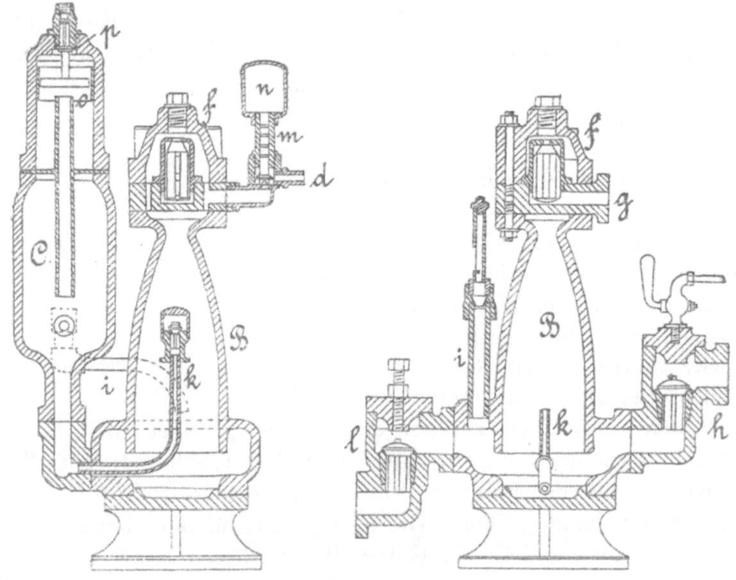

Fig. 555 und 556.

den Kolben und damit das Ventil nieder, und erst wenn bei sinkendem Wasserstand im Kessel wieder frischer Dampf durch den Apparat A nach der Leitung d gelangt, hebt sich m und lässt Dampf nach B strömen. Dadurch aber wird der Druck in B nahezu gleich dem im Kessel, das Ventil f sinkt und der durch g zuströmende Kesseldampf bewirkt in beschriebener Weise die erneute Speisung des Kessels. Durch das Röhrchen i kann die mit dem angesaugten Wasser eintretende Luft nach dem Windkessel entweichen. Dieser ist noch mit einer Luftregelungsvorrichtung versehen, die einen undicht schliessenden Kolben o enthält, an welchem ein Ventil p befestigt ist. Wenn bei der Speisewirkung etwas Wasser nach dem Windkessel gepresst wird, so stösst die in demselben befindliche Luft den Kolben o aufwärts, wodurch sich das Ventil p schliesst. Hierauf gleicht sich der Druck über und unter dem Kolben aus; sobald daher die Verdichtung des Dampfes in B beginnt, nimmt auch der Druck in C ab, die über dem Kolben befindliche, augenblicklich noch etwas höher gespannte Luft drückt denselben nieder, das Ventil p wird geöffnet und der Ueberschuss an Luft in C entweicht. Ist zu wenig Luft im Windkessel, so öffnet sich das Ventil p während der Saugwirkung und lässt Luft von aussen eintreten.

Eine andere, gleichfalls zur Anwendung kommende Vorrichtung ist von Fromentin angegeben (erloschenes D.R.P. Kl. 13 Nr. 8910) und von Brandt geändert worden (abhängiges Patent Nr. 25781). Fig. 557 bis 560

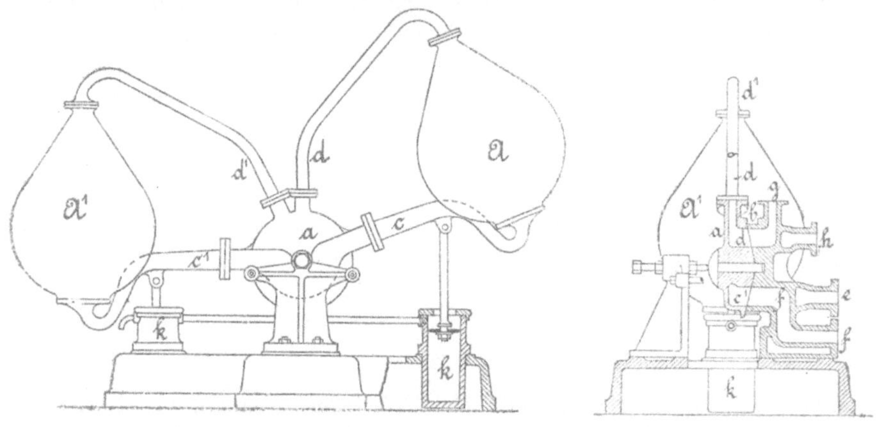

Fig. 557. Fig. 558.

verdeutlichen die vom Letztgenannten zur Ausführung gebrachte Einrichtung. Zwei Gefässe A A^1 sind an einem Hebel so befestigt, dass ihr Gesammtschwerpunkt in gefülltem und leerem Zustande über der Drehachse liegt und der Hebel sich somit im labilen Gleichgewicht befindet. Die Steuerung erfolgt durch einen flachkonischen Kreisschieber a, der mit dem Hebel fest verbunden ist und die Einmündungen der in die Gefässe A A^1 führenden Kanäle c c^1, sowie der Dampfleitungen d d^1 enthält; dieser Schieber bewegt sich auf der Platte b, welche die Einmündungen des Saugrohres e, des Druckrohres f, der Dampfzuleitung g und der Abdampfleitung h enthält. Die Spiegel des Schiebers a und der feststehenden Grundplatte b sind in den Fig. 559 und 560 besonders angegeben; die abgedrehte Platte a ist mit Aussparungen i versehen. In der gezeichneten Stellung wird das Gefäss A gefüllt, während der durch d^1 nach dem Gefäss A^1 strömende Dampf das in A^1 enthaltene Wasser durch c^1 und f nach dem Kessel drückt. Hierdurch wird A schwerer, A^1 leichter, der Hebel bewegt sich und kippt schliesslich um, wobei das wegen der Hochlage des Schwerpunktes wachsende, auf Kippen wirkende Kraftmoment die vollständige Umsteuerung bewirkt, so dass nun das Gefäss A^1 gefüllt und aus A das Wasser nach dem Kessel gepresst wird. Der beim Umkippen erfolgende Stoss wird durch die kleinen Wasserkatarakte k gemässigt. Die Füllung erfolgt gewöhnlich von einem höher liegenden Behälter; es kann jedoch auch das Wasser angesaugt werden, indem die allmählich entstehende Dampfverdichtung benutzt wird. Im ersteren Fall wird der beim Füllen nicht verdichtete Dampf durch das Rohr h abgeleitet. Die Pumpe kann auch statt zur Kesselspeisung zur Förderung auf eine gewisse Höhe benutzt werden, wenn das Druckrohr f hochgeführt wird. Behufs Messung des geförderten oder nach dem Kessel gedrückten Wassers lässt sich mit dem Hebel ein Zählapparat verbinden, der die Zahl der Hebelbewegungen und damit der Gefässentleerungen angibt.

Häufige Anwendung hat die Vorrichtung gefunden, welche von Cohnfeld in Zaukeroda bei Dresden in den Handel gebracht worden

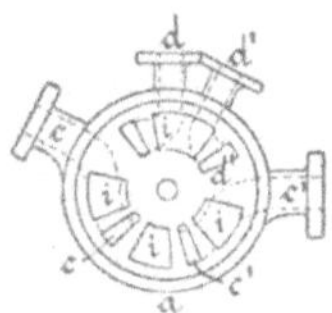

Fig. 559.

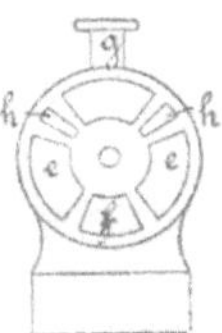

Fig. 560.

und durch Fig. 561 dargestellt ist. Es werden etwa 0,3 bis 0,6 m über dem zu speisenden Kessel zwei übereinander gesetzte Gefässe A und B aufgestellt, welche durch eine die Wärme schlecht leitende hölzerne Scheidewand a getrennt sind, jedoch durch die U-förmig gekrümmten Röhren b und c in Verbindung stehen. Der Kesseldampf tritt in das untere Gefäss A, nachdem er vorher den Apparat C durchströmt hat. Das obere Gefäss B ist mit dem Speisewasserbehälter durch die Leitung d,. das untere mit dem Speiseraum des Kessels durch das Rohr e verbunden. Ein mit einem Black'schen Speiserufer ausgerüstetes, bei f an den Apparat C anschliessendes Standrohr reicht bis zum normalen Wasserspiegel, während eine in dem Standrohr angebrachte, am Speiserufer endigende Röhre bis zum niedrigsten noch zulässigen Wasserspiegel geführt ist. Sobald nun derselbe unter den normalen Stand sinkt, strömt Dampf durch das Standrohr, die Leitung f und den Apparat C in das untere Gefäss A; es erfolgt die Druckausgleichung in demselben, so dass Wasser durch die Leitung e nach dem Kessel fliessen kann. Sobald sich hierdurch der Wasserstand in A bis unter die Mündung des Rohres b gesenkt hat, gelangt Dampf auch nach B und verdrängt das dortselbst befindliche Wasser durch das Rohr c nach A. Durch die zunehmende Ausdehnung und Abkühlung des Dampfes an den kalten Wänden des Gefässes A entsteht in diesem eine Druckabnahme, die das Emporschnellen des mit Aussenrippen versehenen Kolbenventils g in dem Apparat C und damit den Abschluss des Dampfzuflusses zur Folge hat. Nunmehr wird

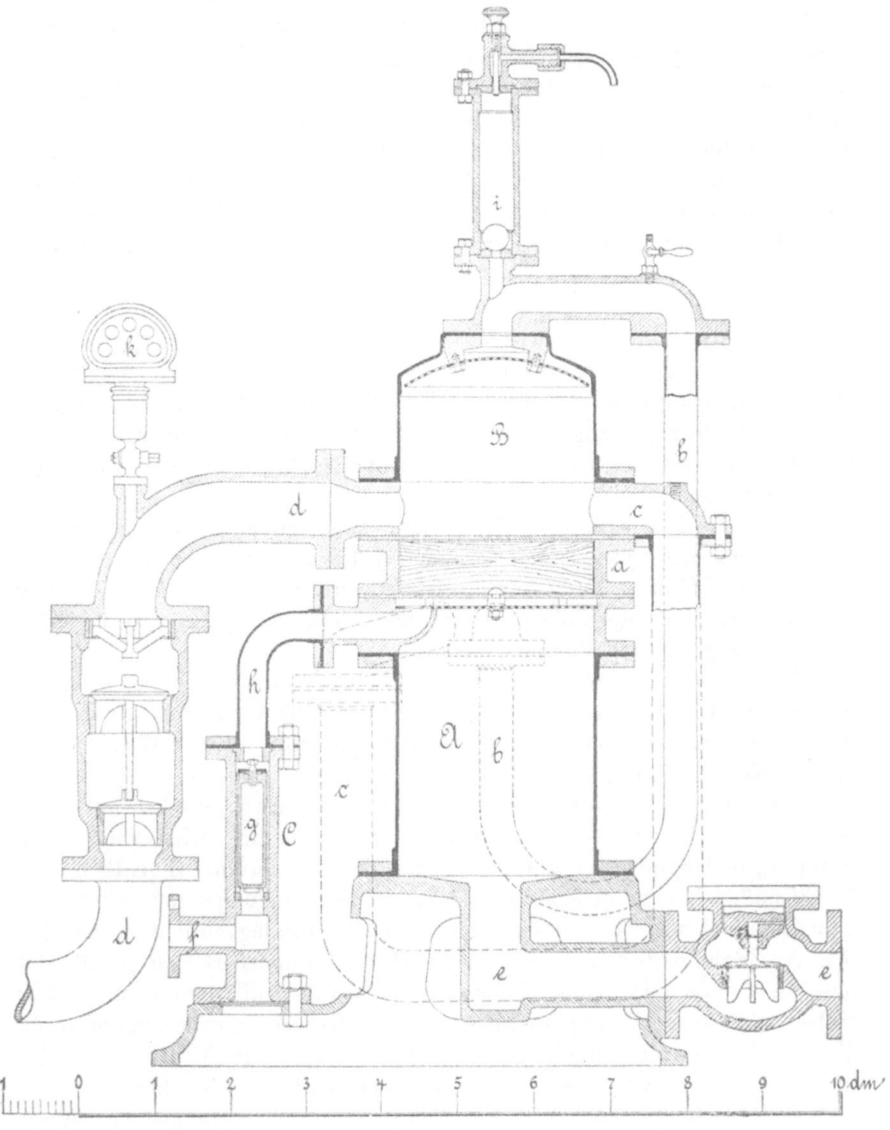

Fig. 561.

durch das aus B nach A getriebene kalte Wasser der Dampf völlig niedergeschlagen und in Folge der dadurch entstehenden Druckverminderung frisches Wasser angesaugt, so dass A sich wieder füllt und bei im Kessel eintretendem Wassermangel ein neues Spiel beginnen kann. Der Apparat C wurde von Cohnfeld Beschleunigungskegel genannt; er bewirkt ein in bestimmten Zeiträumen sich wiederholendes Spiel der Pumpe, welche auch ohne diesen Apparat, jedoch nur unregelmässig, arbeiten könnte. Das Ventil g ist mit Blei ausgegossen und gestattet in der unteren Lage dem Dampfe den Durchgang durch die Oeffnungen im Fusse und die an den Rippen gebildeten Längsnuten nach dem Gefäss A. Wenn jedoch in Folge der in A entstehenden Druckabnahme dieses Ventil aufwärts bewegt wird, so schliesst dasselbe den Dampfzutritt zur Leitung h ab.

Das Gefäss B ist noch mit einem Luftventil i versehen, welches während der Füllung mit Wasser die Luft ins Freie treten lässt, in der höchsten Lage aber B nach aussen abschliesst; ferner hindert dieses Gummikugelventil den Eintritt äusserer Luft.

Auf das Rohr wird noch eine Sicherheitspfeife gesetzt, welche bei etwaigen Störungen in der Thätigkeit der Pumpe, durch nicht genügend oder durch überheiss zugeführtes Wasser, ertönt, so lange der Kessel noch genügend Wasser hat. Am Rohr ist ein Wasserablass- bezieh. Reinigungshahn angebracht.

Cohnfeld versah seine Vorrichtung auch mit einem Zählapparat k, der die Zahl der Spiele angibt, indem jedesmal eine in einem Gehäuse eingespannte Gummiplatte durchgedrückt wird und diese Durchbiegung ein Zählwerk um eine Einheit weiter rückt. Der Zählapparat wird hierbei auf das Saugrohr der Pumpe gesetzt.

Durch Versuche, wie sie z. B. Pröll ausgeführt und in der Zeitschr. d. Ver. deutsch. Ing. 1881 Bd. 25 S. 651 veröffentlicht hat, ergab sich, dass die Vorrichtung bei jedem Spiele fast genau die gleiche Wassermenge in den Kessel fördert.

Ein Dampfwasserheber ohne Saugwirkung, welcher auch zum Speisen von Dampfkesseln verwendet werden kann, wird von Gebr. Körting in Hannover nach Fig. 562 und 563 angefertigt. (D.R.P. Kl. 59 Nr. 36332.) Die zu hebende Flüssigkeit muss der Pumpe mit mindestens 1 m Gefälle zufliessen und tritt durch das Rückschlagventil a in das Gefäss A. Sobald der in A befindliche Hohlschwimmer B sich gefüllt hat und sinkt, öffnet der Hebel b das Dampfeintrittsventil c und ein zweiter Hebel schliesst das Dampfaustrittsventil d. Der eintretende Dampf treibt die im Schwimmer befindliche Flüssigkeit durch das Ventil e in das Steigrohr C. Sobald der Schwimmer sich entleert hat, hebt er sich, schliesst mittels des Hebels b das Ventil c und öffnet in gleicher Weise das Ventil d. Der Dampf entweicht dann aus dem Gefäss A durch das Rückschlagventil f ins Freie; es entsteht somit in A wieder der Druck der Aussenluft und frisches Wasser kann in das Gefäss fliessen, wodurch sich das Spiel wiederholt. Soll die Pumpe zur Kesselspeisung benutzt werden, so ist sie 1 bis 2 m über dem mittleren Wasserstande des Kessels aufzustellen; der Speisebehälter muss, wie erwähnt, 1 m über der Pumpe stehen; falls das Speisewasser nicht durch natürliches Gefälle in diesen hochliegenden Behälter fliessen kann, muss eine zweite Pumpe angeordnet werden, welche das Wasser der oberen zuhebt.

Die vorbeschriebenen Dampfwasserheber werden von der genannten Firma für eine Fördermenge von 0,5 bis 2,0 cbm in der Stunde bei Verwendung eines Dampfüberdruckes von 3 at und bei der Aufstellung der Pumpe von etwa 1 m über dem mittleren Wasserstande des Kessels gebaut; bei höherem Dampfdrucke oder geringerer Aufstellungshöhe ver-

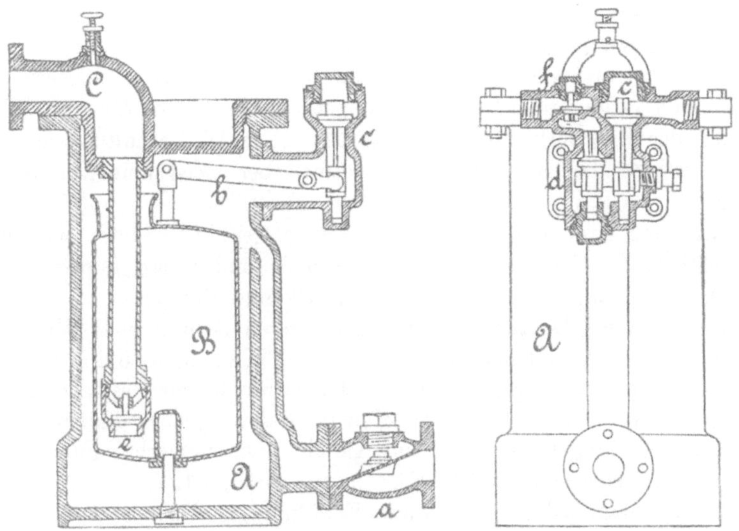

Fig. 562 und 563.

mindert sich die Fördermenge, bei niedrigerem Drucke oder höherer Aufstellung erhöht sich dieselbe. Die Regelung der Förderung kann mittels des in die Wasserzuleitung eingeschalteten Ventiles erfolgen.

Durch Dampfdruck wirken auch diejenigen Vorrichtungen, welche den Hauptzweck haben, das in Dampfleitungen oder Dampfgefässen irgend welcher Art sich niederschlagende Wasser selbstthätig zu entfernen und „Kondensationswasser-Ableiter, Kondensationstöpfe, Dampfwasser-Ableiter, Automaten, Selbstleerer“ genannt werden. Diese Vorrichtungen sind einfachwirkend drückend; das Niederschlagswasser sammelt sich in einem Gefäss und fliesst unter dem Druck des daraufstehenden Dampfes in eine besondere Ableitung; sobald jedoch das Wasser entfernt ist, schliesst sich ein an der Mündung der letzteren angebrachtes Ventil, so dass der Dampf im Gefäss zurückgehalten wird. Das selbstthätige Oeffnen und Schliessen des Abflussventiles erfolgt durch einen Schwimmer, dessen Auftrieb von der Wasserfüllung des Sammelgefässes abhängt, oder mit Benutzung des Temperaturunterschiedes von Wasser und Dampf, indem sich das Sammelgefäss oder ein in demselben befindlicher Körper mehr ausdehnt, wenn das Gefäss mit Dampf gefüllt ist, als wenn der Inhalt aus Wasser besteht und diese verschiedene Ausdehnung auf das genannte Ventil übertragen wird. Es befinden sich nun eine grosse Zahl von Selbstleerern verschiedener Einrichtung im Gebrauch; jedoch sei auf eine nähere Beschreibung derselben verzichtet, da sie, wie schon erwähnt, nicht den Zweck der Wasserhebung verfolgen, wenn auch mit ihrer Hülfe gelegentlich Steigungen in der Abflussleitung überwunden werden können.

Dampfwasserheber mit selbstthätiger Steuerung, welche Wasser oder eine andere Flüssigkeit auf eine gewisse Höhe fördern sollen, wurden mit verschiedenen Einrichtungen insbesondere für die Wasserhaltung der Bergwerke (vgl. v. Hauer, „Die Wasserhaltungsmaschinen der Bergwerke“ S. 760) angegeben, hatten aber meist keinen praktischen Erfolg.

Nur eine besondere Art, Pulsometer genannt, findet eine häufige und erfolgreiche Verwendung und zwar insbesondere mit doppelter Saug- und Druckwirkung, seltener als einfachwirkende Pumpe.

Eine gewisse Beachtung hat vor mehreren Jahren eine Wasserhebemaschine erfahren, welcher der Erfinder, G. Hambruch in Berlin, den Namen Syphonoid gegeben hat. Hambruch war bestrebt, seine ursprüngliche Anordnung fortwährend zu verbessern, jedoch haben die praktischen Anwendungen keinen Erfolg gehabt. Die immerhin gut erdachten Neuerungen (erloschene D.R.P. Kl. 59 No. 1045, 3117, 3320, 8247 und 12224) verdienen jedoch eine kurze Erwähnung. Dem Syphonoid eigenthümlich ist die Anordnung eines heberförmigen Rohres, in dessen kürzerem Schenkel der Dampf wirkt, während im längeren die Saug- und Druckwirkung auf das zu fördernde Wasser ausgeübt wird, so dass der Dampf mit dem kalten angesaugten Wasser nicht in Berührung kommen soll. Für die Verdichtung des Arbeitsdampfes ist ein besonderes Gefäss im oberen Theile des längeren Rohrschenkels angeordnet, so dass das vom Saugrohr nach dem Steigrohr fliessende Wasser das genannte Gefäss umspült. Der Dampfeintritt in den kürzeren Schenkel wird durch einen Drehschieber gesteuert, welcher von einem in diesem Rohrtheil angebrachten Schwimmer verstellt wird. Nach der Druckwirkung des Dampfes stösst der sinkende Schwimmer auf den Ansatz einer Stange, durch welche der Drehschieber so umgestellt wird, dass der Arbeitsdampf nach dem Verdichtungsgefäss strömt. In Folge der Verdichtung erfolgt die Rückwärtsbewegung des Wassers in dem heberförmigen Rohr und damit das Ansaugen frischen Wassers. Hierbei öffnet sich auch ein im Verdichtungsgefäss angebrachtes Ventil und das aus dem Dampf niedergeschlagene Wasser fliesst ab. Es erfolgt dann ein neues Spiel. Hambruch wollte durch Vereinigung zweier Syphonoide auch eine Doppelwirkung erzielen, ferner den Dampf nicht nur durch Volldruck, sondern auch durch seine Ausdehnung wirken lassen. Die genannten erloschenen Patente zeigen die hierfür in Vorschlag gebrachten Vorrichtungen.

Andere ebenfalls ohne praktischen Erfolg gebliebene Dampfwasserheber finden sich in den Patentschriften der Kl. 59 angegeben und sei hierauf verwiesen und nur noch eine von E. Fink in Berlin vorgeschlagene Einrichtung (erloschenes D.R.P. Kl. 59 No. 3131) mitgetheilt. Fig. 564 bis 567 verdeutlicht die Anordnung. Die Wirkungsweise dieser doppelt wirkenden Pumpe ist folgende: Ist z. B. das Gefäss A mit Wasser gefüllt, so befindet sich der Schwimmer B in seiner höchsten Stellung, das Ventil a ist geöffnet, der Betriebsdampf strömt durch dieses nach A und drückt die Flüssigkeit durch den untern bei b mündenden Kanal C in den Ventilkasten E und durch das Druckventil F nach dem Steigrohr G. Die Dampfeinströmung durch a dauert jedoch nur so lange, bis das auf einem verstellbaren Ringe der hohlen Stange c ruhende Bleigewicht d sich auf das gabelförmige Ende des Hebels e setzt, durch sein Uebergewicht das Gewicht f hebt und damit das Dampfventil a schliesst. Von diesem Augenblick an wirkt der in A bereits eingedrungene Dampf durch Ausdehnung, der Schwimmer B sinkt weiter und die Stange c schiebt sich lose durch das festgelegte Gewicht d. Während der Druckwirkung in A hat die Saugwirkung in A^1 stattgefunden, indem der in diesem Gefäss vom vorhergehenden Spiel befindliche Dampf dadurch niedergeschlagen wurde, dass der Dampf durch das Rohr g^1 und die Kolbensteuerung h^1 nach dem Rohr i^1 und damit in den Druckkanal C^1 gelangte. In Folge der durch die Verdichtung des Dampfes eintretenden Spannungsminderung tritt das unter dem äusseren Luftdruck stehende Wasser durch das Saugrohr H und das Saugventil J^1 nach dem Kanal C^1 und fliesst in das Gefäss A^1. Der in diesem befindliche Schwimmer hebt sich und öffnet schliesslich das Dampfventil a^1, so dass die Druckwirkung in A^1 erfolgt. Damit beide Gefässe in gegenseitiger Abhängigkeit regelmässig arbeiten, hat die Steuerung folgende Aufgabe zu lösen: Es darf nicht eher Dampf in ein Gefäss strömen, als bis dasselbe mit Wasser gefüllt und das zugehörige Saugventil geschlossen ist; ferner darf die Einströmung nicht früher beginnen, als bis das Wasser aus dem anderen Gefäss entfernt, mithin dessen Druckventil geschlossen ist. Um dies zu erreichen, sitzen alle Ventilklappen fest auf ihren Achsen, welche durch Stopfbüchsen des Gehäuses treten und aussen kleine Arme k, k^1, bezieh. l, l^1, tragen, deren Formung aus Fig. 566 ersichtlich ist. Diese Arme bilden mit den Hebeln e und e^1 Gesperre, welche in folgender Weise wirken. Ist, wie in der Fig. 566 angenommen, das rechts liegende Dampfventil a^1 geschlossen, so

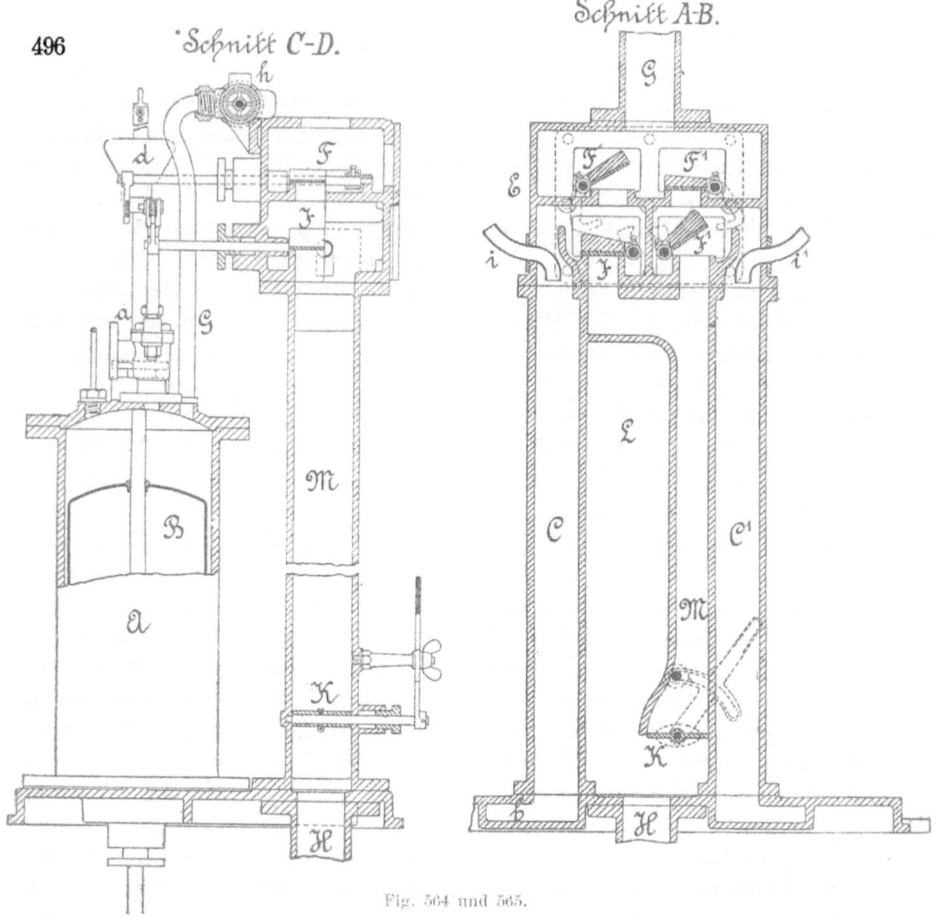

Fig. 564 und 565.

wird dabei der Hebel e^1 in seiner gezeichneten Lage durch die Arme k und l^1 gehalten; erst wenn die Ventile F und J^1 sich schliessen, lassen die genannten Arme den Hebel e^1 los und das Gewicht f^1 zieht das Ventil a^1 auf. Die Verstellung der Kolbenschieber h h^1 erfolgt, sobald Dampf in eines der betreffenden Gefässe strömt und dann auf einen der genannten Schieber wirken kann. Das Saugrohr H führt in einen als Windkessel dienenden Raum L, in welchen der nach den Saugventilen führende Kanal M mündet. Dessen untere Oeffnung kann durch eine von aussen stellbare Drosselklappe K verändert werden, wodurch sich die Füllungszeit der Cylinder und damit die Hubzahl regeln lässt. Der Stutzen m dient zur Anbringung eines Druckmessers, welcher die Spannung in den Cylindern anzeigt.

Die unmittelbare Förderung mittels Dampfdruck kann in der Industrie noch vielseitige Verwendung finden. Als Beispiel sei die von Rösing

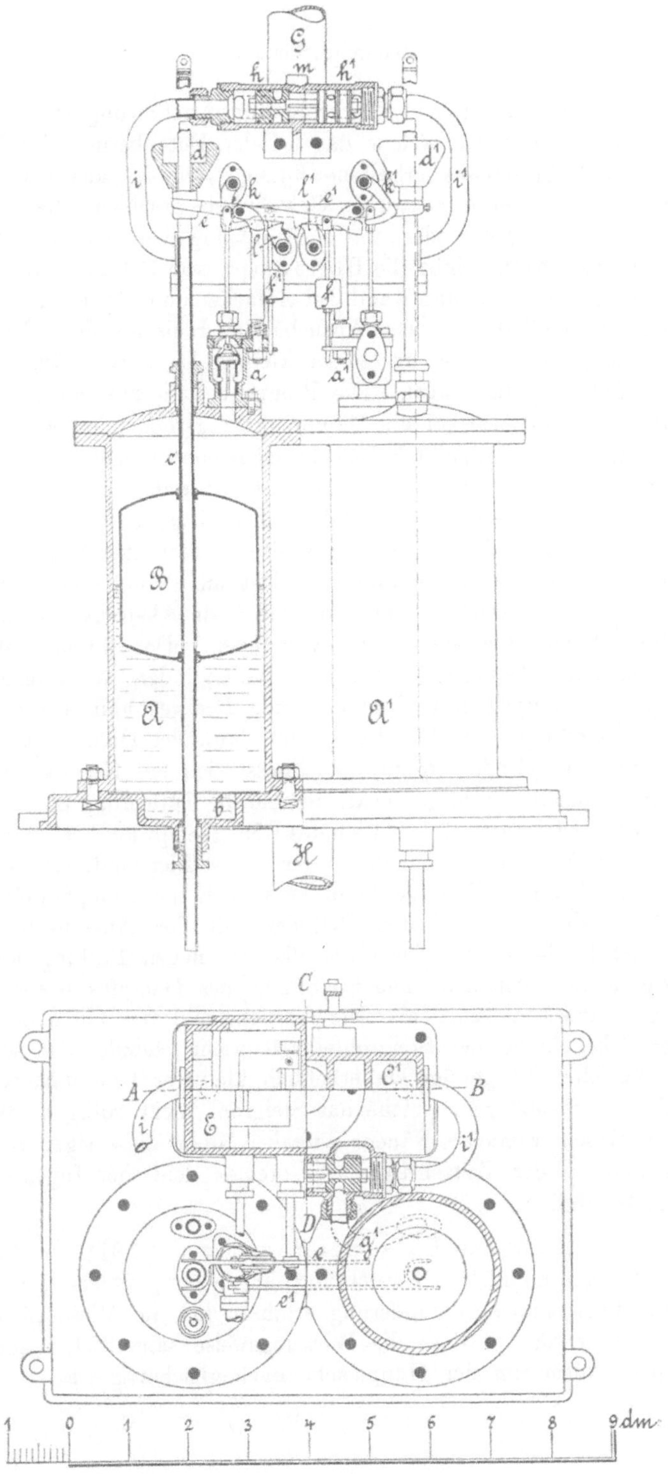

Fig. 566 und 567.

angegebene, in Bleihütten mit Erfolg zur Ausführung gekommene Einrichtung erwähnt, durch welche das bei der Entsilberung des Werkbleies mittels des Zinkprozesses erhaltene flüssige Armblei aus den halbkugelförmigen Kesseln entfernt wird. Gewöhnlich geschieht dies durch Auskellen oder Abzapfen oder unter Benutzung von Hebern. Gegenüber diesen Arbeitsweisen ergibt die Bleipumpe von Rösing eine Ersparniss von Arbeitskraft und Zeitaufwand bei einfacher und für die Arbeit weniger gefährlicher Handhabung. Das Ausheben des Bleis aus dem Entsilberungskessel erfolgt, indem die an einem kleinen Laufkran hängende Pumpe in das Bleibad gestellt wird. Die Pumpe besteht aus einem senkrechten Cylinder, in dessen Deckel ein Dampfzuleitungsrohr mündet, während der Boden mit einem eisernen, mit Blei ausgegossenen Kugelventil versehen ist. Das Steigrohr führt durch den Cylinder bis nahe dem Boden und ist aussen abwärts gebogen, so dass das hochgedrückte Blei in eine Ablaufröhre fliessen kann, die zu den im Kreise aufgestellten Mulden führt und hierzu um einen Zapfen drehbar ist. Das am Cylinder befestigte Dampfrohr wird mit der Dampfleitung, in welche ein Absperrventil eingeschaltet ist, durch Schlauchverschraubung verbunden. Das flüssige Blei gelangt durch das sich hebende Kugelventil in den Cylinder, wobei derselbe durch einen in die Dampfleitung eingeschalteten Dreiweghahn mit der Aussenluft in Verbindung gebracht wird. Wird dann der Hahn so gedreht, dass Dampf in den Cylinder strömt, so schliesst sich das Kugelventil und das Blei wird in das Steigrohr gedrückt. Sobald die Entleerung bis zur Mündung des letzteren erfolgt ist, strömt durch das Rohr Dampf aus. Hierdurch nimmt der Druck im Cylinder rasch ab, so dass neues Blei einfliessen kann. Statt dieser selbstthätigen Wirkung kann man auch die Dampfzuleitung durch den Hahn abstellen und den Cylinder mit der Aussenluft verbinden, dann wird in demselben gleichfalls die zur neuen Füllung nothwendige Druckabnahme entstehen. Die Spannung des Dampfes braucht nur im Anfang so gross zu sein, als dem Gewicht und der Höhe der Bleisäule bis zur Scheitelhöhe des Steigrohres entspricht; sobald das selbstthätige Spiel eingeleitet ist, genügt ein erheblich kleinerer Dampfdruck, da stets nur kleinere Bleimengen, welche das Steigrohr nicht völlig ausfüllen, aufwärts getrieben werden. Nähere Angaben über diese eigenartige Pumpe finden sich in der Zeitschrift des Vereines deutscher Ingenieure 1889, Nr. 20, S. 465.

Der bereits erwähnte Pulsometer wurde zuerst 1871 von C. H. Hall in seiner eigenthümlichen Einrichtung angegeben, welche im Laufe der Zeit allerdings manche Veränderung erfahren hat, im Wesentlichen jedoch beibehalten wurde, so dass die Wirkungsweise sämmtlicher zur Zeit bestehenden Pulsometer der Hauptsache nach gleichartig ist.

Doppeltwirkende Pulsometer.

Die Pulsometer sind einfach- oder doppeltwirkend, je nachdem der Dampf in einem Gefäss abwechselnd drückend wirkt und in Folge seiner Verdichtung die Saugwirkung entsteht, oder zwei Gefässe mit gemeinschaftlicher Dampf-, Saug- und Druckleitung angeordnet sind, in welchen abwechselnd die Saug- und Druckwirkung erfolgt.

Am meisten Aehnlichkeit mit der ursprünglichen Einrichtung haben diejenigen Pulsometer, welche von der Kommandit-Gesellschaft M. Neu-

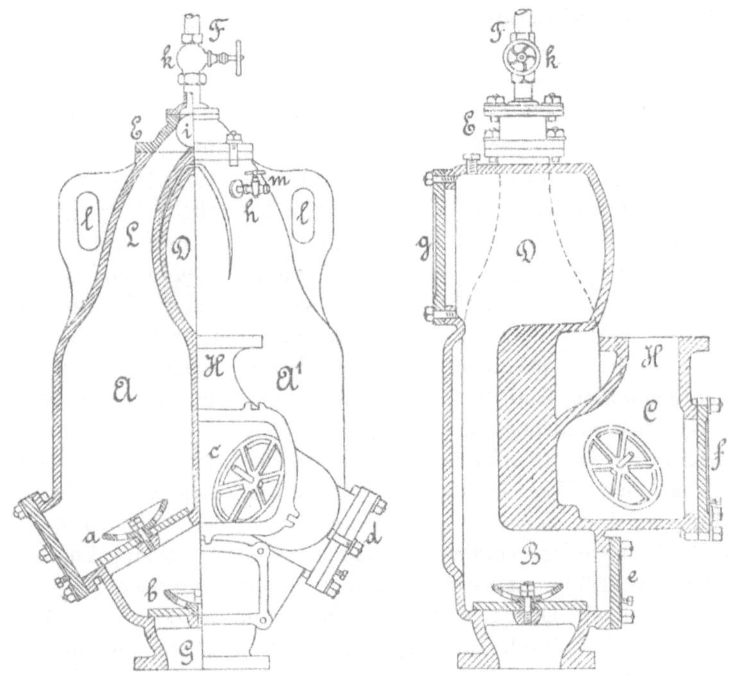

Fig. 568 und 569.

haus & Cie. in Berlin-Luckenwalde angefertigt werden. Wie Fig. 568 u. 569 zeigen, sind zwei birnförmige Gefässe A und A^1 mit dem Saugraum B, dem Druckraum C und dem Saugwindkessel D in einem Gussstück vereinigt, welches in seinem unteren Theil zwei Saugventile a und ein Fussventil b, in dem seitlich angeordneten Druckkasten zwei Druckventile c enthält. Diese Ventile bestehen aus ringförmigen Gummiplatten von gleicher Dicke, welche sich auf Armsterne lagern und beim Oeffnen gegen durchbrochene tellerförmige Hubfänger schlagen, die gegen die Sitze durch Verschraubung befestigt sind. Statt der Gummiplatten werden bei dicken oder feste Bestandtheile mitführenden Flüssigkeiten Kugelventile oder andere geeignete Ventilformen angewendet. Die Ventile können durch die Deckel d, e und f eingebracht werden. Der Saugwindkessel D steht mit dem Raum unterhalb der Saugventile a in freier Verbindung und ist mit einem Deckel g versehen. Die beiden schlanken Hälse h der Pumpgefässe A vereinigen sich in einem besonders aufgeschraubten Steuerkopf E, welcher ein Kugelventil i enthält, das über einen wenige Millimeter breiten Sattel rollen kann und stets eine der Halsöffnungen abschliesst. Oben in den Steuerkopf mündet die mit einem Absperrventil k versehene Dampfzuleitung F. Der Pulsometer ist ferner mit Stutzen G und H behufs Befestigung des Saug- und des Druckrohres und mit Oesen l versehen, mittels deren er aufgehängt werden kann. Die Wirkungsweise des Pulsometers ist nun folgende: Die Steuerungskugel i wird in der Ruhelage, wie erwähnt, stets eines der Gefässe gegen die Dampfleitung öffnen und das andere abschliessen. Ist nun das geöffnete Gefäss A mit Flüssigkeit gefüllt, so wird nach Oeffnen des Absperrventils k der Dampf nach A strömen und die dortselbst befindliche Flüssigkeit durch das Druckventil c nach dem Druckraum C und damit nach dem Steigrohr H pressen; das Saugventil a wird dabei geschlossen sein. Diese Druckwirkung auf den Gefässinhalt A wird so lange dauern, bis der Flüssigkeitsspiegel zur oberen Begrenzungslinie der nach dem Druckventil führenden Oeffnung gesunken ist. Von diesem Augenblick an fällt die über der genannten Linie im Druckventilkasten und Steigrohr befindliche Flüssigkeit dem eindringenden Dampf entgegen; es beginnt die Verdichtung desselben; das Druckventil c schliesst sich, der Druck in A nimmt plötzlich ab und diese Druckminderung pflanzt sich bis in den Steuerkopf fort, so dass der Druck im Gefäss A^1 grösser als der in A wird und dieser Ueberschuss endlich im Stande ist, die Steuerungskugel i nach der anderen Sitzfläche zu werfen. In dem dadurch abgeschlossenen Raum A herrscht nun ein Druck, der klein genug sein muss, um ein Ansaugen frischer Flüssigkeit durch das Saugventil a zu erzeugen. Während dessen findet in B die beschriebene Druckwirkung statt, und schliesslich in Folge der Verdichtung des Arbeitsdampfes die Druckminderung. Sobald dann die Spannung über der nach A dringenden, angesaugten Flüssigkeit wieder die in B bei der Verdichtung des Dampfes entstehende überwiegt, erfolgt die Umsteuerung der Kugel i. Diese einzelnen Vorgänge werden nun durch besondere Vorkehrungen in ihrer Wirkung schärfer ausgebildet. Sobald in Folge der z. B. in dem Gefäss A entstehenden Dampfverdichtung eine genügend grosse Druckabnahme eintritt, wird die äussere Atmosphäre frische Flüssigkeit nach A pressen, und es wird dies mit einer Beschleunigung geschehen, welche um so grösser ist, je kleiner die Saughöhe und je geringer der in A noch vorhandene Druck ist. Die eindringende Flüssigkeit wird die Verdichtung des Dampfes in A vervollständigen, dann plötzlich auf die Steuerungskugel stossen und diese gegen den anderen Sitz schleudern. Dieser, die Haltbarkeit des Pumpengehäuses und seiner Anschlüsse gefährdende Schlag wird einerseits durch Anordnung eines Saugwindkessels, anderseits durch Einlassen einer geringen Menge Luft in die Kammer A verhütet. Hierzu werden kleine Luftventile m angebracht, durch welche, sobald der Druck in den Pumpengefässen unter den der Aussenluft sinkt, etwas Luft eintreten kann; steigt der Druck wieder, so schliessen sich diese Ventile selbstthätig. Die nun z. B. in A befindliche Luftmenge bildet ein elastisches Kissen über dem bei der Saugwirkung rasch aufwärts steigenden Flüssigkeitsspiegel. Die dabei in Bewegung befindliche Flüssigkeitsmasse wird daher zunächst die Luftmenge zusammenpressen, und sobald dadurch der Druck auf die Steuerungskugel gross genug wird, um den Gegendruck zu überwinden, erfolgt die Umsteuerung ohne bedeutenderen Schlag. Durch die Einführung von Luft wird allerdings die Saugfähigkeit vermindert, da der der Saugwirkung hinderliche Gegendruck vermehrt wird, jedoch gibt die Luft ausser der Verhütung des Flüssigkeitsschlages die Möglichkeit einer Regelung der Pumpe derart, dass die Zeitdauer der Druckwirkung in dem einen gleich derjenigen der Saugwirkung im anderen Gefäss wird, dass also beide Vorgänge gleichzeitig beginnen und endigen, somit die Umsteuerung für beide Gefässe im richtigen Augenblick erfolgt. Diese Regelung lässt sich dadurch erzielen, dass durch Einstellung des in die Dampfzuleitung eingeschalteten Ventiles die Zeitdauer der Druckwirkung, durch Einstellung des Luftventiles diejenige der Saugwirkung, beide innerhalb bestimmter Grenzen sich ändern lassen. Ferner gewährt die Lufteinführung den Vortheil der Verhütung einer verfrühten Verdichtung des Dampfes während der Druckwirkung. Von dem während der letzteren eintretenden Dampf wird ein kleiner Theil bei Berührung mit den Wänden der Gefässe und mit dem Flüssigkeitsspiegel sich verdichten, die Flüssigkeit wird dadurch in ihren oberen Schichten stark erhitzt und da die Wärmeleitungsfähigkeit der heissen Flüssigkeit von oben nach unten sehr gering ist, so wird der Dampf in Berührung mit der kochenden oberen Schicht bleiben, so dass ohnehin keine grössere Verdichtung durch Abkühlung eintritt. Ist nun Luft in das Gefäss eingeführt, so lagert sich dieselbe unmittelbar über der Flüssigkeit und bildet eine schlecht die Wärme leitende Schicht zwischen dieser und dem Dampf, so dass nahezu gar keine Verdichtung während der Druckwirkung eintritt. Am Ende derselben entweicht die Luft nach dem Steigrohr, und es muss daher durch die erwähnten Ventile wieder eine kleine Luftmenge eingeführt werden. Nach beendeter Druckwirkung muss, wie erwähnt, die möglichst vollständige Verdichtung des Arbeitsdampfes in dem betreffenden Gefäss erfolgen; hierzu werden noch besondere Vorrichtungen angeordnet, durch welche aus dem Druckkasten oder aus dem zweiten Gefäss Flüssigkeit in das erste spritzt. Bei dem Neuhaus'schen

Pulsometer sind einige Löcher in den Trennungswänden zwischen den beiden Gefässen und zwischen diesen und dem Druckventilkasten angebracht, durch welche die Einspritzung selbstthätig erfolgt, wenn die Druckverhältnisse sich entsprechend gestalten. Diese Einspritzlöcher werden mit Kupferröhrchen ausgebüchst, wenn Flüssigkeiten zu fördern sind, die das Eisen angreifen. Bei anderen Pulsometereinrichtungen sind besondere Brausen angeordnet.

Neuerdings wird der Neuhaus'sche Pulsometer, wenn die Verhältnisse es verlangen oder wünschenswerth erscheinen lassen, mit einer Einspritzvorrichtung derart ausgerüstet, dass von einer vorhandenen Wasserleitung, einem hoch gelegenen Behälter oder vom Steigrohr des Pulsometers eine Leitung mit zwei Abzweigungen in die Pulsometerkammern über den Druckventilen eingeführt wird. Nach Oeffnen des in diese Zuleitung eingeschalteten Absperrventils wird entsprechend dem Spiele der in den Abzweigungen angebrachten Rückschlagventile kaltes Wasser wechselweise in die Kammern treten und den in diesen befindlichen Dampf verdichten, so dass der Pulsometer in Thätigkeit kommt bezieh. bleibt, wenn er das Wasser aus grösseren Entfernungen ansaugen soll und hierzu zunächst die Luft aus dem Saugrohr zu entfernen hat, oder wenn z. B. beim Abteufen von Brunnen, Schächten etc. vorübergehend der Saugkorb nicht mehr ganz unter Wasser steht, also Luft und Wasser zugleich angesaugt wird; auch wenn die zu fördernde Flüssigkeit heiss oder sehr schlammig ist, bewirkt die Zuführung von kaltem Wasser, dass die Steuerung in richtigem Gang bleibt.

Die in der Minute auf die gegebene Förderhöhe gehobene Flüssigkeitsmenge hängt von den Abmessungen und der besonderen Einrichtung des Pulsometers, von dem Dampfdruck, der Saug- und der Druckhöhe ab. Es lässt sich bei der Förderung von kaltem Wasser, Verwendung von trockenem Dampf und kurzer Saugleitung eine Saughöhe bis zu 8 m erreichen, jedoch ist es zweckmässiger, eine geringere Saughöhe anzuwenden und hat die Erfahrung für den bezeichneten Fall eine solche von 3—4 m als diejenige ergeben, bei welcher die geförderte Wassermenge einen Meistwerth erhält. Die erreichbare Druckhöhe hängt vom Dampfdruck ab und wird dieselbe bei Förderung von kaltem Wasser gewöhnlich bis zu 30—40 m genommen; es kann dieselbe aber auch bis zu 50 m und mehr gesteigert werden. Der Druck des in die Pumpgefässe eintretenden Dampfes muss in jedem Fall mindestens $^1/_2$ at, besser $^3/_4$ bis 1 at mehr betragen als der zu überwindenden Druckhöhe, vermehrt um den Luftdruck, entspricht.

Es wird derselbe Pulsometer bei kleinerer Förderhöhe natürlich eine grössere Fördermenge ergeben als bei grösserer. Den nachfolgenden Mittheilungen über die zur Zeit im Gebrauch befindlichsten wichtigsten Pulsometereinrichtungen sind die Grenzwerthe der Fördermenge nach den Angaben der Fabrikanten unter der Voraussetzung angefügt, dass kaltes Wasser zu heben ist und die Saughöhe nicht mehr als 4 m beträgt.

Der Neuhaus'sche Pulsometer wird in 14 Grössen für eine Leistung von 0,9—5 cbm in der Minute auf 20 m Förderhöhe angefertigt.

Gebr. Körting in Hannover bauen neuerdings ihre Pulsometer nach den in Fig. 570 bis 574 verdeutlichten beiden Bauarten. Die eine

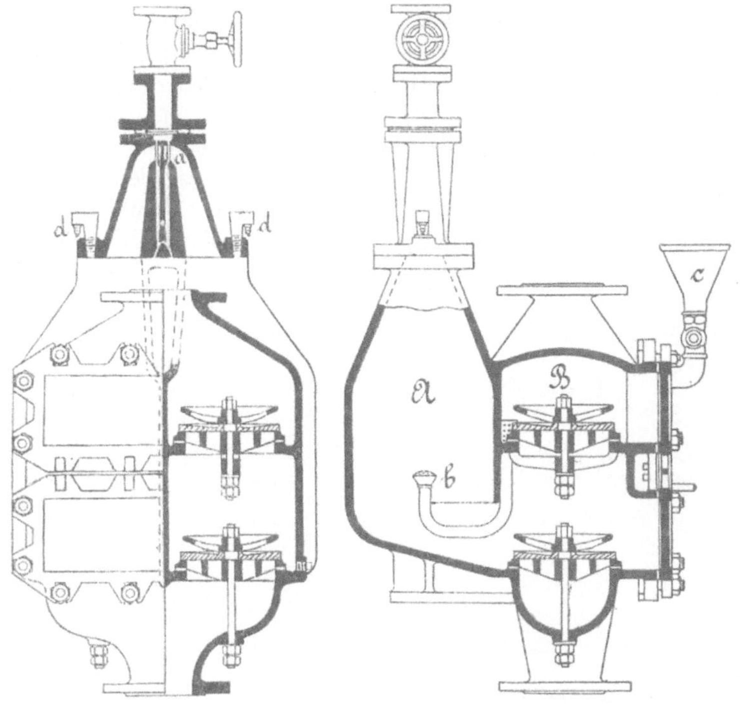

Fig. 570 und 571.

derselben, welche als „Normal-Pulsometer" bezeichnet wird, ist in den Fig. 570 und 571 veranschaulicht. Die Dampfsteuerung erfolgt durch eine lange, unten auf einem Halbzapfen schwingende Zungenklappe a, welche nur um wenige Millimeter sich von einem Sitz zum andern bewegt. Die Druck- und Saugventile sind mit Gummiplatten, die nach aussen dicker werden, ausgerüstet. Die Einspritzung geschieht mittels besonderer Röhrchen b, die von dem Raum B über den Druckventilen nach den Pumpgefässen A führen und dort in Brausen endigen. Zum Anfüllen des Pulsometers ist ein besonderer Trichter c mit Hahn angeordnet. Die in Fig. 572 besonders skizzirten Luftventile d sind mit Stellmuttern zur Regelung der einströmenden Luftmenge versehen. Saugwindkessel und

Fussventil sind hier weggelassen; es erscheint aber doch die Anwendung eines Saugwindkessels für die ruhigere Bewegung der angesaugten Flüssigkeit vortheilhaft. Bezüglich der Anordnung der Pumpenklappe a ist noch das Bedenken geltend zu machen, dass bei der Förderung unreiner, feste Körper enthaltender Flüssigkeiten sich solche Theilchen in dem engen Raum, in welchem sich der untere Theil der Klappe bewegt, festklemmen und die Beweglichkeit der letzteren hindern können. Gebr. Körting verfertigen die vorbeschriebenen Pulsometer in 12 Grössen für eine Förderung von 0,065 bis 6,0 cbm in der Minute bei 5 m und von 0,045 bis 4,5 cbm bei 20 m Förderhöhe. Früher hatte Körting nach dem Vorschlage Ulrich's seitlich von der Steuerklappe besondere Aussparungen, Dampfsäcke genannt, angebracht, in welche frischer Dampf geleitet wurde (erloschenes D.R.P. Kl. 59 Nr. 16 248). Es sollte hiermit erzielt werden, dass die

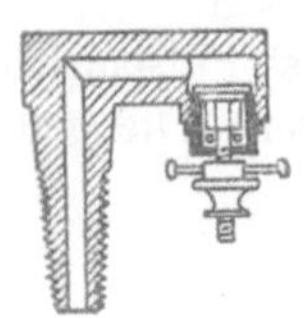

Fig. 572.

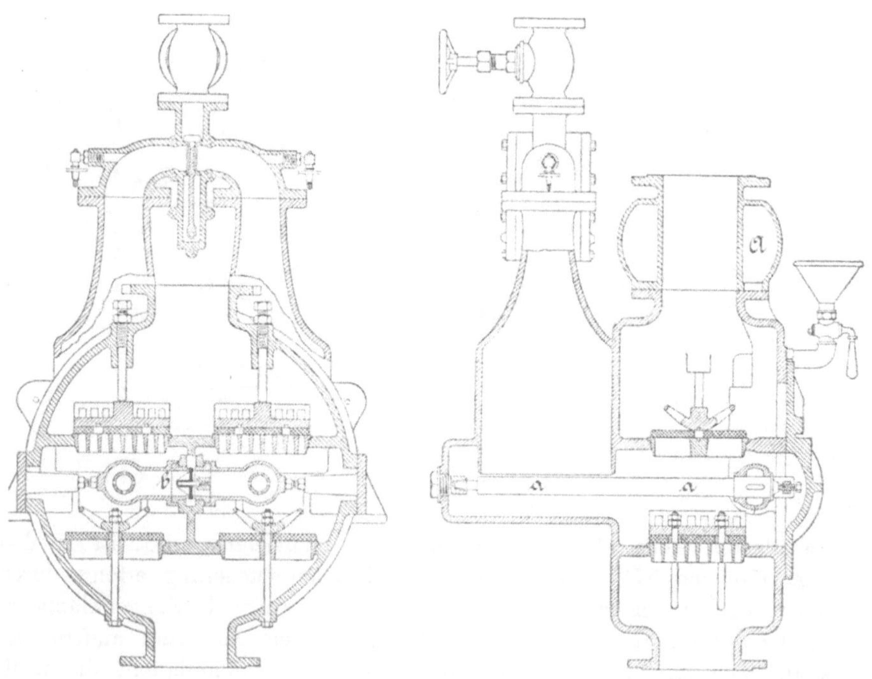

Fig. 573 und 574.

Umsteuerung schon dann erfolgt, wenn die Druckabnahme in der einen Kammer in Folge beginnender Dampfverdichtung erst eine ganz geringe ist, so dass die Zeit, während welcher im unteren Theil der Kammer die Verdichtung fortschreitet und durch das offene Dampfsteuerventil noch

Dampf einströmt, sich verkürzt. Zur Vermeidung dieses nutzlosen Einströmens von Dampf wurden viele Vorschläge gemacht, jedoch mit sehr geringem praktischen Erfolg. Die von Ulrich angegebenen Dampfsäcke hatten nicht die gewünschte Wirkung, weshalb Körting die Anwendung derselben wieder unterlassen hat.

Seit einigen Jahren verfertigen die Gebr. Körting den in Fig. 573 und 574 dargestellten sogenannten „doppeltwirkenden“ Pulsometer, der sich von der erstgenannten Bauart wesentlich durch die Anbringung einer gesteuerten Einspritzvorrichtung unterscheidet. Wenn der Dampf das Wasser aus einer Kammer herausdrückt, so presst er gleichzeitig Wasser durch die im Einspritzrohr a befindlichen Löcher an dem Vertheilungsorgan b vorbei in den Windkessel A, der durch einen an der Vorderwand des Gehäuses angegossenen Kanal mit dem über b mündenden Spalt in Verbindung steht. Das Ventil b schliesst dabei unter dem Druck des auf ihn pressenden Wassers die Einspritzung aus dem Windkessel nach der Nebenkammer, in welcher augenblicklich die Ansaugung erfolgt, also Unterdruck vorhanden ist. Sobald dann in der ersten Kammer eine Druckverminderung stattfindet, spritzt das im Windkessel A befindliche Wasser durch das Einspritzrohr a in die Kammer und bewirkt eine rasche Verdichtung des dort noch vorhandenen Dampfes. Diese Einspritzwirkung ist aber dadurch begrenzt, dass sie aufhört, sobald der Windkessel A entleert ist; damit ist gegenüber der gewöhnlich, z. B. auch bei dem beschriebenen Normal-Pulsometer angebrachten Einrichtung der Vortheil erzielt, dass die Einspritzung nur so lange dauert, als es zur Dampfverdichtung nothwendig ist, und dass damit die durch zu lang dauernde Einspritzung entstehenden Arbeitsverluste vermieden sind. Das Vertheilungsorgan steuert um, sobald in der ersten Kammer das Ansaugen vollendet ist und der Dampfdruck in der Nebenkammer wirkt. Dann wird aus dieser eine gewisse Wassermenge nach dem Windkessel gedrückt und diese spritzt bei entstehender Druckabnahme zurück, um die Verdichtung des Dampfes zu vollenden. Durch die Versuche hat sich ergeben, dass ausser der erzielten Dampfersparniss wegen der kräftigeren und schnelleren Wirkung der Einspritzung die Saugwirkung gegenüber derjenigen des Normal-Pulsometers erhöht ist. Während dieser nämlich bei Saughöhen über 3 bis 4 m erheblich an Leistungsfähigkeit verliert, bleibt diese bei der vorgenannten Bauart noch bei 6 bis 7 m Saughöhe nahezu gleich derjenigen bei geringen Saughöhen.

In anderer Weise will P. Haussmann in Magdeburg die rechtzeitige Umsteuerung erzielen und werden solche Pulsometer von Koch, Bantelmann & Paasch in Buckau-Magdeburg in 13 Grössen für eine Förderung von 0,08 bis 15 cbm Wasser auf 5 m Höhe, bezieh. 0,02 bis 10 cbm auf 30 m Höhe gebaut. Fig. 575 bis 579 zeigen die patentirte Einrichtung (D.R.P. Kl. 59 Nr. 32518 und 33106). Die Umsteuerung erfolgt durch ein mit zwei Steuerkolben d d^1 fest verbundenes Doppel-

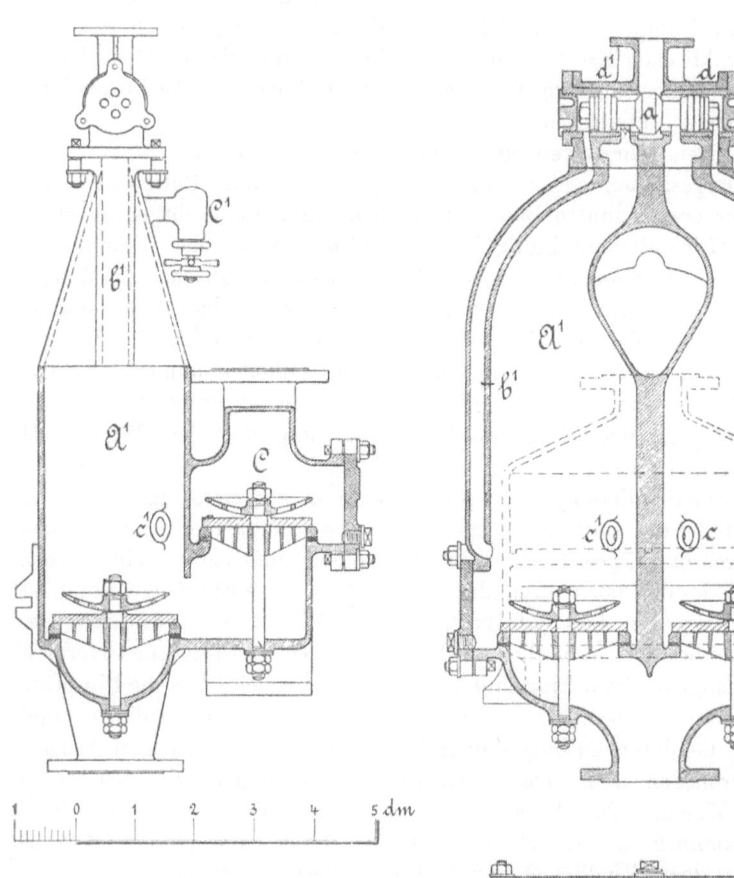

Fig. 575.

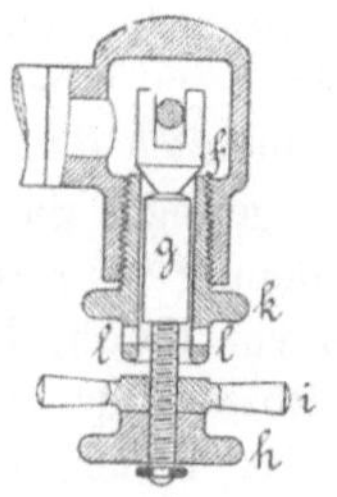

Fig. 578.

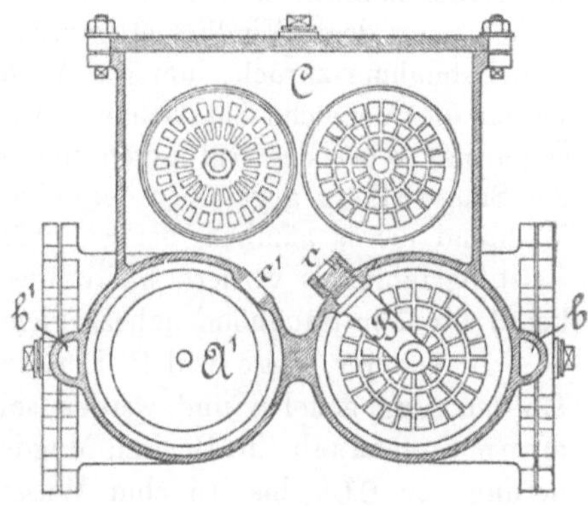

Fig. 576 und 577.

ventil a; statt desselben kann auch ein Kolbenschieber angeordnet werden. Die Steuerkolben bewegen sich in besonders eingesetzten Büchsen. In der gezeichneten Stellung strömt Arbeitsdampf in das Pumpgefäss A und presst die in demselben befindliche Flüssigkeit nach dem Druckrohr C. Bevor die Entleerung des Gefässes A vollendet ist, wird die in dem seitlich angegossenen Kanal b befindliche Flüssigkeit zurückfallen; beginnt nun die Verdichtung des Arbeitsdampfes, so wird dieselbe von dem unteren Theil von A nach dem Hals hin sich fortsetzen, aber unmittelbar nach ihrem Beginn bereits sich auf den Kanal b erstrecken. In Folge der dadurch in b entstehenden Druckabnahme wird die auf die hintere Seite des Steuerkolbens d wirkende Pressung kleiner als der die vordere belastende Dampfdruck, so dass der Steuerkolben d und damit auch d^1 und a nach rechts bewegt werden. Es wird also der Dampfzutritt nach A geschlossen und derjenige nach A^1 geöffnet. Die weitere Einrichtung des Pulsometers ist aus den Figuren ersichtlich; die an den Pumpgefässen A A^1 angebrachten Luftventile e sind in dem bei Fig. 579 angegebenen

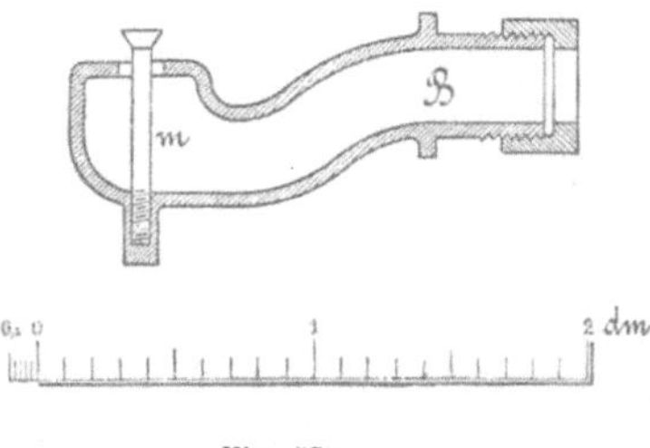

Fig. 579.

grösseren Maasstabe durch Fig. 578 verdeutlicht, welche zeigt, dass der Ventilkegel f in eine Stange g übergeht, an deren mit Gewinde versehenem Ende eine Mutter h und zur Feststellung derselben eine Gegenmutter i auf oder nieder geschraubt werden kann; das Ventil f kann sich dann nur so weit heben, bis die Mutter i an das Gehäuse k anstösst; hierbei kann die Luft durch die seitlichen Löcher l eintreten. Die Einstellung des Ventiles wird also durch die bezeichneten Muttern geregelt. Die von dem Druckraum C nach jeder Pumpenkammer führenden Einspritzröhren B sind, wie Fig. 579 besonders verdeutlicht, mit einem feststehenden Stift m versehen, so dass das Wasser in einen Hohlkegel zertheilt austritt.

Klein, Schanzlin & Becker in Frankenthal bringen bei ihrem Pulsometer (D.R.P. Kl. 59 Nr. 42597) besondere Kammern an, in welchen die Verdichtung des Dampfes durch Einspritzung erfolgt, bevor noch die zugehörige Pumpenkammer ganz entleert ist. Hierdurch wird bezweckt, dass die Hauptmasse des zu fördernden Wassers nicht in den Verdichtungsraum gelangt und zwischen dem zur Förderung kommenden Wasser und dem Dampf eine gewisse Wassermenge eingeschaltet bleibt, die nicht in das Druckrohr gelangt, sondern in der Pumpenkammer und dem unteren Theil des Ventilkastens sich hin und her bewegt, an ihrer vom Dampf berührten Oberfläche siedend heiss ist und nach unten zu die Temperatur des zur Förderung gelangenden Wassers annimmt. Auf diese Weise kommt der Arbeitsdampf nur mit der fast kochenden Oberfläche der im Pulsometer bleibenden Wassermenge in Be-

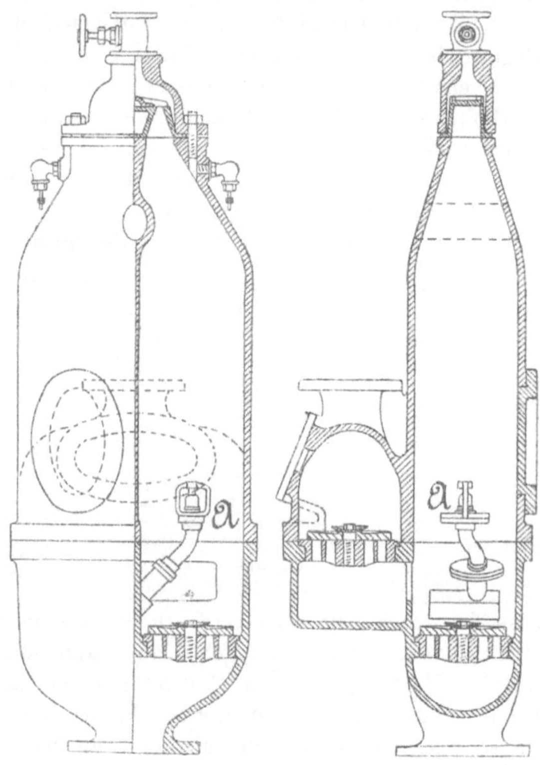

Fig. 580 und 581.

rührung und es wird hierdurch die Verdichtung des Dampfes während der Druckwirkung möglichst vermieden, während der zu verdichtende Dampf in den Nebenkammern stets mit kaltem Wasser in Berührung kommt.

Die Verwendung einer um eine mittlere Achse schwingenden Doppelklappe in der Steuerung zeigt der von Schäffer und Budenberg in Buckau-Magdeburg nach dem erloschenen Patent von Papperitz und Averkamp (Kl. 59 Nr. 110) angefertigte Pulsometer. Die Einrichtung ist aus Fig. 580 u. 581 deutlich. Die Einspritzvorrichtungen A verbinden die beiden Pumpengefässe und sind mit Rückschlagventilen versehen, damit die genannte Verbindung immer nur durch ein Rohr stattfindet. Es hat die zeitweise Verbindung der beiden Pumpengefässe, wie S. 501 näher ausgeführt, den Zweck, die Zeitdauer der Verdichtung des Dampfes in dem einen Gefäss von derjenigen der Druckwirkung im anderen abhängig zu machen. Die genannte Firma baut Pulsometer der angegebenen Ein-

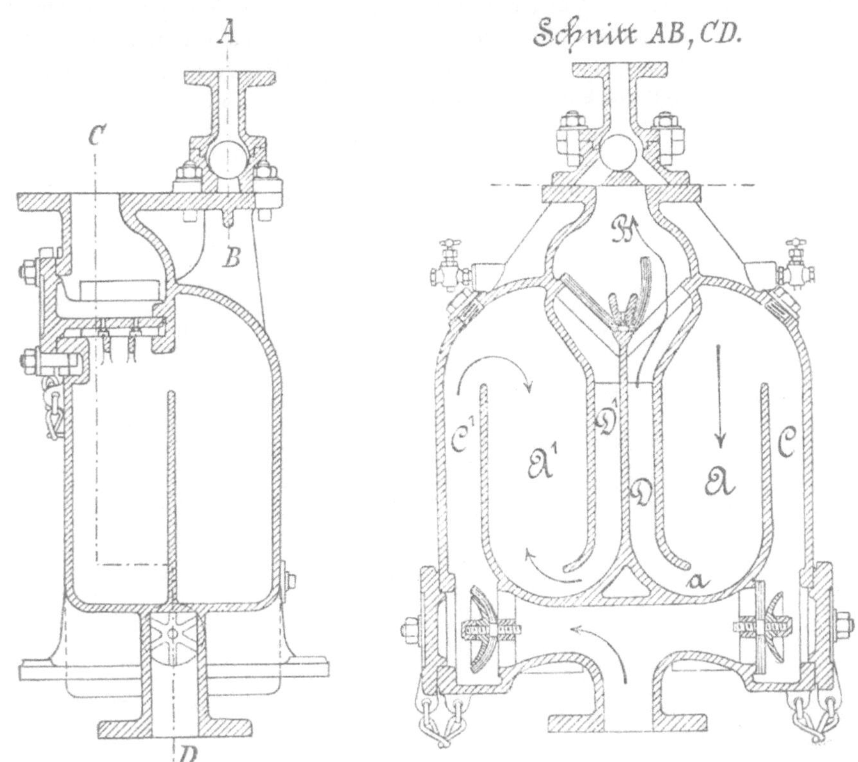

Fig. 582 und 583.

richtung in 8 Grössen von 0,125 bis 3,5 cbm Fördermenge in der Minute bei 5 m und 0,05 bis 1,5 cbm bei 25 m Druckhöhe.

Die Hannover'sche Centralheizungs- und Apparate-Bau-Anstalt in Hainholz vor Hannover verfertigt Pulsometer in der durch Fig. 582 und 583 angegebenen Gestalt in 9 Grössen, von 0,12 bis 3,1 cbm Fördermenge in der Minute bei 5 m und 0,05 bis 1,5 cbm bei 30 m Förderhöhe, vorausgesetzt, dass die Saughöhe nicht über 3 m beträgt und der Dampfüberdruck mindestens 1,5 at höher als die Höhe der Druckwassersäule in at ist. Die Druckventile sind als Gummiklappen möglichst hoch angeordnet, damit das aus dem Druckraum B nach dem im betrachteten

Augenblick bis zur Oberkante der Mündung a entleerten Gefäss A zurückfliessende Wasser möglichst grosse Gefällhöhe hat, also seine Geschwindigkeit gross wird und dadurch die Verdichtung des in A befindlichen Dampfes rasch und fast vollständig erfolgt. Es ist also eine Einspritzung unnöthig und fallen daher die sonst hierfür nothwendigen, sich leicht verstopfenden Vorrichtungen fort. Die Einmündung des Druckkanals D in das Gefäss A ist derart geformt, dass das rückfallende Wasser wirbelnd nach A gelangt, also mit dem Dampfinhalt in gute Berührung kommt. Allerdings kann letztere nicht so innig erfolgen, wie bei einer

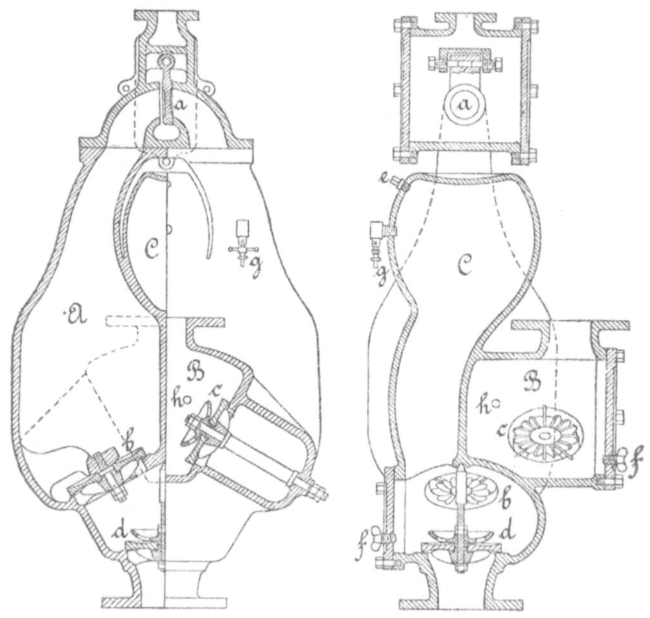

Fig. 584 und 585.

zweckmässig angeordneten Brause. Der Hainholzer Pulsometer zeigt noch eine besondere Anordnung der Einströmung der angesaugten Flüssigkeit, welche hier durch den Kanal C von oben in das Gefäss A gelangt und beim Herabfallen die vollständige Verdichtung des Dampfes bewirken kann. Bemerkenswerth ist noch, dass bei den für die Aufstellung in einem Schacht bestimmten Pulsometern sämmtliche Theile, welche locker werden können, wie Verschlussdeckel, Schrauben, an Ketten befestigt sind, so dass ein Verlust der Theile nicht eintreten kann.

Während die Steuerungsventile der vorbeschriebenen Pulsometer so angeordnet sind, dass sie aus ihrer Ruhelage durch eine besondere Kraft in Bewegung versetzt werden müssen, verwendet Karl Eichler Pendelklappen, welche durch ihr Eigengewicht veranlasst werden, ihre Mittellage einzunehmen, so dass ein Theil der zur Umsteuerung nothwendigen Arbeit vom Gewicht des Ventiles selbst geleistet wird (D.R.P. Kl. 59, No. 24 806). Die Pendelklappe a ist über ihrem Schwerpunkt im Steuerkopf aufgehängt, wie Fig. 584 und 585 verdeutlichen, welche den von Karl Eichler, i. F. Henry Hall Nachf., Berlin und Wien, angefertigten Pulsometer darstellen. Die Pumpe ist mit 2 Saugventilen b, 2 Druckventilen c und einem Fussventil d ausgerüstet, welche aus Gummiringen ungleicher Dicke, tellerförmigen Hubfängern und besonderen Auflagersternen bestehen; diese drei Theile werden unter sich und mit dem Pumpenkörper durch besondere Bolzen verbunden, welche bei den kleinen Ausführungen auch mit den Sternen ein Gussstück bilden. Bei den Druckventilen ist der Hubfänger am Pumpenkörper angegossen. An letzterem befinden sich eine Füllschraube e, zwei Ablassschrauben f, sowie drei Luftventile g. Zur Einspritzung sind die Löcher h angebracht, welche vom Druckraum B nach den Gefässen A führen. Der Saugwindkessel C liegt frei zwischen den Hälsen der Gefässe A, so dass die Wärmeübertragung von A nach C möglichst gehindert ist. Die aus Metall angefertigte Pendelklappe a ist mit ihren Anschlagflächen gegen die Sitzflächen der Hälse dampfdicht eingeschliffen und lässt für den Dampfdurchgang bei einseitigem Anliegen eine Schlitzweite von 1 bis 4 mm offen.

Die genannte Firma baut die vorbeschriebenen Pulsometer in 14 Grössen für eine geförderte Wassermenge von 0,06 bis 10 cbm in der Minute bei 5 m Förderhöhe, bezieh. von 0,025 bis 3,5 cbm bei 30 m Höhe; mit Abdampf betrieben, sollen diese Pulsometer in der angegebenen Zeit 0,03 bis 7,5 cbm Wasser auf 2 bis 4 m heben können.

Während bei den bisher beschriebenen Pulsometern die Druckkammern ein einziges Gussstück bilden, bringen Max Greeven & Co. in Crefeld sie als getrennte Gefässe an, wie Fig. 586 u. 587 veranschaulichen. Die Einrichtung der Saugklappen a, der Druckklappen b, der Einspritzröhrchen c bedarf keiner weiteren Erläuterung. Die Dampfsteuerung wird durch Ventile d bewirkt, welche an einem Hebel hängen, der in einer Gabel gelagert ist; diese lässt sich durch eine Stellschraube e der Höhe nach verstellen, wodurch der Hub der Ventile d vergrössert oder verkleinert wird, was zur Regelung der Dampfeinströmung entsprechend verschiedenen Saug- und Förderhöhen zweckmässig ist. Dieser Pulsometer, „Dampfvacuumpumpe“ genannt, wird in 10 Grössen für Fördermengen von 0,1 bis 6,5 cbm in der Minute bei 10 m Förderhöhe gebaut.

Die Verwendbarkeit des doppeltwirkenden Pulsometers ist eine vielseitige und nur dann ausgeschlossen, wenn die zu fördernde Flüssigkeit mit Dampf überhaupt nicht in Berührung kommen darf oder die zu überwindende Förderhöhe bedeutend ist. In letzterem Fall lassen sich Pulsometer allerdings auch verwenden und zwar derart, dass einige übereinander gesetzt werden und in einzelnen Absätzen die Flüssigkeit heben. In dieser Weise wurden z. B. im Lankowitzer Werk in Steiermark 5 Pulsometer von Eichler übereinander aufgestellt, um 150 m Tiefe zu überwinden.

Wie schon erwähnt, kann der doppeltwirkende Pulsometer bei Förderung von kaltem Wasser und Verwendung von trockenem Dampf bis zu

Fig. 586 und 587.

8 m Saughöhe im günstigsten Fall überwinden. Die erzielbare Druckhöhe beträgt bei Wasser etwa 50 m, nur in aussergewöhnlichen Fällen kann eine grössere bei entsprechend hohem Dampfdruck überwunden werden. Bei Verwendung von Abdampf zum Betrieb beträgt die mögliche Druckhöhe 2 bis 4 m.

Der Pulsometer kann natürlich bezüglich seines Dampf- und damit des Kohlenbedarfes mit guten Dampfpumpen nicht in Wettstreit treten, da er nach den gemachten Erfahrungen im besten Falle 60 kg Dampf stündlich für 1 e Leistung, gemessen am gehobenen Wasser, braucht, also etwa 3 mal so viel, als eine ziemlich gute Dampfpumpe ohne Drehbewegung. Jedoch empfiehlt sich der Pulsometer in vielen Fällen durch seine Billigkeit bei der Beschaffung, Bequemlichkeit der Aufstellung auf fester Unterlage oder an Ketten hängend und durch seine Unabhängigkeit von Reinigung und Wartung, so dass der Pulsometer auch unter Wasser, also z. B. in ersoffenen Schächten arbeiten kann. Insbesondere kommen die angegebenen Vorzüge in Betracht, wenn es sich um eine Förderung von kurzer Dauer handelt.

Es ist der Pulsometer in den letzten Jahren insbesondere zahlreich als Wasserhaltungsmaschine im Bergbau zur Anwendung gekommen. In saigeren Schächten oder Brunnen wird hierbei der Pulsometer 2 m über der Sohle senkrecht an einem Flaschenzuge aufgehängt oder mit dem Flansch des Saugstutzens auf zwei seitlichen, durch Klammern verbundenen Querhölzern gelagert. Beim Abteufen wird das Saugrohr mit einem Schläucher versehen, der unten einen Saugkorb mit Fussventil erhält und um 2 m ausgezogen werden kann. Das Tieferhängen erfolgt nach Entleerung von Wasser mittels eines Haspels. In ersoffenen Schächten wird der Pulsometer auf eine Hängebühne oder Förderschale gestellt, welche von 2 zu 2 m gesenkt und mit Einstrichen unterbaut wird. Das Nachsenken der Dampfleitung erfolgt durch Gelenkrohre oder Dampfschläuche. In flachen Schächten und Tagebauen stellt man den Pulsometer entweder fest auf oder zum Zweck des Nachsenkens auf ein Fördergestell, welches durch Seile gehalten wird und versieht die Druck- und Dampfleitung mit ausziehbaren Röhren von 4—6 m Länge. Der Pulsometer kann dabei liegend bis zu 10^0 Neigung gegen die Wagrechte arbeiten. Bei geringerem Fallen stellt man ihn aufrecht auf das Gestell. In gleicher Weise wird auch das Abteufen in flachen Schächten bewirkt. In Tiefbauschächten kann der Pulsometer auch an Stelle der Hubsätze als Wasserzubringer für die höher stehenden, fest eingebauten Drucksätze benutzt werden.

Eine weitere häufige Verwendung findet der Pulsometer bei den Eisenbahn-Wasserstationen und zwar entweder derart, dass die Speisung des Tenders unmittelbar durch den Pulsometer mit Hülfe des Kesseldampfes der zugehörigen Lokomotive erfolgt oder von dem Dampf der dienstthuenden Reserve-Lokomotive der Station in wenigen Minuten die Förderung des nothwendigen Wasservorrathes nach einem Behälter bewirkt wird, von welchem dann die Wasserkräne gespeist werden.

Auch als Schiffspumpe findet der Pulsometer Anwendung und zwar zum Lenzen der Ballasttanks und der Bilgeräume, zum Kühlen des Kondensators beim Unterdampfliegen der Maschine, zum Deckwaschen und als Feuerspritze; ferner zum Auspumpen gestrandeter und leck gewordener

Schiffe, wobei die Pulsometer sich an Bord des Bergedampfers befinden und beim Eintritt der Ebbe nach Verstopfung der Leckstellen das Wrack soweit leer pumpen, dass es bei rückkehrender Fluth schwimmt. Ferner werden neuerdings auch zum Leerpumpen der Docks Pulsometer angewendet.

Insbesondere empfiehlt sich die Benutzung des Pulsometers in Bädern, Bleichereien, Färbereien u. dgl. zur Hebung des ohnehin zu erwärmenden Wassers.

Noch ist die Verwendung des Pulsometers in Gasanstalten zum Pumpen von Ammonikwasser und Theer, in Zuckerfabriken zum Heben von Melasse, Schnitzelwasser, in Papierfabriken zum Heben von Papierstoff, in Brauereien zum Heben von Abwässern, Schlempe, Maische, in chemischen Fabriken zum Pumpen von Säuren, heisser Lauge, in Gerbereien zum Fördern heisser Lohbrühe, bei Entwässerungsanlagen zum Heben von Kloakenwasser, ferner für das Auspumpen von Baugruben und zum Betriebe von Springbrunnen zu erwähnen. Auch zur Entfernung des beim Baggern erhaltenen Schlicks aus den Prähmen wurden Pulsometer mit Erfolg verwendet.

Die Pulsometer können, wie erwähnt, auch in geneigter Lage zur Verwendung kommen, wie das z. B. in schräg einfallenden Schächten nothwendig wird. Insbesondere eignet sich hierfür die Kugelumsteuerung, da die Kugel in jeder Lage leicht hin und her rollt, während bei den Zungen- und Pendelventilen in geneigter Lage eine seitliche Reibung auftritt; jedoch sind auch die mit solcher Umsteuerung versehenen Pulsometer zu erfolgreicher Verwendung in genanntem Fall gekommen.

Die Inbetriebsetzung des doppeltwirkenden Pulsometers kann im entleerten oder gefüllten Zustand erfolgen. Ersteres ist schwierig und überhaupt nur möglich, wenn die Saughöhe gering ist. Es wird dann bei offenem Luftventil Dampf eingelassen und hierauf das Luftventil geschlossen; der Dampf schlägt sich an den kalten Wänden nieder und in Folge der entstehenden Druckminderung kann ein Ansaugen erfolgen, wenn die dabei zu überwindenden Widerstände nicht zu gross sind.

Zweckmässiger ist es, den Pulsometer zu füllen, die Füllschraube wieder einzusetzen, die Luftventile zu schliessen und hierauf das Dampfventil abwechselnd rasch zu öffnen und zu schliessen. Es wird dann der eintretende Dampf rasch niedergeschlagen und dadurch das Saugrohr sich allmählich füllen. Die rasch hin und her schwankenden Flüssigkeitsmengen werden dabei eine schnelle Bewegung des Dampfsteuerventiles erzeugen, was sich als schnarrendes Geräusch hörbar macht. Werden dann die Luftventile etwas geöffnet, so kann der regelmässige Betrieb beginnen. Für denselben ist eine vollkommene Luftdichtigkeit der Saugleitung und Saugventile, die leichte Beweglichkeit des Dampfsteuerventiles und der übrigen Ventile nothwendig; ferner dürfen die Einspritzlöcher nicht verstopft sein. Da sich je nach der Beschaffenheit der zu hebenden Flüssigkeit auf den Wänden des Pulsometers, an den Ventilsitzen, in den Luftventilen Ablagerungen bilden, so ist es zweckmässig, die Pumpe während des Stillstandes von Zeit zu Zeit zu reinigen.

Bezüglich der Inbetriebsetzung ist noch zu erwähnen, dass nach dem Anlassen die Dampfzuleitung durch das eingeschaltete Ventil solange gedrosselt wird, als die Anzahl der Pulsschläge nicht abnimmt, damit nicht zu viel Dampf eintritt. Um auch nicht zu viel Luft einströmen zu lassen, kann man an den Luftventilen drosseln, so lange kein unregelmässiges Schlagen des Dampfsteuerventiles eintritt.

Für Pulsometer, die mit Unterbrechung arbeiten, empfiehlt es sich, eine Leitung von dem Behälter, nach welchem die Förderung geschieht, nach der Füllschraube anzuordnen, so dass jederzeit die Füllung der Pumpgefässe durch Oeffnen eines in diese Leitung eingeschalteten Hahnes erfolgt und dann das Anlassen schnell bewirkt werden kann.

Einfachwirkende Pulsometer.

Bei den doppeltwirkenden Pulsometern älterer Bauart war die regelmässige Wirkung der Steuerung, insbesondere bei grossen Druckhöhen, nicht immer gesichert; diesem Uebelstand suchte man durch Verwendung von Einkammer-Pumpen zu begegnen, bei welchen die vollständige Füllung und Entleerung des Gehäuses nicht von den in einer zweiten Kammer sich abspielenden Vorgängen abhängig gemacht ist. Solche einfachwirkende Pulsometer sind z. B. von Gebr. Körting in Hannover und von Max Greeven & Co. in Krefeld gebaut worden. Da diese Pumpen jedoch gegenüber den verbesserten doppeltwirkenden Pulsometern keine Vortheile mehr bieten, so ist die Herstellung von den genannten Fabrikanten eingestellt worden.

Die Einzeltheile der Pulsometer.

Das Gehäuse wird gewöhnlich aus Gusseisen hergestellt, auch aus Hartblei oder Rothguss, wenn die zu fördernde Flüssigkeit das erstgenannte Metall angreift. Für den Guss werden auch eiserne Formen benutzt, wie es z. B. bei den Eichler'schen Pulsometern geschieht; bei denjenigen von Neuhaus werden die Dichtungsflächen der Deckelflanschen und die eingegossenen Ventilsitze durch Guss gegen Eisenplatten hergestellt, um eine harte Gusskruste zu erhalten, die nicht bearbeitet wird. Besser erscheint es, die genannten Dichtungsflächen zu bearbeiten und die Ventilsitze besonders einzusetzen, wobei allerdings auf eine gute Abdichtung derselben zu achten ist. Das Einsetzen besonderer metallener Ventilsitze erfolgt auch bei den Neuhaus'schen Pulsometern, wenn salz- oder säurehaltige oder sonst dem Eisen schädliche Flüssigkeiten zu fördern sind. Für die Formung des Gehäuses ist, abgesehen von der Anordnung der einzelnen Räume, die Möglichkeit des dichten, möglichst spannungsfreien Gusses und die Widerstandsfähigkeit gegen den inneren Druck massgebend, der in Folge der möglichen Flüssigkeitsschläge bedeutend höher als der Druck des Arbeitsdampfes werden kann. Die kleinsten Wanddicken und damit das geringste Gewicht lassen sich erhalten, wenn für die Form möglichst gewölbte Flächen verwendet werden.

Das Gehäuse wird aus einem Stück gegossen oder aus einzelnen Theilen zusammengesetzt; in jedem Falle müssen die Ventile durch angeschraubte und gut abgedichtete Deckel leicht zugänglich sein, ohne dass der Pulsometer auseinander genommen zu werden braucht. Zweckmässig ist es, am Gehäuse Tatzen zur Auflagerung und Oesen zur Aufhängung anzugiessen. Der in jedem Fall besonders aufgeschraubte Steuerkopf wird fast durchgängig aus harter Bronze, z. B. Phosphorbronze, hergestellt, aus gleichem Metall auch das Dampfsteuerungsventil, mag es nun Kugel oder Klappe sein. Nach den gemachten Erfahrungen bleibt die Kugel nahezu rund, die Sitze schlagen sich allerdings aus, so dass nach längerer Zeit, etwa einigen Jahren, der Steuerkopf ersetzt werden muss, was jedoch auch bei den anderen Umsteuerungseinrichtungen eintritt. Der freie Durchgangsquerschnitt der Dampfsteuerung muss etwas grösser als der Querschnitt der Dampfzuleitung sein. Der Hub der für die Steuerung verwendeten Kugel oder Klappe wird nur wenige Millimeter gross gemacht. Bei der empfehlenswerthen Anwendung eines Saugwindkessels bildet derselbe gewöhnlich mit dem Gehäuse ein Gussstück, selten wird er besonders angeschraubt. Im ersten Fall wird der Windkessel zweckmässig so angegossen, dass zwischen ihm und den Gehäusewänden ein Spielraum bleibt, so dass die Wärmeübertragung von der mit Dampf gefüllten Kammer nach dem Windkessel möglichst verhütet ist.

Hall hatte zuerst auch für die Saug- und Druckventile Kugeln angewendet und zwar den abwechselnden Verschluss der beiden Druckkanäle gegenüber dem Steigrohr durch eine einzige Kugel erzeugt, welche zwischen den Mündungen der genannten Kanäle spielte. Es zeigte sich jedoch, dass, da die Vorgänge in den Pumpgefässen, welche den Abschluss des einen und die Oeffnung des anderen Druckkanals erfordern, nicht genau zusammenfallen, die Steuerung dieser Kanäle nicht richtig eintrat, also Flüssigkeit aus dem Steigrohr nach dem Gefäss zurücklief, in welchem bereits das Ansaugen erfolgte. Es wurden daher später von Hall selbst zwei Druckventile angebracht und findet sich diese Einrichtung bei allen anderen neueren Pulsometern.

Die Verwendung von Kugeln oder Metallklappen für die Saug- und Druckventile empfiehlt sich für unreine Flüssigkeiten, für die Förderung von reinem Wasser werden fast durchgängig Gummiklappen angeordnet.

Dieselben werden zweckmässig so gebildet, wie dies für die Kolbenpumpen empfohlen wurde (vgl. Fig. 204), um eine leichtere Beweglichkeit zu erhalten. Die Ventilsitze sind bei dem Neuhaus'schen Pulsometer eingegossen oder eingesetzt; bei dem Eichler'schen (Fig. 584) ruhen die Klappen auf angegossenen Ringflächen des Gehäuses und auf eingesetzten Sternen. Die anderen Pulsometer enthalten gewöhnlich besondere eingesetzte und abgedichtete Ventilsitze. Diese wie die Sterne des Eichler-schen Pulsometers werden gewöhnlich aus Bronze hergestellt. Wichtig ist die Befestigung der Ventile, welche vollkommen sicher sein muss.

Die Anbringung eines Fussventiles empfiehlt sich, da dasselbe dann eine gewisse Flüssigkeitsmenge im Saugwindkessel zurückhält, wodurch das Anlassen leichter erfolgt.

Wie erläutert, sind noch nothwendig: an jeder Kammer und am Saugwindkessel je ein Luftventil, eine Anfüllschraube oder besondere Füllvorrichtung und Ablassschrauben behufs Entleerung der einzelnen Räume. Letzteres ist z. B. nothwendig, um bei Frostwetter ein Zerfrieren zu verhüten. Die Luftventile müssen regelbar und gänzlich verschliessbar sein. Einrichtungen derselben geben die Fig. 572 und 578. Bei langer Saug- und Druckleitung empfiehlt sich noch die Anbringung eines besonderen Saug- bez. Druckwindkessels.

Saug- und Druckleitung werden für 1 bis 2 m Geschwindigkeit der durchströmenden Flüssigkeit berechnet. Die Dampfzuleitung ist nach der nothwendigen Dampfmenge zu bestimmen und ist dabei zu berücksichtigen, dass bei langer Leitung ein Theil des dem Kessel entnommenen Dampfes sich niederschlägt und die Spannung erheblich abnimmt.

Geförderte Flüssigkeitsmenge.

Das Gefäss der Dampfdruckpumpe, in welchem die Druckwirkung eintritt, wird von der angesaugten oder aus einem höher liegenden Behälter zuströmenden Flüssigkeit nicht völlig bis zum Dampfsteuerventil gefüllt werden, sondern es wird zwischen letzterem und dem Flüssigkeitsspiegel eine Dampf und Luft enthaltende Schicht entstehen. Die Luftbeimengung entsteht, wenn sich aus der Flüssigkeit in Folge der im Gefäss bei der Dampfverdichtung entstehenden Spannungsverminderung Luft ausscheidet; bei den Pulsometern wird, wie erwähnt, noch Luft zugeleitet. Wird nun der thatsächlich mit Flüssigkeit angefüllte Rauminhalt des Gefässes bis zur Einmündung des nach dem Druckventil führenden Kanales oder Rohres mit M bezeichnet; ist ferner der Dampfverbrauch für ein Spiel V kg, so ist bei n Spielen in der Minute die in dieser Zeit thatsächlich geförderte Flüssigkeitsmenge

für die doppeltwirkende Pumpe $60\,Q = n\left(2\,\mu\,M + \frac{1}{1000}\,V\right)$. 288)

Es gelten diese Formeln allerdings nur für solche Dampfdruckpumpen, bei welchen der Betriebsdampf verdichtet wird und dann als Wasser gleichfalls zur Förderung gelangt; lässt man den Dampf nach seiner Druckwirkung auspuffen, wie dies bei einigen Dampfwasserhebern geschieht, so kommt er für die Fördermenge nicht in Betracht; in der Formel 288 fällt dann das zweite Glied in der Klammer weg.

Bezüglich des Dampfverbrauches ist folgendes zu erwähnen: Während bei der Luftdruckpumpe die bei einem Spiel nothwendige Pressluftmenge vom Drucke p dem Raume nach gleich der geförderten Flüssigkeitsmenge ist, wird bei den Dampfdruckpumpen der Dampfverbrauch vom Drucke p dem Raume nach erheblich grösser. Die Gründe hierfür sind folgende: Ein Theil des einströmenden Dampfes schlägt sich an den Wänden des Pumpgefässes sowie durch Berührung mit der Oberfläche der zu fördernden Flüssigkeit nieder; letzteres wird insbesondere dann erheblich, wenn diese Oberfläche, wie zu vermuthen ist, nicht ruhig bleibt, sondern der einströmende Dampfstrahl dieselbe aufwühlt; ferner wenn in Folge allmählicher Erweiterung des Pumpgefässes neue, kältere Flüssigkeitstheilchen an die Oberfläche gelangen.

Eine andere Ursache des grösseren Dampfverbrauches besteht darin, dass die Zuströmung des Dampfes auch noch je nach der Einrichtung der Steuerung eine gewisse Zeit fortdauert, wenn bereits die Druckwirkung vollendet ist und die Verdichtung des das Pumpgefäss bereits füllenden Dampfes beginnt. Diese Verdichtung wird bei den Pulsometern durch das Rückfallen von Flüssigkeit aus dem Druckkanal eingeleitet; es wird also eine kleinere Flüssigkeitsmenge gefördert, als sie dem mit Dampf zu füllenden Gefässinhalt, gemessen bis zur Mündung des zu dem Druckventil führenden Kanals, entspricht. Bei der Anordnung einer Einspritzung ist auch noch die hierdurch wieder zurückströmende Flüssigkeit in Rechnung zu ziehen. Es ist daher ein Lieferungsgrad μ einzuführen; derselbe beträgt bei den Pulsometern nach Versuchen Eichler's etwa 0,8 bis 0,85; bei der Cohnfeld'schen Pumpe ist $\mu > 1$, da auch der zwischen dem Gefäss A und dem Druckventil befindliche Rohrtheil entleert wird. Die von Schaltenbrand a. a. O. mitgetheilten Versuche mit Hall'schen Pulsometern ergaben ein Raumverhältniss der Dampfmenge vom Druck p zur geförderten Flüssigkeitsmenge wie 5 : 1 bis 6 : 1. Versuche mit neueren Pulsometern zeigen dasselbe erheblich günstiger und zwar 2 : 1 bis 3 : 1, in einzelnen Fällen (vergl. die S. 528 mitgetheilten Versuche mit Eichler-schen Pulsometern) selbst 3 : 2.

Da die Zahl n der in der Minute stattfindenden Spiele durch die Erfahrung für bestimmte Pumpenarten bekannt ist (vergl. S. 524), so ergibt sich aus Gleichung 288 der Gefässinhalt M für eine verlangte Fördermenge Q. Es empfiehlt sich, M nicht über 0,1 bis 0,15 cbm zu nehmen, da sonst die Pumpen zu gross werden und ihre Ausführung und Aufstellung dadurch schwieriger, bei den nur zeitweise gebrauchten Pulsometern auch die Möglichkeit der Verwendung zu verschiedenen Zwecken geringer wird. Ergibt sich $M > 0{,}1$ cbm, so ist es daher gerathen, zwei oder mehrere Pumpen anzuordnen.

Die Betriebsarbeit und der Wirkungsgrad.

Der Druck p_x in at, welchen der in das zu entleerende Pumpgefäss einströmende Dampf besitzen muss, ergibt sich aus der Erwägung, dass der auf die Oberfläche F_x der Flüssigkeit wirkende Druck im Stande sein muss, die hydrostatische Last zu heben und die Beschleunigungs- und Reibungswiderstände der im Gefäss und im Steigrohr befindlichen Flüssigkeitsmenge zu überwinden. Es seien diese letzteren mit $(W_d)_x$ bezeichnet, so ist demnach

$$10000\, F_x\, p_x = F_x\left((H_d)_x + A\right)\gamma + (W_d)_x \qquad 289)$$

Der gesammte schädliche Widerstand $(W_d)_x$ hängt von den zu bewegenden Massen, insbesondere also von der Länge des Druckrohres ab, ferner von der Geschwindigkeit der Bewegung im letzteren. Es gelten hierfür dieselben Erwägungen wie für die Druckwirkung bei den Kolbenpumpen (vergl. S. 74). Die Beschleunigungswiderstände können vermieden werden, wenn der Druck p_x nur so gross genommen wird, wie es für die Erzielung einer gleichförmigen Geschwindigkeit im Druckrohr nothwendig ist; das wäre jedoch nur durch eine stetige Regelung an dem Drosselventil der Dampfzuleitung zu erreichen, wie solches z. B. bei Dampfmaschinen mit Drosselung des Dampfes vom Regulator aus geschieht. Bei den beschriebenen Dampfdruckpumpen ist eine solche Vorrichtung, die immerhin umständlich werden würde, nicht vorhanden; die Drosselung des Dampfventils geschieht von Hand und kann dadurch nur eine mittlere Druckrohrgeschwindigkeit eingestellt werden. Die Bewegung der Flüssigkeit wird daher im Allgemeinen ungleichförmig sein, so dass also Beschleunigungswiderstände auftreten. Dieselben rechnerisch zu ermitteln, ist unmöglich, da der Druck p_x in Folge der während der Druckwirkung bereits entstehenden Verdichtung von Dampf nicht gleich gross bleibt; ferner kommt bei birnenförmigen Pumpgefässen auch die Aenderung der Fläche F_x in Betracht. Es ist aber die Annahme gestattet, dass die Beschleunigungswiderstände nicht erheblich sein werden, insbesondere nicht bei den doppeltwirkenden Dampfdruckpumpen, in deren Steigrohr die Flüssigkeit stetig in Bewegung bleibt. Dagegen wird der durch Reibung der Flüssigkeit an der Rohrwandung, ferner der an den Druckventilen und Rohrkrümmern entstehende Widerstand, welcher sich (vergl. S. 76) durch

$$\zeta_d\, F_x\, \gamma\, \frac{(v_d)_x^2}{2g}$$

ausdrückt, insbesondere bei langen Leitungen beträchtlich sein, und es ist daher die Geschwindigkeit $(v_d)_x$ möglichst klein, etwa $\overline{\overline{<}}$ 2 m, zu nehmen. ζ_d ergibt sich nach früheren Erörterungen (vergl. S. 76).

Somit ist

$$10000\, p_x > \left[(H_d)_x + A + \zeta_d \frac{(v_d)_x^2}{2\,g}\right] \gamma. \tag{290}$$

Für die den Ausführungen zu Grunde zu legende Rechnung genügt es, $(H_d)_x$ von Mitte des Pumpgefässes bis zum Ausguss des Steigrohres, bezieh. bis zum Spiegel des Behälters zu rechnen, in welchen das Steigrohr mündet, ferner $(v_d)_x \overline{\overline{<}}$ 2 m anzunehmen, ζ_d nach früherem entsprechend der Anordnung des Druckventils und der Druckleitung zu berechnen und dann p_x um etwa 0,5 at grösser zu nehmen, als die rechte Seite der Gleich. 290 ergibt. A ist die Höhe der dem Luftdruck entsprechenden Flüssigkeitssäule, γ das Gewicht von 1 cbm Flüssigkeit.

Für kurze Druckleitungen kann erfahrungsgemäss

$$\frac{(W_d)_x}{10000\, F_x} \backsim 1{,}5 \text{ at}$$

gesetzt werden.

Bei der Saugwirkung ist der Druck der Aussenluft treibend und es wird

$$A\, F_x\, \gamma = [(H_s)_x + (h_i)_x]\, F_x\, \gamma + (W_s)_x. \tag{291}$$

$(W_s)_x$ ist die Summe der bei der Bewegung der Flüssigkeit durch das Saugrohr, das etwa angebrachte Fussventil, das Saugventil und das Pumpgefäss entstehenden Beschleunigungs- und Reibungswiderstände. Für diese Bewegung gelten die S. 230 gegebenen Erwägungen; es ist hier das unter dem Druck der Aussenluft erfolgende freie Aufsteigen nicht durch einen Kolben gehindert und wird daher die im Saugrohr entstehende Beschleunigung sich aus Gleich. 201 ergeben. Hierfür muss aber die über der aufsteigenden Flüssigkeit im Pumpgefäss entstehende Spannung bekannt sein, welche in der Gleich. 201 als Flüssigkeitshöhe $(h_i)_x$ eingeführt ist. Diese Spannung würde gleich Null sein, wenn die Verdichtung des Dampfes eine vollständige wäre und aus der aufsteigenden Flüssigkeit sich weder Luft noch andere Gase entwickeln würden. Bei den Pulsometern wird, wie erwähnt, absichtlich noch Luft eingelassen, um $(h_i)_x$ zu vergrössern. Werden die Beschleunigungswiderstände wieder vernachlässigt, wird also für $(W_s)_x$ nur der Reibungswiderstand

$$F_x\, \gamma\, \zeta_s \frac{(v_s)_x^2}{2\,g}$$

gesetzt, so ergibt sich aus 291)

$$(v_s)_x = \sqrt{\frac{2\,g}{\zeta_s}\,[A - (H_d)_x - (h_i)_x]}. \tag{292}$$

Da die Widerstandsvorzahl sich nach früherem (vergl. S. 63) aus der Anordnung der Saugleitung und des Saugventils bestimmen lässt, so ist, wenn die Saughöhe $(H_s)_x$ vom Spiegel des Saugbehälters bis zur Mitte des Pumpgefässes gerechnet, die Saugrohrgeschwindigkeit $(v_s)_x$ zu etwa 1 bis 1,5 m angenommen wird, $(h_i)_x$ bestimmt. Umgekehrt kann also durch Regelung der der Flüssigkeitshöhe $(h_i)_x$ entsprechenden Spannung die gewünschte Geschwindigkeit $(v_s)_x$ erhalten werden. Diese Regelung wird bei den Pulsometern an den Luftventilen vorgenommen. Von $(v_s)_x$ hängt die Zeit ab, innerhalb welcher das Pumpengefäss sich füllt; es kann also bei den doppeltwirkenden Pulsometern durch genannte Regelung die Zeitdauer der Füllung gleich derjenigen der Druckwirkung erhalten werden.

Bei den Dampfdruckpumpen mit Auspuff des Dampfes nach seiner Druckwirkung ist $(h_i)_x$ wegen der beim Auspuff entstehenden Drosselung etwas grösser als A und $(H_s)_x$ muss dann negativ sein; das heisst, es kann keine Saugwirkung eintreten, sondern die Flüssigkeit muss aus einem höher liegenden Behälter zuströmen.

Es lassen sich nun die aufeinander folgenden Vorgänge rechnerisch darstellen mit Hülfe der Erwägung, dass die Summe der aufgewandten Arbeiten gleich der geleisteten Arbeit sein muss. Hierbei ist jedoch zu beachten, dass Theile beider Arbeitsarten als Wärme auftreten. Für den einströmenden Betriebsdampf bezeichnen

p den Druck in at,
q die Flüssigkeitswärme,
r die gesammte und
ϱ die innere Verdampfungswärme,
y den Dampfgehalt von 1 kg,
σ das Volumen von 1 kg Dampf.

Dann ist die lebendige Kraft des während der Druckwirkung einströmenden Dampfgewichtes V_1

$$10000\, V_1\, p\, \sigma,$$

das dem Wärmeinhalt des Dampfes entsprechende Arbeitsvermögen

$$\frac{1}{\mathfrak{A}}\, V_1 (q + y \varrho),$$

wenn $\mathfrak{A}$ den Wärmewerth der Arbeitseinheit bezeichnet; ist diese 1 mkg, wie hier angenommen, so ist $\mathfrak{A} = \frac{1}{424}$.

Ferner ist der Arbeitswerth der in dem Flüssigkeitsinhalt M enthaltenen Wärmemenge, wenn q' die entsprechende Flüssigkeitswärme bedeutet,

$$\frac{1}{\mathfrak{A}}\, M \gamma q'.$$

Die gesammte, während der Druckwirkung aufgewendete Arbeit beträgt daher

$$V_1\left(10000\,p\,\sigma + \frac{1}{\mathfrak{A}}(q + y\,\varrho)\right) + \frac{1}{\mathfrak{A}} M\,\gamma\,q'.$$

Bezeichnet w das spezifische Volumen des Wassers (= 0,001 cbm), w + u dasjenige des gesättigten Dampfes,

so ist auch

$$\sigma = w + y\,u,$$
$$\varrho + 10000\,\mathfrak{A}\,p\,u = r,$$

weshalb der Ausdruck für die aufgewendete Arbeit auch

$$V_1\left(10000\,p\,w + \frac{1}{\mathfrak{A}}(q + y\,r)\right) + \frac{1}{\mathfrak{A}} M\,\gamma\,q'$$

geschrieben werden kann.

Während der Druckwirkung wird das Flüssigkeitsvolumen M und der sich gleichzeitig verdichtende Theil des Dampfes auf die Höhe H_d gehoben; ferner werden die Widerstände W_d überwunden, welchen eine Flüssigkeitshöhe h_d entsprechen möge. Es ist dann noch zu beachten, dass die geförderte Flüssigkeitsmenge eine Temperaturerhöhung in Folge Verdichtung eines Theiles des einströmenden Dampfes am Flüssigkeitsspiegel erfährt und daher mit einer Flüssigkeitswärme q_d ausströmt. Ferner geht eine gewisse Wärmemenge C_1 durch Abgabe der Aussenfläche des Pumpengefässes an die umgebende Luft oder Flüssigkeit verloren. Somit ist die gesammte während der Druckwirkung geleistete Arbeit

$$(M\gamma + \varepsilon\,V_1)\left[H_d + A + h_d + \frac{1}{\mathfrak{A}} q_d\right],$$

wenn $\varepsilon\,V_1$ das verdichtete Dampfgewicht bezeichnet.

Es muss also

$$V_1\left[10000\,p\,w + \frac{1}{\mathfrak{A}}(q + y\,r)\right] + \frac{1}{\mathfrak{A}} M\,\gamma\,q'$$
$$= (M\gamma + \varepsilon\,V_1)\left[H_d + A + h_d + \frac{1}{\mathfrak{A}} q_d\right] + \frac{1}{\mathfrak{A}} C_1 \qquad 293)$$

sein.

Bei den Pulsometern tritt am Ende der Druckwirkung der Dampf in den zum Druckventil führenden Kanal, so dass aus diesem und dem Steigrohr Flüssigkeit zurückfällt und die Verdichtung einleitet; hierdurch nimmt der Druck im Gefäss ab; bei den doppeltwirkenden Pulsometern wächst gleichzeitig der Druck im andern Gefäss durch die dort hochströmende Flüssigkeit; es erfolgt dadurch die Umsteuerung der Dampfzuströmung. Bei geschlossenem Dampfventil wird nun die Verdichtung des Dampfes durch die Einspritzung und durch die aus dem Saugrohr zuströmende Flüssigkeit nahezu vervollständigt, die Geschwindigkeit dieses Vorganges jedoch durch mittels des Luftventils zugeleitete Luft gemässigt.

Während dieser Neufüllung des Pumpengefässes wird von der zurückfallenden Flüssigkeit und dem Druck der Aussenluft Arbeit ausgeübt; ferner aber wird, da das Dampfventil sich am Ende der Druckwirkung nicht sofort schliesst, noch eine gewisse Dampfmenge vom Gewicht V_2 kg einströmen, deren Arbeitsvermögen auch als verbraucht zu betrachten ist.

Das ganze während eines Spieles aus einem Pumpgefäss thatsächlich geförderte Flüssigkeitsgewicht ist

$$\mu M \gamma + V,$$

wenn $V = V_1 + V_2$ den gesammten Dampfverbrauch bezeichnet. Da nun während der Druckwirkung das Gewicht

$$M \gamma + \varepsilon V_1$$

gefördert wurde, so beträgt das während der Neufüllung zurückfallende, bezieh. zurückspritzende Flüssigkeitsgewicht

$$(1 - \mu) M \gamma + (\varepsilon - 1) V_1 - V_2.$$

Das Arbeitsvermögen dieses Gewichtes ist, da die Fallhöhe gleich $H_d + A - h_d$ gesetzt werden kann,

$$\left[(1 - \mu) M \gamma + (\varepsilon - 1) V_1 - V_2\right]\left[(H_d + A - h_d) + \frac{1}{\mathfrak{A}} q_d\right],$$

wenn q_d die mittlere Flüssigkeitswärme bezeichnet.

Es ist somit die gesammte, während der Neufüllung aufgewendete Arbeit

$$V_2\left[10000\, p\, w + \frac{1}{\mathfrak{A}}(q + y\, r)\right] + \mu M \gamma \left(A + \frac{1}{\mathfrak{A}} q_s\right)$$
$$+ \left[(1 - \mu) M \gamma + (\varepsilon - 1) V_1 - V_2\right]\left[(H_d + A - h_d) + \frac{1}{\mathfrak{A}} q_d\right].$$

Die in gleicher Zeit geleistete Arbeit setzt sich aus der Hebung des angesaugten Flüssigkeitsgewichtes $\mu M \gamma$, aus der Ueberwindung der dabei entstehenden Widerstände und aus dem Arbeitswerth der schliesslich in dem Gefäss enthaltenen Wärmemenge zusammen. Allerdings muss auch noch die zur Umsteuerung nothwendige Arbeit geleistet werden; diese hängt von der Einrichtung der Steuerung ab und wird im Allgemeinen gering sein. Ferner ist die angesaugte Luft zu verdichten, jedoch strömt diese mit einem gewissen Arbeitsvermögen ein, welches verbraucht wird. Da nun eine rechnerische Feststellung insbesondere deswegen nahezu unmöglich ist, weil die Menge der einströmenden Luft nur durch Versuche bestimmt werden kann, und solche nur von Schaltenbrand für ältere Pulsometereinrichtungen von Hall vorliegen, so seien die aus der Luftzuführung sich ergebenden Arbeitsgrössen vernachlässigt.

Es wird demnach die gesammte während der Neufüllung geleistete Arbeit

$$\mu M \gamma (H_s + h_s) + \frac{1}{\mathfrak{A}} M \gamma q' + \frac{1}{\mathfrak{A}} C_2,$$

wenn C_2 die in dieser Zeit vom Gefäss nach aussen abgegebene Wärmemenge bezeichnet.

Somit ergibt sich

$$V_2\left[10000\,p\,w + \frac{1}{\mathfrak{A}}(q + y\,r)\right] + \mu\,M\,\gamma\left(A + \frac{1}{\mathfrak{A}}\,q_s\right)$$
$$+\left[(1-\mu)\,M\,\gamma + (\varepsilon - 1)\,V_1 + V_2\right]\left[H_d + A - h_d + \frac{1}{\mathfrak{A}}\,p_d\right]$$
$$= \mu\,M\,\gamma\,(H_s + h_s) + \frac{1}{\mathfrak{A}}\,M\,\gamma\,q' + \frac{1}{\mathfrak{A}}\,C_2. \qquad 294)$$

Wird für das ganze Spiel die aufgewendete gleich der geleisteten Arbeit gesetzt, so ergibt sich

$$V\left[10000\,p\,w + \frac{1}{\mathfrak{A}}(q + y\,r)\right] + \mu\,M\,\gamma\left(A + \frac{1}{\mathfrak{A}}\,q_s\right)$$
$$= \mu\,M\,\gamma\,(H_s + h_s) + (\mu\,M\,\gamma + V)\left(H_d + A + h_d + \frac{1}{\mathfrak{A}}\,q_d\right)$$
$$+ \frac{1}{\mathfrak{A}}(C_1 + C_2). \qquad 295)$$

Diese Gleichung entsteht auch durch Summirung von 293) und 294), wenn beachtet wird, dass die beim Durchfliessen der Druckleitung entstehenden, durch die Flüssigkeitshöhe h_d in die Rechnung eingeführten Reibungswiderstände sich in Wärme umsetzen.

Für die Berechnung einer Dampfdruckpumpe würden nun folgende Werthe als bekannt anzunehmen sein: M, p, w, q, y, r, q_s, μ, H_d, H_s; nach früherem können die Widerstandshöhen h_d und h_s aus der Formung und den Abmessungen der Saug- und Druckleitung berechnet werden. Es bliebe also noch zu bestimmen: V_1, V_2, ε, q_d, q', C_1, C_2. Hiervon kann ε nahezu gleich Null gesetzt werden.

Die Wärmeverluste C_1 und C_2 lassen sich annähernd berechnen, wenn die Grösse der wärmeabgebenden Wand bekannt ist; es ist nur zu beachten, dass die Innenfläche stets als benetzt angenommen werden muss, da sich auf ihr, wenn sie von Flüssigkeit frei wird, Dampf niederschlägt. Wird nun die Flüssigkeitswärme q_d der Erfahrung gemäss angenommen, so ergibt sich aus der Gleich. 295 der gesammte Dampfverbrauch V; q' lässt sich dann aus 293 oder 294 bestimmen, ist jedoch nicht von Interesse.

Die in der Minute erfolgende Anzahl n der Spiele hängt von der Zeitdauer z_s der Saug- und derjenigen z_d der Druckwirkung ab; bei den einfachwirkenden Dampfdruckpumpen kann z_s verschieden von z_d sein; bei den doppeltwirkenden muss $z_s = z_d$ werden, damit kein unnöthig langes Dampfeinströmen stattfindet. Hierzu werden die Vorgänge in beiden Gefässen von einander abhängig gemacht (vergl. S. 501). Die Zeit z_s

ergibt sich aus der Geschwindigkeit $(v_s)_x$, welche je nach dem im Gefäss herrschenden, stetig wachsenden Druck verschieden gross ist. Da letzterer wieder von der Menge der eingesaugten Luft und von der Gasentwicklung der Flüssigkeit abhängt, so lässt er sich nur auf Grund von Versuchen bestimmen. Das Gleiche gilt für die Zeitdauer z_d; sie hängt insbesondere von dem Druck des Dampfes, welcher im Verlaufe der Druckwirkung abnimmt, ab. Versuche hierüber, wie über den bei der Saugwirkung entstehenden Druck sind nur in ganz geringem Maasse vorhanden. Der Verlauf der Spannungen in den Pumpgefässen würde am Besten durch Indikator-Schaulinien ermittelt werden können. Solche sind von Herrmann (vergl. Zeitschrift des österr. Arch.- u. Ing.-Vereins 1879 S. 147) und Schaltenbrand (a. a. O. S. 51) an Pulsometern älterer Einrichtung aufgenommen worden.

Neuere Indikatorschaulinien zeigen die Fig. 588 und 589; beide wurden an Körting'schen Pulsometern in der Weise erhalten, dass die mit dem

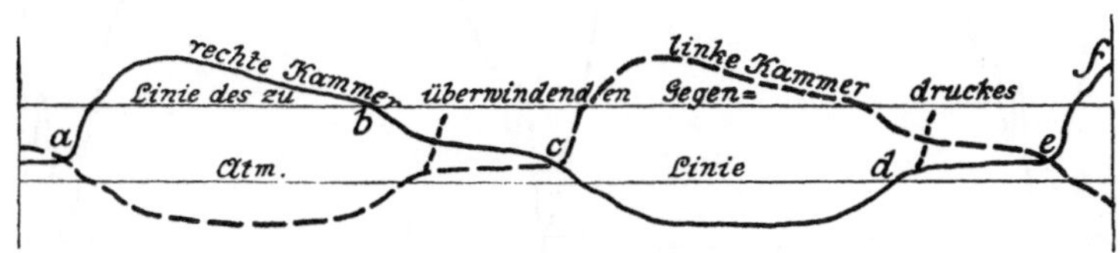

Fig. 588.

Papierblatt versehenen Trommeln der Indikatoren, die ungefähr in der Mitte jedes Pumpgefässes angebracht waren, durch ein Uhrwerk gleichmässig gedreht wurden, während der Stift die Drucklinie während einiger Spiele aufzeichnete.

Die beiden Schaulinien wurden richtig aufeinander gelegt, so dass die in den Kammern gleichzeitig entstehenden Druckvorgänge in ihrer gegenseitigen Gestaltung ersichtlich werden.

Die Fig. 588 stellt die an einem Normal-Pulsometer (Fig. 570) erhaltenen Schaulinien dar. Verfolgt man die Linie für das Gefäss, in welchem in Folge der Umsteuerung nunmehr der Dampf auf die Wasserfüllung wirkt, so zeigt sich zunächst, dass der Druck erheblich über den in dem Steigrohr zu überwindenden Gegendruck, der durch eine Linie eingetragen ist, steigt. Bei Punkt b ist die Kammer ausgedrückt und es sinkt der Druck nun weiter, indem die Verdichtung in Folge der freigelegten und daher zur Wirkung kommenden Einspritzung in verstärktem Maasse entsteht. Während der Zeit dieser Druckabnahme von b bis c tritt aber noch Dampf ein, wodurch ein erheblicher Dampfverlust entsteht, indem der einströmende Dampf nutzlos verdichtet wird. Inzwischen ist in der Nebenkammer die Ansaugung erfolgt und hierauf eine Drucksteigerung entstanden; sobald die Dampfspannung in dieser Kammer diejenige in der ersteren überschreitet, also kurz nach dem Punkt c, erfolgt die Umsteuerung; der Dampfzutritt nach der ersten Kammer hört auf und durch die fortdauernde Einspritzung entsteht eine rasche Druckabnahme, welche schliesslich zu einem Unterdruck führt, bei dem die Saugwirkung entsteht. Die Schaulinie zeigt im Verlauf von c bis d die Druckminderung, den unter der atmosphärischen Linie liegenden Druck, bei welchem das Ansaugen erfolgt, und dann eine in Folge des Wassereintritts entstehende Druckzunahme. Letztere führt allmählich zu einer Spannung, welche wieder die Umsteuerung hervorruft; dies tritt kurz hinter dem Punkt e ein. In Folge des Dampfzutritts steigt dann der Druck rasch, wie der Verlauf der Linie e f zeigt. Während der Zeit, die von d bis e verstreicht, fällt durch die Einspritzung aus dem Steigrohr ein Theil des

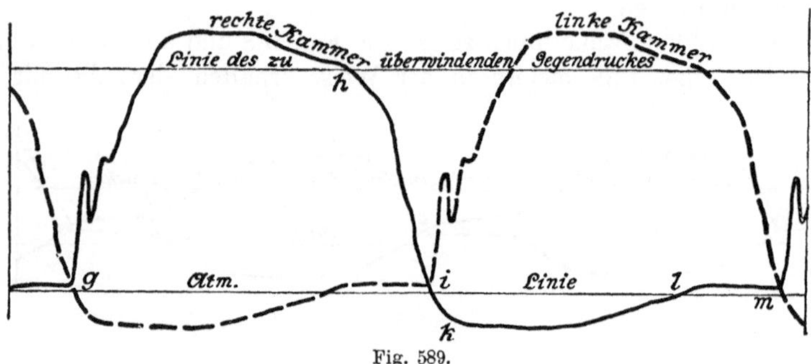

Fig. 589.

bereits in dasselbe gehobenen Wassers zurück, wodurch ein gewisser Verlust entsteht. Die Bestrebungen, diesen Verlust zu vermindern, haben zur Konstruktion des sogenannten doppeltwirkenden Pulsometers (Fig. 584) geführt. Die Fig. 589 gibt die Schaulinie für diese Pumpenart. Der Vergleich dieser Linie mit der in Fig. 588 dargestellten, lässt leicht erkennen, dass die Zeitdauer, während deren nutzlos Dampf nachströmt, wesentlich geringer wird. Die Linie zeigt von g an eine rasch ansteigende Druckzunahme, von h an das schnelle Abfallen des Druckes bis zur grössten Druckverminderung bei k. Von i bis l erfolgt die Saugwirkung, von l bis m bleibt in der Kammer, in welche das angesaugte Wasser fliesst, der Druck gleich gross, woraus geschlossen werden kann, dass eine Einspritzung von l bis m nicht mehr stattfindet, also der sonst hierdurch entstehende Verlust an gehobenem Wasser auch vermieden ist.

Der Wirkungsgrad der Dampfdruckpumpen ergibt sich als

$$\eta = \frac{(\mu \mathrm{M} \gamma + \mathrm{V})(\mathrm{H_s} + \mathrm{H_d})}{\mathrm{V}\left[10000\,\mathrm{p\,w} + \frac{1}{\mathfrak{A}}(\mathrm{q} + \mathrm{y\,r})\right]}, \qquad 296)$$

wenn die Wärmevermehrung der geförderten Flüssigkeit keine Verwendung findet; ist dies jedoch, wie bei den zur Kesselspeisung dienenden Dampfdruckpumpen, der Fall, so ist

$$\eta = \frac{(\mu M \gamma + V)\left(H_s + H_d + \frac{1}{\mathfrak{A}} q_d\right) - \frac{1}{\mathfrak{A}} \mu M \gamma q_s}{V\left[10\,000\, p\, w + \frac{1}{\mathfrak{A}}(q + y\, r)\right]}. \quad 297)$$

Die Ausrechnung der Formeln 296 und 297 ergibt, dass der Wirkungsgrad im ersten Fall klein, im zweiten nahezu 1 ist.

Versuche an Pulsometern.

Es wurde schon erwähnt, dass eine vollständige Berechnung der Dampfdruckpumpen nur auf Grund eingehender genauer Versuche möglich ist, an welchen es zur Zeit noch fast gänzlich fehlt. Die an neueren Einrichtungen angestellten Untersuchungen sollen gewöhnlich nur die Leistungsfähigkeit feststellen, insbesondere den Dampf- oder Kohlenverbrauch. Es ist unrichtig, den letzteren als Massstab für die Güte einer Dampfdruckpumpe anzunehmen, da die bei Verbrennung von 1 kg Kohle erzielte Dampfmenge je nach der Art der Kohle, der Feuerungsanlage, der Geschicklichkeit des Heizers, innerhalb weiter Grenzen sehr verschieden ist. Der Dampfverbrauch für eine gewisse Arbeitsleistung kann allein als Richtschnur für die Beurtheilung der Pumpe und den Vergleich verschiedener Arten gelten.

Auch die vielfach übliche Beurtheilung nach dem Maass der Erwärmung des geförderten Wassers kann zu falschen Schlüssen führen, da es in gewöhnlichen Fällen, wenn nicht unter Benutzung besonders genauer Hülfsmittel eine scharfe Beobachtung geübt wird, nicht möglich ist, die Temperaturerhöhung genau zu bestimmen. Es sei hier erwähnt, dass seitens der Erbauer von Pulsometern mehrfach folgende einfache, jedoch nur sehr angenäherte Rechnung ausgeführt wird: Die Gesammtwärme von 1 kg gesättigten Wasserdampfes ist nach Regnault in Wärmeeinheiten

$$606{,}5 + 0{,}305\, t;$$

die Temperatur ist bekannt, wenn der Dampfdruck gegeben ist. Da letzterer für Pulsometer gewöhnlich 2,5 bis 4,5 at beträgt, so schwankt t zwischen 128^0 und 148^0, so dass im Mittel die von 1 kg Dampf bei seiner Verdichtung abgegebene Wärmemenge 640 Wärmeeinheiten beträgt.

Werden nun in der Sekunde x kg Dampf verbraucht und Q kg Wasser gehoben, so ist ungefähr

$$\frac{640\, x}{Q}$$

die Temperaturerhöhung $(t_d - t_s)$ des geförderten Wassers, und wenn dabei die Förderhöhe H überwunden wird, so beträgt die Arbeitsleistung von 1 kg Dampf

$$\frac{Q\,H}{x} = 640 \frac{H}{(t_d - t_s)}.$$

Aus den Temperaturen des geförderten und des zu fördernden Wassers kann somit bei gegebener Förderhöhe auf die Arbeitsleistung des Dampfes geschlossen werden; eine solche Rechnung setzt aber voraus, dass die Erwärmung des Pulsometers selbst und dessen Wärmeabgabe nach aussen vernachlässigt werden kann und dass die Temperaturen t_d und t_s sehr genau festgestellt werden; letzteres ist umsomehr nothwendig, als die Temperaturerhöhung $t_d - t_s$ gewöhnlich nur einige Grade beträgt. Die Formel vorgenannte darf daher nur mit Vorsicht zur Beurtheilung des Wirkungsgrades einer Pulsometeranlage benutzt werden.

In Nachstehendem sind einige Versuchszahlen angegeben, welche zur Beurtheilung der Pulsometer dienen können.

Auf der Görlitzer Ausstellung 1885 wurden Versuche mit einem von Eichler gelieferten grossen Pulsometer (Fig. 584 u. 585) angestellt (vgl. Zeitschrift des Vereins deutsch. Ing. 1885 S. 755) und wurde hierbei folgendes gefunden: Der Inhalt der Kammern betrug je 0,112 cbm, die Pendellänge 220 mm. Je nach Oeffnen der Dampfzuleitung ergaben sich 16 bis 50 Pulsschläge in der Minute. Die Versuchszahlen sind:

Spannung des einströmenden Dampfes in at	2,6	2,8
Saughöhe in m	1,0	1,0
Druckhöhe in m	8,0	8,0
Anzahl der Pulsschläge in 1 Minute	40	42
Füllung für einen Hub in l	0,1	0,092
Füllungsgrad der Kammern	0,90	0,85
Geförderte Wassermenge in 1 Minute in cbm	4,0	3,99
Erwärmung des gehobenen Wassers in °C.	0,8	1,0
Dampfverbrauch in 1 Minute in kg	5,0	6,25
Dampfverbrauch für 1 e Nutzleistung und 1 Stunde in kg	37,5	47,0
Nutzleistung bei 1 kg stündlichem Dampfverbrauch in mkg	7200	5750.

Die Erwärmung des gehobenen Wassers scheint hierbei nicht gemessen, sondern mit Hülfe der S. 527 gegebenen angenäherten Rechnungsweise bestimmt zu sein; thatsächlich war die Temperaturerhöhung wohl etwas geringer. Die Versuche ergeben eine verhältnissmässig günstige Leistung, jedoch würde dies nur für so grosse Pulsometer gelten.

Versuche, welche seitens der kgl. Eisenbahndirektion Bromberg im September und Oktober 1886 mit einem Pulsometer von Haussmann (Fig. 575 bis 578), geliefert von Koch, Bantelmann & Paasch in Buckau, angestellt wurden, ergaben folgende Werthe:

Mittlerer Dampfdruck im Kessel in at	Dampfverbrauch in 1 Stunde kg	Mittlere Saughöhe m	Mittlere Förderhöhe m	Anzahl der Pulsschläge im Mittel in 1 Minute	Erwärmung des geförderten Wassers in Grad C.	Geförderte Wassermenge in 1 Stunde kg	Geleistete Arbeit für 1 kg Dampfverbrauch mkg
3,9	88,2	1,30	15,60	26,0	2,59	13333	2358
4,0	92,7	1,75	15,70	25,7	1,30	13867	2142
4,0	65,8	2,15	15,65	21,0	1,20	9177	2184
3,9	98,0	2,75	15,75	25,0	2,40	12814	2059
4,0	74,4	2,79	15,59	23,5	0,29	10867	2276
3,8	118,4	3,23	15,73	29,6	0,35	14222	1889
3,8	123,3	3,83	15,33	42,3	2,00	17711	2201
4,0	76,9	4,33	15,64	25,0	0,70	11111	2260
3,5	135,3	4,40	15,40	44,5	1,50	18800	2149
3,9	64,6	5,17	15,17	27,0	1,50	9560	2245
4,0	70,0	5,70	15,70	28,0	1,18	11600	2602

Der Dampfverbrauch ist am Kessel gemessen, so dass die Verluste in der Zuleitung nicht abgerechnet sind.

Die Versuche wurden mit einem Pulsometer No. 4 ausgeführt; grössere Pumpen arbeiten mit einem verhältnissmässig geringeren Dampfverbrauch; so kann bei der in Fig. 575 bis 578 dargestellten Grösse eine Arbeit von 3000 mkg für 1 kg Dampf als Mindestleistung gerechnet werden; es ergibt dies für die Leistung von 1 e, gemessen am gehobenen Wasser, einen Dampfverbrauch von 90 kg. Bei den Pulsometern von noch grösserer Abmessung vermindert sich letzterer erheblich.

Die Gebr. Körting in Hannover rechnen für ihren sogenannten Normal-Pulsometer (Fig. 570) auf Grund von Versuchen, je nach der Grösse, eine Leistung von 3500 bis 4500 mkg bei 1 kg Dampfverbrauch; ferner fanden die Genannten eine Temperaturerhöhung von etwa 2^0 bei 10 m Förderhöhe und von etwa $0,15^0$ für eine Steigerung der letzteren um je 1 m; dagegen soll nach Versuchen auf der Wasserstation der kgl. Eisenbahndirektion zu Hannover der sogenannte doppeltwirkende Pulsometer (Fig. 573) eine Leistung von ungefähr 7000 mkg für 1 kg Dampf ergeben.

Ueber die Leistung des Pulsometers bei der Förderung von heissen Flüssigkeiten geben die von Veitmeyer mit einem aus Bronze gefertigten Pulsometer No. 2 von Neuhaus im November 1883 angestellten, in der Zeitschrift des Vereins deutsch. Ing. 1883 S. 167 mitgetheilten Versuche einigen Aufschluss. Es wurde siedende Lohbrühe auf 4 m gehoben, welche der Pumpe aus einem Behälter zufloss. Die Temperatur der zu hebenden Flüssigkeit betrug zuerst 80^0 und wurde nachher gesteigert; hierbei zeigte sich, dass, obgleich die Zahl der Pulsschläge bei demselben Dampfdruck mit erhöhter Temperatur abnahm, und zwar von 156 auf 138, die mit jedem Schlage gehobene Flüssigkeitsmenge jedoch zunahm. Bei 90^0 hörte der Pulsometer auf, ununterbrochen und regelmässig zu arbeiten. Nachstehende Angaben wurden aus einigen Versuchen erhalten:

Dampfdruck im Kessel	Temperatur der Flüssigkeit	Anzahl der Pulsschläge in 1 Minute	Geförderte Flüssigkeit	
			in 1 Minute	bei 1 Pulsschlag
at	°C		cbm	l
$3^3/_5$	80	156	0,32	2,07
$3^5/_7$	85	150	0,313	2,09
$3^6/_7$	90	138	0,293	2,123

Dampfdruckpumpe mit Membrane.

Um Flüssigkeiten, welche mit Dampf nicht in Berührung gebracht werden dürfen, da sie sich dadurch unzulässig verdünnen, erwärmen oder chemisch verändern, durch Dampfdruck zu heben, kann die von Haussmann in Burg bei Magdeburg angegebene und angefertigte Membranepumpe (erloschene D.R.P. Kl. 59 No. 42111 u. No. 43754) verwendet werden, deren allgemeine Einrichtung durch Fig. 590 verdeutlicht ist. Die zu hebende Flüssigkeit wird durch das Ventil A angesaugt und durch dasjenige B fortgedrückt, indem sich die eingespannte Membrane C hin und

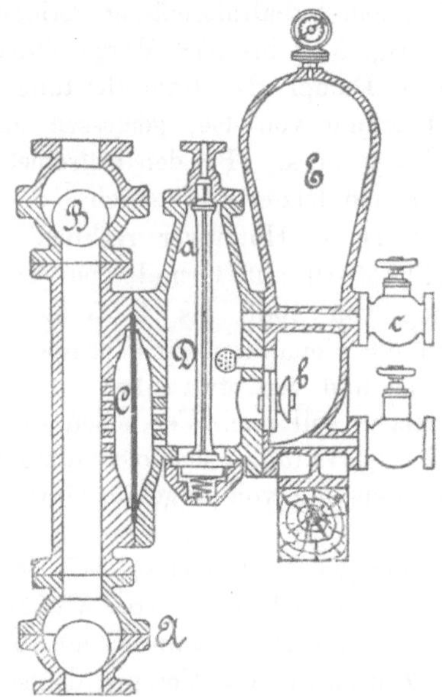

Fig. 590.

her bewegt; dieselbe wirkt also in gleicher Weise wie in der in Fig. 530 gezeigten Pumpe. Die Durchbiegung der Membrane wird hier jedoch durch Dampfdruck bewirkt, indem durch das federbelastete Ventil a Dampf in das Gefäss D tritt, die Flüssigkeitsfüllung desselben durch das Druckventil b entfernt und hierbei die Membrane nach links durchbiegt, während bei der hierauf entstehenden Verdichtung des Dampfes und der damit eintretenden Druckabnahme die Membrane sich wieder nach rechts zurückbiegt. Hierbei erfolgt auch ein Ansaugen von Flüssigkeit durch das Ventil c. Die Verdichtung des Dampfes in D erfolgt durch Einspritzen von Wasser aus dem Windkessel E. Nach der Angabe Haussmann's beträgt die hierzu nothwendige Wassermenge etwa $^1/_{20}$ der zu fördernden Flüssigkeitsmenge. Die Pumpe wird für die Förderung von Wasser, Säure, Lauge, sandigen, schlammigen oder dicken Flüssigkeiten u. s. w. gebaut und findet zur Wasserhaltung in Bergwerken, zum Abteufen, dann in gewerblichen Anlagen der verschiedensten Art Anwendung. Für die Hebung von Wasser wird die Pumpe in 9 Grössen für eine Fördermenge von 0,13 bis 5,5 cbm in der Minute bei 5 m und von 0,06 bis 2,5 cbm bei 30 m Förderhöhe gebaut. Für die Hebung von Flüssigkeiten, welche Eisen angreifen, erfolgt die Herstellung in Rothguss, Hartblei oder Hartgummi in 4 Grössen für eine grösste Leistung von 0,05 bis 0,25 cbm Flüssigkeit auf 5 m Höhe.

Kreiselpumpen.

Die Wirkungsweise der Kreiselpumpen besteht darin, dass durch ein in rasche drehende Bewegung versetztes Schaufelrad der in demselben befindlichen Flüssigkeit eine lebendige Kraft ertheilt wird, welche gross genug ist, um die Hebung der Flüssigkeit auf die gewünschte Höhe zu bewirken, also sämmtliche hierbei auftretende Widerstände zu überwinden. Das Schaufelrad kann durch den Druck wirken, welchen die Schaufelflächen auf die Flüssigkeit ausüben, ferner durch die Fliehkraft, welche in Folge der Drehung entsteht. Beide Kräfte werden stets gleichzeitig auftreten; je nach der Formung der Pumpe wird jedoch der Schaufeldruck oder die Fliehkraft vorherrschend wirken, so dass sich Schrauben- und Schleuderpumpen unterscheiden lassen. Da letztere die einfacheren Anordnungen geben, so seien sie zuerst behandelt.

I. Schleuderpumpen.

Die Aenderung der lebendigen Kraft der zu fördernden Flüssigkeit wird bei den Schleuderpumpen hauptsächlich durch die Fliehkraft bewirkt; es muss daher die Bewegung in den Radzellen von innen nach aussen erfolgen. Die Lage des Rades ist dabei beliebig.

Im Allgemeinen tritt dabei die Flüssigkeit mit einer gewissen Pressung und einer gewissen Geschwindigkeit in das Rad ein, indem die Flüssigkeit entweder angesaugt wird oder aus einem höher gelegenen Behälter zufliesst. Durch die unmittelbare Einwirkung der Schaufeln werden nun Pressung und Geschwindigkeit geändert; es lässt sich die Anordnung jedoch auch so treffen, dass die Pressung die gleiche bleibt. Es treten hier ganz ähnliche Verhältnisse wie bei den Turbinen auf. Die Schleuderpumpe kann als umgekehrte Radialturbine mit innerer Beaufschlagung aufgefasst werden. Wie diese Turbine mit voller oder theilweiser Füllung der Radzellen eingerichtet werden kann, so lässt sich dies auch bei den Schleuderpumpen ausführen. Bei der theilweisen Füllung wird jedoch in der Turbine wie in der Pumpe kein Ueberdruck entstehen können, sondern der Flüssigkeitsstrom sich durch die Radzelle unter dem Druck der

Aussenluft bewegen; hierbei kann natürlich auch keine Saugwirkung eintreten, da diese voraussetzt, dass die Pressung am Eintritt in das Rad kleiner als 1 at wird. Soll die Pumpe auch saugend wirken, so muss die Flüssigkeit sowohl das vom Saugbehälter nach dem Pumpengehäuse führende Rohr wie die Radzellen völlig ausfüllen. Es lässt sich allerdings bei der Pumpe wie bei der Turbine durch geeignete Formung der Radschaufeln auch der Grenzzustand anordnen, bei welchem gerade noch der atmosphärische Druck vorhanden ist und die Zellen vollständig gefüllt sind.

Die Schleuderpumpen werden nun stets mit voller Radfüllung ausgeführt und gewöhnlich derart, dass die Pressung wächst und die Flüssigkeit am Umfang des Rades mit dieser erhöhten Pressung und einer vergrösserten Geschwindigkeit in einen geschlossenen Kanal tritt, der in das eigentliche Steigrohr übergeht. Diese Pumpen können dann auch saugend wirken und wird gewöhnlich davon Gebrauch gemacht; in einzelnen Fällen wird auch nur die Saugwirkung ausgenutzt.

Wie erwähnt, wird die Vermehrung der lebendigen Kraft der Flüssigkeit bei der hier zu besprechenden Pumpengattung hauptsächlich durch die Fliehkraft bewirkt; da diese mit der Radgeschwindigkeit wächst, so lässt sich die Ueberwindung grösserer Steighöhen nur durch entsprechende Radgrösse und Umdrehungszahl erhalten. Da für diese Werthe Grenzen durch die praktische Zulässigkeit gegeben sind, so können im Allgemeinen grosse Druckhöhen nicht erreicht werden; bei zweckmässiger Einrichtung lassen sich solche unter gewöhnlichen Verhältnissen bis zu 30 m überwinden. Die Saughöhe kann jedoch wie bei den Kolbenpumpen erhalten werden; so lässt sich Wasser bei kurzen weiten Leitungen bis auf 9 m ansaugen.

Es wurde versucht, durch die Aufstellung zweier oder mehrerer Pumpen neben- bezieh. bei lothrechter Aufstellung übereinander mit kleinerer Geschwindigkeit eine grosse Hubhöhe zu erhalten, indem die erste Pumpe die Flüssigkeit zunächst in die zweite presst, diese dann nach der dritten fördert u. s. w., so dass also die zur Ueberwindung der Förderhöhe nothwendige lebendige Kraft von den Pumpen nacheinander erzeugt wird. Dies kann jedoch nur auf Kosten des Wirkungsgrades geschehen und wird der Vortheil der kleineren Geschwindigkeit hierdurch und durch die Nachtheile der umständlicheren Anlage wohl nahezu aufgehoben. Eine Anordnung für zwei hintereinander geschaltete Räder ist auf S. 538 besprochen. Eine grössere Zahl von in dieser Weise zusammenwirkenden Rädern wendete M a t h e r R e y n o l d s an; eine Mittheilung hierüber enthält die Revue industrielle 1896, No. 3 S. 21.

Neuere Pumpeneinrichtungen mit aussergewöhnlich grossem Rade gestatten Druckhöhen bis zu 40 m bei gutem Wirkungsgrad zu überwinden; für grössere Druckhöhe sind zweckmässig Kolbenpumpen anzuwenden.

Die Schleuderpumpen eignen sich besonders für die Förderung grosser Flüssigkeitsmengen auf kleine Höhen und sind dann in vielen Fällen, insbesondere wenn unreine, schlammige, sandige Flüssigkeiten zu heben sind, den Kolbenpumpen wegen der grösseren Sicherheit gegen Betriebsstörung, der geringeren Anschaffungskosten, des kleineren Raumbedarfes und der leichteren Befestigung vorzuziehen. So treten neuerdings bei grösseren Entwässerungsanlagen nur noch die Schleuderpumpen mit den Schöpfrädern (vgl. S. 17) in Wettstreit[1]) und werden hierfür Kolbenpumpen oder Wasserschnecken kaum mehr gewählt, da erstere für die Bewältigung grosser Wassermassen zu gross ausfallen und letztere nur für gleichbleibende Förderhöhe geeignet sind, während bei Entwässerungsanlagen diese oft zwischen weiten Grenzen wechselt, die Schleuderpumpe aber im Stande ist, je nach ihrer Umdrehungsgeschwindigkeit verschiedene Hubhöhen mit ziemlich gleichbleibendem Wirkungsgrad zu überwinden. Auch zum Fortspülen der von Eimerbaggern geförderten Massen an Land werden die Schleuderpumpen mit Erfolg verwendet; Anlagen dieser Art sind in den letzten Jahren z. B. von Brodnitz & Seydel in Berlin ausgeführt worden. Die Schleuderpumpen werden mit wagrechter oder lothrechter Welle aufgestellt; letzteres geschieht z. B., wenn die Hubhöhe im Verhältniss zum Raddurchmesser gering ist. Neuerdings wird jedoch auch für diesen Fall vielfach die wagrechte Lagerung angeordnet, indem die Pumpe in ein Heberrohr eingefügt wird, so dass sie über dem Unterwasser steht und nur saugend wirkt.

Grössere Schleuderpumpen werden meist mit doppeltem Einlauf versehen, so dass das Rad aus einer Scheibe besteht, welche beiderseits mit Zellen versehen ist, in welche die Flüssigkeit tritt. Es heben sich dann die seitlichen Flüssigkeitspressungen auf die Radscheibe ab. Bei lothrechter Aufstellung wird gewöhnlich der Einlauf nur von unten, also einseitig angeordnet, da die Einführung von oben bauliche Schwierigkeiten bietet. Für kleine Schleuderpumpen mit wagrechter Lagerung wird der Einfachheit halber vielfach der einseitige Einlauf angenommen.

Das Schaufelrad wird entweder mit Seitenwänden versehen, oder ohne solche mit frei vorstehenden Schaufeln ausgeführt; im letzteren Fall müssen diese sich dicht am Radgehäuse vorbeidrehen. Die Anordnung von Seitenwänden erschwert wohl die Herstellung, wenn das Rad aus einem Stück gegossen wird, hat aber den Vortheil, dass die Reibung der

---

[1]) Eingehende Mittheilungen über die Verwendung der Schleuderpumpen bei Entwässerungsanlagen enthalten folgende Abhandlungen von C. Post:

Wasserwirthschaft in den norddeutschen Seemarschen und Verbesserung derselben durch Dampfkraft. Zeitschrift des hannoverschen Architekten- und Ingenieur-Vereins 1894, Heft 4, S. 249.

Ueber die verschiedenen Arten von Dampfschöpfwerken zur Entwässerung von Niederungen. Zeitschrift für Bauwesen 1894, S. 267.

Flüssigkeit an den Wänden der Radzellen geringer ist, als wenn eine Seite derselben durch das feststehende Gehäuse gebildet wird. Ferner lässt sich bei dem Rad mit Seitenwänden der Rückfluss von Flüssigkeit aus dem Druckkanal nach dem Saugrohr, insbesondere bei Anbringung von Dichtungsleisten, völlig vermeiden. Bei dem einseitigen Einlauf kommt auch noch in Betracht, dass die einseitige Flüssigkeitspressung, die von der Wellenlagerung aufgenommen werden muss, beim Rad ohne Seitenwand der ganzen Fläche der Radscheibe entspricht; bei dem Rad mit seitlich geschlossenen Schaufeln gleicht sich der Seitendruck innerhalb des Radkranzes aus, er äussert sich also nur auf die vom Kranz nicht gedeckte Scheibenfläche, ist also wesentlich geringer als im ersten Fall.

Das Schaufelrad wird mit gleichbleibender oder nach aussen sich verjüngender Breite ausgeführt; im ersteren Fall nimmt die Radialkomponente der absoluten Geschwindigkeit des durch eine Radzelle sich bewegenden Flüssigkeitsstromes verkehrt proportional dem Halbmesser ab, während im andern Fall bei entsprechender Wahl der Breiteverjüngung diese Komponente gleich gross bleibt.

Im Gegensatz zu den entsprechenden Turbinen werden die Schleuderpumpen gewöhnlich nicht mit Leitschaufeln versehen; es wird zweckmässig nur der Einlauf und das Gehäuse, welches die aus dem Rad strömende Flüssigkeit aufnimmt, der Flüssigkeitsbewegung entsprechend gestaltet. Zur Ueberwindung grösserer Förderhöhen wird von einigen Fabrikanten das Schaufelrad mit einem Kranz von Leitschaufeln umgeben (vgl. Fig. 591 und 592). Es geschieht dies auch, wenn bei lothrechter Aufstellung das Rad frei ohne Gehäuse läuft, um das austretende Wasser in der erforderlichen Richtung abzuleiten.

Die zur Zeit mit Erfolg im Gebrauch befindlichen Schleuderpumpen lassen sich nach den in Vorstehendem angegebenen Unterscheidungsmerkmalen in folgende Gruppen bringen:

nach der Art der Aufstellung in
- A. Pumpen mit wagrechter und
- B. solche mit lothrechter Welle;

nach der Art des Einlaufs in
1. Pumpen mit einseitigem und
2. solche mit zweiseitigem Einlauf;

nach der Formung des Rades in
- a) Pumpen mit seitlich offenem Rad,
- b) solche mit seitlich geschlossenem Rad, und ferner in
- α) Pumpen mit Rädern von gleichbleibender Breite und
- β) solche mit Rädern von sich nach aussen verjüngender Breite.

Diese verschiedenen Pumpenarten seien nun im Nachfolgenden an einzelnen Beispielen erläutert.

A. Wagrecht gelagerte Pumpen.

1. einseitiger Einlauf;

a) seitlich offenes Rad;

α) gleichbleibende Radbreite.

In den Pumpen dieser Art vereinigen sich die Nachtheile, welche aus dem einseitigen Flüssigkeitseintritt, der gleichbleibenden Radbreite und dem Fehlen des seitlichen Radkranzes entstehen. Es werden daher neuerdings solche Pumpen nicht mehr ausgeführt.

β) nach aussen sich verjüngende Radbreite.

Eine Pumpe dieser Art hat z. B. Grove angegeben. Das Rad ist mit rückwärts gekrümmten Schaufeln versehen und sitzt fliegend auf der Welle; die Flüssigkeit tritt radial in das Rad ein. Das Gehäuse ist spiralförmig mit wachsendem Querschnitt geformt und schliesst an der engsten Stelle dicht an das Rad an.

Möller & Blum in Berlin bauen solche Pumpen und zeigt Tafel V einen Theil eines von den Genannten bei der Entwässerung Berlins ausgeführten Pumpwerkes, bei welchem zwei kleinere und eine grössere Schleuderpumpe aufgestellt sind; die ersteren sind auf Taf. V nicht angegeben. Die dargestellte Pumpe hat bei 420 Umdrehungen in der Minute 3,8 cbm Jauche in gleicher Zeit etwa 2,5 m hoch anzusaugen und in die Druckleitung zu fördern. Die Schleuderpumpen sind mit einseitig aufgeschraubtem Deckel versehen, nach dessen Wegnahme das Rad herausgezogen werden kann, ohne dass das Gehäuse selbst vom Fundamentrahmen abgeschraubt zu werden braucht. Die weitere Einrichtung der Pumpe ist aus den Schnittfiguren erkennbar.

b) seitlich geschlossenes Rad;

α) gleichbleibende Radbreite.

Diese Anordnung zeigte die von Rittinger angegebene, bei seinen Versuchen, die in dem Werke „Centrifugalventilatoren und Centrifugalpumpen“ (Wien 1858) niedergelegt sind, benutzte Pumpe. (Siehe Prakt. Masch.-Konstrukteur 1880 S. 67.)

Nagel & Kaemp in Hamburg bauen Schleuderpumpen der vorbezeichneten Art, bei welchen für grössere Förderhöhen das Laufrad A mit einem feststehenden Kranz B von Leitschaufeln umgeben ist, welche das aus A strömende Wasser in bestimmter Richtung in das Gehäuse C leiten, wie Fig. 591 und 592 zeigen. Die Genannten wollen mit ihrer Anordnung noch verhältnissmässig grosse Wirkungsgrade bei Förderhöhen bis zu 50 m erreichen.

β) nach aussen sich verjüngende Radbreite.

Grove hat gleichfalls Pumpen dieser Art angegeben, deren Gehäuse mit abnehmbarem Deckel versehen ist, an welchen das Saugrohr an-

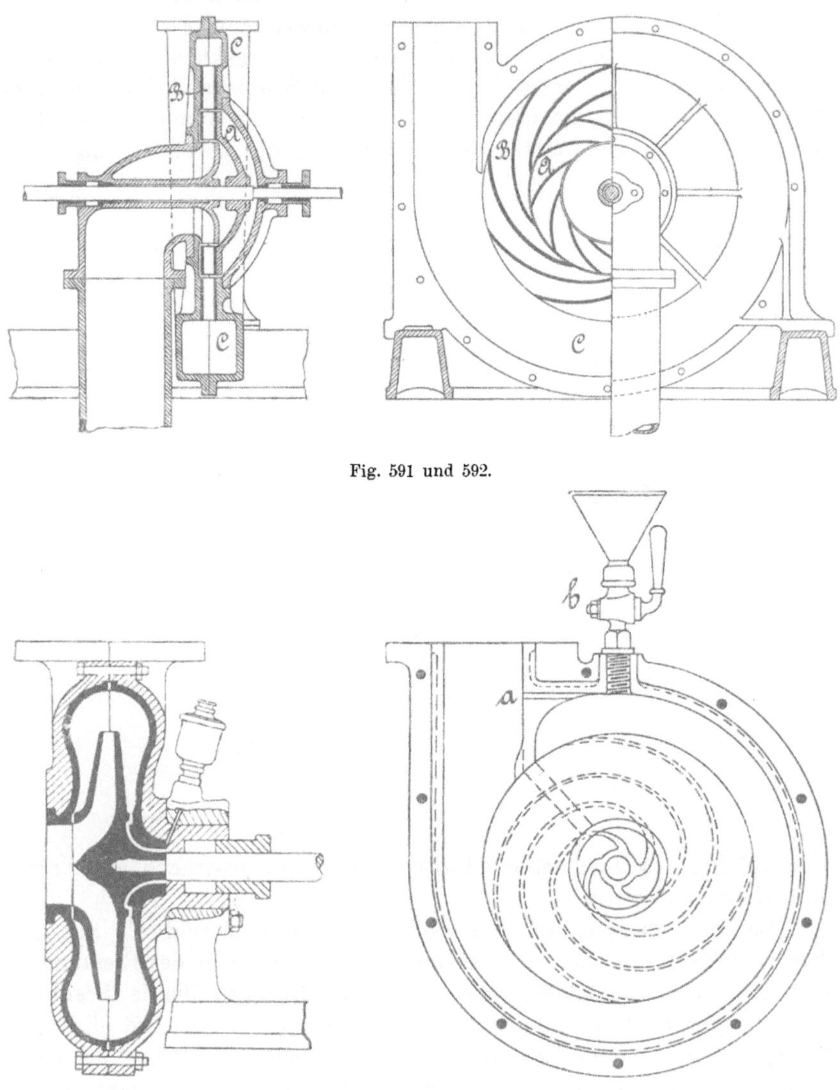

Fig. 591 und 592.

Fig. 593 und 594.

schliesst, wie solches auf Taf. V gezeigt ist. Während hierbei das Gehäuse beiderseits dicht an das Schaufelrad herantritt und der Druckkanal kreisförmigen, nach dem Druckrohr hin sich stetig erweiternden Querschnitt besitzt, setzt Schramm das Rad frei in das Gehäuse; die Welle durchdringt letzteres mittels zweier Stopfbüchsen. Aehnlich diesen Pumpen sind diejenigen, welche Schütz & Hertel in Wurzen ausführen und die für den besonderen Fall der Hebung von Salzsäure in Fig. 593 und 594 verdeutlicht sind. Das Gehäuse ist mit Gummi ausgekleidet, das Schaufelrad aus Hartgummi hergestellt, so dass die Säure an keiner Stelle mit Metall in Berührung kommt. Wenn die Säure der Pumpe zufliesst, so wird der kleine Luftkanal a zur Entlüftung des Gehäuses angebracht.

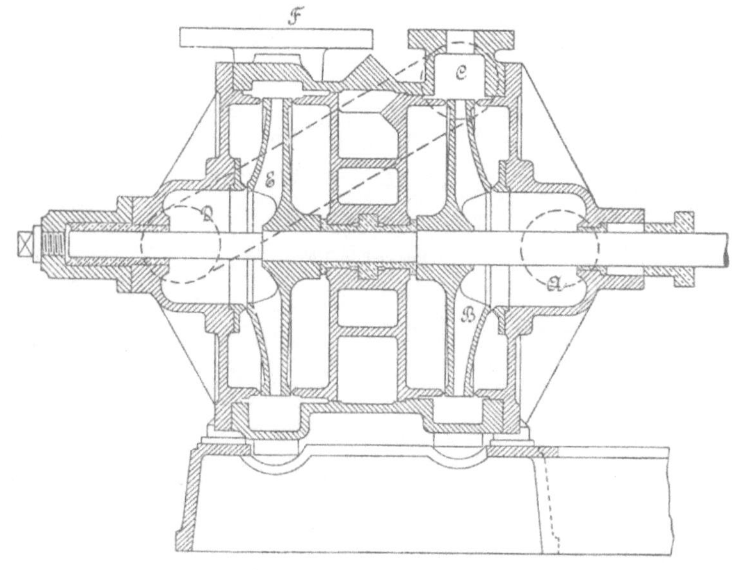

Fig. 595.

Für die Ingangsetzung ist die Füllvorrichtung b, bestehend aus Trichter und Hahn, aufgesetzt.

Bei den Pumpen von Grove und Schramm sind die Schaufeln derart rückwärts gekrümmt, dass ihre konvexe Seite in der Richtung der Bewegung liegt; Schaufeln dieser Form zeigen auch die in Frankreich vielfach ausgeführten Pumpen von Dumont, Decoeur und die neuerdings auch zur Anwendung kommenden Pumpen von Nézeraux (vergl. S. 583). Schabaver hat Pumpen angegeben, die auch besonders in Frankreich ausgeführt werden, jedoch rückwärts gekrümmte Schaufeln besitzen, deren konkave Seite in der Bewegungsrichtung liegt (vergl. auch S. 584).

Auf französischen Kriegsschiffen sind für die Bewegung des Kühlwassers durch die Oberflächenkondensatoren der Dampfmaschinen auch Schleuderpumpen der hier zu besprechenden Art im Betrieb, welche mit an den Radkränzen vorstehenden Arbeitsleisten sich an angegossenen Ringen des Gehäuses vorbeidrehen.

Brodnitz & Seydel in Berlin bauen neuerdings für die Ueberwindung grösserer Förderhöhen Doppel-Schleuderpumpen, welche, wie Fig. 595 zeigt, zweiseitig geschlossene Schaufelräder besitzen. Die angesaugte Flüssigkeit tritt bei A in das Gehäuse des Rades B ein, wird durch dieses in eine Leitung C gedrückt, welche die Flüssigkeit dem zweiten Rad E bei D zuführt; letzteres erzeugt die Förderung nach dem Druckrohr F. Bei dieser Anordnung hat jede Pumpe etwa die halbe Förderhöhe zu überwinden, so dass die Umdrehungsgeschwindigkeit der Räder erheblich geringer wird, als wenn durch ein einziges Rad auf die gleiche Höhe gefördert werden sollte.

2. zweiseitiger Einlauf;

a) seitlich offenes Rad;

α) gleichbleibende Radbreite.

Eine Pumpe dieser Art hat Henschel angegeben; das Gehäuse besteht aus zwei mit einander durch Flanschen verschraubten Theilen, von welchen der eine eigentlich den Deckel für den anderen feststehenden Theil bildet und ein Stück des einen Einlaufkanales enthält, so dass das Rad freigelegt werden kann, ohne dass das Gehäuse vom Fundament losgeschraubt werden muss.

Ein anderes Beispiel zeigt die Schöpfwerkanlage, welche für die Trockenhaltung des St. Jürgensfeldes bei Bremen von der Maschinenfabrik Cyclop (Mehlis & Behrens) in Berlin nach der Angabe des kgl. Baurath Tolle ausgeführt wurde und drei Schleuderpumpen von der in Fig. 596 bis 598 dargestellten Gestalt besitzt. Der Anlage ist die Aufgabe gestellt, in der Sekunde 14 cbm Wasser auf 0,5 m Höhe zu fördern und bei 2,5 m Hubhöhe noch 2,8 cbm heben zu können. Das Pumpengehäuse ist aus 4 Theilen zusammengeschraubt; die Schaufelräder bestehen aus gusseisernen Scheiben mit 8 angegossenen Flügeln, welche nach rückwärts gekrümmt sind. Das Druckrohr mündet unter dem niedrigsten Aussenwasserstand und ist am Ende mit sich selbstthätig nach aussen öffnenden Klappen versehen, um ein Zurückfliessen des Wassers bei stillstehender Pumpe unmöglich zu machen. Des beschränkten Raumes wegen haben die Saugrohre ovalen Querschnitt; sie sind auch durch nach aussen sich öffnende Klappen verschliessbar, um das winterliche Hochwasser von den Pumpen fern zu halten. Vor der Ingangsetzung werden die Pumpen durch eine Dampfstrahlpumpe mit Wasser gefüllt, zu welchem Zweck auch Wasserstandszeiger angebracht sind. Je nach der Druckhöhe laufen die Pumpen mit 75 bis 85 Umdrehungen in der Minute. Weitere Angaben finden sich in der Zeitschr. d. Ver. deutsch.

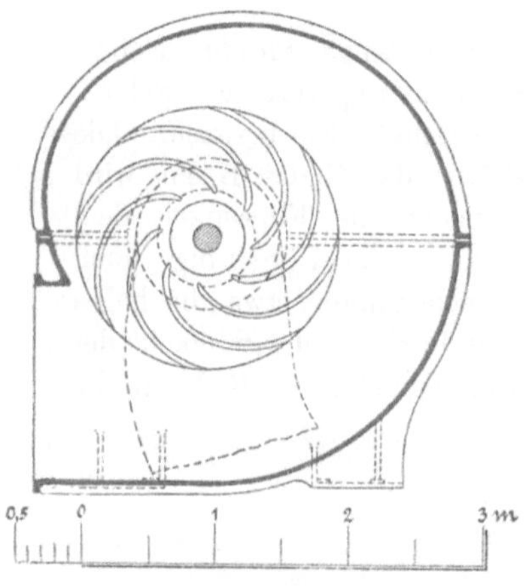

Fig. 596.

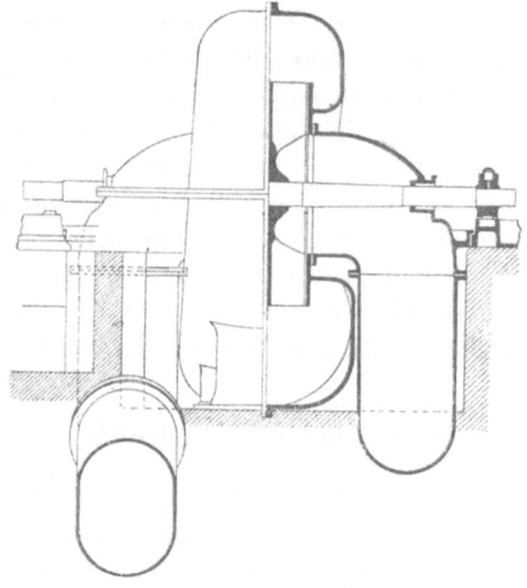

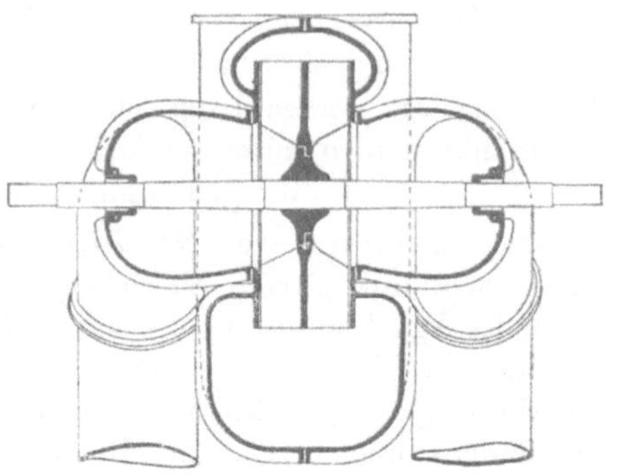

Fig. 597 und 598.

Ing. 1886 S. 688, in der Zeitschr. des hannöverschen Arch.- u. Ing.-Ver. 1887 S. 349 und in der Zeitschrift für Bauwesen 1894 S. 267.

β) nach aussen sich verjüngende Radbreite.

Eine bekannte Anordnung dieser Art, welche vielfach ausgeführt worden ist, hat Fink in der durch Fig. 599 und 600 verdeutlichten Gestalt angegeben. Der Druckkanal hat kreisförmigen Querschnitt, welcher sich nach dem Druckrohr hin erweitert. Der Einlauf ist auch spiralförmig, um einen möglichst vollkommenen Zufluss zu erzielen.

Während Fink das Gehäuse so gestaltet, dass es dicht an den Schaufelkranz anschliesst, bildet Farcot den Abschluss des Druckkanales vom Saugraum dadurch, dass das Gehäuse selbst konzentrisch das Rad umgibt und zwei angegossene Leisten, von welchen die äussere spiralförmig verläuft, dicht an die Schaufeln herantreten. Diese Leisten lassen sich gut anpassen, empfehlen sich aber bei offenen Rädern nicht, da die Flüssigkeit gegen sie geschleudert wird und dadurch Wirbelungen eintreten, welche Arbeitsverluste erzeugen.

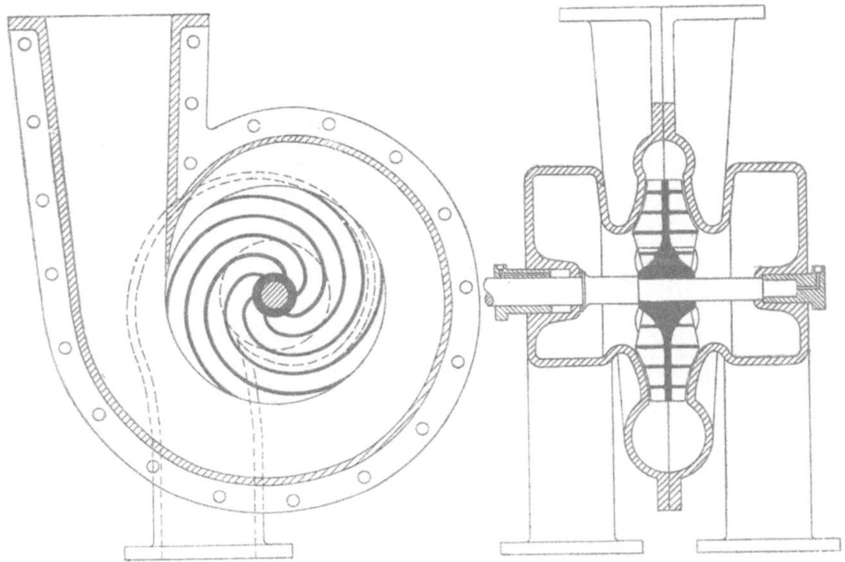

Fig. 599 und 600.

b) seitlich geschlossenes Rad;

α) gleichbleibende Radbreite.

Pumpen dieser Art werden z. B. von G. Schiele & Co. in Bockenheim ausgeführt.

Bei neueren Schiffsmaschinen werden Schleuderpumpen angeordnet, deren Gehäuse der grösseren Dauerhaftigkeit und Leichtigkeit wegen aus Bronze gegossen wird; die Schaufelräder werden auch aus Bronze oder besser noch aus Kupferblech angefertigt, um sie möglichst dünn und damit den Durchgangsquerschnitt möglichst gross zu erhalten. Zur Erzielung der nöthigen Festigkeit werden die Räder dann mit parallelen Seitenwänden versehen. Eine solche Pumpe, von der Stettiner Maschinenbau-Aktien-Gesellschaft Vulkan ausgeführt, ist in Fig. 601 u. 602 nach einer in Busley's Werk „über die Schiffsmaschinen" gegebenen Zeichnung dargestellt. Zwei solche Pumpen mit 0,7 m Raddurchmesser werden unmittelbar von zwei stehenden Dampfmaschinen getrieben und haben die Aufgabe, das Kühlwasser durch den Oberflächenkondensator einer Schiffsmaschine von 2100 e zu bewegen. Das bronzene Gehäuse ist mit einem kleinen Hahn zur Entfernung der Luft aus der Rohrleitung und der Pumpe bei der Füllung mit Wasser versehen. Die Welle läuft in Lagern mit Pock-

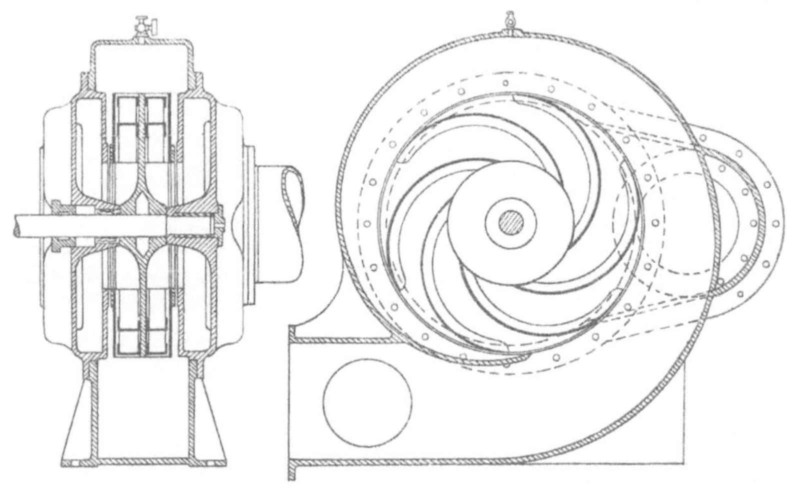

Fig. 601 und 602.

holzfutter und ist an der äusseren Seite des Gehäuses durch einen vorgeschraubten Deckel, an der inneren durch eine Stopfbüchse abgedichtet.

β) nach aussen sich verjüngende Radbreite.

Diese Anordnung kann zur Zeit als diejenige gelten, welche bei zweckmässiger Schaufelformung die besten Wirkungsgrade erzielen lässt. Schleuderpumpen dieser Art werden z. B. von Brodnitz & Seydel in Berlin, Maschinenfabrik Cyklop (Mehlis & Behrens) in Berlin, J. & H. Gwynne & Co. in London, Dumont in Paris gebaut, welche Firmen eine grosse Erfahrung auf diesem Gebiete besitzen. Auch die in Frankreich zur Anwendung kommenden Pumpen von Decoeur, Nézeraux (von J. Casse et fils in Paris gebaut), Harant werden mit beiderseitigem Einlauf ausgeführt.

Bei den Pumpen von Gwynne läuft das Rad frei in dem Druckkanal und ist die Abdichtung desselben gegen den Saugraum nur am Einlauf durch Dichtungsleisten gegeben. Die neueren Pumpen von Gwynne zeigen nicht mehr die Theilung des Gehäuses durch eine lothrechte Mittelebene, sondern die Anordnung von aufgeschraubten Deckeln, wie dies auch von Brodnitz & Seydel, der Maschinenfabrik Cyklop u. A. ausgeführt wird. Eine Ausführung der letzteren Firma für einen Druckrohrdurchmesser von 250 mm zeigen die Fig. 603 u. 604; Pumpen dieser Form werden bis zu einer Grösse von 400 mm Rohrdurchmesser gebaut.

Ferner trennt Gwynne gegebenenfalls das Radgehäuse von dem Gestell der Wellenlager (erloschenes D.R.P. Kl. 59, Nr. 5949), so dass ersteres mit einer Büchse in das feststehende Lagergestell greift und in diesem um die Welle beliebig verdreht werden kann; die Feststellung erfolgt dann durch Schrauben. Durch diese Anordnung soll der Vortheil erreicht werden, dass das mit dem Radgehäuse verbundene Saugrohr sowie das Druckrohr beliebig geneigt werden kann, was in einzelnen Fällen erwünscht sein mag.

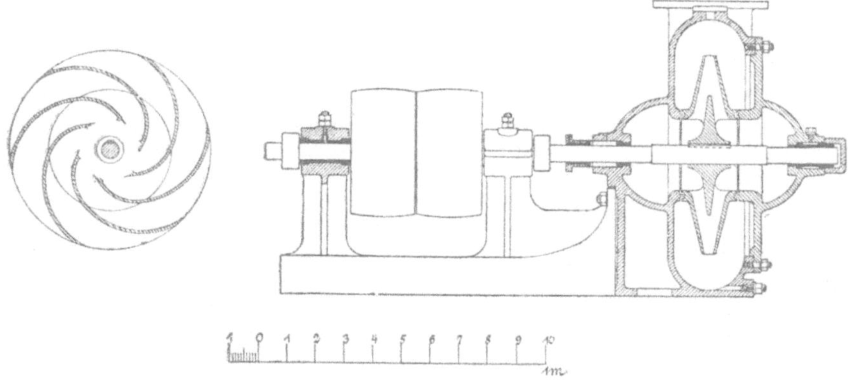

Fig. 603 und 604.

Dumont baut Schleuderpumpen, bei welchen noch ein zweiter Abschluss des Druckkanales gegen den Saugraum durch einen am Gehäuse vorstehenden, dicht an die Seitenwände des Schaufelrades schliessenden Ring angeordnet ist, wie solches auch von Brodnitz & Seydel (vgl. Fig. 605 u. 606), jedoch mittels auswechselbarer Ringe, ausgeführt wird. Bei den Pumpen von Dumont ist die Stopfbüchse unter den Druck der im Steigrohr befindlichen Flüssigkeit gesetzt, um ein Eindringen von Luft an den Stopfbüchsen zu verhüten. Es ist hierbei das Innere jedes Stopfbüchstopfes durch einen Kanal mit dem das Rad umschliessenden Druckraum verbunden.

Brodnitz & Seydel in Berlin haben auf Grund langjähriger Erfahrung und Versuche ihren Schleuderpumpen die in Fig. 605 u. 606 verdeutlichte Gestalt gegeben. Das Schaufelrad A ist mit gekrümmten Schaufeln und mit Seitenwänden versehen, welche mit abgedrehten Ringleisten an besonders eingesetzten Ringen a und b vorbeilaufen. Zwischen den letzteren wird hierdurch ein Raum geschaffen, in welchem ein Flüssigkeitsring sich gleichförmig drehend bewegt. Derselbe verhindert, dass Flüssigkeit aus dem Druckkanal nach dem Saugrohr zurückfliessen kann. Diese Abschlussringe können nach erfolgter Abnutzung ausgewechselt

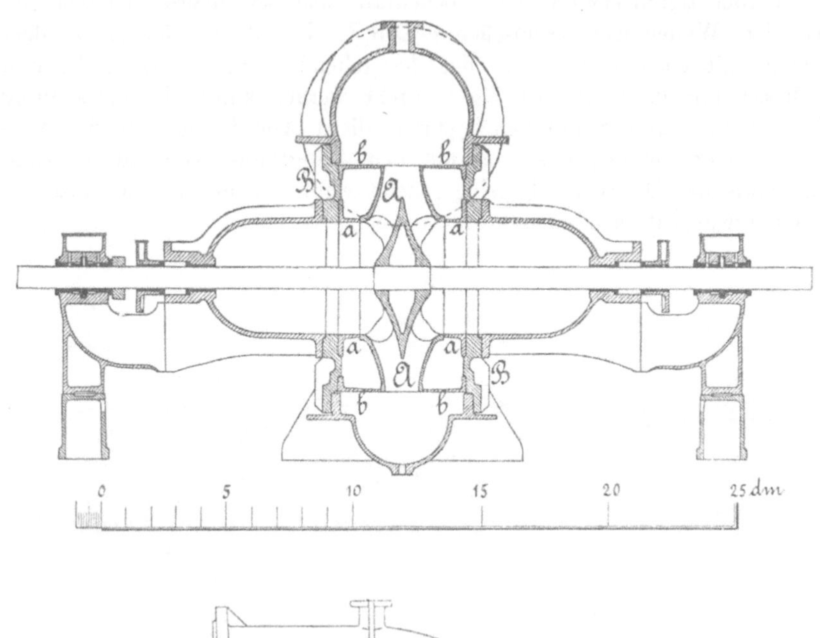

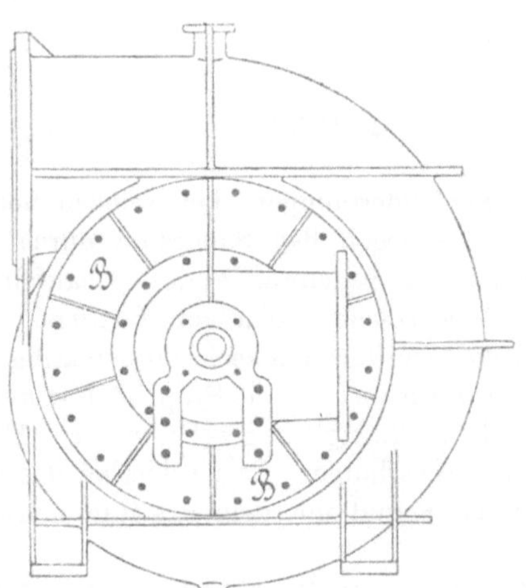

Fig. 605 und 606.

werden. Das Gehäuse ist nicht in der Mittelebene getheilt, sondern mit seitlichen aufgeschraubten Deckeln versehen, welche den mehrfach erwähnten Vortheil der leichten Herausnahme des Rades ergeben. Die Welle besteht aus Stahl und läuft in Lagern und Stopfbüchsen aus Rothguss. Solche Pumpen baut die genannte Firma in 18 Grössen für 0,0025 bis 3,3 cbm Wasserförderung in der Sekunde. Die in Fig. 605 u. 606 dargestellte Pumpe fördert 0,58 cbm in der Sekunde. Die Förderhöhe kann bei den kleineren bis zu 15 m, bei den grossen Pumpen bis zu 5 m zweckmässig genommen werden. Für grössere Förderhöhen bis zu 30 m liefern Brodnitz & Seydel besondere Hochdruckpumpen für eine Förderung von 0,0025 bis 0,133 cbm Wasser in der Sekunde. Die Gehäuse dieser Pumpen sind durch die Anbringung von Aussenrippen besonders stark gebaut und dann noch mit Sicherheitsventilen versehen. Um den bei plötzlichem Anhalten durch die zurückfallende Flüssigkeitssäule entstehenden erheblichen Druck von dem Gehäuse fern zu halten, wird über diesem im Druckrohr ein Rückschlagventil angebracht.

B. Lothrecht gelagerte Pumpen.

1. einseitiger Einlauf;

a) seitlich offenes Rad;

α) gleichbleibende Radbreite.

Pumpen dieser Art finden aus gleichem Grunde, wie die unter A. 1. a. *α*. genannten kaum Anwendung.

β) nach aussen sich verjüngende Radbreite.

Hier sind insbesondere die Pumpen von Schwartzkopff und Neukirch zu erwähnen. Die von dem Erstgenannten gewählte Anordnung ist in Fig. 607—610 dargestellt. Die bei A eintretende Flüssigkeit wird von dem Rad B, welches in Fig. 608 und 608 besonders dargestellt ist, in den Druckkanal C geschleudert und strömt aus diesem, durch die feststehenden Schaufeln D geleitet, nach dem Druckrohr E. Die Welle F läuft auf einer Stellschraube H, durch welche die Höhenlage des Rades B genau eingestellt werden kann. Der Antrieb erfolgt durch die Riemenscheibe G. Die Form der Leitschaufeln ist in Fig. 610 angegeben. Die hier gewählte einfache Stützung der Welle ist natürlich nur für kleine Pumpen anwendbar; bei grossen Abmessungen muss ein zweckmässig eingerichtetes Spurlager angewendet werden. Die beschriebene Pumpe wurde für die Entwässerung von Baugruben zur Ausführung gebracht.

Die Pumpen von Neukirch finden insbesondere Verwendung bei der Entwässerung von Niederungen. Die Figuren der Tafel VI zeigen eine solche Anlage, wie sie am Altenwall in Bremen ausgeführt wurde; ferner verdeutlichen Fig. 611 u. 612 besonders die Formung des Schaufelrades, wie dasselbe bei der Entwässerungsanlage des Bremer Blocklandes zur Anwendung kam. Die Grundrissfigur ist so dargestellt, dass das Rad halb von oben, halb von unten gesehen erscheint. Die Schaufelkanten sind im Grundriss aus je zwei Kreisbögen zusammengesetzt; die Schaufelflächen werden durch eine Gerade erzeugt, die sich längs der genannten Leitlinie bewegt und dabei stets senkrecht gegen die Kegelfläche der Radscheibe bleibt. Neukirch verbindet dicht mit dem gegossenen Schaufelrade einen Blechcylinder, welcher bis über den oberen Wasserspiegel reicht, so dass durch den

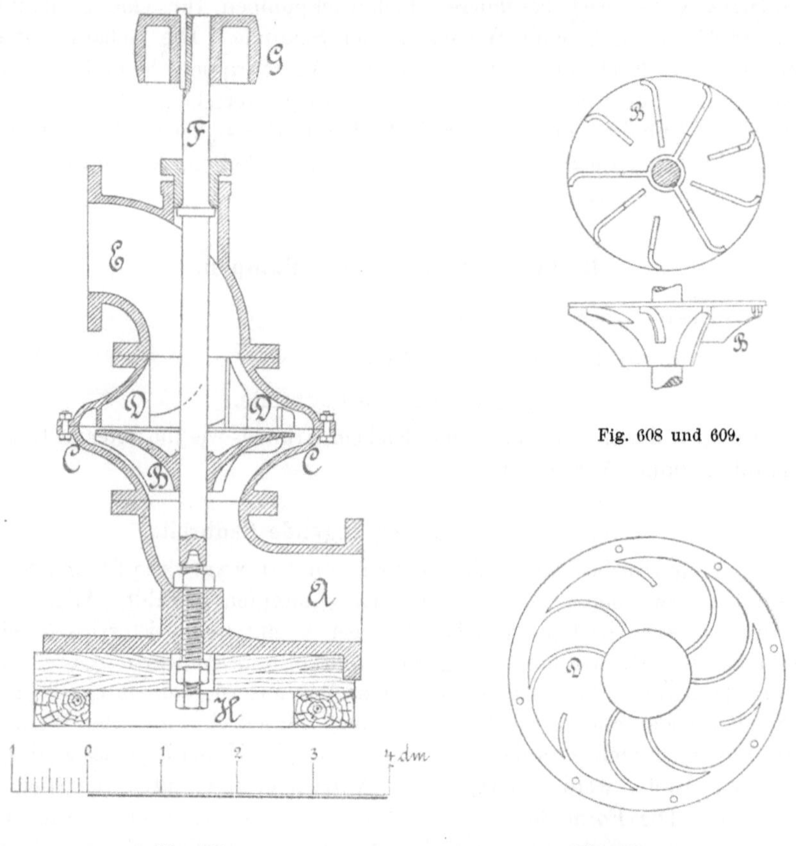

Fig. 608 und 609.

Fig. 607.

Fig. 610.

erheblichen Auftrieb desselben der Druck auf den Kammzapfen nahezu aufgehoben wird; auch dient der Blechcylinder gleichzeitig als Schwungrad. Das Schaufelrad kann auf der Welle mittels zweier Schrauben verschoben werden, so dass der Spielraum zwischen dem festliegenden Gehäuseteller und den Schaufeln genau eingestellt werden kann. Die Welle läuft in Holzlagern, von welchen das untere, im Wasser liegende, mit Pockholzschalen versehen ist; der lothrechte Druck wird zweckmässig durch einen über Wasser angebrachten Kammzapfen aufgenommen. Das Schaufelrad wird unter dem niedrigsten Wasserstand, der Abflusskanal unter dem Oberwasserspiegel angeordnet, so dass ein Anfüllen für die Inbetriebsetzung nicht erforderlich ist und das Wasser nicht unnöthig gehoben wird. Der Druckkanal wird auch hier spiralförmig, jedoch in Mauerwerk mit Cementputz ausgeführt und mit einem Schützen zum Absperren des Oberwassers vom Unterwasser bei Stillstand der Pumpe versehen. Der Antrieb der Welle erfolgt entweder unmittelbar dadurch, dass an einer auf sie gesetzten Kurbel die Pleuelstange einer über dem höchsten Oberwasserspiegel aufgestellten Dampfmaschine angreift, oder es wird ein Triebwerk eingeschaltet.

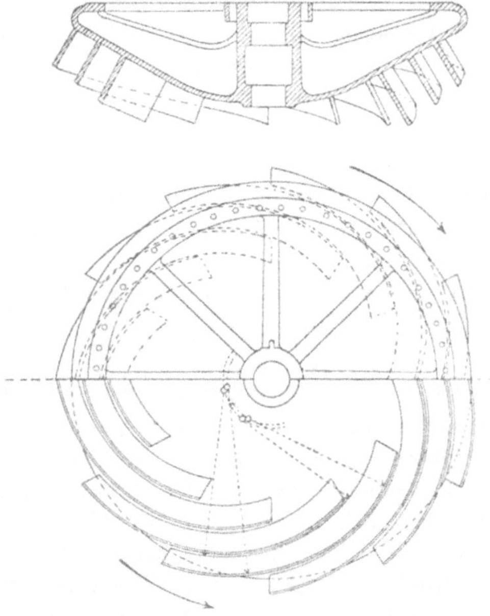

Fig. 611 und 612.

Letzteres ist bei der auf Taf. VI dargestellten Anlage angeordnet und ist dort auch eine Reibungskuppelung für die Ingangsetzung angedeutet. Zum Betrieb ist hierbei eine Otto'sche Gaskraftmaschine von 20 e aufgestellt, von welcher aus ein Riemen nach der auf der Pumpenwelle sitzenden Scheibe führt. Diese soll 180 bis 200 Umdrehungen in der Minute machen, wobei die Pumpe 0,324 cbm Wasser in der Sekunde auf 2,7 m Höhe fördern soll; die Saugleitung ist dabei 55 m lang und hat eine Weite von 0,55 m. Bei der Prüfung wurden 0,447 cbm Wasser in der Sekunde auf 1,42 m gehoben. Diese Anlage wurde, wie viele andere gleicher Art, von L. W. Bestenbostel & Sohn in Bremen ausgeführt. Ein grösseres Pumpenwerk, welches zwei Schaufelräder von 3 m

Durchmesser besitzt und zur Entwässerung des Bremer Blocklandes dient, ist in den Zeichnungen der „Hütte“ 1886, Bl. 8—12, veröffentlicht.

Es sei noch erwähnt, dass Fink für eine Entwässerungsanlage auch eine Pumpe vorbezeichneter Art entworfen hat, bei welcher er, da ein spiralförmiger Auslauf nicht angeordnet werden konnte, Leitschaufeln anbrachte, die mit Rücksicht auf die wechselnde Fördermenge um lothrechte Achsen verstellbar sind.

b) seitlich geschlossenes Rad;

α) gleichbleibende Radbreite.

Pumpen dieser Art werden z. B. von Nagel & Kaemp in Hamburg ausgeführt und zwar derart, dass das Laufrad von einem feststehenden Leitrad umgeben ist, welches geeignet geformte Zellen für die Durchströmung des Wassers enthält. Für den Einlauf ist eine gewölbte Scheibe angebracht, welche das lothrecht aufströmende Wasser in die wagrechte Richtung überleitet, mit welcher es in das Schaufelrad eintritt. Diese Leitscheibe dient zugleich als Abschlussschütze und kann hierzu durch ein Hebelwerk auf und nieder bewegt werden. In Folge der Anbringung der äusseren Leitschaufeln ist ein spiralförmiges Gehäuse nicht mehr erforderlich.

β) nach aussen sich verjüngende Radbreite.

Diese Anordnung wurde z. B. für die Wasserversorgungsanlage der Provinz Behera in Unterägypten mit Wasser aus dem Nil gewählt, wobei zu Khatatbeh 5 Kreiselpumpen bezeichneter Art von Farcot in Paris aufgestellt wurden. Bezüglich näherer Angaben über die Gesammtanlage sei auf die Mittheilungen in der Revue industrielle 1887 S. 53, sowie in Dingler's polyt. Journal 1887 Bd. 265 S. 337 verwiesen. Die hier zu besprechende Pumpe ist in Fig. 613 u. 614 verdeutlicht. Das Flügelrad A von 3,8 m äusserem Durchmesser ist mit 8 schraubenförmigen Schaufeln versehen, deren Formung angedeutet ist. Die hohle Radwelle B ist mit einem nicht gezeichneten Oberwasserzapfen auf der feststehenden Säule C gelagert und trägt an ihrem oberen Ende eine Kurbel, an welcher die Pleuelstange einer Dampfmaschine angreift. Das Gehäuse ist aus dem spiralförmigen Rohr D, dem Einlauf E und dem Deckel F zusammengesetzt und ruht mittels Stellschrauben auf 6 Säulen G von 2 m Höhe; diese Schrauben dienen zur genauen Einstellung des Gehäuses. Der Saughals E taucht 0,4 unter den tiefsten vorkommenden Wasserspiegel. Die Wandungen des Flügelrades sind im lothrechten Schnitt parabolisch geformt. Der Druckkanal des Gehäuses endigt in einen kreisförmigen Querschnitt von 1,6 m Durchmesser; an diesen schliesst sich eine 17,8 m lange Druckleitung, deren Querschnitt allmählich in ein Rechteck von

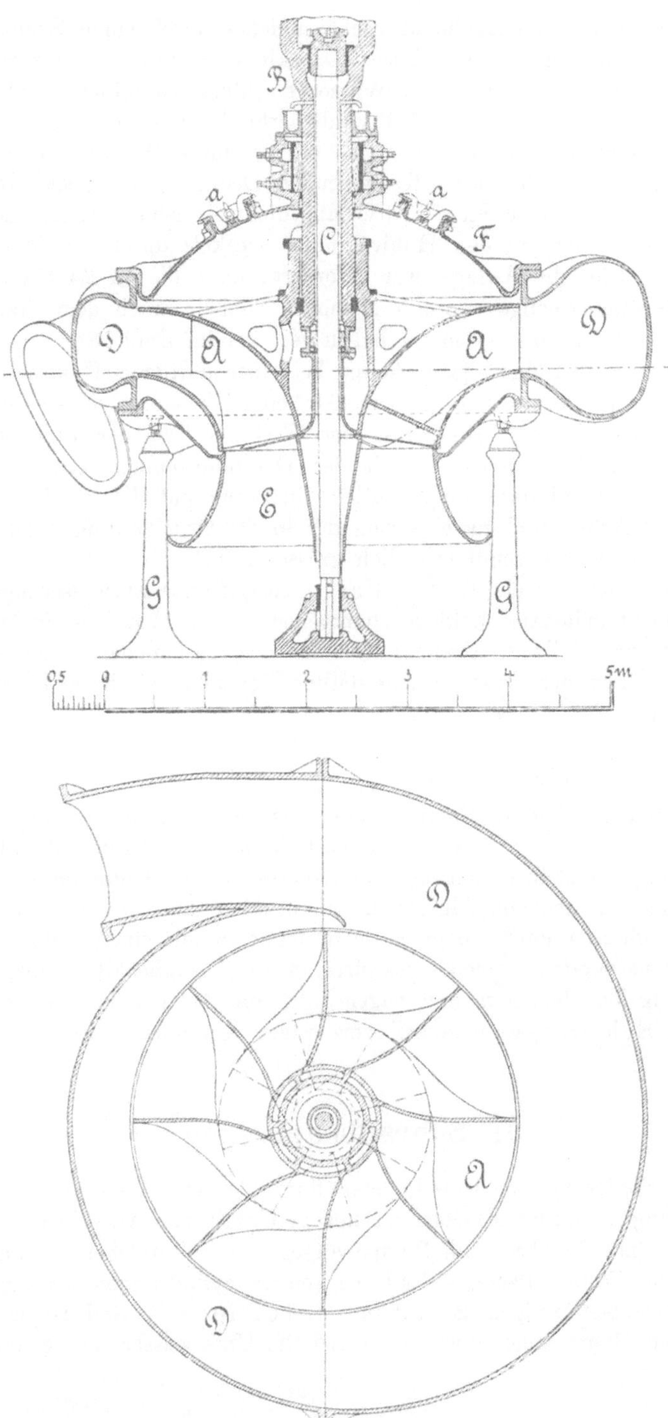

Fig. 613 und 614.

4 m Breite und 2,5 m Höhe übergeht, welches durch einen Schützen abgeschlossen werden kann. Diese Druckleitung sinkt in ihrem ersten Theil um etwa 2 m, um einen Wasserverschluss zu bilden, welcher die Entleerung der Pumpe bei Stillstand verhindert; nach dieser Senkung steigt die Leitung wieder um 2,7 m bis zu ihrer Mündung in den Abzugskanal. Die Welle ist im feststehenden Deckel gegen Pockholzschalen gelagert und mit einer Stopfbüchse abgedichtet; behufs Nachziehens der letzteren kann man in den Hohlraum des Deckels durch die Mannlöcher a steigen. Für die Anlage war gefordert, dass die in 24 Stunden zufliessende Wassermenge von 2,5 Millionen cbm je nach dem Stande des Flusses auf 0,5 m bis 3,0 m zu heben sei; die im Juni 1886 angestellten Versuche ergaben, dass jede Pumpe bei einer mittleren Umdrehungszahl von 33 bis 35 in der Minute etwa 6,87 cbm Wasser in der Sekunde auf 3,13 m Höhe fördert; ferner dass der Wirkungsgrad der Pumpenanlage in Bezug auf die indizirte Arbeit der Dampfmaschinen etwa 0,65 ist. Der Wirkungsgrad der Pumpen allein, in Bezug auf die in die Radwelle eingeleitete Arbeit und nach Abzug der in der Druckleitung entstehenden Widerstände, würde somit erheblich grösser sein.

Eine andere gleichfalls von Farcot ausgeführte Entwässerungsanlage mit lothrecht gelagerter Schleuderpumpe ist in den Mémoires de la société des ingénieurs civils de France, 1894 S. 729, beschrieben; auch sind die zur Feststellung der Leistung angestellten Versuche mit ihren Ergebnissen mitgetheilt.

2. zweiseitiger Einlauf.

Lothrecht gelagerte Pumpen dieser Art werden, wie schon erwähnt, nur selten ausgeführt; gewöhnlich wird dann das Schaufelrad mit einem spiralförmigen Gehäuse umgeben und dieses in das Unterwasser gestellt, so dass die zu hebende Flüssigkeit unmittelbar auch durch den oberen Einlauf zufliessen kann, oder es wird letzterer mit einem heberförmigen Saugrohr verbunden, welches abwärts in den Saugbehälter führt. Eine Anordnung der letzteren Art zeigen z. B. die bei der Entwässerungsanlage von Schellingwoude bei Amsterdam verwendeten Pumpen.

II. Schraubenpumpen.

Die Förderung von Flüssigkeiten durch den Druck schraubenförmiger, in Drehung versetzter Flächen ist nur vereinzelt zur Ausführung gekommen. So hat Grulet eine Pumpe angegeben, bei welcher ein auf einer lothrechten Welle sitzendes Rad an seinem cylindrischen Umfange mit sechs schraubenförmigen Schaufeln versehen ist; das Rad ist in einem lothrechten Rohre angeordnet, dreht sich im Unterwasser und erzeugt eine aufsteigende Bewegung der Flüssigkeit in dem genannten Rohre. Diese Pumpe wurde für Entwässerungen von Gruben verwendet (vgl. Revue industrielle 1884 S. 405). Shaw hat mehrere solche Räder auf gemeinschaftlicher Welle übereinander angeordnet. Eine ähnliche Anordnung zeigte die von Follansbee 1876 in Philadelphia ausgestellte Pumpe (vgl. Mannlicher, „Bericht über die Ausstellung in Philadelphia").

Beer in Jemeppe und Heger haben Pumpen angegeben, welche als Umkehrung der Henschel-Turbine aufzufassen sind. Ueber und unter dem Laufrad sind feststehende Leiträder angebracht, welche der ein- und austretenden Flüssigkeit bestimmte Bewegungsrichtungen geben

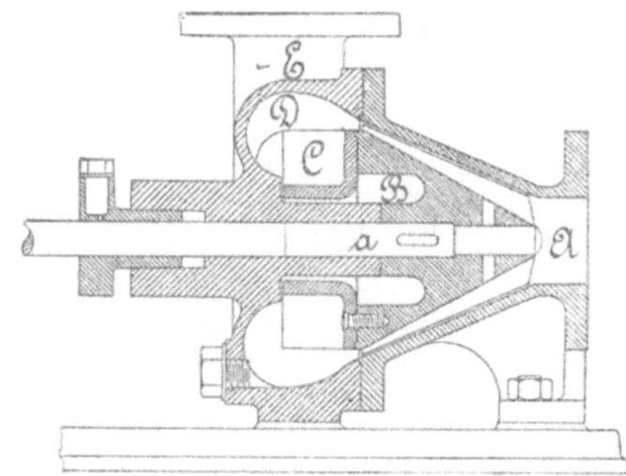

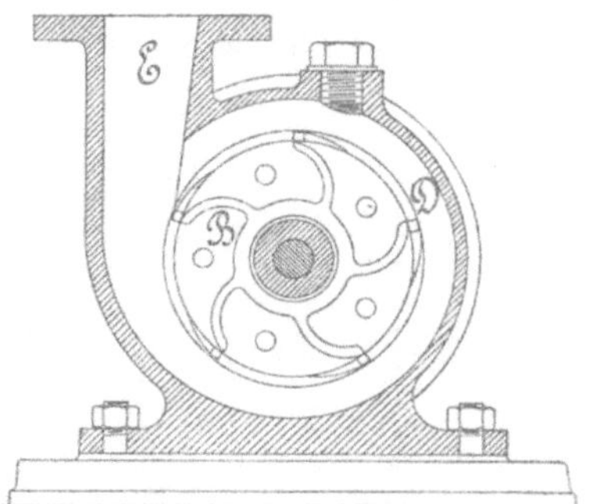

Fig. 615 und 616.

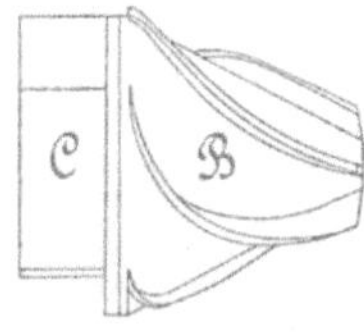

Fig. 617.

sollen. Eine ausführliche Mittheilung über die Beer'sche Einrichtung findet sich in Prakt. Masch.-Konstr. 1883 S. 291.

Sämmtliche vorgenannten Schraubenpumpen haben keine grössere Anwendung gefunden, da sie von gut gebauten Schleuderpumpen bezüglich der Ausnützung der Betriebsarbeit übertroffen werden. Jedoch sind neuerdings einige Einrichtungen mit Erfolg zur Ausführung gekommen, weshalb ihre nähere Erläuterung gerechtfertigt erscheint.

Die Pumpe von Maginot ist mit einem kegelförmigen Rad versehen, welches mit schraubenförmigen Schaufeln versehen ist. Die Fig. 615 bis 617 zeigen die von Quiri in Schiltigheim verbesserte Einrichtung (erloschene D.R.P. Kl. 59 No. 7219 u. 20338). Maginot hatte die Welle auch durch das rechts in der Fig. 615 an den Stutzen A anzusetzende, abwärts gebogene Saugrohr geführt und in diesem nochmals gelagert; Quiri & Co. wählen auch diese Anordnung oder setzen das Treibrad fliegend auf, was hier angängig ist, da die Lagerhülse a sich bis an das Rad erstreckt. Quiri bringt ferner hinter dem kegelförmigen Treibrad B noch ein zweites C an,

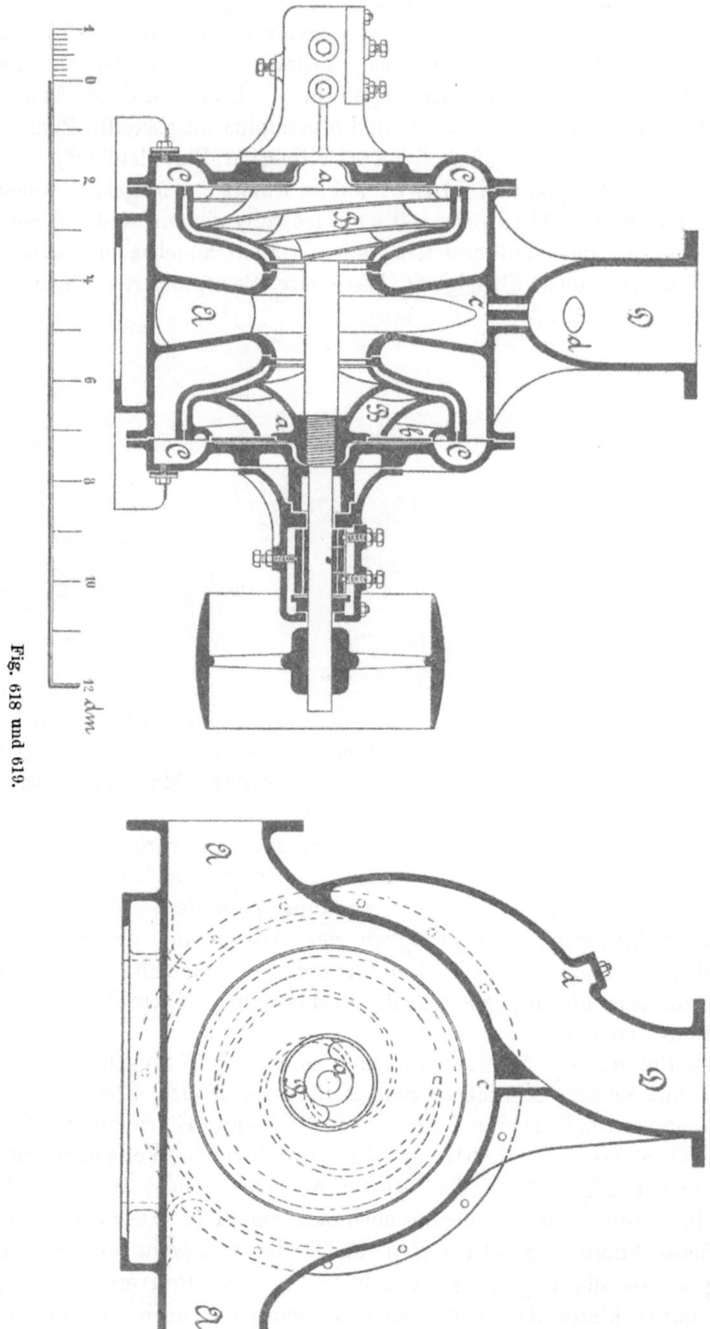

Fig. 618 und 619.

das an dem ersten befestigt ist und gekrümmte Schaufeln wie eine Schleuderpumpe enthält. Die von B nach dem Druckkanal D geförderte Flüssigkeit soll von dem Rade C nochmals erfasst und mit erhöhter lebendiger Kraft in das Steigrohr E geschleudert werden. Hierzu würde es aber nothwendig sein, dass das Rad C grösser wäre, so dass die aus B zuströmende Flüssigkeit am inneren, nicht am äusseren Radumfange einträte. Die am Gehäuse angebrachten Schrauben dienen zum Auffüllen und Entleeren der Pumpe.

Maginot formt die Schaufeln mit gleicher Steigung auf dem Kegelmantel; Quiri empfiehlt, die Steigung nach der Kegelspitze hin wachsen zu lassen, Fig. 617 zeigt die beiden Räder B und C in der Ansicht. Quiri & Co. bauen auch Pumpen mit zweiseitigem Einlauf, wobei dann zwei Schaufelräder der angegebenen Form gegen einander auf der Welle befestigt sind.

Die Maginot-Pumpe wird auch mit lothrechter Welle ausgeführt; eine solche Einrichtung ist z. B. von Aerts in Brüssel (erloschenes D.R.P. Kl. 59, No. 13 132) angegeben worden und wird auch von Quiri & Co. ausgeführt. Nach Versuchen an einer Maginot-Pumpe mit lothrechter Welle ergab sich als Meistwerth für den Wirkungsgrad 0,71 (vgl. Génie civil 1885 Bd. 7 S. 55).

Nahezu ohne Schleuderwirkung soll die von Libbey-Prescotte angegebene Pumpe arbeiten, welche von den Marinette Iron Works in West Duluth zur Förderung dicker, schlammiger Flüssigkeiten ausgeführt wird. Das mit schraubenförmigen Schaufeln versehene Rad soll die Flüssigkeit möglichst nur durch den Druck, den die Schaufeln auf dieselbe ausüben, in das Steigrohr schieben, so dass eigentlich die Wirkungsweise der Wasserschraube (vgl. S. 28) entsteht. Nähere Mittheilungen über die vorgenannte Ausführungsform enthält der „Praktische Maschinen-Konstrukteur“ 1896 S. 54.

Bei den vorbeschriebenen Pumpen wird ein erheblicher Druck längs der Welle entstehen, der allerdings bei der lothrechten Aufstellung durch das Radgewicht theilweise aufgehoben wird. Dieser Druck lässt sich bei der wagrechten Lagerung durch die Anordnung zweier Schaufelräder aufheben, wie dies die von Coignard angegebene, in Fig. 618 u. 619 verdeutlichte Pumpe zeigt. Die Saugleitung wird an einen Stutzen A angeschlossen; die zu fördernde Flüssigkeit wird von den schraubenförmigen Schaufeln B, welche an die Radnabe a angegossen sind, erfasst und in die Kanäle C gepresst, welche mit dem Druckrohr D in Verbindung stehen. Die Räder B sind an ihrer Rückseite durch aufgeschraubte Bleche b abgeschlossen. Luft, welche mit der angesaugten Flüssigkeit in das Gehäuse gelangt, kann durch die Löcher c nach dem Druckraum strömen. Für die Inbetriebsetzung kann das Anfüllen von der Oeffnung d aus erfolgen; die Luft kann dabei durch die Löcher c entweichen.

Berechnung der Kreiselpumpen.

Die Theorie der Kreiselpumpe lässt sich in sehr verschiedener Weise herleiten; es bestehen daher auch eine grössere Zahl von Methoden zur Beurtheilung der Wirkung des Schaufelrades auf die zu fördernde Flüssigkeit. Diese verschiedenen Theorien müssten, falls sie sämmtlich richtig sein sollten, in ihren Ergebnissen übereinstimmen, was jedoch meist nicht der Fall ist. Es liegt dies theils an falschen Schlüssen, meist aber daran, dass bei der Aufstellung der Formeln verschiedenartige Vereinfachungen und Vernachlässigungen zugelassen werden. Eine Theorie, welche alle auftretenden Bewegungseinflüsse berücksichtigt und allgemein gültige Formeln aufstellt, aus welchen die Kreiselpumpe für den besten Wirkungsgrad berechnet werden kann, ist noch nicht veröffentlicht worden. Es wären hierbei die Turbinen und Kreiselpumpen gemeinschaftlich zu behandeln, da letztere ja nur eine Umkehrung der ersteren bilden und die allgemeine Theorie daher für beide Maschinen von gleichen Gesichtspunkten ausgehen muss.

Für den hier vorliegenden Zweck der Berechnung der hauptsächlichen Abmessungen der Pumpe lassen sich aber auch die bisher bekannt gewordenen Theorien benutzen. Solche sind, abgesehen von den älteren Theorien von Armengaud, Fink, Grove, Rittinger, Werner, Moll, Gieseler u. A., in den letzten Jahren mehrfach mitgetheilt worden; insbesondere sind folgende Abhandlungen zu nennen:

Herrmann, Theorie der Centrifugalpumpen in Weisbach's Ingenieur- und Maschinen-Mechanik, 1881. III. Theil, 2. Abtheilung, S. 1001;

Herrmann, Graphische Theorie der Turbinen und Kreiselpumpen. 1887. Berlin, Verlag von Leonhard Simion;

Fink, Zur Theorie der Turbinen. Verhandlungen des Vereins zur Beförderung des Gewerbefleisses 1887. S. 440;

F. J. Müller, Ueber Centrifugalpumpen. Zeitschrift d. Ver. deutscher Ing. 1886. S. 787;

M. Ebel, Zur Theorie der Centrifugalpumpen. do. 1887. S. 456;

G. Lindner, Theorie der Schleuderpumpen. do. 1891. S. 576 u. 977;

G. Lindner, Ungleichmässigkeit der Strömung in Ventilatoren (diese Abhandlung enthält auch Bemerkungen über die Kreiselpumpen) do. 1895. S. 611;

J. Bartl, Zur Auswahl der zweckmässigsten Schaufelformen für Kreiselpumpen (Centrifugalpumpen). do. 1891. S. 1016;

H. Ludewig, Allgemeine Theorie der Turbinen. Verhandlungen des Vereins zur Beförderung des Gewerbefleisses. 1889. S. 112 u. f., 190. S. 165 u. f.;

Rich. Mollier, Ueber Centrifugalpumpen. do. 1895. S. 211 u. 231;

Poillon, Traité théorique et pratique des pompes et machines à elever les eaux. 1886. 2 Bd.;

E. Marchand, Nouvelle théorie des pompes centrifuges. 1896.

H. Ludewig untersucht in seiner Abhandlung allgemein die bei Kreiselrädern, welche von einer Flüssigkeit beaufschlagt werden, auftretenden Vorgänge und entwickelt daraus eine allgemein geltende Theorie dieser „Strahlräder" und die theoretische Berechnung derselben, aus welcher auch die Berechnung der Strahlräder als Flüssigkeitshebemaschinen abgeleitet werden kann; Verfasser hat dies jedoch unterlassen und nur die Berechnung für die Strahlräder als Turbinen durchgeführt.

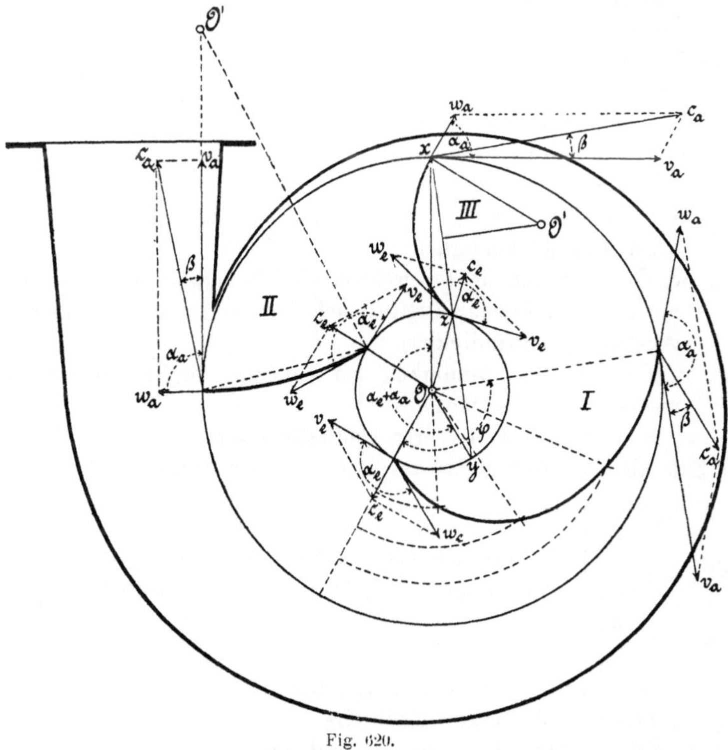

Fig. 620.

Die Abhandlung von F. J. Müller bringt nur die in der erstgenannten Herrmann'schen Theorie entwickelten Formeln in gleicher oder wenig geänderter Gestalt, so dass sie nichts Neues zur Klärung der vorliegenden Fragen beiträgt. Ferner sei darauf aufmerksam gemacht, dass Müller die sonst üblichen Begriffe „relative" und „absolute" Geschwindigkeit vertauscht hat.

Poillon entwickelt die Formeln unter theilweise zu weit gehenden Vernachlässigungen und bemerkt schliesslich selbst, dass die von ihm entwickelte Theorie nicht mit den praktischen Ergebnissen stimme, es jedoch an einer genauen, allgemein gültigen Theorie fehle. Poillon theilt dann eine von Greindl angegebene Berechnungsmethode mit, welche auf sehr umständlichem Wege die beim Durchfluss der Radzellen auftretenden Geschwindigkeits- und Pressungsänderungen verfolgt.

Dagegen bilden die übrigen angegebenen Abhandlungen eine für praktische Bedürfnisse zunächst ausreichende Grundlage zur Berechnung der Kreiselpumpen und seien im Nachfolgenden benutzt, um die nöthigen Formeln aufzustellen. Für die Entwicklung gelten folgende Bezeichnungen (vgl. Fig. 620):

A Flüssigkeitshöhe, welche dem Luftdruck entspricht,
H_s Saughöhe,
H_d Druckhöhe,
$H = H_s + H_d =$ Förderhöhe,
Q die in der Sekunde zu fördernde Flüssigkeitsmenge,
v_s, v_d Geschwindigkeiten im Saug-, bezieh. Druckrohre,
c_e, c_a Geschwindigkeiten, mit welcher die Flüssigkeit in das Schaufelrad eintritt, bezieh. dasselbe verlässt (absolute Eintritts- und Austrittsgeschwindigkeit),
w_e, w_a Geschwindigkeit, mit welcher die Flüssigkeit längs der Schaufel am Eintritt, bezieh. Austritt sich bewegt (relative Eintritts- und Austrittsgeschwindigkeit),
v_e, v_a Umfangsgeschwindigkeit am inneren, bezieh. äussern Halbmesser des Schaufelrades,
r_e, r_a innerer, bezieh. äusserer Radhalbmesser,
n Zahl der Umdrehungen des Rades in der Minute,

$$\left.\begin{aligned} \Sigma h_s &= \zeta_s \frac{v_s^2}{2g} \\ \Sigma h_d &= \zeta_d \frac{v_d^2}{2g} \\ h_r &= \zeta_r \frac{w_a^2}{2g} \end{aligned}\right\}$$ Flüssigkeitshöhen, welche den Bewegungswiderständen im Saugrohr, im Druckrohr und im Rad entsprechen,

d_s, d_d die Durchmesser der Saug-, bez. Druckleitung,
b_e, b_a innere und äussere Radbreite,
z_e, z_a Schaufelanzahl am innern und äussern Umfange,
e Schaufeldicke,
α_e, α_a Winkel, welche die Tangenten der Schaufelkrümmung am Eintritt und Austritt mit der Richtung der Radgeschwindigkeit bilden,
β Winkel, welchen c_a mit v_a bildet,
μ Lieferungsgrad,
H_e, H_a Flüssigkeitshöhen, welche den Pressungen am Einlauf und beim Austritt entsprechen,
i_e, i_a Kanalweite am Ein- und Austritt.

Die Bewegung der Flüssigkeit durch die Pumpe am Saugbehälter bis zum Ausguss des Druckrohres zerfällt in folgende Einzelvorgänge:

a) Bewegung im Saugrohr,
b) Eintritt in das Schaufelrad,
c) Bewegung durch dasselbe,
d) Austritt aus dem Rade,
e) Bewegung im Druckrohr.

Die Entwickelung sei zunächst nur für die Schleuderpumpe gegeben.

a) Bewegung im Saugrohr.

Wenn in Folge der Schaufelwirkung die im Rad enthaltene Flüssigkeit nach dem Druckkanal getrieben wird, so muss aus dem Saugrohr neue Flüssigkeit nachfolgen, wenn der Luftdruck vermag, die Widerstände dieser Förderung zu überwinden. Die Saugwirkung ist also wieder an die bereits mehrfach entwickelte Bedingung

$$A > H_s + \Sigma h_s + \frac{v_s^2}{2g} \qquad 298)$$

gebunden, so dass die Flüssigkeitshöhe, welche der Pressung in der Radmitte entspricht, sich als

$$H_e = A - \left(H_s + \Sigma h_s + \frac{v_s^2}{2g}\right) \qquad 299)$$

ergibt.

Es ist ferner

$$\Sigma h_s = (\zeta_1 + \zeta_2 + \zeta_3)\frac{v_s^2}{2g}, \qquad 300)$$

wenn ζ_1, ζ_2, ζ_3 die S. 63 angegebenen Widerstandsvorzahlen für den Durchfluss des Saugkopfes, des Fussventiles und des Saugrohres bezeichnen und nach früherem bestimmt werden.

Es sei nun angenommen, dass die Leitungen und das Gehäuse dicht sind, so dass Flüssigkeit nicht aus denselben ins Freie und Luft von aussen nicht in das Rad tritt, dann ist die angesaugte Flüssigkeitsmenge gleich der thatsächlich gehobenen, so dass auch

$$Q = \frac{\pi d_s^2}{4} v_s \qquad 301)$$

ist; der Saugrohrdurchmesser d_s kann somit aus der gegebenen Fördermenge Q bestimmt werden, wenn v_s angenommen wird. Da bei der Kreiselpumpe die Bewegung in den Leitungen eine gleichförmige ist, so lässt sich v_s grösser als bei den Pumpen mit geradlinig bewegten Kolben wählen; eine Grenze hierfür ist jedoch durch die Formel 298 gegeben, da mit v_s auch die Widerstände erheblich wachsen und die erreichbare Saughöhe abnimmt. Man wählt daher bei kurzer Saugleitung v_s etwa bis zu 2,5 m, bei langer erheblich kleiner. Wird die Kreiselpumpe nicht saugend verwendet, läuft also die Flüssigkeit durch ihr Eigengewicht dem

Rade zu, so gelten die Formeln 298 und 299 gleichfalls, nur ist H_s negativ zu setzen. Es ist noch zu beachten, dass bei den Pumpen mit zweiseitigem Einlauf das Saugrohr getheilt wird, oder überhaupt zwei Saugleitungen niedergeführt werden. Der Durchmesser d_s' dieser letzteren oder des Rohres nach seiner Gabelung ergibt sich dann aus

$$Q = 2 \frac{\pi d_s'^2}{4} v_s. \qquad 302)$$

b) Eintritt in das Rad.

Fast sämmtliche bisher aufgestellte Theorien gehen von der Annahme aus, dass der Eintritt stossfrei erfolge, dass also (vergl. Fig. 620), die Eintrittsgeschwindigkeit c_e sich in die Radgeschwindigkeit v_e und in eine Geschwindigkeit zerlege, deren Richtung in der Tangente an das erste Schaufelelement liegt. Diese Bedingung für den stossfreien Eintritt lautet also

$$v_e^2 = w_e^2 - c_e^2; \qquad 303)$$

ist dies nicht der Fall, bewegt sich das Rad schneller oder langsamer, so findet Stoss statt. Die gegen den inneren Radumfang strömende Flüssigkeit vertheilt sich gleichmässig nach allen Seiten hin, und es lässt sich mit für die praktische Berechnung zulässiger Genauigkeit annehmen, dass sie am ganzen Umfang mit gleicher, radial gerichteter Geschwindigkeit c_e eintritt. Dann ist

$$Q = \left(2 \pi r_e - z_e \frac{e}{\sin \alpha_e}\right) b_e c_e. \qquad 304)$$

Es ist nun zweckmässig, die Flüssigkeit ohne Geschwindigkeitsänderung aus dem Saugrohr in das Rad zu führen, da dann keine unnöthigen Beschleunigungswiderstände entstehen. Die Flüssigkeit wird dann auch mit gleichbleibender Pressung aus dem Einlauf in das Rad strömen. Würde die Geschwindigkeit c_e verschieden von v_s genommen werden, so würde die Pressung sich auch ändern, da das gesammte Arbeitsvermögen der Flüssigkeit, herrührend von der Geschwindigkeit und der Pressung, dasselbe bleibt, wenn von dem Stoss auf die gewöhnlich abgerundete Schaufelkante abgesehen wird. Wenn aber

$$c_e = v_s \qquad 305)$$

genommen wird, so ergibt sich aus 301), 302) und 304)

$$\frac{\pi d_s^2}{4} = 2 \frac{\pi d'^2_s}{4} = \left(2 \pi r_e - z_e \frac{e}{\sin \alpha_e}\right) b_e. \qquad 306)$$

Es ist auch

$$Q = z_e b_e i_e w_e, \qquad 307)$$

wobei

$$i_e = \frac{2\pi r_e}{z_e} \sin \alpha_e - e \qquad 308)$$

gesetzt werden kann.

Die Radbreite ist im Lichten zu messen; bei Pumpen mit doppeltem Einlauf und seitlich offenem Rad ist also b_e gleich der am Halbmesser r_e gemessenen wirklichen Breite, vermindert um die Dicke der Radscheibe an dieser Stelle. Bei Pumpen mit zweiseitigem Einlauf muss r_e etwas grösser als 0,5 d_s' sein, da der Querschnitt der Welle und die Schaufeln, welche bis zur Nabe ausgeführt sind (vergl. z. B. Fig. 596), auch den Querschnitt des Einlaufes vermindern.

Gewöhnlich wird dann $r_e = 0{,}6\ d_s'$ gemacht.

Bei Pumpen mit einseitigem Einlauf, durchgehender Welle und bis zur Nabe geführten Schaufeln gilt das Gleiche, so dass $r_e = 0{,}6\ d_s$ genommen wird; für ein fliegend aufgesetztes Rad und nur bis zum Halbmesser r_e geführten Schaufeln lässt sich r_e auch gleich $0{,}5\ d_s$ annehmen.

Die Schaufelzahl z_e ist theoretisch nicht bestimmbar; die Schaufeln haben die Flüssigkeitsbewegung in bestimmter Linie zu sichern, welche durch die Winkel α_e und α_a und das angenommene Bewegungsgesetz bestimmt ist. Hierzu dürfen zwei benachbarte Schaufeln nicht zu weit von einander entfernt sein. Es wird also in jedem einzelnen Falle die Schaufelentfernung sorgfältig zu erwägen sein.

Die Schaufeldicke e hängt von der Ausführung ab; gusseiserne Schaufeln erhalten bei gewöhnlichen Radabmessungen 6—10 mm Dicke, Schaufeln aus Bronze oder Blech können schwächer werden.

Der Winkel α_e ist durch spätere Erörterungen bestimmt.

Wenn nun r_e, z_e, e, α_e bekannt sind, so kann aus 306) die Radbreite b_e bestimmt werden.

Wird durch eine andere Wahl der Radabmessungen, als sie in Vorstehendem besprochen ist, die Eintrittsgeschwindigkeit c_e nicht gleich v_s gemacht, so ist zu beachten, dass dann der Luftdruck den Eintritt der Flüssigkeit in das Rad mit der Geschwindigkeit c_e erzeugen muss; neben der Formel 298 muss also auch die Formel

$$A > H_s + \Sigma h_s + \frac{c_e^2}{2g} \qquad 298a)$$

gelten, und die Pressung in der Radmitte ergibt sich dann zu

$$H_e = A - \left(H_s + \Sigma h_s + \frac{c_e^2}{2g}\right) \qquad 299a)$$

wobei der beim Eintritt etwa entstehende Widerstand vernachlässigt ist.

c) Bewegung durch das Rad.

Die Einwirkung der Schaufeln auf die Flüssigkeit äussert sich durch eine Vermehrung des gesammten Arbeitsvermögens derselben um dasjenige der Fliehkraft. Es entsteht also im Allgemeinen eine beschleunigte Bewegung; die Geschwindigkeit c_e wächst auf c_a, die Pressung H_e auf H_a. Das Arbeitsvermögen, mit welchem die Flüssigkeit beim Eintritt in das Rad sich längs der Schaufeln desselben bewegt, ist der Flüssigkeitshöhe $H_e + \frac{w_e^2}{2g}$, dasjenige, welches die Flüssigkeit in dem Augenblicke, in dem sie das Rad verlässt, auf dem Wege längs der Schaufeln besitzt, ist der Höhe $H_a + \frac{w_a^2}{2g}$ und das Arbeitsvermögen, das vom Rad an die Flüssigkeit abgegeben wird, ist der Höhe $\frac{v_a^2 - v_e^2}{2g}$ proportional, da das Flüssigkeitsgewicht dasselbe bleibt. Es sei hier noch angefügt, dass das letztere nicht $Q\gamma$, sondern $\frac{Q}{\mu}\gamma$ beträgt, da im Allgemeinen eine grössere Menge durch das Rad strömt, als thatsächlich zur Förderung gelangt, denn ein Theil der ersteren fliesst aus dem Druckkanal wieder nach dem Saugrohr zurück. Dieser Rückfluss wächst mit der Undichtheit des Schlusses zwischen Rad und Gehäuse. Bei Pumpen mit seitlich offenem Rad kann dieser Verlust beträchtlich werden, und zwar um so mehr, je grösser der Spielraum zwischen Schaufelaussenkante und Gehäuse ist. Wenn die Schaufeln mit Seitenwand versehen sind und diese an zweckmässig angeordneten Dichtungsleisten (vgl. z. B. Fig. 605) läuft, welche bei erfolgter Abnutzung ausgewechselt werden, so ist ein Rückfluss kaum vorhanden. Bei gut ausgeführten Pumpen kann daher $\mu = 0{,}9$ bis 1 gesetzt werden.

Die Gleichsetzung des treibenden und erzeugten Arbeitsvermögens ergibt mit Berücksichtigung der beim Durchlaufen des Rades zu überwindenden Reibungswiderstände:

$$H_e + \frac{w_e^2}{2g} + \frac{v_a^2 - v_e^2}{2g} = H_a + \frac{w_a^2}{2g} + h_r. \qquad 309)$$

Die Druckhöhe H_a muss jedenfalls grösser als Null sein, da sonst die Flüssigkeit beim Austritt aus dem Rad von der nachkommenden Flüssigkeitsmasse abreissen, dann aber von dieser eingeholt werden würde, wobei ein Wasserschlag entstünde. Die von Bartl a. a. O. (vergl. S. 554) ausgeführte Untersuchung zeigt, dass bei vorwärts gekrümmten Schaufeln diese Unzuträglichkeit leicht eintreten kann, insbesondere dann, wenn die Saughöhe gross ist. Stark vorwärts gekrümmte Schaufeln sind daher nur zulässig, wenn nur eine geringe Saughöhe zu überwinden ist.

Bartl führt ferner aus, dass auch die hydraulischen Widerstände bei den stark vorwärts gekrümmten Schaufeln grösser als bei den Schaufeln anderer Formung werden.

In der Gleichung 309 sind nur der Anfangs- und der Endzustand des durch das Rad sich bewegenden Flüssigkeitsstromes zum Ausdruck gekommen. Um zu untersuchen, welchen Wirkungen die einzelnen Flüssigkeitstheilchen bei dieser Bewegung ausgesetzt sind, ist zu beachten, dass auf jedes derselben die Fliehkraft wirkt, welche jedoch nicht dem Quadrate der an der Stelle, die das Theilchen im Augenblick der Betrachtung einnimmt, vorhandenen Radgeschwindigkeit, sondern dem Quadrate der Tangentialgeschwindigkeit des Theilchens selbst proportional ist. Diese ist aber, wenn die absolute Geschwindigkeit des Theilchens, welche im betrachteten Punkte nicht radial gerichtet zu sein braucht (was von der Schaufelform abhängt), mit c' und ihr Winkel mit der Radgeschwindigkeit mit β' bezeichnet wird, gleich $c' \cos \beta'$. Ist c' radial gerichtet, so tritt eine Fliehkraft überhaupt nicht auf. Auf das Theilchen wirkt ferner entgegen der Fliehkraft in radialer Richtung der in Folge der Pressungsänderung entstehende Ueberdruck. In tangentialer Richtung besteht eine Spannungsänderung im Sinne der Radbewegung von Schaufel zu Schaufel durch den Zellenraum hindurch. Die Wirkung des Eigengewichts der Flüssigkeit könnte auch in Rechnung gezogen werden. Aus diesen Erwägungen können allgemeine Gleichungen aufgestellt werden, die schliesslich bei gewissen Annahmen zu Formeln führen, welche man der Berechnung der Schleuderpumpen zu Grunde legen kann.

Lindner hat a. a. O. (vgl. S. 554) diese Untersuchung unter Vernachlässigung des Einflusses des Eigengewichts der Flüssigkeit durchgeführt und schliesslich unter der Voraussetzung, dass die Flüssigkeit sich mit gleichbleibender absoluter Winkelgeschwindigkeit, welche aber mit derjenigen des Rades nicht übereinzustimmen braucht, durch das Rad bewege, die Berechnungsformeln[1]) aufgestellt. Diese Voraussetzung leitet Lindner aus der Bedingung ab, dass die Flüssigkeit den gebotenen Durchgangsraum möglichst gleichmässig ausfüllen muss, ohne sich an einzelnen Stellen zu drängen und an anderen Stellen auszuweichen und Wirbel zu bilden. Die Voraussetzung der gleichbleibenden absoluten Winkelgeschwindigkeit der Flüssigkeit führt dazu, dass die absolute Eintrittsgeschwindigkeit c_e nicht radial gerichtet sein darf, da sonst die absolute Tangentialgeschwindigkeit, also auch die absolute Winkelgeschwindigkeit an der Eintrittsstelle gleich Null wäre.

1) In Folge einer unrichtigen Aufstellung der Formel für die Beschleunigung, welche das Flüssigkeitstheilchen in tangentialer Richtung erhält, ist Lindner in seiner Abhandlung über die Theorie der Schleuderpumpen (vgl. S. 554) zu falschen Berechnungsformeln gekommen, die er auf Anregung von Ebel in einer Berichtigung (a. a. O. S. 977) verbesserte.

d) Eintritt in den Druckkanal.

Die Geschwindigkeit c_a, mit der die Flüssigkeit den Radumfang verlässt, ergibt sich zunächst aus

$$c_a^2 = v_a^2 + w_a^2 - 2\, v_a\, w_a \cos(180 - \alpha_a); \qquad 310)$$

auch ist

$$w_a = \sqrt{v_a^2 + c_a^2 - 2\, v_a\, c_a \cos\beta} = v_a \frac{\sin\beta}{\sin(\alpha_a - \beta)}. \qquad 311)$$

Ferner ist

$$Q = \left(2\pi r_a - z_a \frac{e}{\sin\alpha_a}\right) b_a\, c_a \sin\beta = z_a\, b_a\, i_a\, w_a; \qquad 312)$$

hierbei kann

$$i_a = \frac{2\pi r_a}{z_a} \sin\alpha_a - e \qquad 313)$$

gesetzt werden.

Werden sämmtliche Schaufeln vom inneren bis zum äusseren Radumfang durchgeführt, so ist $z_a = z_e$; vielfach werden zur besseren Führung der Flüssigkeit in den äusseren, also weiteren, Radtheilen noch kürzere Schaufeln zwischen die erstgenannten gesetzt (vgl. Fig. 608), dann wird $z_a > z_e$ und gewöhnlich gleich 2 bis $3\, z_e$.

Die Vorgänge beim Eintritt in den Druckkanal hat Lindner (vgl. S. 554) gleichfalls eingehend untersucht. Da die Pressung im Sinne der Bewegung von Schaufel zu Schaufel durch den Zellenraum hindurch nicht die gleiche Grösse behält, sondern abnimmt, so treffen beim Austritt der Flüssigkeitsstrahlen aus den benachbarten Radzellen immer eine Schicht von grösserer Pressung und eine von geringerer Pressung zusammen. Hierdurch entstehen beim Zusammentreffen der benachbarten Strahlen im Druckkanal Strömungsbewegungen senkrecht zur Trennungsfläche, welche dazu führen, dass die Flüssigkeitsbewegung an dieser Stelle nicht unter dem Winkel β, sondern unter einem grösseren Winkel zum Radumfang und auch mit einer anderen Geschwindigkeit als c_a erfolgt; die mittelste Schicht des Flüssigkeitsstrahls wird kaum eine Aenderung der Geschwindigkeit und Richtung erfahren, da der Pressungsunterschied auch innerhalb des Strahles selbst sich in einer Richtung ausgleicht, welche der Bewegung der Seitenschichten entgegengesetzt ist.

Lindner folgert nun aus dieser Untersuchung, dass es nothwendig sei, die dem Rade entströmenden Schichten ohne Mischung und Wirbelung unter Vernichtung der Radialbewegung abzulenken; diese durch die Form des Druckkanals entstehende Ablenkung müsste demnach schlank erfolgen, der Druckkanal (Umlauf) wäre demnach in radialer Richtung, nicht aber in der Breitenrichtung gross zu bilden.

e) Bewegung im Druckrohr.

Das Arbeitsvermögen $Q\gamma\left(H_a + \frac{c_a^2}{2g}\right)$ muss im Stande sein, das Flüssigkeitsgewicht $Q\gamma$ auf die Höhe H_d zu heben, demselben die Geschwindigkeit v_d zu ertheilen, mit welcher es das Druckrohr verlässt und die Widerstände beim Durchfluss des letzteren zu überwinden. Es muss daher

$$H_a + \frac{c_a^2}{2g} = H_d + A + \Sigma h_d + \frac{v_d^2}{2g} \qquad 314)$$

sein; hierbei ist

$$\Sigma h_d = \zeta_d \frac{v_d^2}{2g} = (\zeta_7 + \zeta_8 + \zeta_9 + \zeta_{10})\frac{v_d^2}{2g}, \qquad 315)$$

wenn $\zeta_7, \zeta_8, \zeta_9, \zeta_{10}$ die S. 76 angegebenen Widerstandsvorzahlen bedeuten; ζ_8 gilt für den Widerstand des Druckventiles; ein solches ist bei Kreiselpumpen wohl nicht vorhanden, jedoch empfiehlt es sich in manchen Fällen ein Rückschlagventil anzuordnen, für welches dann ζ_8 gilt.

Aus Gleich. 299, 305, 309 und 314 wird

$$H_s + H_d + \Sigma h_s + \Sigma h_d + h_r + \frac{v_d^2}{2g} = \frac{1}{2g}(v_a^2 - v_e^2 + w_e^2 - w_a^2 + c_a^2 - c_e^2).$$

Mit Hülfe der Gleichungen 303 und 310 ergibt sich dann

$$H + \Sigma h_w + \frac{v_d^2}{2g} = \frac{1}{g} v_a (v_a - w_a \cos(180^0 - \alpha_a)) = \frac{v_a c_a \cos\beta}{g} \qquad 316)$$

wenn

$$H_s + H_d = H,$$
$$\Sigma h_d + \Sigma h_s + h_r = \Sigma h_w,$$

und aus 310 und 311

$$c_a \cos\beta = v_a - w_a \cos(180 - \alpha_a)$$

gesetzt wird.

Aus Gleichung 316 wird nach einigen Umformungen:

$$H + \Sigma h_w + \frac{v_d^2}{2g} = \frac{v_a^2}{2g}\left(1 + \frac{\sin(\alpha_a + \beta)}{\sin(\alpha_a - \beta)}\right), \qquad 317)$$

also

$$v_a = \sqrt{\frac{2g(H + \Sigma h_w) + v_d^2}{1 + \frac{\sin(\alpha_a + \beta)}{\sin(\alpha_a - \beta)}}} = C\sqrt{2g\left(H + \Sigma h_w + \frac{v_d^2}{2g}\right)}, \qquad 318)$$

wobei C eine von der Schaufelform abhängige Zahl bedeutet.

Lindner hat in seiner erwähnten Abhandlung (vgl. S. 554) eine

Formel für die Berechnung der Schleuderpumpen ermittelt, welche unter Benutzung der hier gewählten Bezeichnungen lautet:

$$H + \Sigma h_w + \frac{v_d^2}{2g} = \frac{\omega\,\vartheta}{g}(r_a^2 - r_e^2),$$

hierbei bedeuten ω und ϑ die gleichbleibenden absoluten Winkelgeschwindigkeiten des Rades und der Flüssigkeit. Da somit auch

$$\omega = \frac{v_a}{r_a} \quad \text{und} \quad \vartheta = \frac{c_a \cos\beta}{r_a}$$

ist, so ergibt sich die Gleichung

$$H + \Sigma h_w + \frac{v_d^2}{2g} = \frac{v_a\, c_a \cos\beta}{g}\,\frac{r_a^2 - r_e^2}{r_a^2} = \frac{1}{g}(v_a\, c_a \cos\beta - v_e\, c_e \cos\beta_e).$$

β_e ist dabei der Winkel, den die Eintrittsgeschwindigkeit c_e mit der Radgeschwindigkeit v_e bildet und die nach der Voraussetzung, die Lindner seiner Berechnung zu Grunde legt, nicht gleich 90^0 sein kann (vergl. S. 561), wie dies in Fig. 520 angenommen worden ist. Zu derselben Formel kommt man auch, wenn die aus den Gleichungen 299, 309 und 314 erhaltene Formel (vgl. S. 563) mit der Gleichung 310 und der allgemein für einen beliebigen Winkel β_e geltenden Gleichung

$$c_e^2 = v_e^2 + w_e^2 - 2\, v_e\, w_e \cos(180 - \alpha_e) = w_e^2 - v_e^2 + 2\, v_e\, c_e \cos\beta_e$$

vereinigt wird.

Für Ueberschlagsrechnungen kann $\Sigma h_w + \frac{v_d^2}{2g}$ gleich 0,4 bis 0,6 H gesetzt werden.

Es ist nun für die ganze Anordnung und den Betrieb der Kreiselpumpe vortheilhaft, für eine gegebene Förderhöhe die Radgeschwindigkeit v_a möglichst klein zu erhalten. Es lässt sich dies erreichen, wenn der Ausdruck

$$\frac{\sin(\alpha_a + \beta)}{\sin(\alpha_a - \beta)}$$

den grösstmöglichen Werth erhält.

Bei der vielfach angewendeten zurückgekrümmten Schaufel ist $\alpha_a > 90^0$, dann ist, da β jedenfalls ein spitzer Winkel werden muss,

$$\frac{\sin(\alpha_a + \beta)}{\sin(\alpha_a - \beta)} < 1,$$

also

$$C \begin{matrix} < 1 \\ > 0{,}707. \end{matrix}$$

Für die von Rittinger angegebene Schaufelform ist $\alpha_a = 90^0$, dann ist der Ausdruck gleich 1, somit $C = 0{,}707$.

Wird dagegen die Schaufel vorwärts gekrümmt, so wird der Ausdruck grösser als 1, C also $< 0{,}707$. Die Radgeschwindigkeit wird somit bei solchen Schaufeln erheblich kleiner; es können also mit langsam laufenden Rädern verhältnissmässig grosse Förderhöhen überwunden werden.

Herrmann erörtert in seiner angegebenen Abhandlung S. 207 auch diesen Vortheil der vorwärts gekrümmten Schaufel.

Diesem Vortheil steht jedoch der Nachtheil der Vermehrung der absoluten Austrittsgeschwindigkeit entgegen (vgl. auch S. 568).

Der kleinstmögliche Werth von v_a ergibt sich, wenn die Pressung nicht geändert wird, die Flüssigkeit also ohne Ueberdruck aus dem Rade tritt, die Fliehkraft somit nur zur Erhöhung der Geschwindigkeit längs der Schaufel von w_e auf w_a dient.

Auf graphischem Wege ermittelt dann Herrmann, dass in diesem Falle die ideelle Radgeschwindigkeit, d. h. die ohne Rücksicht auf Nebenhindernisse geltende

$$v_a = \frac{1}{2} \sqrt{2 g H} \qquad 319)$$

wird. Hierbei ist vorausgesetzt, dass die Radialkomponente der Flüssigkeitsgeschwindigkeit gleich gross bleibt, also

$$c_a \sin \beta = c_e \qquad 320)$$

ist.

Mit Berücksichtigung der Nebenhindernisse lässt sich für den vorstehend besprochenen Fall die Geschwindigkeit v_a in folgender Weise ermitteln:

Für $H_e = H_a$ wird aus 309)

$$\frac{w_e^2}{2g} + \frac{v_a^2 - v_e^2}{2g} = \frac{w_a^2}{2g} + h_r, \qquad 321)$$

also auch

$$w_a^2 = v_a^2 + c_e^2 - 2 g h_r;$$

da nun

$$w_a^2 = c_a^2 + v_a^2 - 2 c_a v_a \cos \beta$$

ist, so ergibt sich mit 320)

$$c_a^2 - c_e^2 = 2 v_a c_a \cos \beta - 2 g h_r = c_a^2 \cos^2 \beta;$$

hieraus wird

$$\frac{v_a c_a \cos \beta}{g} = \frac{c_a^2 \cos^2 \beta}{2g} + h_r,$$

somit auch

$$\frac{2 v_a^2}{g} = \frac{v_a c_a \cos \beta}{g} + \frac{2 v_a}{c_a \cos \beta} h_r,$$

also

$$\frac{v_a c_a \cos \beta}{g} = \frac{2 v_a^2}{g} - \frac{2 v_a}{c_a \cos \beta} h_r;$$

die Gleichung 316 erhält damit die Form:

$$H + \Sigma h_w + \frac{v_d^2}{2g} = \frac{2 v_a^2}{g} - \frac{2 v_a}{c_a \cos \beta} h_r. \qquad 322)$$

Hieraus ist

$$v_a = \frac{g h_r}{2 c_a \cos \beta} + 0{,}5 \sqrt{\frac{g^2 h_r^2}{c_a^2 \cos^2 \beta} + 2g\left(H + \Sigma h_w + \frac{v_d^2}{2g}\right)}; \qquad 323)$$

würde in der Gleichung 321 die Widerstandshöhe h_r vernachlässigt werden, so würde sich

$$v_a' = 0{,}5 \sqrt{2g\left(H + h_w + \frac{v_d^2}{2g}\right)} \qquad 324)$$

ergeben.

Wie Mollier a. a. O. (vgl. S. 554) zeigt, wird der Winkel α_a für den Fall $H_a = H_e$ für die praktische Ausführung zu klein.

Die von Herrmann gegebene Entwicklung gilt nur, wenn die Pressung $H_a = H_e$ gleich dem Luftdruck gesetzt und die Reibung in den Radzellen vernachlässigt wird.

Die Anzahl n der in der Minute erfolgenden Umdrehungen des Schaufelrades ergibt sich aus

$$n = \frac{30 v_a}{\pi r_a} = 9{,}55 \frac{v_a}{r_a}; \qquad 325)$$

v_a ist in der erläuterten Weise zu berechnen; n oder r_a ist anzunehmen.

Gewöhnlich wird $r_a = 2 r_e$ gewählt, um nicht zu grosse Schaufelräder zu erhalten; bei grossen Förderhöhen wird $\frac{r_a}{r_e}$ grösser und zwar bis zu 3,5 genommen; dann ist die Umdrehungszahl n bestimmt. Wegen der nicht völlig genau feststellbaren Widerstände ist es nothwendig, für den Antrieb der Pumpe vorzusehen, dass man dieselbe auch etwas schneller laufen lassen kann, damit die geforderte Nutzarbeit auch für den Fall, dass die Widerstände etwas grösser als berechnet sich ergeben, geleistet wird.

Für die Schaufelform sind zunächst die Winkel α_e und α_a bestimmend; α_e ergibt sich aus

$$\mathrm{tg}\,(180 - \alpha_e) = \frac{c_e}{v_e}; \qquad 326)$$

α_a ist durch die gegebene Erwägung bestimmt.

Die Art der Kurve, nach welcher die Schaufel zu krümmen ist, kann jedoch nur durch Annahme eines Gesetzes für die Veränderung der Geschwindigkeiten c_e in c_a festgestellt werden. Fink empfiehlt, die tangentiale Komponente dieser Geschwindigkeit nach aussen proportional dem Halbmesser wachsend anzunehmen; dann wird der wirkliche Flüssigkeitsweg und auch die Schaufelform eine archimedische Spirale. Es setzt diese

Form jedoch eine Zurückkrümmung der Schaufel voraus, wie Fig. 620 bei I verdeutlicht. Der Centriwinkel φ, innerhalb dessen die Schaufel liegt, wird von Fink für $r_a = 2\,r_e$ zu 160^0 angegeben; hierfür sind dann die Winkel α_e und α_a bestimmt.

Will man jedoch α_e oder α_a annehmen und dann die Spirale in der angegebenen Weise zeichnen, so ist φ aus der Gleichung

$$\varphi = \frac{r_a - r_e}{r_e} \, \frac{180}{\pi \operatorname{tg}(180 - \alpha_d)} = \frac{r_a - r_e}{r_a} \, \frac{180}{\pi \operatorname{tg}(180 - \alpha_a)} \qquad 327)$$

zu ermitteln. Es ist hierbei zu beachten, dass nur α_e oder α_a für einen gegebenen Werth von $\frac{r_a}{r_e}$ angenommen werden kann; sollen die Winkel α_e und α_a bestimmte Werthe erhalten, so kann die archimedische Spirale nicht benutzt werden; es wäre dann ein Kreisbogen oder eine beliebige, der Spirale ähnliche Kurve anzuwenden.

Die von Rittinger angegebene und wie gezeigt auch vortheilhafte Schaufelform ist in Fig. 620 bei III dargestellt und ist für die Verzeichnung der Kreisbogen gewählt, wie Herrmann empfiehlt.

Für die vorwärts gekrümmte Schaufel wird sich der Kreisbogen auch empfehlen; derselbe ist in Fig. 620 bei II in folgender Weise gezeichnet: Es wird an einem beliebigen Punkt x des Umfangs der Winkel α_a angetragen und die Senkrechte auf die damit bestimmte Tangente an das letzte Schaufelelement gezogen; wird hierauf x mit dem Radmittelpunkt verbunden, an diese Linie der Winkel $xoy = 180 - (\alpha_e - \alpha_a)$ angetragen und die Linie xy gezogen, so schneidet dieselbe den inneren Kreis in dem Punkte z, in welchem die Schaufel beginnt; wird nun xz senkrecht halbirt, so trifft diese Gerade die zuerst gezogene Senkrechte im Punkte o′, aus welchem der gesuchte Kreisbogen durch x und z zu beschreiben ist; derselbe schneidet dann den innern und den äussern Radumfang nach dem Winkel α_e, bezieh. α_a.

Für die Breite des Radkranzes ist, wie schon erwähnt, die Geschwindigkeit, mit welcher die Flüssigkeit in radialer Richtung durch das Rad strömt, massgebend.

Wird die Radbreite als gleichbleibend angenommen, so ist klar, dass diese Geschwindigkeit c_x mit dem wachsenden Halbmesser proportional abnehmen muss, so dass für den Radius r_x

$$c_x = \frac{r_e}{r_x} c_e \qquad 328)$$

wird, also für den Austritt

$$c_a \sin\beta = \frac{r_e}{r_a} c_e. \qquad 329)$$

Wird jedoch die Annahme gemacht, dass

$$c_x = c_e = c_a \sin\beta \qquad 330)$$

ist, die radiale Geschwindigkeit also gleich bleibt, so ergibt sich

$$b_x = b_e \frac{r_e}{r_x}, \tag{331}$$

also für den äusseren Umfang

$$b_a = b_e \frac{r_e}{r_a}. \tag{332}$$

Die Radbreite verjüngt sich dann nach aussen und zwar wird die äussere Begrenzung durch eine bezieh. zwei Hyperbelstücke gebildet, je nachdem der Einlauf ein- oder zweiseitig ist.

Genau richtig ist die vorstehende Entwickelung allerdings nicht, denn es sind hierbei die Schaufeldicken vernachlässigt. Werden dieselben berücksichtigt, so ergibt sich aus 304 und 312

$$\left(2 \pi r_e - z_e \frac{e}{\sin \alpha_e}\right) b_e c_e = \left(2 \pi r_a - z_a \frac{e}{\sin \alpha_a}\right) b_a c_a \sin \beta,$$

also wird für $c_e = c_a \sin \beta$

$$b_a = b_e \frac{2 \pi r_e - z_e \dfrac{e}{\sin \alpha_e}}{2 \pi r_a - z_a \dfrac{e}{\sin \alpha_a}}, \tag{333}$$

und für $b_e = b_a$

$$c_a \sin \beta = c_e \frac{2 \pi r_e - z_e \dfrac{e}{\sin \alpha_e}}{2 \pi r_a - z_a \dfrac{e}{\sin \alpha_a}}. \tag{334}$$

Für eine genaue Berechnung wären also diese Formeln zu benutzen.

Gelegentlich wird b_a noch kleiner genommen als sich aus der Formel 332 ergibt.

Wird

$$c_a \sin \beta = c_e$$

genommen, dann ist aber

$$v_s = c_e = v_e \operatorname{tg}(180 - \alpha_e) = \frac{r_e}{r_a} v_a \operatorname{tg}(180 - \alpha_e),$$

und somit

$$\operatorname{tg}(180 - \alpha_e) = \frac{r_a}{r_e} \frac{c_a}{v_a} \sin \beta = \frac{r_a}{r_e} \frac{\sin \alpha_a \sin \beta}{\sin(\alpha_a - \beta)}; \tag{335}$$

es lässt sich also α_e aus α_a und β bestimmen.

Für die Umdrehungszahl n ist die Radbreite b_a von Wichtigkeit, nur bei radial endigenden Schaufeln ($\alpha_a = 90^0$) ist n unabhängig von b_a. Bei vorwärts gekrümmten Schaufeln wächst v_a mit zunehmender Radbreite, bei rückwärts gekrümmten tritt das Umgekehrte ein. Die absolute Austrittsgeschwindigkeit c_a nimmt bei vorwärts gekrümmten, radialen und schwach rückwärts gekrümmten Schaufeln mit abnehmender Radbreite zu, während bei stark rückwärts gekrümmten Schaufeln c_a mit b_a wächst. Mollier hat a. a. O. (vgl. S. 554) diese Verhältnisse eingehend untersucht.

Die erforderliche Betriebsarbeit muss durch ein Drehmoment Pl in die Welle eingeleitet werden. Wenn dieselbe n Umdrehungen in der Minute macht, so ist die in der Sekunde nothwendige Betriebsarbeit

$$L_e = \frac{2\pi l P n}{60} = Q\gamma\left(H + \Sigma h_w + \frac{v_d^2}{2g}\right) + L_w = \frac{1}{\eta} Q\gamma H. \quad 336)$$

Die Widerstandsarbeit L_w rührt von der Zapfenreibung und dem Widerstand des kreisenden Rades in der Flüssigkeit her.

Nach Hartig (Civilingenieur 1875 S. 49) kann L_w etwa gleich $0{,}014\, n^2 r_a^2 = 1{,}2\, v_a^2$ gesetzt werden.

Mit Rücksicht auf Gleich. 317) wird auch

$$L_e = Q\gamma \frac{v_a^2}{2g}\left(1 + \frac{\sin(\alpha_a + \beta)}{\sin(\alpha_a - \beta)}\right) + L_w. \quad 337)$$

Die erforderliche Betriebsarbeit L_e hängt nun wesentlich von der Widerstandshöhe Σh_w und von $\frac{v_d^2}{2g}$ ab.

Σh_w ergibt sich nach früherem aus dem Widerstand beim Durchströmen der Radzellen und der Leitungen. Ist die Anordnung der letzteren gegeben, sind v_s und v_d angenommen, d_s und d_d demnach bestimmt, so ergeben sich für Σh_s und Σh_d Werthe, welche sich nicht weiter ändern lassen. Der Widerstand in der Radzelle ist durch $\zeta_r \frac{w_a^2}{2g}$ gegeben, die Vorzahl ζ_r hängt von der Formung und Länge der Schaufel ab; im Mittel ist $\zeta_r = 0{,}06$, bei langen Schaufeln, wie sie die Fink'sche Pumpe (Fig. 599) enthält, ist ζ_r grösser, bei kürzeren, wie solche von Rittinger (Fig. 620 unter III) angegeben wurden, ist ζ_r etwas kleiner.

Der Werth von $\frac{w_a^2}{2g}$ ist aus 311 und 317 bestimmt, indem sich

$$H + \Sigma h_s + \Sigma h_d + \frac{v_d^2}{2g}$$
$$= \frac{w_a^2}{2g} \frac{\sin^2(\alpha_a - \beta)}{\sin^2\beta}\left[1 + \frac{\sin(\alpha_a + \beta)}{\sin(\alpha_a - \beta)}\right] - \zeta_r \frac{w_a^2}{2g}$$
$$= \frac{w_a^2}{2g}\left[\frac{\sin^2(\alpha_a - \beta) + \sin^2\alpha_a}{\sin^2\beta} - (1 + \zeta_r)\right] \quad 338)$$

ergibt.

Die Geschwindigkeit w_a wird also möglichst klein, wenn

$$\frac{\sin^2(\alpha_a - \beta) + \sin^2\alpha_a}{\sin^2\beta}$$

den grösstmöglichen Werth erhält.

Dies ist für

$$\alpha_a = 90 + \frac{\beta}{2} \tag{339}$$

der Fall, dann wird

$$H + \Sigma h_s + \Sigma h_d + \frac{v_d^2}{2g} = \frac{w_a^2}{2g}\left[\frac{1}{2\sin^2\frac{\beta}{2}} - (1 + \zeta_r)\right]; \tag{340}$$

es müsste also β möglichst klein sein, wobei dann α_a etwas grösser als 90^0 wird.

Dann ergibt sich der Widerstand in den Radzellen als Mindestwerth, da diese kurz werden und damit ζ_r auch einen kleinen Werth erhält.

Diese von Ebel (a. a. O. S. 457) gegebene Entwickelung führt somit zu einer schwach rückwärts gekrümmten Schaufel. Ebel empfiehlt, $\beta = 10^0$ und damit $\alpha_a = 95^0$ zu nehmen.

Die ebene Schaufel ergibt sich, wenn

$$r_a \cos \alpha_a = r_e \cos \alpha_e$$

ist. Die Einführung dieser Gleichung in die Berechnungsformeln der Schleuderpumpe zeigt, wie Mollier a. a. O. (vgl. S. 554) ausführt, dass die ebene Schaufel brauchbare Winkel α_e und α_a ergibt. Auch sonst hat sie den Vortheil, dass der Krümmungswiderstand wegfällt, und da diese Schaufelform auch für die Herstellung vortheilhaft ist, so könnte sie mit der gleichen Berechtigung ausgeführt werden wie manche gekrümmte Form.

Es sei hier eingefügt, dass F. J. Müller (a. a. O. S. 787) und Poillon (a. a. O. S. 23) aus der Gleichung 316 schliessen, es müsse, um die Betriebsarbeit möglichst klein zu erhalten, α_a möglichst nahe an 180^0 genommen werden, da $[v_a - w_a \cos(180 - \alpha_a)]$ für $\alpha_a = 180^0$ den kleinsten Werth annimmt. Diese Folgerung ist falsch, da v_a und w_a selbst von α_a abhängen.

Für $\alpha_a = 90^0 + \frac{\beta}{2}$ wird durch Umrechnung aus 337

$$L = Q\gamma \frac{v_a^2}{2g}(2 - 4\cos^2\alpha_a) + L_w; \tag{341}$$

ferner wird aus 317

$$v_a = c_a = \sqrt{\frac{2g\left(H + \Sigma h_w + \frac{v_d^2}{2g}\right)}{2 - 4\cos^2\alpha_a}} = \sqrt{\frac{2g\left(H + \Sigma h_s + \Sigma h_d + \frac{v_d^2}{2g}\right)}{2 - 4(1 + \zeta_r)\cos^2\alpha_a}}, \tag{342}$$

$$w_a = 2\, v_a \sin\frac{\beta}{2}. \tag{343}$$

Der Wirkungsgrad der Schleuderpumpe ergibt sich aus 336 und 337 zu

$$\eta = \frac{Q H \gamma}{Q\left(H + \Sigma h_w + \frac{v_d^2}{2g}\right)\gamma + L_w} = \frac{Q H \gamma}{Q \frac{v_a^2}{2g}\left(1 + \frac{\sin(\alpha_a + \beta)}{\sin(\alpha_a - \beta)}\right)\gamma + L_w}; \quad 344)$$

für $\alpha_a = 90 + \frac{\beta}{2}$ erhält η einen Meistwerth und es wird

$$\eta_{max} = \frac{Q H \gamma}{Q \frac{v_a^2}{2g}(2 - 4 \cos^2 \alpha_a)\gamma + L_w}. \quad 345)$$

Bei langen Leitungen wird es, wie bei Berechnung des Wirkungsgrades der Kolbenpumpen (vergl. S. 85), zweckmässig sein, den Wirkungsgrad der Pumpe von dem der Leitung zu trennen, um über die Güte der Pumpeneinrichtung ein richtiges Urtheil zu erhalten. Zahlreiche Versuche an gut ausgeführten Schleuderpumpen haben η_p zu 0,5 bis 0,7 ergeben; Pumpen bester Art, wie sie z. B. Brodnitz & Seydel bauen (vgl. Fig. 605), sollen sogar einen Wirkungsgrad von 0,8 haben.

Die Berechnung einer neu zu entwerfenden Schleuderpumpe für die Förderung einer bestimmten Flüssigkeitsmenge Q auf die Höhe H hat auf Grund der in vorstehendem gegebenen Entwickelung nun in folgender Weise zu geschehen:

Zunächst wird v_s und v_d gewählt, hierdurch ist d_s und d_d bestimmt und kann aus der gegebenen Anordnung der Leitungen ζ_s und ζ_d berechnet werden. Es muss dann der aus 299 sich ergebende Werth von H_e positiv werden; ist dies nicht der Fall, so ist H_s kleiner zu nehmen. Hierauf sind die Winkel α_a und β zu wählen und ergibt sich dann aus Gleich. 318 bezieh. für den besonderen Fall $\alpha_a = 90 + \frac{\beta}{2}$ aus Gleich. 342 der Werth von v_a.

Es wird dann w_a und c_a ermittelt, $\frac{r_a}{r_e}$ gewählt, r_e aus d_s, bezieh. d_s' bestimmt und ergibt sich damit r_a, v_e, α_e, w_e und n. Die Schaufelzahlen z_e und z_a werden gewählt, die Schaufelform aufgezeichnet, die Dicke e entsprechend dem Material genommen; dann kann b_e und b_a berechnet werden und schliesslich lässt sich aus den gefundenen Werthen L_e und η ermitteln.

Wird für grosse Förderhöhen die Umdrehungszahl n unzulässig gross, so kann sie durch Vergrösserung des Schaufelrades kleiner erhalten werden.

Wenn die Pumpe veränderliche Leistung erzeugen soll, wie es z. B. bei Entwässerungsanlagen gewöhnlich der Fall ist, so empfiehlt es sich, bei der Berechnung auch zu ermitteln, ob die für die normale Leistung angenommenen und berechneten Werthe für die anderen, gegebenenfalls vorkommenden Leistungen nicht zu sehr ungünstigen Verhältnissen führen. Sollten letztere sich ergeben, so wird es gerathen sein, zu versuchen, ob nicht durch Wahl anderer Werthe, welche auch für die normale Leistung nicht besonders ungünstig sind, die besonderen Leistungen gleichfalls günstig, also mit möglichst gutem Wirkungsgrad erhalten werden können.

Es sei noch untersucht, mit welcher Geschwindigkeit die Pumpe in Betrieb gesetzt werden muss, wenn die Flüssigkeit im Druckrohre H' m über dem Spiegel im Saugbehälter steht.

So lange keine Förderung statt hat, also die von der Schaufel an die Flüssigkeit abgegebene lebendige Kraft nur dem Gegendruck der im Druckrohr befindlichen Flüssigkeit das Gleichgewicht hält, ist

$$H_e = A - H_s, \tag{346}$$

$$H_e + \frac{v_a'^2 - v_e^2}{2g} = H_a, \tag{347}$$

$$H_a = H' - H_s + A. \tag{348}$$

Hieraus ist

$$\frac{v_a'^2 - v_e^2}{2g} = H', \tag{349}$$

oder

$$v_a' = \sqrt{2gH' \frac{v_a^2}{r_a^2 - r_e^2}}. \tag{350}$$

Wird also das Rad mit etwas grösserer Geschwindigkeit als v_a' in Betrieb gesetzt, so beginnt langsam die Förderung.

Wie Bartl nun a. a. O. (vergl. S. 554) mit Hülfe graphischer und rechnerischer Ermittelung zeigt, führt die Gleichung 350 bei $H' = H$ zu einer stark rückwärts gekrümmten Schaufel; werden die Schaufeln mit schwächerer Krümmung oder nach vorwärts gerichtet ausgeführt, so muss die Pumpe, wenn das Druckrohr vollständig gefüllt ist, zur Ingangsetzung schneller bewegt werden als es nachher im normalen Betrieb nothwendig ist. In vielen Fällen, insbesondere wenn die Pumpe von einer vorhandenen Transmission aus angetrieben werden soll, deren Geschwindigkeit eine gleichbleibende ist, kann eine grössere Umdrehungszahl der Pumpe, als für den normalen Betrieb berechnet und durch die Antriebsvorrichtung hergestellt ist, nicht erzielt werden. Um dann die Pumpe in Betrieb setzen zu können, muss die Höhe der Wassersäule im Steigrohr auf eine Höhe H'', über dem Spiegel im Saugbehälter gemessen, vermindert werden, für welche sich eine Radgeschwindigkeit v_a'' ergibt, die höchstens gleich derjenigen für den normalen Betrieb ist. Es muss also sein

$$v_a'' \leqq \sqrt{2gH'' \frac{r_a^2}{r_a^2 - r_e^2}}.$$

Die Berechnung der Schraubenpumpen, wie sie Fig. 615 bis 619 darstellen, hätte in ähnlicher Weise wie für die Schleuderpumpen zu erfolgen, da im Allgemeinen dieselben Erwägungen wie für diese gelten. Die Stossverluste werden hier in erhöhtem Maasse auftreten, so dass der Wirkungsgrad geringer sein wird als er durch Formel 344 sich ergibt. In Poillon's Werk S. 110 findet sich eine von Maginot angegebene Theorie seiner Pumpe; Poillon bemerkt jedoch selbst dazu, dass die ermittelten Formeln unrichtig sind. Die Maginot-Pumpe in ihrer durch Fig. 615 bis 617 verdeutlichten Gestalt lässt sich wie eine Schleuderpumpe berechnen, wobei es zweckmässig ist, die Geschwindigkeit der Flüssigkeitsbewegung in der Richtung der Kegellinien als gleichbleibend anzunehmen. Die von Coignard angegebene Pumpe (Fig. 618 u. 619) würde eine umständliche neue Formelentwicklung wegen der eigenthümlichen Schaufelform erfordern; da die Pumpe jedoch keine besondere praktische Bedeutung besitzt, so sei hier diese Berechnung unterlassen.

Die Einzeltheile.

Das Gehäuse wird selten mit besonderen Leitschaufeln ausgerüstet; gewöhnlich ist der Druckkanal, also derjenige Theil, welcher die aus dem Rade strömende Flüssigkeit aufnimmt und nach dem Druckrohr leitet, so geformt, dass die Flüssigkeit durch jeden Querschnitt mit gleichförmiger Geschwindigkeit strömt. Letztere wird man am besten gleich derjenigen machen, mit welcher die Flüssigkeit das Rad verlässt, um die bei Geschwindigkeitsveränderungen auftretenden Beschleunigungswiderstände zu vermeiden. Wird die Breite des Leitkanals gleich b_a und der Querschnitt rechteckig gemacht, so erhält man die passende Form in der Evolvente desjenigen Kreises, welcher um den Radmittelpunkt mit $r_a \sin \beta$ (vgl. die Bezeichnungen S. 556) beschrieben wird. Wird jedoch die Breite des Kanals grösser als b_a genommen, wie es vielfach geschieht, so ist der Querschnitt an der weitesten Stelle als $\frac{Q}{c_a}$ zu berechnen, damit die Kanalhöhe zu finden und die Form dann so zu gestalten, dass diese Höhe gleichmässig bis auf Null auf dem Radumfang abnimmt.

Eine besondere Bildung des Gehäuses ist bei den Neukirch'schen Pumpen (vgl. Taf. VI) angeordnet, indem dort der das Rad umgebende Theil in Mauerwerk hergestellt ist. Bei wagrechter Aufstellung wird das Gehäuse vielfach aus zwei Stücken zusammengesetzt, die in der lothrechten Mittelebene des Rades zusammenstossen; für das genaue Zusammenpassen ist die Theilung durch eine wagrechte Mittelebene zweckmässiger; am besten erscheint die Ausführung des Gehäuses als ein Gussstück mit aufgeschraubtem Deckel, der gross genug ist, um das Rad seitlich herausnehmen zu können, ohne das Gehäuse vom Fundament lösen zu müssen. Die Flächen des Gehäuses, gegen welche das Rad sich dicht legt, müssen gut bearbeitet werden. Durch stark sandhaltiges Wasser tritt am Gehäuse und Rad ein rascher Verschleiss ein, insbesondere an den Abschlussleisten; es ist daher zweckmässig, letztere auswechselbar zu machen (vgl. Fig. 605). Bei den zu Baggerzwecken verwendeten Pumpen empfiehlt es sich, entweder aus einer besonderen Reinwasserleitung oder mittels einer besonderen kleinen Pumpe reines Wasser in die beiden ringförmigen Seitenkammern zu spritzen, wodurch die Abschlussringe erfahrungsgemäss sehr geschont werden.

H. Vering in Hamburg hat vorgeschlagen (D.R.P. Kl. 59, No. 53298), die Seitenwände des Rades mit vorstehenden Ringen zu versehen, gegen welche an beiden Innenseiten des Gehäuses Ringe verstellbar angeordnet sind. Hierdurch soll eine Labyrinthdichtung erzeugt werden, welche den Rückfluss vom Druck- zum Saugraum verhütet.

Bei Hochdruckpumpen für verhältnissmässig grosse Druckhöhen von 20 bis 50 m müssen die Gehäuse besonders stark gebaut werden und erhalten hierzu auch hohe Aussenrippen. Die Gehäuse müssen mit einem Wasserdruck geprüft werden, der die zu bewältigende Druckhöhe um etwa 3 bis 5 at übertrifft, um den bei plötzlichem Anhalten auftretenden Stössen Rechnung zu tragen.

Der Einlauf wird an einer oder an beiden Seiten angebracht, auch derart, dass er verstellt werden kann. C. Kley in Bonn (erloschenes D.R.P. Kl. 59, No. 20314) empfiehlt, die Einläufe spiralförmig zu bilden, um die Flüssigkeit behufs Vermeidung des Stosses beim Eintritt in die Radzellen richtiger zu führen, als dies bei der gewöhnlichen Anordnung geschieht. Diese Formung des Einlaufes hat übrigens Fink schon angegeben (vgl. Fig. 599).

Das Flügelrad wird gewöhnlich aus Gusseisen, Stahlguss oder Bronze hergestellt, selten aus Schmiedeeisen oder Kupferblech (vgl. Fig. 601), für die Förderung von Säuren auch aus Hartgummi (vgl. Fig. 593), Hartblei etc. Dünne, aus Blech gefertigte Räder müssen zur nöthigen Festigkeit seitliche Wände und eine Mittelwand erhalten; letztere ist an der Nabe befestigt. Bei gegossenen Rädern ist darauf zu achten, dass die Schaufeln eine kräftige Verbindung mit der Nabe haben, meist wird es nothwendig sein, sie auch gegenseitig zu versteifen, was durch die Radscheibe oder wie es neuerdings meist geschieht, durch Seitenwände bewirkt wird, die entweder mit dem Rad aus einem Stück gegossen oder aufgeschraubt werden.

Das Rad muss gut gleichgewichtig ausgeführt werden, damit kein einseitiger Verschleiss in den Lagern eintritt.

Da die Radbreite von besonderem Einfluss auf die Förderung und auf die Förderhöhe ist (vergl. S. 567), so ist vorgeschlagen worden, die Radbreite regelbar zu machen, um sie geänderten Förderungsverhältnissen anpassen zu können. Brodnitz & Seydel in Berlin haben sich eine Anordnung patentiren lassen (D.R.P. Kl. 59 No. 78038), bei welcher das

Schaufelrad aus zwei Theilen besteht, die gegen einander verstellt werden können; entsprechend sind dann auch die zum Abschluss gegen das Gehäuse in dieses eingesetzten Ringe (vergl. Fig. 605) verstellbar. A. Hückmann in Mannheim hat eine Anordnung patentirt erhalten (erloschenes D.R.P. Kl. 59 No. 85418), bei welcher das Rad mit Ringschiebern umgeben ist, die entweder durch Drehung oder durch achsiale Verschiebung so eingestellt werden können, dass sie einen Theil des Radumfanges absperren oder die Ausflussbreite des Rades vermindern.

Die Schaufelform ist aus der Theorie gegeben (vergl. S. 566). Die Ausführungen zeigen verschiedene Formungen. Für die Förderung von Flüssigkeit, welche mit groben Unreinigkeiten durchsetzt ist, hat man ebene, radial verlaufende Schaufeln angewendet. Andere Formen sind gekrümmt; am häufigsten findet sich die Rückwärtskrümmung ausgeführt; die ebene, schräg nach rückwärts laufende Schaufel scheint einer häufigeren Anwendung werth zu sein (vergl. S. 570).

Die Schaufeln bilden bei den gegossenen Rädern gewöhnlich mit dem Radkörper ein Gussstück; bei Rädern, die starkem Verschleiss ausgesetzt sind, wie z. B. bei der Förderung von Baggermassen, werden die Schaufeln auch besonders aus Stahlblech hergestellt und mit der Radnabe durch Verschraubung verbunden.

Die Wellen werden gewöhnlich aus Schmiedeeisen oder Gussstahl angefertigt; Pumpen, welche auf Schiffen Aufstellung finden, erhalten auch Wellen aus Bronze oder aus Stahl mit bronzenem Ueberzug.

Ein Haupterforderniss des guten Ganges bildet die sichere und möglichst geringer Abnutzung unterworfene Lagerung der Pumpenwelle. Letztere wird gewöhnlich an einer, selten an beiden Seiten durch das Gehäuse geführt, dort gegen dasselbe durch Stopfbüchsen abgedichtet und dann ausserhalb des Gehäuses gelagert. Wegen der schwierigen Einstellung ist die Zahl der Lagerstellen möglichst zu beschränken.

Die Stopfbüchsen müssen luftdicht sein, da jeder Eintritt von Luft in das Gehäuse vermieden werden muss, um die Saugwirkung nicht zu stören. Es werden daher die Stopfbüchsen auch unter Wasserdruck gesetzt, indem eine im Topf durch eingesteckte Ringe gebildete Kammer mit dem Druckrohr durch ein Röhrchen verbunden wird, so dass die Welle von unter Druck stehender Flüssigkeit umgeben ist, welche ein Durchdringen von Luft verhindert.

O. Braun in Berlin hat vorgeschlagen (erloschenes D.R.P. Kl. 59 No. 2392), die Stopfbüchsendichtung durch einen sich drehenden Wasserverschluss zu bilden, indem mit der Welle durch die Betriebsriemenscheibe oder eine besonders aufgesetzte Scheibe ein ringförmiges Gefäss verbunden wird, welches um eine am Gehäuse befestigte Scheibe sich rasch dreht. Wird nun in das Gefäss etwas Wasser gebracht, so legt sich dieses, sobald die Pumpe in Betrieb gesetzt wird, in Folge der Fliehkraft als Ring gegen die Innenwandung des Gehäuses; die erwähnte Scheibe taucht in diesen Ring und derselbe verhütet ein Eindringen von Luft in das Gehäuse. Dieses ist dann aber im Ruhezustande nicht abgeschlossen, so dass bei diesem Flüssigkeit durch das Ringgefäss austreten kann; es wird sich also nur in vereinzelten Fällen von dieser Einrichtung Gebrauch machen lassen.

Die Lager selbst müssen kräftig gebaut sein, und ist daher Hohlguss dem Rippenguss vorzuziehen. Um die Reibungsarbeit bei der grossen Wellengeschwindigkeit möglichst gering zu erhalten, ist der auf 1 qcm der Lagerscheibe treffende Auflagedruck möglichst gering zu nehmen, etwa nur 3 bis 7 kg; gute Ausführungen zeigen daher ein Verhältniss der Zapfenlänge zum Zapfendurchmesser wie 4 : 1 bis 6 : 1. Die Lagerschalen müssen zum Nachstellen eingerichtet und mit einer stetigen und reichlichen Schmierung versehen werden. Unter Wasser befindliche Lager werden mit Pockholzschalen ausgerüstet und bedürfen dann keiner besonderen Schmierung.

Der bei einseitigem Einlauf gegen die Radscheibe sich äussernde Flüssigkeitsdruck muss von einem der Lager aufgenommen werden. Bei wagerechter Aufstellung der Pumpenwelle geschieht dies durch einen an der Welle angebrachten, gegen die Schalen eines Lagers sich legenden Anlauf oder Stellring, wenn der zu übertragende Druck gering ist; bei grossen Drucken muss ein besonderes Kammlager angebracht werden. Bei lothrecht gelagerten Pumpen ist auch noch das Eigengewicht der Welle und des Rades abzustützen; bei kleinen Ausführungen genügt hierzu ein verstellbares Spurlager; bei grösseren ist wieder ein Kammzapfen anzubringen. Der Flüssigkeitsdruck wirkt hierbei gewöhnlich aufwärts, gleicht also einen Theil des Gewichtes aus; für den Restdruck ist dann die Nutzfläche unter Einführung eines der grossen Geschwindigkeit entsprechenden geringen Flächendruckes für 1 qcm zu berechnen, der zu etwa 5 bis 15 bei Spurplatten aus Metall und zu etwa 100 kg bei solchen aus Pockholz genommen werden kann. Neukirch hat den Stützdruck während des Betriebes durch Anordnung des mit dem Rad verbundenen grossen Schwimmers nahezu aufgehoben (vergl. Taf. VI).

Behufs genauen Einstellens des Schaufelrades im Gehäuse wird die Welle auch vielfach mittels Schrauben in ihrer Längsrichtung verstellbar gemacht.

Die Saugleitung muss luftdicht sein; die Dichtigkeit der Röhren und der Verbindungen ist daher sorgfältig zu prüfen. Damit die bei der Saugwirkung aus der zu fördernden Flüssigkeit sich absondernden Luft- oder Gastheile leicht abströmen können, darf die Saugleitung nach der Pumpe zu nur Steigung haben. Wenn jedoch die Leitung über eine Erhöhung geführt werden muss, also ein Theil der ersteren nach der Pumpe zu fällt, so muss an der höchsten Stelle eine Vorrichtung angebracht werden, welche die dort sich ansammelnde Luft oder Gase zeitweise entfernt. Hierzu können die beim Saugheber angegebenen Einrichtungen (vergl. S. 452 u. f.) Verwendung finden.

Beim Abteufen von Schächten und Baugruben ist es nöthig, das Saugrohr bei fortschreitender Senkung des Wasserspiegels entsprechend verlängern zu können; hierzu werden Teleskoprohre angewendet, welche aus zwei in einander gesteckten Röhren bestehen, von denen das äussere mit einer Stopfbüchse versehen ist und etwa $1^1/_2$ m gegen das andere verschoben werden kann.

Für die Förderung unreiner Flüssigkeiten ist die Anbringung eines Saugkorbes am Ende der Saugleitung nothwendig; die Oeffnungen des Korbes haben der Grösse der Stücke zu entsprechen, welche noch durch die Pumpe gehen dürfen. Es empfiehlt sich, um den Saugkorb behufs Reinigung aus der Flüssigkeit heben zu können, als Saugrohr einen mit Draht umwickelten Schlauch anzuwenden.

In vielen Fällen kann es bequemer sein, statt des Saugkorbes eine leicht zugängliche Siebvorrichtung im Zuführungskanal oder am Ende des Zuführungsrohres anzubringen.

Für die Hebung grosser Flüssigkeitsmengen auf eine Höhe von wenigen Metern, wie solche bei Entwässerungen von Niederungen vorkommt, kann die lothrechte oder die wagrechte Aufstellung der Kreiselpumpe gewählt werden. Im ersten Fall läuft das Rad im Unterwasser; soll dies vermieden werden, so lässt sich eine wagrecht gelagerte Pumpe über dem Aussenwasserspiegel anordnen, so dass Saug- und Druckrohr eine Heberleitung bilden, in deren Scheitel die Pumpe steht. Diese Leitung erhält dann weder ein Fussventil noch eine Abschlussvorrichtung; nur wenn die Pumpe unter dem Hochwasserspiegel liegt, ist ein Absperrschieber in die Druckleitung einzuschalten, damit bei Hochwasser und bei Stillstand der Pumpe ein Zurücklaufen des Wassers durch letztere nach der Niederung verhindert werden kann.

Die heberförmige Anordnung des Druckrohres ist auch bei kleineren Pumpenanlagen zu empfehlen, wenn man z. B. Wasser über einen Damm hinweg in einen jenseits desselben befindlichen, mit Wasser erfüllten Graben heben will, wie es bei Kanalbauten vorkommt. Es ist durch die Pumpe dann nur der Höhenunterschied vom Unterwasser- bis zum Oberwasserspiegel zu bewältigen. Das Ansaugen der Flüssigkeit bei der Ingangsetzung erfolgt durch eine Strahlpumpe; auch entfernt diese von Zeit zu Zeit die sich im Heberscheitel, also am höchsten Punkte des Gehäuses, ansammelnde Luft.

Wenn in die Pumpenleitungen Abschlussvorrichtungen einzuschalten sind, so sind hierfür Wasserschieber oder Niederschraubventile zu wählen; bei der Anordnung von Hähnen entsteht bei plötzlichem Abschluss derselben ein kräftiger Rückstoss; werden daher Hähne doch angebracht, so muss auf dem Pumpengehäuse ein Sicherheitsventil angebracht werden, um den Stoss abzuschwächen.

Wenn die Pumpe über der Oberfläche der zu hebenden Flüssigkeit aufgestellt wird, so ist ein Fussventil anzubringen, um die Pumpe und das Saugrohr behufs Ingangsetzung anfüllen zu können. Dieses Fussventil wird entweder mit selbstthätiger Wirkung als Rückschlagventil oder mit gezwungener Bewegung ausgeführt; eine Anordnung der letzteren Art zeigt Tafel V. Es ist hierbei am Ende des Saugrohres ein Kreisschieber angebracht, welcher von oben mittels Kurbel und Stange verstellt werden kann. Solche mittels Handbetrieb zu bewegende Schieber empfehlen sich für unreine Flüssigkeiten, da bei solchen feste Körper, wie Sand u. dergl., sich leicht unter die Abschlusstheile eines selbstthätigen Ventiles setzen und dessen Schliessung hindern, während der Schieber solche Theile leicht beseitigt. Wird aber doch ein selbstthätiges Ventil angewendet, so ist es gut, dasselbe als Doppelventil auszuführen und über der anzusaugenden Flüssigkeit anzuordnen, um es beim Verklemmen bequem durch eine am Ventilgehäuse angebrachte Thür reinigen zu können.

Für grössere Druckhöhen als 10 m empfiehlt es sich, unmittelbar über der Pumpe in das Druckrohr ein Rückschlagventil einzuschalten, welches den bei plötzlichem Anhalten der Pumpe durch die zurückfallende Flüssigkeitssäule entstehenden Stoss aufnimmt, also denselben vom Pumpengehäuse fernhält und damit dieses vor Beschädigungen bewahrt. Die Rohrtheile über und unter dem Rückschlagsventil werden zweckmässig durch ein Röhrchen mit eingeschaltetem Hahn verbunden, um durch Oeffnen desselben vor dem Ingangsetzen der Pumpe den auf dem Ventil lastenden Ueberdruck zu beseitigen.

Der Betrieb.

Behufs Inbetriebsetzung muss entweder die Pumpe völlig mit Flüssigkeit gefüllt oder letztere mit Hülfe einer besonderen Vorrichtung angesaugt werden. Im ersten Fall ist für ein vollständiges Entweichen der Luft Sorge zu tragen. Wenn das Druckrohr lothrecht aufsteigt, so kann sich Luft im oberen Theil des Gehäuses festsetzen; um dies zu vermeiden, kann man ein dünnes Rohr vom höchsten Punkt des Gehäuses nach dem Druckrohr führen, oder einen Entlüftungshahn dort anbringen. Geht das Druckrohr wagrecht vom Gehäuse ab, so entweicht die Luft von selbst nach dem ersteren.

Das Anfüllen kann mit Hülfe einer Füllschraube (vgl. Fig. 615) oder eines besonderen mit Absperrhahn versehenen Fülltrichters (vgl. Fig. 593) oder eines mit Verschlussschraube ausgerüsteten Auffüllrohres, oder eines vom Druckrohr oberhalb des Rückschlagventiles abgezweigten abschliessbaren Füllrohres geschehen; in letzterem Fall bringt man gewöhnlich einen kastenförmigen Wasserstandszeiger auf der Pumpe an, um deren Füllung zu erkennen. Bei Anwendung eines Füllrohres ist es jedoch unzweckmässig, dieses auch zur Entlüftung zu benutzen, da die Luft durch die gewöhnlich enge Leitung schlecht entweicht.

Das Ansaugen wird vielfach mit Hülfe eines auf das Gehäuse gesetzten Dampf- oder Wasserstrahlsaugers bewirkt, wie solche von Gebr. Körting, Brodnitz & Seydel u. A. ausgeführt werden. Die Erstgenannten geben den Dampfstrahlpumpen die in Fig. 625 oder Fig. 626 dargestellte Form; die letztere Einrichtung mit Regelungsspindel wird dann angewendet, wenn die Betriebsdampfspannung stark wechselt, so dass entsprechend derselben die Spindel bei völlig geöffnetem Dampfventil für die zu überwindende Saughöhe eingestellt wird. Zwischen Strahlpumpe und Gehäuse wird noch ein Hahn eingeschaltet, der geschlossen wird, sobald beim Ansaugen aus dem Druckrohr der ersteren Flüssigkeit strömt, also die Schleuderpumpe vollgesaugt ist. Brodnitz & Seydel bringen im Gehäuse ihrer Dampfstrahlpumpe je ein Absperrventil für Dampf und Luft an, welche durch einen gemeinsamen Hebel bewegt werden. Durch denselben werden, nachdem die Druckleitung durch ein in derselben anzubringendes Abschlussventil abgesperrt ist, beide erwähnte Ventile geöffnet; der Dampf bewirkt dann ein Absaugen der Luft aus dem Gehäuse, so dass die Flüssigkeit durch das Saugrohr nachdringt; ein Fussventil ist hier nicht nöthig. An einem unterhalb der Strahlpumpe angebrachten kastenförmigen Wasserstandszeiger kann die völlige Füllung beobachtet werden; ist diese eingetreten, so werden durch den Hebel Dampf- und Luftventil gleichzeitig geschlossen; der Hebel wird dann durch eine Federklinke festgehalten.

Bei heberförmiger Anordnung des Ausgussrohres ist an dem Wasserstandszeiger noch ein Lufthahn anzubringen, welcher geöffnet wird, wenn die Pumpe angehalten werden soll; dann tritt Luft in letztere und das Wasser fliesst durch die Saugleitung nach beiden Seiten ab.

Bei Hochdruckpumpen ist es nothwendig, zur Vermeidung von Beschädigungen des Wasserstandszeigers durch darauf lastenden Flüssigkeitsdruck zwischen Gehäuse und dem genannten Apparat einen Absperrhahn einzuschalten.

Als Kraftmaschinen für den Betrieb von Kreiselpumpen kommen wegen der grossen Umdrehungszahl, die bei kleinen Pumpen bis zu 2000 in der Minute genommen wird, meist nur die Dampfmaschine und die Turbine, neuerdings vielfach auch der Elektromotor in Betracht. Die Kraftübertragung kann dabei unmittelbar durch Kuppelung der treibenden und der Pumpen-Welle oder durch ein eingeschaltetes Triebwerk erfolgen; als letzteres werden Zahnräder-, Riemen-, Seil- und Keilradgetriebe verwendet. Für landwirthschaftliche Zwecke kann der Betrieb auch von einem Göpel aus durch Riemenübertragung angeordnet werden.

Brodnitz & Seydel bauen Dampfpumpen derart, dass eine stehende Dampfmaschine mit obenliegendem Cylinder und die Pumpe auf einem Gestell vereinigt sind und die Kurbelwelle der ersteren zugleich die Welle der Pumpe ist. Solche Dampfpumpen bedürfen nur eines kleinen Raumes zur Aufstellung, haben ein verhältnissmässig geringes Gewicht und sind leicht anzubringen; sie werden auch fahrbar angeordnet, was sich insbesondere für die Entwässerung von Baugruben empfiehlt. Die genannte Firma baut schnell gehende Dampfmaschinen von 6 bis 100 e Leistung bei 720 bis 250 Umdrehungen in der Minute; diese Maschinen finden insbesondere zu vorgenanntem Zweck Verwendung.

Bei grösseren Förderhöhen genügen jedoch die genannten Umdrehungszahlen zum Betrieb der Pumpen nicht; für solche Fälle wenden Brodnitz & Seydel Dampfpumpen mit Zahnrad- oder Riemenübertragung von der Kurbelwelle der Dampfmaschine auf die Pumpenwelle an; die beiden Maschinen sind aber auch hier auf einem Gestell vereinigt.

Bei Zahnradübertragung müssen die Zähne sauber gefräst sein; für grosse Kräfte sind zwei Räder neben einander anzubringen, um eine grosse Zahnbreite und dadurch die Zahntheilung verhältnissmässig klein zu erhalten, was für den ruhigen Gang nothwendig ist. Zur Erzielung des letzteren empfehlen sich auch Räder mit Pfeil- oder Stufenzähnen.

Die Geschwindigkeit des Riementriebes soll nicht grösser als 10 m genommen werden, da bei zu rasch laufendem Riemen die Berührung zwischen diesem und der Scheibe in Folge der entstehenden bedeutenden Fliehkraft vermindert wird. Um ferner eine übermässige Beanspruchung des Riemens und damit ein häufiges Nachspannen desselben erforderndes Recken zu vermeiden, ist es nothwendig, die Riemenbreite genügend gross zu machen.

Brodnitz & Seydel empfehlen auf Grund ihrer reichen Erfahrung m Baue von Schleuderpumpen, die Breite b des einfachen Riemens, der wegen der verhältnissmässig kleinen Scheiben hier nur in Betracht kommt, nach der Formel

$$b = \frac{3000\,N}{n\,D}$$

zu berechnen, wenn N die Anzahl der zu übertragenden Pferdestärken, D den Durchmesser der Riemenscheibe in Metern und n die Zahl der Umdrehungen in der Minute bezeichnet; vorausgesetzt, dass die Riemengeschwindigkeit 10 m nicht übersteigt.

Hanf- oder Baumwollseiltrieb erscheint wegen der zulässigen grossen Geschwindigkeit, welche 20—30 m genommen werden kann, vortheilhaft, erfordert aber grosse Scheiben oder die Anwendung mehrerer dünner Seile; in beiden Fällen entsteht eine meist unerwünschte umständliche Anordnung.

Die Anwendung mehrfacher Keilräder ergibt einen ruhigen, stossfreien Gang, gestattet grosse Umsetzungen und eine einfache, sicher wirkende Einrichtung für die In- und Ausserbetriebsetzung; derartige Räder unterliegen aber bei häufig unterbrochenem Betriebe starker Abnutzung.

Wenn durch eine Schleuderpumpe ein Behälter gespeist werden soll, aus welchem die Flüssigkeit unregelmässig entnommen wird, so bringen Brodnitz & Seydel am Ausguss der Druckleitung ein Regelungsventil an, welches durch einen im Druckbehälter angeordneten Schwimmer bethätigt wird. Sobald die Flüssigkeit in diesem Behälter eine bestimmte Höhe in Folge verminderter Entnahme erreicht, fängt das Ventil an, die Ausflussöffnung zu verschliessen; damit aber wird bei gleichbleibender Umdrehungszahl der Pumpe die Leistung derselben vermindert, wobei auch der Kraftverbrauch abnimmt. Das Ventil schliesst nicht ganz dicht, so dass bei vollem Abschluss noch eine geringe Flüssigkeitsförderung stattfindet, welche verhindert, dass bei länger dauerndem Abschluss eine Erwärmung des Wassers im Pumpengehäuse in Folge der Drehung des Schaufelrades eintritt.

Eine Kreiselpumpe lässt sich nur für bestimmte Förderhöhe und bestimmte Fördermenge derart berechnen und ausführen, dass der Wirkungsgrad den erreichbaren Meistwerth erhält. Jedoch kann dieselbe Pumpe grössere oder geringere Förderhöhen bei gleicher Betriebsarbeit mit nur wenig geringerem Wirkungsgrad bewältigen, wobei natürlich die geförderte Flüssigkeitsmenge entsprechend ab- oder zunimmt. Um nun letzteres einstellen zu können, muss das Druckrohr mit einem Regelungsventil versehen werden. Für die Einrichtung desselben ist massgebend, dass dasselbe möglichst geringen Widerstand erzeugt. Courtois hat dafür eine Klappe angegeben (vgl. Revue industrielle 1884 S. 313), welche von aussen durch eine von der Hand bewegte Schraube verstellt werden kann und zugleich als Abschlussvorrichtung dient.

Zur Bewältigung grösserer Förderhöhen können, wie bereits erwähnt, zwei oder mehrere Schleuderpumpen hinter einander geschaltet werden, so dass die Pumpen nach einander auf das von ersterer angesaugte Wasser wirken. Hierbei lassen sich die Radgehäuse vereinigen, wie Fig. 595 für zwei zusammenwirkende Schaufelräder zeigt (vgl. S. 538) oder die Pumpen werden getrennt aufgestellt oder ihre Gehäuse dann durch Röhren verbunden. Eine Anlage der letzteren Art ist nach einer Ausführung von Dumont im Engineer 1893 Bd. 75 S. 270 beschrieben; es sind vier Pumpen hinter einander geschaltet, um eine Förderhöhe von 48 m zu erzielen.

Es kommt nun auch der Fall vor, z. B. beim Entleeren von Schleusen, Docks u. dgl., dass zunächst die Förderhöhe nahezu Null ist und allmählich mit der fortschreitenden Entleerung wächst. Die Betriebsmaschine einer solchen Förderung müsste dann für die grösste Leistung gebaut und würde im Anfang nur sehr gering beansprucht werden, wobei der Wirkungsgrad sehr schlecht ausfallen würde. Um dieses Missverhältniss zu beseitigen, kann die Pumpenanlage derart eingerichtet werden, dass für die kleinen Förderhöhen sämmtliche Pumpen neben einander wirken und daher eine grosse Fördermenge bewältigen; um dann die grösseren Förderhöhen zu leisten, werden die Pumpen hinter einander geschaltet, wobei dann die Fördermenge nur der Lieferung der ersten Pumpe ent-

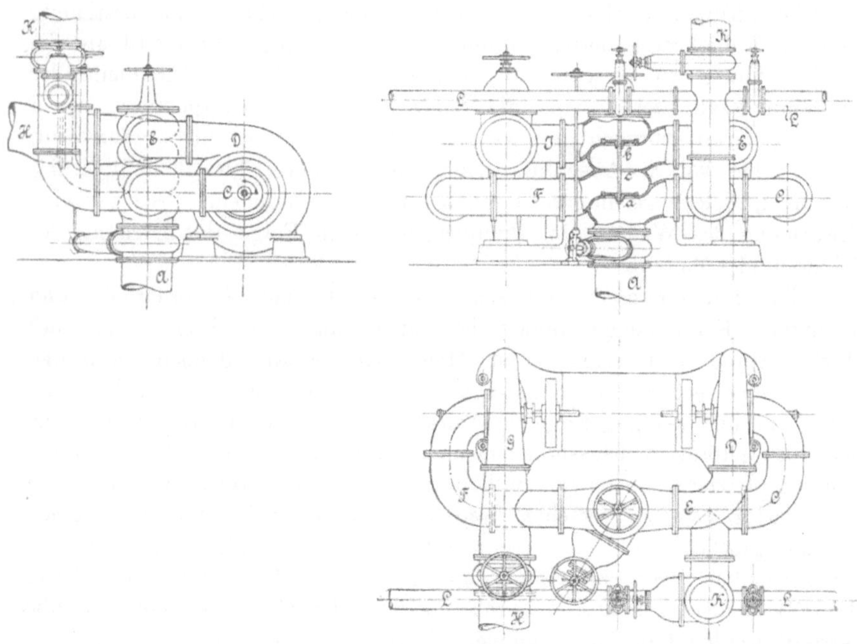

Fig. 621—623.

spricht. Zur geeigneten Verbindung der Pumpen verwendet das **Eisenwerk**, vormals **Nagel & Kaemp**, Aktien-Gesellschaft in Hamburg-Uhlenhorst, ein **Wechselventil** (erloschenes D.R.P. Kl. 59 No. 73159). Fig. 621—623 veranschaulichen die Ausführung desselben für eine Schleuder-dumpenanlage, welche aus vier Pumpen besteht, die paarweise von raschlaufenden Dampfmaschinen angetrieben werden und zu je zwei in Pontons untergebracht sind. Letztere dienen gelegentlichen Revisionen und Ausbesserungen an den Schleusen des Nord-Ostseekanals in Brunsbüttel und Holtenau; sie werden dann ausserhalb der Stromthore, an einen Mauerfalz sich anlehnend, mittels Einlassens von Wasserballast auf den Grund gesetzt und schliessen damit die Schleuse ab, die dann durch die Pumpen trocken gelegt werden kann. Die Wassermenge, etwa 53000 cbm, soll in 12 Stunden bewältigt werden; die Förderhöhe beträgt bei leerer Schleuse für Mittelwasser 10 m, bei Sturmflut in der Nordsee bis zu 15 m. Die Schaufelräder sind von einem Diffusor (vgl. Fig. 591) umgeben, dessen Schaufeln zugleich das ziemlich grosse Radgehäuse festigen.

Wenn die Ventilteller des Wechselventils die in Fig. 622 angegebene Lage einnehmen, so sind die beiden Pumpen hinter einander geschaltet; das Wasser fliesst aus dem Saugrohr A in das Rohr C und tritt aus diesem in die Pumpe D, welche es durch das Rohr E wieder in das Gehäuse des Wechselventils fördert; aus diesem gelangt das Wasser durch das Rohr F zur zweiten Pumpe G, die es in das Förderrohr H wirft. Sollen die Pumpen neben einander bei Bewältigung kleiner Förderhöhen wirken, so werden die Ventilteller a und b der Umsteuerung mittels Handrad und Schraube gehoben, bis a den darüber liegenden Durchgang c abschliesst. Dann fliesst das Wasser aus dem Saugrohr A beiden Pumpen durch die Rohre C und F gleichmässig zu; das aus der Pumpe G kommende Wasser tritt unmittelbar in das Förderrohr H, das von der Pumpe D gehobene Wasser gelangt durch das Rohr E, das Ventilgehäuse und das Rohr J gleichfalls nach H.

Das Rohr K dient der gelegentlichen Verwendung der Pontons als Leichter; die beiden seitlichen Anschlüsse L kommen aus den Wasserballast-Abtheilungen.

Nach angestellten Versuchen ergab sich, dass beide Pumpen neben einander geschaltet bei 398 Umdrehungen in der Minute zusammen 1060 l Wasser in der Sekunde 2,9 m hoch saugten und 6 m hoch drückten; in hintereinander geschalteter Wirkung wurden bei 405 Umdrehungen 480 l Wasser in der Sekunde 3,79 m hoch gesaugt und 11 m hoch gedrückt.

Die Schleuderpumpen können für die Förderung sehr grosser Flüssigkeitsmengen ausgeführt werden; so ist z. B. von der Maschinenfabrik Cyklop, Mehlis & Behrens, in Berlin im Jahre 1895 ein Schöpfwerk zur Entwässerung des Glietzener Polders, Mitteloderbruch, in Neu-Tornow bei Freienwalde a. O. ausgeführt worden, welches drei Schleuderpumpen enthält, von denen jede durch eine mit ihr unmittelbar gekuppelte Verbund-Dampfmaschine getrieben wird und in der Sekunde 5 cbm Wasser zu heben hat; die Förderhöhe beträgt 0,5—1,88 m.

Gegenüber allen sonstigen Formen der Schleuderpumpe wird bei der von Nézeraux angegebenen und von M. J. Casse et fils in Paris ausgeführten Bauart die Flüssigkeit nicht unmittelbar durch die Wirkung des Schaufelrades angesaugt und gehoben, sondern es geschieht dies unter Einschaltung von Wasserstrahlapparaten. Es sind im Gehäuse mehrere Düsensysteme angebracht, durch welche das Schaufelrad die von ihm ausgeschleuderte Flüssigkeit in den ersteren gegenüberstehenden Düsen treibt, die in das Druckrohr führen, so dass in gleicher Weise wie bei den noch zu besprechenden Wasserstrahlpumpen Flüssigkeit, die durch ein hinter dem ersten Düsensystem mündendes Saugrohr zutritt, mitgenommen wird. Dem Schaufelrad fliesst die Flüssigkeit wieder aus dem Druckrohr zu. Es kann dabei auch der Wasserstrahlapparat von der eigentlichen Schleuderpumpe getrennt werden, wie es z. B. behufs Förderung aus tiefen Brunnen ausgeführt wird; die über diesem aufgestellte Radpumpe treibt dann Flüssigkeit durch die im Brunnen selbst angebrachten und zwischen Saug- und Druckrohr eingeschalteten Düsen.

Auch die bereits erwähnte Pumpe von Schabaver zeigt gegenüber den sonstigen Bauarten der Schleuderpumpen eine eigenartige Formung. Das mit Seitenwänden versehene Schaufelrad ist am Kranz durch einen Ring geschlossen, der zahlreiche, kegelförmig nach aussen sich zuspitzende, kleine Löcher enthält, durch die die Flüssigkeit aus dem Rad in den Druckkanal tritt, der am Anschluss an das Rad stark verengt ist. Diese in Frankreich ausgeführte Bauart, welche in der Revue industrielle 1890 Nr. 33 S. 317 näher erläutert ist, wird keinen guten Wirkungsgrad ergeben können.

Luft- und Gasstrahlpumpen.

Zur Förderung einer Flüssigkeit durch einen Strahl gepresster Luft könnten Pumpeneinrichtungen verwendet werden, welche den in Fig. 625 und 626 dargestellten ähnlich sind. Jedoch wird nur in vereinzelten Fällen hiervon Gebrauch gemacht, da Pressluft selten zur Verfügung steht und der Wirkungsgrad solcher Pumpen sehr gering sein würde; auch würde die bei der Ausdehnung der Luft erfolgende starke Temperaturerniedrigung in den meisten Fällen unerwünscht sein. Es findet sich daher die Förderung durch Luftstrahlen fast ausschliesslich bei Sprühapparaten, mittels deren eine Flüssigkeit angesaugt und zerstäubt wird.

Flüssigkeitshebung durch Gas, welches mit grosser Geschwindigkeit sich bewegt, ist von Ch. Fr. Kettner in Strassburg (erloschenes D.R.P. Kl. 59 No. 33260) in der Weise vorgeschlagen worden, dass in einem Gefäss Explosionen eines Gemisches von Leuchtgas und Luft erzeugt werden, welche die Flüssigkeit in einem Steigrohr in die Höhe schleudern. Eine praktische Anwendung hat dieser Vorschlag nicht gefunden; es würde dies auch überflüssig und unzweckmässig sein, da durch viele andere Pumpeneinrichtungen sich der gleiche Zweck in besserer und einfacherer Weise erreichen lässt.

Wasserstrahlpumpen.

Das Arbeitsvermögen eines in einer Leitung strömenden Flüssigkeitsstrahles kann auch zur Hebung einer grösseren Flüssigkeitsmenge auf geringere Höhe oder einer kleineren Menge auf grössere Höhe benutzt werden. Im ersteren Fall wirkt der treibende Strahl auf eine in Folge eintretender Saugwirkung oder durch eigenes Gewicht zufliessende Flüssigkeit, mischt sich mit dieser und gibt an sie die zur Ueberwindung der Förderungswiderstände lebendige Kraft ab. Im anderen Fall wird ein möglichst grosser Theil des Arbeitsvermögens des ganzen Strahles auf einen Theil desselben übertragen, so dass dieser im Stande ist, eine grössere Förderhöhe zu überwinden, als sie der Spannung und der Geschwindigkeit der Kraftflüssigkeit entspricht.

Die Wasserstrahlpumpe kann saugend, drückend oder doppelt wirken. Die Saugwirkung erklärt sich dadurch, dass die Pressung von in einer Leitung strömenden Flüssigkeit auch kleiner als 1 at werden kann, so dass der Luftdruck im Stande ist, durch eine seitlich an das Kraftwasserrohr angezweigte Leitung Flüssigkeit in die Pumpe zu heben. Es wird hierbei von dem Gesetz Gebrauch gemacht, dass Geschwindigkeit und Pressung einer durch ein Rohr strömenden Flüssigkeit in umgekehrtem Verhältniss stehen; steigt durch eine Verengung des Rohrquerschnittes die Geschwindigkeit, so nimmt die Pressung ab und umgekehrt. Durch genügende Vergrösserung der Geschwindigkeit kann also die Pressung kleiner als die der Luft erhalten werden, so dass das Ansaugen eintritt.

Die Wasserstrahlpumpen werden in verschiedener Weise ausgeführt; eine besondere Art wird Stossheber oder hydraulischer Widder genannt. Vielfach bezeichnet man damit eine Pumpe, bei welcher ein Theil des Kraftwassers auf eine Höhe gefördert wird, welche grösser als das Gefälle des ersteren ist. Dies ist nicht ganz richtig, da auch saugende Stossheber ausgeführt werden, bei welchen nicht ein Theil des Kraftwassers, sondern andere Flüssigkeit gefördert wird. Es muss vielmehr die Unterscheidung des Stosshebers von den übrigen Wasserstrahlpumpen in der Wirkungsweise und in der Art der Förderung gefunden werden; die

Stossheber arbeiten stossweise, die anderen Wasserstrahlpumpen stetig mit gleichförmiger Geschwindigkeit in den Leitungen.

Es seien zunächst die Pumpen letzterer Art betrachtet, da ihre Wirkungsweise einfacher als die des hydraulischen Widders ist.

I. Gleichförmig wirkende Wasserstrahlpumpen.

Wenn auch das solchen Strahlpumpen (Ejektoren, Elevatoren) zu Grunde liegende Prinzip schon lange bekannt war, so waren die praktischen Ausführungen doch meist recht umständlich eingerichtet. Seit dem Jahre 1870 haben sich insbesondere die Gebr. Körting in Hannover mit dem Bau von Strahlpumpen befasst und dafür einfache zweckmässige Anordnungen ersonnen, welche in der Industrie eine ausgebreitete Verwendung finden und nunmehr in gleicher oder ähnlicher Gestaltung auch von Anderen gebaut werden.

Je nach dem besonderen Zweck wird die Einrichtung mehr oder weniger einfach gewählt. Wasserstrahlpumpen, welche für häusliche

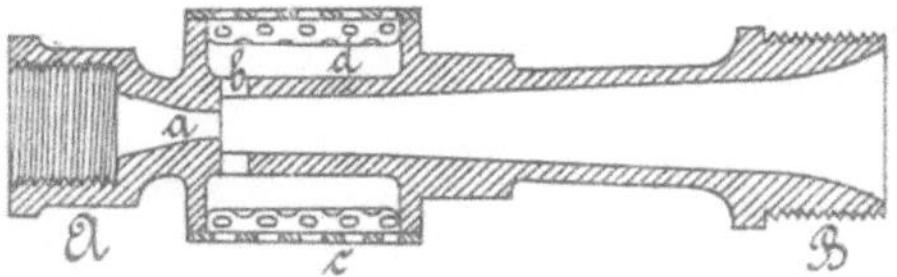

Fig. 624.

Zwecke, z. B. zum Auspumpen von Kellern bei Ueberschwemmungen oder hohem Grundwasserstande, benutzt werden und bei genügend guter Wirkung doch möglichst billig sein sollen, erhalten von den Gebr. Körting die in Fig. 624 verdeutlichte Gestalt. Die vorhandene Kraftwasserleitung wird an den Gewindestutzen A geschlossen; das unter Druck stehende Wasser strömt dann durch die Düse a, und veranlasst das durch die Löcher b zufliessende Wasser, mit in die bei B anzuschliessende Druckleitung zu steigen. Es wird die Pumpe hierbei entweder unmittelbar in das zu entfernende Wasser gelegt und tritt dieses dann durch ein Sieb c ein; oder es ist, wenn eine Saugwirkung erhalten werden soll, statt des letzteren eine volle Wandung anzubringen und an das Gehäuse d ein Saugrohr zu befestigen, welches nach der zu entleerenden Grube geführt und dort mit einem engmaschigen Saugkorb versehen wird. Es lässt sich dann Schmutzwasser bei dem gewöhnlich vorhandenen Wasserleitungsdruck von $3^1/_2$—4 Atmosphären auf eine Förderhöhe bis 5 m heben und hiervon bis 3 m hoch sicher ansaugen. Gebr. Körting bauen solche Pumpen in 4 Grössen für eine geförderte Wassermenge von 1 bis 10 cbm in der

Stunde, Schäffer & Budenberg in Buckau-Magdeburg in 3 Grössen für eine Fördermenge von 1,5 bis 5,1 cbm, Dreyer, Rosenkranz und Droop in Hannover in 5 Grössen für eine Leistung von 0,6 bis 10 cbm bei 4 at Druck des Kraftwassers. Diese kleinen Pumpen werden gewöhnlich in Rothguss hergestellt. Für Verwendung der Wasserstrahlpumpe in der Industrie empfehlen Gebr. Körting eine Einrichtung mit besonders in ein Eisengehäuse eingesetzten Düsen aus Rothguss, wie dies Fig. 625 zeigt. Solche Pumpen können für sehr grosse Leistungen gebaut werden

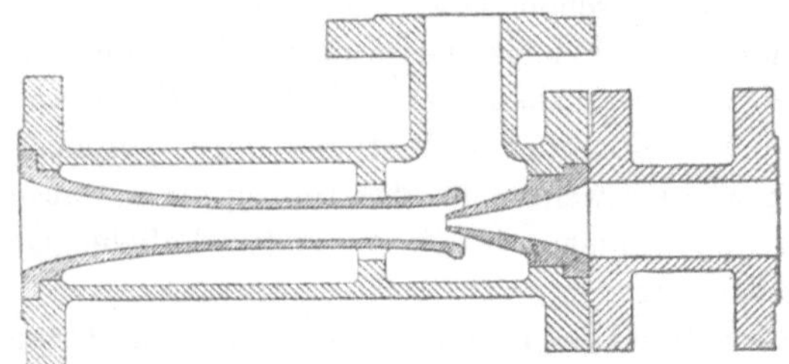

Fig 625.

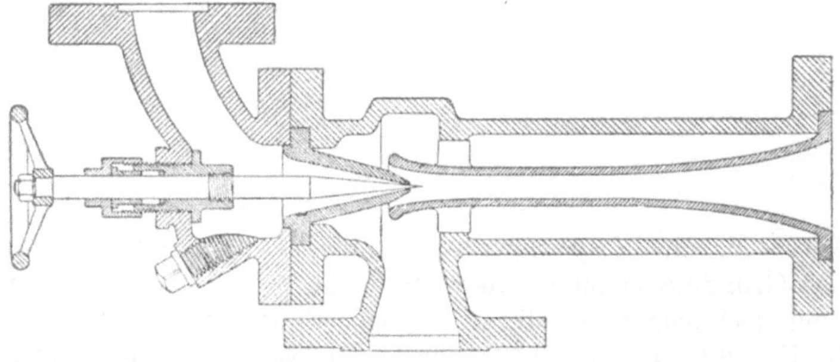

Fig. 626.

und finden im Bergbau zum Sümpfen oder Abteufen, bei Tunnelbauten, Gründungsarbeiten, zur Entwässerung von Kanälen u. dgl. vielfach Anwendung. Die genannte Firma hat z. B. Wasserstrahlpumpen für eine stündliche Fördermenge von 150 cbm, ferner für 3 bis 800 m Kraftwassergefälle ausgeführt. Einige Angaben über die Verwendung Körting'scher Wasserstrahlpumpen im Dienste städtischer Wasserwerke finden sich in der Zeitschrift des Vereins deutscher Ingenieure 1894 S. 553.

Die Abmessungen der inneren Theile richten sich nach dem Druck des zur Verwendung gelangenden Kraftwassers und nach der Fördermenge der Saug- und der Druckhöhe. Um die Kraftwassermenge regeln zu können, wenn verschiedene Förderhöhen zu bewältigen sind, wie dies z. B. beim

Abteufen auftritt, kann eine stellbare Regelungsspindel angeordnet werden, wie dies Fig. 626 zeigt.

Mehrere Düsen enthält die von der Akt.-Gesellsch. Schäffer & Walcker in Berlin ausgeführte Wasserstrahlpumpe für Springbrunnen (vgl. Fig. 627 und 628), welche den Zweck hat, mittels der zur Verfügung stehenden Kraftwasserleitung eine grössere Wassermenge mit empor zu schleudern, also die Strahlstärke zu vergrössern. Hierzu wird bei a die Kraftwasserleitung angeschlossen; das rückfallende, vom Becken aufgefangene Wasser tritt durch das Sieb b und die Düsen c und wird vom Kraftwasser durch das Rohr d hoch getrieben.

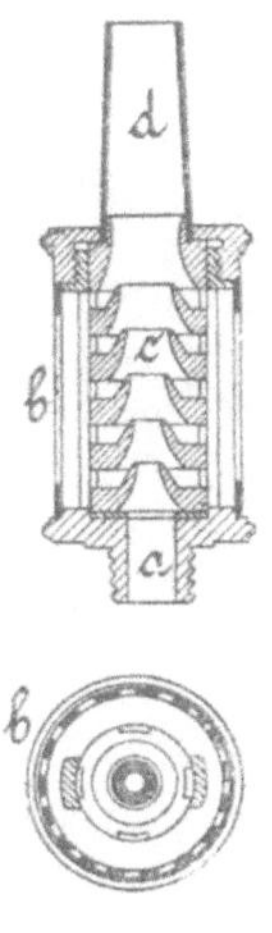

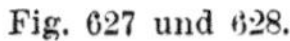
Fig. 627 und 628.

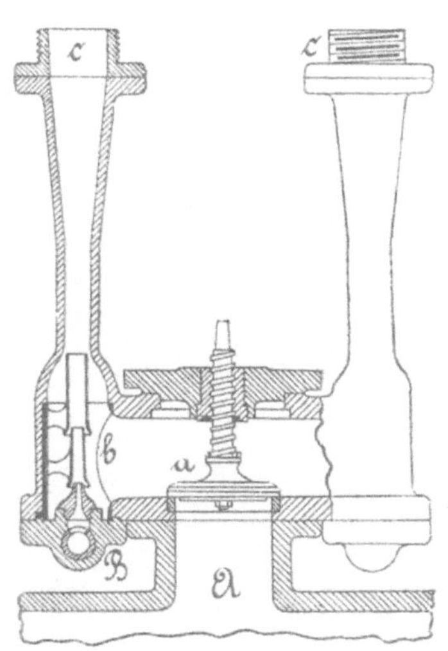

Fig. 629.

Durch die Anbringung mehrerer Düsen wird die Wirkung des Kraftwassers etwas besser ausgenutzt.

Aehnliche Gestaltung zeigt die von Greathead und Martindale angegebene, in Fig. 629 verdeutlichte Pumpe, welche sich in einigen englischen Städten in Benutzung befindet, um zur Bekämpfung eines Schadenfeuers einen genügend starken Strahl mit Hülfe einer besonderen Kraftwasserleitung von hohem Druck zu erzeugen. Hierzu werden die Pumpen an geeigneten Stellen der unter gewöhnlich niedrigem Druck stehenden Leitung der städtischen Wasserversorgung angebracht; eine der möglichen Einrichtungen zeigt Fig. 629. Nach Oeffnen des Ventiles a der Hauptleitung und einer an der unter hohem Druck stehenden Kraftwasserleitung B angebrachten Abschlussvorrichtung strömt das Kraftwasser durch die bronzenen Düsen b, reisst das aus der Leitung A zufliessende Wasser mit, und es entsteht in dem bei c anzuschraubenden Spritzschlauch eine Geschwindigkeit, welche jedenfalls beträchtlich höher ist, als dem Druck in A entspricht. Die Anordnung hat den Vortheil, dass nur in der engen

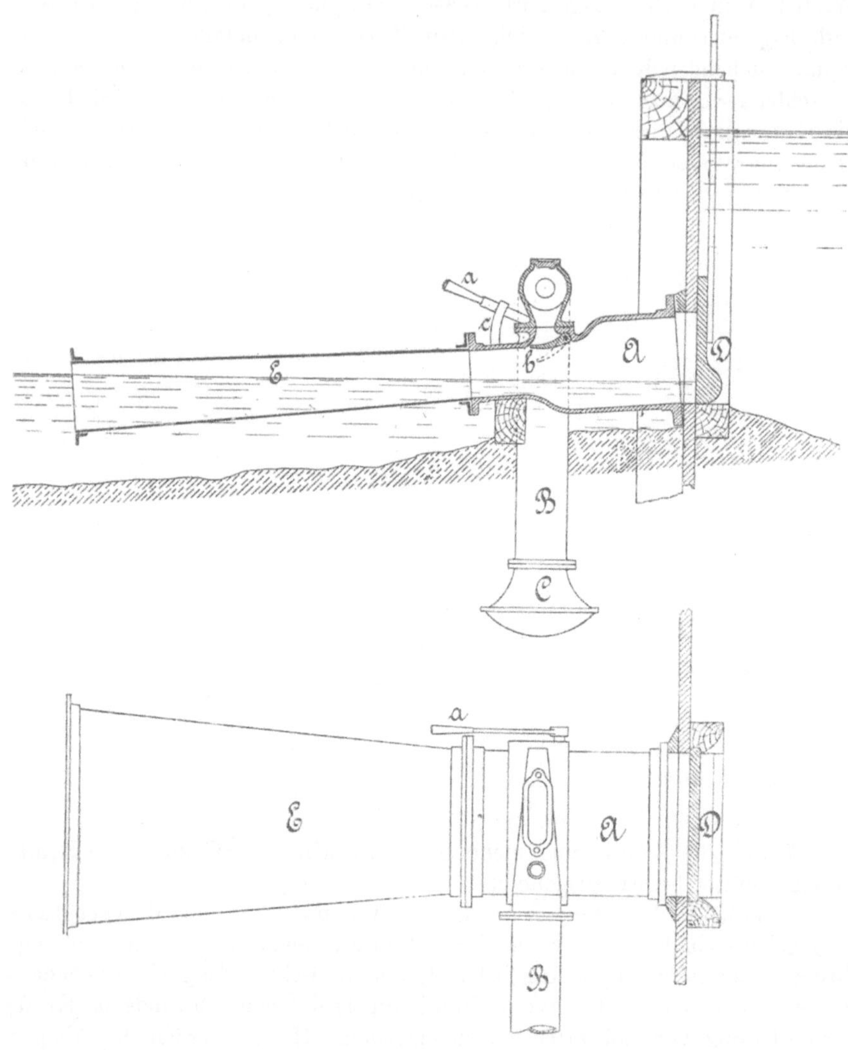

Fig. 630 und 631.

Leitung B hoher Druck herrscht, während die Hauptleitung A unter dem gewöhnlichen, für die Wasserversorgung ausreichenden Druck steht.

Die **Wasserstrahlpumpe** von **Nagel & Kaemp** in Hamburg wirkt nur saugend und besitzt die in Fig. 630—631 verdeutlichte Einrichtung, ist ganz aus Eisen angefertigt und wird an der Umfassungswand eines Wasserbehälters befestigt. Das gusseiserne Mundstück A enthält eine von aussen mittels Hebels stellbare Klappe b, über welcher das Saugrohr B mündet. Letzteres wird auf die Sohle der zu entwässernden Baugrube geführt und endigt dort in einem Saugkorb C. Durch die Klappe b kann die angesaugte Wassermenge geregelt werden; der Hebel wird entsprechend an einem Bogen c festgestellt. Der Zufluss des Kraftwassers wird durch einen Schützen D geregelt. Der trichterförmige Ausflusskanal E wird aus Eisenblech und Winkeleisen hergestellt und bei grösseren Abmessungen durch lothrechte Längswände abgesteift.

Die wichtigste Anwendung findet diese Pumpe bei Grundbauten, für Wehranlagen u. dgl., wenn eine vorhandene und sonst nutzlos abfliessende Wassermenge zum Leerpumpen der Baugrube unmittelbar benutzt werden kann. Die Pumpe lässt sich in beliebig grossen Abmessungen in Holz, Eisen oder Mauerwerk ausführen; das Mundstück wird in jedem Fall jedoch nur in Eisen oder Metall hergestellt.

Berechnung der gleichförmig wirkenden Wasserstrahlpumpe.

Für die nachfolgende Entwicklung gelten folgende Bezeichnungen (vgl. Fig. 632):

Q in der Sekunde gehobene Wassermenge,

Q_k in der Sekunde verbrauchte Kraftwassermenge,

H_s Saughöhe, H_d Druckhöhe } des gehobenen Wassers,

H_k Gefälle des Kraftwassers, bis zur Mitte der Pumpe gemessen,

v_s, v_d Geschwindigkeiten im Saug- und Druckrohr, bezieh. Ausflussrohr,

v_e Eintrittsgeschwindigkeit des angesaugten Wassers, an der Düse gemessen,

v_f und v_k Geschwindigkeiten des Kraftwassers in der Zuleitung und beim Austritt aus der Düse,

v_a Austrittsgeschwindigkeit am Ende des Druck- bezieh. Ausflussrohres,

f_s, f_d, f_e, f_f, f_k, f_a Querschnitte der entsprechenden Leitungen und deren Ausflussöffnungen,

h_s, h_d, h_f Wasserhöhen, welche den schädlichen Widerständen im Saug-, Druck- und Fallrohr entsprechen,

H_e Wasserpressung, in m Wassersäule an der Mündung der Eintrittsdüse gemessen.

Wenn das angesaugte Wasser mit der Geschwindigkeit v_e in das Pumpgefäss tritt, so wird die Pressung H_e in diesem sich aus der mehrfach benutzten Gleichung

$$A = H_s + H_e + h_s + \frac{v_e^2}{2g} \qquad 351)$$

ergeben; die Widerstandshöhe $h_s = \zeta_s \frac{v_s^2}{2g}$ ist nach früherem leicht zu bestimmen, die Geschwindigkeiten v_e und v_s werden gewöhnlich gleich gross und zu etwa 1 bis 3 m angenommen. Jedenfalls muss H_e positiv werden.

Wird die Pumpe derart angeordnet, dass das zu fördernde Wasser nicht angesaugt wird, sondern mit Gefälle zufliesst (vgl. Fig. 624 bis 629), so ist letzteres in Gleich. 351 durch $- H_s$ einzuführen.

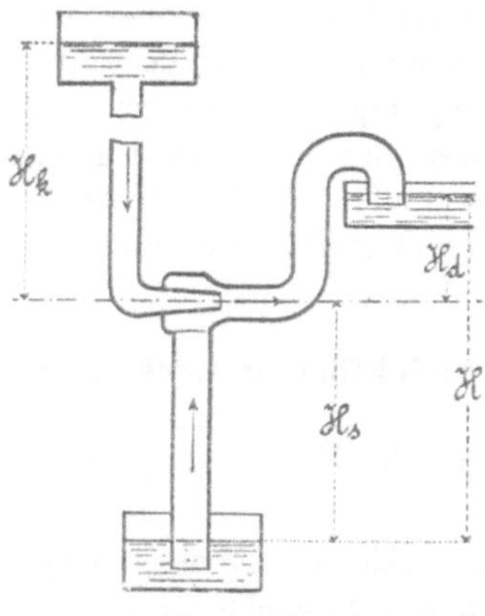

Fig. 632.

Die Geschwindigkeit, mit der das Kraftwasser aus der Düse strömt, ergibt sich aus

$$H_k + A = H_e + \frac{v_k^2}{2g} + h_f. \qquad 352)$$

Die Widerstandshöhe $h_f = \zeta_f \frac{v_f^2}{2g}$ ist wieder nach früherem zu bestimmen, wobei die Geschwindigkeit v_f nicht zu gross, etwa 1 bis 2 m genommen wird. Da bei zweckmässiger Anordnung aus Gleich. 352 sich v_k stets grösser als v_f berechnet, so ergibt sich die Verengung der Kraftwasserzuleitung in eine Düse, deren Querschnitt gegebenenfalls wieder geregelt wird, wie es z. B. bei der in Fig. 626 dargestellten, auch für Kraftwasserbetrieb ausgeführten Körting'schen Pumpe mittels eines stiftartigen Ventiles, bei der durch Fig. 630 u. 631 verdeutlichten Pumpe von Nagel & Kaemp durch die stellbare Klappe geschieht.

Da wegen der stets gut abgerundeten Ausströmungsöffnung von einer Zusammenziehung der Strahlen beim Ausfluss abgesehen werden kann, so ist

$$Q = f_s v_s = f_e v_e, \qquad 353)$$

und

$$Q_k = f_f v_f = f_k v_k. \qquad 354)$$

Die beiden Wasserströme, deren Geschwindigkeiten v_e und v_k betragen, vereinigen sich nun und fliessen mit gemeinsamer Geschwindigkeit v_d entweder unmittelbar durch das Ausflussrohr ab, wenn die Pumpe nur saugend wirkt, oder erheben sich im Steigrohr, wenn Druckwirkung bezweckt wird.

Im ersten Falle wird die Geschwindigkeit v_a, mit welcher das Wasser dem Ende des Ausflussrohres entströmt, vielfach kleiner als v_d genommen, und durch allmählichen Uebergang vom Querschnitt f_d auf denjenigen f_a die Geschwindigkeit v_d allmählich in diejenige v_a übergeführt (vgl. z. B. Fig. 624), so dass letztere recht klein wird, damit der Arbeitsverlust, welcher durch die lebendige Kraft des ausströmenden Wassers entsteht, möglichst gering ausfällt.

Bei Pumpen mit Druckwirkung wird dagegen $v_a = v_d$ gewöhnlich gleich oder etwas grösser als v_s gewählt.

Die entsprechenden Querschnitte f_d und f_a ergeben sich aus

$$Q + Q_k = f_d v_d = f_a v_a. \qquad 355)$$

Bei dem Zusammentreffen des Kraftwassers und des angesaugten Wassers ändern jedoch beide plötzlich ihre Geschwindigkeiten und es entstehen dadurch die Stossverluste $Q_k \frac{(v_k - v_d)^2}{2g}$ und $Q \frac{(v_e - v_d)^2}{2g}$.

Die Gleichsetzung der treibenden und widerstehenden Arbeitsgrössen für die Bewegung des vereinten Wasserstrahles ergibt daher:

$$Q_k \frac{v_k^2}{2g} + Q \frac{v_e^2}{2g} + (Q + Q_k) H_e$$

$$= (Q + Q_k)\left[H_d + A + h_d + \frac{v_a^2}{2g}\right] + Q_k \frac{(v_k - v_d)^2}{2g} + Q \frac{(v_e - v_d)^2}{2g}. \qquad 356)$$

Durch Summirung der Gleich. 352 u. 356 wird aber auch

$$Q_k \frac{v_k^2}{2g} + Q \frac{v_e^2}{2g} + (Q + Q_k) H_e = Q_k (H_k - h_f) + (Q + Q_k) A$$

$$- Q\left(H_s + h_s + \frac{v_e^2}{2g}\right). \qquad 357)$$

Aus 356 und 357 wird demnach

$$Q_k\left(H_k - h_f - H_d - h_d - \frac{v_a^2}{2g} - \frac{(v_k - v_d)^2}{2g}\right)$$

$$= Q\left(H_s + h_s + H_d + h_d + \frac{v_a^2}{2g} + \frac{(v_e - v_d)^2}{2g}\right). \qquad 358)$$

Hierbei ist $H_k - H_d$ das wirkliche nutzbare Gefälle des Kraftwassers,

$H_s + H_d = H$ die ganze Förderhöhe; bei den nur saugenden Pumpen ist entweder H_d gleich Null oder negativ einzuführen, letzteres, wenn das Abflussrohr von der Pumpe um H_d abwärts geneigt ist.

Aus 358 ergibt sich

$$\frac{Q_k}{Q} = \frac{H + h_s + h_d + \frac{v_a^2}{2g} + \frac{(v_e - v_d)^2}{2g}}{H_k - h_f - H_d - h_d - \frac{v_a^2}{2g} - \frac{(v_k - v_d)^2}{2g}}. \qquad 359)$$

Hieraus kann bei gegebener Fördermenge, Gefälle und Förderhöhe und berechneten Verlusthöhen der Kraftwasserverbrauch bestimmt werden.

Die Betriebsarbeit ist durch $Q_k (H_k - H_d)\gamma$ gegeben, die geleistete Nutzarbeit beträgt $QH\gamma$; demnach ist der Wirkungsgrad der Wasserstrahlpumpe

$$\eta = \frac{QH}{Q_k(H_k - H_d)}$$

$$= \frac{\left(H_k - h_f - H_d - h_d - \frac{v_a^2}{2g} - \frac{(v_k - v_d)^2}{2g}\right)}{\left(H + H_s + h_d + \frac{v_a^2}{2g} + \frac{(v_e - v_d)^2}{2g}\right)} \frac{H}{(H_k - H_d)}. \qquad 360)$$

Dieser Wirkungsgrad η wechselt je nach dem Verhältniss des Kraftwassergefälles H_k zur Förderhöhe H; bei grossem Unterschiede von H_k und H, also bei geringer Förderhöhe und grosser Fallhöhe, wird η kleiner als wenn letztere geringer ist.

Nach Angabe von Schäffer & Budenberg wird von den Pumpen der Bauart Fig. 624 bei dem gewöhnlich vorkommenden Wasserleitungsdruck von $3^1/_2$—4 Atmosphären eine Wassermenge gleich der Menge des Kraftwassers auf eine Höhe bis 4 m gefördert; nach Angaben Körting's kann man mit den in Fig. 626 dargestellten Pumpen bei 1 l Kraftwasser für verschiedene Verhältnisse $\frac{H_k}{H}$ die in folgender Tafel angegebenen Mengen fördern:

$\frac{H_k}{H}$	2	3	4	6	9	12,5	20	30	50	75	100
Fördermenge in l	0,3	0,7	1	1,4	2	2,5	3,3	4,4	6	7,5	9

Die nach Fig. 625 gebauten Pumpen geben etwas kleinere Leistungen.

Iben hat einige Körting'sche Wasserstrahlpumpen untersucht und die Ergebnisse im Journal für Gasbeleuchtung und Wasserversorgung 1880, S. 682, und 1885, S. 252 u. S. 866 mitgetheilt. Es ergab sich für eine kleine Pumpe (Fig. 625) mit 10 cbm stündlicher Fördermenge folgendes:

Hubhöhe in m	1,5	2,8	5,25	9,08
Kraftwassergefälle in m	25—26	24—25	26	27
Kraftwasserverbrauch in cbm } in 1 Stunde	8,50	8,60	8,42	8,50
Gehobene Wassermenge in cbm } in 1 Stunde	11,48	9,40	6,66	2,60
Wirkungsgrad η	0,08	0,13	0,16	0,12

Eine grössere Pumpe mit 80 mm weitem Saugrohr und 40 mm weiter Kraftwasserzuleitung ergab:

Hubhöhe in m	1,5	2,26	3,0	4,0	4,5	5,0	5,57	6,62
Kraftwasserdruck in m, an der Pumpe	20,4	19,5	19,0	18,2	17,8	17,5	17,0	16,2
Kraftwasserverbrauch in cbm } in 1 Stunde	15,2	14,6	13,72	14,21	13,41	13,87	13,98	13,6
Gehobene Wassermenge in cbm } in 1 Stunde	24,0	20,5	17,05	13,62	11,29	9,25	7,37	3,32
Wirkungsgrad η	0,12	0,17	0,20	0,21	0,23	0,19	0,17	0,10
Kraftwasserverbrauch, um 1 cbm auf 1 m zu heben	0,42	0,30	0,27	0,26	0,27	0,30	0,34	0,62

Bei 7,6 m Hubhöhe arbeitete die Pumpe nicht mehr.

Aus diesen Ergebnissen folgert Iben:

1. der Kraftwasserverbrauch ist nahezu gleich gross; er wurde bei wachsender Förderhöhe geringer, jedoch lag dies daran, dass die Pumpe zur Erzielung grösserer Saugröhren allmählich in höhere Lage gebracht werden musste, in Folge dessen eine Abnahme des zur Verfügung stehenden Gefälles eintrat;
2. die gehobene Wassermenge vermindert sich mit wachsender Saughöhe;
3. der Kraftwasserverbrauch war bei 4 bis 4,5 m Saughöhe am geringsten, der Wirkungsgrad dann am grössten.

Diese Pumpe brauchte, als sie nur drückend verwendet wurde,

0,25 cbm Kraftwasser bei 3,7 m Hubhöhe
und 1,25 „ „ „ 7,05 „ „ ,

um 1 cbm auf 1 m zu heben.

Iben bemerkt hierzu, dass der Wirkungsgrad bei kleinerem Kraftwassergefälle gewiss grösser geworden wäre, wenn man den Wasserzufluss hätte regeln können, wie dies bei Anbringung einer Spindel möglich ist; dann hätte mit einer kleinen Kraftwassermenge dieselbe Fördermenge erzielt werden können. Iben hat noch eine besonders grosse Wasserstrahlpumpe mit 0,2 m weitem Saug- und Druckrohr untersucht und Folgendes gefunden:

Hubhöhe in m	4,17	4,17	4,17	4,17	4,17	3,30	3,43	3,45
Kraftwasserdruck, an der Pumpe gemessen, in m	17,0	17,0	17,5	21,0	21,0	15,5	19,0	20,5
Kraftwasserverbrauch in cbm } in 1 Stunde	61,0	59,25	61,00	67,50	67,20	56,15	61,60	64,30
Gehobene Wassermenge in cbm } in 1 Stunde	53,0	49,95	50,20	84,00	82,80	55,44	75,80	82,30
Wirkungsgrad η	0,21	0,21	0,20	0,25	0,25	0,21	0,22	0,22
Kraftwasserverbrauch, um 1 cbm auf 1 m zu heben	0,28	0,28	0,29	0,19	0,19	0,31	0,24	0,23

II. Stossweise wirkende Wasserstrahlpumpen.

Der hydraulische Widder oder Stossheber wurde schon 1796 von Montgolfier erfunden; diese ursprüngliche Einrichtung hat in ihren Einzelheiten im Laufe der Jahre manche Verbesserung erfahren. Es

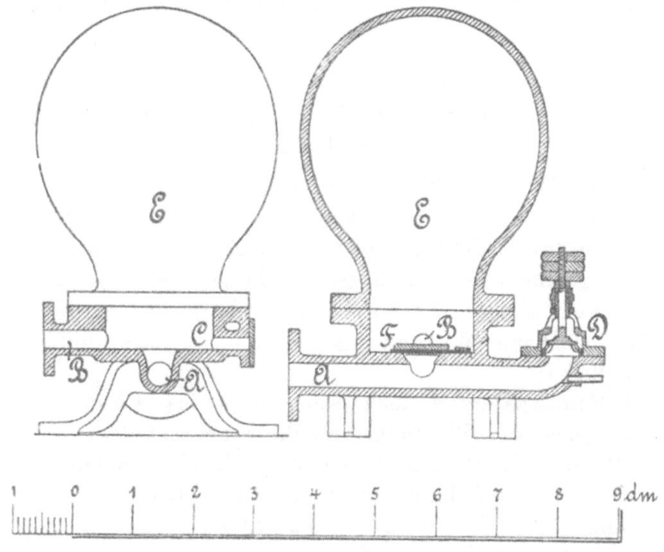

Fig. 633 und 634.

werden hydraulische Widder mit Druck- oder mit Saugwirkung gebaut; auch wurde versucht, zwei Pumpen dieser Art behufs Erzielung einer Doppelwirkung derart zu vereinigen, dass sie ein gemeinschaftliches Steig- bezieh. Saugrohr besitzen.

Eine der gebräuchlichsten Einrichtungen des hydraulischen Widders mit Druckwirkung ist in Fig. 633 u. 634 dargestellt. Die Kraftwasserzuleitung schliesst bei A an ein feststehendes Gehäuse, von welchem bei B das Druckrohr abführt.

Ferner sitzt auf dem Gehäuse ein der vorliegenden Pumpe eigenthümliches Ventil D, welches Stoss-, Schlag- oder Sperrventil genannt wird. Ueber dem Gehäuse wird ein Windkessel E angebracht. Das Stossventil D kann verschieden gestaltet werden; eine häufig ausgeführte Form zeigen Fig. 635 u. 636 in grösserem Maasstabe. Die Verbindung zwischen Windkessel E und Zuleitung A wird durch ein selbstthätiges Druckventil F gesteuert.

Zur Inbetriebsetzung ist es nöthig, das Sperrventil D durch Niederdrücken zu öffnen, damit das Kraftwasser durch die Oeffnungen entweichen kann. Dies erfolgt mit einer gewissen Geschwindigkeit und das abströmende Kraftwasser presst gegen das Ventil D, welches oben durch den Luftdruck belastet ist; sobald also das Niederdrücken aufhört, wird das Ventil durch den von unten wirkenden Ueberdruck geschlossen. Das in Bewegung befindliche Wasser besitzt nun ein gewisses Arbeitsvermögen, mit welchem es gegen das Druckventil F strömt, da der Weg durch das Sperrventil D geschlossen ist. Es wird also F aufgestossen, das Wasser tritt in den Windkessel E, presst dessen Luftinhalt zusammen und strömt unter dem Druck des letzteren nach der Steigleitung, an deren Ende eine gewisse Wassermenge austritt, bis der Stoss des beim Schluss des Sperrventiles in Bewegung befindlichen Wassers beendet ist, also das Arbeitsvermögen desselben durch die in Folge der Hebung nach dem Steigrohr B erfolgten Leistung aufgezehrt ist. Dann wird während eines Augenblickes Gleichgewicht entstehen und hierauf der Windkesseldruck die hydrostatische Pressung des Wassers im Fallrohre A überwinden, so dass unter dem Ueberdruck eine Rückbewegung in der ganzen Leitung eintritt.

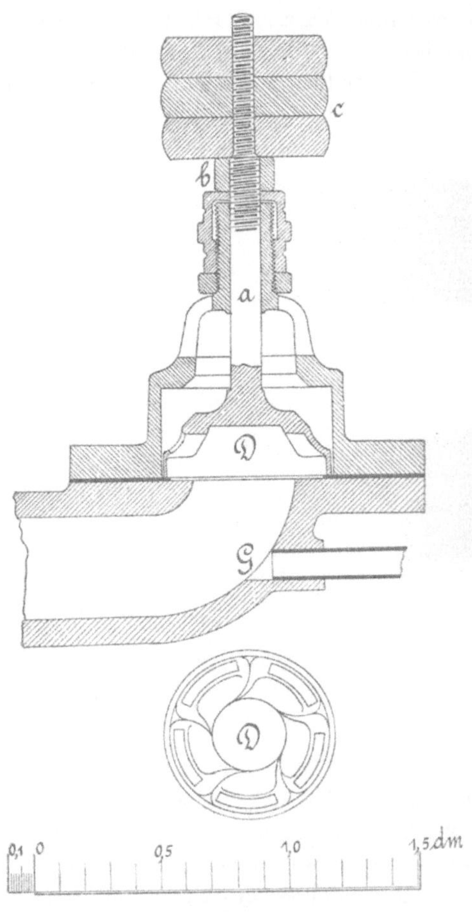

Fig. 635—636.

Die Rückbewegung im Steigrohr B wird durch das sich sofort schliessende Druckventil F gehindert; jedoch wird in dem Gehäuse und dem Fallrohr A während eines Augenblickes eine Rückbewegung entstehen, also, da aus E kein Wasser nachfliessen kann, die Pressung im Gehäuse, somit auch unter dem Stossventil D, erheblich abnehmen; in Folge dessen vermögen der das letztere belastende Luftdruck und das Eigengewicht das Ventil zu öffnen, so dass das im Fallrohr unmittelbar hierauf sich wieder vorwärts bewegende Wasser durch D ausströmen kann und dann letzteres durch wachsenden Druck wieder schliesst, also ein neues Spiel beginnt.

Es sei hier ausdrücklich bemerkt, dass bei dem hydraulischen Widder

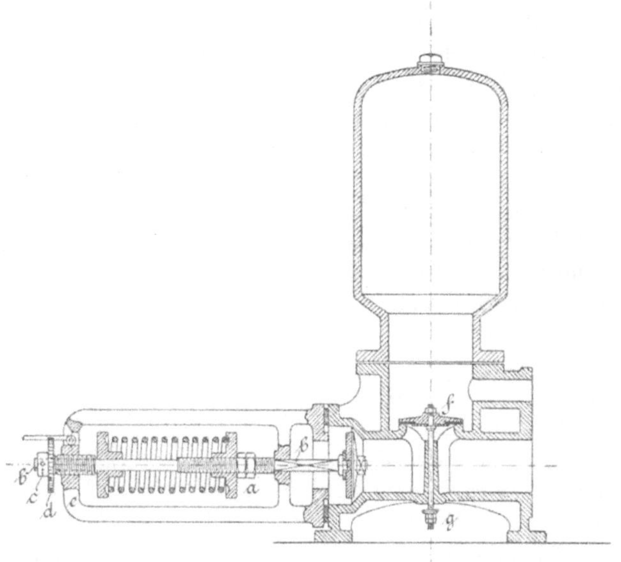

Fig. 637.

von dem Beharrungsvermögen der bewegten Flüssigkeitsmasse zur Förderung Gebrauch gemacht wird, während man bei den Kolbenpumpen diese Förderungsweise zu vermeiden sucht (vgl. S. 250).

Der Schluss des Sperrventiles D durch den Wasserüberdruck wird nach der Eröffnung durch den Luftdruck und das Eigengewicht um so schneller erfolgen, je geringer letzteres, und je günstiger die Form der unteren, vom Wasserstoff getroffenen Fläche des Ventiles ist. Es wird also die Schnelligkeit des Ganges wesentlich von der Belastung des Ventiles herrühren. Im Allgemeinen wird es, um ein rasches Arbeiten des Stosshebers zu erhalten, zweckmässig sein, das Sperrventil recht leicht zu machen, wie es z. B. die in Fig. 641 dargestellte Hohlform erreicht.

Zur Regelung der Ganggeschwindigkeit kann dann das Ventil mehr oder weniger durch aufgelegte Gewichte belastet werden, wie dies Fig. 635 verdeutlicht; wenn das Ventil durch eine Feder angepresst wird, so lässt sich die Spannung derselben ändern (vgl. Fig. 637).

Die Regelung des Sperr- oder Stossventiles für veränderliche Aufschlagwassermenge oder veränderliches Ge-

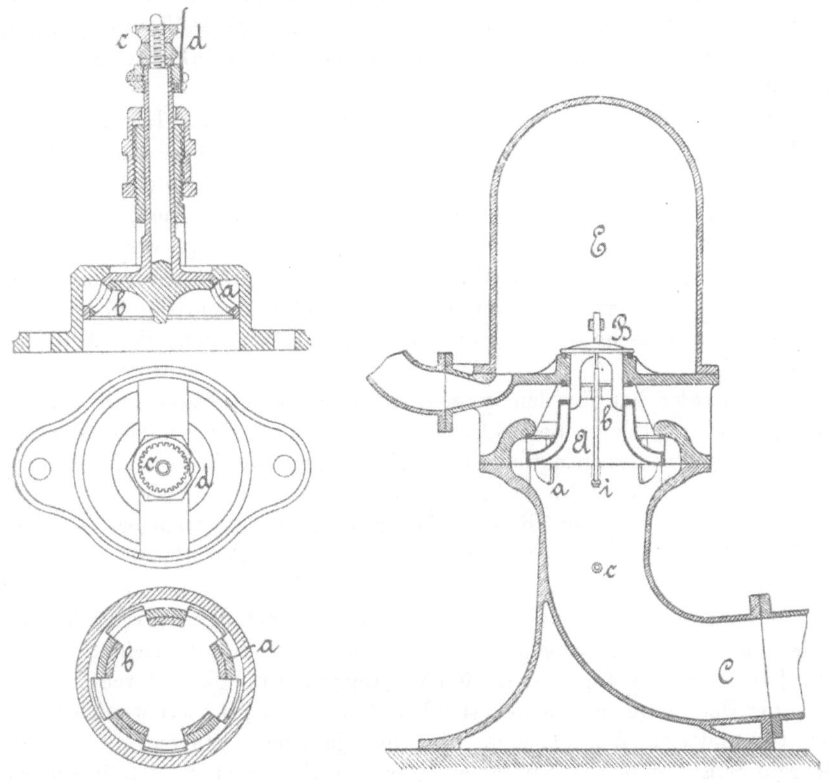

Fig. 638—640. Fig. 641.

fälle kann in verschiedener Weise geschehen. Es kann der Hub des Stossventiles durch eine Stellmutter b (vgl. Fig. 635) verändert werden, wobei dafür zu sorgen ist, dass bei der Abwärtsbewegung des Ventiles nicht dieses, sondern die Mutter sich zuerst aufsetzt.

Baer & Co. in Zürich bauen hydraulische Widder, deren Stossventil durch eine Spiralfeder belastet ist, wie Fig. 637 veranschaulicht. Der Druck dieser Feder kann durch Anziehen oder Zurückdrehen der Schraubenmuttern a geändert werden; hierdurch lässt sich die Zahl der Schläge, welche das Ventil in einer Minute ausführt, einstellen. Ferner ist der Ventilhub dadurch regelbar (erloschenes D.R.P. Kl. 59 No. 34 679), dass auf dem Ende der Ventilstange b ein Stellring c befestigt ist, der beim Oeffnen des Ventils gegen eine mit Einschnitten versehene Scheibe d stösst, die mittelst des an ihr befindlichen, durch den Gestellbügel e gehenden Gewindes verstellt und durch eine Klinke an unbeabsichtigter Verdrehung gehindert werden kann. Auch das Druckventil f kann entsprechend der Förderhöhe geregelt werden, wozu dasselbe so eingerichtet ist, dass die Ventilstange durch das Gehäuse geht und aussen eine Stellmutter g trägt, durch welche der Ventilhub eingestellt werden kann (erloschenes D.R.P. Kl. 59 No. 54142).

Die Dresdener Fabrik für Gas- und Wasseranlagen versieht das Ventil a (vgl. Fig. 638—640) mit einem von aussen drehbaren Schieber b; in beiden sind sich deckende Oeffnungen angebracht (erloschenes D.R.P. Kl. 59, No. 14 538); es kann also der durch diese gegebene Durchgangsquerschnitt des Ventiles a mehr oder weniger vermindert werden, wenn der Schieber b mittels seiner Stange gegen a verdreht wird; die Feststellung des Schiebers in bestimmter Lage erfolgt, indem die Feder d in entsprechende Einschnitte der sich mit dem Schieber drehenden Mutter c schnappt.

F. Türcke hat für den vorgenannten Zweck das Stossventil kolbenförmig gestaltet (erloschenes D.R.P. Kl. 59 No. 44 319); für den Wasserdurchfluss sind in dem Ringtheil des Kolbenkörpers und in dem umgebenden Gehäuse Durchbrechungen vorhanden; durch Verdrehen des Ventils gegen das Gehäuse decken sich diese Oeffnungen mehr oder weniger, so dass die Durchflussquerschnitte wie bei der vorbesprochenen Bauart verändert werden.

In anderer Weise hat Schabaver eine Regelung für veränderliche Aufschlagwassermenge angeordnet. Es sind je zwei oder mehrere Stoss- und Druckklappen angebracht, deren Ganggeschwindigkeit durch Einstellung der Spannung der sie belastenden Blattfedern geändert werden kann. Bei verminderter Wassermenge wird nur je eine, nöthigenfalls werden mehrere Stoss- und Druckklappen ausser Wirksamkeit gesetzt, indem sie durch Schrauben fest auf die Sitze gepresst werden. Eine Ausführungsform dieser Regelungseinrichtungen ist im Praktischen Maschinenkonstrukteur 1893 S. 29 mitgetheilt.

Um den Stoss des Wassers auf die zwischen Ausfluss und Druckventil befindliche im gegebenen Augenblick ruhende Wassermasse zu mindern, ist es zweckmässig, Sperr- und Druckventil möglichst nahe zusammen anzuordnen. Eine solche Einrichtung hat Herm. Fischer für ein städtisches Wasserwerk entworfen (vgl. Zeitschr. d. Ver. deutsch. Ing. 1877, S. 429) und ist dieselbe in Fig. 641 verdeutlicht.

Das Sperrventil A ist hohl und mit Doppelsitz eingerichtet; in offenem Zustande ruht es auf 8 Nasen a und wird durch gleichviel Leisten und durch die Flügel des Druckventiles B geführt. Die Ventilsitze sind aus Gummiringen gebildet. Um den erwähnten Stoss, der ohnehin nur die geringe, im Hals b befindliche Wassermenge trifft, noch mehr zu mildern, ist vom Fallrohr C, welches 1 m Durchmesser erhalten sollte, ein enges Rohr c nach oben geführt und mündet in einen Kasten, der in Fig. 642 in grösserem Massstabe verdeutlicht ist.

Dieser Kasten ist durch zwei wagrechte Wände in drei Theile d, e und f zerlegt, welche mit einander nach Oeffnen der Klappen g und h in Verbindung treten. Der obere Theil d ist mit dem Raum unter dem Ventil B durch die Leitung i verbunden. Sobald nun das Sperrventil A sich schliesst, also die stossende Wirkung eintritt, wird in c Wasser hochgetrieben, hierdurch die in c und f befindliche Luft zusammengepresst und damit die Klappe h geöffnet, so dass Luft nach e tritt. Nach Aufhören des Stosses tritt diese Luft durch die Klappe g nach dem Kastentheil d, also auch in die Leitung i und damit unter das Ventil B. Dort dient sie zunächst als Polster für den Wasserstoss und dann zum Ersatz der aus dem Windkessel E etwa entweichenden Luft. Die vorbeschriebene Einrichtung hat bei einer kleineren Ausführung ihren Zweck erfüllt.

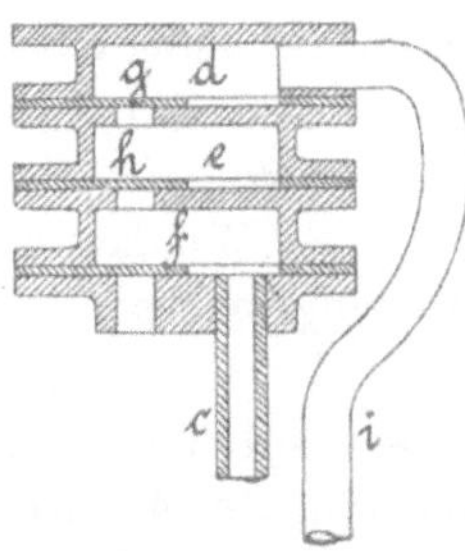

Fig. 642.

Eine andere Einrichtung ähnlicher Art hat sich Wilh. Böhm in Stuttgart patentiren lassen (erloschenes D.R.P. Kl. 59, No. 29339). Das Sperrventil ist als Ventilkolben gebildet, der in einem mit seitlichen Oeffnungen versehenen kurzen Cylinder sich lothrecht bewegen kann. Auf dem oberen Ende des letzteren liegen zwei Druckklappen. Das unten zuströmende Wasser öffnet zunächst das Kolbenventil und fliesst seitlich aus, hebt hierauf den Kolben, der die Oeffnungen abschliesst, und strömt dann durch die Druckklappen.

Zur Abschwächung der in Folge der plötzlichen Auf- und Niederbewegung des Sperrventiles eintretenden Stösse wird auch empfohlen, über der Mündung des Fallrohres A in dem Windkessel E (vgl. Fig. 633) einen zweiten kleinen Windkessel anzuordnen, an dem seitlich das Druckventil in Gestalt von zwei hängenden Druckklappen angebracht wird (vgl. Fig. 643). Der Luftinhalt dieses zweiten Windkessels nimmt dann die Wasserstösse auf.

Das Druckventil wird gewöhnlich als Lederklappe (Fig. 633), Teller- oder Kugelventil (Fig. 637) ausgeführt; es wird auch mit einstellbarer Federbelastung und verstellbarem Hub versehen.

Gebräuchliche Formen des Sperrventiles zeigen die Fig. 633—640. Die Belastung des Ventiles kann mittels aufgelegter Gewichte oder durch Federn, der Hub durch eine Stellmutter geregelt werden. Ein mit Gewichtsbelastung ausgerüstetes Ventil zeigen Fig. 635 u. 636 nach einer Zeichnung im Prakt. Masch. Konstr. 1880 S. 466; dasselbe ist, wie der Grundriss verdeutlicht, mit schraubenförmigen Flügeln versehen, so dass das durchströmende Wasser auch eine Verdrehung des Ventiles erzeugt, dieses also stets in veränderter Lage aufschlägt; hierdurch soll die Abnutzung der Sitzfläche gleichmässiger erhalten und das leichtere Wegschieben dazwischen gekommener Sandkörnchen bewirkt werden.

Um die Pumpe gegen Einfrieren zu schützen, ist ein Ablassröhrchen anzubringen, welches mit einem Absperrhahn zu versehen ist, auch ist es zweckmässig, den Widder in einer Vertiefung aufzustellen, so dass die Röhren etwa 1 m tief in den Erdboden zu liegen kommen; der Widder selbst ist dann mit einem Holzgehäuse zu umkleiden.

Auch wird empfohlen, in das Fallrohr eine Abschlussvorrichtung einzuschalten.

Der Windkessel wird oben zweckmässig mit einer Füllschraube aus Messing versehen.

Um die vorhandene Gefällhöhe vollständig auszunutzen, kann das Stossventil unter Wasser oder nach Angabe von H. Henne (D.R.P. Kl. 59, No. 44757) in ein geschlossenes Gehäuse gesetzt werden, das durch ein mit Ventil zur Regelung der abfliessenden Wassermenge versehenes Rohr mit dem Unterwasser in Verbindung steht.

Bei der Ingangsetzung muss das Sperrventil mehrmals geöffnet werden, bis das Steigrohr sich gefüllt hat. Die Ausserbetriebsetzung erfolgt einfach dadurch, dass das Sperrventil kurze Zeit in geschlossenem Zustande festgehalten wird.

Bei hohem Gefälle und länger dauerndem Betrieb wird die Luft des Windkessels allmählich sich mit dem Wasser nach dem Druckrohr entfernen, so dass endlich der Widder zu wirken aufhören würde. Um dies zu vermeiden, kann im Fallrohr kurz vor dem Gehäuse oder an demselben eine kleine mit nach innen sich öffnendem Ventil, sogenanntem Schnarchventil, versehene Oeffnung angebracht werden, durch welche jedesmal bei der beschriebenen Rückbewegung des Wassers etwas Luft angesaugt wird, die dann nach dem Windkessel gelangt und den Luftinhalt desselben stetig ergänzt. Vielfach wird das erwähnte Rückschlagventil auch weggelassen, dann strömt allerdings fast stetig etwas Wasser aus dem Loch.

Der hydraulische Widder mit Druckwirkung kann stets dann Anwendung finden, wenn Wasser von geringem Druck im Ueberfluss vorhanden ist, also ein geringes Gefälle aus einem Teich, fliessendem Gewässer u. dgl. zur Verfügung steht. Es wird der Stossheber daher vielfach für die Förderung von Wasser nach hochgelegenen Gebäuden und für Bewässerungszwecke benutzt und bildet dann eine einfache, selbstthätig arbeitende, nahezu betriebssichere Pumpe.

Die Firma Christian Hilpert in Nürnberg, sowie die Kommanditgesellschaft W. Garvens in Hannover bauen hydraulische Widder in 5 Grössen für eine Aufschlagwassermenge von 0,003 bis 0,094 cbm in der Minute; Möller & Blum in Berlin verfertigen 5 Grössen für 0,004 bis 0,1 cbm Aufschlagwasser und Baer & Co. in Zürich bauen 4 Grössen für 0,005 bis 0,25 cbm Aufschlagwasser. Die Kraftwasserzuleitung (das Triebrohr) wird zweckmässig nicht länger als 20 m genommen.

Der Stossheber mit Saugwirkung hat nur selten Ausführung gefunden. Die Einrichtung ist derart, dass vom Boden des Kraftwasserbehälters ein Rohr niederführt, in welches seitlich das Saugrohr mündet. In letzterem ist ein Saugventil angeordnet; am oberen Ende des Fallrohres befindet sich das Sperrventil. Wird dieses geöffnet, so fliesst Wasser aus dem Behälter durch das Fallrohr nach dem Abflusskanal. Hat hierbei die Geschwindigkeit dieser Bewegung eine gewisse Grösse erreicht, so wird das Sperrventil von dem darüber stehenden Wasser niedergedrückt und geschlossen. Nun kann aus dem Behälter kein Wasser mehr nachfolgen, es wird daher das im Fallrohr noch sich abwärts bewegende Wasser neues ansaugen, indem der Ueberdruck des auf dem Saugrohr angeordneten, mit verdünnter Luft erfüllten Saugwindkessels das Saugventil öffnet. Die Saugwirkung dauert nun so lange, bis das Arbeitsvermögen des Wassers im Fallrohre aufgezehrt ist und, da der Wasserspiegel im Abflusskanal höher als im Saugbehälter steht, im genannten Rohre eine Rückwärtsbewegung eintritt. Dann schliesst sich das Saugventil, das Wasser hebt das Sperrventil und das Spiel beginnt von neuem. Eine von Leblanc angegebene Einrichtung eines doppelten saugenden Stosshebers findet sich in Weisbach's Ingenieur- u. Maschinen-Mechanik, III. Theil, 2. Abth. S. 1011 abgebildet.

Berechnung der stossweise wirkenden Wasserstrahlpumpen.

Eine genaue und allgemein gültige rechnerische Feststellung aller bei der Wirkung des hydraulischen Widders auftretenden Vorgänge führt zu einer umständlichen und praktisch doch werthlosen Entwickelung, da diese nur unter Einführung von Erfahrungszahlen aufgestellt werden kann und solche nahezu völlig fehlen, denn die von Eytelwein u. A. ausgeführten zahlreichen Versuche gelten immer nur für eine bestimmte Einrichtung des hydraulischen Widders.

Für die Berechnung von Ausführungen genügt es, eine annähernd giltige Theorie zu benutzen und im Uebrigen die durch die Erfahrung gegebenen Regeln zu beachten. Solche vereinfachte Berechnungsmethoden finden sich z. B. in Herrmann's Bearbeitung der Weisbach'schen Mechanik III. Theil, 2. Abth. S. 1015 und in Poillon's mehrfach angegebenem Werke II. Band S. 196. Die folgende, für den hydraulischen Widder mit Druckwirkung giltige Entwickelung stützt sich im Wesentlichen auf die von Herrmann gegebene Theorie und gilt nur unter gewissen Vereinfachungen. Hierfür seien folgende Bezeichnungen gewählt (vgl. Fig. 643):

Q_k, Q_v, Q die in der Sekunde dem Zuflussbehälter, dem Sperrventil und der Steigrohrmündung entströmende Wassermenge,

H_d Förderhöhe, gemessen bis zum Wasserstand im Zuflussbehälter,

H_k Gefälle des Aufschlagwassers, gemessen bis zum Sperrventil,

F_k, L_k Querschnitt und Länge der Zuflussleitung,

F_d Querschnitt der Steigleitung.

Die übrigen Bezeichnungen ergeben sich aus Nachfolgendem.

Wenn das Sperrventil sich öffnet, so wird durch den Druck H_k die in der Zuleitung in Ruhe befindliche Wassermasse $\frac{F_k L_k \gamma}{g}$ in nahezu gleich-

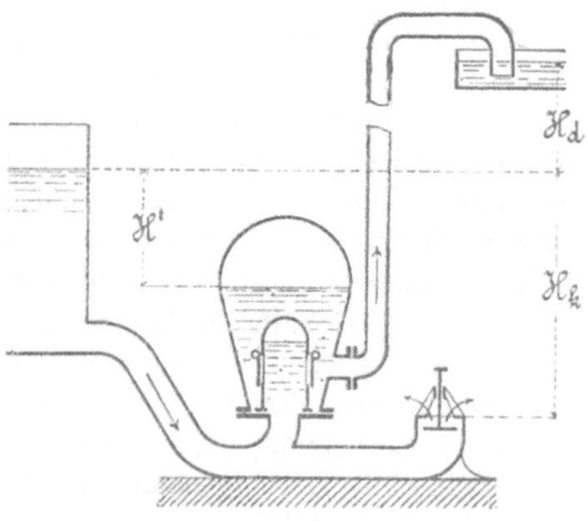

Fig. 643.

förmig beschleunigte Bewegung versetzt; die Beschleunigung ergibt sich aus

$$b_1 = \frac{F_k (H_k - h_k) \gamma}{F_k L_k \gamma} g = \frac{H_k - h_k}{L_k} g; \qquad 361)$$

hierbei bedeutet h_k die bei der Bewegung im Zuflussrohr entstehende Widerstandshöhe. Die Geschwindigkeit, welche die Masse nach t_1 Sekunden annimmt, ist

$$v_1 = b_1 t_1 = \frac{H_k - h_k}{L_k} g t_1; \qquad 362)$$

da die Widerstände der von Null bis v_1 wachsenden Geschwindigkeit entsprechen, so kann

$$h_k = \zeta_k \frac{v_1^2}{8 g}$$

gesetzt werden; ζ_k bedeutet dabei die nach früherem zu berechnende Vorzahl.

Es sei nun t_1 die Zeit in Sekunden, während welcher das Sperrventil offen ist, so setzt sich t_1 aus den Zeiten t_1' und t_1'' zusammen; t_1' verstreicht vom Beginn der Eröffnung bis zum Eintritt des Gleichgewichtszustandes zwischen der Belastung des Ventils, welche dasselbe geöffnet erhält, und dem hydraulischen Ueberdruck, welcher dasselbe zu schliessen sucht. Es sei hier daran erinnert, dass die Beziehung zwischen dieser Belastung und dem hydraulischen Druck durch Bach für den umgekehrten Fall bei einigen Ventilarten ermittelt wurde (vgl. S. 194), wobei die Belastung das Ventil zu schliessen sucht und der hydraulische Druck dasselbe offen halten will. Solche Versuche, wie sie Bach für die Kolbenpumpenventile angestellt, fehlen hier; Poillon gibt wohl eine Formel für den obengenannten Gleichgewichtszustand, doch ist diese anscheinend nicht auf Versuche gegründet, ferner nur für eine bestimmte und selten angewendete Ventilanordnung gegeben, also für eine allgemeinere Berechnung werthlos.

Die Wassermengen, welche während der Zeiten t_1' und t_1'' aus dem Sperrventil fliessen, werden etwa gleich $\varphi\, F_v \frac{v_1'}{2} t_1'$ und $\varphi\, F_v \frac{v_1' + v_1}{2} t_1''$ sein, wenn v_1' die nach der Zeit t_1' entstehende Geschwindigkeit, F_v den freien Durchgangsquerschnitt, φ eine der Kontraktion Rechnung tragende Vorzahl bedeutet.

Die gesammte durch das Sperrventil ausfliessende Wassermenge ist demnach

$$q_1 = \varphi\, F_v \left(\frac{v_1'}{2} t_1' + \frac{v_1' + v_1}{2} t_1'' \right). \qquad 363)$$

Wenn, wie es zweckmässig ist, $\varphi\, F_v = F_k$ genommen wird, also F_v etwas grösser als F_k gemacht wird, so kann annäherungsweise

$$q_1 = F_k \frac{v_1}{2} t_1 = F_k \frac{(H_k - h_k)\, g\, t_1^2}{L_k \quad 2} \qquad 364)$$

gesetzt werden.

Sobald das Sperrventil sich schliesst, entspricht der Wasserdruck auf das Druckventil ungefähr der Höhe $(H_k - h_k)$ und muss dieser im Stande sein, das Druckventil zu öffnen und die darüber befindliche Flüssigkeitsmasse $\frac{F_d\, L_d}{g}$ in Bewegung zu setzen. Letztere wird nahezu gleichförmig verzögert erfolgen, da der auf die treibende Masse wirkende Gegendruck die Geschwindigkeit vermindert. Die Verzögerung kann nun, unter der Voraussetzung, dass die Wassermasse im Steigrohr klein in Hinsicht auf die im Zuflussrohr ist, gleich

$$b_2 = \frac{F_k\,(H_d - h_d)\gamma}{L_k\, F_k\, \gamma}\, g = \frac{H_d - h_d}{L_k}\, g \qquad 365)$$

gesetzt werden, wenn h_d die den Reibungswiderständen im Steigrohr entsprechende Wasserhöhe bezeichnet.

Die Wassermasse in dem Zuflussrohr kommt allmählich wieder zur Ruhe und zwar nach einer Zeit t_2, welche sich aus

$$0 = v_1 - b_2 t_2$$

zu

$$t_2 = \frac{H_k - h_k}{H_d - h_d} t_1 \tag{366}$$

ergibt.

Während der Zeit t_2 strömt aber Wasser durch das Druckventil in den Windkessel, jedoch mit abnehmender Geschwindigkeit. Diese Wassermenge q_2 ergibt sich daher aus

$$q_2 = F_k \frac{v_1}{2} t_2 = \frac{F_k}{L_k} \frac{(H_k - h_k)^2}{(H_d - h_d)} \frac{g t_1^2}{2}. \tag{367}$$

In Folge des fortdauernden Gegendrucks der Wassersäule im Steigrohr wird nun das Wasser sich rückwärts bewegen; bleibt hierbei das Steigventil noch während der Zeit t_3 offen, so erlangt die Wassermasse eine Geschwindigkeit

$$v_2 = \frac{H_d - h_d}{L_k} g t_3,$$

so dass eine Wassermenge

$$q_3 = \frac{F_k (H_d - h_d)}{L_k} \frac{g t_3^2}{2} \tag{368}$$

wieder aus dem Windkessel zurückfliesst.

Nach Ablauf der Zeit t_3 schliesst sich das Druckventil und öffnet sich das Sperrventil; das Wasser im Zuflussrohr kommt allmählich nach der Zeit t_4 zur Ruhe und es beginnt ein neues Spiel.

Die Zeit t_4 ergibt sich daraus, dass das sich rückwärts bewegende Wasser durch den Gegendruck $(H_k - h_k)$ verzögert wird; also ist

$$0 = v_2 - b_3 t_4,$$

die Verzögerung b_3 ergibt sich aus

$$b_3 = \frac{F_k (H_k - h_k) \gamma}{F_k L_k \gamma} g, \tag{369}$$

also wird

$$t_4 = \frac{(H_d - h_d)}{(H_k - h_k)} t_3. \tag{370}$$

Mündet das Sperrventil unter Wasser, so wird während der Zeit t_4 eine Wassermenge q_4 wieder zurückgesaugt, welche sich aus

$$q_4 = \frac{F_k v_2 t_4}{2} = \frac{F_k}{L_k} \frac{(H_d - h_d)^2}{(H_k - h_k)} \frac{g t_3^2}{2} \tag{371}$$

ergibt.

Die in einer Sekunde dem Zuflussbehälter entnommene Wassermenge beträgt

$$Q_k = \frac{q_1 + q_2 - q_3 - q_4}{t_1 + t_2 + t_3 + t_4}; \tag{372}$$

die in gleicher Zeit thatsächlich nach dem Steigrohr gehobene Wassermenge ist

$$Q = \frac{q_2 - q_3}{t_1 + t_2 + t_3 + t_4}, \tag{373}$$

und die aus dem Sperrventil geflossene Wassermenge beträgt

$$Q_v = \frac{q_1 - q_4}{t_1 + t_2 + t_3 + t_4}. \tag{374}$$

Wenn das Sperrventil nicht unter Wasser steht, also ein Zurücksaugen an Wasser nicht stattfinden kann, so ist q_4 gleich Null zu setzen.

Die Anzahl n der in der Minute erfolgenden Spiele ist

$$n = \frac{60}{t_1 + t_2 + t_3 + t_4};$$

für eine Ueberschlagsrechnung kann t_3 und t_4 vernachlässigt werden.

Der Wirkungsgrad η ergibt sich als

$$\eta = \frac{(q_2 - q_3)\,H_d}{(q_1 - q_4)\,H_k}$$

$$= \frac{\left[\frac{(H_k - h_k)^2}{H_d - h_d}\,t_1^2 - (H_d - h_d)\,t_3^2\right] H_d}{\left[(H_k - h_k)\,t_1^2 - \frac{(H_d - h_d)^2}{H_k - h_k}\,t_3^2\right] H_k} = \frac{H_k - h_k}{H_d - h_d}\,\frac{H_d}{H_k}. \tag{375}$$

Findet ein Zurücksaugen nicht statt, so ist

$$\eta = \frac{(q_2 - q_3)\,H_d}{q_1\,H_k} = \frac{H_d}{H_k}\left[\frac{(H_k - h_k)}{(H_d - h_d)} - \frac{(H_d - h_d)}{(H_k - h_k)}\left(\frac{t_3}{t_1}\right)^2\right]. \tag{376}$$

Der Wirkungsgrad wird danach um so grösser, je kleiner das Verhältniss $\frac{H_d}{H_k}$ und je kürzer die Zeit t_3 ist, während welcher während der Rückbewegung des Wassers das Sperrventil noch offen steht. Für eine Ueberschlagsrechnung können q_3, q_4, t_3, t_4 gegen die viel grösseren Werthe q_1, q_2, t_1, t_2 vernachlässigt werden; dann ist

$$Q = \frac{F_k}{L_k}\,\frac{(H_k - h_k)^2}{(H_k - h_k) + (H_d - h_d)}\,\frac{g\,t_1}{2}, \tag{377}$$

$$Q_v = \frac{F_k}{L_k}\,\frac{(H_k - h_k)(H_d - h_d)}{(H_k - h_k) + (H_d - h_d)}\,\frac{g\,t_1}{2}, \tag{378}$$

also

$$\frac{Q}{Q_v} = \frac{H_k - h_k}{H_d - h_d} \tag{379}$$

und

$$Q_k = Q + Q_v = \frac{F_k}{L_k}(H_k - h_k)\frac{g\,t_1}{2} = F_k\frac{v_1}{2}. \qquad 380)$$

Versuche mit hydraulischen Widdern sind hauptsächlich von Eytelwein angestellt worden; derselbe hat daraus für den Wirkungsgrad die empirische Formel

$$\eta = 1{,}12 - 0{,}2\sqrt{\frac{H_d}{H_k}}$$

ermittelt, welche folgende Werthe gibt:

$\frac{H_d}{H_k}$	1	2	3	4	5	6	8	10	12	15	20
η	0,92	0,84	0,77	0,72	0,67	0,63	0,56	0,49	0,43	0,35	0,23

Hieraus ist ersichtlich, dass der Wirkungsgrad mit wachsendem $\frac{H_d}{H_k}$ erheblich abnimmt.

Nach Eytelwein ist ferner die Weite D_k der Zuflussleitung

$$D_k = 0{,}3\sqrt{60\,Q_k}; \qquad 281)$$

die Länge derselben soll durch

$$L_k = H_d + 0{,}3\frac{H_d}{H_k} \qquad 382)$$

bestimmt werden.

Ferner schliesst der genannte aus den angestellten 1123 Versuchen, dass die Weite D_d der Druckleitung untergeordneten Einfluss auf die Wirkung der Pumpe hat; es genügt, wenn man $D_d = \frac{1}{2} D_k$ macht; der freie Querschnitt des Sperrventils ist gleich dem der Zuflussleitung zu machen; dieses Ventil soll möglichst leicht sein; es kann unter Wasser stehen, ohne dass die Leistung beeinträchtigt wird; Sperr- und Druckventil sollen möglichst nahe an einander angeordnet werden; die Anbringung eines Windkessels ist zweckmässig, da dadurch die schädlichen Erschütterungen der Wasserstösse abgeschwächt werden; es ist hinreichend, den Windkesselinhalt gleich dem des Steigrohres zu machen.

Möller & Blum in Berlin geben den Leitungen folgende Abmessungen:

Wassermenge in l, welche in der Minute dem Zuflussbehälter entnommen wird.	Rohrdurchmesser in mm	
	Zuflussleitung.	Steigleitung.
4—8	20	10
7—15	25	12
12—25	32	18
25—50	50	20
50—100	63	25

Die Länge der Zuflussleitung soll dabei 5 bis 15 m betragen, die der Steigleitung ist beliebig. Als Wirkungsgrad nehmen die Genannten wie auch Garvens in Hannover 0,7 an.

Christian Hilpert in Nürnberg gibt folgende Tabelle:

Wassermenge in l, welche in der Minute dem Zuflussbehälter entnommen wird.	Rohrdurchmesser in mm	
	Zuflussleitung.	Steigleitung.
3—7	19	10
6—15	25	13
11—26	32	13
22—53	51	19
45—94	64	25

Die Triebrohrlänge soll 20 m nicht überschreiten. Der Wirkungsgrad beträgt für die häufigsten Fälle der Praxis 0,7 und kann günstigst auf 0,85 steigen.

Dampfstrahlpumpen.

Die Wirkungsweise der Dampfstrahlpumpen beruht darauf, dass ein aus einem düsenförmigen Rohrende strömender Dampfstrahl die diese Mündung umgebende Flüssigkeit in Bewegung versetzt, ihr also eine gewisse lebendige Kraft ertheilt, mittels welcher der in das Steigrohr tretende Flüssigkeitsstrom die Bewegungswiderstände überwinden kann. Hierbei kann die Flüssigkeit entweder der Dampfdüse aus einem höher gelegenen Behälter .zuströmen oder angesaugt werden, wie dies bei den Wasserstrahlpumpen der Fall ist. Die für die Saugwirkung nothwendige Druckminderung entsteht dabei in Folge der Verdichtung des Dampfes. Je nach der Verwendungsart wird die Dampfstrahlpumpe nur saugend oder nur drückend oder mit beiden Wirkungen benutzt. Hiernach wird die Einrichtung eine verschiedene und ändert sich diese auch nach der Art des Zweckes der zu fördernden Flüssigkeit, nach dem Druck des Betriebsdampfes und der zu überwindenden Förderhöhe.

Die verschiedenen Arten von Dampfstrahlpumpen werden als Ejektoren, Elevatoren, Ejektorkondensatoren, Injektoren bezeichnet. Diese Gruppen grenzen sich gegenseitig jedoch nicht genau ab, vielmehr gehen sie in ihrer Formung in einander über, wie nachfolgende Erläuterungen zeigen werden. Sämmtliche Dampfstrahlpumpen wirken stetig mit gleichbleibender Geschwindigkeit.

Die Dampfstrahl-Elevatoren oder Ejektoren dienen entweder zum Heben oder zur Bewegung von Flüssigkeiten und finden Anwendung als Brunnenpumpen in gewerblichen Betrieben jeder Art, zum Heben von schlammigen und trüben Flüssigkeiten, von Säuren, zum Drücken von Flüssigkeiten durch Filterpressen, ferner als Umlaufelevatoren für Bäuchkessel und Laugeapparate, zum Umrühren von Flüssigkeiten, zum Heben von Wasser bei Heizeinrichtungen, Badeanstalten, auch als Abteufpumpen und Feuerspritzen, sowie als Pumpen bei Eisenbahnwasserstationen, schliesslich auf Schiffen zur Fortschaffung des in der Bilge angesammelten Wassers, des bei Beschädigung eintretenden Leckwassers, sowie zum Entleeren des Wasserballastes. Die Hubhöhe der Dampfstrahlelevatoren richtet sich im Allgemeinen nach der Dampfspannung; jedoch lassen sich bei bestimmter Einrichtung auch bedeutend grössere Druckhöhen überwinden, als der Spannung des Betriebsdampfes entspricht; die Saughöhe kann bei Wasserförderung bis zu 8,5 m betragen.

Die Gebr. Körting in Hannover haben insbesondere die Einrichtung dieser Dampfstrahlpumpen für die genannten verschiedenen Zwecke ausgebildet und verfertigen sie für die gewöhnlichen Leistungen in drei Normalformen:

a) für zufliessendes Wasser oder geringe Saughöhe,

b) für grosse Saughöhen und geringe Druckhöhen,

c) für grosse Saughöhen, bedeutende Druckhöhen und veränderlichen Dampfdruck.

Mittels dieser drei Hauptarten lassen sich für Wasserförderung folgende Leistungen erzielen (Dampfspannung als absoluter Druck angegeben):

a) Dampfdruck in at 2 3 4 5 6
Gesammtförderhöhe in m 4 12 20 30 38.

Die zulässige Saughöhe bei kaltem Wasser beträgt 2 m; zufliessendes Wasser kann 60° warm sein.

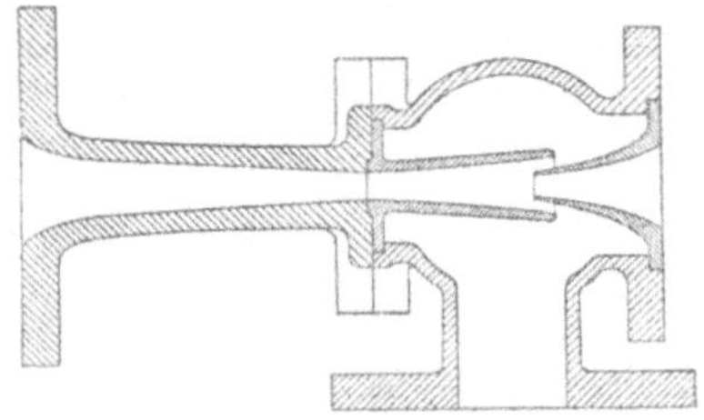

Fig. 644.

b) bei einem Dampfdruck von 3—7 at und einer Saughöhe bis zu 6,5 m lässt sich mit diesen Pumpen noch eine Druckhöhe von 5—12 m überwinden.

c) Pumpen dieser Gruppe ergeben bei einem Dampfdruck von 3—7 at und einer Saughöhe bis zu 6,5 m eine Druckhöhe von 10—24 m.

Diese Leistungen der Pumpenarten b) und c) gelten für die Förderung kalten Wassers; für heisse oder schwere Flüssigkeiten vermindert sich die Leistung. Für besondere Fälle werden von der genannten Firma auch Pumpen gebaut, die bis zu 8 m hoch ansaugen oder Wasser von einer Temperatur bis 90° fördern oder eine Druckhöhe überwinden, welche bis zum Dreifachen der dem Dampfdruck entsprechenden Druckhöhe beträgt.

Die einfache Formung der ersten beiden Arten ist durch Fig. 644 verdeutlicht. Die mit Absperrventil versehene Dampfleitung wird an die Dampfdüse angeschlossen, die Zufluss- oder Saugleitung an dem seitlich angebrachten Stutzen befestigt. Wird nun das Dampfventil langsam geöffnet, so wird bei dem Ejektor mit zulaufender Flüssigkeit der letzteren die Bewegung ertheilt; das Gemisch von Dampf und Flüssigkeit tritt in die Auffangdüse und aus dieser nach dem am Ende derselben anzuschliessenden Steigrohr. In dieser Weise wirken auch die in Fig. 645 angedeuteten Lenzpumpen, die zur Förderung grosser Wassermengen auf geringe Hubhöhen dienen, wie dies insbesondere auf Schiffen, dann auch bei Entwässerungsanlagen nöthig ist. Das Gehäuse wird aus Gusseisen hergestellt, die Düsen aus Rothguss. Das kupferne Auswurfrohr D wird unmittelbar an seiner Mündung in der Schiffswand durch ein Ausgussventil abgeschlossen. Der Betrieb kann durch Nieder-, Mittel- oder Hochdruckdampf erfolgen; im ersten Fall lässt man das Auswurfrohr meist über der Wasserlinie münden, in den letztgenannten Fällen kann das gehobene Wasser unter derselben abfliessen. Dieser Ejektor wird entweder in das zu entfernende Wasser gelegt oder dicht darüber aufgestellt. Das kurze Saugrohr ist mit einem Sieb aus Kupfer- oder verzinktem Eisenblech zu versehen. Die Gebr. Körting

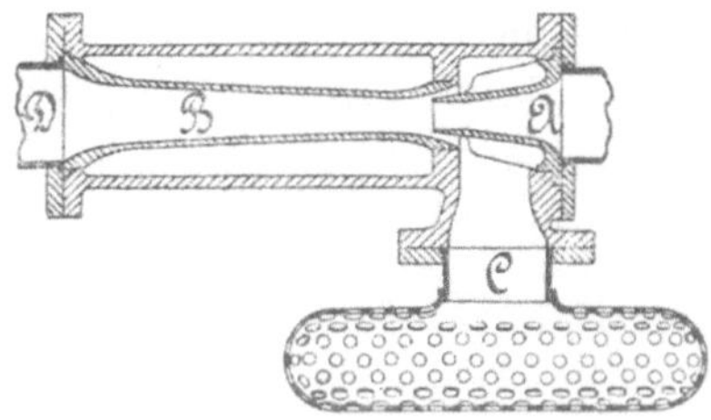

Fig. 645.

liefern Pumpen von der in Fig. 644 angegebenen Bauart in 9 Grössen für 0,017 bis 1 cbm in der Minute geförderte Wassermenge und Lenzpumpen (Fig. 645) in 10 Grössen für eine geförderte Wassermenge von 0,033 bis 5 cbm in der Minute; um letztere Leistung zu erhalten, muss jedoch das Auswurfrohr möglichst gerade gelegt werden und müssen unvermeidliche Rohrbiegungen grosse Krümmungshalbmesser erhalten.

Die Körting'schen Dampfstrahl-Lenzpumpen sind bei der deutschen, englischen, russischen und holländischen Marine eingeführt; in der österreichischen und französischen sind die älteren Strahlpumpen von Friedmann in Gebrauch. Bei diesen sind im Gehäuse 8—10 dicht hintereinander liegende bronzene Düsen angebracht, deren innerer Durchmesser sich vom Dampfeintrittsrohre bis zum Auswurfsrohr allmählich vergrössert. Der Betriebsdampf strömt zunächst durch die engste Düse, saugt zwischen dieser und der zweiten Bilgwasser an, das Gemisch gelangt durch die zweite Düse, saugt wieder Wasser an u. s. w. Auf diese Weise wird die Verdichtung des Dampfes allmählich bewirkt und tritt daher möglichst vollständig ein; die Mischung des Dampfes mit dem schichtweise mitgenommenen Wasser erfolgt nahezu stossfrei. Friedmann liefert solche Ejektoren in 10 Grössen von 0,075 bis 5 cbm Fördermenge in der Minute.

Die Lenzejektoren gebrauchen erheblich mehr Dampf als die Dampflenzpumpen, haben jedoch diesen gegenüber den Vortheil der Einfachheit, leichten Aufstellung, Betriebssicherheit und der bedeutenden Lieferfähigkeit in kurzer Zeit; diese Strahlpumpen sind daher für zeitweisen Betrieb sehr zweckmässig. Ein Verstopfen des Saugsiebes kann leicht dadurch beseitigt werden, dass man das Auswurfrohr durch eine Klappe absperrt und den Dampf durch die Löcher des Siebes ausblasen lässt.

Die Hannoversche Centralheizungs- und Apparate-Bau-Anstalt in Hainholz verfertigt Dampfstrahlpumpen in ähnlicher Formung und ähnlichen Abmessungen wie Gebr. Körting; ferner baut sie eine

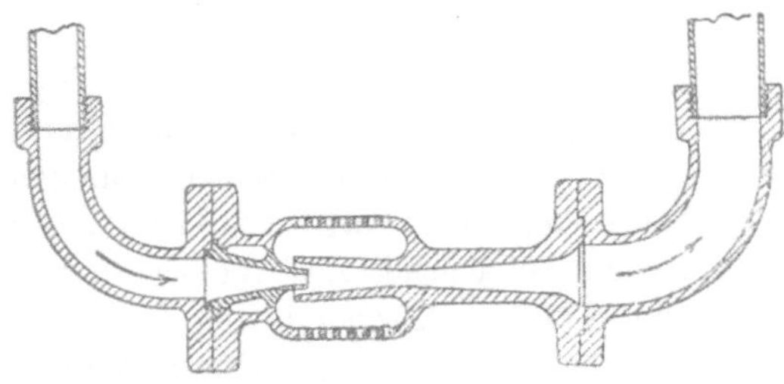

Fig. 646.

besondere durch Fig. 646 verdeutlichte Art, für den Fall, dass die Pumpe in das zu fördernde Wasser gelegt werden soll, wobei das Gehäuse gleich als Saugsieb dient.

Schäffer & Budenberg in Buckau-Magdeburg liefern gleichfalls Dampfstrahlpumpen gewöhnlicher Bauart in 11 Grössen für eine Flüssigkeitsförderung von 0,01 bis 1,2 cbm in der Minute bei 4 Atmosphären Dampfdruck und 10 m Förderhöhe; auch Dreyer, Rosenkranz & Droop in Hannover bauen solche Pumpen.

Schlammelevatoren, welche zum Reinigen der Brunnen von Triebsand, zum Fortschaffen von Baggerbrei und dergl. dienen, werden lothrecht in die zu fördernde Flüssigkeit gesenkt. Als Kraftflüssigkeit kann Dampf oder Druckwasser verwendet werden; es wird dann ein Theil desselben durch enge, am Boden des Gehäuses angebrachte Löcher ausgeleitet, so dass dadurch der zu fördernde Schlamm, Baggerbrei, Sand und dergl. aufgewühlt und mit dem darüber stehenden Wasser gemischt wird. Das Gemenge tritt dann in die Pumpe und wird von der Kraftflüssigkeit hochgetrieben. Bei zeitweisem Gebrauch, wobei also der grösste erreichbare Wirkungsgrad nicht in Frage kommt, und bei Hebung leichter Massen wird Dampf vorzuziehen sein, da dieser zu anderen Zwecken gewöhnlich schon vorhanden ist, die Leitungen enger, also wie die Pumpen selbst billiger werden. Bei dauernder Verwendung, wenn der grösstmögliche Wirkungsgrad erzielt werden soll und ferner bei schwer zu bewegendem Schlamm oder Schlick ist zweckmässiger Druckwasser zu benutzen, da der beim Austritt aus den genannten Oeffnungen sich rasch verdichtende Dampf wenig aufwühlende Wirkung hat. Allerdings muss das Kraftwasser meist erst durch eine Pumpe erzeugt werden. Es kann auch Dampf zum Betrieb und Druckwasser zum Aufrühren des Schlammes u. s. w. benutzt werden; eine hierfür von Gebr. Körting gebaute Pumpe ist in Fig. 647 dargestellt.

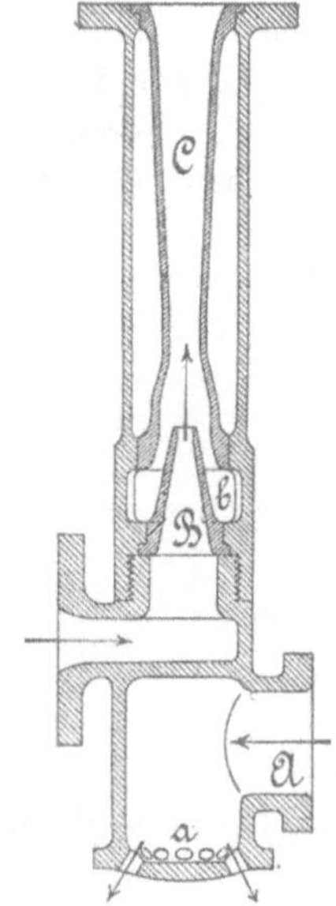

Fig. 647.

Die Hochdruckwasserleitung wird bei A angeschlossen, tritt durch die Löcher a aus und wühlt die zu fördernde Masse auf. Diese mischt sich mit Wasser, fliesst durch die Löcher b in die Pumpe und wird von dem durch die Düse B strömenden Dampf in das Druckrohr C getrieben, an welches ein Schlauch befestigt ist, so dass die Pumpe allmählich tiefer gehängt werden kann. Solche Dampfstrahlelevatoren bauen Gebr. Körting in 3 Grössen für eine Fördermenge, bestehend aus Wasser und festen Theilen, von 0,17 bis 0,5 cbm in der Minute. Das Gehäuse wird aus Gusseisen, die Düsen werden aus Rothguss hergestellt.

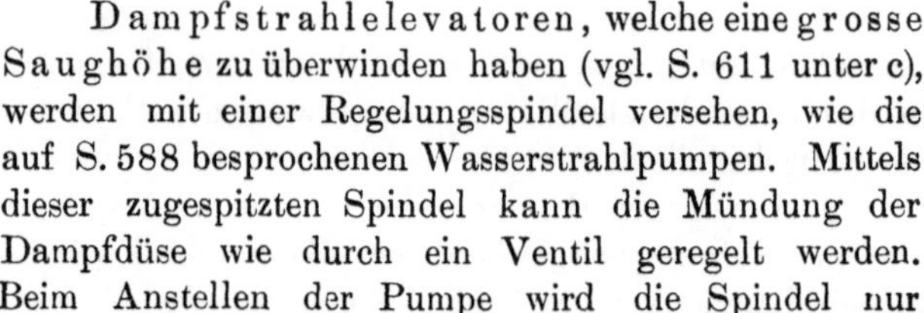

Dampfstrahlelevatoren, welche eine grosse Saughöhe zu überwinden haben (vgl. S. 611 unter c), werden mit einer Regelungsspindel versehen, wie die auf S. 588 besprochenen Wasserstrahlpumpen. Mittels dieser zugespitzten Spindel kann die Mündung der Dampfdüse wie durch ein Ventil geregelt werden. Beim Anstellen der Pumpe wird die Spindel nur wenig herausgedreht, so dass zuerst eine geringe Dampfmenge durchströmt, welche sich rasch verdichtet, so dass die das Ansaugen bewirkende niedrige Spannung entsteht. Ist letzteres eingetreten, so wird durch völliges Herausschrauben der Spindel die Pumpe in volle Thätigkeit gesetzt. Diese Pumpen werden von Gebr. Körting in 9 Grössen für eine geförderte Wassermenge von 0,017 bis 1 cbm in der Minute hergestellt. Auch Schäffer & Budenberg in Buckau-Magdeburg, Dreyer, Rosenkranz & Droop in Hannover bauen Dampfstrahlpumpen mit Regelungsspindel.

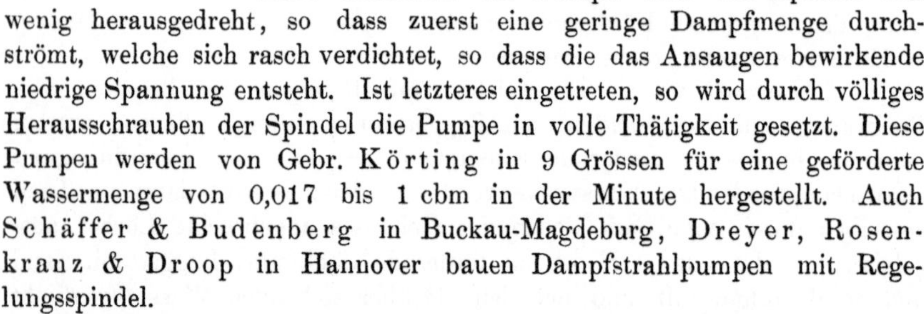

In manchen Fällen ist es erwünscht, zwischen der Dampf- und der Aufsaugedüse noch eine oder mehrere Zwischendüsen anzuordnen, zumal dann, wenn der Unterschied zwischen Dampfdruck und dem zu überwindenden Druck gross ist. Die Zwischendüsen haben dabei den Zweck, zu vermeiden, dass das anzusaugende Wasser Wirbelungen bildet. Der Lenzejektor mit Zwischendüsen wurde bereits erwähnt. Eine andere ähnliche Einrichtung, welche von Gebr. Körting als Strahlpumpe für die Oberflächenkondensatoren von Torpedobooten ausgeführt wird, ist in Fig. 648 dargestellt. Die Pumpe hat den Zweck, während des Stillstandes der Maschine das zur Kühlung des Kondensators nöthige Seewasser durch letzteren zu treiben. Hierzu wird Kesseldampf in die Düse A geleitet, dadurch Wasser angesaugt und dasselbe mit dem sich verdichtenden Dampf durch die folgenden drei Mischdüsen B und das

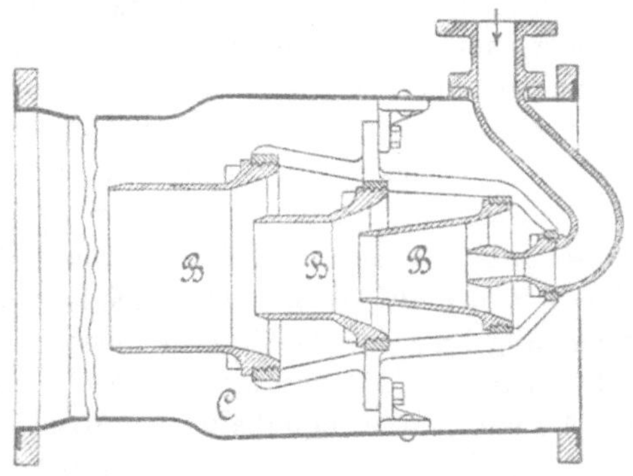

Fig. 648.

Austrittsrohr in die See gedrückt. Die Pumpe wird aus Bronze, das Gehäuse C als Kupferrohr hergestellt.

Die Ejektoren können im Allgemeinen in jeder Lage aufgestellt werden. Für die Förderung von Wasser und anderen das Eisen nicht angreifenden Flüssigkeiten werden sie ganz aus Gusseisen oder mit gusseisernem Körper und Rothgussdüsen, für die Förderung von Säuren, Laugen u. dgl. aus Hartblei, Rothguss, Deltametall, Phosphorbronze, Porzellan mit Dampfdüsen aus Hartblei oder Hartgummi, oder als Eisenkörper mit Hartblei- oder Hartgummifutter hergestellt. Die Befestigung an den Rohrleitungen geschieht dann mittels eiserner Flanschen; es sind solche Pumpen daher so anzubringen, dass sie von aussen mit der zu hebenden Flüssigkeit nicht in Berührung kommen, also am besten dicht über dem obersten Flüssigkeitsspiegel.

Strahlkondensatoren finden bei Dampfmaschinen zur Verdichtung des verbrauchten Dampfes Anwendung und wirken derart, dass der Abdampf in einem Düsensystem mit dem zugeleiteten Kühlwasser sich mischt und dadurch niedergeschlagen wird und dass dabei durch die dem Abdampf innewohnende Triebkraft der Wasserstrahl die zur Durchströmung des Apparates erforderliche Beschleunigung erhält. Diese vom Abdampf abzugebende Arbeit kann ganz oder theilweise dadurch ersetzt werden, dass das Kühlwasser mit Gefälle zugeführt wird. Muss das Kühlwasser angesaugt werden, so genügt für die Ingangsetzung des Apparates die durch den Abdampf erhaltbare Wirkung nicht, sondern es muss dazu frischer Kesseldampf zugeführt werden. Der Strahlkondensator ist 1867 von A. Morton erfunden worden, der zunächst nur eine centrale Wasserdüse mit einer einzigen umgebenden ringförmigen Abdampfdüse anordnete, später aber die Abdampfdüse zur Regelung der Dampfspannung verstellbar machte. Eine wesentliche Verbesserung der Wirkung erzielte E. Körting durch Anbringung einer mehrfachen Dampfzuströmung, so dass der Dampf in zahlreichen feinen Strahlen zu dem Kühlwasser tritt und sich daher inniger mit diesen mischt. Um den Strahlkondensator dem Dampfverbrauch einer veränderlich belasteten Dampfmaschine anzupassen, brachte L. Schütte eine lange bewegliche Spindel innerhalb der Wasserdüse und der Mischdüse und einen hülsenförmigen Schieber zur Umhüllung der letzteren an; beim Verschieben der Spindel werden die Durchgangsquerschnitte der beiden Düsen geändert und durch den Ringschieber werden von den die Wand der Mischdüse durchbrechenden, zur Dampfzuführung angebrachten Oeffnungen mehr oder weniger geschlossen, so dass die zuströmende Dampfmenge geregelt wird. E. Körting hat neuerdings die Aufnahmedüse innerhalb der Mischdüse, die wieder mit zahlreichen Durchbrechungen behufs Dampfzuführung versehen ist, verschiebbar gemacht, so dass die erstere gegenüber diesen in etwa zehn Reihen hinter einander angebrachten Einströmungsöffnungen als Absperrschieber wirkt. Gebr. Körting in Körtingsdorf bei Hannover verfertigen nunmehr drei Arten von Strahlkondensatoren: 1. solche für Gefällwasser, bei beliebig veränderlich belasteter Maschine, 2. solche für Unterwasser, bei dauernd gleichmässig belasteten Maschinen, 3. sogenannte Universal-Strahlkondensatoren, für anzusaugendes Wasser, bei zeitweilig veränderlich belasteten Maschinen. Die Apparate der erstgenannten Art besitzen keine Regelungsvorrichtung, nur einen Zulaufhahn für das Kühlwasser, das mit 5—6 m Gefälle durch den Kondensator strömen soll. Dies kann auch dadurch erreicht werden, dass das Wasser aus einer Höhe von 4 m über dem senkrecht aufgestellten Apparat zuläuft und diesen durch ein 500 mm langes Ausflussrohr verlässt. Diese Kondensatoren geben eine Luftleere bis zu etwa 65 cm Quecksilbersäule; es lässt sich mit ihnen auch eine hohe Erwärmung des Kühlwassers bei einer immerhin noch erheblichen Luftleere erzielen. Die Kondensatoren der zweiten Art sind denen der ersteren im Wesentlichen gleich; sie besitzen auch keine Regelungsvorrichtung. Da demnach die Dampf- und die Wasserzuführung nicht regelbar sind und andererseits diese Apparate dann angewendet werden, wenn für das Kühlwasser kein benutzbares und ausreichendes Gefälle zu Gebote steht, so eignen sich diese Kondensatoren nur für den Fall, dass der Abdampf dauernd in annähernd gleichen Mengen zuströmt; bei stark veränderter Belastung der Dampfmaschine würde die Wirkung des Kondensators stark beeinträchtigt werden und kann bei grossem Dampfverbrauch völlig aufhören. Diese Kondensatoren werden weniger dann angewendet, wenn eine möglichst hohe Luftleere zu erzeugen ist, als wenn überhaupt der Abdampf beseitigt werden soll und nur eine beschränkte Kühlwassermenge zur Verfügung steht, ferner dann, wenn es, wie z. B. in Bergwerken, zweckmässig ist, am Apparat keine beweglichen Theile zu haben. Wenn das Kühlwasser bei diesen Kondensatoren angesaugt werden muss, so ist eine besondere, mit frischem Dampf zu speisende Anlassvorrichtung anzubringen. Es empfiehlt sich, die Kondensatoren der zweiten Art in das Kühlwasser zu legen; falls sie über demselben angebracht werden müssen, darf die Saughöhe nicht wechseln und 3 m nicht übersteigen, auch soll das Ausflussrohr bis zum Spiegel des Kühlwassers oder unter demselben zurückgeführt werden. Die Universal-Strahlkondensatoren sind mit der bereits erwähnten, durch einen Handhebel verschiebbaren Auffangdüse versehen, ferner ist am Kopf des Apparates eine Düse für den zum Ansaugen des Kühlwassers nothwendigen frischen Kesseldampf angebracht. Die Handhabung erfolgt derart, dass zunächst die Auffangdüse so weit wie möglich in die Mischdüse hineingeschoben wird; hierauf wird das Frischdampfventil geöffnet, der eintretende frische Dampf bewirkt wie bei den Dampfstrahlelevatoren ein Ansaugen des Kühlwassers, das nun durch den Apparat strömt. Sodann wird die Dampfmaschine in Betrieb gesetzt, das Frischdampfventil geschlossen und die Schiebedüse langsam aus der Mischdüse herausbewegt; der zutretende Abdampf erzeugt nunmehr wie vorher der frische Dampf die Saugwirkung und die weitere Bewegung des Wasserstrahls durch den Apparat. Durch Verschieben der Auffangdüse wird bei wechselnder Dampfzuströmung die grösstmögliche Luftleere zu erreichen gesucht; bei stärkerer Belastung der Maschine, also grösserem Dampfverbrauch ist die Düse mehr nach der Ausgangsseite zu schieben, bei geringerem Dampfzutritt umgekehrt zu bewegen. Die Saughöhe soll bei Verwendung dieser Kondensatoren, die lothrecht oder wagrecht aufgestellt werden können, so gering wie möglich sein und 5 m nicht übersteigen; auch ist es zweckmässig, das abfliessende Wasser wieder auf die Höhe des Wasserspiegels im Kühlwasserbehälter oder noch tiefer zurück zu führen. Ohne Saugwirkung kann mit den Universalkondensatoren eine Luftleere von 70 cm Quecksilbersäule erhalten werden. Nach einer Angabe von E. Mahla (Zeitschrift des Vereins deutscher Ingenieure 1892, No. 35, S. 1009) hat der auf dem Bodensee-Raddampfer „Ruprecht" angebrachte Kondensator, dem das Kühlwasser mit geringem Gefälle zufliesst, eine Luftleere von etwa 85 Prozent der absoluten Leere erzeugt. Dieses günstige Ergebniss, sowie die Vorzüge der Kraft-, Gewichts- und Preisersparniss, des geringen Raumbedarfs und der bequemen Aufstellung, der einfachen Handhabung lassen die Strahlkondensatoren zu den Einspritzkondensatoren mit Luftpumpen in erfolgreichen Wettbewerb treten. Da bei den Strahlkondensatoren die Wasserförderung nur nebensächliche Bedeutung hat, so mögen vorstehende allgemeine Angaben genügen; Mittheilungen von E. Körting über die Theorie und Anwendung finden sich in der Zeitschrift des Vereins deutscher Ingenieure 1892, No. 20, S. 570; interessante Beispiele der Anwendung sind in dem bereits erwähnten Artikel von E. Mahla, sowie von R. Knoke (Dinglers Polyt. Journ. Bd. 287) eingehend beschrieben.

Die Injektoren.

Von den bisher beschriebenen Dampfstrahlpumpen unterscheiden sich die Injektoren insbesondere durch die Anordnung eines Ueberlaufes, durch welchen, behufs leichterer Ingangsetzung, eine Verbindung mit der Aussenluft oder mit dem hinteren Theil der Mischdüse geschaffen ist, in welcher die Dampfdüse endigt und der ausströmende Dampfstrahl somit durch Mischung mit dem zuströmenden Wasser niedergeschlagen wird. Dieser Ueberlauf befindet sich zwischen der Misch- und der Fangdüse, welche beide auch bei den in Fig. 644 bis 648 dargestellten Strahlpumpen vorhanden sind. Beim Injektor sind diese Düsen entweder von einander getrennt oder sie bilden ein Gussstück, in welchem an der Uebergangsstelle Löcher angebracht sind. Durch diese, bezieh. durch den Raum zwischen den getrennt angeordneten Düsen kann das vorübergehend beim Ingangsetzen von der Fangdüse nicht aufgenommene Wasser in den Ueberlaufraum, auch Schlabberraum genannt, treten und durch das Schlabberrohr in das Freie fliessen, bis allmählich der Dampfstrahl im Stande ist, das zufliessende Wasser derart zu beschleunigen, dass es in einem geschlossenen Strahl von der Fangdüse aufgenommen wird. Der Ueberlauf hat also einerseits den Zweck, die überflüssige Wassermenge abzuleiten, andererseits kann durch ihn auch Dampf abströmen, wenn zuviel desselben zugelassen wird; bei richtigem Betrieb soll jedoch weder Wasser noch Dampf austreten. Die Fangdüse wird, wenn sie von der Mischdüse getrennt ist, an ihrer Mündung etwas trichterförmig erweitert, um das Auffangen zu erleichtern und eine Verspritzung am Rande zu vermeiden; es darf aber der kleinste Querschnitt der Fangdüse nicht grösser sein als der Ausströmungsquerschnitt der Mischdüse, damit sich der Strahl gut anlegt und ein Ansaugen von Luft aus dem Ueberlaufraum nicht stattfindet.

Die Wirkung des Injektors ist an gewisse Vorbedingungen geknüpft; es müssen die Düsen passende Durchgangsquerschnitte und Form erhalten, ferner muss das Speisewasser eine genügend geringe Temperatur besitzen, damit in der Mischdüse eine rasche und möglichst vollständige Verdichtung des Dampfes entsteht. Erfahrungsgemäss tritt diese ein, wenn die Temperatur des Strahles am Ueberlauf 10—20^0 kleiner als diejenige ist, bei welcher das Wasser unter dem an dieser Stelle herrschenden Druck siedet.

Die Injektoren können mit und ohne Saugwirkung ausgeführt werden; im ersten Falle muss der Dampfzutritt geregelt werden können. Für die Regelung des Wasserzuflusses sind bei den meisten Injektoren auch besondere Vorkehrungen getroffen.

Die Dampfzuleitung ist stets mit einem Absperrventil versehen, um den Injektor in und ausser Betrieb setzen zu können. Ferner ist das Druck- und Speiserohr mit einem selbstthätigen Ventil auszurüsten, welches beim Stillstand die genannten Leitungen absperrt. Die beiden vorgenannten Ventile werden entweder im Gehäuse angebracht oder in die Leitung eingeschaltet. Um zu vermeiden, dass dem Kessel durch den Injektor Luft zugeführt wird, ist es zweckmässig, am Ueberlauf (Schlabberrohr) ein selbstthätig wirkendes Luftventil (Schlabberventil) anzubringen.

Es seien nun in Nachfolgendem die zur Zeit in Gebrauch befindlichen Injektoren an einigen Beispielen erläutert.

a) Nichtsaugende Injektoren.

Einfache Bauart zeigt der Injektor von Schau; Fig. 649 verdeutlicht eine der Ausführungsformen. Das zu fördernde Wasser läuft bei A

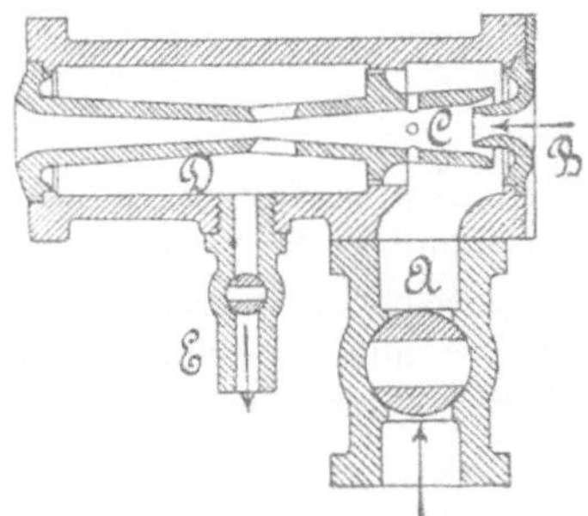

Fig. 649.

durch sein Eigengewicht zu; der bei B zuströmende Dampf treibt das Wasser in die Mischdüse C, welche unmittelbar in die Auffangdüse D übergeht; kurz vor der engsten Stelle dieses Ueberganges sind mehrere Löcher angebracht, durch welche das Schlabberwasser oder die etwa mitgerissene Luft zunächst in das Gehäuse entweicht, an welches eine ins Freie führende, mit Hahn oder Ventil versehene Leitung E anschliesst. Wenn der Injektor in richtigem Betrieb sich befindet, so wird auch durch die erwähnten Löcher Wasser angesaugt. Schäffer & Budenberg in Buckau-Magdeburg verfertigen diese Schau'schen Injektoren in 8 Grössen für eine Förderung von 7,5 bis 150 l Wasser in der Minute. Auch

M. Neuhaus & Co. in Luckenwalde, Dreyer, Rosenkranz & Droop in Hannover liefern Injektoren nach der Bauart von Schau.

A. Friedmann in Wien hat die von ihm angegebenen Injektoren durch Anordnung von Zwischendüsen so eingerichtet, dass das zu fördernde Wasser in zwei oder mehreren Strahlen zum Dampfstrahl gelangt; hierdurch wird eine bessere Mischung des letzteren mit dem Wasser und damit eine raschere und vollständigere Verdichtung des Dampfes erreicht, so dass diese Injektoren im Stande sind, mit Wasser von 65° noch speisen zu können. Eine der neueren Formen der Friedmann'schen Einrichtung zeigen die Fig. 650 u. 651. Der Wasserzufluss kann durch den Hahn A geregelt werden; das Wasser fliesst dann in die beiden mit einander durch Stege verbundenen Mischdüsen B und C, in welche der bei D zutretende Dampf strömt. Die Fangdüse E ist mit den an C an-

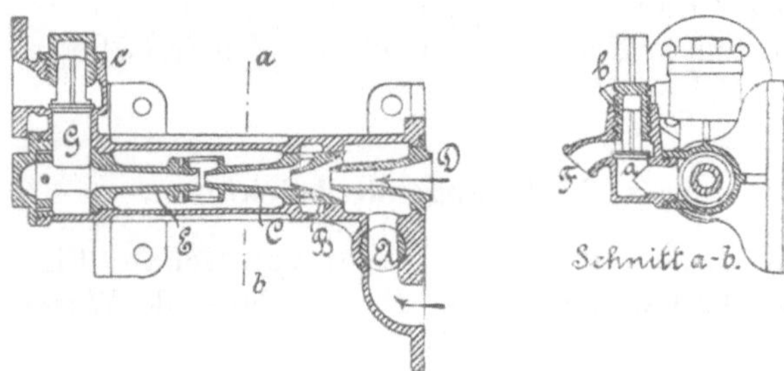

Fig. 650 und 651.

geschlossenen Stegen durch kleine Schnittschräubchen verbunden. An das Gehäuse E schliesst das Schlabberrohr F an, in welchem ein Ventil a angebracht ist, das durch Niederschrauben der Büchse b geschlossen werden kann. Das Druckrohr G ist mit dem Speiseventil c versehen. Wie in früherem bemerkt, muss die Temperatur des Strahles am Ueberlauf noch etwa 10—20° unter der Siedetemperatur des Wassers bei dem an dieser Stelle herrschenden Druck sein, damit eine genügend rasche Verdichtung des Dampfes eintritt. Der Injektor wirkt nun noch, wenn bei nachstehenden Dampfspannungen im Kessel das Speisewasser folgende höchste Temperatur hat:

Spannung in at (Ueberdruck) . .	2—4	5—7	8—10	11—13	14—15
Wassertemperatur in Grad C. .	41—49	51—53	54—51	48—42	39—34

Um nun Speisewasser von einer um einige Grade höheren Temperatur speisen zu können, wird bei dem Friedmann'schen Injektor in solchen Fällen das Schlabberventil a geschlossen und dadurch der Druck an der Ueberlaufstelle so erhöht, dass mittels der dadurch herbeigeführten Erhöhung des Siedepunktes der genannte nothwendige Temperaturunterschied wieder hergestellt wird. Die Drucksteigerung wird sich dann aber auch in der Mischdüse C äussern und könnte dort leicht ein Anstauen erzeugen, welches das Absetzen des Injektors zur Folge hat; um dies zu verhüten, ist eine seitliche Bohrung an C angebracht, welche mit dem Ueberlauf zusammen regelnd und ausgleichend wirkt und auch das Ingangsetzen erleichtert. Bemerkenswerth ist noch, dass nach Lösen einer Verschlussmutter die Fang- und Mischdüse ausgezogen werden können. Friedmann liefert solche Injektoren in 9 Grössen für eine Leistung von 18 bis 230 l in der Minute bei 10 at Kesselspannung (Ueberdruck).

Nichtsaugende Injektoren können auch mit Dampf von ganz geringer Spannung betrieben werden, so dass es möglich ist, mit Hülfe des Ab-

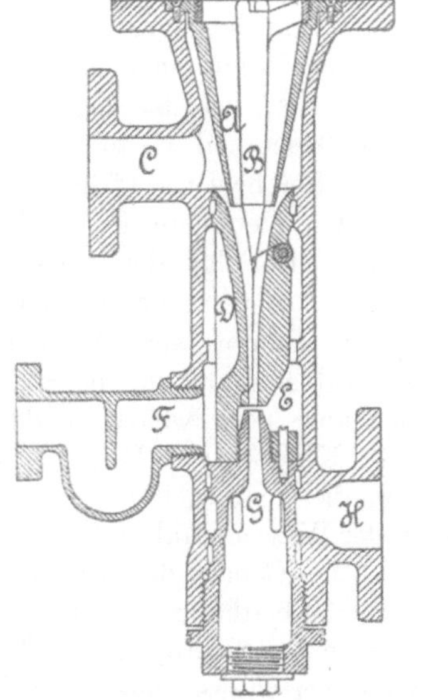

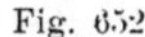
Fig. 652.

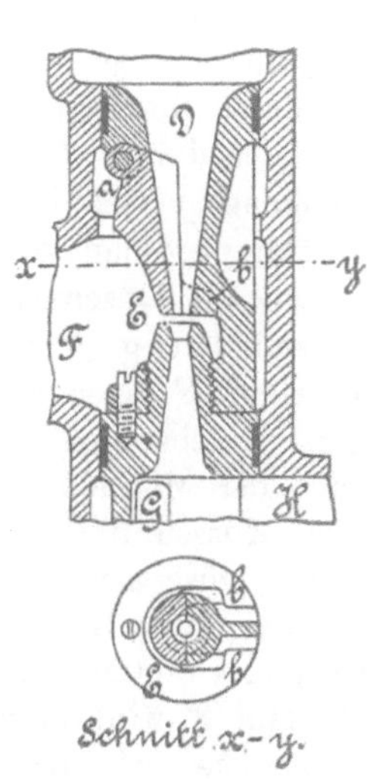

Fig. 653 und 654.

dampfes einer Dampfmaschine einen Hochdruckkessel zu speisen. Es wird dann die Wärme des Abdampfes nutzbar gemacht, indem das Speisewasser, welches mit einer kleineren Temperatur als 18° zufliessen muss, auf 70° bis 90° vorgewärmt wird. Solche Abdampf- oder Retourdampf-Injektoren finden in neuester Zeit vielfach mit der von Davies (erloschene D.R.P. Kl. 13, No. 3530 und Kl. 59, No. 12848) angegebenen und in den Fig. 652 bis 654 verdeutlichten Einrichtung der getheilten Mischdüse Verwendung. Der Abdampf strömt durch die seiner geringen Spannung entsprechend weit gemachte Düse A, in welche ein Stift B eingeschraubt ist, welcher den Dampfstrahl ringförmig gestaltet. Die

Mischdüse wird von zwei Theilen D und E gebildet, von welchen D feststeht, während E um die Achse a wie eine Klappe sich drehen kann. Die beiden Theile sind genau aufeinander gepasst und, um eine seitliche Verschiebung von E gegen D zu verhüten, sind an E zwei seitliche Lappen b angebracht, welche, wie Fig. 653 und 654 zeigen, den unteren Theil von D zwischen sich fassen. Fig. 652 verdeutlicht die Gesammtanordnung eines lothrecht aufgestellten Abdampf-Injektors, wie er der Angabe von Hamer, Metcalfe & Davies entspricht und in fast gleicher Gestaltung von Schäffer & Budenberg ausgeführt wird; die Fig. 653 und 654 zeigen im Besonderen den Bau der getheilten Mischdüse nach einer Ausführung der Exhaust Injector-Comp. in Manchester. Bei dieser lothrechten Aufstellung hängt der bewegliche Theil E der Mischdüse in der Ruhelage lothrecht, so dass der Durchgangsquerschnitt der Düse bedeutend erweitert ist. Der Injektor aber kann auch wagrecht angeordnet werden; dann muss jedoch die Klappe E oben liegen, so dass sie in der Ruhelage durch ihr Eigengewicht geschlossen ist; bei der Ingangsetzung hebt dann der durchströmende Dampf den Düsentheil E, so dass wieder der Durchgangsquerschnitt vergrössert wird. Bei beiden Aufstellungsarten geht der Dampf zunächst seitwärts durch den Ueberlauf F; hierbei gestalten sich die Düsenverhältnisse so, dass in Folge der entstehenden Spannungsminderung Wasser angesaugt wird, welches dann auch durch den Ueberlauf F nach aussen fliesst. Der Dampf wird dabei niedergeschlagen, die lebendige Kraft des Wasserstrahls nimmt zu, die Spannung im Inneren der Mischdüse vermindert sich aber noch weiter, so dass der Druck der Aussenluft im Stande ist, den Klappentheil E gegen D zu pressen, die Düse also zu schliessen; von diesem Augenblick an ist die richtige Wirkung des Injektors vorhanden, der Wasserstrahl tritt geschlossen in die Fangdüse und aus dieser durch die Löcher G nach dem Speiserohr H. Der Ueberlauf F wird entweder mit einem selbstthätig wirkenden Luftventil ausgerüstet, wie dies bei den Injektoren von Schäffer & Budenberg der Fall ist, oder es wird ein Wasserverschluss angeordnet (vergl. Fig. 652), welcher wie das Luftventil das Eindringen von Luft in den Injektor während des richtigen Betriebes verhütet.

Die Dampfzuleitung wird am einfachsten seitlich vom Auspuffrohr der Dampfmaschine abgeleitet und mit Gefälle nach dem Injektor geführt; das Wasser wird einem höher gelegenen Behälter oder einer Wasserleitung entnommen. Die Inbetriebsetzung erfolgt durch Oeffnen des in die Dampfzuleitung eingeschalteten Absperrventils und des in der Wasserleitung befindlichen Hahnes. Schäffer & Budenberg verfertigen diese Injektoren in 9 Grössen für eine Fördermenge von 4 bis 120 l in der Minute; die Dampfspannung in dem zu speisenden Kessel darf bis zu 6 at betragen. Zur Regelung der Speisung versehen die Genannten die das untere Ende des Düsensystems bildende Verschlussschraube mit einer Skala, während am Gehäuse ein Zeiger feststehend angebracht ist. Durch Drehung der Schraube wird die Mischdüse der Dampfdüse genähert oder von derselben entfernt, also die Regelung des Wasserzuflusses bewirkt. Eine zu grosse Drehung der Schraube nach der einen oder andern Richtung erzeugt ein Austreten von Wasser aus dem Ueberlauf, also einen fehlerhaften Gang.

b) Saugende Injektoren.

Um die Saugwirkung einzuleiten, ist es nothwendig, dass zuerst ein feiner Dampfstrahl in die Düse tritt, welcher eine genügend geringe Spannung in derselben erzeugt, so dass der Luftdruck im Stande ist, das Wasser aus dem Saugbehälter nach dem Injektor zu heben. Bei dieser Ingangsetzung wird das angesaugte Wasser durch den Ueberlauf austreten; erst wenn die Dampfdüse völlig geöffnet wird, so dass der einströmende kräftige Dampfstrahl in Folge seiner Verdichtung durch Mischung mit kälterem Wasser eine genügend grosse lebendige Kraft auf das Letztere überträgt, wird der auf dem Speiseventil lastende Druck überwunden und die Förderung in das Druckrohr beginnen. Es muss also der Dampfzutritt geregelt werden können; ferner ist es bei den meisten Injektoren nothwendig, auch den Wasserzufluss zu regeln. Beides kann in verschiedener Weise erfolgen. Gewöhnlich wird zur Regelung der Dampfeinströmung in der Mittellinie der Dampfdüse eine Spindel angeordnet, welche durch Schrauben- oder Hebelgetriebe von Hand verschoben werden kann und dabei mit ihrer kegelförmigen Spitze die Mündung der Dampfdüse mehr oder weniger verengt oder es wird die Dampfdüse verschiebbar gemacht, wobei dann die Spindel entweder weggelassen oder nur feststehend angebracht wird, um den austretenden Dampfstrahl hohlcylindrisch zu gestalten. Durch Verschiebung der Dampfdüse kann auch der Wasserzufluss geregelt werden; hierbei wird dann noch zur Dampfregelung die verschiebbare Spindel angeordnet. Die Regelung des Wasserzutrittes kann ferner durch Verschiebung der Mischdüse erzielt werden. Neuerdings sind auch andere Regelungseinrichtungen, die entweder selbstthätig wirken oder von Hand bethätigt werden, zur Ausführung gekommen und werden dieselben in Nachfolgendem noch näher erörtert.

Eine Regelung des Dampf- und des Wasserzuflusses kann auch nothwendig werden, um eine möglichst gute Wirkung des Injektors für verschiedene Dampfspannungen oder Wassertemperaturen zu erhalten.

Mit feststehenden Düsen und verstellbarer Spindel ist z. B. der von Schäffer & Budenberg in Buckau-Magdeburg für stehende oder liegende Aufstellung verfertigte Injektor versehen, bei welchem die Regelung des Dampfzutrittes durch eine mittels Handrad und Schraube zu bewegende Spindel erfolgt, deren kegelförmiges Ende, wie es Fig. 655 zeigt, durchbohrt ist. In der inneren Endstellung der Spindel A verschliesst der Kegel die Mündung der Dampfdüse B, so dass der Dampf nur durch die Bohrung strömen kann. Die Dampfzuleitung ist mit einem Absperrhahn C, der Ueberlaufstutzen mit einem Luftventil D versehen. Die Ingangsetzung erfolgt, indem zunächst mittels des Handrades die Spindel langsam zurückgedreht wird, bis etwas Wasser aus dem Ueberlaufstutzen abläuft, dann wird etwas rascher zurückgedreht, bis der Injektor zu speisen beginnt. Hierauf wird durch Einstellen der Spindel der Dampfzutritt so geregelt, dass kein Wasser mehr aus dem Ueberlauf abläuft. Die genannte Firma baut diese Injektoren in 9 Grössen für eine Förderung von 4 bis 150 l in der Minute. Solche Injektoren

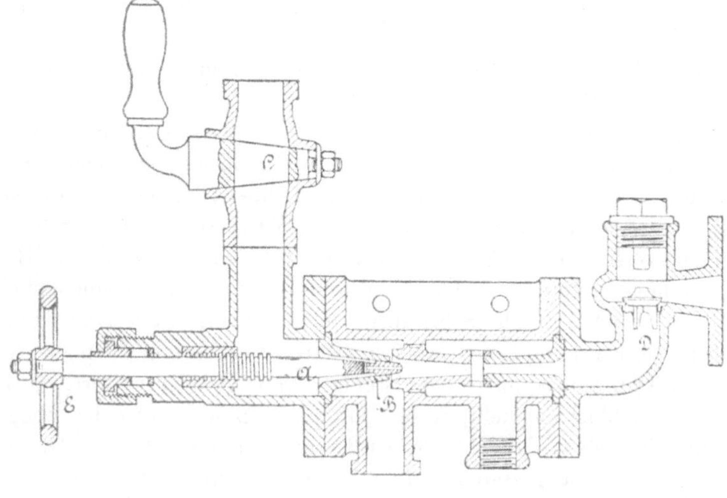

Fig. 655.

können bei 3 bis 9 at, bei besonderer Gestaltung der Düsen auch für grössere Kesseldampfspannung wirken; das Speisewasser kann bis 30° warm sein.

Vielfache Anwendung, insbesondere zur Speisung von Lokomotivkesseln, hat der von A. Dülken in Düsseldorf ausgeführte Injektor gefunden. Derselbe ist so gebaut, dass er lothrecht an der Rückwand der Feuerbüchse angebracht wird. Der Dampf strömt unten ein; die Regelungsspindel kann durch einen Handhebel verschoben werden und ist durchbohrt; ferner ist auf sie ein Ventil gesteckt, welches die Dampfdüse verschliessen kann, so dass das sonst in die Dampfzuleitung einzuschaltende Absperrventil nicht mehr nothwendig ist. Das durchbohrte Ende der Spindel kann sich als Cylinder durch die Mündung der Dampfdüse schieben. Beim Abstellen wird die Spindel einwärts bewegt, bis ein an ihr angedrehter Ring das lose aufgesetzte Ventil auf die weitere Düsenmündung presst und diese verschliesst. Behufs Ingangsetzung wird die Spindel langsam nach unten bewegt, der vorerwähnte Absatz hebt sich von dem Ventil ab, die seitlichen Bohrungen der Spindel treten aus der Ventilhülse; es kann also Dampf in die Bohrungen strömen und aus diesen in die Mischdüse treten, so dass Wasser angesaugt wird. Bei weiterem Bewegen der Spindel wird durch einen auf sie gesteckten Ring das Ventil mitgenommen, also geöffnet; es kann der Dampf somit durch die Düse strömen und die Druckwirkung erzeugen. Unmittelbar am Gehäuse sind Hähne angebracht, durch welche der Dampf- und Wasserzutritt, der Ueberlauf und der unmittelbar vom Gehäuse in den Kessel führende Druckrohranschluss abgesperrt werden kann. Auf der Dampfdüse liegt ein kugelförmiges Speiseventil, welches nebst der verbundenen Fang- und Mischdüse nach Abnahme des oberen Deckels herausgenommen werden kann.

Schäffer & Budenberg bauen auch Injektoren mit Regelungsspindel, welche mit einer ventilartigen, jedoch an letztere angedrehten Erweiterung versehen sind, durch welche die Dampfdüse und damit die Dampfzuströmung abgeschlossen wird, so dass in letzterer ein besonderes Absperrventil nicht mehr vorhanden zu sein braucht. Die Injektoren werden entweder für stehende oder liegende Aufstellung, im letzteren Falle mit Bewegung der Spindel durch Handrad und Schraube, im anderen Fall mit Einstellung der Spindel gleichfalls durch Handrad und Schraube, oder durch einen Hebel ausgeführt. Bei den stehenden Injektoren ist in dem unteren Ende des Gehäuses ein Rückschlagventil angebracht, welches unter dem Kesseldruck sich gegen das Ende der Fangdüse legt; bei der liegenden Anordnung wird ein besonderes Speiseventil angeschraubt. Die genannte Firma baut diese Injektoren in 9 Grössen für eine Fördermenge von 4 bis 150 l in der Minute.

Bezüglich der zulässigen Dampfspannung und Speisewassertemperatur gilt hier dasselbe, was für die bereits erwähnten Injektoren derselben Firma gesagt ist (vergl. S. 624).

M. Neuhaus & Co. in Luckenwalde verfertigen Injektoren, die im Wesentlichen den vorbeschriebenen gleichen, indem sie auch mit einer durchbohrten Regelungsspindel versehen sind, die zugleich eine ventilartige Erweiterung besitzt, mittels deren der Dampfzutritt zum Injektor abgesperrt werden kann.

Mit verschiebbarer Dampfdüse sind die nach der Angabe von Schäffer gebauten Injektoren ausgerüstet, welche auch von Schäffer & Budenberg hergestellt werden. Um die Dampfdüse in ihrer Führung mit einer leicht zugänglichen Stopfbüchsenverpackung versehen zu können, wie es für den dichten Abschluss des Dampfes gegen die Wasserleitung während des Stillstandes nothwendig wird, ist die Dampfzuleitung von dem eigentlichen Injektor derart getrennt, dass sich die hohlcylindrische Dampfdüse in den an beiden angebrachten, einander gegenüberliegenden Stopfbüchsen führt und zwischen den letzteren von einem Hebel gefasst wird. Das feststehende Dampfrohr ist mit Innengewinde versehen und durch einen Steg mit dem Gehäuse zu einem Gussstück verbunden. Die lange Dampfdüse trägt Aussengewinde und kann mittels desselben in dem erwähnten Muttergewinde durch den Hebel verdreht werden, wobei die Längsverschiebung entsteht. In das Ende der hohlcylindrischen Dampfdüse ist ein kegelförmiges Mundstück geschraubt; eine feststehende Spindel, welche durch die ganze Länge der Düse geht und hinter derselben etwas federnd festgelegt ist, schliesst die Mündung der Düse während des Stillstandes. Durch langsames Vorwärtsdrehen wird die Dampfeinströmung, sowie auch der Wasserzufluss geregelt, da das Mundstück der Dampfdüse sich in die Mischdüse schiebt und dadurch deren Saugquerschnitt verengt. Die federnde Festlegung der Spindel hat den Zweck, bei einer gewaltsamen Rückbewegung der langen Düse ein Sprengen des Mundstückes zu verhindern, indem dann die Spindel etwas nachgibt.

Injektoren der vorbeschriebenen Art werden von der genannten Firma in 8 Grössen für eine Fördermenge von 7,5 bis 150 l in der Minute gebaut, finden jedoch wegen ihrer grossen Länge seltener Anwendung.

Mit verschiebbarer Spindel und Dampfdüse waren die nach Giffard's Angabe zuerst ausgeführten Injektoren ausgerüstet, welche neuerdings nicht mehr gebaut werden. An die Dampfdüse setzt sich eine Röhre an, welche mit seitlichen Löchern für die Dampfzuströmung versehen ist; diese Röhre gleitet in dem Gehäuse und wird an ihrem, nach aussen tretenden Ende mittels Schraubengetriebe bewegt. Die Spindel wird in gleicher Weise verschoben. Die Schwierigkeit der Abdichtung des Dampfraumes gegen den Ansaugeraum, sowie der ungünstige ausserhalb der Mittellinie liegende Angriff des zur Bewegung der Dampfdüse angebrachten Schraubengetriebes waren Ursache, dass diese Einrichtung verlassen wurde.

Turk hat daher die Dampfdüse fest angeordnet und über deren cylindrischen Theil einen zweiten Cylinder gesetzt, der gleichfalls in einer Düse endigt; dieser Cylinder ist mit Zähnen versehen, in welche ein Zahnrad greift, das von aussen mittels Hebel gedreht wird, so dass damit die zweite Düse verschoben, also der Wasserzufluss geregelt werden kann.

Letzteres kann auch durch Verschiebung der verbundenen Misch- und Fangdüse bei feststehender Dampfdüse erreicht werden. In dieser Weise sind die Injektoren von Sharp, Steward & Cie., Webb u. A. eingerichtet. Die Verschiebung der vereinigten Düsen erfolgt durch Schraube oder Zahngetriebe. — Mit getrennt beweglichen Düsen sind die Injektoren von Mazza ausgerüstet (erloschene D.R.P. Kl. 59, No. 10380, 10964 und 15626), welche z. B. auf italienischen Eisenbahnen zum Speisen der Lokomotivkessel Verwendung finden und zugleich zur Nutzbarmachung der Wärme eines Theiles des Abdampfes dienen. Hierzu ist die für den Kesseldampf angebrachte Düse von einer zweiten Düse umgeben, durch deren Mündung Abdampf aus den Lokomotivcylindern strömt. Derselbe wirkt zunächst auf das in die Mischdüse eintretende Wasser, erwärmt es um 25—30^{0} und erhöht den Druck, so dass für die rasche Verdichtung des nunmehr eintretenden Kesseldampfes der nothwendige Temperaturunterschied vorhanden ist. Da der Injektor nun unter höherem Druck arbeitet, so wird das Schlabberventil durch eine Feder entsprechend belastet. Für die Ingangsetzung ist noch ein zweites unbelastetes Schlabberventil angebracht, welches während des eigentlichen Betriebes geschlossen bleibt. Misch- und Fangdüse werden gegen einander durch von aussen gleichzeitig drehbare Excenter verstellt. Beim Anlassen werden die Düsen auseinander geschoben und, wenn der Mischstrahl die nöthige Geschwindigkeit angenommen hat, einander genähert; hierzu ist die Excentricität der beiden Excenter verschieden.

Eine selbstthätige Regelung des Dampf- und Wasserzutrittes hat Sellers angeordnet. Zu diesem Zwecke ist die Dampfdüse festgelegt, Misch- und Fangdüse sind vereinigt und ist erstere zu einem Kolben ausgebildet, welcher in einer in das Gehäuse eingesetzten Messingbüchse sich bewegen kann; auch die Fangdüse ist cylindrisch geführt. An der Uebergangsstelle der beiden Düsen sind Löcher angebracht, welche jedoch nicht als Ueberlauf dienen, sondern in einen Raum des Gehäuses führen, welcher für die Regelung angebracht ist. Das durch einen Hahn abschliessbare Ueberlaufrohr ist hinter der Fangdüse angeordnet. Wird behufs Ingangsetzung der Ueberlaufhahn geöffnet und die verstellbare Spindel etwas zurückgezogen, so tritt zunächst Wasser aus dem Schlabberrohr; dann wird der erwähnte Hahn geschlossen, und wenn nun noch zu viel Wasser angesaugt wird, so strömt dieses durch die Löcher in den genannten Raum, füllt denselben und drängt den Kolben der vereinigten Düsen zurück, so dass der Querschnitt des Wasserzuflusses vermindert wird. Tritt dagegen mehr Dampf zu als nothwendig wäre, so drückt derselbe die Düsen in Folge ihrer Gestaltung vorwärts, es wird also der Querschnitt des Wasserzuflusses vergrössert. So lange der Injektor sich in gutem Zustande befindet und insbesondere Wasserstein und dergl. die Beweglichkeit der genannten Theile nicht hemmen, wird die erläuterte selbstthätige Regelung eintreten können.

Um bei den Abdampf-Injektoren (vergl. S. 621) auch Saugwirkung zu erhalten, bringen Schäffer & Budenberg in der bereits erwähnten Bauart Fig. 655 einen besonderen, mit einer Drosselklappe versehenen Rohrstutzen an, durch den zu dem Abdampf eine geringe Menge von Kesseldampf zugeführt wird. Die Handhabung des Injektors hat derart zu erfolgen, dass zunächst ein in die Speiseleitung eingeschalteter

Lufthahn und dann die für den Kesseldampf und den Abdampf angeordneten Ventile geöffnet werden; der Wasserzufluss soll, wenn der Injektor saugend verwendet wird, stets ganz offen sein; bei nichtsaugender Anbringung ist vor dem Oeffnen des Kesseldampfventils das Wasserzulaufventil aufzudrehen. Die Regelung der Abdampfzuführung erfolgt durch Einstellung der erwähnten Drosselklappe. Schäffer & Budenberg bauen solche Injektoren in 8 Grössen für eine Leistung von 10 bis 120 l in der Minute. Diese Injektoren können auch bei Dampfspannungen im Kessel bis zu 11 at Verwendung finden; bei 5 at Kesselspannung darf die Temperatur des Speisewassers bei nichtsaugender Anordnung bis 32° betragen; bei höheren Kesselspannungen kann nur kälteres Wasser gespeist werden. Das vom Injektor geförderte Wasser kommt mit einer Temperatur von 80 bis 85° in den Kessel. Die Mengen des verbrauchten Kesseldampfes und Abdampfes verhalten sich etwa wie 1:3.

Die Zuführung frischen Kesseldampfes bei dem Abdampf-Injektor wird auch von Holden & Brooke in Manchester bewirkt und zwar zu dem Zweck, solche Injektoren auch zum Speisen von Lokomotivkesseln anwenden zu können. Da der Abdampf zum Anlassen des Injektors in solchen Fällen nicht genügt, so verbinden die Genannten mit dem Abdampf-Injektor einen kleinen Hülfsinjektor, der mit Kesseldampf gespeist wird und das Anlassen des Hauptinjektors bewirkt; sobald dieser in Thätigkeit gekommen ist, schliesst sich die Dampfzuführung zu dem kleinen Injektor selbstthätig ab und dieser tritt ausser Thätigkeit.

Noch ist zu erwähnen, dass auch Injektoren mit mehrfacher Wasseraufnahme gebaut wurden; sie konnten sich jedoch keine grössere Verbreitung verschaffen, da der erzielte Vortheil unbedeutend ist. So hatten Schäffer & Budenberg vorgeschlagen (erloschenes D.R.P. Kl. 59, No. 14922), zwei Mischdüsen hintereinander anzuordnen, deren jede mit einer besonderen Wasserzuführung versehen ist. Barclay lässt das Wasser gleichfalls in zwei Düsen strömen, jedoch derart, dass die Dampfzuführung zwischen den beiden Wasserzuflüssen stattfindet, also der Dampfstrahl nach innen und aussen von je einem Wasserstrahl umgeben wird. Die Dampfdüse ist dabei mit doppelter Wandung versehen, welche mit schlechten Wärmeleitern ausgefüllt ist, so dass die vorzeitige Verdichtung des Dampfes in der von kaltem zuströmenden Wasser umgebenen Düse etwas vermindert wird.

Eine besondere, in neuerer Zeit vielfach verwendete Art von Injektoren wird als „Re-starting-Injektor", „wieder anspringender", „selbstthätig wieder ansaugender Injektor" oder „Sicherheits-Injektor" bezeichnet, weil ein solcher im Stande ist, selbstthätig wieder in Betrieb zu kommen. Während bei den gewöhnlichen Injektoren das Eintreten von Luft in das Saugrohr, wie es bei Undichtwerden desselben oder bei Wassermangel vorkommen kann, ein Aufhören der Saugwirkung und das sogenannte „Durchschlagen" veranlasst, so dass eine erneute Ingangsetzung erfolgen muss, ist dies bei den selbstthätig wieder ansaugenden Injektoren nicht nothwendig; man kann bei diesen sogar das Saugrohr aus dem Wasser entfernen; sobald es wieder eingetaucht wird, saugt die Pumpe sofort wieder an und speist.

Ein solcher von Schäffer & Budenberg gebauter Injektor (D.R.P. Kl. 59 No. 31011 und 31012) wird durch Fig. 656 u. 657 verdeutlicht. Die Regelung der Dampfdüse A erfolgt durch die Spindel B, welche in der Mitte derart verstärkt ist, dass sie sich mit einer kugelförmigen Fläche auf die obere Mündung der Düse drücken lässt, während die kegelförmige Spitze sich in den engeren Theil der Düse schiebt. Die Mischdüse C ist getheilt und wirkt in gleicher Weise, wie dies bei den Abdampf-Injek-

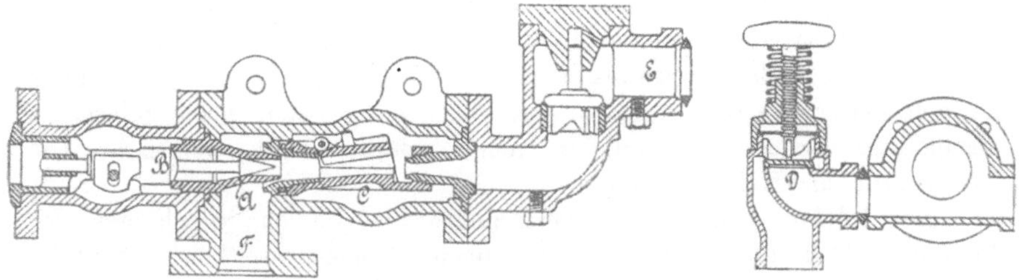

Fig. 656 und 657.

toren erläutert wurde (vgl. S. 621), indem nämlich der für das Ansaugen nicht nothwendige Dampf seitlich entweichen kann.

Beim Anlassen strömt Dampf und Wasser durch das federbelastete Schlabberventil D ab. Das zum Kessel führende Rohr wird bei E, das Saugrohr bei F angeschlossen. Die Einstellung der Spindel B erfolgt durch einen Handhebel, an dem aussen ein getheilter Bogen angebracht ist, der, bei der Drehung sich gegen einen feststehenden Zeiger verschiebend, die Lage der Spindel anzeigt. Dieser in der Figur nicht angedeutete Hebel ist am Gehäuse gelagert, innerhalb dessen der Zapfen einen excentrisch angeordneten Stift trägt, welcher in ein an der Spindel B befestigtes Gleitstück fasst. Dieses wird daher bei der Drehung des Hebels bewegt und hebt, bez. senkt die seitlich an zwei Geleisen geradlinig geführte Spindel.

Die Genannten bauen den vorbeschriebenen Injektor in 14 Grössen für eine Lieferung von 4 bis 375 l in der Minute, vorausgesetzt, dass der Dampfdruck $5^1/_2$ at beträgt, die Temperatur des Speisewassers etwa 15^0 und die Saughöhe 2 m nicht übersteigt. Es kann Dampf von $3^1/_2$ bis 11 at Druck zur Verwendung kommen, bei besonderer Einrichtung auch von geringerer und höherer Spannung; die Injektoren arbeiten saugend oder nichtsaugend gleich gut.

Als grösstmögliche Saughöhen gelten etwa folgende:

Dampfdruck in at . . .	$2^1/_4$—$2^1/_2$	3	$3^1/_2$—4	5	6	7	8	9	10	11
Saughöhe in m . . .	2	3	4	5	6	6	6	6	6	6

Wenn das Speisewasser zufliesst oder nur 1 m hoch gesaugt wird, so kann es noch folgende Temperaturen besitzen:

Dampfdruck in at. . .	$3^1/_2$—4	$4^1/_2$—$6^1/_2$	7	8	9	10	11
Temperatur	58—62	55—56	54	50	45—48	40—43	38—40

Bei 2—3 m Saughöhe und einer Dampfspannung von 7 at kann das Speisewasser 45—50° und bei 4—5 m Saughöhe 35—40° warm sein.

Je wärmer das Speisewasser ist, desto geringer wird die Leistung an geförderter Wassermenge, so dass bei der grössten noch zulässigen Temperatur nur etwa $^4/_5$ von der Menge gefördert wird, welche bei 15° Temperatur zur Hebung gelangt.

Der Injektor kann auch liegend angeordnet werden, jedoch muss der klappbare Theil der Mischdüse dann nach oben oder seitlich, jedenfalls nicht unten liegen, da in diesem Falle sein volles Gewicht öffnend wirken würde.

Injektoren, welche im Wesentlichen dieselbe Bauart zeigen wie die vorerwähnten, werden in neuerer Zeit auch von Anderen angefertigt, z. B. von der Maschinen- und Armaturenfabrik vormals C. Louis Strube, Aktiengesellschaft in Magdeburg-Buckau, und von C. W. Julius Blancke & Co. in Merseburg.

An Stelle der Klappe, welche die vorerwähnten Injektoren zeigen, gestaltet die Hannover'sche Centralheizungs- und Apparate-Bau-Anstalt in Hannover-Hainholz bei ihren neuerdings in den Handel gebrachten Restarting-Injektoren (D.R.P. Kl. 59, No. 88643) die Mischdüse so, dass ein Ausschnitt derselben sich seitlich bewegen und dadurch eine Erweiterung des Durchflussquerschnitts hervorrufen kann. Dieser bewegliche Düsentheil ist unmittelbar mit einem kolbenförmigen, durch eine Spiralfeder belasteten Luftventil verbunden, so dass dieses sich gleichzeitig mit der Seitwärtsbewegung des Düsenausschnittes öffnet.

Von diesen Injektoren unterscheiden sich diejenigen Bauarten, welche von Gebr. Körting in Körtingsdorf und von A. Friedmann in Wien ausgeführt werden, wesentlich dadurch, dass die Mischdüse nicht mit einer Klappe versehen ist, sondern dem beim Ansaugen überschüssigen Dampf zur Verhütung des Anstauens desselben ein Ausweg dadurch geschaffen ist, dass die Mündung der Dampfdüse in der Mischdüse in den zum Schlabberrohr führenden Gehäuseraum verlegt ist. Die Körting'sche Anordnung wird durch Fig. 658 veranschaulicht. Es ist hier keine Ventilspindel vorhanden wie bei den vorerwähnten Injektoren, sondern es ist in die Dampfzuleitung ein besonderes Absperrventil einzuschalten. Um das Ansaugen zu sichern, sind zwei Dampfdüsen a und b angebracht, von denen a einen ringförmigen Strahl ausströmen lässt, der die Saugwirkung hervorruft und das angesaugte Wasser dem zweiten, aus b strömenden Dampfstrahl zuführt, welcher den zur Ueberwindung der Kesselspannung nothwendigen Druck erzeugt. Eine Anstauung des Dampfes in der Mischdüse c beim Ansaugen wird dadurch vermieden, dass der überschüssige Dampf durch den zwischen dem Ende der Dampfdüse a und dem Anfang der Mischdüse c befindlichen Spalt entweicht und durch die sich öffnende Rückschlagklappe d in den zum Schlabberrohr führenden Gehäuseraum e abströmt. Solche sogenannte Sicherheitsinjektoren werden von Gebr. Körting in 8 Grössen für eine Lieferung von 17 bis 160 l in der Minute gebaut; diese Leistung gilt für eine absolute Kesselspannung von 5 at und wenn das Wasser zufliesst und kalt ist; bei warmem Speisewasser und für saugende Wirkung nimmt die Leistung bis auf $^2/_3$ der angegebenen ab. Die Grenze der Saugfähigkeit bei kaltem Wasser liegt bei 4 m Saughöhe, die jedoch nur bei hohen Kesselspannungen erreicht wird. Die höchste zulässige Speisewassertemperatur beträgt 42°.

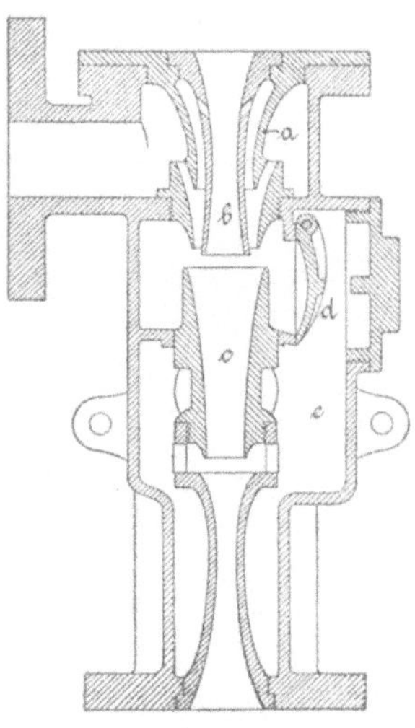

Fig. 658.

A. Friedmann in Wien liefert wiederansaugende Injektoren in mehreren Formen, welche in ihrer besonderen Bauart den verschiedenen Bedarfsfällen angepasst sind, sich aber darin gleichen, dass die Mischdüse mit Austrittsspalten für den beim Ansaugen überschüssigen Dampf versehen ist. Diese Injektoren sind entweder mit einer durch Schraube oder Hebel stellbaren Ventilspindel versehen, welche das Absperrventil für die Dampfzuführung trägt, mittels dessen unmittelbar die Dampfdüse abgeschlossen werden kann, oder es ist ein besonderes Absperrventil in die Dampfzuleitung einzuschalten. Eine der Friedmann'schen Bauarten ist in Fig. 659 veranschaulicht. Die durch das Ventil A absperrbare Dampfdüse a ist wie bei den Körting'schen Injektoren doppelt; die Mischdüse b besitzt zwei Spalte für den etwa nothwendigen Dampfaustritt; die Wirkung entspricht derjenigen des Körting'schen Injektors. Der Ausgang nach dem zum Schlabberrohr B führenden Gehäuseraum A ist mit einem Rückschlagventil c versehen. Neuerdings hat Friedmann noch eine Einrichtung angebracht, welche auch in Fig. 659 angedeutet ist und den Zweck hat, bei hohen Spannungen den in der Mischdüse b entstehenden Wasserstrahl während der Druckwirkung zum Nachsaugen von Wasser zu benutzen. Hierzu ist der am Wasserzulauf C befindliche Hahn d, der zur Regelung der zu speisenden Wassermenge dient, so gestaltet, dass er auch den Zutritt zu einem Kanal e öffnen und schliessen kann, welcher in den inneren Schlabberraum führt. Es wird dann bei genügend hoher Spannung in dem durch die Mischdüse b strömenden Strahl ein Nachsaugen von Wasser stattfinden, welches durch die Spalten der Mischdüse, die beim Ansaugen den überschüssigen Dampf entweichen lassen, in diese

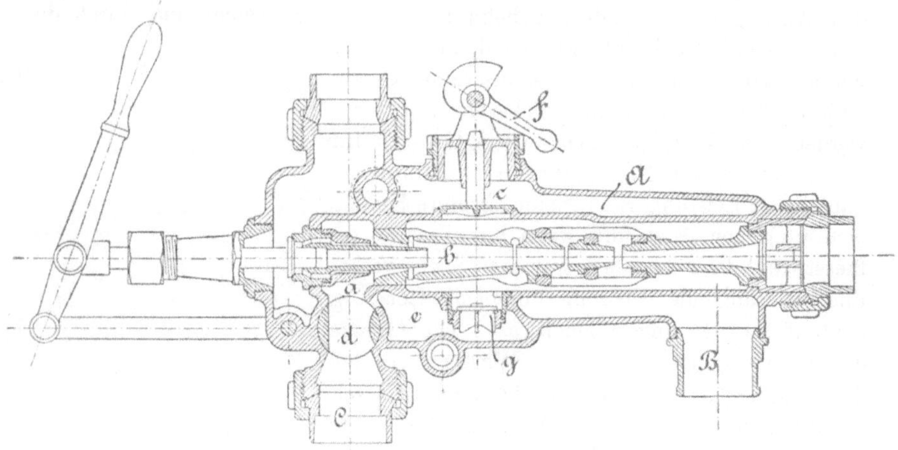

Fig. 659.

tritt und nach der Fangdüse f mitgerissen wird. Das Rückschlagventil g verhindert, dass während des Ansaugens Dampf aus dem inneren Raum nach dem Kanal e und damit nach dem Saugrohr C strömt. Friedmann verfertigt seine Injektoren in verschiedenen Grössen, deren Leistungsfähigkeit durch die Grenzen 18 und 230 l geförderte Wassermenge gegeben ist, die bei 11 at absolutem Dampfdruck erreicht werden. Je nach der Kesselspannung kann das Speisewasser gewisse höchste Temperaturen besitzen, mit etwa 5—7 at Dampf lässt sich noch Wasser von 60° ohne Schlabberverlust fördern; bei höheren Temperaturen kann wohl auch noch eine Förderung entstehen, jedoch entweicht dann ein Theil des Wassers nach dem Schlabberrohr.

Neuerdings wird von Dreyer, Rosenkranz & Droop in Hannover ein wiederansaugender Injektor geliefert, der nach der Angabe von Penberthy gebaut wird und in Amerika vielfach bei Lokomobilen zur Anwendung kommt. Der Austritt des beim Ansaugen überschüssigen Dampfes aus der Mischdüse ist hier an das Ende derselben verlegt und findet demnach durch den Spalt zwischen diesem Ende und dem Anfang der Fangdüse statt. Dieser Austritt ist jedoch nur möglich, so lange ein den genannten Spalt umgebendes, an der Fangdüse lose verschiebliches Ringtellerventil unter dem Einfluss seines Gewichts geöffnet ist. Dies ist während des Ansaugens der Fall; der überschüssige Dampf entweicht dann durch das geöffnete Ringventil und die Rückschlagklappe nach dem Schlabberrohr. Sobald aber die Druckwirkung entsteht und demnach das Wasser durch die Fangdüse strömt, tritt ein kleiner Theil aus feinen Bohrungen derselben in den unter dem Ringventil befindlichen Gehäuseraum, hebt das Ventil und schliesst es ab, so dass der Austritt nach dem Schlabberraum hin aufhört.

Eine ähnliche Bauart geben Gebr. Leser, G. Wittmann Nachf. in Hamburg den von ihnen hergestellten Injektoren (D.R.P. Kl. 59, No. 72949). Der beim Ansaugen überschüssige Dampf kann hier durch einen Spalt entweichen, der dadurch gebildet wird, dass die Mischdüse in zwei Theile getheilt und die Theile etwas auseinander gerückt sind; über diesen ringförmigen Spalt ist eine Glocke geschoben, die zuerst vom eintretenden Dampf gehoben wird, so dass der Dampf entweichen kann. Sobald dann das Wasser durch die Fangdüse geht, hört die Druckwirkung des Dampfes auf die Glocke auf, diese fällt durch ihr Eigengewicht herab auf den unteren Theil der Mischdüse und schliesst damit den Austrittsspalt ab.

Die vorgenannte Firma liefert diese Injektoren, welche stets lothrecht aufzustellen sind, in 9 Grössen für eine Lieferung von 4 bis 96 l kalten Speisewassers bei 6 at Dampfdruck.

Um den selbstthätig wiederansaugenden Injektor für verschiedene Dampfspannungen einstellen zu können, haben Holden & Brooke in Manchester die Dampfdüse dadurch verschiebbar gemacht, dass sie mit Muttergewinde den schraubenförmig gestalteten Theil der Regelungsspindel umfasst und letztere an einer Verschiebung durch einen scheibenförmigen Ansatz gehindert ist. Wird nun die Spindel gedreht, so verschiebt sich die an einer Drehung durch Feder und Nut gehinderte Dampfdüse, wodurch das Dampfeintrittsende derselben sich von dem kegelförmig zugespitzten Ende der Spindel entfernt und gleichzeitig das andere Ende der Dampfdüse der feststehenden Mischdüse sich nähert. Es wird also gleichzeitig der Dampfzutritt erweitert und der Wasserzutritt vermindert; beim Zurückdrehen der Spindel wird umgekehrt die Dampfzuführung gedrosselt und gleichzeitig der Wasserzufluss vergrössert; dieses Zurückdrehen erfolgt bei hohen, das Vorwärtsdrehen bei niederen Dampfspannungen.

Die selbstthätig wiederansaugenden Injektoren können auch bei zufliessendem Wasser, also ohne Saugwirkung angewendet werden; es ist aber dann jedenfalls in die Wasserzuleitung ein Ventil oder Hahn einzuschalten, um bei Ausserdienststellung des Injektors den Wasserzutritt absperren zu können.

Diese Injektoren kommen sofort in Gang, sobald das Dampfventil geöffnet wird, was auch rasch geschehen kann; eine Nachregelung des Dampfzutritts ist, sofern nicht der Injektor verschiedenen Dampfspannungen angepasst werden soll, unnöthig. Die Regelung der geförderten Wassermenge kann durch Einstellung eines in die Wasserzuführung eingeschalteten Ventils oder Hahnes erfolgen.

Wenn der Injektor zum Vorwärmen des Speisewassers gebraucht werden soll, so ist das Schlabberventil zu schliessen, was durch Aufpressen einer Druckschraube oder eines Excenterstücks (vgl. Fig. 659) geschehen kann.

Die besondere Eigenschaft der selbstthätig wieder ansaugenden Injektoren, auch bei etwaigem „Durchschlagen", wie dies durch Eintritt von Luft in die Saugleitung in Folge von Wassermangel oder von heftigen Schwankungen des Wasserspiegels im Saugebehälter entsteht, sofort wieder anzusaugen und dadurch in Thätigkeit zu kommen, sobald die Saugrohrmündung wieder in das Wasser eintaucht, ist eigentlich nur wichtig bei den Kesseln der Lokomotiven, Lokomobilen und Schiffe. Bei feststehenden Kesseln ist der erwähnte Vortheil von geringer Bedeutung, da undichte Saugrohre ohnehin unzulässig sind und die anderen genannten Ursachen des „Abschnappens" hier kaum in Betracht kommen. Jedoch ist neuerdings die Verwendung solcher Injektoren auch bei feststehenden Kesseln beliebt geworden, da ihre Bedienung einfach ist.

Die grösste Saugfähigkeit und die Möglichkeit, sehr heisses Wasser zu fördern, werden erreicht durch Anwendung zweier Düsensysteme, wie solche zuerst Ernst Körting angegeben hat. Nachdem das demselben ertheilte Patent (D.R.P. Kl. 13 No. 425) abgelaufen ist, werden solche Doppel-Injektoren auch von Anderen gebaut und die verschiedenen Bauarten unterscheiden sich wesentlich von einander nur durch die Einrichtung der Vorkehrung, durch welche die Dampf- und Wasserzuführung zu den beiden Düsensystemen und der Abfluss des Schlabberwassers geregelt wird.

Die neuere Gestaltung des von Gebr. Körting in Körtingsdorf gebauten sogenannten Universal-Injektors ist in Fig. 660 bis 662 veranschaulicht.

Der Betriebsdampf wirkt zweimal auf den Wasserstrahl; wird durch eine kleine Drehung des Handhebels A die Achse a und durch die auf derselben sitzende Excenterscheibe b der Hebel c etwas bewegt, so wird dadurch die geradlinig geführte Stange d und damit auch die Stange e angehoben. An Letzteren hängen mittels eines Hebels die Ventile f und g; da Letzteres grösser als Ersteres ist, so wird der auf g ruhende grössere Dampfdruck dieses zunächst geschlossen halten; das Anheben der Stange e wird also zuerst nur eine Hebung des kleineren Dampfventils f bewirken, wodurch der Dampf in die Düse B eintritt; es erfolgt wie bei den gewöhnlichen Injektoren das Ansaugen des Wassers, der Mischstrahl strömt durch die Düse C und gelangt zunächst durch den offenstehenden Hahn D in's Freie. Durch eine weitere Drehung von A wird durch den Hahn D der Kanal h abgeschlossen, der Wasserstrahl muss nach dem Raum E fliessen und tritt durch die Düse F und den Kanal i wieder in's Freie. Wird nun der Hebel noch etwas bewegt, so

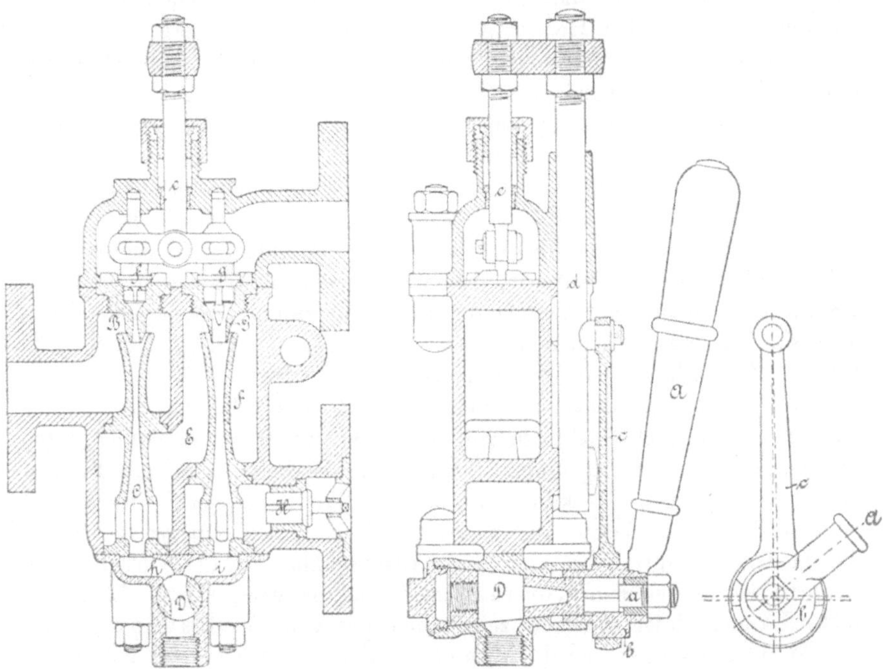

Fig. 660–662.

wird in der beschriebenen Weise die Stange e weiter gehoben, so dass, nachdem das Ventil f seinen Hub in Folge Anstossens der Ventilstange in ihrer Führung vollendet hat, nun das Ventil g geöffnet wird; gleichzeitig wird der Hahn D so gedreht, dass auch der Kanal i abgeschlossen wird; der Dampf strömt durch die Düse G, wirkt nochmals auf den Wasserstrahl und treibt ihn durch das Speiseventil H in das Druckrohr. Die einzelnen Vorgänge können rasch aufeinander folgen, weshalb zum Anlassen des Injektors einfach der Handhebel A aus der gezeichneten Lage langsam nach links zu drehen ist.

Diese doppelten Injektoren werden mit Eisenkörpern und Metalldüsen in 16 Grössen für eine Fördermenge von 26 bis 660 l in der Minute und ganz in Metall in 14 Grössen für 9,5 bis 320 l Fördermenge angefertigt, wobei ein Betriebsdampfdruck von 7 at und die Hebung kalten, zufliessenden Wassers vorausgesetzt ist. Wenn das Wasser anzusaugen ist, ferner bei geringerem Dampfdruck und warmem Wasser vermindert sich die Leistung bis auf zwei Drittel der angegebenen; die Grenzen der Leistungsfähigkeit bestehen in der Ueberwindung einer grösstmöglichen Saughöhe von 6,5 m bei kaltem Wasser und in der Förderung von 70° warmen Wasser, wobei dasselbe jedoch zufliessen muss. Die von der genannten Firma in den Handel gebrachten Injektoren fördern

bei absoluten Dampfspannungen von	3	4	5—9	10—11	12—13	at
kaltes Wasser bei Saughöhen von	2,5	5	6	5	4	m
heisses, zufliessendes Wasser von	54	60	65	64	62	Grad
heisses Wasser bei 2 m Saughöhe von	50	58	60	57	54	„

Die Firma baut auch auf Verlangen Doppelinjektoren mit anderer Leistungsfähigkeit als der angegebenen. Diese Körting'schen Injektoren haben eine sehr grosse Verbreitung gefunden; sie werden bei zufliessendem Wasser lothrecht, bei anzusaugendem Wasser liegend aufgestellt. Ein besonderer Vorzug der Doppelinjektoren besteht auch darin, dass sie das Wasser bedeutend vorwärmen, etwa um 50°, so dass es in heissem Zustande in den zu speisenden Kessel tritt.

Wie schon erwähnt, unterscheiden sich die von anderen Fabrikanten angefertigten Injektoren von den vorbeschriebenen wesentlich durch die Einrichtung der Regelungsvorkehrungen, die bei den älteren Formen des Körting'schen Injektors auch andere Bauart zeigten[1]). Es kommt dabei insbesondere darauf an, möglichst durch einen einzigen Handgriff die beiden Dampfventile und den Ausflusshahn richtig einstellen zu können, wie es bei dem Körting'schen Injektor erreicht ist. Eine einfache Lösung dieser Aufgabe zeigt auch der von der Hannover'schen Centralheizungs- und Apparate-Bau-Anstalt in Hannover-Hainholz gebaute Injektor (D.R.P. Kl. 59 No. 57635). Wie Fig. 663 zeigt, ist der Ausflusshahn A hier so angebracht, dass seine Achse a zwischen den beiden Düsensystemen liegt und unmittelbar durch Schraubentriebe auf das mit Muttergewinde versehene Querstück b wirkt, welches dadurch die beiden Dampfventile d und e nacheinander öffnet, dass es mit seinen beiderseitigen Armen b in Aussparungen fasst, die in den Ventilkörpern angebracht sind. Das angesaugte Wasser fliesst dann zuerst durch die Düse B, der Kanal f, den Hahn A und den Stutzen g in's Freie, hierauf, wenn dieser Weg durch das weitere Drehen des Hahns A abgesperrt und das Ventil e geöffnet wird, durch das zweite Düsenpaar und aus diesem durch das Speiseventil h in die Druckleitung. Diese Injektoren werden in 14 Grössen für eine Lieferung von 8 bis 265 l in der Minute bei 7 at

1) Vgl. die erste Auflage dieses Werkes. S. 556.

absoluter Dampfspannung, 2 m Saughöhe und einer Speisewassertemperatur bis zu 25⁰ gebaut; für geringeren Dampfdruck, grössere Saughöhe und wärmeres Wasser vermindert sich die Leistung. Die Injektoren können in lothrechter oder wagrechter Lage angewendet werden.

Weniger einfach als bei dem vorerwähnten Injektor ist die Regelungsvorrichtung bei dem in Amerika häufig verwendeten Doppel-Injektor von Hancock. Es ist für den Dampfeintritt zu den beiden Düsensystemen ein Schieber angebracht, und für den Wasseraustritt nach dem Ausfluss

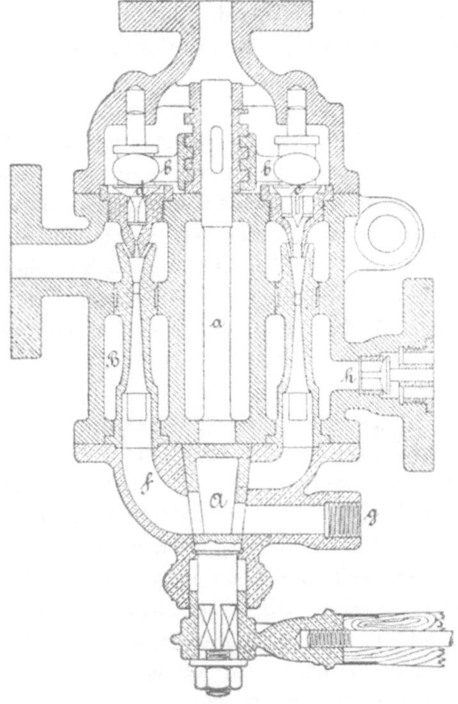

Fig. 663.

und für die Wasserbewegung vom ersten nach dem zweiten Düsensystem je ein Ventil angeordnet. Durch einen Handhebel werden zwei gleichfalls am Gehäuse gelagerte Hebel bewegt, von denen der eine den Schieber, der andere die beiden Ventile verstellt.

Einige andere Regelungsvorrichtungen sind aus den deutschen Patenten (Klasse 59) ersichtlich. Es hat z. B. L. Becker ein Patent auf die Verwendung eines einzigen Hahnes erhalten (D.R.P. Kl. 59, No. 75169), der mit verschiedenen Durchgängen versehen ist, die beim Drehen des Hahnes dem Dampf und dem Wasser die erläuterten Wege gestatten.

J. Wildemann in Berlin (D.R.P. Kl. 59, No. 82123) verwendet für den gleichen Zweck einen Hahn, welcher den Wasserzutritt, einen zweiten Hahn, welcher den Abfluss des Schlabberwassers, und einen Rundschieber, der den Dampfzutritt regelt; die drei Steuerungsorgane liegen hintereinander in einem gemeinschaftlichen Gehäuse und werden von einem Hebel dadurch bewegt, dass dieser den erstgenannten Hahn unmittelbar dreht, und letzterer dann durch einen Anschlag den anderen Hahn und durch einen Knaggen den Schieber mitnimmt. J. Heinrich in Berlin (D.R.P. Kl. 59, No. 64302) legt die beiden Dampfventile ineinander; durch einen Hebel wird zuerst das innere Ventil gehoben und bei weiterem Anziehen der Ventilstange auch das zweite Ventil durch einen an der Stange sitzenden Anschlag geöffnet.

Ein Versagen des Injektors kann folgende Ursachen haben: excentrische Stellung der Düsen, Verengung der Leitungsquerschnitte durch nach innen getretene Dichtungsringe, zu grosse Reibungswiderstände in Folge plötzlicher Querschnittsänderungen und scharfer Krümmungen in den Leitungen, Undichtheit am Gehäuse oder an der Saugleitung oder an dem in der Druckleitung befindlichen Rückschlagventil, Verengung der Düsenmündungen durch Wasserstein oder dergl. Diese Uebelstände lassen sich durch entsprechende Aenderungen an den Düsen und der Leitung, durch zweckmässigere Dichtungen bezieh. durch Reinigen des Injektors beseitigen.

Eine weitere Ursache des Versagens kann eine zu hohe Drucksäule bei stehendem Kessel bilden; es muss dann der Injektor in der Nähe der Wasserlinie angebracht werden. Ferner kann das „Durchschlagen“ des Injektors bei zu hoher Temperatur desselben oder zu heissem Speisewasser eintreten; im ersteren Fall muss der Injektor durch Ueberschütten oder Durchlassen von kaltem Wasser abgekühlt werden; im andern Falle ist dem zu heissen Wasser kaltes zuzusetzen. Schliesslich kann durch Einfrieren des Injektors das Anlassen desselben unmöglich werden; er muss dann aufgethaut werden. Ein Versagen während des Betriebs entsteht auch, wenn der Kessel überkocht.

Bei Verwendung des Injektors zum Speisen von Schiffskesseln kann ein Versagen auch beim Schlingern des Schiffes eintreten, indem dann heberartige Wirkungen innerhalb der Leitung entstehen können; ferner kann ein Verstopfen der Düsen durch Salztheilchen leicht erfolgen. Es werden daher die Injektoren auf Schiffen wenig angewendet.

Für die Speisung von feststehenden oder Lokomotivkesseln finden die Injektoren jedoch wegen ihrer Einfachheit, Billigkeit, sparsamen Ausnutzung der Dampfwärme, ihres geringen Raumbedarfes und der leichten Aufstellbarkeit ausgedehnteste Anwendung.

Berechnung der Dampfstrahlpumpen.

Die rechnerische Ermittelung der Wirkungsweise der Dampfstrahlpumpe ist insbesondere von Grashof in seinem Werke „Theoretische Maschinenlehre“, III. Bd., 3. u. 4. Lief., und von Herrmann in seiner Neubearbeitung des Weisbach'schen Lehrbuches der Ingenieur- und Maschinenmechanik, II. Theil, 2. Abthl., 9. u. 10. Lief., ferner von Poillon (a. a. O. S. 316 u. f.) durchgeführt worden. Die nachfolgenden Ausführungen schliessen sich im Wesentlichen an diese Abhandlungen,

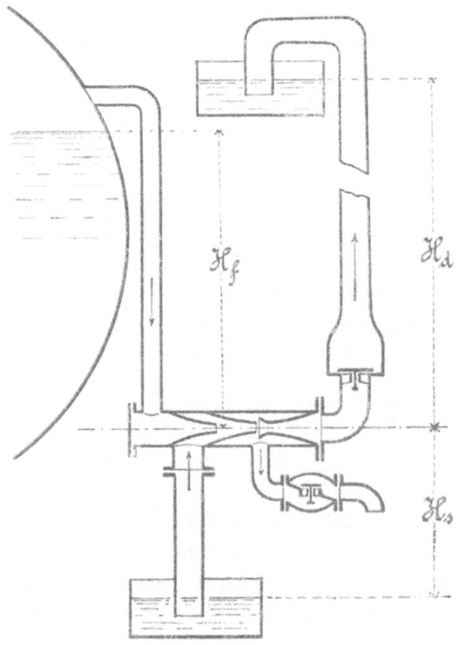

Fig. 664.

insbesondere an diejenige Grashof's an. Hierzu seien folgende Bezeichnungen mit Bezug auf die Gerippe-Figur 664 gewählt:

H_s Saughöhe, gemessen von dem Wasserstand des Saugbehälters bis zum Saugraum der Pumpe;

H_d gesammte Druckhöhe; bei der Kesselspeisung setzt sich dieselbe aus dem Abstand H_d' vom Saugraum der Pumpe bis zum Wasserstand des Kessels und der dem Druck des Kesseldampfes entsprechenden Wassersäulenhöhe zusammen;

F, F_s, F_a, F_d Querschnitte der Dampfdüse, des Saugrohrs an seiner Einmündung in den Saugraum, der Auffangdüse und des Druckrohres;

v, v_s, v_a, v_d entsprechende Geschwindigkeiten des durch diese Querschnitte strömenden Dampfes, bezieh. Wassers;

G Gewicht des in der Sekunde aus der Dampfdüse strömenden Dampfes;

G_s Gewicht des in der Sekunde angesaugten Wassers; somit

$G + G_s$ Gewicht der geförderten Flüssigkeitsmenge;

q, r, ϱ Flüssigkeitswärme, gesammte und innere Verdampfungswärme des der Dampfdüse entströmenden Dampfes;

q_s, q_d Flüssigkeitswärmen des angesaugten und des ins Druckrohr fliessenden Wassers;

t_s, t_d die Temperaturen dieser Wassermengen;

σ Volumen von 1 kg des Arbeitsdampfes;

p_s Druck im Saugbehälter, gewöhnlich gleich dem der Atmosphäre;

p_d Druck in dem zu speisenden Behälter, gemessen in der Höhe H_d über dem Saugraum;

p Druck in dem Behälter, aus welchem der Arbeitsdampf mit einer Temperatur t entnommen wird, gemessen in einer Höhe H_f über dem Injektor;

p_a Druck im Querschnitt F_a der Auffangdüse;

p' Druck im Saugraum der Pumpe;

$\mathfrak{A}$ Wärmewerth der Arbeitseinheit; ist diese, wie hier der Fall, zu 1 mkg genommen, so ist $\mathfrak{A} = \frac{1}{424}$.

Als Flächeneinheit sei 1 qm angenommen, die Drucke seien in at ausgedrückt.

Es muss nun die Summe der aufgewendeten Arbeiten gleich der geleisteten Arbeit sein, wobei hier besonders zu beachten ist, dass erhebliche Theile beider Arbeitsmengen als Wärme auftreten, somit die Arbeitswerthe der letzteren in die Gleichstellung der Arbeiten einzuführen sind; die Arbeitswerthe ergeben sich bekanntlich aus den ermittelten Wärmeeinheiten durch Multipliziren derselben mit der Zahl $\frac{1}{\mathfrak{A}} = 424$.

Die aufgewendeten Arbeiten werden theils vom Arbeitsdampf, theils von dem im Saugbehälter herrschenden Druck p_s geleistet, und es ergibt sich für 1 Sekunde die lebendige Kraft des aus der Dampfdüse strömenden Dampfes

$$G\,[10\,000\,p\,\sigma + H_f],$$

da σ das Volumen von 1 kg Arbeitsdampf in cbm und p der Druck auf 1 qcm ist; ferner ist das dem Wärmeinhalt des Arbeitsdampfes entsprechende Arbeitsvermögen

$$\frac{1}{\mathfrak{A}}\,G\,(q + y\,\varrho);$$

die Arbeit des Druckes p_s ist

$$10\,G_s p_s;$$

($10\,p_s$ ist die dem Druck p_s entsprechende Wassersäulenhöhe in m); das der Flüssigkeitswärme des angesaugten Wassers entsprechende Arbeitsvermögen ist

$$\frac{1}{\mathfrak{A}} G_s q_s.$$

Die gesammte aufgewendete Arbeit ist daher:

$$G\left[10000\,p\sigma + H_f + \frac{1}{\mathfrak{A}}(q + y\,\varrho)\right] + G_s\left[10\,p_s + \frac{1}{\mathfrak{A}} q_s\right].$$

Die geleistete Arbeit besteht in der Förderung der Wassermenge G_s auf die Höhe H_s und derjenigen $G + G_s$ nach dem zu speisenden Behälter, wobei die Höhe H'_d sowie der Gegendruck in demselben zu überwinden sind und der Flüssigkeit die Geschwindigkeit v_d ertheilt werden muss; ferner äussert sich ein Theil der geleisteten Arbeit als die im geförderten Wasser enthaltene Wärmemenge und ein Theil ist als nach aussen abgegebene Wärme verloren gegangen; dieser Wärmeverlust sei mit C bezeichnet, dann ist der entsprechende Arbeitsverlust $\frac{C}{\mathfrak{A}}$. Die bei der Saug- und Druckwirkung entstehenden Leitungswiderstände in den Röhren, an den in diese eingeschalteten Ventile u. dgl. ergeben hier keine Arbeitsverluste, da die hierfür aufgewendete Arbeit sich in Wärme umsetzt, also die Temperatur des geförderten Wassers erhöht. Es ist nun die Arbeit zur Förderung bei der Saugwirkung

$$G_s H_s,$$

diejenige zur Förderung bei der Druckwirkung

$$(G + G_s)\left[10\,p_d + H'_d + \frac{v_d^2}{2g}\right];$$

der Arbeitswerth der in den Kessel gelangenden Flüssigkeitswärme

$$\frac{1}{\mathfrak{A}}(G + G_s)\,q_d;$$

die gesammte geleistete Arbeit ist somit:

$$G\left[10\,p_d + H'_d + \frac{v_d^2}{2g}\right] + G_s\left[10\,p_d + H'_d + \frac{v_d^2}{2g} + H_s\right]$$
$$+ \frac{1}{\mathfrak{A}}(G + G_s)p_d + \frac{C}{\mathfrak{A}}.$$

Die Gleichsetzung der Arbeiten ergibt demnach:

$$G\left[10000\,p\sigma+H_f+\frac{1}{\mathfrak{A}}(q+y\varrho)\right]+G_s\left[10p_s+\frac{1}{\mathfrak{A}}q_s\right]$$
$$=G\left[10p_d+H'_d+\frac{v_d^2}{2g}+\frac{q_d}{\mathfrak{A}}\right]+G_s\left[10p_d+H'_d+\frac{v_d^2}{2g}+H_s+\frac{q_d}{\mathfrak{A}}\right]$$
$$+\frac{C}{\mathfrak{A}}. \tag{383}$$

Hieraus ist

$$G_s=\frac{G\left[10000\,p\sigma-10p_d+\frac{1}{\mathfrak{A}}(q-q_d+y\varrho)+(H_f-H'_d)-\frac{v_d^2}{2g}\right]-\frac{C}{\mathfrak{A}}}{10(p_d-p_s)+\frac{1}{\mathfrak{A}}(q_d-q_s)+(H'_d+H_s)+\frac{v_d^2}{2g}} \tag{384}$$

Es kann nun das spezifische Volumen des Arbeitsdampfes

$$\sigma=w+yu$$

und

$$\varrho+10000\,\mathfrak{A}pu=r$$

gleich der spezifischen Verdampfungswärme gesetzt werden, wenn w das als gleichbleibend angenommene spezifische Volumen des Wassers ($=0{,}001$ cbm), $w+u$ dasjenige des gesättigten Dampfes bezeichnet. Einsetzen dieser Werthe und Multiplikation des Zählers und Nenners mit $\mathfrak{A}$ ändert die Gleich. 384 in

$$G_s=G\frac{\left[10000\,\mathfrak{A}\left(pw-\frac{1}{1000}p_d\right)+(q-q_d+yr)+\mathfrak{A}(H_f-H'_d)-\mathfrak{A}\frac{v_d^2}{2g}\right]-C}{10\,\mathfrak{A}(p_d-p_s)+(q_d-q_s)+\mathfrak{A}(H'_d+H_s)+\mathfrak{A}\frac{v_d^2}{2g}}. \tag{385}$$

Herrmann vernachlässigt in seiner Entwickelung, die sich besonders auf die Verwendung der Dampfstrahlpumpe zur Kesselspeisung bezieht, den Wärmeverlust C, die Höhe H'_d und den Werth der lebendigen Kraft $\frac{v_d^2}{2g}(G_s+G)$; ferner wird $p_d=p$, $H_f=H'_d$ gesetzt. Die von Herrmann aufgestellte Gleichung lautet demnach in den angenommenen Bezeichnungen:

$$G_s=G\frac{q-q_d+y\varrho}{q_d-q_s+[10(p_d-p_s)+H_s]\mathfrak{A}} \tag{386}$$

Grashof erläutert, dass mit Rücksicht auf den ohnehin nur unsicher zu schätzenden Wärmeverlust C die Glieder, welche den Faktor $\mathfrak{A}=\frac{1}{424}$ besitzen, sehr klein gegen die nicht mit demselben behafteten sind und daher gegen letztere vernachlässigt werden können.

Es ergibt sich dann die Gleichung

$$G_s = G \frac{(q - q_d + y\,r) - C}{q_d - q_s}. \qquad 387)$$

Da die Flüssigkeitswärme für Wasser sich aus

$$q = t + 0{,}00002\,t^2 + 0{,}0000003\,t^3$$

berechnet, so kann für eine angenäherte Rechnung $q_d = t_d$, $q_s = t_s$ gesetzt werden; wird dann noch der Wärmeverlust C vernachlässigt, so ist die in der Sekunde angesaugte Wassermenge angenähert gleich

$$G_s = G \frac{(q - t_d + y\,r)}{t_d - t_s}, \qquad 388)$$

und hieraus die Temperatur des nach dem zu speisenden Behälter gedrückten Wassers

$$t_d = \frac{G(q + y\,r) + G_s\,t_s}{G + G_s} \qquad 389)$$

Richard entwickelt in der Revue générale de chemins de fer 1882 2. Bd. S. 210 die Formel

$$G_s = G \frac{t - t_d + y\,r}{t_d - t_s}, \qquad 390)$$

welche mit Gleich. 388 bis auf den für angenäherte Rechnung gleichfalls erlaubten Ersatz der Flüssigkeitswärme q des Arbeitsdampfes durch die Temperatur t desselben im gesättigten Zustande übereinstimmt.

Für die Zustandsänderung des im Druckrohr sich bewegenden Wassers ergibt die Gleichsetzung der lebendigen Kräfte:

$$(1 - \zeta_d)\frac{v_a^2}{2g} = \frac{v_d^2}{2g} + H_d' + 10\frac{p_d - p_a}{\gamma}; \qquad 391)$$

die Widerstandsvorzahl ζ_d ist dabei auf den Querschnitt F_a bezogen; γ ist die Dichte des geförderten Wassers und wegen der erhöhten Temperatur desselben kleiner als 1; ferner ist in Gleich. 391 berücksichtigt, dass die der Verdichtung des im Querschnitt F_a etwa noch beigemischten Dampfes entsprechende Arbeit sich in Wärme umsetzt und daher die Arbeit des in F_a herrschenden Druckes p_a für die Gewichtseinheit der Flüssigkeit nicht gleich der entsprechenden Druckhöhe $10\frac{p_a}{\gamma_a}$, sondern richtiger nur $10\frac{p_a}{\gamma}$ zu setzen ist.

Grashof vereinfacht die Gleich. 391 in der Erwägung, dass, da F_a stets sehr klein gegen F_d ist, v_d^2 gegen v_a^2 vernachlässigt, und dass ferner $\gamma \backsim 0{,}981$ also $= \frac{g}{10}$ gesetzt werden kann. Dann ergibt sich aus Gleich. 391

$$v_a = \sqrt{\frac{20}{1 - \zeta_d}\left[\gamma(H_d' + 10(p_d - p_a)\right]}. \qquad 392)$$

Für die Dichte γ_a des durch die Auffangdüse strömenden, mit Dampftheilchen gemischten Wassers, welche sich unmittelbar aus

$$G + G_s = 1000 F_a v_a \gamma_a \tag{393}$$

ergibt, hat Grashof durch Versuche die Beziehung

$$\gamma_a = 1{,}1 - 0{,}005\, t \tag{394}$$

für $t = 25^0 - 85^0$ als ungefähr zutreffend gefunden, vorausgesetzt, dass die Dampfstrahlpumpe in regelrechtem Betrieb sich befindet und ein Ansaugen von Luft an der Auffangdüse nicht stattfindet; hierzu muss entweder die Mischdüse ohne Unterbrechung in das Druckrohr übergehen oder wenigstens die Uebertrittskammer von der äusseren Luft abgesperrt sein; anderenfalls wird das Luftsaugen auch verhindert, wenn $F_a \overline{\overline{<}} F$ ist.

Der Druck p_a in der Auffangdüse ist gleich dem Luftdruck, wenn die Uebertrittskammer mit einem nach aussen führenden Schlabberrohr versehen ist, dagegen ist $p_a = p'$, wenn diese Kammer mit dem Saugrohr in Verbindung steht oder ganz fehlt, indem die Mischdüse unmittelbar in das Druckrohr übergeht (vergl. Fig. 644). Bei der Betrachtung der Vorgänge in dem Saugraum der Dampfstrahlpumpe ist zunächst die Geschwindigkeit v, mit welcher der Dampf der Dampfdüse entströmt, zu ermitteln. Nach Grashof ist (vergl. a. a. O. S. 635) für den hier vorliegenden Fall

$$v = \sqrt{\frac{2g}{1 + \zeta_f} \frac{m}{m+1} 10 \frac{p}{\gamma_f}}, \tag{395}$$

hierbei ist

$$m = \frac{a(1 + \zeta_f)}{1 + a\zeta_f} \text{ mit } a = 1{,}035 + 0{,}1\, y \tag{396}$$

zu setzen.

ζ_f ist hierbei die Widerstandsvorzahl der Dampfzuleitung.

Es kann nun angenommen werden, dass wegen der im Saugraum herrschenden geringen Spannung p' der einströmende Dampfstrahl sich zunächst ausdehnt, wobei seine Geschwindigkeit v' und seine Pressung p' wird und hierauf durch das angesaugte Wasser die Verdichtung eintritt; v' ergibt sich dann aus der von Grashof a. a. O. S. 635 angegebenen allgemeinen Formel, welche lautet

$$v' = \sqrt{2g \frac{a}{a-1} 10 \frac{p}{\gamma_f}\left[1 - \left(\frac{p'}{p}\right)^{\frac{m-1}{m}}\right]}, \tag{397}$$

für welche Gleichung nach Grashof wegen der Kleinheit des Werthes von ζ_f auch

$$v' = \sqrt{\frac{2g}{1+\zeta_f} \frac{a}{a-1} 10 \frac{p}{\gamma_f}\left[1 - \left(\frac{p'}{p}\right)^{\frac{m-1}{m}}\right]} \tag{398}$$

gesetzt werden kann.

Für die Bestimmung der Spannung p' gilt wieder die Gleichung der lebendigen Kraft und ist danach

$$(1+\zeta_s)\frac{v_s^2}{2g}=10\frac{p_s-p'}{\gamma_s}-H_s, \qquad 399)$$

wobei v_s sich aus

$$G_s=1000\,F_s\,v_s\,\gamma_s \qquad 400)$$

ergibt. Wird nun für die rechnerische Ermittlung der bei der Mischung des Dampfstrahles und des angesaugten Wassers entstehenden Zustandsänderung wiederum die Summe der eingeleiteten Arbeitswerthe gleich derjenigen der sich bildenden und zu überwindenden, sowie der in Folge des bei der Mischung entstehenden Stosses in Wärme sich umsetzenden Arbeit gesetzt, so ergibt sich

$$G\frac{v'^2}{2g}+G_s\frac{v_s^2}{2g}=(G+G_s)\left[\frac{v_a^2}{2g}+10\frac{(p_a-p')}{\gamma_a}\right]+G\frac{(v'-v_a)^2}{2g}$$
$$+G_s\frac{(v_s-v_a)^2}{2g}. \qquad 401)$$

Hieraus folgt

$$\frac{G_s}{G}=\frac{\frac{v_a(v'-v_a)}{g}-10\frac{p_a-p'}{\gamma_a}}{\frac{v_a(v_a-v_s)}{g}+10\frac{p_a-p'}{\gamma_a}}. \qquad 402)$$

Für den Fall $p_a=p'$ wird

$$\frac{G_s}{G}=\frac{v'-v_a}{v_a-v_s}. \qquad 403)$$

Da v_s klein gegen v_a, v_a klein gegen v' ist, so lässt sich näherungsweise setzen

$$\frac{G_s}{G}\sim\frac{v'}{v_a}. \qquad 404)$$

Für die Berechnung des Querschnittes F der Dampfdüse gilt nach Grashof (a. a. O. S. 635), da für die hier in Betracht kommenden Fälle

$$p'<p\left(\frac{2}{m+1}\right)^{\frac{m}{m-1}} \qquad 405)$$

zu sein pflegt,

$$F=\frac{G}{\alpha\sqrt{\frac{g\,m}{1+\zeta_f}\left(\frac{2}{m+1}\right)^{\frac{m+1}{m-1}}10\,000\,000\,p\,\gamma_f}}; \qquad 406)$$

hierbei ist m durch die Formel 396 gegeben und α bedeutet eine Kontraktionsvorzahl.

Poillon gibt in seinem bezeichneten Werke eine Entwickelung von

Pochet, welche zu ähnlichen Formeln führt, auf deren Wiedergabe hier jedoch verzichtet werden kann, da die Grashof'schen Ausführungen erschöpfender sind.

Die Dampfstrahlpumpe kann nur dann zur Wirksamkeit gelangen, wenn die Temperatur t_s des anzusaugenden Wassers und dessen Saughöhe H_s gewisse Grenzen nicht überschreiten. Jedenfalls muss, damit die Verdichtung im Saugraum erfolgen kann

$$t_d < t' \tag{407}$$

sein, wenn t' die Temperatur des gesättigten Wasserdampfes vom Drucke p' ist. Nach Gleich. 399 ist

$$p' = p_s - \frac{\gamma_s}{10}\left[H_s + (1 + \zeta_s)\frac{v_s^2}{2g}\right]; \tag{408}$$

damit ist auch t' für jede Saughöhe bestimmt.

Da nun $t_d - t_s$ im Wesentlichen von dem Druck p des Arbeitsdampfes abhängt und nach früherem bestimmt werden kann, so ist $(t_s)_{max}$ gegeben.

Besondere Fälle.

1. Für die Dampfstrahlpumpe mit nach aussen führendem Ueberlauf und in ihrer Verwendung zur Speisung desselben Kessels, aus welchem der Arbeitsdampf entnommen wird, ist

$$p = p_d,\ p_s = p_a = 1.$$

Werden die Widerstandsvorzahlen ζ_f, ζ_s, ζ_d nach den Erfahrungsergebnissen und den hierfür gültigen Gesetzen angenommen, ist die Temperatur t_s des anzusaugenden Wassers, der Kesseldruck p und die Höhe H_d' gegeben und wird p' als $\gtreqless 1$ angenommen, so ergibt sich aus 392) für $\gamma = 1$ der Werth der Geschwindigkeit v_a in der Auffangdüse und aus 398) derjenige von v'. Wird nun für $\frac{G_s}{G}$ nach Gleichung 404 der angenäherte Werth $\frac{v'}{v_a}$ gesetzt, so findet sich aus 389) die Temperatur t_d des Wassers im Druckrohre, da die Gesammtwärme $q + y\,r = 606{,}5 + 0{,}305\,t$ für $y = 1$ ist. Thatsächlich ist $y > 1$, jedoch ist die Annahme $y = 1$ zu grösserer Sicherheit gerechtfertigt. Die Temperatur t des Arbeitsdampfes ist entsprechend der Pressung desselben bekannt, die Dichte γ_a ergibt sich dann aus Gleichung 394. Wird nun nach Grashof $\frac{F_s}{F_a} = 15$ bis 20 angenommen, so lässt sich aus 400) die Geschwindigkeit v_s berechnen, da $\gamma_s = 1$ ist.

Nun kann $\frac{G_s}{G}$ nach 402) genau berechnet werden und ergibt sich gegenüber dem bereits ermittelten Werthe eine zu grosse Verschiedenheit, so ist der neue Werth einer wiederholten Berechnung von t_d, γ_a, v_s und von $\frac{G_s}{G}$ selbst zu Grunde zu legen.

Die mögliche Saughöhe H_s bestimmt sich aus 399), der Querschnitt F_a der Auffangdüse aus 393) und damit der Saugrohrquerschnitt F_s. Ferner lässt sich die Geschwindigkeit v in der Dampfdüse und deren Querschnitt F aus 395) und 406) für die anzunehmenden Werthe $y = 0{,}9$ und $\alpha = 0{,}9$ berechnen.

In der vorbeschriebenen Weise hat Grashof für den vorliegenden besonderen Fall und für

$$H'_d = 0,\ \zeta_d = \zeta_f = 0{,}04,\ \zeta_s = 4,\ \frac{F_s}{F_a} = 20$$

eine Zahlentafel berechnet, aus welcher nachfolgende Werthe entnommen sind:

p	p′	t_s	H_s	$\frac{G}{G_s}$	t_d	$\frac{d}{d_a} = \sqrt{\frac{F}{F_a}}$
2	1	15	—0,11	0,032	34,7	1,22
4	1	15	—0,31	0,040	39,3	1,25
6	1	15	—0,49	0,045	42,8	1,23
8	1	15	—0,66	0,050	45,7	1,21
10	1	15	—0,82	0,054	48,3	1,20
2	1	45	—0,08	0,032	63,8	1,12
4	1	45	—0,22	0,040	68,3	1,15
6	1	45	—0,34	0,046	71,7	1,13
8	1	45	—0,46	0,051	74,5	1,11
10	1	45	—0,57	0,055	76,9	1,09
2	0,9	15	0,92	0,032	34,4	1,21
4	0,9	15	0,72	0,039	38,9	1,26
6	0,9	15	0,54	0,045	42,4	1,23
8	0,9	15	0,37	0,049	45,3	1,21
10	0,9	15	0,21	0,053	47,8	1,19
2	0,8	15	1.96	0,031	34,0	1,20
4	0,8	15	1.75	0,039	38,6	1,23
6	0,8	15	1,57	0,044	41,9	1,22
8	0,8	15	1,40	0,049	44,8	1,20
10	0,8	15	1,23	0,053	47,4	1,18

Die Werthe von $\frac{G}{G_s}$, t_d und $\frac{d}{d_a}$ sind als Mittelwerthe aufzufassen. Wie in früherem erläutert, ist es rathsam, die Dampfdüsenöffnung etwas grösser und durch einen Stift verstellbar zu machen (vergl. S. 623); diese Regelung kann auch durch ein in der Dampfzuflussröhre eingeschaltetes Ventil geschehen, wodurch ζ_f nach Bedürfniss sich vergrössern, also G verkleinern lässt. Lässt man mehr Dampf zuströmen, als es den Werthen der Tabelle entspricht, so wird wohl die Geschwindigkeit v_a der

Förderung grösser, aber in nicht erheblichem Maasse, da dann die Verdichtung des Dampfes im Saugraum weniger schnell und vollkommen geschieht; ferner wachsen mit vermehrtem Dampfzufluss die Wärmeverluste und der Wirkungsgrad wird kleiner.

Aus obigen Rechnungsergebnissen kann für den vorliegenden Fall gefolgert werden:

dass mittels derselben Pumpe um so mehr Wasser in den Kessel gefördert werden kann, je höher die Dampfspannung des letzteren ist, indem diese Wassermenge in etwas geringerem Grade als die Quadratwurzel aus dem Ueberdrucke des Kesseldampfes wächst,

dass die Fördermenge mit steigender Temperatur t_s des anzusaugenden Wassers abnimmt,

dass sie aber durch eine Saughöhe H_s, so lange dieselbe eine gewisse positive Grenze nicht überschreitet, nur wenig beeinflusst wird,

dass endlich das passende Verhältniss der Dampfdüsenweite zur kleinsten Weite des Druckrohrs (Auffangdüse) sich unter verschiedenen Umständen nur wenig ändert.

Der die Grenze der Wirksamkeit der Dampfstrahlpumpe im vorliegende Falle bedingende theoretische Meistwerth von t_s ergibt sich in folgender Weise:

Für $p_s = 1$, $\gamma_s = 1$, $\zeta_s = 4$, $v_s = 2$ ergibt sich aus Gleich. 408) nahezu

$$p' = 0{,}9 - 0{,}1\, H_s;$$

werden nun die zusammengehörigen Werthe zusammengestellt, so findet sich

$H_s =$	0	1	2	3	4	5
$p' =$	0,9	0,8	0,7	0,6	0,5	0,4
$t' =$	97,1	93,9	90,3	86,3	81,7	76,2.

Aus den S. 647 vorliegenden Zahlenwerthen ergibt sich im Mittel:

für $p =$	4	6	8	10
$t_d - t_s =$	24	27	30	33.

Es würde nun

$$(t_s)_{max} = t' - (t_d - t_s)$$

sein. Die sich hieraus ergebenden abgerundeten Werthe von $(t_s)_{max}$ sind in folgender Tafel zusammengestellt:

H_s	0	1	2	3	4	5
$p = 4$	73	70	66	62	58	52
$p = 6$	70	67	63	59	55	49
$p = 8$	67	64	60	56	52	46
$p = 10$	64	61	57	53	49	43

Der anwendbare Werth von t_s ist jedoch erheblich kleiner als $(t_s)_{max}$, da immer zu beachten ist, dass die aus der Zahlentafel S. 647 zu entnehmenden Temperaturerhöhungen als Mindestwerthe aufzufassen sind, entsprechend der Zulassung von genau derjenigen Dampfmenge, die unbedingt nöthig ist. Da in Wirklichkeit stets etwas mehr Dampf zugelassen wird, so wird $t_d - t_s$ grösser, also $(t_s)_{max}$ kleiner werden. Ferner ist eine kleinere Temperatur t_s nöthig, damit die Dampfverdichtung rasch und vollständig erfolgt.

Es sei hier noch bemerkt, dass Giffard für seinen Injektor zur Berechnung der in der Sekunde geförderten Wassermenge in cbm eine Formel angegeben hat, welche mit der hier angenommenen Bezeichnung lautet:

$$G + G_s = 10 F \sqrt{p}. \qquad 409)$$

2. Für die Dampfstrahlpumpe mit nach aussen abgeschlossenen Ueberlauf in ihrer Verwendung zur Speisung desselben Kessels, aus welchem der Arbeitsdampf entnommen wird, ist $p_a = p'$, $p = p_d$, v_a wird unter sonst gleichen Umständen grösser als im ersten Falle, wenn die Pumpe saugt, also $p' < 1$ ist; $\frac{G_s}{G}$ bestimmt sich aus Gleichung 403 und behält nahezu die gleichen Werthe wie im Falle 1, auch t_d ändert sich kaum, so dass die Werthe obiger Tafel auch für diese Pumpe nahezu gelten, wenn H_s nicht sehr erheblich ist. Nur G_s wird etwas grösser und zwar ungefähr im Verhältniss:

$$\sqrt{p - p'} : \sqrt{p - 1}.$$

3. Ist $p_d < p$, wie es bei Dampfstrahlpumpen vorkommt, welche zur Speisung eines Behälters dienen, wie z. B. bei Wasserstationen zur Tenderfüllung, ferner aber auch bei den doppeltwirkenden Pumpen Fig. 660—663, so können unter sonst gleichen Verhältnissen, also auch für $p_a = p'$, die Werthe von v_a und $\frac{G}{G_s}$ erheblich kleiner werden, somit auch t_d, selbst wenn t_s einen grösseren Werth hat. Ferner lässt sich eine grössere Saughöhe H_s überwinden, da auch in diesem Fall, wenn also p' kleiner wird, t_d doch noch kleiner bleibt, als die diesem Drucke p' entsprechende Sättigungstemperatur von Wasserdampf, wie es der Fall sein muss damit die Verdichtung des Dampfes möglich sei. Der doppeltwirkende Injektor von Körting kann daher wärmeres Wasser auf grössere Höhe saugen, als der gewöhnliche einfachwirkende Injektor, denn nach der Saugwirkung ist das angesaugte Wasser durch die erste Dampfdüse nur unter einen Druck zu versetzen, der wenig grösser als der Atmosphärendruck ist; im zweiten Theil der Pumpe muss dann allerdings der Kesseldruck p_d überwunden werden, es ist jedoch das Wasser nicht mehr anzusaugen.

Bei dem doppeltwirkenden Injektor erfordert die Wirksamkeit, dass, wenn t' und t'' die Temperaturen des gesättigten Wasserdampfes bei den in den beiden Saugräumen herrschenden Drucken p' bez. p'' und τ' und

τ'' die durch die erste und zweite Dampfdüse bewirkte Wassererwärmung bezeichnen,

$$t_s + \tau' < t' \text{ und } t_s + \tau' + \tau'' < t'' \qquad 410)$$

sei; äusserstenfalls könnte

$$\tau' = t' - t_s \text{ und } \tau'' = t'' - t' \qquad 411)$$

werden; t' und t'' sind den Drucken p' und p'' entsprechend einzusetzen; hierbei kann für die hier zulässige angenäherte Rechnung

$$p' = 0{,}9 - 0{,}1\, H_s,$$
$$p'' = p_z - 0{,}1$$

genommen werden, wenn p_z den Druck zwischen dem ersten Druckrohr und der zweiten Dampfdüse bezeichnet. Mit Hilfe von Gleich. 389 ist

$$\tau' = \frac{G\,(q + y\,r) - G\,t_s}{G + G_s}, \qquad 412)$$

daraus folgt, wenn t_s durch $t_s + \tau' = t'$ ersetzt wird,

$$\tau'' = \frac{G\,(q + y\,r) - G\,t'}{G + G_s}. \qquad 413)$$

Die Geschwindigkeiten v_a' und v_a'' in den engsten Querschnitten des ersten und zweiten Druckrohres ergeben sich aus Gleich. 392, wenn für die Bestimmung von v_a' statt $p_d - p_a$ nunmehr $p_z - p'$ und für diejenige von v_a'' nun $p_d - p''$ gesetzt wird; ferner bestimmen sich die Geschwindigkeiten v' und v'' aus 391 für die Drucke p' und p''. Somit ergibt sich nach 402 das Verhältniss $\frac{G_s}{G}$ für jede Düse je nach Einsetzung von v' oder v''.

Um nun den Meistwerth von t_s zu berechnen, muss p_z zunächst angenommen werden, dann wird p', p'', t', t'', v_a'' und v'' für das zweite Druckrohr, bez. für die zweite Dampfdüse bestimmt, ferner $\frac{G_s}{G}$ für letztere und nun nachgesehen, ob der aus 413) sich ergebende Werth für τ'' etwa 20 % unter dem durch Gleich. 411 bestimmten Werthe bleibt, da bei dem durchschnittlichen Betrieb die Erwärmung um etwa 20 % grösser angenommen werden kann, als sie infolge der gerade nöthigen Dampfmenge sein würde. Ist dies nicht der Fall, so ist die Rechnung mit einem andern Werth von p_z zu wiederholen, bis τ'' genügend genau ermittelt ist. Dann kann v_a' und v' für das erste Druckrohr, bez. für die erste Dampfdüse und damit das zugehörige Verhältniss $\frac{G_s}{G}$ berechnet werden. Hierauf ergibt sich die gesuchte Temperatur $(t_s)_{max}$ zu

$$(t_s)_{max} = t' - \tau' = t' - G\,\frac{q + y\,r - t_s}{G + G_s}$$
$$= \left(1 + \frac{G}{G_s}\right) t' - \frac{G}{G_s}(q + y\,r); \qquad 414)$$

$\frac{G}{G_s}$ ist dabei für die erste Düse zu verstehen. Es ist dann wieder ein erheblich geringerer Werth als $(t_s)_{max}$ für die Ausführung zu benutzen.

Wird z. B. $p = 8$ at und $H_s = 5$ m genommen, so war für den einfachwirkenden Injektor $(t_s)_{max} = 46$; für den doppeltwirkenden finden sich, wenn $H'_d = 0$, $a = \frac{9}{8}$ (für $y = 0{,}9$), $\zeta_d = \zeta_f = 0{,}04$ und $p_z = 1{,}6$ angenommen wird, folgende Werthe:

$$p' = 0{,}9 - 0{,}1\,H_s = 0{,}4,$$
$$p'' = p_z - 0{,}1 = 1{,}5;$$

nach Grashof's Tafeln (a. a. O. S. 647) demnach

$$t' = 76{,}25, \qquad t'' = 111{,}74;$$

ferner wird

$$v'_a = \sqrt{\frac{20}{1-\zeta_d}\,10\,(p_z - p')} = 15{,}8,$$

$$v''_a = \sqrt{\frac{20}{1-\zeta_d}\,10\,(p_d - p'')} = 36{,}8,$$

$$v'' = \sqrt{\frac{2\,g}{1+\zeta_f}\,\frac{m}{m-1}\,10\,\frac{p}{\gamma_f}\left[1 - \left(\frac{p'}{p}\right)^{\frac{m-1}{m}}\right]} = 902,$$

da γ_f die Dichte des Arbeitsdampfes sich für $y = 0{,}9$ zu $0{,}00475$ aus obenerwähnter Grashof'scher Tabelle ergibt und m aus 396 zu 1,12;

$$v'' = \sqrt{\frac{2\,g}{1+\zeta_f}\,\frac{m}{m-1}\,10.333\,\frac{p}{\gamma_f}\left[1 - \left(\frac{p''}{p}\right)^{\frac{m-1}{m}}\right]} = 698;$$

$$\frac{G_s}{G'} = \frac{v' - v'_a}{v'_a - v_s} = 64{,}2, \text{ für die erste Dampfdüse,}$$

$$\frac{G_s}{G''} = \frac{v'' - v''_a}{v''_a - v_s} = 19{,}0, \text{ „ „ zweite „}$$

wenn v_s zu 2 m genommen wird;

$$\tau'' = \frac{q + y\,r - t'}{1 + \frac{G_s}{G''}} = 29{,}1,$$

da

$$q + y\,r = 606{,}5 + 0{,}305\,t,$$

die Temperatur t des Arbeitsdampfes aber $170{,}8^0$, also

$$q + y\,r = 658{,}6$$

ist.

Da die Grenze für $\tau'' = t'' - t' = 35{,}5$ ist, so würde der gefundene

Werth von $\tau'' = 29{,}1$ ungefähr passen, also die Annahme von $p_z = 1{,}6$ genügend genau sein. Es würde dann nach 414

$$(t_s)_{max} = 67{,}2,$$

also bedeutend höher wie beim einfachwirkenden Injektor.

Das Verhältniss der Querschnitte der beiden Dampfdüsen ist gleich dem der durchströmenden Dampfmengen und dieses ergibt sich, da G_s für beide Düsen nahezu gleich ist, als

$$G' : G'' = 19{,}0 : 64{,}2.$$

Die Wärmeverluste, welche durch Wärmeabgabe der Dampfstrahlpumpe und der zugehörigen Leitung an die umgebende Luft stattfinden, sind insbesondere von der Grösse und der sonstigen Beschaffenheit der abkühlenden Fläche und der Lufttemperatur abhängig; eine genaue Ausrechnung ist praktisch werthlos. Giffard hat bei einem Versuch einen Wärmeverlust von ungefähr 15 % der Wärmevermehrung des geförderten Wassers ermittelt.

Für den Wirkungsgrad der Dampfstrahlpumpe kommt insbesondere in Betracht, ob die Wärmevermehrung der geförderten Flüssigkeit nützlich ist, oder ob von derselben kein Gebrauch gemacht wird, die Pumpe also nur auf eine gewisse Höhe fördern soll. Im ersten Falle, der bei der Kesselspeisung hauptsächlich auftritt, beträgt der Arbeitsverlust in der Sekunde nur $\frac{C}{\mathfrak{A}}$, da auch die lebendige Kraft des in den Kessel strömenden Wassers nicht verloren geht, sondern durch Wärmeentwicklung sich wieder nutzbar macht. Wird für C der von Giffard gefundene Werth

$$0{,}15\,(G + G_s)\,(q_d - q_s)$$

gesetzt, so ist der Wirkungsgrad demnach

$$\eta = 1 - \frac{\frac{0{,}15}{\mathfrak{A}}\,(G + G_s)\,(q_d - q_s)}{G\left[10\,p + H_f + \frac{1}{\mathfrak{A}}(q + y\,r)\right] + G_s\left[10\,p_s + \frac{1}{\mathfrak{A}}\,q_s\right]}. \qquad 415)$$

Wird z. B. für den S. 646 behandelten besonderen Fall für $t_s = 15^0$, $p = 6$, $p' = 0{,}8$ und $H_f = 0$, der Wirkungsgrad berechnet, so ergibt sich zunächst aus der Tafel S. 647 $\frac{G}{G_s} = 0{,}044$, $t_d = 41{,}9$ und es wird

$$\eta = 1 - \frac{0{,}15 \,.\, 424 \,.\, 1{,}044\,(41{,}9 - 15)}{0{,}044\,(10 \,.\, 6 + 424 \,.\, 655) + (10 \,.\, 1 + 424 \,.\, 15)}$$

$$\backsim 0{,}90.$$

Hierbei zeigt sich, dass die nicht mit $1/\mathfrak{A} = 424$ multiplizirten Glieder verschwindend klein gegen die andern sind, so dass die Vernachlässigung der ersteren das Ergebniss nahezu unverändert lässt. Es kann also der Wirkungsgrad mit genügender Genauigkeit auch durch

$$\eta = 1 - \frac{0,15\,(G + G_s)\,(q_d - q_s)}{G\,(q + y\,r) + G_s\,q_s} \qquad 416)$$

bestimmt werden.

Wird jedoch die Dampfstrahlpumpe nun zur Förderung, also z. B. zur Füllung von Behältern benutzt, ohne dass die Wärmevermehrung Verwendung findet, dann ist der Wirkungsgrad äusserst gering. Die geleistete Arbeit beträgt nur $G_s\,H_s + (G + G_s)\,(H'_d + 10\,p_d)$, also wird

$$\eta = \frac{G_s\,H_s + (G + G_s)\,(H'_d + 10\,p_d)}{G\left[10\,p + H_f + \frac{1}{\mathfrak{A}}\,(q + y\,r)\right] + G_s\left[10\,p_s + \frac{1}{\mathfrak{A}}\,p_s\right]}; \qquad 417)$$

für die vorher gemachten Annahmen wird also, da H_s aus der Tabelle sich zu 1,57 ergibt,

$$\eta = \frac{1,57 + 1,044 . 10 . 6}{0,044(10.6 + 424.655) + (10.1 + 424.15)} = 0,0035.$$

Die Verwendung der Dampfstrahlpumpe zur Flüssigkeitsförderung ist also höchst unvortheilhaft, wenn von der Temperaturerhöhung der Flüssigkeit kein Gebrauch gemacht wird.

Im Vergleich mit einer gutwirkenden Dampfpumpe ergibt sich Folgendes:

Diejenige Arbeit, welche, an gehobenem Wasser gemessen, bei 1 kg Dampfverbrauch geleistet wird, ist

$$\frac{G_s\,H_s + (G + G_s)(H'_d + 10\,p_d)}{G},$$

für den in Vorstehendem berechneten Fall also 1460 mkg; es würde somit der stündliche Dampfverbrauch für 1 e Nutzleistung sein

$$\frac{3600 . 75}{1460} = 185 \text{ kg},$$

während eine Dampfpumpe für Kesselspeisung bei sehr gutem Bau von Dampfmaschine und Pumpe nur etwa 20—30 kg Dampf verbraucht. Allerdings wächst diese Zahl bei den gewöhnlichen schlecht gebauten und schlecht unterhaltenen Dampfpumpen ganz bedeutend.

Bezüglich des Vergleiches mit dem Injektor ist noch zu beachten, dass bei Verwendung der Dampfpumpe in vorliegendem Falle das Wasser mit 15° Temperatur in den Kessel gelangt, während bei der Dampfstrahlpumpe letztere etwa 41,9—0,15 (41,9—15), also ∾ 38°, beträgt. Wird der dieser Temperaturerhöhung von 23° entsprechende Arbeitswerth berücksichtigt, so ergibt sich die Nutzarbeit, welche bei 1 kg Dampfverbrauch in der Sekunde geleistet wird, allgemein zu

$$\frac{G_s\,H_s + (G + G_s)_i \left(H_d' + 10\,p_d + \frac{1}{\mathfrak{A}} \cdot 0{,}85\,(q_d - q_s)\right)}{G},$$

für den vorliegenden Fall also 232000 mkg, somit würde der stündliche Dampfverbrauch für 1 e Nutzleistung nur

$$\frac{3600 \cdot 75}{232\,000} \sim 1{,}2 \text{ kg}$$

sein.

Die Einzeltheile der Dampfstrahlpumpen.

Das Gehäuse wird entweder aus Gusseisen, Kanonenmetall, Rothguss oder Messing hergestellt; im ersteren Fall werden die Düsen fast durchgängig aus Rothguss oder einer ähnlichen Metall-Legirung angefertigt. Die Durchmesser der Düsenmündungen ergeben sich aus der Berechnung; die Form der Düsen im Längsschnitt kann jedoch nur durch Versuche gefunden werden, eine theoretische Ermittelung lässt sich hierfür nicht feststellen. Die Anfertigung von Dampfstrahlpumpen ist Sache einzelner Fabriken, welche auf Grund langjähriger Erfahrungen und zahlreicher Versuche zweckmässige Formen ermittelt haben.

Die Durchmesser der Wasserzuführung und der Druckleitung werden vielfach gleich gross genommen und bei den Injektoren mit einem Düsensystem für eine Wassergeschwindigkeit von 0,8 bis 1,7 m, bei denjenigen mit zwei Düsensystemen (Universal-Injektoren) für eine Geschwindigkeit von 0,8 bis 2,3 m berechnet, wobei die grösseren Werthe für grössere Injektoren gelten.

Die Dampfleitung wird gewöhnlich von gleicher lichter Weite als die Wasserleitung genommen; bei den Abdampf-Injektoren muss erstere jedoch eine erheblich grössere Weite als letztere erhalten.

In welcher Weise die verschiedenen Leitungen auszurüsten sind, wurde bereits erläutert und ist hier nur noch zu erwähnen, dass der Betriebsdampf möglichst hoch aus dem Kessel entnommen werden muss, damit kein Wasser mitgerissen wird, wodurch die Strahlpumpe ausser Thätigkeit kommen würde. Um die Reibungswiderstände in der Saug- und der Druckleitung möglichst klein zu erhalten, ist es nothwendig, diese so anzuordnen, dass in ihnen keine scharfen Krümmungen oder plötzliche Querschnittsänderungen vorkommen; auch Fussventile sind aus gleichem Grunde nicht anzuordnen. Dagegen ist es meist nothwendig, das Ende des Saugrohrs mit einem Korb zu versehen, dessen feine Oeffnungen Unreinigkeiten fernhalten; damit dieses Saugsieb keinen grösseren Widerstand verursacht, muss der freie Durchgangsquerschnitt mindestens zweimal so gross, besser noch grösser, als der des Saugrohrs sein.

Bei grosser Saughöhe muss die Saugleitung möglichst luftdicht sein.

Um zur Vermeidung des Einfrierens die Dampfstrahlpumpe bei Ausserbetriebsetzung wasserfrei machen zu können, ist es zweckmässig, an geeigneten Stellen Ablasshähne anzubringen.

Um ferner eine bequeme Reinigung des Injektors vornehmen zu können, falls sich an den Düsen Kesselstein angesetzt hat oder dieselben durch Unreinigkeiten verlegt sind, empfiehlt es sich, den Injektor so zu gestalten, dass der Düseneinsatz ganz oder zum grössten Theile leicht herausgenommen werden kann, wozu geeignete Verschlusskappen am Gehäuse anzubringen und nöthigenfalls geeignete Schlüssel mitzuliefern sind. Das Reinigen kann dann z. B. durch Eintauchen in Salzsäure geschehen.

Alphabetisches Namen- und Sachregister.

Additional material from *Die Pumpen,*

ISBN 978-3-662-36034-7, is available at http://extras.springer.com